深入理解Kubernetes源码

郑东旭 邱世达 冀超 李晋林 杨川胡 周世伟◎著

電子工業出版社
Publishing House of Electronics Industry
北京•BEIJING

内 容 简 介

在过去几年中，容器技术的广泛应用推动了容器编排技术的迅猛发展，尤其是 Kubernetes 的兴起。作为当前非常受欢迎的容器编排系统，Kubernetes 能够有效应对生产环境中复杂的编排需求，帮助企业实现大规模多容器集群的高效管理。本书将 Kubernetes 1.25.0 版本源码作为剖析对象，深入探讨其核心组件和实现原理。通过学习 Kubernetes 源码，读者不仅能掌握容器编排技术的精髓，还能提升自身在云计算领域的竞争力。

本书适合对容器技术和云计算感兴趣的开发者、运维工程师及架构师参考和阅读。

图书在版编目（CIP）数据

深入理解 Kubernetes 源码 / 郑东旭等著. -- 北京 :
电子工业出版社, 2024. 8. -- ISBN 978-7-121-48323-3

Ⅰ. TP316.85

中国国家版本馆 CIP 数据核字第 2024GC0613 号

责任编辑：付　睿　　　　特约编辑：田学清
印　　刷：三河市君旺印务有限公司
装　　订：三河市君旺印务有限公司
出版发行：电子工业出版社
　　　　　北京市海淀区万寿路 173 信箱　　　邮编：100036
开　　本：787×1092　　1/16　　印张：43.5　　字数：1170 千字
版　　次：2024 年 8 月第 1 版
印　　次：2024 年 9 月第 2 次印刷
定　　价：159.00 元

凡所购买电子工业出版社图书有缺损问题，请向购买书店调换。若书店售缺，请与本社发行部联系，联系及邮购电话：（010）88254888，88258888。

质量投诉请发邮件至 zlts@phei.com.cn，盗版侵权举报请发邮件到 dbqq@phei. com.cn。

本书咨询联系方式：faq@phei.com.cn。

前言

近几年，容器技术的使用迅速增加。容器技术的火热推动了容器编排技术的发展，目前非常受欢迎的容器编排系统是 Kubernetes，它引领技术潮流，可以应对生产环境中编排容器所需的额外复杂度及成本。Kubernetes 帮助企业加快容器编排的速度，并实现对多容器集群的大规模管理。它允许持续集成和交付、网络处理、服务发现、存储服务等，并且具有在多云环境中进行操作的能力。

为何说掌控 Kubernetes 等于掌控了云计算的未来？在过去几年里，Kubernetes 一直在飞速发展，社区也随之发展壮大，截至本书截稿时，Kubernetes 项目在 GitHub 上已经拥有 10 万多颗星星，以及 11 万多提交量。

Kubernetes 已经越来越成熟，很多企业从试水阶段逐步走向大规模落地阶段。虽然 Kubernetes 的稳定和成熟导致了代码迭代能力逐渐变弱，但底层代码的成熟及健壮性能够支撑更大的上层应用，更多优秀的生态应用围绕 Kubernetes 各自发展。这得益于 Kubernetes 的高扩展性，它越来越像一个操作系统核心（Kernel），对外提供通用接口，制定了众多标准。如今，Kubernetes 得到了许多云计算服务提供商（Cloud Provider），如 Google、Cisco、VMware、Microsoft、Amazon 等技术巨头的支持。

建议大家在阅读 Kubernetes 源码的过程中，学习一些设计模式（Design Pattern），这会帮助大家理解源码的实现原理，而非只是泛泛地看懂代码但没有理解其原理。例如，在 Go 语言中，常用 NewXXX 函数来实例化相关类，在设计模式中，它被称为简单工厂模式，该模式在 Go 语言中替代了其他语言的类似构造函数的功能。不同语言的设计模式原理基本类似，只是在语法上的实现方式不同。对于 Go 语言的设计模式，大家可以参考 *Go Design Pattern*。

本书将 Kubernetes 1.25.0 版本源码作为剖析对象。学习 Kubernetes 代码库并不容易，它拥有大量的源码，但在学习过程中我们会收益良多。在本书中，我们将深入研究并分析 Kubernetes 源码的关键部分。在阅读本书时，建议同时参考 Kubernetes 源码。

Kubernetes 源码阅读建议

阅读 Kubernetes 源码是了解 Kubernetes 内部工作原理和提高自己技能的重要途径。以下是一些建议，可以帮助大家更好地阅读 Kubernetes 源码。

（1）**了解基本概念和架构**：在阅读 Kubernetes 源码之前，确保你已经熟悉 Kubernetes 的基本概念（如 Pod、Deployment、Service 等）及核心组件（如 kube-apiserver、 kube-controller-manager、kube-scheduler、kubelet 和 etcd）。这些知识将有助于你理解源码中的一些设计决策。

（2）**熟悉 Go 语言**：Kubernetes 主要使用 Go 语言编写，因此熟悉 Go 语言的语法、编程规范和标准库是很有必要的。Go 语言的官方文档是一个很好的学习资源。

（3）**从一个关注点开始**：Kubernetes 是一个庞大且复杂的项目，试图一次性掌握所有 Kubernetes 源码可能会令人生畏。你最好先选择一个特定的关注点，如 API、调度器、控制器或网络，然后逐步深入了解。

（4）**阅读文档和博客**：Kubernetes 官方文档中包含许多关于项目设计和实现的信息。此外，社区中的开发者和用户经常分享他们的经验和见解。利用这些资源，你可以更好地了解 Kubernetes 源码的原理。

（5）**跟踪代码执行流程**：当你开始阅读 Kubernetes 源码时，可以从主要组件（如 kube-apiserver、kube-controller-manager 或 kube-scheduler）开始，跟踪代码执行流程。这有助于你了解各组件的内部逻辑和组件之间的交互。

（6）**阅读测试代码**：Kubernetes 项目包含大量的测试代码，阅读这些测试代码可以帮助你理解功能的实现及如何在实际环境中使用这些功能。

（7）**参与社区**：Kubernetes 社区非常活跃，你可以通过参加 SIG（Special Interest Group）会议、加入 Slack 或邮件列表来了解项目动态和发展方向。与其他开发者和用户交流可以加深你对 Kubernetes 源码的理解。

（8）**动手实践**：通过对 Kubernetes 源码进行修改和编译，尝试实现一些自定义功能或解决一些问题，可以帮助你更好地理解源码的结构和工作原理。

（9）**使用调试工具**：使用调试工具（如 Delve）可以帮助你更好地理解代码的执行过程，找到感兴趣的函数和代码片段。

阅读大型开源项目的源码可能需要一定的时间和毅力。不要期望立即掌握所有内容。随着你不断地阅读、实践和参与社区讨论，你会逐渐积累经验，加深理解。请保持耐心并持续学习，随着时间的推移，你会对 Kubernetes 源码有更深入的了解。

目录

第1章

Kubernetes 基本架构

Kubernetes 是 Google 开源的一个容器（Container）编排与调度管理的框架，它是 Google 内部面向容器的集群管理系统，现在是由云原生计算基金会（Cloud Native Computing Foundation，CNCF）托管的开源平台，由 Google、AWS、Microsoft、IBM、Intel、Cisco、Red Hat 等主要参与者支持，其目标是通过创建一组新的通用容器技术来推进云原生技术和服务的开发。作为领先的容器编排引擎，Kubernetes 提供了一个抽象层，使用户可以在物理或虚拟环境中部署容器化应用，提供以容器为中心的基础架构。

Kubernetes 拥有一个庞大而活跃的开发人员社区，使其成为增长十分迅速的开源项目之一。它曾是 GitHub 排行前十的项目，也是 Go 语言中较大的开源项目之一。Kubernetes 也被称为 K8s，是将 8 个字母 ubernete 替换为 8 而得到的缩写。本书也会使用 K8s 作为 Kubernetes 的简称。

Kubernetes 具有以下特点。

- 可移植：支持公有云、私有云、混合云、多云（Multi-Cloud）。
- 可扩展：模块化，插件化，可挂载，可组合。
- 自动化：自动部署，自动重启，自动复制，自动伸缩/扩展。

1.1 Kubernetes 发展历史

2003—2004 年，Google 发布了 Borg 系统，它最初是一个小规模项目，由三四个人合作开发，后期成长为一个大规模的内部集群管理系统，可以在数千个不同的应用中运行数十万个作业，跨越许多集群，每个集群拥有多达数万台计算机。

2013 年左右，Google 继 Borg 系统之后，发布了 Omega 集群管理系统，这是一种适用于大型计算集群的灵活、可扩展的调度程序。

2014 年左右，Google 发布了 Kubernetes，其作为 Borg 的开源版本，提交了第一个 GitHub 初始版本，同年，Microsoft、Red Hat、IBM、Docker 等加入 Kubernetes 社区。

2015 年左右，Kubernetes 1.0 版本正式发布（Google 在美国波特兰的 OSCON 2015 上宣布并发布）。Google 与 Linux 基金会合作组建了 CNCF。CNCF 旨在为云原生软件构建可持续发展的生态系统，并围绕一系列高质量项目建立社区，整合这些开源技术以使编排容器作为微服务架构的一部分。CNCF 已经拥有非常多的高质量项目，其中包括 Kubernetes、Prometheus、gRPC、CoreDNS 等。

2016 年左右，Kubernetes 成为主流的集群管理系统，在 CloudNativeCon 2016 大会上来自世界各地约 1000 名用户（其中包括贡献者和开发者）齐聚一堂，交流有关 Fluentd、Kubernetes、Prometheus、OpenTracing 和其他云原生技术的知识。

2017 年左右，巨头纷纷支持 Kubernetes。在这一年，Google 和 IBM 共同发布微服务框架 Istio，它提供了一种无缝连接、管理和保护不同微服务网络的方法。亚马逊宣布为 Kubernetes 提供弹性容器服务，用户可以在 AWS 上使用 Kubernetes 部署、管理和扩展容器化应用。同年年底，Kubernetes 1.9 版本发布。

2018 年左右，无人不知 Kubernetes。在 KubeCon + CloudNativeCon Europe 2018 峰会上，超过 4300 名开发者聚集在一起讨论 Kubernetes 生态技术。同年，Kubernetes 1.10 版本发布，KubeCon 第一次在中国举办。

2020 年，Kubernetes 项目已经成为贡献者仅次于 Linux 项目的第二大开源项目，成为业界容器编排的事实标准，各大厂商纷纷宣布支持 Kubernetes 作为容器编排的方案。

1.2 Kubernetes 架构

Kubernetes 用于管理分布式节点集群中的微服务或容器化应用，并提供了零停机时间部署、自动回滚、缩放和容器的自愈（包括自动配置、自动重启、自动复制的高度弹性的基础设施，以及容器的自动缩放）等功能。

Kubernetes 十分重要的设计因素之一是能够横向扩展，调整应用的副本数以提高可用性。设计一套大型系统，并且在运行时具有可扩展性、可移植性和健壮性是非常具有挑战性的，尤其是在系统复杂性增加时，系统的体系结构会直接影响其运行方式、对环境的依赖性和相关组件的紧密耦合程度。

微服务是一种软件设计模式，适用于集群上的可扩展部署。开发人员能够创建小型、可组合的应用，通过定义良好的 HTTP REST API 接口进行通信。Kubernetes 是遵循微服务架构模式的程序，具有弹性、可观察性和管理功能，以适应云平台的需求。

Kubernetes 借鉴了 Borg 的架构设计理念，如 Scheduler 调度器、Pod 资源对象管理等。Kubernetes 总架构如图 1-1 所示。

Kubernetes 架构分为 Control Plane（控制平面）和 Worker Node（工作节点）两部分。系统架构遵循客户端/服务端（C/S）架构，控制平面作为服务端，工作节点作为客户端。其中，工作节点不仅是客户端，还是运行容器化应用的节点，它包含运行容器所需的组件，如 kubelet 等。Kubernetes 的控制平面通常采用多节点部署的方式来实现高可用性，在默认情况下，使用单个控制平面实例也可以完成所有工作。

控制平面基于 etcd 做分布式键值存储，用于存储 Kubernetes 数据。由于 etcd 分布式系统的性质，用户需要以集群的方式运行它，一个具有数据备份的最小可运行集群必须至少有 3 个 etcd 节点，在生产环境中运行的集群建议创建 5 个 etcd 节点。

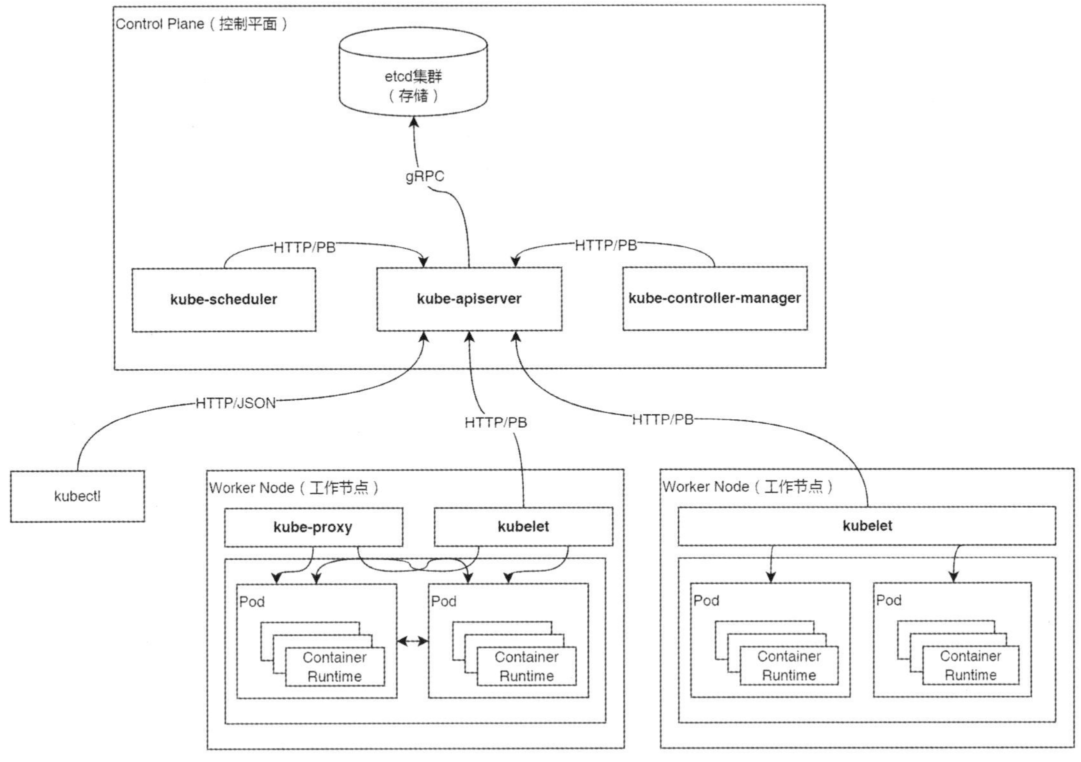

图 1-1　Kubernetes 总架构

控制平面也被称为主控节点，以前被称为 Master。它主要负责管理和控制整个 Kubernetes 集群，对集群做出全局性决策，相当于整个集群的"大脑"。集群执行的所有控制命令都被控制平面接收并处理。控制平面主要包含以下组件。

- kube-scheduler：集群中 Pod 资源对象的调度服务。
- kube-apiserver：集群的 HTTP REST API 接口，是集群控制的入口。
- kube-controller-manager：集群中所有资源对象的自动化控制中心。

工作节点以前被称为 Minion，支持各种容器运行时（Container Runtime），并且多个容器运行时可以一起工作。工作节点上的工作由控制平面进行分配，例如，当某个工作节点宕机时，控制平面会将它上面的工作转移到其他工作节点上。工作节点主要包含以下组件。

- kubelet：负责管理节点上容器的创建、删除、启动/停止等任务，与控制平面进行通信。
- kube-proxy：负责 Kubernetes Service 与 Pod 资源对象间的通信以及提供负载均衡服务。
- Container Runtime：负责提供容器的基础管理服务，接收 kubelet 的指令。

下面让我们深入了解各组件。

1.3　Kubernetes 各组件功能

如图 1-1 所示，Kubernetes 架构中主要的组件有 kubectl、kube-apiserver、kube-controller-manager、kube-scheduler、kubelet、kube-proxy 和 Container Runtime。另外，作

为开发者，还需要深入了解 client-go 库。不同组件之间的设计是松耦合架构，各组件各司其职，保证整个集群的稳定运行。下面对各组件进行更细化的架构分析与功能阐述。

1.3.1 kubectl

Kubernetes 官方提供了命令行工具（CLI），用户可以通过 kubectl 以命令行方式与 kube-apiserver 进行交互，通信协议默认使用 HTTP/JSON。

kubectl 发送相应的 HTTP 请求，kube-apiserver 接收并处理请求后将结果返回 kubectl，kubectl 接收响应并展示结果。至此，kubectl 与 kube-apiserver 的一次请求周期结束。

1.3.2 client-go

kubectl 是通过命令行方式与 kube-apiserver 进行交互的，Kubernetes 还提供了通过编程交互方式与 kube-apiserver 进行通信的方案。client-go 是从 Kubernetes 的代码中单独抽离出来包，是独立出来的项目。作为官方提供的 Go 语言的客户端，它简单易用，Kubernetes 的其他组件与 kube-apiserver 通信的方式也基于 client-go 实现。

在大部分基于 Kubernetes 做二次开发的程序中，建议通过 client-go 来与 kube-apiserver 进行交互。因为它在 Kubernetes 上做了大量的优化，核心组件如 kube-scheduler、kube-controller-manager 等都通过 client-go 与 kube-apiserver 进行交互。

提示：熟练使用并掌握 client-go 是每个 Kubernetes 开发者必备的技能。

1.3.3 kube-apiserver

kube-apiserver 也被称为 Kubernetes API Server。它负责将 Kubernetes “资源组/资源版本/资源类别” 以 RESTful 风格的形式对外暴露并提供服务。在 Kubernetes 集群中，所有组件都通过 kube-apiserver 操作资源对象。kube-apiserver 是集群中唯一与 etcd 集群进行交互的核心组件。例如，开发者通过 kubectl 创建一个 Pod 资源对象，请求通过 kube-apiserver 的 HTTP 接口将 Pod 资源对象存储至 etcd 集群中。

etcd 集群是分布式键值存储集群，提供了可靠的强一致性服务发现。etcd 集群存储了 Kubernetes 集群状态和元数据，包括所有 Kubernetes 资源对象信息、集群节点信息等。Kubernetes 将所有数据存储至 etcd 集群中前缀为/registry 的目录下。

kube-apiserver 是核心组件，对于整个集群至关重要，它具有以下重要特性。

- 将 Kubernetes 中的所有资源对象封装成 RESTful 风格的 API 接口进行管理。
- 可以进行集群状态管理及元数据管理，是唯一与 etcd 集群交互的组件。
- 具有丰富的集群安全访问机制，提供认证、授权及准入控制器。
- 提供集群各组件间的通信及交互功能。

1.3.4 kube-controller-manager

kube-controller-manager 负责管理 Kubernetes 集群中的节点（Node）、Pod 副本、服务端点（Endpoints）、命名空间（Namespace）、服务账户（ServiceAccount）、资源定额（ResourceQuota）等。例如，当某个节点意外宕机时，kube-controller-manager 会及时发现并执行自动化修复流程，确保集群始终处于预期的工作状态。

kube-controller-manager 负责确保 Kubernetes 的实际状态收敛到所需状态，kube-controller-manager 默认提供一些控制器（Controller），如 Deployment 控制器、StatefulSet 控制器、Namespace 控制器及 PersistentVolume 控制器等，每个控制器通过 kube-apiserver 提供的接口实时监控整个集群中每个资源对象的当前状态，当发生各种故障导致系统状态发生变化时，控制器会尝试将系统状态修复为期望状态。

kube-controller-manager 具有高可用性（支持多个实例同时运行），基于 etcd 集群上的分布式锁实现 Leader 选举机制，多个实例同时运行 kube-apiserver 提供的资源锁进行竞选，抢先获取锁的实例被称为 Leader 节点，并且运行 kube-controller-manager 的主逻辑，未获取锁的实例被称为 Candidate 节点（候选节点），运行时处于阻塞状态。当 Leader 节点因某些原因退出后，Candidate 节点通过 Leader 选举机制进行竞选，成为 Leader 节点并接替 kube-controller-manager 的工作。

1.3.5 kube-scheduler

kube-scheduler 也被称为调度器，目前是 Kubernetes 集群默认的调度器。它负责为一个 Pod 资源对象在 Kubernetes 集群中找到合适的节点并使其在该节点上运行。调度器每次只调度一个 Pod 资源对象，为每个 Pod 资源对象寻找合适节点的过程是一个调度周期。

kube-scheduler 监控整个集群的 Pod 资源对象和 Node 资源对象，当监控到新的 Pod 资源对象被创建时，会经过调度算法为其选择最优的节点。调度算法分为两种，分别为预选调度算法和优选调度算法。除了调度算法，Kubernetes 还支持优先级调度和抢占机制及亲和性调度等功能。

kube-scheduler 具有高可用性（支持多个实例同时运行），基于 etcd 集群上的分布式锁实现 Leader 选举机制，多个实例同时运行 kube-apiserver 提供的资源锁进行竞选，抢先获取锁的实例被称为 Leader 节点，并且运行 kube-scheduler 组件的主逻辑，未获取锁的实例被称为 Candidate 节点（候选节点），运行时处于阻塞状态。当 Leader 节点因某些原因退出后，Candidate 节点通过 Leader 选举机制进行竞选，成为 Leader 节点并接替 kube-scheduler 组件的工作。

1.3.6 kubelet

kubelet 用于节点管理，运行在每个 Kubernetes 节点上。kubelet 用来接收、处理、上报 kube-apiserver 下发的任务。kubelet 在启动时会向 kube-apiserver 注册节点自身信息。它主要负责所在节点上的 Pod 资源对象的管理，例如，Pod 资源对象的创建、修改、监控、删除、驱逐及 Pod 生命周期管理等。

kubelet 会定期监控所在节点的资源使用状态，并上报 kube-apiserver。这些资源数据可以帮助 kube-scheduler 为 Pod 资源对象预选节点。kubelet 也会清理所在节点的镜像和容器，保证节点上的镜像不会占满磁盘空间，可以释放资源。

kubelet 的 3 种标准化接口分别用于容器运行时、容器网络插件和容器存储插件，如图 1-2 所示。

容器运行时接口（Container Runtime Interface，CRI）定义了 kubelet 与容器运行时之间的通信协议。通过 CRI，kubelet 可以与多种容器运行时（如 Docker、Containerd、CRI-O 等）进行

交互，以执行容器的创建、启动、停止、销毁等操作。CRI 的设计使 kubelet 能够与不同的容器运行时进行交互，提供了容器运行时的插件化能力。

容器网络接口（Container Network Interface，CNI）定义了容器网络插件的标准接口。通过 CNI，kubelet 可以与多种网络插件进行交互，以配置容器的网络连接。CNI 允许集群管理员选择和使用不同的网络解决方案（如 Calico、Flannel、Weave 等），以满足不同的网络需求。

容器存储接口（Container Storage Interface，CSI）定义了容器存储插件的标准接口。通过 CSI，Kubernetes 可以与多种存储插件进行交互，以实现持久化存储的配置和管理。CSI 允许集群管理员选择和使用不同的存储解决方案（如 Ceph、GlusterFS、NFS、云存储等），以满足不同的存储需求。

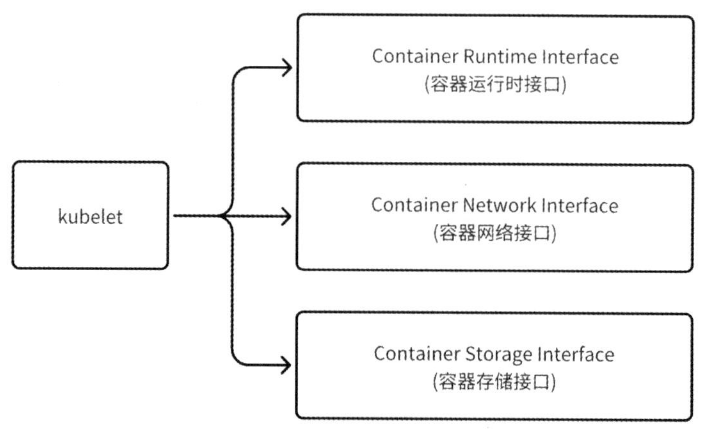

图 1-2　kubelet 的 3 种标准化接口

这 3 种接口都是 Kubernetes 生态系统中的重要组成部分，它们使 Kubernetes 能够与多种容器运行时、容器网络插件和容器存储插件进行交互，从而实现这些组件的插件化和可扩展性。这也是 Kubernetes 能够适应不同环境和需求的关键因素之一。

1.3.7　kube-proxy

kube-proxy 用于节点上的网络代理，它运行在每个 Kubernetes 节点上。它监听 kube-apiserver 的 Service 和 Endpoints 的资源变化，并通过 iptables、ipvs 等配置负载均衡器，为一组 Pod 提供统一的 TCP/UDP 流量转发和负载均衡功能。

kube-proxy 是管理 Pod-to-Service 和 External-to-Service 网络的非常重要的组件之一。kube-proxy 相当于代理模型，负责将某个 IP:Port 的请求转发给专用网络上的相应服务或应用。但是，kube-proxy 与其他负载均衡服务的区别在于，kube-proxy 只向 Kubernetes Service 及其后端 Pod 资源对象发出请求。

1.3.8　Container Runtime

Container Runtime 负责管理节点上容器的生命周期，包括容器的创建、启动和销毁等。在 1.24 版本以前，Kubernetes 通过在 kubelet 中内嵌 Dockershim 垫片的方式实现与 Docker Engine 的交互。在 1.24 及以后的版本中，kubelet 完全切换到基于 CRI 与 Container Runtime

通信的模式。任何实现了 CRI 的 Container Runtime 都能与 Kubernetes 无缝集成。常见的 Container Runtime 有 Containerd、CRI-O、Docker Engine、Mirantis Container Runtime 等。

1.4 Kubernetes Project Layout 设计

Kubernetes 项目使用 Go 语言编写。Go 语言官方并没有对项目的结构提出强制要求，早期的 Go 语言开发者都喜欢将包文件代码存放在项目的 src/目录下，例如 nsqio 开源项目，开发者喜欢将入口文件存放在 apps/目录下。不同开发者的喜好不同，导致开源项目的结构没有统一标准。

后来 Go 语言社区提出 Standard Go Project Layout 方案，对 Go 语言项目的目录结构进行划分。目前该方案已经成为众多 Go 语言开源项目的选择。

根据 Standard Go Project Layout 方案，我们来看一下 Kubernetes 的 Project Layout。Kubernetes Project Layout 目录的结构如表 1-1 所示。

表 1-1　Kubernetes Project Layout 目录的结构

源码目录	说明
cmd/	存放可执行文件的入口代码。每个可执行文件都会对应一个 main 函数
pkg/	存放核心库代码，可以被项目内部或外部直接引用
vendor/	存放项目依赖的库代码，一般为第三方库代码
api/	存放 OpenAPI/Swagger 的 spec 文件，包括 JSON、Protocol 的定义等
build/	存放与构建相关的脚本（容器环境构建使用的脚本）
test/	存放测试工具及测试数据
docs/	存放设计或用户使用文档
hack/	存放与构建、测试等相关的脚本（本地环境构建使用到的脚本）
third_party/	存放第三方工具、代码或其他组件
plugin/	存放 Kubernetes 插件代码目录。例如，认证、授权等相关插件
staging/	部分核心包的暂存目录
translations/	存放 i18n（国际化）语言包相关文件，可以在不修改内部代码的情况下支持不同语言及地区
CHANGELOG/	存放项目代码 Change Log 记录，便于追踪项目历程和修改历史

Kubernetes 项目全球开发者众多，导致早期的代码包较多，尤其是 kube-apiserver 项目，其内部所引用的包代码特别多。随着 Kubernetes 版本的迭代，逐渐将部分包合并，其中，staging/目录为部分核心包的暂存目录，该目录下的核心包多以软链接的形式链接到 vendor/k8s.io 目录。

Kubernetes 组件较多，各组件代码入口的 main 结构的设计风格高度一致，我们以核心组件为例。命令示例如下。

```
Plain Text
$ tree cmd/ -L 2
cmd/
```

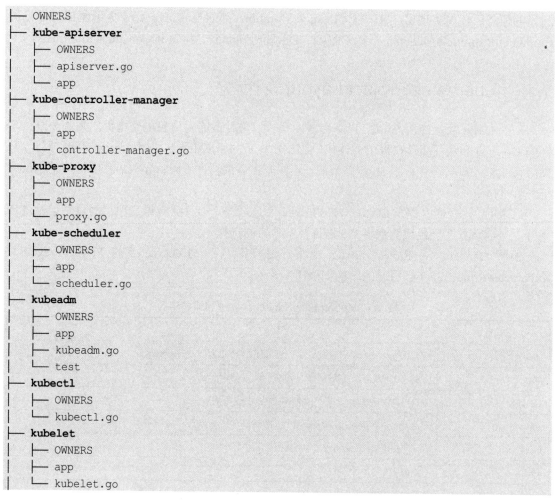

```
├── OWNERS
├── kube-apiserver
│   ├── OWNERS
│   ├── apiserver.go
│   └── app
├── kube-controller-manager
│   ├── OWNERS
│   ├── app
│   └── controller-manager.go
├── kube-proxy
│   ├── OWNERS
│   ├── app
│   └── proxy.go
├── kube-scheduler
│   ├── OWNERS
│   ├── app
│   └── scheduler.go
├── kubeadm
│   ├── OWNERS
│   ├── app
│   ├── kubeadm.go
│   └── test
├── kubectl
│   ├── OWNERS
│   └── kubectl.go
├── kubelet
│   ├── OWNERS
│   ├── app
│   └── kubelet.go
```

从代码入口的 main 结构来看，各组件的目录结构、文件命名都保持高度一致性，假设需要新增一个组件，我们甚至可以复制原有的组件代码，只需简单修改就可以运行。每个组件的初始化过程也非常类似，初始化过程如图 1-3 所示。

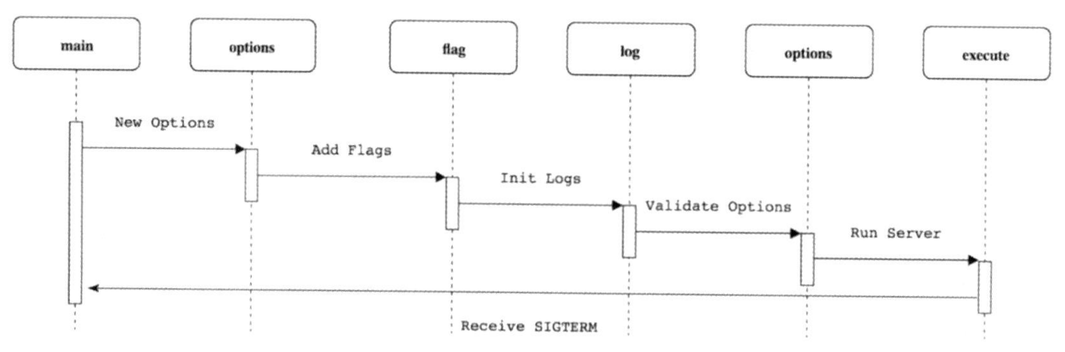

图 1-3 初始化过程

main 结构中定义了进程运行的周期，即从进程启动、运行到退出。以 kube-apiserver 为例，kube-apiserver 的初始化过程如图 1-4 所示。

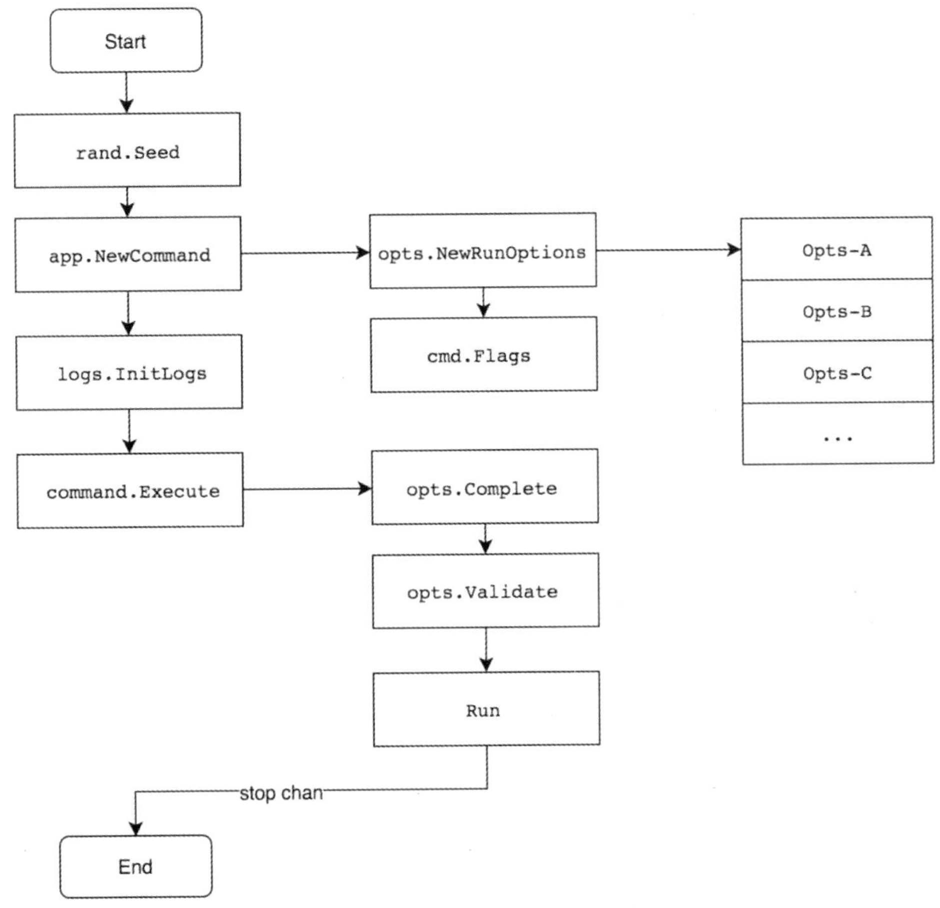

图 1-4　kube-apiserver 的初始化过程

- rand.Seed：组件中全局随机数生成对象。
- app.NewCommand：实例化命令行参数。通过 Flags 将命令行参数解析并存储至 Options 对象上。
- log.InitLogs：实例化日志对象，用于日志管理。
- command.Execute：组件进程运行的逻辑。运行前首先通过 Complete 函数填充默认的参数，然后通过 Validate 函数验证所有参数，最后通过 Run 函数持久运行。只有在收到退出信号时，进程才退出。

Kubernetes 中其他组件的 cmd 设计与 kube-apiserver 的类似，这里不再描述，后续章节会对每个组件的启动过程进行详细描述。

第 2 章

Kubernetes 构建过程

构建过程是指编译器读入 Go 语言代码文件，经过处理，最终产生一个二进制文件的过程，即将人类可读的代码转化成计算机可执行的二进制文件的过程。

手动构建二进制文件是一件非常麻烦的事情，尤其是 Kubernetes 这种较为复杂的大型程序，Kubernetes 官方专门提供了一套编译工具，使构建过程变得简单。

2.1 构建方式

Kubernetes 构建方式可以分为两种，分别是本地环境构建、容器环境构建，如图 2-1 所示。

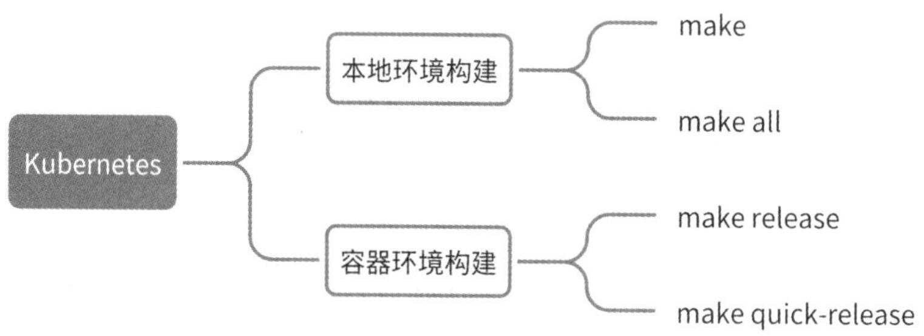

图 2-1　Kubernetes 构建方式

早期的 Kubernetes 版本支持使用 Bazel 方式构建。Bazel 方式的优势在于，构建速度快，支持增量编译，对依赖关系进行了优化，从而支持并发执行。由于使用 Bazel 方式构建的二进制文件的维护复杂度较高，另外 Go 语言本身将编译过程的中间结果缓存下来实现类似的增量编译，因此在 Kubernetes 1.21 版本移除了 Bazel 方式。有趣的是，移除 Bazel 方式后，Kubernetes 源码减少了约 14 万行。

通过 Git 工具下载 Kubernetes 源码，并切换至 Kubernetes 1.25 版本。

注意：构建 Kubernetes 1.25 版本，需要使用 Go 语言 1.19 或更高版本。不同 Kubernetes 版本对应的 Go 语言版本也不同。

通过 cloc 代码统计命令查看 Kubernetes 源码行数。cloc 是一个使用 Perl 开发的源码统计工具，支持多平台使用、多语言识别，能够计算指定目标文件或文件夹中的文件数、空白行数、注释行数和代码行数。cloc 命令示例如下。

```
Plain Text
$ cloc --timeout 0 $GOPATH/src/k8s.io/kubernetes
   23059 text files.
   17978 unique files.
    5587 files ignored.

github.com/AlDanial/cloc v 1.94  T=1507.32 s (11.9 files/s, 4329.5 lines/s)
--------------------------------------------------------------------------------
Language                 files          blank        comment           code
--------------------------------------------------------------------------------
Go                       15011         509111         949096        3909585
JSON                       444              2              0         771652
YAML                      1284            632           1205         135032
Markdown                   466          21306              0          74877
Bourne Shell               334           6397          12440          31408
Protocol Buffers           119           5680          19046          11685
PO File                     12           1873          13392          11261
Assembly                    95           2578           2603           9636
Text                        28            195              0           6989
PowerShell                   7            398           1018           2485
make                        59            538            900           1993
C/C++ Header                 1            399           4367            839
Bourne Again Shell          12             89             74            773
Starlark                    21             56              0            763
sed                          4              4             32            445
Dockerfile                  48            208            705            422
Python                       7            119            159            412
SVG                          4              4              4            378
C                            5             42             54            140
ANTLR Grammar                1             31             17            138
XML                          4              0              0             96
TOML                         5             24             86             74
INI                          1              2              0             10
HTML                         3              0              0              3
DOS Batch                    1              2             17              2
Bazel                        1              0              0              1
CSV                          1              0              0              1
--------------------------------------------------------------------------------
SUM:                     17978         549690        1005215        4971100
--------------------------------------------------------------------------------
```

从输出结果可以看到，Kubernetes 1.25 版本拥有大约 497 万行代码，其中，Go 语言代码约 390 万行，这是一个非常庞大的开源软件。当然，这里面也包含通过代码生成器生成的 Go 语言代码文件，我们将在后续的章节中揭开 Kubernetes 的神秘面纱。

注意：本书中展示的所有源码文件路径，都以 Kubernetes 源码根目录作为代码路径（$GOPATH/src/k8s.io/kubernetes）。

2.2 一切都始于 Makefile

Go 语言开发者习惯手动执行构建（go build）和单元测试（go test）命令，因为 Go 语言为开发者提供了便捷的工具，但在一些生产环境或复杂的大型项目中，这是一种不好的开发习惯。在实际的 Go 语言开发项目中使用 Makefile 是一种好的习惯。

Makefile 是一个非常实用的自动化工具，适用于构建和测试 Go 语言应用程序。Makefile 还适用于大多数编程语言，如 C++等。Kubernetes 的源码根目录中有两个关于 Makefile 的文件，分别如下。

- Makefile：顶层 Makefile 文件，描述了整个项目所有代码文件的编译顺序、编译规则及编译后的二进制文件输出路径等。
- Makefile.generated_files：描述了代码生成器构建二进制文件的逻辑，代码生成器的原理将在第 13 章中详细介绍。

通过 make all 命令，可以展示所有可用的构建选项（从构建到测试）。下面看一下 make all 命令在 Makefile 中的定义。代码示例如下。

```
Plain Text
define ALL_HELP_INFO
# Build code.
#
# Args:
#   WHAT: Directory names to build.  If any of these directories has a 'main'
#     package, the build will produce executable files under $(OUT_DIR)/bin.
#     If not specified, "everything" will be built.
#     "vendor/<module>/<path>" is accepted as alias for "<module>/<path>".
#     "ginkgo" is an alias for the ginkgo CLI.
#   GOFLAGS: Extra flags to pass to 'go' when building.
#   GOLDFLAGS: Extra linking flags passed to 'go' when building.
#   GOGCFLAGS: Additional go compile flags passed to 'go' when building.
#   DBG: If set to "1", build with optimizations disabled for easier
#     debugging.  Any other value is ignored.
#
# Example:
#   make
#   make all
#   make all WHAT=cmd/kubelet GOFLAGS=-v
#   make all DBG=1
#     Note: Specify DBG=1 for building unstripped binaries, which allows you to use code
debugging
#       tools like delve. When DBG is unspecified, it defaults to "-s -w" which strips debug
#       information.
endef
.PHONY: all
ifeq ($(PRINT_HELP),y)
all:
   echo "$$ALL_HELP_INFO"
else
all: generated_files
```

```
    hack/make-rules/build.sh $(WHAT)
endif
```

在 Kubernetes 的 Makefile 文件中定义，第 1 步执行 generated_files 命令（在 Makefile 中被称为目标），用于代码生成（code generation）；第 2 步通过调用 hack/make-rules/build.sh 脚本执行构建操作，其中，$(WHAT)参数用于指定构建的 Kubernetes 组件的名称，如果不指定该参数，则默认构建 Kubernetes 所有组件。

2.3　本地环境构建

2.3.1　本地环境构建命令

在进行本地环境构建时，如果用户使用 macOS 系统，则可能附带过时的 BSD 的工具。官方建议安装 macOS GNU 工具，详情见官方 Kubernetes 开发指南。执行构建操作的命令示例如下。

```
Plaintext
$ make all
+++ [0825 14:14:19] Building go targets for darwin/arm64
    k8s.io/kubernetes/hack/make-rules/helpers/go2make (non-static)
+++ [0825 14:14:28] Building go targets for darwin/arm64
    k8s.io/kubernetes/cmd/kube-proxy (static)
    k8s.io/kubernetes/cmd/kube-apiserver (static)
    k8s.io/kubernetes/cmd/kube-controller-manager (static)
    k8s.io/kubernetes/cmd/kubelet (non-static)
    k8s.io/kubernetes/cmd/kubeadm (static)
    k8s.io/kubernetes/cmd/kube-scheduler (static)
    k8s.io/component-base/logs/kube-log-runner (static)
    k8s.io/kube-aggregator (non-static)
    k8s.io/apiextensions-apiserver (non-static)
    k8s.io/kubernetes/cluster/gce/gci/mounter (non-static)
    k8s.io/kubernetes/cmd/kubectl (non-static)
    k8s.io/kubernetes/cmd/kubectl-convert (non-static)
    k8s.io/kubernetes/cmd/gendocs (non-static)
    k8s.io/kubernetes/cmd/genkubedocs (non-static)
    k8s.io/kubernetes/cmd/genman (non-static)
    k8s.io/kubernetes/cmd/genyaml (non-static)
    k8s.io/kubernetes/cmd/genswaggertypedocs (non-static)
    k8s.io/kubernetes/cmd/linkcheck (non-static)
    github.com/onsi/ginkgo/v2/ginkgo (non-static)
    k8s.io/kubernetes/test/e2e/e2e.test (test)
    k8s.io/kubernetes/test/conformance/image/go-runner (non-static)
    k8s.io/kubernetes/cmd/kubemark (static)
    github.com/onsi/ginkgo/v2/ginkgo (non-static)
```

执行 make 或 make all 命令，都是构建 Kubernetes 所有组件（包含 kube-apiserver、kube-controller-manager、kube-scheduler、kubelet、kubectl 等组件）的二进制文件，组件的二进制文件输出的相对路径为_output/bin/。如果用户需要对 Makefile 的执行过程进行调试，则可以使用-n 参数，输出所有执行命令，但并不执行，展示更详细的内容。假设我们想单独构建某一个组件（如 kubectl 组件）的二进制文件，则需要指定 WHAT 参数。命令示例如下。

```
Plaintext
 $ make WHAT=cmd/kubectl
```

2.3.2 本地环境构建过程

Makefile 中的定义通过调用 hack/make-rules/build.sh 脚本执行构建操作，传入要构建二进制文件的组件名称。如果用户想调试整个构建过程并输出详细信息，则可以执行如下命令调试 build.sh 构建脚本：

```
Bash
bash -x hack/make-rules/build.sh cmd/kubectl
```

本地环境构建过程如图 2-2 所示。

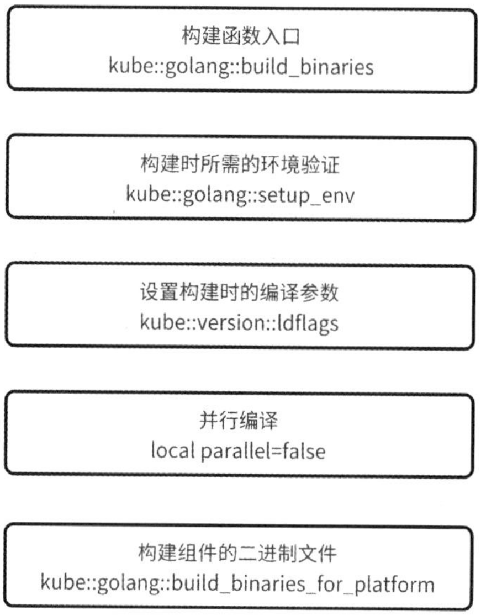

图 2-2　本地环境构建过程

1）构建函数入口

kube::golang::build_binaries：用于接收要构建二进制文件的组件名称，如果不指定参数，则默认构建所有组件。

2）构建时所需的环境验证

kube::golang::setup_env：该过程会验证 Go 语言版本是否满足构建要求（≥go1.19）。

3）设置构建时的编译参数

kube::version::ldflags：在编译时，可以设置一些-ldflags 参数。这些参数主要有两个作用，分别是在编译时给 Go 链接器传参和在编译时设置变量的值。

根据编译原理，编译过程大致为：预处理→编译→汇编→链接，其中，-ldflags 参数将影响链接过程，该过程将用户编写的程序和外部的程序组合在一起，一般通过静态链接或动态链接进行组合。通过 go tool link --help 命令可以查看 Go 链接器可用的参数。

而在构建 Kubernetes 源码时，仅通过-ldflags 参数设置变量的值，通过-X 参数实现将 go

version、git version、git commit、build date 等信息编译到二进制文件中，当用户执行 kubectl version 命令时会输出程序的版本信息。

4）并行编译

并行编译是指启动多个进程并发地执行编译操作，以加快编译速度，触发并行编译需要具备两个条件：第一，指定多平台编译（Darwin、Linux、Windows），不同平台使用不同进程进行编译；第二，机器的可用物理内存大于 20GB。

用户可以手动触发多平台并行编译操作，设置 KUBE_BUILD_PLATFORMS 环境变量，指定需要构建的 Linux 和 Darwin 平台。执行以下命令调试 build.sh 构建脚本。

```
Plain Text
export KUBE_BUILD_PLATFORMS='linux/amd64 darwin/arm64'; bash -x hack/make-rules/build.sh
cmd/kubectl cmd/kube-scheduler
```

如何在 shell 脚本语言中实现多进程并发执行？实际上 shell 脚本语言提供了一种把命令提交到后台任务队列的机制，即使用 command &将命令控制权交到后台并立即返回执行下一个任务来实现多进程并发执行。并行编译的代码示例如下。

代码路径：hack/lib/golang.sh

```
Plain Text
for platform in "${platforms[@]}"; do (
    ...
    kube::log::status "${platform}: build started"
    kube::golang::build_binaries_for_platform "${platform}"
    kube::log::status "${platform}: build finished"
  ) &> "/tmp//${platform//\//_}.build" &
done
```

5）构建组件的二进制文件

至此，根据传入的组件名称和所需的构建平台、构建参数（Go flags），通过执行 go install 命令构建组件的二进制文件，代码示例如下。

代码路径：hack/lib/golang.sh

```
Plain Text
kube::golang::build_some_binaries() {
  ...
  GO111MODULE=on GOPROXY=off go install "${build_args[@]}" "$@"
  ...
}
```

构建完成后，二进制文件的输出目录为_output/bin/。通过 make all 命令构建所有组件，二进制文件输出如下（只展示核心组件）。

```
Bash
% tree _output/bin
_output/bin
├── apiextensions-apiserver
├── conversion-gen
├── deepcopy-gen
├── defaulter-gen
├── kube-aggregator
├── kube-apiserver
├── kube-controller-manager
```

```
├── kube-proxy
├── kube-scheduler
├── kubectl
├── kubelet
├── openapi-gen
```

最后可以使用 make clean 命令来清理构建的环境。

2.4 容器环境构建

2.4.1 容器环境构建命令

通过容器（Docker）构建 Kubernetes 非常简单，Kubernetes 提供了两种容器环境下的构建方式，即 make release 和 make quick-release。它们之间的区别如下。

- make release：构建所有平台（Darwin、Linux、Windows），构建速度慢，会进行单元测试。
- make quick-release：只构建当前平台，构建速度快，会略过单元测试。

make quick-release 相比 make release 多了两个变量：KUBE_RELEASE_RUN_TESTS 变量，如果定义为 n，则跳过单元测试，KUBE_FASTBUILD 变量，如果定义为 true，则跳过跨平台交叉编译，以实现快速构建。make quick-release 在 Makefile 中的定义如下：

```
Plain Text
define RELEASE_SKIP_TESTS_HELP_INFO
# Build a release, but skip tests
# ...
# Example:
#   make release-skip-tests
#   make quick-release
endef
.PHONY: release-skip-tests quick-release
ifeq ($(PRINT_HELP),y)
release-skip-tests quick-release:
  echo "$$RELEASE_SKIP_TESTS_HELP_INFO"
else
release-skip-tests quick-release: KUBE_RELEASE_RUN_TESTS = n
release-skip-tests quick-release: KUBE_FASTBUILD = true
release-skip-tests quick-release:
  build/release.sh
endif
```

2.4.2 容器环境构建过程

无论是 make quick-release 还是 make release，最终都会执行 build/release.sh 脚本来运行容器环境构建命令。容器环境构建过程如图 2-3 所示。

在容器环境构建过程中，多个容器镜像参与其中，分别如下。

- build 容器：构建容器（容器名为 kube-build），用于在 build 容器中进行代码构建操作，构建完成后被删除。
- data 容器：存储容器（容器名为 kube-rsync），用于存放构建过程中所需的所有文件。

- rsync 容器：同步容器（容器名为 kube-build-data），用于在容器和主机之间传输数据，构建完成后被删除。

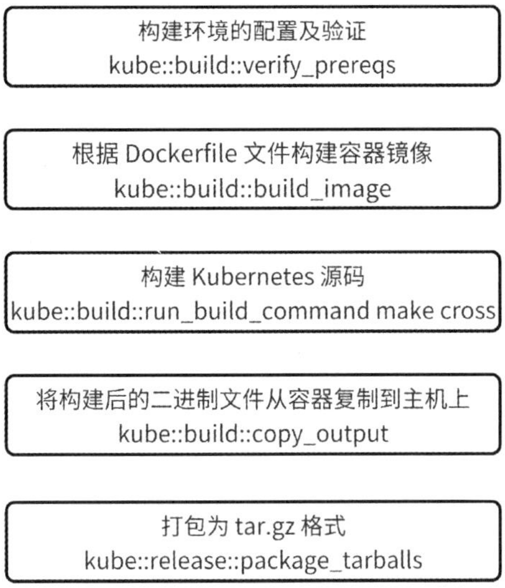

图 2-3　容器环境构建过程

1）构建环境的配置及验证

kube::build::verify_prereqs：该过程会检查本机是否安装了 Docker 进程，并验证 Docker 进程是否已经正常运行。

2）根据 Dockerfile 文件构建容器镜像

Dockerfile 文件来源于 build/build-image/Dockerfile。代码示例如下。

代码路径：build/common.sh

```
Plain Text
function kube::build::build_image() {
  mkdir -p "${LOCAL_OUTPUT_BUILD_CONTEXT}"
  ...
  cp "${KUBE_ROOT}/build/build-image/Dockerfile" "${LOCAL_OUTPUT_BUILD_CONTEXT}/Dockerfile"
  cp "${KUBE_ROOT}/build/build-image/rsyncd.sh" "${LOCAL_OUTPUT_BUILD_CONTEXT}/"
  ...
  kube::build::docker_build "${KUBE_BUILD_IMAGE}" "${LOCAL_OUTPUT_BUILD_CONTEXT}" 'false'
"--build-arg=KUBE_CROSS_IMAGE=${KUBE_CROSS_IMAGE} --build-arg=KUBE_CROSS_VERSION=
${KUBE_CROSS_VERSION}"
  ...
  kube::build::ensure_data_container
  kube::build::sync_to_container
}
```

构建容器镜像的流程如下。

（1）执行 mkdir 命令创建构建镜像的文件夹（_output/images/...）。

（2）执行 cp 命令复制构建镜像所需的相关文件，如 Dockerfile 文件和 rsyncd 同步脚本等。

（3）执行 kube::build::docker_build 函数，构建容器镜像。

（4）执行 kube::build::ensure_data_container 函数，运行存储容器并挂载卷（Volume）。

（5）执行 kube::build::sync_to_container 函数，运行同步容器并挂载存储容器的卷，执行 rsync 命令将 Kubernetes 源码同步至存储容器的卷上。

3）构建 Kubernetes 源码

此时，容器环境已经准备好，开始运行容器并在容器内部执行构建 Kubernetes 源码的操作。代码示例如下。

代码路径：build/common.sh

```
Plain Text
function kube::build::run_build_command_ex() {
  ...
  local -ra docker_cmd=(
    "${DOCKER[@]}" run "${docker_run_opts[@]}" "${KUBE_BUILD_IMAGE}")

  ...
  kube::build::destroy_container "${container_name}"
  "${docker_cmd[@]}" "${cmd[@]}"
  if [[ "${detach}" == false ]]; then
    kube::build::destroy_container "${container_name}"
  fi
}
```

在 kube::build::run_build_command_ex 函数中，通过"${docker_cmd[@]}" "${cmd[@]}"命令执行构建操作（在容器内执行 make cross 命令）。容器内的构建过程与本地环境构建相同。

4）将构建后的二进制文件从容器复制到主机上

kube::build::copy_output：使用同步容器，将构建后的二进制文件通过 rsync 命令复制到主机上。

5）打包为 tar.gz 格式

kube::release::package_tarballs：打包，将二进制文件打包到_output 中。最终，二进制文件以 tar.gz 压缩包的形式输出至_output/release-tars 文件夹。

第 3 章

Kubernetes 核心数据结构

3.1 初识数据结构

Kubernetes 是基于 API 的基础设施，Kubernetes 中的概念都被抽象成各种资源（Resource），不同的资源（如我们熟悉并经常使用的 Deployment 资源、Pod 资源、StatefulSet 资源、Service 资源、ConfigMap 资源、Node 资源等）拥有不同的功能。在 Kubernetes 的世界里对各种资源的操作都是基于 API 来完成的，Kubernetes 通过 kube-apiserver 提供一系列的 REST API 来完成对资源的基本操作。

在了解一个系统的 REST API 时，首先要看有哪些资源，这些资源如何定义，支持哪些操作等。实际上，除了上述提到的 Pod、Node、Deployment、Service 等系统内置资源，Kubernetes 还支持资源的扩展，即 CustomResourceDefinition（CRD），它可以在无须修改 Kubernetes 源码的情况下进行扩展，还能被 Kubernetes 识别。这些资源在 Kubernetes 源码中是如何定义与实现的呢？我们在编写 YAML 文件的时候，怎么理解繁杂的格式呢？Kubernetes 又是如何识别这些 YAML 文件的呢？带着种种疑问，我们开启本章的学习，了解 Kubernetes 中的基本概念，以及 Kubernetes API 的设计与原理，掌握基础的数据结构知识。

3.2 基本概念

REST API 是 Kubernetes 的基础结构，组件之间的所有操作和通信及外部用户命令都是调用 API 服务器处理的 REST API。因此，Kubernetes 中的所有内容都被视为 API 对象，并且它们在 API 中都有相应的定义。在学习 API 组织体系之前，我们先来了解 Kubernetes 中与 API 相关的基本概念。

3.2.1 API 的层次结构

Kubernetes 中所有 API 的层次结构如图 3-1 所示。

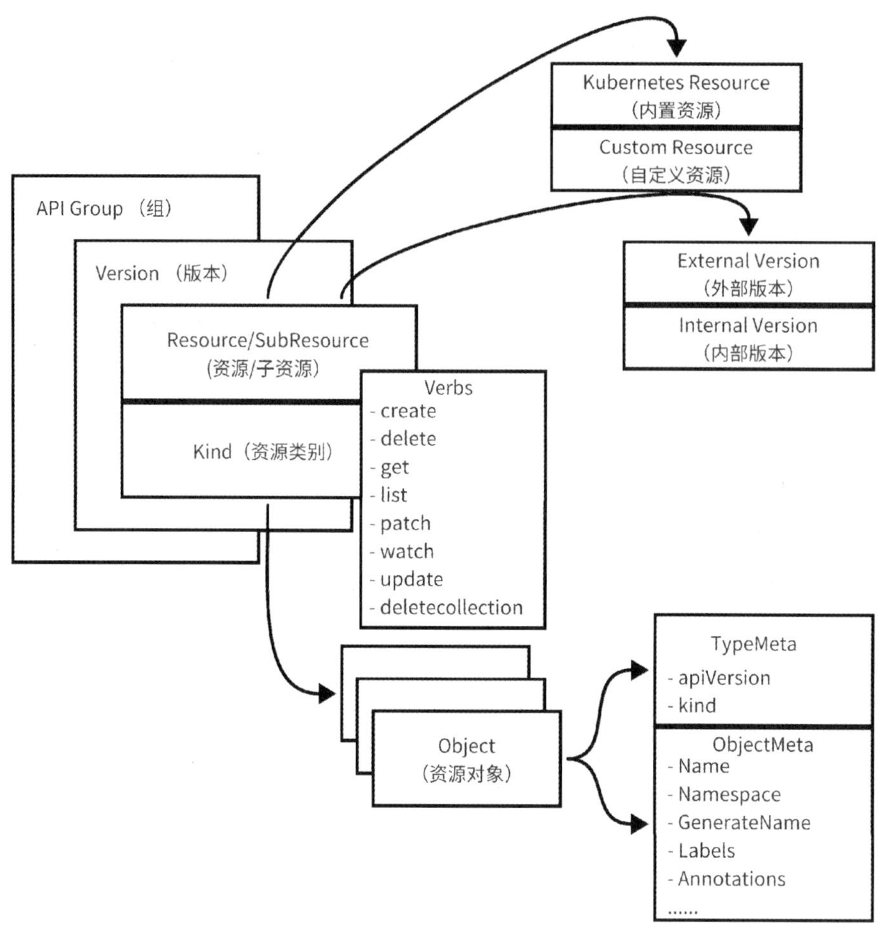

图 3-1 Kubernetes 中的所有 API 的层次结构

- API Group：API 组，将 API 分类，如 apps、batch 等。
- Version：Group 包含多个 Version，用于版本控制。
- Resource/SubResource：资源/子资源。
- Kind：资源类别。
- Verbs：某种资源类型支持的操作方法。
- Object：某种资源类型创建出的实体对象。
- TypeMeta：Object 所属的组、版本、资源类型信息，对应 YAML 资源文件中的 kind 和 apiVersion。
- ObjectMeta：Object 自身的属性信息，对应 YAML 资源文件中的 metadata。

3.2.2 版本控制

对 API 的设计者和使用者而言，版本控制都有着非常重要的意义。首先，API 的设计者和实现者需要考虑向后兼容，但是随着业务的发展或需求的变更，兼容性的实现会变得非常复杂，版本控制将解决这个问题，它可以提供多个版本的 API 实现，API 的设计者和实现者不再需要为了实现向后兼容而绞尽脑汁。其次，API 的使用者也可以灵活选择使用不同版本的 API，而不用担心 API 的兼容性问题。

开源界常用的版本控制一般可分为 3 种，分别是 alpha、beta、stable，它们之间的迭代顺序为 alpha→beta→stable，通常用来表示软件测试过程中的 3 个阶段。alpha 表示第 1 个阶段，一般用于内部测试；beta 表示第 2 个阶段，该版本已经修复了大部分的不完善之处，但仍然可能存在缺陷和漏洞，一般供特定的用户群进行测试；stable 表示第 3 个阶段，此时基本形成了产品并相当成熟，可以稳定运行。资源版本控制如下。

1）alpha 版本

alpha 版本为内部测试版本，供 Kubernetes 开发者内部测试使用。该版本是不稳定的，可能存在很多缺陷和漏洞，开发者随时可能会丢弃对该版本功能的支持。在默认情况下，处于 alpha 版本的功能会被禁用。alpha 版本的命名格式为 v1alpha1、v1alpha2、v2alpha1。

2）beta 版本

beta 版本为相对稳定版本。beta 版本经过官方和社区多次测试，后面迭代时会有较小的改变，但该版本不会被删除。1.24 之前的版本，在默认情况下，处于 beta 版本的 API 是开启状态的，从 1.24 版本开始，在默认情况下，不会在集群中启用新的 beta 版本的 API，现有的 beta 版本的 API 将继续默认启用。beta 版本的命名格式为 v1beta1、v1beta2、v2beta1。

3）stable 版本

stable 版本为正式发布的版本。stable 版本基本形成了产品，该版本不会被删除。在默认情况下，处于 stable 版本的功能全部是开启状态的。stable 版本的命名格式为 v1、v2、v3。

3.2.3　组

Kubernetes 早期采用上述介绍的版本控制方式，目前内置的核心资源（如 Pod、Service、ConfigMap 等）都是使用 v1 作为这些资源的 API 版本的。但是后来又引入了 API 组，两者配合形成<group>/<version>的组合，最终作为 API 版本的完整表现形式。我们在定义一个 Deployment YAML 文件时，第 1 行 apiVersion: apps/v1 中的 apps 表示组，v1 表示版本。同时为了兼容核心资源，Kubernetes 也支持 Pod 资源的 apiVersion:v1 表现形式。Pod 等核心资源（也被称为 legacy 资源），在 Kubernetes 源码中已经被划归到 core 组中，因此我们也可以将其理解为这些核心资源省略了 core 分组，只需要指定 Version。

核心资源对应的 API 版本通过请求 Kubernetes 的/api 接口来访问，没有组的信息，且只有 v1 一个结果；非核心资源对应的 API 版本通过请求 Kubernetes 的/apis 接口来访问，都带有组的信息，不同的组可能包含一个或多个版本，且必须指定一个版本为首选版本（PreferredVersion）。当一个资源组存在多个资源版本时，kube-apiserver 会选择一个首选版本作为当前版本使用。如 apps 分组只包含 v1 版本，这也是首选版本；而 batch 分组包含 v1 和 v1beta1 两个版本，其中 v1 版本是首选版本，说明 v1 版本已经趋于稳定。

Kubernetes 为什么要在版本的基础上新增组，最终使用<group>/<version>实现 API 版本控制呢？官方在 GitHub 提交的相关提案中提到，这种方式主要具有以下优点。

（1）将众多资源按照功能划分成不同的资源组，并且允许单独启用/禁用资源组。当然也可以单独启用/禁用资源组中的资源。

（2）支持不同资源组中拥有不同的资源版本，允许以不同的速度发展，这方便了组内的资源根据版本进行迭代升级。

（3）支持不同的组中存在同名的资源类别（Kind），这对于实验阶段的 API 非常有帮助，不影响原始 API 的使用，同时可以验证新的 API。

（4）为实现自定义资源扩展奠定基础。

启用/禁用 API 组：

在默认情况下，某些资源和 API 组是被禁用的。可以通过设置 API Server 的 --runtime-config 参数来开启和禁用 API 组。--runtime-config 参数接收以逗号分隔的 key=value 字符串，如果不设置=value 则将自动填充=true。

3.2.4 API 术语

Kubernetes 中有各种 API 术语，包括资源、对象、类别、类型等，在后续内容中会经常提及，尤其是资源一词，在不同的语境下可能代表资源类型（Resource Type）或资源对象（Resource Object）。例如，当我们描述："通过执行 kubectl 命令可以请求 Pod 资源，并检查返回的资源是否正确"这句话时，前者指的是资源类型，而后者指的是资源对象。本节将对这些术语做相关说明，它们的关系如图 3-2 所示。

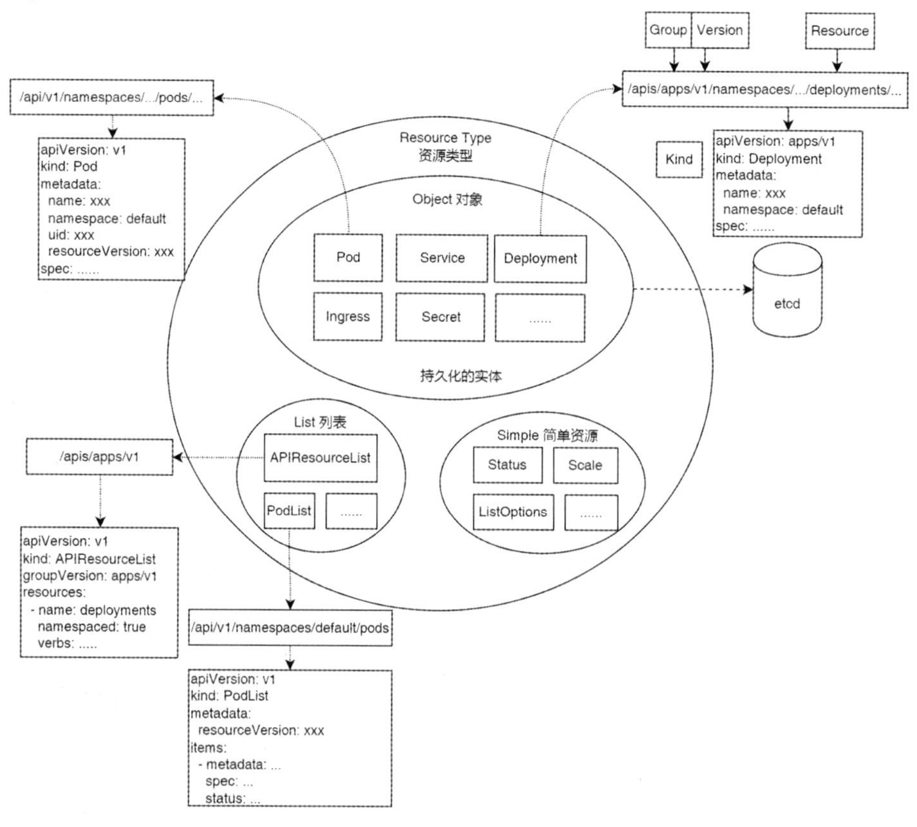

图 3-2　Kubernetes 中 API 术语的关系

1. 资源与动词

Kubernetes API 是通过 HTTP 提供的基于资源的编程接口。它支持标准 HTTP 动词（Verbs），包括 Get、List、Watch、Create、Update、Patch、Delete、Deletecollection、Proxy 等。对于某些资源，API 包括额外的子资源，允许细粒度授权，例如，将 Pod 的详细信息与检索

日志分开，为了方便使用或提高效率，可以以不同的表示形式接收和服务这些资源。

在 RESTful 领域，资源是一个比较宽泛的统称，既可以把某种对象类型称为资源，又可以把某种特定实例称为资源，在 Kubernetes 中的术语区分如下。

- 资源类型是 URL 中使用的名称（Pod、Namespace、Service），用于提供 API 访问端点（Endpoints）。资源类型被组织到 API 组中，并且这些 API 组彼此独立地进行版本控制。
- 资源类型的单个实例被称为对象（Object）。
- 对于某些资源类型，API 包含一个或多个子资源，这些子资源被表示为资源下的 URI 路径。

在 Kubernetes 源码中，GVR（Group、Version、Resource）中的 Resource 正是这里介绍的资源类型。

读者可以使用 kubectl api-resources 命令查看所有的资源类型。

```
Plain Text
$ kubectl api-resources
NAME                         SHORTNAMES   APIVERSION   NAMESPACED KIND
bindings                          v1          true          Binding
componentstatuses   cs            v1          false         ComponentStatus
configmaps   cm                   v1          true          ConfigMap
endpoints   ep                    v1          true          Endpoints
events   ev                       v1          true          Event
limitranges   limits              v1          true          LimitRange
namespaces   ns                   v1          false         Namespace
nodes   no                        v1          false         Node
persistentvolumeclaims pvc        v1          true          PersistentVolumeClaim
persistentvolumes   pv            v1          false         PersistentVolume
pods   po                         v1          true          Pod
podtemplates                      v1          true          PodTemplate
```

kubectl api-resources 命令实际上列出的不是完整的 API 资源类型，而仅仅是单个实例，即资源对象。如 pod/status，这个资源类型就没有在结果中被列出。要想列出完整的 API 资源类型，需要先执行 kubectl get --raw /命令，然后根据返回的所有 Path 递归查询所有 API 组支持的资源类型。

Verbs（动词）即对资源的操作，包括所有标准的 CRUD 操作及其到 HTTP 方法的传统映射。此外，Kubernetes 还支持对资源进行 Patch（选择性修改某些字段）和 Watch（流式集合读取数据）操作。

Kubernetes API 支持 3 种不同类型的 Patch 操作，由它们对应的 Content-Type 标头决定。

- JSON 补丁（JSON Patch），Content-Type 标头为 application/json-patch+json，JSON 补丁是在资源上执行的一系列操作，例如{"op":"add","path":"/a/b/c","value":["foo","bar"]}。
- 合并补丁（Merge Patch），Content-Type 标头为 application/merge-patch+json，合并补丁本质上是资源的部分表示。提交的 JSON 先与当前资源“合并”以创建一个新资源，然后保存新资源。
- 策略合并补丁（Strategic Merge Patch），Content-Type 标头为 application/strategic-merge-patch+json，是合并补丁的自定义实现。

2. 资源类别

所有资源类型都有一个具体的表示，被称为类别（Kind），也被称为对象模式（Object Scheme），是指特定的数据结构，即属性和特性的某种组合。资源类别分为以下 3 种。

- Object：资源类型的单个实例，代表系统中的持久对象，API 对象一旦被创建，系统就努力确保资源存在。一个对象可能有多个资源，客户端可以使用这些资源来执行创建、更新、删除或获取等特定操作。所有 API 对象都有共同的元数据，如 Pod、ReplicationController、Service、Namespace、Node。
- List：列表是一种（通常）或多种（偶尔）资源的集合。列表种类的名称必须以 List 结尾。列表具有一组有限的通用元数据，如 resourceVersion 元数据，但是没有 name 元数据。所有列表必需使用 items 字段来包含它们返回的对象数组。任何具有 items 字段的种类必须是列表种类。系统中定义的大多数对象都应该有一个返回完整资源列表的 RESTful 接口，以及零个或多个返回完整资源列表子集的 RESTful 接口。一些对象可能是单例（当前用户，系统默认）且可能没有列表。此外，所有返回带标签对象的列表都应该支持标签过滤（label-selector），并且大多数列表应该支持按字段过滤（field-selector），如 PodList、ServiceList、NodeList。
- Simple：简单类型，用于对对象和非持久实体进行特定操作。鉴于它们的范围有限，它们具有与列表相同的一组有限的通用元数据。许多简单的资源都是“子资源”，它们以特定资源的 API 路径为根。当资源希望公开与单个资源紧密耦合的替代操作或视图时，它们应该使用新的子资源来实现。常见的子资源如下。
    - /binding：用于将表示用户请求的资源（如 Pod、PersistentVolumeClaim）绑定到集群基础设施资源（如 Node、PersistentVolume）中。
    - /status：用于仅写入 Status 资源的部分。例如，/pods 端点只允许更新 metadata 和 spec，因为它们反映了用户的最终意图。自动化流程应该能够通过将更新的 Pod 类型发送到服务器的/pods/<name>/status 端点来修改状态以供用户查看——备用端点允许将不同的规则应用于更新，并且访问受到适当限制。
    - /scale：用于管理和调整控制器的副本数量。通过访问/scale 资源，可以获取当前控制器的副本数量，并且可以通过发送 PATCH 请求来修改副本数量。

Kubernetes 中使用的大多数对象，包括 API 返回的所有 JSON 对象，都有 Kind 字段。这些对象允许客户端和服务器在通过网络发送它们或将它们存储在磁盘上之前正确地序列化和反序列化。

注意区分 Kubernetes 源码中两个相似单词的不同含义。

- Schema：表示对象的模式，由 Group、Version、Kind、Resource 组成的 GVK 或 GVR 等数据结构的包名使用的是 Schema。
- Scheme：资源类型注册、转换等操作的注册表使用的是 Scheme。

3. 资源对象

就像资源一样，在 Kubernetes 中，对象这个词有多种含义。从广义上讲，对象可以表示任何数据结构：资源类型的实例（如 APIGroup）、配置（如 Policy）或持久实体（如 Pod）。从狭义上讲，对象是资源类型的单个实例，如 Pod、Namespace、ConfigMap 等持久实体，代表集群的意图（期望状态）和状态（实际状态）。API 返回的所有 JSON 资源对象的字段具有以下特点。

（1）必须包含以下字段。

- kind：字符串，标识此对象应具有的模式。
- apiVersion：字符串，标识此对象应具有的架构版本。

这些字段是正确解码对象所必需的。在默认情况下，服务器从指定的 URL 路径填充这些字段，但客户端需要知道这些值才能构建 URL 路径。这些字段对应源码中的 TypeMeta 数据结构。

（2）包含 metadata。

大多数 Kubernetes API 资源代表对象。其他形式的资源只要求 kind 字段，而对象必须定义更多的字段。

- metadata.namespace：带有命名空间的字符串（默认为 default）。
- metadata.name：在当前命名空间中唯一标识此对象的字符串。
- metadata.uid：时间和空间上唯一的值，用于区分已删除和重新创建的同名对象。

此外，metadata 还包括 labels 和 annotations 字段，以及一些版本控制和时间戳信息。对应源码中的 ObjectMeta 数据结构。

（3）包含 Spec 和 Status。

几乎每个 Kubernetes 对象包含两个嵌套的字段，它们负责管理对象的配置：Spec（规约）和 Status（状态）。对于具有 Spec 的对象，用户必须在创建对象时设置其内容，描述希望对象具有的特征，即期望状态（Desired State）。Status 描述了对象的当前状态（Current State），它是由 Kubernetes 系统和组件设置并更新的。在任何时刻，Kubernetes 控制平面都在积极地管理对象的实际状态，以使其达成期望状态。

总之，Kubernetes 用语中的资源可以指两种：资源类型和对象。资源类型被组织成 API 组，并且 API 组是版本化的。每个资源都遵循由其类型定义的特定模式和具体结构，但并非每个资源都代表一个 Kubernetes 对象。对象表示意图记录的持久实体。不同类型的对象具有不同的结构，但所有对象都带有共同的元数据属性，如命名空间、名称、uid、creationTimestamp。后续章节不会刻意说对象这一词，某个具体的 Pod、Node，有时候也被称为资源，这其实也是合理的，对象是资源的实例，所以对象也是资源，不必要钻牛角尖，理解意思即可。

3.2.5　API 资源组成

Kubernetes 中的 API 资源主要分为三大类，如图 3-3 所示。

- 内置资源：Kubernetes 官方提供的资源。
- 自定义资源：Kubernetes API 的扩展，向 Kubernetes API 中增加新类型，以扩展 Kubernetes 的功能。
- 聚合资源：另外一种 Kubernetes API 的扩展，不同于自定义资源的是，聚合资源可以让 kube-apiserver 识别新的对象类别。Kubernetes 的开发人员可以先编写一个自己的服务，然后添加一个 APIService 对象，用它来“申领”Kubernetes API 中的 URL 路径。自此以后，聚合层将发送给该 API 路径的所有内容（如/apis/myextension.mycompany.io/v1/...）转发到已注册的 APIService 中。聚合资源的一个典型实现是我们最常用的 metric-server。

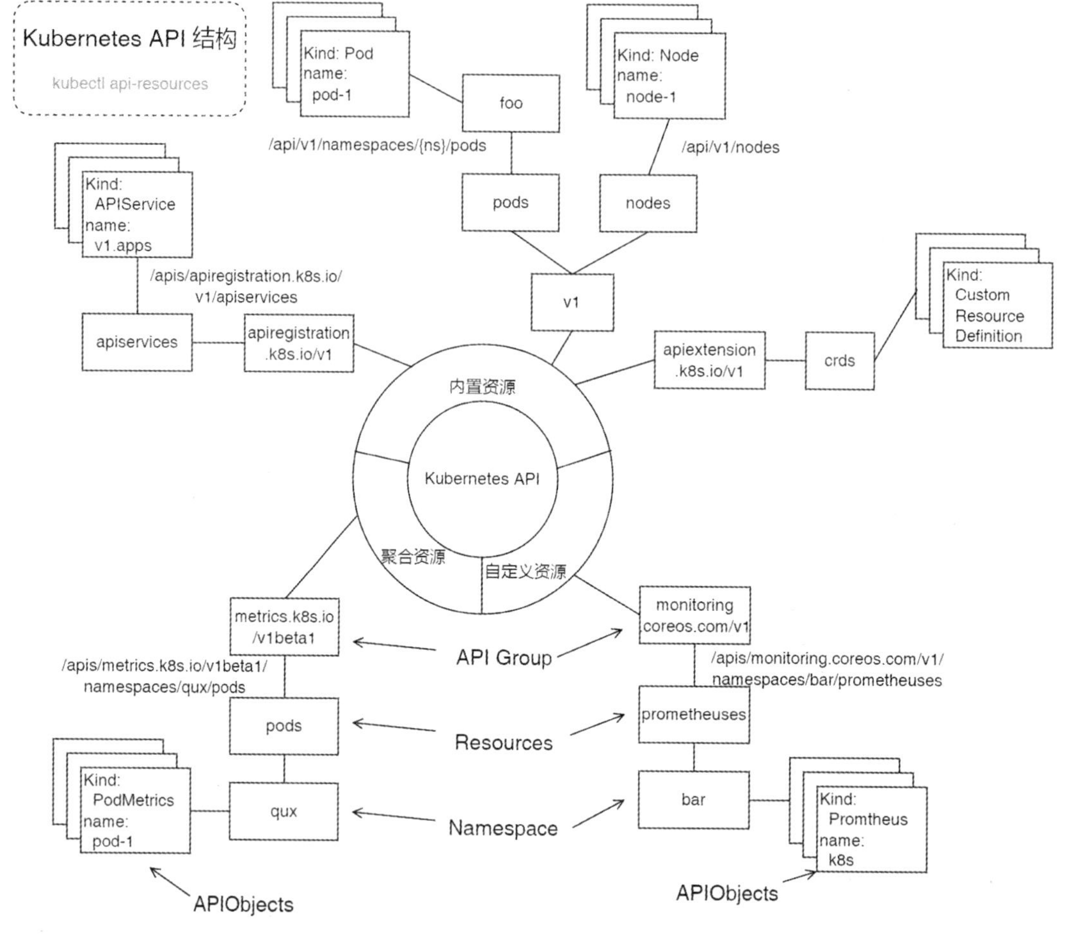

图 3-3 Kubernetes 中的 API 资源

3.2.6 版本化资源与未版本化资源

在 Kubernetes 源码中，会出现 Versioned Type、Unversioned Type 字样，其可被翻译为版本化、未版本化。它们之间的区别如下。

- Versioned Type：表示该资源的字段信息会随着时间的变化不断迭代，需要随着版本的变化而演进，以及控制不同版本的兼容性。如 Deployment 资源，从 extensions 组的 alpha 版本逐渐演进到目前的 apps 组的 v1 版本，不同版本之间可能废弃或新增一些字段，彼此是不兼容的。
- Unversioned Type：表示该资源的字段信息永远保持向后兼容，就好像它们在一个永远不会更新的 API 组和版本中。如 metav1.Status，不管顶级资源如何变更版本，对应的 Status 子资源字段永远是兼容的。

除部分资源是 Unversioned 类型的外，其他资源都是 Versioned 类型的。Unversioned 类型的资源有以下几个。

- metav1.Status：记录资源状态信息的一种资源。
- metav1.APIVersions：记录核心资源组包含的版本列表，执行 kubectl get--raw /api 命令可以查看详情。

- metav1.APIGroupList：记录除核心资源外，其他资源组的列表信息，执行 kubectl get --raw /apis 命令可以查看详情。
- metav1.APIGroup：记录单个非核心资源组的详细信息。
- metav1.APIResourceList：记录多个资源的信息，执行 kubectl api-resources -v 10 命令可以查看详情。

3.2.7 内部版本与外部版本

Unversioned 资源永远保持向后兼容，无须进行版本化管理。而 Versioned 资源需要随着版本的变化而演进，不同版本之间还可以互相转换，例如，创建一个 autoscaling/v1 版本的 HorizontalPodAutoscaler 资源，当使用 kubectl get hpa -oyaml 命令获取资源时，返回的是 autoscaling/v1 版本的 HorizontalPodAutoscaler 资源。实际上，如果不指定资源版本，Kubernetes 内部就会将存储在 etcd 中的资源以首选版本的格式返回。

以上转换操作其实是通过 Versioned 资源的内部版本实现的。每种 Versioned 资源对应两类版本，分别是外部版本（External Version）和内部版本（Internal Version）。例如，Deployment 资源所属的外部版本的表现形式为 apps/v1，所属的内部版本的表现形式为 apps/__internal。

- 外部版本：对外暴露给用户请求的接口所使用的资源，例如，用户在通过 YAML 或 JSON 格式的描述文件创建资源时，外部版本资源通过资源版本（alpha、beta、stable）标识。
- 内部版本：通过 runtime.APIVersionInternal（__internal）标识，内部版本不对外暴露，仅在 kube-apiserver 内部使用，实现多资源版本转换。例如，将 v1beta1 版本转换为 v1 版本，其过程为 v1beta1→__internal→v1，即先将 v1beta1 转换为内部版本，再由内部版本转换为 v1 版本。

资源的外部版本代码定义在 pkg/apis/<group>/<version>/目录下，资源的内部版本代码定义在 pkg/apis/<group>目录下（内部版本与资源组在同一级目录下）。例如，Deployment 资源的外部版本定义在 pkg/apis/apps/{v1,v1beta1,v1beta2}/目录下，内部版本定义在 pkg/apis/apps/目录下。

资源的外部版本和内部版本是需要相互转换的，而实现转换功能的函数需要事先被初始化到 Scheme 中，多个外部版本之间的资源相互转换，都需要通过内部版本进行中转。这也是 Kubernetes 能实现多资源版本转换的关键。

资源的外部版本和内部版本的代码定义也不太一样，因为外部版本的资源需要对外暴露给用户请求的接口，所以资源代码定义了 JSON Tag 和 Proto Tag，用于请求的序列化和反序列化操作。因为内部版本的资源不对外暴露，所以没有任何的 JSON Tag 和 Proto Tag 定义。

以 Pod 资源定义为例，外部版本代码示例如下。

代码路径：vendor/k8s.io/api/core/v1/types.go

```
Plain Text
type Pod struct {
    metav1.TypeMeta `json:",inline"`
    metav1.ObjectMeta `json:"metadataNodeLists,omitempty"
protobuf:"bytes,1,opt,name=metadata"`
    Spec PodSpec `json:"spec,omitempty" protobuf:"bytes,2,opt,name=spec"`
    Status PodStatus `json:"status,omitempty" protobuf:"bytes,3,opt,name=status"`
}
```

Pod 资源的内部版本代码示例如下。

代码路径：pkg/apis/core/types.go

```
Plain Text
type Pod struct {
    metav1.TypeMeta
    metav1.ObjectMeta
    Spec PodSpec
    Status PodStatus
}
```

3.3 Kubernetes API 的数据结构

在了解了 Kubernetes API 的层次结构后，我们可以从全局角度查看 Kubernetes 中有哪些 API 资源。实际上，Kubernetes 源码中的所有 API 资源都通过 APIGroup、APIVersions、APIResource 这 3 个数据结构存放。当用户调用相关接口查询 Kubernetes 中所有的 API 资源时，kube-apiserver 会将所有资源封装到这 3 个数据结构中并返回。本节将重点讲解 APIGroup、APIVersions、APIResource 这 3 个数据结构，以及标识资源和资源 URL 信息的 GVK、GVR 三元组，最后展示 Kubernetes 中的内置资源全景图。

3.3.1 APIGroup、APIVersions

在 Kubernetes 源码中，核心组对应的数据结构为 APIVersions，其他组对应的数据结构为 APIGroupList，其包含多个 APIGroup。APIVersions、APIGroup、APIGroupList 对应的代码示例如下。

代码路径：vendor/k8s.io/apimachinery/pkg/apis/meta/v1/types.go

```
Plain Text
type APIVersions struct {
   ...
   Versions []string
   ...
}

type APIGroupList struct {
   ...
   Groups []APIGroup `json:"groups" protobuf:"bytes,1,rep,name=groups"`
}

type APIGroup struct {
   ...
   Name string
   Versions []GroupVersionForDiscovery
   PreferredVersion GroupVersionForDiscovery
   ...
}

type GroupVersionForDiscovery struct {
```

```
    GroupVersion string
    Version string
}
```

1．APIVersions

APIVersions 主要接收/api 接口请求的结果，只包含 Versions 一个字符数组类型的字段，早期考虑到扩展问题将其设计为数组，目前实际只有 v1 一个值。

2．APIGroupList

APIGroupList 主要接收/apis 接口请求的结果，只包含 Groups 一个字符数组类型的字段，包含多个 APIGroup。

3．APIGroup

APIGroup 用于描述单个含有 Group 的 API 版本信息，相关字段说明如下。

- Name：字符串类型，表示组名，如 apps、batch。
- Versions：GroupVersionForDiscovery 类型，指定版本列表。
- PreferredVersion：GroupVersionForDiscovery 类型，指定一个版本为首选版本。

4．GroupVersionForDiscovery

GroupVersionForDiscovery 代表一个版本的完整信息，为了保持兼容性，它同时支持 Group Version 和 Version 两种写法，相关字段说明如下。

- GroupVersion：字符串类型，存储<Group name>/<version>完整信息，如 apps/v1。
- Version：字符串类型，只存储版本信息，如 v1、v1beta1。

5．通过命令行验证以上结果

执行 kubectl api-versions -v 10 命令可以查看 Kubernetes 中所有的 API 版本，还会打印出 HTTP 请求的详细信息，内部会将/api 请求到的 APIVersions 结果和 APIGroupList 结果合并，并展示给用户。

```
Plain Text
$ kubectl api-resources -v 10
...
... GET ${uri}/api?timeout=32s 200 OK
... GET ${uri}/apis?timeout=32s 200 OK
... GET ${uri}/apis/apps/v1?timeout=32s 200 OK
... GET ${uri}/apis/events.k8s.io/v1beta1?timeout=32s 200 OK
... GET ${uri}/apis/authentication.k8s.io/v1?timeout=32s 200 OK
... GET ${uri}/apis/apiregistration.k8s.io/v1?timeout=32s 200 OK
... GET ${uri}/api/v1?timeout=32s 200 OK
... GET ${uri}/apis/certificates.k8s.io/v1?timeout=32s 200 OK
... GET ${uri}/apis/events.k8s.io/v1?timeout=32s 200 OK
... GET ${uri}/apis/autoscaling/v1?timeout=32s 200 OK
...
```

返回结果的数据结构如图 3-4 所示。

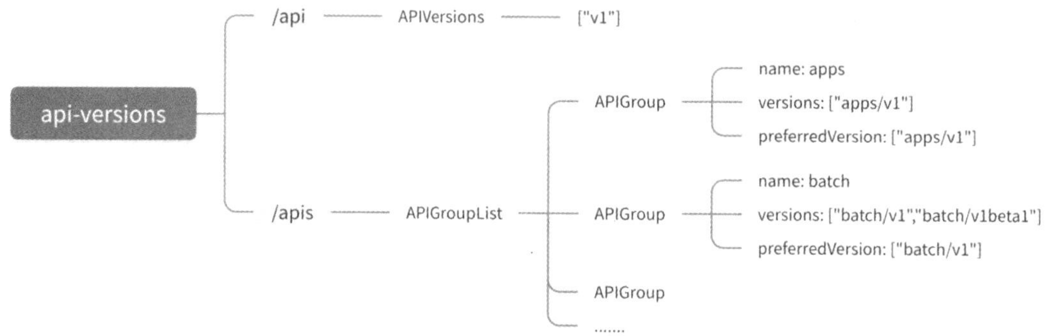

图 3-4　返回结果的数据结构

3.3.2 APIResource

APIResource 用于存放资源类型对应的数据结构，相关字段说明如下。

- Name：字符串类型，资源类型的名称。例如，Pod 资源的名称为 pods，pods 下的 status 子资源名称为"pods/status"。
- SingularName：字符串类型，资源类型的单数名称，必须是小写的，默认使用资源类型的小写形式命名。例如，Pod 资源的单数名称为 pod，复数名称为 pods。
- Namespaced：布尔类型，用于确定资源是否是 Namespace 级别的。Pod、Service 等资源为 true；Node 等资源为 false，表明该资源是集群级别的。
- Group：字符串类型，该资源类型的首选组名称。同一类资源可能会同时存在于多个组中，这里展示的是首选组。例如，Deployment 同时存在于 extensions 和 apps 两个组中，在使用时默认使用首选组 apps。
- Version：字符串类型，该资源类型的首选版本。首选版本在 3.2.2 节中已经介绍过。
- Kind：字符串类型，资源类别。一般为首字母大写的单数形式，如 Deployment、Pod。
- Verbs：字符串数组类型，资源可操作的方法列表，如 Get、List、Delete、Create、Update 等。
- ShortNames：字符串数组类型，资源的简短名称，可以有多个，例如，Pod 资源的简短名称为 po，Deployment 资源的简短名称为 deploy。
- Categories：字符串数组类型，资源所属的分类。例如，Pod 资源属于 all 分类，当用户执行 kubectl get all 命令时可以获取 pods 信息。

APIResource 的代码示例如下。

代码路径：vendor/k8s.io/apimachinery/pkg/apis/meta/v1/types.go

```
Plain Text
type APIResource struct {
   Name string
   SingularName string
   Namespaced bool
   Group string `json:"group,omitempty" protobuf:"bytes,8,opt,name=group"`
   Version string `json:"version,omitempty" protobuf:"bytes,9,opt,name=version"`
   Kind string `json:"kind" protobuf:"bytes,3,opt,name=kind"`
   Verbs Verbs `json:"verbs" protobuf:"bytes,4,opt,name=verbs"`
   ShortNames []string `json:"shortNames,omitempty" protobuf:"bytes,5,rep,..."`
```

```
    Categories []string `json:"categories,omitempty" protobuf:"bytes,7,rep,..."`
    ...
}

type Verbs []string
```

<group>/<version>唯一标识的 API 版本下有一个或多个 Resource，在 Kubernetes 源码中使用 APIResourceList 数据结构来表示这种对应关系。APIResourceList 相关字段说明如下。

- GroupVersion：字符串类型，API 组和版本信息，如 v1、apps/v1。
- APIResources：该组和版本下所有的资源列表。

APIResourceList 的代码示例如下。

代码路径：vendor/k8s.io/apimachinery/pkg/apis/meta/v1/types.go：

```
Plain Text
type APIResourceList struct {
    ...
    GroupVersion string
    APIResources []APIResource
}
```

总之，Kubernetes 按照 Group、Version、Resource 的层次结构组织所有资源。一个<group>/<version>下所有资源对应的数据结构为 APIResourceList，即包含多个 Resource，对应的数据结构为 APIResource，其中最重要的字段是 Kind，声明该资源所属的类别。

执行 kubectl api-resources -v 10 命令可以查看 Kubernetes 中所有资源的信息，先查询/api 和/apis 接口得到所有 API 组和版本，再根据每个 API 组和版本查询所属的所有资源。另外，以核心资源为例，单独执行 kubectl get --raw /api/v1 | jq 命令可以查看所有核心资源的信息，返回的数据格式为 APIResourceList 数据结构的详细信息，如图 3-5 所示。

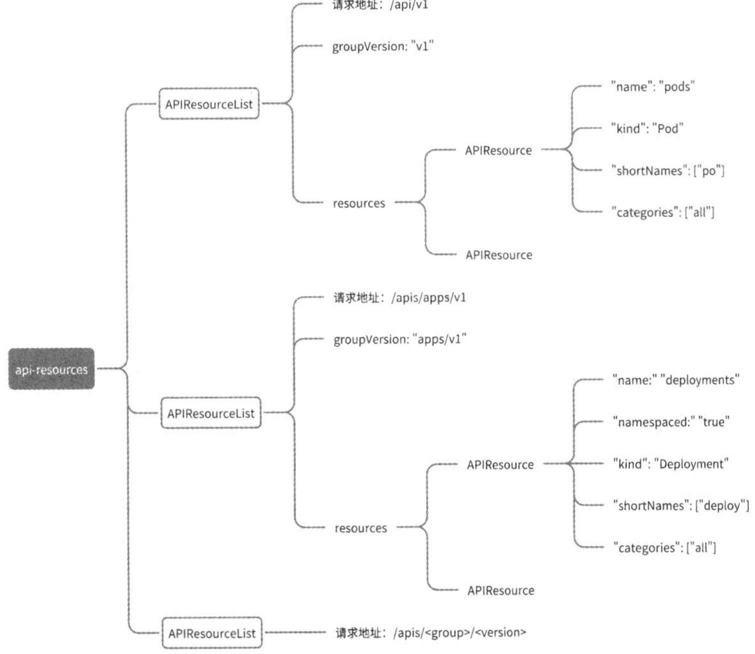

图 3-5　kubectl api-resources -v 10 命令返回结果的数据结构

3.3.3 GVK 和 GVR

在 Kubernetes API 中，我们经常使用 GVK 或 GVR 来区分特定的 Kubernetes 资源。其中 GVK 是 Group Version Kind 的简称，而 GVR 则是 Group Version Resource 的简称。

1. GVK

Kind 是 API“顶级”资源对象的类型，每个资源对象都需要通过 Kind 来区分它自身代表的资源类型，一般来说，在 Kubernetes API 中有 3 种不同的 Kind。

- 单个资源对象的类型，最典型的就是刚才例子中提到的 Pod。
- 资源对象的列表类型，如 PodList 及 NodeList 等。
- 特殊类型及非持久化操作的类型，很多这种类型的资源是子资源，例如，用于绑定资源的/binding，更新资源状态的/status，以及读/写资源实例数量的/scale。

需要注意的是，同一 Kind 不仅可以出现在同一组的不同版本中，例如，apps/v1beta1 与 apps/v1；还可以出现在不同的组中，例如，Deployment 开始以 alpha 的特性出现在 extensions 组中，之后被推到 apps 组中。所以为了严格区分不同的 Kind，需要将 API Group、API Version 和 Kind 组合为 GVK。

2. GVR

Resource 是通过 HTTP 以 JSON 格式发送或读取的资源展现形式，可以以单个资源对象展现，也可以以列表的形式展现。要正确请求资源对象，kube-apiserver 必须知道 APIVersion 与请求的资源，这样 kube-apiserver 才能正确地解码请求信息，这些信息位于请求的资源路径中。一般来说，将 APIGroup、APIVersion 和 APIResource 组合成 GVR 可以区分特定的资源请求路径，例如，/apis/batch/v1/jobs 就是请求所有的 Job 信息。GVR 常用于组合成 RESTful API 请求路径。

Kubernetes 源码中定义了相关的数据结构来表示 GVK 和 GVR。

- GVK：<group>/<version>, Kind=<kind>。
- GVR：<group>/<version>, Resource=<resource>。

GroupVersionKind 定义的代码示例如下。

代码路径：staging/src/k8s.io/apimachinery/pkg/apis/meta/v1/group_version.go

```
Plain Text
type GroupVersionKind struct {
  Group   string
  Version string
  Kind    string
}

func (gvk GroupVersionKind) String() string {
  return gvk.Group + "/" + gvk.Version + ", Kind=" + gvk.Kind
}
```

GroupVersionResource 定义的代码示例如下。

代码路径：staging/src/k8s.io/apimachinery/pkg/apis/meta/v1/group_version.go

```
Plain Text
type GroupVersionResource struct {
```

```
  Group    string
  Version  string
  Resource string
}

func (gvr GroupVersionResource) String() string {
  return strings.Join([]string{gvr.Group, "/", gvr.Version, ", Resource=",
gvr.Resource}, "")
}
```

通过获取资源的 JSON 或 YAML 格式的序列化对象，进而从资源类型信息中获取该资源的 GVK。RESTMapper 作为 GVK 到 GVR 的映射，通过 GVK 信息可以获取要读取的资源对象的 GVR，进而构建 RESTful API 请求以获取对应的资源。关于 RESTMapper 的知识，请参考 3.9 节。

实际上，除了 GVK 和 GVR，在 Kubernetes 源码中，Group、Version、Resource、Kind 这 4 个维度可以组合出多种数据结构，如表 3-1 所示。

表 3-1　Group、Version、Resource、Kind 组合出的数据结构

数据结构	简称	字符串展示
GroupResource	GR	<resource> .<group>
GroupVersionResource	GVR	<group>/<version>, Resource=<resource>
GroupKind	GK	<kind> .<group>
GroupVersionKind	GVK	<group>/<version>, Kind=<kind>
GroupVersion	GV	<group>/<version>或<version>

3.3.4　内置资源全景图

Kubernetes 内置了众多“资源组/资源版本/资源类别”，才有了现在功能强大的资源管理系统。用户可以通过以下方式获得当前 Kubernetes 支持的内置资源。

- kubectl api-versions：列出当前 Kubernetes 支持的资源组和资源版本，其表现形式为 <group>/<version>。
- kubectl api-resources：列出当前 Kubernetes 支持的 Resource 资源列表。

内置资源有以下特点。

- 绝大部分资源的 Kind 就是 Resource 名称的大写单数形式，少部分资源的 Kind 与 Resource 名称不同。例如，“core/v1, Kind=Pod”对应的是“core/v1, Resource=pods”，而“metrics.k8s.io/v1beta1, Kind=PodMetrics”对应的是“metrics.k8s.io/v1beta1, Resource=pods”。
- 部分子资源的 Kind 是父资源。例如，deployments/status 子资源的 Kind 是 Deployment。
- 部分子资源的 Kind 引用别的 API 组中的资源类型。例如，deployments/scale 子资源的 Kind 是 autoscaling.v1/Scale。
- 部分子资源的 Kind 使用一个自己的类型。例如，services/proxy 子资源的 Kind 是 ServiceProxyOptions。
- 大部分资源都有对应的 List 资源（这部分没有单独列出）。

Kubernetes 内置的顶级资源全景图如图 3-6 所示。

内置顶级资源(GVK/GVR)

coordination.k8s.io — v1 — leases(Lease)
discovery.k8s.io — v1 — endpointslices(EndpointSlice)
events.k8s.io — v1 — events(Event)
flowcontrol.apiserver.k8s.io — v1beta2, v1beta1 — flowschemas(FlowSchema), prioritylevelconfigurations(PriorityLevelConfiguration)
internal.apiserver.k8s.io — v1alpha1
networking.k8s.io — v1 — ingresses(Ingress), ingressclasses(IngressClass), networkpolicies(NetworkPolicy)
node.k8s.io — v1, v1alpha1 — runtimeclasses(RuntimeClass)
policy — v1 — poddisruptionbudgets(PodDisruptionBudget)
rbac.authorization.k8s.io — v1 — clusterrolebindings(ClusterRoleBinding), clusterroles(ClusterRole), rolebindings(RoleBinding), roles(Role)
scheduling.k8s.io — v1 — priorityclasses(PriorityClasses)
storage.k8s.io — v1, v1beta1 — csidrivers(CSIDriver), csinodes(CSINode), storageclasses(StorageClass)

admissionregistration.k8s.io — v1 — mutatingwebhookconfigurations(MutatingWebhookConfiguration), validatingwebhookconfigurations(ValidatingWebhookConfiguration)
apiextensions.k8s.io — v1 — customresourcedefinitions(CustomResourceDefinition)
apiregistration.k8s.io — v1 — apiservices(APIService)
apps — v1 — deployments(Deployment), statefulsets(StatefulSet), replicasets(ReplicaSet), daemonsets(DaemonSet), controllerrevisions(ControllerRevision)
authentication.io — v1 — tokenreviews(TokenReview)
authorization.k8s.io — v1 — localsubjectaccessreviews(LocalSubjectAccessReview), selfsubjectaccessreviews(SelfSubjectAccessReview), selfsubjectrulesreviews(SelfSubjectRulesReview), subjectaccessreviews(SubjectAccessReview)
autoscaling — v1, v2, v2beta2 — horizontalpodautoscalers(HorizontalPodAutoscaler)
batch — v1 — jobs(Job), cronjobs(CronJob); v1beta1 — cronjobs(CronJob)
certificates.k8s.io — v1 — certificatesigningrequests(CertificateSigningRequest)
core — v1 — pods(Pod), services(Service), configmaps(ConfigMap), endpoints(Endpoints), namespaces(Namespace), secrets(Secret), nodes(Node), events(Event), bindings(Binding), podtemplates(PodTemplate), serviceaccounts(ServiceAccount), replicationcontrollers(ReplicationController), persistentvolumes(PersistentVolume), persistentvolumeclaims(PersistentVolumeClaim), limitranges(LimitRange), componentstatuses(ComponentStatus), resourcequotas(Resourcequota)

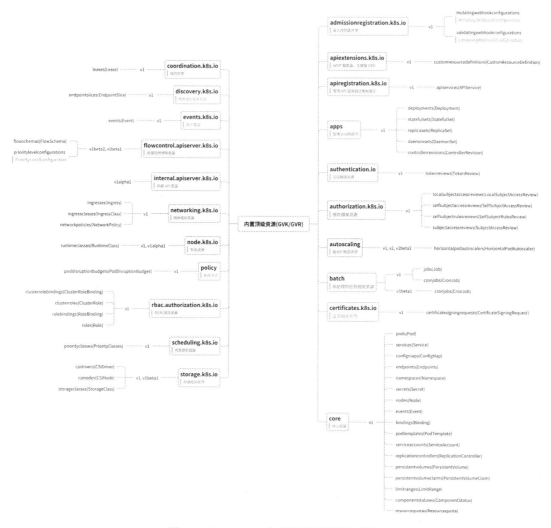

图 3-6　Kubernetes 内置的顶级资源全景图

以 core/v1 为例，其子资源全景图如图 3-7 所示。

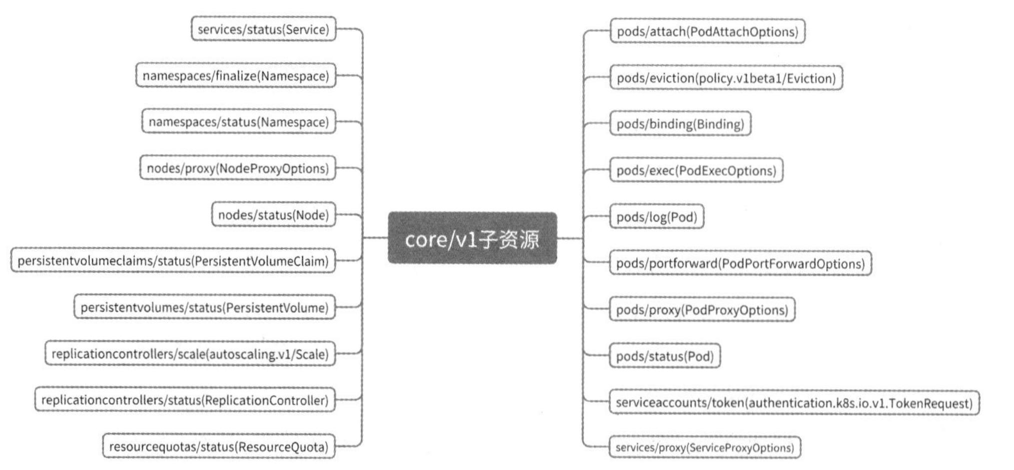

图 3-7　core/v1 子资源全景图

3.4　Kubernetes 资源定义

Kubernetes 资源代码定义在 pkg/apis 目录下，同一资源分为内部版本和外部版本，内部版本和外部版本的资源代码结构不同。

资源的内部版本定义了所支持的资源类型（types.go）、资源验证方法（validation.go）、资源注册到 Scheme 的方法（install/install.go）。而资源的外部版本定义了资源的转换方法（conversion.go）和资源的默认值（defaults.go）。

3.4.1　内部版本定义

以 Deployment 资源为例，它的内部版本定义在 pkg/apis/apps/目录下。内部版本的资源代码结构如下。

```
Plain Text
├── doc.go
├── install
├── register.go
├── types.go
├── v1
├── v1beta1
├── v1beta2
├── validation
└── zz_generated.deepcopy.go
```

内部版本的资源代码结构说明如下。

- doc.go：GoDoc 文件，定义了当前包的注释信息。在 Kubernetes 资源包中，它还作为代码生成器的全局 Tags 描述文件。
- install：将当前资源组下所有资源注册到 Scheme 中。
- register.go：定义了资源组、资源版本和资源注册信息。
- types.go：定义了当前资源组和资源版本下支持的资源类型。
- v1、v1beta1、v1beta2：定义了资源组下拥有资源版本的资源（外部版本）。
- validation：定义了资源的验证方法。
- zz_generated.deepcopy.go：定义了资源的深复制操作，该文件由代码生成器自动生成。代码生成原理请参考 13.5.1 节。

每个 Kubernetes 资源目录都通过 register.go 代码文件定义所属的资源组和资源版本，内部版本资源对象通过 runtime.APIVersionInternal（__internal）标识。内部版本资源代码示例如下。

代码路径：pkg/apis/apps/v1/register.go

```
Plain Text
# APIVersionInternal = "__internal"

const GroupName = "apps"
var SchemeGroupVersion = schema.GroupVersion{Group: GroupName, Version:
runtime.APIVersionInternal}
```

每个 Kubernetes 资源目录都通过 type.go 代码文件定义当前资源组和资源版本下支持的资源类型，部分资源代码示例如下。

代码路径：pkg/apis/apps/types.go

```
Plain Text
type DaemonSet struct { ... }
type Deployment struct { ... }
type StatefulSet struct { ... }
...
```

3.4.2 外部版本定义

以 Deployment 资源为例，它的外部版本定义在 pkg/apis/apps/{v1,v1beta1,v1beta2}目录下。外部版本的资源代码结构如下。

```
Plain Text
├── conversion.go
├── conversion_test.go
├── defaults.go
├── defaults_test.go
├── doc.go
├── register.go
├── zz_generated.conversion.go
└── zz_generated.defaults.go
```

其中，doc.go 和 register.go 的功能类似，所以不再描述。conversion_test.go 和 defaults_test.go 文件是单元测试文件，此处不做介绍。外部版本的资源代码结构说明如下。

- conversion.go：定义了资源的转换函数（被称为默认转换函数），并将默认转换函数注册到 Scheme 中。
- defaults.go：定义了资源的默认值函数，并将资源的默认值函数注册到 Scheme 中。
- zz_generated.conversion.go：定义了资源的转换函数（被称为自动生成的转换函数），并将生成的转换函数注册到 Scheme 中。该文件由代码生成器自动生成。
- zz_generated.defaults.go：定义了资源的默认值函数（被称为自动生成的默认值函数），并将生成的默认值函数注册到 Scheme 中。该文件由代码生成器自动生成。

外部版本与内部版本的资源类型相同，都通过 register.go 代码文件定义所属的资源组和资源版本，外部版本资源对象通过资源版本（alpha、beta、stable）标识。代码示例如下。

代码路径：pkg/apis/apps/v1/register.go

```
Plain Text
const GroupName = "apps"
var SchemeGroupVersion = schema.GroupVersion{Group: GroupName, Version: "v1"}
```

3.5 将资源注册到 Scheme 中

3.4 节介绍了 Kubernetes 中资源的定义，还提到将资源注册到 Scheme 中，本节重点介绍将资源注册到 Scheme 中的具体实现。

很多读者在使用 Windows 操作系统时听说过注册表，当在 Windows 操作系统上安装程序时，程序的一些信息会被注册到注册表中，当在 Windows 操作系统上卸载程序时，会从注册表中删除程序的相关信息。而 Kubernetes 中的 Scheme 类似于 Windows 操作系统中的注册表功能，只不过注册的是资源类型。另外一个区别是，Windows 操作系统中的注册表只有一个，而

Kubernetes中的Scheme有很多个，其中最重要的是legacyscheme.Scheme。

在编码过程中，资源数据都是以结构体的形式存储的，被称为Go Type。在不同的版本（alpha1、beta1、v1等）中，存储的结构体存在差异，但是我们都会使用相同的Kind名称（如Deployment）。如果只使用Kind，并不能准确获取其使用哪个版本的结构体，则需要利用GVK获取一个具体的存储结构体，也就是由GVK三元组确定一个Go Type。在Kubernetes中，Scheme存储了GVK和Go Type的映射关系。GVK对应一个YAML文件中的API Version和Kind。

设想一下Kubernetes内部接收JSON对象，并且反序列化为k8s.io/api中定义的具体类型对象的过程。首先获取GVK信息，根据该信息创建该资源对象的一个空实例。然后进行反序列化操作，将JSON中的字段填充到Go Struct的各个字段中。一种比较直观的方式是声明一个巨大的switch语句，在case中定义所有GVK对应的Go Type，并且执行new操作以初始化该类的实例，这显然是一种很不优雅的实现方式。更好的实现方式是使用反射，为所有注册的资源类型维护一个map[GVK]reflect.Type结构，在初始化实例时，先根据GVK找到reflect.Type，再调用反射方法初始化空的实例。这就是runtime.Scheme实现的核心思路。

Kubernetes拥有众多资源，每种资源就是一种资源类型，这些资源类型需要有一个统一的注册、存储、查询、管理等机制。目前Kubernetes中所有的资源类型都被注册到Scheme中，Scheme是一个内存型的资源注册表，具有以下特点。

- 支持注册多种资源类型，内部版本和外部版本。
- 支持多种版本转换机制。
- 支持不同资源的序列化/反序列化机制。

3.2.6节介绍了版本化资源（VersionedType）和未版本化资源（UnversionedType），在Scheme中，UnversionedType资源类型的对象通过scheme.AddUnversionedTypes方法进行注册，VersionedType资源类型的对象通过scheme.AddKnownTypes方法进行注册。

Scheme是Kubernetes中非常重要的数据结构，从数据的角度看，其内部的字段存储了所有资源类型对应的结构体；从行为的角度看，Scheme实现了各种接口。

- ObjectDefaulter：用于设置对象的默认值。
- ObjectVersioner：实现将对象转换为具体某个版本的功能。
- ObjectConvertor：实现对象版本转换的通用功能，可以指定版本，与ObjectVersioner相比，其具有更强的扩展性。
- ObjectTyper：实现提取对象GVK的功能。
- ObjectCreater：实现初始化对象，创建runtime.Object的功能。只要给定GVK，就可以构造出接收某个具体资源类型数据的runtime.Object对象。

3.5.1 资源类型注册入口

在每个Kubernetes资源组目录中，都拥有一个install/install.go代码文件，它负责将资源信息注册到Scheme中。以core核心资源组为例，资源类型注册代码示例如下。

代码路径：pkg/apis/core/install/install.go

```
Plain Text
func init() {
  Install(legacyscheme.Scheme)
}
```

```
// Install registers the API group and adds types to a scheme
func Install(scheme *runtime.Scheme) {
  utilruntime.Must(core.AddToScheme(scheme))
  utilruntime.Must(v1.AddToScheme(scheme))
  utilruntime.Must(scheme.SetVersionPriority(v1.SchemeGroupVersion))
}
```

legacyscheme.Scheme 是 kube-apiserver 的全局资源注册表，Kubernetes 的所有资源信息都交给 Scheme 统一管理。core.AddToScheme 函数用于注册 core 资源组内部版本的资源。v1.AddToScheme 函数用于注册 core 资源组外部版本的资源。scheme.SetVersionPriority 函数用于注册资源组的版本顺序，如果有多个资源版本，则排在最前面的为资源首选版本。

legacyscheme.Scheme 已经被标记为过时的方案，它是 Kubernetes 1.16 版本之前的遗留代码，现在已经不建议使用。legacyscheme.Scheme 是 runtime.Scheme 的一个子类，在 Kubernetes 的早期版本中用于提供序列化和反序列化对象的方法。它提供了基本的序列化和反序列化方法，用于将对象转换为 JSON 数据或其他序列化格式，但存在以下问题。

- 难以扩展：legacyscheme.Scheme 定义了所有的 API 对象，难以支持新的 API 对象。
- 容易发生版本冲突：在不同版本的 Kubernetes 中，legacyscheme.Scheme 可能不兼容，因此无法保证其在不同版本之间的稳定性。

runtime.Scheme 在 Kubernetes 1.16 版本中被引入，用于解决上述问题。它采用更灵活的代码结构，能够支持更多的 API 对象，同时支持自定义类型和 API 组，并且提供了更好的版本控制和升级的功能。与 legacyscheme.Scheme 相比，runtime.Scheme 还提供了一些有用的其他功能，如 runtime.Object 的转换、Go 的类型与资源的映射等。因此，建议用户在开发 Kubernetes 应用时，使用 runtime.Scheme 进行序列化和反序列化操作。

3.5.2 Scheme 的数据结构

Scheme 的数据结构如图 3-8 所示。

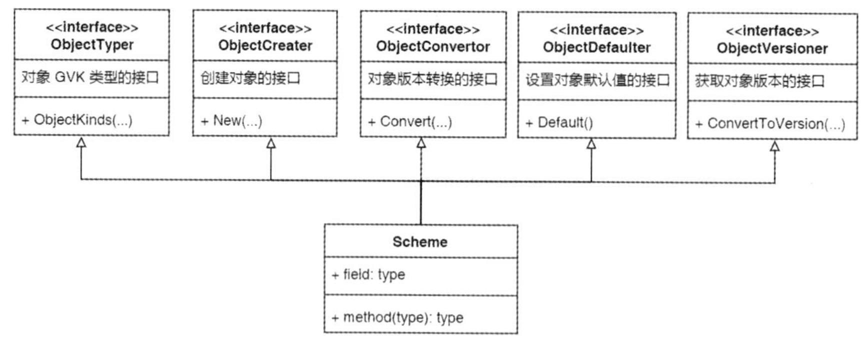

图 3-8　Scheme 的数据结构

Scheme 数据结构定义的代码示例如下。

代码路径：vendor/k8s.io/apimachinery/pkg/runtime/scheme.go

```
Plain Text
type Scheme struct {
   gvkToType map[schema.GroupVersionKind]reflect.Type
   typeToGVK map[reflect.Type][]schema.GroupVersionKind
```

```
    unversionedTypes map[reflect.Type]schema.GroupVersionKind
    unversionedKinds map[string]reflect.Type
    fieldLabelConversionFuncs map[schema.GVK]FieldLabelConversionFunc
    defaulterFuncs map[reflect.Type]func(interface{})
    converter *conversion.Converter
    versionPriority map[string][]string
    observedVersions []schema.GroupVersion
    schemeName string
}
```

Scheme 数据结构定义代码中部分字段的说明如下。

- gvkToType：存储 GVK 与 Type 的映射关系。map 类型，key 为 schema.GroupVersionKind 类型，即 GVK 三元组，value 为 reflect.Type 类型，即 GVK 唯一对应的 Go Struct 数据结构。通过该字段中存储的信息，只要知道 GVK 信息，就可以通过反射创建出对应的结构体以接收数据。
- typeToGVK：存储 Type 与 GVK 的映射关系，用于根据 Go Struct 反向查询该数据所属的 GVK。map 类型，key 为 reflect.Type 类型，value 为 GVK 列表，一个 Type 会对应一个或多个 GVK。因为即使一个 Kind 在不同的版本甚至不同的组中，但其结构体字段没有改变，所以获取结构体得到的 reflect.Type 就是一样的。例如，__internal 版本的 extensions.Ingress、networking.k8s.io.Ingress，它们的 GVK 对应同一个 Type；CreateOptions 资源对象有 49 个 GVK，在不同组、版本中的 reflect.Type 都是一样的。
- unversionedTypes：存储 UnversionedType 与 GVK 的映射关系。key 为 reflect.Type 类型，value 为单个 GVK，这个字段与 typeToGVK 有所不同，value 不再是 GVK 列表，这也正与 Unversioned 的概念相对应，该资源类型永远只保留一个版本，无须进行版本化管理。目前对应的只有 5 个 unversionedTypes，Go Struct 分别为 metav1.Status、metav1.APIVersions、metav1.APIGroupList、metav1.APIGroup、metav1.APIResourceList。
- unversionedKinds：存储 Kind 名称与 UnversionedType 的映射关系。key 为字符串类型，存储的是 5 个 unversionedType 对应的 Kind，为什么这里不使用 GVK 作为 key 的类型呢？因为 5 个 unversionedType 的组都是""，版本都是 v1，所以无须重复指定组和版本，只需要将 Kind 作为 key，对应的 5 个 Kind 分别是 Status、APIVersions、APIGroupList、APIGroup、APIResourceList。

GVK 与 reflect.Type 是多对一的关系，如图 3-9 所示。

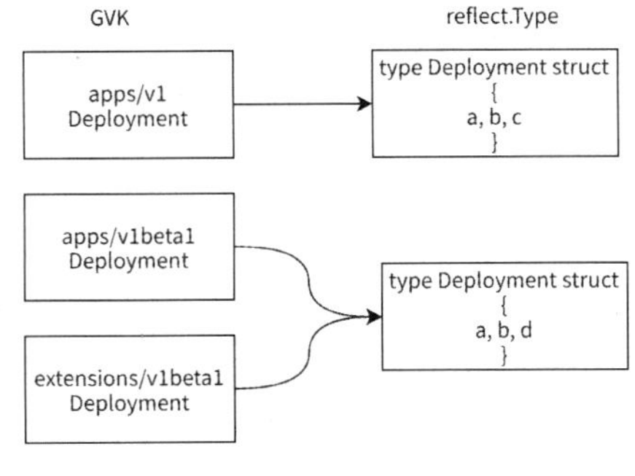

图 3-9　GVK 与 reflect.Type 的关系

- fieldLabelConversionFuncs：将 Version 和 Resource 映射到对应的函数中，将该版本中的资源字段标签转换为内部版本字段。
- defaulterFuncs：存储设置对象默认值的函数。
- converter：转换器，存储所有已注册的转换函数，在初始化时会初始化部分默认转换函数，是实现资源版本转换的关键。
- versionPriority：API 组到这些组中有序版本列表的映射，指示这些版本在 Scheme 中注册的默认优先级。
- observedVersions：GV 数组类型，跟踪在资源类型注册期间看到的版本的顺序，不包括内部版本，可用于快速查询某个组或版本在 Scheme 中是否注册过。
- schemeName：Scheme 的名称，没有实质含义，主要用于标识该 Scheme，如在出错时打印相关信息。

3.5.3 Scheme 的初始化

Scheme 的初始化是通过 NewScheme 函数完成的，主要对 schemeName 和 converter 字段进行初始化，其他字段只做了 map 类型的初始化。其中，schemeName 字段是由获取声明该 Scheme 变量所在的文件路径和代码行数拼接而成的，如 legacyscheme.Scheme 的 schemeName 字段被初始化为 pkg/api/legacyscheme/scheme.go:30。converter 字段的初始化在 3.8 节中进行重点介绍。

NewScheme 函数的代码示例如下。

代码路径：staging/src/k8s.io/apimachinery/pkg/runtime/scheme.go

```
Plain Text
func NewScheme() *Scheme {
  s := &Scheme{
    gvkToType:        map[schema.GroupVersionKind]reflect.Type{},
    typeToGVK:        map[reflect.Type][]schema.GroupVersionKind{},
    unversionedTypes:     map[reflect.Type]schema.GroupVersionKind{},
    unversionedKinds:     map[string]reflect.Type{},
    fieldLabelConversionFuncs:
map[schema.GroupVersionKind]FieldLabelConversionFunc{},
    defaulterFuncs:      map[reflect.Type]func(interface{}){},
    versionPriority:      map[string][]string{},
    schemeName:       naming.GetNameFromCallsite(internalPackages...),
  }
  s.converter = conversion.NewConverter(nil)

  // Enable couple default conversions by default.
  utilruntime.Must(RegisterEmbeddedConversions(s))
  utilruntime.Must(RegisterStringConversions(s))
  return s
}
```

schemeName 字段初始化完成后的内存结构如图 3-10 所示。

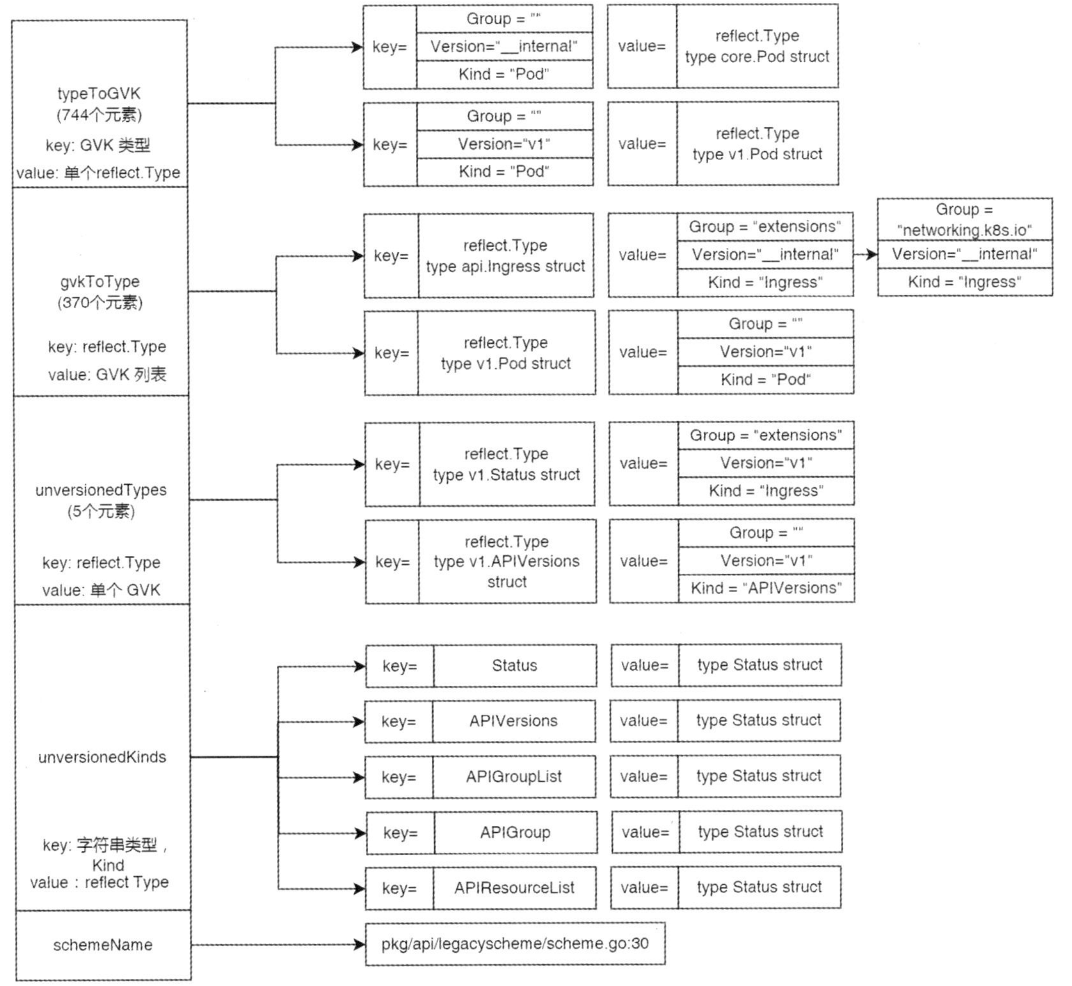

图 3-10　schemeName 字段初始化完成后的内存结构

3.5.4　SchemeBuilder 资源注册

SchemeBuilder 用于协助完成资源在 Scheme 中的注册，SchemeBuilder 是一个函数数组，用来处理 Scheme。

```
Plain Text
type SchemeBuilder []func(*Scheme) error
```

注册的核心流程：首先 NewSchemeBuilder 函数创建并初始化 SchemeBuilder，然后调用 Register 向 SchemeBuilder 中注册处理 Scheme 的函数，最后调用 AddToScheme 函数向 SchemeBuilder 中注册处理 Scheme 的函数。AddToScheme 函数的入参为 Scheme 对象，其本质是先把该 Scheme 对象传入函数数组集合的每个函数中，再分别运行。

另外，在 Scheme 中，不同的资源类型使用的注册资源函数也不同，说明如下。

- scheme.AddUnversionedTypes：注册 UnversionedType 资源类型。
- scheme.AddKnownTypeWithName：注册 VersionedType 资源类型，需要指定资源的 Kind 名称。
- scheme.AddKnownTypes：注册 VersionedType 资源类型，内部调用上一个函数，资源名

称由反射获取的值和 GV 拼接而成。

以 scheme.AddKnownTypes 函数为例，在注册资源类型时无须指定 Kind，通过反射机制获取资源类型的名称作为 Kind，代码示例如下。

代码路径：vendor/k8s.io/apimachinery/pkg/runtime/scheme.go

```
Plain Text
func (s *Scheme) AddKnownTypes(gv schema.GroupVersion, types ...Object) {
    s.addObservedVersion(gv)
    for _, obj := range types {
        t := reflect.TypeOf(obj)
        if t.Kind() != reflect.Ptr {
            panic("All types must be pointers to structs.")
        }
        t = t.Elem()
        s.AddKnownTypeWithName(gv.WithKind(t.Name()), obj)
    }
}
```

在注册资源类型时，有 3 类特殊的公共资源需要特别关注。

- 第一类：WatchEvent，属于版本化资源，但是不属于某个特定的组和版本，将每个组和版本下的资源类型注册到 Scheme 时，都会将 Group、Version、WatchEvent，Group、__internal、WatchEvent 组成两组 GVK 并注册到 Scheme 中，即 WatchEvent 在每个组和版本中都有各自的资源类型。
- 第二类：ListOptions、GetOptions、DeleteOptions、CreateOptions、UpdateOptions、PatchOptions，它们是用于设置 RESTful 请求参数的资源类型。情况同 WatchEvent，不过这些资源类型不注册内部版本。
- 第三类：Status、APIVersions、APIGroupList、APIGroup、APIResourceList，它们是未版本化的（Unversioned）资源类型，无须通过内部版本设置向后兼容，也不需要注册内部版本。这些资源类型的组被设置为" "，版本被设置为"v1"。

在每个组、版本注册资源到 Scheme 的内部时都会调用 AddToGroupVersion 函数。代码示例如下。

代码路径：vendor/k8s.io/apimachinery/pkg/apis/meta/v1/register.go

```
Plain Text
func AddToGroupVersion(scheme *runtime.Scheme, groupVersion schema.GroupVersion) {
    // 注册<Group> + <Version> + WatchEvent
    scheme.AddKnownTypeWithName(groupVersion.WithKind(WatchEventKind), &WatchEvent{})
    // 注册<Group> + __internal + WatchEvent
    scheme.AddKnownTypeWithName(
        schema.GroupVersion{Group: groupVersion.Group, Version:
runtime.APIVersionInternal}.WithKind(WatchEventKind),
        &InternalEvent{},
    )
    // 注册<Group> + <version> + ×××Options 6个资源
    scheme.AddKnownTypes(groupVersion, optionsTypes...)
    // 注册 Unversioned 5个资源
    scheme.AddUnversionedTypes(Unversioned,
        &Status{},
        &APIVersions{},
```

```
    &APIGroupList{},
    &APIGroup{},
    &APIResourceList{},
  )
  // 注册默认转换函数
  utilruntime.Must(RegisterConversions(scheme))
  // 注册默认设置资源默认值的函数
  utilruntime.Must(RegisterDefaults(scheme))
}
```

3.5.5　资源外部版本注册

资源外部版本注册包括资源 model 类型的注册、资源初始化函数（默认值函数）的注册、资源 Label 转换函数的注册和内部版本相互转换函数的注册。

本节以 apps/v1 为例，介绍该组下的 v1beta1 版本的资源是如何注册到 Schema 中的。

1．资源 model 类型的注册

首先创建 SchemeBuilder 对象，并且将组设置为 apps，版本设置为 v1，然后注册 apps/v1 中所有类型的资源 model，例如，Deployment、StatefulSet 等资源。同时通过 metav1.AddToGroupVersion 函数注册 3 类特殊的公共资源，这个函数在 3.5.4 节中介绍过。资源 model 类型注册的代码示例如下。

代码路径：vendor/k8s.io/api/apps/v1/register.go

```
Plain Text
const GroupName = "apps"
var SchemeGroupVersion = schema.GroupVersion{Group: GroupName, Version: "v1"}

func Resource(resource string) schema.GroupResource {
  return SchemeGroupVersion.WithResource(resource).GroupResource()
}

var (
  SchemeBuilder      = runtime.NewSchemeBuilder(addKnownTypes)
  localSchemeBuilder = &SchemeBuilder
  AddToScheme     = localSchemeBuilder.AddToScheme
)

func addKnownTypes(scheme *runtime.Scheme) error {
  scheme.AddKnownTypes(SchemeGroupVersion,
    &Deployment{},
    &DeploymentList{},
    &StatefulSet{},
    &StatefulSetList{},
    &DaemonSet{},
    &DaemonSetList{},
    &ReplicaSet{},
    &ReplicaSetList{},
    &ControllerRevision{},
    &ControllerRevisionList{},
  )
  // 注册 3 类特殊的公共资源
  metav1.AddToGroupVersion(scheme, SchemeGroupVersion)
```

```
  return nil
}
```

2．资源初始化函数的注册

在这部分源码中，我们会发现，这里先引用了上面创建的 SchemeBuilder 对象，然后在这个对象中添加 addDefaultingFuncs 函数作为资源的初始化函数。代码示例如下。

代码路径：pkg/apis/apps/v1/register.go

```
Plain Text
var (
  localSchemeBuilder = &appsv1beta1.SchemeBuilder
  AddToScheme    = localSchemeBuilder.AddToScheme
)

func init() {
   localSchemeBuilder.Register(addDefaultingFuncs)
}
```

3．资源 Label 转换函数的注册

apps/v1 版本不需要注册资源 Label 转换函数，我们以 apps/v1beta1 为例进行分析，注册 addConversionFuncs 函数，用于 Label 转换。代码示例如下。

代码路径：pkg/apis/apps/v1beta1/register.go

```
Plain Text
func init() {
   localSchemeBuilder.Register(addDefaultingFuncs, addConversionFuncs)
}
```

4．内部版本相互转换函数的注册

引用前面创建的 SchemeBuilder 对象，并调用 Register 注册转换函数 RegisterConversions。RegisterConversions 函数是内外部版本转换函数，该函数中定义了各个资源在当前版本和内部版本之间是如何转换的。代码示例如下。

代码路径：pkg/apis/apps/v1/zz_generated.conversion.go

```
Plain Text
func init() {
  localSchemeBuilder.Register(RegisterConversions)
}
func RegisterConversions(s *runtime.Scheme) error {
  ...
}
```

3.5.6 资源内部版本注册

本节同样以 apps 组为例，介绍该组下的内部版本资源是如何注册到 Schema 中的。

这部分源码先创建了 SchemeBuilder 对象，将组设置为 apps，版本设置为内部版本。然后注册内部版本中所有类型的资源 model，例如我们非常熟悉的 Deployment、StatefulSet 资源等。代码示例如下。

代码路径：pkg/apis/apps/register.go

```
Plain Text
var (
  SchemeBuilder = runtime.NewSchemeBuilder(addKnownTypes)
  AddToScheme = SchemeBuilder.AddToScheme
)

const GroupName = "apps"

// APIVersionInternal = "__internal"
var SchemeGroupVersion = schema.GroupVersion{Group: GroupName, Version:
runtime.APIVersionInternal}

func addKnownTypes(scheme *runtime.Scheme) error {
   scheme.AddKnownTypes(SchemeGroupVersion,
     &DaemonSet{},
     &DaemonSetList{},
     &Deployment{},
     &DeploymentList{},
     &DeploymentRollback{},
     &autoscaling.Scale{},
     &StatefulSet{},
     &StatefulSetList{},
     &ControllerRevision{},
     &ControllerRevisionList{},
     &ReplicaSet{},
     &ReplicaSetList{},
  )
  return nil
}
```

3.5.7 所有资源的注册入口

前面两节介绍了内部版本和外部版本的注册函数，那么是谁调用了这些注册函数，最终把资源注册到 Kubernetes 中的呢？本节同样以 apps 组为例，从源码角度看，如何驱动整个内部版本资源和外部版本资源的注册实现。

这部分实现保存在 init 函数中，即服务启动后就会自动执行。首先由 legacyscheme.Scheme 操作来得到一个 Scheme 对象，然后将 apps 组中所有版本的资源都进行注册，包括内部版本，以及 v1、v1beta1、v1beta2 等所有外部版本。代码示例如下。

代码路径：pkg/apis/apps/install/install.go

```
Plain Text
func init() {
  Install(legacyscheme.Scheme)
}

func Install(scheme *runtime.Scheme) {
  utilruntime.Must(apps.AddToScheme(scheme))
  utilruntime.Must(v1beta1.AddToScheme(scheme))
  utilruntime.Must(v1beta2.AddToScheme(scheme))
  utilruntime.Must(v1.AddToScheme(scheme))
  utilruntime.Must(scheme.SetVersionPriority(v1.SchemeGroupVersion,
```

```
v1beta2.SchemeGroupVersion, v1beta1.SchemeGroupVersion))
}
```

资源注册的流程如图 3-11 所示。

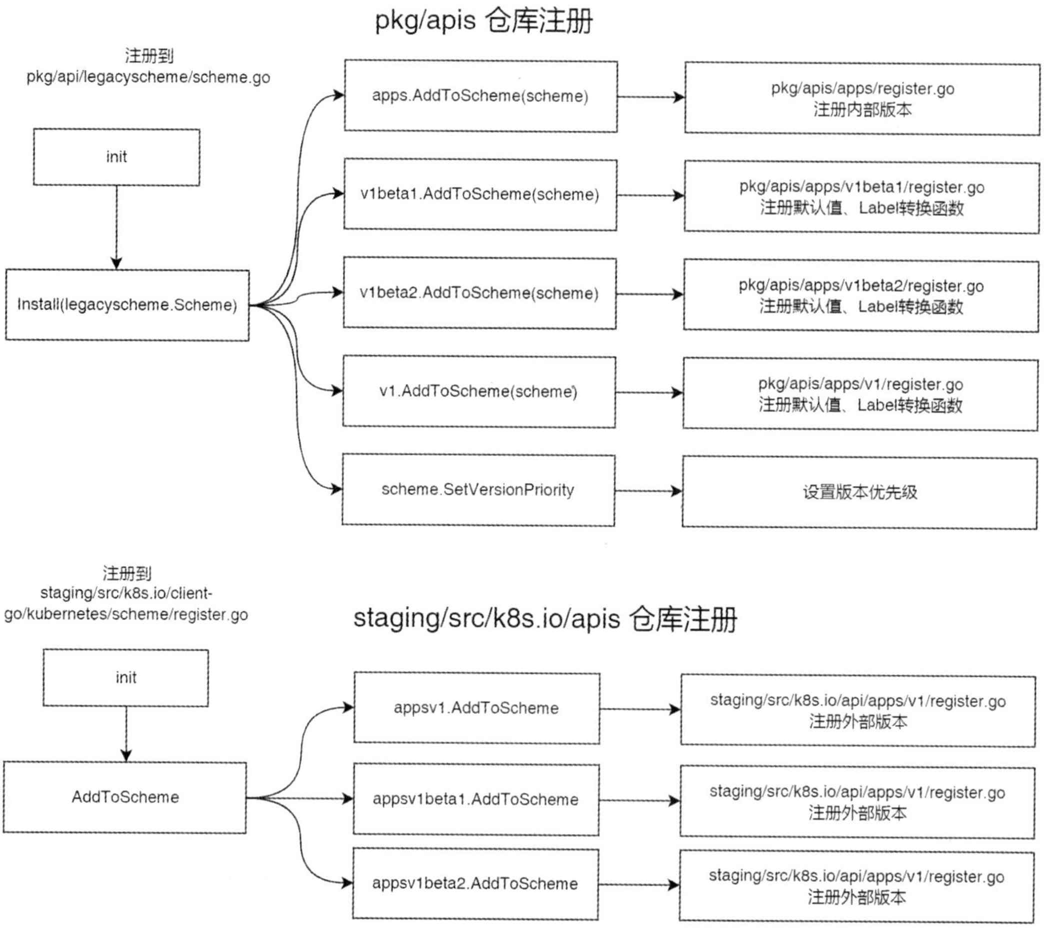

图 3-11　资源注册的流程

相关代码结构如图 3-12 所示。

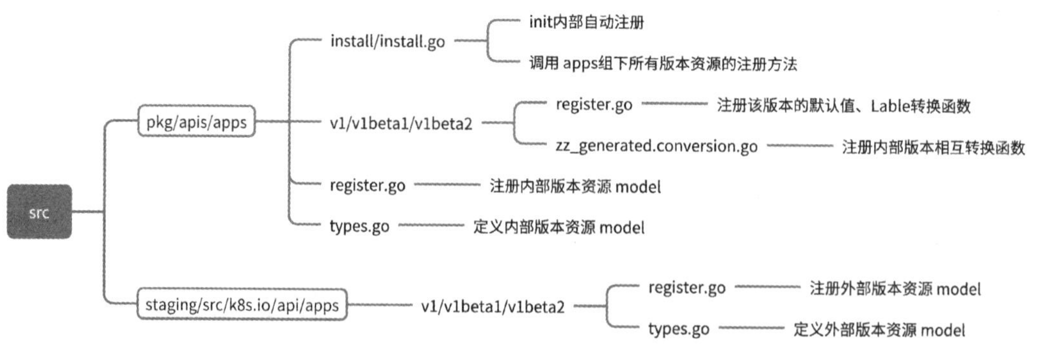

图 3-12　资源注册代码结构

3.5.8　资源注册表的查询方法

kube-apiserver 在运行过程中经常对 Scheme 进行查询，它提供了以下方法。

- scheme.KnownTypes：查询注册表中指定“资源组/资源版本”（GV）下的资源类型。
- scheme.AllKnownTypes：查询注册表中所有“资源组/资源版本/资源类别”（GVK）的资源类型。
- scheme.ObjectKinds：查询资源对象对应的“资源组/资源版本/资源类别”（GVK），一个资源对象可能存在多个 GVK。
- scheme.New：根据“资源组/资源版本/资源类别”（GVK）实例化对应的资源对象。
- scheme.IsGroupRegistered：判断指定的资源组是否已经注册。
- scheme.IsVersionRegistered：判断指定的“资源组/资源版本”（GV）是否已经注册。
- scheme.Recognizes：判断指定的“资源组/资源版本/资源类别”（GVK）是否已经注册。
- scheme.IsUnversioned：判断指定的资源对象是否属于 UnversionedType 类型。

使用 scheme.ObjectKinds 方法可以返回资源对象所有可能的 GVK，并传入资源对象，该资源对象对应的 Go Struct 可能有多个 GVK，例如，apps.Deployment 和 extensions.Deployment 资源的内部版本对应两个 GVK，但是底层的 Go Struct 数据结构是完全相同的，当通过这个 Go Struct 反向查询 GVK 时，将返回两个结果。scheme.ObjectKinds 方法的核心流程如图 3-13 所示。

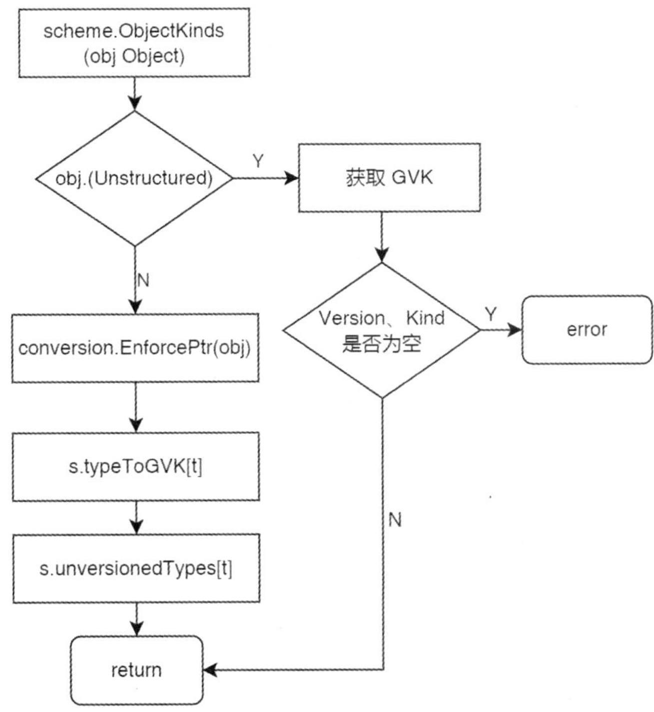

图 3-13　scheme.ObjectKinds 方法的核心流程

判断待查询的资源对象是否是 Unstructured 类型的。如果是 Unstructured 类型的，则获取其 GVK，且 Version 和 Kind 都不能为空，否则会报错；如果不是 Unstructured 类型的，则将资源对象强制转换为 Go reflect.Type，得到 t。从 Scheme 的 typeToGVK 这个 map 字段中查询是否存在 key = t 的 gvks。同时判断 t 是否在 Scheme 的 unversionedTypes 的 map 字段中。

3.5.9 资源对象的创建

给定 GVK，Scheme 可以根据 GVK 信息，在注册表中找到该类型资源对应的 Go Type 数据结构，并且用反射创建该资源对象。创建资源对象代码示例如下。

代码路径：staging/src/k8s.io/apimachinery/pkg/runtime/scheme.go

```
Plain Text
func (s *Scheme) New(kind schema.GroupVersionKind) (Object, error) {
  if t, exists := s.gvkToType[kind]; exists {
    return reflect.New(t).Interface().(Object), nil
  }

  if t, exists := s.unversionedKinds[kind.Kind]; exists {
    return reflect.New(t).Interface().(Object), nil
  }
  return nil, NewNotRegisteredErrForKind(s.schemeName, kind)
}
```

创建资源对象的地方主要是 Scheme 的内部方法 convertToVersion、unstructuredToTyped，前者内部也会调用后者，用于实现资源对象版本转换。在进行转换时，需要根据 GVK 先从 Scheme 中找到待转换资源的 Go Struct，利用 Scheme.New 函数初始化一个空实例，再进行后续的转换操作。代码示例如下。

代码路径：staging/src/k8s.io/apimachinery/pkg/runtime/scheme.go

```
Plain Text
func (s *Scheme) convertToVersion(...) {
   ...
   typed, err := s.unstructuredToTyped(u)
   ...
   out, err := s.New(gvk)
   ...
}

func func (s *Scheme) unstructuredToTyped(...) {
   ...
   typed, err := s.New(gvks[0])
   ...
}
```

3.5.10 资源对象的转换

Scheme 中的 converter 字段存放了资源对象的转换器，并对外提供了 AddConversionFunc、AddGeneratedConversionFunc、AddIgnoredConversionType 等方法注册资源转换函数。这些函数在每种类型资源自动生成的 zz_generated.conversion.go 文件中被调用。

可以通过 ConvertToVersion 函数将 runtime.Object 转换为指定版本的 runtime.Object，也可以直接调用底层的 Convert 函数实现转换，后者需要自行构造 runtime.Object。

3.5.11　资源对象默认值的设置

Scheme 中的 defaulterFuncs 字段存放了为每种资源对象设置默认值的函数，并且对外提供了 AddTypeDefaultingFunc 方法，用于注册设置资源对象默认值的函数。这个函数在每种类型资源自动生成的 zz_generated.default.go 文件中被调用。可以通过 Default 函数获取资源对象的默认值，该函数内部调用前面注册的设置资源对象默认值的函数。

3.5.12　资源字段的转换

Scheme 中的 fieldLabelConversionFuncs 字段存放了资源字段转换函数，并对外提供了 AddFieldLabelConversionFunc 方法用于注册转换函数。该函数在每种类型资源自动生成的 zz_generated.conversion.go 文件中被调用。可以通过调用 ConvertFieldLabel 函数实现资源字段的转换。

3.6　对象体系设计

前面介绍了 Kubernetes 中的资源类型的定义，以及如何将资源注册到 Scheme 中。注册完成后，下一步是根据资源类型实例化具体的资源对象，本节学习 Kubernetes 中资源对象的相关数据结构。

3.6.1　资源对象的基本信息

当编写 YAML 文件创建一个资源对象，或者执行 kubectl 命令获取一个资源对象时，每个资源对象都包含以下几类信息。

- apiVersion：当前资源对象使用的 API 版本。
- kind：当前资源对象所属的资源类型。
- metadata：每个资源对象必须内嵌一个元数据对象。
- Spec：资源对象的期望状态。
- Status：资源对象的实际状态。

Spec 包括用户提供的配置、系统扩展的默认值及其他生态系统组件（如调度器、自动伸缩）创建后初始化或更改的属性。这些属性和 API 对象一起被存储起来。Status 汇总了系统中资源对象当前的状态，通常被自动赋值，也可以动态生成。

Spec 和 Status 有不同的权限范围，用户可以完全写入或只读访问 Spec 和 Status，但是控制器只被授予只读 Spec、完全写入 Status 的权限。当资源对象的新版本被 Post 或 Put 时，Spec 会立即更新并可用，且忽略 Status，以避免被意外覆盖。资源对象的数据结构如图 3-14 所示。

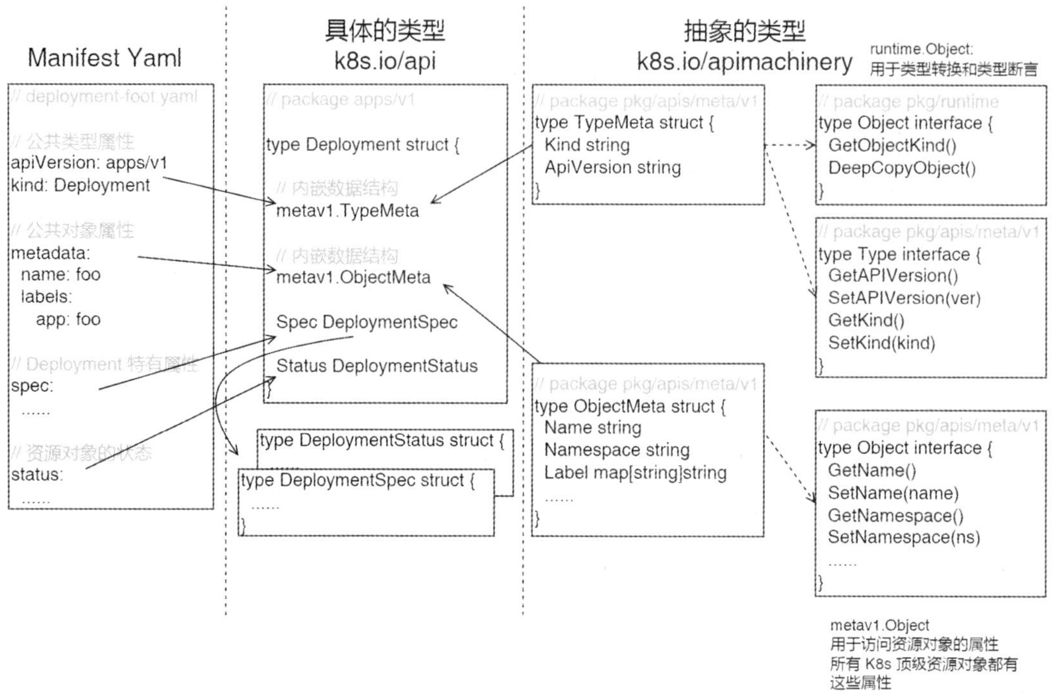

图 3-14　资源对象的数据结构

3.6.2　对象体系类图

Kubernetes 中围绕对象设计的接口体系如图 3-15 所示。

重要接口（类）说明如下。

- schema.ObjectKind：所有资源对象类型的抽象，对 API 资源对象类型的抽象，可以用来获取或设置 GVK。
- runtime.Object：Kubernetes 代码在 Go 语言获得真正泛型的支持前就已编写完成。因此，runtime.Object 很像传统的 interface{}解决方法——它是一个通用接口，被广泛用于声明类型和类型切换，并且可以通过检查底层资源对象的 Kind 来获取实际类型。
- metav1.TypeMeta：所有资源对象类型的公共实现，实现了 schema.ObjectKind 接口，所有的 API 资源对象类型都继承它。每个 API 资源对象需要使用 metav1.TypeMeta 字段来描述自己的类型，这样才能构造相应类型的资源对象，所以相同类型的所有资源对象的 metav1.TypeMeta 字段都是相同的。
- metav1.Object：所有资源对象及 API 资源对象属性的抽象，用来存取资源对象的属性。
- metav1.ObjectMeta：单体资源对象属性的公共实现。实现了 metav1.Object 接口，所有的 API 资源对象类型都继承它。
- metav1.ListInterface：资源列表对象属性的抽象，API 资源列表对象属性的抽象，用来存取资源列表对象的属性。
- metav1.ListMeta：资源列表对象属性的公共实现，实现了 metav1.ListInterface 接口，所有的 API 资源对象列表类型都继承它。

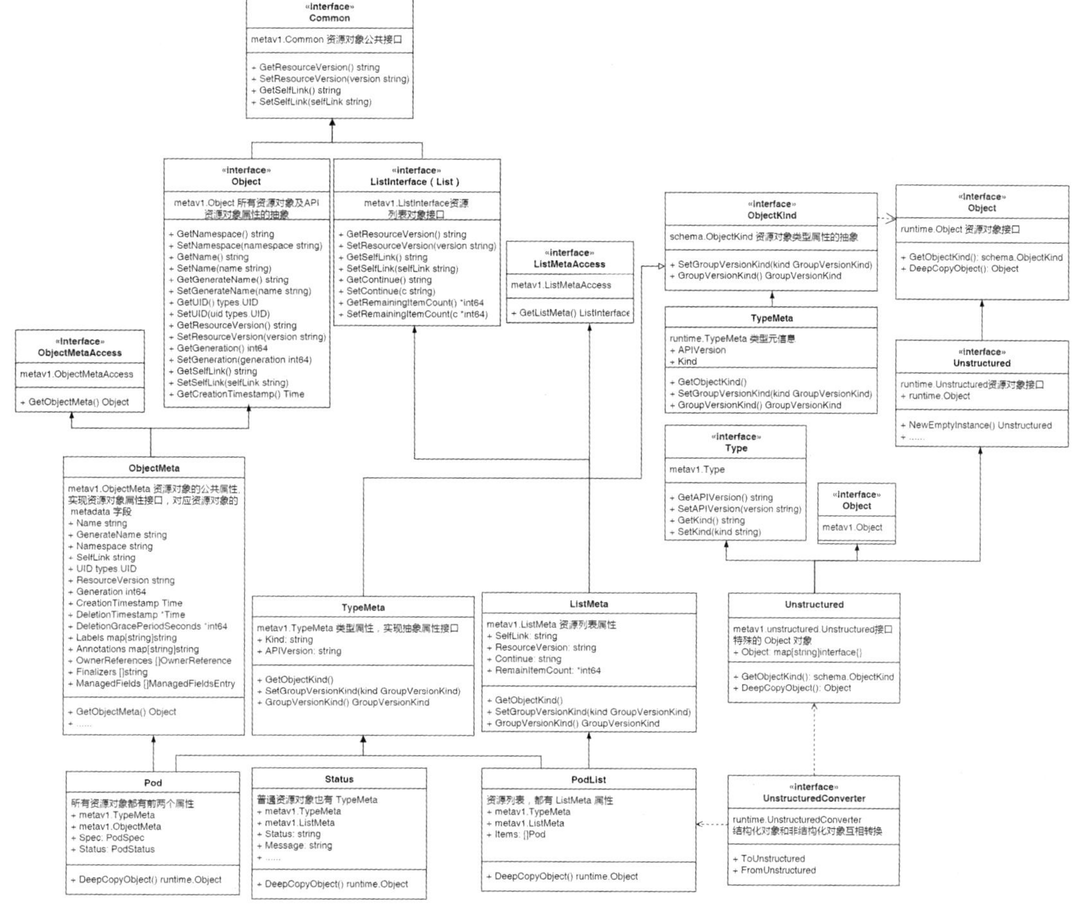

图 3-15　Kubernetes 中围绕对象设计的接口体系

3.6.3　runtime.Object

runtime.Object 被设计为 Interface 接口类型，作为资源对象的通用资源对象。runtime.Object 定义代码示例如下。

代码路径：staging/src/k8s.io/apimachinery/pkg/runtime/interfaces.go

```
Plain Text
type Object interface {
  GetObjectKind() schema.ObjectKind
  DeepCopyObject() Object
}
```

相关字段说明如下。

- GetObjectKind：用于设置并返回 GroupVersionKind。
- DeepCopyObject：用于深复制当前资源对象并返回。

深复制相当于将数据结构克隆一份，因此它不与原始对象共享任何内容。它用于代码在不修改原始对象的情况下改变克隆对象的任何属性。

Kubernetes 的每个资源对象都嵌入了 metav1.TypeMeta 类型，metav1.TypeMeta 类型实现了 GetObjectKind 方法，所以，所有资源对象拥有该方法。另外，Kubernetes 的每个资源对象都实现了 DeepCopyObject 方法，该方法一般被定义在 zz_generated.deepcopy.go 文件中，所以，可以认为资源对象都能被转换成 runtime.Object 通用资源对象。

3.6.4 metav1.TypeMeta

metav1.TypeMeta 和 metav1.ObjectMeta 是 Kubernetes 所有 API 资源对象的基类。metav1.TypeMeta 数据结构用于描述资源对象的类型，这样才能构造相应类型的资源对象，相同类型的资源对象的 metav1.TypeMeta 字段是相同的。而 metav1.ObjectMeta 数据结构用于描述某种类型的资源对象实例化后的实体属性信息，这些信息唯一标识了这个资源对象。

metav1.TypeMeta 数据结构的相关字段说明如下。

- Kind：版本类型，对应 Deployment 文件中第 1 级字段的 Kind 字段，如 kind=Deployment。
- APIVersion：资源组和版本拼接的信息，对应 apiVersion 字段，如 apiVersion=apps/v1。APIVersion 定义了给定资源对象的版本化 Schema，服务端应该将 Schema 转换为最近的内部版本，并且拒绝不能识别的值。

metav1.TypeMeta 数据结构定义的代码示例如下。

代码路径：staging/src/k8s.io/apimachinery/pkg/apis/meta/v1/types.go

```
Plain Text
type TypeMeta struct {
  Kind string `json:"kind,omitempty"`
  APIVersion string `json:"apiVersion,omitempty"`
}
```

3.6.5 metav1.ObjectMeta

metav1.ObjectMeta 用于定义资源对象的公共属性，即所有资源对象都应该具备的属性。这部分和资源对象本身相关，和类型无关，所以相同类型的所有资源对象的 metav1.ObjectMeta 是不同的。metav1.ObjectMeta 数据结构定义的代码示例如下。

代码路径：staging/src/k8s.io/apimachinery/pkg/apis/meta/v1/types.go

```
Plain Text
type ObjectMeta struct {
  Name string
  GenerateName string
  Namespace string
  SelfLink string
  UID types.UID
  ResourceVersion string
  Generation int64
  CreationTimestamp Time
  DeletionTimestamp *Time
  DeletionGracePeriodSeconds *int64
  Labels map[string]string
  Annotations map[string]string
  OwnerReferences []OwnerReference
  Finalizers []string
```

```
  ManagedFields []ManagedFieldsEntry
}
```

metav1.ObjectMeta 数据结构的相关字段说明如下。

- Name：字符串类型，表示客户端输入的资源对象的名称。
- GenerateName：字符串类型，自动生成的名称，该名称在持久化之前应由服务端设置且是唯一的。
- Namespace：字符串类型，资源对象所在的命名空间。
- SelfLink：字符串类型，该资源的 URL 标识，已经被标识为废弃字段。
- UID：UID 类型字符串，资源对象的全局唯一标识，该字段由服务器生成，不允许修改。
- ResourceVersion：字符串类型。
- Generation：int64 类型，资源变更次数。
- CreationTimestamp：资源创建时间。
- DeletionTimestamp：资源删除时间。
- DeletionGracePeriodSeconds：资源删除宽限期。
- Labels：map[string]string 类型，标签。
- Annotations：map[string]string 类型，注解。
- OwnerReferences：[]OwnerReference 类型，对象引用。
- Finalizers：[]string 类型，终结器。
- ManagedFields：[]ManagedFieldsEntry 类型，字段管理器。

3.6.6 Unstructured

在 Kubernetes 中，Deployment、Pod 等资源对象都是结构化对象。结构化对象是指可以用 Go Struct 表示的对象，例如，Deployment 在 k8s.io/api/apps/v1 中定义，我们可以直接通过 appsv1.Deployment 来安全地定义 Deployment 的各个字段。

与结构化对象相对的就是非结构化（Unstructured）对象了，此结构允许将未注册 Go 结构的对象作为通用的类 JSON 对象来进行操作。Kubernetes 作为一个具有强大扩展能力的平台，当实现对多种资源的通用处理，或者在运行时才能确定资源对象（如根据配置监听不同的资源对象），又或者不愿引入额外的依赖（处理大量的 CRD）时，可以使用非结构化对象来处理以上情况。

client-go 中的 DynamicClient 大量使用非结构化对象，将要请求的资源包装为非结构化的数据结构，通过 Codec 的 Encode 方法将非结构化对象转换为字符数组，最终调用 RESTClient 的接口请求 kube-apiserver。

那么在编码时如何处理非结构化对象呢？相信读者会想到使用 interface{}，实际上 Kubernetes 也是这么做的。Unstructured 相关的类图如图 3-16 所示。

1. runtime.Unstructured

runtime.Unstructured 非结构化对象接口用于存储字段不固定的资源对象，对应的代码示例如下。

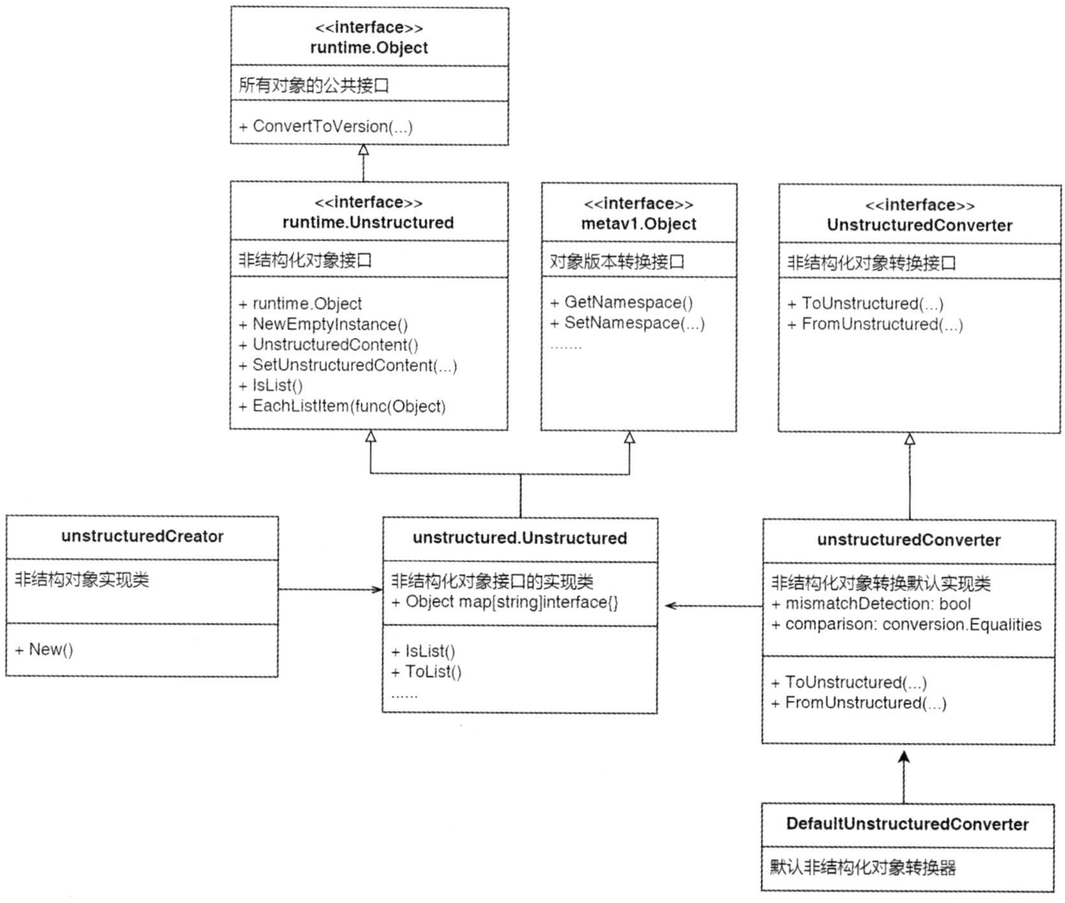

图 3-16　Unstructured 相关的类图

代码路径：staging/src/k8s.io/apimachinery/pkg/runtime/interfaces.go

```
Plain Text
type Unstructured interface {
  Object
  NewEmptyInstance() Unstructured
  UnstructuredContent() map[string]interface{}
  SetUnstructuredContent(map[string]interface{})
  IsList() bool
  EachListItem(func(Object) error) error
}
```

2. unstructured.Unstructured

runtime.Unstructured 接口的默认实现类为 unstructured.Unstructured，对应的代码示例如下。

代码路径：vendor/k8s.io/apimachinery/pkg/apis/meta/v1/unstructured/unstructured.go

```
Plain Text
type Unstructured struct {
  Object map[string]interface{}
}
```

3．unstructuredConverter 非结构化对象转换接口

该接口及其默认实现用于将非结构化对象转换为具体 k8s.io/api 类型的结构（反之亦然），提供了以下两个方法。

- FromUnstructured：用 Unstructured 实例生成资源对象。
- ToUnstructured：用资源对象生成 Unstructured 实例。

4．unstructuredConverter 非结构化对象转换默认实现类

Unstructured 实例与资源对象的相互转换的实现，将 Unstructured 实例转换为资源对象的方法就是用反射取得资源对象的字段类型，先按照字段名以 Unstructured 实例的 map 取得原始数据，再用反射将其设置到资源对象的字段中即可。

5．DefaultUnstructuredConverter 默认非结构化对象转换器

DefaultUnstructuredConverter 是默认的非结构化对象转换器，被大量使用。其内部初始化的是 unstructuredConverter 实例，ToUnstructured 的一般使用方法如下。

- 调用 DefaultUnstructuredConverter.ToUnstructured(in)将 in 这个 interface{}类型的数据转换为 map[string]interface{}。
- 调用 Unstructured.SetUnstructuredContent 传入上一步的结果，赋给 Unstructured 实例。

3.7　runtime.Codec 资源编/解码

在详解 Codec（编解码器）之前，先认识下 Serializer（序列化器）与 Codec 的差异。

- Serializer：序列化器，包含序列化操作与反序列化操作。序列化操作是将数据（如数组、对象、结构体等）转换为字符串的过程，反序列化操作是将字符串转换为数据的过程。因此 Serializer 可以轻松地维护数据结构并存储或传输数据。
- Codec：编解码器，包含编码器与解码器。编解码器是一个通用的术语，指的是可以表示数据的任何格式，或者将数据转换为特定格式的过程。所以，我们可以理解为 Serializer 也是 Codec 的一种。

在 Kubernetes 中，Codec 的主要作用是利用 Decode 操作从请求中提取相关的 Resource，利用 Encode 操作把相关 Resource 写入响应，以及设置部分默认值。可以简单理解为 Codec 负责字符数组和 runtime.Object 对象的转换，如图 3-17 所示。

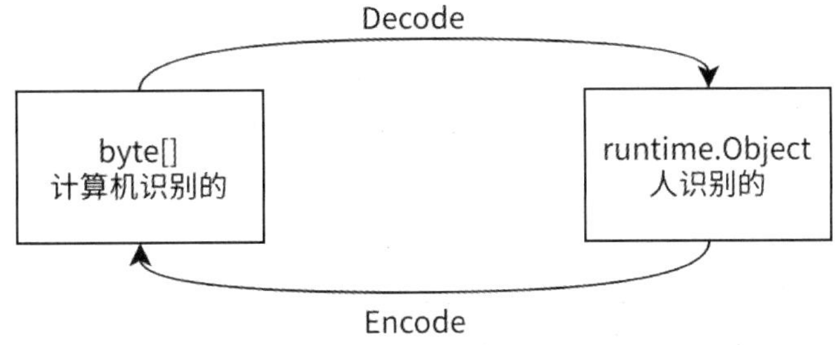

图 3-17　Encode 与 Decode 的关系

目前，Kubernetes 支持 3 种主要的序列化器，即 protobufSerializer、yamlSerializer、jsonSerializer，如图 3-18 所示。客户端和服务端通过 MediaType 来协商使用哪种序列化器。序列化器与 MediaType 的对应关系如下。

- protobufSerializer：application/vnd.kubernetes.protobuf。
- yamlSerializer：application/yaml。
- jsonSerializer：application/json。

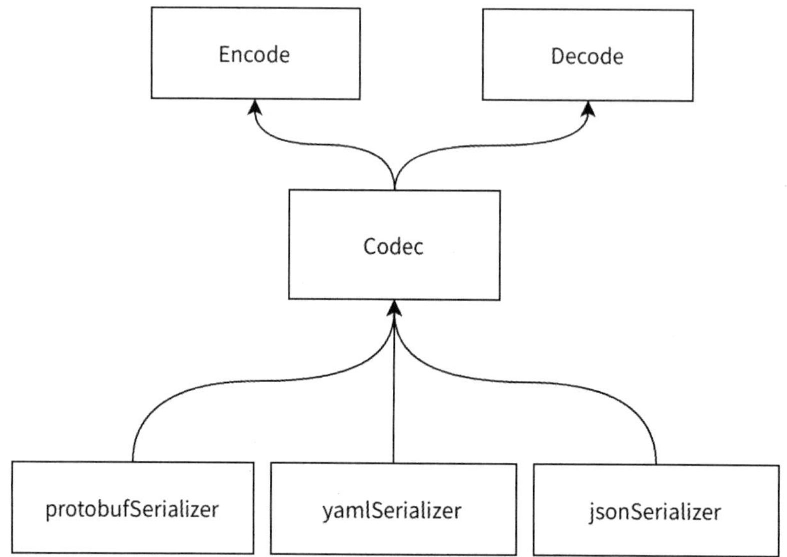

图 3-18　Kubernetes 支持的 3 种主要的序列化器

3.7.1　编/解码数据结构

编/解码数据结构如图 3-19 所示。

- Decoder：解码接口。
- Encoder：编码接口。
- Codec：Serializer 接口的重命名，内嵌了 Decoder 和 Encoder 两个接口，同时拥有编/解码能力。
- json.Serializer 类：实现 Serializer 接口，完成 JSON 和 YAML 格式对象的序列化操作。
- protobuf.Serializer 类：实现 Serializer 接口，完成 proto 格式对象的序列化操作。
- SerializerInfo：记录一类 MediaType 对应的 Serializer 相关信息。
- MetaFactory 接口：用于存储和提取 JSON 序列化对象中的 Version 和 Kind 信息。实现类如下。
    - json.SimpleMetaFactory：JSON 默认实现类。
    - yaml.SimpleMetaFactory：YAML 默认实现类。
- CodecFactory 接口：构造 Codec 实例的工厂方法。
- codec 类：Codec 接口的具体实现类。

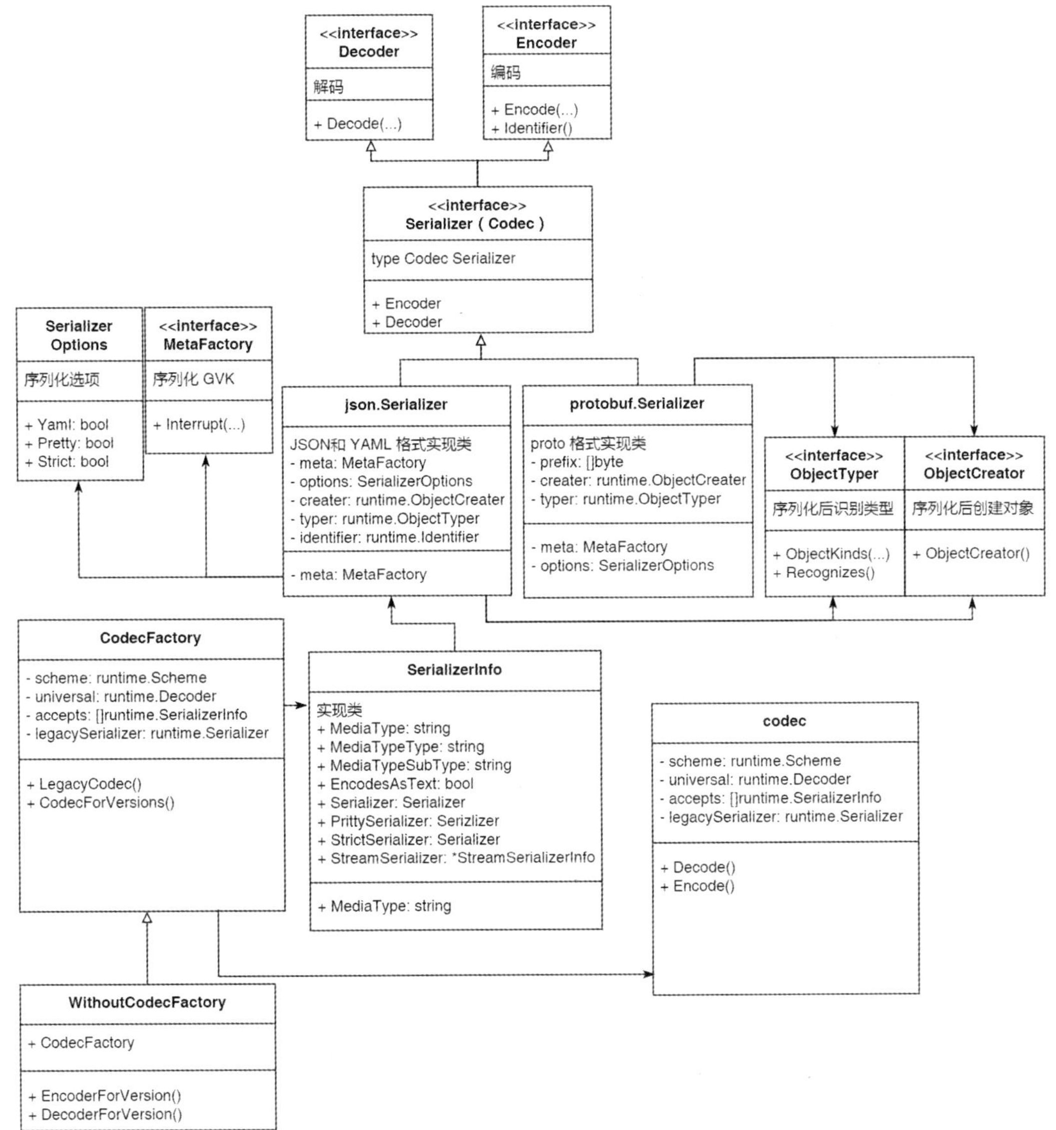

图 3-19　编/解码数据结构

3.7.2　CodecFactory 实例化

Codec 编解码器通过 NewCodecFactory 函数实例化，实例化 CodecFactory 的代码示例如下。

代码路径：staging/src/k8s.io/apimachinery/pkg/runtime/serializer/codec_factory.go

```
Plain Text
type CodecFactory struct {
  scheme    *runtime.Scheme
  universal runtime.Decoder
  accepts   []runtime.SerializerInfo
  legacySerializer runtime.Serializer
}
```

CodecFactory 中的相关字段说明如下。

- scheme：注册表 scheme 实现了 ObjectConvertor、ObjectCreater、ObjectTyper 等接口，在 Encoder、Decoder 等方法中都用得到。
- universal：Decode 数组，初始化的是 json.Serializer、yaml.Serializer、protobuf.Serializer。
- accepts：标识 Codec 能对哪些格式的对象进行编/解码。默认为 json、yaml、proto 构造和初始化的 3 个 SerializerInfo 对象。
- legacySerializer：单个 Encode 对象，初始化的是 jsonSerializer。Kubernetes 早期只支持 JSON 序列化，因此被命名为 legacySerializer。

CodecFactory 初始化函数会自动完成对 jsonSerializer、yamlSerializer、protobufSerializer 这 3 个序列化器的实例化工作，代码示例如下。

代码路径：vendor/k8s.io/apimachinery/pkg/runtime/serializer/codec_factory.go

```
Plain Text
func NewCodecFactory(scheme *runtime.Scheme, ...) CodecFactory {
  options := CodecFactoryOptions{Pretty: true}
  ...
  serializers := newSerializersForScheme(scheme, json.DefaultMetaFactory, options)
  return newCodecFactory(scheme, serializers)
}
```

NewCodecFactory 函数传入的 scheme 实现了 ObjectTyper、ObjectCreater 等接口，用于传给 Serializer 类的 creater、typer 字段，Serializer 内部的 Decode、Encode 方法都使用了这些接口，其本质就是调用 scheme 相关接口。例如，Decode 方法内部会根据传入的 creater 接口、typer 接口、MetaFactory 提取的 GVK 信息，调用 runtime.UseOrCreateObject 创建真正的对象。

CodecFactory 初始化核心流程如图 3-20 所示。

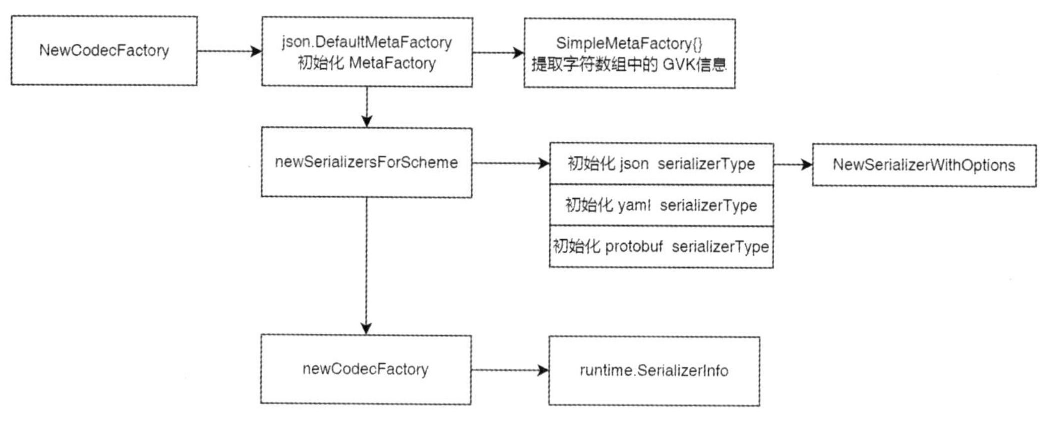

图 3-20 CodecFactory 初始化核心流程

- json.DefaultMetaFactory 构造 MetaFactory 接口的实例 SimpleMetaFactory，该类实现了 Interpret 方法，用于提取字符数组中的 GVK 信息。
- 初始化 3 个 serializerType（json、yaml、protobuf）。
- newCodecFactory 函数根据上一步传入的 3 个 serializerType 构造 SerializerInfo 对象，赋值给 CodecFactory 的 universal 字段。

在构造 json、yaml、protobuf 这 3 个成员的 serializerType 数组时，初始化的参数如图 3-21 所示。

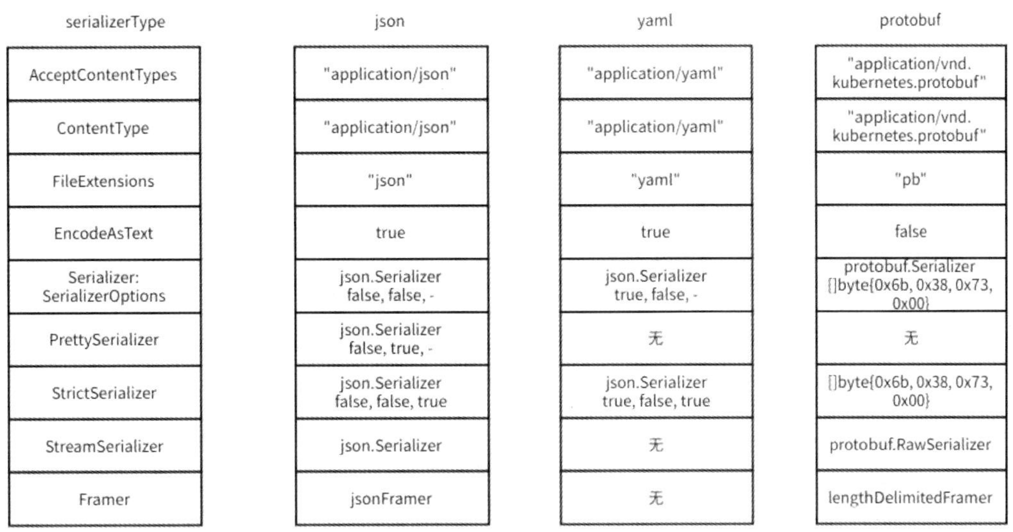

serializerType	json	yaml	protobuf
AcceptContentTypes	"application/json"	"application/yaml"	"application/vnd.kubernetes.protobuf"
ContentType	"application/json"	"application/yaml"	"application/vnd.kubernetes.protobuf"
FileExtensions	"json"	"yaml"	"pb"
EncodeAsText	true	true	false
Serializer: SerializerOptions	json.Serializer false, false, -	json.Serializer true, false, -	protobuf.Serializer []byte{0x6b, 0x38, 0x73, 0x00}
PrettySerializer	json.Serializer false, true, -	无	无
StrictSerializer	json.Serializer false, false, true	json.Serializer true, false, true	[]byte{0x6b, 0x38, 0x73, 0x00}
StreamSerializer	json.Serializer	无	protobuf.RawSerializer
Framer	jsonFramer	无	lengthDelimitedFramer

图 3-21　初始化的参数

其中，json 和 yaml 的初始化类似，都是实例化 json.Serializer，只是传入的参数不同（pretty、strict 等）。protobuf 的初始化比较特殊，它实例化 protobuf.Serializer，内部的编/解码格式也不同。

至此，CodecFactory 就初始化好了，在使用时只需要调用 CodecFactory 类提供的方法就可以实例化 Codec 对象。

CodecFactory 类提供的方法如图 3-22 所示。

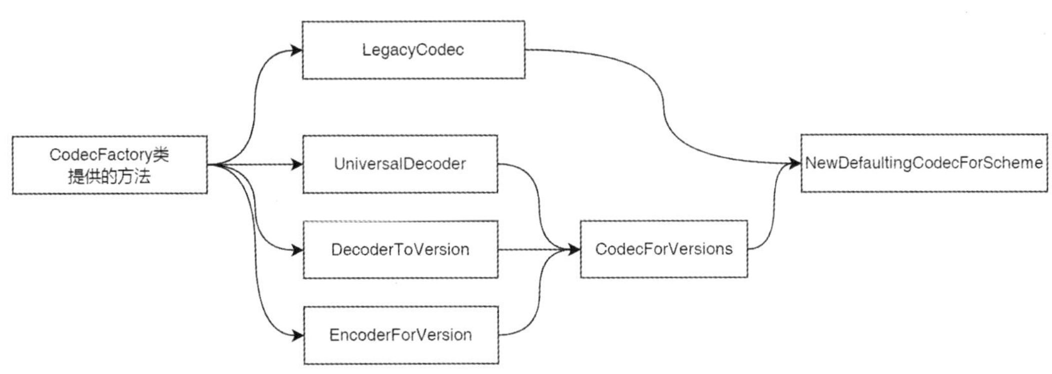

图 3-22　CodecFactory 类提供的方法

- LegacyCodec：内部调用 NewDefaultingCodecForScheme。
- UniversalDecoder：内部调用 CodecForVersions。
- CodecForVersions：内部调用 NewDefaultingCodecForScheme。
- DecoderToVersion：返回用于解码指定 GV 的 Decoder 对象。其内部调用 CodecForVersions，传入 Decode 相关参数，Encode 相关参数传 nil。在实际使用时，入

参 Decoder 使用 Serializer 初始化。

- EncoderForVersion：返回用于编码指定 GV 的 Encoder 对象。其内部调用 CodecForVersions，传入 Encode 相关参数，Decode 相关参数传 nil。在实际使用时，入参 Encoder 使用 Serializer 初始化。

所有的方法最后都调用 NewDefaultingCodecForScheme，该方法内部调用 NewCodec 方法初始化 Codec 对象。

3.7.3 codec 编/解码实现类

codec 类中包含的字段说明如下。

- encoder：runtime.Encoder 类型，用于编码操作。
- decoder：runtime.Decoder 类型，用于解码操作。
- convertor：runtime.ObjectConvertor 类型，用于资源对象版本的转换操作，使用 runtime.Scheme 来初始化。
- creater：runtime.ObjectCreater 类型，用于资源对象的创建操作，使用 runtime.Scheme 来初始化。
- typer：runtime.ObjectTyper 类型，实际对象是 runtime.Scheme，使用 runtime.Scheme 来初始化。
- defaulter：runtime.ObjectDefaulter 类型，实际对象是 runtime.Scheme，使用 runtime.Scheme 来初始化。
- encodeVersion：runtime.GroupVersioner 类型，指明需要将哪些 GV 对象进行编码。
- decodeVersion：runtime.GroupVersioner 类型，指明需要解码为哪种 GVK 对象。
- identifier：runtime.Identifier 类型，指明该 codec 的唯一标识符。
- originalSchemeName：字符串类型，使用 runtime.Scheme 的 Name 字段来初始化，指明使用哪个 scheme 对象。

codec 类对应的代码示例如下。

代码路径：staging/src/k8s.io/apimachinery/pkg/runtime/serializer/versioning/versioning.go

```
Plain Text
type codec struct {
   encoder   runtime.Encoder
   decoder   runtime.Decoder
   convertor runtime.ObjectConvertor
   creater   runtime.ObjectCreater
   typer     runtime.ObjectTyper
   defaulter runtime.ObjectDefaulter
   encodeVersion runtime.GroupVersioner
   decodeVersion runtime.GroupVersioner
   identifier runtime.Identifier
   originalSchemeName string
}
```

1. 编码流程

Codec 对象的 doEncode 方法完成编码核心操作，即将目标对象转化成相应版本的对象，然后序列化到响应中。以常见的 apps/v1/deployment 资源为例，编码操作会先将目标对象转换成相应版本的对象，这个目标对象一般是在 etcd 中获取的内部版本对象（Kubernetes 的各种资源永远会以内部版本的形式存储在 etcd 中）。然后转换成请求中的 v1 版本的对象，最后序列化数据到 response 数据流中。

Encode 方法内部转调了 encode 方法，encode 方法内部最终调用了 doEncode 方法。doEncode 方法根据对象的类型进行不同的处理，部分类型需要先进行版本转换，再进行序列化操作，而部分类型不需要进行版本转换，可以直接进行序列化操作。具体如下。

- Unknown 类型：直接调用 encodeFn 方法编码 Unknown 对象。
- UnStructured 类型：CRD 资源创建的对象就是 Unstructured 类型的，对应这种场景。进一步判断对象是否是 UnstructuredList 类型（UnstructuredList 继承 Unstructured）的，UnstructuredList 支持多种 GVK，因此不能对该类型进行转换。对于非 UnstructuredList 类型的 Unstructured 对象，获取对象的 GVK，如果 Version 为空或 GVK 是正确的，则无须进行转换，直接调用 encodeFn 方法进行序列化操作。
- 其他类型（普通对象类型）：
    - 调用 c.typer.ObjectKinds 函数，c.typer 就是 runtime.Scheme，获取待转换的对象所有可能的 GVK。
    - 调用 Scheme 的 ConvertToVersion 函数，将对象转换为目标版本，内部依次调用 UnsafeConvertToVersion 函数和 convertToVersion 函数，通过 reflect.TypeOf 获取对象的 Go Type，在 Scheme.typeToGVK 这个 map 中查询所有可能的 GVK，KindForGroupVersionKinds 函数将 GVK 与 Codec 支持转换的 GV 进行匹配得到最终的 GVK，之后调用 Scheme 的 New 方法初始化转换后的目标对象，再调用 Scheme 中的 converter.Convert 函数将待转换对象转换为目标对象，最后调用 setTargetKind 方法设置目标对象的 GVK。
    - 调用 encodeFn 方法对转换后的对象进行编码操作。

Encode 方法的内部实现流程如图 3-23 所示。

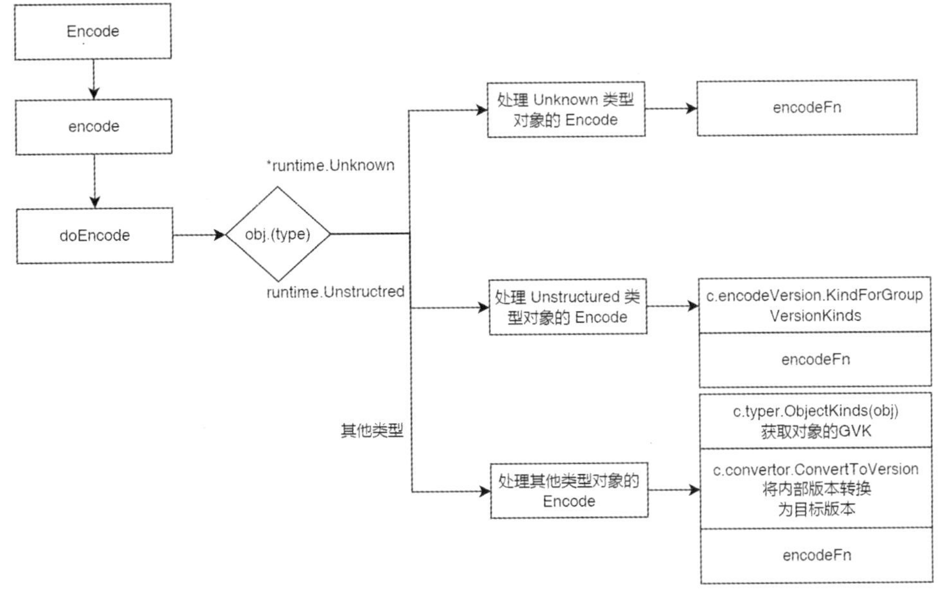

图 3-23　Encode 方法的内部实现

序列化的最终方法是 encodeFn，而 encodeFn 就是 Codec 对象中 encoder 字段的 Encoder 方法。前面我们分析过给 codec.encoder 赋值的是 json、yaml、proto 这 3 种实现的数组。因此我们可以得出，最终的调用都会下沉到具体的 jsonSerializer、yamlSerializer、protobufSerializer 中的 Encode 方法，这部分内容将在后面的章节中详细介绍。

介绍完 Encode 的内部实现后，我们分析外部由谁调用该 Encode 方法。Encode 方法的主要调用链路如图 3-24 所示，kube-apiserver 组件中每种处理资源 RESTful 请求的 Handler 方法都调用了 transformResponseObject 方法，再依次调用 WriteObjectNegotiated、SerializeObject 方法，最终调用 codec 类的 Encode 方法。

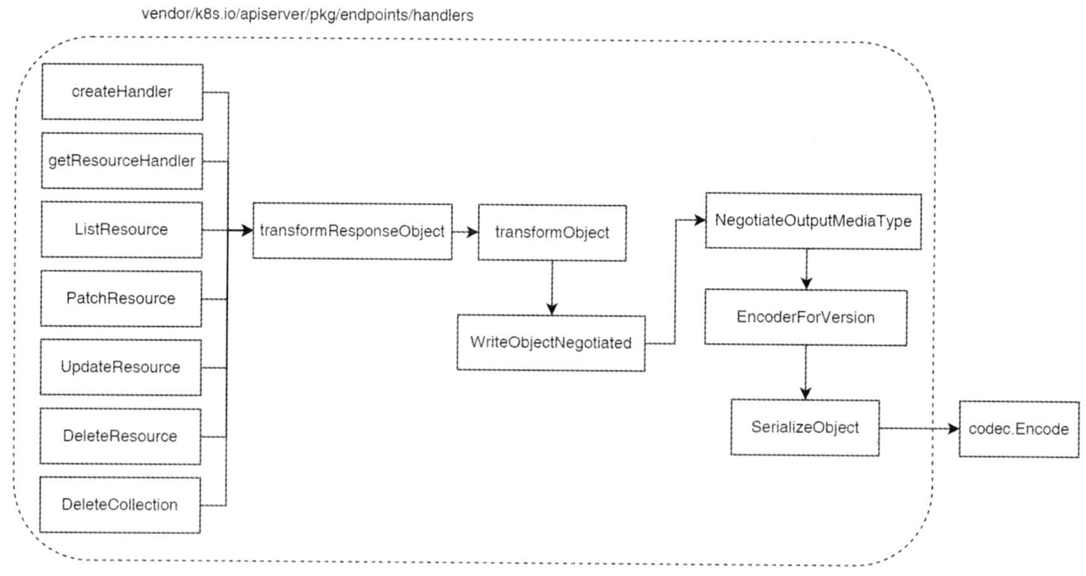

图 3-24 Encode 方法的主要调用链路

- transformResponseObject：获取从存储中加载的对象并执行任何必要的转换。将完整的对象写入响应。
- transformObject：获取存储返回的对象，并且确保它是客户端所需的形式，并确保正确设置任何 API 级别字段（如自链接）。
- WriteObjectNegotiated：以客户端协商的内容类型呈现对象。
- NegotiateOutputMediaType：根据请求中传递的 media-type 初始化 Serializer。
- EncoderForVersion：根据 GV 初始化 Encoder 对象。
- SerializeObject：调用 code.Encode 执行编码操作。

2. 解码流程

Codec 对象的 Decode 方法完成解码操作，即先将请求中的数据转换成相应目标版本的资源，然后将其转换为相关资源的内部版本来管理。以常见的 apps/v1/deployment 资源为例，解码操作首先会将 v1 版本的 Deployment 对象在请求数据中解码，然后将其转化为 apps 组下内部版本的 Deployment 对象。

在使用 Decode 方法解码对象时，尝试将其转换为内部版本，如果提供了 into（into 就是传入的内部版本）且解码成功，则 into 传递的值将作为返回的 runtime.Object。请注意，如果传递的 into 与序列化版本匹配，则可能会绕过资源版本转换。解码流程如下。

（1）判断目标对象是否是 Unstructured 类型的，如果是，并且提供了 GroupVersion，则创建该类型的新实例。

（2）调用 Codec 对象中 decoder 字段的 Decode 方法将 etcd 中存储的原始版本的字符数组反序列化为真实的对象。实际调用的是 recognizer.decoder.Decode 方法，和 Encode 方法一样，最终的调用都会下沉到具体的 jsonSerializer、yamlSerializer、protobufSerializer 中的 Decode 方法，这部分内容将在后面的章节中详细介绍。

（3）根据传入的 into 执行对应的操作。

- 如果传入的 into 不为空，则调用 Scheme 的 Default 方法设置上一步返回的对象。如果待转换的 into 和上一步返回的对象相等，则直接返回 into，否则调用 convertor.Convert 方法将实际的版本转换为内部版本，之后返回内部版本。
- 如果传入的 into 为空，则调用 Scheme 的 Default 方法设置上一步返回的对象，并将对象转换为 codec.decodeVersion，即默认的目标版本，并返回结果。

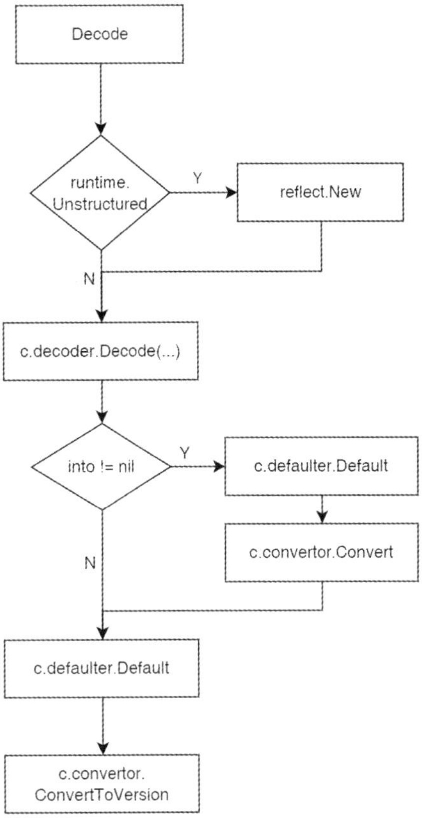

Decode 方法的内部实现如图 3-25 所示。

图 3-25　Decode 方法的内部实现

介绍完 Decode 方法的内部实现后，我们分析外部由谁调用该 Decode 方法。Decode 方法的主要调用链路如图 3-26 所示，kube-apiserver 组件中的 Storage 模块负责从 etcd 中取出数据，进行解码操作，并且返回内部版本的对象实例。

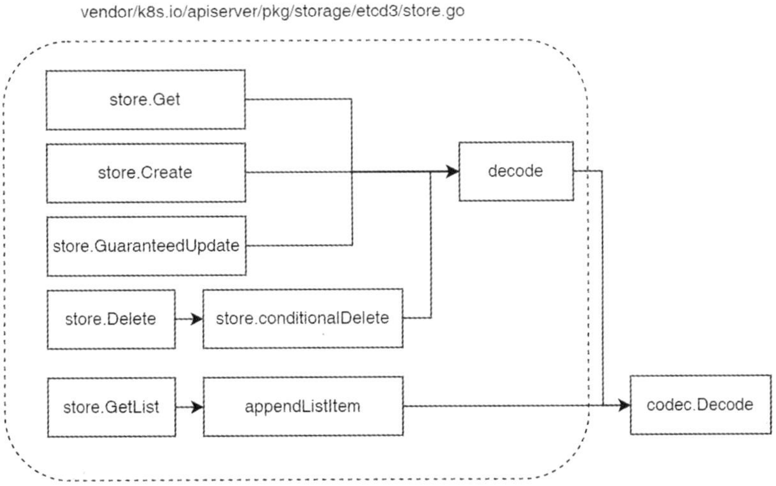

图 3-26　Decode 方法的主要调用链路

操作 etcd 对应的 Get、Create、Delete、Update、GetList 等方法，最后都会调用 codec.Decode 方法实现解码操作。

3.7.4 json.Serializer 编/解码

json.Serializer 主要实现 JSON 和 YAML 格式的编/解码，对应的数据结构代码示例如下。

代码路径：staging/src/k8s.io/apimachinery/pkg/runtime/serializer/json/json.go

```
Plain Text
type Serializer struct {
  meta   MetaFactory
  options SerializerOptions
  creater runtime.ObjectCreater
  typer   runtime.ObjectTyper
  identifier runtime.Identifier
}
```

相关字段说明如下。

- meta：MetaFactory 接口，实现类为 SimpleMetaFactory，用于提取字符串中的 MetaType 信息，即 APIVersion 和 Kind 信息，方便根据 GVK 信息初始化待解码的对象实例。
- options：设置是否是 YAML 格式、是否格式化输出、是否允许重复字段等参数。
- creater：对象创建接口，在解码时根据 GVK 信息初始化待解码的对象实例。
- typer：在解码时获取传入的 into 对象的 GVK 信息。
- identifier：根据 options 字段设置的标识符，无实际含义。

1. 编码流程

编码流程代码示例如下。

代码路径：vendor/k8s.io/apimachinery/pkg/runtime/serializer/json/json.go

```
Plain Text
func (s *Serializer) Encode(obj runtime.Object, w io.Writer) error {
  if co, ok := obj.(runtime.CacheableObject); ok {
    return co.CacheEncode(s.Identifier(), s.doEncode, w)
  }
  return s.doEncode(obj, w)
}
```

Encode 方法内部调用 doEncode 方法，doEncode 方法内部没有复杂的实现，简单调用 Go 库中最原始的 JSON、YAML 相关的 Marshal 方法实现编码，MarshalIndent 方法对结果进行格式化。

2. 解码流程

解码流程代码示例如下。

代码路径：vendor/k8s.io/apimachinery/pkg/runtime/serializer/json/json.go

```
Plain Text
func (s *Serializer) Decode(...) {
  ...
}
```

JSON 编解码器解码实现流程如下。

（1）读取 options.Yaml，如果为 true，则先将 YAML 字符串转换为 JSON 字符串。

（2）调用 meta.Interpret 方法提取字符串中的 GVK 信息。

（3）根据传入的 into 执行相应的操作。

- 如果传入的 into 对象是 Unknown 类型，则不执行解码，直接将原始字符串保存到 Unknown.Raw 对象中，并且设置 GVK 返回结果。
- 如果 into 对象没有注册到 Scheme，则将使用普通的 JSON/YAML unmarshal 直接解码。
- 如果提供了 into 且原始数据不完全符合 GVK，则 into 对象的类型将用于更改返回的 GVK。
- 如果 into 对象为 nil 或 data 的 GVK 与 into 对象的 GVK 不同，则使用 ObjectCreater.New(gvk)方法生成一个新的对象。

GVK 计算的优先级是 originalData > default gvk > into。

3.7.5　protobuf.Serializer 编/解码

protobuf.Serializer 主要实现 proto 格式的编/解码，对应的数据结构代码示例如下。

代码路径：staging/src/k8s.io/apimachinery/pkg/runtime/serializer/protobuf/protobuf.go

```
Plain Text
type Serializer struct {
  prefix  []byte
  creater runtime.ObjectCreater
  typer   runtime.ObjectTyper
}
```

protobuf.Serializer 相关字段说明如下。

- prefix：Kubernetes 中数据存储为 proto 格式的前缀，被赋值为[]byte{0x6b, 0x38, 0x73, 0x00}，对应“k”“8”“s”“NULL”4 个字符。
- creater：在解码时获取对象的 GVK 信息。
- typer：在解码时获取传入的 into 对象的 GVK 信息。

Kubernetes 使用特殊的格式来对 Protobuf 响应进行编码。头部是 4 个字节的特殊字符，便于从磁盘文件或 etcd 中辨识 Protobuf 格式的（而不是 JSON 格式的）数据。接下来存放的是 Protobuf 编码的 Unknown 类型内容主体，最后是对象的 TypeMeta 信息，即 apiVersion 和 kind 信息。

```
Plain Text
//4 字节的特殊数字前缀
 //字节 0~3: "k8s\x00" [0x6b, 0x38, 0x73, 0x00]

//使用下面的 IDL 来编码的 Protobuf 消息
 message Unknown {
   // typeMeta 应该包含"kind"和"apiVersion"的字符串值
   // 就像对应的 JSON 对象中所设置的那样
   optional TypeMeta typeMeta = 1;

   // raw 中将保存用 Protobuf 序列化的完整对象
   // 参考客户端库中为指定 kind 所做的 Protobuf 定义
```

```
  optional bytes raw = 2;

  // contentEncoding 用于 raw 数据的编码格式，未设置此值意味着没有特殊编码
  optional string contentEncoding = 3;

  // contentType 包含 raw 数据所采用的序列化方法
  // 未设置此值意味着 application/vnd.kubernetes.protobuf，并且通常被忽略
  optional string contentType = 4;
}

message TypeMeta {
  // apiVersion 是 type 对应的组名/版本
  optional string apiVersion = 1;
  // kind 是对象模式定义的名称。此对象应该存在一个 Protobuf 定义
  optional string kind = 2;
}
```

1. 编码流程

Protobuf 编解码器编码流程内部依次调用 encode 方法和 doEncode 方法，关键实现在 doEncode 方法中，代码示例如下。

代码路径：vendor/k8s.io/apimachinery/pkg/runtime/serializer/protobuf/protobuf.go

```
Plain Text
func (s *Serializer) Encode(obj runtime.Object, w io.Writer) error {
  return s.encode(obj, w, &runtime.SimpleAllocator{})
}

func (s *Serializer) encode(obj runtime.Object, w io.Writer,...) error {
  ...
  return s.doEncode(obj, w, memAlloc)
}
```

Protobuf 编解码器中 doEncode 方法的实现逻辑如下。

- 计算 proto 格式前面魔数（Magic Number）的长度，数值为 4。
- 获取待编码对象的 Go 类型，对 Unknown 类型和其他类型做区分处理。
  - 对于 runtime.Unknown 类型：根据魔数大小和 runtime.Unknown 类型大小之和，申请内存空间，调用 Unknown 对象的 MarshalTo 方法将对象转换为字符串，再将前 4 字节的魔数和字符串一起写入 Writer 对象并返回。
  - 对于其他非 runtime.Unknown 类型：构造 runtime.Unknown 对象，调用待转换对象的 Marshal 方法将对象转换为字符串，并赋值给 runtime.Unknown.Raw 字段，其他流程与 runtime.Unknown 类型处理方式相同。

2. 解码流程

Protobuf 编解码器解码流程具体如下。

- 前置校验。
  - 长度为 0：返回 empty data 错误。
  - 长度等于 4：返回 empty body 错误。
  - 长度小于 4：返回格式错误。

- 截取前 4 个字符后的数据。
- 转换为 Unknown 对象，包括 TypeMeta 和 Raw。如果待转换的 into 对象是 Unknown 类型的，则直接返回结果，否则获取待转换的 into 对象的 GVK 信息，如果 Unknown 对象的 GVK 信息为空，则将其设置为 into 对象的 GVK 信息。
- 调用 unmarshalToObject。
  - 获取待转换对象的 GVK 信息，调用 scheme.New 方法创建 Object。
  - 将 Object 转换为 proto.Message 对象。
  - 调用 proto.Unmarshal 函数将 unknown.Raw 的字符数组转换为 proto.Message 对象，Object 也得到反序列化之后的值。
  - 为 Object 设置 GVK 信息，并将 Object 的 GVK 信息返回。

3.7.6 UnstructuredJSONScheme 实现类

UnstructuredJSONScheme 能够将 JSON 数据转换为 Unstructured 类型，可以在没有预定义 Scheme 的情况下对对象进行通用访问。

UnstructuredJSONScheme 在 client-go 库中关于 DynamicClient 部分的 dynamicResourceClient 相关方法中被大量使用。例如，其在 Create 方法中的用法如下。

- 初始化 UnstructuredJSONScheme，内部是创建的 unstructuredJSONScheme 对象，该类实现了 Codec 接口中的 Decode 和 Encode 方法。
- 通过 runtime 包中提供的 Encode 工具类进行解码。
- 将非结构化对象解码为字符串后，调用 RESTClient 请求 kube-apiserver。

client-go 库中使用 UnstructuredJSONScheme 的代码示例如下。

代码路径：vendor/k8s.io/client-go/dynamic/simple.go

```
Plain Text
func (c *dynamicResourceClient) Create(..., obj *unstructured.Unstructured){
   outBytes, err := runtime.Encode(unstructured.UnstructuredJSONScheme, obj)
   ...
   result := c.client.client.
      Post().
      AbsPath(append(c.makeURLSegments(name), subresources...)...).
      SetHeader("Content-Type", runtime.ContentTypeJSON).
      Body(outBytes).
      SpecificallyVersionedParams(&opts, dynamicParameterCodec, versionV1).
      Do(ctx)
}
```

3.7.7 NegotiatedSerializer

NegotiatedSerializer 是用于获取编码器、解码器和序列化器的接口，支持多种 content-type，根据 HTTP 的 content-type 返回适合的编解码器，NegotiatedSerializer 类图如图 3-27 所示。

1. ClientNegotiator

ClientNegotiator 根据 HTTP 的 content-type 返回适当的编解码器。相关字段介绍如下。

- Encoder：根据传入的 contentType，返回编码器 Encoder。
- Decoder：根据传入的 contentType，返回解码器 Decoder。

- StreamDecoder：根据传入的 contentType，返回解码器 Decoder 和 Serializer。

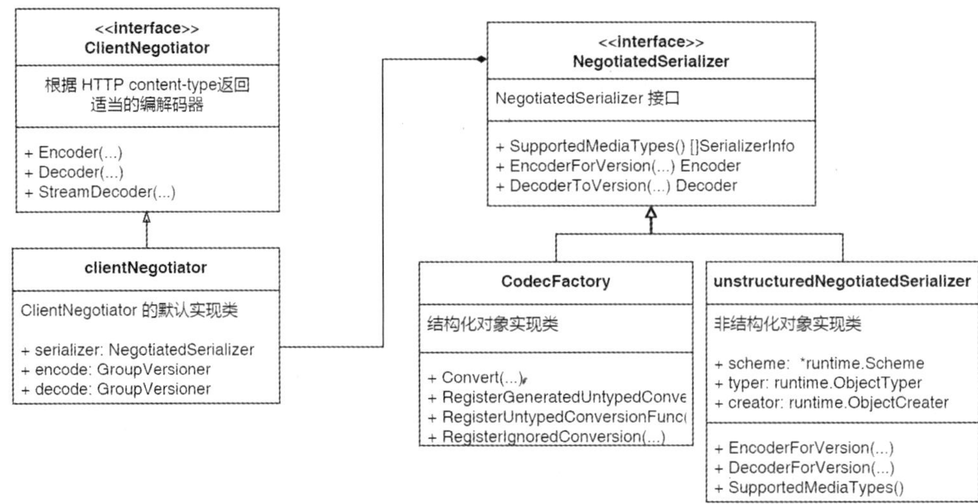

图 3-27　NegotiatedSerializer 类图

ClientNegotiator 对应的接口的代码示例如下。

代码路径：staging/src/k8s.io/apimachinery/pkg/runtime/interfaces.go

```
Plain Text
type ClientNegotiator interface {
   Encoder(contentType string, params map[string]string) (Encoder, error)
   Decoder(contentType string, params map[string]string) (Decoder, error)
   StreamDecoder(contentType string, params map[string]string) (Decoder, Serializer,
Framer, error)
}
```

实现类 clientNegotiator 代码示例如下。

代码路径：staging/src/k8s.io/apimachinery/pkg/runtime/negotiate.go

```
Plain Text
type clientNegotiator struct {
  serializer     NegotiatedSerializer
  encode, decode GroupVersioner
}
```

2. 获取 Encoder 的实现流程

获取 Decoder 的实现方式与获取 Encoder 的实现方式类似，这里以 Encoder 为例进行说明，实现流程如下。

（1）获取支持的所有类型的 content-type。

（2）根据传入的 content-type，找到对应的 SerializerInfo。

（3）取出匹配到的 SerializerInfo 中的 Serializer，作为 Encoder 参数。

（4）结合 GV 信息，调用 EncoderForVersion 得到真正的 Encoder。

3. ClientNegotiator 的使用

在 Kubernetes 源码中，ClientNegotiator 主要被 client-go 库使用。ClientContentConfig 用于控制 RESTClient 与服务端的通信，ClientContentConfig 包含一个 ClientNegotiator 类型的字段。

ClientNegotiator 代码示例如下。

代码路径：staging/src/k8s.io/client-go/rest/client.go

```
Plain Text
type RESTClient struct {
   ...
   content ClientContentConfig
}

type ClientContentConfig struct {
   AcceptContentTypes string
   ContentType string
   GroupVersion schema.GroupVersion
   Negotiator runtime.ClientNegotiator
}
```

4. 获取 Encoder 的实现

通过 ClientContentConfig 获取对应的 Encoder 实现，代码示例如下。

代码路径：vendor/k8s.io/client-go/rest/request.go

```
Plain Text
func (r *Request) Body(obj interface{}) *Request {
   ...
   encoder := r.c.content.Negotiator.Encoder(r.c.content.ContentType, nil)
}
```

5. 获取 Decoder 的实现

通过 ClientContentConfig 获取对应的 Decoder 的实现，代码示例如下。

代码路径：vendor/k8s.io/client-go/rest/request.go

```
Plain Text
func (r *Request) transformResponse(...) Result {
   ...
   decoder, err = r.c.content.Negotiator.Decoder(mediaType, params)
}
```

3.7.8 ParameterCodec

对 Kubernetes 中资源的各种操作都有不同的参数，这些参数以 XXXOptions（GetOptions、CreateOptions、ListOptions 等）的数据结构保存，这些数据结构也属于 Kubernetes 资源的部分，并且是 Unversioned 资源。

ParameterCodec 主要负责实现 XXXOptions 的对象和 url.Values 的互相编/解码。ParameterCodec 接口代码示例如下。

代码路径：staging/src/k8s.io/apimachinery/pkg/runtime/interfaces.go

```
Plain Text
type ParameterCodec interface {
   DecodeParameters(p url.Values, from schema.GV, into Object) error
   EncodeParameters(obj Object, to schema.GV) (url.Values, error)
}
```

对外提供的方法如下。

- DecodeParameters：将 URL 转换为 XXXOptions 类型的对象。第二个参数 from 一般为由 meta.k8s.io/v1 组成的 GV 对象，第三个参数 into 为 XXXOptions。
- EncodeParameters：将 XXXOptions 类型的对象转换为 URL。第一个参数 obj 为待编码的 XXXOptions，第二个参数 to 一般为由 meta.k8s.io/v1 组成的 GV 对象。

1. EncodeParameters 被调用的地方

在 client-go 库的 client、dynamicResourceClient 所有的操作方法（Get、Create、Apply 等）中，构造 RESTClient 对象执行相关操作，构造过程调用了 SpecificallyVersionedParams 方法和 EncodeParameters 方法，将请求的 XXXOptions 转换为 URL，然后请求 kube-apiserver。

2. DecodeParameters 被调用的地方

kube-apiserver 仓库中注册的 Handler 处理函数(CreateHandler、GetResource、ListResource、PathResource 等)，其内部调用 DecodeParameters 方法，将 URL 转换为 XXXOptions 对象，如图 3-28 所示。

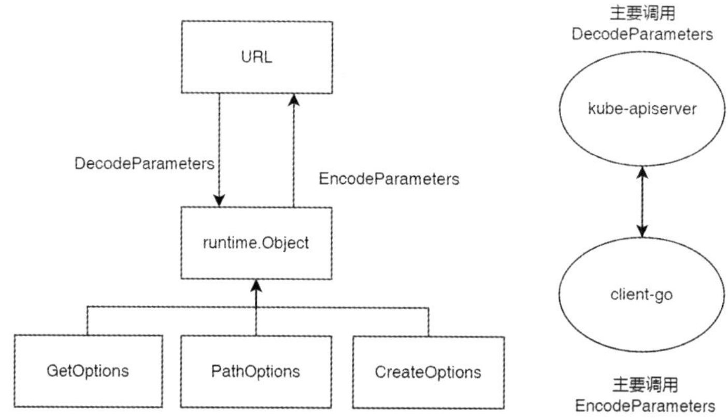

图 3-28 DecodeParameters 被调用的地方

3. ParameterCodec 接口的实现类

ParameterCodec接口的实现类只有parameterCodec，下面来看parameterCodec类中的实现，代码示例如下。

代码路径：staging/src/k8s.io/apimachinery/pkg/runtime/codec.go

```
Plain Text
type parameterCodec struct {
  typer     ObjectTyper
  convertor ObjectConvertor
  creator   ObjectCreater
  defaulter ObjectDefaulter
}
```

parameterCodec 需要 4 个参数，typer 用于获取对象的 GVK 信息，convertor 用于资源对象版本转换，creator 用于创建对象，defaulter 用于设置对象的默认值。parameterCodec 初始化函数 NewParameterCodec 中使用 Scheme 对象同时初始化 4 个参数，因为这 4 个接口 Scheme 都实现了。

我们以 EncodeParameters 方法为例分析其实现，如图 3-29 所示，DecodeParameters 方法的实现与此相反。

- 调用 c.typer.ObjectKinds 方法获取对象的 GVK 信息。由于 EncodeParameters 方法针对的对象都是 XXXOptions，这类对象都属于 core 资源组且都为 v1 版本，也属于 Unversioned 资源。因此该方法的返回值的 group 为空字符串，version 为固定的 v1，Kind 为 XXXOptions。
- 调用 queryparams.Convert 函数进行对象转换，其内部调用 convertStruct 函数，将各种数据类型追加到 URL 中，构造出 url.Values 对象。

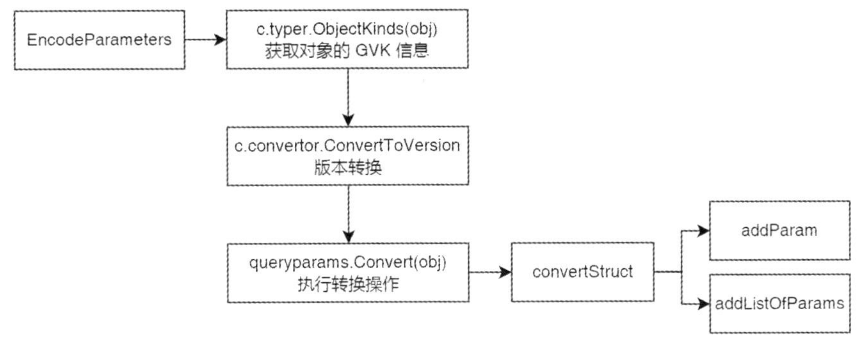

图 3-29　EncodeParameters 方法的实现

3.7.9　runtime 包下的 Codec 相关函数

runtime 包下提供了一些与 Codec 相关的可以直接被调用的函数，相关代码示例如下。

代码路径：staging/src/k8s.io/apimachinery/pkg/runtime/codec.go

```
Plain Text
func Encode(e Encoder, obj Object) ([]byte, error) {
    ...
  if err := e.Encode(obj, buf); err != nil {
    return nil, err
  }
  return buf.Bytes(), nil
}

func Decode(d Decoder, data []byte) (Object, error) {
  obj, _, err := d.Decode(data, nil, nil)
  return obj, err
}

func DecodeInto(d Decoder, data []byte, into Object) error {
  out, gvk, err := d.Decode(data, nil, into)
  ...
}

func EncodeOrDie(e Encoder, obj Object) string {
  bytes, err := Encode(e, obj)
  ...
}
```

Codec 相关函数在 Kubernetes 源码中的经典用法如下。

- 调用 runtime.NewScheme 函数创建 Scheme。

- 创建 Codecs（类型是 CodecFactory），入参为上一步创建的 Scheme。
- 调用 CodeFactory 的 LegacyCodec 方法实例化 Codec 对象（前面介绍的 codec 类）。
- 调用 runtime 包封装的通用函数实现 Encode 和 Decode。

使用 Codec 相关函数的代码示例如下。

代码路径：pkg/api/legacyscheme/scheme.go

```
Plain Text
Scheme = runtime.NewScheme()
Codecs = serializer.NewCodecFactory(Scheme)
codec := xxx.Codecs.LegacyCodec(gvs...)
runtime.Encode(codec, obj)
runtime.Decode(codec, data)
```

3.7.10 Codec 核心调用链路

Codec 在 Kubernetes 中被大量使用，尤其是在 kube-apiserver 处理 RESTful 请求的流程中。本节以 Get 方法为例，展示数据从 etcd 中取出并返回给客户端的核心流程，如图 3-30 所示。

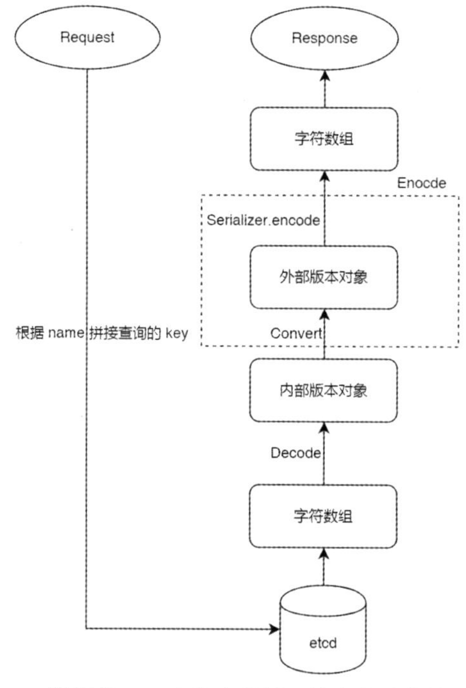

图 3-30 数据从 etcd 中取出并返回给客户端的核心流程

关键函数调用流程如图 3-31 所示。kube-apiserver 注册 GET 请求的回调函数入口为 restfulGetResource 函数，内部依次调用 GetResource、getResourceHandler 之后，调用最主要的两个函数。

- getter：负责从 etcd 中读取数据，该数据为字符数组类型，经过解码操作，转换为内部版本对象（通过 NewFunc 函数初始化，具体内部是实例化某种资源对象的内部版本结构体）。
- transformResponseObject：将上一步得到的内部版本对象，经过编码操作，转换为客户端响应头的字符数组，在编码操作时会先将内部版本对象转换为客户端需要的外部版本对象。

GET 请求的处理流程如图 3-31 所示。

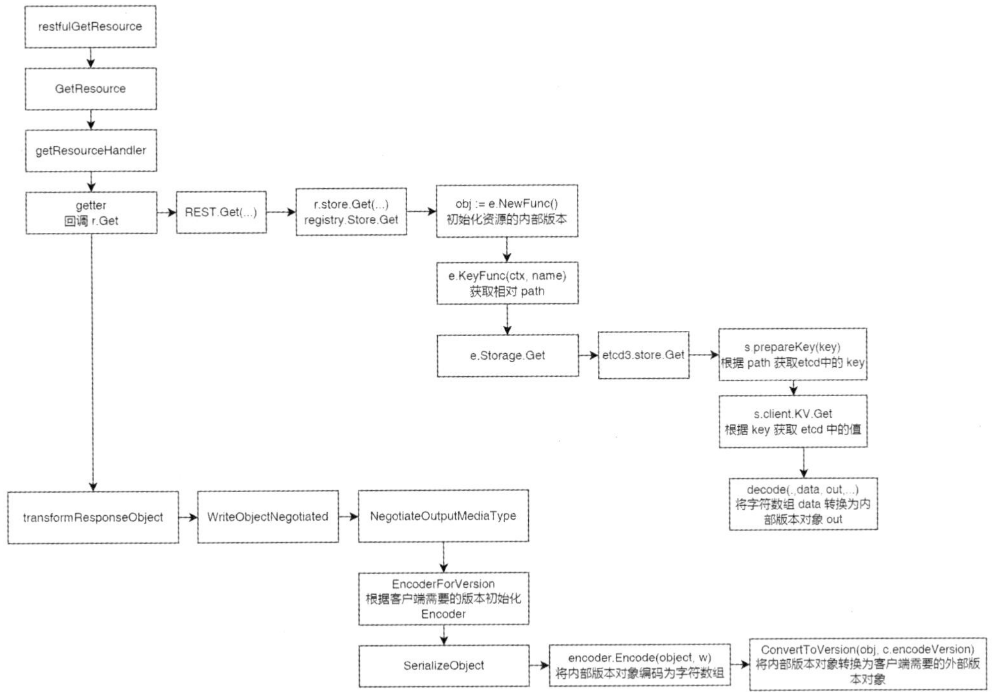

图 3-31　GET 请求的处理流程

Create 请求对应的流程如图 3-32 所示。

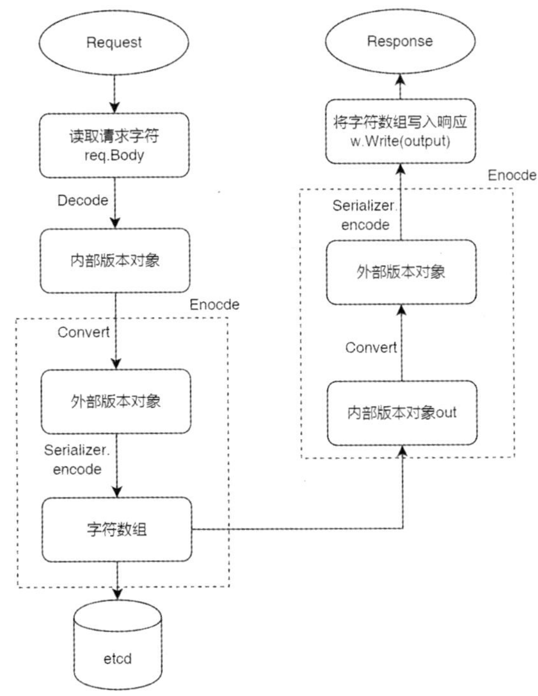

图 3-32　Create 请求对应的流程

关键函数 createHandler 的调用流程如图 3-33 所示。

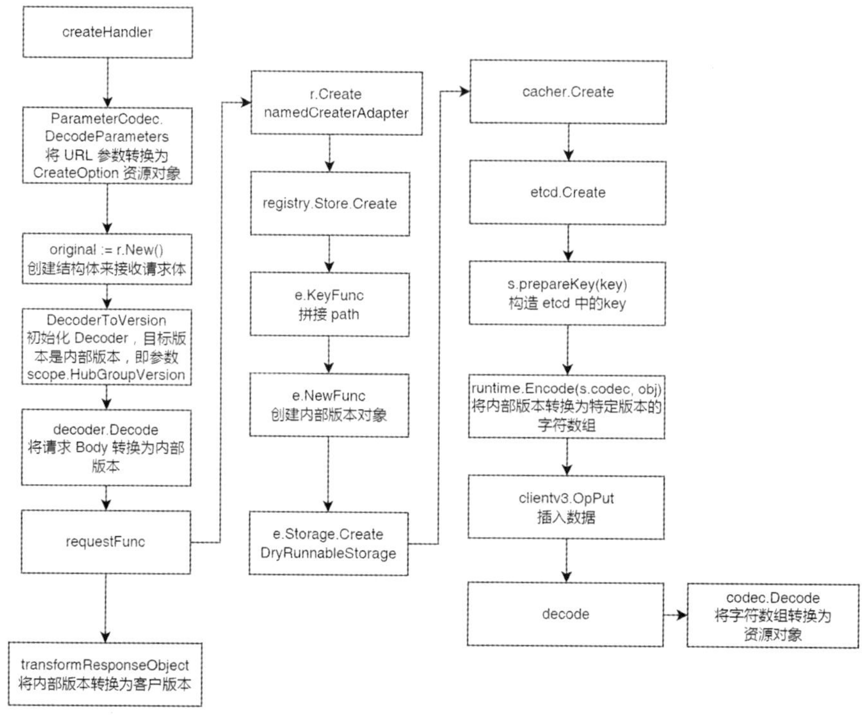

图 3-33　关键函数 createHandler 的调用流程

3.7.11　Codec 的使用方式

Codec 一般有两种使用方式。

- 通过 CodecFactory 直接创建 Codec 对象。
- 创建 Codec，外面再配合 NegotiatedSerializer 实现指定 content-type 的编/解码。

资源从请求到持久化到 etcd 的流程如图 3-34 所示。

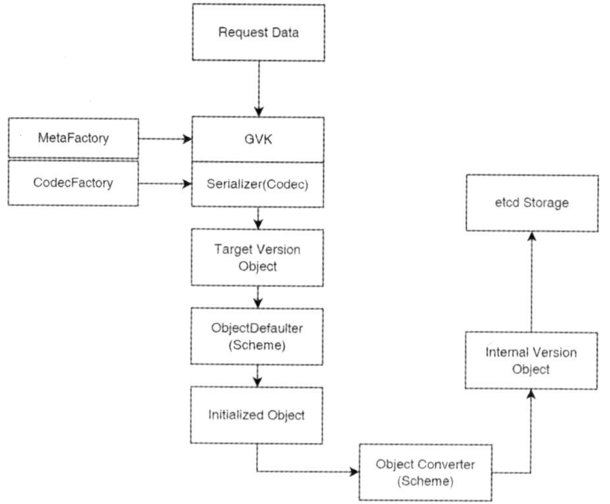

图 3-34　资源从请求到持久化到 etcd 的流程

从 etcd 中取出资源到返回 HTTP 请求响应的流程如图 3-35 所示。

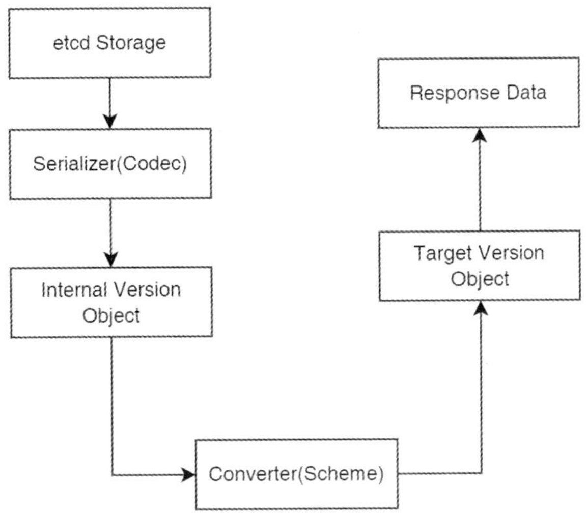

图 3-35　从 etcd 中取出资源到返回 HTTP 请求响应的流程

3.8　Converter 资源版本转换器

在 Kubernetes 中，同一资源拥有多个资源版本，Kubernetes 允许同一资源在不同资源版本之间进行转换。例如，Deployment 资源当前运行的是 v1beta1 资源版本，但 v1beta1 资源版本的某些功能或字段不如 v1 资源版本完善，此时，用户可以将 Deployment 资源从 v1beta1 版本转换为 v1 版本。用户可以通过 kubectl convert 命令进行资源版本转换。

Converter 资源版本转换器用于解决多资源版本转换问题。在 Kubernetes 中，一个资源支持多个资源版本，如果在每个版本之间直接转换，最直接的方式是每个版本都支持其他版本的转换，但这样处理起来非常麻烦。例如，某个资源支持 3 个版本，就需要提前定义一个资源版本转换为另外两个资源版本（v1 版本转换为 v1alpha1 版本、v1beta1 版本，v1alpha1 版本转换为 v1 版本、v1beta1 版本，v1beta1 版本转换为 v1 版本、v1alpha1 版本）。随着资源版本的增加，资源版本转换的定义会越来越多。当两个版本之间需要转换时，例如，将 v1alpha1 版本转换为 v1beta1 版本或 v1 版本，Converter 资源版本转换器先将资源转换为内部版本，再转换为相应的资源版本。每个资源只需要支持内部版本，就能与其他任何版本进行间接的资源版本转换，多个版本之间的关系如图 3-36 所示。

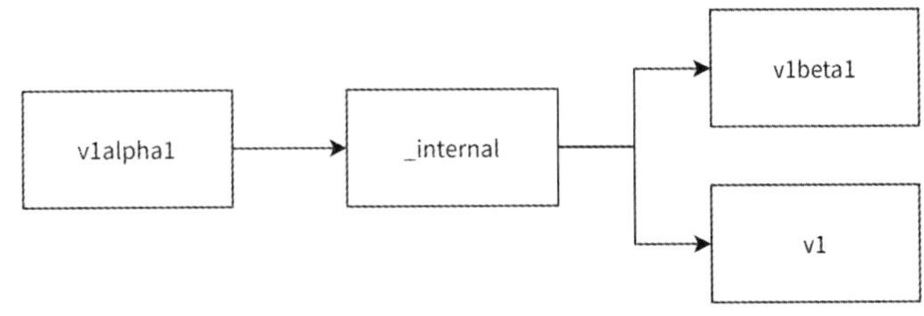

图 3-36　多个版本之间的关系

3.8.1 Converter 的数据结构

Converter 类图如图 3-37 所示。

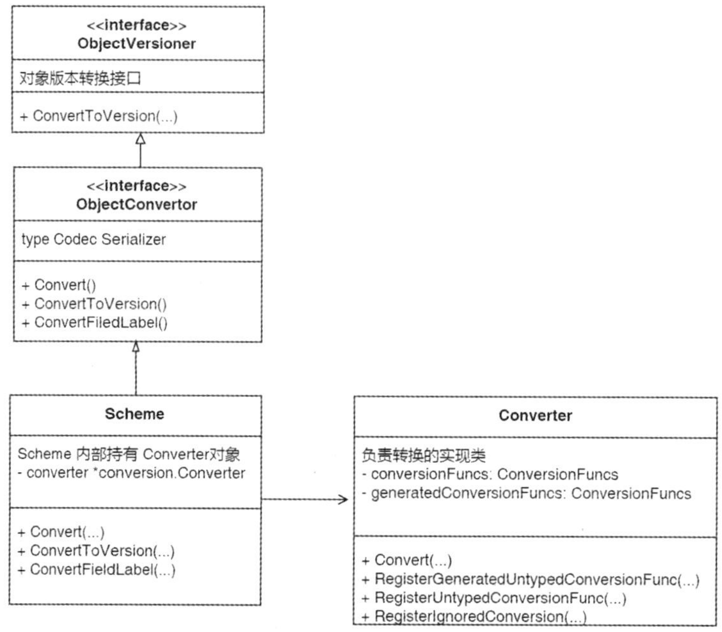

图 3-37 Converter 类图

ObjectConvertor 定义了转换接口，代码示例如下。

代码路径：staging/src/k8s.io/apimachinery/pkg/runtime/interfaces.go

```
Plain Text
type ObjectConvertor interface {
  Convert(in, out, context interface{}) error
  ConvertToVersion(in Object, gv GroupVersioner) (out Object, err error)
  ConvertFieldLabel(gvk schema.GroupVersionKind, label, value string) (string, string,
error)
}
```

具体实现类 Converter 的数据结构代码示例如下。

代码路径：staging/src/k8s.io/apimachinery/pkg/conversion/converter.go

```
Plain Text
type Converter struct {
  conversionFuncs      ConversionFuncs
  generatedConversionFuncs ConversionFuncs
  ignoredUntypedConversions map[typePair]struct{}
}

type ConversionFunc func(a, b interface{}, scope Scope) error
```

Converter 数据结构的字段说明如下。

- conversionFuncs：默认转换函数。这些转换函数一般被定义在资源目录下的 conversion.go 代码文件中。
- generatedConversionFuncs：自动生成的转换函数。这些转换函数一般被定义在资源目录下的 zz_generated.conversion.go 代码文件中，是由代码生成器自动生成的转换函数。

- ignoredUntypedConversions：注册到此字段的资源对象，忽略此资源对象的转换操作。

Converter 数据结构中存放的转换函数（ConversionFuncs）可以分为两类，分别为默认的转换函数（conversionFuncs 字段）和自动生成的转换函数（generatedConversionFuncs 字段），它们都通过 ConversionFuncs 来管理转换函数。ConversionFunc 类型函数（Type Function）定义了转换函数实现的结构，将资源对象 a 转换为资源对象 b。a 参数定义了原资源对象的资源类型（source），b 参数定义了目标资源对象的资源类型（dest）。scope 定义了多次转换机制（递归调用转换函数）。

3.8.2　Converter 转换函数的注册

Converter 转换函数需要通过注册才能在 Kubernetes 内部使用，目前 Kubernetes 支持 5 种注册转换函数的方法。

- scheme.AddIgnoredConversionType：注册忽略的资源类型。这些资源类型不会被执行转换操作，这些资源对象的转换操作会被忽略。
- scheme.AddConversionFuncs：注册多个 ConversionFunc 转换函数。
- scheme.AddConversionFunc：注册单个 ConversionFunc 转换函数。
- scheme.AddGeneratedConversionFunc：注册自动生成的转换函数。
- scheme.AddFieldLabelConversionFunc：注册字段标签（FieldLabel）的转换函数。

3.8.3　Converter 的初始化

在前面我们介绍到，Scheme 中有一个 Converter 类型的 converter 字段，用于实现资源版本的转换，本节介绍该字段的初始化细节。

- NewConverter 函数初始化 Converter 中的各个 map，并且注册 Slice 类型数据的转换方法。
- RegisterEmbeddedConversions 函数注册 Object 和 RawExtension 类型数据的相互转换方法。
- RegisterStringConversions 函数注册字符串切片类型与 string、int、bool、int64 这 4 种类型的相互转换方法。

Converter 初始化代码示例如下。

代码路径：staging/src/k8s.io/apimachinery/pkg/runtime/scheme.go

```
Plain Text
func NewScheme() *Scheme {
  s := &Scheme{
    ...
  }
  s.converter = conversion.NewConverter(nil)

  // Enable couple default conversions by default.
  utilruntime.Must(RegisterEmbeddedConversions(s))
  utilruntime.Must(RegisterStringConversions(s))
  return s
}
```

3.8.4 Converter 资源版本转换的实现

资源版本转换的入口函数为 scheme.Convert。这个函数最主要的调用者是 codec.Decode 方法。scheme.Convert 函数内部的核心流程如图 3-38 所示。

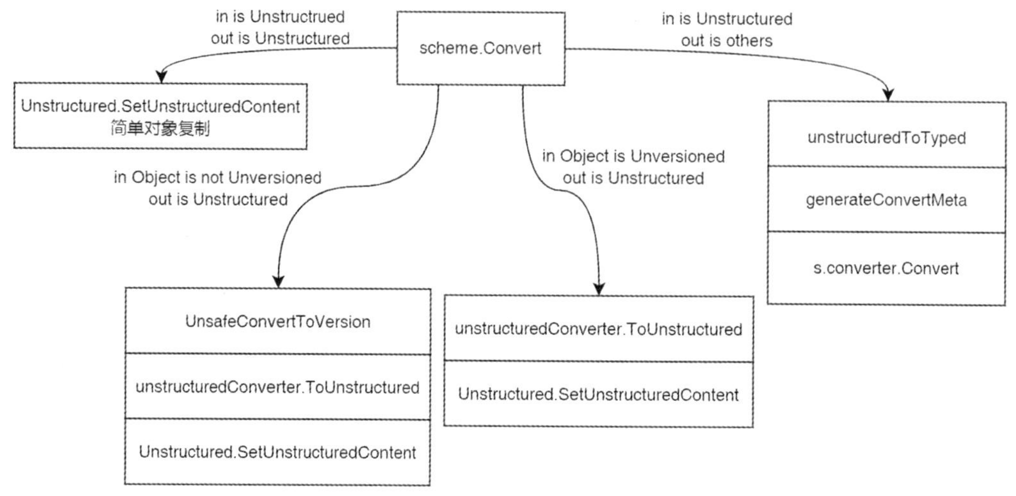

图 3-38　scheme.Convert 函数内部的核心流程

- in 对象和 out 对象都是 Unstructured 类型的：直接调用 Unstructured 的 SetUnstructuredContent 方法将 in 对象的 Object 复制给 out 对象的 Object。
- out 对象是 Unstructured 类型的，in 对象是 Object 类型的：将 in 对象转换为非结构化对象并复制给 out 对象。
- in 对象是 Unstructured 类型的，out 对象是 Object 类型的：将 in 对象转换为 Object 类型，转换为 in 对象和 out 对象都是 Object 类型的场景。
- in 对象和 out 对象都是 Object 类型的：调用 Converter 的 Convert 方法执行转换操作。

Converter.Convert 方法的实现流程如图 3-39 所示。

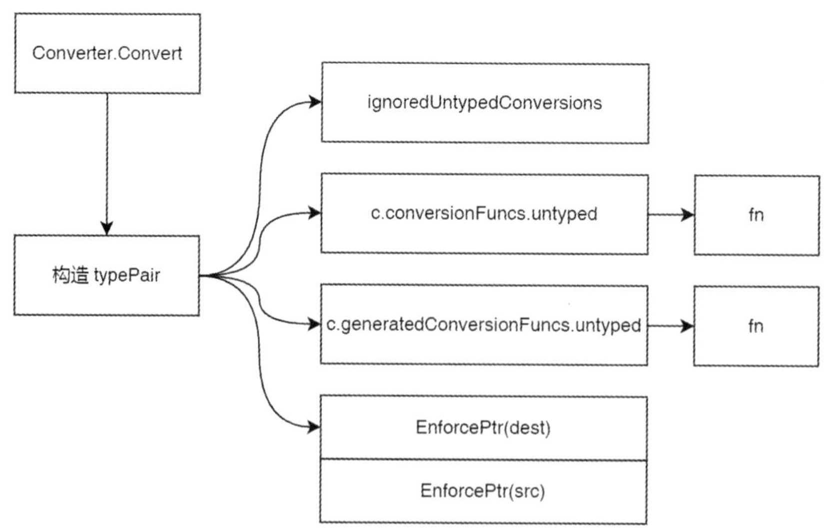

图 3-39　Converter.Convert 方法的实现流程

- 从默认转换函数列表（c.conversionFuncs）中查找 pair 对应的转换函数，如果存在，则执行该转换函数（fn）并返回。
- 从自动生成的转换函数列表（generatedConversionFuncs）中查找 pair 对应的转换函数，如果存在，则执行该转换函数（fn）并返回。
- 如果默认转换函数列表和自动生成的转换函数列表中都不存在当前资源对象的转换函数，则使用 doConversion 函数传递进来的转换函数。在调用之前，需要将 src 与 dest 资源对象通过 EnforcePtr 函数获取指针的值，因为 doConversion 函数传递进来的转换函数接收的是非指针资源对象。

3.9　使用 RESTMapper 管理 GVR 和 GVK 映射

runtime.Scheme 提供了 GVK 到 Go Type 的映射，并且通过反射初始化实例，但是如果只知道资源名称而不知道 Kind 怎么办？RESTMapper 正是解决该问题的关键。

RESTMapper 允许客户端实现 GVR 和 GVK 之间的互相转换。Kubernetes API 提供版本化资源（Versioned Resource）和对象类别（Object Kind），两者都在 API 组作用域内，也就是说，在全局范围内，不一定能保证 Kind 和 Resource 是唯一的。RESTMapper 映射是指 GVR 和 GVK 的关系，可以通过 GVR 找到合适的 GVK，并且通过 GVK 生成一个 RESTMapping 来处理 GVR。RESTMapping 中有 GVK、GVR、Scope 信息。RESTMapper 与 GVK、GVR 的关系如图 3-40 所示。

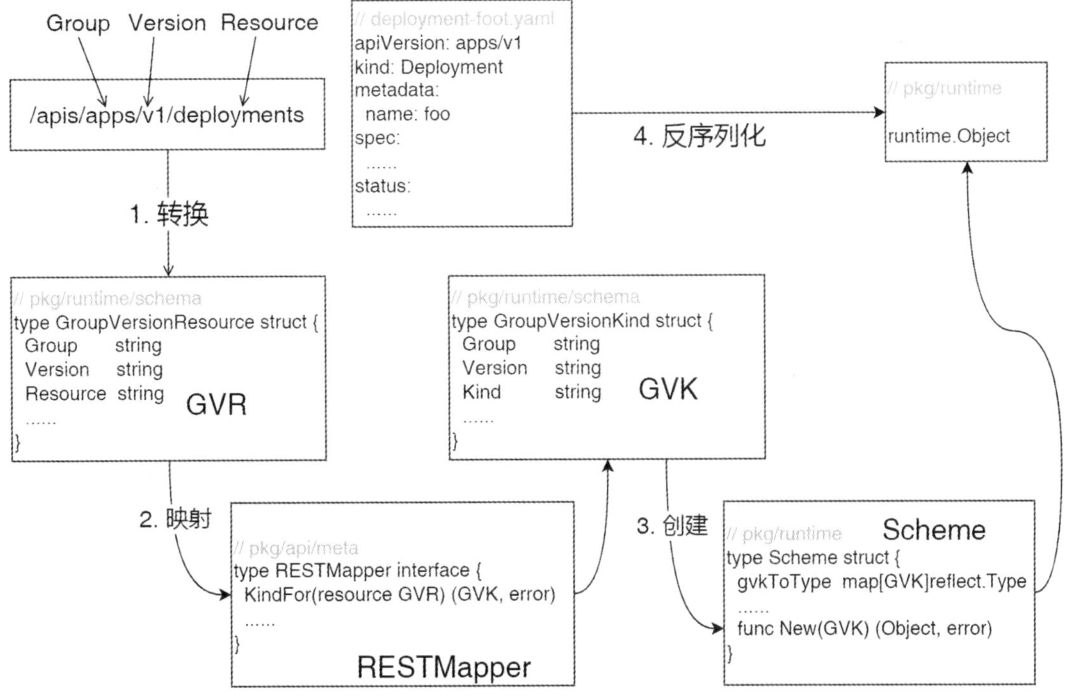

图 3-40　RESTMapper 与 GVK、GVR 的关系

3.9.1 RESTMapper 的数据结构

RESTMapper 类图如图 3-41 所示。

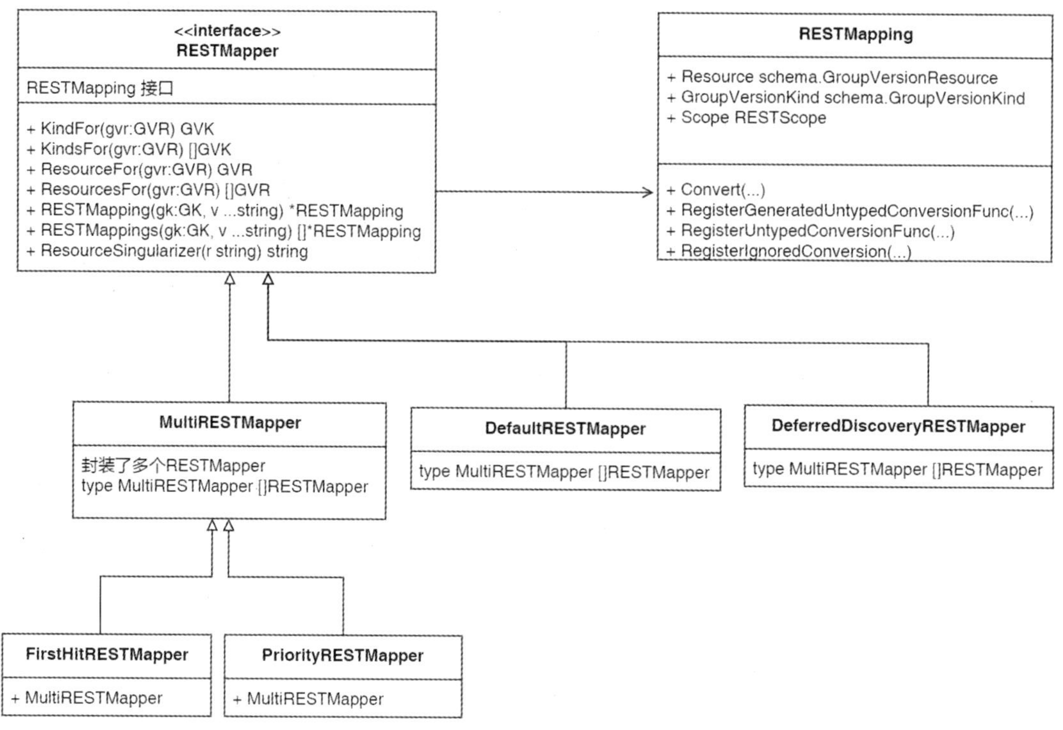

图 3-41　RESTMapper 类图

RESTMapper 接口定义如下（对参数和返回值做了简化）。

```
Plain Text
type RESTMapper interface {
   KindFor(gvr:GVR) GVK
   KindsFor(gvr:GVR) []GVK
   ResourceFor(gvr:GVR) GVR
   ResourcesFor(gvr:GVR) []GVR
   RESTMapping(gk:GK, v ...string) *RESTMapping
   RESTMappings(gk:GK, v ...string) []*RESTMapping
   ResourceSingularizer(r string) string
}
```

相关字段说明如下。

- KindFor：根据 GVR 返回单个 GVK，如果有多个，则返回错误。
- KindsFor：根据 GVR 返回多个 GVK。例如，查询 Deployment 资源，可能返回 apps/v1 或 apps/v1beta1 下两个 Kind。
- ResourceFor：根据 GVR 返回单个 GVR。
- ResourcesFor：根据 GVR 返回多个 GVR。这里的入参是支持模糊查询的，即传入的 GVR 不一定完整，可以只传入部分字段进行查询。
- RESTMapping：根据 GK 和可选的 Version 列表返回 RESTMapping。
- RESTMappings：根据 GK 和可选的 Version 列表返回 RESTMapping 列表。

- ResourceSingularizer：将指定的资源名称转换为其单数形式，例如将 pods 转换为 pod。

RESTMapping 包含 GVR、GVK 和一个 Scope（标明资源是否为 root 或 namespaced）。可以使用 RESTMapping 中的 Scope 来生成合适的 URL（RESTScopeNameRoot 和 RESTScopeNameNamespace 的处理不同）。

RESTMapping 数据结构的代码示例如下。

代码路径：staging/src/k8s.io/apimachinery/pkg/api/meta/lazy.go

```
Plain Text
type RESTMapping struct {
   Resource schema.GroupVersionResource
   GroupVersionKind schema.GroupVersionKind
   Scope RESTScope
}
```

RESTScope 数据结构的代码示例如下。

代码路径：staging/src/k8s.io/apimachinery/pkg/api/meta/interfaces.go

```
Plain Text
type RESTScope interface {
  Name() RESTScopeName
}
```

Scope 有两种类型。

- RESTScopeNamespace：namespace 级别的，如 Pod。
- RESTScopeRoot：非 namespace，全局级别的，如 Node。

3.9.2　RESTMapper 实现类

RESTMapper 包含多个实现类，具体说明如下。

- DefaultRESTMapper：默认实现类，一个 DefaultRESTMapper 对应一个 GV。在 client-go 库的 DiscoveryClient 中会用到，先针对每个 GV 生成一个 DefaultRESTMapper。
- MultiRESTMapper：封装了多个 RESTMapper，主要辅助 PriorityRESTMapper 来使用，该实现类在 Kubernetes 源码中没有真正被单独使用。在 client-go 库的 DiscoveryClient 中会用到，每个 GV 生成一个 DefaultRESTMapper，所有的 GV 生成一个 MultiRESTMapper，每个对象都是 DefaultRESTMapper。
- PriorityRESTMapper：继承 MultiRESTMapper。PriorityRESTMapper 会依据 ResourcePriority 和 KindPriority 对多值进行过滤，直到只有一个结果。在 client-go 库的 DiscoveryClient 的 NewDiscoveryRESTMapper 中会用到它，所有 GV 先生成一个 MultiRESTMapper，再作为 PriorityRESTMapper 的一个字段。
- DeferredDiscoveryRESTMapper：在 client-go 库中定义，引用 PriorityRESTMapper。该实现类在以下几个地方被使用。
  - k8s.io/controller-manager 库的 ControllerContext。
  - k8s.io/cli-runtime 库的 ConfigFlags。
  - k8s.io/cloud-provider 库的 CreateControllerContext。

几个实现类之间的关系如图 3-42 所示。

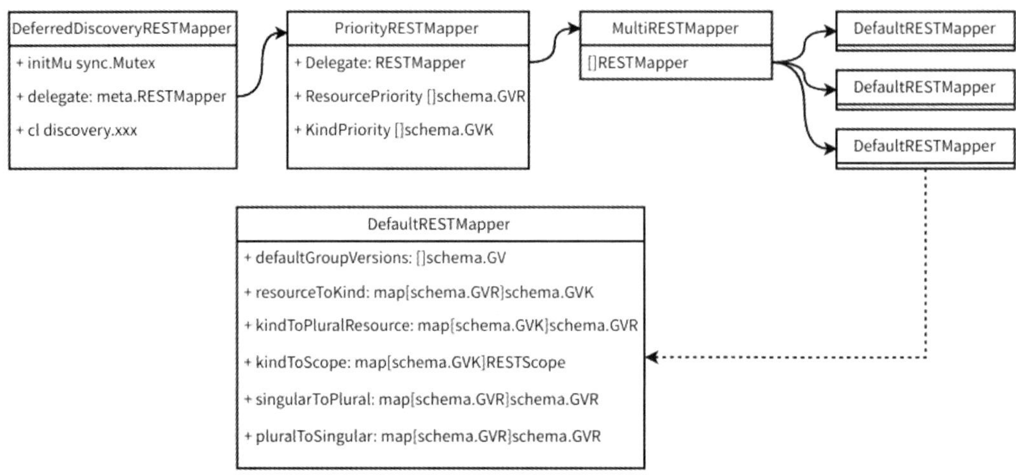

图 3-42　RESTMapper 实现类之间的关系

3.9.3　DefaultRESTMapper 默认实现类

DefaultRESTMapper 公开了定义在 runtime.scheme 注册表中的类型定义。假定所有定义的类型都实现了 MetaDataAccessor 和 Codec 接口，初始化方法为 NewDefaultRESTMapper，只有一个地方调用了，代码示例如下。

代码路径：vendor/k8s.io/client-go/restmapper/discovery.go

```
Plain Text
type DefaultRESTMapper struct {
  defaultGroupVersions []schema.GroupVersion
  resourceToKind      map[schema.GroupVersionResource]schema.GroupVersionKind
  kindToPluralResource map[schema.GroupVersionKind]schema.GroupVersionResource
  kindToScope     map[schema.GroupVersionKind]RESTScope
  singularToPlural    map[schema.GroupVersionResource]schema.GroupVersionResource
  pluralToSingular    map[schema.GroupVersionResource]schema.GroupVersionResource
}
```

DefaultRESTMapper 的字段说明如下。

- defaultGroupVersions：默认的 GroupVersion，如 v1、apps/v1 等，在一般情况下，一个 DefaultRESTMapper 只设置一个默认的 GroupVersion。
- resourceToKind：GVR（单数、复数）到 GVK 的 map。
- kindToPluralResource：GVK 到 GVR（复数）的 map。
- kindToScope：GVK 到 Scope 的 map。
- singularToPlural：GVR（单数）到 GVR（复数）的 map。
- pluralToSingular：GVR（复数）到 GVR（单数）的 map。

DefaultRESTMapper 的主要方法如下。

- AddSpecific：把具体的 GVK、GVR 和 Scope 对应值加入 DefaultRESTMapper 对应的字段。在 client-go 中会用到 DiscoveryClient 相关代码。
- Add：根据具体的 GVK 获取对应 GVR 的单数和复数值，并将 GVK、GVR 和 Scope 对应值加入 DefaultRESTMapper 对应的字段。内部会调用 UnsafeGuessKindToResource 函数将 GVK 转换为 GVR 的单数和复数形式。

- ResourceFor：通过 GVR（信息不一定完整）找到一个最匹配且已注册的 GVR（m.pluralToSingular）。规则如下。
  - 如果参数 GVR 没有 Resource，则返回错误。
  - 如果参数 GVR 限定 Group、Version 和 Resource，则匹配 Group、Version 和 Resource。
  - 如果参数 GVR 限定 Group 和 Resource，则匹配 Group 和 Resource。
  - 如果参数 GVR 限定 Version 和 Resource，则匹配 Version 和 Resource。
  - 如果参数 GVR 只有 Resource，则匹配 Resource。
  - 如果系统中存在多个匹配，则返回错误（系统现在还不支持在不同的 Group 中定义相同的 Type）。
- KindFor：通过 GVR（信息不一定完整）找到一个最匹配且已注册的 GVK。规则和 ResourceFor 相同。
- ResourceSingularizer：将资源名称从复数转换为单数，如果系统中存在多个匹配，则返回错误。
- RESTMapping：根据 GVK 获取 RESTMapping，RESTMapping 的参数是 GK 和 Version，通常的做法是先把一个 GVK 直接拆成 GK 和 Version，再获取 Mapping。

3.9.4 PriorityRESTMapper 优先级映射

PriorityRESTMapper 是实现了优先级映射的 RESTMapper，具有以下特点。

- 继承 MultiRESTMapper。
- PriorityRESTMapper 会依据 ResourcePriority 和 KindPriority 对多值进行过滤，直到只有一个结果。
- 在 client-go 库的 iscoveryClient 中会用到。

PriorityRESTMapper 的代码示例如下。

代码路径：staging/src/k8s.io/apimachinery/pkg/api/meta/priority.go

```
Plain Text
type PriorityRESTMapper struct {
   Delegate RESTMapper
   ResourcePriority []schema.GroupVersionResource
   KindPriority []schema.GroupVersionKind
}
```

PriorityRESTMapper 被用在 client-go 库的 DiscoveryClient 中，数据构造流程如下。

（1）每个 GroupVersion 构造一个 DefaultRESTMapper 对象。

（2）遍历所有 GroupVersion 下的资源，每个资源的 Kind 对应的大写和小写形式表示的 GVK 都通过 AddSpecific 方法被添加到 DefaultRESTMapper 中。资源的 List 形式的 GVK 也被添加到 DefaultRESTMapper 中。

（3）将每个 GroupVersion 对应的 List 形式的 GVK 添加到 DefaultRESTMapper 中。

（4）将所有的 GroupVersion 对应的 DefaultRESTMapper 追加到 MultiRESTMapper 中，MultiRESTMapper 是数组形式的 RESTMapper MultiRESTMapper。

（5）构造带有优先级的 PriorityRESTMapper，其中，Delegate 字段初始化的是 MultiRESTMapper。

PriorityRESTMapper 构造流程的代码示例如下。

代码路径：staging/src/k8s.io/client-go/restmapper/discovery.go

```
Plain Text
// 从 kube-apiserver 得到所有资源，并且作为参数传入
func NewDiscoveryRESTMapper(gRS []*APIGroupResources) meta.RESTMapper {
  unionMapper := meta.MultiRESTMapper{}
  // 遍历所有的组
  for _, group := range gRS
    // 遍历所有的 Version
    for _, discoveryVersion := range group.Group.Versions {
      gv := schema.GroupVersion{Group: xx, Version: xx}
      // 根据 GV 创建 Default RESTMapper
      versionMapper := meta.NewDefaultRESTMapper([]schema.GroupVersion{gv})
      // 遍历所有的资源
      for _, resource := range resources {
    plural := gv.WithResource(resource.Name)
    singular := gv.WithResource(resource.SingularName)
    // gv + kind 小写形式(strings.ToLower)
    versionMapper.AddSpecific(gv.WithKind(strings.ToLower(resource.Kind)), xx)
    // gv + kind 大写形式
    versionMapper.AddSpecific(gv.WithKind(resource.Kind), xx)
    // gv + <kind>List
    versionMapper.Add(gv.WithKind(resource.Kind+"List"), scope)
      }
      // 不带 resource，GV 下也要追加 List 类型
      versionMapper.Add(gv.WithKind("List"), meta.RESTScopeRoot)
      unionMapper = append(unionMapper, versionMapper)
    }
  }
  ...
  return meta.PriorityRESTMapper{
    Delegate:unionMapper,
    ResourcePriority: resourcePriority,
    KindPriority:kindPriority,
  }
}
```

3.9.5 DeferredDiscoveryRESTMapper 实现类

DeferredDiscoveryRESTMapper 是所有 RESTMapper 的入口，通过字段层层嵌套引用其他 RESTMapper。该实现类在以下几个地方被引用。

- k8s.io/controller-manager 库的 ControllerContext。
- k8s.io/cli-runtime 库的 ConfigFlags。
- k8s.io/cloud-provider 库的 CreateControllerContext。

以 cli-runtime 为例，cli-runtime 会在 kubectl 命令中被调用，代码示例如下。

代码路径：staging/src/k8s.io/cli-runtime/pkg/genericclioptions/config_flags.go

```
Plain Text
func (f *ConfigFlags) toRESTMapper() (meta.RESTMapper, error) {
  discoveryClient, err := f.ToDiscoveryClient()
```

```
  if err != nil {
    return nil, err
  }

  mapper := restmapper.NewDeferredDiscoveryRESTMapper(discoveryClient)
  expander := restmapper.NewShortcutExpander(mapper, discoveryClient)
  return expander, nil
}
```

这里在 DeferredDiscoveryRESTMapper 外面套了一个 shortcutExpander，大部分实现直接调用 DeferredDiscoveryRESTMapper 中的方法，只对 ResourceSingularizer 的实现做了封装。

在 kubectl 相关代码中，针对每种操作的 XXXOptions，如 DeleteOptions，其内部都存储了 Mapper 字段，类型为 meta.RESTMapper。以上介绍的实现类就是在这里被使用。

3.9.6　RESTMapper 的使用

在 Kubernetes 源码中，RESTMapper 主要在 kubectl 中被使用，每种操作方法都对应一个 XXXOptions 选项，如 ApplyOptions，代码示例如下。

代码路径：staging/src/k8s.io/apimachinery/pkg/apis/meta/v1/types.go

```
Plain Text
type ApplyOptions struct {
   ...
   Mapper meta.RESTMapper
}
```

ConfigFlags 负责初始化 RESTMapper，并传递给 XXXOptions，XXXOptions 根据 RESTMapper 获取 RESTMapping，构造 URL 作为 kubectl 请求 kube-apiserver 的请求地址，代码示例如下。

代码路径：staging/src/k8s.io/cli-runtime/pkg/genericclioptions/config_flags.go

```
Plain Text
func (f *ConfigFlags) ToRESTMapper() (meta.RESTMapper, error) {
  if f.usePersistentConfig {
    return f.toPersistentRESTMapper()
  }
  return f.toRESTMapper()
}
```

3.9.7　RESTMapping 的数据结构及典型用法

RESTMapper 中的 RESTMapping 方法可以通过 GVK 生成一个 RESTMapping 对象。RESTMapping 中有 GVK、GVR 和 Scope 信息，在 kubectl 中，会使用它来构造 URL 和打印 GVR 信息。

RESTMapping 数据结构的代码示例如下。

代码路径：staging/src/k8s.io/apimachinery/pkg/api/meta/interfaces.go

```
Plain Text
type RESTMapping struct {
  // GVR
  Resource schema.GroupVersionResource
```

```
  // GVK
  GroupVersionKind schema.GroupVersionKind
  // 标识资源是 namespace 级别的还是全局级别的
  Scope RESTScope
}
```

RESTMapping 主要在 kubectl 的 Info 数据结构中被用来构造 URL 地址，Info 数据结构的代码示例如下。

代码路径：vendor/k8s.io/cli-runtime/pkg/resource/visitor.go

```
Plain Text
type Info struct {
  Client RESTClient
  Mapping *meta.RESTMapping
  ...
}
```

RESTMapping 在 Kubernetes 源码中的典型用法如下。

- 根据 RESTMapping 中的 Scope.Name 是否等于 meta.RESTScopeNameNamespace ("namespace"),决定 URL 路径中是否要追加 Namespace 作为 URL 的一部分。参考 Info 的 Namespaced 函数。
- 根据 RESTMapping 中的 GroupVersionKind.Group 是否为空,决定 URL 前缀是/api 还是/apis。参考 factoryImpl 类的 ClientForMapping 函数。
- 根据 RESTMapping 中的 GroupVersion.Group、GroupVersion.Version 和 Resource.Resource 这 3 个参数，拼接/<group>/<version>/<resource>作为 URL 的一部分。参考 DefaultVersionedAPIPath 函数。

第 4 章

Kubernetes 核心资源对象

4.1 初识 Kubernetes 资源对象

Kubernetes 中有众多的资源，在第 3 章中我们介绍过这些资源以“资源组/资源版本/资源类别”的方式组织，大部分资源是对象。如果以资源的主要功能作为分类标准，则 Kubernetes 的对象大致可以分为工作负载（Workload）、发现和负载均衡（Discovery & LB）、配置和存储（Config & Storage）等类别，如图 4-1 所示。它们基本上都是围绕一个核心目的而设计的：如何更好地运行和丰富 Pod 资源，从而为容器化应用提供更灵活、更完善的操作与管理组件。

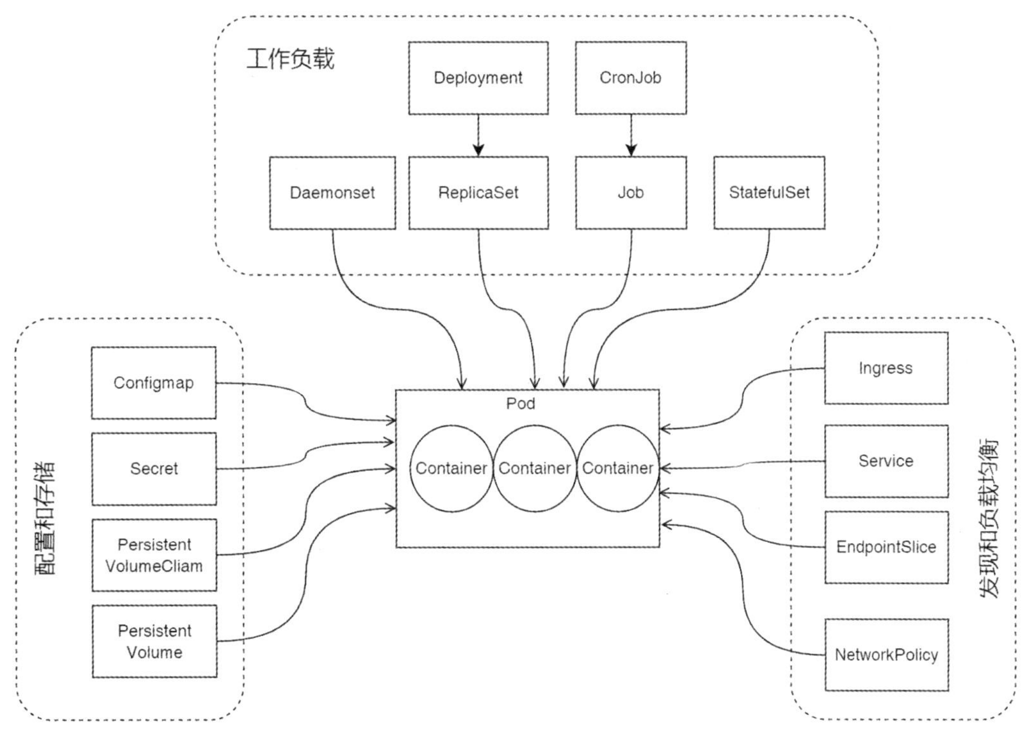

图 4-1　核心资源对象的分类

工作负载是在 Kubernetes 上运行的应用程序。在 Kubernetes 中，无论用户的负载是由单个组件构成的还是由多个一同工作的组件构成的，都可以在一组 Pod 中运行它。在 Kubernetes 中，Pod 是最核心的资源，代表的是集群上处于运行状态的一组容器（Container）的集合。不过，为了减轻用户的使用负担，用户通常不需要直接管理每个 Pod，而是使用负载资源来管理一组 Pod。这些负载资源通过配置控制器（Controller）来确保正确类型的、处于运行状态的 Pod 数量是正确的，并且与用户指定的状态一致。

4.2 metav1.ObjectMeta 属性元数据

4.2.1 Name

Name 是资源对象的入门字段，但是实际上资源对象最后的真实名称不一定是客户端传入的名称，在不同的场景下，Kubernetes 内部会做相关的调整，生成最后的真实名称。我们以最常用的 Pod 为例，分析 Kubernetes 源码中生成 Pod Name 的场景和实现。

1. 静态 Pod 的名称

静态 Pod 的名称的格式为<用户指定的名称>-<kubelet 所在 Node 的名称>。代码示例如下。

代码路径：pkg/kubelet/config/common.go

```
Plain Text
func applyDefaults(pod *api.Pod, ...) {
   pod.Name = generatePodName(pod.Name, nodeName)
}

func generatePodName(name string, nodeName types.NodeName) string {
  return fmt.Sprintf("%s-%s", name, strings.ToLower(string(nodeName)))
}
```

2. StatefulSet 的名称

StatefulSet 生成的 Pod 名称的格式为<sts.name>-<ordinal>，即资源对象名称追加递增的编号。代码示例如下。

代码路径：pkg/controller/statefulset/stateful_set_utils.go

```
Plain Text
func getPodName(set *apps.StatefulSet, ordinal int) string {
  return fmt.Sprintf("%s-%d", set.Name, ordinal)
}
```

3. Deployment、Job 等的名称

最常见的 Pod 名称的格式是在给定资源对象名称的基础上，追加随机生成的 5 个字符串。代码示例如下。

代码路径：vendor/k8s.io/apiserver/pkg/storage/names/generate.go

```
Plain Text
const (
   randomLength = 5
)
```

```
func (simpleNameGenerator) GenerateName(base string) string {
  ...
  return fmt.Sprintf("%s%s", base, utilrand.String(randomLength))
}
```

4.2.2 GenerateName

如果未设置资源对象的 Name，但设置了 GenerateName，则将 GenerateName 作为前缀，追加 5 位随机值作为后缀，组合生成唯一的 Name。生成随机名称的代码示例如下。

代码路径：vendor/k8s.io/apiserver/pkg/registry/rest/create.go

```
Plain Text
func BeforeCreate(...) {
  if len(objectMeta.GetGenerateName()) > 0
    && len(objectMeta.GetName()) == 0 {
     objectMeta.SetName(strategy.GenerateName(objectMeta.GetGenerateName()))
  }
}

func (simpleNameGenerator) GenerateName(base string) string {
   if len(base) > MaxGeneratedNameLength {
      base = base[:MaxGeneratedNameLength]
   }
   return fmt.Sprintf("%s%s", base, utilrand.String(randomLength))
}
```

4.2.3 Annotation

用户可以使用注解为资源对象附加任意的非标识的元数据。客户端程序（如工具和库）能够获取这些元数据。注解不用于 Label 和 LabelSelector，注解中的元数据可以很小，也可以很大，可以是结构化的，也可以是非结构化的，能够包含标签不允许使用的字符。

注解以键值对的形式存储。有效的注解键分为两部分：可选的前缀和名称，以斜杠（/）分隔。名称是必需项，并且必须在 63 个字符以内，以字母、数字字符（a ~ z、0 ~ 9、A ~ Z）开头和结尾，并允许使用短横线（-）、下画线（_）、点（.）、字母和数字。前缀是可选的。如果指定，则前缀必须是 DNS 子域：一系列由点（.）分隔的 DNS 标签，不超过 253 个字符，后跟斜杠（/）。如果省略前缀，则假定注解键是用户私有的。由系统组件添加的注解（如 kube-scheduler、kube-controller-manager、kube-apiserver、kubectl 和其他第三方组件），必须为终端用户添加注解前缀。kubernetes.io/和 k8s.io/前缀是为 Kubernetes 核心组件保留的。

4.2.4 Generation

Generation 是部署的版本，初始值为 1，随 Spec 内容的改变而自增。以 Deployment 资源为例，展示 Generation 的初始化和变更源码流程。代码示例如下。

代码路径：pkg/registry/apps/deployment/strategy.go

```
Plain Text
func (deploymentStrategy) PrepareForCreate(...) {
   deployment := obj.(*apps.Deployment)
   deployment.Status = apps.DeploymentStatus{}
   deployment.Generation = 1
```

```
    ...
}

func (deploymentStrategy) PrepareForUpdate(...) {
    ...
    if xxx {
      newDeployment.Generation = oldDeployment.Generation + 1
    }
}
```

4.2.5 ResourceVersion

ResourceVersion 字段的取值来自 etcd 的 modifiedindex，当对象被修改时，该字段将随之被修改。该字段是由服务端维护的只读字段，用于乐观锁、并发控制、变更检测和对资源或资源集的监视操作。

kube-apiserver 可以通过该字段判断对象是否已经被修改。当包含 ResourceVersion 字段的更新请求到达 kube-apiserver 时，服务端将对比请求数据与服务器中数据的资源版本号，如果不一致，则表明在本次更新提交时，服务端对象已被修改，此时 kube-apiserver 将返回冲突错误（409），客户端需重新获取服务器中的数据，修改后再次提交到服务端。根据更新资源时是否带有 ResourceVersion 字段可以分为两种情况。

- 不带有 ResourceVersion 字段：无条件更新，获取 etcd 中最新的数据，然后在此基础上更新。
- 带有 ResourceVersion 字段：和 etcd 中的 ModRevision 进行对比，如果不一致，则提示版本冲突，说明数据已被修改，当前要修改的版本已不是最新数据。

在 Kubernetes 中，ResourceVersion 字段除了在上述并发控制机制中使用，还在 List-Watch 机制中使用。客户端的 List-Watch 分为两个步骤，先通过 list 接口取回所有对象，再以增量的方式 watch 后续对象。客户端在 list 接口取回所有资源对象后，将会把最新的资源对象的 ResourceVersion 字段作为下一步 watch 操作的起点参数，即 kube-apiserver 以收到的 ResourceVersion 字段为起始点返回后续数据，这保证了 List-Watch 中数据的连续性与完整性。以 Get 方法为例，分析从 etcd 获取 ResourceVersion 字段，并且设置给 Object 对象的实现逻辑。

- 根据拼接好的 key，调用 etcd 操作接口以获取结果。
- 提取结果中的 ModRevision。
- 根据得到的结果设置对象的 ResourceVersion 字段。

kubectl 的 Get 方法内部从 etcd 中获取 ResourceVersion 字段的代码示例如下。

代码路径：staging/src/k8s.io/apiserver/pkg/storage/etcd3/store.go

```
Plain Text
func (s *store) Get(ctx context.Context, key string, opts storage.GetOptions, out
runtime.Object) error {
  preparedKey, err := s.prepareKey(key)
  ...
  getResp, err := s.client.KV.Get(ctx, preparedKey)
  ...
  kv := getResp.Kvs[0]
  ...
  return decode(s.codec, s.versioner, data, out, kv.ModRevision)
```

```
}

func decode(codec runtime.Codec, versioner storage.Versioner, value []byte, objPtr
runtime.Object, rev int64) error {
  ...
  if err := versioner.UpdateObject(objPtr, uint64(rev)); err != nil {
    klog.Errorf("failed to update object version: %v", err)
  }
  return nil
}
```

etcd 的 4 种版本如表 4-1 所示，ResourceVersion 字段使用的是 ModRevision。

表 4-1　etcd 的 4 种版本

字段	作用范围	说明
Version	key	单个 key 的修改次数，单调递增
Revision	全局	key 在集群中的全局版本号，全局唯一
ModRevision	key	key 最后一次修改时的 Revision
CreateRevision	全局	key 创建时的 Revision

4.2.6　OwnerReference

OwnerReference 字段主要用于垃圾回收时的资源级联删除。在 Kubernetes 中，一些对象是其他对象的属主（Owner）。例如，ReplicaSet 是一组 Pod 的属主，具有属主的对象是属主的附属（Dependent）。

OwnerReference 字段用于描述一个附属对象所引用的属主对象，可以简单理解为该资源是被哪些资源自动管理的。一个有效的属主引用包含与附属对象在同一个命名空间下的对象名称和一个 UID。Kubernetes 自动为一些对象的附属资源设置属主引用的值，包括 ReplicaSet、DaemonSet、Deployment、Job、CronJob、ReplicationController 等。用户也可以通过改变 OwnerReference 字段的值来手动配置这些关系。但通常不建议这么做，一般是让 Kubernetes 自动管理附属关系。

OwnerReference 字段的数据结构代码示例如下。

代码路径：staging/src/k8s.io/apimachinery/pkg/apis/meta/v1/types.go

```
Plain Text
type OwnerReference struct {
   APIVersion string `json:"apiVersion"`
   Kind string `json:"kind"`
   Name string `json:"name"`
   UID types.UID `json:"uid"`
   Controller *bool `json:"controller,omitempty"`
   BlockOwnerDeletion *bool `json:"blockOwnerDeletion,omitempty"`
}
```

相关字段说明如下。

- APIVersion：属主对象的 APIVersion。
- Kind：属主对象的 Kind。
- Name：属主对象的 Name。

- UID：属主对象的 UID。
- Controller：指向自动管理属主关系的控制器，如果没有被控制器自动控制，则为 false。
- BlockOwnerDeletion：布尔值，用于设置附属对象是否可以阻止垃圾收集器删除其属主对象。如果由控制器（如 Deployment 控制器）自动设置 OwnerReference 字段的值，则 BlockOwnerDeletion 字段会被自动设置为 true。用户也可以手动设置该字段的值，以设置哪些附属对象可以阻止垃圾收集器。

上面的结构中没有 Namespace 属性，这是为什么呢？根据设计，Kubernetes 不允许跨命名空间指定属主。命名空间范围的附属可以指定集群范围的或命名空间范围的属主。命名空间范围的属主必须和附属处于同一个的命名空间。如果命名空间范围的属主和附属不在同一个命名空间，则该属主引用就会被认为是缺失的，并且当附属的所有属主引用都被确认不再存在之后，该附属就会被删除。集群范围的附属只能指定集群范围的属主。在 v1.20+版本中，如果一个集群范围的附属指定了一个命名空间范围类型的属主，则该附属会被认为拥有一个不可解析的属主引用，并且它不能够被垃圾收集器回收。如此一来，有 Namespace 属性的对象，它的属主要么和自己在同一个命名空间下，可以复用；要么是集群级别的对象，没有 Namespace 属性。而 Cluster 级别的对象，它的属主也必须是 Cluster 级别的，没有 Namespace 属性。因此，OwnerReference 结构中不需要 Namespace 属性。

说明

（1）可以使用 kubectl-check-ownerreferences 工具检查 OwnerReference 是否有效。

（2）在 v1.20+版本中，如果垃圾收集器检测到无效的跨命名空间的属主引用，或者一个集群范围的附属指定了一个命名空间范围类型的属主，则报告一个警告事件。该事件的原因是 OwnerRefInvalidNamespace，involvedObject 属性中包含无效的附属。用户可以使用 kubectl get events -A --field-selector=reason=OwnerRefInvalidNamespace 命令来获取该类型的事件。

4.2.7 Finalizers

Finalizers 字段包含多个 Finalizer，Finalizer 主要用于控制资源被删除前的清理工作，告诉 Kubernetes 在满足特定的条件后，再完全删除被标记为删除的资源。Finalizer 提醒控制器清理被删除对象拥有的资源。

当用户告诉 Kubernetes 删除一个指定了 Finalizer 的对象时，Kubernetes API 通过 .metadata.deletionTimestamp 字段来标记要删除的对象，并返回 202 状态码（HTTP"Accepted"）使其进入只读状态。此时控制平面或其他组件会采取 Finalizer 所定义的行动，而目标对象仍然处于终止（Terminating）状态。这些行动完成后，控制器会删除目标对象相关的 Finalizer。当.metadata.finalizers 字段为空时，Kubernetes 认为删除已完成并删除对象。

Finalizer 的工作原理如下：当用户使用清单文件创建对象时，可以使用.metadata.finalizers 字段指定多个 Finalizer。当用户试图删除该对象时，处理删除请求的 API 服务器会注意到.metadata.finalizers 字段中的值，并进行以下操作。

- 修改对象，将开始执行删除的时间添加到.metadata.deletionTimestamp 字段中。
- 禁止对象被删除，直到其.metadata.finalizers 字段为空。
- 返回 202 状态码（HTTP "Accepted"）。

管理 Finalizer 的控制器会注意对象上发生的更新操作，当对象的.metadata.deletionTimestamp 字段被设置时，意味着已经请求删除该对象。之后，控制器会试图满足对象的 Finalizer 的条件。每当满足一个 Finalizer 的条件，控制器就会从资源的.metadata.finalizers 字段中删除对应的键。当.metadata.finalizers 字段为空时，被设置.metadata.deletionTimestamp 字段的对象会被自动删除。Kubernetes 中对象的生命周期如图 4-2 所示。

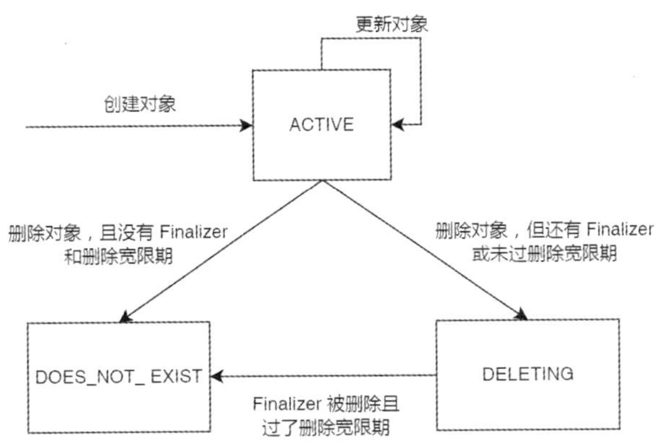

图 4-2　Kubernetes 中对象的生命周期

在删除资源时，操作将分为终结（Finalization）和删除两个阶段。

当客户端请求删除资源时，.metadata.deletionTimestamp 字段被设置为当前时间。一旦设置了.metadata.deletionTimestamp 字段，作用于终结器的外部控制器就可以在任何时间以任何顺序开始执行清理工作。终结器之间不存在强制的执行顺序，因为这会带来卡住 metadata.finalizers 字段的重大风险。.metadata.finalizers 字段是共享的，任何有权限的参与者都可以重新排序。如果按顺序处理终结器列表，则可能出现这样一种情况：负责第一个终结器的组件正在等待列表中其他终结器的组件产生的某些信号（字段值、外部系统或其他），从而导致死锁。如果没有强制排序，则终结器可以自由排序，并且不易受到列表中排序变化的影响。当最后一个终结器被删除时，资源才真正从 etcd 中被删除。

在对象卡在删除状态的情况下，要避免手动删除 Finalizer。Finalizer 通常因为特殊原因被添加到对象上，所以强行删除它们会导致集群出现问题。只有了解 Finalizer 的用途后才能这样做，并且应该通过一些其他方式来完成（如手动删除其余的依赖对象）。

Finalizer 提供了一个通用的 API，它不仅用于阻止级联删除，还能通过它在对象被删除之前加入钩子。用户也可以使用 Finalizer 来阻止删除未被管理的对象。一个常见的 Finalizer 的例子是 kubernetes.io/pv-protection，它用来防止意外删除 PersistentVolume 对象。当一个 PersistentVolume 对象被 Pod 使用时，Kubernetes 会添加 pv-protection Finalizer。如果用户试图删除 PersistentVolume 对象，它将进入终止状态，但是控制器因为 pv-protection Finalizer 的存在而无法删除该资源。当 Pod 停止使用 PersistentVolume 对象时，Kubernetes 删除 pv-protection Finalizer，控制器就会删除该卷。

Kubernetes 中默认有两种 Finalizer：OrphanFinalizer 和 ForegroundFinalizer，分别对应 Orphan 模式和 Foreground 模式。当然，Finalizer 不仅支持以上两种字段，在使用自定义控制器时，也可以在 CustomResource 中设置自定义的 Finalizer 标识。

在默认情况下，删除一个对象会删除它的全部依赖，但是在一些特定情况下，用户只想删除当前对象本身而并不想进行复杂的级联删除，因此 OrphanFinalizer 应运而生。OrphanFinalizer 会监听对象的更新事件并将自身从它全部依赖对象的 OwnerReferences 数组中删除，与此同时，删除所有依赖对象中已经失效的 OwnerReference 并将 OrphanFinalizer 从 Finalizers 数组中删除。通过 OrphanFinalizer，用户能够在删除一个对象时保留它的全部依赖，这为使用者提供了一种更灵活的方法来保留和删除对象。

4.2.8 ManagedFields

ManagedFields 被称为字段管理器，主要用于协调多个客户端更新同一资源对象时的冲突。这是之前一个服务端应用（Server-Side Apply，SSA）的功能，在 1.18.0 版本中，该功能由 alpha 进入 beta，在 kube-apiserver 中默认被打开，在 1.22 版本中进入 stable。与之对应的是客户端应用（Client-Side Apply，CSA）。

客户端应用通过 resourceVersion 字段和 kubectl.kubernetes.io/last-applied-configuration 注解实现并发控制，保证了对象数据的完整性。

服务端应用跟踪系统的哪个参与者更改了对象的哪个字段。它通过区分对象的所有更新，并且记录所有已更改的字段和操作时间来实现。服务端应用将由 kubectl apply 实现的客户端应用功能替换为服务端实现，允许由 kubectl 以外的工具/客户端使用。

在学习 ManagedFields 之前，我们先来了解一下对象的处理方式。通常，在我们使用 kubectl 封装的命令来进行 Apply、Edit、Patch 操作或使用其他命令来实现对象的声明式创建和更新时，这可能带来以下问题。

- 如果对象在应用之前已经存在会怎样？
- 如果两个用户同时申请/更新同一个对象会怎样？

服务端应用是一种新的合并算法，对字段所有权进行跟踪，在 kube-apiserver 上运行。服务端应用启用冲突检测等新功能，因此系统知道两个参与者何时试图编辑同一个字段。

在此之前，我们使用 kubectl apply -f <xxx.yaml> --dry-run 命令可以使 YAML 文件在本地运行而不将数据发送至服务器，这样可以有效验证我们写的 YAML 文件是否出现了错误。但是这也存在一些问题。

- dry-run 的对象不会经过服务器的准入控制器（Validating Admission Controller）。
- 由于多种潜在的原因，服务器可能会对上传的对象的某些字段进行 Patch、Merge 操作，因为很多时候，一个对象可能同时被多个组件更改。

如果不能将这个对象发送至服务器来查看其最终的样子，则用户可能还是不清楚在使用 YAML 文件的时候产生的实际效果是什么。

在 Kubernetes 1.18.0 版本中，dry-run 可以选择 dry-run=client 或 dry-run=server（dry-run=client 的效果和之前直接 dry-run 的效果相同）。那么 dry-run=server 的功能是如何实现的呢？如果只是简单地将对象发送至服务器，在不写入 etcd 的情况下返回给客户端，则这个功能是很好实现的。问题是，在不同的情况下，Kubernetes 会对客户端发送过来的对象进行不同的操作，甚至其中一些操作是完全不符合用户的预期的，这样导致的结果就是，如果使用 dry-run=server，则用户拿到的对象可能是出乎意料的，并且用户很难弄明白这个对象在服务端到底发生了什么。所以，这里就需要介绍 managedFields 字段了。

以前在执行完 kubectl apply 命令时，集群创建好的对象的 kubectl.kubernetes.io/last-applied-configuration 注解字段会带上上一次 Apply 操作的配置，但是现在这个注解字段没有了，可以理解为以前的注解字段变成了现在的 managedFields 字段。与把上一次的配置写在注解字段中相比，这次多了 Manager 的概念，每个 Manager 负责属于它管理的字段来防止不同的 Manager 在修改资源时造成混乱。为什么要这么设计呢？Apply 实际上是一种 Merge 操作，也就是它需要考虑当前对象的状况和之前对象的设定来与现在的设定进行合并。每当字段发生改变的时候，这个字段的掌管权会被移动到新的 Manager 中，如果多个 Manager 对同一个字段进行了不同的改动，则触发的情况如下。

- 覆盖这个值，成为唯一的 Manager。如果 Apply 操作的发起者有意覆盖值，如控制器这样的自动化过程，则发起者应该将 force query 设置为 true，并且再次发出请求。这将强制操作成功，更改字段的值，并且将该字段从 ManagedFields 中的所有其他管理器的条目中删除。
- 不覆盖这个值，放弃这次改动。当一个 Apply 操作的发起者不再管理某个字段时，它可以在请求中将这个字段删除，这将导致这个字段的值不发生改变，并且从 ManagedFields 中删除发起者。
- 不覆盖值，成为共同 Manager。如果 Apply 操作的发起者仍然关心字段的值，但是又不想覆盖它，则可以在配置中更改字段的值来匹配到这个字段，这会使这次改动不生效，但是会把这个字段的 Manager 共享给 Apply 操作的发起者。

这样一来，每一次改动其实都会让所有的 Manager 共同决定这个对象的变化。

从 kubectl 1.21 版本开始，执行 kubectl get 命令查看资源文件，默认不显示 managedFields 字段相关信息，如需查看，需要显式指定--show-managed-fields=true 参数。

managedFields 字段样例如下。

```
Plain Text
managedFields:
  - apiVersion: v1
    manager: kube-controller-manager
    operation: Update
    time: "2022-08-15T03:33:47Z"
    fieldsType: FieldsV1
    fieldsV1:
      f:spec:
    f:containers:
      k:{"name":"my-nginx"}:
        .: {}
        f:image: {}
        f:imagePullPolicy: {}
        f:name: {}
        f:ports:
          .: {}
          k:{"containerPort":80,"protocol":"TCP"}:
        .: {}
        f:containerPort: {}
        f:protocol: {}
        f:resources: {}
```

managedFields 字段中的每一项都是 ManagedFieldsEntry 类型的数据，对应的代码示例如下。

代码路径：staging/src/k8s.io/apimachinery/pkg/apis/meta/v1/types.go

```
Plain Text
type ManagedFieldsEntry struct {
   Manager string `json:"manager,omitempty"`
   Operation ManagedFieldsOperationType `json:"operation,omitempty"`
   APIVersion string `json:"apiVersion,omitempty"`
   Time *Time `json:"time,omitempty"`
   FieldsType string `json:"fieldsType,omitempty"`
   FieldsV1 *FieldsV1 `json:"fieldsV1,omitempty"`
   Subresource string `json:"subresource,omitempty"`
}

type FieldsV1 struct {
  Raw []byte `json:"-" protobuf:"bytes,1,opt,name=Raw"`
}
```

ManagedFieldsEntry 中相关字段说明如下。

- Manager：执行本次操作的主体。
- Operation：本次操作的类型，包括 Apply 和 Update。
- APIVersion：定义这个资源的字段集适用的版本。
- Time：操作时间，如果添加字段、管理器更改任何拥有的字段值或删除字段，时间戳也将更新。当一个字段从条目中被删除时，时间戳不会更新，因为另一个 Manager 接管了它。
- FieldsType：不同字段格式和版本的鉴别器，目前都是 FieldsV1。
- FieldsV1：FieldsV1 以 JSON 格式将一组字段存储在类似 Trie 的数据结构中。每个键要么是一个'.'，代表字段本身，并且总是映射到一个空集，要么是表示子字段或项目的字符串。该字符串将遵循以下 4 种格式之一。
  - 'f:<name>'，其中，<name>是结构中字段的名称或映射中的键。
  - 'v:<value>'，其中，<value>是列表项的确切的 JSON 格式的值。
  - 'i:<index>'，其中，<index>是列表项的位置。
  - 'k:<keys>'，其中，<keys>是列表项的关键字段与其唯一值的映射，如果键映射到空字段值，则该键代表的字段是集合的一部分。
- Subresource：更新对象的子资源的名称，如果更新操作是通过主资源更新的，则为空字符串。

1. 构造 ManagedFields

Manager 接口定义了更新 ManagedFields 并合并 Apply 操作配置的标准接口，代码示例如下。

代码路径：vendor/k8s.io/apiserver/pkg/endpoints/handlers/fieldmanager/fieldmanager.go

```
Plain Text
type Manager interface {
   Update(live, newObj runtime.Object, managed Managed, manager string) (runtime.Object,
Managed, error)
   Apply(liveObj, appliedObj runtime.Object, managed Managed, fieldManager string, force
bool) (runtime.Object, Managed, error)
}
```

该接口的方法说明如下。

- Update：Update 在对象已经被合并时使用，并且在输出的对象中更新 ManagedFields。返回删除了 ManagedFields 的新对象，以及新对象单独提出的 ManagedFields。
- Apply：在调用服务端应用时使用，因为它合并了对象并更新 ManagedFields。返回删除了 ManagedFields 的新对象，以及新对象单独提出的 ManagedFields。

两个方法中都有两个 Object 类型的入参：liveObj 和 newObj。

- liveObj：该对象不会被 Update 和 Apply 方法改变。
- newObj：该对象可能会被 Update 和 Apply 方法改变。

实现 Manager 接口的类有很多个，分别从不同的维度操作对象的 managedFields 字段。初始化函数 NewDefaultFieldManager 内部调用 newDefaultFieldManager 函数，以装饰器模式（Decorator Pattern）将多个 Manager 串联起来统一对外暴露 FieldManager 类。构造 FieldManager 对象的代码示例如下。

代码路径：staging/src/k8s.io/apiserver/pkg/endpoints/handlers/fieldmanager/fieldmanager.go

```
Plain Text
func NewDefaultFieldManager(...) (*FieldManager, error) {
  f, err := NewStructuredMergeManager(...)
  ...
  return newDefaultFieldManager(...), nil
}

func newDefaultFieldManager(...) *FieldManager {
  return NewFieldManager(
    NewLastAppliedUpdater(
   NewLastAppliedManager(
     NewProbabilisticSkipNonAppliedManager(
       NewCapManagersManager(
      NewBuildManagerInfoManager(
        NewManagedFieldsUpdater(
       NewStripMetaManager(f),
        ), kind.GroupVersion(), subresource,
      ), DefaultMaxUpdateManagers,
       ), objectCreater, kind, DefaultTrackOnCreateProbability,
     ), typeConverter, objectConverter, kind.GroupVersion()),
    ), subresource,
  )
}
```

Manager 所有的接口如图 4-3 所示，通过 FieldManager 类串联起来。

FieldManager 类对外暴露 Apply、Update、UpdateNoErrors 这 3 个方法，其中，Update 方法只被 UpdateNoErrors 调用，因此主要是 Apply 和 UpdateNoErrors 方法。

这两个方法什么时候被调用呢？在 kube-apiserver 中注册资源的 Handler 处理函数中，HTTP 请求发送完成后，调用 FieldManager 的相关方法实现对象中 managedFields 字段的更新，如图 4-4 所示。

- 在注册的 Post 请求处理函数中，在执行完 Create 操作后，调用 UpdateNoErrors 方法更新对象的 managedFields 字段。
- 在注册的 Put 请求处理函数中，最后也调用 UpdateNoErrors 方法来更新对象的 managedFields 字段。
- 在注册的 Patch 请求处理函数中，3 种不同的 Patch 类型都调用 UpdateNoErrors 方法，其中，applyPatcher 还调用了 Apply 方法。

图 4-3　Manager 所有的接口

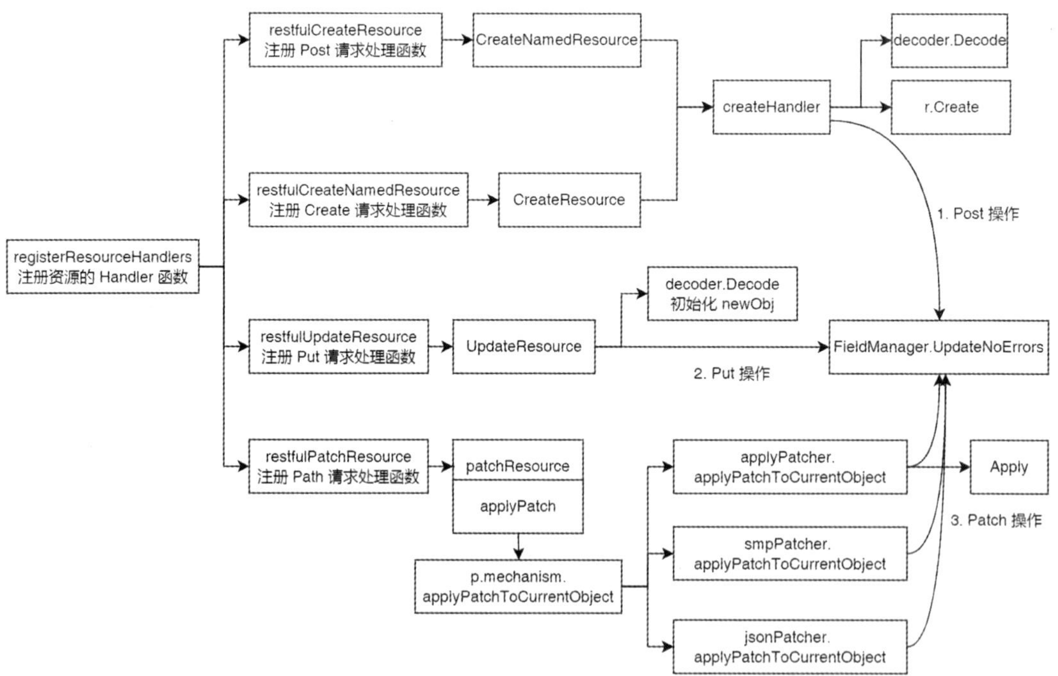

图 4-4　managedFields 字段的更新操作实现

FieldManager 对外的这两个函数都需要 3 个参数。

- liveObj：原有的对象。

- appliedObj：新创建、待合并的对象。
- manager：执行操作，该值是从 XXXOptions 中层层传入，最后传递给 FieldManager 的。

FieldManager 最后一环的实现类是 structuredMergeManager，也是最核心的实现。其内部调用 sigs.k8s.io/structured-merge-diff 库中 merge.Updater 类的方法，merge.Updater 是专门用于计算 FieldSets 和合并对象的类。

2．清除 ManagedFields

只把 managedFields 字段设置为空列表并不会重置字段，managedFields 字段将永远不会被与该字段无关的客户删除。可以通过使用 MergePatch、StrategicMergePatch、JSONPatch、Update，以及所有的非应用方式的操作来覆盖它。可以以 Patch 的方式发送 HTTP 请求数据清空 managedFields 字段，实现从对象中完整地删除 ManagedFields。

4.3　Pod 资源对象

Pod 是 Kubernetes 中创建和管理的最小的可部署的计算单元，它是一个或多个容器的逻辑单元。如果说 Kubernetes 是云原生操作系统，那么 Pod 就是操作系统中运行的进程组，Pod 中的多个容器就是进程组中的一个个进程。每个 Pod 中预置了一个 Pause 容器，其命名空间、IPC、网络和存储资源被 Pod 中的其他容器共享。Pod 中的所有容器紧密协作，并且作为一个整体被管理、调度和运行。这些容器共享存储、网络，以及怎样运行这些容器的声明。Pod 中的内容总是一同被调度，在共享的上下文中运行。Pod 所建模的是特定于应用的逻辑主机，其中包含一个或多个应用容器，这些容器相对紧密地耦合在一起。在非云环境中，在相同的物理机或虚拟机上运行的应用类似于在同一逻辑主机上运行的云应用。除了应用容器，Pod 还可以包含在 Pod 启动期间运行的 Init 容器。用户可以在集群支持临时性容器的情况下，为达成调试的目的注入临时性容器。有些 Pod 具有 Init 容器和应用容器。Init 容器会在启动应用容器之前运行并完成。Pod 资源对象模型如图 4-5 所示。

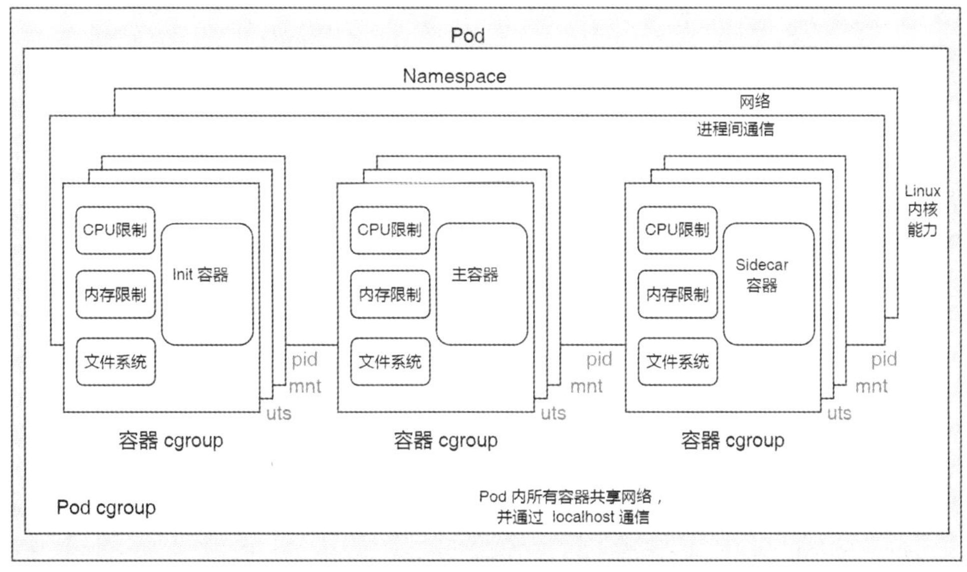

图 4-5　Pod 资源对象模型

PodSpec 资源定义的代码示例如下。

代码路径：vendor/k8s.io/api/core/v1/types.go

```
Plain Text
type PodSpec struct {
 Volumes []Volume
 InitContainers []Container
 Containers []Container
 EphemeralContainers []EphemeralContainer
 RestartPolicy RestartPolicy
 TerminationGracePeriodSeconds *int64
 ActiveDeadlineSeconds *int64
 DNSPolicy DNSPolicy
 NodeSelector map[string]string
 ServiceAccountName string
 DeprecatedServiceAccount string
 AutomountServiceAccountToken *bool
 NodeName string
 HostNetwork bool
 HostPID bool
 HostIPC bool
 ShareProcessNamespace *bool
 SecurityContext *PodSecurityContext
 ImagePullSecrets []LocalObjectReference
 Hostname string
 Subdomain string
 Affinity *Affinity
 SchedulerName string
 Tolerations []Toleration
 HostAliases []HostAlias
 PriorityClassName string
 Priority *int32
 DNSConfig *PodDNSConfig
 ReadinessGates []PodReadinessGate
 RuntimeClassName *string
 EnableServiceLinks *bool
 PreemptionPolicy *PreemptionPolicy
 Overhead ResourceList
 TopologySpreadConstraints []TopologySpreadConstraint
 SetHostnameAsFQDN *bool
 OS *PodOS
 HostUsers *bool
}
```

4.3.1 PodSpec 字段详解

PodSpec 数据结构指定了 Pod 中各个字段的含义，定义的字段较多，主要分为以下几大类。

- 容器相关字段，包括 InitContainers、Containers、EphemeralContainers、ImagePullSecrets、EnableServiceLinks、OS。
- 调度相关字段，包括 NodeSelector、NodeName、Affinity、Tolerations、SchedulerName、

RuntimeClassName、Overhead、PriorityClassName、Priority、PreemptionPolicy、TopologySpreadConstraints。
- 存储相关字段，包括 Volumes。
- Pod 生命周期相关字段，包括 RestartPolicy、TerminationGracePeriodSeconds、ActiveDeadlineSeconds、ReadinessGate。
- 主机名和 DNS 相关字段，包括 Hostname、SetHostnameAsFQDN、Subdomain、HostAliases、DNSConfig、DNSPolicy。
- 主机 Namespace 相关字段，包括 HostNetwork、HostPID、HostIPC、ShareProcessNamespace、HostUsers（alpha 阶段）。
- ServiceAccount 相关字段，包括 ServiceAccountName、AutomountServiceAccountToken、ServiceAccount（已弃用）。
- 安全上下文相关字段，包括 SecurityContext。

1. 容器相关字段

Pod 中主要包括 3 类容器：Init 容器、普通容器、临时容器，分别对应 InitContainers、Containers、EphemeralContainers 字段。每一类容器都支持多个元素，因此都是数组类型。其中，Init 容器和普通容器的每个元素都是 Container 类型的，而临时容器比较特殊，很多容器字段是不兼容和不允许被设定的，使用了单独的 EphemeralContainer 类型。

1）InitContainers

Init 容器列表，Init 容器是一种特殊的容器，在普通容器启动之前按顺序执行。如果任何一个 Init 容器发生故障，则认为该 Pod 失败，并且根据其 RestartPolicy 字段进行处理。

Init 容器支持应用容器的全部字段和特性，包括资源限制、数据卷和安全设置。然而，Init 容器对资源请求和限制的处理稍有不同。Init 容器不支持 lifecycle、livenessProbe、readinessProbe 和 startupProbe，因为它们必须在 Pod 就绪之前运行完成。

在调度过程中会考虑 Init 容器的资源需求，方法是先查找每种资源类型的最高请求/限制，然后使用该值的最大值或正常容器的资源请求的总和。Init 容器可以包括一些应用镜像中不存在的实用工具和安装脚本。可以在 Pod 的 Spec 中与用来描述应用容器的 Containers 数组平行的位置指定 Init 容器。Init 容器与普通的容器非常像，除了以下两点。

- Init 容器总是运行到完成。
- 按顺序执行，只有在上一个 Init 容器成功执行并结束后，下一个 Init 容器才会开始执行。

如果 Pod 的 Init 容器执行失败，kubelet 会不断地重启该 Init 容器直到该 Init 容器执行成功。然而，如果 Pod 对应的 restartPolicy 值为 Never，并且 Pod 的 Init 容器执行失败，则 Kubernetes 会将整个 Pod 的状态设置为失败。

2）Containers

普通容器列表，Pod 中必须至少有一个普通容器。如果有多个普通容器，则其中一个为主容器，其他的为 Sidecar 容器，用于辅助主容器完成某些特定功能。

3）EphemeralContainers

临时容器列表，临时容器是一种特殊的容器，该容器在现有 Pod 中临时运行，以便完成用户发起的操作，如故障排查。可以使用临时容器来检查服务，但是不使用它来构建应用程序。

临时容器与其他容器的不同之处在于，它缺少对资源或执行的保证，并且永远不会自动重启，因此不适用于构建应用程序。临时容器使用与普通容器相同的 ContainerSpec 来描述，但许多字段是不兼容和不允许被设定的。

- 临时容器没有端口配置，因此像 ports、livenessProbe、readinessProbe 这样的字段是不允许被设定的。
- Pod 资源分配是不可变的，因此 Resources 配置是不允许被设定的。
- 有关允许字段的完整列表，请参考 EphemeralContainer 文档。

临时容器是使用 API 中的一种特殊的 EphemeralContainers 处理器创建的，而不是直接添加到 pod.spec 字段中的，因此无法使用 kubectl edit 命令添加一个临时容器。如果临时容器导致 Pod 超出其资源分配，则 kubelet 可能会驱逐 Pod。

4）ImagePullSecrets

ImagePullSecrets 字段定义了拉取 Pod 中任何镜像的账号信息，是数组类型，每个元素引用同一命名空间中的 Secret 资源对象。此字段可选，如果指定，则这些资源 Secret 对象将被传递给各个镜像拉取组件（Puller）实现供其使用。

5）EnableServiceLinks

EnableServiceLinks 字段指示是否应将有关服务的信息注入 Pod 的环境变量，默认为 true。不管 EnableServiceLinks 的值是 true 还是 false，Kubernetes 总是为当前 Pod 添加 default/kubernetes 这个 Service 的环境变量，如果 EnableServiceLinks 为 true，则还会为同一命名空间中的其他服务添加 Service 相关的环境变量。根据 EnableServiceLinks 字段的配置注册环境变量的代码示例如下。

代码路径：pkg/kubelet/kubelet_pods.go

```
Plain Text
// 为容器生成环境变量的方法
func (kl *Kubelet) makeEnvironmentVariables(...)(...) {

  // 如果EnableServiceLinks为nil，则无法生成环境变量
  if pod.Spec.EnableServiceLinks == nil {
    return nil, fmt.Errorf("nil pod.spec.enableServiceLinks encountered, ...")
  }
  ...
  serviceEnv, err := kl.getServiceEnvVarMap(..., *pod.Spec.EnableServiceLinks)
  ...
}

func (kl *Kubelet) getServiceEnvVarMap(ns string, enableServiceLinks bool)(...) {
   ...
   // 获取所有命名空间的Service
   services, err := kl.serviceLister.List(labels.Everything())
   for i := range services {
   if service.Namespace == kl.masterServiceNamespace && ...) {
     // 始终添加default/kubernetes Service环境变量
     if _, exists := serviceMap[serviceName]; !exists {
       serviceMap[serviceName] = service
     }
   } else if service.Namespace == ns && enableServiceLinks {
```

```
        // 为同一命名空间中的其他 Service 添加环境变量
        serviceMap[serviceName] = service
      }
    }
    ...
}
```

6）OS

指定 Pod 中容器的操作系统，当前支持的值是 linux 和 windows。如果设置了此属性，则某些不属于该类操作系统的 Pod 和容器字段会受到限制。

2. 调度相关字段

1）NodeSelector

NodeSelector 字段通过 Kubernetes 的 label-selector 机制选择调度到哪个节点上，可以为一批节点打上指定的标签，由调度器匹配符合的标签，并且让 Pod 被调度到这些节点上。

2）NodeName

Pod 运行的节点信息，该值一般由调度器调度成功后设置。

3）Affinity

Affinity 是一组亲和性调度规则，包括以下调度规则。

- NodeAffinity：Pod 的节点亲和性调度规则。
- PodAffinity：Pod 亲和性调度规则，例如，将此 Pod 与其他一些 Pod 放在相同的节点、区域等。
- PodAntiAffinity：Pod 反亲和性调度规则，例如，避免将此 Pod 与其他一些 Pod 放在相同的节点、区域等。

4）Tolerations

容忍，为了让 Pod 不被调度到某些节点上，通常会在某些节点上设置污点，如果同时希望其他一些 Pod 不受污点影响，继续被调度到这些节点，则需要设置 Tolerations 字段。设置此字段的 Pod 能够容忍任何使用匹配运算符<operator>匹配三元组<key, value, effect>得到的污点。通常情况下，如果给一个节点添加了一个 effect 值为 NoExecute 的污点，则任何不能容忍这个污点的 Pod 马上会被驱逐，任何可以容忍这个污点的 Pod 都不会被驱逐。但是，如果 Pod 指定了可选属性 TolerationSeconds 的值，则表示在给节点添加了上述污点之后，Pod 还能继续在节点上运行一段时间，超过该生存时间后才被驱逐。

5）SchedulerName

指定 Pod 使用的调度器，默认为 default-scheduler，即使用默认调度器。如果想要自定义调度器，则可以修改为自定义调度器的名称。

6）RuntimeClassName、Overhead

RuntimeClassName 引用 node.k8s.io 组中的一个 RuntimeClass 对象，该 RuntimeClass 对象将被用来运行这个 Pod。RuntimeClass 对象提供了一种在集群中配置的不同运行时之间进行选择并显示其属性（对集群和用户）的方法。如果没有 RuntimeClass 对象和所设置的类匹配，则 Pod 不会运行。如果此字段未设置或为空，将使用旧版 RuntimeClass。旧版 RuntimeClass 可以被视为一个隐式的运行时类，其定义为空，会使用默认运行时处理程序。

Overhead 表示与用指定 RuntimeClass 对象运行 Pod 相关的资源开销。该字段将由

RuntimeClass 准入控制器在准入时自动填充。如果启用了 RuntimeClass 准入控制器，则不得在 Pod 创建请求中设置 Overhead 字段。RuntimeClass 准入控制器将拒绝已设置 Overhead 字段的 Pod 创建请求。如果在 Pod 中配置并选择了 RuntimeClass 对象，Overhead 字段将被设置为对应 RuntimeClass 对象中定义的值，否则将保持不设置并视为零。

为什么要设计 Overhead 字段呢？Pod 有一些资源开销。在传统的 Docker 容器中，仅计算 Pause 容器的开销，但也会调用一些各种系统组件的开销，包括 kubelet（控制循环）、Docker、内核（各种资源）、日志等。当前的方法是通过 kubelet 中的 xxx-reserved 启动参数为系统组件保留一大块资源，如 system-reserved、kube-reserved，并且忽略来自 Pause 容器的（相对较小的）开销。但这种方法充其量是启发式的，并且不能很好地扩展。随着各种容器运行时的出现，Pod 开销可能会变得更大，如 Kata 容器必须运行内核、Kata 代理、Init 系统等。由于这种开销太大而无法忽略，我们需要一种方法来解决它。Overhead 字段提供了一种机制来计算特定于给定运行时解决方案的 Pod 开销。调度程序、资源配额处理和 kubelet 的 Podcgroups 的创建与驱逐处理，以及 Pod 的容器请求的总和将考虑 Overhead 字段的值。

7）PriorityClassName、Priority

这是两个与 Pod 优先级相关的字段，PriorityClassName 由用户设置，需要关联 PriorityClass 资源对象。当启用 Priority 准入控制器时，该控制器会阻止用户设置 Priority 字段。准入控制器基于 PriorityClassName 设置来填充 Priority 字段，字段值越高，优先级越高。各种系统组件使用该字段来确定 Pod 的优先级。

system-node-critical 和 system-cluster-critical 是两个特殊的关键字，分别用来表示两个优先级，前者优先级更高一些。如果未指定此字段，则 Pod 的优先级将为默认值。如果没有默认值，则为零。

准入控制器为 Pod 设置 Priority 字段的代码示例如下。

代码路径：plugin/pkg/admission/priority/admission.go

```
Plain Text
func (p *Plugin) admitPod(a admission.Attributes) error {
   operation := a.GetOperation()
   ...
   if operation == admission.Create {
   if len(pod.Spec.PriorityClassName) == 0 {
      // 如果没有 PriorityClassName，则使用默认值
      pcName, priority, preemptionPolicy, err = p.getDefaultPriority()
      pod.Spec.PriorityClassName = pcName
   } else {
      // 如果有 PriorityClassName，则获取 PriorityClass 对象，并且提取其中的 value 值
      pc, err := p.lister.Get(pod.Spec.PriorityClassName)
      priority = pc.Value
      preemptionPolicy = pc.PreemptionPolicy
   }
   // 如果用户设置了 Priority 值，则准入控制失败，拒绝创建 Pod
   if pod.Spec.Priority != nil && *pod.Spec.Priority != priority {
     return admission.NewForbidden(a, fmt.Errorf("the integer value of priority (%d) must
not be provided in pod spec; priority admission controller computed %d from the given
PriorityClass name", *pod.Spec.Priority, priority))
   }
```

```
    // 将得到的值赋给 Priority
    pod.Spec.Priority = &priority
    }
}
```

8）PreemptionPolicy

该字段用来定义抢占优先级较低的 Pod 的策略，取值为 Never、PreemptLowerPriority，分别代表不抢占、抢占低优先级 Pod。默认为 PreemptLowerPriority。

调度器抢占逻辑的实现中，需要先判断 Pod 是否符合抢占条件，第一条判断逻辑就是获取 PreemptionPolicy 字段的值，如果该字段的值不为空，且值为 Never，则返回 false，表明不符合抢占条件。

根据 PreemptionPolicy 字段判断 Pod 是否符合抢占条件的代码示例如下。

代码路径：pkg/scheduler/framework/plugins/defaultpreemption/default_preemption.go

```
Plain Text
func (pl *DefaultPreemption) PodEligibleToPreemptOthers(pod *v1.Pod,...) (...) {
  // 如果 PreemptionPolicy 字段的值不为空，且值为 Never，则不能进行抢占
  if pod.Spec.PreemptionPolicy!=nil && *pod.Spec.PreemptionPolicy == v1.PreemptNever {
    return false, fmt.Sprint("not eligible due to preemptionPolicy=Never.")
  }
  ...
}
```

9）TopologySpreadConstraints

描述一组 Pod 应该如何跨拓扑域来分布。调度器将以遵从此约束的方式来调度 Pod。所有 TopologySpreadConstraints 条目会通过逻辑与操作进行组合。

3. 存储相关字段

Volumes 字段用来定义 Pod 中的容器可以挂载的卷列表。容器中的文件是临时存放在磁盘上的，这给容器中运行的较重要的应用程序带来一些问题。第一个问题是当容器崩溃时文件会丢失，此时，kubelet 会重启容器，但容器会以干净的状态重启；第二个问题会在同一 Pod 中运行多个容器并共享文件时出现。卷（Volume）这一抽象概念能够解决这两个问题。

Kubernetes 支持很多类型的卷，Pod 可以同时使用任意数目的卷。临时卷的生命周期与 Pod 相同，但持久卷可以比 Pod 的存活期长。当 Pod 不再存在时，Kubernetes 也会销毁临时卷，但 Kubernetes 不会销毁持久卷。对于给定 Pod 中任何类型的卷，在容器重启期间数据都不会丢失。

卷的核心是一个目录，其中可能存有数据，Pod 中的容器可以访问该目录中的数据。卷的类型将决定该目录如何形成、使用哪种介质保存数据和目录中存放的内容。

当使用卷时，在 Volumes 字段中设置为 Pod 提供的卷，并且在.spec.containers[*].volumeMounts 字段中声明卷在容器中的挂载位置。容器中的进程看到的文件系统视图是由它们的容器镜像的初始内容及挂载在容器中的卷所组成的。其中，根文件系统和容器镜像的内容相吻合。任何在容器的文件系统下被允许的写入操作，都会影响容器中进程访问文件系统时所看到的内容。卷挂载在镜像中的指定路径下。Pod 配置中的每个容器必须独立指定各个卷的挂载位置。卷不能挂载到其他卷上（不过存在一种使用 subPath 的机制，能够将 ConfigMap 和 Secret 作为文件挂载到容器中而不覆盖挂载目录下的文件），也不能与其他卷有硬链接。

4. Pod 生命周期相关字段

1）RestartPolicy

重启策略，可选值包括 Always、OnFailure 和 Never。默认为 Always。重启策略适用于 Pod 中的所有容器。重启策略仅针对同一节点上 kubelet 的容器重启操作。当 Pod 中的容器退出时，kubelet 会按指数回退方式计算重启的延迟（10s、20s、40s……），最长延迟为 5 分钟。一旦某容器执行了 10 分钟且没有出现问题，kubelet 就会对该容器的重启回退计时器执行重置操作。

2）TerminationGracePeriodSeconds

Pod 优雅终止宽限时间，即在收到停止请求后，有多长时间来进行资源释放或其他操作，如果到了最大时间还没有停止，则 Pod 会被强制结束。默认为 30。

3）ActiveDeadlineSeconds

ActiveDeadlineSeconds 字段限定了 Pod 在集群中的存活时长，一旦达到指定的时长，Pod 就将被终止。该字段主要在 Job 资源对象创建 Pod 的场景中使用。

4）ReadinessGate

Pod 就绪门控。当所有容器已就绪，并且就绪门控中指定的所有状况的状态都为 true 时，Pod 被视为就绪。只有就绪的 Pod，其 IP 地址才会出现在相关 Endpoints 对象的地址列表中。

5. 主机名和 DNS 相关字段

1）Hostname

当创建 Pod 时，其主机名取自 Pod 的 metadata.name 值。Hostname 字段可以用来指定 Pod 的主机名。当这个字段被设置时，它将优先于 Pod 的名称成为该 Pod 的主机名。

2）SetHostnameAsFQDN

如果启用了此选项，则 Kubernetes 的 Pod 会将容器的主机名解析为 FQDN，如 my-container.my-namespace.svc.cluster.local，并且将其用作 Pod 所有容器的 hostname 属性，也会在容器内部的/etc/hosts 文件中添加相应的解析规则。这有助于容器内部的应用程序和服务正确地解析主机名并与其他容器和 Pod 进行通信，代码示例如下。

代码路径：pkg/kubelet/util/util.go

```
Plain Text
func GetNodenameForKernel(hostname string, hostDomainName string, setHostnameAsFQDN
*bool) (string, error) {
  kernelHostname := hostname
  const fqdnMaxLen = 64
  if len(hostDomainName) > 0 && setHostnameAsFQDN != nil && *setHostnameAsFQDN {
    fqdn := fmt.Sprintf("%s.%s", hostname, hostDomainName)
    ...
    kernelHostname = fqdn
  }
  return kernelHostname, nil
}
```

3）Subdomain

Subdomain 字段可以用来指定 Pod 的子域名，如果设置了此字段，则完全限定的 Pod 主机名将为<hostname>.<subdomain>.<Pod 命名空间>.svc.<集群域名>。如果未设置此字段，则

Pod 将没有域名。代码示例如下。

代码路径：pkg/kubelet/kubelet_pods.go

```
Plain Text
func (kl *Kubelet) GeneratePodHostNameAndDomain(pod *v1.Pod) (string, string, error) {
  clusterDomain := kl.dnsConfigurer.ClusterDomain

  hostname := pod.Name
  // 如果指定了 Hostname，且符合 DNS 名称规范，则使用指定值
  if len(pod.Spec.Hostname) > 0 {
    if msgs := utilvalidation.IsDNS1123Label(pod.Spec.Hostname); len(msgs) != 0 {
   return "", "", ...
    }
    hostname = pod.Spec.Hostname
  }
  // 超过 63 个字符就截断
  hostname, err := truncatePodHostnameIfNeeded(pod.Name, hostname)
  ...
  hostDomain := ""
  // 如果指定了 Subdomain，且符合规范，则进行拼接，hostDomain = SubDomain + NS + ClusterDoamin
  if len(pod.Spec.Subdomain) > 0 {
    if msgs := utilvalidation.IsDNS1123Label(pod.Spec.Subdomain); len(msgs) != 0 {
   return "", "", ...
    }
    hostDomain = fmt.Sprintf("%s.%s.svc.%s", pod.Spec.Subdomain, pod.Namespace,
clusterDomain)
  }

  return hostname, hostDomain, nil
}
```

4）HostAliases

HostAliases 是一个可选的列表属性，包含要被注入 Pod 的 hosts 文件中的主机和 IP 地址。这仅对非 HostNetwork Pod 有效。HostAlias 结构保存 IP 地址和主机名之间的映射，这些映射将作为 Pod 的 hosts 文件中的条目。代码示例如下。

代码路径：pkg/kubelet/kubelet_pods.go

```
Plain Text
func makeMounts(pod *v1.Pod, ...) {
   ...
   if mountEtcHostsFile {
     hostAliases := pod.Spec.HostAliases
     hostsMount, err := makeHostsMount(podDir, podIPs, hostName, hostDomain, hostAliases,
pod.Spec.HostNetwork)
     if err != nil {
    return nil, cleanupAction, err
     }
     mounts = append(mounts, *hostsMount)
   }
   return mounts, cleanupAction, nil
}
```

5）DNSConfig、DNSPolicy

这两个字段可让用户对 Pod 的 DNS 设置进行更多的控制。DNSConfig 字段是可选的，它可以与任何 DNSPolicy 设置一起使用。但是，当将 Pod 的 DNSPolicy 字段设置为 None 时，必须指定 DNSConfig 字段。

DNSPolicy 字段用于设置 Pod 的 DNS 策略，有效值为 ClusterFirstWithHostNet、ClusterFirst、Default 或 None，默认为 ClusterFirst。具体策略说明如下。

- ClusterFirstWithHostNet：对于以 HostNetwork 方式运行的 Pod，应将其 DNS 策略显式设置为该策略。否则，以 HostNetwork 方式和 ClusterFirst 策略运行的 Pod 将会回退至 Default 策略。
- ClusterFirst：默认策略，与配置的集群域后缀不匹配的任何 DNS 查询都会由 DNS 服务器转发到上游名称服务器。
- Default：Pod 从运行所在的节点继承名称解析配置
- None：此设置允许 Pod 忽略 Kubernetes 环境中的 DNS 设置。Pod 会使用其 DNSConfig 字段所提供的 DNS 设置。

DNSConfig 字段中给出的 DNS 参数将与 DNSPolicy 字段中选择的策略合并。针对以 HostNetwork 方式运行的 Pod 设置 DNS 选项，必须将 DNS 策略显式设置为 ClusterFirstWithHostNet。用户可以在 DNSConfig 字段中指定以下属性。

- nameservers：用于 Pod 的 DNS 服务器的 IP 地址列表，最多可以指定 3 个 IP 地址。当 Pod 的 DNSPolicy 字段被设置为 None 时，IP 地址列表必须包含至少一个 IP 地址，否则此属性是可选的。IP 地址列表列出的 DNS 服务器将合并到从指定的 DNS 策略生成的基本名称服务器，并且删除重复的 IP 地址。
- searches：用于在 Pod 中查找主机名的 DNS 搜索域的列表，此属性是可选的。当指定此属性时，所提供的列表将合并到根据所选 DNS 策略生成的基本搜索域名中，重复的域名将被删除。Kubernetes 最多允许 6 个搜索域。
- options：可选的对象列表，其中每个对象可能具有 name 属性（必需）和 value 属性（可选）。此属性中的内容将合并到从指定的 DNS 策略生成的选项，并且删除重复的条目。

DNSConfig 字段指定的 Pod 的 DNS 参数被合并到基于 DNSPolicy 字段生成的 DNS 配置中。PodDNSConfig 定义 Pod 的 DNS 参数，这些参数独立于基于 DNSPolicy 字段生成的参数。生成的参数最终配置在容器的/etc/resolv.conf 文件中。代码示例如下。

代码路径：pkg/kubelet/network/dns/dns.go

```
Plain Text
func (c *Configurer) GetPodDNS(pod *v1.Pod) (*runtimeapi.DNSConfig, error) {
   ...
}
```

6. 主机 Namespace 相关字段

1）HostNetwork

HostNetwork 字段是一个布尔类型的选项，用于控制 Pod 是否使用主机网络命名空间作为其网络命名空间。如果将该值设置为 true，则 Pod 将使用主机网络命名空间，与主机共享网络栈。

需要注意的是，将 HostNetwork 设置为 true 可能会导致容器的网络隔离性降低，增加容器被攻击的风险。此外，不同容器之间可能会出现网络端口冲突和 IP 地址冲突的情况。因此，应该避免在大规模和多租户的环境中使用 HostNetwork。

在默认情况下，HostNetwork 为 false，Pod 中的容器将使用单独的网络命名空间，并且通过 Kubernetes 中的网络插件与其他 Pod 和主机进行通信。

2）HostPID

使用主机的 PID 命名空间，是可选字段，默认为 false。

3）HostIPC

使用主机的 IPC 命名空间，是可选字段，默认为 false。

4）ShareProcessNamespace

指示了是否启用 PID 命名空间共享。在 Pod 中的所有容器共享单个进程命名空间。设置了此字段之后，容器将能够查看来自同一 Pod 中其他容器的进程并发出信号，并且不会将 PID 1 分配给每个容器中的第一个进程。不能同时设置 HostPID 和 ShareProcessNamespace 字段，ShareProcessNamespace 字段默认为 false。

5）HostUsers（alpha 阶段）

使用主机的用户命名空间，默认为 true。如果设置为 true 或不存在，则 Pod 将运行在主机的用户命名空间中。当 Pod 仅需要对主机的用户命名空间进行操作时，这会很有用，如使用 CAP_SYS_MODULE 加载内核模块。当将 HostUsers 字段设置为 false 时，会为该 Pod 创建一个新的用户命名空间。设置为 false 对缓解容器逃逸漏洞非常有用，可以防止在主机上没有 root 权限的用户以 root 权限运行容器。此字段是 alpha 级别的字段，只有启用 UserNamespacesSupport 特性时才能使用。

7. ServiceAccount 相关字段

1）ServiceAccountName

用于运行此 Pod 的 ServiceAccount 的名称。

2）AutomountServiceAccountToken

指示是否应自动挂载服务账户令牌。

3）ServiceAccount（已弃用）

使用 ServiceAccountName 代替。

8. 安全上下文相关

SecurityContext 字段包含 Pod 级别的安全属性和常见的容器设置，是可选字段，默认为空。一些字段也存在于 container.securityContext 中。container.securityContext 中的字段值优先于 PodSecurityContext 的字段值。部分字段说明如下。

- runAsUser：运行容器进程入口点的 UID。如果未指定，则默认为镜像元数据中指定的用户。也可以在 SecurityContext 中设置。注意，当 spec.os.name 为 windows 时不能设置此字段。
- runAsNonRoot：指示容器必须以非 root 用户身份运行。如果为 true，则 kubelet 将在运行时验证镜像，以确保它不会以 UID 0（root）的身份运行。如果在镜像中使用 root 账号，则容器无法被启动。如果此字段未设置或为 false，则不会执行此类验证。
- runAsGroup：运行容器进程入口点的 GID。如果未设置，则使用运行时的默认值。注意，当 spec.os.name 为 windows 时不能设置此字段。

- supplementalGroups：在容器的主 GID 之外，应用于每个容器中运行的第一个进程的组列表。如果未设置此字段，则不会向任何容器添加额外的组。注意，当 spec.os.name 为 windows 时不能设置此字段。
- securityContext.sysctls：sysctls 包含用于 Pod 的命名空间 sysctl 列表。具有不受容器运行时支持的 sysctl 的 Pod 可能无法启动。注意，当 spec.os.name 为 windows 时不能设置此字段。

4.3.2 Container 字段详解

Container 数据结构定义了 Pod 中单个容器包含的字段，代码示例如下。

代码路径：pkg/apis/core/types.go

```
Plain Text
type Container struct {
  Name string
  Image string
  Command []string
  Args []string
  WorkingDir string
  Ports []ContainerPort
  EnvFrom []EnvFromSource
  Env []EnvVar
  Resources ResourceRequirements
  VolumeMounts []VolumeMount
  VolumeDevices []VolumeDevice
  LivenessProbe *Probe
  ReadinessProbe *Probe
  StartupProbe *Probe
  Lifecycle *Lifecycle
  TerminationMessagePath string
  TerminationMessagePolicy TerminationMessagePolicy
  ImagePullPolicy PullPolicy
  SecurityContext *SecurityContext
  Stdin bool
  StdinOnce bool
  TTY bool
}
```

容器中的字段主要包括以下几类。

- 镜像相关字段：Image、ImagePullPolicy。
- 程序执行入口相关字段：Command、Args、WorkingDir。
- 容器暴露的端口：Ports。
- 环境变量：Env、EnvFrom。
- 卷相关字段：VolumeMounts、VolumeDevices。
- 资源相关字段：Resources。
- 容器生命周期相关字段：Lifecycle、TerminationMessagePath、TerminationMessagePolicy、LivenessProbe、ReadinessProbe、StartupProbe。
- 安全上下文相关字段：SecurityContext。
- 调试相关字段：Stdin、StdinOnce。

1. 镜像相关字段

1）Image

容器镜像的名称。

2）ImagePullPolicy

镜像拉取策略，可选值为 Always、Never、IfNotPresent。如果指定了 latest 标签，则默认为 Always，否则默认为 IfNotPresent。

- Always：每当 kubelet 启动一个容器时，kubelet 会查询容器的镜像仓库，将名称解析为一个镜像摘要。如果 kubelet 有一个容器镜像，并且对应的摘要已经在本地缓存，则 kubelet 会使用缓存的镜像；否则，kubelet 会使用解析后的摘要拉取镜像，并且使用该镜像来启动容器。
- Never：kubelet 不会尝试获取镜像。如果镜像在本地已经以某种方式存在，则 kubelet 会尝试启动容器；否则，容器会启动失败。
- IfNotPresent：只有当镜像在本地不存在时才会拉取镜像。

镜像拉取策略的代码示例如下。

代码路径：pkg/kubelet/images/image_manager.go

```
Plain Text
func shouldPullImage(container *v1.Container, imagePresent bool) bool {
  if container.ImagePullPolicy == v1.PullNever {
    return false
  }

  if container.ImagePullPolicy == v1.PullAlways ||
    (container.ImagePullPolicy == v1.PullIfNotPresent && (!imagePresent)) {
    return true
  }

  return false
}
```

2. 容器进程执行入口相关字段

1）Command

容器进程执行入口点数组，不在 shell 中执行。如果未提供，则使用容器镜像的 ENTRYPOINT。

2）Args

ENTRYPOINT 的参数。如果未提供，则使用容器镜像的 CMD 设置。

3）WorkingDir

容器的工作目录。如果未指定，则使用容器运行时的默认值，默认值可能在容器镜像中配置。

容器进程执行入口相关字段的代码示例如下。

代码路径：pkg/kubelet/container/helpers.go

```
Plain Text
func ExpandContainerCommandAndArgs(...) (command []string, args []string) {
  mapping := expansion.MappingFuncFor(envVarsToMap(envs))
```

```
  if len(container.Command) != 0 {
    for _, cmd := range container.Command {
   command = append(command, expansion.Expand(cmd, mapping))
    }
  }

  if len(container.Args) != 0 {
    for _, arg := range container.Args {
   args = append(args, expansion.Expand(arg, mapping))
    }
  }

  return command, args
}
```

3. 容器暴露的端口

Ports 是对外暴露的端口列表，每一项都是 ContainerPort 类型，表示单个容器中的网络端口，包括以下字段。

- ContainerPort：必需，在 Pod 的 IP 地址上公开的端口号，必须是有效的端口号，$0 < x < 65536$。
- HostIP：绑定外部端口的主机 IP 地址。
- HostPort：要在主机上公开的端口号。如果指定，此字段必须是一个有效的端口号，$0 < x < 65536$。如果设置了 HostNetwork，则此字段的值必须与 ContainerPort 匹配。大多数容器不需要设置此字段。
- name：Pod 中的每个命名端口都必须具有唯一的名称。Service 可以引用的端口的名称。
- Protocol：端口协议，必须是 UDP、TCP 或 SCTP，默认为 TCP。

容器端口相关字段的代码示例如下。

代码路径：pkg/kubelet/container/helpers.go

```
Plain Text
func MakePortMappings(container *v1.Container) (ports []PortMapping) {
  names := make(map[string]struct{})
  for _, p := range container.Ports {
    pm := PortMapping{
   HostPort:     int(p.HostPort),
   ContainerPort: int(p.ContainerPort),
   Protocol:     p.Protocol,
   HostIP:   p.HostIP,
    }

    family := "any"
    if p.HostIP != "" {
   if utilsnet.IsIPv6String(p.HostIP) {
     family = "v6"
   } else {
     family = "v4"
   }
    }
```

```
    var name = p.Name
    if name == "" {
   name = fmt.Sprintf("%s-%s-%s:%d:%d", family, p.Protocol, p.HostIP, p.ContainerPort,
p.HostPort)
    }

    // Protect against a port name being used more than once in a container.
    if _, ok := names[name]; ok {
   klog.InfoS("Port name conflicted, it is defined more than once", "portName", name)
   continue
    }
    ports = append(ports, pm)
    names[name] = struct{}{}
  }
  return
}
```

4．环境变量 Env、EnvFrom

在容器中设置的环境变量列表，可以通过字符串值、ConfigMap、Secret、metadata、spec.resources 等多种方式设置环境变量的值。

5．卷相关字段

1）VolumeMounts

要挂载到容器文件系统中的 Pod 卷。

2）VolumeDevices

容器要使用的块设备列表，描述了容器内原始块设备的映射。

6．资源相关字段

Resources 包含 requests 和 limits 两个配置。

- requests：所需的最小计算资源用量。调度器会使用该值作为运行 Pod 最小资源的调度依据。如果容器省略了 requests，但明确设定了 limits，则 requests 的默认值为 limits 的值，否则为自定义的值。
- limits：允许的最大计算资源用量，被生成容器中的 cgroup 的限制使用值。

7．容器生命周期相关字段

1）Lifecycle

Lifecycle 描述管理系统为响应容器生命周期事件采取的行动。对于 postStart 和 preStop 生命周期处理程序，容器的管理会阻塞，直到操作完成，除非容器进程失败，在这种情况下处理程序被终止。

- postStart：创建容器后立即调用 postStart。如果处理程序启动失败，则容器将根据其重启策略终止并重启。容器的其他管理事件会阻塞，直到钩子完成。
- preStop：preStop 在容器因 API 请求或管理事件（如存活态探针/启动探针失败、抢占、资源争用等）终止之前调用。如果容器崩溃或退出，则不会调用处理程序。Pod 的终止宽限期倒计时在 preStop 钩子执行之前开始。无论处理程序的结果如何，容器最终都会在 Pod 的终止宽限期内终止（除非被终结器延迟）。容器的其他管理事件会阻塞，直到钩子完成或达到终止宽限期。

2）TerminationMessagePath

TerminationMessagePath 是挂载到容器文件系统的路径，容器终止消息写入该路径下的文件，默认为/dev/termination-log。写入的消息旨在成为简短的最终状态，如断言失败消息。如果大于 4096 字节，则被节点截断。所有容器的总消息长度将限制为 12KB。

3）TerminationMessagePolicy

指示应如何填充终止消息。字段值 File 将使用 TerminateMessagePath 的内容来填充成功和失败的容器状态消息。如果终止消息文件为空且容器因错误退出，FallbackToLogsOnError 将使用容器日志输出的最后一块。日志输出限制为 2048 字节或 80 行，以较小者为准，默认为 File。

4）LivenessProbe

容器存活状态探针，定期执行。如果探针失败，则容器将重启。

5）ReadinessProbe

容器服务就绪探针，定期探测容器服务就绪情况。如果探针失败，则容器将从服务端点中被删除。

6）StartupProbe

容器启动探针，StartupProbe 表示 Pod 已成功初始化。如果设置了此字段，则此探针成功完成之前不会执行其他探针。如果这个探针失败，则 Pod 会重启，就像存活状态探针失败一样。StartupProbe 可在 Pod 生命周期开始时提供不同的探针参数，此时加载数据或预热缓存可能需要更长的时间。

8. 安全上下文相关字段

SecurityContext 定义了容器应该运行的安全选项。如果设置，则 SecurityContext 字段将覆盖 PodSecurityContext 的等效字段。SecurityContext 保存将应用于容器的安全配置。某些字段在 SecurityContext 和 PodSecurityContext 中都存在。当两者都设置时，SecurityContext 中的值优先。

9. 调试相关字段

1）Stdin

容器是否应在容器运行时为 stdin 分配缓冲区。如果未设置，则从容器中的 stdin 读取数据将始终导致 EOF。默认为 false。

2）StdinOnce

容器运行时是否应在某个 attach 打开 stdin 通道后关闭它。如果将 stdin 设置为 true，则 stdin 流将在多个 attach 会话中保持打开状态。如果将 StdinOnce 设置为 true，则 stdin 通道在容器启动时打开，在第一个客户端连接 stdin 通道之前为空，stdin 通道保持打开状态并接收数据，直到客户端断开连接，此时 stdin 通道关闭并保持关闭状态直到容器重启。如果将 Stdin 设置为 false，则从 stdin 通道读取的容器进程将永远不会收到 EOF。默认为 false。

4.3.3 Pod 创建流程

容器最终是通过 kubelet 创建的，对应的代码在 kubelet 目录下，Pod 中涉及的 Pause 容器、Init 容器、临时容器、普通容器 4 种容器创建的核心流程如图 4-6 所示。

- 通过 createPodSandbox 函数创建 Pause 容器，构建 Pod 初始网络。
- start 函数定义了创建容器的通用方法，内部真正实现是 startContainer 方法。
- for 循环调用 start 函数启动所有临时容器，入参为 spec.EphemeralContainers 指定的配置。
- 启动 Init 容器。
- for 循环调用 start 函数启动所有普通容器，入参为 spec.Containers 指定的配置。

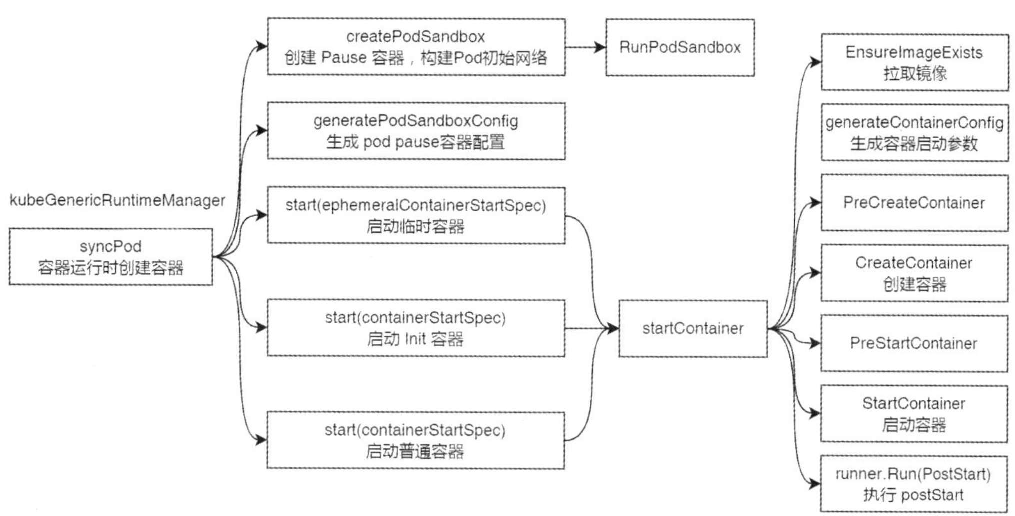

图 4-6　容器创建的核心流程

Pod 中创建容器的代码示例如下。

代码路径：pkg/kubelet/kuberuntime/kuberuntime_manager.go

```
Plain Text
func (m *kubeGenericRuntimeManager) SyncPod(...) {
   ...
   if podContainerChanges.CreateSandbox {
   podSandboxID, msg, err = m.createPodSandbox(pod, podContainerChanges.Attempt)
   }
   ...
   start := func(typeName, metricLabel string, spec *startSpec) error {
   ...
   m.startContainer(...)
   }
   for _, idx := range podContainerChanges.EphemeralContainersToStart {
     start(..., ephemeralContainerStartSpec(&pod.Spec.EphemeralContainers[idx]))
   }
   if container := podContainerChanges.NextInitContainerToStart; container != nil {
   start("init container", ..., containerStartSpec(container))
   }
   for _, idx := range podContainerChanges.ContainersToStart {
     start("container", ..., containerStartSpec(&pod.Spec.Containers[idx]))
   }

   return
}
```

4.3.4　Pause 容器及创建流程

Pod 是 Kubernetes 设计的精髓，而 Pause 容器则是 Pod 网络模型的精髓。Pause 容器，又被称为 Infra 容器，是为解决 Pod 中的网络问题而生的。Pod 本身是一个逻辑概念，那在机器上，它究竟是怎么实现的呢？核心就在于如何让一个 Pod 里的多个容器之间最高效地共享某些资源和数据。因为容器之间原本是被 Linux 命名空间和 cgroup 隔开的，所以现在实际要解决的是怎么打破隔离，共享某些事情和某些信息，这就是 Pod 的设计要解决的核心问题。所以具体的解决方法分为两部分：网络和存储。

1. Pause 容器的实现

Pause 容器是一个非常小的镜像，大概 700KB，是使用 C 语言编写的、永远处于暂停状态的容器。有了 Pause 容器之后，其他所有容器都可以加入该容器的网络命名空间中。这样一个 Pod 中的所有容器看到的网络视图是完全相同的。即它们看到的网络设备、IP 地址、Mac 地址等与网络相关的信息，其实是一份，都来自 Pod 第一次创建的这个 Pause 容器，这就是 Pod 解决网络共享问题的实现。

在 Pod 中，一定有一个 IP 地址是这个 Pod 的网络命名空间对应的地址，也是 Pause 容器的 IP 地址。所以大家看到的都是这一份，而其他所有的网络资源，都是一个 Pod 一份，并且被 Pod 中的所有容器共享。这就是 Pod 的网络实现方式。由于需要有一个相当于中间容器的存在，所以在整个 Pod 中，必然是 Pause 容器第一个启动，并且整个 Pod 的生命周期是等同于 Pause 容器的生命周期的，与其他容器是无关的。这也是为什么在 Kubernetes 中，允许 Pause 容器单独更新 Pod 中的某一个镜像，即执行这个操作，整个 Pod 不会重建，也不会重启，这是非常重要的一个设计。

Pause 容器的代码示例如下。

代码路径：build/pause/linux/pause.c

```
Plain Text
static void sigdown(int signo) {
  psignal(signo, "Shutting down, got signal");
  exit(0);
}

static void sigreap(int signo) {
  while (waitpid(-1, NULL, WNOHANG) > 0)
    ;
}

int main(int argc, char **argv) {
  int i;
  for (i = 1; i < argc; ++i) {
    if (!strcasecmp(argv[i], "-v")) {
      printf("pause.c %s\n", VERSION_STRING(VERSION));
      return 0;
    }
  }

  if (getpid() != 1)
    /* Not an error because pause sees use outside of infra containers. */
    fprintf(stderr, "Warning: pause should be the first process\n");

  if (sigaction(SIGINT, &(struct sigaction){.sa_handler = sigdown}, NULL) < 0)
```

```
    return 1;
  if (sigaction(SIGTERM, &(struct sigaction){.sa_handler = sigdown}, NULL) < 0)
    return 2;
  if (sigaction(SIGCHLD, &(struct sigaction){.sa_handler = sigreap,
                      .sa_flags = SA_NOCLDSTOP},
        NULL) < 0)
    return 3;

  for (;;)
    pause();
  fprintf(stderr, "Error: infinite loop terminated\n");
  return 42;
}
```

2. CRI 与 SandBox

CRI 大体包含三类接口：Sandbox、Container 和 Image，其中提供了一些操作容器的通用接口，包括 Create、Delete、List 等。

- Sandbox：为容器提供一定的运行环境，包括 Pod 的网络等。
- Container：包括容器生命周期的具体操作。
- Image：提供对镜像的操作。

kubelet 会通过 gRPC 调用 CRI。首先创建一个环境，也就是 PodSandbox。当 PodSandbox 可用后，调用 Image 或 Container 接口拉取镜像或创建容器。其中，shim 会将这些请求翻译为具体的 Runtime API，并且执行不同 Low-Level Runtime 的具体操作。

从虚拟机和容器化两方面来看，CRI 与 SandBox 都使用 cgroups 做资源配额，而且概念上都抽离出一个隔离的运行时环境，区别只在于资源隔离的实现。Sandbox 是 Kubernetes 为兼容不同运行时环境预留的空间，也就是说，Kubernetes 允许底层运行时依据不同的实现创建不同的 PodSandbox。对 kata 来说，PodSandbox 就是虚拟机。对 Docker 来说，PodSandBox 就是 Linux 命名空间。

当 Sandbox 建立起来后，kubelet 就可以在 Pod 中创建容器。当删除 Pod 时，kubelet 会先终止其中的所有容器，再移除 Sandbox。对 Container 来说，当 Sandbox 运行后，只需要将新的容器的命名空间加入已有的 Sandbox 的命名空间。

在默认情况下，CRI 体系里，PodSandbox 其实就是 Pause 容器。因此，后续源码分析中提到的 Sandbox 可以理解为 Pause 容器。

3. createPodSandbox 核心流程

在 Kubernetes 中，kubelet 源码中的 createPodSandbox 函数负责初始化 Pause 容器，核心流程如图 4-7 所示。

- generatePodSandboxConfig 负责将 PodSpec 中的参数转换为 CRI 需要的参数。
- 创建容器运行时的日志目录。
- 根据指定的 runtime 参数，查找对应的运行时处理器。
- RunPodSandbox 函数真正创建容器，内部调用 runtimeClient 的 RunPodSandbox 函数，通过 gRPC 调用底层 CRI 来实现。

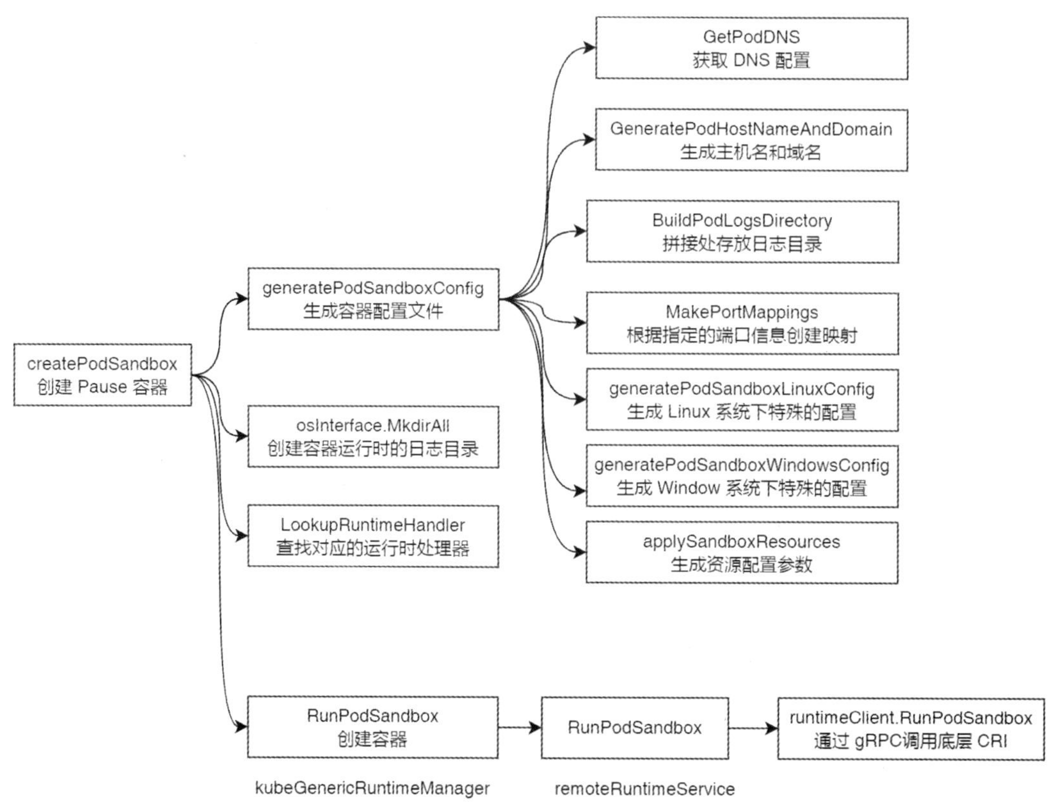

图 4-7　初始化 Pause 容器的核心流程

创建 Sandbox 的代码示例如下。

代码路径：pkg/kubelet/kuberuntime/kuberuntime_sandbox.go

```
Plain Text
func (m *kubeGenericRuntimeManager) createPodSandbox(...) {
   podSandboxConfig, err := m.generatePodSandboxConfig(pod, attempt)
   ...
   err = m.osInterface.MkdirAll(podSandboxConfig.LogDirectory, 0755)
   ...
   if m.runtimeClassManager != nil {
     rh = m.runtimeClassManager.LookupRuntimeHandler(pod.Spec.RuntimeClassName)
     ...
   }
   podSandBoxID := m.runtimeService.RunPodSandbox(podSandboxConfig, runtimeHandler)
   return podSandBoxID, "", nil
}
```

4. 生成 Pause 容器的配置

PodSpec 中指定的参数最终被转换为底层 CRI 需要的参数 runtimeapi.PodSandboxConfig，转换函数为 kubeGenericRuntimeManager.generatePodSandboxConfig，它们之间的映射关系如图 4-8 所示。

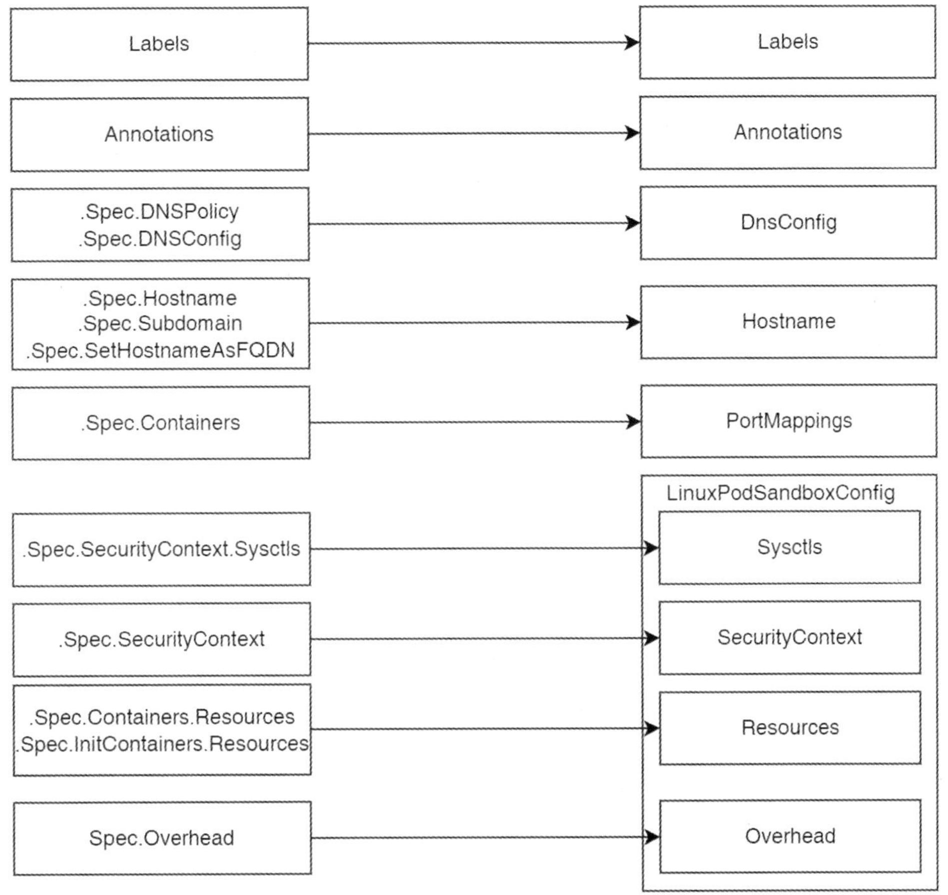

图 4-8　PodSpec 与 runtimeapi.PodSandboxConfig 的映射关系

5. Containerd 启动 Pause 容器的流程

Kubernetes 从 1.24 版本开始废弃 Dockershim 垫片（如果需要继续使用 Docker，则需要安装 cri-dockerd），AWS 等云厂商使用 Containerd 作为底层运行时。接下来以 Containerd 为例，介绍使用 RunPodSandbox 函数实现 Pause 容器的启动，实现流程如图 4-9 所示。

- 首先获取配置信息，即通过 PodSpec 转换后的 runtimeapi.PodSandboxConfig。
- 根据配置信息进行前置处理。
- 调用 client.SandboxStore().Create 创建容器。
- 创建网络命名空间。
- 为容器设置网络，内部调用 CNI 网络插件。
- 准备任务运行环境并生成 Task，内部调用底层运行时实现，默认为 runc。
- 启动 Task，具体调用 runc 内部启动 Task 的逻辑。

以下流程相关代码在 Containerd 代码库中。

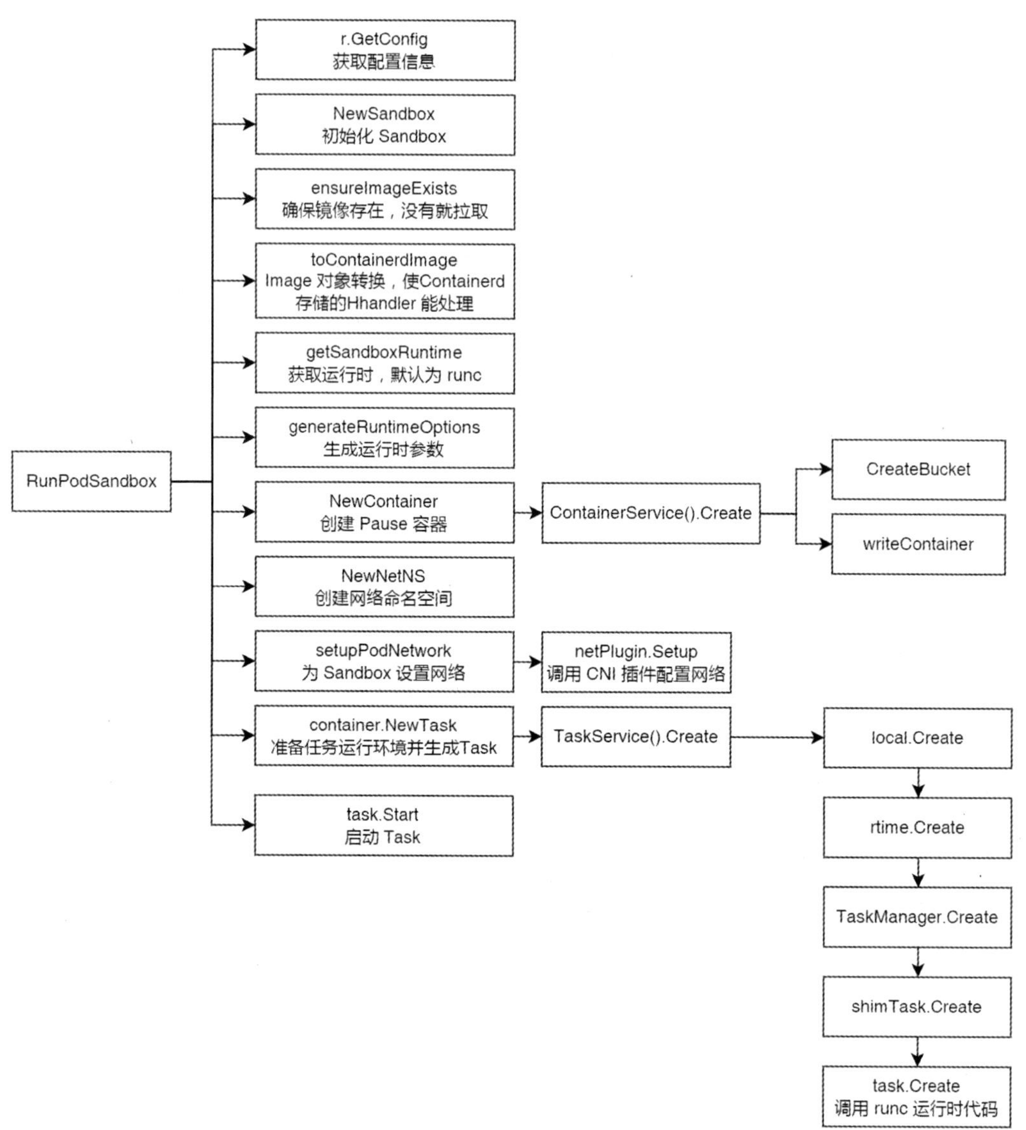

图 4-9　RunPodSandbox 函数的实现流程

RunPodSandbox 函数实现的代码示例如下。

代码路径：pkg/cri/server/sandbox_run.go

```
Plain Text
func (c *criService) RunPodSandbox(..., r *runtime.RunPodSandboxRequest)(...){
   // 获取配置信息
   config := r.GetConfig()
   // 生成随机值 ID
   id := util.GenerateID()
   // 获取元信息
   metadata := config.GetMetadata()
   // 容器名称<name>_<namespace>_<uid>_<attempt>
   name := makeSandboxName(metadata)
   // 保留 Sandbox 名称以避免并发的执行该函数请求启动同一个 Sandbox
   // 内部存储了 name 和 id 的映射关系
```

```
    c.sandboxNameIndex.Reserve(name, id)

    // 初始化 Sandbox
    sandbox := sandboxstore.NewSandbox(...)

    // 获取运行时
    ociRuntime, err := c.getSandboxRuntime(config, r.GetRuntimeHandler())
    // 初始化容器参数
    spec, err := c.sandboxContainerSpec(...)
    // 获取运行时参数
    // 从 CRI 插件配置中抽取参数，运行时的 Options 参数用于存放参数
    runtimeOpts, err := generateRuntimeOptions(ociRuntime, c.config)

    // 初始化容器
    container, err := c.client.NewContainer(ctx, id, opts...)
    sandbox.Container = container

    // 创建 Sandbox 容器根目录
    sandboxRootDir := c.getSandboxRootDir(id)

    // 如果不是 hostNetwork
    if !hostNetwork(config) {
    // 则创建命名空间
    var netnsMountDir = "/var/run/netns"
    if c.config.NetNSMountsUnderStateDir {
      netnsMountDir = filepath.Join(c.config.StateDir, "netns")
    }
    sandbox.NetNS, err = netns.NewNetNS(netnsMountDir)
    // 更新 NetNsPath
    sandbox.NetNSPath = sandbox.NetNS.GetPath()
    // 安装网络
    c.setupPodNetwork(ctx, &sandbox)
    }
    // 创建 Task
    task, err := container.NewTask(...)
    exitCh, err := task.Wait(util.NamespacedContext())
    ...
    // 启动 Task
    task.Start(ctx)
}
```

6. 创建网络命名空间

创建网络命名空间的默认路径为/var/run/netns，函数调用顺序为 NewNetNS→newNS，在 newNs 中实现创建逻辑，具体包括以下内容。

- 创建/var/run/netns 目录作为共享挂载点，用于挂载网络命名空间。
- 在目录下新建空的文件，文件名使用随机算法生成。
- 在单独的协程中处理网络命名空间，包括新建网络命名空间，并且挂载到挂载点中新建的文件。

创建网络命名空间的代码在 Containerd 代码库中，代码示例如下。

代码路径：pkg/netns/netns_linux.go

```
Plain Text
func newNS(baseDir string, pid uint32) (nsPath string, err error) {
 b := make([]byte, 16)
 _, err = rand.Read(b)

 // 创建目录用于mount 网络命名空间
 // 需要共享挂载点，方便容器挂载到其他命名空间
 if err := os.MkdirAll(baseDir, 0755); err != nil {
  return "", err
 }

 // 在挂载点创建一个空的文件
 nsName := fmt.Sprintf("cni-%x-%x-%x-%x-%x", b[0:4], b[4:6], b[6:8], b[8:10], b[10:])
 nsPath = path.Join(baseDir, nsName)
 mountPointFd, err := os.OpenFile(nsPath, os.O_RDWR|os.O_CREATE|os.O_EXCL, 0666)

 // 在专用 goroutine 中做命名空间工作，这样我们就可以安全地锁定/解锁 OSThread
 // 而不会扰乱此函数调用者的锁定/解锁状态
 go (func() {
  // 在当前线程创建一个新的网络命名空间
  err = unix.Unshare(unix.CLONE_NEWNET)

  // 将当前线程（来自/proc）的 netns 绑定挂载到挂载点上
  // 这样即使在 ns 中没有线程，命名空间也会持续存在
  err = unix.Mount(getCurrentThreadNetNSPath(), nsPath, "none", unix.MS_BIND, "")
 })()
 return nsPath, nil
}
```

4.3.5 PodSpec 生成容器参数

PodSpec 中的字段最终会生成容器的配置，作为容器启动的参数，这个过程主要使用 generateContainerConfig 函数实现。其中大部分字段的初始化代码已经穿插介绍过，相关流程如图 4-10 所示。

PodSpec 生产容器参数的代码示例如下。

代码路径：pkg/kubelet/kuberuntime/kuberuntime_container.go

```
Plain Text
func (m *kubeGenericRuntimeManager) generateContainerConfig(...) {
   opts, cleanupAction, err := m.runtimeHelper.GenerateRunContainerOptions(...)
   ...
   command, args := kubecontainer.ExpandContainerCommandAndArgs(container, opts.Envs)
   logDir := BuildContainerLogsDirectory(...)
   err = m.osInterface.MkdirAll(logDir, 0755)

   containerLogsPath := buildContainerLogsPath(container.Name, restartCount)

   config := &runtimeapi.ContainerConfig{
    Metadata: &runtimeapi.ContainerMetadata{
   Name:    container.Name,
```

```
    Attempt: restartCountUint32,
    },
    Image:      &runtimeapi.ImageSpec{Image: imageRef},
    Command:    command,
    Args:    args,
    WorkingDir:  container.WorkingDir,
    Labels:     newContainerLabels(container, pod),
    Annotations: newContainerAnnotations(container, pod, restartCount, opts),
    Devices:    makeDevices(opts),
    Mounts:     m.makeMounts(opts, container),
    LogPath:    containerLogsPath,
    Stdin:      container.Stdin,
    StdinOnce:   container.StdinOnce,
    Tty:     container.TTY,
  }

  if err := m.applyPlatformSpecificContainerConfig(...); err != nil {
    return nil, cleanupAction, err
  }
  ...
  return config, cleanupAction, nil
}
```

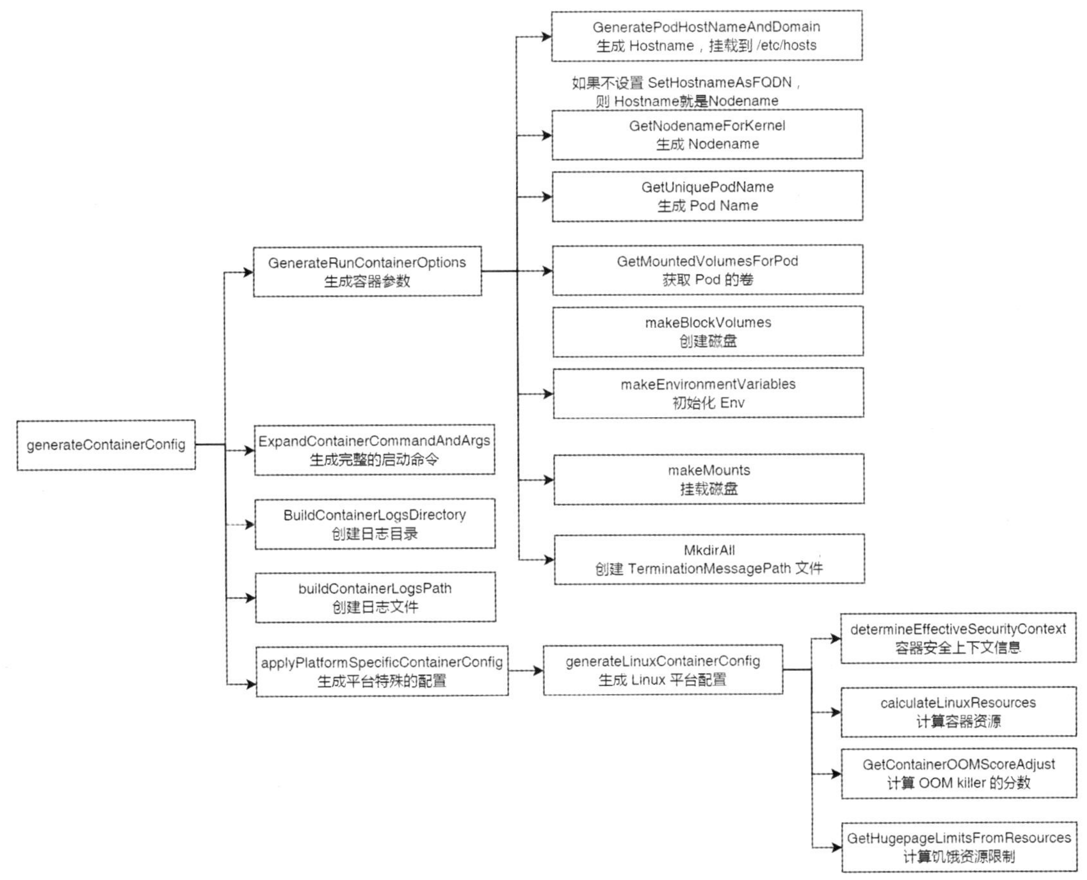

图 4-10　PodSpec 生成容器参数的流程

根据 PodSpec.Container 配置生成 ContainerConfig 配置，其对应关系如图 4-11 所示。

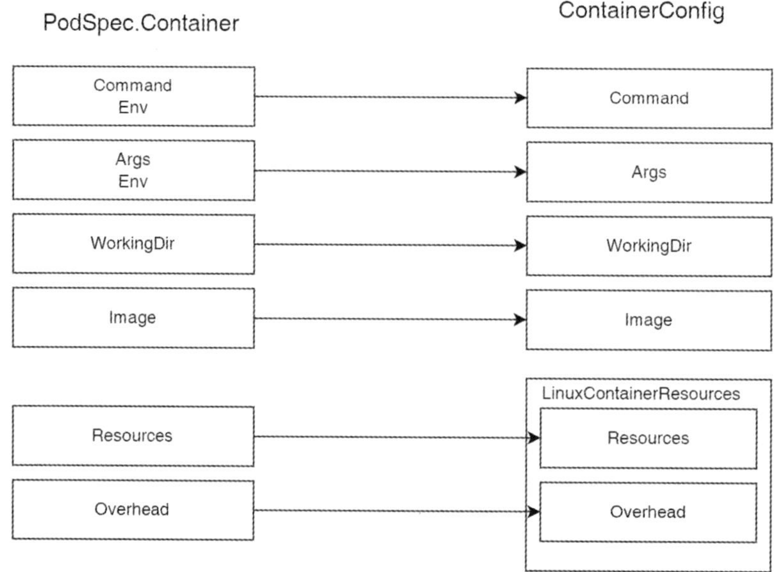

图 4-11　PodSpec.Container 配置与 ContainerConfig 配置的对应关系

4.3.6　容器的通用创建流程

临时容器、Init 容器、普通容器都是通过调用 startContainer 函数创建的，只不过传入的参数不同。

1．startContainer

startContainer 函数的实现流程如图 4-12 所示。

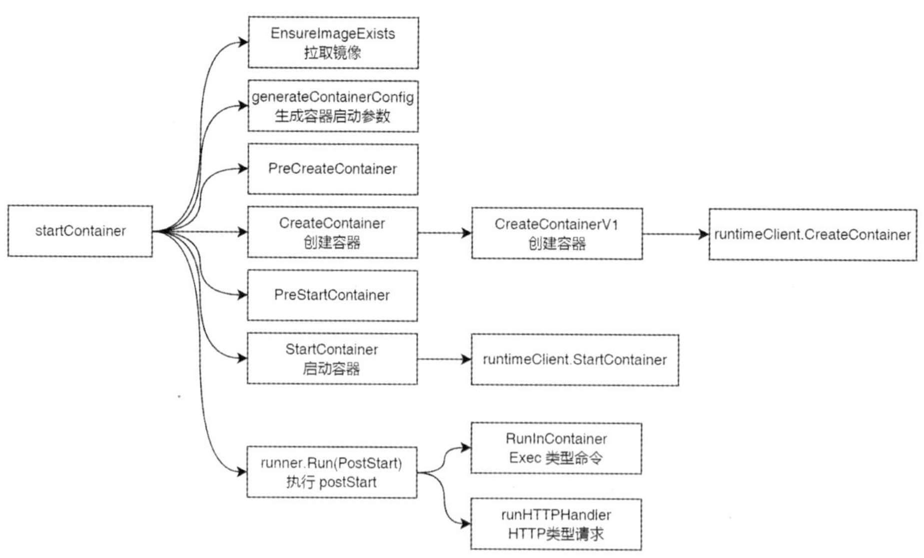

图 4-12　startContainer 函数的实现流程

- 使用 EnsureImageExists 函数拉取镜像。

- 使用 generateContainerConfig 函数将 PodSpec 中声明的 Container 参数转换为 CRI 需要的 ContainerConfig 参数。
- 使用 PreCreateContainer 函数进行启动前的处理工作。
- 使用 CreateContainer 函数创建容器，内部通过 gRPC 协议调用底层 CRI 实现。
- 使用 PreStartContainer 函数处理容器启动前的工作。
- 通过 StartContainer 函数真正启动容器，内部同样通过 gRPC 协议调用底层 CRI 实现。
- 容器启动后，调用 Pod 中声明的生命周期函数 PostStart，这部分逻辑由用户定义，包括 Exec 和 HTTP 两种形式。

2. Containerd 创建容器的流程

criService 的 CreateContainer 函数负责创建容器，内部调用 ContainerService 的 Create 方法，实现逻辑和前面介绍的 Pause 容器的创建流程相同，只不过参数不同。

以下代码在 Containerd 代码库中，代码示例如下。

代码路径：pkg/cri/server/container_create.go

```
Plain Text
func (c *criService) CreateContainer(...) (...) {
  ...
  // 调用 client.NewContainer 创建容器
  if cntr, err = c.client.NewContainer(ctx, id, opts...); err != nil {
    return nil, fmt.Errorf("failed to create containerd container: %w", err)
  }
  ...
  return &runtime.CreateContainerResponse{ContainerId: id}, nil
}

// client.NewContainer
func (c *Client) NewContainer(...) (Container, error) {
  ...
  // 调用 ContainerService 的 Create 方法
  r, err := c.ContainerService().Create(ctx, container)
  ...
}
```

3. Containerd 启动容器的流程

criService 的 StartContainer 方法负责启动容器，实现逻辑和前面介绍的 Pause 容器创建的流程类似，先创建 Task，再启动 Task。具体实现再转调底层运行时。

以下代码在 Containerd 代码库中，代码示例如下。

代码路径：pkg/cri/server/container_start.go

```
Plain Text
func (c *criService) StartContainer(...) (...) {
  ...
  task, err := container.NewTask(ctx, ioCreation, taskOpts...)
  ...
  exitCh, err := task.Wait(ctrdutil.NamespacedContext())
  ...
  if err := task.Start(ctx); err != nil {
```

```
    return nil, fmt.Errorf("failed to start containerd task %q: %w", id, err)
  }
  ...
}
```

4.3.7 资源配额与 cgroup

定义 Pod 时可以选择性地为每个容器设定所需要的资源数量。最常见的可设定资源是 CPU 和内存，此外还有其他类型的资源。requests 和 limits 的区别其实非常简单：在调度时，kube-scheduler 只会按照 requests 的值进行计算。而在真正设置 cgroup 限制的时候，kubelet 则会按照 limits 的值来进行设置。更确切地说，当用户指定了 requests.cpu=250m 后，相当于将 cgroup 的 cpu.shares 的值设置为(250/1000)*1024。而当用户没有设置 requests.cpu 的时候，cpu.shares 的值默认为 1024。这样，Kubernetes 就通过 cpu.shares 完成了对 CPU 时间的按比例分配。而如果用户指定了 limits.cpu=500m，则相当于将 cgroup 的 cpu.cfs_quota_us 的值设置为(500/1000)*100ms，而 cpu.cfs_period_us 的值始终是 100ms。这样，Kubernetes 就为用户设置了这个容器只能使用 CPU 的 50%。而对内存来说，当用户指定了 limits.memory= 128Mi 后，相当于将 cgroup 的 memory.limit_in_bytes 设置为 128 * 1024 * 1024。需要注意的是，在调度时，调度器只会使用 requests.memory=64Mi 进行判断。

如果运行 Pod 所在的节点具有足够的可用资源，则容器可以使用超出对应资源 requests 属性所设置的资源量。但容器不可以使用超出其资源 limits 属性所设置的资源量。当容器中的进程尝试使用超出所允许内存量的资源时，系统内核会将尝试申请内存的进程终止，并引发内存不足（OOM）错误。

如果为某个资源指定了 limits，但不指定 requests，并且没有应用准入时机制为该资源设置默认请求，则 Kubernetes 将会复制 limits 值，将其作为资源的 requests 值。

计算资源配额，最终生成 cgroup 资源的流程如下：初始化 Pause 容器和其他容器都会调用 calculateLinuxResources 函数来计算最终的资源，生成 Linux 容器资源配额参数 LinuxContainerResources。

1. LinuxContainerResources 字段说明

底层资源配置存储的数据结构为 LinuxContainerResources，其中包含的字段如下。

- CpuPeriod：容器 CPU 时间段长度，单位为微秒。在此时间段内，容器可以使用指定的 CPU 时间。
- CpuQuota：容器可以使用的 CPU 时间量，单位为微秒。如果未设置 CpuQuota，则容器将被允许使用全部 CPU 时间。如果 CpuQuota 的值小于 CpuPeriod 的值，则容器的 CPU 资源被限制为 CpuQuota/CpuPeriod 的比例。
- CpuShares：容器的 CPU 资源共享比例。与 CpuQuota 不同，CpuShares 表示的是对 CPU 时间的相对访问权，而不是实际的时间片数。如果所有容器的 CPU 时间都已分配完，则 CpuShares 的值越大，容器可以获得的 CPU 时间就越多。
- MemoryLimitInBytes：对容器内存使用的硬限制，单位为字节。容器无法使用超过此限制的内存，而且在达到该限制后就可能会被强制退出。
- OomScoreAdj：设置内核 Out-Of-Memory killer（OOM-killer）规则（OOM-killer 是 Linux 系统的一种机制，在内存资源紧张的情况下，可以终止系统中的一些进程，以释放更多的内存）规则。通过更改此值，可以为容器提高或降低被警告和终止的风险。默认值为 0，无限制。

- CpusetCpus：容器能够使用的 CPU ID 列表。例如，"0-2, 5, 7"表示容器可以使用 0、1、2、5、7 号 CPU。
- CpusetMems：容器能够使用的内存节点列表。例如，"0,1"表示容器可以使用节点 0 和节点 1。
- HugepageLimits：容器对 Hugepage 的大小和数量限制。
- Unified：Linux cgroup v2 统一相关参数，其中的键值对表示参数名和值。
- MemorySwapLimitInBytes：对容器使用 swap 内存的硬限制，单位为字节。如果未设置，则默认为 MemoryLimitInBytes 的两倍。

其中，CpuPeriod、CpuQuota、CpuShares 是容器的 CPU 资源配置参数，而 MemoryLimitInBytes、OomScoreAdj、HugepageLimits 是容器的内存资源配置参数。CpusetCpus、CpusetMems 是容器 CPU 和内存节点的配置参数。

XXX_NoUnkeyedLiteral 和 XXX_sizecache 这两个字段是 Protocol Buffers 的内部机制生成的，并不是实际的数据字段，它们主要用于序列化和反序列化 Protocol Buffers 消息，可以忽略。XXX_NoUnkeyedLiteral 是 Protocol Buffer v1 版本中的一个 Hack，当没有使用 cannot use unkeyed fields 错误时，为通过编译添加 unkeyed field 而使用。这个 Hack 通常不会被 protoc 正常生成的代码使用。XXX_sizecache 是 Protobuf 编译器为每个 Struct 生成的一个内部字段，用于配置缓存序列化后的消息大小，可以提高序列化性能。这个字段只在内部使用，不需要手动配置。如果手动修改该字段，则可能会影响消息的序列化和反序列化。底层资源配置存储的数据结构 LinuxContainerResources 的代码示例如下。

代码路径：vendor/k8s.io/cri-api/pkg/apis/runtime/v1/api.pb.go

```
Plain Text
type LinuxContainerResources struct {
 CpuPeriod int64
 CpuQuota int64
 CpuShares int64
 MemoryLimitInBytes int64
 OomScoreAdj int64
 CpusetCpus string
 CpusetMems string
 HugepageLimits []*HugepageLimit
 Unified map[string]string
 MemorySwapLimitInBytes int64
 XXX_NoUnkeyedLiteral  struct{}
 XXX_sizecache    int32
}
```

2. 计算资源配额

计算资源配额的流程如图 4-13 所示，主要调用 applySandboxResources 函数实现，内部包括 3 部分。

- 计算 Init 容器和普通容器资源。
- 计算 Overhead 指定的资源。
- 初始化通用容器的配置。

三部分资源的计算，底层都调用 calculateLinuxResources 函数来实现。

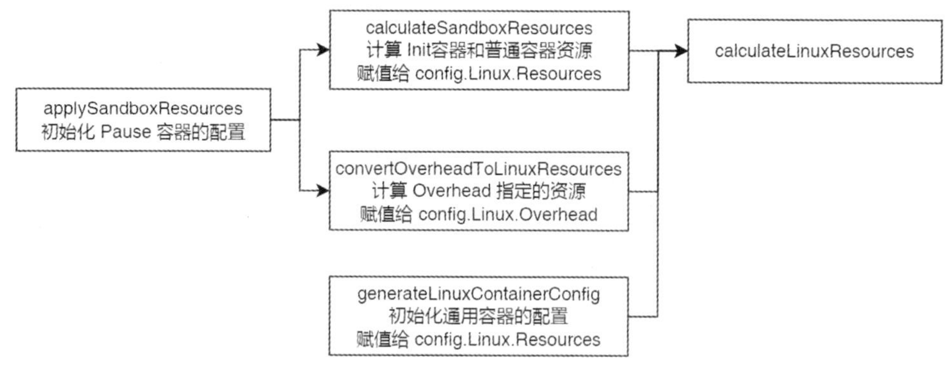

图 4-13　计算资源配额的流程

3. 计算 cgroup 资源限制

calculateLinuxResources 方法用于将用户指定的资源配置转换为 Linux 底层 cgroup 限制需要的相关参数，cgroup 限制资源的几个参数为 cpu.shares、cpu.cfs_period_us、cpu.cfs_quota_us、memory.limit_in_bytes，这几个内核参数与用户指定的 Resources 参数映射流程如下。

- 如果没有设置 requests，但设置了 limits，则将 requests 设置为 limits 的值。kube-apiserver 会处理这个逻辑，kubelet 也会重复处理。
- 上一步计算得到的 request.cpu 值，作为 cgroup 限制参数中的 cpu.shares（CpuShares）参数值，计算公式为 cpu.shares = (cpu in millicores * 1024) / 1000。例如，当 Container 的 CPU requests 的值为 1 时，它相当于 1000 millicores，所以此时这个 Container 所在的 cgroup 组的 cpu.shares 的值为 1024。
- 将 limit.memory 的值作为 cgroup 限制参数中的 memory.limit_in_bytes（MemoryLimitInBytes）参数的值。
- 如果开启了 CustomCPUCFSQuotaPeriod 特性，则使用 kubelet 启动参数传入的值除以 1000 作为 cgroup 限制参数中的 cpu.cfs_period_us 参数；否则使用默认值 100000（100ms）。
- cpu.cfs_quota_us 的计算公式为 quota = (limit.cpu * cfs_period_us) / 1000，即使用 Pod 中配置的 CPU 限制值乘上一步计算的 cpu.cfs_period_us，再除以 1000。

PodSpec 参数、CRI 参数和 cgroup 参数的转换关系如图 4-14 所示。

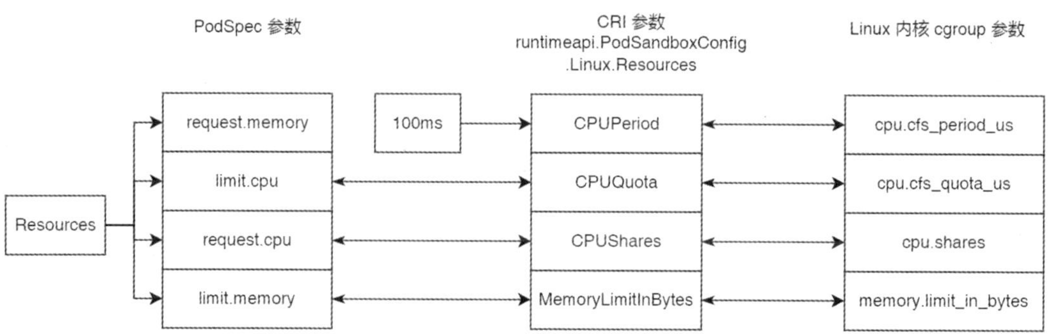

图 4-14　PodSpec 参数、CRI 参数和 cgroup 参数的转换关系

计算 cgroup 资源限制的代码示例如下。

代码路径：pkg/kubelet/kuberuntime/kuberuntime_container_linux.go

```
Plain Text
func (m *kubeGenericRuntimeManager) calculateLinuxResources(cpuRequest, cpuLimit,
memoryLimit *resource.Quantity) *runtimeapi.LinuxContainerResources {
  resources := runtimeapi.LinuxContainerResources{}
  var cpuShares int64
  memLimit := memoryLimit.Value()

  // 如果没有设置 requests，但是设置了 limits，则将 requests 设置为 limits 的值
  if cpuRequest.IsZero() && !cpuLimit.IsZero() {
    cpuShares = int64(cm.MilliCPUToShares(cpuLimit.MilliValue()))
  } else {
    cpuShares = int64(cm.MilliCPUToShares(cpuRequest.MilliValue()))
  }
  // 设置 cpuShares
  resources.CpuShares = cpuShares
  if memLimit != 0 {
    resources.MemoryLimitInBytes = memLimit
  }

  // 如果 cpu-cfs-quota 参数为 true，则进入以下 if 语句块进行处理
  if m.cpuCFSQuota {
    // cpu.cfs_period_us 默认值为 100000（100ms）
    cpuPeriod := int64(quotaPeriod)
    // 如果开启了 CustomCPUCFSQuotaPeriod 特性，则使用 kubelet 启动参数传入的值
    if utilfeature.DefaultFeatureGate.Enabled(kubefeatures.CPUCFSQuotaPeriod) {
   cpuPeriod = int64(m.cpuCFSQuotaPeriod.Duration / time.Microsecond)
    }
    //计算 cpu.cfs_quota_us
    cpuQuota := milliCPUToQuota(cpuLimit.MilliValue(), cpuPeriod)
    resources.CpuQuota = cpuQuota
    resources.CpuPeriod = cpuPeriod
  }
  return &resources
}
```

4. 调度器计算资源的公式

调度器计算资源的公式为普通容器资源总和加 Init 容器的最大值加配置的 OverHead 的值。

```
Bash
max(sum(podSpec.Containers), podSpec.InitContainers) + overHead
```

调度器计算资源的代码示例如下。

代码路径：pkg/scheduler/framework/types.go

```
Plain Text
// resourceRequest = max(sum(podSpec.Containers), podSpec.InitContainers) + overHead
func calculateResource(pod *v1.Pod) (res Resource, non0CPU int64, non0Mem int64) {
  resPtr := &res
  for _, c := range pod.Spec.Containers {
    resPtr.Add(c.Resources.Requests)
```

```
    non0CPUReq, non0MemReq := schedutil.GetNonzeroRequests(&c.Resources.Requests)
    non0CPU += non0CPUReq
    non0Mem += non0MemReq
    // No non-zero resources for GPUs or opaque resources.
  }

  for _, ic := range pod.Spec.InitContainers {
    resPtr.SetMaxResource(ic.Resources.Requests)
    non0CPUReq, non0MemReq := schedutil.GetNonzeroRequests(&ic.Resources.Requests)
    non0CPU = max(non0CPU, non0CPUReq)
    non0Mem = max(non0Mem, non0MemReq)
  }

  // If Overhead is being utilized, add to the total requests for the pod
  if pod.Spec.Overhead != nil {
    resPtr.Add(pod.Spec.Overhead)
    if _, found := pod.Spec.Overhead[v1.ResourceCPU]; found {
   non0CPU += pod.Spec.Overhead.Cpu().MilliValue()
    }

    if _, found := pod.Spec.Overhead[v1.ResourceMemory]; found {
   non0Mem += pod.Spec.Overhead.Memory().Value()
    }
  }

  return
}
```

5. 使用 Describe 命令查看资源时数据的计算方法

使用 Describe 命令查看资源时，展示的数据使用的计算方法如下。

- 累加所有普通容器（pod.Spec.Containers）中的资源。
- 取所有 Init 容器中最大的资源（pod.Spec.InitContainers）。
- 如果配置了 Pod 开销（Overhead），则将 Pod 开销添加到容器总资源请求和具有非零数量的总容器限制中。

使用 Describe 命令查看资源时，展示的数据的计算的代码示例如下。

代码路径：vendor/k8s.io/kubectl/pkg/util/resource/resource.go

```
Plain Text
func PodRequestsAndLimits(pod *corev1.Pod) (reqs, limits corev1.ResourceList) {
  reqs, limits = corev1.ResourceList{}, corev1.ResourceList{}
  for _, container := range pod.Spec.Containers {
    addResourceList(reqs, container.Resources.Requests)
    addResourceList(limits, container.Resources.Limits)
  }
  // init containers define the minimum of any resource
  for _, container := range pod.Spec.InitContainers {
    maxResourceList(reqs, container.Resources.Requests)
    maxResourceList(limits, container.Resources.Limits)
  }

  // Add overhead for running a pod to the sum of requests and to non-zero limits:
```

```
  if pod.Spec.Overhead != nil {
    addResourceList(reqs, pod.Spec.Overhead)

    for name, quantity := range pod.Spec.Overhead {
   if value, ok := limits[name]; ok && !value.IsZero() {
     value.Add(quantity)
     limits[name] = value
   }
    }
  }
  return
}
```

4.3.8　QoS 与驱逐顺序

Kubernetes 对运行的 Pod 进行分类，并且将每个 Pod 分配到特定的服务质量（Quality of Service，QoS）类别。Kubernetes 使用该分类来影响不同 Pod 的处理方式。

Kubernetes 根据其组件容器的资源请求和限制为每个 Pod 分配一个 QoS 等级。当遇到节点压力时，Kubernetes 根据 QoS 等级来决定从节点中驱逐哪些 Pod，它有 3 个可选值。

- Guaranteed：Guaranteed 类型的 Pod 具有最严格的资源限制且最不可能面临驱逐，以保证它们不会被终止，直到超过它们的限制或没有可以从节点抢占的低优先级 Pod。它们可能不会获得超出其指定限制的资源。Guaranteed 要求 Pod 中的每个容器都必须有 requests 和 limits，并且 requests 的值和 limits 的值完全相等。
- Burstable：Burstable 类型的 Pod 有一些基于请求的下限资源保证，但不需要特定的限制。如果未指定限制，则默认为 Node 容量的限制，这允许 Pod 在资源可用时灵活地增加其资源。当由于 Node 资源压力导致 Pod 被驱逐时，只有在所有 BestEffort 类型的 Pod 被驱逐后，Burstable 类型的 Pod 才会被驱逐。因为 Burstable 类型的 Pod 可以包含没有资源限制或请求的容器，所以 Burstable 类型的 Pod 可以尝试使用任意数量的节点资源。Burstable 要求 Pod 不符合 Guaranteed 类型的标准，并且 Pod 中至少有一个容器有内存（CPU）请求或限制
- BestEffort：如果节点面临资源压力，kubelet 更愿意驱逐 BestEffort 类型的 Pod。BestEffort 要求 Pod 中所有的容器都没有内存（CPU）请求或限制。

1. 计算 QoS 的实现

参与 QoS 计算的容器包括普通容器和 Init 容器，临时容器不参与计算。步骤如下。

- 将普通容器、Init 容器追加到 allContainers 中。
- 遍历 Pod 中所有参与计算的容器，获取 requests，通过 isSupportedQoSComputeResource 函数过滤不参与 QoS 计算的资源。只有 cpu 和 memory 参与计算，计算后追加到 ResourceList 中。
- limits 的计算方法与 requests 相同。另外，limits 没有配置的资源添加到 qosLimitsFound 这个 map 中。
- 当 len(requests) == 0 && len(limits) == 0，即所有容器都没有配置 requests 和 limits 时，属于 BestEffort。

- 当 qosLimitsFound 没有包含 cpu 和 memory 时，一定不是 Guaranteed 类型，将 isGuaranteed 设置为 false
- 如果 isGuaranteed 为 true，即同时配置了 requests 和 limits，并且不满足 lim.Cmp(req) != 0，即 requests 和 limits 相等，则属于 Guaranteed。
- 不属于 BestEffort 和 Guaranteed 的情况都属于 Burstable。

计算 QoS 的代码示例如下。

代码路径：pkg/apis/core/v1/helper/qos/qos.go

```
Plain Text
func GetPodQOS(pod *v1.Pod) v1.PodQOSClass {
  ...
  allContainers := []v1.Container{}
  allContainers = append(allContainers, pod.Spec.Containers...)
  allContainers = append(allContainers, pod.Spec.InitContainers...)
  for _, container := range allContainers {
    for name, quantity := range container.Resources.Requests {
    if !isSupportedQoSComputeResource(name) {
      continue
    }
    }

    qosLimitsFound := sets.NewString()
    for name, quantity := range container.Resources.Limits {
    ...
    if quantity.Cmp(zeroQuantity) == 1 {
      qosLimitsFound.Insert(string(name))
      ...
    }
    }

    if !qosLimitsFound.HasAll(string(v1.ResourceMemory),string(v1.ResourceCPU)) {
    isGuaranteed = false
    }
  }

  if len(requests) == 0 && len(limits) == 0 {
    return v1.PodQOSBestEffort
  }
  // Check is requests match limits for all resources.
  if isGuaranteed {
    for name, req := range requests {
    if lim, exists := limits[name]; !exists || lim.Cmp(req) != 0 {
      isGuaranteed = false
      break
    }
    }
  }
  if isGuaranteed &&
    len(requests) == len(limits) {
    return v1.PodQOSGuaranteed
```

```
  }
  return v1.PodQOSBurstable
}
```

2. QoS 影响 kubelet 驱逐 Pod

kubelet 使用以下参数来确定 Pod 驱逐顺序。

（1）Pod 的资源使用量是否超过其请求量。

（2）Pod 的优先级。

（3）Pod 相对于请求的资源使用情况。

因此，kubelet 按以下顺序排列和驱逐 Pod。

（1）首先考虑资源使用量超过其请求量的 BestEffort 或 Burstable 类型的 Pod。这些 Pod 会根据它们的优先级及它们的资源使用级别超过其请求的程度被驱逐。

（2）资源使用量少于请求量的 Guaranteed 或 Burstable 类型的 Pod 根据其优先级被最后驱逐。

kubelet 根据 QoS 来确定 Pod 驱逐顺序的代码示例如下。

代码路径：pkg/kubelet/eviction/helpers.go

```
Plain Text
func rankMemoryPressure(pods []*v1.Pod, stats statsFunc) {
  orderedBy(exceedMemoryRequests(stats), priority, memory(stats)).Sort(pods)
}

// 将 Pod 的内存使用量与请求配置进行比较
func exceedMemoryRequests(stats statsFunc) cmpFunc {
  return func(p1, p2 *v1.Pod) int {
    ...
    p1Memory := memoryUsage(p1Stats.Memory)
    p2Memory := memoryUsage(p2Stats.Memory)
    // pod1 的内存使用是否超过了 requests 配置
    p1ExceedsRequests := p1Memory.Cmp(v1resource.GetResourceRequestQuantity(p1,
v1.ResourceMemory)) == 1
    // pod2 的内存使用是否超过了 requests 配置
    p2ExceedsRequests := p2Memory.Cmp(v1resource.GetResourceRequestQuantity(p2,
v1.ResourceMemory)) == 1
    // prioritize evicting the pod which exceeds its requests
    return cmpBool(p1ExceedsRequests, p2ExceedsRequests)
  }
}
// 对 Pod 优先级进行比较
func priority(p1, p2 *v1.Pod) int {
  priority1 := corev1helpers.PodPriority(p1)
  priority2 := corev1helpers.PodPriority(p2)
  if priority1 == priority2 {
    return 0
  }
  if priority1 > priority2 {
    return 1
  }
  return -1
```

```
}
// 对 Pod 实际使用值进行比较
func memory(stats statsFunc) cmpFunc {
  return func(p1, p2 *v1.Pod) int {
     ...
     // adjust p1, p2 usage relative to the request (if any)
     p1Memory := memoryUsage(p1Stats.Memory)
     p1Request := v1resource.GetResourceRequestQuantity(p1, v1.ResourceMemory)
     p1Memory.Sub(p1Request)

     p2Memory := memoryUsage(p2Stats.Memory)
     p2Request := v1resource.GetResourceRequestQuantity(p2, v1.ResourceMemory)
     p2Memory.Sub(p2Request)

     // prioritize evicting the pod which has the larger consumption of memory
     return p2Memory.Cmp(*p1Memory)
  }
}
```

3．QoS 影响 Linux 的 OOM killer

当 kubelet 没来得及触发 Pod 驱逐，使得节点内存耗尽时，将触发节点上 Linux 的 OOM killer。这个机制会在系统内存耗尽的情况下发挥作用，它根据一定的算法规则，选择性地终止一些进程以释放部分内存，让系统继续稳定运行。

Linux 会终止哪些进程呢？它会计算每个进程的点数，点数范围是 0~1000。点数越高，这个进程越有可能被终止。进程的 OOM 点数等于 oom_score 加 oom_score_adj，oom_score 和进程消耗的内存有关，oom_score_adj 是可以配置的，取值范围为-1000~1000。

Pod 的 QoS 不同，kubelet 为其配置 oom_score_adj 的分数是不一样的，而进程的 oom_score_adj 是影响 Linux 的 OOM killer 终止用户进程的一个因素，对应关系如下。

- Guaranteed：-997，基本上到最后才会被 OOM killer 终止。
- BestEffort：1000，最先被 OOM killer 终止。

oom_score_adj 分数定义的代码示例如下。

代码路径：pkg/kubelet/qos/policy.go

```
Plain Text
const (
  // KubeletOOMScoreAdj is the OOM score adjustment for Kubelet
  KubeletOOMScoreAdj int = -999
  // KubeProxyOOMScoreAdj is the OOM score adjustment for kube-proxy
  KubeProxyOOMScoreAdj  int = -999
  guaranteedOOMScoreAdj int = -997
  besteffortOOMScoreAdj int = 1000
)
```

根据 QoS 调整 oom_score_adj 的流程如下。

- 如果是系统级别的 Pod，则赋值为 guaranteedOOMScoreAdj。
- 如果 Pod 的 QoS 为 Guaranteed，则赋值为 guaranteedOOMScoreAdj。
- 如果 Pod 的 QoS 为 BestEffort，则赋值为 besteffortOOMScoreAdj，值为 1000，最先被 OOM killer 终止。

- 如果 Pod 的 QoS 为 Burstable，则根据其请求系统内存资源的比例动态调整。如果容器请求 10%的内存，则将 OOM 分数调整为 900。如果容器中的进程使用超过 10%的内存，则将 OOM 分数调整 1000。

根据 QoS 调整 oom_score_adj 的代码示例如下。

代码路径：pkg/kubelet/qos/policy.go

```
Plain Text
func GetContainerOOMScoreAdjust(pod *v1.Pod, container *v1.Container, ...) int {
  if types.IsNodeCriticalPod(pod) {
    return guaranteedOOMScoreAdj
  }

  switch v1qos.GetPodQOS(pod) {
  case v1.PodQOSGuaranteed:
    return guaranteedOOMScoreAdj
  case v1.PodQOSBestEffort:
    return besteffortOOMScoreAdj
  }

  memoryRequest := container.Resources.Requests.Memory().Value()
  oomScoreAdjust := 1000 - (1000*memoryRequest)/memoryCapacity
  if int(oomScoreAdjust) < (1000 + guaranteedOOMScoreAdj) {
    return (1000 + guaranteedOOMScoreAdj)
  }
  if int(oomScoreAdjust) == besteffortOOMScoreAdj {
    return int(oomScoreAdjust - 1)
  }
  return int(oomScoreAdjust)
}
```

4.3.9 静态 Pod

静态（Static）Pod 在指定的节点上由 kubelet 守护进程直接管理，不需要 kube-apiserver 监管。与由控制面管理的 Pod（如 Deployment）不同，kubelet 监视每个静态 Pod（在它失败之后重新启动）。静态 Pod 始终绑定到特定节点的 kubelet 上。kubelet 会尝试通过 API 服务器为每个静态 Pod 自动创建一个镜像 Pod。这意味着节点上运行的静态 Pod 对 API 服务来说是可见的，但是不能通过 kube-apiserver 来控制，如通过 kube-apiserver 删除 Pod。Pod 名称将以连字符开头的节点主机名作为后缀。

使用 kubeadm 安装的集群，Master 节点上的几个重要组件都是使用静态 Pod 的方式运行的。登录 Master 节点，查看/etc/kubernetes/manifests 目录，可以看到 etcd.yaml、kube-apiserver.yaml、kube-controller-manager.yaml、kube-scheduler.yaml 等文件，这些文件都是以静态 Pod 的形式启动的。

1. 创建静态 Pod 的方式

创建静态 Pod 有两种方式：配置文件和 HTTP。

- 配置文件：配置文件是标准的 Pod 定义文件，以 JSON 或 YAML 格式存储在指定目录。使用 kubelet 配置文件的“staticPodPath:<目录>”字段进行路径设置。kubelet 会定期扫描这个文件夹下的 YAML/JSON 文件来创建/删除静态 Pod。注意，kubelet 在扫描目录时会忽略以点开头的文件。

- HTTP：kubelet 周期性地从–manifest-url=参数指定的地址下载文件，并且把文件翻译成 JSON/YAML 格式的 Pod 定义。此后的操作方式与配置文件的方式相同，kubelet 会周期性地重新下载 manifest 文件，当文件变化时对应地终止或启动静态 Pod。

2. 动态添加/删除静态 Pod

运行中的 kubelet 会定期扫描配置的目录（如 kubeadm 使用的/etc/kubernetes/manifests 目录）中的变化，并且根据文件中出现/消失的 Pod 来添加/删除 Pod，因此用户只需要修改文件内容即可，无须其他操作就可以实现动态修改静态 Pod。

3. 静态 Pod 的创建流程

3 种 Pod 的创建分别对应 NewSourceFile、NewSourceURL、NewSourceApiserver 方法，前两个方法就是静态 Pod 的创建方法。注意，每个方法的最后一个参数 cfg.Channel，它会被用来实现事件合并，合并完的数据最终都会放到 podStorage 的 Updates 中，而 Updates 又贯穿 PodConfig，所以最终数据全部在 PodConfig 的 Updates 中。

NewSourceFile、NewSourceURL、NewSourceApiserver 这 3 个方法实际上是生产者，它们不断地将监控到的 Pod 写入 Channel，Channel 是分来源的，最终会调用 m.merger.Merge 方法进行最终的合并。

创建静态 Pod 的代码示例如下。

代码路径：pkg/kubelet/kubelet.go

```
Plain Text
func NewMainKubelet(...) (*Kubelet, error){
    ...
    kubeDeps.PodConfig, err = makePodSourceConfig(...)
    ...
}

func makePodSourceConfig(...) (*config.PodConfig, error) {
  ...
  // 创建一个 PodConfig 对象，最终这个 PodConfig 对象会汇总 3 种 Pod 来源
  cfg := config.NewPodConfig(config.PodConfigNotificationIncremental,
kubeDeps.Recorder)

  // 配置文件 define file config source
  if kubeCfg.StaticPodPath != "" {
    config.NewSourceFile(..., cfg.Channel(ctx, kubetypes.FileSource))
  }

  // HTTP 远端地址
  if kubeCfg.StaticPodURL != "" {
    config.NewSourceURL(..., cfg.Channel(ctx, kubetypes.HTTPSource))
  }
  // API Server
  if kubeDeps.KubeClient != nil {
    config.NewSourceApiserver(..., cfg.Channel(ctx, kubetypes.ApiserverSource))
```

```
  }
  return cfg, nil
}
```

在 startKubelet 函数内会调用 Run 函数对生产者写入 Channel 的数据进行消费，代码示例如下。

代码路径：cmd/kubelet/app/server.go

```
Plain Text
func startKubelet(...) {
   // start the kubelet
   go k.Run(podCfg.Updates())
   ...
}
```

4.3.10　健康检查

Kubernetes 支持 3 种容器健康检查机制。

- livenessProbe：存活探针，表明容器是否正在运行，用于确定什么时候要重启容器。如果 liveness 探测为 Failure，则 kubelet 会终止容器，并且触发 restart 设置的策略。在默认不设置的情况下，该状态为 Success。
- readinessProbe：就绪探针，表明容器是否准备好接受请求流量。如果 readiness 探测失败，则 Endpoint 控制器会从 Endpoints 中移除该 Pod IP。在初始化延迟探测时间之前，默认为 Failure。如果没有设置 readiness 探测，则该状态为 Success。如果 Pod 未就绪，则会被从 Service 的负载均衡器中移除。
- startupProbe：指示容器中的应用是否已经启动。如果提供了启动探针，则所有其他探针都会被禁用，直到启动探针成功。如果启动探针失败，则 kubelet 将终止容器，而容器按照其重启策略进行重启。如果没有提供启动探针，则默认状态为 Success。对所包含的容器需要较长时间才能启动就绪的 Pod 而言，启动探针是有用的。用户不再需要设置一个较长的存活探针，只需要设置另一个独立的启动探针，对启动期间的容器执行探测，从而允许使用远远超出存活态时间间隔的时长。

1. ProbeManager

ProbeManager 负责管理 Pod 探测。它是一个 Manager 的接口声明。当执行 AddPod 方法时，会为 Pod 中的每一个容器创建一个执行探测任务的 worker，该 worker 会对所分配的容器进行周期性的探测，并且缓存探测结果。当执行 UpdatePodStatus 方法时，该 Manager 会使用缓存的探测结果将 PodStatus 设置为近似 Ready 的状态。相关接口说明如下。

- AddPod：为 Pod 中的每个容器创建对应的探测 worker，用于监测容器的健康状态。
- StopLivenessAndStartup：停止指定 Pod 中所有容器的存活探针和启动探针。
- RemovePod：移除指定 Pod 中所有容器的探测 worker。
- CleanupPods：清理不再运行的 Pod，保留指定 UID 的 Pod 及正在其运行的容器的探测 worker。
- UpdatePodStatus：根据容器运行状态、缓存的探测结果和工作器状态，修改给定 Pod 的状态信息。

这些接口将被 ProbeManager 使用，用于管理容器的探测 worker，监控容器的运行状态，以及更新 Pod 的状态信息。ProbeManager 是 Kubernetes 中的一个重要组件，它可以保证容器的健康状态，并且适时重启故障的容器或 Pod。它的具体实现可能会基于 Kubernetes 代码库提供的探针服务，而管理 Pod 探测的 Manager 接口提供了一种标准化的方法集，帮助开发者构建符合 Kubernetes 要求的 ProbeManager。

管理 Pod 探测的 Manager 接口的代码示例如下。

代码路径：pkg/kubelet/prober/prober_manager.go

```
Plain Text
type Manager interface {
 AddPod(pod *v1.Pod)
 StopLivenessAndStartup(pod *v1.Pod)
 RemovePod(pod *v1.Pod)
 CleanupPods(desiredPods map[types.UID]sets.Empty)
 UpdatePodStatus(types.UID, *v1.PodStatus)
}
```

2. 探针的数据结构

Probe 描述了对容器执行的健康检查，以确定容器是否存活或准备好接收流量。相关字段说明如下。

- ProbeHandler：探测方式，支持 4 种探测方式，分别为命令行、HTTP、TCP、gRPC。
- InitialDelaySeconds：表示容器启动之后延迟多久进行 liveness 探测。
- TimeoutSeconds：每次执行探测的超时时间。
- PeriodSeconds：多长时间执行一次探测。
- SuccessThreshold：最少连续几次探测成功的次数，满足该次数则认为 Success。
- FailureThreshold：最少连续几次探测失败的次数，满足该次数则认为 Fail。
- TerminationGracePeriodSeconds：Pod 在探测失败时需要正常终止的可选持续时间。这个参数指定了容器接收终止信号后的等待时间，单位是秒。在 Pod 中运行的进程收到终止信号后，会开始执行优雅关闭过程，即在这段时间内完成未完成的任务并清理资源。如果容器在 TerminationGracePeriodSeconds 内无法完成关闭操作，则 Kubernetes 将强制终止该容器。在通常情况下，应根据容器运行的特性和工作负载的需求来设置 TerminationGracePeriodSeconds 参数，以确保在终止时能够完成必要的清理工作。

探针数据结构的代码示例如下。

代码路径：pkg/apis/core/types.go

```
Plain Text
type Probe struct {
 ProbeHandler
 InitialDelaySeconds int32
 TimeoutSeconds int32
 PeriodSeconds int32
 SuccessThreshold int32
 FailureThreshold int32
 TerminationGracePeriodSeconds *int64
}

type ProbeHandler struct {
 Exec *ExecAction
```

```
  HTTPGet *HTTPGetAction
  TCPSocket *TCPSocketAction
  GRPC *GRPCAction
}
```

3. 4 种探测方式

kubelet 支持配置 4 种探测方式，分别为命令行、HTTP、TCP、gRPC，具体实现方式如下。

1）命令行

kubelet 在容器内执行 cmd 命令来进行探测。如果命令执行成功且返回值为 0，则 kubelet 会认为这个容器是健康存活的。如果这个命令返回非 0 值，则 kubelet 会终止这个容器并重启它。

Command 参数是在容器内执行的命令行，命令的工作目录是容器文件系统中的根目录（/）。该命令只是简单地执行，它不在 shell 中运行，因此传统的 shell 指令将不起作用。使用 shell 需要显式调用 shell。0 值的退出状态被视为存活/健康，非零值则被视为不健康。

```
Plain Text
type ExecAction struct {
  Command []string
}
```

2）HTTP

kubelet 会向容器内运行的服务（服务在监听某个端口）发送一个 HTTP GET 请求来执行探测。如果服务器上指定路径下的处理程序返回成功代码，则 kubelet 会认为容器是健康存活的。如果处理程序返回失败代码，则 kubelet 会终止这个容器并将其重启。返回大于或等于 200 且小于 400 的任何代码都表示成功，其他返回代码都表示失败。相关字段说明如下。

- Path：访问 HTTP 服务的 Path。
- Port：访问容器的端口名称或端口数值，数值必须在 1 ~ 65535 范围内。
- Host：连接的主机名，默认为 Pod IP。
- Scheme：协议，默认为 HTTP。
- HTTPHeaders：自定义请求头。

```
Plain Text
type HTTPGetAction struct {
  Path string
  Port intstr.IntOrString
  Host string
  Scheme URIScheme
  HTTPHeaders []HTTPHeader
}
```

3）TCP

kubelet 会尝试对容器的 IP 地址上的指定端口执行 TCP 检查。如果端口打开，则诊断被认为是成功的。如果远程系统（容器）在打开连接后立即将其关闭，则被认为是健康的。字段配置与 HTTP 探针类似，相关字段说明如下。

- Port：访问容器的端口名称或端口数值，数值必须在 1 ~ 65535 范围内。
- Host：连接的主机名，默认为 Pod IP 地址。

```
Plain Text
type TCPSocketAction struct {
  Port intstr.IntOrString
  Host string
}
```

4）gRPC

gRPC 探针的版本还处于 beta 阶段，必须启用 GRPCContainerProbe 特性门控才能配置依赖于 gRPC 的检查机制。如果应用实现 gRPC 健康检查协议，则 kubelet 可以使用该协议来执行应用存活性检查。相关字段说明如下。

- Port：gRPC 服务端口数值，数值必须在 1 ~ 65535 范围内。
- Service：放置在 gRPC HealthCheckRequest 中服务的名称。

使用 gRPC 探针必须配置 Port 属性。如果健康状态端点配置在非默认服务之上，则必须配置 Service 属性。

```
Plain Text
type GRPCAction struct {
  Port int32
  Service *string
}
```

4．核心流程分析

syncPod 是处理单个 Pod 的核心函数，内部调用 ProbeManager 的 AddPod 方法为 Pod 中的所有容器注册探针，包括 StartupProbe、ReadinessProbe、LivenessProbe。每个容器的每种探针都创建一个执行探测任务的 worker，该 worker 的 run 函数会对所分配的容器周期性地进行探测。worker 的 run 函数内部会执行 3 次 runProbe。runProbe 中对 4 种探测方法进行了封装，如图 4-15 所示。

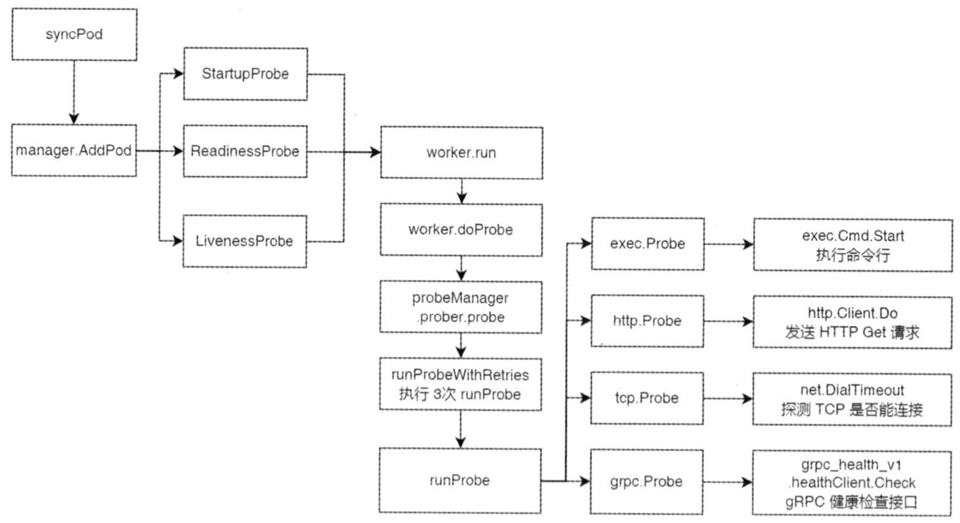

图 4-15　4 种探测方法的实现

4.3.11　Pod 的状态

Pod 的状态使用 PodStatus 对象记录，相关字段说明如下。

- Phase：Pod 的生命周期阶段，包括 Pending（等待中）、Running（运行中）、Succeeded（已成功结束）、Failed（已失败）和 Unknown（未知）。
- Conditions：Pod 的多个状态条件，包括 ContainersReady、PodInitialized、PodReady、PodScheduled 等。
- Message：描述 Pod 当前状态的详细信息。
- Reason：描述 Pod 处于当前状态的原因。
- NominatedNodeName：运行中的 Pod 可能需要重新选一个宿主节点（Node）运行，如原本的宿主节点故障或用户主动删除了原本的宿主节点。当一个节点被选中作为 Pod 的新宿主节点后，该节点会成为该 Pod 的"提名节点"（Nominated Node），并在 PodStatus 结构体的 NominatedNodeName 字段中体现。如果该字段的值不为空，则说明 Pod 已经被提名在指定的节点上重新运行；否则，表示 Pod 暂时没有被重新调度。在 Pod 被重新调度前，Kubernetes 会继续尝试在原来的节点上重启 Pod，直到失败次数超出阈值或调度超时。当 Pod 被提名到新的节点后，该节点会在 NodeName 字段中记录新的宿主节点的名称，同时在 NominatedNodeName 字段中记录原宿主节点的名称。需要注意的是，该字段仅记录了 Pod 被重新调度的过程，不代表 Pod 的当前状态和健康状况，因此不能单纯依靠该字段判断 Pod 是否已经恢复正常运行，还需要综合考虑其他状态条件和容器运行状态。
- HostIP：分配到的主机的 IP 地址。如果 Pod 尚未被调度，则为空。
- PodIP：Pod 的 IP 地址。如果尚未分配，则为空。
- PodIPs：保存分配给 Pod 的 IP 地址。如果指定了该字段，则第 0 个条目必须与 PodIP 字段匹配。Pod 最多可以为 IPv4 和 IPv6 中的每种网络类型分配 1 个值。如果尚未分配 IP 地址，则此列表为空。
- StartTime：Pod 在 kubelet 上创建的时间。
- InitContainerStatuses：数组，记录每个 Init 容器的运行状态。最近成功的 Init 容器将设置 ready = true，最近启动的容器将设置 StartTime 字段。
- ContainerStatuses：数组，记录每个普通容器的运行状态。
- QOSClass：记录当前 Pod 的服务质量等级。
- EphemeralContainerStatuses：数组，记录 Pod 中每个临时容器的状态。

Pod 状态的代码示例如下。

代码路径：pkg/apis/core/types.go

```
Plain Text
type PodStatus struct {
  Phase PodPhase
  Conditions []PodCondition
  Message string
  Reason string
  NominatedNodeName string
  HostIP string
  PodIP string
  PodIPs []PodIP
  StartTime *metav1.Time
  InitContainerStatuses []ContainerStatus
```

```
  ContainerStatuses []ContainerStatus
  QOSClass PodQOSClass
  EphemeralContainerStatuses []ContainerStatus
}
```

1. Pod 的阶段

Pod 有 5 个可能的阶段值。

- Pending：Pod 已经被 Kubernetes 接受，但是有一个或多个容器映像尚未创建。
- Running：Pod 已经绑定到一个节点，所有的容器都已经创建。至少有一个容器仍在运行，或者正在启动或重启。
- Succeeded：成功结束。Pod 中的所有容器都已经成功终止，并且不会重启。
- Failed：Pod 中的所有容器都已经终止，并且至少有一个容器以失败告终。容器以非零状态退出或被系统终止。
- Unknown：由于某种原因无法获取 Pod 的状态，通常是因为与 Pod 的主机通信时出错。

当一个 Pod 被删除时，执行一些 kubectl 命令会展示这个 Pod 的状态为 Terminating(终止)。这个 Terminating 状态并不是 Pod 阶段之一。

2. 容器的状态

Kubernetes 会跟踪 Pod 中的每个容器的状态，就像它跟踪 Pod 的阶段一样。可以使用容器生命周期回调了解在容器生命周期中特定时间点的事件。一旦调度器将 Pod 分派给某个节点，kubelet 就开始通过容器运行时为 Pod 创建容器。容器的状态有 3 种。

- Waiting：等待，处于 Waiting 状态的容器仍在运行它完成启动所需要的操作。例如，从某个容器镜像仓库拉取容器镜像，或者使用 Secret 向容器应用传递敏感数据等。当用户使用 kubectl 查询处于 Waiting 状态的容器的 Pod 时，用户会看到一个 Reason 字段，它给出了容器处于 Waiting 状态的原因。
- Running：运行中，表明容器正在运行且没有问题发生。如果配置了 postStart 回调，则该回调已经执行且已完成。当用户使用 kubectl 查询处于 Running 状态的容器的 Pod 时，会看到容器进入 Running 状态的信息。
- Terminated：已终止，处于 Terminated 状态的容器已经执行结束，其状态要么是正常结束，要么因为某些原因而失败。当用户使用 kubectl 查询处于 Terminated 状态的容器的 Pod 时，用户会看到容器处于 Terminated 状态的原因、退出代码及容器执行的起止时间。如果容器配置了 preStop 回调，则该回调会在容器进入 Terminated 状态之前执行。

3. Pod 的状态

PodCondition 包含 Pod 当前状态的详细信息，使用 Kubernetes API 中的 PodConditionType 常量定义，用于表示 Pod 的不同状态。

- ContainersReady：表示容器已经就绪，可以开始提供服务。
- PodInitialized：表示 Pod 的初始化过程已经完成。例如，Pod 容器镜像、网络和存储卷等资源已经成功加载。
- PodReady：表示 Pod 已经准备就绪，可以接收流量。PodReady 的计算基于许多因素，包括 PodReady Gating、所有容器的就绪状态及 Init 容器的状态。
- PodScheduled：表示 Pod 已经被 Kubernetes 调度并绑定到宿主机上。

- AlphaNoCompatGuaranteeDisruptionTarget：表示该 Pod 可以容忍故障，即当需要维护宿主机或调度框架需要选择容器时，该 Pod 容忍部分容器或整个 Pod 的丢失。

这些字段用于描述 Pod 的状态和生命周期条件。使用这些字段可以帮助用户了解 Pod 能否正常运行，是否处于所需的状态，并通过它来诊断和解决问题。例如，在检测到某个 Pod 的状态不正常时，可以查看这些字段的值以确定问题所在，进而排除故障。

代码示例如下。

```
Plain Text
const (
 ContainersReady PodConditionType = "ContainersReady"
 PodInitialized PodConditionType = "Initialized"
 PodReady PodConditionType = "Ready"
 PodScheduled PodConditionType = "PodScheduled"
 AlphaNoCompatGuaranteeDisruptionTarget PodConditionType = "DisruptionTarget"
)
```

4. 生成 Pod 的状态

generateAPIPodStatus 负责生成一个 PodStatus 对象，代表 Pod 的当前状态。代码示例如下。

代码路径：pkg/kubelet/kubelet_pods.go

```
Plain Text
func (kl *Kubelet) generateAPIPodStatus(...) v1.PodStatus {
 // 保存 Pod 上次的状态
 oldPodStatus, found := kl.statusManager.GetPodStatus(pod.UID)

 // 根据给定的内部 Pod 状态和来自 API 的 Pod 的先前状态为给定的 Pod 初始化一个 API PodStatus
 s := kl.convertStatusToAPIStatus(pod, podStatus, oldPodStatus)

 // 根据 ContainerStatus 和 InitContainerStatuses 计算 Phase
 allStatus := append(append([]v1.ContainerStatus{}, s.ContainerStatuses...),
s.InitContainerStatuses...)
 s.Phase = getPhase(&pod.Spec, allStatus)

 // 以下代码合并三处关于状态的信息：状态管理器、运行时和生成的状态，以确保正确设置终端状态
 ...

 // 按顺序执行一系列 PodSyncHandlers，每个 Handler 判断这个 Pod 是否还应该留在这个节点上
 // 如果其中任何一个结果为否，则 Pod 的 Phase 将变为 PodFailed 并最终会被这个节点驱逐
 for _, podSyncHandler := range kl.PodSyncHandlers {
  if result := podSyncHandler.ShouldEvict(pod); result.Evict {
   s.Phase = v1.PodFailed
   s.Reason = result.Reason
   s.Message = result.Message
   break
  }
 }

 // 设置 ContainerStatuses 和 InitContainerStatuses
 kl.probeManager.UpdatePodStatus(pod.UID, s)
```

```
    // 设置 Conditions
    s.Conditions = make([]v1.PodCondition, 0, len(pod.Status.Conditions)+1)
    ...

    // 设置 HostIP、PodIP、PodIPs
    if kl.kubeClient != nil {
      // 获取 Pod 所在节点的 IP 地址
      hostIPs, err := kl.getHostIPsAnyWay()
      ...
    }
    return *s
}
```

4.3.12 原地升级

原地升级（In-place Update）是 Kubernetes 中一种升级 Pod 的方式。这种升级方式可以更新 Pod 中某个或多个容器的配置，而不影响 Pod 中其余容器的运行，同时保持 Pod 的网络和存储状态不变。

随着业务上云后更精细化的运营，降本增效成为很多公司非常重要的事项。调整 Kubernetes 资源配额是一项常态化工作，但 Pod 重启会影响业务的稳定性，这是比较棘手的问题。本小节重点关注 Kubernetes 社区对这一问题的解决方案。

1. 为什么需要原地升级

由于各种原因，分配给 Pod 的资源可能需要更改。

- Pod 处理的负载显著增加，当前资源不够用。
- 负载显著减小，分配的资源未被使用。
- 资源分配不合理。

目前，更改资源分配需要重新创建 Pod，因为 PodSpec 的容器资源是不可变的。虽然很多无状态工作负载可以承受此类中断，但在使用少量 Pod 副本时，有些工作负载比较敏感。此外，对于有状态或批处理的工作负载，重启 Pod 是一种严重的中断，会导致工作负载的可用性降低或运行成本增加。原地升级允许在不重新创建 Pod 或重启容器的情况下更改资源分配来直接解决这个问题。

2. OpenKruise

开源项目 OpenKruise 支持 Kubernetes 扩展的 AdvancedStatefulSet、CloneSet、SidecarSet 的原地升级。需要将 updateStrategy 的 type 值配置为以下两种类型之一。

- InPlaceIfPossible：如果可能，控制器将尝试原地更新 Pod，而不是重新创建 Pod。目前，只有 spec.template.spec.container[x].image 字段可以原地更新。
- InPlaceOnly：控制器将原地更新 Pod，而不是重新创建 Pod。如果使用 InPlaceOnly 策略，则用户不能修改 spec.template 中除 spec.template.spec.containers[x].image 外的任何字段。

🔔注意：updateStrategy 的默认值为 ReCreate，必须显式地将此字段的 type 值配置为以上两种类型之一才可以开启原地升级。

3. Kubernetes 原生支持

Kubernetes 原生支持于 2019 年在 GitHub 上提出，最开始计划在 1.18 版本发布。截止到撰写本书时敲定的发布节奏如下：1.27 版本提供 alpha 版本、1.28 版本提供 beta 版本、1.30 版本提供稳定版本。

Kubernetes 原生支持旨在允许原地更新 Pod 资源请求和限制，而无须重启 Pod 或其容器。其核心思想是将 PodSpec 中配置的 Resources 变为可变资源，表示期望的资源，而分配给 Pod 的实际资源使用 PodStatus 中一个单独的字段来存储。Kubernetes 原生支持还旨在改进 CRI API，以在运行时管理容器的 CPU 和内存资源配置。

4. API 变更细节

- Pod.Spec.Containers[i].Resources 变成纯粹的声明，表示 Pod 资源的期望状态。
- Pod.Status.ContainerStatuses[i].ResourcesAllocated（新字段，v1.ResourceList 类型）表示分配给 Pod 及其容器的 Node 资源。
- Pod.Status.ContainerStatuses[i].Resources（新字段，v1.ResourceRequirements 类型）显示 Pod 及其容器持有的实际资源。
- Pod.Status.Resize（新字段，map[string]string 类型）显示给定容器上给定资源的情况。

新 ResourcesAllocated 字段表示正在进行的调整大小操作，并且由保存在节点检查点中的状态驱动。当考虑节点上的可用空间时，调度程序应该使用 Pod.Spec.Containers[i].Resources 和 Pod.Status.ContainerStatuses[i].ResourcesAllocated 中较大的一个。

1）子资源

对于 alpha 版本，将通过更新 Pod 规范来更改资源。对于 beta 版本（或 alpha 的后续版本），将定义一个新的子资源。该子资源最终可以应用于其他承载 PodTemplate 的资源，如 Deployment、ReplicaSet、Job 和 StatefulSet。这将允许用户授予 RBAC 对 VPA 等控制器的访问权限，而不允许对 Pod 规范进行完全写入访问。

2）容器调整策略

容器调整策略的实现并不能完全确保容器不重启。例如，Java 进程需要更改其 Xmx 标志，容器需要重启才能应用新的资源值。为了提供细粒度的用户控制，PodSpec.Containers 中新增 ResizePolicy 字段用于控制容器的重启。该字段是一个支持 cpu 和 memory 作为名称的命名子对象（新对象）列表。设置标志以单独控制 CPU 和内存，是因为通常可以毫无问题地添加/删除 CPU，而对可用内存的更改更有可能需要重启。ResizePolicy 支持以下策略值。

- RestartNotRequired：默认值。如果可能，请尝试在不重启容器的情况下调整其大小。RestartNotRequired 不保证容器不会重启。如果无法在不重启的情况下应用新资源，则可能会终止容器。
- Restart：容器需要重启才能应用新的资源值。通过使用 ResizePolicy，用户可以将容器标记为安全（或不安全）以进行原地资源更新。kubelet 使用它来确定所需的操作。

3）调整状态

Pod.Status.Resize[]是将要添加的一个新字段。该字段指示 kubelet 是否接受或拒绝了针对给定资源的建议调整操作。当 Pod.Spec.Containers[i].Resources.Requests 字段和 Pod.Status.ContainerStatuses[i].Resources 字段不同时，这个新字段都会解释原因。该字段可以设置为以下值之一。

- Proposed：建议的调整大小，表示期望的资源配置尚未被接受或拒绝。
- InProgress：建议的调整大小已经被接受且正在执行中。
- Deferred：延迟，建议的调整大小在理论上是可行的，适合此节点，但不是现在，它可能会被重新评估。
- Infeasible：不可行，提议的调整大小不可行且被拒绝，它不会被重新评估。
- (no value)：不建议调整大小。

每当 kube-apiserver 观察到建议的资源值大小被调整时，它会自动将此字段设置为 Deferred。

4）CRI 变化

kubelet 调用 UpdateContainerResources CRI API 调整资源配额，该 API 目前采用 runtimeapi.LinuxContainerResources 参数，适用于 Docker 和 Kata，但不适用于 Windows。将这个参数更改为 runtimeapi.ContainerResources，它与运行时无关，并且将包含特定于平台的信息。这将使 UpdateContainerResources CRI API 适用于除 Linux 外的运行时，方法是使 API 中传递的资源参数特定于目标运行时。此外，ContainerStatus CRI API 被扩展为保存 runtimeapi.ContainerResources 数据，以便它允许 kubelet 从运行时查询容器的 CPU 和内存限制配置，这就要求运行时响应当前应用于容器的 CPU 和内存资源值。

4.4 工作负载资源

Kubernetes 提供若干种内置的工作负载资源。

- Deployment 和 ReplicaSet（替换原来的资源 ReplicationController）。Deployment 很适合用来管理集群上的无状态应用，Deployment 中的所有 Pod 都是等价的，并且在需要的时候被替换。
- StatefulSet 能够运行一个或多个以某种方式跟踪应用状态的 Pod。例如，如果工作负载将数据进行持久存储，则可以运行一个 StatefulSet，将每个 Pod 与某个 PersistentVolume 对应起来。在 StatefulSet 中，各个 Pod 内运行的代码可以将数据复制到同一 StatefulSet 的其他 Pod 中以提高整体的服务可靠性。
- DaemonSet 定义提供节点本地支撑设施的 Pod。这些 Pod 对于集群的运维非常重要，如作为网络链接的辅助工具或作为网络插件的一部分等。当向集群中添加一个新节点时，如果该节点与某 DaemonSet 的 Spec 匹配，则控制平面会为该 DaemonSet 调度一个 Pod 到该节点上运行。
- Job 和 CronJob 定义一些一直运行到结束并停止的任务。Job 用来执行一次性任务，而 CronJob 用来执行根据时间规划反复运行的任务。

4.4.1 Deployment

1. Deployment 概述

Deployment 是常用的部署无状态服务的方式。Deployment 控制器使用户能够以声明的方式更新 Pod 和 ReplicaSet。通过 Deployment 描述目标状态，而 Deployment 控制器以受控速率更改实际状态，使其变为期望状态。Deployment 是最常用的工作负载，典型的应用场景如下。

- 定义 Deployment 来创建 Pod 和 ReplicaSet。
- 滚动升级和回滚应用。
- 扩容和缩容。
- 暂停和继续 Deployment。

2. DeploymentSpec 字段说明

DeploymentSpec 字段说明如下。

- Replicas：期望的 Pod 数量，默认为 1。Deployment 控制器根据该字段调谐实际值以满足期望值。
- Selector：标签选择器，必须和 PodTemplate 的标签匹配。
- Template：描述被 Deployment 管理的 Pod，该字段在 Deployment 中没有实质含义，它会原样传给 ReplicaSet。
- Strategy：部署策略，可选值有 RollingUpdate（滚动发布）、Recreate（在创建新的 Pod 前终止所有旧的 Pod）。
- MinReadySeconds：新创建的 Pod 在就绪后还应该等待的最小秒数。例如，如果将此字段设置为 5，则在 Pod 处于 Ready 状态后，Deployment 会等待 5 秒，再创建下一个 Pod。该字段默认为 0，Pod 准备就绪后将被视为可用。该字段会原样传给 ReplicaSet。
- RevisionHistoryLimit：保留允许回滚的旧 ReplicaSets 的数量，默认为 10。DeploymentControllerManager 在每次调谐流程中会根据该参数清理多余的 ReplicaSet。
- Paused：用于控制暂停部署的开关，当执行 kubectl rollout pause 命令时会将该字段设置为 true，而当执行 kubectl rollout resume 命令时会将该字段设置为 false。
- ProgressDeadlineSeconds：设置超时时间（以秒为单位），默认为 600，在此时间后会将部署标记为失败。例如，如果没有超时，且新应用版本存在错误并立即挂起，则由于 Pod 从未达到 Ready 状态，无法继续执行转出。如果将此字段设置为 600，则应用的任何阶段在 10 分钟内没有进展时，会将部署标记为失败，并且应用会停止。

DeploymentSpec 各个字段的代码示例如下。

代码路径：vendor/k8s.io/api/apps/v1/types.go

```
Plain Text
type DeploymentSpec struct {
 Replicas *int32
 Selector *metav1.LabelSelector
 Template v1.PodTemplateSpec
 Strategy DeploymentStrategy
 MinReadySeconds int32
 RevisionHistoryLimit *int32
 Paused bool
 ProgressDeadlineSeconds *int32
}
```

3. PodTemplate 字段说明

PodTemplate 也是 Kubernetes 中的顶级资源对象，除了包括每个资源对象内嵌的 metav1.ObjectMeta 字段，还包含 PodSpec 类型的 Spec 字段。

```
Plain Text
type PodTemplateSpec struct {
  metav1.ObjectMeta
  Spec PodSpec
}
```

4．DeploymentStrategy 字段说明

DeploymentStrategy 包含两个字段。

- Type：部署类型。可以是 Recreate 或 RollingUpdate，默认为 RollingUpdate。
- RollingUpdate：滚动更新配置参数，仅当 Type 为 RollingUpdate 时生效。

```
Plain Text
type DeploymentStrategy struct {
  Type DeploymentStrategyType
  RollingUpdate *RollingUpdateDeployment
}
```

RollingUpdateDeployment 字段说明如下。

- MaxUnavailable：更新期间可能不可用的最大 Pod 数量，值可以是绝对数字或百分比。如果 MaxSurge 为 0，则 MaxUnavailable 不能为 0，默认为 25%。例如，当将 MaxUnavailable 设置为 30%时，旧的 ReplicaSet 可以在滚动更新开始时立即缩小到所需 Pod 的 70%。一旦新的 Pod 准备就绪，旧的 ReplicaSet 可以进一步缩小，然后扩容新的 ReplicaSet，确保更新期间始终可用的 Pod 总数至少为所需 Pod 数量的 70%。
- MaxSurge：可以调度的超过所需 Pod 数量的最大 Pod 数量，值可以是绝对数字或百分比。如果 MaxUnavailable 为 0，则 MaxSurge 不能为 0，默认为 25%。例如，当将 MaxSurge 设置为 30%时，新的 ReplicaSet 可以立即开始滚动更新扩容，新旧 Pod 总数不超过所需 Pod 的 130%。一旦旧的 Pod 被终止，新的 ReplicaSet 可以进一步扩容，保证运行的 Pod 总数在更新期间的任何时候最多是所需 Pod 数量的 130%。

在生产环境中，建议将 MaxUnavailable 设置为 0，将 MaxSurge 设置为 1。即每次先启动一个新的 Pod，新的 Pod 就绪后才会删除一个旧的 Pod，这种做法可以确保服务滚动过程平稳，不影响业务。

5．计算 MaxUnavailable 和 MaxSurge 的逻辑

MaxUnavailable 和 MaxSurge 函数分别用于计算 MaxUnavailable、MaxSurge 的值，两个函数内部都调用 ResolveFenceposts 函数，这是一个同时返回两个需要计算的值的函数。该函数内部调用 GetScaledValueFromIntOrPercent 函数先进行参数值解析，如果是绝对数字，则直接返回；如果是百分比，则将百分比和总副本数相除，并且根据传入的参数做向上或向下取整。其中，如果 MaxSurge 传入的是 true，则使用 math.Ceil 函数向上取整。如果 MaxUnavailable 传入的是 false，则使用 math.Floor 函数向下取整。

最后，由于 MaxUnavailable 向下取整，它可能会被解析为零。如果两个值都被解析为零，则应将 MaxUnavailable 设置为 1。滚动升级函数的计算逻辑如图 4-16 所示。

计算 MaxUnavailable 和 MaxSurge 的代码示例如下。

代码路径：pkg/controller/deployment/util/deployment_util.go

```
Plain Text
// 计算 MaxUnavailable
func MaxUnavailable(deployment apps.Deployment) int32 {
    ...
    _, maxUnavailable, _ := ResolveFenceposts(MaxSurge, MaxUnavailable, Replicas)
    if maxUnavailable > *deployment.Spec.Replicas {
      return *deployment.Spec.Replicas
    }
    return maxUnavailable
}

// 计算 MaxSurge
func MaxSurge(deployment apps.Deployment) int32 {
   ...
   maxSurge, _, _ := ResolveFenceposts(MaxSurge, MaxUnavailable, Replicas)
   return maxSurge
}

// 统一调用 ResolveFenceposts 函数
func ResolveFenceposts(...) (int32, int32, error) {
   // MaxSurge 向上取整
   surge, err := GetScaledValueFromIntOrPercent(maxSurge, ..., true)
   ...
   // MaxUnavailable 向下取整
   unavailable, err := GetScaledValueFromIntOrPercent(maxUnavailable, ..., false)
   ...
   if surge == 0 && unavailable == 0 {
     unavailable = 1
   }

   return int32(surge), int32(unavailable), nil
}
```

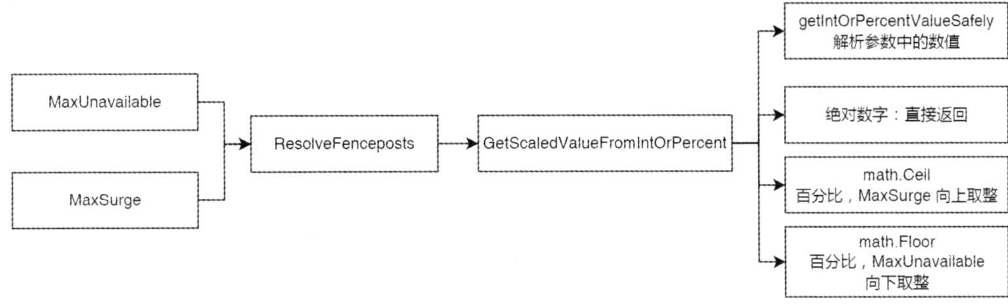

图 4-16　滚动升级函数的计算逻辑

6. 滚动更新的逻辑

Deployment 滚动更新实际上是依靠新旧版本的 ReplicaSet 完成的，更新过程分成两步：Scale Up 和 Scale Down。

- Scale Up 负责将新 ReplicaSet 的 Replicas 朝着 deployment.Spec.Replicas 指定的数据递增。

- Scale Down 负责将旧的 ReplicaSetreplicas 朝着 0 递减。

一次完整的滚动更新需要经过很多轮 Scale Up 和 Scale Down。

这里的新旧 ReplicaSet 不是通过创建时间来区分的，而是调用 EqualIgnoreHash 函数，将 rs.Spec.Template 和 deployment.Spec.Template 进行对比，如果找到一致的，则将 ReplicaSet 设置为新 ReplicaSet；如果找不到，则新建 ReplicaSet 并将新建的 ReplicaSet 设置为新 ReplicaSet。因此 Deployment 并不是每次更新都新建 ReplicaSet，只有在 Template 哈希值不一致时才新建 ReplicaSet。

滚动更新的核心流程如图 4-17 所示。

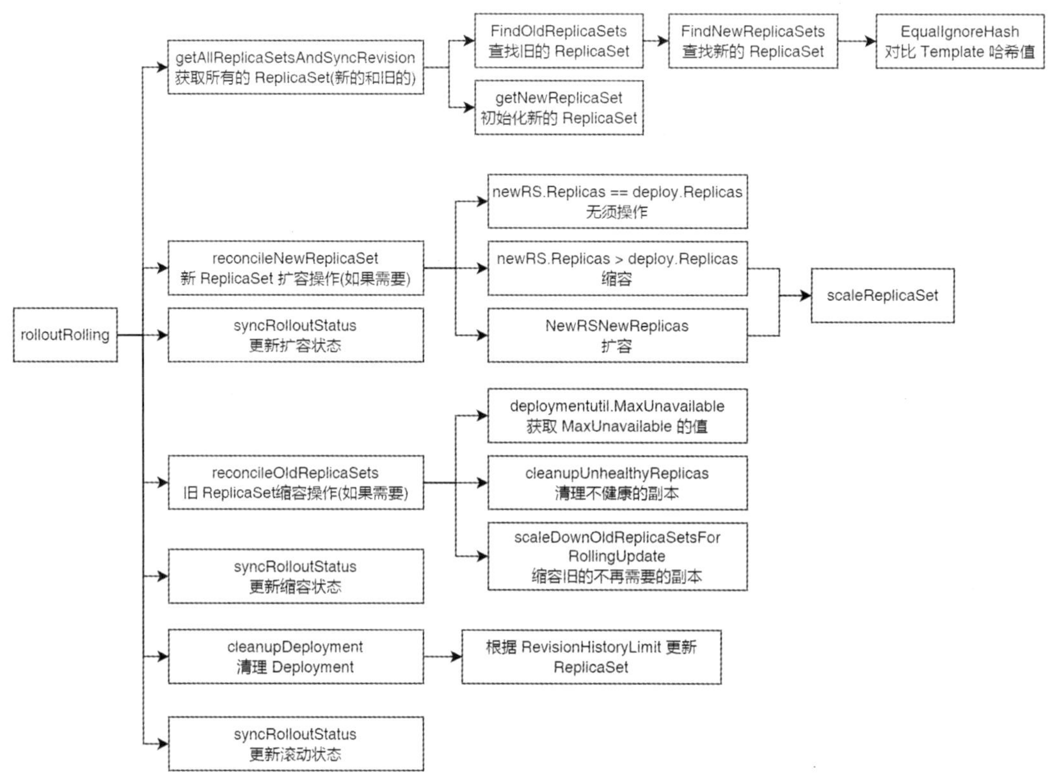

图 4-17　滚动更新的核心流程

- 获取 Deployment 管理的全部 ReplicaSet，并且通过对比.spec.Template 信息找出新旧 ReplicaSet，如果新 ReplicaSet 不存在，则新建 ReplicaSet。
- 调用 reconcileNewReplicaSet 函数判断是否需要 Scale Up。
- 调用 reconcileOldReplicaSets 函数判断是否需要 Scale Down。
- 如果更新已经完成，则清理历史 ReplicaSet，最多只保留.spec.RevisionHistoryLimit 个历史版本。
- 更新 Deployment 状态，执行 kubectl describe 命令可以查看滚动更新信息。

1）Scale Up 的实现逻辑

reconcileNewReplicaSet 函数主要负责处理 Scale Up 的逻辑，主要流程如下。

（1）对比新 ReplicaSet 的副本数和 Deployment 期望的副本数。

- 如果两者相等，则无须操作，直接返回。

- 如果新 ReplicaSet 的副本数大于 Deployment 期望的副本数，则调用 scaleReplicaSetAndRecordEvent 进行处理，该函数内部会对比入参的两个值，决定是扩容还是缩容。
- 否则，调用 NewRSNewReplicas 函数计算新 ReplicaSet 应该具有的副本数。计算完成后，同样调用 scaleReplicaSetAndRecordEvent 进行处理。

（2）NewRSNewReplicas 函数内部根据 Deployment 更新策略返回不同的值。如果是 Recreate 策略，则直接返回 Deployment 的副本数；如果是 RollingUpdate 策略，则根据 MaxSurge 的值计算出此轮滚动更新的副本数。在 Scale Up 时，所有 Pod 不能超过 Replicas 加 MaxSurge 的值。

scaleReplicaSetAndRecordEvent 扩/缩容操作，仅仅是调用 ReplicaSet 的 Update 方法更新副本数，并不真正进行 Pod 的创建和删除操作，这部分逻辑是由 ReplicaSet 控制器完成的。

计算 Scale Up 副本数的代码示例如下。

代码路径：pkg/controller/deployment/util/deployment_util.go

```
Plain Text
func NewRSNewReplicas(...) (int32, error) {
  switch deployment.Spec.Strategy.Type {
  // 滚动更新策略，根据 MaxSurge 计算
  case apps.RollingUpdateDeploymentStrategyType:
    // 计算 MaxSurge
    maxSurge, err := intstrutil.GetScaledValueFromIntOrPercent(...)
    // 计算 Deployment 当前的 Pod 数量
    currentPodCount := GetReplicaCountForReplicaSets(allRSs)
    // 最大 Pod 数等于期望副本数加 MaxSurge
    maxTotalPods := *(deployment.Spec.Replicas) + int32(maxSurge)
    if currentPodCount >= maxTotalPods {
   return *(newRS.Spec.Replicas), nil
    }
    // 需要扩容的数量
    scaleUpCount := maxTotalPods - currentPodCount
    // 取最小值，扩容的数量不超过期望副本数
    scaleUpCount = int32(integer.IntMin(int(scaleUpCount),
int(*(deployment.Spec.Replicas)-*(newRS.Spec.Replicas))))
    // 最终副本数等于原有副本数加扩容的数量
    return *(newRS.Spec.Replicas) + scaleUpCount, nil
  // 重建更新策略，直接返回副本数
  case apps.RecreateDeploymentStrategyType:
    return *(deployment.Spec.Replicas), nil
  default:
    return 0, fmt.Errorf("deployment type %v isn't supported", ...)
  }
}
```

2）Scale Down 的实现逻辑

reconcileOldReplicaSets 函数主要负责 Scale Down 的逻辑，有两种场景可以进行缩容。

- 一些旧的副本集有不健康的副本，用户可以安全地缩减那些不健康的副本，因为这不会进一步增加不可用性。
- 新的副本集已经扩大，它的副本准备就绪。

对于第二种场景，不仅要考虑 MaxUnavailable 和任何已创建的 Surge Pod，还要考虑来自新 ReplicaSet 的不可用 Pod。来自新 ReplicaSet 的不可用 Pod 不会进一步缩减旧 ReplicaSet，因为这会增加不可用性，对应的公式为 maxScaledDown = allPodsCount − minAvailable − newReplicaSetPodsUnavailable。

计算 Scale Down 副本数的代码示例如下。

代码路径：pkg/controller/deployment/rolling.go

```
Plain Text
func (dc *DeploymentController) reconcileOldReplicaSets(...) {
   ...
   minAvailable := *(deployment.Spec.Replicas) - maxUnavailable
   newRSUnavailablePodCount := *(newRS.Spec.Replicas) - newRS.Status.AvailableReplicas
   maxScaledDown := allPodsCount - minAvailable - newRSUnavailablePodCount
   if maxScaledDown <= 0 {
     return false, nil
   }

   // 场景一：删除不健康的旧 ReplicaSet 中的 Pod
   oldRSs, cleanupCount, err := dc.cleanupUnhealthyReplicas(...)
   // 场景二：根据 MaxUnavailable、Pod 就绪状态等因素缩容旧 ReplicaSet
   allRSs = append(oldRSs, newRS)
   scaledDownCount, err := dc.scaleDownOldReplicaSetsForRollingUpdate(...)
   ...
   // 总数量等于场景一加场景二
   totalScaledDown := cleanupCount + scaledDownCount
   return totalScaledDown > 0, nil
}
```

7. 重新创建更新策略

重新创建更新策略比较简单，先把旧 ReplicaSet 中的 Pod 全部删除，再创建新 ReplicaSet 中的 Pod。

- scaleDownOldReplicaSetsForRecreate 函数负责删除旧 ReplicaSet，在内部调用 scaleReplicaSetAndRecordEvent 时，传入的新副本数为 0，即全部缩容。
- scaleUpNewReplicaSetForRecreate 函数负责创建新 ReplicaSet，在内部调用 scaleReplicaSetAndRecordEvent 时，传入的新副本数就是 Deployment 中的 Replicas，即全部创建新的 Pod。
- 如果更新已经完成，则清理历史 ReplicaSet，最多只保留.spec.RevisionHistoryLimit 个历史版本。
- 更新 Deployment 状态，执行 kubectl describe 命令可以查看滚动更新信息。

Deployment 重新创建更新策略的代码示例如下。

代码路径：pkg/controller/deployment/recreate.go

```
Plain Text
func (dc *DeploymentController) rolloutRecreate(...) error {
  ...
  // 缩容旧 Pod
  scaledDown, err := dc.scaleDownOldReplicaSetsForRecreate(...)
  ...
```

```
 // 扩容新 Pod
 if _, err := dc.scaleUpNewReplicaSetForRecreate(...); err != nil {
  return err
 }
 // 清理历史 ReplicaSet
 if util.DeploymentComplete(d, &d.Status) {
  if err := dc.cleanupDeployment(ctx, oldRSs, d); err != nil {
   return err
  }
 }
 // 更新 Deployment 状态
 return dc.syncRolloutStatus(ctx, allRSs, newRS, d)
}
```

8. MinReadySeconds 的作用

MinReadySeconds 的作用是在 Scale Up 的过程中，新创建的 Pod 处于 Ready 状态的基础上，等待 MinReadySeconds 后才会被认为是可用状态，之后才开始 Scale Down。MinReadySeconds 相当于观察期，防止新创建的 Pod 发生崩溃，进而影响服务的可用性，保证在更新过程中的稳定性。

在测试过程中，用户可以将 MinReadySeconds 的值调高，人为减缓滚动更新的进度，以方便使用 kubectl get rs -w 命令观察滚动更新的过程。

4.4.2 ReplicaSet

1. ReplicaSet 概述

ReplicaSet 的用途是为指定的 Pod 维护一个副本（实例）数量稳定的集合。副本集将通过创建、删除 Pod 容器组来确保符合标签选择器的 Pod 数量等于 Replicas 指定的数量。当符合标签选择器的 Pod 数量不够时，ReplicaSet 通过 Template 中的定义来创建 Pod。在 Kubernetes 中，并不建议用户直接使用 ReplicaSet，推荐使用 Deployment，由 Deployment 创建和管理 ReplicaSet。

2. ReplicaSetSpec 字段说明

ReplicaSetSpec 中的字段是 DeploymentSpec 中字段的子集。

- Replicas：期望副本数。
- MinReadySeconds：新创建的 Pod 在没有任何容器崩溃的情况下应准备就绪的最小秒数，以使其被视为可用。默认为 0（Pod 准备就绪后即被视为可用）。
- Selector：标签选择器，必须和 PodTemplate 的标签匹配。
- Template：描述被 Deployment 管理的 Pod。

ReplicaSetSpec 的代码示例如下。

代码路径：pkg/apis/apps/types.go

```
Plain Text

type ReplicaSetSpec struct {
 Replicas *int32
 MinReadySeconds int32
 Selector *metav1.LabelSelector
```

```
  Template v1.PodTemplateSpec
}
```

3. 同步副本操作

ReplicaSet 控制器负责调谐 ReplicaSet 的状态。其中，manageReplicas 函数是核心的实现，完成同步副本操作。该函数计算当前副本数和期望副本数的差值，如果当前副本数比期望副本数少，则调用 slowStartBatch 函数来并发、分批地创建副本。但如果当前副本数比期望副本数多，则删除多余的副本。同步副本操作流程如图 4-18 所示。

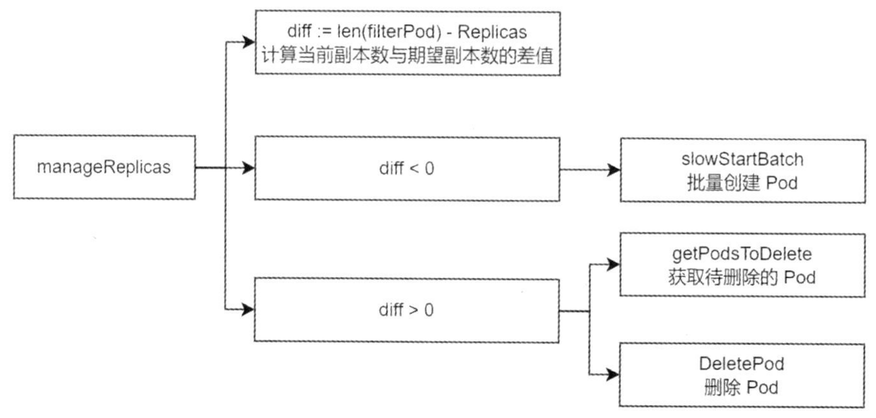

图 4-18 同步副本操作流程

同步副本操作的代码示例如下。

代码路径：pkg/controller/replicaset/replica_set.go

```
Plain Text
func (rsc *ReplicaSetController) manageReplicas(...) error {
  // 计算当前副本数与期望副本数的差值
  diff := len(filteredPods) - int(*(rs.Spec.Replicas))
  rsKey, err := controller.KeyFunc(rs)
  // 如果差值小于 0，则说明需要创建副本
  if diff < 0 {
    diff *= -1
    // 最大不能超过 500，单次创建不能超过 500
    if diff > rsc.burstReplicas {
   diff = rsc.burstReplicas
    }
    ...
    // 调用 slowStartBatch 函数来并发、分批地创建 Pod，返回成功实例化 Pod 的数量
    success, er := slowStartBatch(diff, controller.SlowStartInitialBatchSize, func() {
   err := rsc.podControl.CreatePods(...)
   ...
    })
    ...
    // 如果差值大于 0，则说明当前副本数超过了期望副本数，需要删除多余的副本
  } else if diff > 0 {
    if diff > rsc.burstReplicas {
   diff = rsc.burstReplicas
    }
```

```
    // 获取可以被清理的 Pod
    podsToDelete := getPodsToDelete(filteredPods, relatedPods, diff)
    ...
    // 并发删除 Pod，如果删除成功，则将 Expectation 的 del 字段减 1
    var wg sync.WaitGroup
    wg.Add(diff)
    for _, pod := range podsToDelete {
   go func(targetPod *v1.Pod) {
      defer wg.Done()
      // 删除 Pod
      if err := rsc.podControl.DeletePod(...); err != nil {

        }
      }
   }(pod)
    }
    wg.Wait()
  }
  return nil
}
```

4. 慢启动批量创建 Pod

slowStartBatch 函数用来并发、分批地创建 Pod。从一组 initialBatchSize 开始，initialBatchSize 默认为 1，开始时速度较慢以检查错误，如果调用成功则加速，按照 2、4、8、16、……指数级增长来创建 Pod。如果批次中有任何失败，则在当前批次完成后跳过所有剩余批次，返回函数的成功调用次数。

核心逻辑如下。

- 初始化 initialBatchSize 为 1，for 循环初始化 batchSize 为 initialBatchSize。
- 外层 for 循环中下一轮的递推公式为 batchSize = 2 * batchSize，即以指数增长。
- 内层 for 循环遍历 batchSize，并且启动单独的协程并发创建 Pod。

慢启动批量创建 Pod 的代码示例如下。

代码路径：pkg/controller/replicaset/replica_set.go

```
Plain Text
func slowStartBatch(count int, initialBatchSize int, fn func() error) (int, error) {
  remaining := count
  successes := 0
  for batchSize := integer.IntMin(remaining, initialBatchSize); batchSize > 0; batchSize
= integer.IntMin(2*batchSize, remaining) {
    errCh := make(chan error, batchSize)
    var wg sync.WaitGroup
    wg.Add(batchSize)
    // 遍历 batchSize
    for i := 0; i < batchSize; i++ {
   // 并发创建 Pod
   go func() {
     defer wg.Done()
     if err := fn(); err != nil {
       errCh <- err
     }
```

```
    }()
    }
    wg.Wait()
    curSuccesses := batchSize - len(errCh)
    successes += curSuccesses
    if len(errCh) > 0 {
   return successes, <-errCh
    }
    remaining -= batchSize
  }
  return successes, nil
}
```

5．创建 Pod 的逻辑

slowStartBatch 函数最后一个参数传入的回调函数是创建 Pod 的实现逻辑，先根据 ReplicaSetSpec 中的 Template 构造 Pod 对象，再调用 client-go 库中创建 Pod 的接口真正创建 Pod。创建 Pod 的流程如图 4-19 所示。

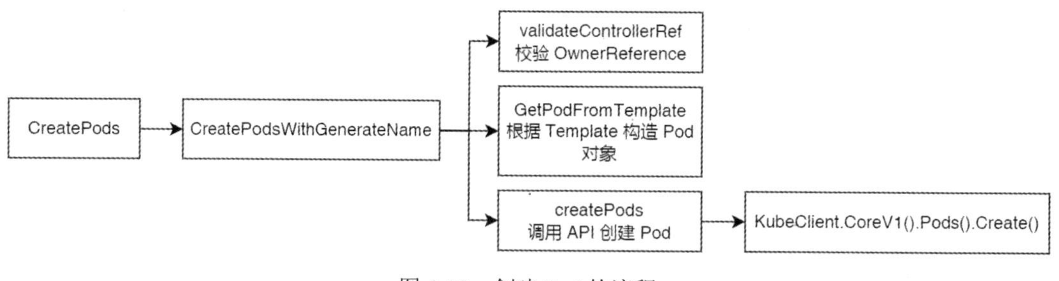

图 4-19　创建 Pod 的流程

4.4.3　StatefulSet

1．StatefulSet 概述

StatefulSet 用于管理有状态的应用程序。与其他工作负载（如 Deployment 和 ReplicaSet）最主要的区别在于，它要求被管理的 Pod 具有稳定的网络标识符和存储卷，以便实现有状态应用的数据持久化和数据访问。

StatefulSet 在管理 Pod 时，会确保 Pod 有一个按顺序增长的 ID。与 Deployment 类似，StatefulSet 基于一个 Pod 模板管理 Pod。与 Deployment 最大的不同在于，StatefulSet 始终将一系列不变的名字分配给 Pod。这些 Pod 使用同一个模板创建，但是并不能相互替换，每个 Pod 都对应一个特有的持久化存储标识。

2．StatefulSet 使用场景

对于有以下要求的应用程序，StatefulSet 非常适用。

- 具有稳定、唯一的网络标识（DNS Name）。
- 每个 Pod 始终对应各自的存储路径（PersistantVolumeClaimTemplate）。
- 按顺序增加副本、减少副本，并且在减少副本时执行清理。
- 按顺序自动地执行滚动更新。

如果一个应用程序不需要稳定的网络标识，或者不需要按顺序部署、增加、删除副本，则应该考虑使用 Deployment 这类无状态（Stateless）的控制器。

StatefulSet 的限制如下。

- Pod 的存储要么由 Storage Class 对应的 PersistentVolume Provisioner 提供，要么由集群管理员事先创建。
- 删除或缩容一个 StatefulSet 将不会删除其对应的数据卷，这样做是为了保证数据安全。
- 在删除 StatefulSet 时，无法保证 Pod 的终止是正常的。如果需要按顺序优雅地终止 StatefulSet 中的 Pod，则可以在删除 StatefulSet 前将其 Scale Down 到 0。
- 在使用默认的 Pod Management Policy（OrderedReady）进行滚动更新时，可能会进入一个错误状态，并且需要人工介入才能修复。

在 StatefulSet 的正常操作中，永远不要强制删除 StatefulSet 管理的 Pod。StatefulSet 控制器负责创建、扩缩和删除 StatefulSet 管理的 Pod。它尝试确保指定数量的从序数 0 到 N-1 的 Pod 处于活跃状态且准备就绪。StatefulSet 确保在任何时候，集群中最多只有一个具有给定标识的 Pod，这就是由 StatefulSet 提供的至多一个（At Most One）Pod 的含义。

用户应谨慎进行手动强制删除操作，因为这可能会违反 StatefulSet 提供至多一个 Pod 的规则。StatefulSet 可用于运行分布式和集群级的应用，这些应用需要稳定的网络标识和可靠的存储。这些应用通常配置为具有固定标识、固定数量的成员集合。具有相同身份的多个成员可能是灾难性的，并且可能导致数据丢失（如票选系统中的脑裂场景）。

3. StatefulSetSpec 字段说明

StatefulSetSpec 数据结构定义了 StatefulSet 各个字段的含义，具体说明如下。

- Replicas：期望的 Pod 数量，默认为 1。
- Selector：标签选择器，必须和 PodTemplate 的标签匹配。
- Template：描述被 Deployment 管理的 Pod。
- VolumeClaimTemplates：允许 Pod 引用的 PVC 列表。
- ServiceName：管理此 StatefulSet 的服务的名称。
- PodManagementPolicy：StatefulSet 中管理 Pod 的方式，它的可选值为 OrderedReady 和 Parallel，默认为 OrderedReady。
- UpdateStrategy：在对 Template 进行修改时更新 StatefulSet 中 Pod 的策略。
- RevisionHistoryLimit：该字段用于限制 StatefulSet 对象的修订历史记录的数量。当更新 StatefulSet 时，Kubernetes 会记录先前版本的修订历史，以便可以回滚到先前的版本。
- MinReadySeconds：新创建的 Pod 在没有任何容器崩溃的情况下应准备就绪的最小秒数，以使其被视为可用。默认为 0（Pod 准备就绪后即被视为可用）。
- PersistentVolumeClaimRetentionPolicy：从 VolumeClaimTemplates 创建的持久卷声明的生命周期。在默认情况下，所有持久卷声明都根据需要创建并保留，直到被手动删除。此策略允许更改生命周期，例如，在删除 StatefulSet 或缩小其 Pod 时删除持久卷声明。该功能处于 alpha 阶段，需要启用 StatefulSetAutoDeletePVC 功能门控。

StatefulSetSpec 字段定义的代码示例如下。

代码路径：vendor/k8s.io/api/apps/v1/types.go

```
Plain Text
type StatefulSetSpec struct {
 Replicas *int32
 Selector *metav1.LabelSelector
```

```
 Template v1.PodTemplateSpec
 VolumeClaimTemplates []v1.PersistentVolumeClaim
 ServiceName string
 PodManagementPolicy PodManagementPolicyType
 UpdateStrategy StatefulSetUpdateStrategy
 RevisionHistoryLimit *int32
 MinReadySeconds int32
 PersistentVolumeClaimRetentionPolicy *StatefulSetPersistentVolumeClaimRetentionPolicy
}
```

4. Pod 管理策略

在 Kubernetes 1.7 及其后续版本中，用户可以为 StatefulSet 设置 podManagementPolicy 字段，以便继续使用 StatefulSet 唯一 ID 的特性，但禁用其有序创建和销毁 Pod 的特性。该字段的取值如下。

- OrderedReady：默认值。其对 Pod 的管理方式如下。
  - 在创建一个副本数为 N 的 StatefulSet 时，其 Pod 将被按{0,⋯,N-1}的顺序逐个创建。
  - 在删除一个副本数为 N 的 StatefulSet（或其中所有的 Pod）时，其 Pod 将按照相反的顺序（{N-1,⋯,0}）终止和删除。
  - 在对 StatefulSet 执行扩容（Scale Up）操作时，新增 Pod 所有的前序 Pod 必须处于 Running 或 Ready 状态。
  - 终止和删除 StatefulSet 中的某一个 Pod 时，该 Pod 所有的后序 Pod 必须全部已终止。
- Parallel：StatefulSet 控制器将并行创建或终止其所有的 Pod。此时 StatefulSet 控制器将不会逐个创建 Pod，等待 Pod 进入 Running 或 Ready 状态之后再创建下一个 Pod，也不会逐个终止 Pod。

为了让上面操作能够优雅地终止 Pod，一定不能将 Pod 的 pod.Spec.TerminationGracePeriodSeconds 设置为 0。这种做法是不安全的，强烈建议 StatefulSet 类型的 Pod 不要这样设置。优雅删除是安全的，并且会在 kubelet 从 API 服务器中删除资源名称之前确保优雅地结束 Pod。

5. Pod 更新策略

为了实现 StatefulSet 中有状态应用的升级和下线，Kubernetes 提供了两种不同的更新策略：OnDelete 和 RollingUpdate。

OnDelete 策略表示，当 StatefulSet 对象被更新时，先不会销毁任何 Pod，只有在手动删除一个 Pod 或整个 StatefulSet 对象时，才会按照新的定义创建新的 Pod。因此，在使用 OnDelete 策略时，每个 Pod 都有一个稳定的网络标识符来持久化存储，并且这些网络标识符只有在被手动删除时才会改变。而且，在使用 OnDelete 策略更新 StatefulSet 时，会同时更新所有的 Pod，因此更新速度较快。该策略实现了 StatefulSet 的遗留版本（Kubernetes 1.6 及以前的版本）的行为。

RollingUpdate 策略表示，逐步更新现有的 Pod，升级到新的 StatefulSet，使其状态稳定，这是 StatefulSet 默认的更新策略。在用户更新 StatefulSet 的 Template 字段时，StatefulSet 控制器将自动删除并重建 StatefulSet 中的每个 Pod。处理顺序如下。

- 从序号最大的 Pod 开始，逐个删除和更新每个 Pod，直到序号最小的 Pod 被更新。
- 当正在更新的 Pod 进入 Running 或 Ready 状态之后，才继续更新其前序 Pod。

使用 RollingUpdate 策略更新 StatefulSet 的速度会比较慢，并且每个 Pod 的网络标识符也可能会发生变化，因此需要确保应用能处理这种变化。

综上所述，OnDelete 和 RollingUpdate 策略的最大区别在于更新方式和网络标识符的稳定性。使用 OnDelete 策略更新 StatefulSet 的速度较快，但是需要手动删除 Pod 才能启用新的定义。而 RollingUpdate 策略逐步更新 Pod 使其状态稳定，但是更新速度较慢。用户需要根据应用的需求和实际情况来选择不同的更新策略。

StatefulSetUpdateStrategy 定义了 StatefulSet 中 Pod 的更新策略，包括两个字段：Type 和 RollingUpdate。Type 定义了新策略类型，有 OnDelete 和 RollingUpdate 两种取值；RollingUpdate 用于配置 RollingUpdate 策略的参数，只有更新策略类型为 RollingUpdate 时才有意义。

StatefulSet 更新策略的代码示例如下。

代码路径：vendor/k8s.io/api/apps/v1/types.go

```
Plain Text
type StatefulSetUpdateStrategy struct {
 Type StatefulSetUpdateStrategyType
 RollingUpdate *RollingUpdateStatefulSetStrategy
}

type StatefulSetUpdateStrategyType string

const (
  RollingUpdateStatefulSetStrategyType StatefulSetUpdateStrategyType = "RollingUpdate"
  OnDeleteStatefulSetStrategyType StatefulSetUpdateStrategyType = "OnDelete"
)
```

当使用默认的 Pod 管理策略（OrderedReady）时，很有可能会进入一种卡住的状态，需要人工干预才能修复。如果在更新 Pod 的 Template 字段后，Pod 始终不能进入 Running 或 Ready 状态（如镜像错误或应用配置错误），StatefulSet 将停止滚动更新并一直等待。此时，仅仅将 Template 字段回退到一个正确的配置仍然是不够的。由于一个已知的问题，StatefulSet 将继续等待出错的 Pod 进入 Ready 状态（该状态将永远无法出现），才尝试将该 Pod 回退到正确的配置。在修复 Template 字段以后，用户还必须删除所有已经尝试使用有问题的 Template 字段的 Pod。StatefulSet 此时才会开始使用修复了的 Template 字段来重建 Pod。

6. RollingUpdate 参数配置说明

当 StatefulSet 更新策略为 RollingUpdate 时，需要配合 RollingUpdate 字段中定义的配置使用，该字段包括两个配置，具体说明如下。

- Partition：指示 StatefulSet 应该被分区以进行更新的序号。在滚动更新期间，从序号 Replicas-1 到 Partition 的所有 Pod 都会更新。从序号 Partition-1 到 0 的所有 Pod 保持不变。这有助于进行基于金丝雀的部署。默认值为 0。
- MaxUnavailable：更新期间可能不可用的最大 Pod 数。值可以是绝对数字或百分比。绝对数字是通过四舍五入的百分比计算得出的。MaxUnavailable 不能为 0，默认为 1。此字段是 alpha 级别的，需要启用 MaxUnavailableStatefulSet 功能才能使用。该字段适用于 0 到 Replicas-1 范围内的所有 Pod。这意味着如果在 0 到 Replicas-1 范围内有任何不可用的 Pod，它将被计入 MaxUnavailable。

滚动更新参数配置的代码示例如下。

代码路径：vendor/k8s.io/api/apps/v1/types.go

```
Plain Text
type RollingUpdateStatefulSetStrategy struct {
 Partition *int32
 MaxUnavailable *intstr.IntOrString
}
```

4.4.4 DaemonSet

1. DaemonSet 概述

DaemonSet 控制器确保所有（或一部分）节点上运行了一个指定的 Pod 副本。当向集群中添加一个节点时，指定的 Pod 副本也将被添加到该节点上。当从集群中移除节点时，Pod 就被垃圾回收了。删除 DaemonSet 将会删除它创建的所有 Pod。

DaemonSet 的典型使用场景如下。

- 在每个节点上运行集群的存储守护进程，如 glusterd、ceph。
- 在每个节点上运行日志收集守护进程，如 fluentd、logstash。
- 在每个节点上运行监控守护进程，如 Prometheus Node Exporter。

在通常情况下，一个 DaemonSet 将覆盖所有的节点。一种复杂一点的用法是为某一类守护进程设置多个 DaemonSet，每个 DaemonSet 针对不同的硬件类型设置不同的内存、CPU 请求。

2. DaemonSetSpec 字段说明

DaemonSetSpec 中的字段与 DeploymentSpec 类似，唯一不同的是 UpdateStrategy 字段的类型是 DaemonSetUpdateStrategy。

- Selector：标签选择器，必须和 PodTemplate 的标签匹配。
- Template：描述被 Deployment 管理的 Pod。
- UpdateStrategy：用新 Pod 的更新策略替换现有 DaemonSet Pod 的更新策略。
- MinReadySeconds：新创建的 Pod 在没有任何容器崩溃的情况下应准备就绪的最小秒数，以使其被视为可用。默认为 0（Pod 准备就绪后将被视为可用）。
- RevisionHistoryLimit：用来允许回滚而保留的历史记录的数量，默认为 10。

DaemonSetSpec 的代码示例如下。

代码路径：vendor/k8s.io/api/apps/v1/types.go

```
Plain Text
type DaemonSetSpec struct {
 Selector *metav1.LabelSelector
 Template v1.PodTemplateSpec
 UpdateStrategy DaemonSetUpdateStrategy
 MinReadySeconds int32
 RevisionHistoryLimit *int32
}
```

3. DaemonSet 更新策略

DaemonSet 包括两种更新策略。

- RollingUpdate：默认策略，DaemonSet 控制器逐步对集群中所有 DaemonSet 的 Pod 进行替换，不需要用户手动删除 Pod。
- OnDelete：用户需要手动删除 Pod，才能创建新的 Pod。

DaemonSet 更新策略的代码示例如下。

代码路径：vendor/k8s.io/api/apps/v1/types.go

```
Plain Text
type DaemonSetUpdateStrategy struct {
   Type DaemonSetUpdateStrategyType
   RollingUpdate *RollingUpdateDaemonSet
}

type DaemonSetUpdateStrategyType string

const (
    RollingUpdateDaemonSetStrategyType DaemonSetUpdateStrategyType = "RollingUpdate"
    OnDeleteDaemonSetStrategyType DaemonSetUpdateStrategyType = "OnDelete"
)
```

4．滚动更新参数配置

DaemonSetUpdateStrategy 字段和 Deployment 的 DeploymentStrategy 字段相同，包括两个字段，说明如下。

- MaxUnavailable：更新期间不可用的 DaemonSet Pod 的最大数量。值可以是绝对数（如 5）或更新开始时 DaemonSet Pod 总数的百分比（如 10%）。绝对数是通过四舍五入的百分比计算得出的。如果 MaxSurge 为 0，则此值不能为 0，默认值为 1。
- MaxSurge：对拥有可用 DaemonSet Pod 的节点而言，在更新期间可以拥有更新后的 DaemonSet Pod 的最大节点数。值可以是绝对数量（如 5）或所需 DaemonSet Pod 的百分比（如 10%）。如果 MaxUnavailable 为 0，则该值不能为 0。绝对数是通过四舍五入从百分比计算得出的，最小值为 1，默认值为 0。

```
Plain Text
type RollingUpdateDaemonSet struct {
  MaxUnavailable *intstr.IntOrString
  MaxSurge *intstr.IntOrString
}
```

5．节点 Pod 同步

DaemonSet 控制器负责管理所有的 DaemonSet 对象，其中，syncNodes 函数负责其关键实现。

- 创建 Template 信息并为节点设置容忍。
- 慢启动以指数增长速度创建缺失的 Pod（这部分逻辑同 ReplicaSet）。
  - 设置 Pod 亲和性信息，确保 Pod 在节点上运行有且只有唯一一个实例。
  - 调用 CreatePods 函数创建 Pod。
- 调用 DeletePod 函数删除多余的 Pod。

节点 Pod 同步流程如图 4-20 所示。

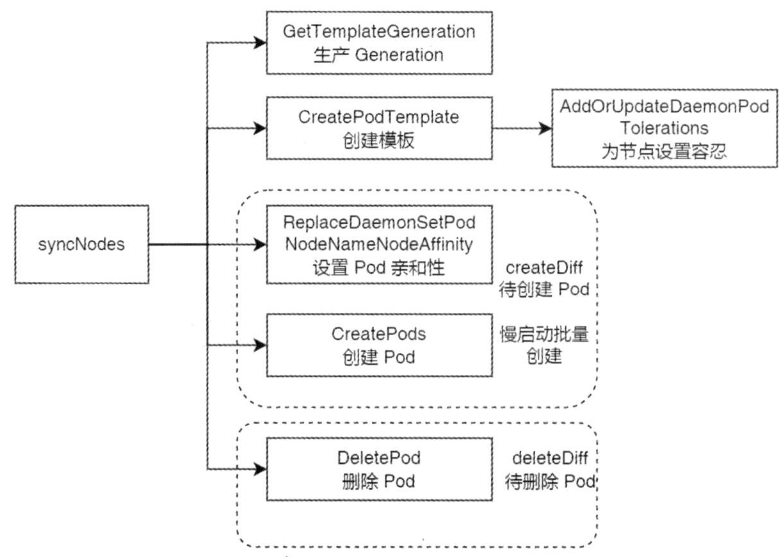

图 4-20　节点 Pod 同步流程

6. 污点和容忍

在调度 DaemonSet 的 Pod 时，会考量污点和容忍，同时，表 4-2 中的容忍（Toleration）将被自动添加到 DaemonSet 的 Pod 中。

表 4-2　DaemonSet 中自动添加的容忍

容忍	影响	描述
node.kubernetes.io/not-ready	NoExecute	节点出现问题时（如网络故障），DaemonSet 容器组将不会从节点上被驱逐
node.kubernetes.io/unreachable	NoExecute	节点出现问题时（如网络故障），DaemonSet 容器组将不会从节点上被驱逐
node.kubernetes.io/disk-pressure	NoSchedule	节点有内存压力时，DaemonSet 容器组将不会从节点上被驱逐
node.kubernetes.io/memory-pressure	NoSchedule	节点有磁盘压力时，DaemonSet 容器组将不会从节点上被驱逐
node.kubernetes.io/unschedulable	NoSchedule	默认调度器针对 DaemonSet 容器组，容忍节点的 unschedulable 属性
node.kubernetes.io/network-unavailable	NoSchedule	默认调度器针对 DaemonSet 容器组，在其使用 host network 时，容忍节点的 network-unavailable 属性
node.kubernetes.io/pid-pressure	NoSchedule	当节点有 PID 压力时，DaemonSet 容器组将不会从节点上被驱逐

在调度 DaemonSet 的 Pod 时，污点和容忍的代码示例如下。

代码路径：pkg/controller/daemon/util/daemonset_util.go

```
Plain Text
func AddOrUpdateDaemonPodTolerations(spec *v1.PodSpec) {
   v1helper.AddOrUpdateTolerationInPodSpec(spec, &v1.Toleration{
      Key:     v1.TaintNodeNotReady,
      Operator: v1.TolerationOpExists,
      Effect:  v1.TaintEffectNoExecute,
```

```
  })
  ...
}
```

7. 调度亲和性配置

使用 DaemonSet 控制器中的 ReplaceDaemonSetPodNodeNameNodeAffinity 函数，将 Pod 的 nodeAffinity 设置为硬亲和性（requiredDuringSchedulingIgnoredDuringExecution），匹配条件为 Hostname，最终生成的亲和性配置如下。

```
Plain Text
nodeAffinity:
 requiredDuringSchedulingIgnoredDuringExecution:
 - nodeSelectorTerms:
    matchExpressions:
    - key: kubernetes.io/hostname
   operator: in
   values:
   - <hostname>
```

4.4.5　Job

1. Job 概述

Job 会创建一个或多个 Pod，并将持续重试 Pod 的执行，直到指定数量的 Pod 成功终止。随着 Pod 成功终止，Job 跟踪记录成功完成的 Pod 个数。当数量达到指定的成功个数时，任务（Job）结束。删除 Job 的操作会清除 Job 创建的全部 Pod。挂起 Job 的操作会删除 Job 的所有活跃 Pod，直到 Job 再次恢复执行。

Job 在 AI 模型训练等场景下最基础的实现版本就是拉起一个 Job 来完成一次训练任务，之后才是各种自定义 Job 实现进阶处理。例如，分布式训练需要一个 Job 同时拉起多个 Pod，但是每个 Pod 的启动参数会有差异。

用户可以使用 Job 以并行的方式运行多个 Pod。如果用户想按某种排期表（Schedule）运行 Job（单个任务或多个并行任务），则可以使用 CronJob。

2. JobSpec 字段说明

JobSpec 定义了 Job 各个字段的含义，具体说明如下。

- Parallelism：并行度，指定 Job 在任何给定时间应运行的最大所需的 Pod 的数量。
- Completions：完成数量，指定作业应该运行的成功完成的 Pod 的数量。设置为 nil 表示任何 Pod 的成功完成都标志着所有 Pod 的成功完成，并且允许并行度具有任何正值。设置为 1 意味着并行度限制为 1，并且 Pod 的成功完成标志着作业的成功完成。
- ActiveDeadlineSeconds：指定 Job 的最长允许耗时，挂起状态会暂停计时。ActiveDeadlineSeconds 的值必须是正整数。
- PodFailurePolicy：指定处理失败 Pod 的策略。它允许指定采取相关行动需要满足的行动和条件。如果为空，则应用默认行为，由作业的.status.failed 字段表示的失败 Pod 计数器递增，并且根据 BackoffLimit 检查它。该字段不能与 restartPolicy=OnFailure 结合使用。该字段是 alpha 级别的，如果使用此字段，则必须启用 JobPodFailurePolicy 功能门控（在默认情况下此功能门控被禁用）。

- BackoffLimit：重试次数，超过之后，Job 被设置为 failed，默认值为 6，也就是 Pod 失败后可以重试 6 次。
- Selector：标签选择器。
- ManualSelector：配置开启自定义 Selector 功能，在绝大多数情况下不需要，也不要去配置。这是一个 bool 类型的值，也就是设置为 true 后才能通过 Selector 来覆盖默认的行为。
- Template：描述执行作业时将创建的 Pod。
- TTLSecondsAfterFinished：限制已完成执行（完成或失败）的作业的生命周期。如果设置了该字段，则在 Job 完成后的 TTLSecondsAfterFinished 时间段内有资格被自动删除。当作业被删除时，它的生命周期保证（如终结器）将得到执行。如果未设置此字段，则不会自动删除作业。如果将此字段设置为 0，则作业可以在完成后立即被删除。
- CompletionMode：指定如何跟踪 Pod 完成。可以是 NonIndexed 或 Indexed，默认为 NonIndexed。NonIndexed 意味着当成功完成的 Pod 数量达到.spec.completions 设置的值时，认为 Job 已经完成。每个 Pod 完成都是同源的。Indexed 意味着一个 Job 的 Pod 关联一个从 0 到.spec.completions – 1 的索引，该值存储在 batch.kubernetes.io/job-completion-index 这个注解中，Pod 上的每个索引全部完成才认为 Job 完成。
- Suspend：配置挂起一个 Job，挂起操作会直接删除所有运行中的 Pod，并且重置 Job 的 StartTime，暂停 ActiveDeadlineSeconds 计时器。

Job 中 Pod 的 RestartPolicy 只能设置为 Never 和 OnFailure。如果设置成 Always，则成死循环了。

JobSpec 的代码示例如下。

代码路径：vendor/k8s.io/api/batch/v1/types.go

```
Plain Text

type JobSpec struct {
 Parallelism *int32
 Completions *int32
 ActiveDeadlineSeconds *int64
 PodFailurePolicy *PodFailurePolicy
 BackoffLimit *int32
 Selector *metav1.LabelSelector
 ManualSelector *bool
 Template corev1.PodTemplateSpec
 TTLSecondsAfterFinished *int32
 CompletionMode *CompletionMode
 Suspend *bool
}
```

3. Job 中的并发

Job 从并发角度可以分为 3 类。

1）无并发

- 同一时间只启动一个 Pod，这个 Pod 失败了才会启动另外一个 Pod。
- 当有一个 Pod 成功结束时，整个 Job 结束。

- 这时候不需要设置.spec.completions 和.spec.parallelism，也就是使用默认值 1。

2）指定完成数量

- 将.spec.completions 设置为正整数。
- 成功结束的 Pod 数量达到.spec.completions 指定的数量时，Job 结束。
- 可以指定.spec.completionMode=Indexed，这时 Pod Name 会有编号，从 0 开始。反之，在默认情况下，Pod Name 是随机值。另外，当配置.spec.completionMode=Indexed 时还有给 Pod 加上 batch.kubernetes.io/job-completion-index 注解和 JOB_COMPLETION_INDEX=job-completion-index 环境变量的行为。
- 设置了.spec.completions 后，可以选择性设置.spec.parallelism 来控制并发度。例如，将.spec.completions 设置为 10，.spec.parallelism 设置为 3，Job 控制器就会在 10 个 Pod 成功前，尽量保持并发度为 3 来拉起 Pod。

3）工作队列

- 不指定.spec.completions，将.spec.parallelism 设置为一个非负整数（设置为 0 相当于挂起）。
- 可以通过 MQ 等方式管理工作队列，每个 Pod 独立工作，能够判断整个任务是否完成。如果一个 Pod 成功退出，则表示整个任务结束了，这时不会再创建新的 Pod，整个 Job 也就结束了。

4．索引 Job

通常，当使用 Job 来运行分布式任务时，用户需要一个单独的系统来为 Job 的不同工作 Pod 分配任务。例如，设置一个工作队列，逐一给 Pod 分配任务。Kubernetes v1.21 版本新增的 Indexed Job 会给每个任务分配一个数值索引，并且通过 annotation batch.kubernetes.io/job-completion-index 暴露给每个 Pod。使用方法为在 JobSpec 中设置 completionMode: Indexed。

5．自定义 Pod 失效策略

PodFailurePolicy 是 1.25 版本新增的一个 alpha 特性，它描述失败的 Pod 如何影响 BackoffLimit。为什么需要支持该特性呢？目前，运行由数千个节点上的数千个 Pod 组成的大型计算工作负载需要使用 Pod 重启策略来解决基础设施发生故障的问题。Kubernetes Job API 提供了一种设置 BackoffLimit > 0 的机制，但是此机制指示 Job 控制器重启所有失败的 Pod，无论失败的根本原因是什么。在某些情况下，这会导致许多 Pod 不必要地重启，从而浪费时间和计算资源。此外，还可能在程序执行时间的后期发生故障，使重启成本更高。

有时可以从容器退出代码确定失败的根本原因在可执行文件中，并且无论重试多少次，该作业注定失败。然而，由于大量工作负载通常安排在夜间或周末运行，因此没有人工协助以提前终止此类工作。

该特性允许一些确定由基础设施错误引起的 Pod 故障，并且在不增加 BackoffLimit 计数器的情况下重试它们。此外，该特性允许一些确定由软件错误引起的 Pod 故障，并且提前终止相关作业。这是为了节省时间和计算资源。总之，定义 Pod 失效策略主要有以下用途。

- 避免不必要的 Pod 重试以更好地利用计算资源。
- 避免由于 Pod 干扰（如抢占、API 发起的驱逐或基于污点的驱逐）而造成的 Job 失败。

PodFailurePolicy 中的 Rules 字段对应 Pod 故障策略规则列表。按顺序进行评估，一旦规则匹配到 Pod 故障，其余规则将被忽略。当没有规则匹配 Pod 故障时，将使用默认处理方法，将 BackoffLimit 计数器递增，并根据 BackoffLimit 检查它。规则相关字段说明如下。

- Action：指定满足要求时对失败的 Pod 采取的操作，可选的值如下。
  - FailJob：表示 Pod 的作业被标记为失败且所有正在运行的 Pod 都被终止。
  - Ignore：表示 BackoffLimit 计数器没有递增，并且创建了一个新 Pod 替换失败的 Pod。
  - Count：表示以默认方式处理 Pod，BackoffLimit 计数器递增，附加值被认为在未来添加。客户端应该通过跳过规则来对未知操作做出反应。
- OnExitCodes：表示对容器退出码的要求。
- OnPodConditions：表示 Pod Condition 的匹配条件，最多允许 20 个元素。

自定义 Pod 失效策略 PodFailurePolicy 的代码示例如下。

代码路径：pkg/apis/batch/types.go

```
Plain Text
type PodFailurePolicy struct {
   Rules []PodFailurePolicyRule
}

type PodFailurePolicyRule struct {
  Action PodFailurePolicyAction
  OnExitCodes *PodFailurePolicyOnExitCodesRequirement
  OnPodConditions []PodFailurePolicyOnPodConditionsPattern
}
```

6. 已完成 Job 的 TTL 机制

完成的 Job 通常不需要留存在系统中，在系统中一直保留它们会给 API 服务器带来额外的压力。Job 的默认删除策略是 OrphanDependents，即在 Job 被完全删除后保留创建的 Pod，即使控制平面最终在 Pod 失效或完成后对已删除 Job 中的这些 Pod 执行垃圾收集操作。这些残留的 Pod 有时可能会导致集群性能下降，或者在最坏的情况下会导致集群因性能下降而离线。

Kubernetes 提供了一种 TTL 机制可以实现自动删除已完成 Job。通过设置 Job 的 TTLSecondsAfterFinished 字段，TTL 控制器会自动清理已结束的资源。TTL 控制器在删除 Job 时，会级联删除 Job 对象。换言之，它会删除所有依赖的对象，包括 Pod 和 Job 本身。如果将该字段设置为 0，则 Job 在结束之后立即成为可被自动删除的对象。如果没有设置该字段，则 Job 不会在结束之后被 TTL 控制器自动清理。

4.4.6 CronJob

1. CronJob 概述

CronJob 按照预定的时间计划（Schedule）创建 Job。一个 CronJob 对象类似于 crontab（cron table）文件中的一行记录。该对象根据 Cron 格式定义的时间计划，周期性地创建 Job 对象。

2. CronJob 的限制

CronJob 在时间计划中每次执行时，因为 Job 创建失败、执行失败等各种原因，所以创建的 Job 并不是唯一的。尽管 Kubernetes 尽最大可能避免这种情况的出现，但是并不能杜绝此现象。因此，Job 程序必须是幂等的。当以下两个条件都满足时，Job 将至少运行一次。

- StartingDeadlineSeconds 被设置为一个较大的值，或者不设置该值（默认值将被采用）。
- ConcurrencyPolicy 被设置为 Allow。

对于每个 CronJob，CronJob 控制器将检查自上一次执行的时间点到现在为止错过了多少次执行。如果错过的执行次数超过了 100，则不再创建 Job 对象。

非常重要的一点是，如果设置了 StartingDeadlineSeconds，CronJob 控制器将按照从 StartingDeadlineSeconds 秒之前到现在为止的时间段来计算错过的执行次数，而不是按照从上一次执行的时间点到现在为止的时间段来计算错过的执行次数。例如，如果 StartingDeadlineSeconds 被设置为 200，则控制器将计算过去 200 秒内错过的执行次数。

CronJob 在其计划的时间点应该创建 Job 却创建失败，此时认为 CronJob 错过了一次执行。例如，如果 ConcurrencyPolicy 被设置为 Forbid 且 CronJob 上一次创建的 Job 仍然在运行，此时 CronJob 再次遇到一个新的计划执行的时间点并尝试创建一个 Job，则此次创建将失败，并且认为错过了一次执行。

3. CronJobSpec 字段说明

CronJobSpec 定义了 CronJob 中各个字段的含义，具体说明如下。

- Schedule：Cron 格式的时间计划。
- TimeZone：给定时间表的时区名称，这是 beta 字段，必须通过 CronJobTimeZone 功能门控启用。
- StartingDeadlineSeconds：Job 由于某种原因错过预定时间，开始运行 Job 的截止时间（以秒为单位）。错过的 Job 运行将被认为是失败的。
- ConcurrencyPolicy：指定如何处理 Job 的并发执行。可选值有 Allow（允许）、CronJobs（同时运行）、Forbid（禁止并发运行，如果上一次运行还没有完成，则跳过下一次运行）、Replace（取消当前正在运行的 Job 并将其替换为新 Job），默认值为 Allow。
- Suspend：该标志告诉控制器暂停后续运行，它不适用于已经开始的运行，默认值为 false。
- JobTemplate：指定将在执行 CronJob 时创建的 Job。
- SuccessfulJobsHistoryLimit：要保留的成功完成的 Job 的数量，值必须是非负整数，默认值为 3。
- FailedJobsHistoryLimit：要保留的失败的已完成 Job 的数量，值必须是非负整数，默认值为 1。

CronJobSpec 的代码示例如下。

代码路径：vendor/k8s.io/api/batch/v1/types.go

```
Plain Text
type CronJobSpec struct {
 Schedule string
 TimeZone *string
 StartingDeadlineSeconds *int64
 ConcurrencyPolicy ConcurrencyPolicy
 Suspend *bool
 JobTemplate JobTemplateSpec
```

```
  SuccessfulJobsHistoryLimit *int32
  FailedJobsHistoryLimit *int32
}
```

4. Cron 时间表语法

Schedule 字段是必需的。该字段的值遵循 Cron 语法，格式如下。

```
Plain Text
# ┌───────────分钟(0 ~ 59)
# │ ┌───────────小时(0 ~ 23)
# │ │ ┌───────────月的某天(1 ~ 31)
# │ │ │ ┌───────────月份(1 ~ 12)
# │ │ │ │ ┌───────────周的某天(0 ~ 6)(周日到周一。在某些系统上，7 也是星期日)
# │ │ │ │ │          或者是 sun、mon、tue、wed、thu、fri、sat
# │ │ │ │ │
# │ │ │ │ │
# * * * * *
```

5. 任务延迟开始的最后期限

StartingDeadlineSeconds 字段表示任务由于某种原因错过了调度时间，开始该任务的截止时间。过了截止时间，CronJob 就不会开始该任务了（未来的任务仍在调度之中）。例如，如果每天运行两次备份任务，则可能会允许它最多延迟 8 小时开始，但不能更晚，因为更晚进行的备份将变得没有意义，宁愿等待下一次任务的运行。

对于错过已配置的最后期限的 Job，Kubernetes 将视其为失败的任务。如果没有为 CronJob 指定 StartingDeadlineSeconds，则 Job 没有截止时间。如果设置了 StartingDeadlineSeconds 字段，则 CronJob 将会计算从预期创建 Job 到当前时间的时间差。如果时间差大于该限制，则跳过此次执行。

6. 并发性规则

ConcurrencyPolicy 声明了 CronJob 创建的任务在执行时发生重叠应如何处理。ConcurrencyPolicy 包括以下可选值。

- Allow（默认）：CronJob 允许并发任务执行。
- Forbid：CronJob 不允许并发任务执行。如果新任务的执行时间到了而旧任务没有执行完，则 CronJob 会忽略新任务的执行。
- Replace：如果新任务的执行时间到了而旧任务没有执行完，CronJob 会用新任务替换当前正在执行的任务。

请注意，并发性规则仅适用于相同 CronJob 创建的任务。如果有多个 CronJob，则它们相应的任务总是允许并发执行的。

7. 时区

对于没有指定时区的 CronJob，kube-controller-manager 使用本地时区，即 Master 节点的时区。1.25 版本的 CronJobTimeZone 功能处于 beta 阶段，如果启用了 CronJobTimeZone 特性门控，则可以为 CronJob 指定一个时区。如果没有启用该特性门控，或者使用的是不支持试验性时区功能的 Kubernetes 版本，则集群中所有 CronJob 的时区都是未指定的。

启用该特性后，用户可以将 TimeZone 设置为有效时区名称。例如，设置 timeZone: "Etc/UTC"表示 Kubernetes 采用 UTC 来解释排期表。

4.5　发现和负载均衡资源

4.5.1　Service

1. Service 概述

在 Kubernetes 中，Pod 是随时可以消亡的（节点故障、容器内应用程序错误等原因）。如果使用 Deployment 运行应用程序，则 Deployment 将会在 Pod 消亡后创建一个新的 Pod 以维持所需要的副本数。每个 Pod 有自己的 IP 地址，然而，对 Deployment 而言，Pod 集合是动态变化的，这个现象导致了服务调用者不知道将请求发送到哪个 IP 地址，Service 就是为了解决这个问题。

在 Kubernetes 中，Service 是一个 API 对象，通过定义 Service，可以将符合 Service 指定条件的 Pod 作为可通过网络访问的服务提供给服务调用者。Service 作为 Kubernetes 中的一种服务发现机制，提供以下能力。

- Pod 有自己的 IP 地址。
- Service 被赋予一个唯一的 DNS Name。
- Service 通过标签选择器选定一组 Pod。
- Service 实现负载均衡，可以将请求均衡分发到选定的一组 Pod 中。

2. ServiceSpec 字段说明

ServiceSpec 定义了 Service 各个字段的含义，具体说明如下。

- Ports：Service 对外暴露的端口列表。
- Selector：将服务流量路由到具有与此标签选择器匹配的标签键和值的 Pod。如果为空或不存在，则假定该 Service 有一个外部进程管理其端点，而 Kubernetes 不会对其进行修改。仅适用于 ClusterIP、NodePort 和 LoadBalancer 类型。如果为 ExternalName 类型，则忽略。
- ClusterIP：Service 的 IP 地址，通常是随机分配的。如果一个 IP 地址是手动指定的，在系统配置范围内，并且没有被使用，则它将被分配给 Service；否则 Service 将创建失败。此字段不能通过更新来更改，除非将类型字段也更改为 ExternalName（这要求此字段为空）或类型字段从 ExternalName 更改（在这种情况下，可以选择指定此字段，如上所述）。有效值为 None、空字符串("")或有效的 IP 地址。将此字段设置为 None 会产生无头服务 HeadlessService（无虚拟 IP 地址），这在直接连接端点且不需要代理时很有用。仅适用于 ClusterIP、NodePort 和 LoadBalancer 类型。如果在创建 ExternalName 类型的 Service 时指定了该字段，则创建失败。将 Service 更新为 ExternalName 类型时将擦除此字段。
- ClusterIPs：分配给 Service 的 IP 地址列表，该字段最多可以包含两个条目（双栈 IP，以任意顺序排列）。这些 IP 地址必须与 IPFamilies 字段的值对应。ClusterIPs 和 IPFamilies 都由 IPFamilyPolicy 字段管理。
- Type：Service 的暴露方式，默认为 ClusterIP。有效的选项有 ExternalName、ClusterIP、NodePort 和 LoadBalancer。ClusterIP 表示分配一个集群内部 IP 地址用于端点的负载平衡。

端点由标签选择器确定，如果未指定，则由手动构造的 Endpoints 对象或 EndpointSlice 对象确定。如果 ClusterIP 为 None，则不分配虚拟 IP 地址，并且端点作为一组端点而不是虚拟 IP 地址发布。NodePort 建立在 ClusterIP 之上，并且在每个节点上分配一个端口，该端口路由到与 ClusterIP 相同的端点。LoadBalancer 建立在 NodePort 之上，并且创建一个外部负载均衡器（如果当前云支持），它路由到与 ClusterIP 相同的端点。ExternalName 将此 Service 的别名设置为指定的 ExternalName。其他几个字段不适用于 ExternalName 类型的 Service。

- ExternalIPs：一个 IP 地址列表，集群中的节点也将接收该 Service 的流量。这些 IP 地址不受 Kubernetes 管理。用户负责确保流量到达具有此 IP 地址的节点。一个常见的例子是不属于 Kubernetes 的外部负载均衡器。
- SessionAffinity：用于维护会话关联，支持 ClientIP 和 None。当设置为 ClientIP 时，会启用基于客户端 IP 地址的会话关联。默认为 None
- LoadBalancerIP：仅适用于 LoadBalancer 类型，该特性取决于底层 cloud-provider 是否支持在创建负载均衡器时指定 LoadBalancerIP。如果云提供商不支持该功能，则该字段将被忽略。已弃用，此字段信息不足，其含义因实现而异，并且不支持双栈。从 Kubernetes v1.24 版本开始，鼓励用户在可用时使用特定于实现的注释。在未来的 API 版本中可能会删除此字段。
- LoadBalancerSourceRanges：如果设置了此字段且被平台支持，则云提供商负载均衡器的流量将被限制到指定的客户端 IP 地址。如果云提供商不支持该功能，则该字段将被忽略。
- ExternalName：发现机制将返回的外部引用，作为 Service 的别名（如 DNS CNAME 记录）。
- ExternalTrafficPolicy：描述了节点如何在 Service 的“面向外部”地址（NodePorts、ExternalIPs 和 LoadBalancerIPs）之一上分配它们接收到的服务流量。如果设置为 Local，则代理将假定外部负载平衡器负责平衡节点之间的服务流量来配置 Service，因此每个节点将仅向 Service 的节点的本地端点传送流量，无须伪装客户端源 IP 地址（错误地发送到没有端点的节点的流量将被丢弃）。如果使用默认值 Cluster 则使用标准行为将流量均匀路由到所有端点（可能由拓扑和其他功能修改）。请注意，从集群内部发送到外部 IP 地址或 LoadBalancer IP 地址的流量将始终获得 Cluster 语义，但从集群内部发送到 NodePort 的客户端在选择节点时可能需要考虑流量策略。
- HealthCheckNodePort：指定 Service 的健康检查节点端口。这仅在将 Type 设置为 LoadBalancer 且将 ExternalTrafficPolicy 设置为 Local 时适用。如果指定了一个值，该值在范围内且未被使用，则使用该值。如果未指定，则自动分配一个值。外部系统（如负载均衡器）可以使用此端口来确定给定节点是否包含此 Service 的端点。如果在创建不需要它的 Service 时指定了该字段，则创建失败。当更新服务不再需要它时（如更改类型），该字段将被擦除。该字段一旦设置就无法更新。
- PublishNotReadyAddresses：指示是否忽略未就绪的 Pod。默认为 false，即需要 Pod 完全就绪，才能追加到 Endpoint 就绪列表中开始承接流量。如果设置为 true，则 Pod 在未就绪时就会追加到 Endpoint 就绪列表中开始承接流量。此字段的主要使用场景是 StatefulSet 的无头服务为其 Pod 传播 SRV DNS 记录以实现对等发现。

- SessionAffinityConfig：包含会话亲和性的配置。
- IPFamilies：分配给此 Service 的 IP 系列（如 IPv4、IPv6）的列表。该字段通常根据集群配置和 IPFamilyPolicy 字段自动分配。如果手动指定该字段，请求的 Family 在集群中可用，并且 IPFamilyPolicy 允许，则使用；否则 Service 的创建将失败。该字段的修改是有条件的，它允许添加或删除辅助 IP 系列，但不允许更改 Service 的主要 IP 系列。有效值为 IPv4 和 IPv6。该字段仅适用于 ClusterIP、NodePort 和 LoadBalancer 类型的 Service，并且适用于无头服务。将 Service 更新为 ExternalName 类型时将擦除此字段。此字段最多可以包含两个条目（双栈系列，顺序不限）。如果指定，则这些系列必须对应于 ClusterIPs 字段的值。ClusterIPs 和 IPFamilies 都由 IPFamilyPolicy 字段管理。
- IPFamilyPolicy：表示此 Service 请求或要求的双栈。如果未提供任何值，则此字段将设置为 SingleStack。Service 可以是 SingleStack（单个 IP 系列）、PreferDualStack（双栈配置集群上的两个 IP 系列或单栈集群上的单个 IP 系列）或 RequireDualStack（双栈上的两个 IP 系列配置集群，否则失败）。IPFamilies 和 ClusterIPs 字段取决于该字段的值。将 Service 更新为 ExternalName 类型时将擦除此字段。
- AllocateLoadBalancerNodePorts：定义是否会自动为 LoadBalancer 类型的 Service 分配 NodePorts，默认为 true。如果集群负载均衡器不依赖于 NodePorts，则可以设置为 false。如果调用者请求特定的 NodePorts（通过指定一个值），则无论这个字段如何，这些请求都会被接受。此字段只能为 LoadBalancer 类型的 Service 设置，如果将类型更改为任何其他类型，则该字段将被清除。
- LoadBalancerClass：Service 所属的负载均衡器实现的类。如果指定，则该字段的值必须是标签样式的标识符，带有可选前缀，如 internal-vip 或 example.com/internal-vip。没有前缀的名称是为最终用户保留的。此字段只能在 Service 为 LoadBalancer 类型时设置。如果未设置，则使用默认负载均衡器实现。如果设置，则假定负载均衡器实现正在监视具有匹配类的 Service。任何默认的负载均衡器实现（如云提供商）都应该忽略设置该字段的 Service。此字段只能在创建或更新 Service 时设置为 LoadBalancer 类型。一旦设置，就不能更改。当将 Service 更新为非 LoadBalancer 类型时，该字段将被擦除。
- InternalTrafficPolicy：描述了节点如何分配它们在 ClusterIP 上收到的服务流量。如果设置为 Local，则代理将假定 Pod 只想与其位于同一节点上的服务端点通信。如果没有本地端点，则丢弃流量。如果使用默认值 Cluster，则使用标准行为将流量均匀路由到所有端点（可能由拓扑和其他功能修改）。

ServiceSpec 中各个字段对应的代码示例如下。

代码路径：vendor/k8s.io/api/core/v1/types.go

```
Plain Text
type ServiceSpec struct {
 Ports []ServicePort
 Selector map[string]string
 ClusterIP string
 ClusterIPs []string
 Type ServiceType
 ExternalIPs []string
 SessionAffinity ServiceAffinity
 LoadBalancerIP string
```

```
  LoadBalancerSourceRanges []string
  ExternalName string
  ExternalTrafficPolicy ServiceExternalTrafficPolicyType
  HealthCheckNodePort int32
  PublishNotReadyAddresses bool
  SessionAffinityConfig *SessionAffinityConfig
  IPFamilies []IPFamily
  IPFamilyPolicy *IPFamilyPolicy
  AllocateLoadBalancerNodePorts *bool
  LoadBalancerClass *string
  InternalTrafficPolicy *ServiceInternalTrafficPolicyType
}
```

3. 服务类型

Types 允许指定所需要的服务类型，可选的服务类型有 4 种：ClusterIP、NodePort、LoadBalancer、ExternalName。Type 字段被设计为嵌套的形式，每个级别都建立在前一个级别的基础上。这并不是所有云提供商都严格要求的（如 Google Compute Engine 不需要分配节点端口来使 LoadBalancer Service 工作，但另一个云提供商集成可能会这样做）。虽然不需要严格的嵌套，但是 Service 的 Kubernetes API 设计需要它。

1）ClusterIP

ClusterIP 是最常用的服务类型，也是默认的服务类型，还是 NodePort、LoadBalancer 这两种类型的 Service 的基础。对于 ClusterIP Service，Kubernetes 会为 Service 分配一个被称为 CLUSTER-IP 的虚拟 IP 地址（VIP）。

ClusterIP 是单独的 IP 网段，区别于宿主机节点 IP 网段和 Pod IP 网段，也是在集群初始化时定义的。ClusterIP Service 的域名解析的结果就是这个 VIP，请求会先经过 VIP，再由 kube-proxy 分发到各个 Pod 上。如果 Kubernetes 使用了 ipvs，则可以在宿主机节点上使用 ipvsadm 命令来查看这些负载均衡的转发规则。ClusterIP Service 还会创建对应域名所属的 SRV 记录，SRV 记录中的端口为 ClusterIP 的端口。

ClusterIP Service 的优点是有 VIP 位于 Pod 前面，可以有效避免直接进行 DNS 解析带来的各类问题。它的缺点也很明显，当请求量大的时候，kube-proxy 的处理性能会首先成为整个请求链路的瓶颈，也可能出现 gRPC 等长链接负载均衡不生效等问题。

2）NodePort

NodePort 通过每个节点上的 IP 地址和静态端口（NodePort）暴露 Service。NodePort Service 不仅在 Kubernetes 集群内暴露，还可以对外提供。

Kubernetes 控制平面将在--service-node-port-range 标志指定的范围内分配端口（30000～32767），用户可以通过 NodePort 字段查看已分配的端口，每个节点上分配的端口号相同，通过请求任意一个节点 IP 地址的指定端口来访问 Service。NodePort Service 的请求路径是从 Kubernetes 节点的 IP 地址直接到 Pod，并不会经过 ClusterIP，但是转发逻辑依旧是由 kube-proxy 实现的。

NodePort Service 域名解析的结果是一个 CLUSTER-IP，在集群内部请求的负载均衡逻辑和实现与 ClusterIP Service 是一致的。

NodePort 类型的 Service 的优点是可以将 Service 通过 Kubernetes 自带的功能非常简单地

暴露到集群外部。缺点也很明显：NodePort 本身的端口具有限制（数量和选择范围都有限），当请求量大的时候，kube-proxy 的处理性能会产生瓶颈；在访问时与节点 IP 地址强绑定不利于节点 IP 地址频繁变动的场景。

3）LoadBalancer

LoadBalancer 使用云提供商的负载均衡器对外部暴露 Service。外部负载均衡器可以将流量路由到自动创建的 NodePort Service 和 ClusterIP Service 上。LoadBalancer 服务类型是 Kubernetes 对集群外暴露 Service 的最高级、最优雅的方式，也是门槛最高的方式。

LoadBalancer 服务类型需要 Kubernetes 集群支持一个云原生的 LoadBalancer，这部分功能 Kubernetes 本身没有实现，而是由云提供商/第三方实现。因此，云环境的集群可以直接使用云厂商提供的 LoadBalancer，当然也有一些开源的云原生 LoadBalancer，如 MetalLB、OpenELB、PureLB 等。

LoadBalancer Service 域名解析的结果是一个 CLUSTER-IP，LoadBalancer 类型的 Service 同时会分配一个 EXTERNAL-IP，集群外的机器可以通过这个 EXTERNAL-IP 来访问 Service。

LoadBalancer Service 在默认情况下会同时创建 NodePort，也就是说一个 LoadBalancer 类型的 Service 同时是一个 NodePort Service，也是一个 ClusterIP Service。一些云原生 LoadBalancer 可以通过指定 allocateLoadBalancerNodePorts: false 来拒绝创建 NodePort Service。

LoadBalancer Service 的优点是方便、高效、适用场景广泛，几乎可以覆盖所有对外的服务暴露。缺点是成熟可用的云原生 LoadBalancer 不多，实现门槛较高。

4）ExternalName

ExternalName 通过返回 CNAME 记录和对应值，可以将 Service 映射到 ExternalName 字段的内容，无须创建任何类型代理。

4. Headless Service

可以将 spec.clusterIP 的值设置为 None 以创建 Headless Service。此时该 Service 域名解析的结果就是这个 Service 关联的所有 Pod IP 地址。在使用该域名访问时，请求会直接到达 Pod。这时相当于仅使用了 DNS 解析做负载均衡，并没有使用 Kubernetes 内置的 kube-proxy 进行负载均衡。

5. 各种 Port 的区别

在配置 Kubernetes 中的工作负载和 Service 时，经常会碰到各种名字中带有 Port 的配置项，这也是容易让人混淆的概念，这里主要介绍一下 containerPort、nodePort、port、和 targetPort 这 4 个概念。

- containerPort：和其余 3 个概念不属于同一个维度，containerPort 主要在工作负载中配置，其余 3 个都是在 Service 中配置的。containerPort 主要作用于 Pod 内部的容器，用来告知 Kubernetes 这个容器内部提供 Service 的端口。因此，理论上 containerPort 应该和容器内部实际监听的端口一致，才能确保 Service 正常。但是实际上由于各个 CNI 的实现不同及 Kubernetes 配置的网络策略存在差异，containerPort 的作用并不明显，很多时候配置错误或不配置也能正常工作。
- nodePort：只存在于 Loadbalancer 和 NodePort 类型的 Service 中，用于指定 Kubernetes

集群的宿主机节点的端口，集群外部可以通过 NodeIP:nodePort 来访问某个 Service。

- port：只作用于 CLUSTER-IP 和 EXTERNAL-IP，也就是对 Loadbalancer、NodePort 和 ClusterIP 类型的 Service 都有作用。Kubernetes 集群内部可以通过 CLUSTER-IP:port 来访问某个 Service，集群外部可以通过 EXTERNAL-IP:port 来访问某个 Service。
- targetPort：Pod 的外部访问端口，port 和 nodePort 的流量会参照对应的 ipvs 规则转发到 Pod 的这个端口，数据的转发路径如下。
  - NodeIP:nodePort→PodIP:targetPort。
  - CLUSTER-IP:port→PodIP:targetPort。
  - EXTERNAL-IP:port→PodIP:targetPort。

在实际使用时，最好确保 targetPort、containerPort 和 Pod 里运行程序实际监听的端口保持一致，以确保请求的数据转发链路正常。

6. Service 和 Pod 的 DNS

Kubernetes 为 Service 和 Pod 创建 DNS 记录，可以使用一致的 DNS 名称而非 IP 地址访问 Service。Kubernetes 发布有关 Pod 和 Service 的信息，这些信息被用来对 DNS 进行编程。kubelet 配置 Pod 的 DNS，以便运行中的容器可以通过名称而不是 IP 地址来查找 Service。

集群中定义的 Service 被赋予 DNS 名称。在默认情况下，客户端 Pod 的 DNS 搜索列表会包含 Pod 自身的命名空间和集群的默认域。

7. ExternalTrafficPolicy

ExternalTrafficPolicy 表示此 Service 是否希望将外部流量路由到节点本地或集群范围的端点。其有两个可用选项：Cluster（默认）和 Local。Cluster 隐藏了客户端源 IP 地址，可能导致第二跳跳转到另一个节点上，但具有良好的整体负载分布。Local 保留客户端源 IP 地址并避免 LoadBalancer 和 NodePort 类型 Service 的第二跳，但存在潜在的不均衡流量传播风险。

Local 模式只有 Pod 所在的节点可以承接流量，其他节点无法承接流量。Cluster 模式不管哪个节点都可以承接流量，会先将流量正确路由到其他节点上，再找到相应的 Pod。底层实际上是根据不同的参数生成不同的 iptables 规则实现的。ExternalTrafficPolicy 的 Local 模式与 Cluster 模式如图 4-21 所示。

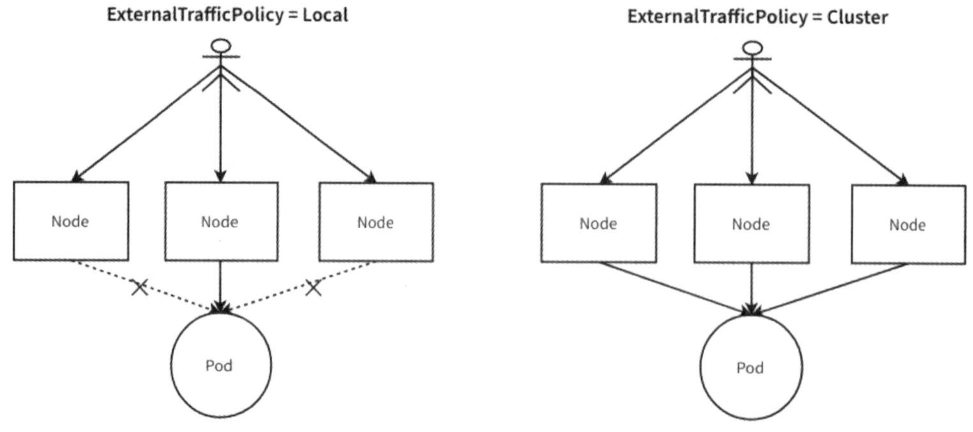

图 4-21　ExternalTrafficPolicy 的 Local 模式与 Cluster 模式

4.5.2　Ingress

1. Ingress 概述

Ingress 是对集群中服务的外部访问进行管理的 API 对象，典型的访问方式是 HTTP。Ingress 可以提供负载均衡、SSL 终结和基于名称的虚拟托管。Ingress 公开从集群外部到集群内服务的 HTTP 和 HTTPS 路由。流量路由由 Ingress 资源上定义的规则控制。

Ingress 可以为服务提供外部可访问的 URL、负载均衡流量、终止 SSL/TLS，以及基于名称的虚拟托管。Ingress 控制器通常负责通过负载均衡器来实现 Ingress，尽管它也可以配置边缘路由器或其他前端来帮助处理流量。

Ingress 不会随意公开端口或协议。当将 HTTP 和 HTTPS 以外的服务公开到 Internet 时，通常使用 Service.Type = NodePort 或 Service.Type = LoadBalancer 类型的 Service。

🔔注意：仅创建 Ingress 本身没有任何效果，必须拥有一个 Ingress 控制器才能满足 Ingress 的要求。用户可以从许多 Ingress 控制器中进行选择，如 ingress-nginx。在理想情况下，所有 Ingress 控制器都应符合参考规范。但实际上，不同的 Ingress 控制器操作略有不同。

2. IngressSpec 字段说明

IngressSpec 定义了 Ingress 各个字段的含义，具体说明如下。

- IngressClassName：集群中支持部署多个 Ingress 控制器，该字段用来声明应该使用哪种 Ingress 控制器。该字段用于替代早期 kubernetes.io/ingress.class 注解的功能。新创建的 Ingress 资源应该优先使用该字段。出于向后兼容性的原因，虽然注解的方式被正式弃用，但 Ingress 控制器仍然能支持并识别注解的配置方式。
- DefaultBackend：处理不匹配任何规则的请求的后端。如果未指定规则，则必须指定 DefaultBackend。如果未设置 DefaultBackend，则不匹配任何规则的请求将由 Ingress 控制器处理。
- TLS：TLS 配置，目前 Ingress 只支持一个 TLS 端口 443。如果这个列表的多个成员指定的主机不同，且实现入口的入口控制器支持 SNI，则将根据 SNI TLS 扩展指定的主机名在同一端口上复用。
- Rules：配置 Ingress 的主机规则列表。如果未指定或没有规则匹配，则所有流量都将发送到默认后端。

IngressSpec 的代码示例如下。

代码路径：vendor/k8s.io/api/networking/v1/types.go

```
Plain Text
type IngressSpec struct {
 IngressClassName *string
 DefaultBackend *IngressBackend
 TLS []IngressTLS
 Rules []IngressRule
}
```

3. Ingress 控制器概述

为了让 Ingress 资源工作，集群必须有一个正在运行的 Ingress 控制器。与作为 kube-controller-manager 可执行文件的一部分运行的其他类型的控制器不同，Ingress 控制器不是随集群自动启动的。

业界有很多种控制器实现，用户可以结合自身的业务特点和使用场景选择最合适集群的 Ingress 控制器实现。Kubernetes 官方目前支持和维护的控制器包括 Ingress-nginx-controller、aws-load-balancer-controller、ingress-gce。后两个主要运用于 AWS EKS 和 Google GCE 托管集群，而 Ingress-nginx-controller 适用于各种集群。

此外，还有一些第三方项目提供的控制器。例如，基于 Envoy 做流量代理的 Contour、Ambassador、Gloo 等；基于 HAProxy 的 HAProxy 控制器、Voyager 等；基于 Kong、Traefik 等七层代理的其他控制器等。

除了流量代理的组件不同，各个控制器组件的架构也不同。例如，Ingress-nginx 控制器采用数据平面和控制平面运行在同一个进程中的架构，而 Contour 等控制器采用数据平面和控制平面分离的架构。其中，数据平面 Contour 进程只负责将 Ingress YAML 文件转换为控制平面可以识别的格式，即 Envoy 中的各种 XDS；控制平面 Envoy 作为单独的进程运行，控制平面与数据平面通过 gRPC 协议进行通信。

4. Ingress-nginx

Ingress-nginx 是 Kubernetes 官方维护的、使用非常广泛的 Ingress 控制器。Ingress 控制器的原理就是根据配置的 Ingress 资源文件，生成 nginx.conf 文件。

为了防止 Ingress 资源文件中的错误配置被添加到集群中，进而被控制器生成错误的 nginx.conf 文件而影响流量，Ingress-nginx 使用了一个准入控制服务以确保传入的 Ingress 资源的有效性。准入控制服务根据传入的 Ingress 资源生成一个临时的 nginx.conf 文件，并且执行 nginx -t 命令验证语法是否正确，错误的 Ingress 资源文件将提示准入错误，无法被保存到 Kubernetes 集群的 etcd 中，从而避免错误的配置对已有的配置造成影响。

Ingress-nginx 使用 lua-nginx-module 模块实现 Pod IP 地址频繁变化但是不需要频繁重新加载 Nginx。在每个端点更改时，Ingress-nginx 先从它看到的所有服务中获取端点并生成相应的后端对象，再将这些对象发送到在 Nginx 中运行的 Lua 处理程序。Lua 处理程序依次将这些后端对象存储在共享内存区域中。在上下文中运行的 Lua 处理程序 balancer_by_lua 会检测每个请求应该从哪些端点选择上游对等点，并且应用配置的负载平衡算法来选择对等点。之后 Nginx 会处理剩下的事情。这样我们就可以避免在端点更改时重新加载 Nginx。但是，这种避免重新加载 Nginx 的优化，仅包括影响 Nginx 中 upstream 配置的更改。在一个经常部署应用程序的相对较大的集群中，这种优化可以节省大量的重新加载 Nginx 的时间，否则会影响响应延迟、负载平衡质量（每次重新加载 Nginx 后都会重置负载平衡状态）等。

由于使用了动态配置 upstream 的能力，进入 ingress-nginx 的 Pod 中查看 nginx.conf 文件时，无法看到 Pod IP 地址的相关信息，不方便定位问题。用户可以通过执行 curl -s http://127.0.0.1:10246/configuration/backends 命令查看当时动态生成的完整的 Pod IP 地址信息。

目前生成的配置是通过 Go Template 方式生成的有且仅有一个 nginx.conf 文件，包含完整的配置信息，并且没有将多个 Ingress 拆分为多个 conf 文件并使用 include 的方式包含进来。

4.5.3 Endpoints

1. Endpoints 概述

Endpoints 定义了网络端点的列表，通常由 Service 引用，定义可以将流量发送到哪些 Pod。Kubernetes 限制单个 Endpoints 对象中可以容纳的端点数量。当一个 Service 有超过 1000 个后备端点时，Kubernetes 会截断 Endpoints 对象中的数据。

2. Endpoints 字段说明

Endpoints 是根据 Service 资源生成的，并不像其他资源一样有独立的 EndpointsSpec 字段，它只有一个 Subsets 字段，包含所有已经就绪的端点的集合。Subsets 是 EndpointSubset 数组类型的。EndpointSubset 字段说明如下。

- Addresses：提供标记为就绪的相关端口的 IP 地址。这些端点对负载均衡器和客户端来说应该被认为是安全的。内部字段包括 Pod IP 地址、Pod 主机名、Node 主机名、该地址所属的 Pod 信息。
- NotReadyAddresses：提供当前未标记为就绪的相关端口的 IP 地址，因为它们尚未完成启动或未通过健康检查。
- Ports：相关 IP 地址上可用的端口号信息，内部字段包括端口名称、端口值、端口协议、应用协议。

Endpoints 的代码示例如下。

代码路径：vendor/k8s.io/api/core/v1/types.go

```
Plain Text
type Endpoints struct {
 metav1.TypeMeta
 metav1.ObjectMeta
 Subsets []EndpointSubset
}

type EndpointSubset struct {
 Addresses []EndpointAddress
 NotReadyAddresses []EndpointAddress
 Ports []EndpointPort
}
```

3. Endpoints 初始化

Endpoint 控制器监听 Service 和 Pod 的变化，先根据 Service 中指定的 LabelSelector 筛选符合条件的 Pod，再根据以下两个条件判断将 Pod 对应的端点加入 Addresses 还是 NotReadyAddresses。

- 如果将 service.Spec.PublishNotReadyAddresses 设置为 true，则不管 Pod 是否已经就绪，都始终将 Pod IP 地址直接加入 Addresses。
- 如果将 service.Spec.PublishNotReadyAddresses 设置为 false（默认值），则调用 podutil.IsPodReady 判断 Pod 就绪状态，将已就绪的 Pod 加入 Addresses，未就绪的 Pod 加入 NotReadyAddresses。

Endpoints 初始化的代码示例如下。

代码路径：pkg/controller/endpoint/endpoints_controller.go

```
Plain Text

func addEndpointSubset(...) ([]v1.EndpointSubset, int, int) {
  ...
  // 如果设置了 service.Spec.PublishNotReadyAddresses = true，则忽略 Pod 是否已经就绪
  // 或者如果 Pod 已经就绪，则追加到 Addresses
  if tolerateUnreadyEndpoints || podutil.IsPodReady(pod) {
    subsets = append(subsets, v1.EndpointSubset{
      Addresses: []v1.EndpointAddress{epa},
      Ports:    ports,
    })
    readyEps++
  // 否则追加到 NotReadyAddresses
  } else {
    klog.V(5).Infof("Pod is out of service: %s/%s", pod.Namespace, pod.Name)
    subsets = append(subsets, v1.EndpointSubset{
      NotReadyAddresses: []v1.EndpointAddress{epa},
      Ports:        ports,
    })
    notReadyEps++
  }
  return subsets, readyEps, notReadyEps
}
```

4．追加注解和标签

Endpoints 对象在生成过程中，会根据不同的情况追加注解和标签。Endpoints 对象中追加的注解如表 4-3 所示。

表 4-3　Endpoints 对象中追加的注解

注解 key	注解 value	说明
endpoints.kubernetes.io/over-capacity	truncated	当 Endpoints 对象超过 1000 个地址的最大容量时会被截断，同时添加该注解
endpoints.kubernetes.io/last-change-trigger-time	时间戳	表示某些 Pod 或 Service 最后一次更改触发了 Endpoints 对象更改的时间戳。例如，如果 Pod 或 Service 在时间 T0 发生变化，Endpoint 控制器在 T1 观察到该变化，并且 Endpoints 对象在 T2 发生变化，则该值将被设置为 T0

Endpoints 中追加的标签如表 4-4 所示。

表 4-4　Endpoints 中追加的标签

标签 key	注解 value	说明
service.kubernetes.io/headless	""	Headless Service 对应的 Endpoints

4.5.4　EndpointSlice

1．EndpointSlice 概述

原来的 Endpoints API 提供了在 Kubernetes 中跟踪网络端点的一种简单而直接的方法。随

着 Kubernetes 集群和服务逐渐开始为更多的后端 Pod 处理和发送请求，原来的 Endpoints API 的局限性变得越来越明显，最明显的就是由于要处理大量网络端点而带来的挑战。

因为 Service 的所有网络端点都保存在同一个 Endpoints 对象中，所以这个 Endpoints 对象可能变得巨大。对于保持稳定的服务（长时间使用同一组端点），影响不太明显。即便如此，Kubernetes 的一些使用场景也没有得到很好的服务。当某 Service 存在很多后端端点且该工作负载频繁扩缩或上线新更改时，该 Service 的单个 Endpoints 对象的每次更新（在控制平面内及在节点和 API 服务器之间）都意味着 Kubernetes 集群组件之间会产生大量流量。这种额外的流量在 CPU 使用方面也有开销。

Kubernetes 的 EndpointSlice API 提供了一种简单而直接的方法来跟踪 Kubernetes 集群中的网络端点。EndpointSlices 为 Endpoints 提供了一种可扩缩和可扩展的替代方案。在使用 EndpointSlices 时，如果添加或移除单个 Pod，则正在监视变更的客户端会触发相同数量的更新，但这些更新消息的大小在大规模场景中要小得多。EndpointSlices 还支持围绕双栈网络和拓扑感知路由等新功能的创新。

EndpointSlice 包含对一组网络端点的引用。控制平面会自动为设置了选择算符的 Service 创建 EndpointSlice。这些 EndpointSlice 将包含对与 Service 选择算符匹配的所有 Pod 的引用。EndpointSlice 通过唯一的协议、端口号和 Service 名称将网络端点组织在一起。EndpointSlice 的名称必须是合法的 DNS 子域名。

在默认情况下，控制平面创建和管理的 EndpointSlice 将包含不超过 100 个端点。用户可以使用 kube-controller-manager 的--max-endpoints-per-slice 标志设置此值，最大值为 1000。当涉及如何路由内部流量时，EndpointSlice 可以充当 kube-proxy 的决策依据。

2. EndpointSlice 字段说明

EndpointSlice 字段说明如下。

- AddressType：指定 EndpointSlice 携带的地址类型。切片中的所有地址必须是同一类型。该字段在创建后是不可变的。目前支持以下地址类型。
  - IPv4：表示一个 IPv4 地址。
  - IPv6：表示一个 IPv6 地址。
  - FQDN：表示完全合格的域名。
- Endpoints：切片中唯一端点的列表，字段类型为 Endpoint。
- Ports：指定切片中每个端点公开的网络端口列表。每个端口必须有一个唯一的名称。当 Ports 为空时，表示没有定义端口。当一个端口被定义为 nil 端口值时，表示所有端口。每个切片最多可以包含 100 个端口。

EndpointSlice 的代码示例如下。

代码路径：pkg/apis/discovery/types.go

```
Plain Text
type EndpointSlice struct {
  metav1.TypeMeta
  metav1.ObjectMeta
  AddressType AddressType
  Endpoints []Endpoint
  Ports []EndpointPort
}
```

3．Endpoint 字段说明

Endpoint 表示实现了 Service 的单个逻辑后端，包含的字段信息如下。

- Addresses：端点对应的地址列表。
- Conditions：当前端点的状态信息。
- Hostname：端点的主机名。
- TargetRef：对表示此端点的 Kubernetes 对象的引用。
- DeprecatedTopology：包含 v1beta1 API 的拓扑信息部分。此字段已弃用。
- NodeName：端点所在的节点。
- Zone：此端点所在的区域的名称。
- Hints：应该如何使用端点的提示描述，用于实现拓扑感知提示功能。

Endpoint 的代码示例如下。

代码路径：vendor/k8s.io/api/discovery/v1/types.go

```
Plain Text
type Endpoint struct {
 Addresses []string
 Conditions EndpointConditions
 Hostname *string
 TargetRef *v1.ObjectReference
 DeprecatedTopology map[string]string
 NodeName *string
 Zone *string
 Hints *EndpointHints
}

type EndpointHints struct {

 ForZones []ForZone
}

// 提示此端点应被使用的区域以启用拓扑感知路由
type ForZone struct {
 // 区域名称
 Name string
}
```

4．拓扑感知提示

拓扑感知提示提供了一种将流量限制在它的发起区域之内的机制，这个概念一般被称为拓扑感知路由。在计算 Service 的端点时，EndpointSlice 控制器会评估每个端点的拓扑（地域和区域），填充提示字段，并且将其分配到某个区域。集群组件，如 kube-proxy，就可以使用这些提示信息来影响流量的路由（倾向于拓扑上相邻的端点）。

用户可以通过将 Service 的注解 service.kubernetes.io/topology-aware-hints 的值设置为 auto 来激活拓扑感知提示功能，告诉 EndpointSlice 控制器在它认为安全的时候来设置拓扑感知提示。但是，这并不能保证一定会设置拓扑感知提示。

此特性启用的功能分为两个组件：EndpointSlice 控制器和 kube-proxy。EndpointSlice 控制器负责在 EndpointSlice 上设置拓扑感知提示。EndpointSlice 控制器按比例给每个区域分配一定比例的端点，这个比例来源于此区域中运行节点的可分配 CPU 核心数。例如，如果一个区域拥有两个 CPU 核心，而另一个区域只有一个 CPU 核心，则 EndpointSlice 控制器将为有两个 CPU 核心的区域分配两倍数量的端点。kube-proxy 依据 EndpointSlice 控制器设置的拓扑感知提示，过滤由它负责路由的端点。在大多数场合，这意味着 kube-proxy 可以把流量路由到同一个区域的端点。但是有时候，EndpointSlice 控制器也会从某个不同的区域分配端点，以确保在多个区域之间更平均地分配端点，这会导致部分流量被路由到其他区域。

为 EndpointSlice 设置拓扑感知提示，首先根据 Pod 所在的节点上的名为 topology.kubernetes.io/zone 的标签获取区域信息，然后经过一系列处理，最后将处理后的信息设置为 Hints 字段中的值。为 EndpointSlice 设置拓扑感知提示的代码示例如下。

代码路径：pkg/controller/endpointslice/utils.go

```
Plain Text
// pkg/controller/endpointslice/utils.go
func podToEndpoint(...) {
    ...
    // 获取 Node 的"topology.kubernetes.io/zone"标签值
    if node != nil && node.Labels[v1.LabelTopologyZone] != "" {
       zone := node.Labels[v1.LabelTopologyZone]
       ep.Zone = &zone
    }
    ...
}

// pkg/controller/endpointslice/topologycache/topologycache.go
func (t *TopologyCache) AddHints(...){
    ...
    slice.Endpoints[i].Hints = &discovery.EndpointHints{ForZones:
[]discovery.ForZone{{Name: *endpoint.Zone}}}
}
```

5．复制功能

应用程序有时可能会创建自定义的 Endpoints 资源，为了避免应用程序在创建 Endpoints 资源时再去创建 EndpointSlice 资源，控制平面会自动将 Endpoints 资源复制为 EndpointSlice 资源。从 Kubernetes 1.19 版本默认开启此功能，但是以下情况不会自动进行复制。

- Endpoints 资源设置了 Label:endpointslice.kubernetes.io/skip-mirror=true。
- Endpoints 资源设置了 Annotation:control-plane.alpha.kubernetes.io/leader。
- Endpoints 资源对应的 Service 对象不存在。
- Endpoints 资源对应的 Service 资源设置了非空的 Selector。

一个 Endpoints 资源同时存在 IPv4 和 IPv6 地址类型时，会被复制为多个 EndpointSlice 资源，每种地址类型最多会被复制为 1000 个 EndpointSlice 资源。

6．数据分布管理机制

控制平面管理 EndpointSlice 中数据的机制是尽可能填满，但不会在多个 EndpointSlice 数据不均衡的情况下主动执行重新平衡（Rebalance）操作，步骤如下。

（1）遍历当前所有 EndpointSlice 资源，删除其中不需要的 Endpoints，更新已更改的匹配 Endpoints。

（2）遍历上一步中已更新的 EndpointSlice 资源，填充需要添加的新的 Endpoints。

（3）如果还有新的待添加的 Endpoints，则尝试将其添加到之前未更新的 EndpointSlice 资源中，或者尝试创建新的 EndpointSlice 资源并添加。

第（3）步优先考虑创建新的 EndpointSlice 而不是更新原 EndpointSlice。例如，如果要添加 10 个新的 Endpoints，则当前两个 EndpointSlice 资源各有 5 个剩余空间可用于填充时，系统会创建一个新的 EndpointSlice 资源来填充这 10 个 Endpoints。单个 EndpointSlice 资源创建优于对多个 Endpoints 的更新。以上操作主要是由于每个节点上运行的 kube-proxy 都会持久监控 EndpointSlice 资源的变化，以及更新 EndpointSlice 资源的成本很高，因为每次更新都需要控制平面将更新数据发送到每个 kube-proxy。上述管理机制的目的在于限制需要发送到每个节点的更新数据量，即使可能导致许多 EndpointSlice 资源未能填满。

7. 追加注解和标签

在 Endpoints 对象生成过程中，会根据不同的情况追加注解和标签。

EndpointSlice 追加的注解如表 4-5 所示。

表 4-5　EndpointSlice 追加的注解

注解 key	注解 value	说明
endpoints.kubernetes.io/last-change-trigger-time	时间戳	表示某些 Pod 或 Service 最后一次更改触发了 EndpointSlice 对象更改的时间戳

EndpointSlice 追加的标签如表 4-6 所示。

表 4-6　EndpointSlice 追加的标签

标签 key	注解 value	说明
kubernetes.io/service-name	Service 名称	指定该 EndpointSlice 对象所属的 Service
endpointslice.kubernetes.io/managed-by	endpointslice-controller.k8s.io	固定标签对，表明该对象被 EndpointSlice 控制器管理

4.5.5 NetworkPolicy

1. NetworkPolicy 概述

Kubernetes 的网络模型及各种网络方案的实现，都只关注容器之间网络的联通，并不关心容器之间网络的隔离。但是对于多租户，或者安全性要求较高的业务场景，必须考虑容器之间网络的隔离。在 Kubernetes 中，网络隔离能力的定义是依靠 NetworkPolicy 这种 API 对象来描述的。

NetworkPolicy 是一种以应用为中心的结构，用户通过它来设置如何允许 Pod 与网络上的各类网络实体（我们这里使用实体以避免过度使用端点、服务这类常用术语，这些术语在 Kubernetes 中有特定含义）通信。NetworkPolicy 适用于一端或两端与 Pod 的连接，与其他连接无关。

NetworkPolicy 的作用对象是 Pod，也可以作用于命名空间和集群的 Ingress、Egress 流量。NetworkPolicy 作用在 L3/4 层，即限制的是对 IP 地址和端口的访问。如果需要对应用层进行访问限制，则需要使用如 Istio 这类 Service Mesh。

仅创建一个 NetworkPolicy 对象而没有 NetworkPolicy 控制器来使它生效是没有任何作用的。Kubernetes 默认不安装 NetworkPolicy 控制器，要使用 NetworkPolicy，必须使用支持 NetworkPolicy 的网络解决方案。目前已经实现了 NetworkPolicy 的网络插件包括 Calico、Weave 和 kube-router 等项目，但是不包括 Flannel 项目。

2. Pod 的隔离类型

Pod 有两种隔离类型：出口的隔离和入口的隔离。它们涉及可以建立哪些连接。这里的隔离不是绝对的，而是意味着有一些限制。另外，非隔离方向意味着在所述方向上没有限制。这两种隔离（或不隔离）是独立声明的，并且都与从一个 Pod 到另一个 Pod 的连接有关。

在默认情况下，一个 Pod 的出口是非隔离的，即所有外向连接都是被允许的。如果有任何的 NetworkPolicy 选择 Pod 并在其 PolicyTypes 中包含 Egress，则该 Pod 是出口隔离的，我们称这种网络策略适用于该 Pod 的出口。当一个 Pod 的出口被隔离时，唯一允许的来自 Pod 的连接是适用于出口的 Pod 的某个 NetworkPolicy 的出口规则列表所允许的连接。这些出口规则列表的效果是相加的。

在默认情况下，一个 Pod 对入口是非隔离的，即所有入站连接都是被允许的。如果有任何的 NetworkPolicy 选择 Pod 并在其 PolicyTypes 中包含 Ingress，则该 Pod 是入口隔离的，我们称这种网络策略适用于该 Pod 的入口。当一个 Pod 的入口被隔离时，唯一允许进入该 Pod 的连接是来自该 Pod 节点的连接和适用于入口的 Pod 的某个 NetworkPolicy 的入口规则列表所允许的连接。这些入口规则列表的效果是相加的。

网络策略是相加的，所以不会产生冲突。如果网络策略适用于 Pod 某个特定方向的流量，Pod 在对应方向所允许的连接是适用的网络策略所允许的连接的集合。因此，评估的顺序不影响网络策略的结果。

要允许从源 Pod 到目的 Pod 的连接，源 Pod 的出口策略和目的 Pod 的入口策略都需要允许连接。如果任何一方不允许连接，则建立连接将会失败。

3. NetworkPolicySpec 字段说明

NetworkPolicySpec 定义了 NetworkPolicy 各个字段的含义，具体说明如下。

- PodSelector：选择要应用 NetworkPolicy 对象的 Pod。入口规则列表应用于此字段选择的任何 Pod。多个网络策略可以选择同一组 Pod。在这种情况下，每个入口规则都是相加组合的。该字段不是可选的，并且遵循标准标签选择器语义。一个空的 PodSelector 匹配当前命名空间中的所有 Pod。
- Ingress：应用于所选 Pod 的入口规则列表。如果没有选择 Pod 的网络策略（并且集群策略以其他方式允许流量），或者流量源是 Pod 的本地节点，或者流量匹配所有 NetworkPolicy 中的至少一个入口规则，则允许流量进入 PodSelector 与 Pod 匹配的 NetworkPolicy 对象。如果此字段为空，则 NetworkPolicy 不允许任何流量进入（并且仅用于确保它选择的 Pod 在默认情况下是隔离的）。
- Egress：应用于所选 Pod 的出口规则列表。如果没有选择 Pod 的网络策略（并且集群策略以其他方式允许流量），或者流量匹配 PodSelector 与 Pod 匹配的所有 NetworkPolicy 对象中至少一个出口规则，则允许传出流量。如果此字段为空，则 NetworkPolicy 会限制所有传出流量（并且仅用于确保默认情况下它选择的 Pod 是隔离的）。

- PolicyTypes：规则类型列表，有效选项为["Ingress"]、["Egress"]或["Ingress","Egress"]。如果不指定该字段，则默认存在基于 Ingress 或 Egress 的规则。假定包含出口部分的网络策略会影响出口，并且假定所有网络策略（无论是否包含入口部分）都会影响入口。如果仅编写出口策略，则必须明确指定 policyTypes ["Egress"]。同样，如果编写一个指定不允许出口的策略，则必须指定一个包含 Egress 的 PolicyTypes 值（因为这样的策略不会包含 Egress 部分，否则默认为["Ingress"])。

NetworkPolicySpec 的代码示例如下。

代码路径：vendor/k8s.io/api/networking/v1/types.go

```
Plain Text
type NetworkPolicySpec struct {
 PodSelector metav1.LabelSelector
 Ingress []NetworkPolicyIngressRule
 Egress []NetworkPolicyEgressRule
 PolicyTypes []PolicyType
}
```

4. NetworkPolicy 实现

支持 NetworkPolicy 的网络解决方案主要有两种典型的实现：iptables 和 eBPF。前者对 Pod 进行隔离，靠在宿主机上生成 NetworkPolicy 对应的 iptables 规则来实现；后者以可编程、稳定、高效、安全出名，被作为下一代网络、安全和监控的首选技术，Cilium 就以 eBPF 为核心推出了各种各样的功能。

以 Calico 为例，源码实现中会监听 NetworkPolicy 对象，经过一系列数据模型转换，最终 Felix 组件中的 PolicyManager 模块会将内部对象模型转换为 iptables 的链（Raw、Mangle、Filter），并且更新宿主机上的 iptables 规则。NetworkPolicy 在 Calico 中的实现流程如图 4-22 所示。

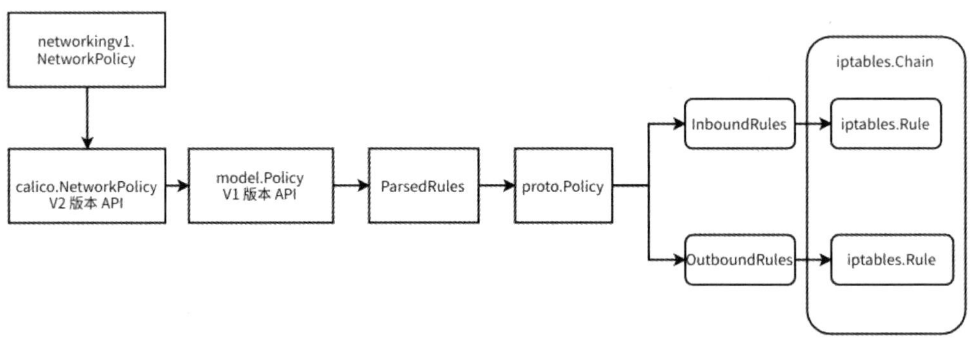

图 4-22　NetworkPolicy 在 Calico 中的实现流程

完整代码参考 Calico 官方代码，部分代码如下。

代码路径：felix/dataplane/linux/policy_mgr.go

```
Plain Text
func (m *policyManager) OnUpdate(msg interface{}) {
 switch msg := msg.(type) {
 case *proto.ActivePolicyUpdate:
   ...
   chains := m.ruleRenderer.PolicyToIptablesChains(...)
```

```
    ...
    // 设置 iptables 规则
    m.rawTable.UpdateChains(chains)
    m.mangleTable.UpdateChains(chains)
    m.filterTable.UpdateChains(chains)
  case *proto.ActivePolicyRemove:
    ...
    // 清空 iptables 规则
    m.filterTable.RemoveChainByName(inName)
    m.filterTable.RemoveChainByName(outName)
    m.mangleTable.RemoveChainByName(inName)
    m.mangleTable.RemoveChainByName(outName)
    m.rawTable.RemoveChainByName(inName)
    m.rawTable.RemoveChainByName(outName)
    ...
  }
}
```

4.6　配置和存储资源

4.6.1　卷

1. 卷概述

容器中的文件在磁盘上是临时存放的，这给在容器中运行的较重要的应用程序带来一些问题。第一个问题是当容器崩溃时，kubelet 会重启容器，但容器会以干净的状态重启，文件会丢失。第二个问题是难以实现在同一个 Pod 中运行多个容器并共享文件。卷这一抽象概念能够解决这两个问题。

Docker 也有卷的概念，但管理松散，不够系统化。Docker 卷是磁盘上或另外一个容器内的一个目录。Docker 提供卷驱动程序，但是其功能非常有限。

Kubernetes 支持很多类型的卷。Pod 可以同时使用任意数目的卷。临时卷的生命周期与 Pod 的相同，但持久卷可以比 Pod 的生命周期长。当 Pod 不再存在时，Kubernetes 会销毁临时卷，但不会销毁持久卷。对于给定 Pod 中任何类型的卷，在容器重启期间数据都不会丢失。

卷的核心是一个目录，其中可能存有数据，Pod 中的容器可以访问该目录中的数据。Kubernetes 根据卷的类型决定如何形成目录、使用哪种介质保存数据及目录中存放什么内容。在使用卷时，将.spec.volumes 字段设置为 Pod 提供的卷，并在.spec.containers[*].volumeMounts 字段中声明卷在容器中的挂载位置。容器中的进程看到的文件系统视图是由容器镜像的初始内容及挂载在容器中的卷（如果定义了）所组成的。其中，根文件系统和容器镜像的内容相吻合。任何在该文件系统下的写入操作，如果被允许，则都会影响接下来容器中进程访问文件系统时看到的内容。

卷挂载在镜像中的指定路径下，Pod 配置中的每个容器必须独立指定各个卷的挂载位置。卷不能挂载到其他卷上（不过存在 subPath 机制），也不能与其他卷有硬链接。

2. 卷的类型

卷有多种类型，常见的几种说明如下。

- emptyDir 卷：当 Pod 被分派到某个节点上时，emptyDir 卷会被创建，并且在 Pod 在该节点上运行期间，emptyDir 卷一直存在。emptyDir 卷最初是空的。尽管 Pod 中的容器挂载 emptyDir 卷的路径可能相同也可能不同，但这些容器都可以读/写 emptyDir 卷中相同的文件。当 Pod 因为某些原因被从节点上删除时，emptyDir 卷中的数据也会被永久删除。
- hostPath 卷：能将主机节点文件系统上的文件或目录挂载到 Pod 中。例如，运行一个需要访问 Docker 内部机制的容器，可以将 hostPath 卷挂载到/var/lib/docker 路径。
- configMap 卷：提供了向 Pod 注入 ConfigMap 数据的方法。ConfigMap 对象中存储的数据可以被 configMap 卷引用，之后被 Pod 中运行的容器化应用使用。
- downwardAPI 卷：用于为应用提供 Downward API 数据。Downward API 允许容器在不使用 Kubernetes 客户端或 API 服务器的情况下获得自己或集群的信息。在 downwardAPI 卷中，公开的数据以纯文本格式的只读文件的形式存在。
- secret 卷：用来给 Pod 传递敏感信息，如密码。用户可以先将 Secret 存储在 Kubernetes API 服务器上，再以文件的形式挂载到 Pod 中，无须直接与 Kubernetes 耦合。secret 卷由 tmpfs（基于 RAM 的文件系统）提供存储，因此它们永远不会被写入非易失性（持久化的）存储器。
- nfs 卷：能将网络文件系统（Network File System，NFS）挂载到 Pod 中。nfs 卷不会在删除 Pod 的同时被删除，nfs 卷的内容在删除 Pod 时会被保留，只是卷被卸载了。这意味着 nfs 卷可以被预先填充数据，并且这些数据可以在 Pod 之间共享。
- cephfs 卷：允许将现存的 cephfs 卷挂载到 Pod 中。cephfs 卷不会在删除 Pod 的同时被删除，cephfs 卷的内容在 Pod 被删除时会被保留，只是卷被卸载了。这意味着 cephfs 卷可以被预先填充数据，并且这些数据可以在 Pod 之间共享。同一个 cephfs 卷可以同时被多个写入程序挂载使用。
- persistentVolumeClaim 卷：用来将持久卷（Persistent Volume，PV）挂载到 Pod 中。持久卷申领（PersistentVolumeClaim，PVC）是用户在不知道特定云环境细节的情况下“申领”持久存储（如 GCE PersistentDisk 或 iSCSI 卷）的一种方法。PersistentVolume 子系统为用户和管理员提供了一组 API，将存储如何被制备的细节从其如何被使用中抽象出来。为了实现这点，我们引入了两个新的 API 资源：PersistentVolume 和 PersistentVolumeClaim。

3. 卷的阶段

每个卷会处于以下阶段之一。

- Available（可用）：卷是一个空闲资源，尚未绑定到任何申领。
- Bound（已绑定）：该卷已经绑定到某申领。
- Released（已释放）：所绑定的申领已被删除，但是资源尚未被集群回收。
- Failed（失败）：卷的自动回收操作失败。

命令行接口能够显示绑定到某 PV 卷的 PVC 对象。

4.6.2 PV 与 PVC

1. PV 与 PVC 概述

在 Pod 中，卷的生命周期与 Pod 相同，在 Pod 销毁重建、宿主机故障迁移、多 Pod 共享同一个卷等场景下，卷的弊端就显现出来了，它无法准确表达数据的复用/共享语义，很难实现新功能扩展。如果能将存储与计算分离，使用不同的控制器分别管理存储与计算资源，解耦 Pod 与卷的生命周期关联，就可以很好地解决上述问题，PV 正是基于这样的背景被设计出来的。

PV 是集群中的一块存储，可以由管理员事先制备，或者使用存储类（Storage Class）来动态制备。PV 是集群资源，就像节点也是集群资源一样。PV 和普通的卷一样，也是使用卷插件实现的，只是它们拥有独立于任何使用 PV 的 Pod 的生命周期。无论其背后是 NFS、iSCSI 还是特定于云平台的存储系统，此 API 对象中都捕获存储的实现细节。

用户在实际使用时，使用的是 PVC，为什么有了 PV，还需要 PVC 呢？主要是为了简化用户对存储的使用，做到职责分离。

PVC 表达的是用户对存储的请求，如存储大小、访问模式（只读还是读写、独享还是共享）等。Pod 会耗用节点资源，PVC 会耗用 PV 资源。Pod 可以请求特定数量的资源（CPU 和内存），PVC 也可以请求特定的大小和访问模式。而 PV 才是存储实际信息的真正载体，通过 kube-controller-manager 中的 PersistentVolumeController 将 PVC 与合适的 PV 绑定在一起，从而满足用户对存储的真正需求。类比编程语言的术语，PVC 是抽象接口，PV 是接口对应的实现。

2. PersistentVolumeSpec 字段说明

PersistentVolumeSpec 定义了 PersistentVolume 各个字段的具体含义，具体说明如下。

- Capacity：描述 PV 的资源和容量。
- PersistentVolumeSource：支持 PV 的实际卷（插件）。
- AccessModes：访问模式。
- ClaimRef：实现 PV 和 PVC 双向绑定。
- PersistentVolumeReclaimPolicy：卷回收策略。
- StorageClassName：PV 所属的 StorageClass 的名称，空值表示 PV 不属于任何 StorageClass。
- MountOptions：挂载选项列表。
- VolumeMode：可选值有 Block 和 Filesystem，定义卷是用于格式化文件系统的还是保持原始块状态的。默认为 Filesystem。
- NodeAffinity：定义可以从哪些节点访问卷的约束限制。此字段影响使用卷的 Pod 的调度。

PersistentVolumeSpec 各个字段对应的代码示例如下。

代码路径：vendor/k8s.io/api/core/v1/types.go

```
Plain Text
type PersistentVolumeSpec struct {
 Capacity ResourceList
 PersistentVolumeSource
 AccessModes []PersistentVolumeAccessMode
 ClaimRef *ObjectReference
 PersistentVolumeReclaimPolicy PersistentVolumeReclaimPolicy
 StorageClassName string
 MountOptions []string
```

```
  VolumeMode *PersistentVolumeMode
  NodeAffinity *VolumeNodeAffinity
}
```

3. PersistentVolumeClaimSpec 字段说明

PersistentVolumeClaimSpec 字段说明如下。

- AccessModes：访问模式。
- Selector：选择绑定的卷。
- Resources：最小资源配置。
- VolumeName：与 PVC 绑定的 PV 的名称。
- StorageClassName：StorageClass 的名称。
- VolumeMode：同 PV 的 VolumeMode，可选值有 Block 和 Filesystem，定义卷是用于格式化文件系统的还是保持原始状态的。默认为 Filesystem。
- DataSource：用于实现存储快照，指定 VolumeSnapshot 将根据 PVC 对象生成新的 PV 对象，只有 CSI 插件支持该配置。
- DataSourceRef：指定数据源对象引用，用来填充数据卷内容。

PersistentVolumeClaimSpec 各个字段的代码示例如下。

代码路径：vendor/k8s.io/api/core/v1/types.go

```
Plain Text
type PersistentVolumeClaimSpec struct {
  AccessModes []PersistentVolumeAccessMod
  Selector *metav1.LabelSelector
  Resources ResourceRequirements
  VolumeName string
  StorageClassName *string
  VolumeMode *PersistentVolumeMode
  DataSource *TypedLocalObjectReference
  DataSourceRef *TypedLocalObjectReference
}
```

4. PV 类型

PV 是使用插件的形式实现的。以下列举 Kubernetes 目前支持的部分插件。

- cephfs：cephfs 卷。
- csi：容器存储接口（CSI）。
- fc：Fibre Channel（FC）存储。
- hostPath：hostPath 卷（仅供单节点测试使用，不适用于多节点集群）。
- iscsi：iSCSI（SCSI over IP）存储。
- local：节点上挂载的本地存储设备。
- nfs：网络文件系统（NFS）存储。
- rbd：Rados 块设备（RBD）卷。

5. PV 访问模式

PV 可以使用资源提供者所支持的任何方式挂载到宿主系统上。资源提供者（驱动）的能力不同，每个 PV 的访问模式都会设置为对应卷所支持的模式值。例如，NFS 可以支持多个读写客户，但是某个特定的 NFS PV 可能在服务器上以只读的方式导出。每个 PV 都会获得自身的访问模式集合，描述的是特定 PV 的能力。

访问模式有以下几种。

- ReadWriteOnce：卷可以被一个节点以读写方式挂载。ReadWriteOnce 访问模式也允许运行在同一个节点上的多个 Pod 访问卷。
- ReadOnlyMany：卷可以被多个节点以只读方式挂载。
- ReadWriteMany：卷可以被多个节点以只读方式挂载。
- ReadWriteOncePod：卷可以被单个 Pod 以读写方式挂载。如果想确保整个集群中只有一个 Pod 可以读取或写入该 PV，请使用 ReadWriteOncePod 访问模式。这种访问模式只支持 CSI 卷，并且需要使用 Kubernetes 1.22 以上版本。

6. PV 回收策略

PV 被释放后（与 PV 绑定的 PVC 被释放），回收策略有以下几种。

- Retain：默认策略，手动回收，由系统管理员手动管理 PV。
- Recycle：已废弃，不再推荐使用。
- Delete：直接删除，需要插件支持该功能。

reclaimVolume 函数负责实现 volume.Spec.PersistentVolumeReclaimPolicy 并启动适当的回收操作。具体流程如下。

- 如果 PV 有 pv.kubernetes.io/migrated-to 注解，则表示 PV 已迁移。PV 控制器应该停止，外部实现 CSI 的供应商将处理这个 PV。
- 获取 PersistentVolumeReclaimPolicy 字段值，根据不同的策略做出不同的行为。
  - Retain 策略：只打印日志，不做其他处理，交由用户自行处理。
  - Recycle 策略：调用 recycleVolumeOperation 处理，内部调用 RecyclableVolumePlugin 插件的 Recycle 方法，具体实现取决于存储插件。
  - Delete 策略：调用 deleteVolumeOperation 处理，内部调用 DeletableVolumePlugin 插件相关方法进行删除操作，具体实现取决于存储插件。

PV 回收策略的代码示例如下。

代码路径：pkg/controller/volume/persistentvolume/pv_controller.go

```
Plain Text
func (ctrl *PersistentVolumeController) reclaimVolume(volume *v1.PV) error {
  // 判断是否有 pv.kubernetes.io/migrated-to 注解
  if migrated := volume.Annotations[storagehelpers.AnnMigratedTo]; len(migrated) > 0 {
    return nil
  }
  switch volume.Spec.PersistentVolumeReclaimPolicy {
  // Retain 策略
  case v1.PersistentVolumeReclaimRetain:
    klog.V(4).Infof("reclaimVolume[%s]: policy is Retain", volume.Name)

  // Recycle 策略
  case v1.PersistentVolumeReclaimRecycle:
    ctrl.scheduleOperation(opName, func() error {
   ctrl.recycleVolumeOperation(volume)
   return nil
```

```
    })

  // Delete 策略
  case v1.PersistentVolumeReclaimDelete:
    ctrl.scheduleOperation(opName, func() error {
    _, err := ctrl.deleteVolumeOperation(volume)
      ...
    })
  }
  return nil
}
```

7. PV 状态流转

PV 包含多种状态，它们之间的转换关系如图 4-23 所示。

- 新创建的 PV 处于 Pending 状态。
- PV 创建完成后变成 Available 状态。
- PV 控制器将 PV 与合适的 PVC 绑定后，PV 变成 Bound 状态。
- 使用完成后 PVC 被删除，PV 变成 Released 状态。
- 根据不同的 Reclaim 策略，PV 会变成 Failed 或 Deleted 状态。

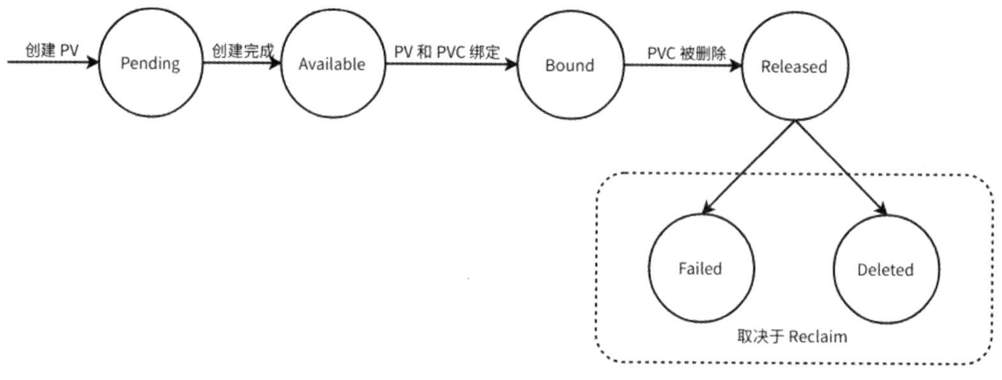

图 4-23　PV 状态的转换关系

Released 状态的 PV 无法变成 Available 状态去绑定新的 PVC，如果想要复用原来 PV 对应的存储中的数据，有以下两种方式。

- 创建一个新的 PV，将原来的 PV 信息赋值给新的 PV。
- 删除 Pod 后不删除 PVC 对象，下次直接复用 PVC 从而实现 PV 的复用（StatefulSet 的处理逻辑）。

8. PVC 与 PV 的匹配流程

PV 控制器使用 findBestMatchForClaim 函数实现 PV 和 PVC 的匹配，内部调用 findByClaim 方法，具体匹配流程如下。

- 根据访问模式 AccessMode 匹配。
- 根据一系列规则过滤。
  - 已绑定的排除。

- PVC 请求容量大于 PV 容量的排除。
- 卷模式不同的排除。
- 标记删除的 PV 排除。
- 非 Available 状态的 PV 排除。
- PVC 标签选择器不匹配 PV 标签的排除。
- StorageClass 不同的排除。
- 节点亲和规则不匹配排除，调度阶段使用。

- 匹配 pvc request storage 和 pv capacity 最接近的 PV。

PVC 与 PV 匹配流程的代码示例如下。

代码路径：pkg/controller/volume/persistentvolume/index.go

```
Plain Text
func (pvIndex *persistentVolumeOrderedIndex) findBestMatchForClaim(...) (...) {
  return pvIndex.findByClaim(claim, delayBinding)
}

func (pvIndex *persistentVolumeOrderedIndex) findByClaim(...) (...) {
 allPossibleModes := pvIndex.allPossibleMatchingAccessModes(.Spec.AccessModes)
 for _, modes := range allPossibleModes {
   volumes, err := pvIndex.listByAccessModes(modes)
   bestVol, err := volume.FindMatchingVolume(claim, volumes, ..., delayBinding)
   if bestVol != nil {
     return bestVol, nil
   }
 }
 return nil, nil
}
```

4.6.3　StorageClass

1. StorageClass 概述

尽管 PVC 允许用户消耗抽象的存储资源，常见的情况是针对不同的问题用户需要具有不同属性（如性能）的 PV。集群管理员需要能够提供不同属性的 PV，并且这些 PV 之间的差别不仅限于大小和访问模式，也不能将卷是如何实现的这些细节暴露给用户。为了满足这类需求，就有了存储类（StorageClass）资源。

StorageClass 就像动态创建 PV 的模板，为创建 PV 提供必要的参数。

StorageClass 为集群管理员提供了描述存储类的方法。不同的类型可能会映射到不同的服务质量等级、备份策略或由集群管理员制定的任意策略。Kubernetes 本身并不清楚各种类代表的什么。这个类的概念在其他存储系统中有时被称为配置文件。

每个 StorageClass 都包含 Provisioner、Parameters 和 Reclaimpolicy 字段，这些字段会在 StorageClass 需要动态制备 PV 时使用到。

StorageClass 对象的命名很重要，用户使用这个名称来请求生成一个特定的类。当创建 StorageClass 对象时，集群管理员设置 StorageClass 对象的名称和其他参数，一旦创建了 StorageClass 对象就不能再对其更新。集群管理员可以为没有申请绑定到特定 StorageClass 的 PVC 指定一个默认的存储类。

2. StorageClass 字段说明

StorageClass 各个字段的说明如下。

- Provisioner：每个 StorageClass 都有一个制备器（Provisioner），用来决定使用哪个卷插件制备 PV。
- Parameters：Provisioner 参数，描述了存储类的卷。参数值取决于 Provisioner。
- ReclaimPolicy：由 StorageClass 创建的 PV 的删除策略，默认为 Delete。
- MountOptions：由 StorageClass 创建的 PV 的挂载选项。如果卷插件不支持挂载选项却指定了挂载选项，则制备操作会失败。挂载选项在 StorageClass 和 PV 上都不会进行验证。如果其中一个挂载选项无效，则这个 PV 挂载操作就会失败。
- AllowVolumeExpansion：是否允许卷扩展，PV 可以配置为可扩展。当将此功能设置为 true 时，允许用户通过编辑相应的 PVC 对象来调整卷大小。此功能仅可用于扩容卷，不可用于缩小卷。
- VolumeBindingMode：设置卷绑定和动态制备应该发生在什么时候。当未设置时，默认使用 Immediate 模式，表示一旦创建了 PVC 也就完成了卷绑定和动态制备。可以通过指定 WaitForFirstConsumer 模式来延迟 PV 的绑定和制备，直到使用该 PVC 的 Pod 被创建。PV 会根据 Pod 调度约束指定的拓扑来选择或制备，包括但不限于资源需求、节点筛选器、Pod 亲和性和互斥性、污点和容忍度。
- AllowedTopologies：限制可以动态配置卷的节点拓扑，描述了如何将制备卷的拓扑限制在特定的区域。每个卷插件都定义了自己支持的拓扑规范。空的 TopologySelectorTerm 列表意味着没有拓扑限制。此字段仅由启用 VolumeScheduling 功能的服务器提供。

StorageClass 的代码示例如下。

代码路径：vendor/k8s.io/api/storage/v1/types.go

```
Plain Text
type StorageClass struct {
 metav1.TypeMeta
 metav1.ObjectMeta
 Provisioner string
 Parameters map[string]string
 ReclaimPolicy *v1.PersistentVolumeReclaimPolicy
 MountOptions []string
 AllowVolumeExpansion *bool
 VolumeBindingMode *VolumeBindingMode
 AllowedTopologies []v1.TopologySelectorTerm
}
```

3. 制备器

每个 StorageClass 都有一个制备器，用来决定使用哪个卷插件制备 PV，该字段必须指定。Kubernetes 支持的制备器有很多种，简单举例如下。

- AWSElasticBlockStore：云厂商 AWS EBS 块存储。
- AzureFile：云厂商 Azure 文件存储。
- AzureDisk：云厂商 Azure 磁盘存储。

- CephFS：开源 Ceph 文件存储。
- Cinder：OpenStack 存储。
- GCEPersistentDisk：Google GCE 存储。
- NFS：开源分布式文件存储。
- RBD：开源 Ceph 块存储。
- Local：本地卷还不支持动态制备，然而还是需要创建 StorageClass 以延迟卷绑定，直到完成 Pod 的调度。

4．PV、PVC、StorageClass 三者之间的关系

PV、PVC、StorageClass 三者之间的关系如图 4-24 所示。

- PV 控制器同时监听 PV 和 PVC 资源的创建。
- PV 控制器监听到 PVC 资源创建，结合 PVC 的配置和 PVC 中指定的 StorageClass 信息，组合成完整的 PV 资源。并根据 StorageClass 配置的 Provisioner 找到相应的存储插件，在 PV 的 PersistentVolumeSource 字段中配置具体的存储实现参数。
- 调用 client-go 创建资源，将 PV 保存到 Kubernetes 集群中。
- PV 控制器监听到 PV 资源创建，根据配置的存储实现参数创建真正成存储卷并挂载。

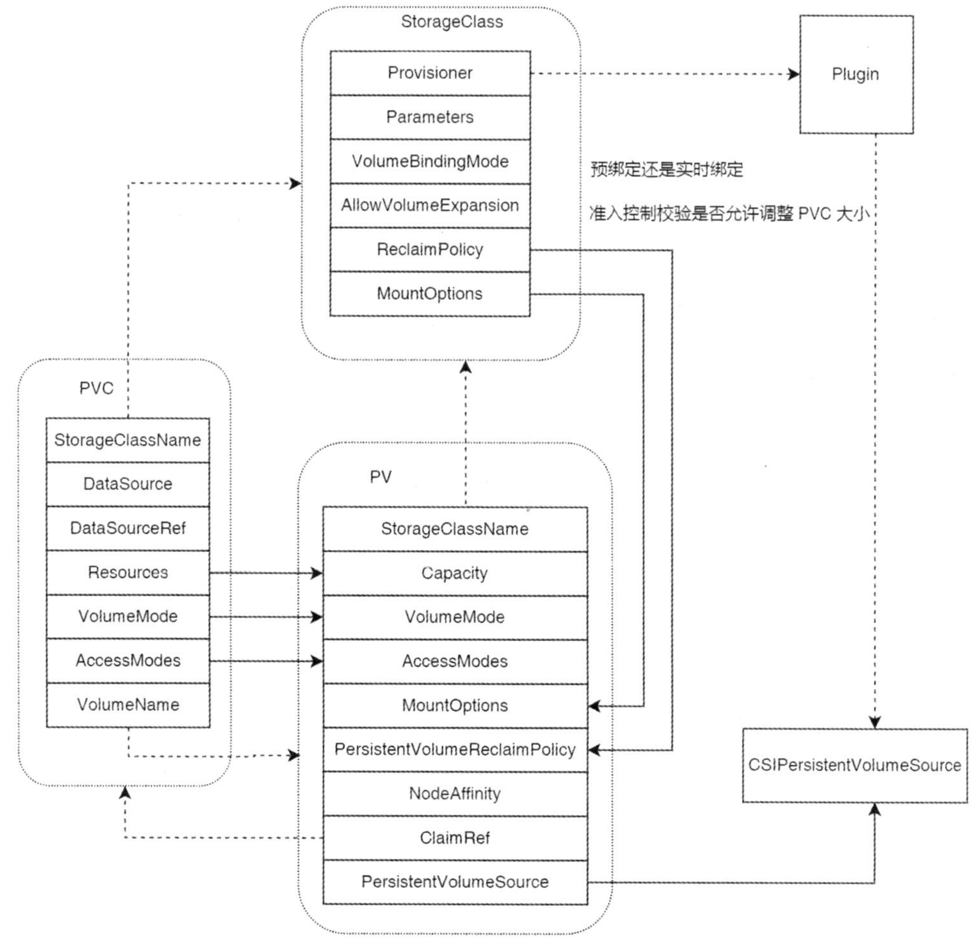

图 4-24　PV、PVC、StorageClass 三者之间的关系

4.7 自定义资源

4.7.1 概述

Kubernetes 是高度可配置且可扩展的，所以用户可以使用很多方法通过自定义功能扩展 Kubernetes。对 Kubernetes 的扩展可以分为以下几类。

- 客户端扩展：实现 kubectl 插件。
- API 扩展：包括使用自定义资源（Custom Resource）扩展资源、使用 API 聚合层将 Kubernetes API 与其他服务集成（如指标）、Operator 开发等。
- API 访问扩展：在请求到达 kube-apiserver 之前，经过的认证、授权、动态准入控制等环节都可以实现 API 访问扩展。
- 基础设施扩展：设备扩展发现新的节点资源、存储插件、网络插件。
- 调度器扩展：调度器是一种特殊的控制器，负责监视 Pod 变化并将 Pod 分派给节点。默认的调度器可以被整体替换，同时继续使用其他 Kubernetes 组件，或者同时使用多个调度器。也可以控制哪些调度插件处于激活状态，或者将插件集关联到名字不同的调度器配置文件上。还可以自己编写插件，与一个或多个 kube-scheduler 的扩展点集成。

虽然扩展的方式众多，但是热度最高，使用最广泛的当属自定义控制器（Custom Controller）和 Operator。Kubernetes 的 Operator 模式允许用户在不修改 Kubernetes 自身代码的情况下，通过为一个或多个自定义资源关联控制器来扩展集群的能力。Operator 是 Kubernetes API 的客户端，充当自定义资源的控制器。

资源是 Kubernetes API 中的一个端点，其中存储的是某类 API 对象的集合，如内置的 Pod 资源包含一组 Pod 对象。自定义资源是对 Kubernetes API 的扩展，是对特定 Kubernetes 安装的一种定制。不过，很多 Kubernetes 核心功能现在都使用自定义资源来实现，这使 Kubernetes 更加模块化。自定义资源可以通过动态注册的方式在运行中的集群中出现或消失，集群管理员可以独立于集群更新自定义资源。一旦安装某自定义资源，用户就可以使用 kubectl 来创建和访问其中的对象，就像它们为 Pod 这种内置资源所做的一样。自定义资源的本质只是一种向 API 添加新的 HTTP 端点的方法。

自定义资源通过 CRD 实现。Kubernetes 从 1.6 版本开始包含一个名为 TPR（ThirdPartyResource）的内置资源，用户可以使用它来创建自定义资源，但该资源在 Kubernetes 1.7 版本开始被 CRD 取代，CRD 是 apiextensions.k8s.io 资源组下的 CustomResourceDefinition 对象。

1. 创建 CRD 资源

定义 CRD 资源的示例文件如下。

```
Plain Text
apiVersion: apiextensions.k8s.io/v1
kind: CustomResourceDefinition
metadata:
  name: crontabs.stable.example.com
spec:
  group: stable.example.com
```

```
versions:
  - name: v1
    served: true
    storage: true
    schema:
  openAPIV3Schema:
    type: object
    properties:
      spec:
        type: object
        properties:
      cronSpec:
        type: string
      image:
        type: string
      replicas:
        type: integer
scope: Namespaced
names:
  plural: crontabs
  singular: crontab
  kind: CronTab
  shortNames:
  - ct
```

CRD 本身也是资源，属于 apiextensions.k8s.io 资源组，目前是 v1 版本，对应该 YAML 文件的第一、第二行。metadata.name 指定资源类型和组，格式为<plural>.<group>。spec 中的 group 对应 API 的组，versions 指定当前版本及各个字段信息，scope 指定该资源是 Namespace 级别还是 Cluster 级别。names 字段中的 plural、singular、kind、shortNames 分别对应 CRD 资源的复数形式、单数形式、资源类型、资源缩写。

可以像其他 Kubernetes 内置资源一样，先执行 kubectl 命令将该文件应用到集群中，之后执行 kubectl get crd 命令就可以查看到该 CRD 资源已经成功注册到 Kubernetes 中。

2．查看 CRD 资源

创建 CRD 资源后，Kubernetes 在内部新增一个 API 端点来处理这类资源，即 HTTP Handler，同步添加了 CRD 资源所属的资源组、资源版本的 API 接口。可以通过执行以下命令查看 stable.example.com CRD 资源。

```
Plain Text
$ kubectl get --raw / |grep stable
"/apis/stable.example.com",
"/apis/stable.example.com/v1",
```

3．创建 CRD 资源对象

创建 CRD 资源后，可以像创建 Pod 等内置资源一样创建 CRD 资源对象。同样先执行 kubectl 命令将该文件应用到集群中，再执行 kubectl get crontab 命令查看创建的 CRD 资源对象。所有的使用命令与操作方式和内置资源没有什么差别。定义 CronTab 的示例代码如下。

```
Plaintext
apiVersion: "stable.example.com/v1"
```

```
kind: CronTab
metadata:
  name: my-crontab
spec:
  cronSpec: "* * * * /5"
  image: my-awesome-cron-image
```

应用该资源文件后，仅仅调用上一步新增的 API 地址，以 Post 形式发送一份数据到该端点，kube-apiserver 将数据存储到 etcd 中，在查询数据时读取 etcd 中的数据并展示给客户端。

如果需要让该资源产生真正的业务价值，例如，定时处理某个任务，需要开发自定义控制器，监听该资源对象实例，并且异步处理背后的业务逻辑。

4. CRD 源码定义

CRD 作为 Kubernetes 的内置资源，其定义和注册与其他内置资源是一致的，它内嵌了 metav1.TypeMeta、metav1.ObjectMeta，也定义了内部版本、外部版本的结构体等。相关代码实现在 apiextensions-apiserver 目录下。

CRD 内部版本结构体定义如下。

代码路径：vendor/k8s.io/apiextensions-apiserver/pkg/apis/apiextensions/types.go

```
Plain Text
type CustomResourceDefinition struct {
   metav1.TypeMeta
   metav1.ObjectMeta
   Spec CustomResourceDefinitionSpec
   Status CustomResourceDefinitionStatus
}
```

- Spec：CRD 资源对象的名称、版本、列、验证等。
- Status：CRD 资源对象的状态，包括已创建的 CRD 资源的数量和信息。

4.7.2 Operator

CRD 资源本身只能用来存取结构化数据，只有将 CRD 资源与自定义控制器结合，CRD 资源才能够提供真正的声明式 API。

Kubernetes 控制器简单而强大，只需要描述系统的期望状态，将其持久化到 Kubernetes，等到控制器完成它们的工作并使集群的实际状态足够接近期望的状态。自定义控制器的本质是一种 API 端点提供的资源处理函数。

Operator 可以看成 CRD 和控制器的一种组合特例。Operator 是一种思想，它结合特定领域知识并通过 CRD 机制扩展了 Kubernetes API 资源，使用户像管理 Kubernetes 的内置资源（Pod、Deployment 等）一样创建、配置和管理应用程序。它的工作原理实际上就是利用了 Kubernetes 的自定义 API 资源，描述用户想要部署的有状态应用程序，然后在自定义控制器中，根据自定义 API 对象的变化，完成具体的部署和运维工作，如 etcd Operator、Prometheus。

Operator 是一个特定的应用程序的控制器，通过扩展 Kubernetes API 资源来代表 Kubernetes 用户创建、配置和管理复杂应用程序的实例，通常包含资源模型定义和控制器。使用 Operator 通常是为了实现某种特定软件（通常是有状态服务）的自动化运维。

用户可以先从零开始手动编写一个 CRD 资源对象，再去实现一个对应的控制器，这样就可以实现一个 Operator。但是这需要对 Kubernetes API 有深入了解，并且 RBAC 集成、镜像构建、持续集成和部署等的工作量很大。为了解决这个问题，社区推出了简单易用的 Operator 框架，比较主流的是 Kubebuilder 和 Operator Framework，这两个框架的差别不大，都使用 client-go 库作为 Kubernetes 的客户端，封装和抽象了 controller-runtime 和 controller-tools，通过生成 Operator 的脚手架，使我们不必关注其资源定义、与 kube-apiserver 的通信、请求的队列化等细节，只需要专注于业务逻辑的实现。具体地，Operator 框架会为用户生成 controller 和 admission webhooks 的样本代码，以及最终用于部署的资源配置文件，用户只需要将业务逻辑填充到合适的位置即可。

4.7.3　controller-runtime

controller-runtime 是一组用于构建控制器的 Go 库。它被 Kubebuilder 和 OperatorSDK 利用，目的是快速构建 Operator。更好地使用 Kubebuilder 等相关框架开发 Operator，掌握底层的 controller-runtime 框架是关键。

1. 核心数据结构

controller-runtime 的核心数据结构如下，它们的功能和关系如图 4-25 所示。

- Manager 定义了管理多个控制器的接口，controllerManager 是具体实现类。
- controllerManager 包含多种类型的 runnables，每种类型的 runnables 可以存放多个 Controller。
- 每种 CRD 资源对应一个 Controller，Controller 实现了 Reconciler 接口。
- Reconciler 支持控制器循环，使其能够正确地管理 Kubernetes API 对象，用户只需要实现 Reconciler 接口中的 Reconcile 方法。
- Builder 负责构建 Controller，并且把 controllerManager 和 Controller 联系起来。

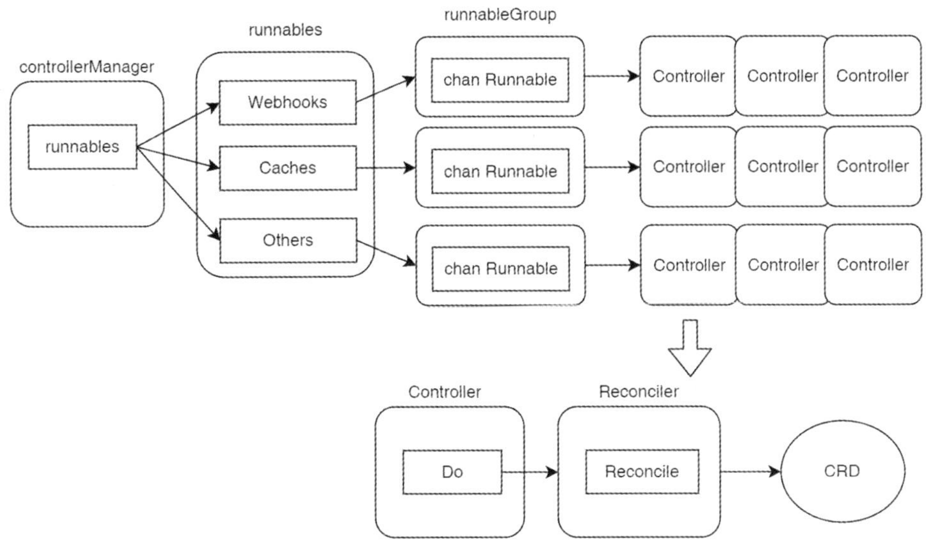

图 4-25　controller-runtime 核心数据结构的功能和关系

2. 关键流程

controller-runtime 的核心实现流程如图 4-26 所示。

- ctrl.NewManager 方法初始化 controllerManager。

- SetupWithManger 方法内部初始化 Builder 构造器，通过 Builder 构造器的 Complete 方法完成 Controller 的创建，以及将 Controller 添加到 Manager 中，最后完成 Informer 初始化并注册监听函数。
- mgr.Start 启动 Manager，内部依次启动所有注册的 Controller，最终调用到用户实现的 Reconcile 接口。其中，controller.Start 内的代码框架，和 kube-controller-manager 内置的控制器代码实现是完全一致的。

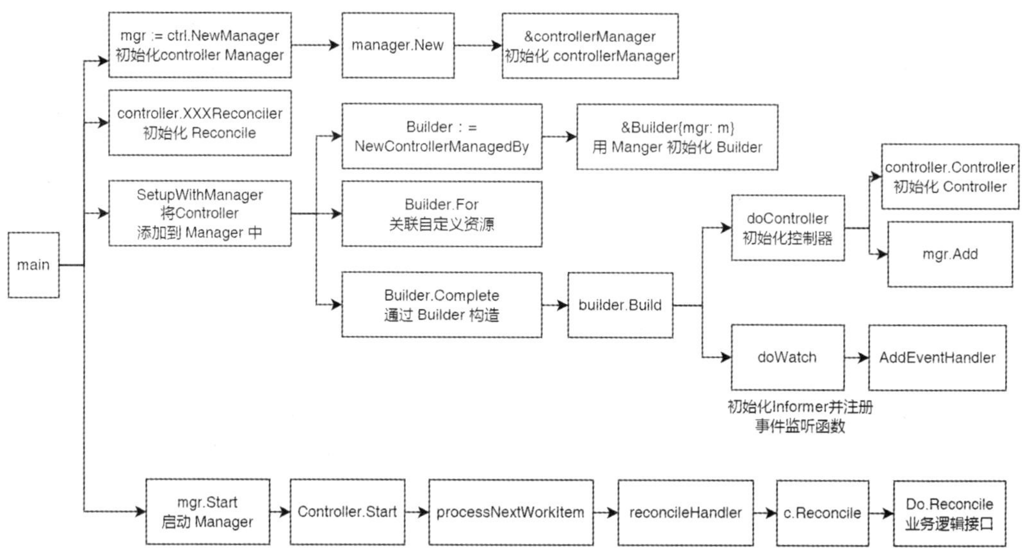

图 4-26　controller-runtime 的核心实现流程

4.7.4 Kubebuilder

Kubebuilder 是一个用于创建 Kubernetes API 及其运行时的框架。它利用 Operator 模式，以声明的方式管理 Kubernetes 资源，并且提供了一组代码库和工具，以简化自定义控制器的开发过程。Kubebuilder 提供了一些标准机制使用户能够更轻松地定义 Kubernetes API，如定义自定义资源、控制器及其依赖项，并为这个构建块生成默认的、遵循惯例的代码结构。用户可以轻松地使用 Kubebuilder 开发和构建 Kubernetes 的高级嵌入式应用程序，如运行在 Kubernetes 上的服务网格和分布式数据库。Kubebuilder 的主要目标是简化控制器的开发，并且使其符合 Kubernetes 常规 API 规范和最佳实践，提供高可用性和可扩展性的云原生应用程序。

Kubebuilder 的使用非常简单，按照官方文档介绍，几分钟就可以快速搭建一个 Operator，因此本节不介绍该框架的使用，而是介绍其实现原理。

Kubebuilder 是使用 Go 语言实现的 Template 框架，根据给定的参数动态渲染，生成源码文件，包括 API 定义、将自定义资源注册到 Scheme、controller-runtime 控制器、Webhook 等核心逻辑，以及辅助完成项目发布的 Dockerfile、Makefile、Kustomize 文件等。为了便于扩展和兼容，Kubebuilder 将不同的模块封装成不同的插件和版本。

控制器部分的代码框架是根据 controller-runtime 编程接口配合传入的参数自动生成的，Kubebuilder 也没有对这部分内容进行封装，用户完全可以不使用 Kubebuilder，自主调用 controller-runtime SDK 实现。

Kubebuilder 3.9.1 版本的核心实现流程如图 4-27 所示。CLI 初始化一系列插件，每类插件负责渲染一批源码文件，关键插件和渲染后的最终文件路径如图 4-27 上的标注所示。

因此，掌握 Operator 开发的关键在于掌握 Kubernetes 核心 API 原理、基础数据结构、声明式控制器模式、client-go、controller-runtime 等框架实现。Kubebuilder 仅仅是一个基于这些内容的快速生成代码的脚手架工具。如果不了解底层知识，则很难直接使用脚手架工具。

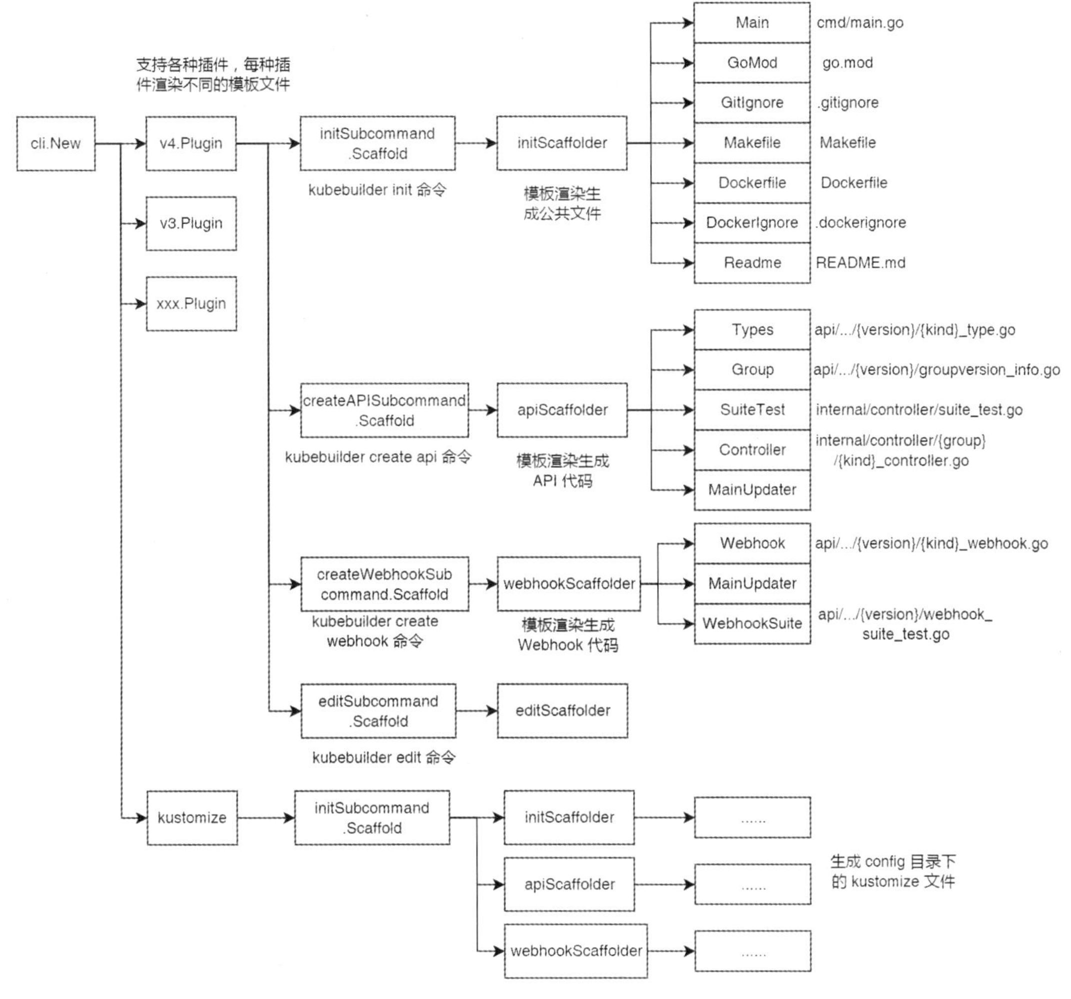

图 4-27　Kubebuilder 3.9.1 版本的核心实现流程

本章节首先介绍了扩展 Kubernetes 的几种方式，然后介绍了自定义资源和自定义控制器、Operator 模式、开发 Operator 的 controller-runtime SDK，最后介绍了目前最热门的 Operator 脚手架工具 Kubebuilder 及其实现原理。

第 5 章

client-go 编程式交互

5.1 初识 client-go

client-go 是 Kubernetes 官方提供的调用 Kubernetes 集群资源对象 API 的客户端，它通过访问 kube-apiserver，实现了对 Kubernetes 集群中资源对象（包括 Service、Deployment、Pod、Node 等）的增、删、改、查操作。Kubernetes 各组件与 kube-apiserver 的通信都是通过 client-go 实现的，大部分对 Kubernetes 进行前置 API 封装的二次开发也都是通过 client-go 实现的。

5.2 客户端

client-go 支持 4 种客户端对象与 kube-apiserver 交互的方式，客户端对象如图 5-1 所示。

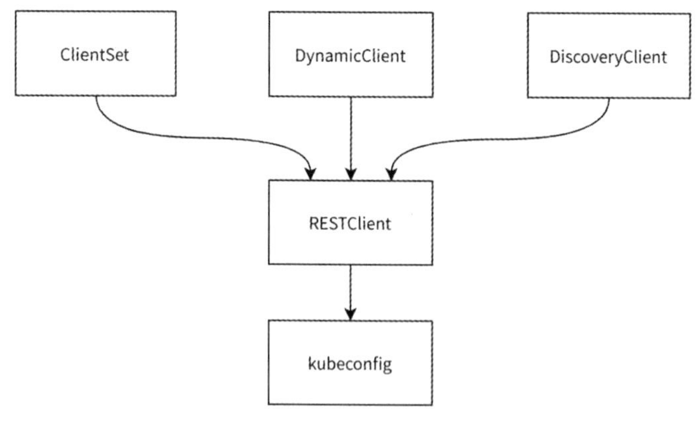

图 5-1　客户端对象

RESTClient 是最基础的客户端。RESTClient 对 HTTP 请求进行了封装，实现了 RESTful 风格的 API。ClientSet、DynamicClient 及 DiscoveryClient 都是基于 RESTClient 实现的。

ClientSet 在 RESTClient 的基础上封装了对 Resource 和 Version 的管理方法。每一个 Resource 可以被视为一个客户端，而 ClientSet 则是多个客户端的集合，每一个 Resource 和

Version 都以函数的方式暴露给用户。ClientSet 只能处理 Kubernetes 内置资源，它是通过 client-gen 代码生成器自动生成的。

DynamicClient 与 ClientSet 最大的不同之处是，ClientSet 只能处理 Kubernetes 内置资源（客户端集合内的资源），不能直接访问 CRD 资源。DynamicClient 能够处理 Kubernetes 的所有资源，包括 Kubernetes 内置资源和 CRD 资源。

DiscoveryClient（发现客户端）用于发现 kube-apiserver 所支持的 Group、Versions、Resources。

以上 4 种客户端都可以通过 kubeconfig 连接指定的 kube-apiserver，后面将详细介绍它们的实现。

5.2.1　kubeconfig 配置管理

kubeconfig 用于管理访问 kube-apiserver 的配置信息，支持管理多个访问 kube-apiserver 的配置信息，可以在不同环境下管理不同的 kube-apiserver 集群配置信息，不同的业务线也可以拥有不同的集群。Kubernetes 的其他组件都使用 kubeconfig 配置信息来连接 kube-apiserver，例如，当 kubectl 访问 kube-apiserver 时，会默认加载 kubeconfig。

kubeconfig 中存储了集群、用户、命名空间和身份验证等信息。在默认情况下，kubeconfig 存放在$HOME/.kube/config 文件中，此外也可以使用 KUBECONFIG 环境变量指定多个路径。kubeconfig 中的配置信息如下。

```
Plain Text
$ cat ~/.kube/config
apiVersion: v1
kind: Config
preferences: {}
clusters:
- cluster:
    server: xxxxx...
    certificate-authority-data: xxxxxx...
  name: dev-cluster
users:
- name: dev-user
  user:
    token: xxxxx
contexts:
- context:
    cluster: dev-cluster
    namespace: kube-system
    user: dev-user
  name: dev-context
```

kubeconfig 中的配置信息通常包含 3 部分。

- clusters：定义 Kubernetes 集群信息，如 kube-apiserver 的服务地址及集群的证书信息等。
- users：定义 Kubernetes 集群用户身份验证的客户端凭据，如 client-certificate、client-key、token 及 username/password 等。
- contexts：定义 Kubernetes 集群、用户和默认命名空间等，用户将请求发送到指定的集群。

client-go 会读取 kubeconfig 中的配置信息并生成用于与 kube-apiserver 通信的 config 对象，代码示例如下。

```
Plain Text
package main

import (
   "k8s.io/client-go/tools/clientcmd"
)

func main() {
   config, err := clientcmd.BuildConfigFromFlags("", "/root/.kube/config")
   if err != nil {
      panic(err.Error())
   }
   ...
}
```

在上述代码中，clientcmd.BuildConfigFromFlags 函数会读取 kubeconfig 中的配置信息并实例化 rest.Config 对象。其中，kubeconfig 的核心功能是管理多个访问 kube-apiserver 集群的配置信息，将多个配置信息合并成一份，在合并的过程中解决多个配置文件字段冲突的问题。该过程由 ClientConfigLoader 接口的 Load 函数完成（具体实现类为 ClientConfigLoadingRules），实际执行过程可以分为两步：第 1 步，加载 kubeconfig 中的配置信息；第 2 步，合并多个配置信息。

1. 加载 kubeconfig 中的配置信息

代码路径：vendor/k8s.io/client-go/tools/clientcmd/loader.go

```
Plain Text
func (rules *ClientConfigLoadingRules) Load() (*clientcmdapi.Config, error) {
  if err := rules.Migrate(); err != nil {
     return nil, err
  }
  ...
  kubeConfigFiles := []string{}

  // Make sure a file we were explicitly told to use exists
  if len(rules.ExplicitPath) > 0 {
     ...
     kubeConfigFiles = append(kubeConfigFiles, rules.ExplicitPath)
  } else {
     kubeConfigFiles = append(kubeConfigFiles, rules.Precedence...)
  }

  kubeconfigs := []*clientcmdapi.Config{}
  // read and cache the config files so that we only look at them once
  for _, filename := range kubeConfigFiles {
     ...
     config, err := LoadFromFile(filename)
     ...
     kubeconfigs = append(kubeconfigs, config)
```

```
  }
  ...
}
```

如上述代码所示，kubeconfig 会优先使用用户提供的文件路径（rules.ExplicitPath）。如果用户未提供文件路径，则可以使用环境变量（通过 KUBECONFIG 环境变量，即 rules.Precedence）指定的一个或多个路径。然后将配置信息汇总到 kubeConfigFiles 中。之后，使用 LoadFromFile 函数读取文件路径中的数据并将数据反序列化到 Config 对象中，代码示例如下。

代码路径：vendor/k8s.io/client-go/tools/clientcmd/loader.go

```
Plain Text
func Load(data []byte) (*clientcmdapi.Config, error) {
  config := clientcmdapi.NewConfig()
  ...
  decoded, _, err := clientcmdlatest.Codec.Decode(data, &schema.GroupVersionKind{Version: clientcmdlatest.Version, Kind: "Config"}, config)
  ...
  return decoded.(*clientcmdapi.Config), nil
}
```

2. 合并多个配置信息

如图 5-2 所示，将多个配置信息合并，形成一份最终的配置信息，其中包含了每个配置的集群、用户和上下文信息。

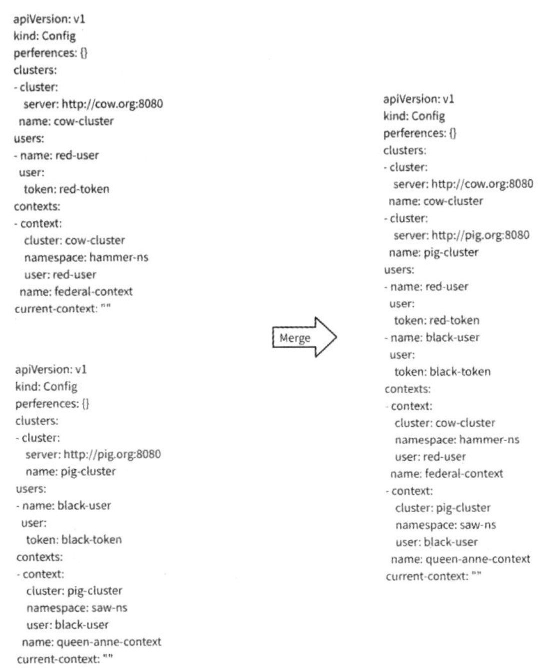

图 5-2　将多个配置信息合并

合并操作的代码示例如下。

代码路径：vendor/k8s.io/client-go/tools/clientcmd/loader.go

```
Go
config := clientcmdapi.NewConfig()
mergo.Merge(config, mapConfig, mergo.WithOverride)
mergo.Merge(config, nonMapConfig, mergo.WithOverride)
```

mergo.Merge 函数将 mapConfig 和 nonMapConfig 依次合并到空的 config 中，形成最终的 kubeconfig 对象。这里会使用覆盖策略（Override），除私有字段外，待合并 config 中的字段将被后一个 config 结构的值覆盖。

5.2.2 RESTClient 客户端

RESTClient 是最基础的客户端。ClientSet、DynamicClient 和 DiscoveryClient 都是基于 RESTClient 实现的。RESTClient 对 HTTP 请求进行了封装，实现了 RESTful 风格的 API。它具有很高的灵活性，数据不依赖于方法和资源，因此 RESTClient 能够处理多种类型的调用，返回不同的数据格式。

1. RESTClient 使用示例

类似于 kubectl 命令，通过 RESTClient 列出所有运行的 Pod 资源对象，代码示例如下。

```
Plain Text
package main

import (
  "context"
  "fmt"
  corev1 "k8s.io/api/core/v1"
  metav1 "k8s.io/apimachinery/pkg/apis/meta/v1"
  "k8s.io/client-go/kubernetes/scheme"
  "k8s.io/client-go/rest"
  "k8s.io/client-go/tools/clientcmd"
)

func main() {
  config, err := clientcmd.BuildConfigFromFlags("", "~/.kube/config")
  if err != nil {
    panic(err)
  }
  config.APIPath = "api"
  config.GroupVersion = &corev1.SchemeGroupVersion
  config.NegotiatedSerializer = scheme.Codecs
  restClient, err := rest.RESTClientFor(config)
  if err != nil {
    panic(err)
  }
  result := &corev1.PodList{}
  err = restClient.Get().
    Namespace("default").
    Resource("pods").
    VersionedParams(&metav1.ListOptions{Limit: 500}, scheme.ParameterCodec).
    Do(context.TODO()).
    Into(result)
  if err != nil {
    panic(err)
```

```
  }

  for _, d := range result.Items {
    fmt.Printf("namespace: %v\tname:%v\tstatus:%+v\n", d.Namespace, d.Name, d.Status)
  }
}
```

运行以上代码，列出 default 命名空间下的所有 Pod 资源对象的相关信息。首先加载 kubeconfig 中的配置信息，并且设置 config.APIPath 请求的 HTTP 路径。然后设置 config.GroupVersion 指定请求的资源组和资源版本。最后设置 config.NegotiatedSerializer 指定数据的编解码器。

2. RESTClient 执行流程

rest.RESTClientFor 函数通过 kubeconfig 中的配置信息实例化 RESTClient 对象，RESTClient 对象使用流式调用设置用于 HTTP 请求的一系列参数。

- Get 函数将 HTTP 请求方法设置为 GET 操作，它还支持 Post、Put、Delete、Patch 等请求方法。
- Namespace 函数设置请求的命名空间。
- Resource 函数设置请求的资源名称。
- VersionedParams 函数将一些查询选项（如 Limit、LabelSelector、TimeoutSeconds 等）添加到请求参数中。

在完成一系列的参数设置后，通过 Do 函数执行，并且将 kube-apiserver 返回的结果（Result 对象）解析到 corev1.PodList 对象中，最终格式化输出结果。

在 RESTClient 发送请求的过程中对 Go 语言标准库 net/http 进行了封装，由 Do 函数和 request 函数实现，代码示例如下。

代码路径：vendor/k8s.io/client-go/rest/request.go

```
Plain Text
func (r *Request) Do(ctx context.Context) Result {
  var result Result
  err := r.request(ctx, func(req *http.Request, resp *http.Response) {
  result = r.transformResponse(resp, req)
  })
  ...
  return result
}
```

```
Plain Text
func (r *Request) request(..., fn func(*http.Request, *http.Response)) error {
  ...
  retry := r.retryFn(r.maxRetries)
  for {
  if err := retry.Before(ctx, r); err != nil {
    return retry.WrapPreviousError(err)
  }
  ...
  req, err := r.newHTTPRequest(ctx)
  ...
```

```
    resp, err := client.Do(req)
    ...
    retry.After(ctx, r, resp, err)
    done := func() bool {
       defer readAndCloseResponseBody(resp)
       f := func(req *http.Request, resp *http.Response) {
       if resp == nil {
          return
       }
       fn(req, resp)
       }
       if retry.IsNextRetry(ctx, r, req, resp, err, isErrRetryableFunc) {
       return false
       }
       f(req, resp)
       return true
    }()
    if done {
       return retry.WrapPreviousError(err)
    }
    }
}
```

在请求发送之前调用 r.newHTTPRequest 函数根据请求参数构造出 http.Request 对象，包括请求的 URL、请求头等。例如，在上面的代码示例中，根据请求参数生成请求的 URL 为 https://<serverAddress>/api/v1/namespaces/default/pods?limit=500，其中，serverAddress 为 kube-apiserver 的地址（api 参数为 v1，namespace 参数为 default，请求的资源为 pods，最多检索的 Pod 数量 limit 为 500），请求头中则包含了 Accept:application/json, application/json 用于指示支持的返回类型。

之后通过 Go 语言标准库 net/http 向 kube-apiserver 发出请求，将得到的结果存放在 http.Response 的 Body 对象中，再交给 fn 函数（transformResponse）将结果转换为资源对象。当函数退出时，会通过 readAndCloseResponseBody 函数调用 resp.Body.Close 命令进行关闭，防止内存溢出。

3. RESTClient 重试机制

为了减少由于临时或突发错误导致的请求失败，RESTClient 使用了 WithRetry 接口（具体实现类为 withRetry）以支持请求重试。该接口的定义如下。

代码路径：vendor/k8s.io/client-go/rest/with_retry.go

```
Plain Text
type WithRetry interface {
   Before(ctx context.Context, r *Request) error
   After(ctx context.Context, r *Request, resp *http.Response, err error)
   IsNextRetry(..., restReq *Request, httpReq *http.Request, resp *http.Response, ...) bool
   WrapPreviousError(finalErr error) (err error)
}
```

- Before：在每次请求前调用，如果失败则直接终止请求，该方法也用于在每次重试前重置请求体（Body），以便于下次重试可以从头开始读取请求体。

- After：在每次请求后调用，通常用于在日志中记录错误的响应状态码、错误内容等信息，或者设置下次重试的时间。
- IsNextRetry：用于更新重试计数器，并且判断是否可以继续重试请求，以下为不可继续重试的场景。
    - 已达到最大重试次数（默认为 10 次）。
    - 返回的错误类型为不可重试的错误。
    - kube-apiserver 返回的状态码不是 429（请求在一定时间内超出频次限制）或 500，且响应头中未包含 Retry-After 字段指示下次重试的时间。
    - 无法在请求失败时重置请求体。
- WrapPreviousError：用于将之前请求的错误封装到最终的错误对象中。

RESTClient 的重试流程如图 5-3 所示。RESTClient 在每次发起请求前先调用 retry.Before 重置请求体。然后构造请求对象并发起请求。接着调用 retry.After 记录响应错误信息并设置下次重试的时间。之后调用 retry.IsNextRetry 判断是否需要进行重试，如果需要重试则重新进入流程，否则调用 transformResponse 将结果转换为资源对象（如果结果正确），并且调用 retry.WrapPreviousError 收集之前的错误（如果有的话）并直接返回。

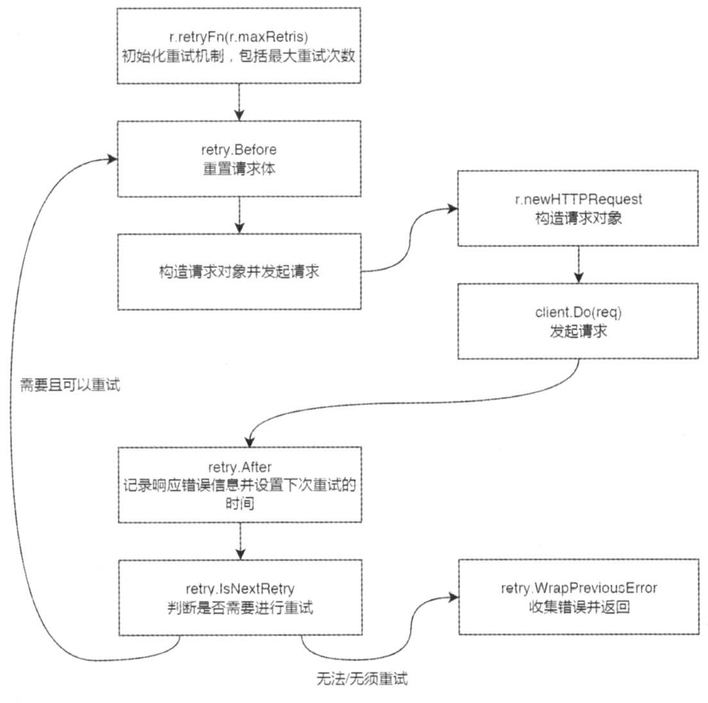

图 5-3　RESTClient 的重试流程

5.2.3　ClientSet 客户端

RESTClient 是一种最基础的客户端，在使用时需要指定 Resource 和 Version 等信息，在编写代码时需要提前知道 Resource 所在的 Group 和对应的 Version 信息。与 RESTClient 相比，ClientSet 使用起来更加便捷，在一般情况下，用户对 Kubernetes 进行二次开发通常使用 ClientSet。

ClientSet 在 RESTClient 的基础上封装了对 Resource 和 Version 的管理方法。每个 Resource 可以被视为一个客户端，而 ClientSet 则是多个客户端的集合，每个 Resource 和 Version 都以函数的方式暴露给用户。例如，ClientSet 提供的 AppsV1、CoreV1 等接口函数。ClientSet 多客户端多资源集合如图 5-4 所示。

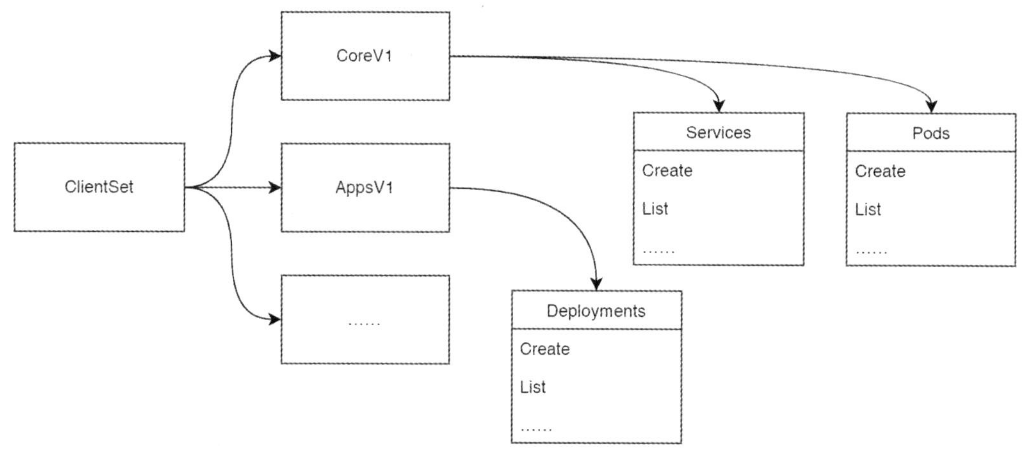

图 5-4　ClientSet 多客户端多资源集合

ClientSet 只能访问 Kubernetes 内置资源（客户端集合内的资源），不能直接访问 CRD 资源。如果需要访问 CRD 资源，则可以通过 client-gen 代码生成器重新生成 ClientSet，在 ClientSet 集合中自动生成与 CRD 操作相关的接口。更多关于 client-gen 代码生成器的内容，请参考 13.3.6 节 client-gen 代码生成器。

1. ClientSet 使用示例

类似于 kubectl 命令，通过 ClientSet 列出所有运行中的 Pod 资源对象，代码示例如下。

```
Plain Text
package main

import (
  "context"
  "fmt"
  apiv1 "k8s.io/api/core/v1"
  metav1 "k8s.io/apimachinery/pkg/apis/meta/v1"
  "k8s.io/client-go/kubernetes"
  "k8s.io/client-go/tools/clientcmd"
)

func main() {
  config, err := clientcmd.BuildConfigFromFlags("", "/Users/bob/.kube/config")
  if err != nil {
    panic(err)
  }
  clientset, err := kubernetes.NewForConfig(config)
  if err != nil {
    panic(err)
  }
```

```
  podClient := clientset.CoreV1().Pods(apiv1.NamespaceDefault)
  list, err := podClient.List(context.TODO(), metav1.ListOptions{Limit: 500})
  if err != nil {
    panic(err)
  }
  for _, d := range list.Items {
    fmt.Printf("namespace: %v\tname:%v\tstatus:%+v\n", d.Namespace, d.Name, d.Status)
  }
}
```

运行以上代码，列出 default 命名空间下的所有 Pod 资源对象的相关信息。首先加载 kubeconfig 中的配置信息，kubernetes.NewForConfig 函数通过 kubeconfig 中的配置信息实例化 clientset 对象，该对象用于管理所有 Resource 客户端。

2．ClientSet 实现原理

在 ClientSet 代码示例中，当使用 kubernetes.NewForConfig 函数初始化 ClientSet 客户端集合时，会级联构造出 CoreV1 资源组和资源版本的客户端集合对象（CoreV1Client），以及 Pod 资源的专属客户端 pods。

CoreV1Client 实现了 CoreV1Interface 接口，该接口封装了 Core 资源组、v1 资源版本下的所有 Resource 客户端的获取方法，接口定义如下。

代码路径：vendor/k8s.io/client-go/kubernetes/typed/core/v1/core_client.go

```
Plain Text
type CoreV1Interface interface {
  ...
  ConfigMapsGetter
  ...
  PodsGetter
  ...
  ServiceAccountsGetter
}
```

CoreV1Client 使用 RESTClient 支持其所包含的各具体资源接口对象实现对应的资源操作方法，其初始化代码示例如下。

代码路径：vendor/k8s.io/client-go/kubernetes/typed/core/v1/core_client.go

```
Plain Text
func NewForConfigAndClient(c *rest.Config, h *http.Client) (*CoreV1Client, error) {
  config := *c
  if err := setConfigDefaults(&config); err != nil {
    return nil, err
  }
  client, err := rest.RESTClientForConfigAndClient(&config, h)
  ...
  return &CoreV1Client{client}, nil
}
```

其中，setConfigDefaults 函数先使用 config.APIPath 请求的 HTTP 路径（/api）、config.GroupVersion 请求的资源组 core 和资源版本 v1，以及 config.NegotiatedSerializer 指定的数据的编解码器构造 kubeconfig 对象，再使用 kubeconfig 中的配置信息构造 RESTClient 对象，用于支持其所包含的各具体资源客户端实现对应的资源操作方法。

Clientset.CoreV1().Pods 函数返回的是一个资源接口对象，用于 Pod 资源对象的管理，例如，对 Pod 资源执行 Create、Update、Delete、Get、List、Watch、Patch 等操作，使用了初始化过程中构造的 RESTClient 对象，可以设置选项（如 Limit、TimeoutSeconds 等）。podClient.List 函数通过 RESTClient 获得 Pod 列表的代码示例如下。

代码路径：vendor/k8s.io/client-go/kubernetes/typed/core/v1/pod.go

```
Plain Text
func (c *pods) List(ctx ..., opts metav1.ListOptions) (result *v1.PodList, err error) {
  ...
  result = &v1.PodList{}
  err = c.client.Get().
    Namespace(c.ns).
    Resource("pods").
    VersionedParams(&opts, scheme.ParameterCodec).
    Timeout(timeout).
    Do(ctx).
    Into(result)
  return
}
```

5.2.4 DynamicClient 客户端

DynamicClient 是一种动态客户端，它可以对任意 Kubernetes 资源进行 RESTful 操作，包括 CRD 资源。DynamicClient 与 ClientSet 操作类似，同样封装了 RESTClient，提供了 Create、Update、Delete、Get、List、Watch、Patch 等函数。

DynamicClient 能够处理 CRD 资源，其关键在于 DynamicClient 内部实现了 Unstructured，用于处理非结构化数据（无法提前预知数据结构）。

DynamicClient 不是类型安全的，因此在访问 CRD 资源时需要特别注意。例如，在操作指针不当的情况下可能会导致程序崩溃。

1. DynamicClient 使用示例

类似于 kubectl 命令，通过 DynamicClient 列出所有运行的 Pod 资源对象，代码示例如下。

```
Plain Text
package main

import (
  "context"
  "fmt"
  apiv1 "k8s.io/api/core/v1"
  metav1 "k8s.io/apimachinery/pkg/apis/meta/v1"
  "k8s.io/apimachinery/pkg/runtime"
  "k8s.io/apimachinery/pkg/runtime/schema"
  "k8s.io/client-go/dynamic"
  "k8s.io/client-go/tools/clientcmd"
)

func main() {
  config, err := clientcmd.BuildConfigFromFlags("", "/Users/bob/.kube/config")
```

```
  if err != nil {
    panic(err)
  }
  dynamicClient, err := dynamic.NewForConfig(config)
  if err != nil {
    panic(err)
  }
  gvr := schema.GroupVersionResource{Version: "v1", Resource: "pods"}
  unstructObj, err := dynamicClient.Resource(gvr).
    Namespace(apiv1.NamespaceDefault).
    List(context.TODO(), metav1.ListOptions{Limit: 500})
  if err != nil {
    panic(err)
  }
  list := &apiv1.PodList{}
  err = runtime.DefaultUnstructuredConverter.
    FromUnstructured(unstructObj.UnstructuredContent(), list)
  if err != nil {
    panic(err)
  }
  for _, d := range list.Items {
    fmt.Printf("namespace: %v\tname:%v\tstatus:%+v\n", d.Namespace, d.Name, d.Status)
  }
}
```

运行以上代码，列出 default 命名空间下的所有 Pod 资源对象的相关信息。首先加载 kubeconfig 中的配置信息，dynamic.NewForConfig 函数通过 kubeconfig 中的配置信息实例化 dynamicClient 对象，该对象用于管理 Kubernetes 的所有 Resource 客户端，如对 Resource 执行 Create、Update、Delete、Get、List、Watch、Patch 等操作。

dynamicClient.Resource 函数用于设置请求的资源组、资源版本、资源名称。Namespace 函数用于设置请求的命名空间。List 函数用于获取 Pod 列表。使用 List 函数得到的 Pod 列表为 unstructured.UnstructuredList 指针类型，通过 runtime.DefaultUnstructuredConverter.FromUnstructured 函数将 unstructured.UnstructuredList 转换成 PodList 类型。

2. DynamicClient 实现原理

在 dynamic.NewForConfig 函数初始化 DynamicClient 的过程中，会先使用输入的配置信息构造 kubeconfig 对象，再使用 kubeconfig 中的配置信息构造 RESTClient 对象（调用 NewForConfigAndClient 函数）。NewForConfigAndClient 函数的代码示例如下。

代码路径：vendor/k8s.io/client-go/dynamic/simple.go

```
Plain Text
func NewForConfigAndClient(inConfig *rest.Config, h *http.Client) (Interface, error) {
  config := ConfigFor(inConfig)
  config.GroupVersion = &schema.GroupVersion{}
  config.APIPath = "/if-you-see-this-search-for-the-break"
  restClient, err := rest.RESTClientForConfigAndClient(config, h)
  ...
  return &dynamicClient{client: restClient}, nil
}
```

与 ClientSet 中具体资源组和资源版本客户端集合的初始化过程不同的是，DynamicClient 初始化过程中不会使用具体的 Group、Version 和 APIPath，这些信息会在后面具体调用相应的资源操作方法时指定。

之后，DynamicClient 会使用 RESTClient 请求 kube-apiserver 实现资源的操作（使用 dynamicClient.Resource 函数提供的 Group、Version、Resource 资源信息）。例如，使用 List 函数查询资源列表的代码示例如下。

代码路径：vendor/k8s.io/client-go/dynamic/simple.go

```
Plain Text
func (c *dynamicResourceClient) List(ctx ..., opts metav1.ListOptions)
(*unstructured.UnstructuredList, error) {
  result := c.client.client.
     Get().AbsPath(c.makeURLSegments("")...).
     SpecificallyVersionedParams(&opts, dynamicParameterCodec, versionV1).
     Do(ctx)
  ...
  retBytes, err := result.Raw()
  ...
  uncastObj, err := runtime.Decode(unstructured.UnstructuredJSONScheme, retBytes)
  ...
  if list, ok := uncastObj.(*unstructured.UnstructuredList); ok {
    return list, nil
  }
  list, err := uncastObj.(*unstructured.Unstructured).ToList()
  ...
  return list, nil
}
```

首先调用 RESTClient 的 Get 函数请求 kube-apiserver 获取资源列表信息，之后请求结果被转换成 UnstructuredList 或 Unstructured 结构，其内部使用 map[string]interface{}承载返回的数据结构。客户端在拿到 Unstructured 结构的结果后，根据需求将该结构转换为具体的资源列表类型（如 PodList），整个过程类似于 Go 语言的 interface{}断言转换过程。

5.2.5 DiscoveryClient 发现客户端

DiscoveryClient 是发现客户端，它主要用于发现 kube-apiserver 支持的资源组、资源版本、资源信息。kube-apiserver 支持很多资源组、资源版本、资源信息，用户在开发过程中很难记住所有信息，此时可以通过 DiscoveryClient 查看其支持的资源组、资源版本、资源信息。

kubectl 的 api-version 和 api-resource 命令的输出也是通过 DiscoveryClient 实现的。另外，DiscoveryClient 同样在 RESTClient 的基础上进行了封装。

DiscoveryClient 除了可以发现 kube-apiserver 支持的资源组、资源版本、资源信息，还可以将这些信息存储到本地，进行本地缓存（Cache），以减轻对 kube-apiserver 的访问压力。kubectl 命令行工具使用了 DiscoveryClient 的封装类 CachedDiscoveryClient，在第一次获取资源组、资源版本、资源信息时，会将响应数据缓存在本地磁盘，此后在缓存周期内再次获取资源信息时，会直接从本地缓存返回数据。CachedDiscoveryClient 的缓存信息默认存储于~/.kube/cache/discovery 和~/.kube/cache/http 目录中，默认缓存周期为 6 小时。有关缓存的更多信息，可以查看 6.3 节 kubectl 缓存机制的相关介绍。

1. DiscoveryClient 使用示例

类似于 kubectl 命令，通过 DiscoveryClient 列出 kube-apiserver 支持的资源组、资源版本、资源信息的代码示例如下。

```
Plain Text
package main

import (
  "fmt"
  "k8s.io/apimachinery/pkg/runtime/schema"
  "k8s.io/client-go/discovery"
  "k8s.io/client-go/tools/clientcmd"
)

func main() {
  config, err := clientcmd.BuildConfigFromFlags("", "/Users/bob/.kube/config")
  if err != nil {
    panic(err)
  }
  discoveryClient, err := discovery.NewDiscoveryClientForConfig(config)
  if err != nil {
    panic(err)
  }
  _, APIResourceList, err := discoveryClient.ServerGroupsAndResources()
  if err != nil {
    panic(err)
  }
  for _, list := range APIResourceList {
    gv, err := schema.ParseGroupVersion(list.GroupVersion)
    if err != nil {
   panic(err)
    }
    for _, resource := range list.APIResources {
   fmt.Printf("name: %v, group: %v, version: %v\n",
     resource.Name, gv.Group, gv.Version)
    }
  }
}
```

运行以上代码，列出 kube-apiserver 支持的资源组、资源版本、资源信息。首先加载 kubeconfig 中的配置信息，discovery.NewDiscoveryClientForConfig 通过 kubeconfig 中的配置信息实例化 discoveryClient 对象，该对象是用于发现 kube-apiserver 支持的资源组、资源版本、资源信息的客户端。

discoveryClient.ServerGroupsAndResources 函数会返回 kube-apiserver 支持的资源组、资源版本、资源信息（APIResourceList），通过遍历 APIResourceList 输出信息。

2. DiscoveryClient 实现原理

kube-apiserver 暴露了/api 和/apis 接口。DiscoveryClient 通过 RESTClient 分别请求/api

和/apis 接口，从而获取 kube-apiserver 支持的资源组、资源版本、资源信息。其核心实现位于 ServerGroups，代码示例如下。

代码路径：vendor/k8s.io/client-go/discovery/discovery_client.go

```
Plain Text
func (d *DiscoveryClient) ServerGroups() (apiGroupList *metav1.APIGroupList, err error) {
  v := &metav1.APIVersions{}
  err = d.restClient.Get().AbsPath(d.LegacyPrefix).
     Do(context.TODO()).Into(v)
  ...
  apiGroupList = &metav1.APIGroupList{}
  err = d.restClient.Get().AbsPath("/apis").
     Do(context.TODO()).Into(apiGroupList)
  ...
  apiGroupList.Groups = append([]metav1.APIGroup{apiGroup}, apiGroupList.Groups...)
  return apiGroupList, nil
}
```

首先，DiscoveryClient 通过 RESTClient 请求/api 接口，将请求结果存放于 metav1.APIVersions 结构体中。然后，通过 RESTClient 请求/apis 接口，将请求结果存放于 metav1.APIGroupList 结构体中。最后，将/api 接口中检索到的资源组信息合并到 apiGroupList 列表中并返回。

5.3 Informer 机制

在 Kubernetes 中，组件之间通过 HTTP 进行通信，在不依赖任何中间件的情况下需要保证消息的实时性、可靠性、顺序性等。那么 Kubernetes 是如何做到的呢？答案就是 Informer 机制。Kubernetes 的其他组件都是通过 client-go 的 Informer 机制与 kube-apiserver 进行通信的。

5.3.1 Informer 使用示例

Informer 的代码比较晦涩，我们通过以下示例代码来理解 Informer。

```
Plain Text
package main

import (
  v1 "k8s.io/api/core/v1"
  "k8s.io/client-go/informers"
  "k8s.io/client-go/kubernetes"
  "k8s.io/client-go/tools/cache"
  "k8s.io/client-go/tools/clientcmd"
  "k8s.io/component-base/logs"
  "k8s.io/klog/v2"
  "time"
)

func main() {
  logs.InitLogs()
  config, err := clientcmd.BuildConfigFromFlags("", "/root/.kube/config")
```

```
  if err != nil {
    panic(err)
  }
  clientset, err := kubernetes.NewForConfig(config)
  if err != nil {
    klog.Fatal(err)
  }

  stopCh := make(chan struct{})
  defer close(stopCh)

  factory := informers.NewSharedInformerFactory(clientset, time.Minute)
  podInformer := factory.Core().V1().Pods().Informer()
  podInformer.AddEventHandler(cache.ResourceEventHandlerFuncs{
    AddFunc: func(obj interface{}) {
   pod := obj.(*v1.Pod)
   klog.Infof("pod created: %s/%s", pod.Namespace, pod.Name)
    },
    UpdateFunc: func(oldObj, newObj interface{}) {
   oldPod := oldObj.(*v1.Pod)
   newPod := newObj.(*v1.Pod)
   klog.Infof("pod updated. %s/%s %s", oldPod.Namespace, oldPod.Name,
newPod.Status.Phase)
    },
    DeleteFunc: func(obj interface{}) {
   pod := obj.(*v1.Pod)
   klog.Infof("pod deleted: %s/%s", pod.Namespace, pod.Name)
    },
  })

  factory.Start(stopCh)
  if !cache.WaitForCacheSync(stopCh, podInformer.HasSynced) {
    klog.Fatal("Failed to sync")
  }

  select {}
}
```

首先通过 kubernetes.NewForConfig 函数创建 clientset 对象，Informer 需要通过 ClientSet 与 kube-apiserver 进行交互。另外，创建 stopCh 对象，该对象用于在程序进程退出之前通知 Informer 提前退出，因为 Informer 是一个持久运行的协程（goroutine）。

informers.NewSharedInformerFactory 函数实例化了 SharedInformerFactory 工厂对象，它接收两个参数：第 1 个参数 clientset 是用于与 kube-apiserver 交互的客户端，第 2 个参数 time.Minute 用于设置多久进行一次 resync（重新同步），resync 会周期性地执行全量同步操作，将所有的资源存放在 Informer Store 中，如果该参数为 0，则禁用 resync 功能。

示例代码通过 factory.Core().V1().Pods().Informer 函数得到了具体 Pod 资源的 Informer 对象，该 Informer 对象也会被注册到 SharedInformerFactory 工厂对象的 Informers 注册表中。通过 informer.AddEventHandler 函数可以为 Pod 资源添加资源事件回调函数，分别如下。

- AddFunc：在创建 Pod 资源对象时触发的事件回调方法。

- UpdateFunc：在更新 Pod 资源对象时触发的事件回调方法。
- DeleteFunc：在删除 Pod 资源对象时触发的事件回调方法。

在正常的情况下，Kubernetes 的其他组件在使用 Informer 机制时触发资源事件回调函数，将资源对象推送到工作队列或其他队列中。在示例代码中我们直接输出触发的资源事件。

此后，通过 factory.Start 方法，启动 factory 工厂中注册的所有 Informer 对象，示例中 Pod 资源的 Informer 对象的 Run 函数被调用，进而触发 Informer 对象的执行。

Informer 对象开始执行后，首先从 kube-apiserver 拉取完整的 Pod 列表到本地缓存，cache.WaitForCacheSync 函数用于等待完整的 Pod 列表同步到本地缓存，它通过轮询 podInformer.HasSynced 函数的返回结果判断是否已完成 Pod 列表同步。一旦完成同步，Informer 对象就会持续监听 Pod 资源对象的变化，并且通过资源事件回调函数输出完整的变更记录。

5.3.2 Informer 架构

本节介绍 Informer 架构设计，Informer 工作原理如图 5-5 所示。其中，ResourceEventHandlerFuncs 和 Worker 这两个组件由 Informer 的使用方提供并注入，其他组件为 Informer 的内部组件。

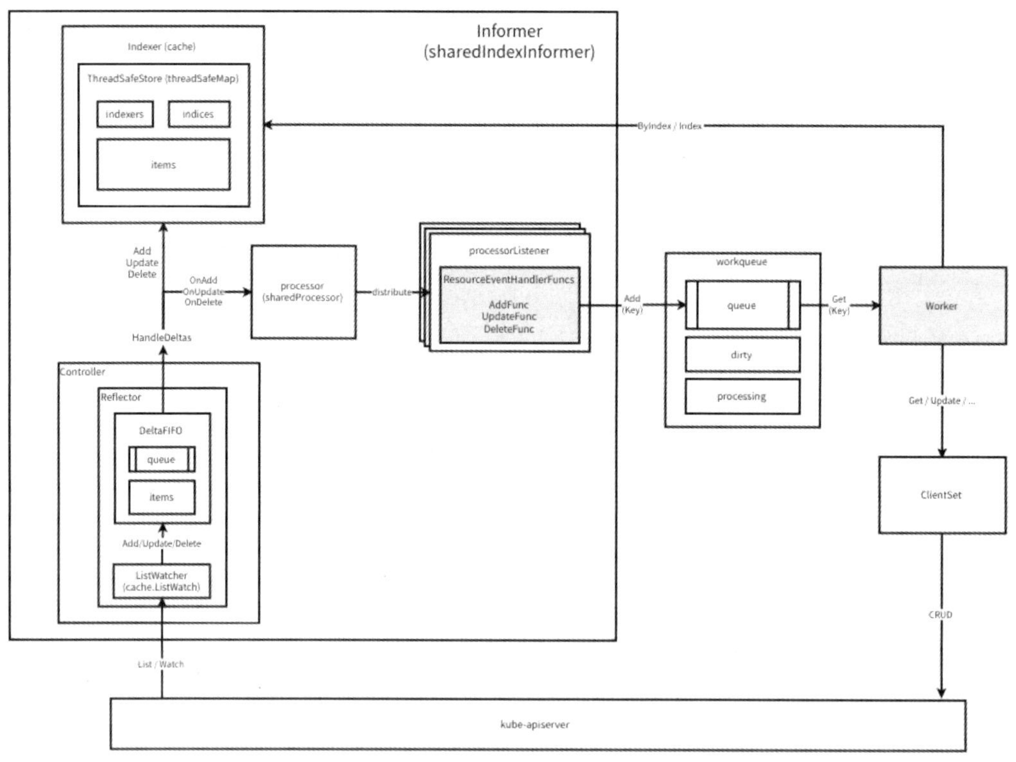

图 5-5　Informer 工作原理

在 Informer 架构中，有多个核心组件，这些核心组件的介绍如下。

1. Reflector

Reflector 用于监听指定的资源，当监听的资源发生变化时，触发相应的变更事件，如 Added（添加）事件、Updated（更新）事件、Deleted（删除）事件，并且将其资源对象和对应的操作存放到本地缓存 DeltaFIFO 中。

与 Reflector 密切相关的两个关键组件是 ListWatcher 和 DeltaFIFO。ListWatcher 定义了资源对象的数据访问接口，它拥有 List 和 Watch 函数，用于获取和监听资源列表。DeltaFIFO 可以分开理解，Delta 是一个资源对象的存储，它可以保存资源对象的操作类型，如 Added（添加）操作类型、Updated（更新）操作类型、Deleted（删除）操作类型、Sync（同步）操作类型、Replace 替换操作类型等。而 FIFO 是一个先进先出的队列，它拥有队列操作的基本方法，如 Add、Update、Delete、List、Pop、Close 等。

2．Controller

Controller 是 Reflector 的控制器对象，它根据提供的配置信息，构建 Reflector 对象并启动 Reflector 处理循环（Run）。Controller 的核心逻辑为 Run 函数，当 Run 函数执行时，Controller 开始初始化 Reflector 并启动 Refector 处理循环。此外，Controller 会周期性地处理 DeltaFIFO 中的数据，驱动数据向下游链路分发。

3．Indexer

Indexer 是 client-go 中的一个核心组件，它负责在客户端缓存中管理和索引 Kubernetes 资源对象，提供高效的对象查询和访问机制。它一方面在客户端内存中维护了 Kubernetes 资源对象的缓存，减少了对 kube-apiserver 的请求次数；另一方面允许为 Kubernetes 资源对象定义索引，实现基于索引的快速检索。

4．processor

processor 注册了一系列的监听器（processorListener），它获取从 DeltaFIFO 中分发的资源对象，并且进一步将这些资源对象分发给注册的每个监听器。processor 在分发资源对象时，会特别识别 Sync（同步）事件，并且将该事件分发给等待处理同步事件的监听器进行处理。

5．processorListener

processorListener 为 Informer 使用方提供了定制行为的扩展能力。Informer 机制使用方通过 ResourceEventHandleFuncs 定义感知资源对象添加、更新、删除时的业务行为，processorListener 接收到 processor 分发的事件后，根据事件的类型（Add、Update、Delete），分别触发使用方的 OnAdd、OnUpdate、OnDelete 函数，执行使用方的业务逻辑。

6．workqueue 和 Worker

workqueue 被称为工作队列，与普通的 FIFO 队列不同，它支持多个生产者和消费者按照有序的方式并发处理其中的数据，并且在处理过程中能保证相同元素在同一时间不会被重复处理。Kubernetes 的许多资源控制器（如 Deployment Controller）在接收到对应资源对象的变更记录时，会使用 workqueue 将对应资源对象的 key 存入 workqueue，并且启动独立的 worker goroutine 来获取队列中的数据并进行进一步处理。

5.3.3　Reflector 数据同步

Reflector 是 Informer 与 kube-apiserver 通信的桥梁，它监听指定的资源，在发现资源对象和对应的变更信息后，将这些资源对象同步到本地缓存 DeltaFIFO 中。

当 Informer 启动控制流程时，会使用 NewReflector 函数实例化 Reflector 对象，实例化过程中需要传入 ListWatcher 数据接口对象，它拥有 list 和 watch 函数，用于获取和监听资源列表。实现了 list 和 watch 函数的对象都可以被称为 ListerWatcher。实例化后的 Reflector 对象使用 Run 函数启动监听资源对象并同步至缓存的核心流程，这一流程是通过 ListAndWatch 函数实现的。

ListAndWatch 函数负责获取资源列表和监听 kube-apiserver 上指定的资源对象。当 ListAndWatch 函数返回时，wait.BackoffUntil 会不断拉起并执行该函数，重新拉取资源列表并监听资源对象。ListAndWatch 函数实现了 3 个核心功能：获取资源列表、监听资源对象、定期同步机制。

1. 获取资源列表

ListAndWatch 使用 list 函数在程序首次启动或由 wait.BackoffUntil 重新拉起时获取资源下所有对象的数据并将其存储至 DeltaFIFO。list 函数的执行流程如图 5-6 所示。

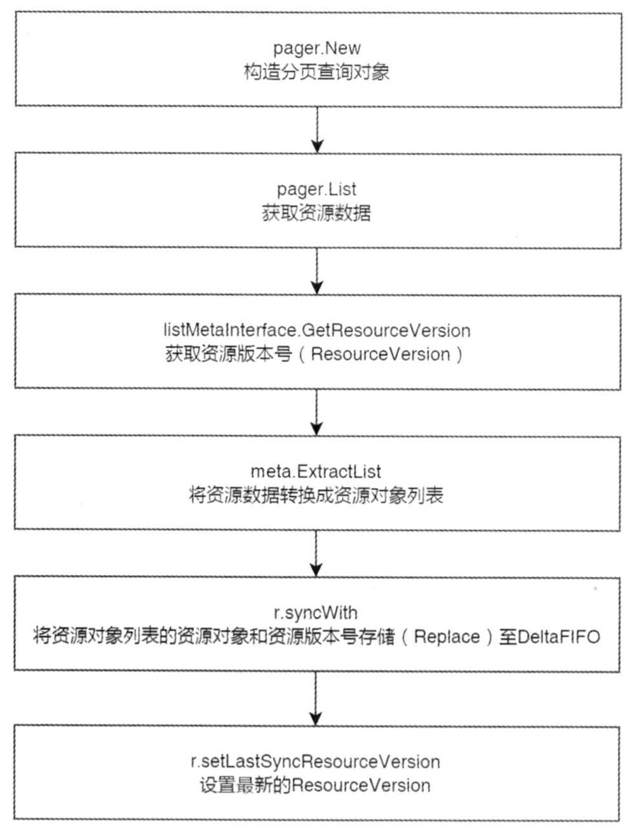

图 5-6 list 函数的执行流程

（1）pager.New 构造用于查询列表数据的分页查询对象 ListPager。ListPager 是 client-go 中提供的一个工具类，它可以采用分页的方式，使用用户自定义的页距查询函数（通过 PageFn 函数指定）查询资源列表数据。在 ListAndWatch List 场景中，PageFn 为 r.listerWatcher.List，即 ListerWatcher 数据接口中的 list 函数。ListPager 的默认分页大小为 500（由 defaultPageSize 指定），如果 Reflector 指定了分页大小，则使用 Reflector 的分页大小。

（2）pager.List 用于获取资源下的所有对象的数据，如获取所有 Pod 的资源数据。pager.List 会优先采用多批次分页的方式获取数据，如果分页查询失败，则降级为使用全量方式一次性获取完整的资源数据。资源数据是由 options 的 ResourceVersion 字段控制的：如果 ResourceVersion 为 0，则表示获取所有 Pod 的资源数据；如果 ResourceVersion 非 0，则表示根据 ResourceVersion 继续获取。pager.List 的功能类似于文件传输过程中的断点续传，当传输过程中遇到网络故障导致中断，再进行连接时，会根据 ResourceVersion 继续传输未完成的部分，使本地缓存中的数据与 etcd 集群中的数据保持一致。

（3）listMetaInterface.GetResourceVersion 用于获取 ResourceVersion。ResourceVersion 非常重要，Kubernetes 中所有的资源对象都拥有该字段，它标识当前资源对象的版本号。每次修改当前资源对象时，kube-apiserver 都会更新 ResourceVersion，使 client-go 执行 Watch 操作时可以根据 ResourceVersion 来确定当前资源对象是否发生变化。更多关于 ResourceVersion 的内容，请参考 4.2.5 节 ResourceVersion 中的相关内容。

（4）meta.ExtractList 用于将资源数据转换成资源对象列表，将 runtime.Object 对象转换成 []runtime.Object 列表。因为 pager.List 获取的是资源下的所有对象的数据，所以它是一个资源对象列表。

（5）r.syncWith 用于将资源对象列表中的资源对象和 ResourceVersion 存储至 DeltaFIFO，并且替换已存在的资源对象。

（6）r.setLastSyncResourceVersion 用于设置最新的 ResourceVersion。

list 函数的代码示例如下。

代码路径：vendor/k8s.io/client-go/tools/cache/reflector.go

```
Plain Text
func (r *Reflector) list(stopCh <-chan struct{}) error {
  var resourceVersion string
  ...
  var list runtime.Object
  ...
  go func() {
    ...
    pager := pager.New(pager.SimplePageFunc(func(opts metav1.ListOptions) (runtime.Object,
error) {
    return r.listerWatcher.List(opts)
    }))
    ...
    list, paginatedResult, err = pager.List(context.Background(), options)
    ...
  }()
  ...
  listMetaInterface, err := meta.ListAccessor(list)
  ...
  resourceVersion = listMetaInterface.GetResourceVersion()
  ...
  items, err := meta.ExtractList(list)
  ...
  if err := r.syncWith(items, resourceVersion); err != nil {
    return fmt.Errorf("unable to sync list result: %v", err)
```

```
  }
  ...
  r.setLastSyncResourceVersion(resourceVersion)
  ...
  return nil
}
```

2. 监听资源对象

Watch操作会与kube-apiserver建立长连接(支持HTTP/1.1 chunked、WebSocket和HTTP/2，当 HTTP/2 可用时优先选择 HTTP/2），接收 kube-apiserver 发送过来的资源变更事件。当使用 HTTP/2 时，Watch 操作使用 Frame（帧）为单位进行传输，类似于很多 RPC 协议。Frame 由二进制编码，通过帧头固定位置的字节描述 Body 长度就可以读取 Body，直到 Flags 遇到 END_STREAM。

Watch 函数的代码示例如下。

代码路径：vendor/k8s.io/client-go/tools/cache/reflector.go

```
Plain Text
for {
  ...
  timeoutSeconds := int64(minWatchTimeout.Seconds() * (rand.Float64() + 1.0))
  options := metav1.ListOptions{
    ResourceVersion: r.LastSyncResourceVersion(),
    TimeoutSeconds: &timeoutSeconds,
    AllowWatchBookmarks: true,
  }
  ...
  start := r.clock.Now()
  w, err := r.listerWatcher.Watch(options)
  ...
  err = watchHandler(start, w, r.store, r.expectedType, r.expectedGVK, r.name,
     r.expectedTypeName, r.setLastSyncResourceVersion, r.clock, resyncerrc, stopCh)
  ...
  return nil
}
```

以 Pod 为例，r.listerWatcher.Watch 函数实际调用了 Informer 下的 WatchFunc 函数，它通过 ClientSet 客户端与 kube-apiserver 建立长连接，监控指定资源对象的变更事件，代码示例如下。

代码路径：vendor/k8s.io/client-go/informers/core/v1/pod.go

```
Plain Text
WatchFunc: func(options metav1.ListOptions) (watch.Interface, error) {
  if tweakListOptions != nil {
    tweakListOptions(&options)
  }
  return client.CoreV1().Pods(namespace).Watch(context.TODO(), options)
}
```

watchHandler 函数用于处理资源对象的变更事件。当触发 Added、Updated、Deleted 事件时，将对应的资源对象更新到本地缓存 DeltaFIFO 中并更新 ResourceVersion。watchHandler 函数的代码示例如下。

代码路径：vendor/k8s.io/client-go/tools/cache/reflector.go

```
Plain Text
func watchHandler(start time.Time,
  w watch.Interface,
  store Store,
  expectedType reflect.Type,
  expectedGVK *schema.GroupVersionKind,
  name string,
  expectedTypeName string,
  setLastSyncResourceVersion func(string),
  clock clock.Clock,
  errc chan error,
  stopCh <-chan struct{},
) error {
...
for {
 select {
 ...
 case event, ok := <-w.ResultChan():
   ...
   meta, err := meta.Accessor(event.Object)
   ...
   resourceVersion := meta.GetResourceVersion()
   switch event.Type {
   case watch.Added:
  err := store.Add(event.Object)
  ...
   case watch.Modified:
  err := store.Update(event.Object)
  ...
   case watch.Deleted:
  err := store.Delete(event.Object)
  ...
   default:
  ...
   }
   setLastSyncResourceVersion(resourceVersion)
   ...
 }
}
...
}
```

3. 定期同步机制

ListAndWatch 函数还启动了一个独立的 goroutine，用于定时将底层缓存中的资源对象同步到 DeltaFIFO 中，同步的时间周期为创建 Reflector 时指定的 resyncPeriod。resync 函数的代码示例如下。

代码路径：vendor/k8s.io/client-go/tools/cache/reflector.go

```
Plain Text
go func() {
```

```
  resyncCh, cleanup := r.resyncChan()
  ...
  for {
    select {
    case <-resyncCh:
    case <-stopCh:
   return
    case <-cancelCh:
   return
    }
    if r.ShouldResync == nil || r.ShouldResync() {
   ...
   if err := r.store.Resync(); err != nil {
     ...
     return
   }
    }
    ...
    resyncCh, cleanup = r.resyncChan()
  }
}()
```

r.resyncChan 函数会以 resyncPeriod 作为周期启动一个定时器（Timer）。当定时器到达触发时间时，resync 函数会使用 r.ShouldResync 函数来判断当前是否需要同步资源对象，判断的依据是创建 InformerFactory 时是否指定了同步周期。如果需要同步，则调用本地缓存 DeltaFIFO 的 Resync 函数将底层缓存（Indexer）中的资源对象重新添加到本地缓存 DeltaFIFO 中。Resync 函数使用 syncKeyLocked 来执行核心的同步流程，代码示例如下。

代码路径：vendor/k8s.io/client-go/tools/cache/delta_fifo.go

```
Plain Text
func (f *DeltaFIFO) syncKeyLocked(key string) error {
  obj, exists, err := f.knownObjects.GetByKey(key)
  ...
  id, err := f.KeyOf(obj)
  ...
  if len(f.items[id]) > 0 {
    return nil
  }
  if err := f.queueActionLocked(Sync, obj); err != nil {
    return fmt.Errorf("couldn't queue object: %v", err)
  }
  return nil
}
```

- f.knownObjects 是 Indexer 底层存储对象，通过该对象可以获取 client-go 目前存储的所有资源对象。
- 判断本地缓存 DeltaFIFO 中是否存在尚未处理的资源变更记录，如果存在，则忽略从底层缓存中添加资源对象。底层缓存中资源对象的版本可能比本地缓存中资源对象的更旧，这样可以避免用旧版本的对象覆盖新版本的对象。

使用 f.queueActionLocked 函数将对资源对象的同步操作记录写入 DeltaFIFO。

5.3.4 DeltaFIFO 操作队列

DeltaFIFO 结构的代码示例如下。

代码路径：vendor/k8s.io/client-go/tools/cache/delta_fifo.go

```
Plain Text
type DeltaFIFO struct {
  ...
  items map[string]Deltas
  queue []string
  ...
}

type Deltas []Delta

type Delta struct {
  Type   DeltaType
  Object interface{}
}

type DeltaType string
```

DeltaFIFO 与传统的队列的最大不同之处是 DeltaFIFO 中保存的不是资源对象本身，而是与资源对象相关的一系列操作记录，每条操作记录包含了操作类型和所操作的资源对象。对于同一个资源对象，消费者在处理资源对象时能够了解资源对象所发生的操作。DeltaFIFO 的存储结构如图 5-7 所示。

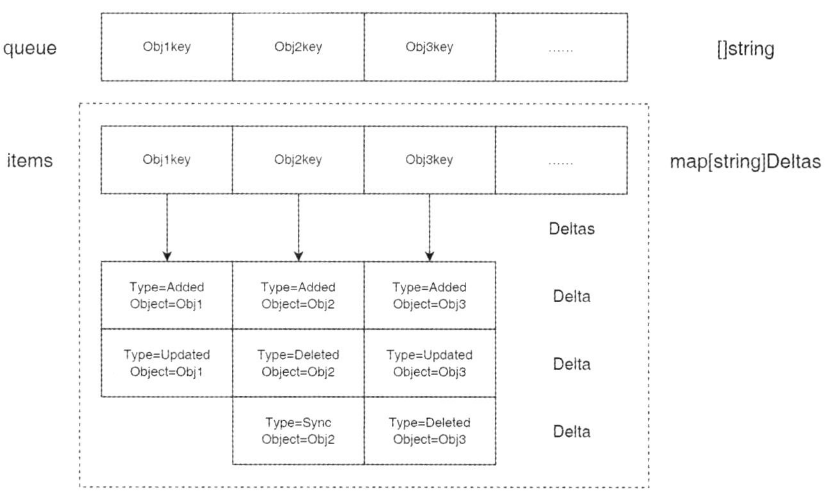

图 5-7　DeltaFIFO 的存储结构

在图 5-7 中，queue 字段存储资源对象的 key，key 通过 KeyOf 函数计算得到。items 字段通过 map 数据结构存储，value 存储的是操作记录的 Deltas 切片。

DeltaFIFO 本质上是一个面向生产者和消费者的先进先出队列。其中，生产者是 Reflector 调用的 Add、Update、Delete 方法（分别对应资源对象的添加、更新、删除操作），消费者是 Controller 调用的 Pop 方法。下面分析生产者方法和消费者方法。

1. 生产者方法

DeltaFIFO 队列中的资源对象在 Added、Updated、Deleted 事件中都调用了 queueActionLocked 函数，它是 DeltaFIFO 实现的关键，代码示例如下。

代码路径：vendor/k8s.io/client-go/tools/cache/delta_fifo.go

```
Plain Text
func (f *DeltaFIFO) queueActionLocked(actionType DeltaType, obj interface{}) error {
  id, err := f.KeyOf(obj)
  ...
  oldDeltas := f.items[id]
  newDeltas := append(oldDeltas, Delta{actionType, obj})
  newDeltas = dedupDeltas(newDeltas)

  if len(newDeltas) > 0 {
    if _, exists := f.items[id]; !exists {
   f.queue = append(f.queue, id)
    }
    f.items[id] = newDeltas
    f.cond.Broadcast()
  } else {
    ...
  }
  return nil
}
```

queueActionLocked 函数的执行流程如下。

（1）通过 f.KeyOf 函数计算出资源对象的 key。f.KeyOf 函数会使用构建 DeltaFIFO 时传入的 keyFunc 作为 key 的计算函数，默认为 cache.MetaNamespaceKeyFunc，即对命名空间对象使用<namespace>/<name>作为对象的 key，对全局对象使用<name>作为对象的 key。

（2）构造 Delta 操作记录，添加到 items 中以对象 key 作为主键的 Deltas 切片末尾。其中，dedupDeltas 函数会将 Deltas 切片的最后两个类型为 Deleted 的操作记录（如果存在的话）进行压缩合并，这是因为对于资源对象的删除仅需要保留最后一条有效的操作记录。

（3）更新构造后的 Delta 操作记录并通过 f.cond.Broadcast 函数唤醒所有因为等待数据而阻塞的消费者。

2. 消费者方法

Pop 方法作为消费者方法使用，从 DeltaFIFO 的队列 queue 头部取出最早进入队列的资源对象数据。Pop 方法使用传入的 process 函数接收并处理资源对象的回调逻辑。Pop 方法的代码示例如下。

代码路径：vendor/k8s.io/client-go/tools/cache/delta_fifo.go

```
Plain Text
func (f *DeltaFIFO) Pop(process PopProcessFunc) (interface{}, error) {
  f.lock.Lock()
  defer f.lock.Unlock()
  for {
    for len(f.queue) == 0 {
   ...
   f.cond.Wait()
    }
```

```
    id := f.queue[0]
    f.queue = f.queue[1:]
    ...
    if f.initialPopulationCount > 0 {
   f.initialPopulationCount--
    }
    item, ok := f.items[id]
    ...
    delete(f.items, id)
    ...
    err := process(item)
    if e, ok := err.(ErrRequeue); ok {
   f.addIfNotPresent(id, item)
   err = e.Err
    }
    // Don't need to copyDeltas here, because we're transferring
    // ownership to the caller
    return item, err
  }
}
```

如果队列为空，则通过 f.cond.Wait 函数阻塞等待数据，只有在收到 cond.Broadcast 时才说明有数据被添加，解除当前的阻塞状态。

如果队列不为空，则去除 f.queue 队列的头部数据，将资源对象传入 process 函数进行处理。

如果处理出错，则调用 f.addIfNotPresent 函数将资源对象重新存入队列。

Controller 使用 processLoop 方法负责从 DeltaFIFO 队列中取出数据传递给 process 函数。process 函数是在初始化 Informer 对象时指定的，其具体实现函数为 sharedIndexInformer.HandleDeltas，它使用 processDeltas 函数处理一个资源对象的所有 Deltas 操作记录。代码示例如下。

代码路径：vendor/k8s.io/client-go/tools/cache/shard_informer.go

```
Plain Text
func processDeltas(
  handler ResourceEventHandler,
  clientState Store,
  transformer TransformFunc,
  deltas Deltas,
) error {
  for _, d := range deltas {
    obj := d.Object
    ...
    switch d.Type {
    case Sync, Replaced, Added, Updated:
   if old, exists, err := clientState.Get(obj); err == nil && exists {
     if err := clientState.Update(obj); err != nil {
       return err
     }
     handler.OnUpdate(old, obj)
   } else {
     if err := clientState.Add(obj); err != nil {
```

```
        return err
      }
      handler.OnAdd(obj)
    }
    case Deleted:
    if err := clientState.Delete(obj); err != nil {
      return err
    }
    handler.OnDelete(obj)
    }
  }
  return nil
}
```

processDeltas 函数会遍历资源对象的每一条 Delta 操作记录。

- 对于增加、更新、同步、替换这几种类型的操作，processDeltas 函数从 clientState 中查找资源对象是否存在。其中，clientState 为参数传入的底层缓存对象，在当前场景下的具体实现类为 Indexer。
  - 如果资源对象存在，则使用 Delta 中的 obj 更新底层存储 Indexer 的对应资源对象。
  - 如果资源对象不存在，则将资源对象添加至 Indexer。
- 对于删除操作，从 Indexer 中将对应的资源对象删除。

最后将资源对象分发到 ResourceEventHandler 事件监听类对应的监听函数进行处理。

5.3.5 Indexer 资源缓存

Indexer 是 client-go 用来存储资源对象并自带索引功能的本地存储，Reflector 从 DeltaFIFO 中将消费出来的资源对象存储至 Indexer。Indexer 中的数据与 etcd 集群中的数据保持完全一致。client-go 可以很方便地从本地存储中读取相应的资源对象数据，而无须每次都从远程 etcd 集群中读取，这样可以减轻 kube-apiserver 和 etcd 集群的压力。

1. ThreadSafeMap 并发安全存储

在介绍 Indexer 之前，先介绍一下 ThreadSafeMap。ThreadSafeMap 是一个内存中的存储，它实现了资源数据的并发安全存储。作为存储，它拥有存储相关的增、删、改、查操作方法，如 Add、Update、Delete、List、Get、Replace、Resync 等。此外，它还包含了数据的索引函数（Indexers）和索引表（Indices），实现了对数据的高效读取和检索。ThreadSafeMap 存储结构如图 5-8 所示。

items 中存储的是资源对象，其中，items 的 key 通过 keyFunc 函数计算得到，默认使用 MetaNamespaceKeyFunc 函数计算，该函数根据资源对象计算出<namespace>/<name>格式的 key。如果资源对象的<namespace>为空，则<name>作为 key，而 items 的 value 用于存储资源对象。

indexers 是一个 map 数据结构，其中，key 为用于检索资源对象的索引名称，value 为该索引对应的索引函数。索引函数以资源对象作为参数，返回计算后的索引值。

indices 是一个两层的 map 数据结构，里面保存了每个索引经过索引函数计算得到的索引值，以及与该索引值匹配的所有资源对象主键（objkey）列表。

此外，lock 为读写锁，用于在并发读写的情况下对数据的并发访问进行控制和保护，实现并发安全的数据访问。

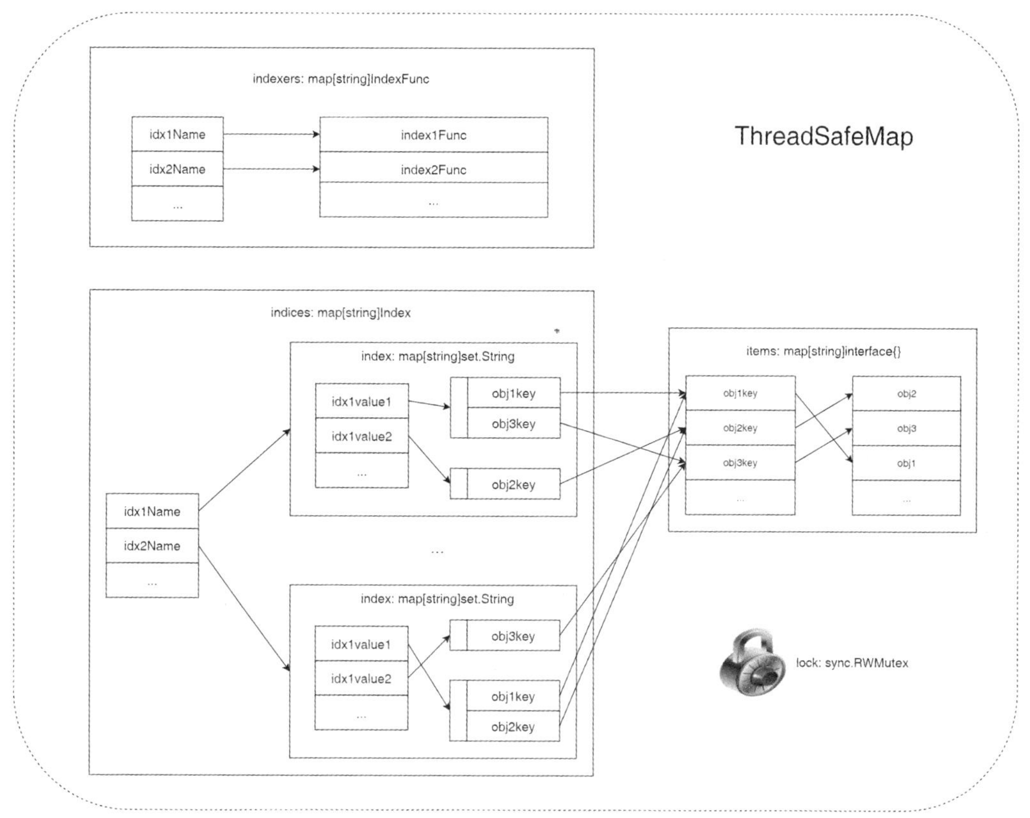

图 5-8　ThreadSafeMap 存储结构

可以把 ThreadSafeMap 与关系数据库中的数据表进行类比。items 类似于数据表，每个资源对象类似于表中的一条记录，资源对象主键类似于记录的主键。indexers 类似于给数据表定义的各个索引对象，其索引函数定义了索引对象的索引值计算规则。indices 则是所有索引的索引值，对于索引对象，它的索引值都指向与该值匹配的主键集合。ThreadSafeMap 存储结构的代码示例如下。

代码路径：vendor/k8s.io/client-go/tools/cache/thread_safe_map.go

```
Plain Text
type threadSafeMap struct {
  lock  sync.RWMutex
  items map[string]interface{}
  indexers Indexers
  indices Indices
}
```

ThreadSafeMap 实现了 ThreadSafeStore 接口，该接口定义了增加、修改、删除、查询、列表、替换等操作接口，支持对 ThreadSafeMap 中缓存数据和对应索引数据的相关操作。为了保证索引的有效性，在使用 Create、Update、Delete 方法更新 ThreadMap 中的资源对象时，会调用 updateIndices 方法更新对应的索引值。updateIndices 的代码示例如下。

代码路径：vendor/k8s.io/client-go/tools/cache/thread_safe_map.go

```
Plain Text
func (c *threadSafeMap) updateIndices(
    oldObj interface{},
    newObj interface{},
    key string) {
   ...
   for name, indexFunc := range c.indexers {
      oldIndexValues, err = indexFunc(oldObj)
      ...
      indexValues, err = indexFunc(newObj)
      ...
      index := c.indices[name]
      ...
      for _, value := range oldIndexValues {
     c.deleteKeyFromIndex(key, value, index)
      }
      for _, value := range indexValues {
     c.addKeyToIndex(key, value, index)
      }
   }
}
```

对于 c.indexers 中定义的每个索引对象，调用 indexFunc 函数分别计算新、旧索引值 indexValues 和 oldIndexValues。

在 indices 找到缓存的索引对象，先将资源对象主键从旧索引对象的各个索引值中删除引用（deleteKeyFromIndex），再将资源对象主键添加到新索引对象的各个索引值中建立新的索引。

2. Indexer 资源对象索引器

Indexer 在 ThreadSafeMap 的基础上进行了封装，它继承了与 ThreadSafeMap 相关的操作方法并实现了 Indexer Func 等功能，为 ThreadSafeMap 提供了索引功能。Indexer 接口定义如下。

代码路径：vendor/k8s.io/client-go/tools/cache/index.go

```
Plain Text
type Indexer interface {
   Store
   Index(indexName string, obj interface{}) ([]interface{}, error)
   IndexKeys(indexName, indexedValue string) ([]string, error)
   ListIndexFuncValues(indexName string) []string
   ByIndex(indexName, indexedValue string) ([]interface{}, error)
   GetIndexers() Indexers
   AddIndexers(newIndexers Indexers) error
}
```

Indexer 中的各属性和函数说明如下。

- Store：ThreadSafeMap 的抽象定义，提供访问 ThreadSafeMap 中缓存数据和索引数据的各种方法。
- Index：根据指定的索引名称（如 namespace）和示例对象（如 default/pod1），返回索引名称为示例对象索引值（如 namespace == default）的所有资源对象列表。

- IndexKeys：给定索引名称（如 namespace）和索引值（如 default），查询满足条件（如 namespace == default）的所有资源对象主键列表。
- ListIndexFuncValues：根据指定索引名称返回所有的索引值列表。
- ByIndex：给定索引名称（如 namespace）和索引值（如 default），查询满足条件（如 namespace == default）的所有资源对象列表。
- GetIndexers：返回所有索引对象。
- AddIndexers：在填充 ThreadSafeMap 中的缓存资源对象前添加更多的索引对象。

3. Indexer 使用示例

使用 Indexer 的代码示例如下。

```
Plain Text
package main

import (
  "fmt"
  v1 "k8s.io/api/core/v1"
  metav1 "k8s.io/apimachinery/pkg/apis/meta/v1"
  "k8s.io/client-go/tools/cache"
  "strings"
)

func UsersIndexFunc(obj interface{}) ([]string, error) {
  pod := obj.(*v1.Pod)
  usersString := pod.Annotations["users"]
  return strings.Split(usersString, ","), nil
}

func main() {
  indexer := cache.NewIndexer(cache.MetaNamespaceKeyFunc, cache.Indexers{"byUser":
UsersIndexFunc})

  pod1 := &v1.Pod{ObjectMeta: metav1.ObjectMeta{Name: "one", Annotations:
map[string]string{"users": "ernie,bert"}}}
  pod2 := &v1.Pod{ObjectMeta: metav1.ObjectMeta{Name: "two", Annotations:
map[string]string{"users": "bert,oscar"}}}
  pod3 := &v1.Pod{ObjectMeta: metav1.ObjectMeta{Name: "tre", Annotations:
map[string]string{"users": "ernie,elmo"}}}

  indexer.Add(pod1)
  indexer.Add(pod2)
  indexer.Add(pod3)

  erniePods, err := indexer.ByIndex("byUser", "ernie")
  if err != nil {
    panic(err)
  }
  for _, erniePod := range erniePods {
    fmt.Println(erniePod.(*v1.Pod).Name)
```

```
  }
}

// 输出
one
tre
```

首先定义一个索引器函数 UsersIndexFunc，在该函数中，我们定义查询所有 Pod 资源下 Annotations 字段的 key 为 users 的 Pod。

cache.NewIndexer 函数实例化了 Indexer 对象，该函数接收两个参数：第 1 个参数是 KeyFunc，它用于计算资源对象的 key，默认使用 cache.MetaNamespaceKeyFunc 函数进行计算；第 2 个参数是 cache.Indexers，用于定义索引对象，其中，key 为索引对象的名称（byUser），value 为索引对象。之后通过 indexer.Add 方法添加了 3 个 Pod 资源对象。最后通过 index.ByIndex 函数查询 byUser 索引器下匹配 ernie 字段的 Pod 列表。

执行该代码示例，最终检索出名称为 one 和 tre 的两个 Pod。

5.3.6 processor 资源处理

从 DeltaFIFO 中推送的资源对象的操作记录，除了交由 Indexer 存储至本地缓存，还会一并推送给 processor，最终交由 Informer 机制的使用方处理。

processor 是资源对象操作记录处理器，它注册了一系列的监听器（processorListener），这些监听器获取从 DeltaFIFO 中分发的资源对象，并且进一步将这些资源对象分发给注册的每个监听器。processor 在分发资源对象时，会根据资源对象的操作类型，将它们分发给不同的监听器集合。同步操作类型的资源对象由专门的监听器集合处理，其他操作类型的资源对象则由另一个监听器集合处理。

processor 的处理机制包括两个核心部分：监听器注册和管理，以及为了支持非阻塞事件处理的监听器缓冲机制。下面分别展开介绍。

1. 监听器注册和管理

processor 的实现类为 sharedProcessor，其代码定义如下。

代码路径：vendor/k8s.io/client-go/tools/cache/shared_informer.go

```
Plain Text
type sharedProcessor struct {
  ...
  listeners   []*processorListener
  syncingListeners []*processorListener
  ...
}
```

其中，listeners 为所有注册到 processor 的监听器，syncingListeners 为所有进入同步周期的监听器。监听器默认会被同时添加到这两个监听器列表中。每个 listener 监听器都是一个 processorListener 对象，并且可以按需选择同步周期以定期同步资源对象。

Informer 机制使用方可以使用 AddEventHandler 函数或 AddEventHandlerWithResyncPeriod 函数将新的监听器注册到 processor 中。其中，AddEventHandler 函数在添加监听器时会使用 Reflector 的同步周期（resyncPeriod）作为监听器的同步周期，AddEventHandlerWithResyncPeriod

函数则可以为监听器指定专属的同步周期。AddEventHandlerWithResyncPeriod 函数的代码示例如下。

代码路径：vendor/k8s.io/client-go/tools/cache/shared_informer.go

```
Plain Text
func (s *sharedIndexInformer) AddEventHandlerWithResyncPeriod(
    handler ResourceEventHandler,
    resyncPeriod time.Duration) {
   ...
   if resyncPeriod > 0 {
      if resyncPeriod < minimumResyncPeriod {
      ...
      resyncPeriod = minimumResyncPeriod
      }

      if resyncPeriod < s.resyncCheckPeriod {
      if s.started {
         ...
         resyncPeriod = s.resyncCheckPeriod
      } else {
         ...
         s.resyncCheckPeriod = resyncPeriod
         s.processor.resyncCheckPeriodChanged(resyncPeriod)
      }
      }
   }

   listener := newProcessListener(handler, resyncPeriod, determineResyncPeriod
(resyncPeriod, s.resyncCheckPeriod), s.clock.Now(), initialBufferSize)

   if !s.started {
      s.processor.addListener(listener)
      return
   }

   s.blockDeltas.Lock()
   defer s.blockDeltas.Unlock()
   s.processor.addListener(listener)
   for _, item := range s.indexer.List() {
      listener.add(addNotification{newObj: item})
   }
}
```

在添加监听器时，首先会计算该监听器的同步周期，其计算方法如图 5-9 所示。

在计算监听器同步周期时，会确保同步周期不小于 minimumResyncPeriod 1 秒，之后会与 Informer 的同步周期进行比较。如果 Informer 已启动，则会确保监听器的同步周期不小于 Informer 指定的同步周期；如果 Informer 未启动，则重置 Informer 的同步周期，使其与监听器的同步周期一致。

使用 newProcessListener 构造出新的监听器对象，该监听器对象会使用 Informer 使用方提供的 ResourceEventHandler 中定义的 OnAdd、OnUpdate、OnDelete 监听函数，作为监听器在资源对象添加、更新、修改时的监听函数。

如果 Informer 未启动，则直接将新的监听器注册到 processor 中。如果 Informer 已启动，则使用 s.blockDeltas.Lock 锁住 HandleDeltas 的处理流程，以暂停 DeltaFIFO 操作队列推送数据，在成功添加监听器后重新开启 DeltaFIFO 操作队列推送数据。

在成功注册监听器后，从 Indexer 中获取全量的资源对象数据，并且全部推送给新注册的监听器，让监听器在启动阶段能完成全量的资源对象的监听和处理。

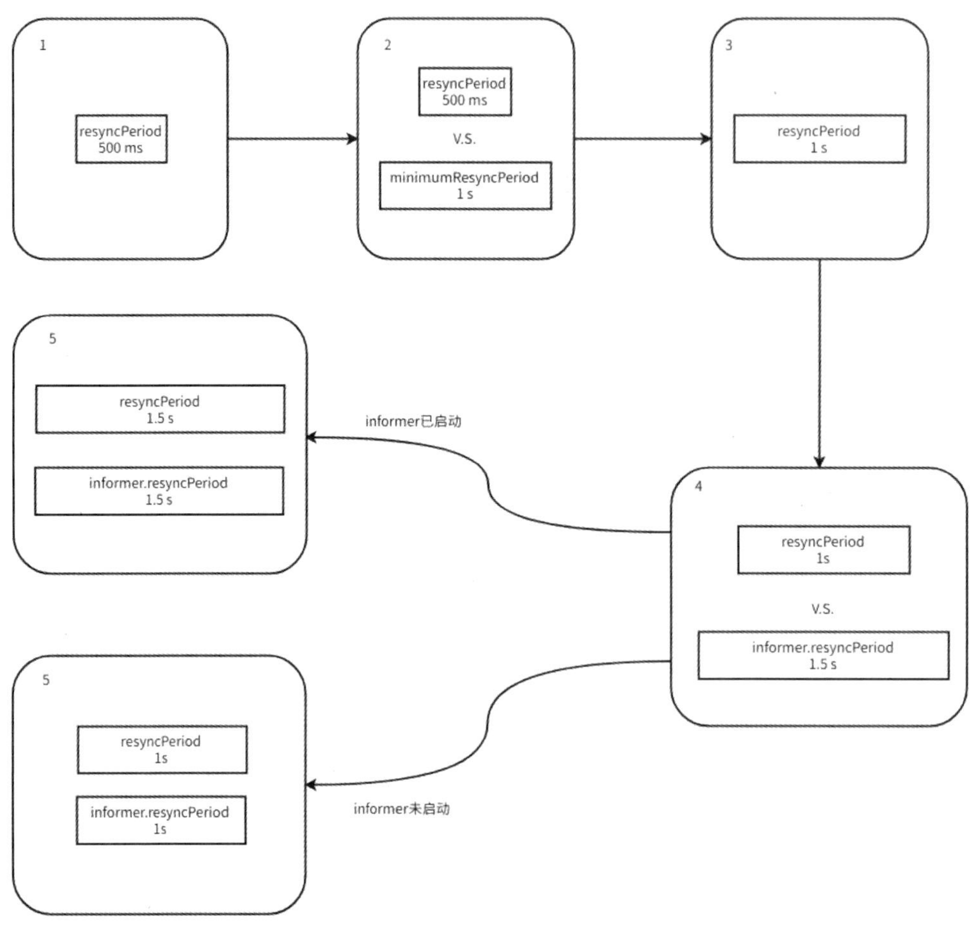

图 5-9　监听器同步周期的计算方法

2. 监听器缓冲机制

processorListener 是用于处理资源对象变更数据的监听器，它接收 HandleDeltas 函数从 DeltaFIFO 中获取并推送的资源对象操作事件，并且将这些事件交给 ResourceEventHandler 进行处理，以执行 Informer 使用方提供的业务逻辑。processListener 可以处理以下几类资源操作事件。

- addNotification：新增资源对象通知消息，其中包含完整的新添加的资源对象 newObj。
- updateNotification：更新资源对象通知消息，其中包含完整的新添加的资源对象 newObj 和旧资源对象 oldObj。
- deleteNotification：删除资源对象通知消息，其中包含完整的旧资源对象 oldObj。

为了实现资源对象操作事件的高效无阻塞处理，processorListener 引入了两个无缓冲输入通道来配合一个不限大小的环形缓冲队列（buffer.RingGrowing），其工作原理如图 5-10 所示。

- addCh 为 processorListener 的输入通道。当有新的资源操作事件产生时，processor 会调用 add 方法将对应的 addNotification / updateNotification / deleteNotification 事件对象推送到 addCh 输入通道中。
- pendingNotifications 是一个环形缓冲队列，它用于暂存尚未处理的 xxxNotification 事件。该环形缓冲队列被设计为无限容量，当它即将被写满时，会自动扩容，以保证 xxxNotification 事件总是可以写入的。

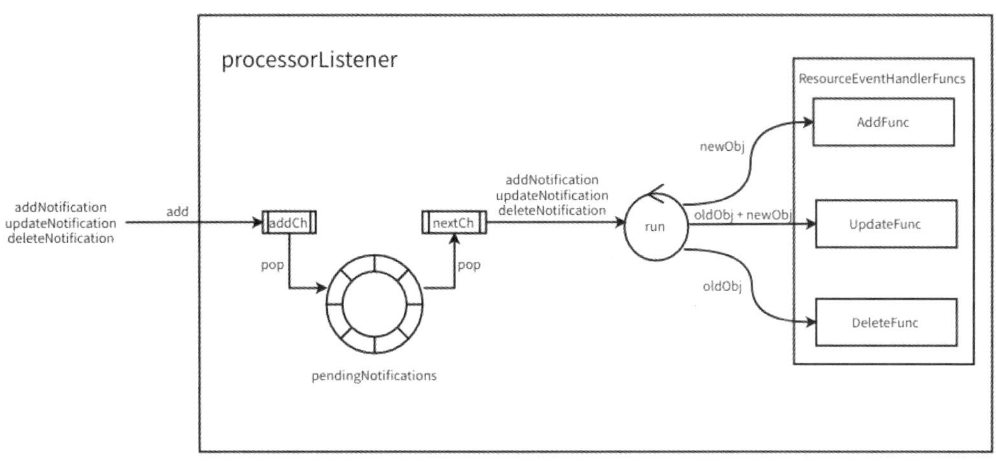

图 5-10　processorListener 的工作原理

- processorListener 在一个独立的 goroutine 中执行 pop 方法，该方法类似于一个数据搬运工，会同时监听输入通道 addCh 和输出通道 nextCh，将输入通道中的数据及时写入环形缓冲队列 pendingNotifications，读取环形缓冲队列 pendingNotifications 中的数据并写入输出通道 nextCh。
- processorListener 在另一个独立的 goroutine 中执行 run 函数，该函数不断轮询输出通道 nextCh 中的 xxxNotification 事件，并根据事件的类型调用使用方提供的 ResourceEventHandlerFuncs 中对应的事件监听函数，完成单个事件的处理流程。

5.3.7　workqueue 工作队列

workqueue 与普通的 FIFO 通用队列相比，实现略显复杂，它的主要功能在于标记和去重，并且支持以下特性。

- 有序：按照添加顺序处理元素。
- 去重：相同元素在同一时间不会被重复处理。如果一个元素在处理前被添加了多次，则它只会被处理一次。
- 并发：支持多个生产者和多个消费者。
- 标记机制：支持标记功能，标记一个元素是否被处理，也允许元素在处理时重新排队（Reenqueued）。
- 通知机制：ShutDown 方法通过信号量通知队列不再接收新的元素，并且通知 metric goroutine 退出。
- 延迟：支持延迟队列，延迟一段时间后再将元素存入队列。
- 限速：支持限速队列，在元素存入队列时进行速率限制。限制一个元素重新排队的次数。

- Metric：支持 metric 监控指标，可用于 Prometheus 监控。

workqueue 支持 3 种队列，并且提供了 3 种接口，不同队列实现可应对不同的使用场景。

- Interface：FIFO 通用队列接口，先进先出队列，并且支持去重机制。
- DelayingInterface：延迟队列接口，基于 Interface 接口封装，延迟一段时间后再将元素插入队列。
- RateLimitingInterface：限速队列接口，基于 DelayingInterface 接口封装，支持在将元素插入队列时进行速率限制。

1. FIFO 通用队列

FIFO 通用队列支持最基本的队列方法，如插入元素、获取元素、获取队列长度等。另外，workqueue 中的限速队列和延迟队列都基于 Interface（接口）实现，该接口定义如下。

代码路径：vendor/k8s.io/client-go/util/workqueue/queue.go

```
Plain Text
type Interface interface {
  Add(item interface{})
  Len() int
  Get() (item interface{}, shutdown bool)
  Done(item interface{})
  ShutDown()
  ShutDownWithDrain()
  ShuttingDown() bool
}
```

FIFO 通用队列接口的方法说明如下。

（1）Add：给队列添加元素，可以是任意类型的元素。

（2）Len：返回当前队列的长度。

（3）Get：获取队列头部的一个元素。

（4）Done：将队列中的元素标记为已处理。

（5）ShutDown：关闭队列。在关闭队列时，将停止添加新元素，立即结束队列中运行的全部 goroutine。

（6）ShutDownWithDrain：排空队列中的元素并关闭队列。会等待队列中已存在的元素全部处理完成后再关闭队列。

（7）ShuttingDown：查询队列是否正在关闭。

FIFO 通用队列数据结构如下。

代码路径：vendor/k8s.io/client-go/util/workqueue/queue.go

```
Plain Text
type Type struct {
  queue []t
  dirty set
  processing set
  cond *sync.Cond
  shuttingDown bool
  drain   bool
  metrics queueMetrics
  unfinishedWorkUpdatePeriod time.Duration
```

```
  clock           clock.WithTicker
}

type t interface{}
type empty struct{}
type set map[t]empty
```

FIFO通用队列数据结构中最主要的字段有queue、dirty和processing。其中，queue字段是实际存储队列元素的地方，它是slice切片结构的，用于保证元素有效；dirty字段非常关键，它能保证去重，还能保证在处理一个元素之前哪怕其被添加了多次（并发情况下），也只会被处理一次；processing字段用于标记机制，标记一个元素是否正在被处理。根据workqueue的特性理解源码的实现，FIFO通用队列的存储过程如图5-11所示。

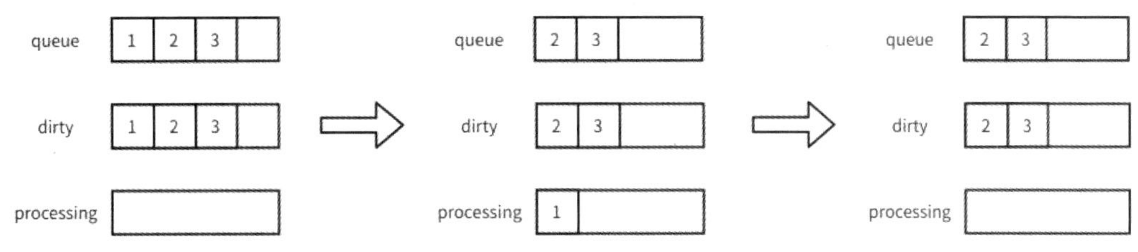

图5-11 FIFO通用队列的存储过程

首先，使用Add方法向FIFO通用队列中分别插入1、2、3三个元素，此时队列中的queue和dirty字段分别存有元素1、元素2、元素3，processing字段为空。然后，通过Get方法获取最先进入的元素（元素1），此时队列中的queue和dirty字段分别存有元素2、元素3，而元素1会被添加到processing字段中，表示该元素正在被处理。最后，当处理完元素1时，通过Done方法将该元素标记为已处理，此时processing字段中的元素1会被删除。

图5-11描述了FIFO通用队列的存储过程，在正常情况下，FIFO通用队列运行在并发场景下。在高并发场景下，如何保证哪怕一个元素被添加了多次，也只会被处理一次？FIFO通用队列的并发存储过程如图5-12所示。

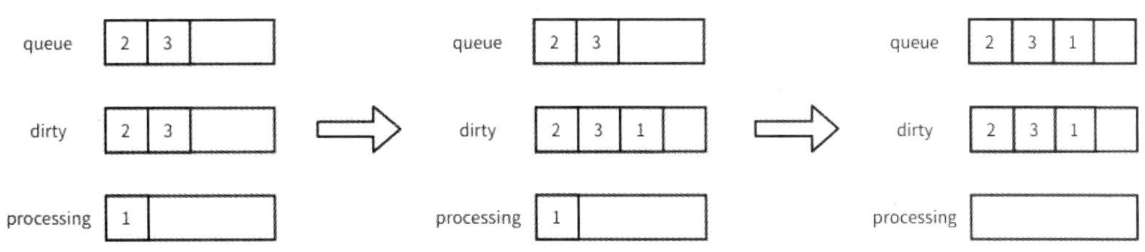

图5-12 FIFO通用队列的并发存储过程

在并发场景下，假设goroutine A通过Get方法获取元素1，元素1被添加到processing字段中。在同一时间，goroutine B通过Add方法再次添加元素1，此时在processing字段中已经存在相同的元素，所以后面的元素1并不会被直接添加到queue字段中，当前FIFO通用队列的dirty字段中存有1、2、3三个元素，processing字段中有元素1。在goroutine A通过Done方法将元素标记为已处理后，由于dirty字段中存有元素1，因此元素1将被追加到queue

字段的尾部。需要注意的是，dirty 和 processing 字段都是使用 map 数据结构实现的，所以不需要考虑无序，只保证去重即可。

2. 延迟队列

延迟队列基于 FIFO 通用队列接口封装，在原有功能上增加了 AddAfter 方法，其原理是延迟一段时间后再将元素插入 FIFO 通用队列。延迟队列的数据结构如下。

代码路径：vendor/k8s.io/client-go/util/workqueue/delaying_queue.go

```
Plain Text
type DelayingInterface interface {
  Interface
  AddAfter(item interface{}, duration time.Duration)
}

type delayingType struct {
  Interface
  clock clock.Clock
  stopCh chan struct{}
  stopOnce sync.Once
  heartbeat clock.Ticker
  waitingForAddCh chan *waitFor
  metrics retryMetrics
}
```

AddAfter 方法会插入一个 item（元素）参数，并且附带一个 duration（延迟时间）参数。duration 参数用于指定元素延迟插入 FIFO 通用队列的时间。如果 duration 小于或等于 0，则会直接将元素插入 FIFO 通用队列。

delayingType 结构中最主要的字段是 waitingForAddCh，其默认初始大小为 1000，在通过 AddAfter 方法插入元素时，是非阻塞状态的，只有当插入的元素大于或等于 1000 时，延迟队列才会处于阻塞状态。waitingForAddCh 字段中的数据通过 goroutine 运行的 waitingLoop 函数持久运行。延迟队列的运行原理如图 5-13 所示。

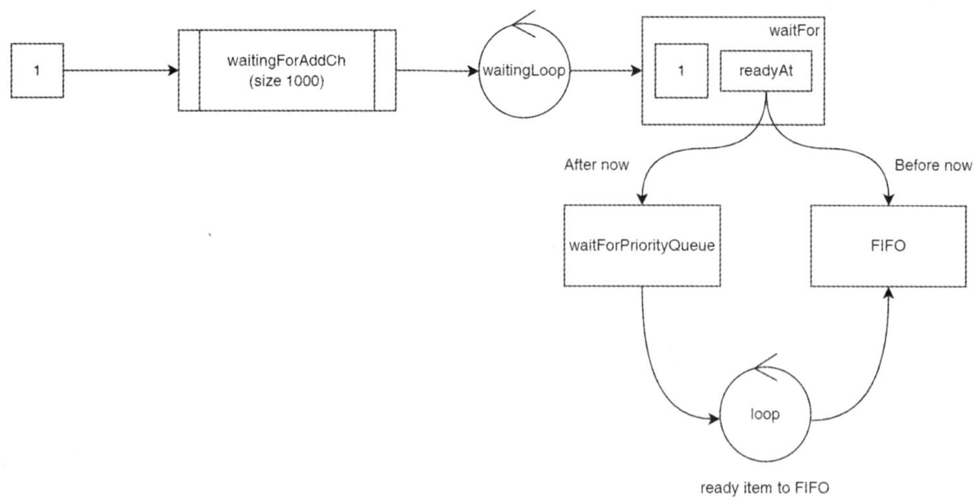

图 5-13　延迟队列的运行原理

如图 5-13 所示，将元素 1 插入 waitingForAddCh 字段中，通过 waitingLoop 函数消费元素数据。当元素的处理时间（readyAt）大于当前时间时，说明需要延迟将元素插入 FIFO 通用队列，此时将该元素放入优先队列（waitForPriorityQueue）中。当元素处理时间小于或等于当前时间时，说明该元素需要立即处理，此时将元素直接插入 FIFO 通用队列。此外，waitingLoop 函数还会不断遍历优先队列中的元素，将已经到达处理时间的元素插入 FIFO 通用队列。

3. 限速队列

限速队列基于延迟队列和 FIFO 通用队列接口封装，限速队列接口（RateLimitingInterface）在原有功能上增加了 AddRateLimited、Forget、NumRequeues 方法。限速队列的重点不在于 RateLimitingInterface 接口，而在于它提供的 4 种限速算法接口（RateLimiter）。其原理是，限速队列利用延迟队列的特性，延迟某个元素的插入时间，以达到限速的目的。RateLimiter 接口的定义如下。

代码路径：vendor/k8s.io/client-go/util/workqueue/default_rate_limiters.go

```
Plain Text
type RateLimiter interface {
  When(item interface{}) time.Duration
  Forget(item interface{})
  NumRequeues(item interface{}) int
}
```

限速算法接口的方法说明如下。

- When：获取指定元素应该等待的时间。
- Forget：释放指定元素，清空该元素的排队数。
- NumRequeues：获取指定元素的排队数。

这里有一个非常重要的概念——限速周期。限速周期是指从执行 AddRateLimited 方法到执行完 Forget 方法的时间。如果元素被 Forget 方法处理完，则清空排队数。

下面分别详解 workqueue 提供的 4 种限速算法，应对不同的场景，包括令牌桶算法（BucketRateLimiter）、排队指数算法（ItemExponentialFailureRateLimiter）、计数器算法（ItemFastSlowRateLimiter）、混合算法（MaxOfRateLimiter），将多种限速算法混合使用。

1）令牌桶算法

令牌桶算法是通过 Go 语言的第三方库 golang.org/x/time/rate 实现的。令牌桶算法内部实现了一个存放令牌（token）的桶，在初始时，桶中可以有一定数量的令牌，此后会以固定速率产生新的令牌并往桶里填充，直到将其填满，多余的令牌会被丢弃。每个元素都会从令牌桶中得到一个令牌，只有得到令牌的元素才被允许通过，而没有得到令牌的元素处于等待状态。令牌桶算法通过控制发放令牌来达到限速的目的。令牌桶算法的原理如图 5-14 所示。

工作队列在默认的情况下会实例化令牌桶，代码示例如下。

```
Plain Text
rate.NewLimiter(rate.Limit(10), 100)
```

在实例化 rate.NewLimiter 时，传入 r 和 b 两个参数。其中，r 参数表示每秒生成新令牌的数量，b 参数表示令牌桶中最多可以累积的令牌的数量。假定 r 为 10，b 为 100。假设在一个限速周期内插入的元素个数为 count，通过 r.Limiter.Reserve().Delay 函数返回各个元素应该等待的时间如表 5-1 所示。

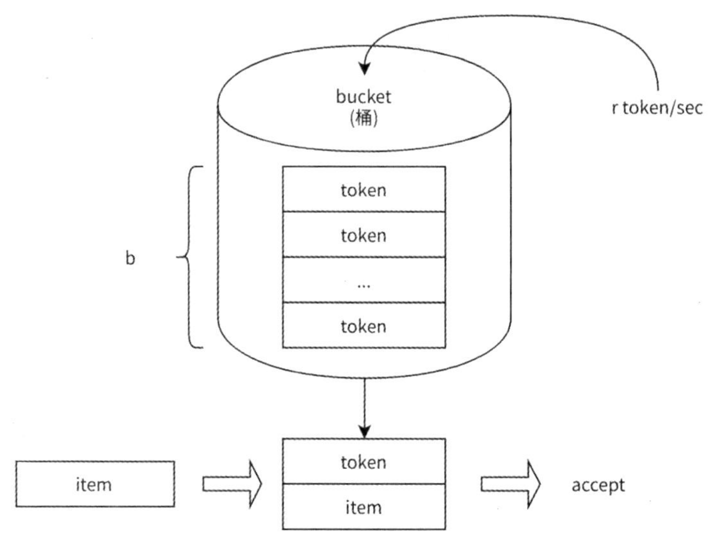

图 5-14 令牌桶算法的原理

表 5-1 各个元素应该等待的时间

元素个数（count）	第 1～50 个元素的等待时间	第 51～100 个元素的等待时间	第 101 个元素的等待时间	第 102 个元素的等待时间	……
50	0（立即处理）	N/A	N/A	N/A	……
100	0（立即处理）	0（立即处理）	N/A	N/A	……
1000	0（立即处理）	0（立即处理）	100 ms	200 ms	……

2）排队指数算法

排队指数算法将相同元素的排队数作为指数，排队数增大，速率限制呈指数级增长，但其最大值不会超过 maxDelay。元素的排队数统计是有限速周期的，排队指数算法的核心实现代码示例如下。

代码路径：vendor/k8s.io/client-go/util/workqueue/default_rate_limiters.go

```
Plain Text
r.failures[item] = r.failures[item] + 1
backoff := float64(r.baseDelay.Nanoseconds()) * math.Pow(2, float64(exp))
if backoff > math.MaxInt64 {
  return r.maxDelay
}
calculated := time.Duration(backoff)
if calculated > r.maxDelay {
  return r.maxDelay
}
return calculated
```

该算法提供了 3 个主要字段：failures、baseDelay、maxDelay。其中，failures 字段用于统计元素排队数，当通过 AddRateLimited 方法插入新元素时，会为该字段加 1；baseDelay 字段是最初的限速单位（默认为 5ms）；maxDelay 字段是最大限速单位（默认为 1000s）。排队指数增长趋势如图 5-15 所示。

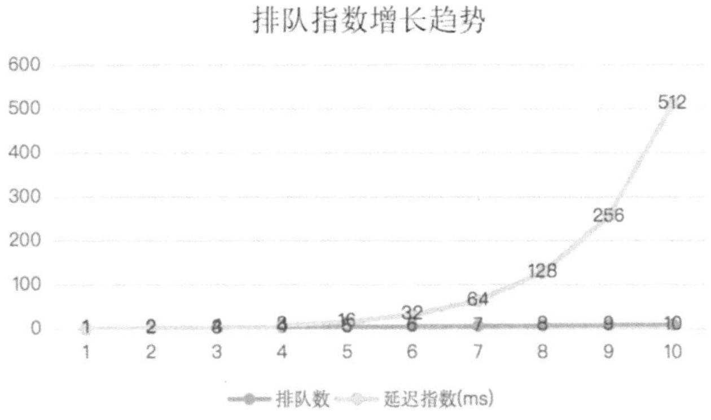

图 5-15　排队指数增长趋势

限速队列利用延时队列的特性，延迟多个相同元素的插入时间，以达到限速的目的。

在同一限速周期内，如果不存在相同元素，则所有元素的延迟时间为 baseDelay。如果存在相同元素，则相同元素的延迟时间呈指数级增长，最长延迟时间不超过 maxDelay。

假定 baseDelay 是 1*time.Millisecond，maxDelay 是 1000*time.Second。在一个限速周期内通过 AddRateLimited 方法插入 10 个相同元素,那么第 1 个元素会通过延迟队列的 AddAfter 方法插入并将延迟时间设置为 1ms（baseDelay），第 2 个相同元素的延迟时间为 2ms，第 3 个相同元素的延迟时间为 4ms，第 4 个相同元素的延迟时间为 8ms，第 5 个相同元素的延迟时间为 16ms，……，第 10 个相同元素的延迟时间为 512ms，最长延迟时间不超过 1000s（maxDelay）。

3）计数器算法

计数器算法是限速算法中最简单的一种，其原理是：限制一段时间内允许通过的元素数量。例如，在 1 分钟内只允许通过 100 个元素，每插入一个元素，计数器自增 1，如果计数器数到 100 的阈值且还在限速周期内，则不允许元素再通过。但工作队列在此基础上扩展了 fast、slow 速率。

计数器算法提供了 4 个主要字段：failures、fastDelay、slowDelay、maxFastAttempts。其中，failures 字段用于统计元素排队数，每当通过 AddRateLimited 方法插入新元素时，该字段会加 1；fastDelay、slowDelay 字段分别用于定义 fast、slow 速率；maxFastAttempts 字段用于控制从 fast 速率转换到 slow 速率。计数器算法核心实现代码如下。

代码路径：vendor/k8s.io/client-go/util/workqueue/default_rate_limiters.go

```
Plain Text
r.failures[item] = r.failures[item] + 1
if r.failures[item] <= r.maxFastAttempts {
  return r.fastDelay
}
return r.slowDelay
```

假定 fastDelay 是 5 * time.Millisecond，slowDelay 是 10 * time.Second, maxFastAttempts 是 3。在一个限速周期内通过 AddRateLimited 方法插入 4 个相同的元素，那么前 3 个元素使用

fastDelay 定义的 fast 速率，当触发 maxFastAttempts 时，第 4 个元素使用 slowDelay 定义的 slow 速率。

4）混合算法

混合算法混合使用多种限速算法，即多种限速算法同时生效。例如，同时使用排队指数算法和令牌桶算法，代码示例如下。

代码路径：vendor/k8s.io/client-go/util/workqueue/default_rate_limiters.go

```
Plain Text
func DefaultControllerRateLimiter() RateLimiter {
  return NewMaxOfRateLimiter(
    NewItemExponentialFailureRateLimiter(5*time.Millisecond, 1000*time.Second),
    &BucketRateLimiter{Limiter: rate.NewLimiter(rate.Limit(10), 100)},
  )
}
```

NewMaxOfRateLimiter 会生成一个以排队指数算法和令牌桶算法作为内部限速器的混合限速器，该限速器会使用悲观策略，即使用二者中延迟最大的限速值作为其限速值。

5.4 常用工具类

5.4.1 事件管理机制

Kubernetes 的事件（Event）是一种资源对象，用于展示集群内发生的事件，Kubernetes 中的各个组件会将运行时发生的各种事件上报给 kube-apiserver。例如，调度器做了什么决定，某些 Pod 为什么从节点中被驱逐。执行 kubectl get event 或 kubectl describe pod <podName>命令可以显示事件，查看 Kubernetes 中发生的事件。执行这些命令后，在默认情况下只会显示最近 1 小时内发生的事件。

事件作为资源对象，存储在 kube-apiserver 的 etcd 中。为避免磁盘空间被填满，故强制执行保留策略：在最后一次事件发生后，删除 1 小时之前发生的事件。

Event 资源数据结构体定义在 core 资源组下，其代码示例如下。

代码路径：vendor/k8s.io/api/core/v1/types.go

```
Plain Text
type Event struct {
  metav1.TypeMeta
  metav1.ObjectMeta
  InvolvedObject ObjectReference
  Reason string
  Message string
  Source EventSource
  FirstTimestamp metav1.Time
  LastTimestamp metav1.Time
  Count int32
  Type string
  EventTime metav1.MicroTime
  Series *EventSeries
  Action string
```

```
  Related *ObjectReference
  ReportingController string
  ReportingInstance string
}
```

Event 资源数据结构体描述了当前时间段内发生了哪些关键性事件。其关键字段说明如下。

（1）InvolvedObject 是事件的关联对象，如具体的 Pod 对象。

（2）Reason 是用于描述事件原因的简短单词，例如，在 Pod 被驱逐时，可能的事件原因描述为 Evicted。

（3）Message 是对操作状态的进一步描述，例如，Pod 使用的 EmptyDir 卷大小超过了最大使用限制。

（4）Source 是产生事件的事件源，通常为指定节点上的指定组件。

（5）Type 描述了事件的类型，事件包含两种类型，分别为 Normal（正常事件）和 Warning（警告事件）。

1．事件管理机制的使用

为了支持各组件对事件的上报，Kubernetes 在 client-go 的 tools/record 中实现了统一的事件管理器。以 DeploymentController 为例，基于该事件管理器进行事件上报和管理的用法如下。

（1）初始化事件广播器（EventBroadcaster）和事件记录器（EventRecorder）。其中，EventRecorder 用于在关键时间节点记录事件，EventBroadcaster 用于处理完整的事件上报机制。

代码路径：pkg/controller/deployment/deployment_controller.go

```
Plain Text
eventBroadcaster := record.NewBroadcaster()
eventRecorder = eventBroadcaster.NewRecorder(scheme.Scheme, v1.EventSource{Component:
"deployment-controller"})
dc := &DeploymentController {
   ...
   eventBroadcaster: eventBroadcaster,
   eventRecorder: eventRecorder,
   ...
}
```

（2）启动 EventBroadcaster 的日志记录和事件上报功能，此时 EventBroadcaster 会在独立的协程中开启事件日志记录和上报机制。

代码路径：pkg/controller/deployment/deployment_controller.go

```
Plain Text
dc.eventBroadcaster.StartStructuredLogging(0)
dc.eventBroadcaster.StartRecordingToSink(&v1core.EventSinkImpl{Interface:
dc.client.CoreV1().Events("")})
defer dc.eventBroadcaster.Shutdown()
```

（3）使用 EventRecorder 在关键阶段上报事件。例如，在需要触发 ReplicaSet 扩容时，通过 EventRecorder 记录下面的扩容事件。

代码路径：pkg/controller/deployment/sync.go

```
Plain Text
dc.eventRecorder.Eventf(d, v1.EventTypeNormal, "ScalingReplicaSet", "Scaled up replica
set %s to %d", createdRS.Name, newReplicasCount)
```

2．事件管理机制的运行原理

图 5-16 展示了事件管理机制的运行原理。当 Kubernetes 的任意组件中发生了一些关键性事件时，可以通过 EventRecorder 进行记录，之后由 EventBroadcaster 完成完整的事件上报流程，最终将事件上报至 kube-apiserver。事件管理机制可分为以下部分。

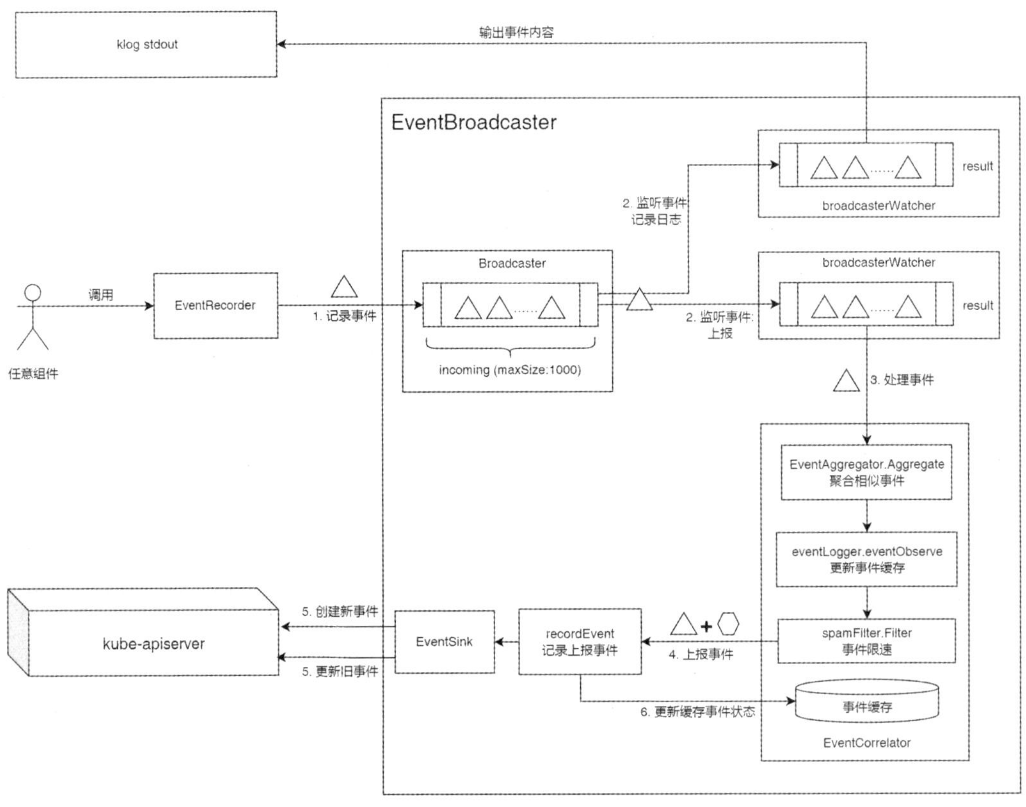

图 5-16　事件管理机制的运行原理

- EventRecorder：事件生产者，也被称为事件记录器，用于记录关键性事件。
- EventBroadcaster：事件消费者，也被称为事件广播器。EventBroadcaster 使用内部的 Broadcaster 消费 EventRecorder 记录的事件并将其分发给目前所有已连接的 broadcasterWatcher。分发过程有两种机制，分别为非阻塞分发机制和阻塞分发机制，默认使用非阻塞分发机制。
- broadcasterWatcher：由 EventBroadcaster 统一管理，作为观测者定义事件的处理方式。典型的使用方式是使用一个 broadcasterWatcher 来记录事件日志，使用另一个 broadcasterWatcher 来上报事件。
- EventCorrelator：预处理上报事件的事件相关器，使用聚合（aggregate）、过滤（filter）等机制对要上报的事件进行分析和预处理，避免过多事件上报，从而给系统造成压力。
- EventSink：事件沉淀器，使用 ClientSet 中的 corev1.EventInterface 将事件上报（沉淀）到 kube-apiserver 和 etcd 中。

1）EventRecorder

EventRecorder 拥有 3 种事件记录方法，该接口的代码示例如下。

代码路径：vendor/k8s.io/client-go/tools/record/event.go

```
Plain Text
type EventRecorder interface {
   Event(object runtime.Object, eventtype, reason, message string)
   Eventf(object runtime.Object, eventtype, reason, messageFmt string,
args ...interface{})
   AnnotatedEventf(object runtime.Object, annotations map[string]string, eventtype,
reason, messageFmt string, args ...interface{})
}
```

（1）Event：基于输入信息构造事件并记录到发送队列中。最终创建的事件将与关联对象位于相同的命名空间下。

（2）Eventf：与 Event 不同的是，Eventf 可以使用 fmt.Sprintf 格式化输出事件的描述（Message）。

（3）AnnotatedEventf：功能与 Eventf 相同，但是附加了注解（annotations）字段。

EventRecorder 事件记录流程如图 5-17。EventRecorder 记录事件的 3 个方法都会调用 generateEvent 方法，该方法会先使用 makeEvent 方法构造事件对象，再调用 ActionOrDrop 方法将事件对象写入 Broadcaster 的 incoming 通道，即完成事件的生成。这里引入的通道将事件的记录和实际上报 kube-apiserver 的过程进行了有效解耦，支持了客户组件快速生成事件。

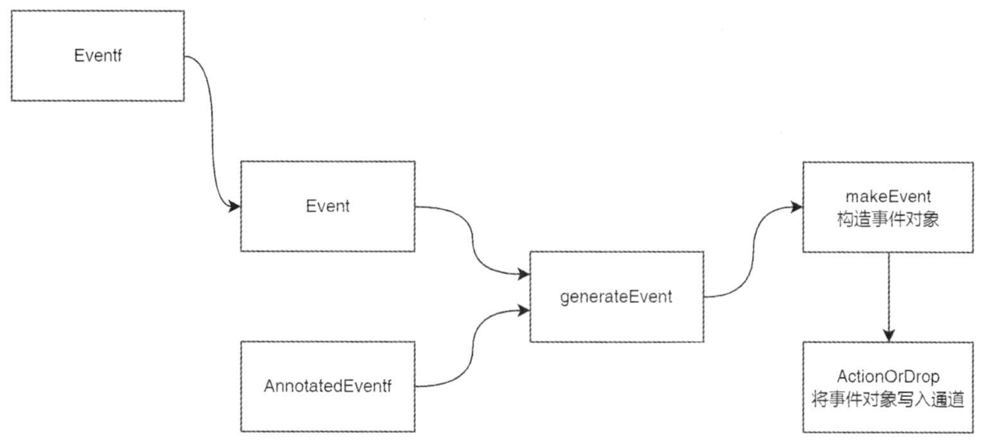

图 5-17　EventRecorder 事件记录流程

此外，ActionOrDrop 方法采用了非阻塞的方式将事件写入大小为 1000 的通道，如果事件数量超过通道容量，则事件将被直接丢弃。

2）EventBroadcaster

EventBroadcaster 消费 EventRecorder 记录的事件并将其分发给目前所有已连接的 broadcasterWatcher。EventBroadcaster 事件监听和分发启动流程如图 5-18 所示。EventBroadcaster 在初始化过程中，会实例化内部的 Broadcaster 对象，该对象会在内部启动 goroutine（使用 loop 函数）来监控 incoming 通道，并且将监控的事件通过 distribute 函数分发给所有已连接的 broadcasterWatcher。

分发过程有两种机制，分别是非阻塞分发机制和阻塞分发机制。在非阻塞分发机制下使用 DropIfChannelFull 标识，在阻塞分发机制下使用 WaitIfChannelFull 标识，默认使用非阻塞分发机制。

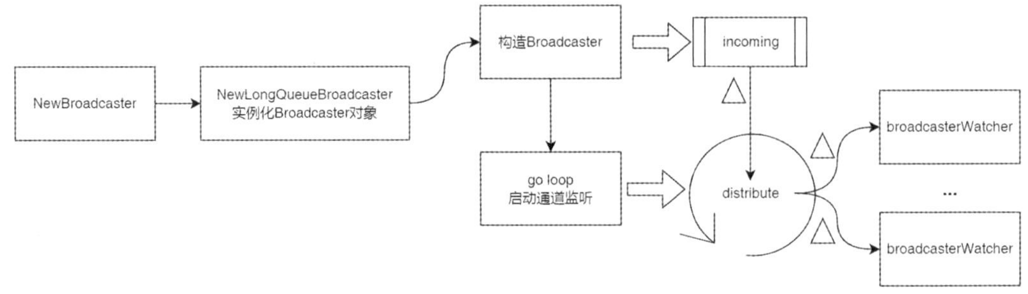

图 5-18　EventBroadcaster 事件监听和分发启动流程

在分发过程中，DropIfChannelFull 标识位于 select 多路复用，使用 default 关键字进行非阻塞分发，当进入 broadcasterWatcher 的 result 通道中的事件数量超过 1000 时，将直接丢弃事件。WaitIfChannelFull 标识也位于 select 多路复用，没有 default 关键字，当进入 broadcasterWatcher 的 result 通道已满时，分发过程会阻塞并等待。代码示例如下。

代码路径：vendor/k8s.io/apimachinery/pkg/watch/mux.go

```
Plain Text
func (m *Broadcaster) distribute(event Event) {
  if m.fullChannelBehavior == DropIfChannelFull {
    for _, w := range m.watchers {
    select {
    case w.result <- event:
    case <-w.stopped:
    default: // Don't block if the event can't be queued.
    }
     }
  } else {
    for _, w := range m.watchers {
    select {
    case w.result <- event:
    case <-w.stopped:
    }
     }
  }
}
```

Kubernetes 中的事件与其他资源不同，它有一个很重要的特性，就是它可以丢失。随着 Kubernetes 集群规模越来越大，上报的事件越来越多，每次上报事件都要对 etcd 进行读/写，这给 etcd 带来了很大的压力。即使某个事件丢失了，也不会影响 etcd 的正常工作，事件的重要性远低于集群的稳定性，所以在源码中，当 broadcasterWatcher 的 result 通道已满时，在非阻塞分发机制下事件会丢失。

3）broadcasterWatcher

broadcasterWatcher 是每个 Kubernetes 组件自定义处理事件的方式，当需要记录本地日志或将事件上报 kube-apiserver 时，EventBroadcaster 会调用 StartEventWatcher 方法来创建并启动相应的 broadcasterWatcher。

broadcasterWatcher 事件监听启动流程如图 5-19 所示。StartEventWatcher 会调用 Watch 方法构造出 broadcasterWatcher 对象，并且将 broadcasterWatcher 对象放入 Broadcaster 中统一管理。此处构造的每个 broadcasterWatcher 对象都有对应的 result 通道来接收从 Broadcaster 获取的事件。此后，broadcasterWatcher 对象会开始轮询自己 result 通道中的事件，并且调用传入的 eventHandler 完成日志记录或事件上报的工作。

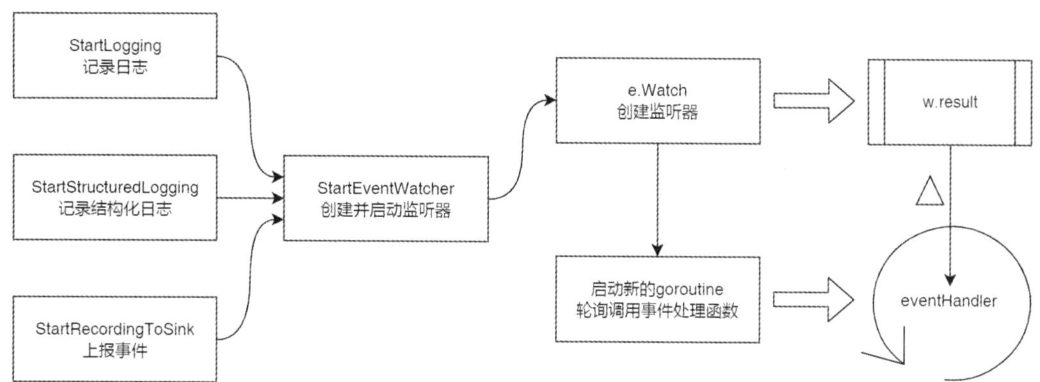

图 5-19　broadcasterWatcher 事件监听启动流程

当开始使用 EventRecorder 记录事件后，incoming 通道队列中可能已经有很多事件对象了，为了让新启动的 broadcasterWatcher 只处理自己创建成功后的事件，它在创建前会先调用 Broadcaster 的 blockQueue 函数向 incoming 通道中写入一个类型为 internal-do-function 的伪事件，然后挂起当前的 goroutine，直到 broadcasterWatcher 创建成功且这个伪事件被处理后才开始消费处理到达的新事件。代码示例如下。

代码路径：vendor/k8s.io/apimachinery/pkg/watch/mux.go

```
Plain Text
func (m *Broadcaster) blockQueue(f func()) {
  ...
  var wg sync.WaitGroup
  wg.Add(1)
  m.incoming <- Event{
    Type: internalRunFunctionMarker, // "internal-do-function"
    Object: functionFakeRuntimeObject(func() {
   defer wg.Done() // 这个事件被消费后会调用 Done 函数
   f() // 阻塞结束后调用
    }),
  }
  wg.Wait() // 阻塞，直到上面加入的伪事件被处理完
}
```

4）EventCorrelator

EventCorrelator 的作用是预处理所有的事件，聚合并发产生的相似事件，将多次接收到的事件聚合为单个聚合事件，从而降低系统的压力。EventCorrelator 的定义如下。

代码路径：vendor/k8s.io/client-go/tools/record/event_cache.go

```
Plain Text
type EventCorrelator struct {
  filterFunc EventFilterFunc
```

```
  aggregator *EventAggregator
  logger *eventLogger
}
```

（1）filterFunc：过滤器，主要用于限速，实际的实现类 EventSourceObjectSpamFilter 采用了令牌桶算法，构造了一个初始容量为 25、每 5 分钟生成 1 个令牌的限速器来进行限速。

（2）aggregator：聚合器，用于将一段时间内相似的事件聚合为一个事件。这里会使用事件源（Source）、关联对象（InvolvedObject）、事件类型（Type）、事件原因（Reason）、上报事件的控制器（ReportingController）和控制器实例（ReportingInstance）作为比较事件是否相似的主键(key)。如果存在相似事件，并且事件数量小于 10 或事件的前后间隔时间不超过 10 分钟，则将待处理的事件合并到已知的聚合事件中。

（3）logger：观察器，用于将待处理的事件和当前缓存中的事件进行对比，如果主键一致，则更新缓存，否则将待处理的事件作为新事件加入缓存。对于已经存在的事件，观察器还会使用双路合并机制（CreateTwoWayMergePatch）生成新事件相对旧事件的补丁（patch），用于后续事件的补丁上报。

EventCorrelator 事件预处理相关处理机制如图 5-20 所示。在使用 StartRecordingToSink 函数启动事件上报时，会构造 EventCorrelator 对象。之后在调用 recordToSink 处理每个待上报的事件时，都会调用 EventCorrelator 的 EventAggregate、eventObserve、filterFunc 依次完成该事件的聚合、观察和过滤。

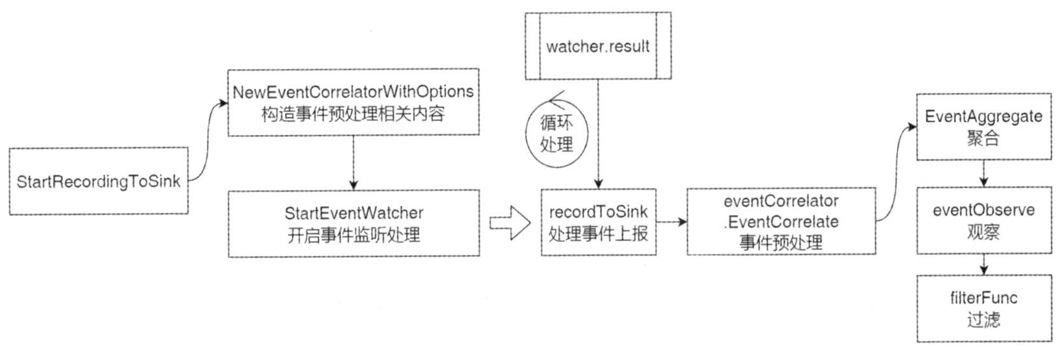

图 5-20　EventCorrelator 事件预处理相关处理机制

5）EventSink

EventSink 作为事件沉淀器，将预处理后的事件上报 kube-apiserver。EventSink 上报事件有 3 种方式，分别是 Create（Post 方法）、Update（Put 方法）、Patch（Patch 方法）。在 Kubernetes 中实际使用的 EventSink 实例为 v1core.EventSinkImpl，其代码示例如下。

代码路径：vendor/k8s.io/client-go/kubernetes/typed/core/v1/event_expansion.go

```
Plain Text
type EventSinkImpl struct {
  Interface EventInterface
}

func (e *EventSinkImpl) Create(event *v1.Event) (*v1.Event, error) {
  return e.Interface.CreateWithEventNamespace(event)
}
```

```
func (e *EventSinkImpl) Update(event *v1.Event) (*v1.Event, error) {
  return e.Interface.UpdateWithEventNamespace(event)
}

func (e *EventSinkImpl) Patch(event *v1.Event, data []byte) (*v1.Event, error) {
  return e.Interface.PatchWithEventNamespace(event, data)
}
```

可以看到，上报过程通过使用 ClientSet 中的 corev1.EventInterface 将事件发送到 kube-apiserver，最终存储到 etcd 中。

5.4.2 Leader 选举机制

Kubernetes 中的许多控制器组件（如 kube-controller-manager、kube-scheduler 等）为了实现高可用，都使用主备模式，并且使用 Leader 选举（Leader Election）机制来实现故障转移（Fail Over）。Leader 选举机制允许多个副本处于运行状态，但是只有一个副本作为领导者（Leader），其他副本处于待命状态并不断尝试获取锁，通过竞争成为领导者。一旦领导者无法继续工作，其他竞争者就能立即竞争成为新的领导者，而无须等待较长的创建时间和恢复时间。client-go 中提供的 tools/leaderelection 工具包实现了上述 Leader 选举机制，支持了各控制器组件的故障转移。

1. Leader 选举机制使用示例

使用 Leader 选举机制实现主备模式的代码示例如下。

```
Plain Text
package main

import (
  "context"
  "flag"
  "fmt"
  "github.com/google/uuid"
  v1 "k8s.io/apimachinery/pkg/apis/meta/v1"
  "k8s.io/client-go/kubernetes"
  "k8s.io/client-go/tools/clientcmd"
  "k8s.io/client-go/tools/leaderelection"
  "k8s.io/client-go/tools/leaderelection/resourcelock"
  "os"
  "os/signal"
  "syscall"
  "time"
)

func exitWhenTerminate(cancel context.CancelFunc) {
  ch := make(chan os.Signal, 1)
  signal.Notify(ch, os.Interrupt, syscall.SIGTERM)
  go func() {
    <-ch
    fmt.Printf("Received termination, signaling shutdown\n")
    cancel()
  }()
```

```
}

func main() {
  var id string
  flag.StringVar(&id, "id", uuid.New().String(), "the holder identity name")
  flag.Parse()

  ctx, cancel := context.WithCancel(context.Background())
  defer cancel()
  exitWhenTerminate(cancel)

  config, err := clientcmd.BuildConfigFromFlags("", "/root/.kube/config")
  if err != nil {
     panic(err)
  }
  client := kubernetes.NewForConfigOrDie(config)

  lock := &resourcelock.LeaseLock{
     LeaseMeta: v1.ObjectMeta{
    Name:      "example",
    Namespace: "default",
     },
     Client: client.CoordinationV1(),
     LockConfig: resourcelock.ResourceLockConfig{
    Identity: id,
     },
  }
  leaderelection.RunOrDie(ctx, leaderelection.LeaderElectionConfig{
     Lock:       lock,
     ReleaseOnCancel: true,
     LeaseDuration:   30 * time.Second,
     RenewDeadline:   15 * time.Second,
     RetryPeriod:    5 * time.Second,
     Callbacks: leaderelection.LeaderCallbacks{
    OnStartedLeading: func(ctx context.Context) {
       run(ctx)
    },
    OnStoppedLeading: func() {
       fmt.Printf("leader lost: %s", id)
       os.Exit(0)
    },
    OnNewLeader: func(identity string) {
       if identity == id {
          return
       }
       fmt.Printf("new leader elected: %s", identity)
    },
     },
  })
}

func run(ctx context.Context) {
```

```
  fmt.Printf("Controller loop...\n")
  select {}
}
```

示例代码中构造出用于 Leader 选举的租约锁对象（LeaseLock），该锁对象使用命令行传入的 id 参数值作为唯一标识，并且与 coordination 资源组、v1 版本的 Lease 资源对象（命名空间为 default，名称为 example）进行关联。该 Lease 资源对象记录了锁的关键信息，包括当前持有锁的 Leader 主键、锁的获取时间（acquireTime）、租约时间（leaseDurationSeconds）、Leader 切换次数（leaseTransitions）等。

之后，leaderelection.RunOrDie 函数将使用上一步创建的 LeaseLock 租约锁对象启动锁竞争机制来尝试获取锁,与锁获取相关的参数在 leaderelection.LeaderElectionConfig 中进行设置，示例中将获取锁后的 LeaseDuration 设置为 30 秒，将（RenewDeadline）设置为 15 秒，将 RetryPeriod 设置为 5 秒以周期性地更新/获取锁对象。

当成功获取锁后，将启动一个新的协程调用 LeaderCallbacks 回调锁对象中的 OnStartedLeading 回调函数，该回调函数直接调用启动业务逻辑的 run 方法，实现了主流程的运行。此外，在领导者停机或由于锁竞争发生切换时，相应的 OnStoppedLeading 回调函数和 OnNewLeader 函数也会被调用，使用方可以在回调函数中实现相应的处理逻辑，如结束当前的进程。

为了验证 Leader 选举和切换的实际效果，我们可以分别启动两个命令行终端执行命令，分别启动 id 为 1 和 id 为 2 的两个示例进程。

```
Plain Text
$ go run main.go --id=1
I1202 19:32:25.388926   86865 leaderelection.go:248] attempting to acquire leader lease
default/example...
I1202 19:32:25.987421   86865 leaderelection.go:258] successfully acquired lease
default/example
Controller loop...
```

```
Plain Text
$ go run main.go --id=2
I1202 19:33:01.320519   86946 leaderelection.go:248] attempting to acquire leader lease
default/example...
new leader elected: 1
```

从执行结果中可以看到，id 为 1 的进程成功获取了锁，成为领导者，并且进入了业务逻辑执行流程；id 为 2 的进程也识别到当前选举的领导者是 id 为 1 的进程。此时查看集群中的 Lease 资源对象，也能看到当前持有锁的领导者是 id 为 1 的进程，此外还能从 Lease 资源对象中看到当前的锁的获取时间、更新时间、续期时间、变更次数等信息。

```
Plain Text
$ kubectl get lease example -o yaml
apiVersion: coordination.k8s.io/v1
kind: Lease
metadata:
  creationTimestamp: "2022-12-01T13:29:53Z"
  name: example
  namespace: default
```

```
  resourceVersion: "331329415"
  uid: 7ee7b70d-d594-4d8f-88c0-ab8e0c30d0a2
spec:
  acquireTime: "2022-12-02T11:32:25.388987Z"
  holderIdentity: "1"
  leaseDurationSeconds: 30
  leaseTransitions: 19
  renewTime: "2022-12-02T11:36:56.747817Z"
```

此时如果在第 1 个进程的命令行终端中直接中断该进程，则在两个命令行终端中分别能看到下面的输出。

```
Plain Text
...
^CReceived termination, signaling shutdown
leader lost: 1
```

```
Plain Text
...
1I1202 19:41:40.786594   86946 leaderelection.go:258] successfully acquired lease
default/example
Controller loop...
```

当 id 为 1 的进程被终止时，对应的 OnStoppedLeading 回调函数被调用，提示 id 为 1 的进程执行结束。与此同时，id 为 2 的进程将成功获取锁，并进入业务逻辑执行流程。此时再次查看 Lease 资源对象，将看到当前持有锁的领导者切换到 id 为 2 的进程。

```
Plain Text
$ kubectl get lease example -o yaml
apiVersion: coordination.k8s.io/v1
kind: Lease
metadata:
  creationTimestamp: "2022-12-01T13:29:53Z"
  name: example
  namespace: default
  resourceVersion: "331333620"
  uid: 7ee7b70d-d594-4d8f-88c0-ab8e0c30d0a2
spec:
  acquireTime: "2022-12-02T11:41:40.597640Z"
  holderIdentity: "2"
  leaseDurationSeconds: 30
  leaseTransitions: 20
  renewTime: "2022-12-02T11:48:00.838493Z"
```

引入 Leader 选举机制后，只要组件备用副本存在，就能保证组件处于可用状态，通过故障转移机制实现了组件本身的高可用。

2. Leader 选举机制的实现原理

Leader 选举机制中存在两类角色，领导者和跟随者（Follower）。Leader 选举机制解决了谁应该在何时成为领导者的问题，并且在领导者失效时及时完成递补。Leader 选举机制的核心流程如图 5-21 所示，下面将结合图 5-21 详细介绍 Leader 选举的实现原理。

1）资源锁

资源锁提供了支持 Leader 选举的锁对象，并且在锁对象中存储了当前持有锁的领导者信息。资源锁定义在代码包 vendor/k8s.io/client-go/tools/leaderelection/ resourcelock 中，其接口定义如下。

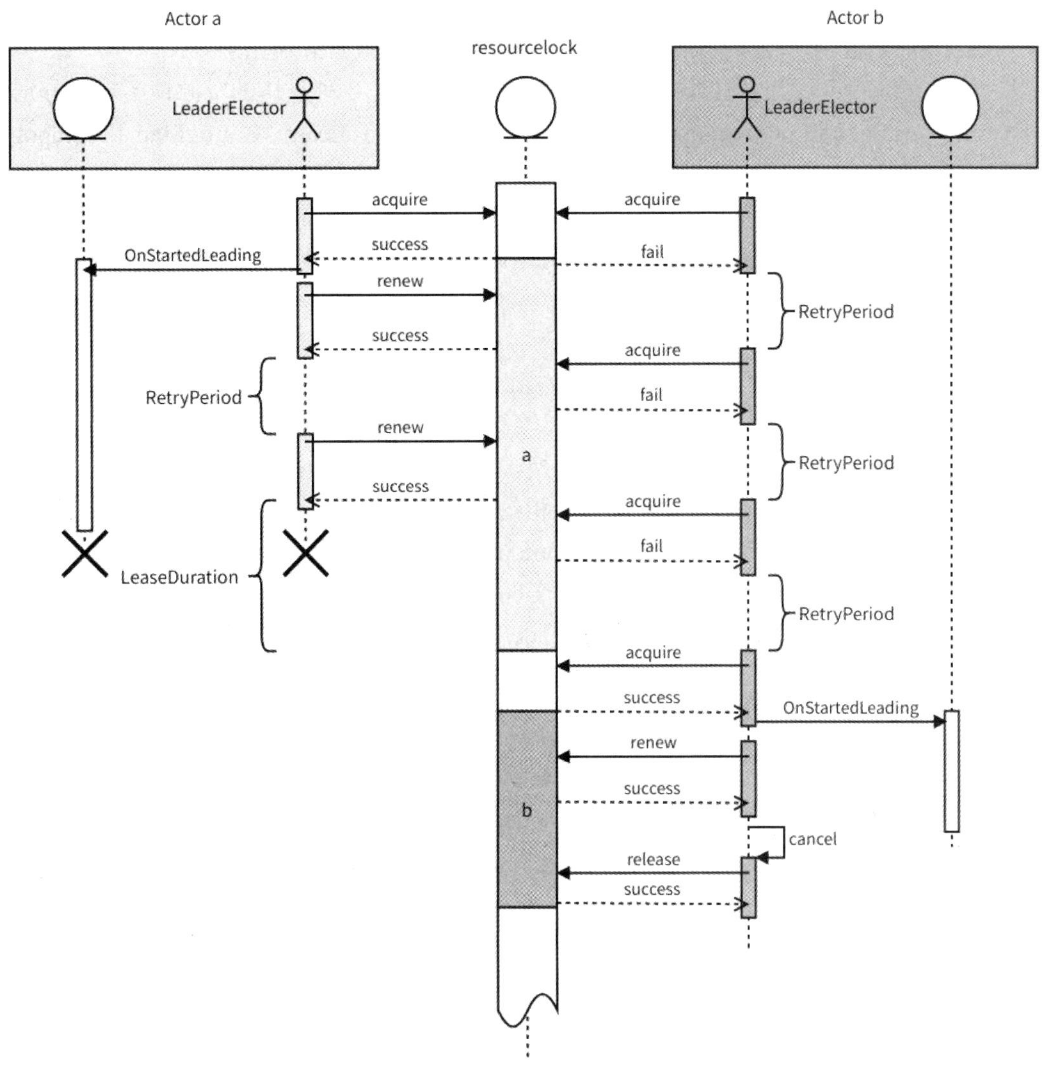

图 5-21　Leader 选举机制的核心流程

代码路径：vendor/k8s.io/client-go/tools/leaderelection/resourcclock/interface.go

```
Plain Text
type Interface interface {
   Get(ctx context.Context) (*LeaderElectionRecord, []byte, error)
   Create(ctx context.Context, ler LeaderElectionRecord) error
   Update(ctx context.Context, ler LeaderElectionRecord) error
   RecordEvent(string)
   Identity() string
   Describe() string
}
```

- Get、Create、Update 函数分别定义了对锁对象可以进行的几类操作——查询、创建和更新。

- RecordEvent 函数用于在持有锁的领导者发生变化时记录相应的事件，并且使用事件管理机制中提到的上报机制实现事件的管理和上报。
- Identity 函数查询并返回当前持有锁的领导者主键。
- Describe 函数返回当前锁对象的描述信息，用于调试或日志输出。

根据 Kubernetes 资源的类型，Leader 选举机制中提供了 3 种具体的资源锁实现，分别为 LeaseLock、ConfigMapLock、EndpointsLock，其底层分别基于 Lease、ConfigMap 和 Endpoints 资源实现了资源锁。

LeaseLock 是最常使用的资源锁，前文 Leader 选举机制使用示例中使用的就是 LeaseLock。Lease 是 Kubernetes 中的专用租约资源对象，其资源描述中包含了与租约相关的字段，如下所示。

- acquireTime：当前租约被获取的时间。
- holderIdentity：当前租约持有人的身份标识，通常为持有者的主键。
- leaseDurationSeconds：租约候选人需要等待强制获取租约的持续时间。
- leaseTransitions：租约持有人之间的转换次数。
- renewTime：当前租约持有人上次更新租约的时间。

LeaseLock 资源锁的实现类定义在 vendor/k8s.io/client-go/tools/leaderelection/resourcelock/leaselock.go 中，以 Create 函数为例，该函数实现如下。

代码路径：vendor/k8s.io/client-go/tools/leaderelection/resourcelock/leaselock.go

```
Plain Text
func (ll *LeaseLock) Create(ctx context.Context, ler LeaderElectionRecord) error {
  var err error
  ll.lease, err = ll.Client.Leases(ll.LeaseMeta.Namespace).
     Create(ctx, &coordinationv1.Lease{
    ObjectMeta: metav1.ObjectMeta{
      Name:      ll.LeaseMeta.Name,
      Namespace: ll.LeaseMeta.Namespace,
    },
    Spec: LeaderElectionRecordToLeaseSpec(&ler),
  }, metav1.CreateOptions{})
  return err
}
```

Create 函数读取了 LeaderElectionRecord 参数中的锁信息，并且调用 ClientSet 客户端集合中的 coordination 资源组、v1 资源版本的客户端 CoordinateV1Client 创建 Lease 资源对象。

ConfigMapLock、EndpointsLock 分别使用 ConfigMap 和 Endpoints 资源实现资源锁，它们与 LeaseLock 的主要区别在于，ConfigMap 和 Endpoints 没有提供专属的租约字段，而是使用注解字段 control-plane.alpha.kubernetes.io/leader 来统一存放锁的相关信息。

除了上述 3 种资源锁，Leader 选举机制还提供第四种锁——多锁（MultiLock）。该锁同时包含了 Primary（主锁）和 Secondary（从锁）两个锁对象，主要用于实现不同类型锁资源的迁移，其定义如下。

代码路径：vendor/k8s.io/client-go/tools/leaderelection/resourcelock/multilock.go

```
Plain Text
type MultiLock struct {
  Primary   Interface
```

```
  Secondary Interface
}
```

多锁在实现锁资源的操作方法时，会同时考虑两个锁资源的操作。还是以 Create 函数为例，该函数实现代码如下。在创建锁资源时，会同时创建主锁和从锁并确认它们都成功创建。

代码路径：vendor/k8s.io/client-go/tools/leaderelection/resourcelock/multilock.go

```
Plain Text
func (ml *MultiLock) Create(ctx context.Context, ler LeaderElectionRecord) error {
  err := ml.Primary.Create(ctx, ler)
  if err != nil && !apierrors.IsAlreadyExists(err) {
    return err
  }
  return ml.Secondary.Create(ctx, ler)
}
```

2）启动流程

Leader 选举机制始于对锁对象的竞争，示例代码中调用 leaderelection.RunOrDie 函数时，会触发 LeaderElector 候选者的 Run 函数进入启动流程，该函数定义如下。

代码路径：vendor/k8s.io/client-go/tools/leaderelection/leaderelection.go

```
Plain Text
func (le *LeaderElector) Run(ctx context.Context) {
  ...
  if !le.acquire(ctx) {
    return // ctx signalled done
  }
  ctx, cancel := context.WithCancel(ctx)
  defer cancel()
  go le.config.Callbacks.OnStartedLeading(ctx)
  le.renew(ctx)
}
```

在启动流程中调用 acquire 函数尝试获取锁资源，如果成功获取锁资源，则启动新的 goroutine 执行 LeaderCallbacks 回调锁对象中的 OnStartedLeading 回调函数并启动业务流程，之后调用 renew 函数定时续期已持有的锁资源。

3）竞争锁

Leader 选举机制使用 acquire 函数竞争并获取锁资源。acquire 函数会以 LeaderElectionConfig 中提供的 RetryPeriod 为周期（默认为 2 秒），定期轮询执行 tryAquireOrRenew 函数以获取锁资源，如果成功获取锁资源，则退出轮询。tryAquireOrRenew 函数竞争锁资源的执行流程如图 5-22 所示。

（1）构造锁记录 LeaderElectionRecord，用于后续创建、对比、更新锁资源对象。

（2）使用资源锁查询 Kubernetes 集群中是否存在对应的锁资源对象。

（3）如果锁资源对象不存在，则尝试创建锁资源对象并将自己设置为领导者。

（4）如果锁资源对象存在，则判断该锁资源对象是否已经有其他领导者，这里除了判断是否有其他领导者，还会进一步判断当前领导者的租期是否仍然有效(observedTime + leaseDuration > now.Time)，只有租期有效才被视为存在有效的领导者。

（5）如果锁资源对象存在有效的领导者，则将自己设置为跟随者，退出流程，等待下一个周期再进行检查。

（6）如果锁资源对象不存在有效的领导者，则尝试将自己设置为领导者并更新锁资源对象，如果成功则成为新的领导者，如果失败则回退为跟随者。

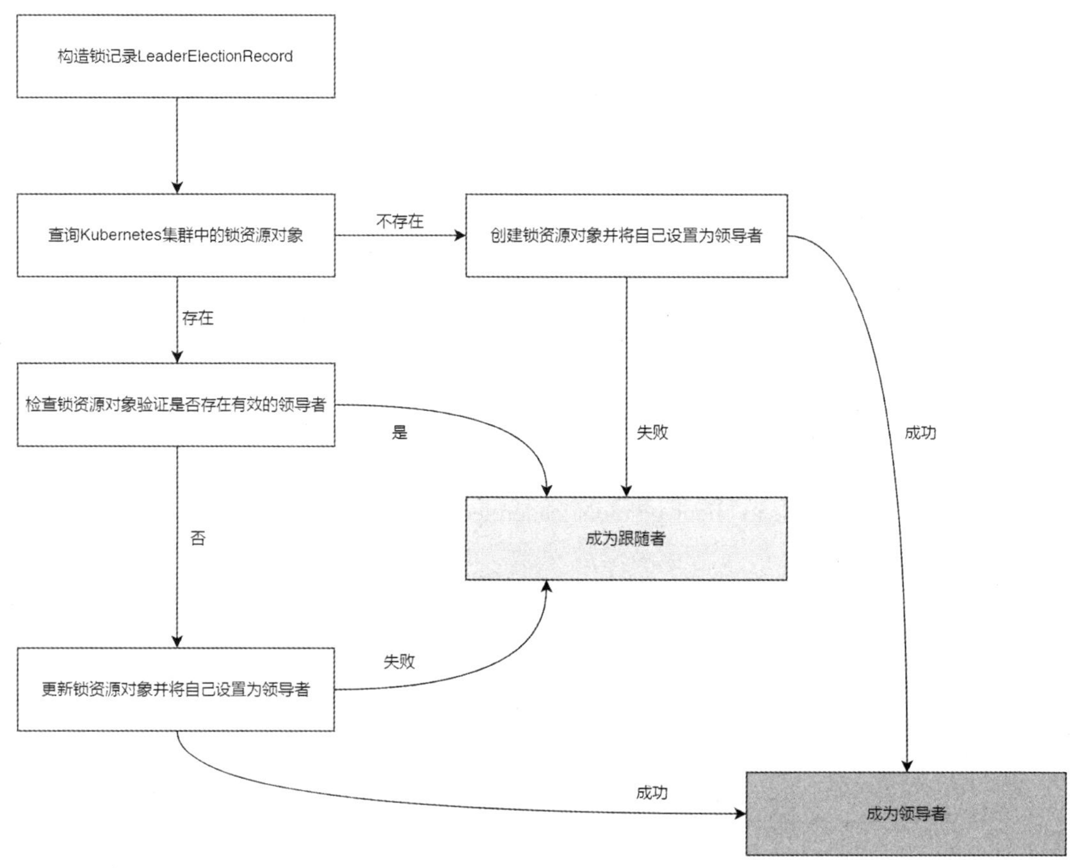

图 5-22　tryAquireOrRenew 函数竞争锁资源的执行流程

4）锁续期

候选人在成功成为领导者角色后，需要定期（由 RetryPeriod 指定的时间周期，默认为 2 秒）对锁资源对象进行续期，只有续期成功才能继续担任领导者，否则会降级成跟随者。renew 函数的代码示例如下。

代码路径：vendor/k8s.io/client-go/tools/leaderelection/leaderelection.go

```
Plain Text
func (le *LeaderElector) renew(ctx context.Context) {
  ctx, cancel := context.WithCancel(ctx)
  defer cancel()
  wait.Until(func() {
    timeoutCtx, timeoutCancel := context.WithTimeout(ctx, le.config.RenewDeadline)
    ...
    err := wait.PollImmediateUntil(le.config.RetryPeriod, func() (bool, error) {
   return le.tryAcquireOrRenew(timeoutCtx), nil
    }, timeoutCtx.Done())
    ...
    le.config.Lock.RecordEvent("stopped leading")
    ...
```

```
    cancel()
  }, le.config.RetryPeriod, ctx.Done())
  ...
}
```

锁续期的核心流程是以 RetryPeriod 为周期执行匿名续期函数。该函数会调用 tryAcquireOrReniew 函数尝试续期。如果在 RenewDeadline 指定的时间周期内（默认为 10 秒）未成功完成续期，则视为续期失败。

5）释放锁

为了在执行进程退出时及时释放占用的锁资源，Leader 选举机制通过 release 函数实现锁资源对象的释放。当 LeaderElectionConfig 将 ReleaseOnCancel 配置项设置为 true 时（默认为 true），执行进程退出前会调用 release 函数。release 函数的代码示例如下。

代码路径：vendor/k8s.io/client-go/tools/leaderelection/leaderelection.go

```
Plain Text
func (le *LeaderElector) release() bool {
  if !le.IsLeader() {
    return true
  }
  now := metav1.Now()
  leaderElectionRecord := rl.LeaderElectionRecord{
    LeaderTransitions:    le.observedRecord.LeaderTransitions,
    LeaseDurationSeconds: 1,
    RenewTime:        now,
    AcquireTime:      now,
  }
  if err := le.config.Lock.Update(context.TODO(), leaderElectionRecord); err != nil {
    ...
  }
  ...
}
```

只有领导者才能发起锁资源对象的释放。释放锁资源对象时会构造出一个未指定领导者（HolderIdentity）的锁记录（LeaderElectionRecord），并且使用该记录更新 Kubernetes 集群中的锁资源对象。更新后的锁资源对象不被任何候选人占有，因此其他候选人可以通过竞争锁尝试成为新的领导者。

第 6 章

kubectl 命令式交互

6.1 初识 kubectl

在维护 Kubernetes 集群时，kubectl 是常用的工具之一。从 Kubernetes 架构设计的角度来看，kubectl 是 kube-apiserver 的客户端。它的主要工作是向 kube-apiserver 发起 HTTP 请求。Kubernetes 是一个完全以资源为中心的系统，而 kubectl 会通过发起 HTTP 请求来操作这些资源（对这些资源进行 CRUD 操作），以完全控制 Kubernetes 集群。

6.2 kubectl 执行流程

kubectl 命令主要分为 8 类，总计 42 个命令，如图 6-1 所示。kubectl 命令行参数详解，请参考附录 A。

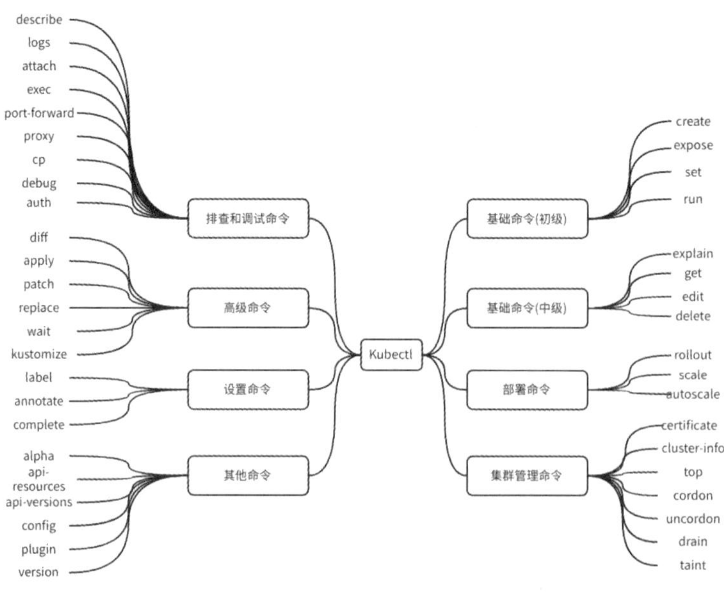

图 6-1 kubectl 命令

kubectl 命令遵循比较固定的执行流程。本节以 kubectl create 命令为例，分析 kubectl 命令的执行流程。如图 6-2 所示。

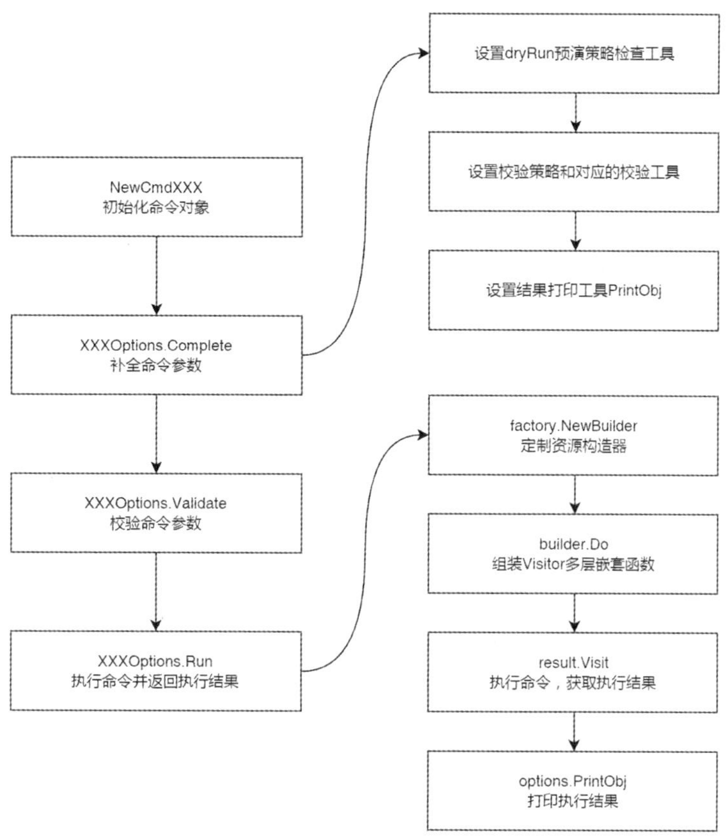

图 6-2　kubectl 命令的执行流程

6.2.1　初始化命令对象

kubectl 使用 NewCmdXXX（对于 kubectl create 命令，该函数名称为 NewCmdCreate）函数初始化命令对象，在初始化过程中会创建以下两类对象。

- cobra.Command：Cobra 提供的命令对象，用于定义基本命令。Cobra 是一个功能强大的 Go 语言命令行程序库，它提供了简单的接口来创建命令行程序，Kubernetes 核心组件都是基于 Cobra 实现命令行参数解析的。在初始化命令阶段会构造当前命令对应的 cobra.Command 对象，定义命令支持的参数，填充命令的用法、说明、示例等信息。如果命令支持子命令（如 create 命令支持 namespace、deployment、service 等子命令），则构造所有子命令，建立父子命令关系。
- XXXOptions：Options 命令参数对象，包含了从命令行解析获取的参数值和支持命令执行的相关工具类，与命令执行相关的几个核心方法也在其中定义。在初始化阶段，用户输入的命令行参数经 cobra.Command 解析后得到的参数值会暂存在其中。

6.2.2　补全命令参数

在补全命令参数阶段，会进一步构造支持命令执行的相关工具类，形成完整的 Options

命令参数对象。常用的工具类包括以下 3 种。

- genericclioptions.Recorder：用于记录资源对象发生变化的原因，对于由 kubectl 命令触发的变更，genericclioptions.Recorder 会将完整的命令记录到资源对象的 kubernetes.io/change-cause 注解中。
- resource.QueryParamVerifier：用于检查资源对象是否支持服务端 DryRun 和资源对象校验（FieldValidation）。resource.QueryParamVerifier 会查询对应资源对象的 Open API 文档，并且依照对应资源的 Patch 接口是否支持 dryRun/fieldValidation 参数来判断是否支持服务端 DryRun/资源对象校验。对于 CRD 资源对象，则以 Namespace 资源对象是否支持 dryRun/fieldValidation 参数作为该资源对象是否支持服务端 DryRun/资源对象校验的依据。
- options.ToPrinter/options.PrintObj：打印相关函数，用于在获取命令执行结果后，将执行结果打印输出到终端。

6.2.3 校验命令参数

典型的 kubectl 命令会提供很多参数选项，这些参数选项有些是相互不兼容的，有些是相互依赖的。在校验命令参数阶段，会对 Options 命令参数对象中的参数值进行校验。

- 依赖参数校验。例如，在执行 kubectl apply 命令时，如果使用--force-conflicts 指定在出现冲突时强制合并更新，则必须同时使用--server-side 指定服务端应用。有关服务端应用的详细介绍，请参考 6.4.2 节中的相关内容。
- 兼容参数校验。例如，在执行 kubectl create 命令时，如果使用--raw 指定服务端的 URL 地址，则执行过程中会直接使用 Client 将请求发送给指定的服务端地址，不再支持使用--output 定制结果输出格式。

6.2.4 执行命令输出结果

校验命令参数后，进入命令执行阶段。典型的命令执行过程包括：构造操作/查询资源的 HTTP 请求，从 kube-apiserver 获取对应的响应，打印执行结果。在构造并发起请求的过程中，kubectl 引入了 Builder 和多层嵌套的 Visitor 模式，它将算法与操作对象的结构进行分离，能够在不修改结果的情况下在现有对象结构中添加新操作，这是遵循开放/封闭原则的设计方法。

1. 定制资源构建器

资源构建器（resource.Builder）使用了建造者模式，它封装了 Visitor 多层嵌套结构的复杂构建过程。kubectl 使用 util.Factory 接口创建 resource.Builder 实例。Factory 接口定义如下。

代码路径：kubectl/pkg/cmd/util/factory.go

```
Plain Text
type Factory interface {
   DynamicClient() (dynamic.Interface, error)
   KubernetesClientSet() (*kubernetes.Clientset, error)
   RESTClient() (*restclient.RESTClient, error)
   Validator(...) (validation.Schema, error)
   NewBuilder() *resource.Builder
```

```
    ...
}
```

- DynamicClient、KubernetesClientSet、RESTClient 分别封装了 3 种 client-go 客户端与 kube-apiserver 的交互方式。3 种交互方式各有不同的应用场景，具体请参考 5.2 节。
- Validator 提供了获取校验器验证资源对象的方法。
- NewBuilder 实现了 Builder 对象的实例化。

2. 组装 Visitor 多层嵌套函数

资源构建器定义了一系列配置函数，用于配置构造 Visitor 多层嵌套结构及处理请求所需的相关属性。kubectl create 命令中的相关处理流程如下。

代码路径：kubectl/pkg/cmd/create/create.go

```
Go
r := f.NewBuilder().
      Unstructured().
      Schema(schema).
      ContinueOnError().
      NamespaceParam(cmdNamespace).DefaultNamespace().
      FilenameParam(enforceNamespace, &o.FilenameOptions).
      LabelSelectorParam(o.Selector).
      Flatten().
      Do()
```

这里依次使用了 Unstructured、Schema、ContinueOnError、NamespaceParam、DefaultNamespace、FilenameParam、LabelSelectorParam 和 Flatten 配置函数。

- Unstructured：在发送请求至 kube-apiserver 时使用 Unstructured 非结构化数据。
- Schema：配置对请求参数对象进行校验的校验器。
- ContinueOnError：指示在处理过程中出现错误时不是立即结束流程，而是尽可能地继续执行后续流程。
- NamespaceParam 和 DefaultNamespace：指定暂存资源对象的命名空间，如果没有指定，则使用默认命名空间。
- FilenameParam：配置输入参数中涉及的网络或本地文件/目录。
- LabelSelectorParam：指示在请求资源时使用标签选择器。
- Flatten：指示在处理请求数据时将遇到的嵌套列表数据展开并拉平为大列表。

在完成一系列的配置后，Do 函数使用当前的配置信息构造出完整的 Visitor 多层嵌套函数。Visitor 接口和相关函数的定义如下。

代码路径：cli-runtime/pkg/resource/interfaces.go

```
Plain Text
type Visitor interface {
   Visit(VisitorFunc) error
}

type VisitorFunc func(*Info, error) error
```

代码路径：cli-runtime/pkg/resource/visitor.go

```
Plain Text
type Info struct {
```

```
    Namespace string
    Name      string
    //...
    Object runtime.Object
}

func (i *Info) Visit(fn VisitorFunc) error {
  return fn(i, nil)
}
```

代码相关说明如下。

- Visitor 接口包含 Visit 函数，实现了该函数的结构体都是 Visitor 实例。
- Visit 函数使用了一个 VisitorFunc 匿名函数作为参数，该匿名函数接收 Info 和 error 信息，可基于 Info 结构体实现相关的处理逻辑。
- Info 结构用于存储访问 kube-apiserver 后获取的返回结果。
- Info 结构也实现了 Visitor 接口中的 Visit 函数，该实现直接调用传入的 VistorFunc 匿名函数。

在 Do 函数和使用的其他依赖函数的实现中，会在执行流程中不断地构造出新的 Visitor 实例，并且将之前构造的 Visitor 实例作为新 Visitor 实例的属性，通过层层嵌套的方式，最终形成 Visitor 多层嵌套结构。例如，在 Do 函数中调用的 visitByPaths 函数的实现如下。

代码路径：cli-runtime/pkg/resource/builder.go

```
Plain Text
func (b *Builder) visitByPaths() *Result {
   result := &Result{ ... }
   // ...
   var visitors Visitor
   if b.continueOnError {
     visitors = EagerVisitorList(b.paths)
   }
   // ...
   if b.flatten {
     visitors = NewFlattenListVisitor(visitors, b.objectTyper, b.mapper)
   }
   // ...
   result.visitor = visitors
   result.sources = b.paths
   return result
}
```

在构造出 EagerVisitorList 这个 Visitor 实例后，将其作为 FlattenListVisitor 的属性，形成如图 6-3 所示的 2 层 Visitor 嵌套结构。

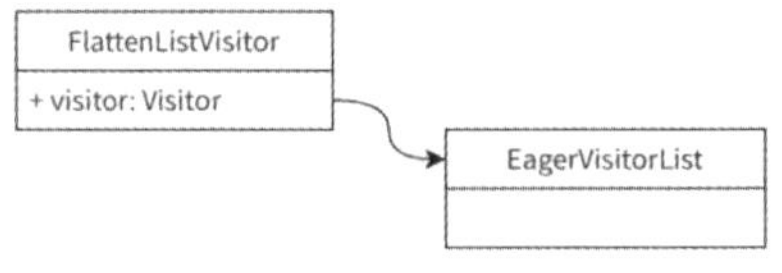

图 6-3　2 层 Visitor 嵌套结构

而 EagerVisitorList 本身是一个 Visitor 数组，里面的每个 Visitor 实例是一个嵌套了

StreamVisitor 的 FileVisitor，这样就形成了更深的嵌套结构，如图 6-4 所示。以此类推，Do 函数执行完成后，将形成完整的 Visitor 多层嵌套结构，并且暂存在 Result 对象中。

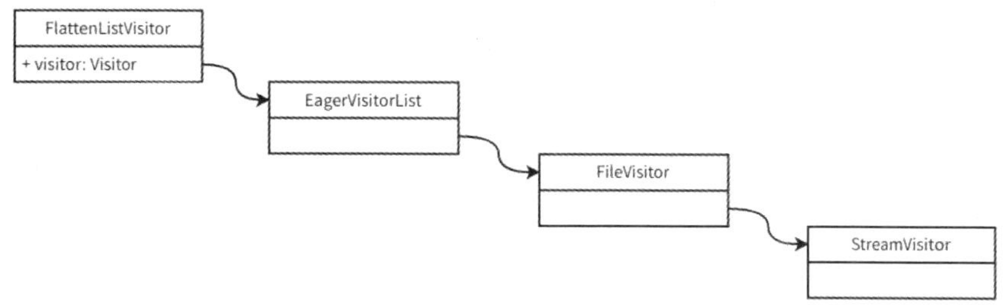

图 6-4　4 层 Visitor 嵌套结构

kubectl 中存在多种 Visitor，不同的 Visitor 的实现方法和作用各不相同，常用 Visitor 实例的用途如表 6-1 所示。

表 6-1　常用 Visitor 实例的用途

Visitor	用途
DecoratedVisitor	提供多种装饰器函数，通过遍历自身的装饰器函数对 Info 和 error 进行处理，如果任意一个装饰器函数报错，则终止并返回
ContinueOnErrorVisitor	在执行多层 Visitor 匿名函数时，如果发生一个或多个错误，则不会返回和退出，而是将执行过程中产出的错误收集到 error 数组中并聚合成一条 error 信息返回
FlattenListVisitor	将列表类型的通用资源对象展开为一个个独立的资源对象，并且使用其装饰的 Visitor 对象依次访问展开后的资源对象
EagerVisitorList	Visitor 集合类型，依次执行集合中的每个 Visitor，统一收集它们的错误并聚合成一条 error 信息返回
FileVisitor	通过本地方式指定资源对象声明文件（如 kubectl create -f deployment.yaml）。该 Visitor 会访问资源对象描述文件，并且通过 StreamVisitor 将其转换为 Info 对象
StreamVisitor	从 io.reader 中获取数据流，并将其转换为 JSON 格式，通过 schema 进行检查，最后将其数据转换为 Info 对象

3．执行命令获取结果

这一步使用 Result 对象中暂存的 Visitor 实例，依次调用其中的 Visit 函数。这会按照 Visitor 多层嵌套结构的相反顺序依次执行对应 Visitor 关联的 VisitorFunc，最终执行最外层 Visitor 关联的 VisitorFunc，完成与 kube-apiserver 的交互。

代码路径：kubectl/pkg/cmd/create/create.go

```
Plain Text
...
err = r.Visit(func(info *resource.Info, err error) error {
   ...
   obj, err := resource.
      NewHelper(info.Client, info.Mapping).
      DryRun(o.DryRunStrategy == cmdutil.DryRunServer).
      WithFieldManager(o.fieldManager).
      WithFieldValidation(o.ValidationDirective).
      Create(info.Namespace, true, info.Object)
   ...
}
```

4. 打印执行结果

在打印执行结果阶段，kubectl 使用 PrintObj 函数和 ToPrinter 函数来打印上一步获取的执行结果。其中，PrintObj 函数可以打印 runtime.Object 这样的通用资源对象，ToPrinter 函数则用于生成 PrintObj 函数。为了支持不同输出格式的打印需求（JSON、YAML、GO-TEMPLATE 等），kubectl 定义了通用的 ResourcePrinter 接口，以及实现该接口的函数类 ResourcePrinterFunc。ResourcePrinterFunc 在使用 PrintObj 函数打印执行结果时会直接代理调用其自己的实现方法，代码示例如下。

代码路径：cli-runtime/pkg/printers/interface.go

```
Plain Text
type ResourcePrinter interface {
  PrintObj(runtime.Object, io.Writer) error
}

type ResourcePrinterFunc func(runtime.Object, io.Writer) error

func (fn ResourcePrinterFunc) PrintObj(obj runtime.Object, w io.Writer) error {
  return fn(obj, w)
}
```

各 kubectl 命令对象中使用的 PrintObj 属性都是 ResourcePrinterFunc 函数类型，与 ResourcePrinter 接口的 PrintObj 函数具有相同的签名。以 kubectl annotate 命令为例，该命令中的 PrintObj 属性是 ResourcePrinterFunc 函数的实例。

代码路径：k8s.io/kubectl/pkg/cmd/annotate/annotate.go

```
Plain Text
type AnnotateOptions struct {
  ...
  PrintObj printers.ResourcePrinterFunc
  ...
}
```

在补全命令参数阶段（Complete），根据传入的打印参数构造具体的 ResourcePrinter 对象并赋值给 PrintObj 函数，实现了按指定格式（YAML、JSON 等）打印命令执行结果的需求。

代码路径：k8s.io/kubectl/pkg/cmd/annotate/annotate.go

```
Plain Text
func (o *AnnotateOptions) Complete(...) error {
   printer, err := o.PrintFlags.ToPrinter()
   ...
   o.PrintObj = func(obj runtime.Object, out io.Writer) error {
   return printer.PrintObj(obj, out)
   }
}
```

常用的 ResourcePrinter 实现类及其说明如表 6-2 所示。

表 6-2　常用的 ResourcePrinter 实现类及其说明

ResourcePrinter	说明
YAMLPrinter	以 YAML 格式打印执行结果
JSONPrinter	以 JSON 格式打印执行结果
HumanReadablePrinter	在未指定输出格式时默认使用的 Printer 格式打印器，它以可读的方式打印执行结果，结果呈现为表格形式，包含表头和 Name、Age、Status 等常用字段

续表

ResourcePrinter	说明
GoTemplatePrinter	按用户提供的 Go Template 模板打印执行结果
TablePrinter	将执行结果转化为表格格式后进行打印
CustomColumnsPrinter	按指定列名打印执行结果
SortingPrinter	按指定字段排序并打印结果
JSONPathPrinter	按用户提供的 JSONpath 表达式打印执行结果
NamePrinter	为打印资源名称专门实现的 Printer，以 resource/name 的形式打印资源名称
EventPrinter	专门用于打印 Event 资源对象的 Printer
OmitManagedFieldsPrinter	在打印资源对象时忽略注解中的 managedField 字段值

6.3　kubectl 缓存机制

执行 kubectl 命令的关键步骤是构造操作/查询资源的 HTTP 请求，并且从 kube-apiserver 获取对应的响应。一次完整的命令执行交互过程如图 6-5 所示，大多数 kubectl 命令只需要一个或有限的几个请求就能完成与 kube-apiserver 的交互，但为了获取请求资源并构造完整的请求参数，kubectl 需要使用 client-go 提供的 DiscoveryClient 从 kube-apiserver 获取对应的资源组、资源版本和资源信息。这些信息数量众多且变化频率低，如果每次都访问 kube-apiserver 直接获取这些信息，则意味着为了支持一个或几个“主请求”需要十几个甚至几十个配套的“辅助请求”，这样既不经济，又给 kube-apiserver 带来瞬时处理压力。

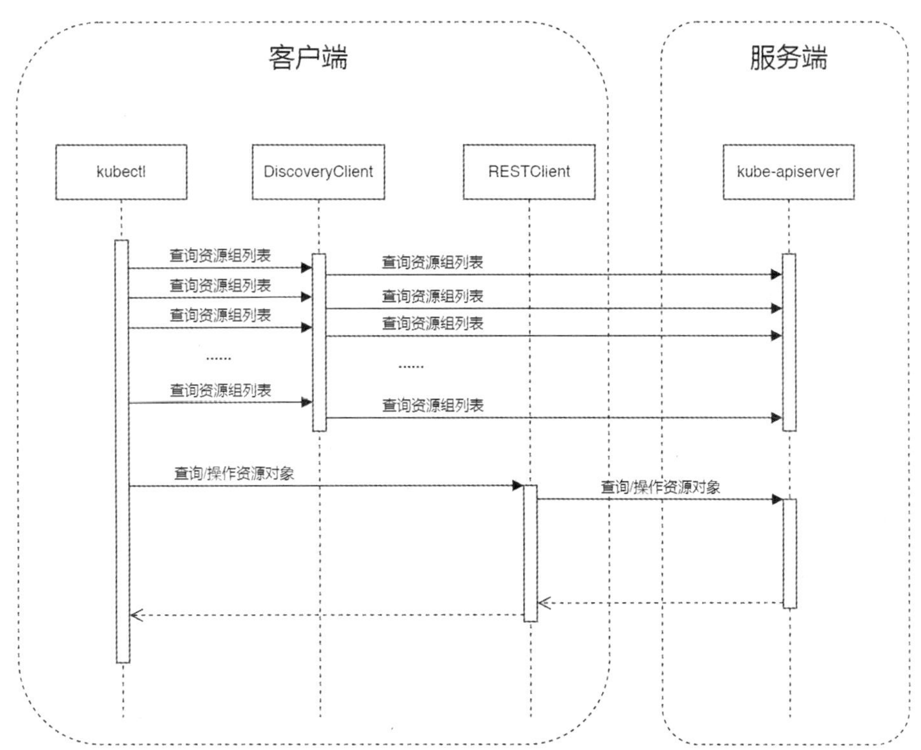

图 6-5　一次完整的命令执行交互过程（无缓存）

依托 client-go 中 CacheDiscoveryClient（缓存发现客户端）提供的本地磁盘缓存能力，kubectl 实现了客户端本地缓存机制，减少了大量非必要的资源组、资源版本和资源信息的查询请求，这样既降低了命令执行的响应时间，又缓解了 kube-apiserver 的请求压力。

如图 6-6 所示，使用缓存后，kubectl 在需要获取资源组、资源版本和资源信息时，会先从缓存中查找对应的内容。如果内容存在，且仍处于有效期，则直接返回；否则访问 kube-apiserver 查询对应的数据，更新缓存并返回查询结果。

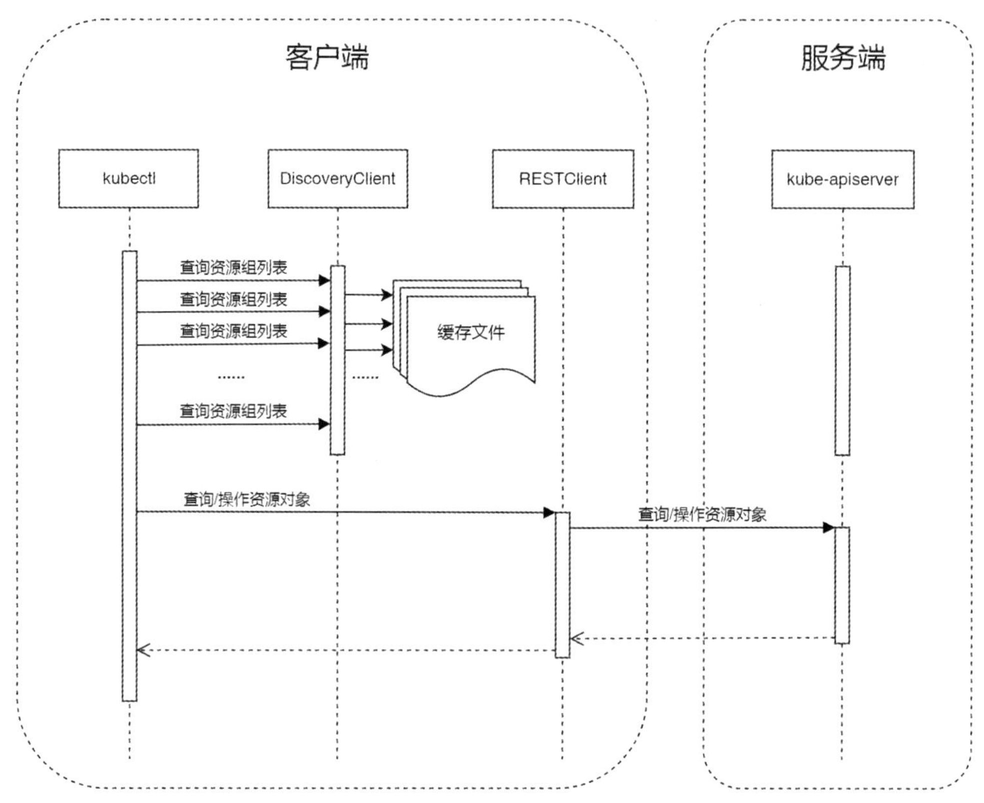

图 6-6　使用缓存机制后的请求交互方式

6.3.1　缓存数据结构

kubectl 使用 servergroups.json 文件缓存从 kube-apiserver 获取的所有资源信息，这些文件存放在$KUBECACHEDIR/discovery 中。其中，环境变量 KUBECACHEDIR 用于指定缓存的根目录，如果未设置该环境变量，则使用默认目录$HOME/.kube/cache。其中，$HOME 为当前用户的 Home 目录。如下所示，这些文件分别位于对应“资源组/资源版本”的目录中。

```
Bash
~ tree .kube/cache/discovery/kubernetes.docker.internal_6443/
.kube/cache/discovery/kubernetes.docker.internal_6443/
├── admissionregistration.k8s.io
│   └── v1
│       └── serverresources.json
│ ...
│
├── apps
```

```
│   └── v1
│       └── serverresources.json
│ ...
│
├── autoscaling
│   ├── v1
│   │   └── serverresources.json
│   ├── v2beta1
│   │   └── serverresources.json
│   └── v2beta2
│       └── serverresources.json
│ ...
│
└── v1
    └── serverresources.json
```

servergroups.json 文件描述了指定资源组和资源版本中所有资源的信息，这些内容会解码为对应的 APIResourceList 和 APIResource 资源对象，serverresources.json 文件和 APIResourceList 的对应关系如图 6-7 所示。以 apps/v1/serverresources.json 文件为例，该文件包含了核心资源组、v1 资源版本的所有资源信息。

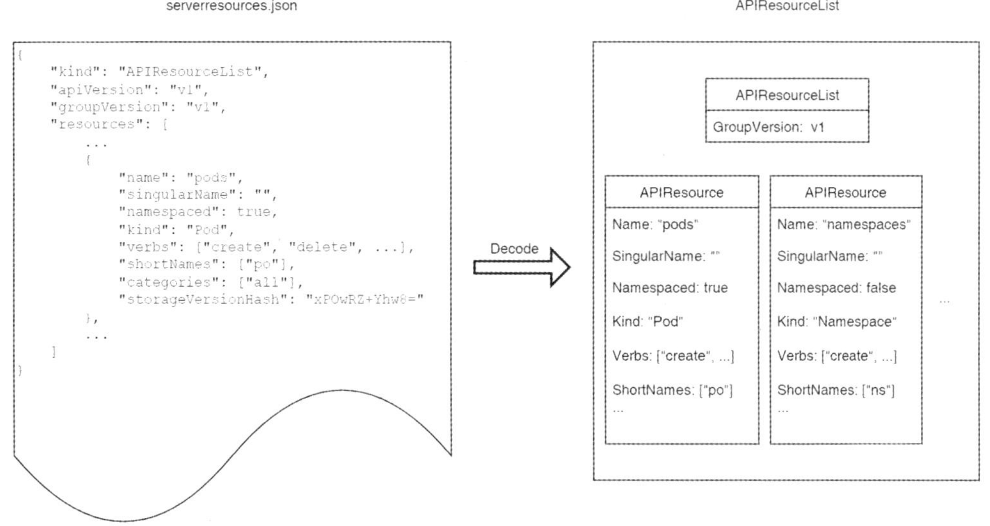

图 6-7　serverresources.json 文件和 APIResourceList 的对应关系

CacheDiscoveryClient 在查询对应的信息时，会将 serverresources.json 中的内容解码为 APIResourceList，其中的每个资源对应一个 APIResource 对象。关于 APIResourceList 和 APIResource 的详细说明，请参考 3.3.2 节 APIResource 中的相关内容。

6.3.2　缓存机制详解

1. 缓存对象初始化

在 kubectl 创建 Builder 实例的过程中，会创建 CacheDiscoveryClient，其创建方式如下。

代码路径：cli-runtime/pkg/genericclioptions/config_flags.go

```
Plain Text
func (f *ConfigFlags) toDiscoveryClient() (discovery.CachedDiscoveryInterface, error) {
    ...
    cacheDir := getDefaultCacheDir()
    ...
    httpCacheDir := filepath.Join(cacheDir, "http")
    discoveryCacheDir := computeDiscoverCacheDir(filepath.Join(cacheDir, "discovery"),
config.Host)
    return diskcached.NewCachedDiscoveryClientForConfig(config, discoveryCacheDir,
httpCacheDir, time.Duration(6*time.Hour))
}
```

CacheDiscoveryClient 使用上一节中提到的目录作为缓存目录，并且将缓存文件的有效时间设置为 6 小时。

2. 缓存填充和更新

kubectl 使用 CacheDiscoveryClient 查询资源组和资源信息。如果缓存目录中不存在对应的缓存文件，或者缓存文件失效，则 CacheDiscoveryClient 会拉取或更新缓存文件。

缓存拉取更新流程如图 6-8 所示，CacheDiscoveryClient 获取完整的资源信息分为 3 步，并且会将资源写入对应的 serverresources.json 文件中。对应操作步骤介绍如下。

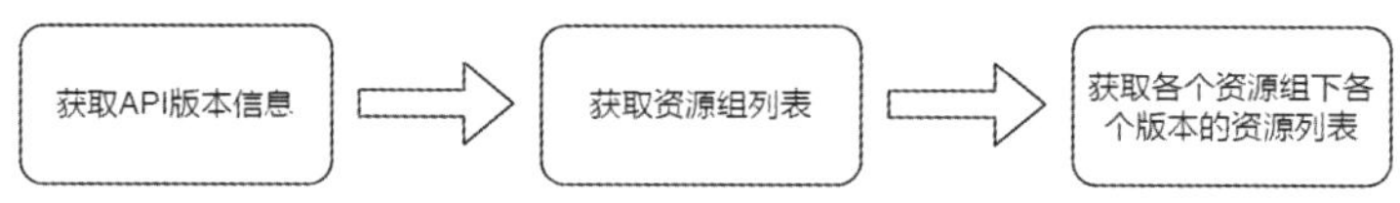

图 6-8 缓存拉取更新流程

1）获取 API 版本信息

CacheDiscoveryClient 通过访问 kube-apiserver 的/api 接口获取 API 版本信息，它可用于后续获取核心资源组的资源列表。API 版本信息如下。

```
Plain Text
{
    "kind": "APIVersions",
    "versions": ["v1"],
    "serverAddressByClientCIDRS": [
    {
        "clientCIDR": "0.0.0.0/0",
        "serverAddress": "xxxx"
    }
    ]
}
```

2）获取资源组列表

CacheDiscoveryClient 通过访问 kube-apiserver 的/apis 接口获取资源组列表，资源组列表包含了每个资源组中所有的资源版本信息。需要注意的是，核心资源组不在此列表中，其对应的资源组和版本列表会使用上一步获取的 API 版本信息构造并填充到资源组列表中。资源组列表信息如下。

```
Plain Text
{
    "kind": "APIGroupList",
```

```
    "apiVersion":"v1",
    "groups": [
    ...
    {
      "name": "apps",
      "versions": [
      {"groupVersion":"apps/v1","version":"v1"}
      ],
      "preferredVersion": {"groupVersion":"apps/v1","version":"v1"}
    },
    ...
    ]
}
```

3）获取各个资源组下各个资源版本的资源列表

CacheDiscoveryClient 通过访问 kube-apiserver 的/apis/{groupName}/{version}接口获取资源组列表中各个资源组下各个资源版本的资源列表。其中，groupName 为资源组名称（如 apps），version 为资源组中各个版本的名称（如 v1），并且将获取的资源列表作为最终结果存储到缓存文件{groupName}/{version}/serverresources.json 中。缓存文件的内容请参考 6.3.1 节中的介绍，此处不再赘述。

此外，由于资源组和资源版本数量较多，并且需要访问 kube-apiserver 依次获取，为了加速这个过程，CacheDiscoveryClient 使用并发策略同时拉取各个资源组下各个资源版本的资源列表，对应代码如下。

代码路径：client-go/discovery/discovery_client.go

```
Plain Text
func fetchGroupVersionResources(d DiscoveryInterface, apiGroups *metav1.APIGroupList)
(...) {
    ...
    wg := &sync.WaitGroup{}
    for _, apiGroup := range apiGroups.Groups {
      for _, version := range apiGroup.Versions {
      wg.Add(1)
      go func() {
         ...
         apiResourceList, err :=
d.ServerResourcesForGroupVersion(groupVersion.String())
         ...
      }()
      }
    }
    wg.Wait()
    return groupVersionResources, failedGroups
}
```

3. 缓存失效机制

虽然 kubectl 使用缓存来有效减少与 kube-apiserver 的交互，但在一些特定场景下，由于缓存失效，因此仍然会访问 kube-apiserver 来获取对应资源组、资源版本和资源信息。

1）缓存过期失效

kubectl 在初始化缓存对象时，将失效时间指定为 6 小时，因此，缓存文件创建/更新时间超过 6 小时将不再有效，再次请求同样的资源组列表会由于缓存过期而重新从 kube-apiserver 拉取。相关代码如下。

代码路径：client-go/discovery/cached/disk/cached_discovery.go

```
Plain Text
func (d *CachedDiscoveryClient) getCachedFile(filename string) ([]byte, error) {
   ...
   if time.Now().After(fileInfo.ModTime().Add(d.ttl)) {
      return nil, errors.New("cache expired")
   }
   ...
}
```

2）使用新的缓存目录

使用环境变量 KUBECACHEDIR 可以指定/更换本地缓存的目录。更换缓存目录后，之前目录中的缓存文件将不再可用。此时调用 CachedDiscoveryClient 获取资源组列表会重新拉取对应的资源信息并在新目录中重新创建缓存文件。

3）使用 kubectl 命令主动让缓存失效

CachedDiscoveryClient 提供了主动让缓存失效的 Invalidate 函数，相关代码如下。

代码路径：client-go/discovery/cached/disk/cached_discovery.go

```
Plain Text
func (d *CachedDiscoveryClient) Invalidate() {
  ...
  d.ourFiles = map[string]struct{}{}
  d.invalidated = true
  ...
}
```

Invalidate 函数的作用如下。

（1）清空 CachedDiscoveryClient 中记录的所有缓存文件名 ourFiles。

（2）将 CachedDiscoveryClient 中的 invalidated 失效状态设置为 true，这会将之前的缓存内容全部标记为失效。

表 6-3 列出了几个特殊的 kubectl 命令，这些命令在执行过程中会主动让缓存失效。

表 6-3　主动让缓存失效的 kubectl 命令

命令	用途	缓存失效场景
kubectl version	查询当前客户端和服务端的版本信息	当需要同时查询客户端和服务端版本时，为了获取最新的服务端信息，会主动让缓存失效
kubectl api-resources	查询 kube-apiserver 支持的资源列表	在未显式指定使用缓存时（通过--cached=true 参数），默认访问 kube-apiserver 获取资源数据，并且主动让缓存失效
kubectl api-versions	打印支持的 API 版本列表	为了始终获取最新的 API 版本列表，会主动强制让缓存失效

4）访问/操作本地缓存中未识别的资源

Kubernetes 支持使用 CustomResource 定义更多的资源类型，以满足扩展资源和场景的使用需求。当一个客户端通过 kube-apiserver 注册新的 CustomResource 后，其他访问同一 kube-apiserver 的客户端如果只使用本地缓存，则无法及时发现对应资源的存在，也无法对新注册的资源进行查询或操作。

出现未识别资源时的执行流程如图 6-9 所示。kubectl 在尝试获取资源的 RestMapping 信息时，如果在本地缓存中无法找到对应的资源信息，则会调用 RESTMapper 的 Reset 重置方法，该方法会调用 CachedDiscoveryClient.Invalidate 方法主动使 CachedDiscoveryClient 的缓存失效。kubectl 会在此时尝试重新获取资源的 RestMapping 信息，进而使 CachedDiscoveryClient 从 kube-apiserver 重新获取资源组中最新的资源列表。

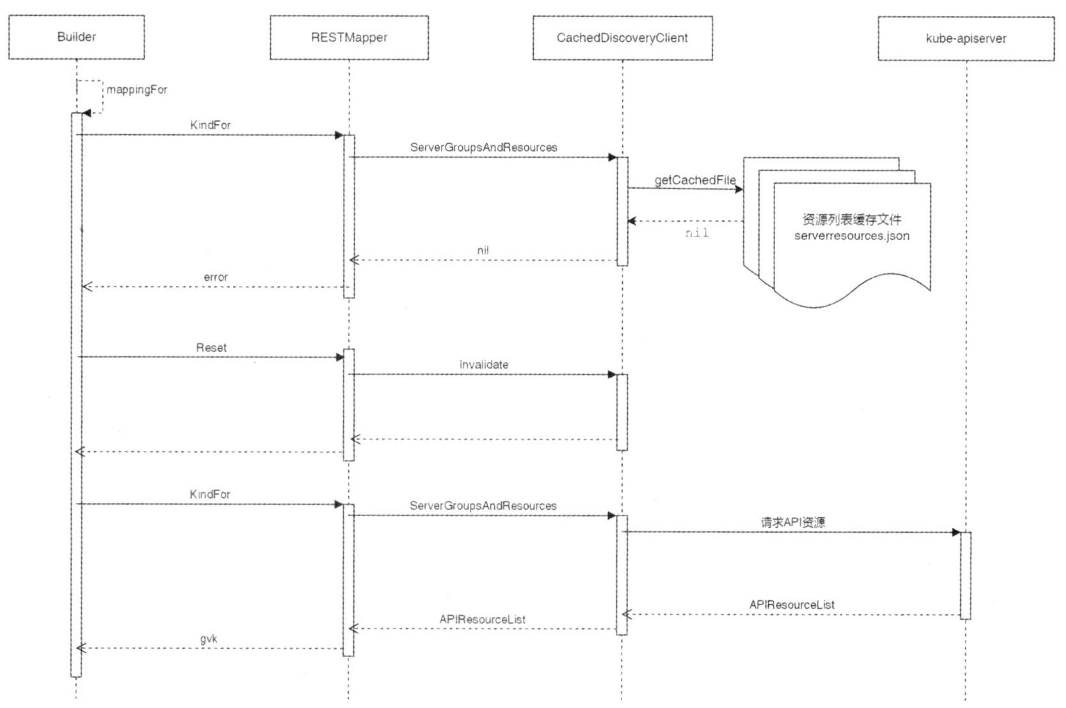

图 6-9　出现未识别资源时的执行流程

6.3.3　缓存使用场景

在 Builder 实例和 Visitor 多层嵌套结构的构造过程中，需要获取/使用资源对象的信息，缓存机制在此过程中发挥了重要的作用。下面介绍几个在 kubectl 中使用缓存的典型场景。

1．资源访问

kubectl 在使用 RESTful 方式对资源进行查询或操作前，需要根据资源信息来找到访问资源的客户端对象，这些资源信息被封装在 RESTMapping 实例中，其中包含了资源组、资源版本和资源上下文（全局资源/命名空间资源）。

获取资源信息的请求流程如图 6-10 所示，在 Builder 实例和 Visitor 多层嵌套结构的构造过程中使用 mappingFor 方法来获取上述 RESTMapping 实例。该方法会使用 RESTMapper 来查找资源的 gvk 信息，而在查找过程中则充分使用 CachedDiscoveryClient 的缓存机制减少大量不必要的对 kube-apiserver 的访问请求。

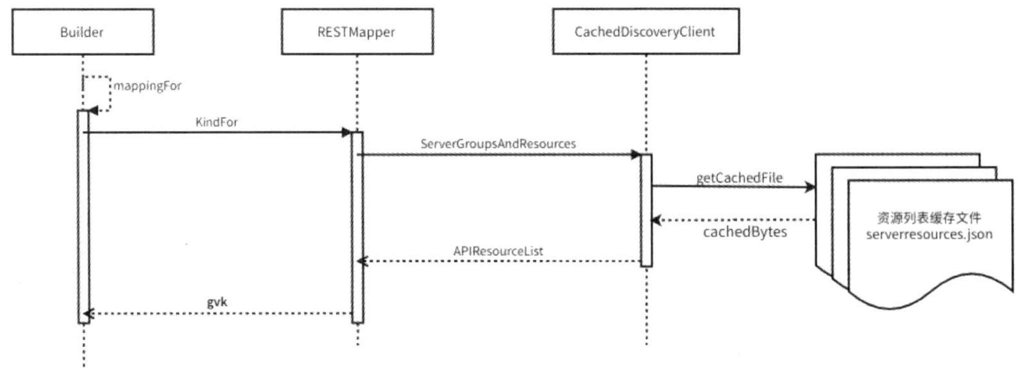

图 6-10 获取资源信息的请求流程

2. 类目展开

使用 kubectl get / describe / delete 等命令查看/操作资源对象或对象列表时，除了可以支持查询特定类别的资源，还可以按照类目查询多个类别的资源信息。例如，可以通过以下 kubectl 命令一次性查询 kube-system 命名空间下的 pod、deployment、service 等信息。

```
Plain Text
~ kubectl get all -n kube-system
NAME                               READY      STATUS      RESTARTS              AGE
pod/kube-proxy-jgkr9               1/1        Running     18 (3d17h ago)        232d
pod/kube-scheduler-docker-desktop  1/1        Running     188 (3d17h ago)       232d

NAME                               TYPE       CLUSTER-IP  EXTERNAL-IP  PORT(S)  AGE
service/kube-dns                   ClusterIP  10.96.0.10  <none>
                                                          53/UDP,53/TCP,9153/TCP 232d

NAME                               READY      UP-TO-DATE  AVAILABLE             AGE
deployment.apps/cilium-operator    1/1        1           1                     216d

...
```

以上 kubectl 命令中的关键字 all，就是一个资源类目（category）。Kubernetes 中的每个资源都定义了关联的 0 个或多个资源类目，具体信息可以在资源列表缓存文件 serverresources.json 中通过 categories 字段进行查看。常用的资源类目和对应的展开后的资源列表如表 6-4 所示。

表 6-4 常用的资源类目和对应的展开后的资源列表

资源类目	展开后的资源列表
all	pods、replicationcontrollers、services、daemonsets.apps、deployments.apps、replicasets.apps、statefulsets.apps、horizontalpodautoscalers.autoscaling、horizontalpodautoscalers.autoscaling、horizontalpodautoscalers.autoscaling、cronjobs.batch、jobs.batch、cronjobs.batch
api-extensions	apiservers.apiregistration.k8s.io、mutatingwebhookconfigurations.admissionregistration.k8s.io、validatingwebhookconfigurations.admissionregistration.k8s.io、customresourcedefinitions.apiextensions.k8s.io

为了在命令执行中得到类目关联的完整资源列表，Builder 提供了 ReplaceAliases 方法来替换指定类目关联的资源列表。类目展开的执行流程如图 6-11 所示。

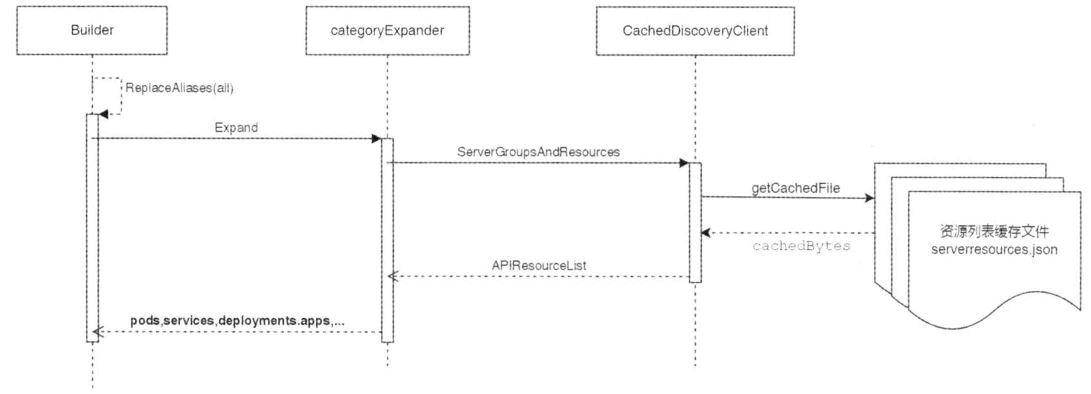

图 6-11　类目展开的执行流程

Builder 使用 categoryExpander 类目展开器（运行时实例为 discoveryCategoryExpander）来完成实际类目的替换。为了查询类目关联的资源列表，categoryExpander 请求 CachedDiscoveryClient 获取完整的资源组列表（APIResourceList）。CachedDiscoveryClient 则使用本地磁盘缓存文件中的信息直接返回查询结果，避免频繁地与 kube-apiserver 交互。

3. 缩写替换

与类目展开相似的一个使用场景是缩写替换。用户在书写 kubectl 命令时，可以使用完整的资源名称，也可以使用缩写来提高书写 kubectl 命令的效率。例如，可以在 kubectl 命令中使用缩写 po 来代替 pod，使用缩写 svc 来代替 service，使用缩写 sts 来代替 statefulsets。

缩写替换的执行流程如图 6-12 所示。缩写替换也是在 Builder 的执行过程中进行的。Builder 在获取资源的 RestMapping 信息时，如果传入的资源名称为缩写形式，则会使用 client-go 提供的 shortcutExpander 缩写展开器，将缩写替换为对应的资源名称。Kubernetes 中的每个资源都定义了可以使用的 0 个或多个缩写，具体信息可以在资源列表缓存文件 serverresources.json 中通过字段 shortNames 进行查看。

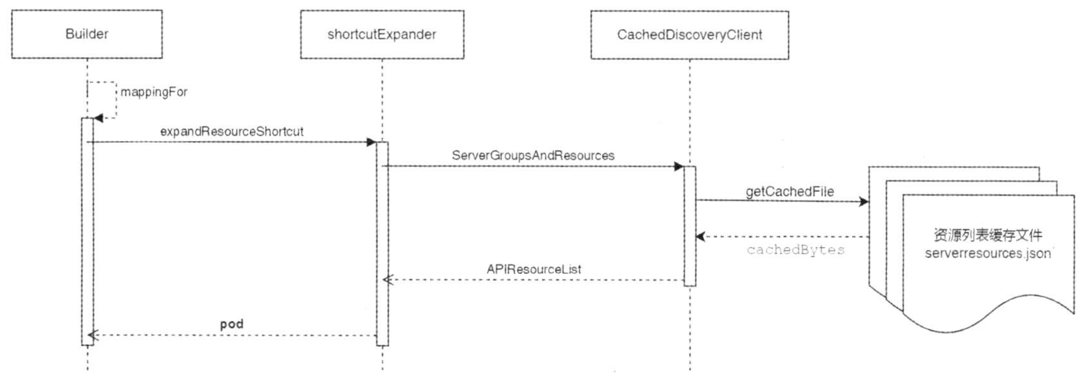

图 6-12　缩写替换的执行流程

与类目展开的执行流程类似，shortcutExpander 也会请求 CachedDiscoveryClient 获取完整的资源组列表，并且充分利用本地缓存文件，避免频繁地与 kube-apiserver 交互。

6.4 kubectl 变更比对策略

6.4.1 变更比对策略介绍

作为 Kubernetes 主要的客户端工具，kubectl 的重要使用场景是管理 Kubernetes 集群本身和集群上的各种资源对象。kubectl 提供了大量的命令来进行资源对象的操作和变更，例如，kubectl apply 命令通过 JSON/YAML 文件、标准输入对资源对象进行配置更新；kubectl edit 命令使用默认编辑器实现对资源对象的即时编辑和更新；kubectl patch 命令提供更新资源对象的补丁方式；kubectl diff 命令实现本地资源文件和集群中资源对象的实时比对；kubectl scale 命令提供对 Deployment、ReplicaSet、ReplicationController、StatefulSet 等资源类型实例数量的便捷管理；kubectl taint 命令和 kubectl cordon/uncordon 命令则为管理集群节点提供了相应的支持。

kubectl 实现了完备的变更比对策略，以满足各类变更操作命令的不同变更比对需求，具体如下。

- 变更比对逻辑在哪里进行。有些命令可以在服务端进行变更比对（服务端应用），有些命令可以在客户端进行变更比对（客户端应用），还有些命令可以同时支持这两种方式。
- 针对什么资源对象进行变更比对。对于预定义的资源对象，可以使用“强类型”的方式进行变更比对，还可以引入一些更复杂的更新策略。对于自定义的资源对象，可以使用基本的 JSON 比对器进行变更比对。
- 使用什么变更比对算法。在某些场景下，可以使用变更配置和当前配置这两个来源的数据计算变更内容（双路合并）。对于更复杂的场景则需要使用当前配置、变更配置和最后应用配置这 3 个来源的数据计算变更内容（三路合并）。

下面将分别介绍以上提到的各种变更比对策略。

6.4.2 服务端应用和客户端应用

1. 服务端应用

在 Kubernetes 中，服务端应用协助用户通过声明式配置的方式管理资源。kubectl 可以发送完整描述的目标（A fully specified intent），声明式地创建和修改对象。

kubectl 提供了以下两个命令行参数支持服务端应用。

- server-side：服务端应用的开关，当设置为 true 时，开启并使用服务端应用。
- force-conflicts：冲突解决策略，当设置为 true 且变更出现冲突时，会强制应用变更。

kubectl apply 命令和 kubectl diff 命令都支持启用服务端应用，kubectl patch 命令则只提供服务端应用的变更方式。服务端应用的实现流程如图 6-13 所示。当使用服务端应用方式执行 kubectl apply 命令时，会使用 UnstructuredJSONScheme 将用户以文件/输入流提供的资源变更信息编码为字节数组，之后以 Patch 请求的形式发送给 kube-apiserver，由 kube-apiserver 处理变更。kube-apiserver 在处理变更时，会使用字段管理器来持续跟踪用户的字段变更，并且使用合适的策略解决变更冲突。关于字段管理器的详细介绍，请参考 4.2.8 节。

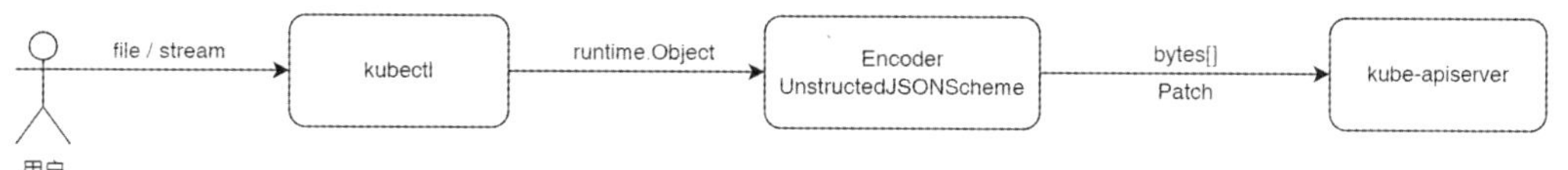

图 6-13 服务端应用的实现流程

2. 客户端应用

与服务端应用不同的是，客户端应用在客户端处理变更和冲突逻辑，将处理后的变更内容发送给服务端。kubectl apply 命令和 kubectl diff 命令默认使用客户端应用的更新策略，kubectl edit 命令和 kubectl annotation 命令等只提供客户端应用的更新策略。以 kubectl apply 命令为例，客户端应用的实现流程如图 6-14 所示，获取用户提供的及 kube-apiserver 中变更配置和服务端对象的内容后，使用它们计算出变更内容，最终将变更内容提交到 kube-apiserver 以完成变更应用。

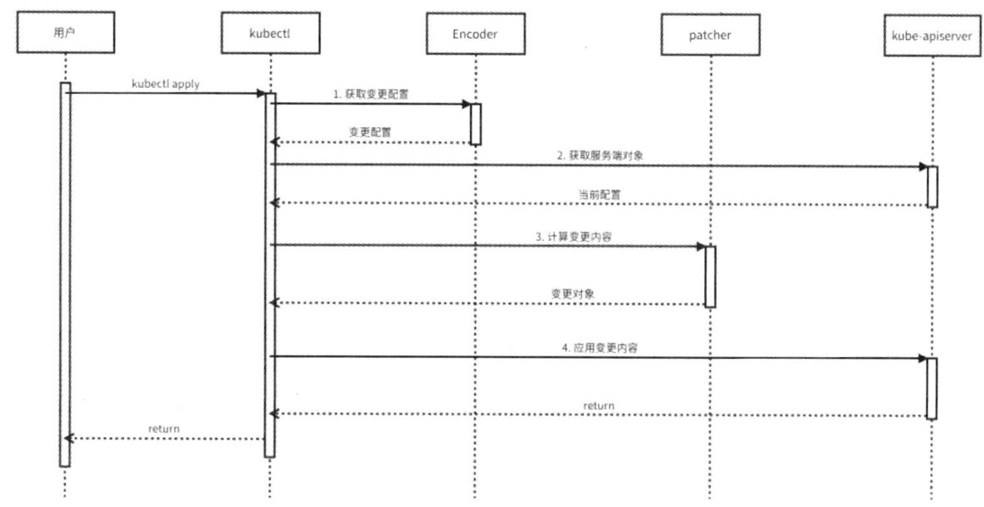

图 6-14 客户端应用的实现流程

- 获取变更配置。kubectl 将用户提供的变更内容转换为 runtime.Object 对象后，会进一步将该对象编码为 JSON 格式的字节数组，作为待变更的配置。
- 获取服务端对象。kubectl 请求 kube-apiserver，获取最新的服务端对象，作为当前服务端最新的配置。
- 计算变更内容。kubectl 封装了一个专门用于计算变更内容的工具 Patcher，它会比较变更配置的内容和当前最新的配置，形成完整的变更差异，变更差异中包含所有需要添加/修改/删除的配置。
- 应用变更内容。kubectl 将计算后得到的变更内容作为参数，使用 Patch 请求提交给 kube-apiserver 进行变更，并且在变更成功后返回最终的处理结果。此外，如果在上一步计算后发现没有需要变更的内容，则直接返回结果，不再请求 kube-apiserver 应用变更内容。

客户端应用在客户端进行变更计算，减轻了服务端的计算压力。但是如果有多个来源在同一时段修改同一资源对象，则可能出现变更冲突。为了解决变更冲突引起的用户提交失败的问题，提升使用体验，kubectl 实现了以下失败检测重试机制。

如果请求 kube-apiserver 变更失败，并且造成失败的原因是变更冲突，则进入重试循环，最大重试次数为 5。

在第 1 次重试时，先立即从 kube-apiserver 获取最新的资源对象，并且将该资源对象作为当前最新的配置，重新计算变更内容，再向 kube-apiserver 提交更新后的变更配置。

在第 2 ~ 5 次重试时，为了避免频繁获取变更内容，可以在退避等待 1 秒后重新执行重试的流程。

6.4.3 策略比对器和 JSON 比对器

Kubernetes 集群中既有内置的资源对象，也有用户自定义的资源对象。kubectl 分别提供了策略比对器（strategicpatch）和 JSON 比对器（jsonmergepatch）来支持这两类资源对象的变更比对。

1. 策略比对器

策略比对器用于支持内置资源对象的变更比对，相关代码实现在 apimachinery/pkg/util/strategicpatch/patch.go 文件中。

在比对变更配置和当前配置时，除了使用常规方式对二者的字段进行逐个比对，策略比对器还可以使用对应内置资源对象来对应 OpenAPI 类型提供的 Schema 信息，因此还可以进行更加复杂的指令策略（Directive）比对。

在实际使用场景中，一个常用的指令策略是 retainKeys。retainKeys 用于描述在变更时需要整体保留/替换的字段。例如，Deployment 资源对象的实例更新策略字段 Strategy 就使用了 retainKeys 策略进行变更比对和替换。

代码路径：api/apps/v1/types.go

```
Plain Text
// The deployment strategy to use to replace existing pods with new ones
// +optional
// +patchStrategy=retainKeys
Strategy DeploymentStrategy `json:"strategy,omitempty" patchStrategy:"retainKeys"
protobuf:"bytes,4,opt,name=strategy"`
```

使用 retainKeys 策略进行变更比对时，如果把一个 Deployment 资源对象的实例更新策略从 RollingUpdate 变更为 Recreate，则 Deployment 资源对象中之前配置的策略类型和与 RollingUpdate 相关的详细信息（MaxSurge 和 MaxUnavailable）需要被整体替换为 Recreate。为了让 kube-apiserver 知道如何处理这种整体替换，需要在变更内容中将 RollingUpdate 添加到$retainKeys 列表中，添加工作是由策略比对器通过读取 Deployment 资源对象类型定义中的注解信息自动完成的。使用 retainKeys 策略进行变更比对的结果如图 6-15 所示。

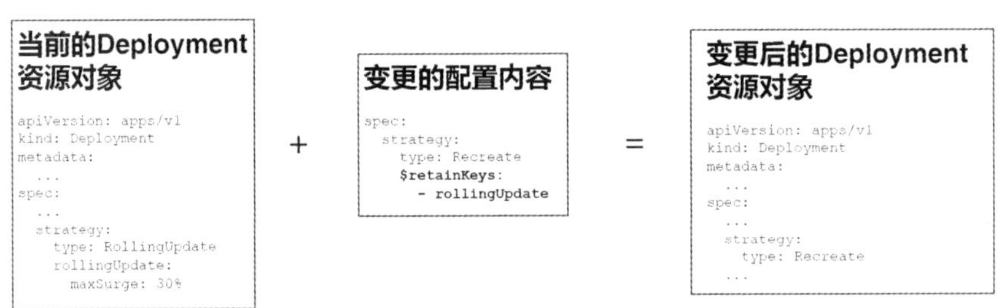

图 6-15　使用 retainKeys 策略进行变更比对的结果

2. JSON 比对器

JSON 比对器用于用户自定义资源对象的变更比对。由于无法从 kube-apiserver 中获取用户自定义资源对象的 OpenAPI，在 Kubernetes 源码实现中也无法为每个用户自定义资源对象定义特定的资源实现类，因此这类对象的变更比对采用的是 JSON 方式——先将用户自定义资源对象转换为 JSON 格式，再通过递归遍历待比对 JSON 对象的各个字段，以找到全部的变更内容。

JSON 比对器采用了简单的字段比对方式，无法实现策略比对器中的各种高级比对策略（如 retainKeys）。但是，JSON 比对器支持通过注入预检查函数（PreconditionFunc）的方式来扩展比对策略。PreconditionFunc 函数的定义如下。

代码路径：apimachinery/pkg/mergepatch/util.go

```
Plain Text
type PreconditionFunc func(interface{}) bool
```

PreconditionFunc 函数接收一个任意的资源对象（通常为待应用的变更内容），执行一定的校验逻辑，最终返回 true（通过校验）或 false（未通过校验）。

在使用 kubectl apply 命令比对用户自定义资源对象时，使用了 3 个 RequireKeyUnchanged 函数作为 PreconditionFunc 函数，确保变更时不会改变资源对象的 apiVersion、kind 和 name。

6.4.4　双路合并和三路合并

kubectl 在计算变更内容时，会逐个比较变更配置和当前配置中的字段，找到其中的差异，这些字段分为以下 3 类。

- 新增字段：变更配置中存在、当前配置中不存在的字段。
- 修改字段：变更配置和当前配置中都存在，但值不同的字段。
- 删除字段：当前配置中存在、变更配置中不存在的字段。

在计算生成的变更内容时，新增字段和修改字段的值会使用变更配置中的值，删除字段的值会被赋值为 nil，服务端基于这些字段和对应的值对资源对象进行变更。

以上计算变更内容的方式使用变更配置和当前配置这两个来源的数据进行计算变更，被称为双路合并（2-way Merge）。kubectl edit、kubectl taint、kubectl cordon 等命令在执行变更操作时，会基于完整的资源对象进行内容比对，因此都采用了这种双路合并的比对策略。

kubectl apply、kubectl diff 等命令在客户端应用模式下计算变更内容时则采用了另一种被称为三路合并（3-way Merge）的变更计算方式和比对策略。三路合并使用了 3 个来源的数据来生成变更内容。

- 当前配置：从服务端获取的完整的资源对象配置。
- 变更配置：由用户提供的、待生效的资源配置。
- 最后应用配置：由用户提供的、已生效的最新资源配置。

最后应用配置可以通过读取当前配置 annotation 中 kubectl.kubernetes.io/last-applied-configuration 注解的内容来获取。此外，在更新成功后，变更配置会被写入 kubectl.kubernetes.io/last-applied-configuration 作为新的最后应用配置。

三路合并的计算过程如下所示。

（1）比较变更配置和当前配置。

- 将变更配置中存在、当前配置中不存在的字段作为新增字段。
- 将变更配置和当前配置中都存在但值不同的字段作为修改字段。
- 忽略当前配置中存在、变更配置中不存在的字段。

（2）比较变更配置和最后应用配置，将最后应用配置中存在、变更配置中不存在的字段作为删除字段。

（3）合并第（1）步中的新增字段和修改字段，以及第（2）步中的删除字段，将合并后的结果作为变更内容。

以一个 Deployment 资源对象为例，三路合并流程如图 6-16 所示。

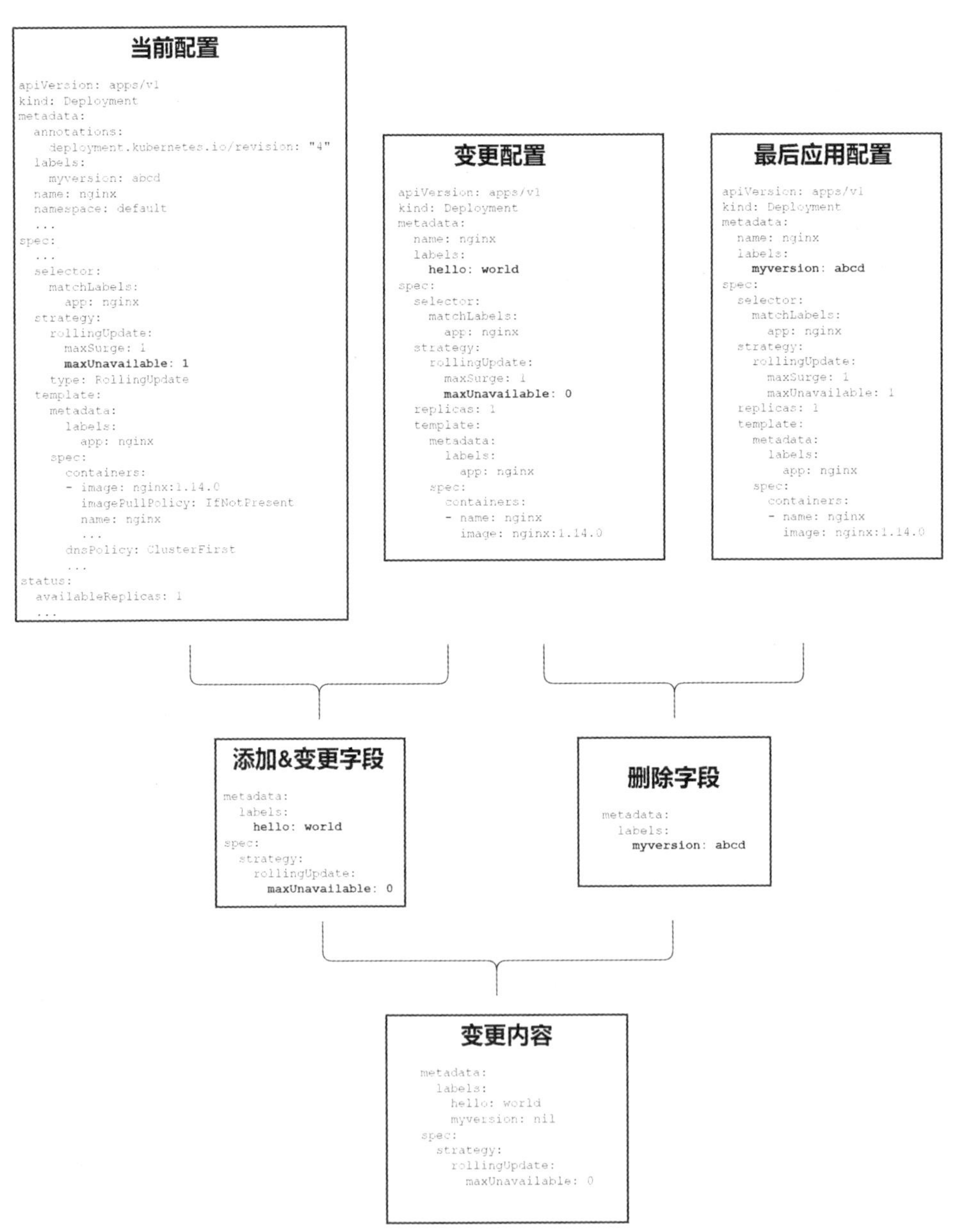

图 6-16　三路合并流程

在上面的例子中，使用三路合并是因为无法通过简单的比对变更配置和当前配置来判断删除字段的内容。变更配置中只包含了需要更新资源对象的基本信息，而当前配置中则有许多通过 Kubernetes 控制器或其他方式添加的字段（如 imagePullPolicy）。如果只是简单比对二者就把变更配置中不存在的字段删除，则许多由其他控制器管理或创建的字段都会被删除，这显然是不符合预期的。

6.5 kubectl 扩展命令

6.5.1 扩展命令介绍

除了预置的 kubectl 命令，kubectl 还支持以插件的方式执行扩展命令。目前 kubectl 支持将以 kubectl-为前缀的可执行文件作为扩展命令。当我们把对应的文件放到系统可执行目录中时，就可以通过 kubectl 来执行对应的扩展命令。

下面以 Kubernetes 官方提供的 sample-cli-plugin 为例来看扩展命令的执行方式。sample-cli-plugin 是使用 Go 语言编写的一个命令行工具，可以将 kubectl 执行上下文切换到指定的命名空间。

首先，使用 go build 命令将命令行工具编译为二进制可执行文件。

```
Bash
$ go build cmd/kubectl-ns.go
```

然后，将生成的二进制文件复制到系统可执行目录。

```
Bash
$ cp ./kubectl-ns /usr/local/bin
```

此后，就可以通过 kubectl 扩展命令的方式执行这个可执行文件并将其他命令执行的默认命名空间锁定为指定的值。

```
Bash
$ kubectl ns kube-system
namespace changed to "kube-system"

$ kubectl get pod
NAME                              READY   STATUS    RESTARTS          AGE
etcd-docker                       1/1     Running   24 (3d14h ago)    208d
kube-apiserver-docker             1/1     Running   2927 (3d14h ago)  208d
kube-controller-manager-docker    1/1     Running   55 (3d14h ago)    208d
kube-proxy-jgkr9                  1/1     Running   17 (3d14h ago)    208d
kube-scheduler-docker             1/1     Running   153 (3d14h ago)   208d
```

6.5.2 扩展命令实现原理

kubectl 在设计扩展命令插件机制时，遵循了以下几个设计原则。

- 无须在 kubectl 上进行任何安装和配置，符合一定命名规范的二进制文件都可以直接以插件形式作为 kubectl 扩展命令。所以，只要执行路径上存在二进制文件/usr/bin/kubectl-educate-dplphins，就可以直接使用 kubectl educate dplphins --flag1 --flag2 这样的扩展命令来执行。

- 用户在 kubectl 命令中的所有输入参数都会原封不动地提供给二进制可执行文件作为输入参数。因此，扩展命令的二进制可执行文件需要能够识别/处理接收到的输入参数。

在 kubectl 命令树中，扩展命令优先级最低。因此，如果输入的参数可以匹配已知的核心命令，则优先执行核心命令。

扩展命令的执行流程如图 6-17 所示。

（1）构造 Cobra 命令树。这一步会将完整的命令树构造出来，包含 42 个核心命令。

（2）根据用户输入的参数匹配命令。kubectl 会扫描用户提供的完整输入参数，并且判断是否能将输入的参数与已知的核心命令匹配。如果用户输入的参数能匹配核心命令，则进入核心命令执行流程。

（3）执行扩展命令。如果用户输入的参数不匹配任何核心命令，则尝试执行扩展命令。

- 组装命令名称。这里会找到所有非参数的输入。例如，kubectl educate dplphins --flag1 --flag2 中的非参数输入为 educate 和 dplphins。
- 搜索二进制可执行文件。kubectl 会将上一步找到的参数使用-和 kubectl 前缀拼接为完整的文件名（如 kubectl-educate-dplphins），并且在环境变量 PATH 指定的路径中搜索对应的二进制可执行文件。
- 执行二进制可执行文件。如果对应的二进制可执行文件存在，则把剩余的参数作为输入参数，执行二进制可执行文件，并且将二进制可执行文件的执行结果作为命令的最终执行结果。

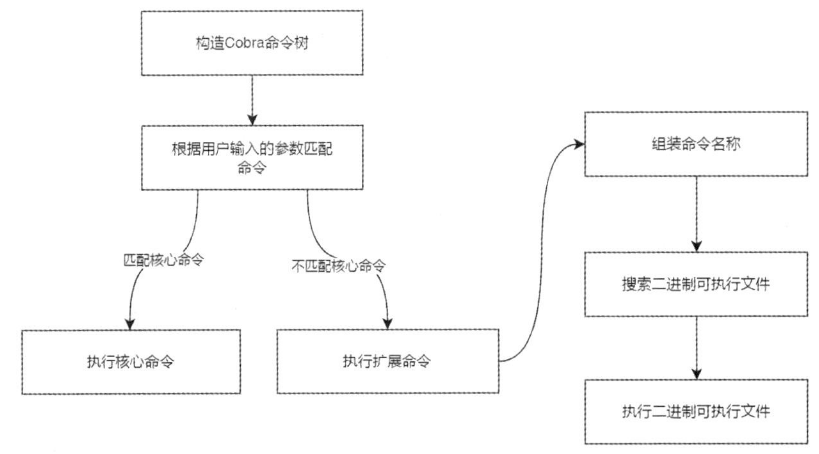

图 6-17　扩展命令的执行流程

6.5.3　扩展命令管理器 Krew

除了手动安装 kubectl 扩展命令，更常用的方式是使用 Krew——Kubernetes 官方提供的扩展命令管理工具，实现对扩展命令的查找、安装、使用和管理。目前，Krew 中已经有超过 200 个扩展命令供用户使用。

Krew 的使用方式与操作系统/编程语言提供的包管理工具非常相似。

（1）更新可用的扩展命令列表。

```
Plain Text
kubectl krew update
```

（2）搜索可用的扩展命令。

```
Plain Text
kubectl krew search
```

（3）安装扩展命令，如 access-matrix。

```
Plain Text
kubectl krew install access-matrix
```

（4）使用扩展命令。

```
Plain Text
kubectl access-matrix
```

（5）更新扩展命令。

```
Plain Text
kubectl krew upgrade
```

（6）卸载扩展命令。

```
Plain Text
kubectl krew uninstall access-matrix
```

第 7 章

etcd 存储核心实现

7.1 初识 etcd 存储

etcd 是 Kubernetes 默认使用的数据持久化后端存储，主要用于保存集群配置和状态，是整个系统赖以运行的基础。为了保证高可用，etcd 在生产环境中一般以集群形态部署，被称为 etcd 集群。

etcd 集群是分布式键值存储集群，基于 Raft 协议提供了可靠的强一致性数据存取服务，常被用于分布式配置管理、服务注册发现、分布式任务协调（如领导者选举、分布式锁）等场景。etcd 集群主要负责存储 Kubernetes 元数据及运行状态，包括所有 Kubernetes 资源对象信息、资源对象状态、集群节点信息等。在 Kubernetes 中，为了保持数据层隔离，只有 kube-apiserver 能够直接对 etcd 集群进行读/写操作，其他组件都需要通过 kube-apiserver 间接实现对底层数据库的读/写操作。在默认情况下，Kubernetes 将所有数据按照一定的格式存储在 etcd 的/registry 路径下（可以通过为 kube-apiserver 设置--etcd-prefix 启动参数来修改默认存储路径）。

本章将从 Kubernetes 对 etcd 的应用角度出发，深入剖析 etcd 存储架构的实现，包括基于 RESTStorage 封装 RESTful 风格的资源存储接口，使用 Strategy 策略实现读/写资源前的自定义预处理，面向 etcd 底层存储的通用接口封装，以及基于 CacherStorage 内部缓存减轻对 etcd 的访问压力等内容。注意，本章仅介绍 etcd 的存储层实现内容，etcd 内部的具体实现原理不在本章的讨论范围内。

7.2 etcd 存储架构设计

Kubernetes 对 etcd 的存储层实现进行了丰富的封装，形成了较为清晰的层次化结构，并且具有高度的可扩展性。按照功能，etcd 存储架构分层设计如图 7-1 所示。

etcd 存储架构主要分为以下几层。

1. RESTStorage

RESTStorage 定义了 RESTful 风格的资源存储接口。所有支持通过 kube-apiserver 提供的

RESTful API 对外暴露访问的资源对象都必须实现 RESTStorage 接口。RESTStorage 接口提供了不同的实现等级，除必须实现最基础的 rest.Storage 接口外，其他接口（如 Lister、Watcher 等）可按需实现。在进行 API 接口注册时，kube-apiserver 会根据资源的底层通用存储接口实现情况生成对应的 RESTful API。

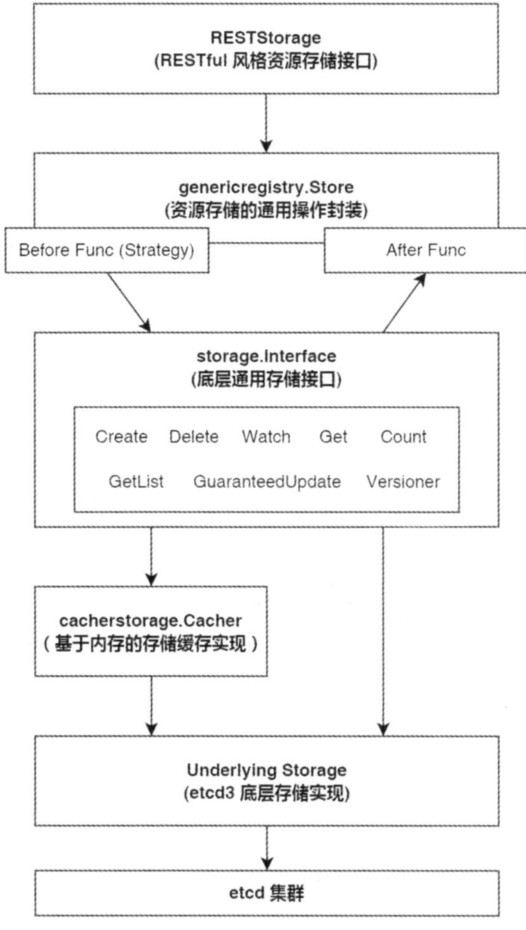

图 7-1　etcd 存储架构分层设计

例如，资源只有在 RESTStorage 存储层实现了 rest.Watcher 接口，Kubernetes 才会为该资源生成/apis/<group>/<version>/watch/<resource> RESTful API。

2．genericregistry.Store

由于大部分资源对象的 RESTStorage 存储操作逻辑是类似的，因此 Kubernetes 提供了一套通用的资源存储操作实现，即 genericregistry.Store。genericregistry.Store 封装了对资源对象的常规 CRUD 操作，并且支持对资源版本 ResourceVersion 的冲突检测，在存储资源对象前执行某个函数（Before Func），在存储资源对象后执行某个函数（After Func），以及处理 DryRun 请求执行等。

3．storage.Interface

storage.Interface 为底层通用存储接口，定义了资源的操作方法，即 Create、Delete、Watch、

Get、Count、GetList、GuaranteedUpdate、Versioner。

4. cacherstorage.Cacher

为了减轻 etcd 底层存储的读取压力，特别是多客户端 List、Watch 的压力，同时提高集群的扩展性和性能，Kubernetes 提供了存储层 Cache，即 cacherstorage.Cacher。cacherstorage.Cacher 实现了 storage.Interface 接口，对上层调用完全透明，可以通过设置 kube-apiserver 的--watch-cache 启动参数开启或关闭 Cacher，默认处于开启状态。

5. Underlying Storage

Underlying Storage 即底层存储，也被称为 Backend Storage（后端存储）。在默认情况下，Kubernetes 使用 etcd3 作为底层存储，基于 etcd Client 库封装实现 storage.Interface 接口，真正实现与 etcd 集群交互，操作相关的资源对象。cacherstorage.Cacher 相当于对底层存储的高级封装，作为其缓存层，减少对 etcd 集群的实际请求次数。

7.3 RESTStorage 资源存储接口

在 Kubernetes 中，所有通过 kube-apiserver RESTful API 对外暴露的资源（包括子资源）必须实现 RESTStorage 接口，只有实现了 RESTStorage 接口的资源对象才能在 InstallAPIGroup 注册 APIGroup 阶段被识别，并且自动生成相关的 RESTful 接口。RESTStorage 接口代码示例如下。

代码路径：vendor/k8s.io/apiserver/pkg/registry/rest/rest.go

```
Plain Text
type Storage interface {
   New() runtime.Object
   Destroy()
}
```

上述 Storage 接口仅表示 RESTStorage 的最基本定义，是资源对象实现 RESTful API 必须实现的接口。除了该核心接口，资源对象还可实现更多扩展接口，以实现更多资源操作类型。例如，假如某资源类型希望提供通过 Watch API 实时获取资源变化的能力，则应该扩展实现 Watcher 接口，定义如下。

代码路径：vendor/k8s.io/apiserver/pkg/registry/rest/rest.go

```
Plain Text
type Watcher interface {
   Watch(...) (watch.Interface, error)
}
```

在 Kubernetes 中，每种资源实现的 RESTStorage 一般定义在 pkg/registry/<资源组>/<资源>/storage/storage.go 中，它们通过 NewREST 或 NewStorage 函数实例化 RESTStorage 接口。以 Deployment 资源为例，代码示例如下。

代码路径：pkg/registry/apps/deployment/storage/storage.go

```
Plain Text
type REST struct {
   *genericregistry.Store
}
```

```
type StatusREST struct {
   store *genericregistry.Store
}

type DeploymentStorage struct {
   Deployment *REST
   Status     *StatusREST
   ...
}

func NewStorage(...) (DeploymentStorage, error) {
   deploymentRest, deploymentStatusRest ... := NewREST(optsGetter)
   ...

   return DeploymentStorage{
      Deployment: deploymentRest,
      Status:    deploymentStatusRest,
      ...
   }, nil
}
```

在上述代码中，Deployment 资源定义了 REST 和 StatusREST 数据结构。其中，REST 数据结构用于对 Deployment 资源的 CRUD 操作，StatusREST 数据结构用于对 Deployment/Status 子资源的 CRUD 操作。每个 RESTStorage（如这里的 REST 和 StatusREST）都是对 genericregistry.Store 的封装，真正执行读/写操作时都是借助通用框架 genericregistry.Store 来完成的。例如，对 Deployment/Status 执行 Get 操作时，实际调用的是 genericregistry.Store 的 Get 接口，代码示例如下。

代码路径：pkg/registry/apps/deployment/storage/storage.go

```
Plain Text
func (r *StatusREST) Get(ctx context.Context, name string, options *metav1.GetOptions)
(runtime.Object, error) {
   return r.store.Get(ctx, name, options)
}
```

7.4　genericregistry.Store 通用操作封装

Kubernetes 对一般资源类型的通用操作进行了抽象和封装，形成了 genericregistry.Store。genericregistry.Store 不仅能满足资源常规存取需要，还支持自动处理资源更新时的版本冲突检测，在资源存储的前后自动执行扩展钩子函数，以及支持服务端 DryRun 运行模式。

7.4.1　标准存储实现

genericregistry.Store 同时实现了 StandardStorage 和 TableConvertor 接口。StandardStorage 是对基本 RESTStorage 的扩展，也是一般资源类型都需要实现的标准接口，支持常见的几类资源操作。TableConvertor 主要用于将资源对象列表转换为对用户更友好易读的表格表现形式。关于这两个接口的定义，代码示例如下。

代码路径：vendor/k8s.io/apiserver/pkg/registry/rest/rest.go

```
Plain Text
type StandardStorage interface {
   Getter
   Lister
   CreaterUpdater
   GracefulDeleter
   CollectionDeleter
   Watcher
   Destroy()
}

type TableConvertor interface {
   ConvertToTable(ctx context.Context, object runtime.Object, tableOptions
runtime.Object) (*metav1.Table, error)
}
```

7.4.2 版本冲突检测

genericregistry.Store 在执行资源更新操作时采用了乐观锁模式，通过对比更新前后资源对象的 ResourceVersion 是否发生变化来判断本次更新是否存在冲突。在多并发场景下，乐观锁模式能够有效避免脏数据的产生，Kubernetes 每次对资源对象的变更操作都会增大其 ResourceVersion，合法的资源更新操作接收到的资源对象 ResourceVersion 必须与 etcd 中存储的资源对象的 ResourceVersion 保持一致。代码示例如下。

代码路径：vendor/k8s.io/apiserver/pkg/registry/generic/registry/store.go

```
Plain Text
const (
   OptimisticLockErrorMsg = "the object has been modified; please apply your changes to
the latest version and try again"
)

func (e *Store) Update(...) (runtime.Object, bool, error) {
   ...
   if newResourceVersion != existingResourceVersion {
   return ..., apierrors.NewConflict(qualifiedResource, name,
fmt.Errorf(OptimisticLockErrorMsg))
   }
   ...
}
```

Kubernetes 中资源对象的 ResourceVersion 实际上依赖 etcd 中存储对象的版本信息而生成，更多介绍请参考 7.6.2 节。

7.4.3 通用钩子函数

genericregistry.Store 支持在真正进行存储操作的前后执行一些自定义钩子函数，以满足扩展性需要，其执行流程如图 7-2 所示。

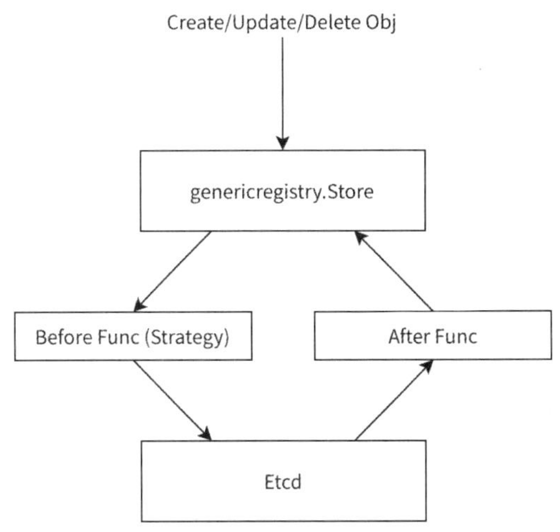

图 7-2　genericregistry.Store 钩子函数执行流程

genericregistry.Store 主要定义了以下两类钩子函数。

- Before Func：也被称为 Strategy 预处理，它定义了在对资源对象执行持久化操作之前需要执行的操作，主要用于完成一些对资源对象的预处理工作。
- After Func：它定义了在执行完资源对象持久化存储操作后需要执行的操作，包括支持类事务操作的 Begin Func、常规的 After Func，以及能够在资源对象返回前执行装饰的 Decorator Func，一般可用于完成一些收尾工作。

genericregistry.Store 关于钩子函数的接口定义，代码示例如下。

代码路径：vendor/k8s.io/apiserver/pkg/registry/generic/registry/store.go

```
Plain Text
type Store struct {
   ...
   Decorator func(runtime.Object)
   CreateStrategy rest.RESTCreateStrategy
   BeginCreate BeginCreateFunc
   AfterCreate AfterCreateFunc
   UpdateStrategy rest.RESTUpdateStrategy
   BeginUpdate BeginUpdateFunc
   AfterUpdate AfterUpdateFunc
   DeleteStrategy rest.RESTDeleteStrategy
   AfterDelete AfterDeleteFunc
   ...
}
```

其中，Decorator 装饰器属于一种退出钩子，可以从底层存储读取资源对象后，返回给调用者前对其进行最后的修正操作，仅适用于一些特殊场景，如底层存储的资源对象不能直接满足调用者消费要求（如不支持 Watch）。BeginCreate、BeginUpdate 属于一种类事务型钩子，能够在资源对象创建或更新的最后，执行 AfterCreate、AfterUpdate 和 Decorator 之前，根据对底层存储的写入请求是否成功，执行提交或回滚操作。AfterCreate、AfterUpdate、AfterDelete，顾名思义，是在完成资源对象的创建、更新或删除操作后，执行 Decorator 之前执行的后置钩子函数。

genericregistry.Store 主要提供了 3 种 Strategy 资源预处理方法，分别是 CreateStrategy、UpdateStrategy 和 DeleteStrategy，分别在资源对象创建、更新和删除前执行，完成对资源对象的预处理工作。更多关于 Strategy 的详细介绍，请参考 7.9 节。

genericregistry.Store 通过标准化流程，将一系列钩子函数和数据存取过程有机串联起来，面向上层实现了 RESTStorage（包括 StandardStorage 和 TableConvertor）接口，可以满足资源对象存取操作的共性需求。面向下层通过调用 storage.Interface 接口驱动存储系统后端执行真正的读/写操作，实现与具体存储解耦，起到承上启下的作用。

以资源对象创建接口 Create 为例，代码示例如下。

代码路径：vendor/k8s.io/apiserver/pkg/registry/generic/registry/store.go

```
Plain Text
func (e *Store) Create(ctx context.Context, obj runtime.Object, createValidation
rest.ValidateObjectFunc, options *metav1.CreateOptions) (runtime.Object, error) {
   var finishCreate FinishFunc = finishNothing
   ...
   // 执行 BeginCreate 事务
   if e.BeginCreate != nil {
   fn, err := e.BeginCreate(ctx, obj, options)
   ...
   finishCreate = fn
   defer func() {
      finishCreate(ctx, false)  // 通过 defer 方式在出现错误时，执行回滚
   }()
   }

   // 执行 BeforeCreate 函数
   if err := rest.BeforeCreate(e.CreateStrategy, ctx, obj); err != nil {
   return nil, err
   }


   ...
   // 执行数据存储操作，同时处理--dry-run 请求
   if err := e.Storage.Create(ctx, key, obj, out, ttl, dryrun.IsDryRun(options.DryRun));
err != nil {
   ...
   return nil, err
   }

   // 数据写入成功，取消回滚设置，并执行提交
   fn := finishCreate
   finishCreate = finishNothing
   fn(ctx, true)

   // 执行钩子函数
   if e.AfterCreate != nil {
   e.AfterCreate(out, options)
   }

   // 执行最后的装饰操作
   if e.Decorator != nil {
   e.Decorator(out)
   }
```

```
    return out, nil
}
```

在创建资源对象的流程中，首先，如果设置了 BeginCreate 事务，则执行事务，并且以 defer 形式延迟调用返回的 FinishFunc 函数。FinishFunc 通过传入的布尔型参数，判断存储操作是否成功完成，传入 true 代表操作成功。在默认情况下，defer 执行时传入 false，表示执行回滚。然后，通过调用预处理函数 BeforeCreate，根据设定的 CreateStrategy 执行对资源对象的预处理。接着，真正通过调用底层通用存储接口的 Storage.Create 方法，将资源对象写入存储后端（当启用 DryRun 时，会跳过持久化步骤）。如果写入操作失败，则直接返回错误，同时触发回滚。如果写入成功，则取消回滚设置（将 finishCreate 设置为 finishNothing，不执行任何操作），同时通过调用 fn 执行提交操作。最后，在执行的末尾，分别检查是否设置了 AfterCreate 和 Decorator 钩子函数，如果设置了，则依次触发执行。

7.4.4　DryRun 实现原理

使用过 kubectl 命令行工具的读者，肯定对--dry-run 参数不陌生。通过--dry-run 参数我们能在真正执行操作前检查应用的配置是否存在错误或者冲突。DryRun 分为客户端 DryRun 和服务端 DryRun，这里重点介绍服务端 DryRun 的实现方式。

为了支持 DryRun，genericregistry.Store 引入了 DryRunnableStorage 的概念，它对底层真正执行数据存储操作的 storage.Interface 进行了一层包装以支持--dry-run 处理逻辑。服务端 DryRun 调用流程如图 7-3 所示。

DryRunnableStorage 的数据结构定义如下。

代码路径：vendor/k8s.io/apiserver/pkg/registry/generic/registry/dryrun.go

```
Plain Text
type DryRunnableStorage struct {
    Storage storage.Interface
    Codec   runtime.Codec
}
```

DryRunnableStorage 实际上内部包含了 storage.Interface 的实现，用于发起对底层存储系统的调用，Codec 主要用于编/解码，实现对资源对象的序列化和反序列化。

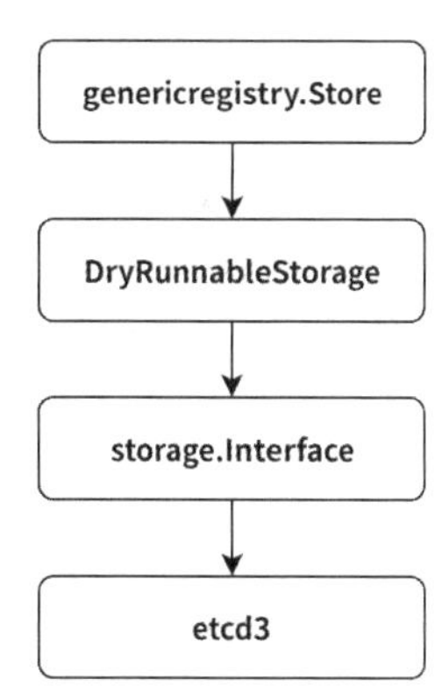

图 7-3　服务端 DryRun 调用流程

以 Create 为例，DryRun 的执行代码示例如下。

代码路径：vendor/k8s.io/apiserver/pkg/registry/generic/registry/dryrun.go

```
Plain Text
func (s *DryRunnableStorage) Create(ctx context.Context, key string, obj, out
runtime.Object, ttl uint64, dryRun bool) error {
    if dryRun {
    if err := s.Storage.Get(ctx, key, storage.GetOptions{}, out); err == nil {
        return storage.NewKeyExistsError(key, 0)
    }
    return s.copyInto(obj, out)
    }
```

```
    return s.Storage.Create(ctx, key, obj, out, ttl)
}
```

可以看到，DryRunnableStorage 的 Create 函数与 storage.Interface 的 Create 函数基本一致，只是添加了一个 dryRun 参数，该参数为布尔值。当传入的 dryRun 参数为 true 时，在最后的存储阶段不再调用 storage.Interface 的 Create 函数真正操作底层存储，而是通过 copyInto 函数模拟存储过程，从而实现 DryRun 的效果。

Create 函数的 dryRun 参数可以通过解析 metav1.CreateOptions 中的 DryRun 字段获得，代码示例如下。

代码路径：vendor/k8s.io/apimachinery/pkg/apis/meta/v1/types.go

```
Plain Text
type CreateOptions struct {
    TypeMeta
    DryRun []string
    ...
}
```

DryRun 使用数组定义来标识不同的 DryRun 类型。当前系统中仅定义了一种 DryRun 类型，即 metav1.DryRunAll，表示执行所有处理步骤，但不对资源对象进行持久化存储。判断请求是否是 DryRun 类型的逻辑也比较简单，代码示例如下。

代码路径：vendor/k8s.io/apiserver/pkg/util/dryrun/dryrun.go

```
Plain Text
func IsDryRun(flag []string) bool {
    return len(flag) > 0
}
```

7.5 storage.Interface 通用存储接口

storage.Interface 定义了底层存储需要实现的通用标准接口，代码示例如下。

代码路径：vendor/k8s.io/apiserver/pkg/storage/interfaces.go

```
Plain Text
type Interface interface {
    Versioner() Versioner
    Create(...) error
    Delete(...) error
    Watch(...) (watch.Interface, error)
    Get(...) error
    GetList(...) error
    GuaranteedUpdate(...) error
    Count(...) (int64, error)
}
```

各函数说明如下。

- Versioner：资源版本管理器，包含从底层存储读取资源对象版本信息及写入资源对象 ResourceVersion 元数据信息的方法集，资源对象 ResourceVersion 字段的生成依赖该函数。
- Create：创建资源对象的函数，支持传入 TTL 生存时间，传入 0 代表永不过期。Event 资源对象默认只保留 1 小时，其实现原理为，在创建 Event 资源对象时设置了 1 小时的 TTL 生存时间，在超过其生存时间后，存储后端 etcd 会自动清理对应的资源对象。

- Delete：删除资源对象的函数。
- Watch：通过 Watch 机制监听资源对象的函数，只应用于单个 key。
- Get：获取资源对象的函数。
- GetList：获取资源对象列表的函数。
- GuaranteedUpdate：更新资源对象的函数，会通过重试调用传入的 tryUpdate 函数直到更新成功（通过重试的方式解决冲突）。
- Count：获取指定 key 下的条目数量。

在 Kubernetes 中，针对 storage.Interface 默认提供了两种实现，分别是 Cacher Storage 资源存储对象和 Underlying Storage 资源存储对象，具体如下。

- Cacher Storage：带有 Cache 缓存功能的资源存储对象，可以减少对底层存储系统的读/写频次，定义在 vendor/k8s.io/apiserver/pkg/storage/cacher/cacher.go 中。
- Underlying Storage：底层存储对象，默认基于 etcd3 实现，是负责真正与 etcd 集群交互的资源存储对象，定义在 vendor/k8s.io/apiserver/pkg/storage/etcd3/store.go 中。

Cacher Storage 与 Underlying Storage 的实例化过程，代码示例如下。

代码路径：vendor/k8s.io/apiserver/pkg/server/options/etcd.go

```
Plain Text
func (f *StorageFactoryRestOptionsFactory) GetRESTOptions(resource schema.GroupResource)
(generic.RESTOptions, error) {
   ...
   ret := generic.RESTOptions{
   Decorator:        generic.UndecoratedStorage,
   ...
   }
   if f.Options.EnableWatchCache {
   sizes, err := ParseWatchCacheSizes(f.Options.WatchCacheSizes)
   ...
   ret.Decorator = genericregistry.StorageWithCacher()
   }

   return ret, nil
}
```

当未启用 WatchCache 功能时，kube-apiserver 通过 generic.UndecoratedStorage 函数直接创建底层存储对象 Underlying Storage；当启用了 WatchCache 功能时，则会通过 genericregistry.StorageWithCacher 函数创建带有 Cache 缓存功能的资源存储对象 Cacher Storage。在默认情况下，WatchCacher 功能处于开启状态，可以通过设置 API Server 的启动参数--watch-cache 来开启或关闭该功能。Kubernetes 支持根据资源类型设置缓存空间大小，当将缓存空间大小设置为 0 时，对应资源的缓存功能会被关闭，可以通过设置 API Server 的--watch-cache-sizes 参数来调整。

Cacher Storage 实际上是在 Underlying Storage 之上的二次封装，加了中间一层缓存能力，在其实例化阶段，也会创建 Underlying Storage 底层存储对象。

Cacher Storage 采用了装饰器模式来实现对 Underlying Storage 的功能增强。装饰器模式允许向一个现有的对象添加新的功能，又不改变其结构，通过组合方式实现能力复用。一个典型的装饰器模式应用示例如图 7-4 所示。

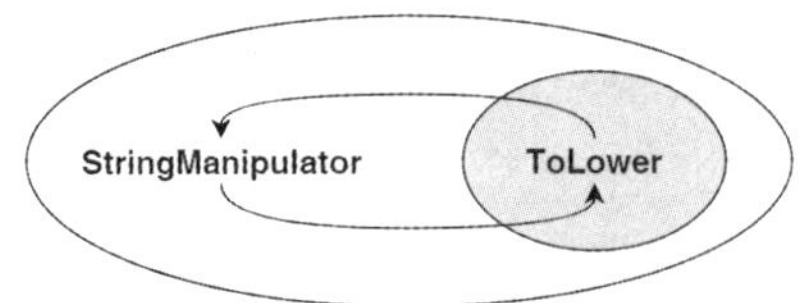

图 7-4　一个典型的装饰器模式应用示例

上述装饰器模式应用示例的代码表现形式如下。

```
Plain Text
type StringManipulator func(string) string

func ToLower(m StringManipulator) StringManipulator {
   return func(s string) string {
   lower := strings.ToLower(s)
   return m(lower)
   }
}
```

在上述示例中，ToLower 函数是一个装饰器函数，实现了将输入的字符串转换为小写的功能，它的输入参数与返回值的类型完全相同，都是 StringManipulator 函数。通过 ToLower 函数修饰的新的 StringManipulator 函数就具备了在执行前将输入参数转换为小写的辅助功能，而且这个功能对调用方透明，调用方仍然可以通过原来的方法签名完成调用。

在 Cacher Storage 实例化过程中，装饰器函数内定义了 Underlying Storage 和 Cacher Storage 的实例化过程，代码示例如下。

代码路径：vendor/k8s.io/apiserver/pkg/registry/generic/registry/storage_factory.go

```
Plain Text
func StorageWithCacher() generic.StorageDecorator {
   return func(
   ...
   s, d, err := generic.NewRawStorage(storageConfig, newFunc)
   ...
   cacherConfig := cacherstorage.Config{
      Storage:   s,
      ...
   }
   cacher, err := cacherstorage.NewCacherFromConfig(cacherConfig)
   ...
   return cacher, destroyFunc, nil
   }
}
```

首先，通过 generic.NewRawStorage 实例化 Underlying Storage 对象 s，将其传递给 cacherstorage.Config。然后，通过 cacherstorage.NewCacherFromConfig 构建基于 Underlying Storage 的缓存封装 Cacher Storage。

7.6　Cacher Storage 缓存层

缓存的应用场景非常广泛，利用缓存可以减小数据库服务器负载、减少连接数等。例如，先将某些业务需要读/写的数据库中的一些数据存储到缓存服务器中，然后业务就可以直接通过缓存服务器进行数据读/写，从而加快数据读/写的请求响应速度，提升用户体验和服务效率。在生产环境下，通常使用 memcached 或 redis 等作为数据库（如 MySQL）的缓存层对外提供服务，缓存层的数据存储于内存中，大大提高了数据库的读/写响应速度。典型的缓存应用场景示例如图 7-5 所示。

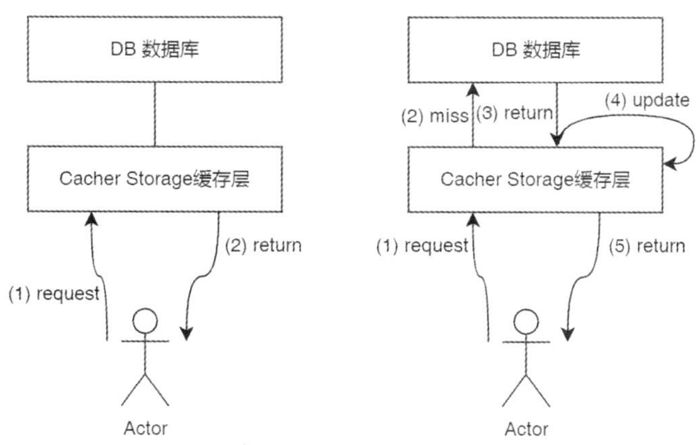

图 7-5　典型的缓存应用场景示例

Cacher Storage 缓存层为 DB 数据库提供缓存服务，目的是提高数据读/写响应速度，同时降低 DB 数据库的压力。图 7-5 分别描述了缓存的两种使用情景，左侧为缓存命中，右侧为缓存回源。

- 缓存命中：客户端发起请求，请求的目标数据在 Cacher Storage 缓存层中存在，Cacher Storage 缓存层直接将数据返回。
- 缓存回源：客户端发起请求，请求的目标数据在 Cacher Storage 缓存层中不存在，此时 Cacher Storage 缓存层向 DB 数据库发起请求以获取数据（该过程被称为回源），DB 数据库将数据返回给 Cacher Storage 缓存层，Cacher Storage 缓存层收到数据并更新到自身缓存（以便下次客户端请求时提高缓存命中率），最后将数据返回给客户端。

7.6.1　Cacher Storage 缓存架构

Cacher Storage 缓存层通过对底层数据进行缓存，提高 etcd 集群的响应速度，同时减少底层 etcd 集群的连接数，并且确保缓存数据与 etcd 集群中的数据保持一致。

Cacher Storage 缓存层并非对所有操作都缓存数据，对于某些操作，为了保证数据的一致性，没有必要再封装一层缓存层，如 Create、Count、Versioner 等操作，通过 Underlying Storage 直接向 etcd 集群发送请求即可。只有 Get、GetList、Watch、GuaranteedUpdate、Delete 等操作是基于缓存设计的。其中，Watch 操作的事件缓存（WatchCache）使用缓存滑动窗口来保证历史事件不会丢失，设计较为巧妙。

Cacher Storage 缓存架构设计如图 7-6 所示。Cacher Storage 缓存架构可分为以下几部分。

- watchCache：通过 Reflector 框架与 Underlying Storage 底层存储对象交互，进一步与 etcd 集群交互，实时获取 etcd 集群中数据的更新，并且将回调事件分别存储到 w.store 内存对象存储和 w.cache 环形缓存队列，并且通过调用事件处理函数 w.eventHandler 将事件发送到 Cacher 进行处理。

- Cacher：从 watchCache 接收事件，将事件转发给目前所有已连接的 cacheWatcher，分发过程采用非阻塞机制。同时，实现 storage.Interface 通用存储接口，供上层应用调用。
- cacheWatcher：Watch 请求的处理实体，kube-apiserver 会为每个客户端的 Watch 请求独立分配一个 cacheWatcher，并且赋予唯一 ID。

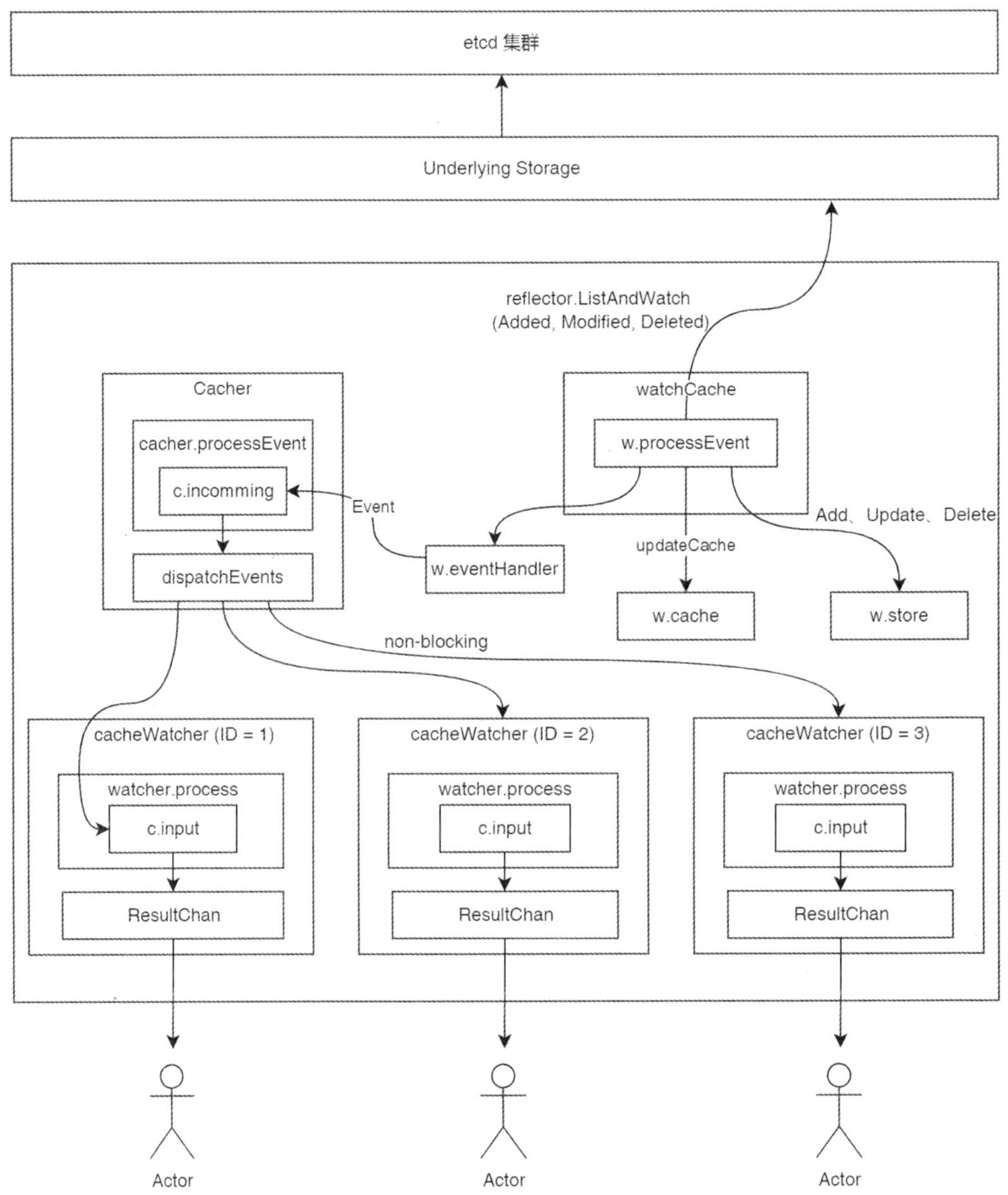

图 7-6 Cacher Storage 缓存架构设计

1. watchCache

Cacher Storage 缓存架构基于 Reflector 框架的 ListAndWatch 函数通过 Underlying Storage 监听 etcd 集群的事件，代码示例如下。

代码路径：vendor/k8s.io/apiserver/pkg/storage/cacher/cacher.go#startCaching

```
Plain Text
if err := c.reflector.ListAndWatch(stopChannel); err != nil {
   ...
}
```

watchCache 接收 Reflector 框架的事件回调，并且实现了 Add、Update、Delete 函数，分别用于接收 watch.Added、watch.Modified、watch.Deleted 事件，进一步通过 w.processEvent 函数对收到的事件进行处理。事件处理的目标主要有以下 3 项。

- w.store：主要负责将接收到的事件存储至本地缓存，其数据结构类型为 cache.Indexer，功能与 client-go 的 Indexer 相同。可以将其看作一个内存版的对象存储，以供后续对缓存对象的读取。
- w.cache：是一个环形缓存队列，将事件存储至缓存滑动窗口，提供对 Watch 操作的缓存数据，防止因网络或其他原因 Watch 连接中断，导致事件丢失。
- w.eventHandler：将事件发送给 Cacher，Cacher 进一步将事件二级分发给目前所有已建立连接的 Watcher，分发过程采用非阻塞机制。

processEvent 事件处理的代码示例如下。

代码路径：vendor/k8s.io/apiserver/pkg/storage/cacher/watch_cache.go

```
Plain Text
func (w *watchCache) processEvent(event watch.Event, resourceVersion uint64, updateFunc
func(*storeElement) error) error {
   ...
   if err := func() error {
   ...
   w.updateCache(wcEvent)  // w.cache
   return updateFunc(elem) // w.store
   }(); err != nil {
   return err
   }

   if w.eventHandler != nil {
   w.eventHandler(wcEvent) // cacher.processEvent
   }
   ...
}
```

在以上代码中，watchCache 将接收到的事件，通过 w.updateCache 函数存储至缓存滑动窗口，通过 updateFunc 函数将对象存储至 w.store（cache.Indexer）本地缓存，通过 w.eventHandler 函数回调给 Cacher。其中，w.eventHandler 函数在构造 watchCache 对象时传入，实际是 Cacher 的 procesEvent 函数，代码示例如下。

代码路径：vendor/k8s.io/apiserver/pkg/storage/cacher/cacher.go

```
Plain Text
watchCache := newWatchCache(...,cacher.processEvent,...)

func (c *Cacher) processEvent(event *watchCacheEvent) {
   ...
   c.incoming <- *event
}
```

2. Cacher

Cacher 接收到 watchCache 回调发送来的事件后，遍历目前所有已连接的 Watcher，并且将事件逐个分发给每个 Watcher，分发过程采用非阻塞机制，不会阻塞任何一个 Watcher。事件分发的示例代码请参考 watcher.add，其非阻塞调用的代码示例如下。

代码路径：vendor/k8s.io/apiserver/pkg/storage/cacher/cacher.go

```
Plain Text
func (c *cacheWatcher) nonblockingAdd(event *watchCacheEvent) bool {
    select {
    case c.input <- event:
    return true
    default:
    return false
    }
}
```

🔔注意，此处的非阻塞机制是相对而言的，优先采用非阻塞机制。但为了容忍短暂的连接异常，当非阻塞事件转发失败时，Kubernetes 会首先尝试设置一个定时器，延迟发送事件，当定时器超时依然没有完成事件发送时，才关闭对应的 Broken Watch 连接。

每个 cacheWatcher 内部会运行一个 goroutine 协程(process 函数),用于监听 c.input channel 中的数据，从而不断获取相关事件，最终通过 ResultChan 将事件传送给 Watch 客户端。

3. cacheWatcher

kube-apiserver 会为每个发起 Watch 请求的客户端分配一个独立的 cacheWatcher 实例，用于接收 Watch 事件。代码示例如下。

代码路径：vendor/k8s.io/apiserver/pkg/storage/cacher/cacher.go

```
Plain Text
func (c *Cacher) Watch(...) (watch.Interface, error) {
    ...
    watcher := newCacheWatcher(...)

    c.watchers.addWatcher(watcher, c.watcherIdx, ...)
    c.watcherIdx++

    return watcher, nil
}
```

当客户端发起 Watch 请求时，通过 newCacheWatcher 函数实例化 cacheWatcher 对象，并且为其分配一个 ID。这个 ID 全局唯一，从 0 开始计数，当有新的客户端发送 Watch 请求时，这个 ID 自增 1，在 kube-apiserver 重启时自动清零。创建的 cacheWatcher 对象会被放入 c.watchers 进行统一管理。

Cacher 通过 map 数据结构管理其维护的 cacheWatcher 实例，其中，key 为 ID，value 为 cacheWatcher，代码示例如下。

代码路径：vendor/k8s.io/apiserver/pkg/storage/cacher/cacher.go

```
Plain Text
type watchersMap map[int]*cacheWatcher
```

在 cacheWatcher 初始化时，会同时启动一个 goroutine 协程(watcher.processInterval 函数)，该独立协程会最终调用 watcher.process 函数，监听 c.input channel 中的数据。当其中没有数据时，监听处于阻塞状态；当其中有数据时，会通过 ResultChan 对外暴露，只发送大于 ResourceVersion 的数据。代码示例如下。

代码路径：vendor/k8s.io/apiserver/pkg/storage/cacher/cacher.go

```
Plain Text
func (c *cacheWatcher) process(ctx context.Context, resourceVersion uint64) {
    ...
    for {
    select {
    case event, ok := <-c.input:
        ...
        // only send events newer than resourceVersion
        if event.ResourceVersion > resourceVersion {
        c.sendWatchCacheEvent(event)
        }
    case <-ctx.Done():
        return
    }
    }
}
```

7.6.2 ResourceVersion 资源版本号

ResourceVersion 是 Kubernetes 资源对象的一个非常重要的概念，它不仅可以用于资源更新时的冲突检测，而且在 List 和 Watch 阶段能有效避免事件丢失。所有 Kubernetes 资源对象都有一个 ResourceVersion 用于表示资源存储版本，一般定义于元数据字段。以 Pod 资源对象为例，ResourceVersion 的定义如图 7-7 所示。

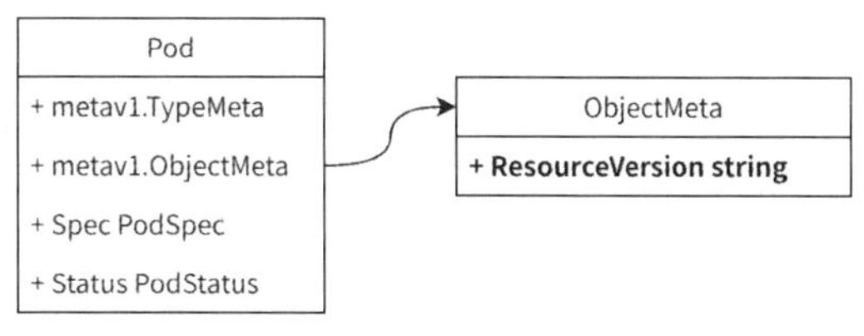

图 7-7　Pod 资源对象 ResourceVersion 的定义

每次在对 etcd 集群中存储的资源对象进行修改时，kube-apiserver 都会根据 etcd 集群的资源版本信息设置资源对象的 ResourceVersion 字段，这种机制使 client-go 能够根据 ResourceVersion 确定资源对象是否发生过变化。如果某次 Watch 意外断开，client-go 只需要记录上次已经观测到的 ResourceVersion，从上次的 ResourceVersion 开始重新监听，就能够确保 Watch 是连贯的，中间没有出现事件遗漏或丢失。

Kubernetes 并未对 ResourceVersion 提供一套独立实现，而是依赖 etcd 集群的全局 Index 机制。在 etcd 集群中，有两个比较关键的 Index，分别是 createdIndex 和 modifiedIndex，它们用来追踪 etcd 集群中数据发生了什么。

- createdIndex：全局唯一且递增的正整数，每次在 etcd 集群中创建 key 时会递增。
- modifiedIndex：与 createdIndex 功能类似，但每次对 etcd 集群中的 key 进行修改时会递增。

createdIndex 和 modifiedIndex 都通过原子操作更新，其中，modifiedIndex 被 Kubernetes 系统用作 ResourceVersion。以 storage.Interface Get 接口为例，ResourceVersion 处理过程的代码示例如下。

代码路径：vendor/k8s.io/apiserver/pkg/storage/etcd3/store.go

```
Plain Text
func (s *store) Get(...) error {
   ...
   getResp, err := s.client.KV.Get(ctx, preparedKey)
   ...
   kv := getResp.Kvs[0]
   ...
   return decode(s.codec, s.versioner, data, out, kv.ModRevision)
}

func decode(..., objPtr runtime.Object, rev int64) error {
   ...
   if err := versioner.UpdateObject(objPtr, uint64(rev)); err != nil {
      klog.Errorf("failed to update object version: %v", err)
   }
   return nil
}
```

如上述代码所示，在读取 KV 数据时，会同步获取数据的修改版本信息（kv.ModRevision），并且通过 versioner.UpdateObject 函数将 ResourceVersion 写入资源对象的 ObjectMeta 元数据中。这里的 ModRevision 对应 modifiedIndex。

Kubernetes 通过 ResourceVersion 实现乐观并发控制，即乐观锁。在一般情况下，当在处理多客户端并发的事务时，彼此之间不会相互影响，各事务能够在不发生锁争抢的条件下处理各自影响的数据。在数据被真正提交前，每个事务都会先检查在事务读取数据后，是否有其他事务在此期间又修改了该数据。如果出现其他事务更新了自身事务正在更新的数据的情况，则正在更新的 ResourceVersion 会与最初读取的 ResourceVersion 不同，从而检测出版本冲突，更新失败并返回 HTTP 409 StatusConflict 错误。有关版本冲突检测的实现细节，请参考 7.4.2 节。

Kubernetes 的 List 和 Watch 同样基于 ResourceVersion 来确保事件不丢失。client-go 中 Reflector 的 ListAndWatch 代码示例如下。

代码路径：vendor/k8s.io/client-go/tools/cache/reflector.go

```
Plain Text
func (r *Reflector) ListAndWatch(stopCh <-chan struct{}) error {
   err := r.list(stopCh)
   ...
   for {
   options := metav1.ListOptions{
      ResourceVersion: r.LastSyncResourceVersion(),
      ...
   }
   ...
   w, err := r.listerWatcher.Watch(options)
   ...
```

```
    }
}
```

Reflector ListAndWatch 首先调用 r.list 函数，拿到最新的全量数据，并且更新其 LastSyncResourceVersion 字段，在 Watch 阶段从最新的 LastSyncResourceVersion 开始监听资源变化事件。同时，在每次 Watch 失败重试时，会自动从最新的资源版本开始监听。这样，既避免了每次全量获取事件的无效计算和网络传输压力，又避免了事件丢失。

7.6.3 watchCache 缓存滑动窗口

前文中介绍了 watchCache，它接收 Reflector 框架的事件回调，并且将事件分发到 3 个地方进行处理，其中之一就是缓存滑动窗口。缓存滑动窗口提供了 Watch 操作的缓存数据（事件的历史数据），防止客户端因网络或其他原因连接中断，导致事件丢失。在介绍缓存滑动窗口之前，先了解一下目前常用的一些缓存算法。

缓存算法的实现有多种方案，比较典型的有 FIFO、LRU、LFU 等，具体如下。

1. FIFO（First Input First Output）

- 特点：先进先出，实现简单。
- 数据结构：队列。
- 淘汰原则：当缓存满时，移除最先进入缓存的数据。

2. LRU（Least Recently Used）

- 特点：按照时间维度，优先移除最久未使用的数据。
- 数据结构：链表和 HashMap。
- 淘汰原则：根据缓存数据使用时间，优先移除最不常用的缓存数据。如果一个数据在最近一段时间没有被访问，则在将来访问它的可能性也很小。

3. LFU（Least Frequently Used）

- 特点：按照统计维度，优先移除访问次数最少的数据。
- 数据结构：链表和 HashMap。
- 淘汰原则：根据缓存数据使用次数，优先移除访问次数最少的缓存数据。如果一个数据在最近一段时间内使用次数很少，则在将来使用它的可能性也很小。

watchCache 使用缓存滑动窗口（数组）保存事件，其功能与 FIFO 类似，但实现方式不同。其数据结构代码示例如下。

代码路径：vendor/k8s.io/apiserver/pkg/storage/cacher/watch_cache.go

```
Plain Text
type watchCache struct {
    capacity  int
    cache     []*watchCacheEvent
    startIndex int
    endIndex  int
    ...
}
```

缓存滑动窗口相关字段说明如下。

- capacity：缓存滑动窗口的大小，默认为 100，可以通过--default-watch-cache-size 参数

修改默认值。如果设置为 0，则禁用 watchCache。

- cache：缓存滑动窗口，通过一个固定大小的数组形成一个环形缓冲区，可以向前滑动。当缓存滑动窗口满时，移除最先进入缓存滑动窗口的数据。
- startIndex：开始下标。
- endIndex：结束下标。

缓存滑动窗口的工作原理如图 7-8 所示。

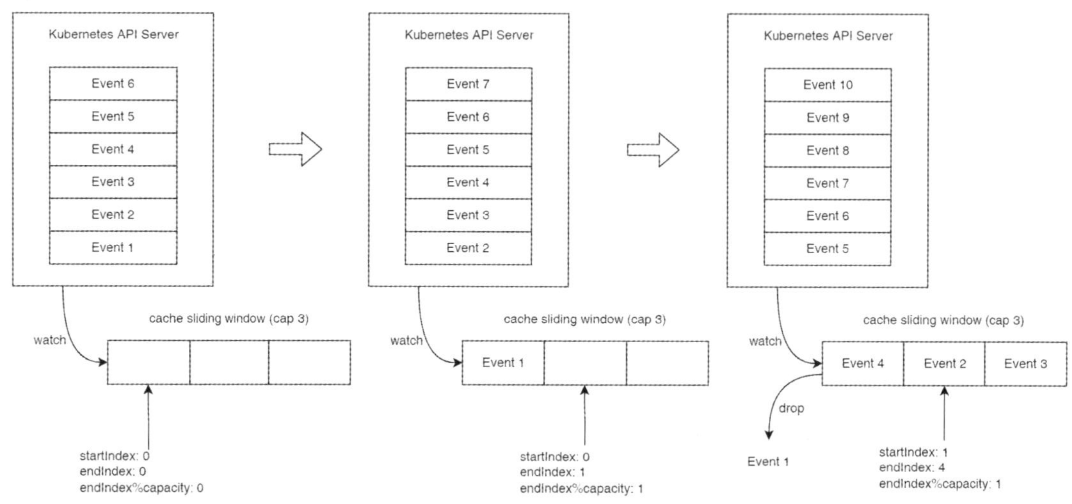

图 7-8 缓存滑动窗口的工作原理

假设缓存滑动窗口初始时的固定大小为 3，startIndex 和 endIndex 都为 0。当接收到 Reflector 框架的事件回调后，将 endIndex 和 capacity 取模运算出事件需要被放置的位置，同时 endIndex 自增 1。当缓存滑动窗口满时，startIndex 自增 1，endIndex 和 capacity 取模运算所在的索引位置数据会被丢弃覆盖，被移除的恰好是最早进入缓存滑动窗口的数据。代码示例如下。

代码路径：vendor/k8s.io/apiserver/pkg/storage/cacher/watch_cache.go

```
Plain Text
func (w *watchCache) updateCache(event *watchCacheEvent) {
   ...
   if w.isCacheFullLocked() {
      w.startIndex++
   }
   w.cache[w.endIndex%w.capacity] = event
   w.endIndex++
}

func (w *watchCache) isCacheFullLocked() bool {
   return w.endIndex == w.startIndex+w.capacity
}
```

watchCache 与 ResourceVersion 相结合，提供 Watch 操作的历史事件数据。在执行 Watch 操作时，支持设置 ResourceVersion 查询参数，用以指定开始 Watch 资源的 ResourceVersion，这可以确保资源事件不会丢失。ResourceVersion 断点续传机制如图 7-9 所示。

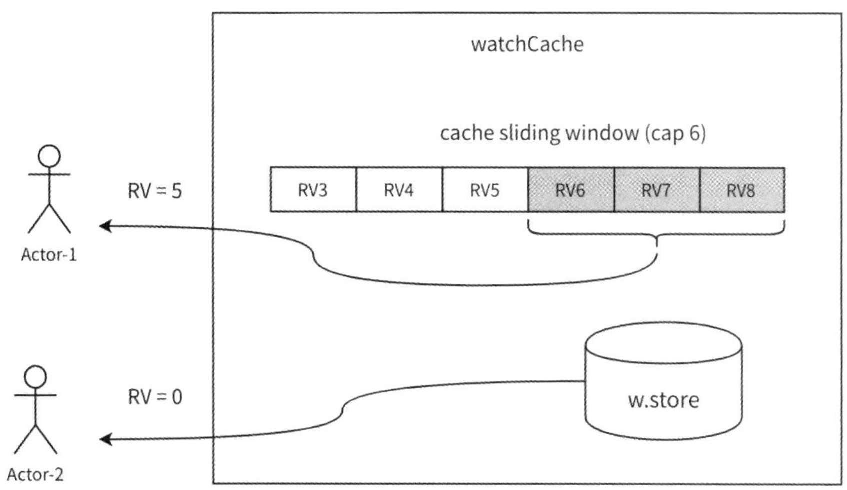

图 7-9　ResourceVersion 断点续传机制

Actor-1 由于网络或其他原因导致 Watch 操作中断，中断前只 Watch 到了 RV5（ResourceVersion5）的数据，当网络恢复时，请求 Watch 操作并携带上 RV=5 的参数，watchCache 会从缓存滑动窗口中将历史的 RV6、RV7、RV8 事件一次性返回给 Actor-1。假设，Actor-2 请求 Watch 操作并携带上 RV=0 的参数，watchCache 则会从 w.store 中将全量历史事件返回给 Actor-2。代码示例如下。

代码路径：vendor/k8s.io/apiserver/pkg/storage/cacher/watch_cache.go

```
Plain Text
func (w *watchCache) getAllEventsSinceLocked(resourceVersion uint64)
(*watchCacheInterval, error) {
   ...
   if resourceVersion == 0 {
   ci, err := newCacheIntervalFromStore(w.resourceVersion, w.store, w.getAttrsFunc)
   ...
   return ci, nil
   }
   ...
   f := func(i int) bool {
   return w.cache[(w.startIndex+i)%w.capacity].ResourceVersion > resourceVersion
   }
   first := sort.Search(size, f)
   ...
   ci := newCacheInterval(w.startIndex+first, w.endIndex, indexerFunc, w.indexValidator,
&w.RWMutex)
   return ci, nil
}
```

getAllEventsSinceLocked 函数接收 resourceVersion 参数，当 resourceVersion 参数为 0 时，从 w.store 中获取全量历史事件并返回。当 resourceVersion 参数大于 0 时，通过二分查找的方式找到 ResourceVersion 大于 resourceVersion 参数的最小的事件起始下标 first，返回缓存滑动窗口从 w.startIndex+first 到 w.endIndex 区间内的历史事件数据。

7.7 Underlying Storage 底层存储对象

Underlying Storage 底层存储也被称为 Backend Storage（后端存储），是真正与 etcd 集群交互的资源存储对象。Cacher Storage 相当于 Underlying Storage 的缓存层，其数据回源操作最终还是由 Underlying Storage 代为执行的。

Underlying Storage 底层存储对 etcd 的官方库进行了封装，早期 Kubernetes 版本中同时支持 etcd v2 和 etcd v3。但在当前 Kubernetes 中已经将 etcd v2 弃用了，只支持 etcd v3，因为 etcd v3 的性能和通信方式都优于 etcd v2。Underlying Storage 通过 newETCD3Storage 函数实例化，代码示例如下。

代码路径：vendor/k8s.io/apiserver/pkg/storage/storagebackend/factory/factory.go

```
Plain Text
func Create(c storagebackend.ConfigForResource, ...) (storage.Interface, ...) {
   switch c.Type {
   case storagebackend.StorageTypeETCD2:
   return nil, nil, fmt.Errorf("%s is no longer a supported storage backend", c.Type)
   case storagebackend.StorageTypeUnset, storagebackend.StorageTypeETCD3:
   return newETCD3Storage(c, newFunc)
   default:
   return nil, nil, fmt.Errorf("unknown storage type: %s", c.Type)
   }
}
```

Underlying Storage 底层存储是对 storage.Interface 通用存储接口的实现，分别提供 Versioner、Create、Delete、Watch、Get、GetList、GuaranteedUpdate、Count 函数的 etcd v3 实现。

在默认情况下，资源对象（CustomResource 除外）在 etcd 存储中以二进制（application/vnd.kubernetes.protobuf）形式编码存储，写入和读取都通过 protobufSerializer 编解码器进行编/解码。除了默认提供的 Protobuf 编码格式，Kubernetes 还支持 application/json 和 application/yaml 两种编码格式，可以通过 kube-apiserver 的--storage-media-type 参数设置 etcd 存储使用的编码格式。数据编/解码存取过程如图 7-10 所示。

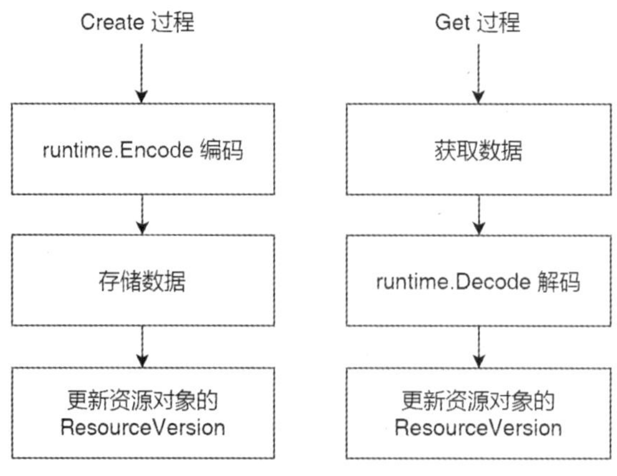

图 7-10　数据编/解码存取过程

以 Get 操作为例，代码示例如下。

代码路径：vendor/k8s.io/apiserver/pkg/storage/etcd3/store.go

```
Plain Text
func (s *store) Get(...) error {
   ...
   getResp, err := s.client.KV.Get(ctx, preparedKey)
   ...
   kv := getResp.Kvs[0]
   ...
   return decode(s.codec, s.versioner, data, out, kv.ModRevision)
}

func decode(..., objPtr runtime.Object, rev int64) error {
   ...
   _, _, err := codec.Decode(value, nil, objPtr)
   ...
   if err := versioner.UpdateObject(objPtr, uint64(rev)); err != nil {
      klog.Errorf("failed to update object version: %v", err)
   }
   return nil
}
```

Get 操作流程说明如下。

（1）通过 s.client.KV.Get 函数获取 etcd 集群中的资源对象的存储数据。

（2）通过 protobufSerializer 编解码器（codec.Decode 函数）将二进制数据进行解码，将解码的数据存放到 objptr 中。

（3）通过 versioner.UpdateObject 函数更新（填充）资源对象的 ResourceVersion（kv.ModRevision，也被称为 modifiedindex）。

kube-apiserver 默认基于 gRPC 协议与 etcd 集群交互。

7.8　Codec 数据编/解码

Kubernetes 默认采用 Protobuf 对资源对象进行序列化操作，将资源对象以二进制形式存储在 etcd 集群中。本节通过一个 Codec Example 示例介绍 etcd 数据读取解码的过程，代码如下。

```
Plain Text
package main

import (
   "context"
   "fmt"
   "time"

   "go.etcd.io/etcd/client/pkg/v3/transport"
   clientv3 "go.etcd.io/etcd/client/v3"
   corev1 "k8s.io/api/core/v1"
   "k8s.io/apimachinery/pkg/runtime"
   "k8s.io/apimachinery/pkg/runtime/schema"
   "k8s.io/apimachinery/pkg/runtime/serializer"
```

```
)

var Scheme = runtime.NewScheme()
var Codecs = serializer.NewCodecFactory(Scheme)
var inMediaType = "application/vnd.kubernetes.protobuf"
var outMediaType = "application/json"

func init() {
   corev1.AddToScheme(Scheme)
}

func main() {
   tlsInfo := transport.TLSInfo{
   CertFile:      "/etc/kubernetes/pki/apiserver-etcd-client.crt",
   KeyFile:       "/etc/kubernetes/pki/apiserver-etcd-client.key",
   TrustedCAFile: "/etc/kubernetes/pki/etcd/ca.crt",
   }
   tlsConfig, err := tlsInfo.ClientConfig()
   if err != nil {
   panic(err)
   }
   cli, err := clientv3.New(clientv3.Config{
   Endpoints:   []string{"https://127.0.0.1:2379"},
   DialTimeout: 5 * time.Second,
   TLS:    tlsConfig,
   })
   if err != nil {
   panic(err)
   }
   defer cli.Close()
   resp, err := cli.Get(context.Background(),
   "/registry/services/endpoints/default/kubernetes")
   if err != nil {
   panic(err)
   }
   kv := resp.Kvs[0]

   inCodec := newCodec(inMediaType)
   outCodec := newCodec(outMediaType)

   obj, err := runtime.Decode(inCodec, kv.Value)
   if err != nil {
   panic(err)
   }
   fmt.Println("Decode ---")
   fmt.Println(obj)
   encoded, err := runtime.Encode(outCodec, obj)
   if err != nil {
   panic(err)
   }
   fmt.Println("Encode ---")
   fmt.Println(string(encoded))
}
```

```
func newCodec(mediaTypes string) runtime.Codec {
   info, ok := runtime.SerializerInfoForMediaType(Codecs.SupportedMediaTypes(),
mediaTypes)
   if !ok {
   panic(fmt.Errorf("no serializers registered for %v", mediaTypes))
   }
   factory := serializer.WithoutConversionCodecFactory{CodecFactory: Codecs}
   gv := schema.GroupVersion{Group: "", Version: "v1"}
   encoder := factory.EncoderForVersion(info.Serializer, gv)
   decoder := factory.DecoderToVersion(info.Serializer, gv)
   return factory.CodecForVersions(encoder, decoder, gv, gv)
}
```

在 Kubernetes 集群的控制平面节点上执行上述 Codec Example 代码，会获得类似如下的输出。

```
Plain Text
Decode ---
&Endpoints{ObjectMeta:{kubernetes  default  987d6d2e-f01b-4e22-8632-2fae3e29da27  0
2022-12-29 08:04:50 +0000 UTC <nil> <nil>
map[endpointslice.kubernetes.io/skip-mirror:true] map[] [] [] [{kube-apiserver Update v1
2022-12-29 08:04:50 +0000 UTC FieldsV1
{"f:metadata":{"f:labels":{".":{},"f:endpointslice.kubernetes.io/skip-mirror":{}}},"f
:subsets":{}} }]},Subsets:[]EndpointSubset{EndpointSubset{Addresses:[]EndpointAddress
{EndpointAddress{IP:172.18.0.2,TargetRef:nil,Hostname:,NodeName:nil,},},NotReadyAddre
sses:[]EndpointAddress{},Ports:[]EndpointPort{EndpointPort{Name:https,Port:6443,Proto
col:TCP,AppProtocol:nil,},},},},}
Encode ---
{"kind":"Endpoints","apiVersion":"v1","metadata":{"name":"kubernetes","namespace":"de
fault","uid":"987d6d2e-f01b-4e22-8632-2fae3e29da27","creationTimestamp":"2022-12-29T0
8:04:50Z","labels":{"endpointslice.kubernetes.io/skip-mirror":"true"},"managedFields"
:[{"manager":"kube-apiserver","operation":"Update","apiVersion":"v1","time":"2022-12-
29T08:04:50Z","fieldsType":"FieldsV1","fieldsV1":{"f:metadata":{"f:labels":{".":{},"f
:endpointslice.kubernetes.io/skip-mirror":{}}},"f:subsets":{}}}]},"subsets":[{"addres
ses":[{"ip":"172.18.0.2"}],"ports":[{"name":"https","port":6443,"protocol":"TCP"}]}]}
```

上述程序实现了从 etcd 集群中读取 key 为/registry/services/endpoints/default/kubernetes 的数据，并且将原始数据按照 application/vnd.kubernetes.protobuf 解码成 Endpoints 资源对象，使用 application/json 格式重新对资源对象进行编码，打印出编码后的字符串。执行过程可划分为以下几个关键步骤。

（1）实例化 Scheme 资源注册表及 Codecs 编解码器，并且通过 init 函数将 corev1 资源组下的资源注册到 Scheme 资源注册表中。之所以注册 corev1，是因为这里操作的示例资源为 Endpoints 资源对象，其 apiVersion 为 v1。inMediaType 定义了从 etcd 集群解码数据使用的解码类型（application/vnd.kubernetes.protobuf），outMediaType 定义了对资源对象的编码类型（application/json）。

（2）通过 clientv3.New 函数实例化 etcd v3 Client 对象，并且设置一些关键连接参数，如 Endpoints etcd 集群连接地址，DialTimeout 连接超时时间，TLS 安全连接证书等。接着，通过 cli.Get 函数获取 etcd 集群中 key 为/registry/services/endpoints/default/kubernetes 的 Endpoints 资源对象数据。

（3）通过 newCodec 函数实例化 runtime.Codec 编解码器，包括 inCodec（Protobuf 格式）

和 outCodec（JSON 格式）。

（4）通过 runtime.Decode 解码器（protobufSerializer）将资源对象数据解码为资源对象，并且将资源对象打印到控制台标准输出。

（5）通过 runtime.Encode 编码器（jsonSerializer）将资源对象编码为 JSON 格式，并且将编码后的数据打印到控制台标准输出。

由于 etcd 集群中存储的数据是经过编码的，使用 etcdctl 直接获取的数据并不可读。因此，我们可以借助第三方工具完成数据读取后的编/解码，以获取更好的可读性。Auger 就是这样一种工具，它支持直接访问 etcd 集群中存储的数据，支持 YAML、JSON、Protobuf 编/解码。

Auger 使用示例如下。

```
$ ETCDCTL_API=3; etcdctl --endpoints=https://127.0.0.1:2379 --cacert=/etc/kubernetes/pki/etcd/ca.crt --cert=/etc/kubernetes/pki/apiserver-etcd-client.crt --key=/etc/kubernetes/pki/apiserver-etcd-client.key get /registry/deployments/kube-system/coredns | auger decode
apiVersion: apps/v1
kind: Deployment
metadata:
  annotations: ...
  creationTimestamp: ...
...
```

7.9 Strategy 预处理

在 Kubernetes 中，每种资源都有自己的预处理操作，它应用在资源对象创建、更新、删除操作之前，用来实现对资源持久化存储前的预处理。例如，在执行持久化操作之前验证或修改资源对象的内容。每种资源类型都可以定义自身独立的 Strategy 预处理逻辑，一般定义在 pkg/registry/<资源组>/<资源>/strategy.go 中。

Strategy 预处理接口定义如下。

代码路径：vendor/k8s.io/apiserver/pkg/registry/generic/registry/store.go

```
Plain Text
type GenericStore interface {
    GetCreateStrategy() rest.RESTCreateStrategy
    GetUpdateStrategy() rest.RESTUpdateStrategy
    GetDeleteStrategy() rest.RESTDeleteStrategy
}
```

GenericStore 接口说明如下。

- GetCreateStrategy：返回 RESTCreateStrategy 类型，定义在创建资源对象时的预处理操作。
- GetUpdateStrategy：返回 RESTUpdateStrategy 类型，定义在更新资源对象时的预处理操作。
- GetDeleteStrategy：返回 RESTDeleteStrategy 类型，定义在删除资源对象时的预处理操作。

7.9.1 Create Strategy 预处理

Create Strategy 定义创建资源对象时的预处理操作。genericregistry.Store 通用操作提供了

BeforeCreate 函数，用于串联对 Create Strategy 的调用，完成存储资源对象前的预处理操作。RESTCreateStrategy 接口的定义如下。

代码路径：vendor/k8s.io/apiserver/pkg/registry/rest/create.go

```
Plain Text
type RESTCreateStrategy interface {
    runtime.ObjectTyper
    names.NameGenerator
    NamespaceScoped() bool
    PrepareForCreate(ctx context.Context, obj runtime.Object)
    Validate(ctx context.Context, obj runtime.Object) field.ErrorList
    WarningsOnCreate(ctx context.Context, obj runtime.Object) []string
    Canonicalize(obj runtime.Object)
}
```

RESTCreateStrategy 字段说明如下。

- runtime.ObjectTyper：获取和检查资源对象的 APIVersion 和 Kind 信息。
- names.NameGenerator：支持 GenerateName，根据前缀自动生成名字信息。
- NamespaceScoped：判断当前资源对象是否在命名空间范围内，返回 true 表示资源对象需要拥有其命名空间。
- PrepareForCreate：定义创建资源对象前的预处理函数，可以修改资源对象的内容。
- Validate：定义创建资源对象前的验证函数，验证资源对象的字段信息，一般不会修改资源对象。
- WarningsOnCreate：定义在创建资源对象时的告警信息，该信息会返回给客户端，用于指导客户端正确使用 API。例如，资源对象使用了已经被弃用的 Annotation Key，可以返回相应的告警信息。
- Canonicalize：在创建资源对象前对其进行规范化操作，确保存储的数据格式是通用且正确的。

genericregistry.Store 通用操作提供了 BeforeCreate 函数封装，将 Create Strategy 预处理逻辑组织和串联起来，在合适的时机发起相应的调用。BeforeCreate 函数定义的代码示例如下。

代码路径：vendor/k8s.io/apiserver/pkg/registry/rest/create.go

```
Plain Text
func BeforeCreate(strategy RESTCreateStrategy, ...) error {
    objectMeta, kind, kerr := objectMetaAndKind(strategy, obj)
    ...
    EnsureObjectNamespaceMatchesRequestNamespace(...,strategy.NamespaceScoped())
    ...
    strategy.PrepareForCreate(ctx, obj)

    if len(objectMeta.GetGenerateName()) > 0 && len(objectMeta.GetName()) == 0 {
    objectMeta.SetName(strategy.GenerateName(objectMeta.GetGenerateName()))
    }
    ...
    if errs := strategy.Validate(ctx, obj); len(errs) > 0 {
    return errors.NewInvalid(kind.GroupKind(), objectMeta.GetName(), errs)
    }
    ...
```

```
    for _, w := range strategy.WarningsOnCreate(ctx, obj) {
    warning.AddWarning(ctx, "", w)
    }

    strategy.Canonicalize(obj)
    return nil
}

func objectMetaAndKind(typer runtime.ObjectTyper, obj runtime.Object) (metav1.Object,
schema.GroupVersionKind, error) {
    ...
    kinds, _, err := typer.ObjectKinds(obj)
    if err != nil {
        return nil, schema.GroupVersionKind{}, errors.NewInternalError(err)
    }
    return objectMeta, kinds[0], nil
}
```

归纳起来，BeforeCreate 函数的执行流程如图 7-11 所示。

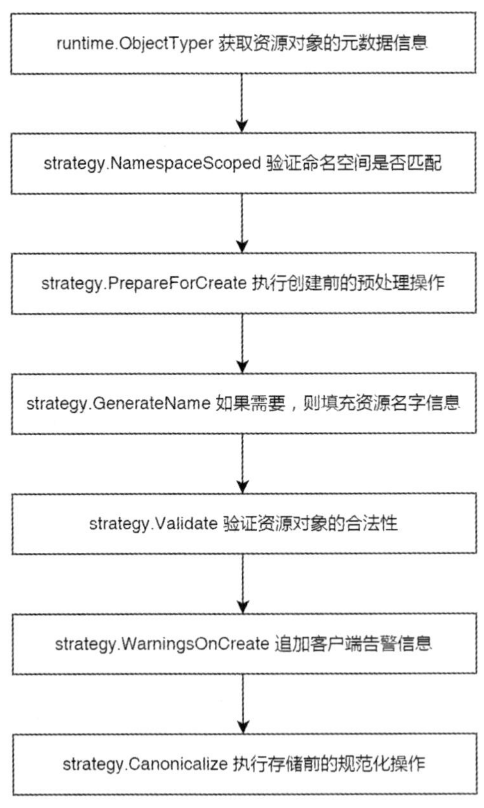

图 7-11　BeforeCreate 函数的执行流程

首先，通过 runtime.ObjectTyper 获取资源对象的元数据信息，如 Kind、ObjectMeta 等，以供后续使用。接着，通过 strategy.NamespaceScoped 验证请求中包含的命名空间与资源对象命名空间是否匹配。然后，通过 strategy. PrepareForCreate 执行创建前的预处理操作，一般用于修改资源对象属性、清除资源对象无须持久化的状态等。如果需要为资源对象生成名字，则调用 strategy.GenerateName 根据设定的前缀产生最终的名字。完成对资源对象的前置处理后，通过 strategy.Validate 验证资源对象的合法性，如果不符合要求，则拒绝写入存储。验证通过后，检查是否存在告警项，如果存在，则追加客户端告警信息，如使用了已被弃用的某些字段值等。最后，通过 strategy.Canonicalize 执行存储前的规范化操作，如将无序的字段数据进行排序以便于分析预测等。

7.9.2 Update Strategy 预处理

Update Strategy 定义更新资源对象时的预处理操作。与 Create Strategy 类似，genericregistry.Store 通用操作提供了 BeforeUpdate 函数，用于组织和串联对 Update Strategy 的调用，完成更新资源对象前的预处理操作。RESTUpdateStrategy 接口的定义如下。

代码路径：vendor/k8s.io/apiserver/pkg/registry/rest/update.go

```
Plain Text
type RESTUpdateStrategy interface {
   runtime.ObjectTyper
   NamespaceScoped() bool
   AllowCreateOnUpdate() bool
   PrepareForUpdate(ctx context.Context, obj, old runtime.Object)
   ValidateUpdate(ctx context.Context, obj, old runtime.Object) field.ErrorList
   WarningsOnUpdate(ctx context.Context, obj, old runtime.Object) []string
   Canonicalize(obj runtime.Object)
   AllowUnconditionalUpdate() bool
}
```

RESTUpdateStrategy 字段说明如下。

- runtime.ObjectTyper：获取和检查资源对象的 APIVersion 和 Kind 信息。
- NamespaceScoped：判断当前资源对象是否在命名空间范围内，返回 true 表示资源对象需要拥有其命名空间。
- AllowCreateOnUpdate：是否允许在更新资源对象（处理 Put 请求）时，主动创建不存在的资源对象。
- PrepareForUpdate：定义更新资源对象前的预处理函数，可以修改资源对象的内容。
- ValidateUpdate：定义更新资源对象前的验证函数，验证资源对象的字段信息，一般不会修改资源对象。
- WarningsOnUpdate：定义在更新资源对象时的告警信息，该信息会返回给客户端，用于指导客户端正确使用 API。例如，资源对象使用了已经被弃用的 Annotation Key，可以返回相应的告警信息。
- Canonicalize：在更新资源对象前对其进行规范化操作，确保存储的数据格式是通用且正确的。
- AllowUnconditionalUpdate：定义在更新资源对象时，如果未指定 ResourceVersion，是否允许执行更新操作。

genericregistry.Store 通用操作提供了 BeforeUpdate 函数封装，将 Update Strategy 预处理逻辑组织和串联起来，在合适的时机发起相应的调用。BeforeUpdate 函数定义的代码示例如下。

代码路径：vendor/k8s.io/apiserver/pkg/registry/rest/update.go

```
Plain Text
func BeforeUpdate(strategy RESTUpdateStrategy, ctx context.Context, obj, old
runtime.Object) error {
   objectMeta, kind, kerr := objectMetaAndKind(strategy, obj)
   ...
   EnsureObjectNamespaceMatchesRequestNamespace(..., strategy.NamespaceScoped())
   ...
   strategy.PrepareForUpdate(ctx, obj, old)
   ...
   errs = append(errs, strategy.ValidateUpdate(ctx, obj, old)...)
   ...
   for _, w := range strategy.WarningsOnUpdate(ctx, obj, old) {
      warning.AddWarning(ctx, "", w)
   }

   strategy.Canonicalize(obj)
   return nil
}
```

Before Update 的执行流程与 Before Create 类似。首先，通过 runtime.ObjectTyper 获取资源对象的元数据信息，以供后续使用。接着，strategy.NamespaceScoped 验证请求中包含的命名空间与资源对象命名空间是否匹配。然后，strategy.PrepareForUpdate 执行更新前的预处理操作，可以对资源对象的某些字段进行修正。完成对资源对象的前置处理后，通过 strategy.ValidateUpdate 验证资源对象的合法性，如果不符合要求，则拒绝写入存储。验证通过后，检查是否存在告警项，如果存在，则追加客户端告警信息，如使用了已被弃用的某些字段值等。最后，通过 strategy.Canonicalize 执行存储前的规范化操作，如将无序的字段数据进行排序以便于分析预测等。

在上述代码中，并未体现出对 AllowCreateOnUpdate 函数和 AllowUnconditionalUpdate 函数的调用，这两个函数实际上会在更高层的 vendor/k8s.io/apiserver/pkg/registry/generic/registry/store.go#Update 函数中被调用，读者可自行阅读源码来理解。

7.9.3 Delete Strategy 预处理

Delete Strategy 定义删除资源对象时的预处理操作。genericregistry.Store 通用操作提供了 BeforeDelete 函数，用于组织和串联对 Delete Strategy 的调用，完成删除资源对象前的预处理操作。RESTDeleteStrategy 接口定义如下。

代码路径：vendor/k8s.io/apiserver/pkg/registry/rest/delete.go

```
Plain Text
type RESTDeleteStrategy interface {
   runtime.ObjectTyper
}

type GarbageCollectionDeleteStrategy interface {
   DefaultGarbageCollectionPolicy(...) GarbageCollectionPolicy
}

type RESTGracefulDeleteStrategy interface {
```

```
    CheckGracefulDelete(...) bool
}
```

RESTDeleteStrategy 除了基本的 runtime.ObjectTyper 接口，并未定义有意义的删除预处理函数，但系统提供了扩展接口 GarbageCollectionDeleteStrategy 和 RESTGracefulDeleteStrategy。在实际的处理过程中，可以通过类型断言判断资源类型是否实现了相关的垃圾回收策略和优雅删除策略，进而选择合适的处理方式执行删除操作。

DefaultGarbageCollectionPolicy 函数返回资源类型默认的垃圾回收策略，目前支持 DeleteDependents、OrphanDependents 和 Unsupported 三种类型。DeleteDependents 表示删除该资源对象前需要等待所有依赖的资源对象被删除，是大部分资源类型（如 Deployment、DaemonSet、StatefulSet 等）的默认垃圾回收策略；OrphanDependents 表示删除该资源对象前需要解除所有依赖的资源对象的关联关系，主要被应用于兼容旧版本的 CronJob、Job 类型；Unsupported 表示该资源对象不支持垃圾回收，当前仅应用于 Event 类型（Event 资源的删除依赖于 TTL 超时机制）。CheckGracefulDelete 函数用于检查资源对象是否支持优雅删除，如果支持，则返回 true，否则返回 false，当前仅 Pod 资源支持优雅删除。

genericregistry.Store 通用操作提供了 BeforeDelete 函数封装，其代码示例如下。

代码路径：vendor/k8s.io/apiserver/pkg/registry/rest/delete.go

```
Plain Text
func BeforeDelete(strategy RESTDeleteStrategy, ...) (...) {
    objectMeta, gvk, kerr := objectMetaAndKind(strategy, obj)
    ...
    gracefulStrategy, ok := strategy.(RESTGracefulDeleteStrategy)
    ...
}
```

上述代码展示了 strategy.(RESTGracefulDeleteStrategy) 类型断言，未体现 GarbageCollectionDeleteStrategy 类型断言的应用。实际上，GarbageCollectionDeleteStrategy 类型断言会在 genericregistry.Store 的 Delete 函数中被使用，路径为 Delete→deletionFinalizersForGarbageCollection→shouldOrphanDependents/shouldDeleteDependents，代码示例如下。

代码路径：vendor/k8s.io/apiserver/pkg/registry/generic/registry/store.go

```
Plain Text
func (e *Store) Delete(...) (runtime.Object, bool, error) {
    ...
    graceful, pendingGraceful, err := rest.BeforeDelete(...)
    ...
    shouldUpdateFinalizers, _ := deletionFinalizersForGarbageCollection(...)
    ...
}
```

第 8 章

kube-apiserver 核心实现

8.1 初识 kube-apiserver

kube-apiserver 是 Kubernetes 控制平面的核心组件之一，主要负责提供集群管理的 REST API 接口，包括认证授权、数据校验、配置变更等。同时，kube-apiserver 是其他组件数据交互和通信的枢纽，只有 kube-apiserver 才能直接操作 etcd 集群中的数据，其他组件必须通过 kube-apiserver 间接读取或修改数据。

Kubernetes 基于声明式 API 运转，每个资源对象一般都会包含 Spec 和 Status 两类字段，分别标识期望状态和当前状态。kube-apiserver 支持客户端通过 List-Watch 机制感知集群资源状态的变化，并实时获得变更事件推送。当组件收到相应事件后，就能够通过不断调谐使当前状态趋向于期望状态，达到最终一致性。事实上，在 Kubernetes 中，组件间往往是通过事件驱动的方式协作，通过 kube-apiserver 实现状态共享的。以 Pod 创建为例，重要组件的交互流程如图 8-1 所示。

在 Pod 创建过程中，关键组件的交互流程如下。

（1）用户通过客户端向 kube-apiserver 发起 Pod 创建请求。

（2）kube-apiserver 验证请求的有效性，并将其持久化保存到 etcd 集群。

（3）kube-scheduler 基于 Watch 机制感知到新 Pod 创建事件。

（4）kube-scheduler 执行调度算法，为 Pod 选择最优目标节点，向 kube-apiserver 发送 Bind 请求。

（5）kube-apiserver 验证 kube-scheduler 的 Bind 请求，将结果持久化到 etcd 集群。

（6）kubelet 基于 Watch 机制感知到 Pod 完成绑定事件。

（7）kubelet 与对应节点的容器运行时交互，启动容器，并向 kube-apiserver 上报 Pod 的运行状态。

（8）kube-apiserver 将 Pod 的最新状态持久化到 etcd 集群。

（9）用户通过客户端程序向 kube-apiserver 发起 Pod 查询请求，即可查看 Pod 的最新运行状态。

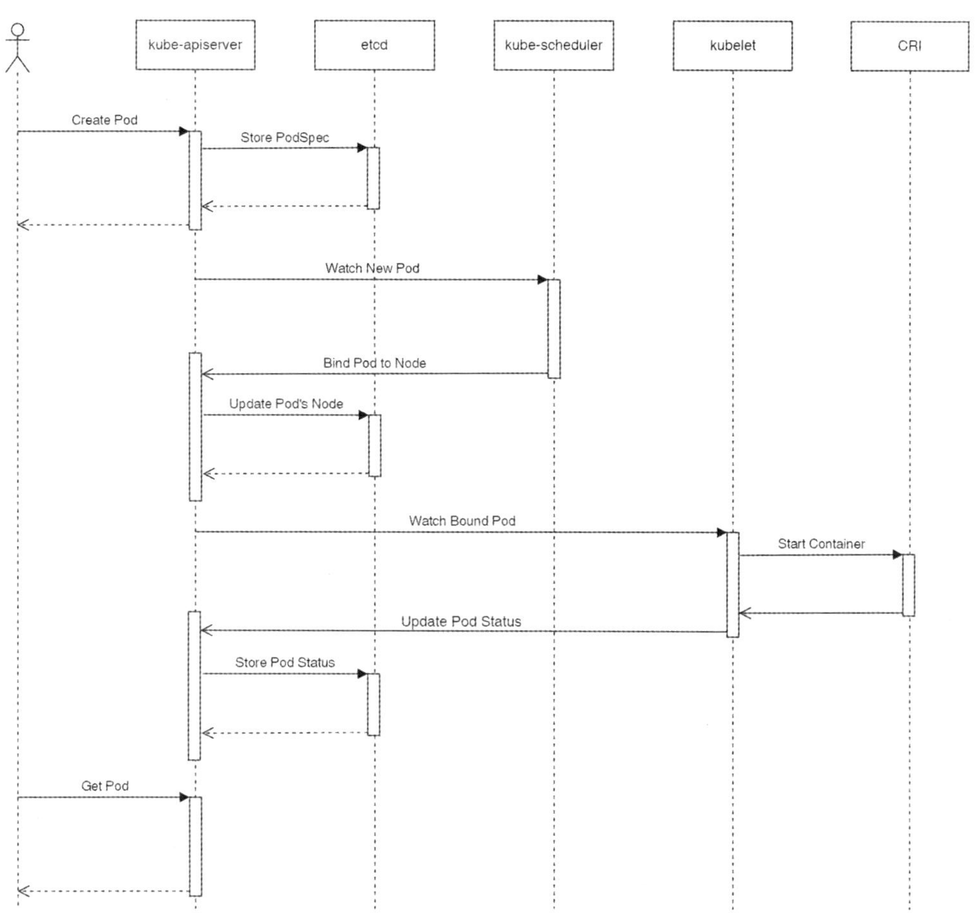

图 8-1　Pod 创建过程中重要组件的交互流程

8.2　网络通信框架

在真正深入理解 kube-apiserver 的实现原理前，有必要先了解 kube-apiserver 使用的底层网络通信框架。kube-apiserver 基于 HTTP 对外提供服务，REST 接口封装基于 go-restful 框架实现。同时，kube-apiserver 支持基于 Google Protobuf 对资源对象进行编/解码，以提供更优秀的服务性能。

8.2.1　go-restful 框架

1. RESTful 概念

REST(Representational State Transfer，表述性状态转换)是现代客户端应用程序通过 HTTP 与 HTTP Server 通信的一种机制，也是目前非常流行的 API 设计规范。符合 REST 设计风格的 Web API 被称为 RESTful API。RESTful API 一般从以下 3 个方面进行定义。

- 资源地址 URL，如 http://example.com/resources。
- 传输资源，如 JSON、XML、YAML 等。
- 对资源的操作，如 GET、POST 等。

一个典型的 RESTful API 示例如图 8-2 所示。

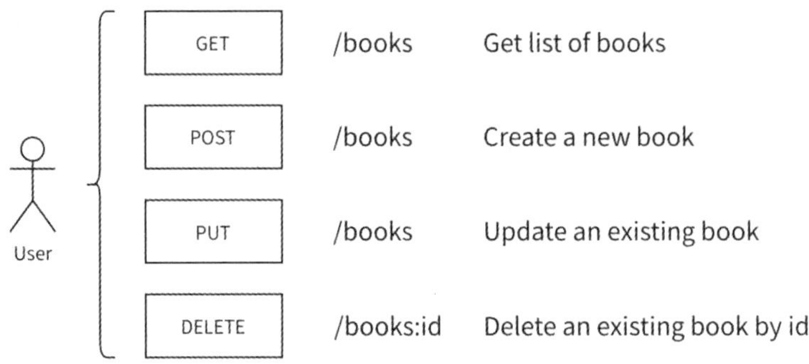

图 8-2　RESTful API 示例

2．go-restful 框架

RESTful 框架品类众多，仅 Go 语言体系下就有 echo、gin、iris、beego 等各种实现。但越是高级的框架，其约束也越多。为了满足自身定制化需求，Kubernetes 选择基于更低级的 go-restful 框架对外提供 RESTful API 服务。go-restful 的核心资源对象如图 8-3 所示。

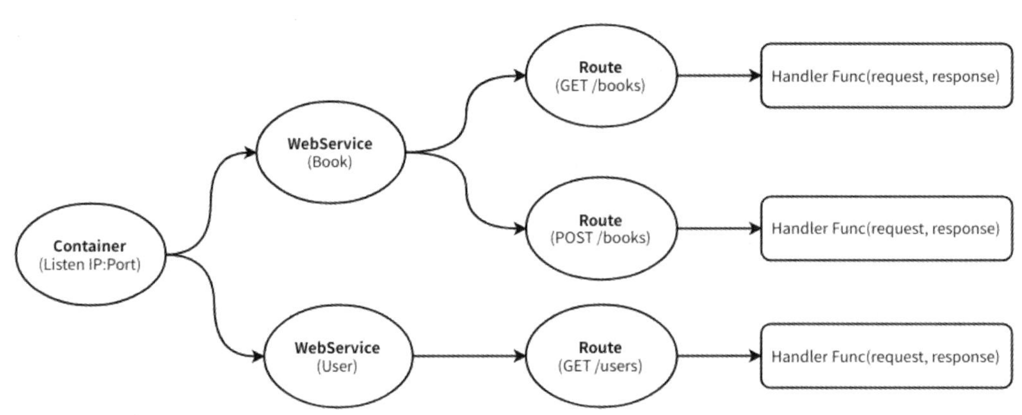

图 8-3　go-restful 的核心资源对象

go-restful 主要定义了 3 类核心资源对象，分别是 Container、WebService 和 Route。其中，Container 相当于 HTTP Server，每个 Container 需要绑定一个监听地址（IP 地址和端口），go-restful 框架支持设置多个 Container。WebService 表示一组服务，一般同种类的一组服务会被放到同一个 WebService 中进行管理，一个 Container 可以包含多个 WebService。Route 表示一条路由，负责根据请求的 URL 和 Method 将其路由到对应的回调函数并进行处理。

🔔注意，go-restful 框架中的 Container，与容器运行时（如 Docker）中容器的概念不同，在这里，Container 是 go-restful 内置的对象类型。

go-restful 框架的核心原理是，首先将 Container 接收到的 HTTP 请求分发给对应的 WebService，然后 WebService 匹配合适的 Route，最后 Route 将请求路由对应的 Handler 处理函数进行处理，请求处理流程如图 8-4 所示。

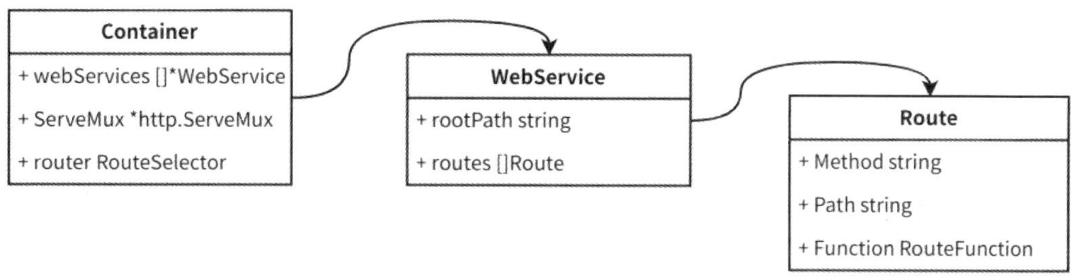

图 8-4　go-restful 请求处理流程

核心路由匹配流程代码示例如下。

代码路径：vendor/github.com/emicklei/go-restful/v3/container.go

```
Plain Text
func (c *Container) dispatch(httpWriter http.ResponseWriter, httpRequest *http.Request)
{
  ...
  var webService *WebService
  var route *Route
  var err error
  func() {
    c.webServicesLock.RLock()
    defer c.webServicesLock.RUnlock()
    webService, route, err = c.router.SelectRoute(
   c.webServices,
   httpRequest)
  }()
  ...
  route.Function(wrappedRequest, wrappedResponse)
  ...
}
```

路由转发过程可以划分为两步：第一步，通过 SelectRoute 函数从 WebService 列表中找到最匹配请求的 WebService 和 Route；第二步，根据请求 URL 和 Method 调用对应的回调处理函数。

3．go-restful 应用示例

go-restful 的使用比较简单，下面通过一个例子理解其工作原理，Hello World 代码示例如下。

```
Plain Text
package main

import (
  "io"
  "log"
  "net/http"

  "github.com/emicklei/go-restful/v3"
```

```
)

func main() {
  ws := new(restful.WebService)
  ws.Route(ws.GET("/hello").To(hello))
  restful.Add(ws)
  log.Fatal(http.ListenAndServe(":8080", nil))
}

func hello(req *restful.Request, resp *restful.Response) {
  io.WriteString(resp, "world")
}
```

在上述代码中，main 函数并未对 Container 对象进行显式初始化，此时框架默认会使用 go-restful 框架内置的 restful.DefaultContainer。而 restful.DefaultContainer 使用的 ServeMux 即为 http.DefaultServeMux，因此在执行 http.ListenAndServe 函数时，无须显式设置其 Handler 处理函数（代码中传入 nil 值，即代表使用默认回调函数 http.DefaultServeMux），传入的请求就能被 go-restful 框架接收并处理。当然，开发人员也可以通过 restful.NewContainer 函数手动创建一个独立的 Container。

程序在处理流程上，首先通过 new(restful.WebService)实例化一个 WebService 对象，并为其添加一个 Route 路由。Route 中定义了请求方法（GET）、请求路径（/hello）和对应的 Hander 处理函数（hello）。其中，Handler 处理函数接收 Request 请求，并将 Response 返回给客户端，实现交互。接着，通过 restful.Add(ws)函数将上述 WebService 添加到 Container 中，完成服务注册。最后，调用 Go 标准库函数 http.ListenAndServe 函数监听 8080 端口，对外提供服务。

启动上述程序后，当发送 GET 请求到 http://localhost:8080/hello 时，会得到响应 world。注意，这里提供的 HTTP 服务属于短连接服务，客户端与服务器执行一次请求响应交互后，就会关闭连接。如果需要再次执行请求响应操作，则需要重新建立连接。

8.2.2 Protobuf 序列化

Protocol Buffers（简称 Protobuf）是一种语言无关、平台无关、可扩展的序列化数据结构的方法，可用于网络通信协议、数据编码存储等场景。Protobuf 使用二进制字节流格式编码，与 JSON、XML 等文本编码方式相比，因为其序列化结果更小，所以具备更高的传输效率、更低的传输和存储成本。Kubernetes 在进行资源对象存储时，默认优先采用的数据存储序列化格式就是 Protobuf。

使用 Protobuf，首先需要通过 Protobuf IDL（Interface Description Language）语法定义数据结构（消息类型），一般使用.proto 文件存储定义好的消息数据结构。定义了.proto 文件，就可以使用编译器将其编译成特定语言的类库，目前已经支持绝大多数主流编程语言，如 Java、Python、Objective-C、C++、Golang 等。为了降低代码编写的复杂度，Kubernetes 提供了 go-to-protobuf 代码自动生成工具，可以实现自动从 Go 结构体生成 Protobuf IDL（.proto 文件）和 Golang 语言类库的能力。

go-to-protobuf 的工作原理与 Kubernetes 的其他代码生成器类似，都是通过 Tag 标签来识别某个包是否需要代码生成及代码生成的方式。go-to-protobuf 比其他代码生成器支持的 Tag 类型多，主要支持 4 种形式，分别为基础类 Tags、引用类 Tags、嵌入类 Tags 和选项类 Tags。

1．基础类 Tags

基础类 Tags（protobuf=true/false）决定是否生成 Protobuf 相关代码，其标签形式如下。

```
Plain Text
// +protobuf=true
// +protobuf=false
// +protobuf.nullable=true
```

protobuf=true 表示为当前结构体生成 Protobuf IDL 代码。protobuf=false 表示不为当前结构体生成 Protobuf IDL 代码。go-to-protobuf 支持通过--packages 参数指定需要生成代码的包路径列表，当路径以“-”作为前缀时，表示不为该包生成代码；当路径以“+”作为前缀时，仅为显式指定了+protobuf=true 的结构体生成代码；当路径没有以“+”或“-”作为前缀时，默认为所有公开导出类型且能够执行 Protobuf 序列化的结构体生成代码，仅跳过那些显式指定了 protobuf=false 的结构体。在默认情况下，Kubernetes 会为所有包含// +k8s:protobuf-gen=package 注解的包中的所有未显式指定 protobuf=false 的结构体生成代码。

protobuf.nullable=true 表示为当前结构体生成指针类型字段（允许其值为 nil），仅适用于底层数据类型为 map 或 slice 的情况，例如：

```
Plain Text
// +protobuf.nullable=true
type Foo []string
```

2．引用类 Tags

引用类 Tags（protobuf.as）可以引用另外一个结构体，并为其生成代码，其标签形式如下

```
Plain Text
// +protobuf.as=Timestamp
```

在实际使用中的代码示例如下。

代码路径：vendor/k8s.io/apimachinery/pkg/apis/meta/v1/time.go

```
Plain Text
// +protobuf.as=Timestamp
type Time struct {
   time.Time `protobuf:"-"`
}
```

其引用的 Timestamp 结构体的定义如下。

代码路径：vendor/k8s.io/apimachinery/pkg/apis/meta/v1/time_proto.go

```
Plain Text
type Timestamp struct {
   Seconds int64 `json:"seconds" protobuf:"varint,1,opt,name=seconds"`
   Nanos int32 `json:"nanos" protobuf:"varint,2,opt,name=nanos"`
}
```

Time 结构体通过 protobuf.as 引用 Timestamp 结构体，使其能够采用 Timestamp 的序列化方式生成代码，生成的.proto 代码示例如下。

代码路径：vendor/k8s.io/apimachinery/pkg/apis/meta/v1/generated.proto

```
Plain Text
message Time {
  optional int64 seconds = 1;
```

```
  optional int32 nanos = 2;
}
```

3. 嵌入类 Tags

嵌入类 Tags（protobuf.embed）可以为结构体嵌入一个类型，并为其生成代码，其标签形式如下。

```
Plain Text
// +protobuf.embed=string
```

在实际使用中的代码示例如下。

代码路径：vendor/k8s.io/apimachinery/pkg/api/resource/quantity.go

```
Plain Text
// +protobuf.embed=string
type Quantity struct {
   i int64Amount
   d infDecAmount
   s string
   Format
}
```

Quantity 结构体通过 protobuf.embed=string 指定使用一个 string 类型的字段作为其嵌入消息，生成的.proto 代码示例如下。

代码路径：vendor/k8s.io/apimachinery/pkg/api/resource/generated.proto

```
Plain Text
message Quantity {
  optional string string = 1;
}
```

4. 选项类 Tags

选项类 Tags（protobuf.options.）可以设置消息生成的结构，其标签形式如下。

```
Plain Text
// +protobuf.options.(gogoproto.goproto_stringer)=false
// +protobuf.options.marshal=false
```

protobuf.options.(gogoproto.goproto_stringer)=false 表示不为当前结构体生成 String 方法。

protobuf.options.marshal=false 表示不为当前结构体生成 Marshal、MarshalTo、Size、Unmarshal 方法。

提示： 选项类 Tags 实际上是为更低层的 gogoproto 设置代码生成的相关参数，gogoproto 支持的选项种类众多，go-to-protobuf 仅使用了其中几种。

1）go-to-protobuf 使用示例

go-to-protobuf 依赖 protoc，需要单独安装，并且版本要求 3.0.0 或更高版本。protoc 的安装比较简单，只需要将 protoc 二进制程序复制到$GOPATH/bin 路径下，并且确保$GOPATH/bin 已经被添加到系统 PATH 环境变量中。

在 Kubernetes 项目中构建 go-to-protobuf，命令示例如下。

```
Plain Text
$ make all WHAT=vendor/k8s.io/code-generator/cmd/go-to-protobuf
```

此外，go-to-protobuf 提供了 protoc-gen-gogo 工具，它是 gogoprotobuf 的插件库，在 protoc

生成 Go 代码时会引用该库。在 Kubernetes 项目中构建 protoc-gen-gogo 的命令示例如下。

```
Plain Text
$ make all WHAT=vendor/k8s.io/code-generator/cmd/go-to-protobuf/protoc-gen-gogo
```

make 构建命令执行完成，go-to-protobuf 和 protoc-gen-gogo 二进制文件存放在_output/bin 目录下。

go-to-protobuf 依赖 goimports 和 gofmt 工具格式化生成的代码，因此需要预先安装这两个工具。如果未安装 goimports，则可以执行 go install golang.org/x/tools/cmd/ goimports@latest 命令进行安装，gofmt 会随着 Golang 程序一起安装，无须额外的安装步骤。

在准备好 go-to-protobuf、protoc、protoc-gen-gogo、goimports 后，使用 go-to-protobuf 生成代码的示例如下。

```
Plain Text
$ PATH=${GOPATH}/bin:${GOPATH}/src/k8s.io/kubernetes/_output/bin:${PATH}
$ ./_output/bin/go-to-protobuf \
--proto-import="${GOPATH}/src/k8s.io/kubernetes/vendor" \
--proto-import="${GOPATH}/src/k8s.io/kubernetes/third_party/protobuf" \
--packages=k8s.io/api/admission/v1,k8s.io/api/admission/v1beta1,k8s.io/api/admissionreg
istration/v1,k8s.io/api/admissionregistration/v1beta1,k8s.io/api/apiserverinternal/v1al
pha1,k8s.io/api/apps/v1,k8s.io/api/apps/v1beta1,k8s.io/api/apps/v1beta2,k8s.io/api/auth
entication/v1,k8s.io/api/authentication/v1beta1,k8s.io/api/authorization/v1,k8s.io/api/
authorization/v1beta1,k8s.io/api/autoscaling/v1,k8s.io/api/autoscaling/v2,k8s.io/api/au
toscaling/v2beta1,k8s.io/api/autoscaling/v2beta2,k8s.io/api/batch/v1,k8s.io/api/batch/v
1beta1,k8s.io/api/certificates/v1,k8s.io/api/certificates/v1beta1,k8s.io/api/coordinati
on/v1,k8s.io/api/coordination/v1beta1,k8s.io/api/core/v1,k8s.io/api/discovery/v1,k8s.io
/api/discovery/v1beta1,k8s.io/api/events/v1,k8s.io/api/events/v1beta1,k8s.io/api/extens
ions/v1beta1,k8s.io/api/flowcontrol/v1alpha1,k8s.io/api/flowcontrol/v1beta1,k8s.io/api/
flowcontrol/v1beta2,k8s.io/api/imagepolicy/v1alpha1,k8s.io/api/networking/v1,k8s.io/api
/networking/v1alpha1,k8s.io/api/networking/v1beta1,k8s.io/api/node/v1,k8s.io/api/node/v
1alpha1,k8s.io/api/node/v1beta1,k8s.io/api/policy/v1,k8s.io/api/policy/v1beta1,k8s.io/a
pi/rbac/v1,k8s.io/api/rbac/v1alpha1,k8s.io/api/rbac/v1beta1,k8s.io/api/scheduling/v1,k8
s.io/api/scheduling/v1alpha1,k8s.io/api/scheduling/v1beta1,k8s.io/api/storage/v1,k8s.io
/api/storage/v1alpha1,k8s.io/api/storage/v1beta1,k8s.io/apiextensions-apiserver/pkg/api
s/apiextensions/v1,k8s.io/apiextensions-apiserver/pkg/apis/apiextensions/v1beta1,k8s.io
/apiserver/pkg/apis/audit/v1,k8s.io/apiserver/pkg/apis/example/v1,k8s.io/kube-aggregato
r/pkg/apis/apiregistration/v1,k8s.io/kube-aggregator/pkg/apis/apiregistration/v1beta1,k
8s.io/metrics/pkg/apis/custom_metrics/v1beta1,k8s.io/metrics/pkg/apis/custom_metrics/v1
beta2,k8s.io/metrics/pkg/apis/external_metrics/v1beta1,k8s.io/metrics/pkg/apis/metrics/
v1alpha1,k8s.io/metrics/pkg/apis/metrics/v1beta1 \
--go-header-file
${GOPATH}/src/k8s.io/kubernetes/hack/boilerplate/boilerplate.generatego.txt
```

首先，更新$PATH 环境变量，将${GOPATH}/bin 和${GOPATH}/src/k8s.io/kubernetes/_output/bin 路径加入$PATH，因为在代码生成过程中需要引用 go-to-protobuf、protoc-gen-gogo、protoc、goimports 二进制文件。然后，执行 go-to-protobuf 代码生成命令，为输入的包生成 generated.proto 和 generated.pb.go 代码文件，如 vendor/k8s.io/api/admission/v1/路径下的 generated.proto 和 generated.pb.go。

go-to-protobuf 生成命令的相关参数说明如表 8-1 所示。

表 8-1　go-to-protobuf 生成命令的相关参数说明

参数名称	说明
--proto-import	核心.proto 文件的搜索路径，可以多次指定，多个目录按顺序搜索
--packages	输入源，以逗号分隔的包路径
--go-header-file	指定 boilerplate header 文本文件，生成的代码文件将附带该文件包含的许可证信息

⌛提示：除了手动执行 go-to-protobuf 命令生成代码，Kubernetes 还提供了自动化脚本，可以更方便地生成代码，其执行路径为 hack/update-generated-protobuf.sh。

2）go-to-protobuf 生成代码的过程

使用 go-to-protobuf 生成 protobuf 代码，可以划分为两个主要步骤，如图 8-5 所示。

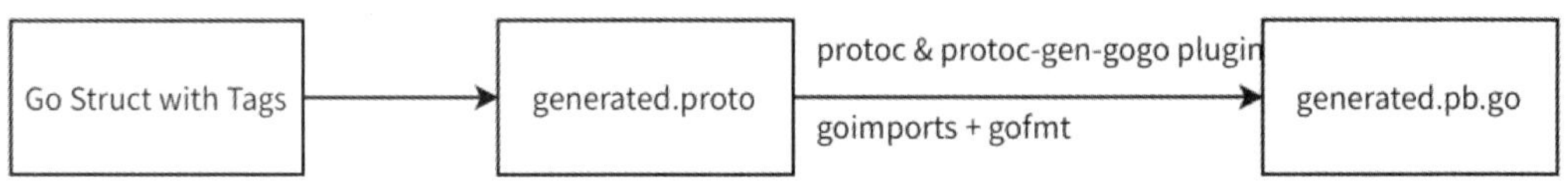

图 8-5　使用 go-to-protobuf 生成代码的步骤

（1）根据输入源中的结构体及声明的 Tag 标签，生成 generated.proto（Protobuf IDL）文件。

（2）调用 protoc 编译器，加载 protoc-gen-gogo 插件，以第一步生成的 generated.proto 文件作为输入，产生适用于 Golang 语言的库文件 generated.pb.go，其中包括结构体的序列化和反序列化相关代码，可供上层程序直接调用。为了使生成的 Go 代码更具可读性，go-to-protobuf 会在生成代码的最后，调用 goimports 和 gofmt 对代码文件进行格式化。

在默认情况下，go-to-protobuf 会遍历输入源包中的所有导出类型，为 types.Struct 且具备 Protobuf 序列化能力的字段类型生成.proto 代码，执行检查的代码示例如下。

代码路径：vendor/k8s.io/code-generator/cmd/go-to-protobuf/protobuf/generator.go

```
Plain Text
func isProtoable(seen map[*types.Type]bool, t *types.Type) bool {
   switch t.Kind {
   ...
   case types.Struct:
   if len(t.Members) == 0 {
      return true
   }
   for _, m := range t.Members {
      if isProtoable(seen, m.Type) {
      return true
      }
   }
   return false
   ...
   }
}
```

go-to-protobuf 生成 generated.proto 文件后，通过调用 protoc 命令生成 generated.pb.go 代码，代码示例如下。

代码路径：vendor/k8s.io/code-generator/cmd/go-to-protobuf/protobuf/cmd.go

```
Plain Text
func Run(g *Generator) {
    ...
    cmd := exec.Command("protoc", append(args, path)...)
    ...
    cmd = exec.Command("goimports", "-w", outputPath)
    ...
    cmd = exec.Command("gofmt", "-s", "-w", outputPath)
    ...
}
```

Run 函数是执行代码生成的主体，它首先会根据结构体生成 generated.proto 文件，如果启用了生成 Go 语言库（未指定--only-idl=true 参数，默认为 false），则分别调用 protoc、goimports 和 gofmt 完成 Go 代码的生成工作。其中，protoc 在执行阶段会加载 protoc-gen-gogo 插件，以支持 Go 代码的生成，goimports 和 gofmt 则用于统一代码风格。

为了便于理解，我们以 k8s.io/api/core/v1 下的 generated.proto 为例，将上述过程转化为手动执行的命令行。

```
Plain Text
$ PATH=${GOPATH}/bin:${GOPATH}/src/k8s.io/kubernetes/_output/bin:${PATH}
$ protoc -I . \
  -I ${GOPATH}/src/k8s.io/kubernetes/vendor \
  -I ${GOPATH}/src/k8s.io/kubernetes/third_party/protobuf \
  --gogo_out=${GOPATH}/src/k8s.io/kubernetes/vendor \
  ${GOPATH}/src/k8s.io/kubernetes/vendor/k8s.io/api/core/v1/generated.proto

$ goimports -w
${GOPATH}/src/k8s.io/kubernetes/vendor/k8s.io/api/core/v1/generated.pb.go

$ gofmt -s -w ${GOPATH}/src/k8s.io/kubernetes/vendor/k8s.io/api/core/v1/generated.pb.go
```

protoc 命令生成 generated.pb.go 文件，goimports 命令对 Go 代码中的 import 代码块进行自动修正，gofmt 命令进行最后的代码格式化，统一代码风格。

Protobuf 编码在 Kubernetes 中被广泛使用，核心组件默认都采用 HTTP + Protobuf 的方式与 kube-apiserver 通信。在 etcd 数据持久化方面，除了部分不能采用 Protobuf 编码的资源对象（如 CustomResource），其余资源对象均默认采用 Protobuf 序列化存储。

8.3　kube-apiserver 架构设计

为了满足多样的扩展需求，丰富周边生态系统，kube-apiserver 在实现上提供了 3 种不同类型的 HTTP Server，以满足不同的应用场景，分别是 APIExtensionsServer、KubeAPIServer 和 AggregatorServer。同时，通过 Delegation 委托的方式，kube-apiserver 实现了对不同 HTTP Server 的串联聚合，对外提供统一的操作接口，从而大大降低了客户端程序的交互成本。kube-apiserver 的整体架构设计如图 8-6 所示。

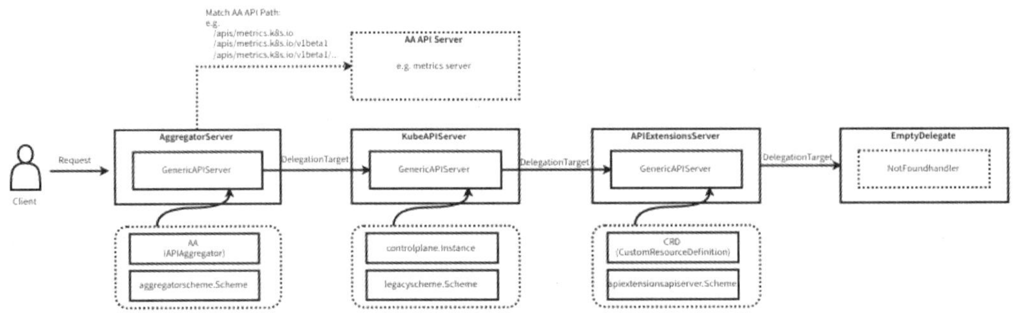

图 8-6 kube-apiserver 的整体架构设计

kube-apiserver 由 3 种 HTTP Server 构成，这 3 种 HTTP Server 底层均基于公共的 GenericAPIServer 实现，通过设置 DelegationTarget 的方式进行串联，组成完整的请求处理链条。不同的 HTTP Server 处理不同的资源对象请求，基于不同的 Scheme 完成 API 注册。上述 3 种 HTTP Server 的介绍如下。

1. APIExtensionsServer

APIExtensionsServer 即 API 扩展服务，主要负责 CRD（CustomResourceDefinition）资源的发现与注册，同时处理 CRD 及相应 CR（CustomResource）的 REST 请求。基于 CRD 扩展方式，开发者能够以极低的成本快速定义出需要的自定义资源类型，并且能像操作原生资源对象一样实现对自定义资源对象的相关操作。在当前 Kubernetes 生态中，由于其低成本高效率的特点，基于 CRD 完成对 Kubernetes 的功能扩展已经成为一种首选方式。基于此，还衍生出了 kubebuilder、controller-runtime 等工具，开发者可以基于这些工具快速开发出自己的扩展应用程序。APIExtensionsServer 通过 CRD 对象进行管理，并且通过 apiextensionsapiserver.Scheme 资源注册表管理相关 API 资源。

2. KubeAPIServer

KubeAPIServer 即 API 核心服务，主要负责处理系统内置资源对象的 REST 请求。内置资源对象指的是 Kubernetes 原生提供的资源类型，如 Pod、Deployment、Service 等，这些类型的资源不允许开发者随意更改，由官方统一维护。KubeAPIServer 通过 controlplane 包下的 Instance 对象进行管理，并且通过 legacyscheme.Scheme 资源注册表管理相关 API 资源。

3. AggregatorServer

AggregatorServer 即 API 聚合服务，主要负责提供 AA（APIAggregator）聚合服务，允许开发者通过开发自定义 API Server 扩展原生 kube-apiserver 的功能。例如，metrics-server 就是通过 AA 的方式赋予了 Kubernetes 核心监控指标聚合查询的能力。API 聚合服务允许一个集群中运行多个 API Server，kube-apiserver 作为统一入口，自动匹配请求路由并分发给对应的 API Server 进行处理。与 APIExtensionsServer 扩展方式相比，AggregatorServer 具备更高的灵活性，可以满足更多定制化需求。AggregatorServer 通过 AA 对象进行管理，并且通过 aggregatorscheme.Scheme 资源注册表管理相关 API 资源。

上述 3 类 HTTP Server 通过 DelegationTarget 组成一个完整的请求处理链条。

AggregatorServer 是服务入口，它直接接收用户请求，将请求路由给对应的 API Server 进行处理。特别地，当请求资源为 Local 本地类型时，请求会被路由给 KubeAPIServer。KubeAPIServer 在接收到请求后，会进行二次路由，CRD 相关请求会被转交给 APIExtensionsServer 服务处理。如果没有任何 API Server 服务与请求匹配，则请求最终会被路由到 NotFoundHandler，返回 404 错误。如此一来，kube-apiserver 就能在保持核心功能稳定的前提下，具备极高的动态可扩展能力，既实现了 API 统一管理，又能满足日益增长的生态扩展需求。

注意：Delegation 委托模式只是一个逻辑概念，KubeAPIServer 和 APIExtensionsServer 不会启动 HTTP 监听服务，AggregatorServer 将请求转发给 KubeAPIServer 及 APIExtensionsServer 也仅仅是处理链条上的 Handler 逻辑转发，并不涉及 HTTP 调用。特别地，采用 AA 方式扩展的自定义 API Server（如 metrics-server），kube-apiserver 会将与其匹配的请求通过 HTTP 调用的方式进行代理转发，此时才会产生 HTTP 调用。

8.4　kube-apiserver 启动流程

在 Kubernetes 中，kube-apiserver 是所有资源控制的入口，承担资源读/写、认证授权、准入控制等职责，它是唯一和 etcd 集群直接交互的组件，其启动流程如图 8-7 所示。

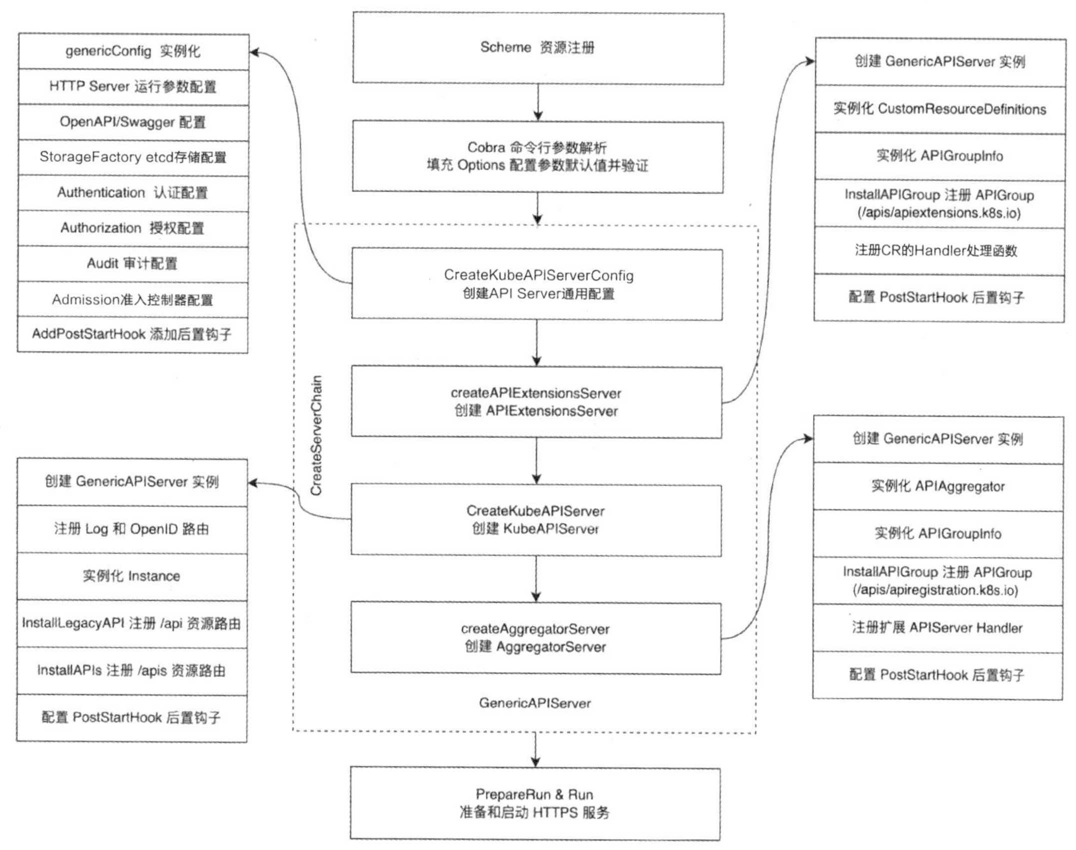

图 8-7　kube-apiserver 的启动流程

kube-apiserver 的启动过程根据逻辑可以划分为以下 8 个关键步骤。

（1）Scheme 资源注册。
（2）Cobra 命令行参数解析。
（3）创建 API Server 通用配置。
（4）创建 APIExtensionsServer。
（5）创建 KubeAPIServer。
（6）创建 AggregatorServer。
（7）GenericAPIServer 初始化。
（8）准备和启动 HTTPS 服务。

8.4.1 Scheme 资源注册

kube-apiserver 作为服务端，处理集群资源的 REST 操作请求，首先需要理解集群能够处理的资源类型。在 Kubernetes 中，使用 Scheme 实现对集群资源的统一注册管理。Scheme 定义了对资源对象进行序列化和反序列化的方法，同时负责实现资源对象不同版本间的自动转换。kube-apiserver 启动的第一件事，就是将系统支持的所有资源类型注册到 Scheme 中，以便后续的各 API Server 能够正确地从 Scheme 读取支持的资源列表，完成资源路由配置并提供服务。

Scheme 资源注册并非通过显式函数调用触发，而是基于 Golang 的导入（import）和初始化函数（init）触发。采用这种机制的好处是，Scheme 的资源注册逻辑可以由提供者维护，使用者不必关注资源注册的细节，仅需导入对应的 Scheme 包，即可获得已经初始化的 Scheme 对象，避免使用未初始化的 Scheme 而导致错误。import 和 init 的机制如图 8-8 所示。

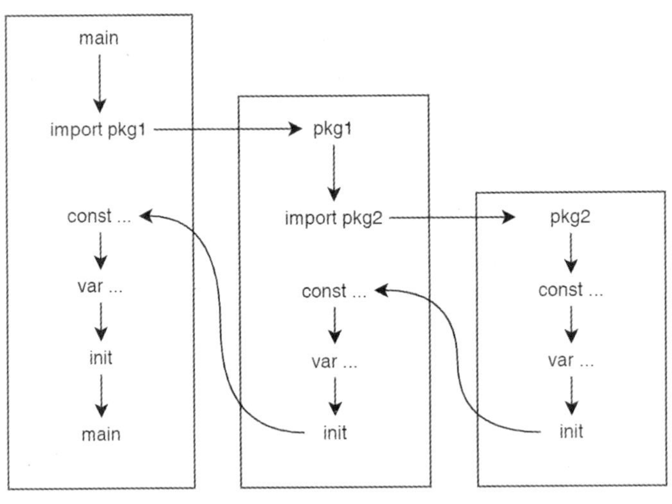

图 8-8　import 和 init 的机制

以图 8-8 为例，在 Go 语言项目中，main 包依赖 pkg1 包，pkg1 包依赖 pkg2 包，其表现形式为 main→pkg1→pkg2。const、var 和 init 函数的初始化顺序为 pkg2→pkg1→main，main 函数的执行被最后调用。每个被 import 的包，都会依次完成相应的初始化操作。

学习了上述知识，kube-apiserver 的 Scheme 资源注册过程就很好理解了，其代码示例如下。

代码路径：cmd/kube-apiserver/app/server.go

```
Plain Text
import (
  ...
  "k8s.io/kubernetes/pkg/api/legacyscheme"
  "k8s.io/kubernetes/pkg/controlplane"
  ...
)
```

以 KubeAPIServer（API 核心服务）为例，kube-apiserver 导入了 legacyscheme 和 controlplane 包。kube-apiserver 的资源注册分为两步：第一步，初始化 Scheme 资源注册表；第二步，将 Kubernetes 核心资源注册到 Scheme。具体过程如下。

1．初始化 Scheme 资源注册表

代码路径：pkg/api/legacyscheme/scheme.go

```
Plain Text
var (
  Scheme = runtime.NewScheme()
  Codecs = serializer.NewCodecFactory(Scheme)
  ParameterCodec = runtime.NewParameterCodec(Scheme)
)
```

在 legacyscheme 包中，定义了 Scheme 资源注册表、Codecs 编解码器和 ParameterCodec 参数编解码器，在定义时就完成了初始化。它们被定义为对外暴露的全局变量，可以通过包名直接引用。kube-apiserver 可以通过类似 legacyscheme.Scheme 的调用形式获得资源注册表对象并使用。

2．将 Kubernetes 核心资源注册到 Scheme

kube-apiserver 在启动时导入了 controlplane 包，而 controlplane 包中的 import_known_versions.go 又导入了各核心 API 资源的 install 包，进而触发各核心 API 资源包中定义的 init 函数，实现对 legacyscheme.Scheme 的资源注册。代码示例如下。

代码路径：pkg/controlplane/import_known_versions.go

```
Plain Text
import (
  _ "k8s.io/kubernetes/pkg/apis/admission/install"
  _ "k8s.io/kubernetes/pkg/apis/admissionregistration/install"
  _ "k8s.io/kubernetes/pkg/apis/apiserverinternal/install"
  _ "k8s.io/kubernetes/pkg/apis/apps/install"
  _ "k8s.io/kubernetes/pkg/apis/authentication/install"
  _ "k8s.io/kubernetes/pkg/apis/authorization/install"
  _ "k8s.io/kubernetes/pkg/apis/autoscaling/install"
  _ "k8s.io/kubernetes/pkg/apis/batch/install"
  _ "k8s.io/kubernetes/pkg/apis/certificates/install"
  _ "k8s.io/kubernetes/pkg/apis/coordination/install"
  _ "k8s.io/kubernetes/pkg/apis/core/install"
  _ "k8s.io/kubernetes/pkg/apis/discovery/install"
  _ "k8s.io/kubernetes/pkg/apis/events/install"
  _ "k8s.io/kubernetes/pkg/apis/extensions/install"
  _ "k8s.io/kubernetes/pkg/apis/flowcontrol/install"
  _ "k8s.io/kubernetes/pkg/apis/imagepolicy/install"
```

```
  _ "k8s.io/kubernetes/pkg/apis/networking/install"
  _ "k8s.io/kubernetes/pkg/apis/node/install"
  _ "k8s.io/kubernetes/pkg/apis/policy/install"
  _ "k8s.io/kubernetes/pkg/apis/rbac/install"
  _ "k8s.io/kubernetes/pkg/apis/scheduling/install"
  _ "k8s.io/kubernetes/pkg/apis/storage/install"
)
```

Kubernetes 为各核心 API 资源都提供了 install 包，用于实现资源注册。以 core 核心资源组为例，其 install 逻辑的代码示例如下。

代码路径：pkg/apis/core/install/install.go

```
Plain Text
func init() {
  Install(legacyscheme.Scheme)
}

func Install(scheme *runtime.Scheme) {
  utilruntime.Must(core.AddToScheme(scheme))
  utilruntime.Must(v1.AddToScheme(scheme))
  utilruntime.Must(scheme.SetVersionPriority(v1.SchemeGroupVersion))
}
```

install 包内的 init 函数通过调用 Install 函数，实现将 core 资源组中的资源注册到全局变量 legacyscheme.Scheme。core.AddToScheme 注册 core 资源组内部版本的资源，v1.AddToScheme 注册 core 资源组外部 v1 版本的资源，scheme.SetVersionPriority 定义资源在 etcd 存储时采用的序列化版本优先级顺序，如果有多个资源版本，则排在前面的资源版本将被优先选用。

与 KubeAPIServer 类似，APIExtensionsServer 使用的 apiextensionsapiserver.Scheme 和 AggregatorServer 使用的 aggregatorscheme.Scheme 也基于 import 和 init 机制完成资源注册，本书不再赘述。

提示：

apiextensionsapiserver.Scheme 注册过程定义在 vendor/k8s.io/apiextensions-apiserver/pkg/apiserver/apiserver.go 中。

aggregatorscheme.Scheme 注册过程定义在 vendor/k8s.io/kube-aggregator/pkg/apiserver/scheme/scheme.go 中。

8.4.2 Cobra 命令行参数解析

Cobra 是一款功能强大的 Go 语言命令行程序库，它提供了简单的接口来创建命令行程序，Kubernetes 核心组件均基于 Cobra 实现命令行参数解析。

kube-apiserver 通过 Cobra 实现从命令行接收用户输入参数，构造 Options 对象，并且对参数对象进行补全和校验，进而实例化 API Server 对象，代码示例如下。

代码路径：cmd/kube-apiserver/app/server.go

```
Plain Text
func NewAPIServerCommand() *cobra.Command {
  s := options.NewServerRunOptions()
  cmd := &cobra.Command{
```

```
    ...
    RunE: func(cmd *cobra.Command, args []string) error {
   ...
   completedOptions, err := Complete(s)
   if err != nil {
     return err
   }

   if errs := completedOptions.Validate(); len(errs) != 0 {
     return utilerrors.NewAggregate(errs)
   }

   return Run(completedOptions, genericapiserver.SetupSignalHandler())
    },
    ...
  }

  fs := cmd.Flags()
  namedFlagSets := s.Flags()
  verflag.AddFlags(namedFlagSets.FlagSet("global"))
  ...
  for _, f := range namedFlagSets.FlagSets {
    fs.AddFlagSet(f)
  }
  ...
  return cmd
}
```

kube-apiserver 首先通过 options.NewServerRunOptions 初始化默认配置，其中包含对 GenericAPIServer、etcd、Admission 等基本功能组件的默认设置。基于 Cobra 的 Flags 绑定，用户输入参数可以对 Options 默认参数进行覆盖填充。在获得 Cobra 自动渲染后的配置对象后，kube-apiserver 会通过 Complete 函数对参数对象进行进一步填充，并调用 Validate 函数对完整参数对象进行有效性校验。如果校验通过，则将完整配置传入 Run 函数。Run 函数会完成 Server Chain 的创建并启动 HTTP 常驻服务，永不退出。至此，kube-apiserver 启动前的命令行参数解析就完成了。值得一提的是，Run 函数接收了 genericapiserver.SetupSignalHandler 创建的 <-chan struct{}对象，会自动处理来自操作系统的 SIGINT、SIGTERM 信号，以实现优雅关闭。更多有关优雅关闭的介绍，请参考 8.10 节。

8.4.3 创建 API Server 通用配置

API Server 通用配置定义了 kube-apiserver 不同模块实例化所必需的配置，其创建流程如图 8-9 所示。

1. genericConfig 实例化

genericapiserver.NewConfig 函数实例化 genericConfig 对象，并且为其设定默认值，代码示例如下。

代码路径：cmd/kube-apiserver/app/server.go

```
Plain Text
genericConfig = genericapiserver.NewConfig(legacyscheme.Codecs)
genericConfig.MergedResourceConfig = controlplane.DefaultAPIResourceConfigSource()
```

```
...
s.APIEnablement.ApplyTo(genericConfig,
controlplane.DefaultAPIResourceConfigSource()...)
```

genericConfig.MergedResourceConfig 指定启用/禁用 GroupVersion 或 GroupVersionResource。如果未使用命令行参数--runtime-config 指定启用或禁用的内置 API 资源，则会使用内置 DefaultAPIResourceConfigSource 函数的默认配置。如果用户通过命令行参数显式指定了对部分 API 资源的启用或禁用状态，则 kube-apiserver 会使用用户配置覆盖默认配置，得到最后的合并结果。在默认情况下，kube-apiserver 仅启用 stable 稳定版本的 API 资源（为了保持兼容，某些之前已经被启用的 legacy beta API 也会被默认开启，但之后新引入的 beta API 默认会被禁用）。代码示例如下。

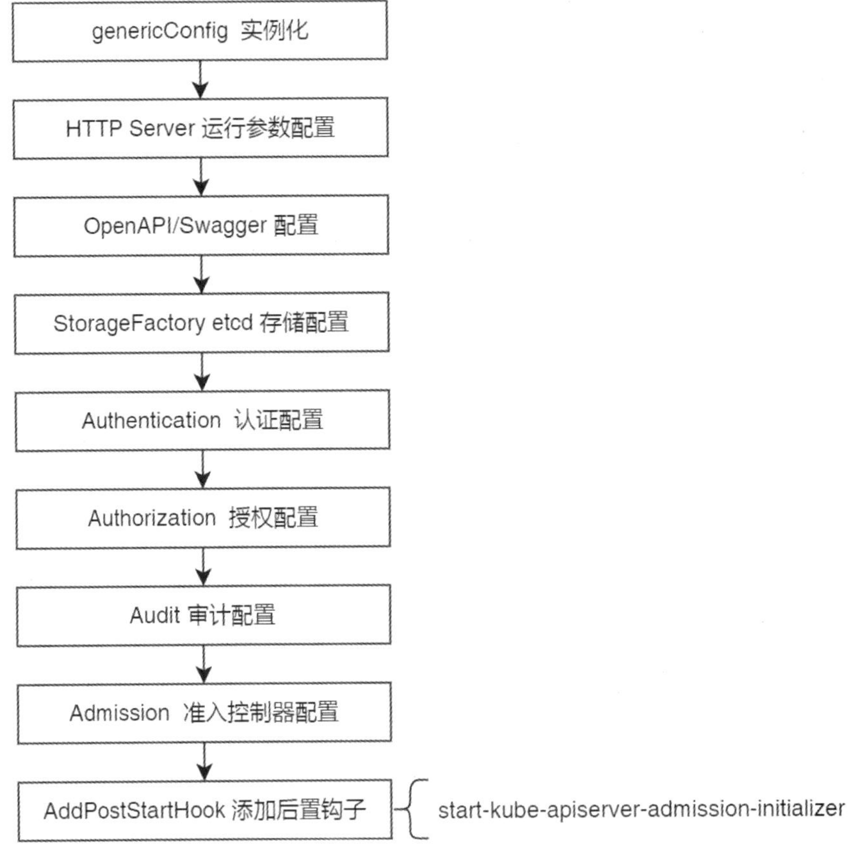

图 8-9　API Server 通用配置创建流程

代码路径：pkg/controlplane/instance.go

```
Plain Text
func DefaultAPIResourceConfigSource() *serverstorage.ResourceConfig {
  ret := serverstorage.NewResourceConfig()
  ret.EnableVersions(stableAPIGroupVersionsEnabledByDefault...)

  ret.DisableVersions(betaAPIGroupVersionsDisabledByDefault...)
  ret.DisableVersions(alphaAPIGroupVersionsDisabledByDefault...)
```

```
  ret.EnableResources(legacyBetaEnabledByDefaultResources...)

  return ret
}
```

⌛提示：此处的 DefaultAPIResourceConfigSource 仅为 KubeAPIServer 的默认配置，APIExtensionsServer 和 AggregatorServer 有各自独立的 DefaultAPIResourceConfigSource 定义，分别用于控制各自的核心资源类型 CustomResourceDefinition 和 APIService 资源的 API 版本的启用与禁用。

2. HTTP Server 运行参数配置

kube-apiserver 通过调用一系列的 ApplyTo 方法对 genericConfig 进行覆盖赋值，根据用户输入，配置服务端运行参数，代码示例如下。

代码路径：pkg/controlplane/instance.go

```
Plain Text
if lastErr = s.GenericServerRunOptions.ApplyTo(genericConfig); lastErr != nil {
  return
}
if lastErr = s.SecureServing.ApplyTo(...); lastErr != nil {
  return
}
if lastErr = s.Features.ApplyTo(genericConfig); lastErr != nil {
  return
}
if lastErr = s.EgressSelector.ApplyTo(genericConfig); lastErr != nil {
  return
}
if utilfeature.DefaultFeatureGate.Enabled(genericfeatures.APIServerTracing) {
  if lastErr = s.Traces.ApplyTo(...); lastErr != nil {
    return
  }
}
```

GenericServerRunOptions.ApplyTo 方法用于配置服务端运行的基本参数，如服务监听地址、最大并发请求数、优雅停机时长、请求体大小限制等。

SecureServing.ApplyTo 方法主要用于 HTTPS 相关配置，加载 TLS 证书，并且设置本地回环客户端配置 LoopbackClientConfig 对象。LoopbackClientConfig 对象本质上是 client-go 中的 *restclient.Config，基于每次启动时在内存创建的自签名证书工作，具备 privileged 最高特权，仅适用于在 kube-apiserver 内部完成和自身的通信，类似于在 Linux 操作系统中使用 localhost 完成和本地宿主机的通信。本地回环客户端是有必要的，如在执行 PostStartHooks 后置任务时完成和 kube-apiserver 自身的交互。

Features.ApplyTo 方法负责完成 debug 相关配置，如是否开启/debug/pprof 服务。

EgressSelector.ApplyTo 方法用于配置 kube-apiserver 网络代理，允许 kube-apiserver 通过配置的代理服务器连接其他组件，支持的目标类型包括 ControlPlane、etcd 和 Cluster。例如，在边缘计算场景，由于边缘节点往往运行在独立局域网内，kube-apiserver 不能直接向 kubelet 发起连接请求，此时可以通过 Konnectivity 技术建立控制平面节点到边缘节点的安全隧道，kube-apiserver 就可以通过请求代理服务获得与边缘节点通信的能力。通信原理如图 8-10 所示。

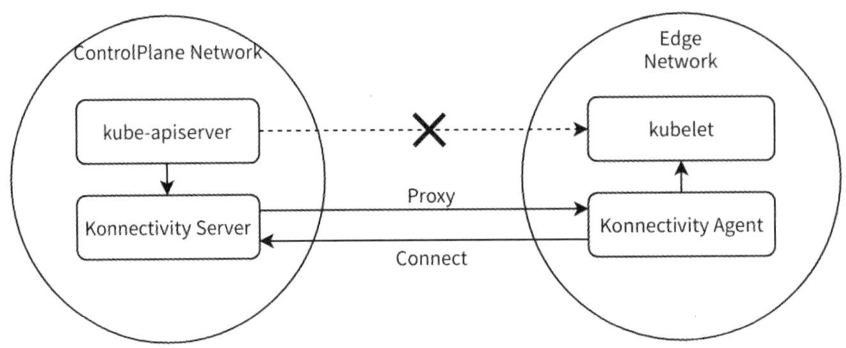

图 8-10　通信原理

首先，Konnectivity Agent 主动连接 Konnectivity Server，建立起长连接隧道。然后，当 kube-apiserver 需要主动发起对 kubelet 的连接请求时（如执行 kubectl logs 命令），可以基于 EgressSelector 的配置，将原本需要直接发送给 kubelet 的请求发送给代理服务 Konnectivity Server，通过建立起的隧道将请求送达 Konnectivity Agent。最后，Konnectivity Agent 将请求转发给 kubelet，实现借助代理完成通信的目的。

Traces.ApplyTo 方法用于配置分布式链路追踪的相关参数，kube-apiserver 采用 OpenTelemetry 的 Go 版本实现 OpenTelemetry-Go 链路追踪，基于 OTLP Span Exporter 完成数据上报。

3. OpenAPI/Swagger 配置

kube-apiserver 支持两个 OpenAPI 版本：OpenAPI 2.0（Swagger 2.0）和 OpenAPI 3.0。kube-apiserver 默认提供 2.0 版本的 OpenAPI，当启用 OpenAPIV3 FeatureGate 特性门控时（默认开启），将同步提供 3.0 版本的 OpenAPI。代码示例如下。

代码路径：cmd/kube-apiserver/app/server.go

```
Plain Text
getOpenAPIDefinitions :=
openapi.GetOpenAPIDefinitionsWithoutDisabledFeatures(generatedopenapi.GetOpenAPIDefin
itions)

genericConfig.OpenAPIConfig = genericapiserver.DefaultOpenAPIConfig(...)
genericConfig.OpenAPIConfig.Info.Title = "Kubernetes"

if utilfeature.DefaultFeatureGate.Enabled(genericfeatures.OpenAPIV3) {
  genericConfig.OpenAPIV3Config = genericapiserver.DefaultOpenAPIV3Config(...)
  genericConfig.OpenAPIV3Config.Info.Title = "Kubernetes"
}
```

其中，generatedopenapi.GetOpenAPIDefinitions 定义了 OpenAPIDefinition Scheme 描述，该描述信息由 openapi-gen 代码生成工具自动生成。

4．StorageFactory etcd 存储配置

kube-apiserver 使用 etcd 分布式 KV 数据库实现数据持久化存储，系统所有资源配置及状态信息都存储在 etcd 数据库中，其配置过程的代码示例如下。

代码路径：cmd/kube-apiserver/app/server.go

```
Plain Text
storageFactoryConfig := kubeapiserver.NewStorageFactoryConfig()
...
completedStorageFactoryConfig, err := storageFactoryConfig.Complete(s.Etcd)
...
storageFactory, lastErr = completedStorageFactoryConfig.New()
...
s.Etcd.ApplyWithStorageFactoryTo(storageFactory, genericConfig)
```

kubeapiserver.NewStorageFactoryConfig 实例化 StorageFactoryConfig 对象，该对象定义了 kube-apiserver 与 etcd 交互的方式，如 etcd 连接地址、认证信息、存储资源使用的路径前缀等。此外，该对象包含了对 API 资源对象存取方式的定义，如资源编/解码方式、资源存储类型（默认采用 application/vnd.kubernetes.protobuf 编码存储）等。特别地，Kubernetes 支持为不同的资源类型分别指定存储后端，以分散 etcd 的存储压力。例如，在超大规模集群中，可以通过设置 kube-apiserver 的--etcd-servers-overrides=/events#http://etcd-2:2379 将 events 资源存储到独立的 etcd-2 集群。这也可以通过 StorageFactoryConfig 对象进行配置，参数形式为 group/resource#servers。

5．Authentication 认证配置

kube-apiserver 作为集群管理入口，必须对来自客户端的各类请求进行合法性校验。一般而言，每个请求都需要经过认证（Authentication）、授权（Authorization）和准入控制器（Admission Controller）三大检查关口，才能真正操作资源。

kube-apiserver 目前提供了非常丰富的身份认证方式，分别有 RequestHeader、ClientCA、TokenAuth、ServiceAccountAuth、BootstrapToken、OIDC、WebhookTokenAuth、Anonymous。每种认证方式都会被实例化为对应的认证器（Authenticator），被封装在 http.Handler 请求处理函数中。

认证器需要实现 authenticator.Request 接口，接收 Request 请求，校验后返回认证结果，其定义如下。

代码路径：vendor/k8s.io/apiserver/pkg/authentication/authenticator/interfaces.go

```
Plain Text
type Request interface {
  AuthenticateRequest(req *http.Request) (*Response, bool, error)
}
```

kube-apiserver 通过调用 New 函数完成认证器的实例化操作，代码示例如下。

代码路径：pkg/kubeapiserver/authenticator/config.go

```
Plain Text
func (config Config) New() (authenticator.Request, ...) {
  var authenticators []authenticator.Request

  // 根据配置初始化被启用的认证器
```

```
  // 放入 authenticators 切片

  authenticator := union.New(authenticators...)
  ...
  authenticator = union.NewFailOnError(authenticator, anonymous.NewAuthenticator())
  ...
}
```

上述代码分别对不同的认证器进行实例化，最后通过 union 联合的方式将其组成一个完整的身份认证链，如图 8-11 所示。

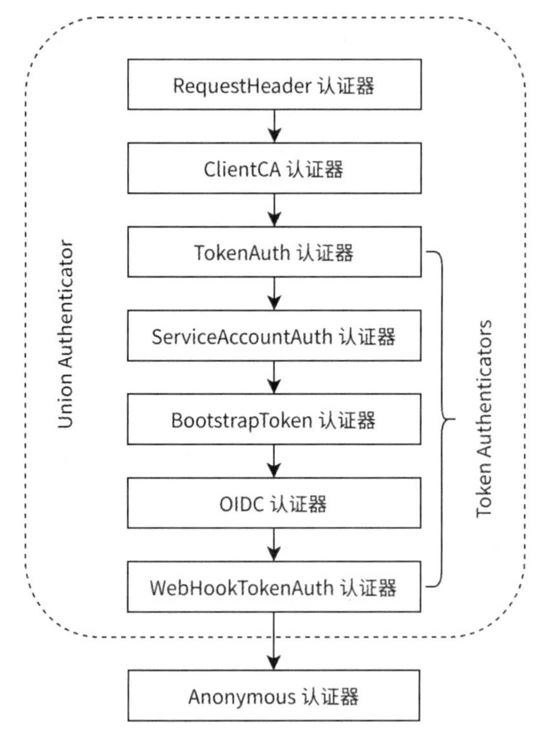

图 8-11　完整的身份认证链

注意，图 8-11 中展示的是当所有身份认证器都被启用时的完整的身份认证链。实际上，身份认证器会按需创建，即只有相关配置项启用时，对应的认证器才会被实例化并安装到身份认证链上。具体各个身份认证器的启停控制及工作原理，请参考 8.7 节。

union.New 函数会将所有启用的认证器合并成一个大的 union 认证器，实际上就是将各个认证器实例放到 unionAuthRequestHandler 结构中的 Handlers []authenticator.Request 对象中。当客户端请求到达 kube-apiserver 时，union 认证器通过遍历该列表，逐个尝试每种认证方式，当一个认证方法返回 True 时，认证成功。

在身份认证链的设计上，有一点需要特别注意，即除 Anonymous 外的认证器都是通过 union.New 函数进行串联的，使用这种串联方式，当前一个认证器认证失败时，认证过程不会停止，而是继续尝试下一个认证器，直到认证成功或尝试完所有认证器，这保证了多样化的身份认证方式都能得到处理。但对 Anonymous 匿名认证的处理比较特殊，它是通过 union.NewFailOnError 函数构造的认证链，使用这种串联方式，当前一个认证器未通过且返回

error 错误时，认证即被认定为失败而终止，不再尝试下一个认证器。这样设计的意图是，只有当请求没有被前置认证器拦截（没有指定任何认证信息）时，才会被认定为匿名请求，避免指定了认证信息但认证失败的请求被误认定为匿名请求，错误地为其设置用户名（system:anonymous）和用户组（system:unauthenticated）信息。

6. Authorization 授权配置

通过 Authentication 认证的请求会进入 Authorization 授权阶段。与认证类似，kube-apiserver 支持多种授权机制，并且支持同时开启不同的授权模式。对于客户端发起的请求，只要有一个授权器（Authorizer）通过就认为授权成功。

kube-apiserver 目前提供 6 种授权模式，分别是 AlwaysAllow、AlwaysDeny、ABAC、Webhook、RBAC、Node。每种授权方式都会被实例化为对应的授权器，被封装在 http.Handler 请求处理函数中。

授权器需要实现 Authorizer 接口，通过 Authorize 函数接收请求中包含的权限信息（Attributes），校验后返回授权结果，其定义如下。

代码路径：vendor/k8s.io/apiserver/pkg/authorization/authorizer/interfaces.go

```
Plain Text
type Authorizer interface {
  Authorize(ctx context.Context, a Attributes) (Decision, string, error)
}
```

kube-apiserver 通过调用 New 函数完成对各个授权器的实例化操作，代码示例如下。

代码路径：pkg/kubeapiserver/authorizer/config.go

```
Plain Text
func (config Config) New() (authorizer.Authorizer, authorizer.RuleResolver, error) {
  ...
  var (
    authorizers   []authorizer.Authorizer
    ruleResolvers []authorizer.RuleResolver
  )

  for _, authorizationMode := range config.AuthorizationModes {
    // 实例化被启用的Authorizer 及 RuleResolver 对象
    // 存入 authorizers 和 ruleResolvers 切片
  }

  return union.New(authorizers...), union.NewRuleResolvers(ruleResolvers...), nil
}
```

在上述代码中，根据配置开启的授权方式有序列表分别对相应的授权器 Authorizer 和规则解析器 RuleResolver 进行实例化。授权器主要负责对请求进行权限校验，而规则解析器定义了执行权限校验的资源类型信息。为了方便上层调用，与认证器类似，授权器和规则解析器也会通过 union 方式进行聚合，其内部其实是通过遍历的方式逐个进行调用以尝试授权。授权器初始化流程如图 8-12 所示。

authorizationConfig.New 函数根据--authorization-mode 参数的配置信息（通过 flags 命令行参数传入）决定是否启用授权方法，并且对启用的授权方法生成对应的 HTTP Handler 处理函数，最后通过 union 方式将已启用的授权器合并为一个统一的授权器。当客户端请求到达授权模块时，kube-apiserver 会按照参数配置的顺序依次执行授权器的授权函数，排在前面的授权器具有更高的优先级来允许或拒绝请求，只要有一个授权器通过，授权就成功。

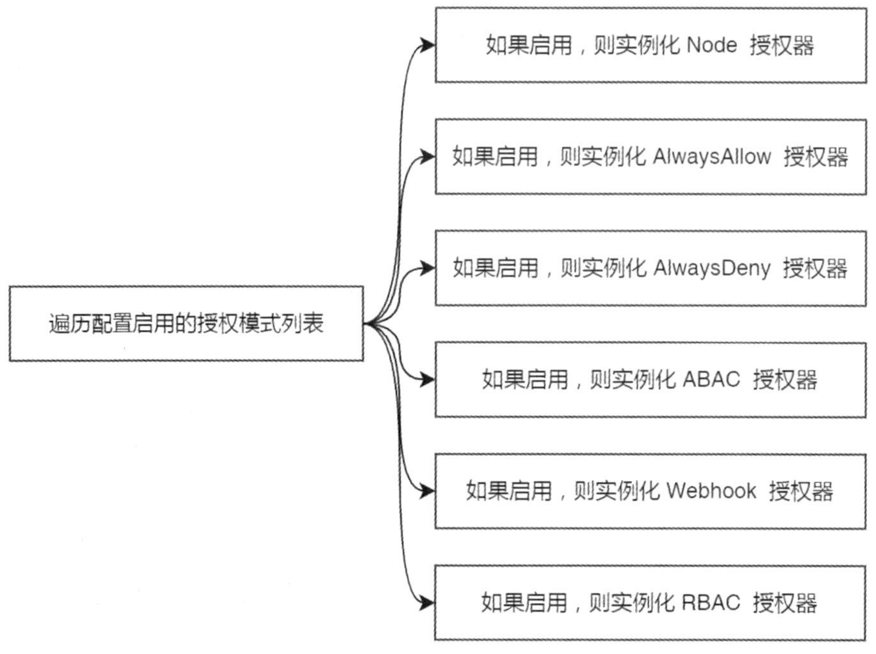

图 8-12　授权器初始化流程

7. Audit 审计配置

kube-apiserver 支持开启审计功能，记录集群中发生的活动记录，包括时间、事件、执行者等关键信息，以便在问题发生时快速定位。目前，kube-apiserver 支持通过日志方式持久化审计事件，也支持通过配置 Webhook 的方式将审计事件持久化到其他存储系统。用户可以通过--audit-policy-file 参数传入一个配置文件来指定 Audit Policy 审计策略，确定需要记录哪种类型的审计事件。

kube-apiserver 审计配置代码示例如下。

代码路径：vendor/k8s.io/apiserver/pkg/server/options/audit.go

```
Plain Text
 func (o *AuditOptions) ApplyTo(c *server.Config) error {
   ...
   evaluator, err := o.newPolicyRuleEvaluator()
   ...
   logBackend = o.LogOptions.newBackend(w)
   ...
   webhookBackend, err = o.WebhookOptions.newUntruncatedBackend(nil)
   ...
   dynamicBackend = o.WebhookOptions.TruncateOptions.wrapBackend(webhookBackend,...)
   ...
   c.AuditPolicyRuleEvaluator = evaluator
   c.AuditBackend = appendBackend(logBackend, dynamicBackend)
   ...
}
```

首先，通过 newPolicyRuleEvaluator 函数构造 evaluator 对象，evaluator 对象负责根据设置的策略评估是否需要记录活动事件。接着，分别根据配置实例化 logBackend 对象和 webhookBackend 对象，logBackend 对象和 webhookBackend 对象负责处理审计事件的持久化。为了防止审计事件过于庞大，支持对审计日志进行截断，可以通过--audit-log-truncate-max-event-size 参数和--audit-webhook-truncate-max-event-size 参数分别对两种存储后端进行设置。最后，将两种存储后端通过 appendBackend 函数进行串联合并，赋值给 c.AuditBackend，以便在之后的请求处理过程中使用。appendBackend 函数的底层逻辑其实是调用了 audit.Union 函数，其内部通过遍历的方式依次调用存储的 Backend 列表，代码示例如下。

代码路径：vendor/k8s.io/apiserver/pkg/audit/union.go

```
Plain Text
func (u union) ProcessEvents(events ...*auditinternal.Event) bool {
  success := true
  for _, backend := range u.backends {
    success = backend.ProcessEvents(events...) && success
  }
  return success
}
```

8. Admission 准入控制器配置

通过认证和授权的请求，会经过准入控制器（Admission Controller），在资源对象被真正持久化到存储之前，准入控制器会对资源请求进行最后的拦截操作，包括执行校验、修改或拒绝等。kube-apiserver 支持多种准入控制机制，并且支持同时开启多个准入控制器。当同时开启多个准入控制器时，会按照配置的顺序依次执行。

kube-apiserver 1.25 版本提供了 34 种准入控制器插件，按照默认执行顺序，分别是 AlwaysAdmit、NamespaceAutoProvision、NamespaceLifecycle、NamespaceExists、SecurityContextDeny、LimitPodHardAntiAffinityTopology、LimitRanger、ServiceAccount、NodeRestriction、TaintNodesByCondition、AlwaysPullImages、ImagePolicyWebhook、PodSecurity、PodNodeSelector、Priority、DefaultTolerationSeconds、PodTolerationRestriction、EventRateLimit、ExtendedResourceToleration、PersistentVolumeLabel、DefaultStorageClass、StorageObjectInUseProtection、OwnerReferencesPermissionEnforcement、PersistentVolumeClaimResize、RuntimeClass、CertificateApproval、CertificateSigning、CertificateSubjectRestriction、DefaultIngressClass、DenyServiceExternalIPs、MutatingAdmissionWebhook、ValidatingAdmissionWebhook、ResourceQuota、AlwaysDeny。

kube-apiserver 在启动时注册所有准入控制器插件，准入控制器通过 admission.Plugins 数据结构统一注册、存储和管理，其数据结构代码示例如下。

代码路径：vendor/k8s.io/apiserver/pkg/admission/plugins.go

```
Plain Text
type Factory func(config io.Reader) (Interface, error)

type Plugins struct {
  lock     sync.Mutex
```

```
  registry map[string]Factory
}
```

admission.Plugins 数据结构说明如下。

- lock 字段：用于保护 registry 并发安全，确保数据的一致性。
- registry 字段：以键值对形式存储准入控制器插件。key 为插件名称，如 LimitRanger、AlwaysPullImages 等；value 为对应准入控制器的工厂方法。

其中，Factory 为准入控制器实现的接口定义。它接收准入控制器的配置信息，可以通过--admission-control-config-file 参数指定准入控制器的配置文件，返回准入控制器的插件实现。准入控制器实现的接口定义 Interface 的代码示例如下。

代码路径：vendor/k8s.io/apiserver/pkg/admission/interfaces.go

```
Plain Text
type Interface interface {
  // Handles returns true if this admission controller can handle the given operation
  // where operation can be one of CREATE, UPDATE, DELETE, or CONNECT
  Handles(operation Operation) bool
}
```

admission.Plugins 对外提供 Register 方法，以便将插件注册到 registry 中。准入控制器插件的注册分别在两个位置进行，代码示例如下。

代码路径：vendor/k8s.io/apiserver/pkg/server/plugins.go

```
Plain Text
func RegisterAllAdmissionPlugins(plugins *admission.Plugins) {
  lifecycle.Register(plugins)
  validatingwebhook.Register(plugins)
  mutatingwebhook.Register(plugins)
}
```

代码路径：pkg/kubeapiserver/options/plugins.go

```
Plain Text
func RegisterAllAdmissionPlugins(plugins *admission.Plugins) {
  admit.Register(plugins) // DEPRECATED as no real meaning
  alwayspullimages.Register(plugins)
  antiaffinity.Register(plugins)
  defaulttolerationseconds.Register(plugins)
  defaultingressclass.Register(plugins)
  denyserviceexternalips.Register(plugins)
  deny.Register(plugins) // DEPRECATED as no real meaning
  eventratelimit.Register(plugins)
  extendedresourcetoleration.Register(plugins)
  gc.Register(plugins)
  imagepolicy.Register(plugins)
  limitranger.Register(plugins)
  autoprovision.Register(plugins)
  exists.Register(plugins)
  noderestriction.Register(plugins)
  nodetaint.Register(plugins)
  label.Register(plugins) // DEPRECATED
  podnodeselector.Register(plugins)
```

```
    podtolerationrestriction.Register(plugins)
    runtimeclass.Register(plugins)
    resourcequota.Register(plugins)
    podsecurity.Register(plugins)
    podpriority.Register(plugins)
    scdeny.Register(plugins)
    serviceaccount.Register(plugins)
    setdefault.Register(plugins)
    resize.Register(plugins)
    storageobjectinuseprotection.Register(plugins)
    certapproval.Register(plugins)
    certsigning.Register(plugins)
    certsubjectrestriction.Register(plugins)
}
```

最后，在初始化 AdmissionOptions 时，将全量 Plugins 合并，代码示例如下。

代码路径：pkg/kubeapiserver/options/admission.go

```
Plain Text
func NewAdmissionOptions() *AdmissionOptions {
    options := genericoptions.NewAdmissionOptions()
    // register all admission plugins
    RegisterAllAdmissionPlugins(options.Plugins)
    // set RecommendedPluginOrder
    options.RecommendedPluginOrder = AllOrderedPlugins
    ...
    return &AdmissionOptions{
    GenericAdmission: options,
    }
}
```

通过调用 genericoptions.NewAdmissionOptions 函数，触发 RegisterAllAdmissionPlugins 函数执行，完成对 MutatingAdmissionWebhook、ValidatingAdmissionWebhook、NamespaceLifecycle 准入控制器插件的注册。通过调用本地的 RegisterAllAdmissionPlugins 函数注册其他内置准入控制器插件，完成全量准入控制器插件的注册。特别地，AllOrderedPlugins 定义了准入控制器的默认执行顺序。

在上述准入控制器列表中，AlwaysAdmit、AlwaysDeny、PersistentVolumeLabel 准入控制器已经被弃用。尽管所有的准入控制器在程序初始化时都会被注册到 admission.Plugins 数据结构中，但并不是所有的准入控制器都会被启用。默认启用的准入控制器列表如下。

代码路径：pkg/kubeapiserver/options/plugins.go

```
Plain Text
defaultOnPlugins := sets.NewString(
    lifecycle.PluginName,              // NamespaceLifecycle
    limitranger.PluginName,            // LimitRanger
    serviceaccount.PluginName,             // ServiceAccount
    setdefault.PluginName,             // DefaultStorageClass
    resize.PluginName,               // PersistentVolumeClaimResize
    defaulttolerationseconds.PluginName,     // DefaultTolerationSeconds
    mutatingwebhook.PluginName,          // MutatingAdmissionWebhook
    validatingwebhook.PluginName,         // ValidatingAdmissionWebhook
```

```
  resourcequota.PluginName,       // ResourceQuota
  storageobjectinuseprotection.PluginName, // StorageObjectInUseProtection
  podpriority.PluginName,         // Priority
  nodetaint.PluginName,           // TaintNodesByCondition
  runtimeclass.PluginName,        // RuntimeClass
  certapproval.PluginName,        // CertificateApproval
  certsigning.PluginName,         // CertificateSigning
  certsubjectrestriction.PluginName,      // CertificateSubjectRestriction
  defaultingressclass.PluginName,      // DefaultIngressClass
  podsecurity.PluginName,         // PodSecurity
)
```

如果需要修改默认启用的准入控制器插件，可以通过--enable-admission-plugins 或--disable-admission-plugins 参数进行设置。

每个准入控制器插件都实现了 Register 方法，通过 Register 方法向 admission.Plugins 数据结构注册自己，以 LimitRanger 插件为例，其代码示例如下。

代码路径：plugin/pkg/admission/limitranger/admission.go

```
Plain Text
const (
  PluginName = "LimitRanger"
)

func Register(plugins *admission.Plugins) {
  plugins.Register(PluginName, func(config io.Reader) (admission.Interface, error) {
    return NewLimitRanger(&DefaultLimitRangerActions{})
  })
}
```

9. AddPostStartHook 添加后置钩子

PostStartHook 在 kube-apiserver 启动后执行，此处添加的 PostStartHook 名称为 start-kube-apiserver-admission-initializer，主要用于某些准入控制器需要执行控制器调谐逻辑的场景，如对 discoveryRESTMapper 定期执行 Reset 操作，以避免缓存过期产生的不良影响。AddPostStartHook 添加后置钩子的代码示例如下。

代码路径：cmd/kube-apiserver/app/server.go

```
Go
if err :=
config.GenericConfig.AddPostStartHook("start-kube-apiserver-admission-initializer",
admissionPostStartHook); err != nil {
  return nil, nil, nil, err
}
```

8.4.4 创建 APIExtensionsServer

APIExtensionsServer 的创建流程如图 8-13 所示。

APIExtensionsServer 处于 kube-apiserver 处理链条的末端，负责承接处理对 CRD 及 CR 资源的操作请求，其创建流程如下。

1. 创建 GenericAPIServer 实例

在 APIExtensionsServer 实例化阶段，大部分配置复用 8.4.3 节中构造的 API Server 通用配置，仅对部分字段（如 PostStartHooks、MergedResourceConfig、RESTOptionsGetter 等）进行覆盖，以满足定制化需要。同时，作为处理链条的末端，APIExtensionsServer 会创建 EmptyDelegate（NotFoundHandler）作为自身的 DelegationTarget 服务，用于兜底无法匹配处理的请求，返回 404（未找到）或 503（未就绪）错误。代码示例如下。

代码路径：cmd/kube-apiserver/app/server.go

```
Plain Text
notFoundHandler := notfoundhandler.New(...)
apiExtensionsServer, err := createAPIExtensionsServer(...,
genericapiserver.NewEmptyDelegateWithCustomHandler(notFoundHandler))
```

在上述代码中，createAPIExtensionsServer 将 notFoundHandler 作为 DelegationTarget，实现请求的末端处理。

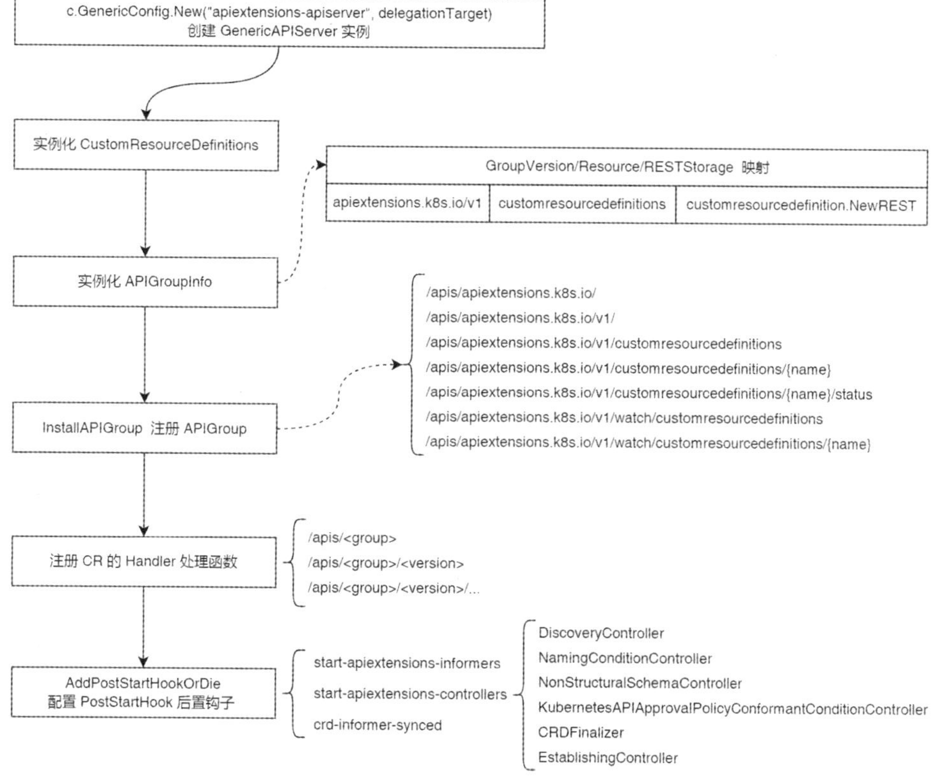

图 8-13　APIExtensionsServer 创建流程

在执行 createAPIExtensionsServer 函数时，首先会对 GenericAPIServer 进行实例化，代码示例如下。

代码路径：vendor/k8s.io/apiextensions-apiserver/pkg/apiserver/apiserver.go

```
Plain Text
genericServer, err := c.GenericConfig.New("apiextensions-apiserver", delegationTarget)
```

APIExtensionsServer 底层依赖 GenericAPIServer，通过 c.GenericConfig.New 函数创建名为 apiextensions-apiserver 的 genericServer 服务。

2．实例化 CustomResourceDefinitions

APIExtensionsServer 通过 CustomResourceDefinitions 对象进行管理，其类型定义如下。

代码路径：vendor/k8s.io/apiextensions-apiserver/pkg/apiserver/apiserver.go

```
Plain Text
type CustomResourceDefinitions struct {
  GenericAPIServer *genericapiserver.GenericAPIServer
  Informers externalinformers.SharedInformerFactory
}
```

在上述代码中，CustomResourceDefinitions 对 GenericAPIServer 进行了简单的包装和扩展，引入 Informers 以实现对集群中 CRD 相关资源的自动发现。APIExtensionsServer 实例化 CustomResourceDefinitions 的代码示例如下。

代码路径：k8s.io/apiextensions-apiserver/pkg/apiserver/apiserver.go

```
Plain Text
s := &CustomResourceDefinitions{
  GenericAPIServer: genericServer,
}
...
s.Informers = externalinformers.NewSharedInformerFactory(crdClient, 5*time.Minute)
```

3．实例化 APIGroupInfo

APIGroupInfo 描述 Kubernetes API 资源组信息，包括资源组名称、版本优先级顺序、资源对象支持的编/解码方式、不同版本资源对象的存储实现等。这里重点关注其 VersionedResourcesStorageMap 字段，该字段类型为 map[string]map[string]rest.Storage，其表达含义为<资源版本>→<资源>→<资源存储对象>。rest.Storage 是 RESTful 存储服务的基本接口，每个通过 kube-apiserver 对外暴露的 API 资源都需要实现该接口。当然也可以实现更多接口，以满足更多对资源的操作，例如，可以通过实现 rest.Watcher 接口，支持客户端对资源的 Watch 操作。VersionedResourcesStorageMap 字段定义了资源与其存储实现的对应关系，相关代码示例如下。

代码路径：vendor/k8s.io/apiserver/pkg/server/genericapiserver.go

```
Plain Text
type APIGroupInfo struct {
  ...
  // Info about the resources in this group.
  // It's a map from version to resource to the storage.
  VersionedResourcesStorageMap map[string]map[string]rest.Storage
  ...
}
```

代码路径：vendor/k8s.io/apiserver/pkg/registry/rest/rest.go

```
Plain Text
type Storage interface {
  New() runtime.Object
  Destroy()
}

type Watcher interface {
```

```
  Watch(...) (watch.Interface, error)
}
```

APIExtensionsServer 通过 genericapiserver.NewDefaultAPIGroupInfo 函数实例化 APIGroupInfo 对象，并且对其 VersionedResourcesStorageMap 字段进行设置，声明<资源版本>/<资源>/<资源存储对象>的映射关系。对 APIExtensionsServer 而言，资源版本是 v1，资源是 customresourcedefinitions 及其子资源 customresourcedefinitions/status，资源存储即为面向 etcd 的存取操作接口 rest.Storage。代码示例如下。

代码路径：vendor/k8s.io/apiextensions-apiserver/pkg/apiserver/apiserver.go

```
Plain Text
apiGroupInfo := genericapiserver.NewDefaultAPIGroupInfo(...)
storage := map[string]rest.Storage{}
if resource := "customresourcedefinitions";
apiResourceConfig.ResourceEnabled(v1.SchemeGroupVersion.WithResource(resource)) {
  customResourceDefinitionStorage, err := customresourcedefinition.NewREST(...)
  storage[resource] = customResourceDefinitionStorage
  storage[resource+"/status"] = customresourcedefinition.NewStatusREST(...)
}
if len(storage) > 0 {
  apiGroupInfo.VersionedResourcesStorageMap[v1.SchemeGroupVersion.Version] = storage
}
```

在上述代码中，实例化 APIGroupInfo 后，APIExtensionsServer 首先判断 apiextensions.k8s.io/v1 资源组下的 customresourcedefinitions 资源是否启用，如果启用，则将资源与存储对象 rest.Storage（RESTStorage）做映射关联，并且存储至 APIGroupInfo 的 VersionedResourcesStorageMap 字段中。

RESTStorage 封装了对相应资源对象的 CRUD 操作，对外提供 RESTful 接口以方便上层调用，其底层则通过 genericregistry.Store 实现与 etcd 的真正交互。每个资源（子资源）都通过类似 NewREST（NewStatusREST）的方式构建其资源存储对象 RESTStorage，提供对底层 etcd 的操作能力。有关 RESTStorage 的更多介绍请参考 7.3 节。

每个资源组对应一个 APIGroupInfo 对象，每个资源（子资源）对应一个 RESTStorage 资源存储对象。

4. InstallAPIGroup 注册 APIGroup

InstallAPIGroup 至关重要，它实现了对 APIExtensionsServer 的路由注册功能，使其真正能够接收和处理外部请求，代码示例如下。

代码路径：vendor/k8s.io/apiextensions-apiserver/pkg/apiserver/apiserver.go

```
Plain Text
if err := s.GenericAPIServer.InstallAPIGroup(&apiGroupInfo); err != nil {
  return nil, err
}
```

InstallAPIGroup 将 APIGroupInfo 中的<资源组>/<资源版本>/<资源/子资源>/<资源存储对象>注册到 APIExtensionsServer HTTP Handler，其主要过程是通过遍历 APIGroupInfo 的 PrioritizedVersions 资源版本，将<资源组>/<资源版本>/<资源/子资源>映射到 HTTP Path 请求路径，通过 InstallREST 函数将资源存储对象解析封装为资源请求的 Handler 处理函数，最后使用 ws.Route 将请求路径和 Handler 处理函数的对应关系注册到 go-restful 框架。InstallREST 函数的代码示例如下。

代码路径：vendor/k8s.io/apiserver/pkg/endpoints/groupversion.go

```
Plain Text
func (g *APIGroupVersion) InstallREST(container *restful.Container)
([]*storageversion.ResourceInfo, error) {
  prefix := path.Join(g.Root, g.GroupVersion.Group, g.GroupVersion.Version)
  installer := &APIInstaller{
    group:       g,
    prefix:      prefix,
    minRequestTimeout: g.MinRequestTimeout,
  }

  apiResources, resourceInfos, ws, registrationErrors := installer.Install()
  ...
  container.Add(ws)
}
```

InstallREST 函数接收 restful.Container 指针对象，路由安装过程分为以下几步。

（1）通过 prefix 定义 HTTP Path 请求路径，其表达形式为<APIGroupPrefix>/<Group>/<Version>，这里即为/apis/apiextensions.k8s.io/v1。

（2）实例化 APIInstaller 对象。

（3）installer.Install 会实例化一个 restful.WebService 对象，遍历 APIGroupVersion 中定义的资源列表，将资源和与之对应的 Handler 处理函数注册到 WebService Route 路由。

此处有个巧妙的设计点，即采用类型断言的方式判断资源类型需要实现的 RESTful 接口，代码示例如下。

代码路径：vendor/k8s.io/apiserver/pkg/endpoints/installer.go

```
Plain Text
func (a *APIInstaller) registerResourceHandlers(...,storage rest.Storage,...) (...) {
   ...
   creater, isCreater := storage.(rest.Creater)
   namedCreater, isNamedCreater := storage.(rest.NamedCreater)
   lister, isLister := storage.(rest.Lister)
   getter, isGetter := storage.(rest.Getter)
   getterWithOptions, isGetterWithOptions := storage.(rest.GetterWithOptions)
   gracefulDeleter, isGracefulDeleter := storage.(rest.GracefulDeleter)
   collectionDeleter, isCollectionDeleter := storage.(rest.CollectionDeleter)
   updater, isUpdater := storage.(rest.Updater)
   patcher, isPatcher := storage.(rest.Patcher)
   watcher, isWatcher := storage.(rest.Watcher)
   connecter, isConnecter := storage.(rest.Connecter)
   storageMeta, isMetadata := storage.(rest.StorageMetadata)
   storageVersionProvider, isStorageVersionProvider :=
storage.(rest.StorageVersionProvider)
   ...
}
```

通过类型断言的方式，APIInstaller 即可根据资源的底层存储支持程度，自动为其生成对外的 RESTful 服务接口，提升程序的可扩展性和通用性。例如，只有当资源类型的 RESTStorage 实现了 rest.Watcher 接口，才为其生成和注册 Watch RESTful API 接口。

（4）通过 container.Add 函数将 WebService 对象添加到 go-restful Container 中。

通过 kubectl 命令行工具可以读取注册到 apiextensions.k8s.io/v1 资源组下的资源（子资源）及其支持的操作类型，命令示例如下。

```
Bash
$ kubectl get --raw /apis/apiextensions.k8s.io/v1 | jq
{
  "kind": "APIResourceList",
  "apiVersion": "v1",
  "groupVersion": "apiextensions.k8s.io/v1",
  "resources": [
    {
      "name": "customresourcedefinitions",
      "singularName": "",
      "namespaced": false,
      "kind": "CustomResourceDefinition",
      "verbs": [
    "create",
    "delete",
    "deletecollection",
    "get",
    "list",
    "patch",
    "update",
    "watch"
      ],
      "shortNames": [
    "crd",
    "crds"
      ],
      "categories": [
    "api-extensions"
      ],
      "storageVersionHash": "jfWCUB31mvA="
    },
    {
      "name": "customresourcedefinitions/status",
      "singularName": "",
      "namespaced": false,
      "kind": "CustomResourceDefinition",
      "verbs": [
    "get",
    "patch",
    "update"
      ]
    }
  ]
}
```

5．注册 CR 的 Handler 处理函数

上述步骤完成了对 CRD 资源的 Handler 处理函数的注册，但 APIExtensionsServer 除了需要处理 CRD 资源，更重要的是支持对 CR 资源的相关操作。APIExtensionsServer 通过创建 crdHandler 并将其注册到/apis 路径，实现对扩展资源的 REST 接口的支持，代码示例如下。

代码路径：vendor/k8s.io/apiextensions-apiserver/pkg/apiserver/apiserver.go

```
Plain Text
crdHandler, err := NewCustomResourceDefinitionHandler(...)
...
s.GenericAPIServer.Handler.NonGoRestfulMux.Handle("/apis", crdHandler)
s.GenericAPIServer.Handler.NonGoRestfulMux.HandlePrefix("/apis/", crdHandler)
```

crdHandler 的 ServeHTTP 实现，代码示例如下。

代码路径：vendor/k8s.io/apiextensions-apiserver/pkg/apiserver/customresource_handler.go

```
Plain Text
func (r *crdHandler) ServeHTTP(w http.ResponseWriter, req *http.Request) {
  ...
  crdName := requestInfo.Resource + "." + requestInfo.APIGroup
  crd, err := r.crdLister.Get(crdName)
  ...
  crdInfo, err := r.getOrCreateServingInfoFor(crd.UID, crd.Name)
  ...
  handlerFunc = r.serveResource(w, req, requestInfo, crdInfo, crd, terminating,
supportedTypes)
  ...
  handler.ServeHTTP(w, req)
}
```

首先，解析 req 中包含的 APIGroup、Resource 信息，获取对应的 CRD 资源定义。

然后，根据 CRD 的 UID 和 Name 获取 crdInfo（通过内置的 storageMap 缓存读取，如果不存在，则新建并更新缓存）。crdInfo 中包含了 CRD 资源定义和对应 CR 资源的 customresource.CustomResourceStorage 存储定义，代码示例如下。

代码路径：vendor/k8s.io/apiextensions-apiserver/pkg/apiserver/customresource_handler.go

```
Plain Text
type crdInfo struct {
  ...
  // Storage per version
  storages map[string]customresource.CustomResourceStorage
  ...
}
```

由于 Kubernetes 中不包含 CR 资源的具体结构体代码，因此对 CR 资源的存取操作需要借助泛型结构体 unstructured.Unstructured，通过设置正确的 GroupVersionKind 实现对所有类型 CR 资源的存取支持。代码示例如下。

代码路径：vendor/k8s.io/apiextensions-apiserver/pkg/registry/customresource/etcd.go

```
Plain Text
func NewStorage(...) CustomResourceStorage {
   var storage CustomResourceStorage
   store := &genericregistry.Store{
```

```
    NewFunc: func() runtime.Object {
    ret := &unstructured.Unstructured{}
    ret.SetGroupVersionKind(kind)
    return ret
    },
    ...
  }
  ...
}
```

最后，根据得到的 crdInfo，通过 serveResource 函数构建相应的 HTTP Handler 对象，接收并处理对 CR 对象的读写请求，底层基于 CustomResourceStorage 完成与 etcd 存储层的交互。

原生内置（Built-in）资源对象，默认同时支持 3 种数据序列化格式：application/json、application/yaml、application/vnd.kubernetes.protobuf。可以通过设置 HTTP 的 Content-Type 和 Accept 请求头实现与服务端的自动协议协商。如果未设置 Content-Type 和 Accept 请求头，则默认采用 JSON 协议通信。如果仅设置了 Content-Type 请求头，则 Accept 会自动使用与 Content-Type 相同的值。

由于 CR 资源没有预先定义数据结构 Scheme，在编译阶段无法生成.proto 定义及 Go 语言程序库，因此暂不支持客户端采用 protobuf 协议操作 CR 资源对象，仅支持 JSON 或 YAML 序列化方式。在 etcd 数据持久化编码上，Protobuf 格式同样不适用于 CR 资源，其默认会采用 JSON 格式存储。

特别地，在 1.25 版本的实现中，APIService 和 CustomResourceDefinitions 资源类型在 etcd 中默认采用 JSON 格式存储，但同时支持 3 种数据序列化格式与客户端交互。

通过以下命令，可以验证 CR 资源对象的读写请求仅支持 JSON、YAML 格式，而不支持 Protobuf 格式。

```
Bash
# 1.安装一个 CRD 资源，如 crontabs.stable.example.com

$ kubectl get crd
NAME              CREATED AT
crontabs.stable.example.com   2023-01-14T13:44:47Z

# 2.部署一个对应的 CR 资源，如 mycrontab
$ kubectl get crontabs
NAME        AGE
mycrontab   38m

# 3.启动 proxy 代理
$ kubectl proxy
Starting to serve on 127.0.0.1:8001

# 4.新开启一个 Terminal 终端，执行 curl 命令
# 使用 JSON 协议，正确响应 JSON 格式结构
$ curl -H "Content-Type: application/json" \
  -H "Accept: application/json" \

http://127.0.0.1:8001/apis/stable.example.com/v1/namespaces/default/crontabs/mycrontab
{
```

```
  "apiVersion": "stable.example.com/v1",
  "kind": "CronTab",
  "metadata": {
    ...
    "name": "mycrontab",
    "namespace": "default",
    ...
  },
  "spec": {
    "cronSpec": "* * * * */5",
    "image": "my-awesome-cron-image"
  }
}
# 使用 YAML 协议，正确响应 YAML 格式结构
$ curl -H "Content-Type: application/yaml" \
  -H "Accept: application/yaml" \
  http://127.0.0.1:8001/apis/stable.example.com/v1/namespaces/default/crontabs/mycrontab
apiVersion: stable.example.com/v1
kind: CronTab
metadata:
  ...
  name: mycrontab
  namespace: default
  ...
spec:
  cronSpec: '* * * * */5'
  image: my-awesome-cron-image
# 使用 Protobuf 协议，返回 406 错误
$ curl -v -H "Content-Type: application/vnd.kubernetes.protobuf" \
  -H "Accept: application/vnd.kubernetes.protobuf" \
  http://127.0.0.1:8001/apis/stable.example.com/v1/namespaces/default/crontabs/mycrontab
...
< HTTP/1.1 406 Not Acceptable
...
```

6. 配置 PostStartHook 后置钩子

APIExtensionsServer 通过为 GenericAPIServer 配置 PostStartHook 钩子函数来完成相关控制器的启动逻辑，代码示例如下。

代码路径：vendor/k8s.io/apiextensions-apiserver/pkg/apiserver/apiserver.go

```
Plain Text
s.GenericAPIServer.AddPostStartHookOrDie("start-apiextensions-informers", ...) error {
   s.Informers.Start(context.StopCh)
   ...
})
s.GenericAPIServer.AddPostStartHookOrDie("start-apiextensions-controllers", ...) error
{
   ...
   go openapiController.Run(...)
   go openapiv3Controller.Run(...)
   go namingController.Run(...)
   go establishingController.Run(...)
```

```
  go nonStructuralSchemaController.Run(...)
  go apiApprovalController.Run(...)
  go finalizingController.Run(...)
  go discoveryController.Run(...)
  ...
})
s.GenericAPIServer.AddPostStartHookOrDie("crd-informer-synced", func(context
genericapiserver.PostStartHookContext) error {
  ...
  close(hasCRDInformerSyncedSignal)
  ...
})
```

相关钩子函数说明如下。

- start-apiextensions-informers：启动客户端 Informer，同步集群资源列表，开始 Watch 变化事件。
- start-apiextensions-controllers：启动 CRD 处理相关控制器。
- crd-informer-synced：等待 Informer 完成资源同步后，向 GenericAPIServer 发出信号，服务就绪，开始接收和处理客户端请求。

APIExtensionsServer 通过 Informer 机制实时感知集群资源变化事件，并且通过内部 Controller 实现对 CRD 的自动发现与注册，核心 Controller 及其功能描述如表 8-2 所示。

表 8-2　核心 Controller 及其功能描述

Controller 名称	功能描述
discoveryController	自动发现集群中已经安装的 CRD 资源列表，注册对应的 HTTP Handler 处理函数 (/apis/<group>、/apis/<group>/<version>)
establishingController	检查 CRD 是否处于活跃可用状态，自动设置其.status.conditions 字段
namingController	检查 CRD 是否存在命名冲突，自动设置其.status.conditions 字段
nonStructuralSchemaController	检查 CRD 结构是否正确，自动设置其.status.conditions 字段
apiApprovalController	检查 CRD 是否遵循 Kubernetes API 声明策略，自动设置其.status.conditions 字段
finalizingController	负责处理与 CRD 删除相关的清理工作，包括设置和移除 CRD 的 Finalizer，在删除 CRD 前确保相关的 CR 对象已经被清理干净等
openapiController	自动同步 CRD 变化到 OpenAPI 文档，可以通过/openapi/v2 访问
openapiv3Controller	自动同步 CRD 变化到 OpenAPI 文档，可以通过/openapi/v3 访问

8.4.5　创建 KubeAPIServer

创建 KubeAPIServer 的流程与创建 APIExtensionsServer 的流程类似。首先，将<资源组>/<资源版本>/<资源>与资源存储对象 RESTStorage 做映射，存储到 APIGroupInfo 对象的 VersionedResourcesStorageMap 字段中。然后，通过 installer.Install 为资源注册相应的 HTTP Handler 处理函数，完成资源和资源处理函数的绑定，为 go-restful WebService 注册对应的路由信息。最后，将 WebService 对象添加到 go-restful Container 中。其整体流程如图 8-14 所示。

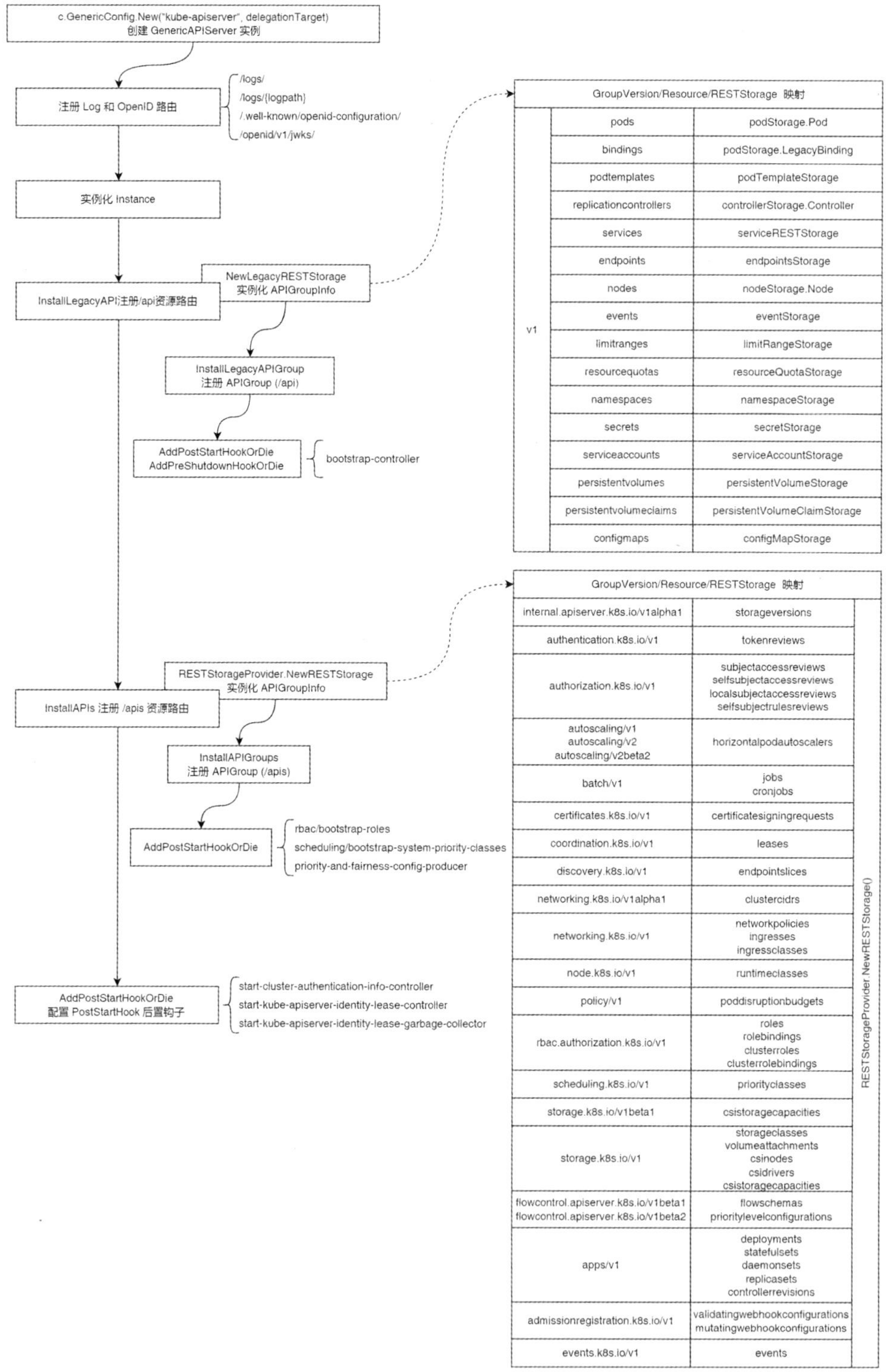

图 8-14　创建 KubeAPIServer 的整体流程

kube-apiserver 是 Kubernetes 的核心 API 服务，其创建流程如下。

1. 创建 GenericAPIServer 实例

代码路径：pkg/controlplane/instance.go

```
Plain Text
s, err := c.GenericConfig.New("kube-apiserver", delegationTarget)
```

与 APIExtensionsServer 相同，KubeAPIServer 的运行基于 GenericAPIServer，通过 c.GenericConfig.New 函数创建名为 kube-apiserver 的服务。

2．注册 Log 和 OpenID 路由

代码路径：pkg/controlplane/instance.go

```
Plain Text
routes.Logs{}.Install(s.Handler.GoRestfulContainer)
...
routes.NewOpenIDMetadataServer(...).Install(s.Handler.GoRestfulContainer)
```

通过 routes.Logs{}.Install 将 /logs 日志相关路由注册到 GenericAPIServer 的 GoRestfulContainer，以支持通过/logs/{logpath}读取 kube-apiserver 所在机器（或容器）的/var/log 目录下的日志文件，主要用于问题排查。可以通过 kube-apiserver 的启动参数 --enable-logs-handler 控制是否安装该路由条目。

通过 routes.NewOpenIDMetadataServer(...).Install 注册 OpenID 相关路由，提供 OIDC（OpenID Connect）服务，主要包括以下两个关键路由。

- /.well-known/openid-configuration：用于 OIDC 配置服务发现，又名 OIDC Discovery Doc。
- /openid/v1/jwks：读取基于 Service Account 的 OpenID JSON Web Key Set 密钥集，用于 Token 验证。

可以通过以下命令访问 KubeAPIServer HTTP 服务端点。

```
Plain Text
$ kubectl get --raw /.well-known/openid-configuration | jq
{
  "issuer": "https://kubernetes.default.svc.cluster.local",
  "jwks_uri": "https://172.18.0.4:6443/openid/v1/jwks",
  "response_types_supported": [
    "id_token"
  ],
  "subject_types_supported": [
    "public"
  ],
  "id_token_signing_alg_values_supported": [
    "RS256"
  ]
}
```

3．实例化 Instance

代码路径：pkg/controlplane/instance.go

```
Plain Text
m := &Instance{
   GenericAPIServer:     s,
   ClusterAuthenticationInfo: c.ExtraConfig.ClusterAuthenticationInfo,
}
```

KubeAPIServer 通过 Instance 对象进行管理，Instance 对象是对 GenericAPIServer 的扩展和封装。

4．InstallLegacyAPI 注册/api 资源路由

代码路径：pkg/controlplane/instance.go

```
Plain Text
if err := m.InstallLegacyAPI(&c, c.GenericConfig.RESTOptionsGetter); err != nil {
   return nil, err
}
```

KubeAPIServer 通过 InstallLegacyAPI 函数将 core/v1 核心资源注册到/api/v1 下，可以通过以下命令获取/apiv1 下的资源与子资源信息。

```
Plain Text
$ kubectl get --raw /api/v1
{
  "kind": "APIResourceList",
  "groupVersion": "v1",
  "resources": [
    {
      "name": "bindings",
      "singularName": "",
      "namespaced": true,
      "kind": "Binding",
      "verbs": [
    "create"
      ]
    },
    ...
    {
      "name": "services/status",
      "singularName": "",
      "namespaced": true,
      "kind": "Service",
      "verbs": [
    "get",
    "patch",
    "update"
      ]
    }
  ]
}
```

InstallLegacyAPI 函数的执行过程分为以下 3 步。

（1）通过 legacyRESTStorageProvider.NewLegacyRESTStorage 函数实例化 APIGroupInfo，其中，该对象的 VersionedResourcesStorageMap 字段中存储了资源与资源存储对象的映射关系，其表达形式为<资源版本>/<资源/子资源>/<资源存储对象>。以 Pod 资源为例，其映射关系为 v1/pods/podStorage，core/v1 下资源与资源存储对象的映射关系的代码示例如下。

代码路径：pkg/registry/core/rest/storage_core.go

```
Plain Text
podStorage, err := podstore.NewStorage(...)

storage := map[string]rest.Storage{}
```

```
if resource := "pods";
apiResourceConfigSource.ResourceEnabled(corev1.SchemeGroupVersion.WithResource(resour
ce)) {
   storage[resource] = podStorage.Pod
   storage[resource+"/attach"] = podStorage.Attach
   ...
}
if resource := "bindings";
apiResourceConfigSource.ResourceEnabled(corev1.SchemeGroupVersion.WithResource(resour
ce)) {
   storage[resource] = podStorage.LegacyBinding
}
...

if len(storage) > 0 {
   apiGroupInfo.VersionedResourcesStorageMap["v1"] = storage
}
```

每类资源（包括子资源）都通过类似 NewREST/NewStorage 的方式创建资源存储对象（RESTStorage）。RESTStorage 向上提供 RESTful 接口，向下通过操作底层存储实现对资源对象的读/写，进一步被 kube-apiserver 封装为 HTTP Handler 处理函数。注意，在 storage map 的构建过程中，注册程序会先检查是否启用了相应的资源类型，仅按需注册。

（2）通过 m.GenericAPIServer.InstallLegacyAPIGroup 函数将 APIGroupInfo 对象中的<资源版本>/<资源/子资源>/<资源存储对象>注册到 KubeAPIServer HTTP Handler。其过程是首先遍历 APIGroupInfo 下的所有资源版本和资源/子资源，将<资源版本>/<资源/子资源>映射到/api 下的 HTTP Path，然后通过 InstallREST 函数将对应的资源存储对象封装为资源的 Handler 处理函数,最后使用 ws.Route 将请求路径和 Handler 处理函数的对应关系注册到 go-restful 框架。InstallLegacyAPIGroup→installAPIResources→InstallREST 的执行过程与 APIExtensionsServer 注册 APIGroupInfo 的过程类似，故不再展开描述。

（3）通过 m.GenericAPIServer.AddPostStartHookOrDie 函数注册 kube-apiserver，启动后置钩子 bootstrap-controller，用于启动 bootstrap 控制器。该控制器会周期性地检查并确保 default/kubernetes Service 存在且其 Endpoints 配置正确，确保系统命名空间（default、kube-system、kube-public、kube-node-lease）存在，同时周期性地检查现存的 Service 资源对象的状态，确保所有 Service 资源对象的 ClusterIP 和 NodePort 分配正确，不存在遗漏且全集群唯一，如果存在冲突或配置错误，则自动发出告警事件。Hook 注册的代码示例如下。

代码路径：pkg/controlplane/instance.go

```
Plain Text
controllerName := "bootstrap-controller"
...
bootstrapController, err := c.NewBootstrapController(legacyRESTStorage, client)
...
m.GenericAPIServer.AddPostStartHookOrDie(controllerName,
bootstrapController.PostStartHook)
m.GenericAPIServer.AddPreShutdownHookOrDie(controllerName,
bootstrapController.PreShutdownHook)
```

为了实现优雅关闭，通过 m.GenericAPIServer.AddPreShutdownHookOrDie 注册 kube-apiserver 来关闭前置钩子 bootstrap-controller。其作用是，在真正停止 kube-apiserver 实例前，首先从 default/kubernetes Service 的 Endpoints 中移除当前实例，确保新的流量不再进入即将停止的 kube-apiserver 实例。

5. InstallAPIs 注册/apis 资源路由

代码路径：pkg/controlplane/instance.go

```
Plain Text
restStorageProviders := []RESTStorageProvider{
   apiserverinternalrest.StorageProvider{},
   ...
}
m.InstallAPIs(..., restStorageProviders...)
```

KubeAPIServer 首先初始化各资源类型的 RESTStorageProvider，然后通过 m.InstallAPIs 函数将其他核心资源类型注册到/apis 下。可以通过以下命令获取/apis 下的资源组列表信息。

```
Plain Text
$ kubectl get --raw /apis | jq
{
  "kind": "APIGroupList",
  "apiVersion": "v1",
  "groups": [
    {
      "name": "apiregistration.k8s.io",
      "versions": [
    {
      "groupVersion": "apiregistration.k8s.io/v1",
      "version": "v1"
    }
      ],
      "preferredVersion": {
    "groupVersion": "apiregistration.k8s.io/v1",
    "version": "v1"
      }
    },
    ...
  ]
}
```

InstallAPIs 函数的执行过程分为以下 3 步。

（1）先调用对应资源组的 RESTStorageProvider 的 NewRESTStorage 函数，实例化所有已启用的资源组的 APIGroupInfo。其中，该对象的 VersionedResourcesStorageMap 字段存储了资源与资源存储对象的映射关系，其表达形式为<资源版本>/<资源/子资源>/<资源存储对象>。再检查是否存在已经超过其生存周期的资源类型，如果有，则从 VersionedResourcesStorageMap 字段中移除，不再提供 RESTful 服务支持。以 apps 为例，代码示例如下。

代码路径：pkg/registry/apps/rest/storage_apps.go

```
Plain Text
func (p StorageProvider) NewRESTStorage(...) (genericapiserver.APIGroupInfo, error) {
   apiGroupInfo := genericapiserver.NewDefaultAPIGroupInfo(apps.GroupName, ...)
```

```
    storageMap, err := p.v1Storage(apiResourceConfigSource, restOptionsGetter)
    ...
    apiGroupInfo.VersionedResourcesStorageMap[appsapiv1.SchemeGroupVersion.Version] =
storageMap

    return apiGroupInfo, nil
}

func (p StorageProvider) v1Storage(...) (map[string]rest.Storage, error) {
    storage := map[string]rest.Storage{}

    // deployments
    if resource := "deployments";
apiResourceConfigSource.ResourceEnabled(appsapiv1.SchemeGroupVersion.WithResource(res
ource)) {
    deploymentStorage, err := deploymentstore.NewStorage(restOptionsGetter)
    if err != nil {
        return storage, err
    }
    storage[resource] = deploymentStorage.Deployment
    storage[resource+"/status"] = deploymentStorage.Status
    storage[resource+"/scale"] = deploymentStorage.Scale
    }
    ...
    return storage, nil
}
```

每类资源（包括子资源）都通过类似 NewREST/NewStorage 的方式创建资源存储对象（RESTStorage）。RESTStorage 向上提供 RESTful 接口，向下通过操作底层存储实现对资源对象的读/写，进一步被 kube-apiserver 封装为 HTTP Handler 处理函数。注意，在 storage map 的构建过程中，注册程序会先检查是否启用了相应的资源类型，仅按需注册。

（2）检查资源类型的 RESTStorageProvider 是否实现了 genericapiserver. PostStartHookProvider 接口，如果是，则将对应的 PostStartHook 函数注册到 GenericAPIServer 的 postStartHooks map 结构，在 kube-apiserver 启动后执行。在 1.25 版本中，主要定义了以下几个 PostStartHook，如表 8-3 所示。

表 8-3　1.25 版本中定义的 PostStartHook

资源组	PostStartHook 名称	功能描述
rbac.authorization.k8s.io	rbac/bootstrap-roles	确保系统核心 RBAC 资源正确存在（如 cluster-admin ClusterRole 等）
scheduling.k8s.io	scheduling/bootstrap-system-priority-classes	确保系统 PriorityClass 资源正确存在，包括 system-node-critical 和 system-cluster-critical
flowcontrol.apiserver.k8s.io	priority-and-fairness-config-producer	确保系统核心 PriorityLevelConfiguration 和 FlowSchema 资源正确存在（如 system PriorityLevelConfiguration、system-nodes FlowSchema 等）

（3）通过 m.GenericAPIServer.InstallAPIGroups 函数将 APIGroupInfo 对象中的<资源版本>/<资源/子资源>/<资源存储对象>注册到 KubeAPIServer HTTP Handler。其过程是首先遍历

APIGroupInfo 下的所有资源版本和资源/子资源，将<资源版本>/<资源/子资源>映射到/apis 下的 HTTP Path，然后通过 InstallREST 函数将对应的资源存储对象作为资源的 Handler 处理函数，最后使用 ws.Route 将请求路径和 Handler 处理函数的对应关系注册到 go-restful 框架。InstallAPIGroups→installAPIResources→InstallREST 的执行过程与 APIExtensionsServer 注册 APIGroupInfo 的过程类似，故不再展开描述。

6. 配置 PostStartHook 后置钩子

与 APIExtensionsServer 类似，KubeAPIServer 也通过为 GenericAPIServer 配置 PostStartHook 钩子函数来完成相关控制器的启动逻辑，代码示例如下。

代码路径：pkg/controlplane/instance.go

```
Plain Text
m.GenericAPIServer.AddPostStartHookOrDie("start-cluster-authentication-info-controller",
...) error {
    ...
    controller := clusterauthenticationtrust.NewClusterAuthenticationTrustController(...)
    ...
    go controller.Run(ctx, 1)
    ...
})

if utilfeature.DefaultFeatureGate.Enabled(apiserverfeatures.APIServerIdentity) {
    m.GenericAPIServer.AddPostStartHookOrDie("start-kube-apiserver-identity-lease-controller",
...) error {
    ...
    controller := lease.NewController()
    go controller.Run(hookContext.StopCh)
    ...
    })
    m.GenericAPIServer.AddPostStartHookOrDie("start-kube-apiserver-identity-lease-
garbage-collector", ...) error {
    ...
    go apiserverleasegc.NewAPIServerLeaseGC(...).Run(hookContext.StopCh)
    ...
    })
}
```

相关钩子函数说明如下。

- start-cluster-authentication-info-controller：初始化并启动 ClusterAuthenticationTrustController，确保 kube-system 命名空间下的 extension-apiserver-authentication ConfigMap 正确存在，该 ConfigMap 主要用于保存推荐的与 kube-apiserver 进行聚合集成的扩展 API Server 认证信息，如 ClientCA 等。
- start-kube-apiserver-identity-lease-controller：当启用了 APIServerIdentity FeatureGate 时，初始化并启动 lease Controller，为当前 kube-apiserver 创建 lease 对象，并且不断刷新维持存活（默认不启用）。
- start-kube-apiserver-identity-lease-garbage-collector：当启用了 APIServerIdentity FeatureGate 时，初始化并启动 lease 垃圾回收 Controller，自动清理失效（超时未被刷新）的 lease 对象（默认不启用）。

8.4.6 创建 AggregatorServer

创建 AggregatorServer 的流程与创建 APIExtensionsServer 流程类似。首先，将<资源组>/<资源版本>/<资源>与资源存储对象做映射，存储到 APIGroupInfo 对象的 VersionedResourcesStorageMap 字段中。然后，通过 installer.Install 为资源注册相应的 HTTP Handler 处理函数，完成资源和资源处理函数的绑定，为 go-restful WebService 注册对应的路由信息。最后，将 WebService 对象添加到 go-restful Container。其整体流程如图 8-15 所示。

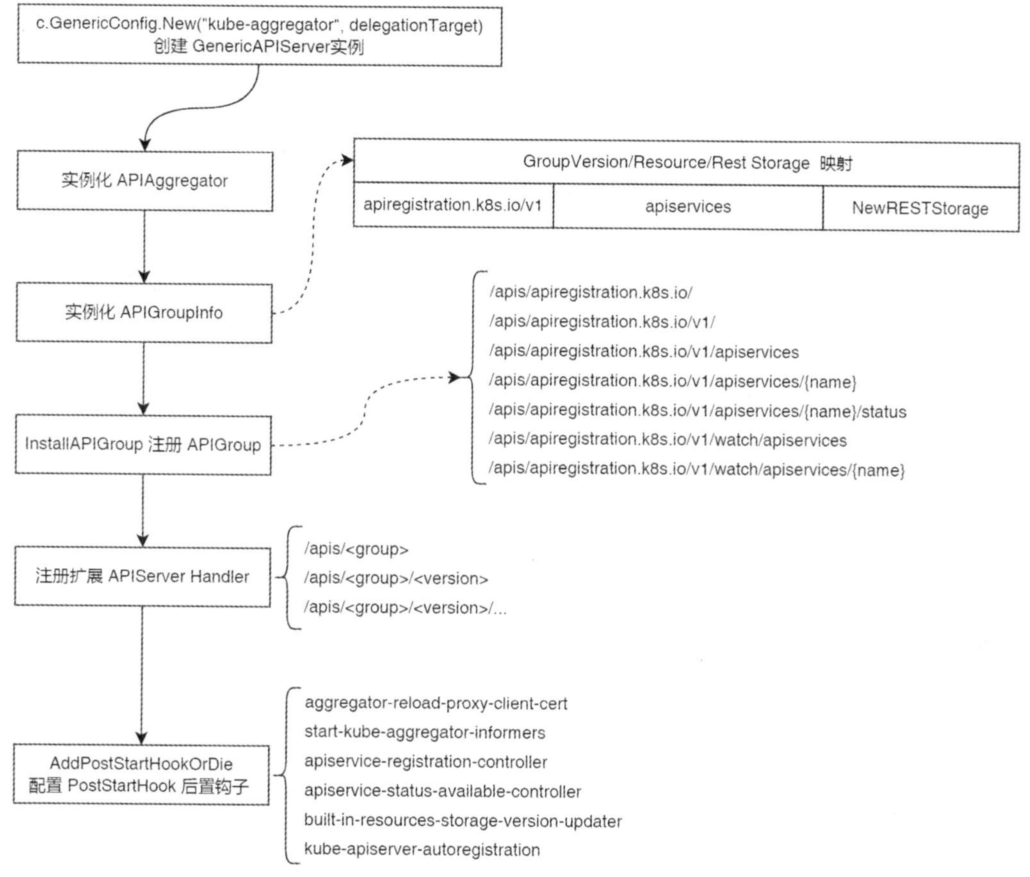

图 8-15　创建 AggregatorServer 的整体流程

AggregatorServer 是 kube-apiserver 接收请求的入口，其创建流程如下。

1. 创建 GenericAPIServer 实例

代码路径：vendor/k8s.io/kube-aggregator/pkg/apiserver/apiserver.go

```
Plain Text
genericServer, err := c.GenericConfig.New("kube-aggregator", delegationTarget)
```

AggregatorServer 的运行基于 GenericAPIServer，通过 c.GenericConfig.New 函数创建名为 kube-aggregator 的服务。

2. 实例化 APIAggregator

代码路径：vendor/k8s.io/kube-aggregator/pkg/apiserver/apiserver.go

```
Plain Text
s := &APIAggregator{
   GenericAPIServer:      genericServer,
   delegateHandler:       delegationTarget.UnprotectedHandler(),
   proxyTransport:        c.ExtraConfig.ProxyTransport,
   proxyHandlers:         map[string]*proxyHandler{},
   ...
}
```

AggregatorServer 通过 APIAggregator 对象进行管理，APIAggregator 对象对 GenericAPIServer 进行了封装，可以实现代理转发的功能，将请求转发给本地的 KubeAPIServer/APIExtensionsServer 或远端的 Aggregated API Server（如 metrics-server）进行处理。这里的 delegateHandler 即为 KubeAPIServer 的 GenericAPIServer 对象，proxyTransport 和 proxyHandlers 则用于发起对远端 Aggregated API Server 的 HTTP 调用。

3. 实例化 APIGroupInfo

AggregatorServer 通过 NewRESTStorage 函数实例化 APIGroupInfo 对象，初始化资源与资源存储对象的映射关系，代码示例如下。

代码路径：vendor/k8s.io/kube-aggregator/pkg/registry/apiservice/rest/storage_ apiservice.go

```
Plain Text
func NewRESTStorage(...) genericapiserver.APIGroupInfo {
   apiGroupInfo := genericapiserver.NewDefaultAPIGroupInfo(...)

   storage := map[string]rest.Storage{}

   if resource := "apiservices";
apiResourceConfigSource.ResourceEnabled(v1.SchemeGroupVersion.WithResource(resource))
{
   apiServiceREST := apiservicestorage.NewREST(aggregatorscheme.Scheme,
restOptionsGetter)
   storage[resource] = apiServiceREST
   storage[resource+"/status"] =
apiservicestorage.NewStatusREST(aggregatorscheme.Scheme, apiServiceREST)
   }

   if len(storage) > 0 {
   apiGroupInfo.VersionedResourcesStorageMap["v1"] = storage
   }

   return apiGroupInfo
}
```

AggregatorServer 首先判断 apiregistration.k8s.io/v1 资源组/资源版本是否已启用，如果已启用，则将资源组/资源版本下的资源与资源存储对象做映射并存储到 APIGroupInfo 的 VersionedResourcesStorageMap 字段中。

每类资源（包括子资源）都通过类似 NewREST/NewStorage 的方式创建资源存储对象（RESTStorage）。RESTStorage 向上提供 RESTful 接口，向下通过操作底层存储实现对资源对象的读/写，进一步被 kube-apiserver 封装为 HTTP Handler 处理函数。

4．InstallAPIGroup 注册 APIGroup

AggregatorServer 注册 APIGroup 的方式与 APIExtensionsServer 相同，代码示例如下。

代码路径：vendor/k8s.io/kube-aggregator/pkg/apiserver/apiserver.go

```
Plain Text
if err := s.GenericAPIServer.InstallAPIGroup(&apiGroupInfo); err != nil {
   return nil, err
}
```

InstallAPIGroup 将 APIGroupInfo 中的<资源组>/<资源版本>/<资源/子资源>/<资源存储对象>注册到 AggregatorServer HTTP Handler。其主要过程是首先通过遍历 APIGroupInfo 的 PrioritizedVersions 资源版本，将<资源组>/<资源版本>/<资源/子资源>映射到 HTTP Path 请求路径，然后通过 InstallREST 函数将资源存储对象封装为资源请求的 Handler 处理函数，最后使用 ws.Route 将请求路径和 Handler 处理函数的对应关系注册到 go-restful 框架。更多细节请参考 8.4.4 节。

AggregatorServer 负责管理 apiregistration.k8s.io 资源组下的资源，当前默认支持 v1 版本，可以通过以下命令，获取该资源组下的资源信息。

```
Plain Text
$ kubectl get --raw /apis/apiregistration.k8s.io/v1 | jq
{
  "kind": "APIResourceList",
  "apiVersion": "v1",
  "groupVersion": "apiregistration.k8s.io/v1",
  "resources": [
    {
      "name": "apiservices",
      "singularName": "",
      "namespaced": false,
      "kind": "APIService",
      "verbs": [
    "create",
    "delete",
    "deletecollection",
    "get",
    "list",
    "patch",
    "update",
    "watch"
      ],
      "categories": [
    "api-extensions"
      ],
      "storageVersionHash": "InPBPD7+PqM="
    },
    {
      "name": "apiservices/status",
      "singularName": "",
      "namespaced": false,
      "kind": "APIService",
      "verbs": [
```

```
    "get",
    "patch",
    "update"
      ]
    }
  ]
}
```

5．注册扩展 APIServer Handler

代码路径：vendor/k8s.io/kube-aggregator/pkg/apiserver/apiserver.go

```
Plain Text
apisHandler := &apisHandler{
   codecs:     aggregatorscheme.Codecs,
   lister:     s.lister,
   discoveryGroup: discoveryGroup(enabledVersions),
}
s.GenericAPIServer.Handler.NonGoRestfulMux.Handle("/apis", apisHandler)
s.GenericAPIServer.Handler.NonGoRestfulMux.UnlistedHandle("/apis/", apisHandler)
```

首先，初始化 apisHandler 对象。然后，将其注册为 AggregatorServer 的 GenericAPIServer 的/apis Handler。apisHandler 实际上是一个 API 聚合器，会将集群中的所有资源类型聚合为一个大的 APIGroup 对象，从而支持资源发现。例如，DiscoveryClient 通过请求/apis 端点，获取集群中的所有资源类型，这个过程就是 apisHandler 处理的。

apisHandler 的 ServeHTTP 代码示例如下。

代码路径：vendor/k8s.io/kube-aggregator/pkg/apiserver/handler_apis.go

```
Plain Text
func (r *apisHandler) ServeHTTP(w http.ResponseWriter, req *http.Request) {
   discoveryGroupList := &metav1.APIGroupList{
   Groups: []metav1.APIGroup{r.discoveryGroup},
   }

   apiServices, err := r.lister.List(labels.Everything())
   ...
   apiServicesByGroup :=
apiregistrationv1apihelper.SortedByGroupAndVersion(apiServices)
   for _, apiGroupServers := range apiServicesByGroup {
   ...
   discoveryGroup := convertToDiscoveryAPIGroup(apiGroupServers)
   ...
   discoveryGroupList.Groups = append(discoveryGroupList.Groups, *discoveryGroup)
   ...
   }

   responsewriters.WriteObjectNegotiated(..., w, req, ..., discoveryGroupList)
}
```

在上述代码中，apisHandler 首先初始化 APIGroupList 对象，并且将自身 Group 类型（apiregistration.k8s.io）加入 Groups 数组。接着通过 r.lister.List 函数列举出集群的全部 APIService 资源对象，并且通过 convertToDiscoveryAPIGroup 转换函数将其转化为 APIGroup 对象，继而加入 Groups 数组。当客户端发起/apis 资源发现请求时，将包含全部资源组/资源版本信息的 discoveryGroupList 返回给客户端。用户可以通过 kubectl get --raw /apis 客户端命令查看返回的 APIGroupList 对象的内容。

实际上，扩展 Aggregated API Server 就是通过 APIService 资源注册到集群的，AggregatorServer 通过监听和发现集群中的 APIService 资源对象，实现对扩展 Aggregated API Server 服务的自动发现与注册。以 metrics-server 为例，其 APIService 资源定义示例如下。

```
Plain Text
$ kubectl get apiservice v1beta1.metrics.k8s.io -o yaml
apiVersion: apiregistration.k8s.io/v1
kind: APIService
metadata:
  labels:
    k8s-app: metrics-server
  name: v1beta1.metrics.k8s.io
spec:
  group: metrics.k8s.io
  groupPriorityMinimum: 100
  insecureSkipTLSVerify: true
  service:
    name: metrics-server
    namespace: kube-system
    port: 443
  version: v1beta1
  versionPriority: 100
```

上述代码表示，将 metrics.k8s.io/v1beta1 API 资源对象注册到集群，同时指示 AggregatorServer 将所有针对 /apis/metrics.k8s.io/v1beta1 路径发起的请求转发给 kube-system/metrics-server 的 Service 的 443 端口进行处理。实际上，对 AggregatorServer 而言，其转发正是基于 APIService 资源对象完成的，每种启用的资源组/资源版本（APIService 资源自身所在的 apiregistration.k8s.io 资源组除外）都会对应一个 APIService 资源对象，内置资源类型（包括 CRD 扩展资源）的 Service 属于特殊的 Local 类型，无须通过代理形式调用访问，而通过 Aggregated 方式聚合的扩展 API Server 则通过对应声明的 Service 目标进行 HTTP 调用。

通过以下命令可以查看集群中的 APIService 资源列表。

```
Plain Text
$ kubectl get apiservice
NAME                                   SERVICE                  AVAILABLE   AGE
v1.                                    Local                    True        13d
v1.admissionregistration.k8s.io        Local                    True        13d
v1.apiextensions.k8s.io                Local                    True        13d
v1.apps                                Local                    True        13d
v1.authentication.k8s.io               Local                    True        13d
v1.authorization.k8s.io                Local                    True        13d
v1.autoscaling                         Local                    True        13d
v1.batch                               Local                    True        13d
v1.certificates.k8s.io                 Local                    True        13d
v1.coordination.k8s.io                 Local                    True        13d
v1.discovery.k8s.io                    Local                    True        13d
v1.events.k8s.io                       Local                    True        13d
v1.networking.k8s.io                   Local                    True        13d
```

```
v1.node.k8s.io                          Local                          True        13d
v1.policy                               Local                          True        13d
v1.rbac.authorization.k8s.io            Local                          True        13d
v1.scheduling.k8s.io                    Local                          True        13d
v1.storage.k8s.io                       Local                          True        13d
v1beta1.flowcontrol.apiserver.k8s.io    Local                          True        13d
v1beta1.metrics.k8s.io                  kube-system/metrics-server     True        7m37s
v1beta1.storage.k8s.io                  Local                          True        13d
v1beta2.flowcontrol.apiserver.k8s.io    Local                          True        13d
v2.autoscaling                          Local                          True        13d
v2beta2.autoscaling                     Local                          True        13d
```

所有 CRD 资源也会创建对应的 APIService 资源对象，通过 kube-apiserver 内置的控制器自动完成，其 Service 类型为 Local，以确保 AggregatorServer 能够正确处理对 CR 资源的请求。

AggregatorServer 内置运行的控制器会通过 Informer 机制实现 APIService 的自动注册、自动创建和注册代理 Handler，代码示例如下。

代码路径：vendor/k8s.io/kube-aggregator/pkg/apiserver/apiserver.go

```
Plain Text
func (s *APIAggregator) AddAPIService(apiService *v1.APIService) error {
   ...
   proxyPath := "/apis/" + apiService.Spec.Group + "/" + apiService.Spec.Version
   // v1. is a special case for the legacy API
   if apiService.Name == legacyAPIServiceName {
   proxyPath = "/api"
   }

   // register the proxy handler
   proxyHandler := &proxyHandler{
   ...
   }
   ...
   s.GenericAPIServer.Handler.NonGoRestfulMux.Handle(proxyPath, proxyHandler)
   s.GenericAPIServer.Handler.NonGoRestfulMux.UnlistedHandlePrefix(proxyPath+"/",
proxyHandler)

   ...
   // it's time to register the group aggregation endpoint
   groupPath := "/apis/" + apiService.Spec.Group
   groupDiscoveryHandler := &apiGroupHandler{
   ...
   }
   // aggregation is protected
   s.GenericAPIServer.Handler.NonGoRestfulMux.Handle(groupPath, groupDiscoveryHandler)
   s.GenericAPIServer.Handler.NonGoRestfulMux.UnlistedHandle(groupPath+"/",
groupDiscoveryHandler)
   ...
}
```

AddAPIService 根据 APIService 的定义，分别构建针对/apis/<group>/<version>及/apis/<group>的 Handler，并且注册到 GenericAPIServer 的 HTTP 处理链条，从而通过 REST 接口实现资源暴露。特别需要注意的一点是，legacy API 的 APIService 名称为 v1.，其路径前

缀为/api，而非/apis。

proxyHandler 是实现请求代理转发的真正载体，其实现的代码示例如下。

```
Plain Text
func (r *proxyHandler) ServeHTTP(w http.ResponseWriter, req *http.Request) {
    ...
    if handlingInfo.local {
    ...
    r.localDelegate.ServeHTTP(w, req)
    return
    }
    ...
    handler := proxy.NewUpgradeAwareHandler(...)
    ...
    handler.ServeHTTP(w, newReq)
}
```

proxyHandler 在进行转发时，首先检查 APIService 是否是 Local 类型。如果是，则无须转发，直接交给本地代理 localDelegate Handler 处理；否则，构造代理转发 Handler，将请求重定向到对应的扩展 API Server 处理。

细心的读者可能会发现，系统内置 API 资源对象在 KubeAPIServer 和 APIExtensionsServer 创建阶段其实已经注册过一次，AggregatorServer 也已经通过委托模式集成了系统内置 API 资源对象的处理 Handler，此处为何又重新注册一次呢？其实这两种注册形式是不同的，前者是注册到 go-restful 框架，后者是注册到 NonGoRestfulMux。kube-apiserver 在执行转发时，优先使用 go-restful 框架的 Handler，如果不匹配才会转到 NonGoRestfulMux Handler 进行处理。与固化的 go-restful 框架相比，NonGoRestfulMux 的灵活扩展能力更好，社区有使用 NonGoRestfulMux 替代 go-restful 框架的建议。

6. 配置 PostStartHook 后置钩子

与 APIExtensionsServer 和 KubeAPIServer 类似，AggregatorServer 同样通过配置 PostStartHook 后置钩子启动相关的控制器，代码示例如下。

代码路径：vendor/k8s.io/kube-aggregator/pkg/apiserver/apiserver.go

```
Plain Text
const (
    StorageVersionPostStartHookName = "built-in-resources-storage-version-updater"
)

s.GenericAPIServer.AddPostStartHookOrDie("aggregator-reload-proxy-client-cert",...)
s.GenericAPIServer.AddPostStartHookOrDie("start-kube-aggregator-informers",...)
s.GenericAPIServer.AddPostStartHookOrDie("apiservice-registration-controller",...)
s.GenericAPIServer.AddPostStartHookOrDie("apiservice-status-available-controller",...)
s.GenericAPIServer.AddPostStartHookOrDie(StorageVersionPostStartHookName,...)
```

代码路径：cmd/kube-apiserver/app/aggregator.go

```
Plain Text
aggregatorServer.GenericAPIServer.AddPostStartHook("kube-apiserver-autoregistration",...)
```

相关钩子函数说明如下。

- built-in-resources-storage-version-updater：如果启用了 StorageVersionAPI 和 APIServerIdentity feature gate，则启动 StorageVersionManager 协程，每 10 分钟检查并

更新集群中 StorageVersion 资源对象的状态，对外暴露 kube-apiserver 实例对相应资源对象的可用解码版本列表及其持久化时使用的版本信息。

- aggregator-reload-proxy-client-cert：如果通过 --proxy-client-cert-file 和 --proxy-client-key-file 启动参数指定了代理客户端证书，则启动该控制器，持续监听 Watch 证书文件的变化，自动重新载入证书内容，从而实现证书的热更新。
- start-kube-aggregator-informers：启动客户端 Informer，实现事件监听，其他控制器依赖 Informer 的事件通知触发相应操作。
- APIService-registration-controller：启动 APIServiceRegistrationController，自动发现注册 APIService，确保 kube-apiserver AggregatorServer 能够正确处理和转发请求。
- apiservice-status-available-controller：启动 AvailableConditionController，监听集群中 APIService、Service 等资源的变化，探测 Aggregated API Server 服务的可用性，自动更新设置 APIService 对象的状态（Available Condition）。
- kube-apiserver-autoregistration：启动 CRD 注册控制器，自动将 CRD 的 GroupVersion 同步为 APIService 的 version.group 资源对象，确保 AggregatorServer 能够在新的 CRD 安装后自动支持路由转发处理。

8.4.7 GenericAPIServer 初始化

无论是 APIExtensionsServer、KubeAPIServer，还是 AggregatorServer，其底层都依赖于 GenericAPIServer，由 GenericAPIServer 启动 HTTP Server 承载服务。GenericAPIServer 的初始化流程如图 8-16 所示。

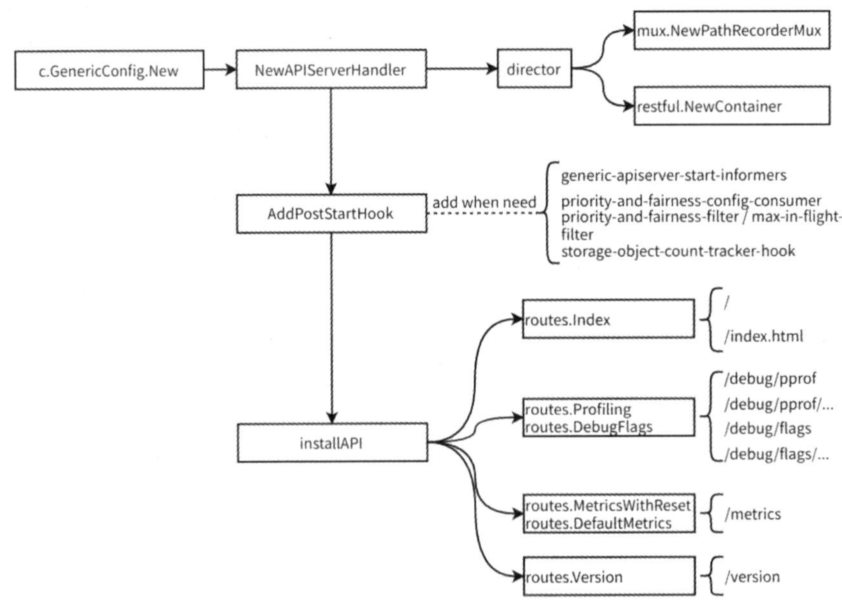

图 8-16　GenericAPIServer 的初始化流程

以创建 APIExtensionsServer 为例，代码示例如下。

代码路径：vendor/k8s.io/apiextensions-apiserver/pkg/apiserver/apiserver.go

```
Plain Text
c.GenericConfig.New("apiextensions-apiserver", delegationTarget)
```

通过 c.GenericConfig.New 函数创建 GenericAPIServer 实例对象，其过程又可以划分为以下几步。

（1）通过 NewAPIServerHandler 函数初始化 HTTP Handler，其内部先通过 mux.NewPathRecorderMux 函数和 restful.NewContainer 函数分别创建非 gorestful 和 gorestful 类型的转发器，再通过 director 对象统一管理，代码示例如下。

代码路径：vendor/k8s.io/apiserver/pkg/server/handler.go

```
Plain Text
func NewAPIServerHandler(..., notFoundHandler http.Handler) *APIServerHandler {
   nonGoRestfulMux := mux.NewPathRecorderMux(name)
   if notFoundHandler != nil {
   nonGoRestfulMux.NotFoundHandler(notFoundHandler)
   }

   gorestfulContainer := restful.NewContainer()
   ...
   director := director{
   name:          name,
   goRestfulContainer: gorestfulContainer,
   nonGoRestfulMux:   nonGoRestfulMux,
   }

   return &APIServerHandler{
   FullHandlerChain:   handlerChainBuilder(director),
   GoRestfulContainer: gorestfulContainer,
   NonGoRestfulMux:   nonGoRestfulMux,
   Director:    director,
   }
}

func (d director) ServeHTTP(w http.ResponseWriter, req *http.Request) {
   path := req.URL.Path

   // check to see if our webservices want to claim this path
   for _, ws := range d.goRestfulContainer.RegisteredWebServices() {
   switch {
   case ws.RootPath() == "/apis":
      if path == "/apis" || path == "/apis/" {
      d.goRestfulContainer.Dispatch(w, req)
      return
      }
   case strings.HasPrefix(path, ws.RootPath()):
      if len(path) == len(ws.RootPath()) || path[len(ws.RootPath())] == '/' {
      d.goRestfulContainer.Dispatch(w, req)
      return
      }
   }
   }

   // if we didn't find a match, then we just skip gorestful altogether
```

```
    d.nonGoRestfulMux.ServeHTTP(w, req)
}
```

在上述代码中，dirctor 对象在执行转发时，优先匹配 gorestful 类型，匹配失败后再进行非 gorestful 类型的匹配。如果匹配全部失败，则检查是否存在 Delegation 委托的 Handler，如果有，则交给下层委托 Handler 处理。当所有匹配都失败时，使用 NotFoundHandler 的处理结果。

（2）配置通用 PostStartHook 后置钩子。

如果设置了 DelegationTarget 委托 API Server，则首先会从 DelegationTarget 继承 PostStartHook、PreShutdownHooks 钩子函数。同时，GenericAPIServer 会自动添加以下 PostStartHook 钩子函数。

- generic-apiserver-start-informers：如果之前没有注册过，则自动注册。启动 Informer，实现事件监听，同时添加 ReadyCheck，等待 Informer 完成同步才对外提供服务。
- priority-and-fairness-config-consumer：如果之前没有注册过，则自动注册。启动 FlowControl 控制器，监听 FlowControl 的 API 资源对象（PriorityLevelConfiguration/FlowSchema）的变化，自动同步流量控制配置。
- priority-and-fairness-filter/max-in-flight-filter：如果之前没有注册过，则自动注册。如果启用 FlowControl 控制器，则使用 priority-and-fairness-filter 过滤器，否则使用传统的 max-in-flight-filter 过滤器，通过 metrics 报告请求并发程度。
- storage-object-count-tracker-hook：如果之前没有注册过，则自动注册。启动存储对象数量追踪器 GC 程序，每隔一小时清理过期的计数信息。追踪器记录每种资源{group}.{resource}存储的对象总数，主要用于评估传入请求的带宽（如 List 请求会随着存储对象数量的增长而增大负载），辅助 FlowControl 控制器进行流量控制。

（3）installAPI 函数注册通用 API Handler。installAPI 函数实现非资源类型的通用 API Handler 注册，主要包括以下几类。

- routes.Index：提供 index 索引页面（首页）。
- routes.Profiling/routes.DebugFlags：提供用于性能分析和调试的接口。
- routes.MetricsWithReset/routes.DefaultMetrics：如果启用了 Profling，则启动 routes.MetricsWithReset，否则启动 routes.DefaultMetrics，对外暴露 metrics 指标信息。
- routes.Version：提供 Kubernetes 版本信息。

routes.DebugFlags 接口在系统调试方面非常有用，例如，它可以通过以下接口将 kube-apiserver 的日志级别动态调整为 4，而无须重启 kube-apiserver 实例，示例命令如下。

```
curl -X PUT -k \
  --cert /etc/kubernetes/pki/apiserver-kubelet-client.crt \
  --key /etc/kubernetes/pki/apiserver-kubelet-client.key \
  https://127.0.0.1:6443/debug/flags/v -d "4"
```

8.4.8 准备和启动 HTTPS 服务

在完成上述 3 个 API Server 实例创建后，进入真正启动 HTTPS 服务的流程。APIAggregator 服务的启动流程如图 8-17 所示。

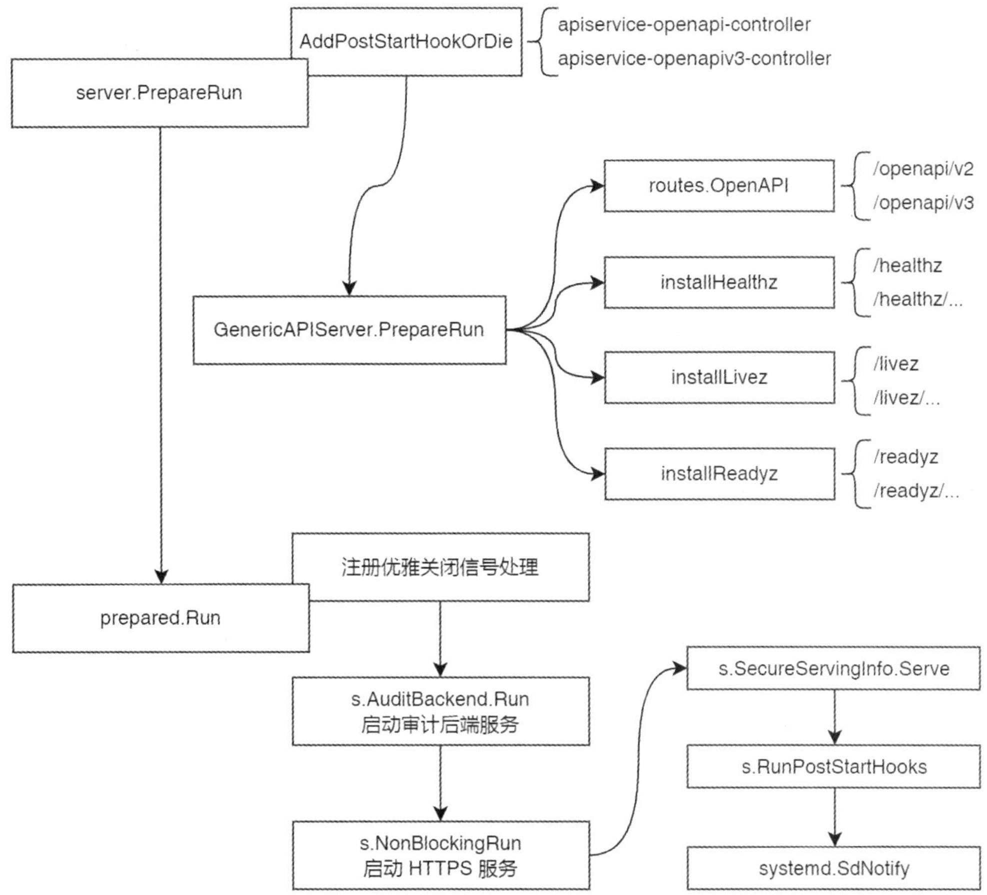

图 8-17　APIAggregator 服务的启动流程

在依次完成 APIExtensionsServer、KubeAPIServer、AggregatorServer 实例化，并且通过 Delegation 委托模式组成一个完整的 ServerChain 请求处理链条后，进入 AggregatorServer（APIAggregator）的启动运行，其启动流程主要分为 server.PrepareRun 准备阶段和 prepared.Run 执行阶段。

1. server.PrepareRun 准备阶段

server.PrepareRun 准备阶段主要包含以下两个关键步骤。

1）配置 PostStartHook 后置钩子

由于 kube-apiserver 需要支持 CRD 及 AggregatedAPIServer 类型扩展，集群资源类型存在动态变化，为了满足 OpenAPI 接口的实时更新需求，kube-apiserver 在启动完成后，需要启动 OpenAPIAggregationController 监听和发现扩展资源，并且聚合成完整的 OpenAPI 响应。代码示例如下。

代码路径：vendor/k8s.io/kube-aggregator/pkg/apiserver/apiserver.go

```
Plain Text
if s.openAPIConfig != nil {
   s.GenericAPIServer.AddPostStartHookOrDie("apiservice-openapi-controller",
func(context genericapiserver.PostStartHookContext) error {
      go s.openAPIAggregationController.Run(context.StopCh)
```

```
        return nil
    })
}

if s.openAPIV3Config != nil &&
utilfeature.DefaultFeatureGate.Enabled(genericfeatures.OpenAPIV3) {
    s.GenericAPIServer.AddPostStartHookOrDie("apiservice-openapiv3-controller",
func(context genericapiserver.PostStartHookContext) error {
        go s.openAPIV3AggregationController.Run(context.StopCh)
        return nil
    })
}
```

相关钩子函数说明如下。

- apiservice-openapi-controller：处理 OpenAPIV2（/openapi/v2）的资源发现聚合。
- apiservice-openapiv3-controller：处理 OpenAPIV3（/openapi/v3）的资源发现聚合。

2）执行 GenericAPIServer.PrepareRun 预处理

GenericAPIServer PrepareRun 是递归嵌套执行的，即先执行其 DelegationTarget 的 PrepareRun，再执行自身的 PrepareRun。代码示例如下。

代码路径：vendor/k8s.io/apiserver/pkg/server/genericapiserver.go

```
Plain Text
func (s *GenericAPIServer) PrepareRun() preparedGenericAPIServer {
    s.delegationTarget.PrepareRun()
    ...
}
```

GenericAPIServer.PrepareRun 主要用于安装辅助类型 HTTP Handler，主要包括以下内容。

- routes.OpenAPI。
  - /openapi/v2：提供 v2 版本的 OpenAPI 服务。
  - /openapi/v3：提供 v3 版本的 OpenAPI 服务。
- installHealthz：安装健康检查 Handler，包括/healthz 及以/healthz/为前缀的子检查项。DelegationTarget 所有的 HealthCheck 端点会被自动继承，只有当全部的子检查项健康时，/healthz 接口才返回 ok，已经安装的健康检查端点可以通过以下命令查看。

```
Plain Text
kubectl get --raw / | grep healthz
    "/healthz",
    "/healthz/autoregister-completion",
    "/healthz/etcd",
    "/healthz/log",
    "/healthz/ping",
    "/healthz/poststarthook/aggregator-reload-proxy-client-cert",
    "/healthz/poststarthook/apiservice-openapi-controller",
    "/healthz/poststarthook/apiservice-openapiv3-controller",
    "/healthz/poststarthook/apiservice-registration-controller",
    "/healthz/poststarthook/apiservice-status-available-controller",
    "/healthz/poststarthook/bootstrap-controller",
    "/healthz/poststarthook/crd-informer-synced",
    "/healthz/poststarthook/generic-apiserver-start-informers",
    "/healthz/poststarthook/kube-apiserver-autoregistration",
```

```
  "/healthz/poststarthook/priority-and-fairness-config-consumer",
  "/healthz/poststarthook/priority-and-fairness-config-producer",
  "/healthz/poststarthook/priority-and-fairness-filter",
  "/healthz/poststarthook/rbac/bootstrap-roles",
  "/healthz/poststarthook/scheduling/bootstrap-system-priority-classes",
  "/healthz/poststarthook/start-apiextensions-controllers",
  "/healthz/poststarthook/start-apiextensions-informers",
  "/healthz/poststarthook/start-cluster-authentication-info-controller",
  "/healthz/poststarthook/start-kube-aggregator-informers",
  "/healthz/poststarthook/start-kube-apiserver-admission-initializer",
  "/healthz/poststarthook/storage-object-count-tracker-hook",
```

- installLivez：安装存活探测 Handler，用于 kube-apiserver 存活检测，包括/livez 及以/livez/为前缀的子检查项。在默认情况下，所有 HealthCheck 会同步安装为 Livez 探针，只有当全部的子检查项健康时，/livez 接口才返回 ok，已经安装的存活探测端点可以通过以下命令查看。

```
Plain Text
kubectl get --raw / | grep livez
  "/livez",
  "/livez/autoregister-completion",
  "/livez/etcd",
  "/livez/log",
  "/livez/ping",
  "/livez/poststarthook/aggregator-reload-proxy-client-cert",
  "/livez/poststarthook/apiservice-openapi-controller",
  "/livez/poststarthook/apiservice-openapiv3-controller",
  "/livez/poststarthook/apiservice-registration-controller",
  "/livez/poststarthook/apiservice-status-available-controller",
  "/livez/poststarthook/bootstrap-controller",
  "/livez/poststarthook/crd-informer-synced",
  "/livez/poststarthook/generic-apiserver-start-informers",
  "/livez/poststarthook/kube-apiserver-autoregistration",
  "/livez/poststarthook/priority-and-fairness-config-consumer",
  "/livez/poststarthook/priority-and-fairness-config-producer",
  "/livez/poststarthook/priority-and-fairness-filter",
  "/livez/poststarthook/rbac/bootstrap-roles",
  "/livez/poststarthook/scheduling/bootstrap-system-priority-classes",
  "/livez/poststarthook/start-apiextensions-controllers",
  "/livez/poststarthook/start-apiextensions-informers",
  "/livez/poststarthook/start-cluster-authentication-info-controller",
  "/livez/poststarthook/start-kube-aggregator-informers",
  "/livez/poststarthook/start-kube-apiserver-admission-initializer",
  "/livez/poststarthook/storage-object-count-tracker-hook",
```

- installReadyz：安装就绪探测 Handler，用于 kube-apiserver 就绪检测，包括/readyz 及以/readyz/为前缀的子检查项。在默认情况下，所有 HealthCheck 会同步安装为 Readyz 探针，部分组件还会单独安装额外的就绪探针，只有当全部的子检查项健康时，/readyz 接口才返回 ok。特别地，为了支持优雅停机，会额外添加一个 ShutdownCheck 健康探测程序，当服务处于关闭中状态时，就绪检查返回失败，确保已经处于关闭中状态的 kube-apiserver 不再接收新的请求。已经安装的就绪探测端点可以通过以下命令查看。

```
Plain Text
kubectl get --raw / | grep readyz
    "/readyz",
    "/readyz/autoregister-completion",
    "/readyz/etcd",
    "/readyz/etcd-readiness",
    "/readyz/informer-sync",
    "/readyz/log",
    "/readyz/ping",
    "/readyz/poststarthook/aggregator-reload-proxy-client-cert",
    "/readyz/poststarthook/apiservice-openapi-controller",
    "/readyz/poststarthook/apiservice-openapiv3-controller",
    "/readyz/poststarthook/apiservice-registration-controller",
    "/readyz/poststarthook/apiservice-status-available-controller",
    "/readyz/poststarthook/bootstrap-controller",
    "/readyz/poststarthook/crd-informer-synced",
    "/readyz/poststarthook/generic-apiserver-start-informers",
    "/readyz/poststarthook/kube-apiserver-autoregistration",
    "/readyz/poststarthook/priority-and-fairness-config-consumer",
    "/readyz/poststarthook/priority-and-fairness-config-producer",
    "/readyz/poststarthook/priority-and-fairness-filter",
    "/readyz/poststarthook/rbac/bootstrap-roles",
    "/readyz/poststarthook/scheduling/bootstrap-system-priority-classes",
    "/readyz/poststarthook/start-apiextensions-controllers",
    "/readyz/poststarthook/start-apiextensions-informers",
    "/readyz/poststarthook/start-cluster-authentication-info-controller",
    "/readyz/poststarthook/start-kube-aggregator-informers",
    "/readyz/poststarthook/start-kube-apiserver-admission-initializer",
    "/readyz/poststarthook/storage-object-count-tracker-hook",
    "/readyz/shutdown",
```

2. prepared.Run 执行阶段

prepared.Run 执行阶段主要包含以下 3 个关键步骤。

1）注册优雅关闭信号处理

在真正启动 HTTPS 服务前，kube-apiserver 会利用协程和 defer 机制注册优雅关闭处理流程，在收到关闭信号后，不会立即退出，而是有序执行终止前的处理操作，如执行 PreShutdownHooks 钩子函数，将就绪探针标记为 false，停止接收新的请求，等待处理中的请求被处理完成，释放占用资源等。更多关于优雅关闭的介绍，请参考 8.10.2 节。

2）s.AuditBackend.Run 启动审计后端服务

为了保证审计系统不丢失对任何请求的追踪，在启动 HTTPS 服务前，首先需要启动审计后端服务，代码示例如下。

代码路径：vendor/k8s.io/apiserver/pkg/server/genericapiserver.go

```
Plain Text
if s.AuditBackend != nil {
    if err := s.AuditBackend.Run(drainedCh.Signaled()); err != nil {
    return fmt.Errorf("failed to run the audit backend: %v", err)
    }
}
```

3）s.NonBlockingRun 启动 HTTPS 服务

代码路径：vendor/k8s.io/apiserver/pkg/server/genericapiserver.go

```
Plain Text
s.NonBlockingRun(stopHttpServerCh, shutdownTimeout)
...
<-stopCh
```

kube-apiserver 采用了非阻塞模式启动 HTTPS 服务，通过信号机制处理服务优雅关闭，其实现的代码示例如下。

代码路径：vendor/k8s.io/apiserver/pkg/server/genericapiserver.go

```
Plain Text
func (s preparedGenericAPIServer) NonBlockingRun() (...) {
    ...
    stoppedCh, listenerStoppedCh, err = s.SecureServingInfo.Serve(...)
    ...

    s.RunPostStartHooks(stopCh)

    if _, err := systemd.SdNotify(true, "READY=1\n"); err != nil {
    klog.Errorf("Unable to send systemd daemon successful start message: %v\n", err)
    }
    ...
}
```

首先，调用 s.SecureServingInfo.Serve 非阻塞方式启动 HTTPS 服务。然后，通过 s.RunPostStartHooks 执行后置钩子函数，启动相关控制器。最后，通过 systemd.SdNotify 向 systemd 报告程序启动完成。

至此，kube-apiserver 的启动流程结束，等待完成最后的就绪任务，即可开始对外提供 RESTful API 服务。

8.5 请求处理流程

kube-apiserver 请求处理流程如图 8-18 所示。

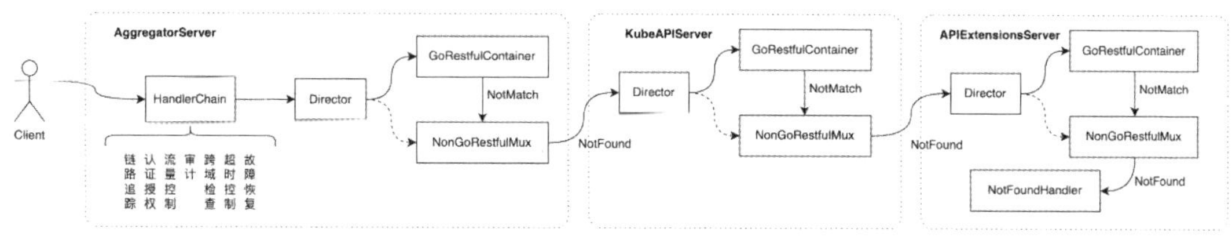

图 8-18 kube-apiserver 请求处理流程

kube-apiserver 在架构上采用 ServerChain 级联方式，同样地，其对请求的处理也是链式的。当客户端发起请求时，首先需要经过前置的 HandlerChain 处理，主要包括链路追踪、认证授权、流量控制、审计、跨域检查、超时控制、故障恢复等。在请求通过前置校验后，会被 Director 进行路由转发，先尝试 go-restful 类型的路由匹配，如果没有匹配成功，则交给 NonGoRestfulMux 处理。每个 NonGoRestfulMux 都会配置 NotFoundHandler，一般为

DelegationTarget 的 Director 转发器，如果没有设置 DelegationTarget，则初始化为 http.NotFoundHandler 对象。AggregatorServer 在匹配失败后，会将请求传递给 KubeAPIServer 的 Director 继续处理。同理，KubeAPIServer 会继续将无法处理的请求传递给 APIExtensionsServer 处理，直到最后不能处理的请求被 APIExtensionsServer 的 NotFoundHandler 捕获。Director 的代码实现细节，请参考 8.4.7 节。

值得注意的是，图 8-18 中的 HandlerChain 并不包含准入控制部分，准入控制是后置的，在数据真正存入 etcd 时被调用执行，在 RESTStorage 存储层实现，更多细节请参考 8.9 节。

8.6 权限控制体系

kube-apiserver 是 Kubernetes 集群的操作入口，对集群中所有资源的访问和变更都借助其 REST API 完成，并且需要通过其权限控制体系的检验。

为了满足安全要求，使 Kubernetes 能够识别和认证客户端身份，并且对其操作进行授权验证，同时满足扩展性需要，kube-apiserver 提供了多种类型的认证和授权模式。同时，为了保证资源操作的合法性，客户端请求在经历认证和授权后，还会被准入控制器拦截，只有经过准入控制器许可的请求才会真正实现对资源的访问和更改。

准入控制器一般用于在资源对象被真正持久化前做最后的修改或合法性校验。

kube-apiserver 的权限控制体系如图 8-19 所示。

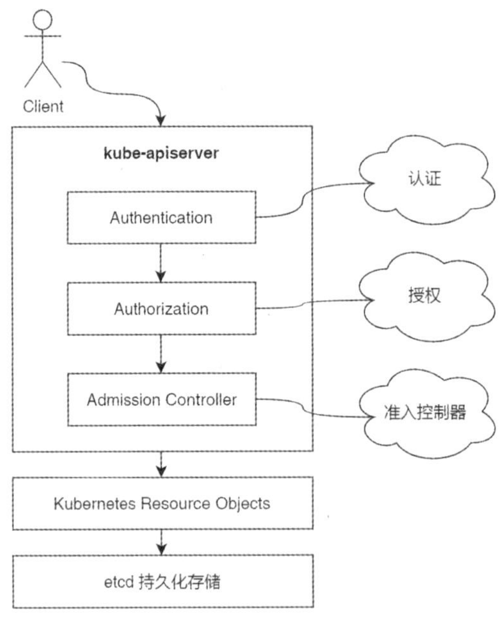

图 8-19 kube-apiserver 的权限控制体系

kube-apiserver 的 3 种安全权限控制分别如下。

- 认证：识别和认证客户端身份。
- 授权：检查客户端身份是否对资源具有特定的访问权限。
- 准入控制器：在请求真正触及存储前，完成最后的修改和校验工作。

8.7 认证

kube-apiserver 支持多种认证机制，并且支持同时开启多个认证功能，组成认证链。客户端发起的一个请求，只要有一个认证器通过，就认证成功。如果认证成功，则用户的身份信息会被传入授权模块进行进一步授权验证，而对于认证失败的请求则返回 HTTP 401 状态码。

kube-apiserver 当前提供 8 种认证方式，分别是 RequestHeader、ClientCA、TokenAuth、ServiceAccountAuth、BootstrapToken、OIDC、WebhookTokenAuth、Anonymous。每种认证方式都会被实例化为对应的认证器，被封装在 HTTP.Handler 请求处理函数中。它们接收客户端的请求并按照链式方式依次尝试认证请求，识别客户端使用的身份。当客户端请求通过认证器并返回 true 时，表示认证成功。认证流程如图 8-20 所示。

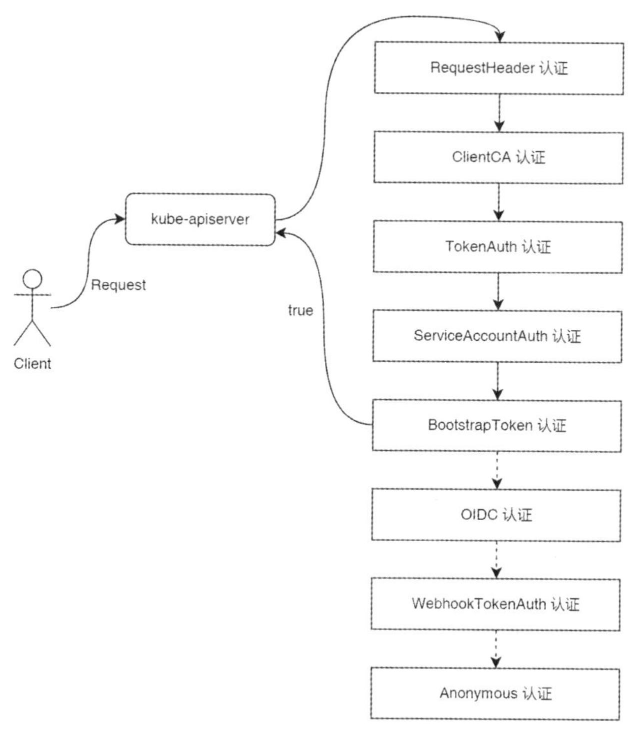

图 8-20 认证流程

假设所有的认证器都被启用，当客户端发送请求到 kube-apiserver 时，该请求会进入 Authentication Handler（处理认证相关的 Handler 处理函数）。在 Authentication Handler 中，会遍历已启用的认证器列表，逐个尝试执行每种认证器，当有一个认证方法返回 true 时，表示认证成功，否则继续尝试下一个认证器。代码示例如下。

代码路径：vendor/k8s.io/apiserver/pkg/endpoints/filters/authentication.go

```
Plain Text
func withAuthentication(handler http.Handler, auth authenticator.Request, failed
http.Handler, apiAuds authenticator.Audiences, metrics recordMetrics) http.Handler {
   if auth == nil {
   return handler
   }
   return http.HandlerFunc(func(w http.ResponseWriter, req *http.Request) {
```

```
    ...
    resp, ok, err := auth.AuthenticateRequest(req)
    ...
    if err != nil || !ok {
        ...
        failed.ServeHTTP(w, req)
        return
    }

    req.Header.Del("Authorization")

    req = req.WithContext(genericapirequest.WithUser(req.Context(), resp.User))
    handler.ServeHTTP(w, req)
    })
}
```

withAuthentication 函数为 GenericAPIServer 添加认证 Handler。如果 auth 认证器为空，则说明 kube-apiserver 未启用任何认证器；如果不为空，则通过 auth.AuthenticateRequest 函数对请求进行认证。如果身份认证失败，则通过 failed.ServeHttp 函数返回 HTTP 401 Unauthorized，表示认证被拒绝；如果身份认证成功，则从请求中去掉不再需要的 Authorization 请求头，并且附加上认证 User 信息，进入授权阶段。

auth.AuthenticateRequest 函数会遍历已启用的认证器列表，依次尝试识别请求中包含的用户身份，直到某个认证器认证成功或全部认证失败，代码示例如下。

代码路径：vendor/k8s.io/apiserver/pkg/authentication/request/union/union.go

```
Plain Text
func (authHandler *unionAuthRequestHandler) AuthenticateRequest(req *http.Request)
(*authenticator.Response, bool, error) {
    var errlist []error
    for _, currAuthRequestHandler := range authHandler.Handlers {
    resp, ok, err := currAuthRequestHandler.AuthenticateRequest(req)
    if err != nil {
        ...
        errlist = append(errlist, err)
        continue
    }

    if ok {
        return resp, ok, err
    }
    }

    return nil, false, utilerrors.NewAggregate(errlist)
}
```

8.7.1 RequestHeader 认证

Kubernetes 支持从 HTTP 请求头中读取用户信息，识别客户端身份，其中 HTTP Header 一般通过认证代理程序（Authentication Proxy）完成设置。通过这种代理认证方式，客户端发送的请求可以先通过代理程序进行身份认证，再将认证结果写入请求头中，即可被 Kubernetes 正确识别。

RequestHeader 认证基于以下几个关键 Header 完成。

- 用户名 Header：用于匹配用户名的 Header 列表，常用字段名为 X-Remote-User，必选。
- 组名 Header：用于匹配组名的 Header 列表，常用字段名为 X-Remote-Group，可选。
- 额外 Header：用于匹配其他额外的认证信息，常用字段名为 X-Remote-Extra-，可选。

kube-apiserver 根据上述 Header 来识别用户，如 X-Remote-User: Bob 表示认证成功，用户名为 Bob。

同时，RequestHeader 认证支持通过验证客户端使用的证书是否是由可信的 CA 签发的来保证认证代理自身的合法性，防止恶意用户通过设置 HTTP Header 欺骗 kube-apiserver 的认证系统。

1. 启用 RequestHeader 认证

kube-apiserver 通过指定以下参数启用 RequestHeader 认证。

- --requestheader-client-ca-file：指定认证代理客户端证书签发所使用的 CA 证书，必选。
- --requestheader-allowed-names：指定允许的通用名称（CN）列表。如果设置，则在客户端证书中使用的 CN 必须是许可列表中的值。如果设置为空，则表示允许任何 CN，可选。
- --requestheader-username-headers：指定在 HTTP Header 中用于设置用户名的字段名称列表，API Server 将按顺序检查用户身份，第一个匹配的结果将作为用户名，必选。
- --requestheader-group-headers：指定在 HTTP Header 中用于设置用户组的字段名称列表，API Server 将按顺序检查用户身份，第一个匹配的结果将作为用户组名，可选。
- --requestheader-extra-headers-prefx：指定其他用户信息的 Header 匹配前缀列表，匹配出的附加信息通常由配置的授权插件识别和使用，可选。

kube-apiserver 收到客户端请求后，首先会验证其携带客户端证书的合法性，只有通过证书校验的请求才会进一步执行用户名、用户组、用户额外信息的匹配和提取。

2. RequestHeader 认证实现原理

所有 Authenticator 认证器都需要实现 authenticator.Request 接口，RequestHeader 实现的代码示例如下。

代码路径：vendor/k8s.io/apiserver/pkg/authentication/request/headerrequest/ requestheader.go

```
Plain Text
func (a *requestHeaderAuthRequestHandler) AuthenticateRequest(req *http.Request)
(*authenticator.Response, bool, error) {
   name := headerValue(req.Header, a.nameHeaders.Value())
   if len(name) == 0 {
   return nil, false, nil
   }
   groups := allHeaderValues(req.Header, a.groupHeaders.Value())
   extra := newExtra(req.Header, a.extraHeaderPrefixes.Value())
   ...
   return &authenticator.Response{
      User: &user.DefaultInfo{
         Name:   name,
         Groups: groups,
         Extra:  extra,
```

```
        },
    }, true, nil
}
```

通过 headerValue 函数从请求头中读取第一个匹配的用户名，通过 allHeaderValues 函数读取所有用户组信息，通过 newExtra 函数读取所有额外信息。如果用户名匹配不到，则表示认证失败，返回 false；否则表示认证成功，返回 true，并且在响应中携带识别出的用户信息。

8.7.2 ClientCA 认证

ClientCA 认证也被称为 TLS 双向认证，即服务端与客户端相互验证证书的正确性。当使用 ClientCA 认证时，具有 CA 签名的证书都可以通过身份验证。

1. 启用 ClientCA 认证

kube-apiserver 通过指定--client-ca-file 参数启用 ClientCA 认证。

2. ClientCA 认证实现原理

代码路径：vendor/k8s.io/apiserver/pkg/authentication/request/x509/x509.go

```
Plain Text
func (a *Authenticator) AuthenticateRequest(req *http.Request) (*authenticator.Response,
bool, error) {
    if req.TLS == nil || len(req.TLS.PeerCertificates) == 0 {
    return nil, false, nil
    }
    ...
    chains, err := req.TLS.PeerCertificates[0].Verify(optsCopy)
    if err != nil {
    return nil, false, fmt.Errorf(
        "verifying certificate %s failed: %w",
        certificateIdentifier(req.TLS.PeerCertificates[0]),
        err,
    )
    }

    var errlist []error
    for _, chain := range chains {
    user, ok, err := a.user.User(chain)
    if err != nil {
        errlist = append(errlist, err)
        continue
    }

    if ok {
        return user, ok, err
    }
    }
    return nil, false, utilerrors.NewAggregate(errlist)
}
```

在进行 ClientCA 认证时，通过 req.TLS.PeerCertificates[0].Verify 函数验证证书，具有 CA 签名的证书都可以通过验证。认证失败返回 false，认证成功返回 true。a.user.User 函数能够从认证的证书中提取用户信息，代码示例如下。

代码路径：vendor/k8s.io/apiserver/pkg/authentication/request/x509/x509.go

```
Plain Text
var CommonNameUserConversion = UserConversionFunc(func(chain []*x509.Certificate)
(*authenticator.Response, bool, error) {
    if len(chain[0].Subject.CommonName) == 0 {
    return nil, false, nil
    }
    return &authenticator.Response{
    User: &user.DefaultInfo{
        Name:   chain[0].Subject.CommonName,
        Groups: chain[0].Subject.Organization,
    },
    }, true, nil
})
```

可以看到，证书的 CommonName 会被作为用户名，而 Organization 则被识别为用户组。在默认情况下，kubelet 通过证书进行身份认证，用户可以通过以下命令查看其证书中定义的用户名和用户组信息。

```
Plain Text
$ openssl x509 -in /var/lib/kubelet/pki/kubelet-client-current.pem -text
...
Issuer: CN = kubernetes
Validity
    Not Before: Feb  5 06:27:09 2023 GMT
    Not After : Feb  5 06:27:11 2024 GMT
Subject: O = system:nodes, CN = system:node:node-01
...
```

上述示例输出表示当前 kubelet 客户端在与服务端通信时，使用的用户名为 system:node:node-01，用户组为 system:nodes。

8.7.3 TokenAuth 认证

服务端为了验证客户端的身份，需要客户端向服务端提供一个可靠的验证信息，即 Token。TokenAuth 就是一种基于 Token 的认证，Token 一般是一个字符串。

1. 启用 TokenAuth 认证

kube-apiserver 通过指定--token-auth-file 参数启用 TokenAuth 认证。Token Auth File 是一个 CSV 格式的文件，每个用户在 CSV 中的表现形式为“token,user name,user uid,group”。其中，group 为可选字段，具有多个 group 时使用逗号隔开，代码示例如下。

```
Plain Text
token1,user1,uid1
token2,user2,uid2,"group1,group2"
admin-token,admin,admin-uid,"system:masters"
```

2. TokenAuth 认证实现原理

基于 Token 的认证器需要先实现 authenticator.Token 接口，再进一步被封装为实现了 authenticator.Request 接口的 Authenticator 和 ProtocolAuthenticator 对象，分别用于普通的 HTTP

Bearer Token 和面向 Websocket 连接的 Bearer Token 认证。authenticator.Token 接口的定义如下。

代码路径：vendor/k8s.io/apiserver/pkg/authentication/authenticator/interfaces.go

```
Plain Text
type Token interface {
   AuthenticateToken(ctx context.Context, token string) (*Response, bool, error)
}
```

TokenAuth 认证的代码示例如下。

代码路径：vendor/k8s.io/apiserver/pkg/authentication/token/tokenfile/tokenfile.go

```
Plain Text
func (a *TokenAuthenticator) AuthenticateToken(ctx context.Context, value string)
(*authenticator.Response, bool, error) {
   user, ok := a.tokens[value]
   if !ok {
      return nil, false, nil
   }
   return &authenticator.Response{User: user}, true, nil
}
```

在进行 Token Auth 认证时，a.tokens 中存储了服务的 Token 列表，通过 a.tokens 查询客户端提供的 Token，如果查询不到，则认证失败，返回 false；如果查询到了，则认证成功，返回 true。user 信息基于 Token Auth File 文件中对应 Token 的 user name、user uid 和 group 构建。

8.7.4 ServiceAccountAuth 认证

ServiceAccountAuth（Service Account Token）被称为服务账户令牌。在详解介绍 ServiceAccountAuth 之前，先了解一下 Kubernetes 中的两种用户，如图 8-21 所示。

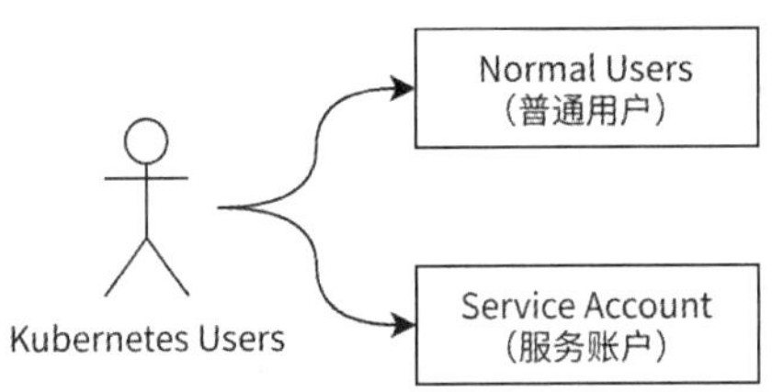

图 8-21　Kubernetes 中的两种用户

- Normal Users：普通用户，一般由外部独立服务管理，如 TokenAuth、OIDC 等都属于普通用户，Kubernetes 没有为这类用户设置用户对象。
- Service Account：服务账户，由 kube-apiserver 管理，它们绑定到指定的命名空间，由系统自动或人工手动创建。Service Account 主要用于满足 Pod 中的进程与 kube-apiserver 进行通信时的身份和权限验证需要。

Service Account 包含 3 个主要内容：Namespace、CA 和 Token，分别如下。

- Namespace：指定 Pod 所在的命名空间。
- CA：kube-apiserver 的 CA 公钥证书，Pod 中的进程使用它来对 kube-apiserver 提供的证书进行验证。

- Token：用于身份验证，通过 kube-apiserver 私钥签发经过 Base64 编码的 Bearer Token。

它们都通过 mount 的方式挂载到 Pod 的文件系统中。在一般情况下，Namespace 的存储路径为/var/run/secrets/kubernetes.io/serviceaccount/namespace。CA 的存储路径为/var/run/secrets/kubernetes.io/serviceaccount/ca.crt。Token 的存储路径为/var/run/secrets/kubernetes.io/serviceaccount/token。

基于 client-go 编写的客户端程序在 in-cluster 模式下，能够自动从上述路径加载 Pod 拥有的 Service Account 身份信息，实现与 kube-apiserver 的通信。

1. 启用 ServiceAccountAuth 认证

kube-apiserver 通过指定以下参数启用 ServiceAccountAuth 认证。

- --service-account-key-fle：指定验证签名使用的公钥文件路径，用于验证 Service Account Token 令牌。如果未指定该参数，则使用 kube-apiserver 的 TLS 密钥。在通过 --service-account-signing-key-file 参数配置签名私钥时，必须通过该参数指定对应的验证签名的公钥。
- --service-account-signing-key-file：指定签名使用的私钥文件路径，自动为颁发的 Token 进行签名，可选。
- --service-account-lookup：验证 Service Account Token 是否存在于 etcd 存储中，默认为 true。
- --service-account-issuer：用于指定 Token 颁发者标识，可以是字符串（如 kubernetes/serviceaccount）或 URL 地址，同时可以指定多个 issuer。kube-apiserver 将根据 Token 中携带的 iss（issuer）信息匹配对应的颁发者，判断 Token 是否有效。

2. ServiceAccountAuth 认证实现原理

ServiceAccountAuth 认证也是基于 Token 进行的。旧版本的 Kubernetes，每个 ServiceAccount 资源对象都会被分配一个 Secret 资源对象，Secret 资源对象中保存永久有效的 Token 信息。为了提升集群的安全性，从 1.24 版本开始，Kubernetes 不再自动为 ServiceAccount 资源对象生成对应的永久 Secret 资源对象，而是通过 TokenRequest API 动态申请 Token 并自动挂载到 Pod 中。当 Pod 启动时，都会被配置一个 ServiceAccount 身份（如果未设置，则使用相同命名空间的 Default Service Account），相应的身份认证 Token 会被挂载到容器中，容器内运行的服务就可以使用该 Token 与 kube-apiserver 通信。ServiceAccount 认证的代码示例如下。

代码路径：pkg/serviceaccount/jwt.go

```
Plain Text
func (j *jwtTokenAuthenticator) AuthenticateToken(ctx context.Context, tokenData string)
(*authenticator.Response, bool, error) {
   if !j.hasCorrectIssuer(tokenData) {
   return nil, false, nil
   }
   tok, err := jwt.ParseSigned(tokenData)

   ...
   for _, key := range j.keys {
   if err := tok.Claims(key, public, private); err != nil {
      errlist = append(errlist, err)
```

```
        continue
    }
    found = true
    break
    }

    if !found {
    return nil, false, utilerrors.NewAggregate(errlist)
    }
    ...
    sa, err := j.validator.Validate(ctx, tokenData, public, private)
    ...
    return &authenticator.Response{
        User:      sa.UserInfo(),
        Audiences: auds,
    }, true, nil
}
```

在进行 ServiceAccountAuth 认证时，首先检查 Token 是否是被可信的 issuer 颁发的，如果不是，则认证失败。接着，通过 jwt.ParseSigned 函数解析出 JWT（JSON Web Token）对象，调用 tok.Claims 函数尝试使用配置的公钥验证签名是否有效，如果所有公钥都验证失败，则直接返回认证失败。在签名校验通过后，通过 j.validator.Validate 函数验证 Token 的合法性，如验证 Namespace 是否正确，验证对应的 ServiceAccount 资源对象是否存在，验证 Token 是否已经失效等。如果验证不合法，则认证失败，返回 false；如果验证合法，则认证成功，返回 true。

最后，如果 Token 能够通过认证，则请求的用户名将被设置为 system:serviceaccount:<namespace>:<sa>，而请求的组名有两个：system:serviceaccounts 和 system:serviceaccounts:<namespace>，UID 即 ServiceAccount 资源对象的 UID。

JWT 是一种基于 Token 的安全无状态的身份认证机制，将 Token 信息放在 HTTP Header 中传递，紧凑的 JWT 由 3 部分构成，中间使用.分隔，格式为 header.payload.signature，一般采用 Base64 编码。header 部分保存加密方式、类型等信息；payload 保存实体（通常是用户）声明信息；signature 部分保存签名，以 Token 的前两部分作为明文，使用指定私钥进行签名。

一个 ServiceAccount Token 的 payload 实体声明信息通过 Base64 解码的示例如下。

```
{
    "aud": ["https://kubernetes.default.svc.cluster.local"],
    "exp": 1707462416,
    "iat": 1675926416,
    "iss": "https://kubernetes.default.svc.cluster.local",
    "kubernetes.io": {
        "namespace": "default",
        "pod": {
            "name": "nginx-deployment-7c499f8c54-hhd9n",
            "uid": "fcbb22fa-e13c-4543-ac96-4e2121526c7f"
        },
        "serviceaccount": {
            "name": "default",
            "uid": "8c240eb6-c9a3-457a-bb7c-4a08acd3ee05"
```

```
        },
        "warnafter": 1675930023
    },
    "nbf": 1675926416,
    "sub": "system:serviceaccount:default:default"
}
```

8.7.5 BootstrapToken 认证

当 Kubernetes 集群中有非常多的节点时，手动为每个节点配置 TLS 认证比较烦琐，为了简化这个过程，Kubernetes 提供了 BootstrapToken（引导 Token）认证，将客户端的 Token 信息与服务端的 Token 信息进行匹配，认证通过后，自动为节点颁发证书。这是一种引导 Token 的机制。客户端发送的请求头示例如下。

```
Plain Text
Authorization: Bearer 07401b.f395accd246ae52d
```

请求头的 key 为 Authorization，value 为 Bearer <TOKEN>。其中，TOKEN 的表达形式为 [a-z0-9]{6}.[a-z0-9]{16}。第一个组是 Token ID，第二个组是 Token Secret。

事实上，Kubernetes 基于 Token 的认证方式（如 TokenAuth、ServiceAccountAuth）都依赖 Authorization Header 提取 Token 信息，只是 Token 的类型和编码方式不同。

BootstrapToken 认证的代码示例如下。

代码路径：vendor/k8s.io/apiserver/pkg/authentication/request/bearertoken/ bearertoken.go

```
Plain Text
func (a *Authenticator) AuthenticateRequest(req *http.Request) (*authenticator.Response,
bool, error) {
    auth := strings.TrimSpace(req.Header.Get("Authorization"))
    if auth == "" {
    return nil, false, nil
    }
    parts := strings.SplitN(auth, " ", 3)
    if len(parts) < 2 || strings.ToLower(parts[0]) != "bearer" {
    return nil, false, nil
    }

    token := parts[1]
    ...
    resp, ok, err := a.auth.AuthenticateToken(req.Context(), token)
    ...
    return resp, ok, err
}
```

首先，从 Header 中提取 Authorization 的认证信息。然后，通过起始字符串（是否为 Bootstrap）来判断是否是 Bootstrap Token。最后，调用 Token Authenticator Chain 的 AuthenticateToken 尝试识别用户身份。

对于 WebSocket 连接请求，同样支持 Token 认证，原理与 HTTP 方式类似，只是 Token 的获取方式略有差异，感兴趣的读者可参考 vendor/k8s.io/apiserver/pkg/authentication/request/websocket/protocol.go 中 AuthenticateRequest 的函数实现进行了解。

1. 启用 BootstrapToken 认证

kube-apiserver 通过指定--enable-bootstrap-token-auth 参数启用 BootstrapToken 认证。

2. BootstrapToken 认证实现原理

代码路径：plugin/pkg/auth/authenticator/token/bootstrap/bootstrap.go

```
Plain Text
func (t *TokenAuthenticator) AuthenticateToken(ctx context.Context, token string)
(*authenticator.Response, bool, error) {
   tokenID, tokenSecret, err := bootstraptokenutil.ParseToken(token)
   ...
   secretName := bootstrapapi.BootstrapTokenSecretPrefix + tokenID
   secret, err := t.lister.Get(secretName)
   ...
   if string(secret.Type) != string(bootstrapapi.SecretTypeBootstrapToken) ||
secret.Data == nil {
   return nil, false, nil
   }
   ...
   if bootstrapsecretutil.HasExpired(secret, time.Now()) {
   return nil, false, nil
   }

   return &authenticator.Response{
   User: &user.DefaultInfo{
      Name:  bootstrapapi.BootstrapUserPrefix + string(id),
      Groups: groups,
   },
   }, true, nil
}
```

在进行 BootstrapToken 认证时，通过 parseToken 函数解析出 Token ID 和 Token Secret。然后，根据固定规则的命名格式（bootstrap-token-<TokenID>）尝试从 Kubernetes 中获取 Secret 资源对象，验证 Secret 的有效性。例如，类型必须为 bootstrap.kubernetes.io/token，含有 token-secret 数据字段且与 Token 中包含的 Secret 匹配，含有 token-id 字段且与 Token 中包含的 ID 匹配，确认 Secret 中的 expiration 未过期等。当一切校验都通过时，返回 true，用户名为 system:bootstrap:<TokenID>，用户组默认为 system:bootstrappers。如果 Secret 中存在 auth-extra-groups 字段，则会将额外的用户组追加到默认用户组中。

一个典型的 Bootstrap Token Secret 资源对象的内容示例如下（Value 部分已经 Base64 解码）。

```
Plain Text
apiVersion: v1
kind: Secret
metadata:
  name: bootstrap-token-abcdef
  namespace: kube-system
data:
  auth-extra-groups: "system:bootstrappers:kubeadm:default-node-token"
  expiration: "2023-02-06T06:27:22Z"
```

```
  token-id: abcdef
  token-secret: 0123456789abcdef
  usage-bootstrap-authentication: true
  usage-bootstrap-signing: true
type: bootstrap.kubernetes.io/token
```

8.7.6　OIDC 认证

OIDC（OpenID Connect）是一套基于 OAuth 2.0 协议的轻量级认证规范，提供通过 API 进行身份交互的框架。OPENIDC 方式除了认证请求，还标明请求的用户身份（ID Token），这个 Token 实际上就是 JWT，它具有服务端签名的相关字段（如用户邮箱等）。

OIDC 认证流程如图 8-22 所示。

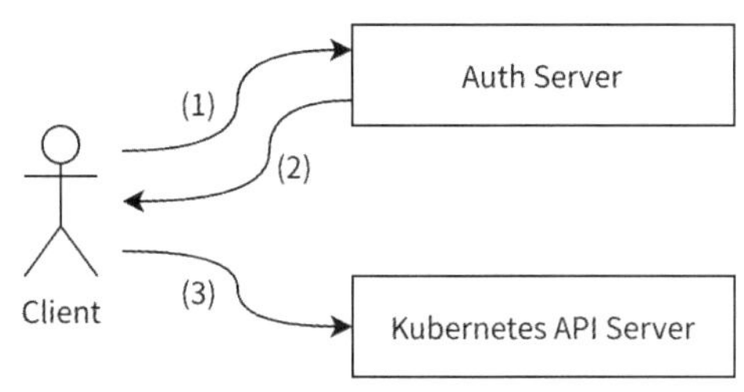

图 8-22　OIDC 认证流程

OIDC 认证流程如下。

（1）客户端在访问 kube-apiserver 前，先通过认证服务（Auth Server，如 Google Accounts 服务）认证自己，得到 access_token、id_token 和 refresh_ token。

（2）客户端将 id_token 配置到 Application 中（如 kubectl --token 参数或 kubeconfig 文件中等）。

（3）客户端使用 Token 以对应 User 的身份访问 kube-apiserver。

kube-apiserver 和 Auth Server 并没有直接进行交互，而是通过证书验证签名的方式实现了鉴定客户端发送的 Token 是否合法。下面详细描述 OIDC 认证的完整过程，如图 8-23 所示。

（1）用户登录身份提供商 Identity Provider（Auth Server，如 Google Accounts 服务）。

（2）身份提供商认证用户身份，返回 access_token、id_token 和 refresh_token。

（3）用户使用 kubectl，通过--token 参数指定 id_token，或者将 id_token 写入 kubeconfig。

（4）kubectl 将 id_token 设置为 Authorization 的请求头，发送到 kube-apiserver。

（5）kube-apiserver 通过配置的证书验证 JWT 签名是否有效。

（6）检查并确保 id_ token 未过期。

（7）检查并确保用户已获得授权。

（8）获得授权后，kube-apiserver 会执行对应的操作，返回响应给客户端 kubectl 程序。

（9）kubectl 向用户提供结果反馈。

kube-apiserver 不与 Auth Server 交互就能够认证 Token 的合法性，关键在于第五步。所有 JWT 都被其颁发 Auth Service 进行了数字签名，只需在 kube-apiserver 中配置上所信任的 Auth Server 的证书（Certificate），并使用它来验证收到的 id_token 中的签名是否合法，就可以验证 Token 的真实性。使用这种基于 PKI 的验证机制，在配置完成后，认证过程中 kube-apiserver

就无须和 Auth Server 有任何交互。

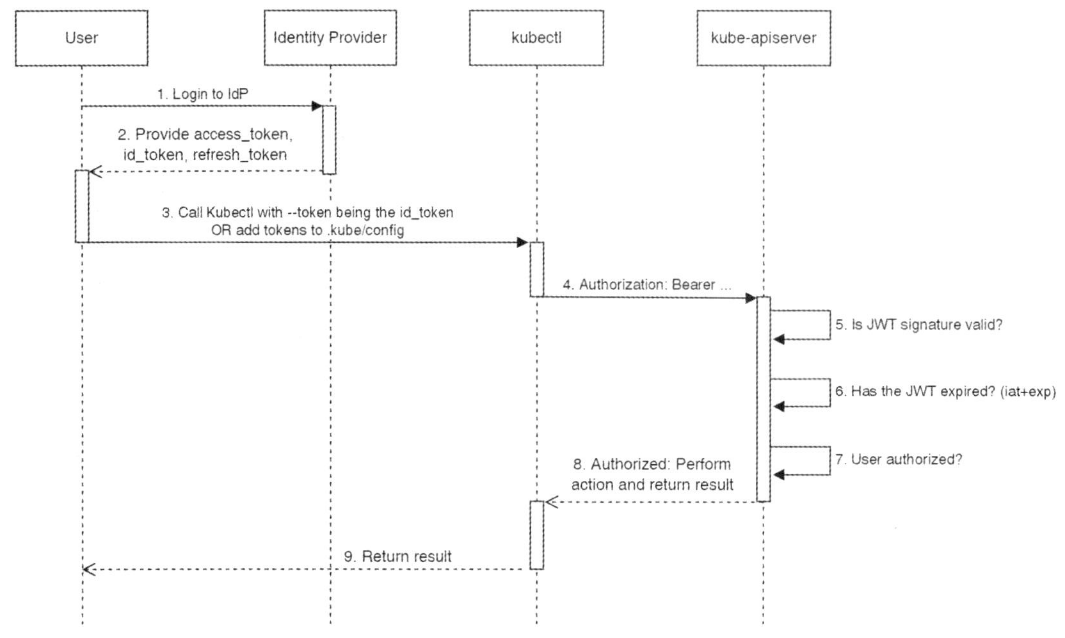

图 8-23　OIDC 认证的完整过程

1．启用 OIDC 认证

kube-apiserver 通过指定以下参数启用 OIDC 认证。

- --oidc-issuer-url：Auth Server 服务的 URL，kube-apiserver 可以通过该地址发现和读取签名验证需要的相关信息，如 Google Accounts 服务，必选。
- --oidc-client-id：所有 Token 颁发使用的 Client ID，如 kubernetes，必选。
- --oidc-username-claim：JWT 声明的用户名称（默认为 sub），可选。
- --oidc-username-prefix：用户名称前缀，所有用户名称都将以此参数的值为前缀，以防止与其他身份验证策略冲突。如果要禁用用户名称前缀，请将此参数的值设置为“-”，可选。
- --oidc-groups-claim：JWT 声明的用户组名称，可选。
- --oidc-groups-prefix：组名前缀，所有组都将以此参数的值为前缀，以防止与其他身份验证策略冲突，可选。
- --oidc-ca-file：使用该 CA 验证 OpenID Server 提供的 Web 证书，如果未设置，则将使用操作系统的 root CA 进行验证，可选。
- --oidc-signing-algs：可以被接受的签名算法，当前支持 RS256、RS384、RS512、ES256、ES384、ES512、PS256、PS384、PS512，可选。
- --oidc-required-claim：键值对，用于描述 ID Token 中必要的声明。如果设置，则验证声明是否有匹配值存在于 ID Token 中，重复指定此参数可以设置多个声明，可选。

2．OIDC 认证实现原理

OIDC 认证的代码示例如下。

代码路径：vendor/k8s.io/apiserver/plugin/pkg/authenticator/token/oidc/oidc.go

```
Plain Text
func (a *Authenticator) AuthenticateToken(ctx context.Context, token string)
(*authenticator.Response, bool, error) {
   if !hasCorrectIssuer(a.issuerURL, token) {
   return nil, false, nil
   }

   verifier, ok := a.idTokenVerifier()
   ...
   idToken, err := verifier.Verify(ctx, token)
   if err != nil {
   return nil, false, fmt.Errorf("oidc: verify token: %v", err)
   }
   ...
   return &authenticator.Response{User: info}, true, nil
}
```

在进行 OIDC 认证时，首先验证 Token 的 issuer 是否正确。接着通过 verifier.Verify 函数验证 id_ token 中的签名是否合法，如果不合法，则认证失败，返回 false；如果合法，则认证成功，返回 true。同时从 id_token 中提取用户名、用户组等信息，返回 User 响应对象。

8.7.7　WebhookTokenAuth 认证

Webhook 被称为钩子，是一种基于 HTTP 回调的机制，当客户端发送的认证请求到达 kube-apiserver 时，kube-apiserver 回调钩子函数，将验证信息发送给远程的 Webhook 服务器进行认证，根据 Webhook 服务器返回的状态来判断是否认证成功。WebhookTokenAuth 认证过程如图 8-24 所示。

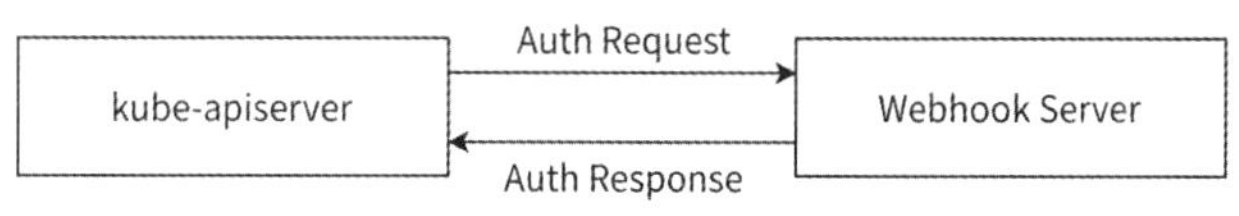

图 8-24　WebhookTokenAuth 认证过程

1．启用 WebhookTokenAuth 认证

kube-apiserver 通过指定以下参数启用 WebhookTokenAuth 认证。

- --authentication-token-webhook-config-file：kubeconfig 格式的 Webhook 配置文件，描述了如何访问远程 Webhook 服务器。
- --authentication-token-webhook-cache-ttl：认证结果缓存时间，默认为 2 分钟。
- --authentication-token-webhook-version：指定与 Webhook 服务器交互使用的 TokenReview API 版本。

2．WebhookTokenAuth 认证实现原理

代码路径：vendor/k8s.io/apiserver/pkg/authentication/token/cache/cached_token_authenticator.go

```
Plain Text
func (a *cachedTokenAuthenticator) AuthenticateToken(ctx context.Context, token string)
(*authenticator.Response, bool, error) {
   record := a.doAuthenticateToken(ctx, token)
   if !record.ok || record.err != nil {
```

```
    return nil, false, record.err
    }
    ...
    return record.resp, true, nil
}

func (a *cachedTokenAuthenticator) doAuthenticateToken(ctx context.Context, token string)
*cacheRecord {
    ...
    if record, ok := a.cache.get(key); ok {
    ...
    return record
    }

    record.resp, record.ok, record.err = a.authenticator.AuthenticateToken(ctx, token)
    ...
}
```

首先尝试从缓存中查找是否已有缓存的认证结果，如果有，则直接返回，否则调用 a.authenticator.AuthenticateToken 函数通过远程的 Webhook 服务器进行 Token 验证，并且获取认证结果。

请求远程 Webhook 服务器时，通过 w.tokenReview.Create 函数发送 Post 请求，并且在请求体中携带 Token 认证信息（TokenReview）。进行 Webhook 服务器认证之后，如果返回的 Status.Authenticated 字段为 true，则表示认证成功，同时 Status 中包含了认证后的用户信息。代码示例如下。

代码路径：vendor/k8s.io/apiserver/plugin/pkg/authenticator/token/webhook/webhook.go

```
Plain Text
func (w *WebhookTokenAuthenticator) AuthenticateToken(ctx context.Context, token string)
(*authenticator.Response, bool, error) {
    ...
    r := &authenticationv1.TokenReview{
    Spec: authenticationv1.TokenReviewSpec{
        Token:    token,
        Audiences: wantAuds,
    },
    }
    ...
    result, ... = w.tokenReview.Create(ctx, r, metav1.CreateOptions{})

    r.Status = result.Status
    if !r.Status.Authenticated {
    ...
    return nil, false, err
    }

    return &authenticator.Response{
    User: &user.DefaultInfo{
        Name:   r.Status.User.Username,
        UID:    r.Status.User.UID,
        Groups: r.Status.User.Groups,
```

```
        Extra:  extra,
    },
    Audiences: auds,
    }, true, nil
}
```

8.7.8　Anonymous 认证

Anonymous 认证被称为匿名认证，未被其他认证器拒绝的请求将被视为匿名请求。

1. 启用 Anonymous 认证

kube-apiserver 通过指定--anonymous-auth 参数启用 Anonymous 认证，默认为 true。

2. Anonymous 认证实现原理

Anonymous 认证的代码示例如下。

代码路径：vendor/k8s.io/apiserver/pkg/authentication/request/anonymous/ anonymous.go

```
Plain Text
func NewAuthenticator() authenticator.Request {
    return authenticator.RequestFunc(func(req *http.Request) (*authenticator.Response,
bool, error) {
    ...
    return &authenticator.Response{
        User: &user.DefaultInfo{
        Name:   anonymousUser,
        Groups: []string{unauthenticatedGroup},
        },
        Audiences: auds,
    }, true, nil
    })
}
```

以上代码在进行 Anonymous 认证时，直接验证成功，返回 true，被识别出的用户名为 system:anonymous，对应的用户组为 system:unauthenticated。

8.8　授权

客户端请求通过认证之后，会进入授权阶段，检验对应的用户是否具有相应的数据读/写权限。kube-apiserver 支持多种授权机制，并且支持同时开启多个授权功能，如果开启多个授权功能，则按照顺序执行授权器，排列在最前面的授权器具有更高的优先级来允许或拒绝请求。当客户端发起的一个请求，在进行授权时，只要有一个授权器通过，就授权成功。

kube-apiserver 目前提供 6 种授权模式，分别是 AlwaysAllow、AlwaysDeny、ABAC、Webhook、RBAC、Node。每种授权模式的介绍如下。

- AlwaysAllow：允许所有请求。
- AlwaysDeny：阻止所有请求。
- ABAC（Attribute-Based Access Control）：基于属性的访问控制。
- Webhook：基于 Webhook 的一种 HTTP 回调，远程授权管理。

- RBAC（Role-Based Access Control）：基于角色的访问控制。
- Node：节点授权，专门授权给 kubelet 发出的 API 请求。

在 kube-apiserver 中，Authorization 授权有 3 个概念，分别是 Decision 决策状态、授权器接口和 RuleResolver 规则解析器，介绍如下。

1. Decision 决策状态

Decision 决策状态类似于身份认证中的 true 和 false，用来表示是否授权成功。授权支持 3 种决策状态：拒绝、允许和无意见。代码示例如下。

代码路径：vendor/k8s.io/apiserver/pkg/authorization/authorizer/interfaces.go

```go
Go
const (
   DecisionDeny Decision = iota
   DecisionAllow
   DecisionNoOpinion
)
```

上述 3 种状态的含义如下。

- DecisionDeny：表示授权器拒绝该操作。
- DecisionAllow：表示授权器允许该操作。
- DecisionNoOpinion：表示授权器对是否允许或拒绝某个操作没有意见，会继续执行下一个授权器。

2. 授权器接口

每种授权方式都需要实现 Authorizer 授权器接口，接口定义如下。

代码路径：vendor/k8s.io/apiserver/pkg/authorization/authorizer/interfaces.go

```
Plain Text
type Authorizer interface {
  Authorize(ctx context.Context, a Attributes) (Decision, string, error)
}
```

Authorizer 接口定义了 Authorize 函数，每个授权器需要实现该函数，该函数接收一个 Attributes。Attributes 提供了授权器用来从 HTTP 请求中获取授权信息的函数，如 GetUser、GetVerb、GetNamespace、GetResource 等。如果授权成功，则 Decision 决策状态为 DecisionAllow；如果授权失败，则 Decision 决策状态为 DecisionDeny，并且返回授权失败的原因。

3. RuleResolver 规则解析器

授权器通过 RuleResolver 规则解析器来解析规则，接口定义如下。

代码路径：vendor/k8s.io/apiserver/pkg/authorization/authorizer/interfaces.go

```
Plain Text
type RuleResolver interface {
   RulesFor(user user.Info, namespace string) ([]ResourceRuleInfo,
[]NonResourceRuleInfo, bool, error)
}
```

RuleResolver 接口定义了 RulesFor 函数，每个授权器都需要实现该函数。RulesFor 函数通过接收的 user 用户信息和 namespace 命名空间参数，解析出规则列表并返回。规则列表分为以下两种。

- ResourceRuleInfo：资源类型的规则列表，如/api/v1/pods 的资源接口。
- NonResourceRuleInfo：非资源类型的规则列表，如/api 或/health 的资源接口。

以 ResourceRuleInfo 资源类型为例，其中，通配符（*）表示匹配所有。pods 资源规则列表定义示例如下。

```
Plain Text
resourceRules: []authorizer.ResourceRuleInfo{
   &authorizer.DefaultResourceRuleInfo{
   Verbs:     []string{"*"},
   APIGroups: []string{"*"},
   Resources: []string{"pods"},
   },
}
```

以上 pods 资源规则列表表示，该用户对所有资源版本的 Pod 资源拥有所有操作权限。

每种授权方式被实例化后成为授权器，授权器封装在 http.Handler 请求处理函数中，授权器接收客户端的请求并执行授权验证。当客户端请求到达 kube-apiserver 的授权器并返回 DecisionAllow 时，表示授权成功。授权流程如图 8-25 所示。

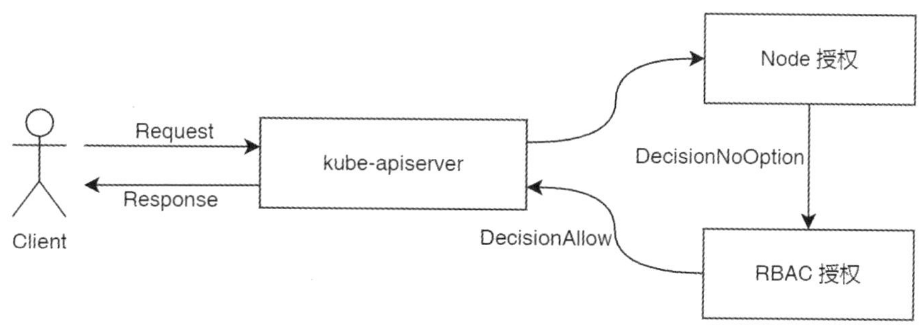

图 8-25　授权流程

假设 kube-apiserver 开启了 Node 和 RBAC 两种授权模式，这一般也是集群默认启用的授权模式。当 Client 发送请求到 kube-apiserver 时，该请求会进入 Authorization Handler（处理授权相关的 Handler 处理函数），授权处理逻辑会遍历已启用的授权器列表，按用户配置的顺序（--authorization-mode 参数配置的授权模式列表）逐个尝试执行每种授权器。假如 Node 授权器返回 DecisionNoOpinion，kube-apiserver 会继续执行 RBAC 授权器，如果 RBAC 授权器返回 DecisionAllow，则表示授权成功，kube-apiserver 执行相应的操作，将结果返回给用户。如果授权失败，则返回给用户未授权的错误信息。代码示例如下。

代码路径：vendor/k8s.io/apiserver/pkg/endpoints/filters/authorization.go

```
Plain Text
func WithAuthorization(handler http.Handler, a authorizer.Authorizer,...) http.Handler
{
   if a == nil {
   klog.Warning("Authorization is disabled")
   return handler
   }
   return http.HandlerFunc(func(w http.ResponseWriter, req *http.Request) {
   ctx := req.Context()
   attributes, err := GetAuthorizerAttributes(ctx)
```

```
    ...
    authorized, reason, err := a.Authorize(ctx, attributes)
    if authorized == authorizer.DecisionAllow {
        ...
        handler.ServeHTTP(w, req)
        return
    }
    ...
    responsewriters.Forbidden(ctx, attributes, w, req, reason, s)
    })
}
```

WithAuthorization 函数是 kube-apiserver 的授权 Handler 处理函数。如果授权器实例为空，则表明未启用任何授权功能，直接跳过授权部分。如果不为空，则通过 GetAuthorizerAttributes 函数从 HTTP 请求中获取客户端上下文信息。a.Authorize 函数对请求进行授权，如果授权失败，则通过 responsewriters.Forbidden 函数返回 HTTP 401 Unauthorized 并返回授权失败的原因。如果返回 DecisionAllow，则表示授权成功，进入后续的数据读/写操作流程。

Authorize 函数对请求进行认证的过程中，会遍历已启用的授权器列表并执行授权判断，代码示例如下。

代码路径：vendor/src/k8s.io/apiserver/pkg/authorization/union/union.go

```
Plain Text
func (authzHandler unionAuthzHandler) Authorize(ctx context.Context, a
authorizer.Attributes) (authorizer.Decision, string, error) {
    ...
    for _, currAuthzHandler := range authzHandler {
    decision, reason, err := currAuthzHandler.Authorize(ctx, a)
    ...
    switch decision {
    case authorizer.DecisionAllow, authorizer.DecisionDeny:
        return decision, reason, err
    case authorizer.DecisionNoOpinion:
        // continue to the next authorizer
    }
    }

    return authorizer.DecisionNoOpinion, strings.Join(reasonlist, "\n"),...
}
```

Authorize 函数会遍历 authzHandler 列表，只要有一个授权器做出了决策（无论是允许还是拒绝），就直接返回决策结果。如果当前授权器返回 DecisionNoOpinion，则继续执行下一个授权器进行授权判断。

8.8.1 AlwaysAllow 授权

AlwaysAllow 授权器允许所有请求，如果未配置--authorization-mode 参数，则默认使用此授权模式。

1. 启用 AlwaysAllow 授权

kube-apiserver 通过指定--authorization-mode=AlwaysAllow 参数（或不配置该参数）启用 AlwaysAllow 授权。

2. AlwaysAllow 授权实现原理

代码路径：vendor/k8s.io/apiserver/pkg/authorization/authorizerfactory/builtin.go

```
Plain Text
func (alwaysAllowAuthorizer) Authorize(ctx context.Context, a authorizer.Attributes)
(authorized authorizer.Decision, reason string, err error) {
   return authorizer.DecisionAllow, "", nil
}
```

在进行 AlwaysAllow 授权时，直接授权成功，返回 DecisionAllow 决策状态。另外，AlwaysAllow 的规则解析器将资源类型的规则列表（ResourceRuleInfo）和非资源类型的规则列表（NonResourceRuleInfo）都设置为通配符（*），以匹配所有资源版本、资源及资源操作方法。代码示例如下：

代码路径：vendor/k8s.io/apiserver/pkg/authorization/authorizerfactory/builtin.go

```
Go
func (alwaysAllowAuthorizer) RulesFor(user user.Info, namespace string)
([]authorizer.ResourceRuleInfo, []authorizer.NonResourceRuleInfo, bool, error) {
   return []authorizer.ResourceRuleInfo{
      &authorizer.DefaultResourceRuleInfo{
      Verbs:     []string{"*"},
      APIGroups: []string{"*"},
      Resources: []string{"*"},
      },
   }, []authorizer.NonResourceRuleInfo{
      &authorizer.DefaultNonResourceRuleInfo{
      Verbs:       []string{"*"},
      NonResourceURLs: []string{"*"},
      },
   }, false, nil
}
```

8.8.2 AlwaysDeny 授权

AlwaysDeny 授权器阻止所有请求，该授权器很少单独使用，一般会和其他授权器一起使用。

1. 启用 AlwaysDeny 授权

kube-apiserver 通过指定--authorization-mode=AlwaysDeny 参数启用 AlwaysDeny 授权。

2. AlwaysDeny 授权实现原理

代码路径：vendor/k8s.io/apiserver/pkg/authorization/authorizerfactory/builtin.go

```
Plain Text
func (alwaysDenyAuthorizer) Authorize(ctx context.Context, a authorizer.Attributes)
(decision authorizer.Decision, reason string, err error) {
   return authorizer.DecisionNoOpinion, "Everything is forbidden.", nil
}
```

在进行 AlwaysDeny 授权时，直接返回 DecisionNoOpinion 决策状态。如果存在下一个授权器，则继续执行下一个授权器；如果不存在下一个授权器，则拒绝所有请求。另外，

AlwaysDeny 的规则解析器将资源类型的规则列表（ResourceRuleInfo）和非资源类型的规则列表（NonResourceRuleInfo）都设置为空，以表示对任何资源都没有操作权限。代码示例如下。

代码路径：vendor/k8s.io/apiserver/pkg/authorization/authorizerfactory/builtin.go

```
Plain Text
func (alwaysDenyAuthorizer) RulesFor(user user.Info, namespace string)
([]authorizer.ResourceRuleInfo, []authorizer.NonResourceRuleInfo, bool, error) {
  return []authorizer.ResourceRuleInfo{}, []authorizer.NonResourceRuleInfo{}, false,
nil
}
```

8.8.3 ABAC 授权

ABAC 授权是一种基于属性的访问控制模型，能够根据属性配置信息为用户授予访问权限。

1. 启用 ABAC 授权

kube-apiserver 通过指定以下参数启用 ABAC 授权。

- --authorization-mode=ABAC：启用 ABAC 授权器。
- --authorization-policy-file：指定策略文件，该文件使用 JSON 格式，每一行都是一个策略对象。

一个 ABAC 策略文件定义的示例如下。

```
Plain Text
{"apiVersion": "abac.authorization.kubernetes.io/v1beta1", "kind": "Policy", "spec":
{"user": "alice", "namespace": "*", "resource": "*", "apiGroup": "*"}}
{"apiVersion": "abac.authorization.kubernetes.io/v1beta1", "kind": "Policy", "spec":
{"user": "kubelet", "namespace": "*", "resource": "pods", "readonly": true}}
```

以上策略文件表示，alice 用户可以对所有资源执行任何操作，kubelet 用户可以对任何 Pod 执行读取操作。

2. ABAC 授权实现原理

代码路径：pkg/auth/authorizer/abac/abac.go

```
Plain Text
func (pl PolicyList) Authorize(ctx context.Context, a authorizer.Attributes)
(authorizer.Decision, string, error) {
  for _, p := range pl {
  if matches(*p, a) {
    return authorizer.DecisionAllow, "", nil
  }
  }
  return authorizer.DecisionNoOpinion, "No policy matched.", nil
}
```

在进行 ABAC 授权时，会遍历所有的策略，通过 matches 函数进行匹配，如果授权成功，则返回 DecisionAllow 决策状态。另外，ABAC 的规则解析器会根据每个策略的资源类型的规则列表（ResourceRuleInfo）和非资源类型的规则列表（NonResourceRuleInfo），为用户设置与其权限匹配的资源版本、资源及资源操作方法。代码示例如下。

代码路径：pkg/auth/authorizer/abac/abac.go

```
Plain Text
func (pl PolicyList) RulesFor(user user.Info, namespace string)
([]authorizer.ResourceRuleInfo, []authorizer.NonResourceRuleInfo, bool, error) {
   var (
   resourceRules    []authorizer.ResourceRuleInfo
   nonResourceRules []authorizer.NonResourceRuleInfo
   )

   for _, p := range pl {
   if subjectMatches(*p, user) {
      if p.Spec.Namespace == "*" || p.Spec.Namespace == namespace {
      if len(p.Spec.Resource) > 0 {
         r := authorizer.DefaultResourceRuleInfo{
         Verbs:     getVerbs(p.Spec.Readonly),
         APIGroups: []string{p.Spec.APIGroup},
         Resources: []string{p.Spec.Resource},
         }
         var resourceRule authorizer.ResourceRuleInfo = &r
         resourceRules = append(resourceRules, resourceRule)
      }
      if len(p.Spec.NonResourcePath) > 0 {
         r := authorizer.DefaultNonResourceRuleInfo{
         Verbs:      getVerbs(p.Spec.Readonly),
         NonResourceURLs: []string{p.Spec.NonResourcePath},
         }
         var nonResourceRule authorizer.NonResourceRuleInfo = &r
         nonResourceRules = append(nonResourceRules, nonResourceRule)
      }
      }
   }
   }
  return resourceRules, nonResourceRules, false, nil
}
```

在以上代码中，RulesFor 函数会从策略文件中抽取所有对应传入 user 和 namespace 的规则，将其聚合为完整的规则列表，以便在为请求授权时执行匹配判断。

8.8.4 Webhook 授权

Webhook 授权器是一种基于 HTTP 回调的机制，当用户需要授权时，kube-apiserver 通过查询外部 Webhook 服务器获取授权结果。当客户端发送的授权请求到达 kube-apiserver 时，kube-apiserver 回调配置好的钩子函数，将授权信息发送给远程的 Webhook 服务器进行授权验证，根据 Webhook 服务器返回的状态来判断是否授权成功。Webhook 授权流程与前文介绍的 WebhookTokenAuth 认证基本类似，如图 8-26 所示。

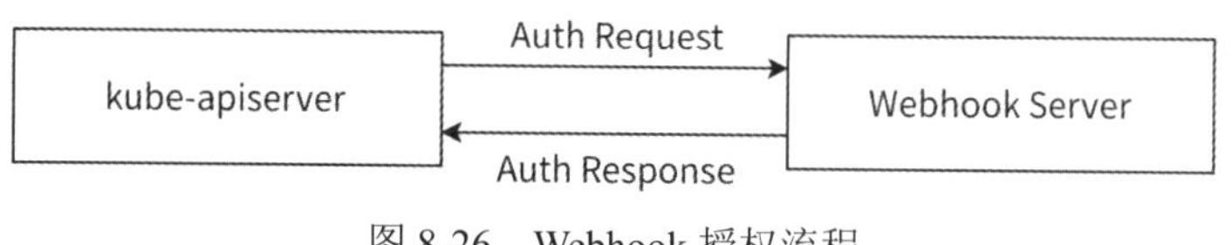

图 8-26 Webhook 授权流程

1. 启用 Webhook 授权

kube-apiserver 通过指定以下参数启用 Webhook 授权。

- --authorization-mode=Webhook：启用 Webhook 授权器。
- --authorization-webhook-config-file：kubeconfig 格式的 Webhook 配置文件，描述了如何访问远程 Webhook 服务器。

一个 Webhook 授权器配置文件定义的示例如下。

```
Plain Text
apiVersion: v1
kind: Config
clusters:
 - name: name-of-remote-authz-service
   cluster:
    certificate-authority: /path/to/ca.pem
    server: https://authz.example.com/authorize
users:
 - name: name-of-api-server
   user:
    client-certificate: /path/to/cert.pem
    client-key: /path/to/key.pem
current-context: webhook
contexts:
- context:
   cluster: name-of-remote-authz-service
   user: name-of-api-server
 name: webhook
```

在以上配置中，文件使用 kubeconfig 格式。在该配置文件中，clusters 指的是远程 Webhook 服务器，users 指的是 kube-apiserver。

2. Webhook 授权实现原理

代码路径：vendor/k8s.io/apiserver/plugin/pkg/authorizer/webhook/webhook.go

```
Plain Text
func (w *WebhookAuthorizer) Authorize(ctx context.Context, attr authorizer.Attributes)
(decision authorizer.Decision, reason string, err error) {
   r := &authorizationv1.SubjectAccessReview{}
   ...
   if entry, ok := w.responseCache.Get(string(key)); ok {
   r.Status = entry.(authorizationv1.SubjectAccessReviewStatus)
   } else {
   ...
   result, ... = w.subjectAccessReview.Create(ctx, r, metav1.CreateOptions{})
   ...
   r.Status = result.Status
   ...
   }
   switch {
   ...
   case r.Status.Denied:
   return authorizer.DecisionDeny, r.Status.Reason, nil
```

```
	case r.Status.Allowed:
	return authorizer.DecisionAllow, r.Status.Reason, nil
	default:
	return authorizer.DecisionNoOpinion, r.Status.Reason, nil
	}
}
```

在进行 Webhook 授权时，首先通过 w.responseCache.Get 函数从 Cache 中查找是否已有缓存的授权记录，如果有，则直接使用该授权结果（SubjectAccessReviewStatus）。如果没有，则通过 w.subjectAccessReview.Create 函数从远程 Webhook 服务器进行授权验证，该函数发送 Post 请求，并且在请求体中携带授权信息（根据 Attributes 构建的 SubjectAccessReview 对象）。远程 Webhook 服务器认证之后，系统根据返回的结果，执行对应的处理操作。例如，返回的 r.Status.Allowed 为 true，表示授权成功。

另外，Webhook 的规则解析器不支持规则列表解析，因为规则是由远程 Webhook 服务器进行授权的，所以其规则解析器的资源类型的规则列表（ResourceRuleInfo）和非资源类型的规则列表（NonResourceRuleInfo）都被设置为空。代码示例如下。

代码路径：vendor/k8s.io/apiserver/plugin/pkg/authorizer/webhook/webhook.go

```
Plain Text
func (w *WebhookAuthorizer) RulesFor(user user.Info, namespace string)
([]authorizer.ResourceRuleInfo, []authorizer.NonResourceRuleInfo, bool, error) {
	var (
	resourceRules    []authorizer.ResourceRuleInfo
	nonResourceRules []authorizer.NonResourceRuleInfo
	)
	incomplete := true
	return resourceRules, nonResourceRules, incomplete, fmt.Errorf("webhook authorizer
does not support user rule resolution")
}
```

8.8.5 RBAC 授权

RBAC 是一种基于角色的权限访问控制，也是目前使用最为广泛的权限模型。在 RBAC 中，用户与角色相关联，角色与权限相关联，形成“用户-角色-权限”的授权模型。用户通过加入某些角色从而得到这些角色的操作权限，极大地简化了权限的精细化管理。RBAC 模型如图 8-27 所示。

图 8-27　RBAC 模型

1. RBAC 核心数据结构

在 kube-apiserver 设计的 RBAC 中，新增了角色与集群绑定的概念，也就是说，kube-apiserver 可以提供 4 种数据类型来表达基于角色的授权，分别是角色（Role）、集群角色（ClusterRole）、角色绑定（RoleBinding）和集群角色绑定（ClusterRoleBinding），这 4 种数据类型定义在 vendor/k8s.io/api/rbac/v1/types.go 中。

Role 和 ClusterRole 结构如图 8-28 所示。

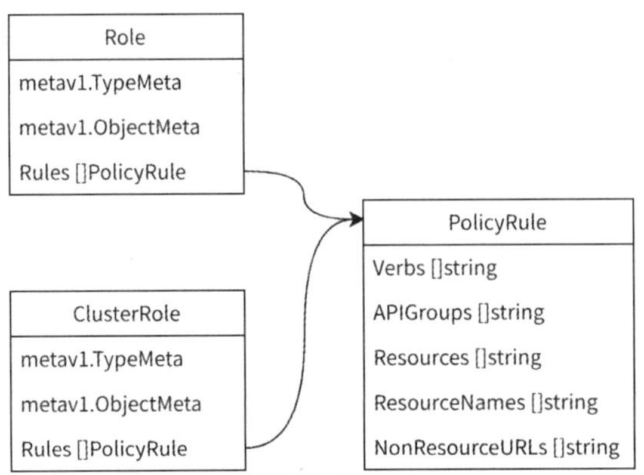

图 8-28　Role 和 ClusterRole 结构

相关数据结构介绍如下。

- 角色（Role）：角色是一组用户的集合，与规则（PolicyRule）关联。角色只能授予某一个命名空间的权限。
- 集群角色（ClusterRole）：集群角色是一组用户的集合，与规则（PolicyRule）关联。集群角色能够授予集群范围的权限，如节点、非资源类型的服务端点、跨所有命名空间的权限等。
- 规则（PolicyRule）：规则相当于操作权限，定义了能够对何种资源执行何种操作。

Kubernetes API Server 提供对“非资源类型的服务端点”（Non-Resource Endpoints）的访问控制（如/version、/healthz 等接口），可以通过 NonResourceURLs 进行设置。

RoleBinding 和 ClusterRoleBinding 结构如图 8-29 所示。

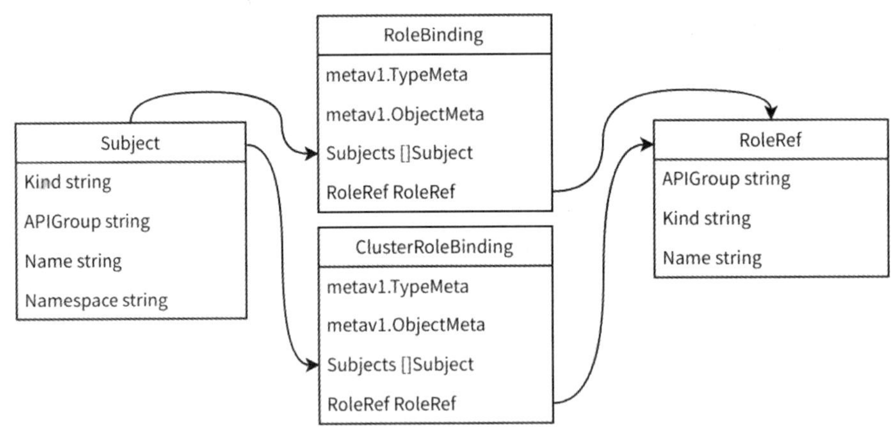

图 8-29　RoleBinding 和 ClusterRoleBinding 结构

相关数据结构介绍如下。

- 主体（Subject）：主体可以是 Group 组、User 用户和 ServiceAccount 服务账户。
- 角色绑定（RoleBinding）：将角色关联的权限授予一个或一组用户，只能授予某一个命名空间的权限。

- 集群角色绑定（ClusterRoleBinding）：将集群角色关联的权限授予一个或一组用户，能够授予集群范围的权限。
- RoleRef：被授予权限的角色的引用信息，kube-apiserver 根据角色引用找到对应的角色，进一步追溯角色关联的具体权限。

2. 启用 RBAC 授权

kube-apiserver 通过指定--authorization-mode=RBAC 参数启用 RBAC 授权。

3. RBAC 授权实现原理

kube-apiserver 通过 User（用户）、Operation（操作）、Role 和 ClusterRole、RoleBinding 和 ClusterRoleBingding 描述 RBAC 关系。RBAC 授权模型如图 8-30 所示。

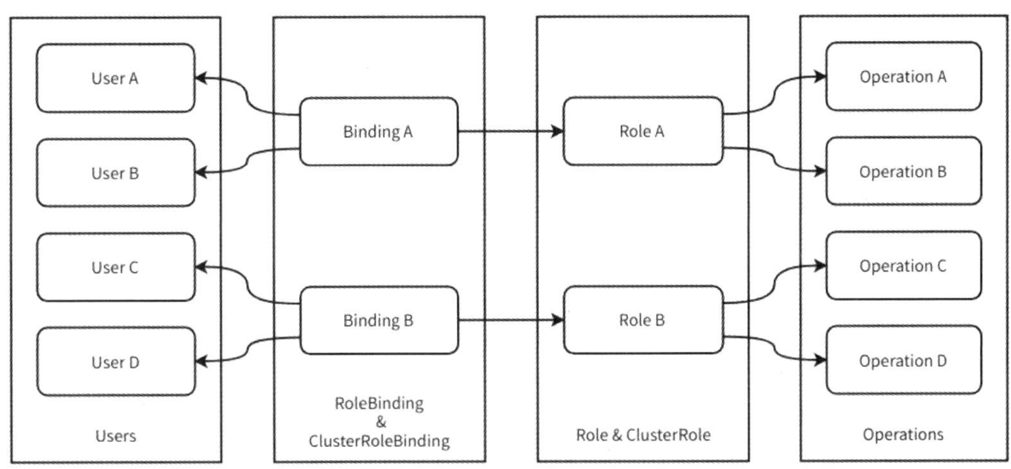

图 8-30　RBAC 授权模型

如图 8-30 所示，Role A 角色拥有操作 Operation A 和 Operation B 的权限，用户 User A 与 Role A 角色进行绑定，User A 就有了操作 Operation A 和 Operation B 的权限，但 User A 没有操作 Operation C 和 Operation D 的权限。一个 RBAC 配置的代码示例如下。

```yaml
YAML
apiVersion: rbac.authorization.k8s.io/v1
kind: Role
metadata:
  name: pod-reader
  namespace: default
rules:
- apiGroups:
  - ""
  resources:
  - pods
  verbs:
  - get
  - list
  - watch
---
apiVersion: rbac.authorization.k8s.io/v1
kind: RoleBinding
```

```
metadata:
  name: pod-reader
  namespace: default
roleRef:
  apiGroup: rbac.authorization.k8s.io
  kind: Role
  name: pod-reader
subjects:
- apiGroup: rbac.authorization.k8s.io
  kind: User
  name: alice
```

在上述 RBAC 配置代码示例中，首先创建一个名为 pod-reader 的角色，该角色对 pods 资源拥有 get、list、watch 权限。然后通过 RoleBinding 将角色与用户进行绑定，绑定的用户为 alice。由于使用的是 Role 和 RoleBinding，因此，alice 用户只被授予了 default 命名空间的权限。绑定完成后，alice 用户对 default 命名空间下的 pods 资源就拥有了 get、list、watch 权限（也就是资源读取权限）。但是 alice 用户并没有其他命名空间下任何资源的操作权限。

RBAC 授权器通过 Authorize 函数匹配 PolicyRule 来验证是否授权成功，代码示例如下。

代码路径：plugin/pkg/auth/authorizer/rbac/rbac.go

```
Plain Text
func (r *RBACAuthorizer) Authorize(ctx context.Context, requestAttributes
authorizer.Attributes) (authorizer.Decision, string, error) {
    ...
    r.authorizationRuleResolver.VisitRulesFor(requestAttributes.GetUser(),
requestAttributes.GetNamespace(), ruleCheckingVisitor.visit)
    if ruleCheckingVisitor.allowed {
    return authorizer.DecisionAllow, ruleCheckingVisitor.reason, nil
    }

    ...
    return authorizer.DecisionNoOpinion, reason, nil
}
```

在进行 RBAC 授权时，首先通过 r.authorizationRuleResolver.VisitRulesFor 函数调用给定的 ruleCheckingVisitor.visit 函数来执行授权验证。如果该函数返回的 allowed 字段为 true，则表示授权成功并返回 DecisionAllow 决策状态。

ruleCheckingVisitor.visit 函数调用 RBAC 的 RuleAllows 函数，RuleAllows 函数是实际的验证授权规则的函数，该函数的授权原理如图 8-31 所示。

RuleAllows 函数首先通过 IsResourceRequest 函数判断请求的资源是资源类型接口，还是非资源类型接口。如果请求的资源是资源类型接口，则依次通过 VerbMatches、APIGroupMatches、ResourceMatches、ResourceNameMatches 函数进行匹配，匹配结果通过"与"的方式聚合，即只有当全部匹配返回 true 时，才认定为授权成功。

如果请求的资源是非资源类型接口，则通过 VerbMatches、NonResourceURLMatches 函数进行匹配，匹配结果通过"与"的方式聚合，即只有当全部匹配返回 true 时，才认定为授权成功。

RBAC 规则解析器会为给定的用户和命名空间查找资源类型的规则列表（ResourceRuleInfo）和非资源类型的规则列表（NonResourceRuleInfo），代码示例如下。

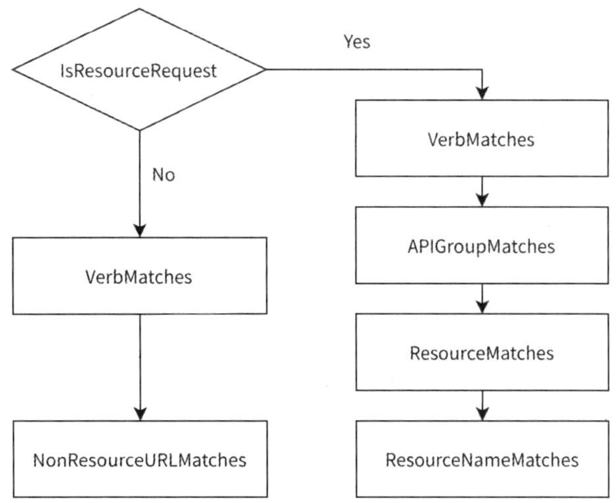

图 8-31　RuleAllows 函数的授权原理

代码路径：plugin/pkg/auth/authorizer/rbac/rbac.go

```
Plain Text
func (r *RBACAuthorizer) RulesFor(user user.Info, namespace string)
([]authorizer.ResourceRuleInfo, []authorizer.NonResourceRuleInfo, bool, error) {
   var (
   resourceRules    []authorizer.ResourceRuleInfo
   nonResourceRules []authorizer.NonResourceRuleInfo
   )

   policyRules, err := r.authorizationRuleResolver.RulesFor(user, namespace)
   for _, policyRule := range policyRules {
      if len(policyRule.Resources) > 0 {
      r := authorizer.DefaultResourceRuleInfo{
         Verbs:     policyRule.Verbs,
         APIGroups:     policyRule.APIGroups,
         Resources:     policyRule.Resources,
         ResourceNames: policyRule.ResourceNames,
      }
      var resourceRule authorizer.ResourceRuleInfo = &r
      resourceRules = append(resourceRules, resourceRule)
      }
      if len(policyRule.NonResourceURLs) > 0 {
      r := authorizer.DefaultNonResourceRuleInfo{
         Verbs:      policyRule.Verbs,
         NonResourceURLs: policyRule.NonResourceURLs,
      }
      var nonResourceRule authorizer.NonResourceRuleInfo = &r
      nonResourceRules = append(nonResourceRules, nonResourceRule)
      }
   }
   return resourceRules, nonResourceRules, false, err
}
```

4．创建内置集群角色

kube-apiserver 在启动时会通过 rbac/bootstrap-roles PostStartHook 初始化内置的角色。以

cluster-admin 集群角色为例，cluster-admin 拥有对 Kubernetes 的最高权限。cluster-admin 的定义的代码示例如下。

代码路径：plugin/pkg/auth/authorizer/rbac/bootstrappolicy/policy.go

```
Plain Text
[]rbacv1.ClusterRole{
    {
    ObjectMeta: metav1.ObjectMeta{Name: "cluster-admin"},
    Rules: []rbacv1.PolicyRule{
        rbacv1helpers.NewRule("*").Groups("*").Resources("*").RuleOrDie(),
        rbacv1helpers.NewRule("*").URLs("*").RuleOrDie(),
    },
    },
}
...
[]rbacv1.ClusterRoleBinding{
    rbacv1helpers.NewClusterBinding("cluster-admin").Groups(user.SystemPrivilegedGroup).
BindingOrDie(),
}
```

cluster-admin 的代码定义将资源类型和非资源类型都设置为通配符（*），以匹配所有资源版本、资源、请求路径，拥有 Kubernetes 的最高控制权限。然后将 cluster-admin 与 user.SystemPrivilegedGroup 组进行绑定（SystemPrivilegedGroup 即为 system:masters 组）。因此，只要是来自 system:masters 组的请求，都会具有最高权限。

注意：不建议擅自改动内置集群角色及内置权限的定义，这可能会造成 Kubernetes 的某些组件因权限问题而出现不可预期的异常行为。

其他内置角色的创建与 cluster-admin 类似，读者可以参考 plugin/pkg/auth/authorizer/rbac/bootstrappolicy 目录下的源码进行学习，本书不再赘述。

8.8.6 Node 授权

Node 授权是一种特殊用途的授权模式，专门为 kubelet 发出的 API 请求进行授权。Node 授权基于 RBAC 授权方式实现，对 kubelet 进行基于 system:node 内置角色的权限控制。system:node 内置角色的权限定义在 NodeRules 函数中，代码示例如下。

代码路径：plugin/pkg/auth/authorizer/rbac/bootstrappolicy/policy.go

```
Plain Text
var (
    Write     = []string{"create", "update", "patch", "delete", "deletecollection"}
    ReadWrite = []string{"get", "list", "watch", "create", "update", "patch", "delete",
"deletecollection"}
    Read      = []string{"get", "list", "watch"}
    ReadUpdate = []string{"get", "list", "watch", "update", "patch"}
)

func NodeRules() []rbacv1.PolicyRule {
    ...
    rbacv1helpers.NewRule(Read...).Groups(legacyGroup).Resources("pods").RuleOrDie(),
    rbacv1helpers.NewRule("create",
"delete").Groups(legacyGroup).Resources("pods").RuleOrDie(),
```

```
    ...
    return nodePolicyRules
}
```

NodeRules 函数中定义了 system:node 内置角色的权限，它拥有许多资源的操作权限，如 configmaps、secrets、services、pods、nodes 等。在上述代码中，仅列举了对 pods 资源的操作权限，即 get、list、watch、create、delete 操作权限。

1. 启用 Node 授权

kube-apiserver 通过指定--authorization-mode=Node,RBAC 参数启用 Node 授权器与 RBAC 授权器。

2. Node 授权实现原理

代码路径：plugin/pkg/auth/authorizer/node/node_authorizer.go

```
Go
func (r *NodeAuthorizer) Authorize(ctx context.Context, attrs authorizer.Attributes)
(authorizer.Decision, string, error) {
    nodeName, isNode := r.identifier.NodeIdentity(attrs.GetUser())
    if !isNode {
    return authorizer.DecisionNoOpinion, "", nil
    }
    ...
    if rbac.RulesAllow(attrs, r.nodeRules...) {
    return authorizer.DecisionAllow, "", nil
    }
    return authorizer.DecisionNoOpinion, "", nil
}
```

在进行 Node 授权时，首先通过 r.identifier.NodeIdentity 函数验证请求使用的用户名为 system:node:<nodename>且用户组为 system:nodes，如果不符合，则直接认证失败，返回 DecisionNoOpinion 决策状态。然后，通过 rbac.RulesAllow 函数进行 RBAC 授权检查，如果授权成功，则返回 DecisionAllow 决策状态。

由于 Node 授权规则解析器针对所有 Node 的权限列表都是相同的，因此默认返回为空，代码示例如下。

代码路径：plugin/pkg/auth/authorizer/node/node_authorizer.go

```
Plain Text
func (r *NodeAuthorizer) RulesFor(user user.Info, namespace string)
([]authorizer.ResourceRuleInfo, []authorizer.NonResourceRuleInfo, bool, error) {
    ...
    return nil, nil, false, nil
}
```

8.9　准入控制器

准入控制器会在请求经过认证、授权等前置检查后，对象被真正持久化前进行最后的拦截（实际上准入控制的实现位置是在 RESTStorage 存储层），对请求的资源对象进行存储前的变更（Mutating）或验证（Validating），以确保其符合准入控制要求。准入控制器以插件的形式运行，支持通过命令行参数动态启用（--enable-admission-plugins）或禁用（--disable-admission-plugins）指定的准入控制器插件，同时，Kubernetes 支持自定义扩展。当同时启用多个准入控制器插件时，将按照内置既定的顺序依次执行，与配置参数中的准入控制器插件顺序无关。准入控制器限制创建、删除、修改对象的请求，也可以阻止自定义操作（如通过 API 服务器代理连接 Pod 的请求），但准入控制器不会也不能阻止读取对象的请求（如 get、list、watch）。

8.9.1 内置插件介绍

Kubernetes 官方提供了多达 34 种准入控制器插件，如表 8-4 所示（按照内置执行顺序排列）。

表 8-4 34 种准入控制器插件

名称	说明
AlwaysAdmit	已弃用，允许所有请求
NamespaceAutoProvision	检查所有进入的具备命名空间的资源请求，如果其引用的命名空间不存在，则自动创建命名空间
NamespaceLifecycle	禁止在一个正在被终止的命名空间中创建新对象，确保针对不存在的命名空间的请求被拒绝。在删除一个命名空间时，触发删除该命名空间下的所有对象（如 Pod、Service 等）的操作。同时，禁止删除系统保留的命名空间（default、kube-system、kube-public）
NamespaceExists	检查所有进入的具备命名空间的资源请求，如果其引用的命名空间不存在，则拒绝请求
SecurityContextDeny	拒绝任何试图修改 Pod SecurityContext 某些敏感字段的请求
LimitPodHardAntiAffinityTopology	在启用 Pod 反亲和策略时，要求设置 requiredDuringSchedulingIgnoredDuringExecution 所使用的 topologyKey 必须为 kubernetes.io/hostname，否则拒绝 Pod 的创建请求
LimitRanger	确保所有资源请求不超过对应命名空间中 LimitRange 对象中定义的资源限制，同时支持为没有设置资源请求的 Pod 自动设置默认的资源请求
ServiceAccount	实现了 ServiceAccount 的自动化。如果使用 ServiceAccount 权限控制，则需要启用该插件
NodeRestriction	限制 kubelet 对 Node 和 Pod 对象的修改。kubelet 必须使用 system:nodes 组中形式为 system:node:<nodename>的用户名，只能修改自己的 Node API 对象和绑定到自身节点的 Pod 对象，无法更新或删除 Node 对象的污点，限制 kubelet 对 kubernetes.io 或 k8s.io 为前缀的标签的使用，以确保 kubelet 具有正常运行所需的最小权限集
TaintNodesByCondition	为新创建的节点添加 NotReady 和 NoSchedule 污点，以避免一些竞态条件的发生，而这些竞态条件可能导致 Pod 在更新节点污点以准确反映其所报告状况之前，就被调度到新节点上
AlwaysPullImages	修改每个新创建的 Pod，将其镜像拉取策略设置为 Always。这在多租户共享一个集群的场景中非常有用，这样用户的私有镜像只能被那些有凭证的人使用。如果没有这个准入控制器，一旦镜像被拉取到节点上，任何用户都可以通过已了解到的镜像名称（假设 Pod 被调度到正确的节点上）来使用它，而不需要对镜像进行任何鉴权检查。启动这个准入控制器之后，启动容器之前必须拉取镜像，这意味着需要有效的镜像拉取凭证

续表

名称	说明
ImagePolicyWebhook	允许后端 Webhook 做出决策，检查 Pod 中设置的镜像是否被允许，需要使用一个配置文件定义后端 Webhook 的相关参数（通过--admission-control-config-file 参数传入配置文件）。kube-apiserver 通过给 Webhook 服务器发送 ImageReview Post 请求，读取返回的状态来确定决策结果
PodSecurity	已废弃的 PodSecurityPolicy 准入控制器的替代品，在创建和修改 Pod 时，根据请求的安全上下文和 Pod 安全标准来确定是否可以执行请求
PodNodeSelector	读取命名空间的 annotation 字段和全局配置来对一个命名空间中对象的节点选择器设置默认值或限制其取值
Priority	使用 priorityClassName 字段来确定优先级，如果没有找到对应的 Priority Class，则该 Pod 会被拒绝
DefaultTolerationSeconds	针对没有设置容忍 node.kubernetes.io/not-ready:NoExecute 或 node.alpha.kubernetes.io/unreachable:NoExecute 污点的 Pod，基于 kube-apiserver 的--default-not-ready-toleration-seconds 和--default-unreachable-toleration-seconds 参数为 Pod 设置默认的对上述两个污点的容忍时间，默认为 5 分钟
PodTolerationRestriction	检查 Pod 的容忍度与其命名空间的容忍度设置是否存在冲突，如果存在冲突，则拒绝 Pod 请求。它会先把命名空间和 Pod 的容忍度合并，然后将合并的结果与命名空间中的白名单进行比较，如果合并的结果不在白名单内，则拒绝 Pod 请求。如果不存在命名空间级别的默认容忍度和白名单，则采用集群级别的默认容忍度和白名单（如果有的话）
EventRateLimit	控制指定事件速率限制，缓解在事件密集的情况下，存储事件淹没 API 服务器的问题
ExtendedResourceToleration	如果运维人员要创建带有特定资源（如 GPU、FPGA 等）的独立节点，则可能会为节点设置污点来进行特别配置。该控制器能够自动为申请这些特别资源的 Pod 加入污点的容忍度定义，无须人工干预
PersistentVolumeLabel	已弃用，此准入控制器自动根据云提供商的定义，为 PersistentVolume 对象附加对应的 region 或 zone 标签，来保障 PersistentVolume 和 Pod 位于同一个区域。如果准入控制器不支持为 PersistentVolume 自动添加标签，则需要手动添加标签，以防止 Pod 挂载其他区域的卷。PersistentVolumeLabel 准入控制器已被弃用，正在逐步被云管理控制器替代
DefaultStorageClass	此准入控制器会关注 PersistentVolumeClaim 对象的创建，如果其中没有包含任何针对特定 StorageClass 的请求，则为其指派默认的 StorageClass。这样，没有任何特殊存储类需求的用户就无须关注存储类的设置，它们将会被设置为使用默认存储类，自动创建存储卷。当未配置默认存储类时，此准入控制器不执行任何操作。如果将多个存储类标记为默认存储类，则此控制器将拒绝所有创建 PersistentVolumeClaim 的请求并返回错误信息。要修复此错误，管理员必须重新检查其 StorageClass 对象，并且仅将其中一个标记为默认。此准入控制器会忽略所有 PersistentVolumeClaim 更新操作，仅处理创建操作
StorageObjectInUseProtection	此准入控制器会在新创建的 PVC 或 PV 中加入 kubernetes.io/pvc-protection 或 kubernetes.io/pv-protection finalizer。如果用户尝试删除 PVC 或 PV，除非控制器完成所有的清理工作并将 Finalizer 移除，否则 PVC 或 PV 不会被删除
OwnerReferencesPermissionEnforcement	在启用此准入控制器后，如果一个用户要想修改对象的 metadata.ownerReferences 字段，则必须具有该资源对象的 Delete 权限。它保护对 metadata.ownerReferences[x].blockOwnerDeletion 字段的访问，只有对所引用的属主（owner）的 Finalizers 子资源具有 Update 权限的用户才能对其进行更改

续表

名称	说明
PersistentVolumeClaimResize	检查传入的 PVC 调整大小请求，对其执行额外的验证检查操作。除非 PVC 的 StorageClass 明确地将 allowVolumeExpansion 设置为 true 来显式启用调整大小。否则，在默认情况下，此准入控制器会阻止所有对 PVC 大小的调整
RuntimeClass	如果用户定义的 RuntimeClass 包含 Pod 开销，此准入控制器会检查新的 Pod。被启用后，此准入控制器会拒绝所有已经设置了 overhead 字段的 Pod 创建请求。对于设置了 RuntimeClass 并在其.spec 中选定 RuntimeClass 的 Pod，此准入控制器会根据相应 RuntimeClass 中定义的值为 Pod 设置.spec.overhead
CertificateApproval	此准入控制器获取审批 CertificateSigningRequest 资源的请求并执行额外的鉴权检查，以确保对设置了 spec.signerName 的 CertificateSigningRequest 资源而言，审批请求的用户有权限对证书请求执行审批操作
CertificateSigning	此准入控制器监视对 CertificateSigningRequest 资源的 status.certificate 字段的更新请求并执行额外的鉴权检查，以确保对设置了 spec.signerName 的 CertificateSigningRequest 资源而言，签发证书的用户有权限对证书请求执行签发操作
CertificateSubjectRestriction	此准入控制器监视 spec.signerName 被设置为 kubernetes.io/kube-apiserver-client 的 CertificateSigningRequest 资源创建请求，并且拒绝所有将 group（或 organization attribute）设置为 system:masters 的请求
DefaultIngressClass	此准入控制器监测没有设置特定 Ingress 类的 Ingress 对象创建请求，并且自动向其添加默认 Ingress 类。这样，没有任何特殊 Ingress 类需求的用户根本不需要关心 Ingress 类的选择，Ingress 对象会被自动设置为默认 Ingress 类。当未配置默认 Ingress 类时，此准入控制器不执行任何操作。如果有多个 Ingress 类被标记为默认 Ingress 类，则此控制器将拒绝所有创建 Ingress 对象的操作并返回错误信息。要修复此错误，管理员必须重新检查其 IngressClass 对象，并且仅将其中一个标记为默认（通过注解 ingressclass.kubernetes. io/is-default-class）。此准入控制器会忽略所有 Ingress 对象的更新操作，仅处理创建操作
DenyServiceExternalIPs	此准入控制器拒绝新的 Service 对象使用 externalIPs 字段。启用此准入控制器后，集群用户将无法创建使用 externalIPs 字段的新 Service 对象，也无法在现有 Service 对象上为 externalIPs 字段添加新值。使用现有的 externalIPs 字段不受影响，用户可以删除现有 Service 对象的 externalIPs 字段中的值
MutatingAdmissionWebhook	此准入控制器调用任何与请求匹配的变更（Mutating）Webhook。匹配的 Webhook 将被按顺序（按名字字典顺序）调用，每一个 Webhook 都可以自由修改对象
ValidatingAdmissionWebhook	此准入控制器调用与请求匹配的所有验证（Validating）Webhook。匹配的 Webhook 将被并行调用。如果其中任何一个拒绝请求，则整个请求将失败。与 MutatingAdmissionWebhook 准入控制器所调用的 Webhook 相反，它调用的 Webhook 不可以修改对象
ResourceQuota	此准入控制器会监测传入的请求，并且确保它不违反任何一个命名空间中 ResourceQuota 对象中列举的约束。如果用户在 Kubernetes 部署中使用了 ResourceQuota，则必须使用这个准入控制器来强制执行配额限制
AlwaysDeny	已弃用，拒绝所有请求

上述准入控制器并不会全部开启，默认启用的准入控制器包括：NamespaceLifecycle、LimitRanger、ServiceAccount、TaintNodesByCondition、PodSecurity、Priority、DefaultToleration-

Seconds、DefaultStorageClass、StorageObjectInUseProtection、PersistentVolumeClaimResize、RuntimeClass、CertificateApproval、CertificateSigning、CertificateSubjectRestriction、DefaultIngressClass、MutatingAdmissionWebhook、ValidatingAdmissionWebhook、ResourceQuota。

8.9.2　内部实现原理

准入控制器的执行时机是在资源对象持久化之前，在代码实现上位于 RESTStorage 存储层。在 InstallAPIGroup 注册 APIGroup 阶段，InstallREST 在注册资源操作相关 Handler 时，会自动嵌入准入控制逻辑。以 KubeAPIServer InstallAPIGroups 为例，按照 InstallAPIGroups→s.installAPIResources→apiGroupVersion.InstallREST→installer.Install→a.registerResourceHandlers 的调用链进行追踪，准入控制器 Handler 注册的代码示例如下。

代码路径：vendor/k8s.io/apiserver/pkg/endpoints/installer.go

```
Plain Text
func (a *APIInstaller) registerResourceHandlers() () {
   admit := a.group.Admit
   ...
   restfulUpdateResource(updater, reqScope, admit)
   restfulPatchResource(patcher, reqScope, admit, supportedTypes)
   restfulCreateNamedResource(namedCreater, reqScope, admit)
   restfulCreateResource(creater, reqScope, admit)
   restfulDeleteResource(gracefulDeleter, isGracefulDeleter, reqScope, admit)
   restfulDeleteCollection(collectionDeleter, isCollectionDeleter, reqScope, admit)
   restfulConnectResource(connecter, reqScope, admit, path, isSubresource)
   ...
}
```

在对资源进行上述操作（Update、Patch、Create、Delete、Connect）时，会先执行 Admission 准入控制逻辑，即执行 Mutation 和（或）Validation 逻辑，通过后才真正操作 etcd 存储资源。这再次印证了，准入控制器只拦截创建、删除、修改对象的请求，以及阻止自定义操作（如通过 API 服务器代理连接 Pod 的请求），但不会也不能阻止读取对象的请求（如 Get、List、Watch）。

以 restfulCreateResource 资源创建为例，准入控制器的执行逻辑代码示例如下。

代码路径：vendor/k8s.io/apiserver/pkg/endpoints/handlers/create.go

```
Plain Text
func createHandler(r rest.NamedCreater, scope *RequestScope, admit admission.Interface,
includeName bool) http.HandlerFunc {
   return func(w http.ResponseWriter, req *http.Request) {
   ...
   requestFunc := func() (runtime.Object, error) {
      return r.Create(
      ctx,
      name,
      obj,
      rest.AdmissionToValidateObjectFunc(admit, admissionAttributes, scope),
      options,
      )
```

```
    }
    ...
    if mutatingAdmission, ok := admit.(admission.MutationInterface); ok &&
mutatingAdmission.Handles(admission.Create) {
        mutatingAdmission.Admit(ctx, admissionAttributes, scope)
        ...
    }
    ...
    result, err := requestFunc()
    ...
    }
}
```

代码路径：vendor/k8s.io/apiserver/pkg/registry/rest/create.go

```
Plain Text
func AdmissionToValidateObjectFunc(admit admission.Interface, staticAttributes
admission.Attributes, o admission.ObjectInterfaces) ValidateObjectFunc {
    validatingAdmission, ok := admit.(admission.ValidationInterface)
    ...
    if !validatingAdmission.Handles(finalAttributes.GetOperation()) {
    return nil
    }
    return validatingAdmission.Validate(ctx, finalAttributes, o)
}
```

在资源对象注册 Handler 的过程中，首先通过类型断言 admit.(admission.MutationInterface) 判断准入控制器是否支持变更资源对象，并且进一步判断是否支持 Create 类型的准入控制，如果支持，则调用 mutatingAdmission.Admit 执行准入控制操作，变更资源对象。接着在执行数据持久化前，通过类型断言 admit.(admission.ValidationInterface)判断准入控制器是否支持验证资源对象，并且进一步判断是否支持 finalAttributes.GetOperation 函数返回的操作类型，如果支持，则调用 validatingAdmission.Validate 执行准入控制验证操作。当变更准入控制器和验证准入控制器都通过后，资源对象才会被真正持久化到 etcd 底层存储。

admission.MutationInterface 和 admission.ValidationInterface 分别定义了变更准入控制器和验证准入控制器需要实现的接口，代码示例如下。

代码路径：vendor/k8s.io/apiserver/pkg/admission/interfaces.go

```
Plain Text
const (
    Create  Operation = "CREATE"
    Update  Operation = "UPDATE"
    Delete  Operation = "DELETE"
    Connect Operation = "CONNECT"
)

type Interface interface {
    Handles(operation Operation) bool
}

type MutationInterface interface {
    Interface
    Admit(ctx context.Context, a Attributes, o ObjectInterfaces) (err error)
```

```
}

type ValidationInterface interface {
   Interface
   Validate(ctx context.Context, a Attributes, o ObjectInterfaces) (err error)
}
```

变更准入控制器需要实现 Admit 函数，验证准入控制器需要实现 Validate 函数。此外，变更准入控制器和验证准入控制器都需要实现 Handles 函数，Handles 函数返回 true 表示该准入控制器支持相应的操作类型，操作类型包括 Create、Update、Delete、Connect 四种。

由上述处理逻辑可以看出，准入控制过程可以划分为两个阶段：第一阶段，执行变更操作；第二阶段，执行验证操作。在实现上，某些准入控制器既是变更准入控制器，又是验证准入控制器。在执行顺序上，先执行变更准入控制器，再执行验证准入控制器。如果两个阶段中的任何一个准入控制器拒绝了请求，则请求被拒绝，并且向最终用户返回错误。准入控制器的执行流程如图 8-32 所示。

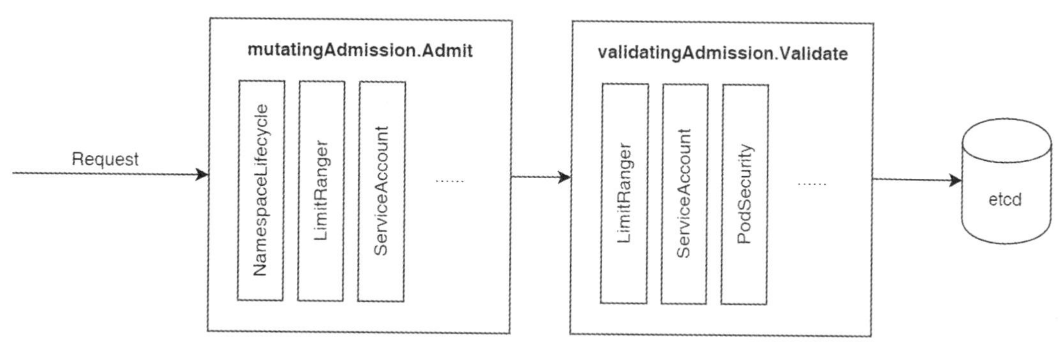

图 8-32　准入控制器的执行流程

如图 8-32 所示，在请求经过认证、授权等前置验证，到达准入控制器后，首先执行 Admit 准入控制，调用支持变更操作的准入控制器对资源对象进行变更，以符合存储要求。经过修改的资源对象会继续被执行 Validate 准入控制，调用支持验证操作的准入控制器对资源对象的合法性进行校验，以符合存储要求。只有通过所有准入控制器的修改和验证检查的资源对象，才能真正被持久化到 etcd 存储。

在组织形式上，kube-apiserver 将所有已启用的准入控制器组织成链式结构，通过遍历的方式依次调用，代码示例如下。

代码路径：vendor/k8s.io/apiserver/pkg/admission/chain.go

```
Plain Text
type chainAdmissionHandler []Interface

func (admissionHandler chainAdmissionHandler) Admit(...) error {
   for _, handler := range admissionHandler {
   if !handler.Handles(a.GetOperation()) {
      continue
   }
   if mutator, ok := handler.(MutationInterface); ok {
      err := mutator.Admit(ctx, a, o)
      if err != nil {
```

```
            return err
            }
        }
    }
    return nil
}

func (admissionHandler chainAdmissionHandler) Validate(...) error {
    for _, handler := range admissionHandler {
    if !handler.Handles(a.GetOperation()) {
        continue
    }
    if validator, ok := handler.(ValidationInterface); ok {
        err := validator.Validate(ctx, a, o)
        if err != nil {
        return err
        }
    }
    }
    return nil
}
```

chainAdmissionHandler 以数组的形式组织已经启用的准入控制器（遵循内置的推荐执行顺序排列），在调用 Admit 和 Validate 函数时，采用 range 循环，依次判断当前准入控制器是否具备处理条件，如果具备，则调用其准入控制处理逻辑。

8.9.3 MutatingAdmissionWebhook 准入控制器

除了内置的已经固化处理逻辑的准入控制器，为了提升可扩展性，kube-apiserver 提供了两种动态准入控制器，同时分别提供了两种资源类型专门服务于这两种准入控制器的配置，分别如下。

- MutatingAdmissionWebhook：通过 Webhook 扩展的变更准入控制器，可以通过 Webhook 自定义变更处理逻辑，该准入控制器使用 MutatingWebhookConfiguration 资源对象进行配置。
- ValidatingAdmissionWebhook：通过 Webhook 扩展的验证准入控制器，可以通过 Webhook 自定义验证处理逻辑，该准入控制器使用 ValidatingWebhookConfiguration 资源对象进行配置。

通过安装 MutatingWebhookConfiguration 和（或）ValidatingWebhookConfiguration 资源对象，kube-apiserver 就能通过监听机制自动发现和动态载入通过 Webhook 扩展的准入控制器，根据配置中定义的对某些特定资源的某些特定操作进行拦截，通过远端 Webhook 服务器实现对资源进行某些变更或验证逻辑，并且基于返回结果选择接受或拒绝客户端的资源操作请求，从而达到动态扩展准入控制器功能的目的。

在执行顺序上，默认的内置类型的准入控制器一般具有更高的优先级，通过 Webhook 扩展的准入控制器在处理链条的末端，仅在 ResourceQuota 和 AlwaysDeny 之前。在相对顺序上，先执行变更类型的准入控制器，再执行验证类型的准入控制器。相同类型的准入控制器，如 MutatingAdmissionWebhook，默认按照名字字典顺序执行。通过 Webhook 扩展的准入控制器的执行位置如图 8-33 所示。

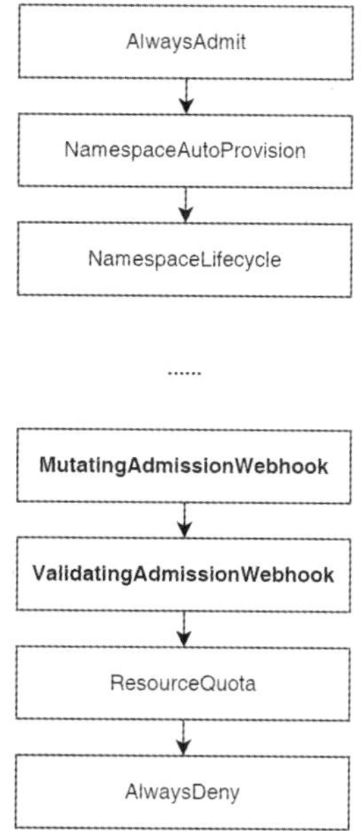

图 8-33　通过 Webhook 扩展的准入控制器的执行位置

MutatingAdmissionWebhook 是一种插件式变更准入控制器，能够在不改变 kube-apiserver 源码的情况下，扩展准入控制器功能，允许用户定制 Webhook Admission Server 服务，通过 MutatingWebhookConfiguration 动态配置拦截规则，实现自定义的准入控制处理逻辑，对传入的匹配规则的资源对象在真正持久化前通过 Webhook 执行变更操作。

MutatingAdmissionWebhook 准入控制器的运行原理如图 8-34 所示。

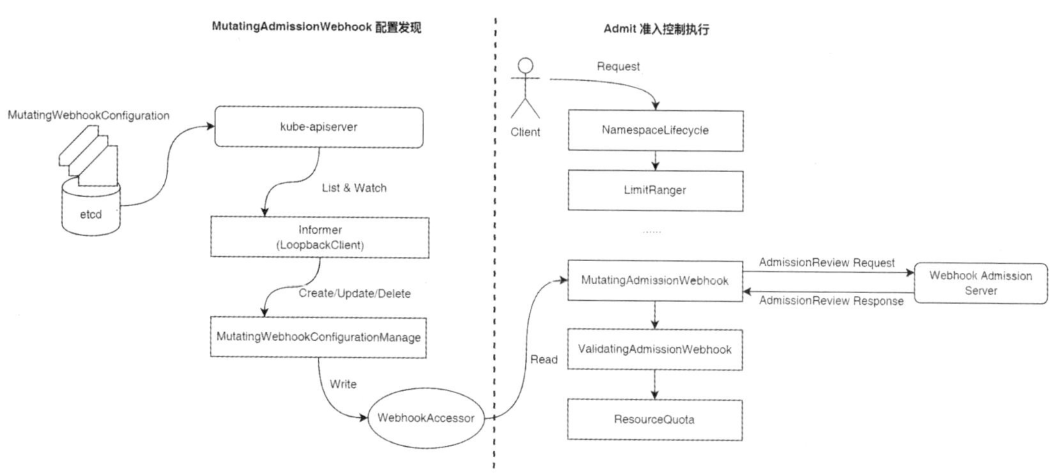

图 8-34　MutatingAdmissionWebhook 准入控制器的运行原理

MutatingAdmissionWebhook 准入控制器根据逻辑可以划分为两个主要部分。

- MutatingAdmissionWebhook 配置发现：如图 8-34 左侧所示，MutatingAdmissionWebhook 准入控制器在初始化阶段，会注册事件监听，通过 Informer 监听集群中的 Mutating-WebhookConfiguration 资源对象事件，基于事件触发 MutatingWebhookConfiguration-

Manager 同步更新内部维护的 WebhookAccessor 列表，使其始终处于最新状态。WebhookAccessor 列表保存了 MutatingAdmissionWebhook 准入控制器执行 Admit 处理时依赖的必要配置，是 MutatingAdmissionWebhook 配置发现阶段的产物，也是 Admit 准入控制执行阶段消费的资料。

- Admit 准入控制执行：如图 8-34 右侧所示，在初始化阶段，MutatingAdmissionWebhook 的 Handler 已经注册到 kube-apiserver 的处理链条。当收到客户端发起的资源请求时，kube-apiserver 按照顺序执行处理链条上的 Handler（如认证、鉴权等），最终触发 MutatingAdmissionWebhook 准入控制器执行。在执行 Admit 准入控制时，MutatingAdmissionWebhook 准入控制器会通过 Webhooks 函数调用获取当前系统配置的 WebhookAccessor 列表，结合传入的资源对象属性，判断是否需要发起 Webhook 调用。如果需要，则构建 AdmissionReview 请求对象，向远端 Webhook Admission Server 发起 HTTP 调用，根据返回结果进行后续的操作。

MutatingAdmissionWebhook 判断是否需要对资源对象执行 Admit 准入控制，依赖两个关键输入：规则配置（MutatingWebhookConfiguration）和资源对象属性（admission.Attributes）。

一个典型的 MutatingWebhookConfiguration 配置示例如下。

```
Plain Text
apiVersion: admissionregistration.k8s.io/v1
kind: MutatingWebhookConfiguration
metadata:
  name: sidecar-injector-webhook
  labels:
    app: sidecar-injector
webhooks:
  - name: sidecar-injector.example.org
    clientConfig:
      service:
    name: sidecar-injector-webhook-svc
    namespace: default
    path: "/mutate"
      caBundle: ${CA_BUNDLE}
    rules:
      - operations: [ "CREATE" ]
    apiGroups: [""]
    apiVersions: ["v1"]
    resources: ["pods"]
    scope: "*"
    failurePolicy: Fail
    matchPolicy: Equivalent
    namespaceSelector:
      matchLabels:
    sidecar-injector: enabled
    objectSelector: {}
    sideEffects: None
    timeoutSeconds: 10
    admissionReviewVersions: ["v1", "v1beta1"]
    reinvocationPolicy: Never
```

其中几个关键字段及其功能的介绍如下。

- clientConfig：定义 Webhook 服务器的连接方式，一般通过 Service 进行服务发现。示例配置表示通过 default 命名空间下的 sidecar-injector-webhook-svc Service 连接 Webhook 服务器，请求路径为/mutate，端口未指定时默认使用 443 端口。Webhook 服务必须通过 HTTPS 安全方式提供，可以设置 caBundle 验证 Webhook 服务提供的 TLS 证书是否是由可信的 CA 签发的。
- rules：定义匹配此准入控制器的操作和资源类型。操作类型支持 4 种，即 CREATE、UPDATE、DELETE 和 CONNECT。特别地，指定*表示匹配所有操作类型。资源类型一般通过<group>/<version>/<resource>方式指定。示例配置表示对 v1/pods 执行 CREATE 的操作，需要执行该准入控制器。scope 设置该规则的适用范围，支持 Cluster、Namespaced、*三种类型。Cluster 表示仅匹配 Cluster 级别的资源对象，Namespaced 表示仅匹配 Namespaced 级别的资源对象，*表示在匹配时不限定资源对象的 scope 范围。
- failurePolicy：定义准入控制器执行失败的处理操作，支持 Ignore 和 Fail 两种类型。当选择 Ignore 时，表示忽略错误，继续执行后续操作；当选择 Fail 时，表示终止当前请求，返回错误。默认类型为 Fail。
- matchPolicy：定义匹配策略，支持 Exact 和 Equivalent 两种类型。Exact 表示精准匹配，即资源的 Group、Version、Resource 必须完全匹配；Equivalent 表示只要资源类型是等价的，即可匹配成功。以 Deployment 资源对象为例，假设它支持使用 apps/v1、apps/v1beta1 和 extensions/v1beta1 三种 group/version 版本执行更新操作。如果使用 Exact 匹配策略，则只有当请求使用的资源版本是 rules 中定义的版本时才匹配成功。如果使用 Equivalent 匹配策略，则 kube-apiserver 会先自动执行版本转换，如将 apps/v1beta1 转换为 apps/v1，再发送给远端 Webhook 服务器，即只要是底层资源类型一致的请求，都会被拦截。该字段的默认值为 Equivalent。
- namespaceSelector：限定资源对象匹配的命名空间，即仅匹配命名空间满足 namespaceSelector 选择器匹配要求的资源对象。如果待匹配的资源类型是 Namespace，则使用其 Labels 标签执行匹配判断。默认匹配所有命名空间。
- objectSelector：限定资源对象的匹配标签，只有匹配 objectSelector 选择器的资源对象才执行准入控制器。默认匹配所有资源对象。
- sideEffects：表明准入控制器的副作用。例如，如果执行该准入控制器失败会产生脏数据，则应该有配套的额外的控制器执行特别的处理操作进行矫正。v1 版本的准入控制器支持 None 和 NoneOnDryRun 两种类型。None 表示执行准入控制器不会产生任何副作用；NoneOnDryRun 表示准入控制器支持 dry-run 感知，当请求是 dry-run 模式时，不会产生副作用，但真正执行时，可能会产生副作用。
- timeoutSeconds：指定 Webhook 调用的超时时间。由于执行准入控制器会增大 kube-apiserver 的响应延迟，因此该值不宜设置过长，以免造成服务质量明显下降。限定值在 1s 到 30s 之间。
- admissionReviewVersions：指定 Webhook 调用使用的 AdmissionReview 资源版本优先列表。kube-apiserver 将优先使用其支持的在列表前的版本构建 AdmissionReview 请求。当列表中的所有版本都不被支持时，准入控制器会执行失败。

- reinvocationPolicy：指定是否允许重复调用准入控制器，支持 Never 和 IfNeeded 两种类型。Never 表示准入控制器仅能被调用一次；IfNeeded 表示准入控制器可能会被调用多次。例如，准入控制器 A 对 Pod 资源执行了修改操作（如设置其全部 Container 的 imagePullPolicy 策略），之后，准入控制器 B 又对 Pod 注入了一个新的 Container，那么此时，准入控制器 A 将会被重新调用，以对 Pod 新增的 Container 设置正确的镜像拉取策略。使用 IfNeeded 策略的准入控制器，应确保其实现逻辑能够满足重复幂等调用要求。

Attributes 接口的定义如下。

代码路径：vendor/k8s.io/apiserver/pkg/admission/interfaces.go

```
Plain Text
type Attributes interface {
   GetName() string
   GetNamespace() string
   GetResource() schema.GroupVersionResource
   GetSubresource() string
   GetOperation() Operation
   GetOperationOptions() runtime.Object
   IsDryRun() bool
   GetObject() runtime.Object
   GetOldObject() runtime.Object
   GetKind() schema.GroupVersionKind
   GetUserInfo() user.Info
   AddAnnotation(key, value string) error
   AddAnnotationWithLevel(key, value string, level auditinternal.Level) error
   GetReinvocationContext() ReinvocationContext
}
```

Attributes 接口定义了一系列读取资源请求信息的接口，用来判断是否满足 MutatingWebhookConfiguration 的匹配要求。

MutatingAdmissionWebhook 插件的初始化及 Admit 函数的代码示例如下。

代码路径：vendor/k8s.io/apiserver/pkg/admission/plugin/webhook/mutating/plugin.go

```
Plain Text
func NewMutatingWebhook(configFile io.Reader) (*Plugin, error) {
   ...
   p := &Plugin{}
   p.Webhook, err = generic.NewWebhook(...)
   ...
   return p, nil
}

func (a *Plugin) Admit(ctx context.Context, attr admission.Attributes, o
admission.ObjectInterfaces) error {
   return a.Webhook.Dispatch(ctx, attr, o)
}
```

MutatingAdmissionWebhook 底层基于 generic.Webhook 实现，它抽象出了上述两种准入控制器公共的处理逻辑。MutatingAdmissionWebhook 的 Admit 函数直接调用了 generic.Webhook 的 Dispatch 函数。

代码路径：vendor/k8s.io/apiserver/pkg/admission/plugin/webhook/generic/webhook.go

```
Plain Text
func (a *Webhook) Dispatch(ctx context.Context, attr admission.Attributes, o
admission.ObjectInterfaces) error {
   if rules.IsWebhookConfigurationResource(attr) {
   return nil
   }
   if !a.WaitForReady() {
   return admission.NewForbidden(attr, fmt.Errorf("not yet ready to handle request"))
   }
   hooks := a.hookSource.Webhooks()
   return a.dispatcher.Dispatch(ctx, attr, o, hooks)
}
```

generic.Webhook 的 Dispatch 函数首先检查请求的资源类型是否是 admissionregistration.k8s.io 资源组下的 ValidatingWebhookConfiguration 或 MutatingWebhookConfiguration，如果是，则直接跳过准入控制器执行。然后检查准入控制器是否就绪，即其 Informer 是否处于 Synced 同步成功状态，如果未就绪，则返回失败错误。最后通过 a.hookSource.Webhooks 函数读取已经发现并同步的所有 Webhook 列表，并且调用 a.dispatcher.Dispatch 执行 MutatingAdmissionWebhook 插件自定义的 Dispatch 函数。

在这里，a.hookSource.Webhooks 函数读取的是 MutatingWebhookConfigurationManager 生产的 WebhookAccessor 列表，基于 MutatingWebhookConfiguration 的 meta.name 按字典顺序排序，因此在执行阶段也会默认按照该顺序执行（在不考虑 reinvocation 的情况下），排序代码示例如下。

代码路径：vendor/k8s.io/apiserver/pkg/admission/configuration/mutating_webhook_manager.go

```
Plain Text
type MutatingWebhookConfigurationSorter []*v1.MutatingWebhookConfiguration

func (a MutatingWebhookConfigurationSorter) ByName(i, j int) bool {
   return a[i].Name < a[j].Name
}
```

MutatingAdmissionWebhook 插件的 Dispatch 函数是真正执行变更准入控制器的主体，其代码示例如下。

代码路径：vendor/k8s.io/apiserver/pkg/admission/plugin/webhook/mutating/ dispatcher.go

```
Plain Text
func (a *mutatingDispatcher) Dispatch(ctx context.Context, attr admission.Attributes, o
admission.ObjectInterfaces, hooks []webhook.WebhookAccessor) error {
   ...
   for i, hook := range hooks {
   ...
   invocation, statusErr := a.plugin.ShouldCallHook(hook, attrForCheck, o)
   ...
   if invocation == nil {
      continue
   }
   changed, err := a.callAttrMutatingHook(ctx, hook, invocation,...)
   ...
```

```
    if err == nil {
      continue
    }
    if callErr, ok := err.(*webhookutil.ErrCallingWebhook); ok {
      if ignoreClientCallFailures {
      ...
      continue
      }
      return apierrors.NewInternalError(err)
    }
    if rejectionErr, ok := err.(*webhookutil.ErrWebhookRejection); ok {
      return rejectionErr.Status
    }
    return err
    }
    ...
    return nil
}
```

在上述代码中，MutatingAdmissionWebhook 执行准入控制器的逻辑为：遍历所有的 WebhookAccessor，首先通过 ShouldCallHook 函数检查当前资源对象是否匹配 Webhook 定义的匹配规则，如果不匹配，则跳过该 hook 的执行。如果匹配，则通过 callAttrMutatingHook 函数发起远程 Webhook 调用，底层通过客户端向目标服务发起 Post 请求，请求体为 AdmissionReview 对象。然后根据请求返回的结果，如果调用正确完成且被许可，则应用返回的 Patch 对 attr 的 VersionedObject 进行变更，之后继续执行下一个 hook，否则检查失败类型。当失败类型为 ErrCallingWebhook 时，检查该 Webhook 设置的失败策略是否为 Ignore，如果是，则跳过该 hook，继续执行下一个 hook，否则返回调用失败错误；当失败类型为 ErrWebhookRejection 时，返回 Status 拒绝原因。此处，忽略了关于 Reinvocation 的相关处理，感兴趣的读者可自行阅读该函数及 ReinvocationHandler 的具体实现。

ShouldCallHook 函数完成请求和 Webhook 规则的匹配，代码示例如下。

代码路径：vendor/k8s.io/apiserver/pkg/admission/plugin/webhook/generic/webhook.go

```
Plain Text
func (a *Webhook) ShouldCallHook(h webhook.WebhookAccessor, attr admission.Attributes,
o admission.ObjectInterfaces) (*WebhookInvocation, *apierrors.StatusError) {
    matches, matchNsErr := a.namespaceMatcher.MatchNamespaceSelector(h, attr)
    if !matches && matchNsErr == nil {
      return nil, nil
    }

    matches, matchObjErr := a.objectMatcher.MatchObjectSelector(h, attr)
    if !matches && matchObjErr == nil {
      return nil, nil
    }

    var invocation *WebhookInvocation
    for _, r := range h.GetRules() {
      m := rules.Matcher{Rule: r, Attr: attr}
      if m.Matches() {
      invocation = &WebhookInvocation{
```

```
        Webhook:    h,
        Resource:   attr.GetResource(),
        Subresource: attr.GetSubresource(),
        Kind:   attr.GetKind(),
    }
    break
    }
}
if ... *h.GetMatchPolicy() == v1.Equivalent {
    ...
OuterLoop:
    for _, r := range h.GetRules() {
    for _, equivalent := range equivalents {
        ...
        attrWithOverride.resource = equivalent
        m := rules.Matcher{Rule: r, Attr: attrWithOverride}
        if m.Matches() {
            ...
            invocation = &WebhookInvocation{
            Webhook:    h,
            Resource:   equivalent,
            Subresource: attr.GetSubresource(),
            Kind:   kind,
            }
            break OuterLoop
        }
    }
    }
}

if invocation == nil {
    return nil, nil
}
if matchNsErr != nil {
    return nil, matchNsErr
}
if matchObjErr != nil {
    return nil, matchObjErr
}

return invocation, nil
}
```

首先，通过 namespaceMatcher.MatchNamespaceSelector 检查命名空间是否匹配。然后，通过 objectMatcher.MatchObjectSelector 检查资源对象标签是否匹配。最后，检查资源 group/version/resource 是否匹配，如果使用了 Equivalent 匹配策略，则匹配与其等价的资源类型。

8.9.4　ValidatingAdmissionWebhook 准入控制器

ValidatingAdmissionWebhook 与 MutatingAdmissionWebhook 类似，是一种插件式验证准入控制器，能够在不改变 kube-apiserver 源码的情况下，扩展准入控制器的功能，允许用户定制 Webhook Admission Server 服务，基于 ValidatingWebhookConfiguration 动态配置拦截规则，实现自定义的准入控制处理逻辑，对传入的匹配规则的资源对象在真正持久化前通过 Webhook 执行验证操作。

ValidatingAdmissionWebhook 准入控制器的运行原理如图 8-35 所示。

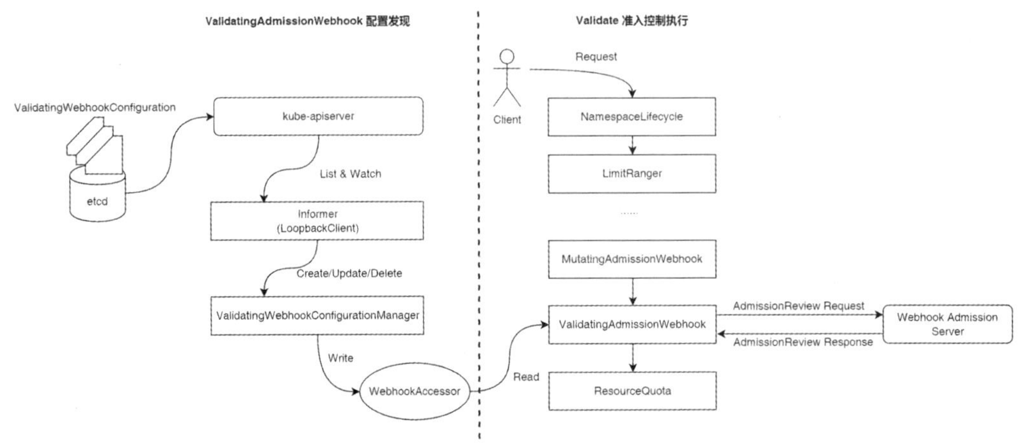

图 8-35 ValidatingAdmissionWebhook 准入控制器的运行原理

ValidatingAdmissionWebhook 准入控制器根据逻辑可以划分为两个主要部分。

- ValidatingAdmissionWebhook 配置发现：如图 8-35 左侧所示，ValidatingAdmissionWebhook 准入控制器在初始化阶段，会注册事件监听，通过 Informer 监听集群中的 ValidatingWebhookConfiguration 资源对象事件，基于事件触发 ValidatingWebhookConfigurationManager 同步更新内部维护的 WebhookAccessor 列表，使其始终处于最新状态。WebhookAccessor 列表保存了 ValidatingAdmissionWebhook 准入控制器执行 Validate 处理时依赖的必要配置，是 ValidatingAdmissionWebhook 配置发现阶段的产物，也是 Validating 准入控制执行阶段消费的资料。
- Validate 准入控制执行：如图 8-35 右侧所示，在初始化阶段，ValidatingAdmissionWebhook 的 Handler 已经注册到 kube-apiserver 的处理链条。当收到客户端发起的资源请求时，kube-apiserver 按照顺序执行处理链条上的 Handler（如认证、鉴权等），最终触发 ValidatingAdmissionWebhook 准入控制器执行。在执行 Validate 准入控制时，ValidatingAdmissionWebhook 准入控制器会通过 Webhooks 函数调用读取当前系统配置的 WebhookAccessor 列表，结合传入的资源对象属性，判断是否需要发起 Webhook 调用。如果需要，则构建 AdmissionReview 请求对象，向远端 Webhook Admission Server 发起 HTTP 调用，根据返回结果进行后续的操作。

与 MutatingAdmissionWebhook 类似，ValidatingAdmissionWebhook 判断是否需要对资源对象执行 Validate 准入控制依赖规则配置（ValidatingWebhookConfiguration）和资源对象属性（admission.Attributes）。

一个典型的 ValidatingWebhookConfiguration 配置示例如下。

```
Plain Text
apiVersion: admissionregistration.k8s.io/v1
kind: ValidatingWebhookConfiguration
metadata:
```

```
  name: pod-policy.example.org
webhooks:
- name: pod-policy.example.com
  clientConfig:
    service:
      name: pod-policy-webhook-svc
      namespace: default
      path: "/validate"
    caBundle: ${CA_BUNDLE}
  rules:
  - operations: [ "CREATE" ]
    apiGroups: [""]
    apiVersions: ["v1"]
    resources: ["pods"]
    scope: "*"
  failurePolicy: Fail
  matchPolicy: Equivalent
  namespaceSelector: {}
  objectSelector: {}
  sideEffects: None
  timeoutSeconds: 5
  admissionReviewVersions: ["v1"]
```

其中几个关键字段及其功能的介绍如下。

- clientConfig：定义 Webhook 服务器的连接方式，一般通过 Service 进行服务发现。示例配置表示通过 default 命名空间下的 pod-policy-webhook-svc Service 连接 Webhook 服务器，请求路径为/validate，端口未指定时默认使用 443 端口。Webhook 服务必须通过 HTTPS 安全方式提供，可以通过设置 caBundle 验证 Webhook 服务提供的 TLS 证书是否是由可信的 CA 签发的。
- rules：定义匹配此准入控制的操作和资源类型。操作类型支持 4 种，即 CREATE、UPDATE、DELETE 和 CONNECT。特别地，指定*表示匹配所有操作类型。资源类型一般通过 <group>/<version>/<resource>方式指定。示例配置表示对 v1/pods 执行 CREATE 的操作，需要执行该准入控制。scope 设置该规则的适用范围，支持 Cluster、Namespaced、*这 3 种类型。Cluster 表示仅匹配 Cluster 级别的资源对象，Namespaced 表示仅匹配 Namespaced 级别的资源对象，*表示在匹配时不限定资源对象的 scope 范围。
- failurePolicy：定义准入控制执行失败的处理操作，支持 Ignore 和 Fail 两种类型。当选择 Ignore 时，表示忽略错误，继续执行后续操作；当选择 Fail 时，表示终止当前请求，返回错误。默认类型为 Fail。
- matchPolicy：定义匹配策略，支持 Exact 和 Equivalent 两种类型。Exact 表示精准匹配，即资源的 Group、Version、Resource 必须完全匹配；Equivalent 表示只要资源类型是等价的，即可匹配成功。以 Deployment 资源对象为例，假设它支持使用 apps/v1、apps/v1beta1 和 extensions/v1beta1 三种 group/version 版本执行更新操作。如果使用 Exact 匹配策略，则只有当请求使用的资源版本是 rules 中定义的版本时才匹配成功。如果使用的策略是 Equivalent 匹配策略，则 kube-apiserver 会自动执行版本转换，例如，先将 apps/v1beta1 资源转换为 apps/v1，再发送给远端 Webhook 服务器，即只要是底层资源类型一致的请求，都会被拦截。该字段的默认值为 Equivalent。

- namespaceSelector：限定资源对象匹配的命名空间，即仅匹配命名空间满足 namespaceSelector 选择器匹配要求的资源对象。如果待匹配的资源类型是 Namespace，则使用其 Label 标签执行匹配判断。默认匹配所有命名空间。
- objectSelector：限定资源对象的匹配标签，只有匹配 objectSelector 选择器的资源对象才执行准入控制。默认匹配所有资源对象。
- sideEffects：表明准入控制器的副作用。例如，如果执行准入控制器失败会产生脏数据，则应该有配套的额外的控制器执行特别的处理操作进行矫正。v1 版本的准入控制器支持 None 和 NoneOnDryRun 两种类型。None 表示执行准入控制器不会产生任何副作用；NoneOnDryRun 表示准入控制器支持 dry-run 感知，当请求是 dry-run 模式时，不会产生副作用，但真正执行时，可能会产生副作用。
- timeoutSeconds：指定 Webhook 调用的超时时间。由于执行准入控制器会增大 kube-apiserver 的响应延迟，因此该值不宜设置过长，以免造成服务质量明显下降。限定值在 1s 到 30s 之间。
- admissionReviewVersions：指定 Webhook 调用使用的 AdmissionReview 资源版本优先列表。kube-apiserver 将优先使用其支持的在列表前的版本构建 AdmissionReview 请求。当列表中的所有版本都不被支持时，准入控制器会执行失败。

ValidatingAdmissionWebhook 执行匹配使用的 Attributes 接口和匹配方式与 MutatingAdmissionWebhook 使用的相同，故不再赘述。

ValidatingAdmissionWebhook 插件的初始化及验证准入控制 Validate 函数如下。

```
Plain Text
func NewValidatingAdmissionWebhook(configFile io.Reader) (*Plugin, error) {
   ...
   p := &Plugin{}
   ...
   p.Webhook, err = generic.NewWebhook(handler, ...)
   ...
   return p, nil
}

func (a *Plugin) Validate(ctx context.Context, attr admission.Attributes, o
admission.ObjectInterfaces) error {
   return a.Webhook.Dispatch(ctx, attr, o)
}
```

ValidatingAdmissionWebhook 底层同样基于 generic.Webhook 实现，其准入控制器 Validate 函数直接调用了 generic.Webhook 的 Dispatch 函数，最终调用到 ValidatingAdmissionWebhook 插件自身的 Dispatch 函数。

代码路径：vendor/k8s.io/apiserver/pkg/admission/plugin/webhook/validating/ dispatcher.go

```
Plain Text
func (d *validatingDispatcher) Dispatch(ctx context.Context, attr admission.Attributes,
o admission.ObjectInterfaces, hooks []webhook.WebhookAccessor) error {
   ...
   for _, hook := range hooks {
   invocation, statusError := d.plugin.ShouldCallHook(hook, attr, o)
```

```
    ...
    if invocation == nil {
        continue
    }
    relevantHooks = append(relevantHooks, invocation)
    ...
    }
    ...
    wg := sync.WaitGroup{}
    errCh := make(chan error, 2*len(relevantHooks))
    wg.Add(len(relevantHooks))
    for i := range relevantHooks {
    go func(invocation *generic.WebhookInvocation, idx int) {
        ...
        err := d.callHook(ctx, hook, invocation, versionedAttr)
        ...
        if callErr, ok := err.(*webhookutil.ErrCallingWebhook); ok {
        if ignoreClientCallFailures {
            return
        }
        ...
        errCh <- apierrors.NewInternalError(err)
        return
        }

        if rejectionErr, ok := err.(*webhookutil.ErrWebhookRejection); ok {
        err = rejectionErr.Status
        }
        errCh <- err
    }(relevantHooks[i], i)
    }
    wg.Wait()
    close(errCh)

    var errs []error
    for e := range errCh {
    errs = append(errs, e)
    }
    if len(errs) == 0 {
    return nil
    }
    if len(errs) > 1 {
    for i := 1; i < len(errs); i++ {
        utilruntime.HandleError(errs[i])
    }
    }
    return errs[0]
}
```

与 MutatingAdmissionWebhook 的顺序执行不同，ValidatingAdmissionWebhook 在执行阶段是并行执行的。这是因为在验证阶段不会对资源对象进行任何修改，最终的验证结果与执行顺序无关。

首先，遍历 WebhookAccessor 列表，通过 ShouldCallHook 函数检查当前资源对象是否匹配 Webhook 定义的匹配规则，如果不匹配，则跳过该 hook 的执行。如果匹配，则追加到待执行 hook 列表。然后，WaitGroup 发起针对每个 hook 的并行调用，检查每个 hook 的执行结果，检查失败类型。当类型为 ErrCallingWebhook 且 Webhook 设置的失败策略为 Fail 或返回的失败类型为 ErrWebhookRejection 时，将 err 记录到 errCh。最后，根据 errCh 内容是否为空，判断最终的准入控制器的执行结果，决定拒绝或允许该资源请求。

ShouldCallHook 的匹配方式与 MutatingAdmissionWebhook 实现一致，故不再赘述。

8.10 信号处理机制

Kubernetes 基于 UNIX 信号（Signal）来实现常驻进程及进程的优雅退出。例如，当 kube-apiserver 进程接收到一个 SIGTERM 或 SIGINT 信号时，先通知 kube-apiserver 内部的 Groutine 协程优先退出，再退出主进程。信号的用处非常广泛，例如，在 Prometheus 源码中，监听 SIGHUP 信号，收到该信号会热加载配置文件（在不重启进程的情况下重新加载配置文件）。

8.10.1 常驻进程实现

下面以 kube-apiserver 源码为例，Kubernetes 中其他组件代码实现与之类似。

代码路径：cmd/kube-apiserver/apiserver.go

```
Plaintext
func NewAPIServerCommand() *cobra.Command {
   ...
   cmd := &cobra.Command{
   ...
   RunE: func(cmd *cobra.Command, args []string) error {
      ...
      return Run(completedOptions, genericapiserver.SetupSignalHandler())
   },

   }
   ...
}
```

代码路径：vendor/k8s.io/apiserver/pkg/server/signal.go

```
Plain Text
func SetupSignalHandler() <-chan struct{} {
   return SetupSignalContext().Done()
}

func SetupSignalContext() context.Context {
   close(onlyOneSignalHandler)

   shutdownHandler = make(chan os.Signal, 2)

   ctx, cancel := context.WithCancel(context.Background())
   signal.Notify(shutdownHandler, shutdownSignals...)
```

```
    go func() {
    <-shutdownHandler
    cancel()
    <-shutdownHandler
    os.Exit(1)
    }()

    return ctx
}
```

在 kube-apiserver 的启动 Run 函数中首先执行了 SetupSignalHandler 函数，它通过 signal.Notify 函数监听 ShutdownSignals 信号（非 Windows 环境为 os.Interrupt 和 syscall.SIGTERM 信号，在 Windows 环境中仅监听 os.Interrupt 信号），监听的信号与 stop chan 绑定。stop chan 返回值被 Run 函数接收。当 kube-apiserver 未触发这两个信号时，stop chan 处于阻塞状态（实现常驻进程）。当使用 Ctrl + C 快捷键操作或发送 kill -15 信号时，stop chan 处于非阻塞状态（实现进程退出）。

8.10.2　进程的优雅关闭

当进程关闭时，当前 kube-apiserver 很有可能有很多连接正在处理，如果此时直接关闭服务，这些连接将会断开，影响用户体验，因此需要在关闭进程之前执行一些清理操作来实现优雅关闭。代码示例如下。

代码路径：vendor/k8s.io/apiserver/pkg/server/genericapiserver.go

```
Plain Text
func (s preparedGenericAPIServer) Run(stopCh <-chan struct{}) error {
    delayedStopCh := s.lifecycleSignals.AfterShutdownDelayDuration
    shutdownInitiatedCh := s.lifecycleSignals.ShutdownInitiated

    defer s.Destroy()

    go func() {
    defer delayedStopCh.Signal()

    <-stopCh
    shutdownInitiatedCh.Signal()
    time.Sleep(s.ShutdownDelayDuration)
    }()

    notAcceptingNewRequestCh := s.lifecycleSignals.NotAcceptingNewRequest
    drainedCh := s.lifecycleSignals.InFlightRequestsDrained
    stopHttpServerCh := make(chan struct{})
    go func() {
    defer close(stopHttpServerCh)

    timeToStopHttpServerCh := notAcceptingNewRequestCh.Signaled()
    if s.ShutdownSendRetryAfter {
        timeToStopHttpServerCh = drainedCh.Signaled()
    }
```

```
    <-timeToStopHttpServerCh
    }()
    ...
    stoppedCh, listenerStoppedCh, err := s.NonBlockingRun(stopHttpServerCh, ...)
    ...
    httpServerStoppedListeningCh := s.lifecycleSignals.HTTPServerStoppedListening
    go func() {
    <-listenerStoppedCh
    httpServerStoppedListeningCh.Signal()
    }()
    preShutdownHooksHasStoppedCh := s.lifecycleSignals.PreShutdownHooksStopped
    go func() {
    defer notAcceptingNewRequestCh.Signal()

    <-delayedStopCh.Signaled()
    <-preShutdownHooksHasStoppedCh.Signaled()
    }()
    go func() {
    defer drainedCh.Signal()

    <-notAcceptingNewRequestCh.Signaled()

    s.HandlerChainWaitGroup.Wait()
    }()
    ...
    <-stopCh
    func() {
    defer func() {
        preShutdownHooksHasStoppedCh.Signal()
    }()
    err = s.RunPreShutdownHooks()
    }()

    <-drainedCh.Signaled()
    if s.AuditBackend != nil {
    s.AuditBackend.Shutdown()
    }

    <-listenerStoppedCh
    <-stoppedCh

    return nil
}
```

Run 是真正实现 kube-apiserver 启动 HTTP 服务的函数，它通过 stopCh 阻塞当前进程退出以实现常驻。当使用 Ctrl+C 快捷键操作或发送 kill -15 信号时，stopCh 会处于非阻塞状态，此时意味着进程需要退出。为避免程序退出对客户端会产生不良影响，kube-apiserver 基于信号模型设计了一套优雅退出机制，实现退出前的流量排空、资源清理等操作。

对上述代码的流程化描述如图 8-36 所示。

在收到 stopCh 关闭信号后，立即发出 ShutdownInitiated 信号，迅速将当前 kube-apiserver

实例的就绪检查端点/readyz 设置为 false，防止新请求继续进入该实例，并且启动 ShutdownDelayDuration 延迟关闭等待计时器。与此同时，触发执行 PreShutdownHooks 钩子函数，完成关闭前的预处理工作（如将当前实例的地址从 Kubernetes Service 的 endpoints 列表中移除等）。在计时器结束时会发出 AfterShutdownDelayDuration 信号，类似地，当 PreShutdownHooks 钩子函数执行完成后会发出 PreShutdownHooksStopped 信号，当上述两个信号都发出后，发出 NotAcceptingNewRequest 信号。此时，分为两种情况，假如开启了 ShutdownSendRetryAfter 特性（默认处于关闭状态），则 kube-apiserver 会在真正关闭 HTTP Server 监听服务前，执行请求 Drain 操作，即通过 HandlerChainWaitGroup.Wait 函数等待所有已经传入的请求被 Drain 处理完成，进而发出 InFlightRequestsDrained 信号。在收到 InFlightRequestsDrained 信号后，关闭程序一方面执行 AuditBackend.Shutdown 函数关闭审计后端服务，一方面开始关闭 HTTP Server 监听服务。假如没有启用 ShutdownSendRetryAfter 特性，则 kube-apiserver 不等待已经传入的请求被 Drain 处理完成，直接开始关闭 HTTP Server 监听服务，仅依赖 HTTP Server 自身的优雅关闭逻辑来处理未关闭的连接请求。在 HTTP Server 启动时，传入了 shutdownTimeout 参数，如果超过等待时间仍存在未能处理完请求，则 HTTP Server 将被强制关闭。最后，kube-apiserver 主程序在 HTTP Server 优雅关闭后，会收到 listenerStoppedCh 和 stoppedCh 完成的信号，继而退出执行，彻底关闭服务。

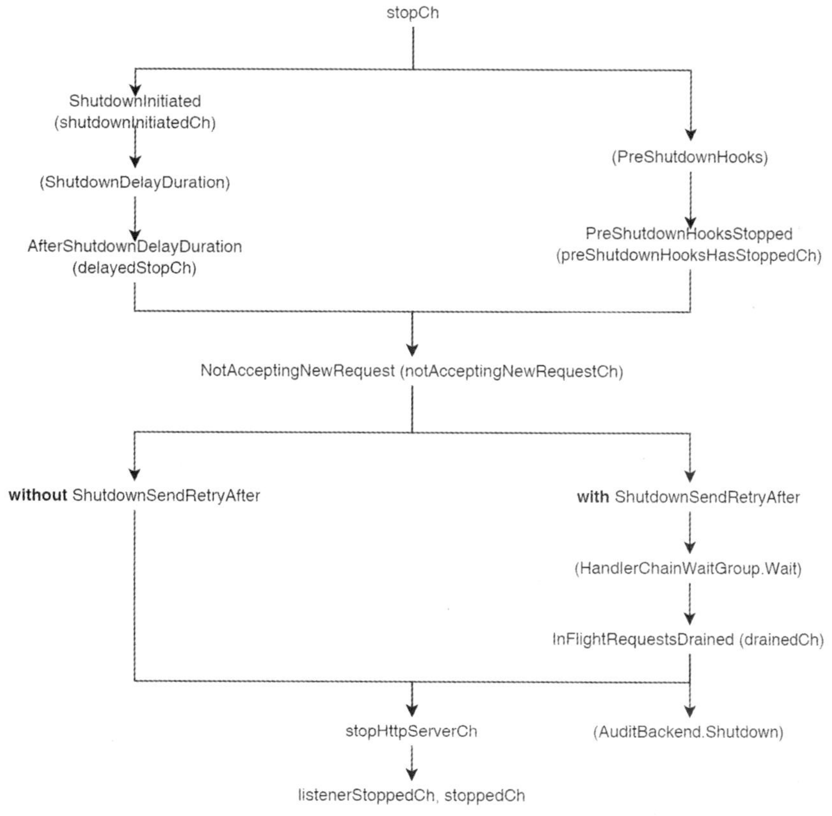

图 8-36　kube-apiserver 优雅关闭的流程

8.10.3　向 systemd 报告进程状态

早期的 Linux 系统使用 initd 进程管理 Linux 的进程，在后期，systemd 取代了 initd，成为系统的第一个进程（PID 为 1），其他进程都是它的子进程。如果进程被 systemd 管理，则需要向该进程报告当前进程的状态。

kube-apiserver 的状态反馈代码示例如下。

代码路径：vendor/k8s.io/apiserver/pkg/server/genericapiserver.go

```
Plaintext
func (s preparedGenericAPIServer) NonBlockingRun(...) (...) {
    ...
    if _, err := systemd.SdNotify(true, "READY=1\n"); err != nil {
    klog.Errorf("Unable to send systemd daemon successful start message: %v\n", err)
    }
    ...
}
```

systemd.SdNotify 用于守护进程向 systemd 报告进程状态的变化，其中一项是向 systemd 报告“启动已完成”的消息（READY=1）。更多详细信息，请参考 sd_notify man 手册。

8.11 List-Watch 的实现原理

List-Watch 是 Kubernetes 的重要核心机制，很多系统组件（如 kubelet、kube-scheduler、kube-controller-manager、kube-proxy）、生态扩展组件（如 coredns、calico），以及各类 Operator Controller 都依赖 kube-apiserver 的 List-Watch 来发现资源和感知资源变化。List-Watch 和 Reconcile 模型使 Kubernetes 具备了极强的可扩展性，各类 Controller 都可以通过 kube-apiserver 实现良好的协同和联动。

List-Watch 包含 List 和 Watch 两部分。List 调用 List API 列出所有资源，基于 HTTP 短连接实现；Watch 调用 Watch API 监听资源的变更事件，基于 HTTP 长连接实现。List-Watch 表示先通过 List 全量读取资源列表，再通过 Watch 监听资源的变化，典型的代表实现即 client-go 的 Informer Reflector。有关 Reflector 的详细介绍，请参考 5.3.3 节。

8.11.1 长连接通信协议

支持 Watch 操作必须实现客户端和服务端之间的长连接。kube-apiserver 的 Watch 支持 3 种类型的长连接建立方法，分别是 HTTP/1.1 Chunked Transfer Encoding、HTTP/2 和 WebSocket。

1. HTTP/1.1 Chunked Transfer Encoding

Chunked Transfer Encoding（分块传输编码）是 HTTP 中的一种数据传输机制，允许将服务端发送给客户端的数据分成多个部分，分批次发送。分块传输编码只在 HTTP 1.1 版本（HTTP/1.1）中提供支持。

通常，HTTP 应答消息中发送的数据是整个发送的，通过 Content-Length 消息头字段指明数据的长度。数据的长度很重要，因为客户端需要知道哪里是应答消息的结束，以及后续应答消息的开始。使用分块传输编码，数据被分成一系列数据块，分批次发送，这样服务器可以发送数据而不需要预先知道发送内容的总大小。

分块传输编码允许服务器为动态生成的内容维持 HTTP 持久连接。通常，持久连接需要服务器在开始发送消息体前发送 Content-Length 消息头字段，但是对动态生成的内容来说，在内容创建完之前，其长度是不可预知的。而这恰恰符合 Watch 的工作特性，资源变化是持续的、不可预知的，无法预先确定 Content-Length 应答消息的长度。

Chunked 数据编码规则如图 8-37 所示。

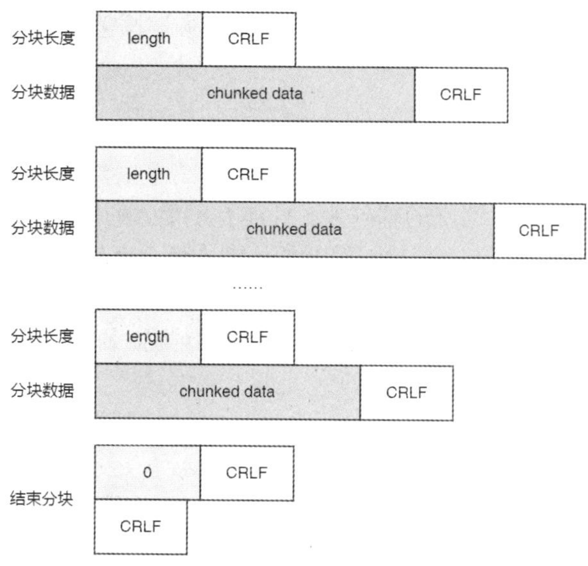

图 8-37　Chunked 数据编码规则

如图 8-37 所示，每个数据分块包含两部分：长度头和数据块。长度头是以 CRLF（使用回车键换行，即\r\n）结尾的一行明文，用 16 进制数字表示长度。数据块紧跟在长度头之后，最后以 CRLF 结尾。最后使用一个长度为 0 的结束分块（0\r\n\r\n）表示所有数据分块传输完成，结束传输。

当客户端采用 HTTP/1.1 发起 Watch 请求时，kube-apiserver 通过将 HTTP 响应的 Transfer-Encoding Header 设置为 chunked，告知客户端采用分块传输编码进行分块传输，客户端即维持和服务端的长连接，等待持续接收数据块。

可以通过以下命令，验证 kube-apiserver 支持 HTTP/1.1 Chunked 编码，而且会保持长连接。

```
Plain Text
# 访问 kube-apiserver watch api (以 pods 资源为例，基于 HTTP/1.1 方式)
$ curl -ik --http1.1 \
  --cert /etc/kubernetes/pki/apiserver-kubelet-client.crt \
  --key /etc/kubernetes/pki/apiserver-kubelet-client.key \
  https://127.0.0.1:6443/api/v1/pods?watch=true
HTTP/1.1 200 OK
Audit-Id: 73e40d87-50fc-4cfb-8931-64768c7b4ccb
Cache-Control: no-cache, private
Content-Type: application/json
Date: Sun, 02 Apr 2023 14:27:46 GMT
X-Kubernetes-Pf-Flowschema-Uid: d3f97929-8e21-4f5a-984c-3ee08461d1f5
X-Kubernetes-Pf-Prioritylevel-Uid: 6ab87828-3972-473b-bd28-bef2a58775f5
Transfer-Encoding: chunked

{"type":"ADDED", "object":{"kind":"Pod","apiVersion":"v1",...}}
```

```
{"type":"ADDED", "object":{"kind":"Pod","apiVersion":"v1",...}}
{"type":"MODIFIED", "object":{"kind":"Pod","apiVersion":"v1",...}}
...
```

可以看到，正确返回了 HTTP/1.1 200 状态码，并且响应了 Transfer-Encoding: chunked Header，curl 请求保持在连接状态，能够持续打印出服务端推送的 WatchEvent 事件。

2. HTTP/2

HTTP/2（超文本传输协议第二版，最初命名为 HTTP 2.0）简称 h2（基于 TLS/1.2 或以上版本的加密连接）或 h2c（非加密连接），是 HTTP 的第二个主要版本，主要基于 SPDY 协议。

HTTP/2 在兼容 HTTP/1.1 语义的基础上，性能有了很大的提升，主要体现在支持二进制分帧、多路复用、头部压缩、服务器推送等新的传输特性。在使用 HTTP/2 协议通信时，不支持 chunked 分块传输，因为 HTTP/2 的数据帧本来就是分块传输的。在实际应用中，一般的网络库都做了兼容设计，如果上层使用了 chunked 模式传输，而实际使用的是 HTTP/2，则自动隐藏 Transfer-Encoding:chunked Header。

通过以下命令，可以验证 kube-apiserver 支持 HTTP/2 长连接。

```
Plain Text
# 访问 kube-apiserver watch api （以 pods 资源为例，基于 HTTP/2 方式）
$ curl -ik --http2 \
  --cert /etc/kubernetes/pki/apiserver-kubelet-client.crt \
  --key /etc/kubernetes/pki/apiserver-kubelet-client.key \
  https://127.0.0.1:6443/api/v1/pods?watch=true
HTTP/2 200
audit-id: eb3f8c93-644a-4609-9c87-e5bc2460e00a
cache-control: no-cache, private
content-type: application/json
x-kubernetes-pf-flowschema-uid: d3f97929-8e21-4f5a-984c-3ee08461d1f5
x-kubernetes-pf-prioritylevel-uid: 6ab87828-3972-473b-bd28-bef2a58775f5
date: Fri, 07 Apr 2023 02:30:47 GMT

{"type":"ADDED", "object":{"kind":"Pod","apiVersion":"v1",...}}
{"type":"ADDED", "object":{"kind":"Pod","apiVersion":"v1",...}}
{"type":"MODIFIED", "object":{"kind":"Pod","apiVersion":"v1",...}}
...
```

可以看到，正确返回了 HTTP/2 200 状态码，请求保持连接状态，能够持续打印出服务端推送的 WatchEvent 事件。

3. WebSocket

WebSocket 是一种网络传输协议，可以在单个 TCP 连接上进行双向同时通信，使客户端和服务器之间的数据交换变得更加简单，允许服务端主动向客户端推送数据。在 WebSocket API 中，浏览器和服务器只需要完成一次握手，就可以创建持久性的连接，并且进行双向数据传输。

虽然 WebSocket 与 HTTP 不同，但它与 HTTP/1.1 协议兼容。WebSocket 握手使用 HTTP/1.1 Upgrade Header 从 HTTP/1.1 协议升级为 WebSocket 协议，协议升级流程如图 8-38 所示。

客户端首先发起一个 Handshake Request 请求到服务端，该请求的特殊之处在于在请求头里面包含 Connection: Upgrade 和 Upgrade: websocket 字段，告诉服务端需要进行协议升级，并且目标协议类型为 websocket。服务端收到客户端请求且校验通过后，会响应 101 Switching Protocols 状态码，表示允许客户端的协议转换请求。这样，客户端与服务端就建立了双向的 WebSocket 长连接，并且复用 HTTP 底层的 Socket 完成后续通信。

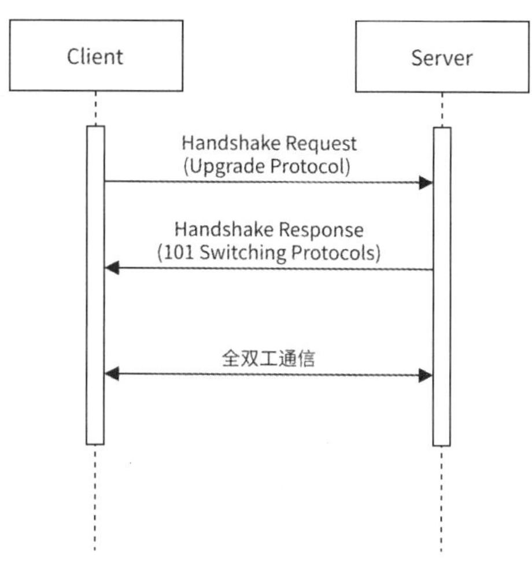

图 8-38　协议升级流程

WebSocket 使用 ws 或 wss 统一资源标识符（URL），其中，wss 表示使用了 TLS 的 WebSocket，连接地址示例如下。

```
Plain Text
ws://example.com/wsapi
wss://secure.example.com/wsapi
```

通过以下命令，可以验证 kube-apiserver 支持 WebSocket 长连接。

```
Plain Text
# 访问 kube-apiserver watch api (以 pods 资源为例，基于 WebSocket 方式)
$ curl -ik --http1.1 \
   --header "Connection: Upgrade" \
   --header "Upgrade: websocket" \
   --header "Sec-WebSocket-Key: S3ViZXJuZXRlcwo=" \
   --header "Sec-WebSocket-Version: 13" \
   --header "Host: 127.0.0.1:8001" \
   --header "Origin: http://127.0.0.1:8001" \
   --cert /etc/kubernetes/pki/apiserver-kubelet-client.crt \
   --key /etc/kubernetes/pki/apiserver-kubelet-client.key \
  https://127.0.0.1:6443/api/v1/pods?watch=true
HTTP/1.1 101 Switching Protocols
Upgrade: websocket
Connection: Upgrade
Sec-WebSocket-Accept: qGEgH3En71di5rrssAZTmtRTyFk=

?~?{"type":"ADDED", "object":{"kind":"Pod","apiVersion":"v1",...}}
?~?{"type":"ADDED", "object":{"kind":"Pod","apiVersion":"v1",...}}
?~?{"type":"MODIFIED", "object":{"kind":"Pod","apiVersion":"v1",...}}
...
```

上述命令中的几个核心 Header 的含义如下。

- Connection: Upgrade：告知服务端需要进行协议升级。
- Upgrade: websocket：告知服务端协议升级的目标类型为 WebSocket 协议。
- Sec-WebSocket-Key：与后面服务端响应 Header 的 Sec-WebSocket-Accept 是配套的，提供基本的防护，如恶意的连接，或者无意的连接。Sec-WebSocket-Key 通常由客户端随机生成，示例中指定的值为“Kubernetes”单词的 Base64 编码，Sec-WebSocket-Accept 由服务端根据 Sec-WebSocket-Key 计算得出，表示服务端对客户端请求的接收应答。
- Sec-WebSocket-Version：表示客户端期望使用的 WebSocket 协议版本。如果服务端不支持该版本，则需要返回一个 Sec-WebSocket-Version Header，里面包含服务端支持的版本号。

从返回信息可以看到，服务端返回了 HTTP/1.1 101 协议转换状态码，表示同意客户端协议升级的请求，并且对协议进行切换，目标协议为 WebSocket。之后，客户端与服务端就建立了 WebSocket 长连接，kube-apiserver 将资源变化 WatchEvent 事件通过长连接不断推送给客户端。

由于 WebSocket 协议依赖 HTTP/1.1 协议进行握手，因此需要明确为客户端指定协议类型为 HTTP/1.1，否则在前期 ALPN（Application Layer Protocol Negotiation）协议协商阶段，如果客户端支持 HTTP/2 协议，则 kube-apiserver 将直接选择基于 HTTP/2 协议通信，不再进行 WebSocket 协议升级转换。

kube-apiserver 基于 ALPN 协议完成 HTTP/1.1 和 HTTP/2 协议协商，当客户端支持 HTTP/2 协议时，优先使用 HTTP/2 协议，否则使用 HTTP/1.1 协议。代码示例如下。

代码路径：vendor/k8s.io/apiserver/pkg/server/secure_serving.go

```
Plain Text
func (s *SecureServingInfo) tlsConfig(stopCh <-chan struct{}) (*tls.Config, error) {
   tlsConfig := &tls.Config{
   MinVersion: tls.VersionTLS12,
   NextProtos: []string{"h2", "http/1.1"},
   }
   ...
}
```

在上述代码中，NextProtos 即服务端的协议选择列表，在列表中越靠前表示越倾向使用。

通过以下命令可以观察 HTTP 协商过程。

```
Plain Text
curl -vk \
  --cert /etc/kubernetes/pki/apiserver-kubelet-client.crt \
  --key /etc/kubernetes/pki/apiserver-kubelet-client.key \
  https://127.0.0.1:6443/api/v1/pods?watch=true
*   Trying 127.0.0.1:6443...
* Connected to 127.0.0.1 (127.0.0.1) port 6443 (#0)
* ALPN, offering h2
* ALPN, offering http/1.1
...
* ALPN, server accepted to use h2
...
```

在上述代码中，客户端同时支持 h2 和 http/1.1 协议时，服务端最终使用 h2 协议。

8.11.2　List-Watch 的核心原理

kube-apiserver 的 List-Watch 是在 etcd List-Watch 基础上的封装，类似于 etcd 的代理层，它不仅屏蔽了其他组件直接 Watch etcd，而且通过 Cache 的方式降低了对 etcd 的读取压力。我们已经在 7.6 节和 5.3 节分别介绍过有关 kube-apiserver 存储层和 client-go 客户端层对 List-Watch 的处理机制，本节侧重于从 kube-apiserver API 处理的角度将这部分内容串联起来。

kube-apiserver 的 List-Watch 处理架构如图 8-39 所示。

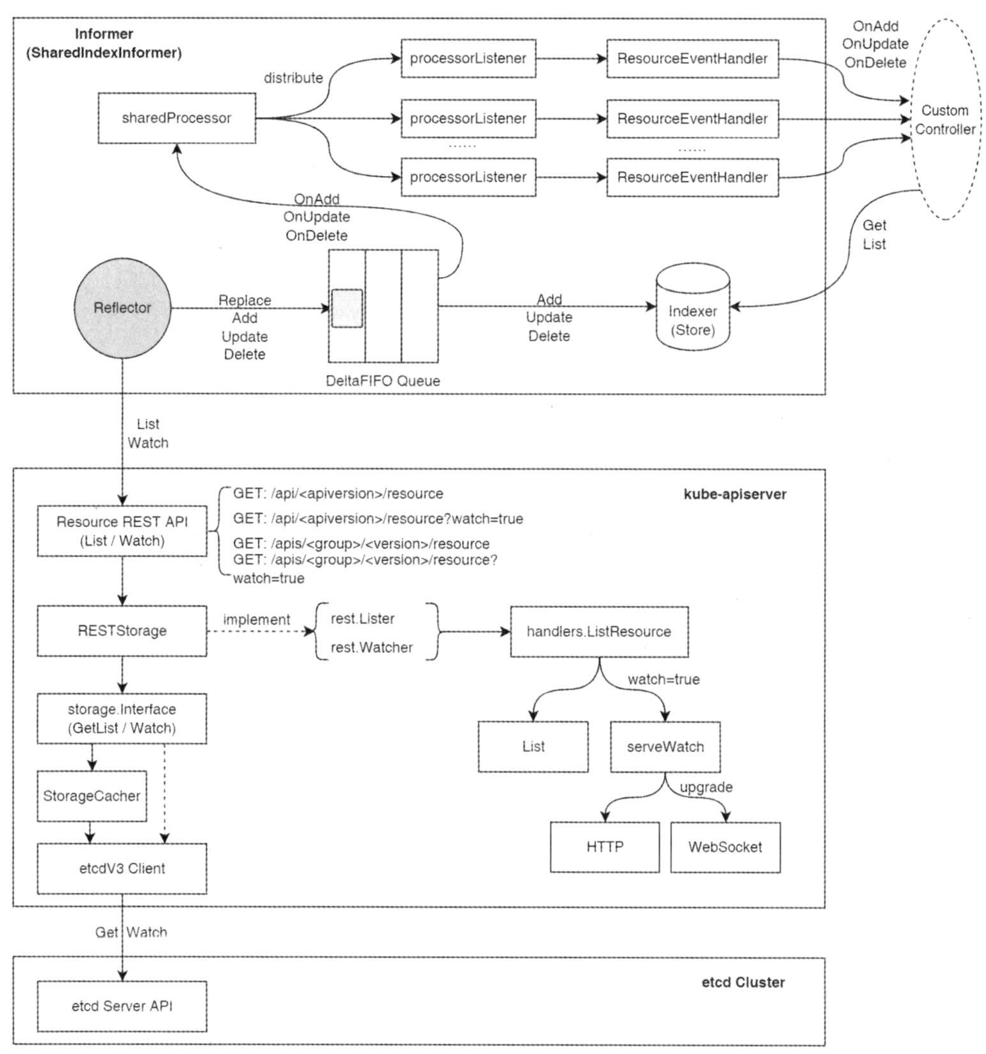

图 8-39　kube-apiserver 的 List-Watch 处理架构

以 Informer（SharedIndexInformer）为例，用户将自定义的回调函数 OnAdd、OnUpdate、OnDelete 注册到 Informer 的 ResourceEventHandler，接着启动 Informer。自定义回调函数注册的代码示例如下。

代码路径：pkg/controller/nodeipam/ipam/controller_legacyprovider.go

```
Plain Text
nodeInformer.Informer().AddEventHandler(cache.ResourceEventHandlerFuncs{
```

```
    AddFunc:    controllerutil.CreateAddNodeHandler(c.onAdd),
    UpdateFunc: controllerutil.CreateUpdateNodeHandler(c.onUpdate),
    DeleteFunc: controllerutil.CreateDeleteNodeHandler(c.onDelete),
})
```

Informer启动后，通过内部Controller运行Reflector，Reflector的Run函数通过BackoffUntil的方式重复地执行 r.ListAndWatch 函数（确保在 Watch 连接断开后，能够自动重新执行List-Watch），以避免因网络原因导致 Watch 失败，代码示例如下。

代码路径：vendor/k8s.io/client-go/tools/cache/reflector.go

```
Plain Text
func (r *Reflector) Run(stopCh <-chan struct{}) {
    wait.BackoffUntil(func() {
    if err := r.ListAndWatch(stopCh); err != nil {
        r.watchErrorHandler(r, err)
    }
    }, r.backoffManager, true, stopCh)
}
```

ListAndWatch 函数首先执行 List 操作，将全量数据更新到 DeltaFIFO 队列，然后从 List 得到的最新 ResourceVersion 开始 Watch 后续的资源变化事件，通过 Add/Update/Delete 方式将资源事件传递到 DeltaFIFO 队列进行处理，代码示例如下。

代码路径：vendor/k8s.io/client-go/tools/cache/reflector.go

```
Plain Text
func (r *Reflector) ListAndWatch(stopCh <-chan struct{}) error {
    err := r.list(stopCh)
    ...
    for {
    options := metav1.ListOptions{
        ResourceVersion: r.LastSyncResourceVersion(),
        ...
    }
    ...
    w, err := r.listerWatcher.Watch(options)
    ...
    }
}
```

DeltaFIFO 队列的数据会被 Controller 的 processDeltas 消费处理，一方面存储到内部存储 Indexer Store 中，另一方面回调 Informer 的 OnAdd、OnUpdate、OnDelete 函数，该事件会首先经过 sharedProcessor 的分发处理，最终由 processorListener 触发注册 Handler 来执行相应的 OnAdd、OnUpdate、OnDelete 函数。用户自定义的 Controller 除了能从 Informer 得到事件通知，也能通过 Informer 提供的 Lister 接口快速从 Indexer Store 中读取资源对象，而无须直接向 kube-apiserver 发起 API 调用，在提高效率的同时降低了对 kube-apiserver 的压力。有关更多 Informer 的实现细节，请参考 5.3 节。

ListAndWatch 中的 List 和 Watch 函数，即对应调用相应资源对象的 RESTStorage 的 List RESTful API 和 watch RESTful API，以 Pod 资源对象为例，定义如下。

代码路径：vendor/k8s.io/client-go/informers/core/v1/pod.go

```
Plain Text
&cache.ListWatch{
   ListFunc: func(options metav1.ListOptions) (runtime.Object, error) {
   ...
   return client.CoreV1().Pods(namespace).List(context.TODO(), options)
   },
   WatchFunc: func(options metav1.ListOptions) (watch.Interface, error) {
   ...
   return client.CoreV1().Pods(namespace).Watch(context.TODO(), options)
   },
},
```

相应地，kube-apiserver 的 List 和 Watch API 接口和以下形式类似。

```
Plaintext
GET: /api/<apiversion>/resource
GET: /api/<apiversion>/resource?watch=true
GET: /apis/<group>/<version>/resource
GET: /apis/<group>/<version>/resource?watch=true
```

Watch 接口还存在其他表达形式，如/api/<apiversion>/watch/resource，已被标记为弃用。

在 8.4 节中已经介绍过资源对象的 RESTful API 接口的注册过程，当资源对象的存储对象实现了 rest.Lister 和 rest.Watcher 函数时，即为该资源注册相应的 List RESTful 和 Watch RESTful API，代码示例如下。

代码路径：vendor/k8s.io/apiserver/pkg/endpoints/installer.go

```
Plain Text
func (a *APIInstaller) registerResourceHandlers(..., storage rest.Storage, ...) (...) {
   ...
   lister, isLister := storage.(rest.Lister)
   ...
   watcher, isWatcher := storage.(rest.Watcher)
   ...
   handler := metrics.InstrumentRouteFunc(..., restfulListResource(...))
   route := ws.GET(action.Path).To(handler)
   ...
}
```

从上述代码可以看出，ListWatch 接口由 restfulListResourceHandler 处理，restfulListResource 进一步调用了 kube-apiserver 的 ListResource，ListResource 判断请求类型是 List 还是 Watch，决定采用哪种处理方式，代码示例如下。

代码路径：vendor/k8s.io/apiserver/pkg/endpoints/handlers/get.go

```
Plain Text
func ListResource(r rest.Lister, rw rest.Watcher, ...) http.HandlerFunc {
   return func(w http.ResponseWriter, req *http.Request) {
   ...
   if opts.Watch || forceWatch {
      if rw == nil {
         scope.err(errors.NewMethodNotSupported(...), w, req)
         return
      }
```

```
        ...
        serveWatch(watcher, scope, outputMediaType, req, w, timeout)
        return
    }
    ...
    result, err := r.List(ctx, &opts)
    ...
    }
}
```

ListResource 封装了资源对象的 Lister 和 Watcher 存储实现，首先判断请求是否是 Watch 类型，如果是，则通过 serveWatch 提供流式事件通知，否则直接调用资源存储对象的 List 函数从存储层读取资源对象列表。

serveWatch 会构造 WatchServer 对象，通过 WatchServer 处理 Watch 请求。首先根据请求参数是否携带协议升级 Upgrade Header，选择采用 WebSocket 或 HTTP 方式提供服务。然后调用资源存储对象的 Watch 函数从存储层监听资源变化，代码示例如下。

代码路径：vendor/k8s.io/apiserver/pkg/endpoints/handlers/watch.go

```
Plain Text
func (s *WatchServer) ServeHTTP(w http.ResponseWriter, req *http.Request) {
    ...
    if wsstream.IsWebSocketRequest(req) {
    w.Header().Set("Content-Type", s.MediaType)
    websocket.Handler(s.HandleWS).ServeHTTP(w, req)
    return
    }
    ...
    var e streaming.Encoder
    ...
    w.Header().Set("Content-Type", s.MediaType)
    w.Header().Set("Transfer-Encoding", "chunked")
    ...
    ch := s.Watching.ResultChan()
    ...
    for {
    select {
    ...
    case event, ok := <-ch:
        ...
        if err := e.Encode(outEvent); err != nil {
        ...
        return
        }
        ...
    }
    }
}
```

首先，通过 wsstream.IsWebSocketRequest 判断请求是否携带 WebSocket 升级协议请求头，如果是，则通过 WebSocket 处理函数 HandleWS，否则使用 HTTP 方式处理。除了选择的协议类型不同，对 Watch 事件的处理基本是一致的，即不断从 ResultChan Channel 中读取 Event 并对 Event 进行处理和封装，创建 WatchEvent 对象，并且通过 Stream 流发出。其中涉及部分编/解码的内容，本书不再赘述，读者可以通过阅读源码进行理解。

WatchServer 在采用 HTTP 方式处理 Watch 请求时，设置了 Transfer-Encoding：chunked Header，这是实现 HTTP/1.1 服务端推送长连接的关键步骤。

至于 Storage 存储层 List 和 Watch 的实现逻辑，实际上是基于 etcd 接口的封装。其中值得一提的是，通过存储缓存 StorageCacher 的方式提高了 List 和 Watch 的效率，更多细节请参考本书第 7 章，此处不再赘述。

第 9 章 kube-scheduler 核心实现

9.1 初识 kube-scheduler

kube-scheduler 是 Kubernetes 控制平面的核心组件之一，主要负责调度整个集群的 Pod，根据内置或扩展的调度算法，将未调度的 Pod 调度到最优的节点上，从而更加合理、充分地利用集群的资源。同一个集群中支持运行多个调度器，分别基于不同的调度策略完成对集群中 Pod 的调度，kube-scheduler 是 Kubernetes 的默认调度器实现。

9.1.1 kube-scheduler 调度模型

kube-scheduler 的主要职责是将未调度的 Pod 调度到一个合适的节点上执行。kube-scheduler 的调度过程主要可以划分为两个周期、三个阶段。两个周期指的是调度周期（Scheduling Cycle）和绑定周期（Binding Cycle），三个阶段指的是预选（Filter）、优选（Score）和绑定（Bind）。其对应关系如图 9-1 所示。

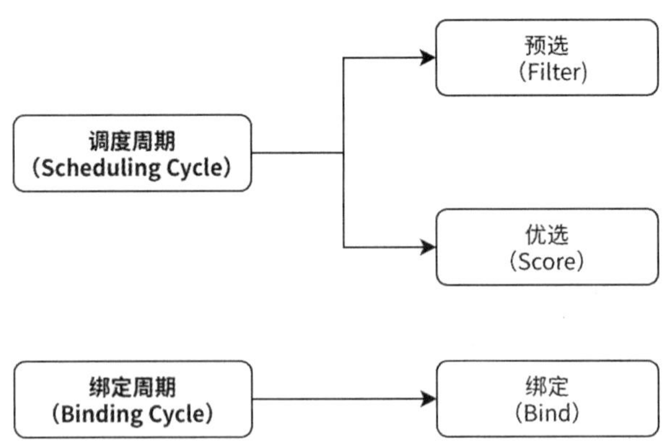

图 9-1 kube-scheduler 的调度周期和阶段

kube-scheduler 的调度模型如图 9-2 所示。

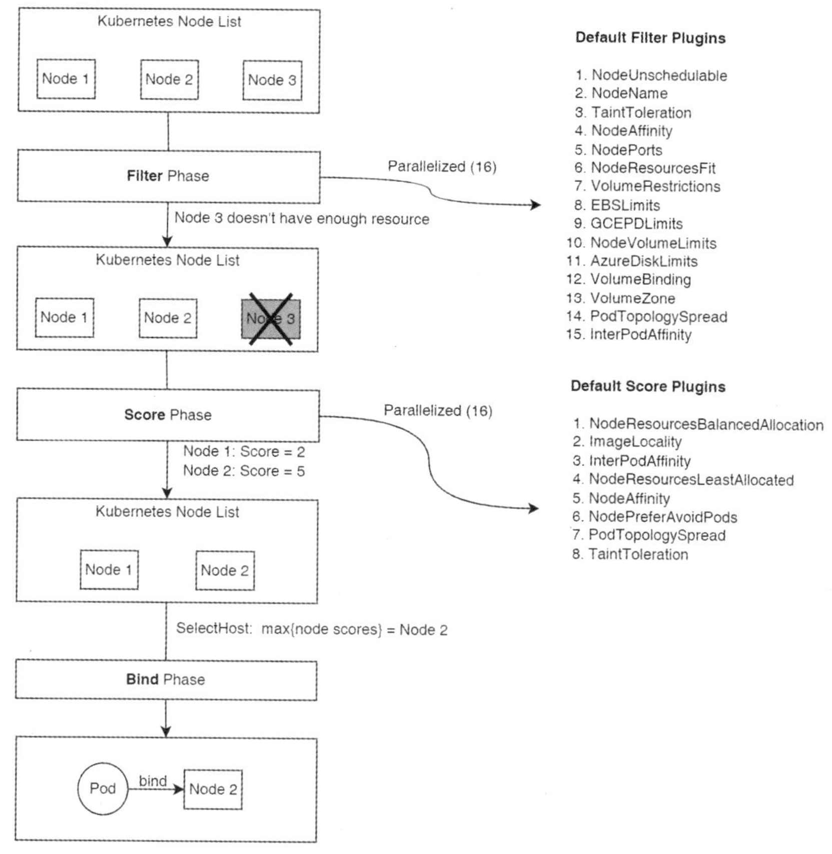

图 9-2　kube-scheduler 的调度模型

预选阶段会过滤不符合条件的节点，将所有满足 Pod 调度需求的节点筛选出来；优选阶段会根据当前启用的打分规则，对预选阶段筛选出的节点进行打分，得分最高的节点将会成为目标节点（如果存在多个得分最高的节点，则调度器会从中随机选取一个）；在绑定阶段，调度器会向 kube-apiserver 发送绑定请求，将 Pod 的 spec.nodeName 字段值设置为目标节点的名称，最终完成将 Pod 绑定到目标节点的调度工作。

kube-scheduler 在调度周期采用串行执行的策略，每次只调度一个 Pod，以确保调度结果的最优性。在绑定周期则采用并行执行的策略，以尽可能提升调度器的性能和吞吐率。

值得一提的是，kube-scheduler 在调度 Pod 时，有两种最优解。

- 全局最优解：是指在执行调度决策时遍历集群中的所有节点，找出全局最优的节点。
- 局部最优解：是指在执行调度决策时只遍历集群中的部分节点，找出局部最优的节点。

kube-scheduler 会根据集群规模自动选择最优解类型，以便在结果最优性和调度器性能间做权衡。在默认配置下，当集群规模较小（小于或等于 100 个节点）时，寻找全局最优解；当集群规模较大（大于 100 个节点）时，寻找局部最优解。具体实现逻辑请参考 9.4.2 节。

9.1.2　kube-scheduler 内部架构

kube-scheduler 主要包含 Informer、Scheduling Queue、Cache 及 Scheduling Framework 组件，其内部架构如图 9-3 所示。

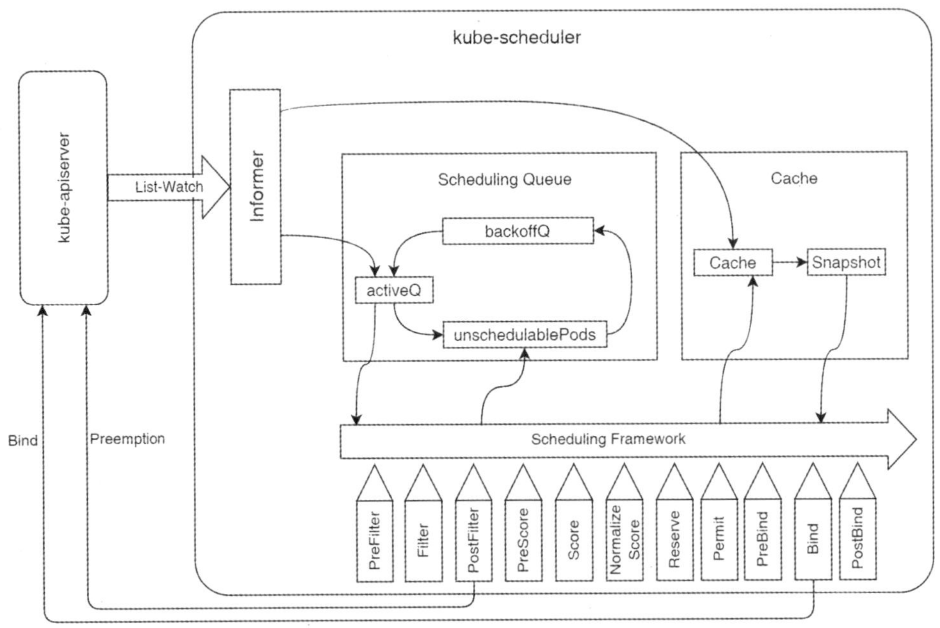

图 9-3 kube-scheduler 的内部架构

Informer 是调度器的输入模块，通过 List-Watch 机制感知集群资源状态的变化事件（ClusterEvent），使用预注册的事件处理函数（Handler）更新 Scheduling Queue 和 Cache 的状态。更多关于 Informer 事件注册和处理的过程，请参考 5.3 节。

Scheduling Queue 主要用于缓存待调度的 Pod，以便在调度时能够高效地获取下一个需要调度的 Pod。kube-scheduler 提供的默认实现为 PriorityQueue，即优先队列，这也是实现 Pod 优先级调度的关键。PriorityQueue 内部可以细分为两个子队列和一个额外的 map 数据结构，即 activeQ、backoffQ 和 unschedulablePods。

- activeQ 是基于堆实现的优先队列（排序方式通过 Scheduling Framework 的 QueueSort 插件确定，默认使用基于 Pod 优先级的 FIFO 排序算法），堆头存放优先级最高的 Pod（如果优先级相同，则选择最早进入调度队列的 Pod）。activeQ 中存放的 Pod 已经满足调度要求，可以被立即调度。调度器的调度主程序 schedOne 会不断从 activeQ 中读取 Pod 并调度，当没有满足调度要求的 Pod 时，schedOne 会保持阻塞状态，直到 activeQ 中存在待调度的 Pod。
- backoffQ 同样是基于堆实现的优先队列，但与 activeQ 不同，其排序算法基于 Pod 的 backoff 等待时间排序，堆头存放最早到达 backoff 等待时间的待调度 Pod。backoffQ 中存放的 Pod 满足调度要求，但还处于调度失败后的 backoff 等待期，当其到达 backoff 等待时间后，会被移动到 activeQ 中，按照优先级顺序被调度。backoff 是调度器为了解决优先级调度算法中存在的“无穷阻塞”或“饥饿”问题（高优先级的 Pod 总是优先被调度，低优先级的 Pod 长时间等待却得不到调度），引入的等待时间递增机制。在默认情况下，当 Pod 第一次调度失败后，会等待 1 秒，然后重试，而在后续每次失败后，重试时间将会翻倍，即第二次失败等待 2 秒，第三次失败等待 4 秒，以此类推。此外，调度器设置了最长 backoff 等待时间，在默认情况下，如果 Pod 连续调度失败，则其 backoff 等待时间最长为 10 秒。调度队列内部会运行一个协程，每隔 1 秒检查并将已经到达 backoff 等待时间的 Pod 移动到 activeQ。

- unschedulablePods 用来存放调度失败的 Pod，底层是一个 map 数据结构。当 Pod 调度失败时，默认会被移动到 unschedulablePods。当集群状态发生改变（如有新的节点加入集群），导致原来存储在 unschedulablePods 中的 Pod 可能调度成功时，这些 Pod 会被选择性地移动到 activeQ 或 backoffQ。如果 Pod 已经到达 backoff 等待时间，则直接移动到 activeQ，否则移动到 backoffQ。除了通过事件驱动，作为事件机制的补偿，避免 Pod 长时间等待而得不到重试，调度队列内部会运行一个协程，每隔 30 秒自动将 unschedulablePods 中等待时间超过 5 分钟的 Pod 移动到 activeQ 或 backoffQ。

通过 unschedulablePods、backoffQ、activeQ 三级队列缓存的结构，调度器周期性地或基于事件触发地将 Pod 从 unschedulablePods 移动到 backoffQ 或 activeQ，实现了无效调度和有效调度的折中，既避免过度重试浪费调度资源，又能使 Pod 及时得到调度。调度器周期性地从 backoffQ 中将到达 backoff 等待时间的 Pod 移动到 activeQ，一方面避免过快的无效调度重试，另一方面通过引入 backoffQ，有效避免了优先级调度的"无穷阻塞"问题。通过三级队列的无缝配合，实现了优先级调度的核心能力。

Cache 的主要作用是加速调度过程中对 Pod 和节点信息的检索速度。既然已经使用了 Informer，而 Informer 默认会在本地缓存一份数据，为什么还要设计 Cache 呢？这是因为 Informer 虽然能够提高资源对象的读取速度，但仅仅是针对原始数据的读取，在调度时，仍然需要根据原始数据实时计算出与调度相关的状态数据。例如，计算某个节点已经分配的端口号，需要遍历该节点上已经运行的所有容器的端口使用信息。在集群规模较大的场景下，这种实时计算会严重影响调度器的性能和吞吐量。因此，当前的调度器引入了 Cache，以实现资源状态的预计算，在调度时能够快速读取。此外，为了保证调度的准确性，避免 Cache 在调度过程中不断变化，影响调度决策，调度器引入了 Snapshot 快照机制，即每次调度 Pod 时，先对当前的 Cache 数据做一个快照，后续的调度决策都基于此快照进行，确保调度前后使用的状态数据一致，保证调度行为的确定性。

Scheduling Framework 是串联调度过程的关键，它将调度过程定义为一系列的扩展点，每个扩展点都可以注册一些实现了具体调度算法的插件，通过这些插件协同产生最终的调度结果。当前调度器中的默认调度算法都是采用插件的方式提供的，用户也可以根据需要实现自定义的扩展调度插件，以实现更多的调度算法。Scheduling Framework 采用独立协程进行驱动，永不退出，不断地从 Scheduling Queue 中读取下一个等待调度的 Pod，分别执行调度周期和绑定周期。调度周期执行调度决策算法，为 Pod 选择最优的目标节点，绑定周期完成 Pod 和节点的绑定。Scheduling Framework 在调度过程中，除了要从 Scheduling Queue 和 Cache 中读取调度需要的状态数据，还会将一些信息进行回写。例如，在 Pod 调度失败时，将 Pod 放回 Scheduling Queue 等待下次调度。此外，Scheduling Framework 还支持 Assume 机制，即在为 Pod 选定节点后，直接更新 Cache 状态，预先为 Pod 分配节点资源占用，而不等待绑定周期执行完成。由于向 kube-apiserver 发起绑定请求是一个相对耗时的操作，因此资源绑定采用异步方式执行，这就意味着调度周期内决策逻辑的执行不应依赖于后续的绑定过程是否完成，也不能依赖绑定成功后触发的 Informer 事件来更新缓存。如果没有在调度决策完成后立即更新 Cache，则下一个被调度的 Pod 拿到的缓存信息很可能是上一个 Pod 完成绑定操作之前的数据，相应资源被误认为还没有分配，进而产生调度错误。通过 Assume 机制，Scheduling

Framework 在调度周期执行完成后立即对 Cache 进行更新，保证状态的一致性，即便后续绑定失败，调度框架也能自动对 Cache 状态进行回滚修正，在保证调度正确性的同时，维持高性能、高吞吐量。更多关于 Scheduling Framework 扩展点的介绍，请参考 9.3 节。

9.1.3 kube-scheduler 事件驱动

Kubernetes 中主要组件之间是通过事件进行交互的，kube-scheduler 也不例外，基于事件驱动的设计有利于实现组件之间的解耦，使各组件可以异步并行地实现各自的功能。kube-scheduler 的事件源统一来源于 Informer，根据注册方式可以细分为两类：内置默认监听的资源事件和插件自定义监听的资源事件。

- 内置默认监听的资源事件：指的是调度器程序默认关注的核心资源对象事件，即关于 Pod 和 Node 的事件，由调度框架默认完成事件注册。
- 插件自定义监听的资源事件：指的是与插件调度算法相关（影响 Pod 可调度状态）的事件，通过插件声明的方式进行事件注册。例如，VolumeBinding 插件需要监听 PV/PVC 的资源变化事件。

为了支持扩展资源对象事件，kube-scheduler 除了使用标准的 SharedInformer，还引入了支持动态类型的 DynamicSharedInformer。所有与调度相关的事件经过类型合并处理（避免重复监听同一资源类型）后，已知类型和未知类型的资源对象事件分别被注册到 SharedInformer 和 DynamicSharedInformer。已知类型的资源对象包括常见的 Pod、Node、CSINode、CSIDriver、CSIStorageCapacity、PersistentVolume、PersistentVolumeClaim、StorageClass，未知类型的资源对象指的是 GVK（GroupVersionKind）不在已知类型列表中的资源对象。在默认情况下，已知类型列表已经涵盖了所有内置插件关注的集群事件，当对调度器进行二次扩展，需要关注除已知类型外的资源对象（如 foos.v1.example.com 资源对象）的事件类型时，可以在插件中通过 GVK 方式进行声明，调度器可以通过 DynamicSharedInformer 提供对相关资源对象的事件监听支持。调度器事件注册机制如图 9-4 所示。

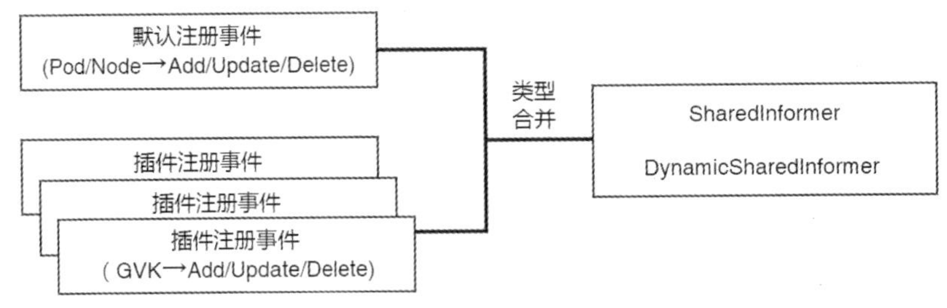

图 9-4　调度器事件注册机制

kube-scheduler 默认自动注册对 Pod 和 Node 的监听事件。

- 对于 Pod 事件，分两种情况：当 Pod 为已调度状态（spec.nodeName 字段不为空）时，首先更新内部 Cache，确保缓存状态一致，同时从调度失败的 Pod 列表中找到与该 Pod 存在亲和关系的 Pod，触发重新调度；当 Pod 为未调度状态且由本调度器负责调度（spec.schedulerName 字段指定的名称为当前调度器的名称）时，更新 Scheduling Queue，确保 Pod 能够被调度。特别地，当未调度 Pod 被删除，并且存在已经 Assumed 的 Pod（那些已经经历调度周期被调度完成但还没有完成绑定周期进行最终绑定的 Pod）等待该 Pod 被调度成功时，调度器会释放已经 Assumed 的 Pod 所占用的资源，尝试重新调度未调度成功的 Pod。

- 对于 Node 事件，首先更新 Cache，确保缓存状态一致，同时尝试重新调度那些可能因该 Node 事件变为可调度状态的 Pod。例如，Node 标签变化可能导致设置了标签选择的 Pod 变得可调度。

Pod 和 Node 事件与回调关系如图 9-5 所示。

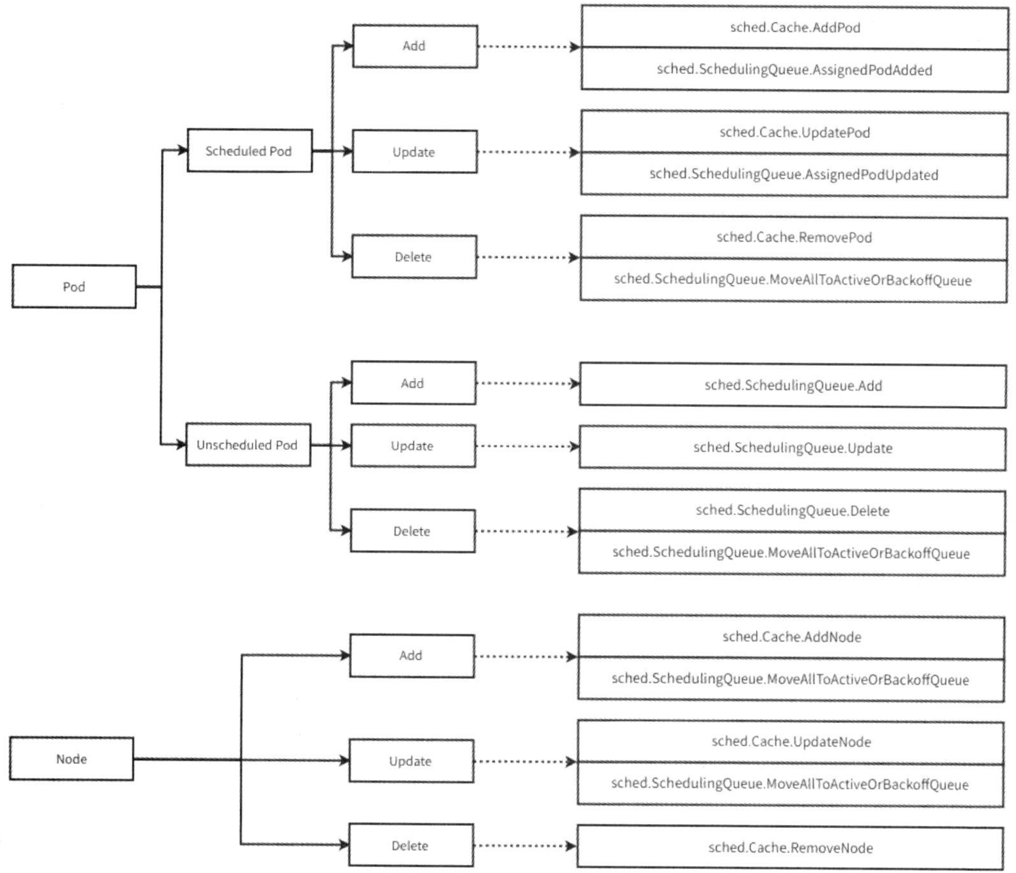

图 9-5　Pod 和 Node 事件与回调关系

插件需要自定义监听资源事件的主要意图是，当插件算法所关注的资源对象（如 VolumeBinding 插件在进行调度决策时依赖的 PersistentVolume 资源对象）发生变化时，能够及时重新调度调度失败的 Pod，以便在满足条件时尽快为 Pod 分配资源运行。鉴于此，插件自定义监听资源事件的回调相对简单，不对 Cache 进行操作，仅更新 Scheduling Queue 的状态，代码示例如下。

代码路径：pkg/scheduler/eventhandlers.go

```
Plain Text
buildEvtResHandler := func(...) cache.ResourceEventHandlerFuncs {
  funcs := cache.ResourceEventHandlerFuncs{}
  ...
  funcs.AddFunc = func(_ interface{}) {
    sched.SchedulingQueue.MoveAllToActiveOrBackoffQueue(evt, nil)
```

```
    }
    ...
    funcs.UpdateFunc = func(_, _ interface{}) {
      sched.SchedulingQueue.MoveAllToActiveOrBackoffQueue(evt, nil)
    }
    ...
    funcs.DeleteFunc = func(_ interface{}) {
      sched.SchedulingQueue.MoveAllToActiveOrBackoffQueue(evt, nil)
    }
    ...
    return funcs
}
```

在上述代码中，对于插件事件的处理方式基本上是一致的，即调用 Scheduling Queue 的队列操作函数 MoveAllToActiveOrBackoffQueue，重新调度调度失败的 Pod。需要特别注意的是，这里会根据事件类型的不同而传入不同的 evt（event）参数，Scheduling Queue 会根据具体的事件类型，仅重新调度那些失败原因与事件类型相关的 Pod，以避免进行大量的无效调度。

Scheduling Framework 提供了一个开放接口（扩展点），调度插件可以通过实现该接口，声明其所关注的资源对象类型及其事件类型。该接口的定义如下。

代码路径：pkg/scheduler/framework/interface.go

```
Plain Text
type EnqueueExtensions interface {
  EventsToRegister() []ClusterEvent
}
```

调度插件通过实现 EnqueueExtensions 接口，返回其关注的 ClusterEvent 列表，告知调度器在收到对应类型的事件时，尝试重新调度该插件调度失败的 Pod。其中，ClusterEvent 为调度器对集群中资源事件的封装，其定义如下。

代码路径：pkg/scheduler/framework/types.go

```
Plain Text
type ClusterEvent struct {
  Resource   GVK
  ActionType ActionType
  Label      string
}
```

ClusterEvent 中的 Resource 即资源类型的 GVK（Group/Version/Kind）表示，如 Pod、Node、PersistentVolume 等。ActionType 表示事件类型，如 Add、Update、Delete 等。Label 可以定义事件名称。kube-scheduler 监听的资源 GVK 与调度插件的对应关系如表 9-1 所示。

表 9-1　kube-scheduler 监听的资源 GVK 与调度插件的对应关系

资源 GVK	调度插件
Pod	InterPodAffinity、NodePorts、NodeResourcesFit、NodeVolumeLimits、PodTopologySpread、VolumeRestrictions
Node	InterPodAffinity、NodeAffinity、NodeName、NodePorts、NodeResourcesFit、NodeUnschedulable、NodeVolumeLimits、PodTopologySpread、TaintToleration、VolumeBinding、VolumeRestrictions、VolumeZone

续表

资源 GVK	调度插件
PersistentVolume	VolumeBinding、VolumeZone
PersistentVolumeClaim	VolumeBinding、VolumeRestrictions、VolumeZone
storage.k8s.io/StorageClass	VolumeBinding、VolumeZone
storage.k8s.io/CSINode	NodeVolumeLimits、VolumeBinding
storage.k8s.io/CSIDriver	VolumeBinding
storage.k8s.io/CSIStorageCapacity	VolumeBinding
*	匹配任意资源对象

在表 9-1 中，*表示匹配任意资源对象，在内置实现中并没有调度插件与之关联。调度器在初始化阶段，会建立 ClusterEvent 与插件名称的映射关系，同时在 Pod 调度失败时，记录 Pod 调度失败与对应插件名称的映射关系。当发生 ClusterEvent 事件时，调度器就能根据 ClusterEvent 所关联的插件名称，反向查找出那些因为该事件所关联的插件而调度失败的 Pod 并重新调度 Pod。当使用*进行泛化匹配时，将不再进行反向查找匹配，而是直接重新调度 Pod。

9.2 kube-scheduler 启动流程

kube-scheduler 的启动流程如图 9-6 所示，按照代码逻辑可以划分为 7 个关键步骤。

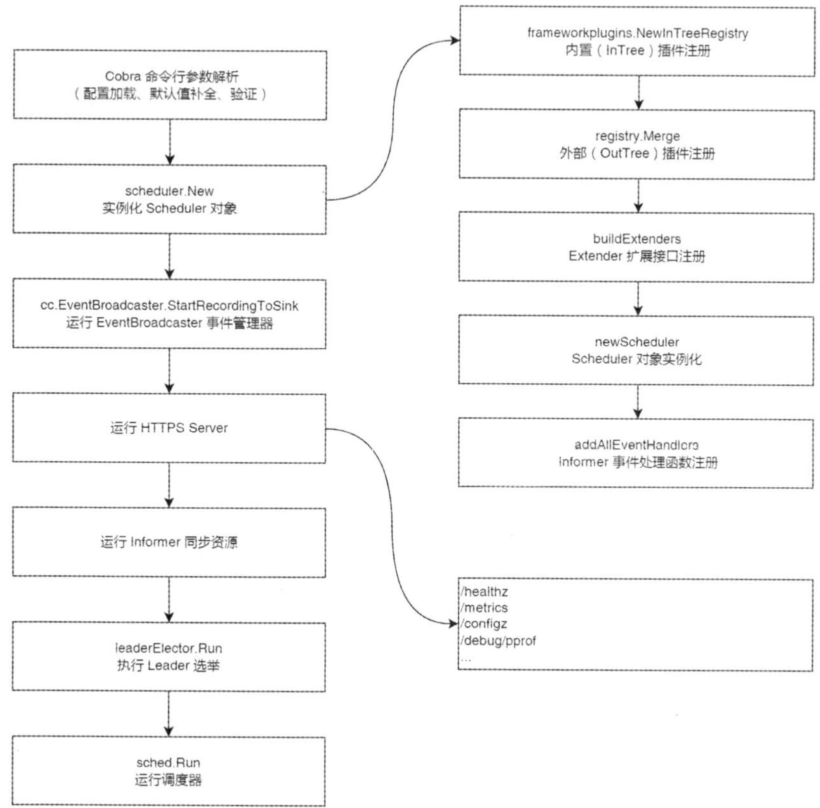

图 9-6 kube-scheduler 的启动流程

- Cobra 命令行参数解析。
- 实例化 Scheduler 对象。
- 运行 EventBroadcaster 事件管理器。
- 运行 HTTPS Server。
- 运行 Informer 同步资源。
- 执行 Leader 选举。
- 运行调度器。

9.2.1 Cobra 命令行参数解析

kube-scheduler 使用 Cobra 解析用户输入参数，初始化 Options 对象，验证参数的有效性，最后通过 Options 对象生成 CompletedConfig，基于 CompletedConfig 实例化 Scheduler 对象。代码示例如下。

代码路径：cmd/kube-scheduler/app/server.go

```
Plain Text
func NewSchedulerCommand(registryOptions ...Option) *cobra.Command {
    opts := options.NewOptions()
    cmd := &cobra.Command{
        ...
        RunE: func(cmd *cobra.Command, args []string) error {
            return runCommand(cmd, opts, registryOptions...)
        },
        ...
    }
    ...
    return cmd
}

func runCommand(... opts *options.Options, registryOptions ...Option) error {
    ...
    cc, sched, err := Setup(ctx, opts, registryOptions...)
    ...
    return Run(ctx, cc, sched)
}

func Setup(...) (...) {
    ...
    if errs := opts.Validate(); len(errs) > 0 {
        return nil, nil, utilerrors.NewAggregate(errs)
    }

    c, err := opts.Config()
    ...
    cc := c.Complete()
    ...
    sched, err := scheduler.New(...)
    ...
```

```
    return &cc, sched, nil
}
```

首先，kube-scheduler 通过 options.NewOptions 函数初始化默认配置，同时将 CLI Flags 绑定到 Options 对象的相应字段。在程序执行阶段，Cobra 将自动解析用户输入参数，实现对 Options 对象默认配置的覆盖。接着，opts.Validate 函数会对用户输入参数进行合法性校验，opts.Config 函数会将 Options 对象转换为内部配置对象 Config。在转换过程中，会同步完成对核心资源对象 Client、Informer、EventBroadcaster 等的初始化。然后，c.Complete 函数会进一步对缺失项进行默认填充，得到完整的配置对象 CompletedConfig。最后，基于 CompletedConfig 实现对 Scheduler 对象的初始化，并且将完整的配置对象 cc 和 Scheduler 对象 sched 传入 Run 函数。Run 函数定义了调度器的具体启动逻辑，它是一个持续运行不退出的常驻进程。至此，kube-scheduler 启动前的命令行参数解析就完成了。

9.2.2　实例化 Scheduler 对象

Scheduler 对象是 kube-scheduler 运行的主要载体，包含了调度器运行过程中所有依赖的模块对象。Scheduler 对象的实例化过程大致可分为 5 个关键步骤，定义在 pkg/scheduler/scheduler.go#New 函数中，如图 9-7 所示。

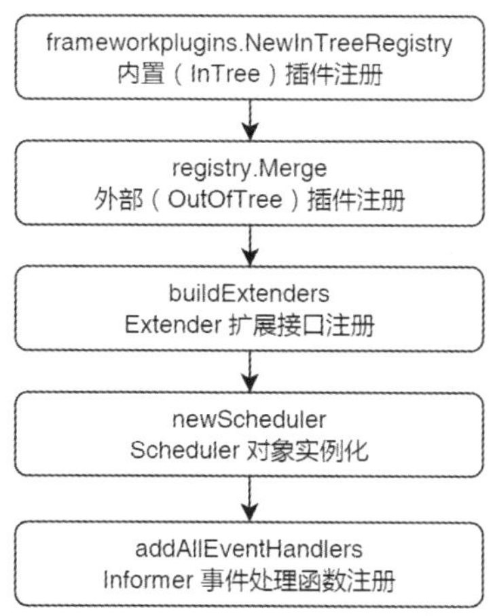

图 9-7　Scheduler 对象的实例化过程

1．内置（InTree）插件注册

kube-scheduler 通过 runtime.Registry 组织调度插件，Registry 是一个 map 数据结构，其 key 为插件名称，value 为对应插件的初始化函数，Scheduling Framework 会在初始化阶段通过插件的工厂函数完成对调度插件的初始化。更多关于 Scheduling Framework 的介绍，请参考 9.3 节。NewInTreeRegistry 函数实现了对所有内置插件的注册，但是否真正启用则依赖调度器运行时配置。

代码路径：pkg/scheduler/framework/plugins/registry.go

```
Plain Text
func NewInTreeRegistry() runtime.Registry {
    ...
    return runtime.Registry{
    ...
```

```
    imagelocality.Name:        imagelocality.New,
    tainttoleration.Name:      tainttoleration.New,
    nodename.Name:             nodename.New,
    nodeports.Name:            nodeports.New,
    nodeaffinity.Name:         nodeaffinity.New,
    interpodaffinity.Name:     interpodaffinity.New,
    queuesort.Name:            queuesort.New,
    defaultbinder.Name:        defaultbinder.New,
    ...
    }
}
```

2．外部（OutOfTree）插件注册

kube-scheduler 支持对自定义插件（OutOfTree 插件）的集成，用户可以根据需要扩展原生调度器的能力，编写自定义调度插件，以实现针对特定场景的定制化调度需求。kube-scheduler 通过 Scheduling Framework 简化了自定义调度插件的编写和集成，开发者仅需实现对应扩展点的接口，即可实现对调度器的能力扩展。通过 Registry 的 Merge 函数，可以将外部插件合并到统一的 Registry 中，以供后续使用，其代码逻辑如下。

代码路径：pkg/scheduler/framework/runtime/registry.go

```
Plain Text
func (r Registry) Merge(in Registry) error {
    for name, factory := range in {
    if err := r.Register(name, factory); err != nil {
        return err
    }
    }
    return nil
}
```

3．Extender 扩展接口注册

除了 Scheduling Framework 代码侵入式的扩展方式，kube-scheduler 还支持一种基于 Webhook 的扩展方式，即 Extender。Extender 在过滤、打分、绑定、驱逐等关键步骤注册了 hook，在执行完内置调度算法后，可以将调度结果通过 HTTP 调用发送给外部服务器进行二次决策，最终得到完整的调度结果。这种扩展方式的优点在于无须对原生 kube-scheduler 产生代码侵入，但也存在网络延迟导致调度器性能下降、扩展点不够丰富、扩展能力受限等问题。Extender 是在 Scheduling Framework 产生之前的早期调度器扩展方式，存在较大的局限性，Scheduling Framework 目前已经成为社区主推的调度器扩展方式。Extender 代码示例如下。

代码路径：pkg/scheduler/scheduler.go

```
Plain Text
func buildExtenders(extenders []schedulerapi.Extender, ...) (...) {
    var fExtenders []framework.Extender
    ...
    for i := range extenders {
    klog.V(2).InfoS("Creating extender", "extender", extenders[i])
    extender, err := NewHTTPExtender(&extenders[i])
    ...
    fExtenders = append(fExtenders, extender)
```

```
    ...
    }
    ...
    return fExtenders, nil
}
```

4. Scheduler 对象实例化

Scheduler 对象的运行依赖两个核心数据结构：Scheduling Queue 和 Cache。Scheduling Queue 维护了等待调度的 Pod 队列，调度器每次从队列中取出堆头的 Pod 进行调度，而 Cache 维护了 Pod 和节点的缓存信息，以便在调度时快速取得调度的上下文状态，而不必请求 kube-apiserver，提高调度器的调度性能。在 Scheduler 对象实例化阶段，会先完成核心数据结构的初始化，再构造 sched 对象。代码示例如下。

代码路径：pkg/scheduler/scheduler.go

```
Plain Text
...
podQueue := internalqueue.NewSchedulingQueue(...)
schedulerCache := internalcache.New(...)

sched := newScheduler(
        schedulerCache,
        ...
        podQueue,
        ...
    )
```

5. Informer 事件处理函数注册

kube-scheduler 在整体上采用事件驱动模型，基于 Informer 实现。通过注册 Informer 事件处理函数，kube-scheduler 能够及时发现集群中与调度相关的事件，并且执行相应的操作触发调度器，完成调度逻辑。回调函数注册 addAllEventHandlers 的代码示例如下。

代码路径：pkg/scheduler/eventhandlers.go

```
Plain Text
func addAllEventHandlers(...) {
    ...
    informerFactory.Core().V1().Pods().Informer().AddEventHandler(
    cache.FilteringResourceEventHandler{
        ...
        Handler: cache.ResourceEventHandlerFuncs{
            AddFunc:    sched.addPodToSchedulingQueue,
            UpdateFunc: sched.updatePodInSchedulingQueue,
            DeleteFunc: sched.deletePodFromSchedulingQueue,
        },
    },
    )
    ...
}
```

以上述 Pod EventHandler 注册为例，通过为 Pod Informer 注册 EventHandler 事件处理函数，当 Pod 资源对象发生 Add、Update、Delete 操作时，将自动触发对应的回调函数，更新 kube-scheduler

的调度队列。例如，当 Pod Add 事件发生时，新创建的 Pod 会被 addPodToSchedulingQueue 放入等待调度队列，调度器会在合适的时机为其分配节点。

9.2.3 运行 EventBroadcaster 事件管理器

Kubernetes 事件是一种资源对象，用于展示集群内的情况，kube-scheduler 会将运行时产生的各种事件上报给 kube-apiserver。例如，调度器做了什么决定，某些 Pod 无法被调度的原因等。用户可以通过 kubectl get event 或 kubectl describe pod 命令显示事件，以便通过与调度相关的事件确定调度器的行为。注意，事件在 Kubernetes 中默认只能保留 1 小时，超过 1 小时的事件会自动失效并被删除。运行 EventBroadcaster 的代码示例如下。

代码路径：cmd/kube-scheduler/app/server.go

```
Plain Text
// Start events processing pipeline.
cc.EventBroadcaster.StartRecordingToSink(ctx.Done())
defer cc.EventBroadcaster.Shutdown()
```

上述代码表示，将 kube-scheduler 产生的各类事件上报给 kube-apiserver。

9.2.4 运行 HTTPS Server

kube-scheduler 从 1.23 版本开始不再支持非安全的 HTTP 服务，仅支持 TLS 加密的 HTTPS 服务，默认服务端口是 10259。kube-scheduler 提供的 HTTPS 服务主要用于展示调度器运行的状态信息，包括健康状态、监控指标、当前使用的配置信息等。HTTPS 服务提供以下几个重要接口。

- /healthz：用于探测 kube-scheduler 工作是否健康，一般用于 liveness 配置。
- /metrics：监控指标，展示调度器调度时延、调度队列等信息，一般用于 Prometheus 采集。
- /configz：打印 kube-scheduler 当前使用的实时配置。
- /debug/pprof：用于 golang pprof 性能分析。

在默认情况下，除了/healthz 接口允许匿名访问，其他接口都需要进行访问授权，读者可通过创建 Token 的方式，实现对其他接口的访问，命令示例如下。

```
Plain Text
$ cat << EOF | kubectl apply -f -
apiVersion: v1
kind: ServiceAccount
metadata:
  name: my-monitor
---
apiVersion: rbac.authorization.k8s.io/v1
kind: ClusterRoleBinding
metadata:
  name: my-monitor
subjects:
- kind: ServiceAccount
  name: my-monitor
  namespace: default
```

```
roleRef:
  kind: ClusterRole
  name: my-monitor
  apiGroup: rbac.authorization.k8s.io
---
apiVersion: rbac.authorization.k8s.io/v1
kind: ClusterRole
metadata:
  name: my-monitor
rules:
- nonResourceURLs: ["*"]
  verbs: ["*"]
EOF

$ curl -k -H "Authorization: Bearer $(kubectl create token my-monitor)" \
  https://localhost:10259/metrics

# HELP apiserver_audit_event_total [ALPHA] Counter of audit events generated and sent to
the audit backend.
# TYPE apiserver_audit_event_total counter
apiserver_audit_event_total 0
# HELP apiserver_audit_requests_rejected_total [ALPHA] Counter of apiserver requests
rejected due to an error in audit logging backend.
# TYPE apiserver_audit_requests_rejected_total counter
apiserver_audit_requests_rejected_total 0
...
```

在上述代码中，创建了一个名为 my-monitor 的 ServiceAccount，并且绑定了支持对任意非资源类型 URL 执行 Get 操作的 ClusterRole。在 curl 命令中，通过 kubectl create token my-monitor 为 my-monitor ServiceAccount 动态申请 Token，从而实现以 my-monitor ServiceAccount 的身份访问/metrics 接口，实现授权访问。

9.2.5　运行 Informer 同步资源

运行 CompletedConfig 中已经实例化的 Informer 对象，代码示例如下。

代码路径：cmd/kube-scheduler/app/server.go

```
Plain Text
// Start all informers.
cc.InformerFactory.Start(ctx.Done())
if cc.DynInformerFactory != nil {
   cc.DynInformerFactory.Start(ctx.Done())
}

// Wait for all caches to sync before scheduling.
cc.InformerFactory.WaitForCacheSync(ctx.Done())
if cc.DynInformerFactory != nil {
   cc.DynInformerFactory.WaitForCacheSync(ctx.Done())
}
```

kube-scheduler 默认会使用 InformerFactory（Informer）对集群内的 Pod、Node、CSINode、CSIDriver、CSIStorageCapacity、PersistentVolume、PersistentVolumeClaim、StorageClass 资源

对象进行监听。此外，kube-scheduler 还支持 GVK 类型的监听扩展，使用 DynInformerFactory（Dynamic Informer）对相关资源对象进行监听。

调度插件可以通过实现 EnqueueExtensions 接口，实现对特定资源对象的监听。例如，NodeAffinity 插件通过实现 EnqueueExtensions 接口，向 Informer 注册关于 Node 的事件监听，当集群中发生 Node Add 或 Update 事件时，会自动重新调度因不满足 NodeAffinity 插件约束条件而调度失败的 Pod。代码示例如下。

代码路径：pkg/scheduler/framework/plugins/nodeaffinity/node_affinity.go

```
Plain Text
func (pl *NodeAffinity) EventsToRegister() []framework.ClusterEvent {
  return []framework.ClusterEvent{
    {Resource: framework.Node, ActionType: framework.Add | framework.Update},
  }
}
```

在正式启动调度器之前，需要通过 WaitForCacheSync 等待 Informer 完成数据同步，确保本地的缓存数据与 etcd 中的数据保持一致。

9.2.6 执行 Leader 选举

为了满足高可用需求，kube-scheduler 支持多副本运行。但多副本同时运行会产生调度冲突，因此引入了 Leader 选举机制。kube-scheduler 在真正执行主逻辑之前，必须首先被选举为 Leader，否则会阻塞在选举阶段。在 Kubernetes 中，Leader 选举可以通过 leaderelection 工具库完成，kube-scheduler 只需要定义 LeaderCallbacks 函数，更多关于 Leader 选举的介绍，请参考 5.4.2 节。Leader 选举的代码示例如下。

代码路径：cmd/kube-scheduler/app/server.go

```
Plain Text
if cc.LeaderElection != nil {
    cc.LeaderElection.Callbacks = leaderelection.LeaderCallbacks{
    OnStartedLeading: func(ctx context.Context) {
        close(waitingForLeader)
        sched.Run(ctx)
    },
    OnStoppedLeading: func() {
        select {
        case <-ctx.Done():
        // We were asked to terminate. Exit 0.
        klog.InfoS("Requested to terminate, exiting")
        os.Exit(0)
        default:
        // We lost the lock.
        klog.ErrorS(nil, "Leaderelection lost")
        klog.FlushAndExit(klog.ExitFlushTimeout, 1)
        }
    },
    }
    leaderElector, err := leaderelection.NewLeaderElector(*cc.LeaderElection)
    ...
```

```
    leaderElector.Run(ctx)

    return fmt.Errorf("lost lease")
}
```

LeaderCallbacks 函数中定义了两个回调函数：OnStartedLeading 函数定义了当当前实例成功竞选为 Leader 后，需要执行的回调函数，即执行 sched.Run 函数启动调度器主逻辑；OnStoppedLeading 函数定义了当当前实例丢失 Leader 身份后，需要执行的回调函数，即退出 kube-scheduler 进程。

通过 leaderelection.NewLeaderElector 函数实例化 LeaderElector 对象，leaderElector.Run 函数是选举程序的启动入口，该函数不会主动退出，在未成为 Leader 前会一直尝试成为 Leader，在成为 Leader 后，首先通过新协程回调 OnStartedLeading 函数，之后不断更新自身的 Leader 身份。

9.2.7　运行调度器

Leader 选举成功后，通过回调方式执行 sched.Run 函数，真正启动调度器主逻辑。sched.Run 是一个阻塞函数，围绕队列操作展开，使用 Scheduling Queue 维护待调度的 Pod 列表，使用 scheduleOne 串行地不断从队列中取出 Pod 进行处理，每次只调度一个 Pod，代码示例如下。

代码路径：pkg/scheduler/scheduler.go

```
Plain Text
func (sched *Scheduler) Run(ctx context.Context) {
    sched.SchedulingQueue.Run()

    go wait.UntilWithContext(ctx, sched.scheduleOne, 0)

    <-ctx.Done()
    sched.SchedulingQueue.Close()
}
```

sched.SchedulingQueue.Run 函数会启动维护 Scheduling Queue 中多级队列的协程，以反复重新调度调度失败的 Pod；sched.scheduleOne 则是调度的主逻辑，它不断地从 Scheduling Queue 中取出堆头 Pod，并且从集群中筛选出合适的节点与之绑定，完成调度。sched.Run 函数使用 Context 管理协程优雅退出逻辑，当程序收到 SIGTERM 或 SIGINT 信号后，相关协程会通过 Context 优雅关闭。

9.3　Scheduling Framework

Scheduling Framework 是调度器中一个核心概念，它将 Pod 调度过程定义为一系列的扩展点，使整个调度体系具备清晰的脉络和极强的可扩展性，并且支持不同调度算法的灵活组合。

9.3.1　诞生背景

随着 Kubernetes 的快速发展，为了满足多样的调度需求，越来越多的新特性被加入原生调度器，使 kube-scheduler 的代码量越来越大，逻辑关系也越来越复杂，而一个庞大、复杂的调度系统是十分难维护的，也更容易出现难以追踪和修复的问题，而且会愈发难以扩展。

尽管早期版本的调度器已经提供了通过 Webhook Extender 扩展原生调度器调度能力的方式，但存在诸多限制，主要体现在以下方面。

- 扩展点数量和调用位置受限。按照目前的扩展实现，Filter Extender 只能在内置的预选算法执行完成后才能被调用。Prioritize Extender 只能在内置的优选算法执行完成后才能被调用。Preempt Extender 只能在内置的驱逐算法执行完成后才能被调用。Bind Extender 仅用于为 Pod 绑定节点，而且同一时刻只能启用一个 Bind Extender，当启用 Webhook 扩展的 Bind 插件时，内置的 Bind 插件将不再工作。除了上述几个扩展位置，Webhook Extender 不支持其他位置的扩展调用，例如，不支持在执行内置的预选算法前被调用。
- 网络调用降低调度器性能。每次调用 Webhook 都会产生 HTTP 请求响应过程，涉及多次数据的 JSON 序列化和反序列化操作，与直接调用内部函数相比，调度速度明显降低，在大规模集群场景，可能造成 Pod 调度堆积，这往往是不可接受的。
- 难以通知外部 Extender 内部调度过程已被终止，协调不佳。例如，如果 Extender 需要在 Pod 被调度前提供一类集群资源，调度器告知 Extender 提供该类资源后，在后续的调度过程中因意外出错而终止本轮调度，则由于没有合适的时机通知外部 Extender 调度失败的事件，会导致 Extender 已经创建的相关资源无法得到有效释放。
- 外部 Extender 难以和内置调度器共享缓存。为了进一步提升调度器性能，内置调度器精心设计了 Cache 缓存系统，使调度程序能够快速获得调度相关的上下文信息。而外部 Extender 运行于独立的进程，无法复用和共享内置调度器的 Cache 缓存系统，它们要么通过 kube-apiserver 获取信息来构建自己的缓存系统，要么只能使用调度器通过 Webhook 传递过来的数据，存在很大的局限性。

为了解决上述问题，构建一个更高性能的可扩展的调度系统，Scheduling Framework 应运而生。Scheduling Framework 是一种插件化的架构模式，通过提供一系列的 Plugin API，使丰富多样的调度能力都能以插件的形式供应，并且能被一起编译进调度器二进制程序之中，而 Scheduler 的内核却不会随着调度能力的扩充而增长，依然维持良好的可维护性。Scheduling Framework 为开发者提供了一种全新的调度器扩展方式，只需要维护好自身的 Plugin 插件代码，就可以以极低的成本构建定制的调度器程序，而且由于 Plugin API 相对稳定，随着 Kubernetes 的升级，插件代码甚至能够在不修改的条件下直接用于新版本自定义调度器的构建。Scheduling Framework 在性能和可扩展性方面都具备优良的表现，是社区主推的调度器扩展方式。

Scheduling Framework 从 v1.16 版本开始引入，于 v1.19 版本进入成熟阶段。

9.3.2 核心架构

Scheduling Framework 通过 Plugin API 定义了多个扩展点，调度插件能够通过实现对应扩展点的 API 接口，注册到调度框架中，在合适的时机被调用。调度插件在某些扩展点能改变调度决策，而某些扩展点则可以用于调度相关消息的通知。

Scheduling Framework 提供了丰富的扩展点，如图 9-8 所示。

1. QueueSort

QueueSort 插件用于处理 Pod 在调度队列中的排列顺序，其接口定义如下。

代码路径：pkg/scheduler/framework/interface.go

```
Plain Text
type QueueSortPlugin interface {
   ...
   Less(*QueuedPodInfo, *QueuedPodInfo) bool
}
```

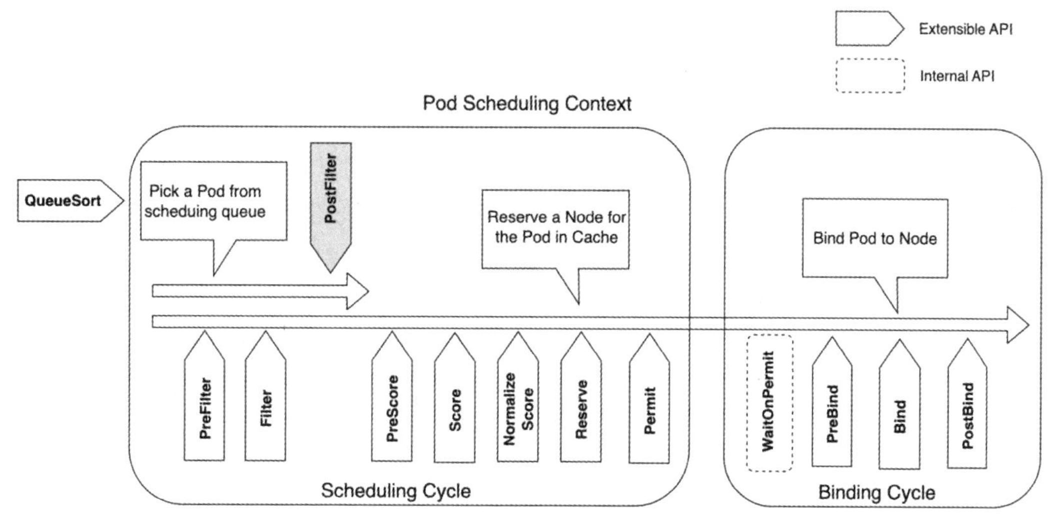

图 9-8 Scheduling Framework 提供的扩展点

QueueSort 插件需要实现 Less 函数，该函数用于比较两个 Pod 的大小，以便调度器能够对等待调度的 Pod 进行排序。默认调度器使用的 PrioritySort 插件，顾名思义是按照 Pod 优先级排序的，优先级高的 Pod 会被优先调度。开发者也可以根据自身需要设计自定义的排序算法，但需要注意的是，在一个调度器中，只能启用一个 QueueSort 插件。启动自定义排序插件后，原生的排序插件就不再生效。默认的基于 Pod 优先级的 Less 函数实现的代码示例如下。

代码路径：pkg/scheduler/framework/plugins/queuesort/priority_sort.go

```
Plain Text
func (pl *PrioritySort) Less(pInfo1, pInfo2 *framework.QueuedPodInfo) bool {
  p1 := corev1helpers.PodPriority(pInfo1.Pod)
  p2 := corev1helpers.PodPriority(pInfo2.Pod)
  return (p1 > p2) || (p1 == p2 && pInfo1.Timestamp.Before(pInfo2.Timestamp))
}
```

首先，比较两个 Pod 的优先级，优先级高的 Pod 小于优先级低的 Pod，如果优先级相同，则时间戳靠前的 Pod 小于时间戳靠后的 Pod。这里读者可能会产生疑问，不是优先级越高越大吗？这里之所以采用相反的逻辑，是因为 activeQ 的堆默认实现是小顶堆，堆顶永远存放最小的元素。Less 函数采用相反的逻辑，恰好能保证堆顶存放的元素是优先级最高的 Pod。

2. PreFilter

PreFilter 插件主要用于实现 Filter 之前的预处理，如根据待调度 Pod 计算 Filter 阶段需要使用的调度相关信息，或者检查 Pod 依赖的集群状态必须满足的调度需求，在需求不满足时提前退出，避免无效调度。如果 PreFilter 插件返回错误，则调度过程会立即终止，后续的调度过程将不再执行。由于 PreFilter 插件在每个 Pod 调度过程中只执行一次，而 Filter 会对每个节点执行一次，因此一般将仅与Pod相关的计算逻辑前置到PreFilter阶段进行，通过Scheduling Context（CycleState）将预计算结果传递给 Filter 函数，避免 Filter 阶段产生大量重复计算。

PreFilter 的接口定义如下。

代码路径：pkg/scheduler/framework/interface.go

```
Plain Text
type PreFilterPlugin interface {
    ...
    PreFilter(ctx context.Context, state *CycleState, p *v1.Pod) (*PreFilterResult,
*Status)
}
```

3. Filter

Filter 插件执行预选主逻辑，即选出能够运行待调度 Pod 的目标节点。对于每个节点，调度器会按照配置顺序依次执行 Filter 插件，根据 Filter 插件的逻辑判断节点能否满足 Pod 的调度要求。如果有任意一个 Filter 插件将当前节点标记为不可调度，则该节点被认定为不符合调度要求，针对当前节点的 Filter 过程随即结束，剩余的 Filter 插件不会被调用。由于对节点是否符合调度要求而言，不同节点间是相互不影响的，因此对不同节点的预选是并行执行的，默认调度器会启动 16 个协程分片处理。

Filter 的接口定义如下。

代码路径：pkg/scheduler/framework/interface.go

```
Plain Text
 type FilterPlugin interface {
    ...
    Filter(ctx context.Context, state *CycleState, pod *v1.Pod, nodeInfo *NodeInfo) *Status
}
```

值得注意的是，当节点不符合 Pod 调度要求时，Filter 支持返回两种类型的错误，分别对应不同的后续处理。返回 Unschedulable 类型的错误，意味着该节点当前的状态不符合 Pod 调度要求，但不排除可以通过从该节点上驱逐部分 Pod，而使该节点变为可调度的可能，在后续的驱逐插件执行时，这类节点会被认为是合法的驱逐候选节点。而返回 UnschedulableAndUnresolvable 类型的错误，意味着该节点当前不符合 Pod 调度要求，而且无法通过驱逐 Pod 使其满足调度要求。

4. PostFilter

PostFilter 插件仅在 Filter 插件没有筛选出合适的节点的条件下才会被调用。PostFilter 插件会按照配置顺序依次执行，当某个插件将一个节点标记为可调度时，PostFilter 插件调度过程结束，后续的 PostFilter 插件将不会被调用。由于这个限制，用于消息通知的插件应该被配置在插件列表的前边，并且总是返回 Unschedulable 类型的错误。

一个典型的 PostFilter 插件实现就是 Pod 驱逐抢占，它通过驱逐节点上优先级更低的 Pod，使节点能够运行当前待调度的高优先级 Pod。PostFilter 在实现上会使用 Filter 阶段产生的节点过滤结果，默认的内置驱逐插件会根据 Filter 的失败原因，即 Unschedulable 或 UnschedulableAndUnresolvable 快速确定能否通过驱逐 Pod 使目标节点变得可调度。

PostFilter 的接口定义如下。

代码路径：pkg/scheduler/framework/interface.go

```
Plain Text
type PostFilterPlugin interface {
    ...
    PostFilter(ctx context.Context, state *CycleState, pod *v1.Pod, filteredNodeStatusMap
NodeToStatusMap) (*PostFilterResult, *Status)
}
```

5. PreScore

与 PreFilter 类似，PreScore 插件主要用于执行 Score 的前置准备任务，如预处理 Pod 在打分阶段需要用到的相关信息。如果 PreScore 插件返回错误，则调度过程会立即终止，后续的调度过程将不再执行。由于 PreScore 插件在每个 Pod 被调度时只执行一次，而 Score 需要分别针对每个候选节点执行一次，因此一般将仅与 Pod 相关的计算逻辑前置到 PreScore 阶段进行，通过 Scheduling Context（CycleState）将预计算结果直接传递给 Score 函数，避免 Score 阶段产生大量重复计算。

PreScore 的接口定义如下。

代码路径：pkg/scheduler/framework/interface.go

```
Plain Text
type PreScorePlugin interface {
   ...
   PreScore(ctx context.Context, state *CycleState, pod *v1.Pod, nodes []*v1.Node) *Status
}
```

6. Score

Score 插件用于对已经筛选出的候选节点进行打分排名。调度器将对每个候选节点分别采用不同的 Score 插件进行打分，并且对每个 Score 打出的分数基于 NormalizeScore 进行归一化处理（统一缩放到[0, 100]的区间范围），最后基于不同 Score 插件所配置的权重对分数进行加权求和，作为节点最终的调度得分。与 Filter 插件的执行过程类似，不同节点间的打分相互不影响，因此对不同节点的优选打分也是并行执行的。所有的 Score 插件必须全部执行成功，否则 Pod 将会被拒绝调度。

Score 的接口定义如下。

代码路径：pkg/scheduler/framework/interface.go

```
Plain Text
type ScorePlugin interface {
   ...
   Score(... state *CycleState, p *v1.Pod, nodeName string) (int64, *Status)

   ScoreExtensions() ScoreExtensions
}
```

7. NormalizeScore

NormalizeScore 用于在对节点进行最后的打分排名前，对得分进行归一化处理。归一化的用意在于，将不同插件的打分统一到[0,100]的区间范围，使各个 Score 插件对最终的得分的影响程度尽可能相同。由于 NormalizeScore 主要用于对 Score 的打分结果进行修改，因此在实现上，会作为 Score 插件的 ScoreExtensions 扩展存在。该扩展点会在每个调度周期每个带有 NormalizeScore 实现的 Score 插件执行一次。任意一个 Score 插件在执行 NormalizeScore 时返回错误，都会导致调度过程终止。

NormalizeScore 的接口定义如下。

代码路径：pkg/scheduler/framework/interface.go

```
Plain Text
type ScoreExtensions interface {

  NormalizeScore(... state *CycleState, p *v1.Pod, scores NodeScoreList) *Status
}
```

8. Reserve

实现 Reserve 扩展点的插件需要实现两个接口：Reserve 和 Unreserve。由于调度器调度决策同步串行、绑定节点异步并行的特点，尽管某一时刻已经为某个 Pod 完成调度决策，但集群资源状态的变更（如 GPU 数量扣减）却要等到绑定完成后才能通过 Informer 反馈给调度器。这个时间差就可能导致调度器调度决策上的错误，特别是那些依赖运行时状态的插件（有状态插件）。有状态插件一般需要在内存中维持集群最新的状态信息，而不依赖 Informer 反馈。而 Reserve 恰好会在调度决策执行完成后，绑定操作执行前被调用，有状态插件可以在这个阶段对自身运行时状态进行及时更新（如完成相关资源的扣减），避免在调度 Pod 时因状态更新不及时导致决策错误。

Reserve 调用可能成功，也可能失败。如果调用失败，则后续的调度过程不再执行，调度过程终止，调度器会自动调用 Unreserve 以尝试恢复运行时状态。如果调用成功，则 Unreserve 默认不会被调用。调用成功后也需要对运行时状态进行更新，可以选择 PostBind 执行对应的更新逻辑。Unreserve 的调用时机除了 Reserve 执行失败，在之后的任意一个阶段调用失败，都会触发执行。一旦某个插件的 Unreserve 被触发，所有插件的 Unreserve 都会被触发，而且不同插件 Unreserve 的调用顺序会严格按照调用 Reserve 相反的顺序执行。注意，Unreserve 实现需要保证其幂等性（允许在未执行 Reserve 时被调用且允许被多次调用），而且不支持失败检查。

Reserve 的接口定义如下。

代码路径：pkg/scheduler/framework/interface.go

```
Plain Text
type ReservePlugin interface {
  Reserve(..., state *CycleState, p *v1.Pod, nodeName string) *Status
  Unreserve(..., state *CycleState, p *v1.Pod, nodeName string)
}
```

9. Permit

Permit 插件在调度决策完成但还没有发起绑定流程时被调用，用于阻止或延迟绑定流程的执行。Permit 插件允许执行以下操作。

1）approve

如果所有 Permit 插件都对某个 Pod 执行了 approve，则开始执行对该 Pod 的绑定操作。

2）deny

如果任意一个 Permit 插件返回 deny 结果，则该 Pod 的调度过程被终止。同时，Unreserve 被触发运行，该 Pod 会被重新放入调度队列，等待下一次重试。

3）wait

如果某个 Permit 插件返回 wait，则该 Pod 会被放入一个内置的等待列表，虽然会调用对

Pod 的绑定操作，但立即阻塞在等待 Pod 被 approve 或 deny 的阶段。wait 调用返回中有超时时间设定（最长不超过 15 分钟），如果等待时间超过超时时间，还没有收到 approve 或 deny 确认，则 Pod 会被拒绝调度，调度过程终止。同时，Unreserve 被触发运行，该 Pod 会被重新放入调度队列，等待下一次重试。

Permit 的接口定义如下。

代码路径：pkg/scheduler/framework/interface.go

```
Plain Text
type PermitPlugin interface {
   ...
   Permit(..., state *CycleState, p *v1.Pod, nodeName string) (*Status, time.Duration)
}
```

10. PreBind

PreBind 插件用于执行绑定前的准备工作，例如，提供网络存储卷并挂载到目标节点，以便 Pod 能够在被调度到节点上后正常启动。如果任意一个 PreBind 插件返回错误，则调度过程终止。同时，Unreserve 被触发运行，该 Pod 会被重新放入调度队列，等待下一次重试。

PreBind 的接口定义如下。

代码路径：pkg/scheduler/framework/interface.go

```
Plain Text
type PreBindPlugin interface {
   ...
   PreBind(..., state *CycleState, p *v1.Pod, nodeName string) *Status
}
```

11. Bind

Bind 插件通过向 kube-apiserver 发起 Bind 请求，真正执行 Pod 和节点的绑定操作。Bind 插件会等待所有 PreBind 执行完成后才会被执行。每一个 Bind 插件会按照配置的顺序依次执行。每个 Bind 插件可以选择处理（返回 Success）或不处理（返回 Skip）Pod 绑定。如果一个 Bind 插件选择处理 Pod 绑定，则后续的 Bind 插件将不再被调用。如果 Bind 返回错误，则调度过程终止。同时，Unreserve 被触发运行，该 Pod 会被重新放入调度队列，等待下一次重试。

Bind 的接口定义如下。

代码路径：pkg/scheduler/framework/interface.go

```
Plain Text
type BindPlugin interface {
   ...
   Bind(..., state *CycleState, p *v1.Pod, nodeName string) *Status
}
```

12. PostBind

PostBind 插件在 Pod 绑定完成后被调用，主要用于执行通知或清理操作。当某些资源或调度器内存状态需要在确认 Pod 调度成功后才能被释放时，可以在 PostBind 阶段执行。

PostBind 的接口定义如下。

代码路径：pkg/scheduler/framework/interface.go

```
Plain Text
type PostBindPlugin interface {
   ...
   PostBind(..., state *CycleState, p *v1.Pod, nodeName string)
}
```

Scheduling Framework 仍在不断优化，v1.27 版本就引入了新的 PreEnqueue 扩展点，在 Pod 进入内部活动队列之前被调用，仅将符合条件的 Pod 放入活动队列，否则直接放入内部无法调度的 Pod 列表，以减少无效调度开销。

9.4 调度器运行流程

在掌握了调度队列 Scheduling Queue、Cache 及 Scheduling Framework 的基本知识的基础上，本节将对 kube-scheduler 的整体运行流程进行详细介绍。

9.4.1 整体运行流程

kube-scheduler 整体运行流程如图 9-9 所示。

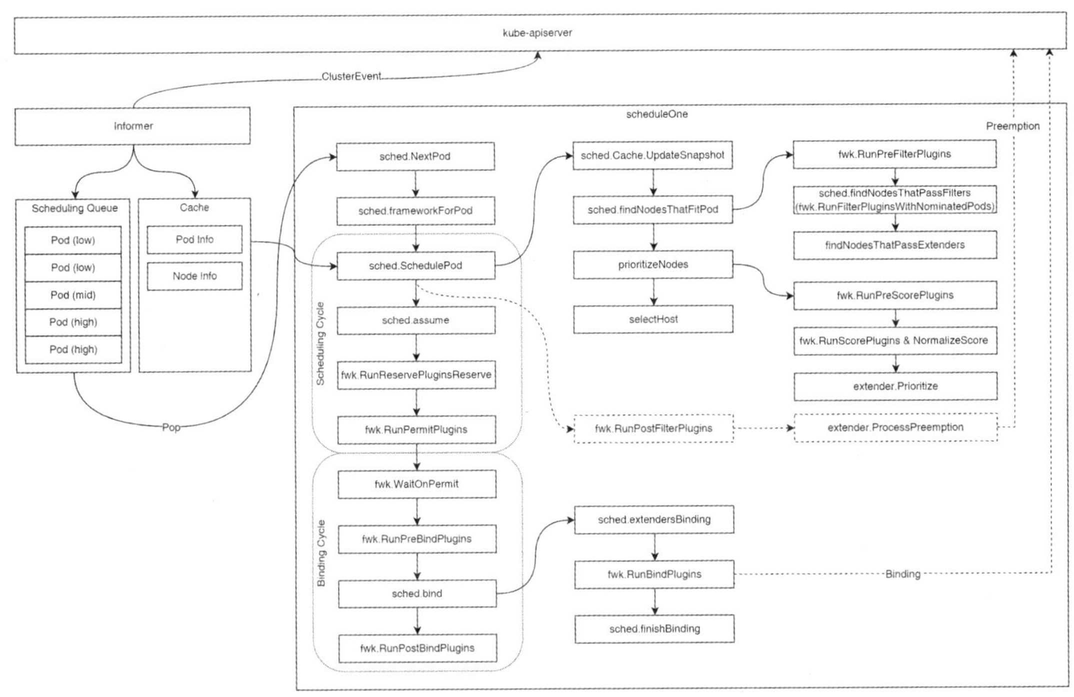

图 9-9　kube-scheduler 整体运行流程

调度器通过 Informer 持续感知 ClusterEvent 事件，通过注册的回调函数更新内部调度队列 Scheduling Queue 和本地缓存 Cache。

调度队列 Scheduling Queue 负责维护待调度的 Pod 列表，默认实现为优先队列 PriorityQueue，即根据 Pod 的优先级（spec.priority）从高到低排序（当优先级相同时，按照 Pod 到达的先后时间排序，先进入队列的排在前边）。Scheduling Queue 的排序比较函数由

QueueSort 定义，可以通过自定义 QueueSort 改变调度队列的排序行为。

本地缓存 Cache 存储与调度相关的 Pod 和节点信息，以便在执行调度决策时能够快速读取，提升调度器的性能和吞吐量。

scheduleOne 函数是 kube-scheduler 调度器的核心逻辑，它作为一个独立协程，以永不退出的方式持续运行，驱动 Scheduling Framework 运转，不断完成对 Pod 的调度任务，其运行过程可以分为以下几个关键步骤。

- 通过 sched.NextPod 函数从调度队列（PriorityQueue）中获取一个优先级最高的待调度 Pod，该过程采用阻塞调用的方式，当调度队列中不存在待调度 Pod 时，sched.NextPod 函数会阻塞等待。
- 通过 sched.frameworkForPod 函数，根据 Pod 的 spec.schedulerName 字段，选择对应的 Scheduling Framework 实例对其进行调度。kube-scheduling 支持设置多个 Scheduling Framework 实例，每个 Scheduling Framework 实例可以启用不同的插件列表，使用不同的相关参数，彼此间互不干扰。schedulerName 是唯一标识，在调度 Pod 时，sched.frameworkForPod 函数选择与 schedulerName 相匹配的 Scheduling Framework 实例。在默认设置下，kube-scheduler 只会初始化一个 Scheduling Framework 实例，其名称为 default-scheduler。如果在创建 Pod 时没有显式声明其 spec.schedulerName 字段值，Kubernetes 会默认将其设置为 default-scheduler，即使用默认调度器进行调度。
- 执行调度周期的处理逻辑。在此阶段采用串行方式执行，核心是通过 sched.SchedulePod 函数执行一系列的过滤算法和打分算法，为 Pod 选择最合适的节点。此外，在调度周期，还会通过 sched.assume 函数更新本地缓存 Cache，并且通过调用 fwk.RunReservePluginsReserve 函数执行插件定义的 Reserve 逻辑，保证运行时状态一致。在调度周期最后，通过 fwk.RunPermitPlugins 函数调用启用的 Permit，以支持延迟绑定。在此阶段，有一个场景需要特别注意，即当 sched.SchedulePod 函数没有筛选出合适的节点时，会触发调度器的驱逐操作，其调用扩展点为 PostFilter，调度器会计算出最佳驱逐策略，通过向 kube-apiserver 发送 Delete Pod 请求，终止被选中的低优先级的 Pod，以便高优先级的 Pod 能够抢占到资源。
- 执行绑定周期的处理逻辑，该阶段采用异步方式并行执行，核心是通过 sched.bind 函数将调度周期选出的 Pod 和节点进行绑定。在真正执行绑定操作前，kube-scheduler 会通过 fwk.WaitOnPermit 函数检查 Pod 是否满足 Permit 插件的调度要求，如果不满足，则挂起等待，直到收到 Pod 被允许或被拒绝调度的信号（或者出现等待超时），才进行下一步的操作。在 Pod 通过 Permit 检查后，调度器首先执行 fwk.RunPreBindPlugins 函数完成绑定前的准备操作，接着执行 sched.bind 函数，向 kube-apiserver 发送 Binding 请求，将 Pod 的 spec.nodeName 字段设置为选中的节点的名称。在绑定周期的末尾，通过 fwk.RunPostBindPlugins 函数调用 PostBind 逻辑，最终完成全部调度过程。

调度插件的 Unreserve 调用逻辑没有在图 9-9 中体现，在执行 fwk.RunReservePluginsReserve 之后的调度过程中，在任意一个阶段遇到调度失败的情况，调度器都会发起对调度插件的 Unreserve 调用，以确保调度运行时状态能够得到恢复，保证其一致性。当调度过程中没有错误产生时，Unreserve 将不会被调用。更多有关 Scheduling Framework 的介绍，请参考 9.3 节。

9.4.2 Scheduling Cycle

Scheduling Cycle 即调度周期，负责执行相应的调度算法，通过对节点列表执行预选和优选，为 Pod 筛选出合适的节点，其关键步骤可分为以下几步。

1. 执行 Filter 和 Score 算法，选出目标节点

sched.SchedulePod 函数是执行 Filter 和 Score 算法的核心实现，代码示例如下。

代码路径：pkg/scheduler/schedule_one.go

```
Plain Text
func (sched *Scheduler) schedulePod(ctx context.Context, fwk framework.Framework, state
*framework.CycleState, pod *v1.Pod) (result ScheduleResult, err error) {
   ...
   if err := sched.Cache.UpdateSnapshot(sched.nodeInfoSnapshot); err != nil {
   return result, err
   }
   ...
   feasibleNodes, diagnosis, err := sched.findNodesThatFitPod(ctx, fwk, state, pod)
   ...
   priorityList, err := prioritizeNodes(ctx, sched.Extenders, fwk, state, pod,
feasibleNodes)
   ...
   host, err := selectHost(priorityList)
   ...
   return ScheduleResult{
      SuggestedHost: host,
      EvaluatedNodes: len(feasibleNodes) + len(diagnosis.NodeToStatusMap),
      FeasibleNodes: len(feasibleNodes),
   }, err
}
```

首先，通过 sched.Cache.UpdateSnapshot 函数生成当前 Cache 的快照并存储到 sched.nodeInfoSnapshot 变量，以便在后续的计算过程中使用。

接着，sched.findNodesThatFitPod 函数执行 Filter 过滤逻辑，从节点列表中过滤不符合 Pod 调度要求的节点，筛选出符合 Pod 调度要求的候选节点。

sched.findNodesThatFitPod 函数会首先调用 Scheduling Framework 的 RunPreFilterPlugins 函数，按照配置顺序依次执行 PreFilter 插件的 PreFilter 处理逻辑，PreFilter 阶段可以根据当前调度的 Pod 预计算出与 Filter 计算逻辑相关且不依赖节点状态的信息，以<key,value>的形式存储到 CycleState 对象中，以便在 Filter 阶段能够直接快速读取这些信息，避免后续在为每个节点执行 Filter 时重复计算。当然，在 PreFilter 阶段也可以对节点列表进行过滤，只需要将允许调度的节点的名称写入 PreFilterResult 的 NodeNames 集合字段。如果不指定该字段，则认为所有节点都可以进入后续的 Filter 处理逻辑。任何一个 PreFilter 插件返回 Error 错误，都会导致当前 Pod 不可调度。

在所有 PreFilter 插件执行完成后，会进入真正的 Filter 执行逻辑，这里有一个点需要特别注意，那就是优先尝试将 Pod 调度到上次被提名的节点。在高优先级 Pod 驱逐低优先级 Pod 时，会通过计算选择一个驱逐后能够满足当前高优先级 Pod 运行的节点，由于 Pod 驱逐是耗时操作，Pod 可能需要经过其优雅停机时间（Graceful Termination Periods）后才能被终止以释

放占用的资源，因此调度器只会将选中的驱逐的名称写入 Pod 的 status.nominatedNodeName 字段。在下一次调度到来时，优先检查 Pod 能否被调度到上次驱逐选择的节点。对单一节点执行 Filter 计算显然要优于对全部节点执行过滤，其性能更佳。虽然调度器不能保证 Pod 一定能够被调度到发生驱逐的节点，但调度成功的概率相对较高。在对节点执行 Filter 过滤逻辑时，会首先按照配置的顺序依次执行内置的 Filter 插件，再执行 Filter Extender 的过滤逻辑。也就是说，Extender 扩展接收到的是内置插件过滤之后的节点列表，再从其中剔除不满足的节点，一般只做减法操作。任何一个 Filter 插件调用返回 Error 错误，都会导致当前 Pod 不可调度。

Filter 默认是多协程并行执行的（可以通过配置文件的 Parallelism 字段指定处理协程数量，默认值为 16），以尽可能提高调度性能，其代码示例如下。

代码路径：pkg/scheduler/schedule_one.go

```
Plain Text
func (sched *Scheduler) findNodesThatPassFilters(
   ...
   pod *v1.Pod,
   nodes []*framework.NodeInfo) ([]*v1.Node, error) {
   ...
   numNodesToFind := sched.numFeasibleNodesToFind(int32(numAllNodes))
   ...
   checkNode := func(i int) {
   ...
   nodeInfo := nodes[(sched.nextStartNodeIndex+i)%numAllNodes]
   status := fwk.RunFilterPluginsWithNominatedPods(ctx, state, pod, nodeInfo)
   ...
   if status.IsSuccess() {
     ...
     if length > numNodesToFind {
        cancel()
        ...
     }
     ...
   }
   }
   ...
   fwk.Parallelizer().Until(ctx, numAllNodes, checkNode)
   ...
   return feasibleNodes, nil
}
```

通过 fwk.Parallelizer().Until 并发执行 checkNode 函数，记录已经搜索到的匹配节点数量，一旦达到满足 numFeasibleNodesToFind 要求的节点数量，则通过 cancel 函数调用退出并发搜索过程。

numFeasibleNodesToFind 字段是为了解决大规模集群调度时的性能问题，调度器在全局最优和局部最优间做出的权衡，支持通过配置文件中的 PercentageOfNodesToScore 字段设置筛选过程中寻找到的满足调度要求的 Node 的节点最大数量占集群节点总数的百分比。该字段的默认值为 0，表示调度器会根据集群规模自动适配比例。其自动适配逻辑的代码示例如下。

代码路径：pkg/scheduler/schedule_one.go

```
Plain Text
const (
    minFeasibleNodesToFind = 100
    minFeasibleNodesPercentageToFind = 5
)

func (sched *Scheduler) numFeasibleNodesToFind(numAllNodes int32) (numNodes int32) {
    if numAllNodes < minFeasibleNodesToFind || sched.percentageOfNodesToScore >= 100 {
    return numAllNodes
    }

    adaptivePercentage := sched.percentageOfNodesToScore
    if adaptivePercentage <= 0 {
    basePercentageOfNodesToScore := int32(50)
    adaptivePercentage = basePercentageOfNodesToScore - numAllNodes/125
    if adaptivePercentage < minFeasibleNodesPercentageToFind {
        adaptivePercentage = minFeasibleNodesPercentageToFind
    }
    }

    numNodes = numAllNodes * adaptivePercentage / 100
    if numNodes < minFeasibleNodesToFind {
    return minFeasibleNodesToFind
    }

    return numNodes
}
```

numFeasibleNodesToFind 函数根据当前集群规模，计算出每次进行 Pod 调度需要搜索到的满足调度要求的节点最大数量，当可用节点达到该数量时，自动停止搜索更多节点，直接进入打分阶段。在默认情况下，当集群规模小于 100 个节点时，所有找到的可用节点都会进入打分阶段。当集群规模大于或等于 100 且小于或等于 5625（根据方程式 $5 = 50 - x/125$，解得 $x = 5625$）时，会按照线性公式（50 − numAllNodes / 125）× numAllNodes / 100 计算需要搜索到的满足调度要求的节点最大数量（当结果不足 100 时，按 100 计数）。当集群规模大于 5625 时，会按照 5%的固定比例确定需要搜索到的满足调度要求的节点最大数量。

调度器默认采用自适应模式动态调整每次调度时需要搜索到的满足调度要求的节点最大数量，通常能够维持较好的性能，非特殊情况，一般不建议手动修改该值。

引入局部最优搜索算法后，为了保证每个节点都有机会参与调度，调度器设计了一个环形游标指针 nextStartNodeIndex，在每次执行完 Filter 逻辑后，该游标指针自动向后移动，代码示例如下。

代码路径：pkg/scheduler/schedule_one.go

```
Plain Text
func (sched *Scheduler) findNodesThatFitPod(...) (...) {
    ...
    sched.nextStartNodeIndex = (sched.nextStartNodeIndex + processedNodes) % len(nodes)
    ...
}
```

通过环形游标指针，每次进行 Pod 调度时会从节点列表中选出一段局部列表进行筛选，不同的 Pod 将选择不同的节点局部列表，以保证所有节点都能参与调度。

在执行完 Filter 逻辑且筛选出的节点不止一个时，调度器会通过 prioritizeNodes 对候选节点进行打分，以从符合要求的节点中选出最优的调度节点。

prioritizeNodes 会首先调用 fwk.RunPreScorePlugins 函数，按照配置顺序依次调用 PreScore 逻辑代码，完成打分前的准备工作。与 PreFilter 类似，PreScore 主要用于预计算仅与当前调度 Pod 相关的影响打分决策的状态数据，以避免在 Score 阶段针对每个节点都进行重复计算。PreScore 预计算结果以<key,value>的形式存储到 CycleState 对象中，以便在 Score 执行时能够直接快速读取这些信息。任何一个 PreScore 插件调用返回 Error 错误，都会导致当前 Pod 不可调度这些信息。

在所有 PreScore 插件执行完成后，会进入到真正的 Score 打分逻辑。RunScorePlugins 函数会按照配置顺序依次执行 Score 插件的 Score 处理逻辑，按照功能又可分为 3 个小的执行单元，分别是分数计算、归一化、分数加权，代码示例如下。

代码路径：pkg/scheduler/framework/runtime/framework.go

```
Plain Text
func (f *frameworkImpl) RunScorePlugins(ctx context.Context, state *framework.CycleState,
pod *v1.Pod, nodes []*v1.Node) (ps framework.PluginToNodeScores, status
*framework.Status) {
   ...
   pluginToNodeScores := make(framework.PluginToNodeScores, len(f.scorePlugins))
   for _, pl := range f.scorePlugins {
   pluginToNodeScores[pl.Name()] = make(framework.NodeScoreList, len(nodes))
   }
   ...
   // Run Score method for each node in parallel.
   f.Parallelizer().Until(ctx, len(nodes), func(index int) {
   for _, pl := range f.scorePlugins {
      nodeName := nodes[index].Name
      s, status := f.runScorePlugin(ctx, pl, state, pod, nodeName)
      ...
      pluginToNodeScores[pl.Name()][index] = framework.NodeScore{
      Name:  nodeName,
      Score: s,
      }
   }
   })
   ...

   // Run NormalizeScore method for each ScorePlugin in parallel.
   f.Parallelizer().Until(ctx, len(f.scorePlugins), func(index int) {
   pl := f.scorePlugins[index]
   nodeScoreList := pluginToNodeScores[pl.Name()]
   ...
   status := f.runScoreExtension(ctx, pl, state, pod, nodeScoreList)
   ...
   })
   ...
```

```
    // Apply score defaultWeights for each ScorePlugin in parallel.
    f.Parallelizer().Until(ctx, len(f.scorePlugins), func(index int) {
    pl := f.scorePlugins[index]
    // Score plugins' weight has been checked when they are initialized.
    weight := f.scorePluginWeight[pl.Name()]
    nodeScoreList := pluginToNodeScores[pl.Name()]

    for i, nodeScore := range nodeScoreList {
       ...
       nodeScoreList[i].Score = nodeScore.Score * int64(weight)
    }
    })
    ...
    return pluginToNodeScores, nil
}
```

RunScorePlugins 函数首先遍历所有 Score 插件，通过 f.runScorePlugin 函数分别计算每个插件对每个节点的打分结果。由于调度器单个插件对每个节点的打分有效范围为[0,100]，所以当 Score 插件直接计算出的得分不在这个有效范围内时，需要通过 NormalizeScore 扩展点对得分进行归一化处理。调度框架会识别 Score 插件是否实现了 NormalizeScore 扩展点，自动完成调用。最后，调度器根据各 Score 插件配置的分数权重，对分数进行加权操作，得到每个 Score 插件对节点的最后打分结果。在得到不同 Score 插件对节点的最终打分结果之后，调度器会按照节点维度将不同 Score 插件对节点的打分进行加和，得到节点最终得分（节点得分采用 int64 类型存储，调度器在初始化阶段确保所有 Score 插件对同一个节点的加权求和结果不会超过 int64 可表示的最大分数范围，以防止发生整型溢出）。此外，如果配置了 Extender 扩展，调度器在执行完内置 Score 插件后，会先调用 Prioritize Extender 的 Prioritize 函数计算扩展打分结果，再与内置 Score 插件打分结果进行叠加计算。打分过程是并行执行的。任何一个 Score 插件返回 Error 错误，都会导致当前 Pod 不可调度。

在计算出最终带有分数的节点列表 NodeScoreList 后，调度器通过 selectHost 函数从列表出选中得分最高的节点作为目标节点。当存在多个得分相同的最高分数节点时，采用随机选择的方案选出目标节点。代码示例如下。

代码路径：pkg/scheduler/schedule_one.go

```
Plain Text
func selectHost(nodeScoreList framework.NodeScoreList) (string, error) {
   ...
   maxScore := nodeScoreList[0].Score
   selected := nodeScoreList[0].Name
   cntOfMaxScore := 1
   for _, ns := range nodeScoreList[1:] {
      if ns.Score > maxScore {
     maxScore = ns.Score
     selected = ns.Name
     cntOfMaxScore = 1
      } else if ns.Score == maxScore {
     cntOfMaxScore++
     if rand.Intn(cntOfMaxScore) == 0 {
        // Replace the candidate with probability of 1/cntOfMaxScore
```

```
        selected = ns.Name
      }
      }
    }
  return selected, nil
}
```

至此，Filter 和 Score 算法执行完成，为 Pod 确定了最终的目标调度节点。如果在经过该阶段后，没能为 Pod 找到合适的节点，则会触发 PostFilter 插件的执行，也就是进入驱逐流程，有关驱逐的实现细节，请参考 9.5 节。

2. 执行 assume 函数更新本地缓存 Cache

在完成调度决策后，调度器会通过 assume 函数，更新本地缓存 Cache。假定 Pod 已经在目标节点上运行，则会对相关资源进行扣减，以保证后续到来的 Pod 不会误以为资源未被使用，而出现资源重复占用的调度冲突。assume 函数更新逻辑的代码示例如下。

代码路径：pkg/scheduler/schedule_one.go

```
Plain Text
func (sched *Scheduler) assume(assumed *v1.Pod, host string) error {
  ...
  assumed.Spec.NodeName = host

  if err := sched.Cache.AssumePod(assumed); err != nil {
    klog.ErrorS(err, "Scheduler cache AssumePod failed")
    return err
  }
  ...
  sched.SchedulingQueue.DeleteNominatedPodIfExists(assumed)

  return nil
}
```

首先，将 Pod 的 Spec.NodeName 字段设置为目标调度节点。然后，调用 sched.Cache.AssumePod 更新缓存。同时由于该 Pod 已经被调度成功，所以清理 Scheduling Queue 中存储的关于该 Pod 提名的信息，以避免对后续驱逐产生干扰。

3. 执行 Reserve 更新有状态插件的状态

Reserve 扩展点主要用于支持有状态插件更新状态。与 Cache 更新类似，当 Pod 完成调度决策后，应立即更新相关资源的状态，而不依赖异步 Bind 任务的完成。调度器在更新完 Cache 后，紧接着会通过 RunReservePluginsReserve 函数按照配置的顺序依次执行 Reserve 插件处理逻辑，确保有状态插件运行时状态的一致性。任何一个 Reserve 插件返回 Error 错误，都会导致当前 Pod 不可调度。其代码示例如下。

代码路径：pkg/scheduler/framework/runtime/framework.go

```
Plain Text
func (f *frameworkImpl) RunReservePluginsReserve(ctx context.Context, state
*framework.CycleState, pod *v1.Pod, nodeName string) (status *framework.Status) {
  ...
  for _, pl := range f.reservePlugins {
  status = f.runReservePluginReserve(ctx, pl, state, pod, nodeName)
```

```
    if !status.IsSuccess() {
      ...
      return framework.AsStatus(fmt.Errorf("running Reserve plugin %q: %w", pl.Name(),
err))
    }
  }
  return nil
}
```

值得注意的一点是，当 Reserve 执行失败时，调度器会按照与 Reserve 相反的顺序依次执行插件的 Unreserve 逻辑，确保已经执行的 Reserve 状态能够回滚。由于 Reserve 在执行时有可能因任意一个插件的失败而整体失败（后续还未执行的 Reserve 插件将不再执行），因此 Unreserve 逻辑在被调用时不能保证其 Reserve 已经被调用过。在实现插件的 Unreserve 逻辑时，需要保证支持幂等调用。此外，调度器在执行完 Unreserve 逻辑时，还会通过 sched.Cache.ForgetPod 函数从 Cache 中清理已经被 assume 的 Pod 信息，以保持 Cache 的一致性。实际上，当后续的任意一个阶段出现调度失败的情况时，调度器都会先通过 Unreserve 逻辑恢复有状态插件的状态，再更新 Cache 的状态，确保状态的正确性。代码示例如下。

代码路径：pkg/scheduler/schedule_one.go

```
Plain Text
if sts := fwk.RunReservePluginsReserve(schedulingCycleCtx, state, assumedPod,
scheduleResult.SuggestedHost); !sts.IsSuccess() {
  fwk.RunReservePluginsUnreserve(schedulingCycleCtx, state, assumedPod,
scheduleResult.SuggestedHost)
  if forgetErr := sched.Cache.ForgetPod(assumedPod); forgetErr != nil {
    klog.ErrorS(forgetErr, "Scheduler cache ForgetPod failed")
  }
  ...
}
```

4. 执行 Permit 延迟绑定

Permit 插件支持返回 Wait 状态，让 Pod 不立即进入绑定处理流程，而是等待收到 Approve 或 Deny 信号后再继续。Permit 插件的返回值中可以携带一个超时时间（不能超过 15 分钟），当到达超时时间还没有收到关于该 Pod 的 Approve 或 Deny 信号时，默认会按照收到 Deny 信号处理，也就是拒绝调度。Scheduling Framework 设计并支持了 WaitingPod，其接口定义如下。

代码路径：pkg/scheduler/framework/interface.go

```
Plain Text
type WaitingPod interface {
  // GetPod returns a reference to the waiting pod.
  GetPod() *v1.Pod
  // GetPendingPlugins returns a list of pending Permit plugin's name.
  GetPendingPlugins() []string
  // Allow declares the waiting pod is allowed to be scheduled by the plugin named as
"pluginName".
  // If this is the last remaining plugin to allow, then a success signal is delivered
  // to unblock the pod.
  Allow(pluginName string)
  // Reject declares the waiting pod unschedulable.
```

```
  Reject(pluginName, msg string)
}
```

其中，Allow 函数允许 Pod 被调度，Reject 函数则拒绝 Pod 被调度。当至少有一个 Permit 插件返回 Wait 状态且没有任意一个插件返回 Deny 信号时（当有任意一个 Permit 插件返回 Deny 信号时，当前 Pod 会被拒绝调度），调度器框架会将当前 Pod 封装为 WaitingPod 对象，存入一个 waitingPodsMap 中，key 为 Pod 的 UID，value 为封装的 WaitingPod 实例。其相关代码示例如下。

代码路径：pkg/scheduler/framework/runtime/framework.go

```
Plain Text
if statusCode == framework.Wait {
  waitingPod := newWaitingPod(pod, pluginsWaitTime)
  f.waitingPods.add(waitingPod)
  ...
  return framework.NewStatus(framework.Wait, msg)
}
```

其中，waitingPod 的默认实现结构体如下。

代码路径：pkg/scheduler/framework/runtime/waiting_pods_map.go

```
Plain Text
type waitingPod struct {
  pod       *v1.Pod
  pendingPlugins map[string]*time.Timer
  s         chan *framework.Status
  mu        sync.RWMutex
}
```

可以看出，waitingPod 除了封装了原始的 Pod 资源对象，还包含一个 map[string]*time.Timer 结构，key 为 Permit 插件的名称，value 为该插件返回的等待超时时间。在结构体初始化时，各插件的等待超时时间会作为参数传入，并且立即启动计时器，在到达超时时间时自动向 channel s 发送超时拒绝信号。channel s 是实现异步绑定的关键，在绑定周期启动的开始，会自动阻塞在从 channel s 获取结果上，直到收到超时消息、允许消息或拒绝消息。计时器启动的代码示例如下。

代码路径：pkg/scheduler/framework/runtime/waiting_pods_map.go

```
Plain Text
func newWaitingPod(pod *v1.Pod, pluginsMaxWaitTime map[string]time.Duration) *waitingPod
{
  wp := &waitingPod{
    pod: pod,
    s: make(chan *framework.Status, 1),
  }

  wp.pendingPlugins = make(map[string]*time.Timer, len(pluginsMaxWaitTime))
  wp.mu.Lock()
  defer wp.mu.Unlock()
  for k, v := range pluginsMaxWaitTime {
    plugin, waitTime := k, v
    wp.pendingPlugins[plugin] = time.AfterFunc(waitTime, func() {
   msg := fmt.Sprintf("rejected due to timeout after waiting %v at plugin %v",
```

```
        waitTime, plugin)
    wp.Reject(plugin, msg)
      })
  }

  return wp
}

func (w *waitingPod) Reject(pluginName, msg string) {
  ...
  select {
  case w.s <- framework.NewStatus(framework.Unschedulable,
msg).WithFailedPlugin(pluginName):
  default:
  }
}

func (w *waitingPod) Allow(pluginName string) {
  ...
  select {
  case w.s <- framework.NewStatus(framework.Success, ""):
  default:
  }
}
```

Scheduling Framework 提供了一系列接口，来支持对 waitingPodsMap 进行操作，以完成对等待中 Pod 执行 Approve 或 Deny 操作，其相关接口定义如下。

代码路径：pkg/scheduler/framework/interface.go

```
Plain Text
type Handle interface {
  ...
  // IterateOverWaitingPods acquires a read lock and iterates over the WaitingPods map.
  IterateOverWaitingPods(callback func(WaitingPod))

  // GetWaitingPod returns a waiting pod given its UID.
  GetWaitingPod(uid types.UID) WaitingPod

  // RejectWaitingPod rejects a waiting pod given its UID.
  // The return value indicates if the pod is waiting or not.
  RejectWaitingPod(uid types.UID) bool
  ...
}
```

Permit 插件执行完成，标志着当前调度周期的结束，调度器将通过启动新协程的方式以非阻塞异步方式执行绑定周期。下一个调度周期无须等待当前绑定周期结束，会立即开始执行。

9.4.3 Binding Cycle

Binding Cycle 即绑定周期，负责执行 Pod 和节点的资源绑定，主要可以分为以下几个关键步骤，代码示例如下。

代码路径：pkg/scheduler/schedule_one.go

```
Plain Text
go func() {
  ...
  waitOnPermitStatus := fwk.WaitOnPermit(bindingCycleCtx, assumedPod)
  ...
  preBindStatus := fwk.RunPreBindPlugins(bindingCycleCtx, state, assumedPod,
scheduleResult.SuggestedHost)
  ...
  err := sched.bind(bindingCycleCtx, fwk, assumedPod, scheduleResult.SuggestedHost,
state)
  ...
  fwk.RunPostBindPlugins(bindingCycleCtx, state, assumedPod,
scheduleResult.SuggestedHost)
  ...
}()
```

1. 等待 Permit 确认或拒绝（延迟绑定）

在执行绑定之前，调度器首先会检查当前 Pod 是否处于等待状态，如果在 waitingPods map 结构中存在，则证明该 Pod 处于等待状态。对于处于等待状态的 Pod，调度器会阻塞从 Channel 读取信号，当超过等待时间（计时器默认发出 Deny 信号）或 Permit 插件通过调用 Framework 接口对 WaitingPod 执行 Allow（发出 Approve 信号）或 Reject（发出 Deny 信号）操作时，调度器会退出阻塞状态，并且根据从 Channel 中接收到的结果做相应的处理。其代码示例如下。

代码路径：pkg/scheduler/framework/runtime/framework.go

```
Plain Text
func (f *frameworkImpl) WaitOnPermit(ctx context.Context, pod *v1.Pod) *framework.Status
{
  waitingPod := f.waitingPods.get(pod.UID)
  if waitingPod == nil {
    return nil
  }
  defer f.waitingPods.remove(pod.UID)

  startTime := time.Now()
  s := <-waitingPod.s

  if !s.IsSuccess() {
    if s.IsUnschedulable() {
   s.SetFailedPlugin(s.FailedPlugin())
   return s
    }
    ...
    return framework.AsStatus(fmt.Errorf("waiting on permit for pod: %w",
err)).WithFailedPlugin(s.FailedPlugin())
  }
  return nil
}
```

2. 执行 Bind 操作，完成 Pod 和 Node 资源绑定

在 Permit 确认后，调度器会依次执行 PreBind、Bind、PostBind 插件，完成最后的绑定操

作。其中，PreBind 插件执行绑定前的准备操作（如完成 Pod 依赖的存储卷的挂载操作）。任意一个 PreBind 插件返回失败状态，都会导致 Pod 停止调度。Bind 插件执行真正的绑定操作。由于绑定操作只能执行一次（设置 Pod 的 spec.nodeName 是一次性的），因此在执行 Bind 插件时，首先会按照配置的顺序依次执行。如果一个 Bind 插件返回 Skip 状态，则后续的 Bind 插件将会继续执行；如果某个 Bind 插件返回 Success，则意味着绑定已经完成，后续的 Bind 插件将不再执行。此外，在 Bind 阶段支持 Bind Extender 扩展，调度器会优先执行 Extender 扩展的 Bind 逻辑，再执行内部插件的 Bind 逻辑。当 Bind 操作执行成功后，调度器会通过 sched.finishBinding 更新 Cache 的状态。代码示例如下。

代码路径：pkg/scheduler/schedule_one.go

```
Plain Text
func (sched *Scheduler) bind(ctx context.Context, fwk framework.Framework, assumed
*v1.Pod, targetNode string, state *framework.CycleState) (err error) {
  defer func() {
    sched.finishBinding(fwk, assumed, targetNode, err)
  }()

  bound, err := sched.extendersBinding(assumed, targetNode)
  if bound {
    return err
  }
  bindStatus := fwk.RunBindPlugins(ctx, state, assumed, targetNode)
  ...
}

func (sched *Scheduler) finishBinding(fwk framework.Framework, assumed *v1.Pod,
targetNode string, err error) {
  if finErr := sched.Cache.FinishBinding(assumed); finErr != nil {
    klog.ErrorS(finErr, "Scheduler cache FinishBinding failed")
  }
  ...
}
```

PostBind 插件会在 Bind 插件执行完成后被执行，其主要用于消息通知，有状态插件也可以在此阶段进行 Pod 绑定后的运行时状态更新操作。

至此，Pod 调度过程结束，kubelet 将收到 Pod 绑定成功的 Update 事件，在对应的节点上启动 Pod。

9.5 优先级与抢占机制

Kubernetes 支持为 Pod 设置优先级，优先级反映 Pod 的重要程度，优先级越高表示 Pod 越重要，Kubernetes 将优先保证高优先级的 Pod 得到运行。当高优先级的 Pod 不能找到合适的节点运行时，调度器将尝试对低优先级的 Pod 进行资源抢占。抢占的过程是将低优先级的 Pod 从所在节点上驱逐，将高优先级的 Pod 调度到该节点上运行。这里的驱逐过程，其实就是向 kube-apiserver 发送 Delete Pod 的请求，被删除的 Pod 会被工作负载控制器（如 Deployment、StatefulSet 等）重新创建，继而进入新的调度过程，有可能在其他节点上运行，也有可能因为资源不足而 Pending。

9.5.1 Pod 优先级

Pod 优先级通过 spec.priority 字段定义，该字段为 int32 类型的整数指针，数字越大，表示Pod的优先级越高。考虑到直接使用数字为Pod配置优先级，可读性差，难以维护，Kubernetes提供了一种可命名的优先级配置方式，即 PriorityClass。PriorityClass 是一种新的资源对象，可以为某个优先级定义一个名称，在创建 Pod 时仅需在其 spec.priorityClassName 字段声明要关联的 PriorityClass 名称，该 Pod 的 spec.priority 字段就会在创建时自动填充对应的优先级数字（基于 Priority 准入控制器插件完成）。基于优先级名称的方式更加容易记忆和管理，已经逐渐成为设置 Pod 优先级的标准方式。当启用 Priority 准入控制器时，直接通过 spec.priority 字段设置优先级将被拒绝，仅允许通过 spec.priorityClassName 字段为 Pod 设置优先级。

Pod 优先级定义的代码示例如下。

代码路径：vendor/k8s.io/api/core/v1/types.go

```
Plain Text
type PodSpec struct {
   ...
   PriorityClassName string `json:"priorityClassName,omitempty" ...`
   Priority *int32 `json:"priority,omitempty" ...`
   ...
}
```

Kubernetes 默认提供了两种 PriorityClass：system-cluster-critical 和 system-node-critical，主要用于保证系统核心组件能够优先得到调度运行。system-cluster-critical 的优先级为 2000000000，system-node-critical 的优先级为 2000001000，用户可以设置的优先级最高为 1000000000。

创建一个新的 PriorityClass，可以使用类似以下 YAML 文件的定义。

```
YAML
apiVersion: scheduling.k8s.io/v1
kind: PriorityClass
metadata:
  name: high-priority-nonpreempting
value: 1000000
preemptionPolicy: Never
globalDefault: false
description: "This priority class will not cause other pods to be preempted."
```

将上述 PriorityClass Apply 到集群，就可以在创建 Pod 时将其 spec.priorityClassName 字段值指定为 high-priority-nonpreempting，该 Pod 在创建后，其 spec.priority 字段会被自动填充为 1000000。

关于 PriorityClass 有两个注意点：一是当将某个 PriorityClass 的 globalDefault 字段设置为 true 时，那些没有显式指定 spec.priorityClassName 字段的 Pod 会默认使用该 PriorityClass 的优先级数值，一个集群内只能有唯一一个 PriorityClass 将 globalDefault 设置为 true；二是 preemptionPolicy 字段允许被设置为 PreemptLowerPriority 或 Never，当设置为 Never 时，使用该 PriorityClass 的 Pod 即使无法被调度，也不会触发对低优先级的 Pod 驱逐。

除了可以通过为 PriorityClass 设置 preemptionPolicy 间接控制 Pod 的驱逐行为，Pod 也支持直接设置其驱逐策略，即显式声明 Pod 的 spec.preemptionPolicy 字段，该字段的类型和作用与 PriorityClass 一致。当同时为 Pod 设置了 PriorityClass 和 spec.preemptionPolicy 字段时，需要确保两者的驱逐策略一致，否则 Pod 将被禁止创建。

Pod 优先级主要在两个方面产生影响：一是高优先级的 Pod 在 Scheduling Queue 中会处于更靠前的位置，优先被调度；二是高优先级的 Pod 在无法被调度时，会触发对低优先级的 Pod 的驱逐，更容易被成功调度，而低优先级 Pod 在资源紧张时更容易被抢占资源。

9.5.2 Pod 驱逐抢占机制

当调度器无法为高优先级的 Pod 找到合适的节点时，会触发 Pod 驱逐抢占逻辑，其基本流程如图 9-10 所示。

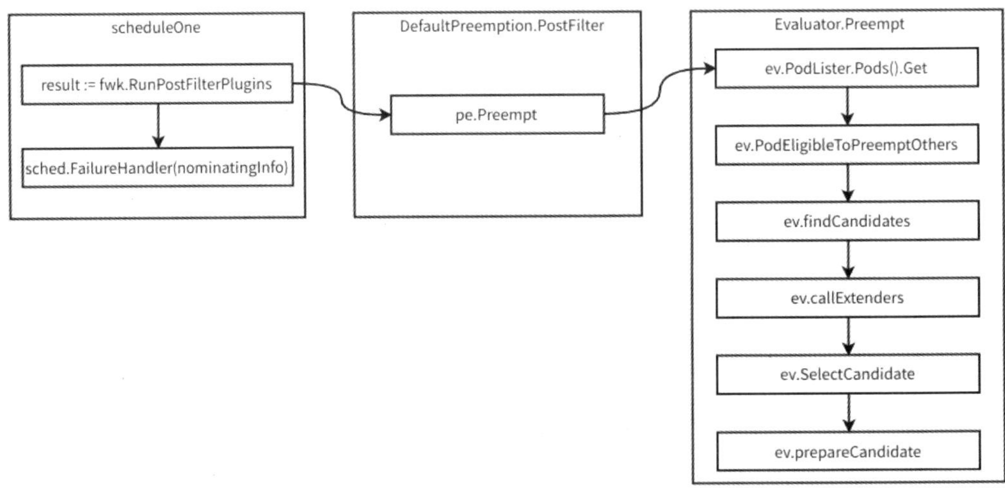

图 9-10　Pod 驱逐抢占的基本流程

驱逐抢占逻辑在 Scheduling Framework 的 PostFilter 扩展点实现，该扩展点仅在 Pod 没有找到合适的节点时才会被调用。kube-scheduler 默认只有一个插件实现了 PostFilter 扩展点，即处理驱逐抢占的 DefaultPreemption 插件。

抢占由 scheduleOne 调用 fwk.RunPostFilterPlugins 发起，继而进入 DefaultPreemption 插件执行 PostFilter 处理逻辑，最后将返回 Pod 被提名的节点，由 sched.FailureHandler 函数接收并处理，发起对 Pod 状态的更新操作，设置 Pod 的 status.nominatedNodeName 字段，以便在下一次调度该 Pod 时优先将其调度到发生驱逐释放资源的节点。

在代码实现上，除了标准的 PostFilter 接口，调度器为驱逐插件单独设计了一系列接口，定义如下。

代码路径：pkg/scheduler/framework/preemption/preemption.go

```
Plain Text
type Interface interface {
  // GetOffsetAndNumCandidates chooses a random offset and calculates the number of candidates that should be
  // shortlisted for dry running preemption.
  GetOffsetAndNumCandidates(nodes int32) (int32, int32)
  // CandidatesToVictimsMap builds a map from the target node to a list of to-be-preempted Pods and the number of PDB violation.
  CandidatesToVictimsMap(candidates []Candidate) map[string]*extenderv1.Victims
```

```
  // PodEligibleToPreemptOthers returns one bool and one string. The bool indicates whether
this pod should be considered for
  // preempting other pods or not. The string includes the reason if this pod isn't eligible.
  PodEligibleToPreemptOthers(pod *v1.Pod, nominatedNodeStatus *framework.Status) (bool,
string)
  // SelectVictimsOnNode finds minimum set of pods on the given node that should be preempted
in order to make enough room
  // for "pod" to be scheduled.
  // Note that both `state` and `nodeInfo` are deep copied.
  SelectVictimsOnNode(ctx context.Context, state *framework.CycleState,
     pod *v1.Pod, nodeInfo *framework.NodeInfo, pdbs []*policy.PodDisruptionBudget)
([]*v1.Pod, int, *framework.Status)
}
```

DefaultPreemption 插件在 PostFilter 函数中，完成对 Evaluator 对象的初始化，紧接着通过调用其 Preempt 函数，完成实际的驱逐任务，代码示例如下。

代码路径：pkg/scheduler/framework/plugins/defaultpreemption/default_preemption.go

```
Plain Text
func (pl *DefaultPreemption) PostFilter(
  ctx context.Context,
  state *framework.CycleState,
  pod *v1.Pod, m framework.NodeToStatusMap,
  )(*framework.PostFilterResult, *framework.Status) {
   ...
   pe := preemption.Evaluator{
     PluginName: names.DefaultPreemption,
     Handler:   pl.fh,
     PodLister: pl.podLister,
     PdbLister: pl.pdbLister,
     State:     state,
     Interface: pl,
   }

   result, status := pe.Preempt(ctx, pod, m)
   if status.Message() != "" {
     return result, framework.NewStatus(status.Code(), "preemption: "+status.Message())
   }
   return result, status
}
```

其中，这里的 Interface: pl 即为对驱逐接口的实例化赋值，DefaultPreemption 插件既实现了 PostFilter 接口，也实现了 preemption 的 Interface 接口。同时，在 PostFilter 函数的参数接收列表中，除了传递了 Pod 的信息，还传递了 framework.NodeToStatusMap，该字段是 Filter 阶段的结果输出，以 Map 形式标记了集群中节点不可调度的原因。Scheduling Framework 规定：当 Filter 的返回结果为 framework.Unschedulable 时，表示节点当前不可调度，但可能通过 Pod 驱逐使其变为可调度；当 Filter 的返回结果为 framework.UnschedulableAndUnresolvable 时，表示节点当前不可调度，并且不能通过 Pod 驱逐使其变为可调度。这个结论在后续的处理过程中会再次体现。

驱逐步骤的串联由调度器 preemption Evaluator 框架提供，其核心代码示例如下。

代码路径：pkg/scheduler/framework/preemption/preemption.go

```
Plain Text
func (ev *Evaluator) Preempt(ctx context.Context, pod *v1.Pod, m
framework.NodeToStatusMap) (*framework.PostFilterResult, *framework.Status) {
   // 0) Fetch the latest version of <pod>.
   ...
   pod, err := ev.PodLister.Pods(pod.Namespace).Get(pod.Name)

   ...
   // 1) Ensure the preemptor is eligible to preempt other pods.
   if ok, msg := ev.PodEligibleToPreemptOthers(pod, m[pod.Status.NominatedNodeName]); !ok
{
      return nil, framework.NewStatus(framework.Unschedulable, msg)
   }

   // 2) Find all preemption candidates.
   candidates, nodeToStatusMap, err := ev.findCandidates(ctx, pod, m)
   if err != nil && len(candidates) == 0 {
      return nil, framework.AsStatus(err)
   }

   ...
   // 3) Interact with registered Extenders to filter out some candidates if needed.
   candidates, status := ev.callExtenders(pod, candidates)
   if !status.IsSuccess() {
      return nil, status
   }

   // 4) Find the best candidate.
   bestCandidate := ev.SelectCandidate(candidates)
   if bestCandidate == nil || len(bestCandidate.Name()) == 0 {
      return nil, framework.NewStatus(framework.Unschedulable, "no candidate node for
preemption")
   }

   // 5) Perform preparation work before nominating the selected candidate.
   if status := ev.prepareCandidate(ctx, bestCandidate, pod,
ev.PluginName); !status.IsSuccess() {
      return nil, status
   }

   return framework.NewPostFilterResultWithNominatedNode(bestCandidate.Name()),
framework.NewStatus(framework.Success)
}
```

按照过程，preemption.Evaluator 将驱逐抢占分为以下几个关键步骤。

第一步：通过 ev.PodLister.Pods(pod.Namespace).Get(pod.Name)从 Informer 中读取最新的 Pod 状态。

第二步：验证当前 Pod 对低优先级 Pod 进行驱逐抢占的合法性。在以下场景中，当前 Pod 不能对低优先级 Pod 进行驱逐抢占。

- 当前 Pod 的 spec.preemptionPolicy 字段被设置为 Never。
- 当前 Pod 存在上次驱逐时被提名的节点（status.nominatedNodeName 字段不为空），即被提名的节点可以通过驱逐运行中的 Pod 以满足当前 Pod 的调度需求，并且被提名节点上存在依然处于删除中的 Pod。

合法性检验的代码示例如下。

代码路径：pkg/scheduler/framework/plugins/defaultpreemption/default_preemption.go

```
Plain Text
func (pl *DefaultPreemption) PodEligibleToPreemptOthers(pod *v1.Pod, nominatedNodeStatus
*framework.Status) (bool, string) {
   if pod.Spec.PreemptionPolicy != nil && *pod.Spec.PreemptionPolicy == v1.PreemptNever
{
      return false, fmt.Sprint("not eligible due to preemptionPolicy=Never.")
   }
   ...
   nomNodeName := pod.Status.NominatedNodeName
   if len(nomNodeName) > 0 {
      // If the pod's nominated node is considered as UnschedulableAndUnresolvable by the
filters,
      // then the pod should be considered for preempting again.
      if nominatedNodeStatus.Code() == framework.UnschedulableAndUnresolvable {
     return true, ""
      }

      if nodeInfo, _ := nodeInfos.Get(nomNodeName); nodeInfo != nil {
     podPriority := corev1helpers.PodPriority(pod)
     for _, p := range nodeInfo.Pods {
        if p.Pod.DeletionTimestamp != nil && corev1helpers.PodPriority(p.Pod) < podPriority
{
           // There is a terminating pod on the nominated node.
           return false, fmt.Sprint("not eligible due to a terminating pod on the nominated
node.")
        }
     }
      }
   }
   return true, ""
}
```

注意，当 Pod 的 status.nominatedNodeName 字段不为空，并且 Filter 阶段返回的被提名节点状态结果为 framework.UnschedulableAndUnresolvable 时，表示被提名的节点已经不能满足 Pod 调度需求，而且无法通过驱逐使之满足调度要求，因此需要重新触发新一轮的驱逐操作。

第三步：查找有效的驱逐抢占候选节点（驱逐预选），代码示例如下。

```
Plain Text
func (ev *Evaluator) findCandidates(ctx context.Context, pod *v1.Pod, m
framework.NodeToStatusMap) ([]Candidate, framework.NodeToStatusMap, error) {
  ...
  potentialNodes, unschedulableNodeStatus := nodesWherePreemptionMightHelp(allNodes, m)
  ...
  offset, numCandidates := ev.GetOffsetAndNumCandidates(int32(len(potentialNodes)))
```

```
  ...
  candidates, nodeStatuses, err := ev.DryRunPreemption(ctx, pod, potentialNodes, pdbs, offset, numCandidates)
  ...
  return candidates, nodeStatuses, err
}
```

首先，按照 Filter 处理结果，将 Unschedulable 的节点列为潜在驱逐候选节点 potentialNodes，将 UnschedulableAndUnresolvable 的节点列为不可驱逐不可调度节点。

其次，为了避免因集群规模过大，搜索的有效驱逐候选节点过多，与 Filter 阶段的性能优化手段类似，驱逐阶段也支持查找局部最优解。通过调用 GetOffsetAndNumCandidates 函数，可以确定起始搜索采用的起始偏移值和需要搜索出的可驱逐节点的最大数量，当找到足够多的可驱逐节点后，会自动停止搜索更多节点。默认驱逐插件实现的代码示例如下。

代码路径：pkg/scheduler/framework/plugins/defaultpreemption/default_preemption.go

```
Plain Text
func (pl *DefaultPreemption) GetOffsetAndNumCandidates(numNodes int32) (int32, int32) {
  return rand.Int31n(numNodes), pl.calculateNumCandidates(numNodes)
}

func (pl *DefaultPreemption) calculateNumCandidates(numNodes int32) int32 {
  n := (numNodes * pl.args.MinCandidateNodesPercentage) / 100
  if n < pl.args.MinCandidateNodesAbsolute {
    n = pl.args.MinCandidateNodesAbsolute
  }
  if n > numNodes {
    n = numNodes
  }
  return n
}
```

驱逐插件默认采用随机方案确定起始偏移 offset，范围为[0, numNodes)。需要搜索的可驱逐节点最大数量则通过百分比计算的方式确定。MinCandidateNodesPercentage 和 MinCandidateNodesAbsolute 的默认值分别为 10 和 100，该参数支持通过配置文件进行修改。简单说，驱逐时默认按照 10%的比例确定需要搜索的可驱逐节点最大数量，当该数值小于 100 时，将按 100 个节点作为目标进行搜索。当全部候选节点数量不足 100 时，所有节点都会参与驱逐计算。

最后，通过模拟调度的方式，确定候选节点需要驱逐哪些低优先级的 Pod 后，才能满足当前 Pod 的运行要求，找到足够多的可驱逐节点。DryRunPreemption 的实现代码示例如下。

代码路径：pkg/scheduler/framework/preemption/preemption.go

```
Plain Text
func (ev *Evaluator) DryRunPreemption(ctx context.Context, pod *v1.Pod, potentialNodes []*framework.NodeInfo,
  pdbs []*policy.PodDisruptionBudget, offset int32, numCandidates int32) ([]Candidate, framework.NodeToStatusMap, error) {
  ...
  checkNode := func(i int) {
    nodeInfoCopy := potentialNodes[(int(offset)+i)%len(potentialNodes)].Clone()
    ...
```

```
    pods, numPDBViolations, status := ev.SelectVictimsOnNode(ctx, stateCopy, pod,
nodeInfoCopy, pdbs)
    ...
  }
  fh.Parallelizer().Until(parallelCtx, len(potentialNodes), checkNode)
  ...
}
```

DryRunPreemption 采用并行执行的方式确定候选节点为满足调度当前 Pod 需要进行驱逐的 Pod 列表，同时对驱逐 Pod 造成的 PDB（PodDisruptionBudget）违反进行计数。在后续的评分阶段，将优先选择 PDB 违反更少的节点进行驱逐抢占。SelectVictimsOnNode 是确定驱逐 Pod 的核心接口，默认驱逐插件对该接口的实现代码示例如下。

代码路径：pkg/scheduler/framework/plugins/defaultpreemption/default_preemption.go

```
Plain Text
func (pl *DefaultPreemption) SelectVictimsOnNode(
  ctx context.Context,
  state *framework.CycleState,
  pod *v1.Pod,
  nodeInfo *framework.NodeInfo,
  pdbs []*policy.PodDisruptionBudget) ([]*v1.Pod, int, *framework.Status) {
  var potentialVictims []*framework.PodInfo
  ...
  podPriority := corev1helpers.PodPriority(pod)
  for _, pi := range nodeInfo.Pods {
    if corev1helpers.PodPriority(pi.Pod) < podPriority {
   potentialVictims = append(potentialVictims, pi)
   if err := removePod(pi); err != nil {
     return nil, 0, framework.AsStatus(err)
   }
    }
  }

  ...
  if status := pl.fh.RunFilterPluginsWithNominatedPods(ctx, state, pod,
nodeInfo); !status.IsSuccess() {
    return nil, 0, status
  }
  ...
  sort.Slice(potentialVictims, func(i, j int) bool { return
util.MoreImportantPod(potentialVictims[i].Pod, potentialVictims[j].Pod) })
  ...
  reprievePod := func(pi *framework.PodInfo) (bool, error) {
     if err := addPod(pi); err != nil {
    return false, err
     }
     status := pl.fh.RunFilterPluginsWithNominatedPods(ctx, state, pod, nodeInfo)
     ...
  }
  for _, p := range violatingVictims {
    if fits, err := reprievePod(p); err != nil {
   return nil, 0, framework.AsStatus(err)
```

```
    } else if !fits {
   numViolatingVictim++
    }
  }

  for _, p := range nonViolatingVictims {
    if _, err := reprievePod(p); err != nil {
   return nil, 0, framework.AsStatus(err)
    }
  }
  return victims, numViolatingVictim, framework.NewStatus(framework.Success)
}
```

SelectVictimsOnNode 的实现思想比较朴素，类似于一种贪心算法。首先，从节点上删除所有优先级低于当前 Pod 优先级的 Pod（这里的删除不是真的删除，只是一种内存对象操作，仅更新节点的状态信息），判断所有低优先级 Pod 被驱逐后，剩余资源能否满足高优先级 Pod 的运行要求。如果依然不能满足，则该节点不能通过驱逐手段运行目标 Pod，直接返回不可调度。否则，对已经假定被驱逐的 Pod 按照重要性（优先级高低和启动时间长短）排序，并按照是否违反 PDB 规则进行区分，优先尝试将违反 PDB 规则的 Pod 恢复运行（也是内存对象操作），再次通过模拟计算判断是否满足高优先级 Pod 的运行要求。按照这个规则，逐个尝试，以尽可能减少被驱逐的违反 PDB 规则、重要性较高的 Pod 数量，最终得到候选节点的 Pod 驱逐列表。

第四步：调用 Preempt Extender 外部扩展，Preempt Extender 的 ProcessPreemption 函数接收内置驱逐插件计算出的候选节点和对应的 Pod 驱逐列表，能够对其进行二次过滤：从候选集合中清除部分候选节点；修改候选节点的 Pod 驱逐列表。

第五步：选择一个最佳的驱逐抢占节点（驱逐优选），代码示例如下。

代码路径：pkg/scheduler/framework/preemption/preemption.go

```
Plain Text
func (ev *Evaluator) SelectCandidate(candidates []Candidate) Candidate {
  ...
  victimsMap := ev.CandidatesToVictimsMap(candidates)
  candidateNode := pickOneNodeForPreemption(victimsMap)
  ...
}
```

其中，pickOneNodeForPreemption 是驱逐优选算法的核心，在选择时主要基于以下顺序匹配。

- 优先选择 PDB 违反数量最少的节点。
- 如果 PDB 违反数量相同，则选择驱逐 Pod 中最高优先级更低的节点。
- 如果仍然存在不止一个节点，则选择驱逐 Pod 优先级之和更小的节点。
- 如果仍然存在不止一个节点，则选择驱逐 Pod 数量更少的节点。
- 如果仍然存在不止一个节点，则选择驱逐最高优先级的 Pod 中启动时间最晚的节点。
- 如果仍然无法选出唯一的节点，则直接返回第一个（随机排序）。

有关更多实现细节，读者可以参考 pickOneNodeForPreemption 的相关源码，代码路径为 pkg/scheduler/framework/preemption/preemption.go# pickOneNodeForPreemption。

第六步：完成驱逐最后的准备工作，代码示例如下。

代码路径：pkg/scheduler/framework/preemption/preemption.go

```
Plain Text
func (ev *Evaluator) prepareCandidate(ctx context.Context, c Candidate, pod *v1.Pod,
pluginName string) *framework.Status {
  ...
  for _, victim := range c.Victims().Pods {
     if waitingPod := fh.GetWaitingPod(victim.UID); waitingPod != nil {
    waitingPod.Reject(pluginName, "preempted")
     } else {
    ...
    if err := util.DeletePod(ctx, cs, victim); err != nil {
      ...
      return framework.AsStatus(err)
    }
     }
  }
  ...
  nominatedPods := getLowerPriorityNominatedPods(fh, pod, c.Name())
  if err := util.ClearNominatedNodeName(ctx, cs, nominatedPods...); err != nil {
    ...
  }
  ...
}
```

首先，检查被驱逐的 Pod 是否处于 Waiting 状态，直接对 Waiting 状态的 Pod 发出 Reject 信号，使其被重新调度。否则，向 kube-apiserver 发起 Delete Pod 请求，删除选中的需要驱逐的 Pod，以释放资源。此外，由于当前节点的状态已经改变，资源已经被更高优先级的 Pod 抢占，这可能导致之前因驱逐被提名到该节点的低优先级的 Pod 不再满足调度要求，因此需要对这些 Pod 的提名字段进行清理，让之前的驱逐失效，使其被重新调度。

至此，驱逐操作执行完成，调度器向 kube-apiserver 发送请求更新 status.nominatedNodeName 字段，为 Pod 填充被提名节点的名称，调度器在下一次调度时将优先进行匹配。

9.6　内置调度插件介绍

kube-scheduler 的内置调度算法全部采用插件的方式实现，通过实现 Scheduling Framework 的扩展点接口（尤其是 Filter 和 Score 接口），影响调度器的决策过程。其中，部分调度插件同时实现了 Filter 和 Score 的相关逻辑，也有部分调度插件仅关注某一个阶段的处理流程。

内置调度插件及其扩展点如表 9-2 所示。

表 9-2　内置调度插件及其扩展点

插件名称	功能说明	扩展点
PrioritySort	提供 Scheduling Queue 排序比较算法，按照 Pod 优先级从高到低排序	QueueSort
DefaultBinder	内置绑定插件，通过向 kube-apiserver 发送 Binding 请求，设置 Pod 的 spec.nodeName 字段	Bind
DefaultPreemption	内置驱逐抢占插件，采用高优先级 Pod 驱逐低优先级 Pod 的驱逐策略	PostFilter

续表

插件名称	功能说明	扩展点
ImageLocality	倾向于将 Pod 调度到依赖的镜像已经存在的节点	Score
InterPodAffinity	实现 afinity（亲和）、anti-affinity（反亲和）调度	PreFilter、Filter、PreScore、Score
NodeAffinity	实现节点 selector、affinity 调度	PreFilter、Filter、PreScore、Score
NodeName	检查 Pod 的 spec.nodeName 字段是否能够正确匹配	Filter
NodePorts	检查节点未占用端口是否满足 Pod 的端口要求	PreFilter、Filter
NodeResourcesBalancedAllocation	倾向于更均衡地分配和使用集群节点资源	Score
NodeResourcesFit	Filter 阶段，检查节点是否有足够的资源满足 Pod 运行。 Score 阶段支持 3 种策略。 • LeastAllocated：优先使用已分配资源最少的节点。 • MostAllocated：优先使用已分配资源最多的节点。 • RequestedToCapacityRatio：选择使用率最接近配置值的节点。 默认使用 LeastAllocated 策略	PreFilter、Filter、Score
NodeUnschedulable	检查 Pod 是否容忍调度到已被标记为不可调度的节点	Filter
NodeVolumeLimits	检查 Node CSI Volume 限制能否满足 Pod 运行要求	Filter
AzureDiskLimits	检查 Azure 磁盘限制能否满足 Pod 运行要求	Filter
CinderLimits	检查 Cinder Volume 限制能否满足 Pod 运行要求	Filter
EBSLimits	检查 EBS Volume 限制能否满足 Pod 运行要求	Filter
GCEPDLimits	检查 GCE PD Volume 限制能否满足 Pod 运行要求	Filter
PodTopologySpread	实现 Pod 可用区、节点拓扑分布功能	PreFilter、Filter、PreScore、Score
SelectorSpread	早期的拓扑分布实现，已废弃	PreScore、Score
TaintToleration	实现污点和容忍度调度	Filter、PreScore、Score
VolumeBinding	检查节点是否已经绑定或能够绑定 Pod 依赖的存储卷	PreFilter、Filter、Reserve、PreBind、Score
VolumeRestrictions	检查节点挂载卷是否符合 Volume Provider 约束	PreFilter、Filter
VolumeZone	检查节点挂载卷是否符合可用区域的约束	Filter

此外，社区还提供了大量扩展调度插件实现，读者可以通过查阅 GitHub 上的 scheduler-plugins 库来获取更多关于调度插件及如何实现自定义调度器的相关内容。

第 10 章

kube-controller-manager 核心实现

10.1 初识 kube-controller-manager

Kubernetes Controller Manager 主要由 kube-controller-manager 和 cloud-controller-manager 组件组成。它们通过监控集群中资源对象的状态，确保资源对象从当前状态达到期望状态。

cloud-controller-manager 允许 Kubernetes 集群与云厂商提供的 API 进行交互，只有在启用 Cloud Provider 时才生效，用于配合云厂商的控制器逻辑，但是在 Kubernetes 1.20 版本之后，cloud-controller-manager 只是一个代码框架示例，云厂商的控制器逻辑在自己的 Provider 中体现。本章节重点介绍 kube-controller-manager。

kube-controller-manager 包含许多独立运行的控制器，如图 10-1 所示。

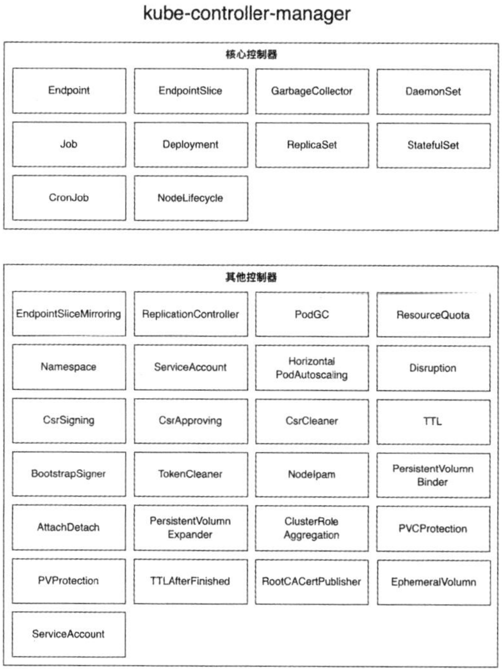

图 10-1 kube-controller-manager 包含的控制器

kube-controller-manager 中各控制器的主要功能如表 10-1 所示。

表 10-1 kube-controller-manager 中各控制器的主要功能

控制器	介绍
Endpoint	为每一个 Service 资源对象创建 Endpoints 资源对象，并且根据与 Service 资源对象关联的 Pod 资源对象更新 Endpoints 资源对象中记录的 Pod IP 地址和端口号
EndpointSlice	为每一个 Service 资源对象创建一个或多个 EndpointSlice 资源对象，并且根据与 Service 资源对象关联的 Pod 资源对象更新 EndpointSlice 资源对象中记录的 Pod IP 地址和端口号
GarbageCollector	当集群中的资源对象被删除时，按照指定的删除策略（包括 Orphan、Foreground、Background）处理与当前资源对象有属主关系的资源
DaemonSet	根据 DaemonSet 资源对象中规定的 Pod 模板，确保 DaemonSet 资源对象选中的每一个节点上最终有且仅有一个 Pod 正常运行
Job	按照 Job 资源对象指定的并发数启动一定数量的 Pod，直到指定数量的 Pod 成功执行并退出，或者错误退出的 Pod 或容器数量达到预设的值
Deployment	通过创建管理 ReplicaSet 资源对象来间接实现对 Pod 资源对象的扩/缩容和版本更新
ReplicaSet	负责维护集群中 Pod 资源对象的数量，如果 Pod 资源对象在运行时出现故障，则 ReplicaSet 控制器会基于 Template 模板策略重新编排 Pod 资源对象
StatefulSet	根据 StatefulSet 资源对象中规定的 Pod 模板，为每个管理的 Pod 赋予一个固定的序号，按照序号顺序启动或停止 Pod，并且赋予 Pod 稳定的名称
CronJob	按照 CronJob 资源对象中规定的时刻定时在集群中创建 Job 资源对象
NodeLifecycle	负责监视 Node 资源对象的状态，根据其状态调整 Node 资源对象上的污点，在 Node 资源对象异常时驱逐上面的 Pod
EndpointSliceMirroring	对于每个 Endpoints 资源对象，生成一组 EndpointSlice 资源对象的镜像。该控制器主要负责用户单独创建的未与 Service 资源对象关联的 Endpoints 资源对象，与 Service 资源对象关联的 Endpoints 资源对象不在该控制器的负责范围
ReplicationController	（已废弃）通过创建和管理 ReplicaSet 资源对象来间接实现对 Pod 资源对象的扩/缩容和版本更新
PodGC	定期清理集群中冗余的 Pod，包括已经终止的 Pod、宿主节点不存在的 Pod、未被调度且正在删除的 Pod
ResourceQuota	控制器根据集群资源的变化情况，更新 ResourceQuota 资源对象的状态
Namespace	在 Namespace 资源对象被删除前，清理该命名空间中的所有 Kubernetes 资源对象
ServiceAccount	在各个命名空间中创建默认的 ServiceAccount 资源对象
HorizontalPodAutoscaling	根据 Pod 的性能指标数据，动态调整 Pod 的数量
Disruption	根据 Pod/PodDisruptionBudget 变动事件，计算 PodDisruptionBudget 资源对象的状态信息
CsrSigning	为签名者是 kubernetes.io/kube-apiserver-client、kubernetes.io/kube-apiserver-client-kubelet 或 kubernetes.io/kubelet-serving 的 CertificateSigningRequests 资源对象签发证书
CsrApproving	自动批准签名者是 kubernetes.io/kube-apiserver-client-kubelet 的 CertificateSigningRequests 资源对象
CsrCleaner	清除在一段时间内状态没有改变过的 CertificateSigningRequests 资源对象，包括已签名但证书过期的 CSR 资源对象，以及挂起、已拒绝、已批准的 CSR 资源对象
TTL	根据集群节点规模计算 TTL 时间，并且设置在节点的 node.alpha.kubernetes.io/ttl Annotation 上。该 TTL 事件将被 kubelet 用于决策缓存 Kubernetes 资源对象的时间
BootstrapSigner	为 kube-public 命名空间下的 cluster-info ConfigMap 资源对象签名，以便在集群启动过程的早期，在客户端信任 API 服务器之前完成身份认证

续表

控制器	介绍
TokenCleaner	清除 kube-system 命名空间下失效的 bootstrap.kubernetes.io/token（启动引导令牌）类型的 Secret 资源对象
NodeIpam	为加入集群的节点分配一个 Pod IP 地址网段，节点上的 Pod 将从该地址范围内分配 IP 地址
PersistentVolumeBinder	绑定 PV、PVC 资源对象，并且管理 PV、PVC 资源对象的生命周期，包括创建和删除底层存储，更新 PV、PVC 资源对象的状态等
AttachDetach	负责关联 Volume 和节点，或者分离 Volume 和节点
PersistentVolumeExpander	根据符合条件的 PVC 资源对象的字段内容，为相关 PV 资源对象扩容
ClusterRoleAggregation	为设置了 aggregationRule 字段的 ClusterRole 资源对象自动计算聚合后的 RBAC 权限，并且更新到 ClusterRole 资源对象的 rules 属性中
PVCProtection	适时为 PVC 资源对象添加或移除 kubernetes.io/pvc-protection Finalizer
PVProtection	适时为 PV 资源对象添加或移除 kubernetes.io/pv-protection Finalizer
TTLAfterFinished	自动清理已经执行结束且设置了 ttlSecondsAfterFinished 字段的 Job 资源对象
RootCACertPublisher	在每个命名空间中生成名为 kube-root-ca.crt 的 ConfigMap，其中包含一个 CA Bundle，以在其中的 Pod 访问 kube-apiserver 时使用
EphemeralVolume	如果新创建的 Pod 使用了 Ephemeral Volume，则自动为其创建 PVC 资源对象
ServiceAccount	为每个 ServiceAccount 资源对象生成对应的 kubernetes.io/service-account-token 类型的 Secret 资源对象

10.2 架构设计详解

10.2.1 控制器状态模型

Kubernetes 使用资源清单（manifest）定义资源的期望状态，而控制器则通过 Reconcile 调谐机制将资源对象的实际状态更新为期望状态，其状态模型如图 10-2 所示。

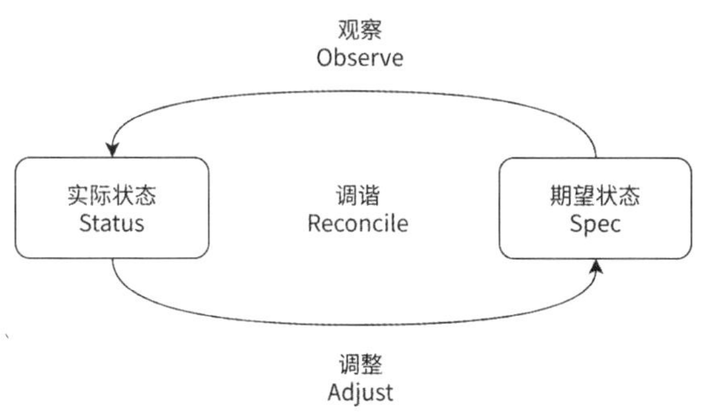

图 10-2 控制器的状态模型

通常来说，资源清单包含 Spec 和 Status 两部分。Spec 中记录了用户设置的资源的期望状态，如 Pod 配置、数量、更新策略等；Status 中记录了资源对象的实际状态，如处于各个运行状态的 Pod 数量等。控制器通过观察集群中的资源对象及其变动事件，根据集群的期望状态和实际状态，对集群中的一些资源进行调整，使资源对象的实际状态最终与资源清单中定义的期望状态一致。

10.2.2 控制器执行原理

kube-controller-manager 中运行了多个控制器。控制器通过 Informer 机制监听资源对象的 Add、Update、Delete 事件，并且通过 Reconcile 调谐机制更新资源对象的状态。一个控制器的运行原理通常如图 10-3 所示。

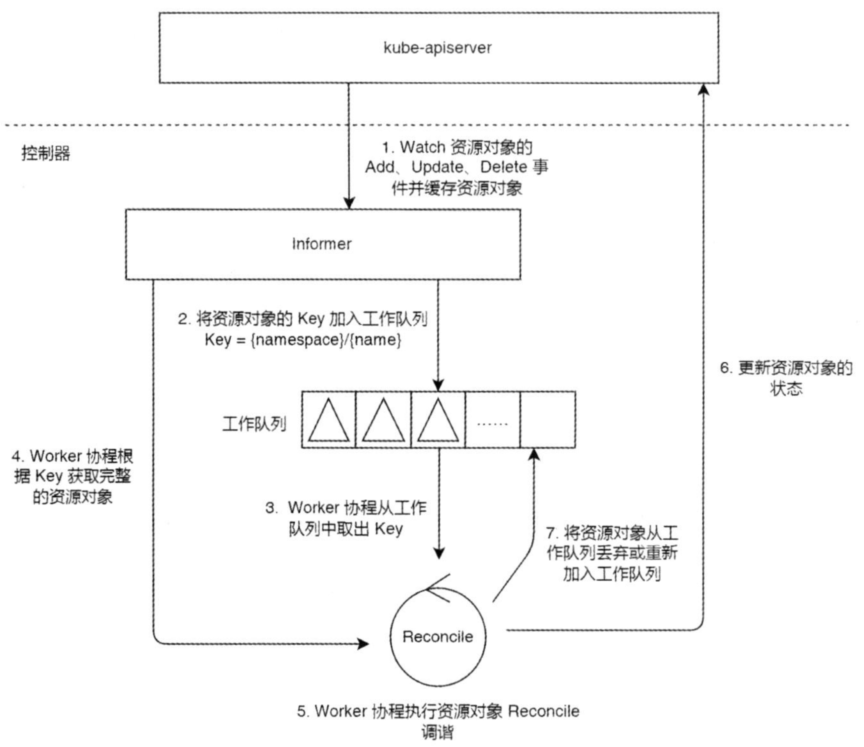

图 10-3 控制器的运行原理

1）Watch 资源对象的 Add、Update、Delete 事件并缓存资源对象

控制器通过 Kubernetes 的 Informer Watch 机制，监听集群中资源对象的 Add、Update、Delete 事件，为不同的事件注册不同的回调函数，并且将监听到的资源对象缓存在 Informer 中。不同的控制器监听的资源对象不同，例如，Deployment 控制器监听 Deployment、ReplicaSet、Pod 资源对象；Endpoint 控制器监听 Service、Endpoints、Pod 资源对象。

2）将资源对象的 Key 加入工作队列

Informer 在监听到资源对象的 Add、Update、Delete 事件后调用注册的回调函数，而回调函数会将相关资源对象的 Key 加入工作队列。Key 是一个字符串，通常格式为{namespace}/{name}。

3）Worker 协程从工作队列中取出 Key

每个控制器的 Worker 协程会持续尝试从工作队列中取出 Key。当工作队列加入新的 Key 后，就会被 Worker 协程取出。

4）Worker 协程根据 Key 获取完整的资源对象

Worker 协程从工作队列中取出 Key 后，将根据 Key 从 Informer 缓存中获取完整的资源对象。Informer 一直在监听资源对象的变化，因此缓存的总是最新的资源对象版本。控制器将 Key 而非资源对象本身加入工作队列，可以使 Worker 协程总能以最新的资源版本为准进行调谐。

5）Worker 协程执行资源对象 Reconcile 调谐

Worker 协程在获取完整的资源对象后，开始执行资源对象 Reconcile 调谐。不同的控制器有不同的调谐逻辑。例如，ReplicaSet 控制器会创建或删除一些 Pod；Endpoint 控制器会统计与 Service 资源对象关联的 Pod 资源对象的 IP 地址和端口号等信息。

6）更新资源对象的状态

在 Worker 协程完成调谐工作之后，会重新计算资源对象当前的状态，并且调用 kube-apiserver 完成对资源状态的更新。

7）将资源对象从工作队列丢弃或重新加入工作队列

在 Worker 协程执行的最后，如果同步的资源对象已经达到期望状态，则控制器会通知工作队列丢弃该资源对象的 Key。如果资源对象尚未到达期望状态，或者同步过程出现异常报错，则会将该资源对象的 Key 重新加入工作队列，以待后续控制器的重试。

kube-controller-manager 包含很多控制器，这些控制器的架构如图 10-4 所示。每个控制器具有独立的启动参数、工作队列和 Worker 协程，但共用同一套 Informer。一些资源对象的 Informer 可能被多个控制器注册了回调函数，在这种情况下，Informer 可以只向 kube-apiserver 发起一个 Watch 连接，并且在资源变动时将事件分发到多个控制器注册的回调函数上，以减轻对 kube-apiserver 的请求压力。

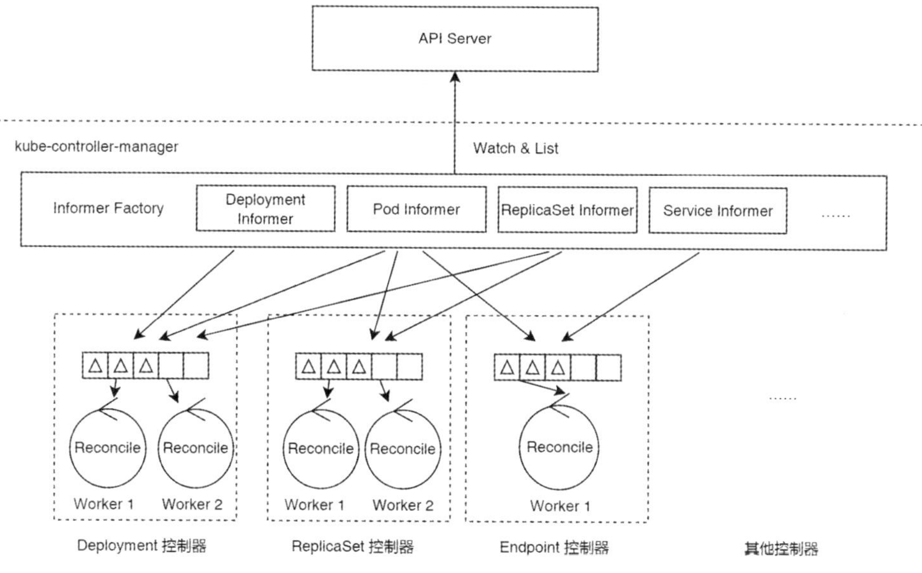

图 10-4 kube-controller-manager 控制器的架构

在通常情况下，一个控制器会启动多个 Worker 协程，但共享一个工作队列。各个 Worker 协程从同一个工作队列获取资源对象的 Key，而工作队列具有去重机制，保证了同一个资源对象不会同时被多个 Worker 协程处理。

10.3 启动流程

kube-controller-manager 是 Kubernetes 的核心控制器组件，其启动流程如图 10-5 所示。

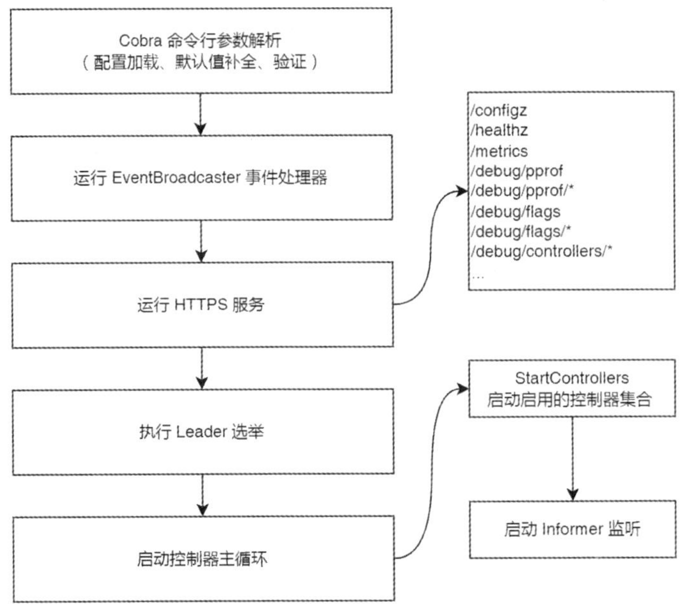

图 10-5 kube-controller-manager 的启动流程

kube-controller-manager 的启动流程按照代码逻辑可以划分为 5 个关键步骤。

- Cobra 命令行参数解析。
- 运行 EventBroadcaster 事件处理器。
- 运行 HTTPS 服务。
- 执行 Leader 选举。
- 启动控制器主循环。

10.3.1 Cobra 命令行参数解析

kube-controller-manager 使用 Cobra 解析用户输入参数，初始化 KubeControllerManagerOptions 对象，验证参数的有效性，最后通过 KubeControllerManagerOptions 对象生成 CompletedConfig，借助 CompletedConfig 启动控制器主循环。整个过程的代码如下。

代码路径：cmd/kube-controller-manager/app/controllermanager.go

```
Plain Text
func NewControllerManagerCommand() *cobra.Command {
   s, err := options.NewKubeControllerManagerOptions()
   ...
   cmd := &cobra.Command{
   Use: "kube-controller-manager",
   ...
   RunE: func(cmd *cobra.Command, args []string) error {
      ...
      c, err := s.Config(KnownControllers(), ControllersDisabledByDefault.List())
      ...
      return Run(c.Complete(), wait.NeverStop)
   },
   ...
   }
```

```
    ...
    return cmd
}

func (s KubeControllerManagerOptions) Config(...) (*kubecontrollerconfig.Config, ...) {
    if err := s.Validate(allControllers, disabledByDefaultControllers); err != nil {
    return nil, err
    }
    ...
    c := &kubecontrollerconfig.Config{...}
    s.ApplyTo(c)
    ...
    return c, nil
}
```

首先，kube-controller-manager 通过 options.NewKubeControllerManagerOptions 函数初始化默认配置，同时将 CLI Flags 绑定到 KubeControllerManagerOptions 对象的相应字段。在程序执行阶段，Cobra 将自动解析用户的输入参数，实现对 KubeControllerManagerOptions 对象默认配置的覆盖。接着，通过 s.Config 函数根据输入的参数创建 kubecontrollerconfig.Config 配置对象，在 Config 执行过程中，会通过调用 s.Validate 函数验证参数的有效性，通过 s.ApplyTo(c)将输入参数应用到 kubecontrollerconfig.Config 对象。最后，通过 c.Complete 完成最后的配置填充渲染形成 kubecontrollerconfig.CompletedConfig，并且传入 run 函数。run 函数定义了 kube-controller-manager 的具体启动逻辑，它是一个持续运行不退出的常驻进程。至此，kube-controller-manager 启动前的命令行参数解析就完成了。

10.3.2 运行 EventBroadcaster 事件处理器

运行 EventBroadcaster 事件处理器的代码示例如下。

代码路径：cmd/kube-controller-manager/app/controllermanager.go

```
Plain Text
c.EventBroadcaster.StartStructuredLogging(0)
c.EventBroadcaster.StartRecordingToSink(&v1core.EventSinkImpl{Interface:
c.Client.CoreV1().Events("")})
defer c.EventBroadcaster.Shutdown()
```

上述代码表示，将 kube-controller-manager 的事件输出到日志，同时上报给 kube-apiserver。

10.3.3 运行 HTTPS 服务

kube-controller-manager 提供 HTTPS 服务，默认监听端口为 10257，主要用于展示控制器运行的状态信息，包括健康状态、监控指标、当前使用的配置信息等。HTTPS 服务提供以下几个重要接口。

- /configz：打印 kube-controller-manager 当前使用的实时配置。
- /healthz：用于探测 kube-controller-manager 工作是否健康，一般用于 liveness 配置。
- /metrics：监控指标，展示控制器吞吐时延等信息，一般用于 Prometheus 采集。
- /debug/pprof：用于 golang pprof 性能分析。
- /debug/flags：用于动态调整 kube-controller-manager 启动参数，方便调试（如提高日志级别）。

- /debug/controllers/<controllername>：展示具体控制器的运行状态。

默认地，除了健康检查/healthz 接口允许匿名访问，其他接口都需要访问授权，请参考 9.2.4 节，创建 Token 来实现授权访问。

10.3.4 执行 Leader 选举

kube-controller-manager 在真正执行主逻辑之前，必须被选举为 Leader，否则会阻塞在选主阶段。在 Kubernetes 中，Leader 选举可以通过 leaderelection 工具库完成，kube-controller-manager 只需要定义 LeaderCallbacks 函数即可，更多关于 Leader 选举的介绍，请参考 5.4.2 节。Leader 选举的代码示例如下。

代码路径：cmd/kube-controller-manager/app/controllermanager.go

```
Plain Text
go leaderElectAndRun(...
   leaderelection.LeaderCallbacks{
   OnStartedLeading: func(ctx context.Context) {
      ...
      run(...)
   },
   OnStoppedLeading: func() {
      klog.ErrorS(nil, "leaderelection lost")
      klog.FlushAndExit(klog.ExitFlushTimeout, 1)
   },
   })

func leaderElectAndRun(...) {
   ...
   leaderelection.RunOrDie(...)
}
```

首先，设置 LeaderCallbacks 函数，当取得 Leader 角色时，执行 run 函数启动 kube-controller-manager 主循环，否则，阻塞在持续获取 Leader 锁的过程中。然后，通过单独的协程调用 leaderelection.RunOrDie 函数启动 Leader 选举。kube-controller-manager 此处采用协程非阻塞方式启动 Leader 选举，通过<- stopCh Channel 保持 run 函数永不退出（除非收到 stopCh 的信号）。

10.3.5 启动控制器主循环

在竞争获得 Leader 角色后，kube-controller-manager 执行 run 函数，初始化并启动控制器集合。启动过程代码示例如下。

代码路径：cmd/kube-controller-manager/app/controllermanager.go

```
Plain Text
run := func(...) {
   controllerContext, err := CreateControllerContext(...)
   ...
   if err := StartControllers(...); err != nil {
   klog.Fatalf("error starting controllers: %v", err)
```

```
    }

    controllerContext.InformerFactory.Start(stopCh)
    controllerContext.ObjectOrMetadataInformerFactory.Start(stopCh)
    ...
}
```

首先，通过 CreateControllerContext 函数初始化控制器需要的资源对象（如 Kubernetes Client 和 Informer）。然后，通过 StartControllers 函数依次初始化并启动启用的控制器集合。最后，启动相关的 Informer 监听程序。

StartControllers 函数采用遍历方式逐个初始化和启动控制器。启动各个控制器的过程代码示例如下。

代码路径：cmd/kube-controller-manager/app/controllermanager.go

```
Plain Text
func StartControllers(...,controllers map[string]InitFunc,...) error {
    ...
    for controllerName, initFn := range controllers {
    if !controllerCtx.IsControllerEnabled(controllerName) {
        klog.Warningf("%q is disabled", controllerName)
        continue
    }
    ...
    ctrl, started, err := initFn(ctx, controllerCtx)
    ...
    }
    return nil
}
```

StartControllers 函数遍历传入的 controllers map 数据结构，首先检查对应的控制器是否被启用，如果没有被启用，则跳过初始化和启动步骤。如果控制器被启用，则调用其初始化函数 InitFunc 进行初始化和启动。所有控制器均需提供 InitFunc 函数，以支持以统一的方式完成启动逻辑。该函数的代码示例如下。

代码路径：cmd/kube-controller-manager/app/controllermanager.go

```
Plain Text
type InitFunc func(ctx context.Context, controllerCtx ControllerContext) (controller
controller.Interface, enabled bool, err error)
```

StartControllers 函数传入的 controllers 参数，通过 NewControllerInitializers 函数创建，包含目前支持的所有控制器及其初始化函数，其代码示例如下。

代码路径：cmd/kube-controller-manager/app/controllermanager.go

```
Plain Text
func NewControllerInitializers(loopMode ControllerLoopMode) map[string]InitFunc {
    controllers := map[string]InitFunc{}
    controllers["endpoint"] = startEndpointController
    controllers["endpointslice"] = startEndpointSliceController
    controllers["endpointslicemirroring"] = startEndpointSliceMirroringController
    controllers["replicationcontroller"] = startReplicationController
    controllers["podgc"] = startPodGCController
    controllers["resourcequota"] = startResourceQuotaController
    controllers["namespace"] = startNamespaceController
```

```
    controllers["serviceaccount"] = startServiceAccountController
    controllers["garbagecollector"] = startGarbageCollectorController
    controllers["daemonset"] = startDaemonSetController
    controllers["job"] = startJobController
    controllers["deployment"] = startDeploymentController
    controllers["replicaset"] = startReplicaSetController
    controllers["horizontalpodautoscaling"] = startHPAController
    controllers["disruption"] = startDisruptionController
    controllers["statefulset"] = startStatefulSetController
    controllers["cronjob"] = startCronJobController
    controllers["csrsigning"] = startCSRSigningController
    controllers["csrapproving"] = startCSRApprovingController
    controllers["csrcleaner"] = startCSRCleanerController
    controllers["ttl"] = startTTLController
    controllers["bootstrapsigner"] = startBootstrapSignerController
    controllers["tokencleaner"] = startTokenCleanerController
    controllers["nodeipam"] = startNodeIpamController
    controllers["nodelifecycle"] = startNodeLifecycleController
    if loopMode == IncludeCloudLoops {
    controllers["service"] = startServiceController
    controllers["route"] = startRouteController
    controllers["cloud-node-lifecycle"] = startCloudNodeLifecycleController
    }
    controllers["persistentvolume-binder"] = startPersistentVolumeBinderController
    controllers["attachdetach"] = startAttachDetachController
    controllers["persistentvolume-expander"] = startVolumeExpandController
    controllers["clusterrole-aggregation"] = startClusterRoleAggregrationController
    controllers["pvc-protection"] = startPVCProtectionController
    controllers["pv-protection"] = startPVProtectionController
    controllers["ttl-after-finished"] = startTTLAfterFinishedController
    controllers["root-ca-cert-publisher"] = startRootCACertPublisher
    controllers["ephemeral-volume"] = startEphemeralVolumeController
    if utilfeature.DefaultFeatureGate.Enabled(genericfeatures.APIServerIdentity) &&
    utilfeature.DefaultFeatureGate.Enabled(genericfeatures.StorageVersionAPI) {
    controllers["storage-version-gc"] = startStorageVersionGCController
    }

    return controllers
}
```

控制器集合和 Informer 启动后，kube-controller-manager 就能够自动监听集群中的各类事件，触发控制器的调谐逻辑，使整个系统运行在期望状态。至此，kube-controller-manager 的启动流程就完成了。

10.4 ReplicaSet 控制器

ReplicaSet 控制器是 ReplicaSet 资源对象的控制器，它通过 Informer 监听 ReplicaSet 和 Pod 资源对象，当监听的资源对象发生变化（Add、Update、Delete）时，ReplicaSet 控制器会对 ReplicaSet 资源对象执行 Reconcile 调谐操作。

ReplicaSet 资源对象主要包含 Pod 模板（Spec.Template）和副本数（Spec.Replicas）两部

分。ReplicaSet 控制器负责确保集群中指定的 Pod 资源对象数量和期望副本数一致。ReplicaSet 资源对象的选择器可以关联所负责的 Pod 资源对象，当 Pod 资源对象数量超过期望副本数时，ReplicaSet 控制器会删除多余的 Pod 资源对象。反之，当 Pod 资源对象数量少于期望副本数时，ReplicaSet 控制器使用慢启动的方式创建新的 Pod 资源对象。

10.4.1 控制器初始化

ReplicaSet 控制器在初始化时，会创建工作队列以存储 ReplicaSet 资源对象的 Key。ReplicaSet 控制器为 ReplicaSet 和 Pod 资源对象注册监听事件的回调函数。

- ReplicaSet 资源对象：监听 Add、Update、Delete 事件，将监听到的 ReplicaSet 资源对象的 Key 加入工作队列，等待 Worker 协程的消费处理。
- Pod 资源对象：监听 Add、Update、Delete 事件，将监听到的 Pod 资源对象关联的 ReplicaSet 资源对象的 Key 加入工作队列，等待 Worker 协程的消费处理。Pod 资源对象的 OwnerReference 记录了父级资源的引用（ReplicaSet 资源对象）。当触发 Pod 的 Add 或 Delete 事件时，将通过 OwnerReference 找到关联的 ReplicaSet 资源对象并将其 Key 加入工作队列，等待 Worker 协程消费处理。当触发 Pod 的 Update 事件时，检查其 OwnerReference 有无变更，如果有，则将 Pod 变更前后的 OwnerReference 引用的新旧 ReplicaSet 资源对象的 Key 都加入工作队列；如果没有，则直接将 Pod 对应的 ReplicaSet 资源对象的 Key 加入工作队列，等待 Worker 协程消费处理。

10.4.2 主要执行逻辑

ReplicaSet 控制器的目标是确保其指定的可用 Pod 数量和期望副本数一致（Spec.Replicas）。其主要逻辑代码位于代码路径 pkg/controller/replicaset/replica_set.go 的 syncReplicaSet 函数中，主要执行步骤如图 10-6 所示。

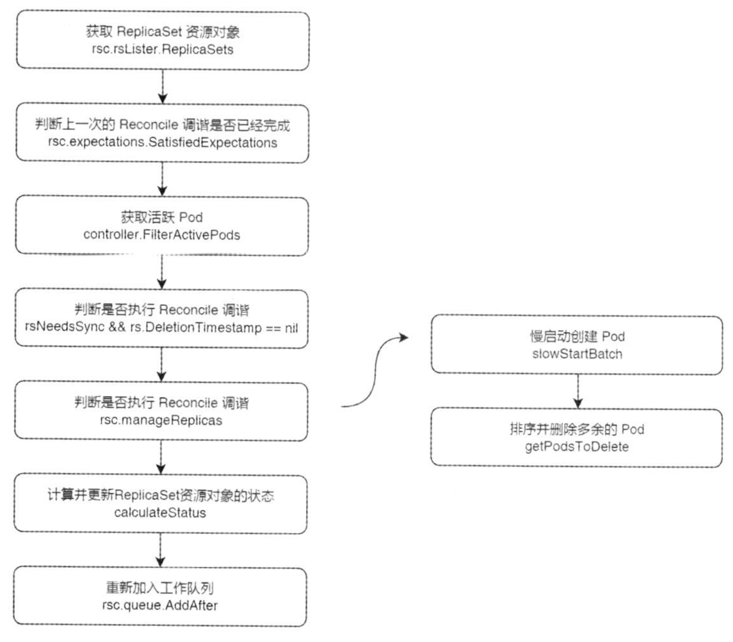

图 10-6 ReplicaSet 控制器的主要执行步骤

1）rsc.rsLister.ReplicaSets

获取 ReplicaSet 资源对象。ReplicaSet 控制器通过 ReplicaSet Informer 的 Lister 接口的 Get 方法获取完整的 ReplicaSet 资源对象。

2）rsc.expectations.SatisfiedExpectations

判断上一次的 Reconcile 调谐是否已经完成。ReplicaSet 控制器通过 Expectation 机制来判断上一次调谐需要创建或删除的 Pod 是否已经被 kube-apiserver 处理完成。

如果 SatisfiedExpectations 返回 false，则说明上一次 Reconcile 调谐过程发出的创建或删除 Pod 的请求还未被 kube-apiserver 处理完成，此时继续执行 Reconcile 调谐过程可能会出现重复创建或删除 Pod 的情况，因此在 SatisfiedExpectations 返回 false 之后不再执行后续过程。

3）controller.FilterActivePods

获取活跃 Pod。ReplicaSet 控制器通过 Pod Informer 的 Lister 接口的 List 方法获取当前命名空间下的所有 Pod。接着，从中过滤出活跃 Pod。活跃 Pod 指的是那些 Pod.Status.Phase 未处于 Succeeded 或 Failed 状态，并且未处于删除中的 Pod。筛选活跃 Pod 的是 IsPodActive 函数，其代码示例如下。

代码路径：pkg/controller/controller_utils.go

```
Plain Text
func IsPodActive(p *v1.Pod) bool {
  return v1.PodSucceeded != p.Status.Phase &&
    v1.PodFailed != p.Status.Phase &&
    p.DeletionTimestamp == nil
}
```

最后，通过 ReplicaSet 资源对象的选择器找出与当前 ReplicaSet 资源对象关联的活跃 Pod。

4）rsNeedsSync && rs.DeletionTimestamp == nil

判断是否执行 Reconcile 调谐。如果 ReplicaSet 资源对象上一次 Reconcile 调谐已经完成，并且没有处于删除中，则 ReplicaSet 控制器会继续为该 ReplicaSet 资源对象执行 Reconcile 调谐。

5）rsc.manageReplicas

执行 Reconcile 调谐。ReplicaSet 控制器对比活跃 Pod 数量和期望 Pod 数量（Spec.Replicas）。如果活跃 Pod 数量比期望 Pod 数量少，则 ReplicaSet 控制器通过慢启动的方式（slowStartBatch 函数）创建 Pod，补齐活跃 Pod 数量与期望 Pod 数量之间的差值。如果活跃 Pod 数量比期望 Pod 数量多，则 ReplicaSet 控制器在对现有的 Pod 排序后，删除超出期望 Pod 数量的 Pod。慢启动执行过程及排序和删除过程将在后续章节中详细介绍。

6）calculateStatus

计算并更新 ReplicaSet 资源对象的状态。ReplicaSet 控制器计算 ReplicaSet 资源对象的 Status.Replicas（活跃 Pod 数量）、Status.ReadyReplicas（处于 Ready 状态的活跃 Pod 数量）、Status.AvailableReplicas（处于 Available 状态的活跃 Pod 数量）等状态，并且调用 kube-apiserver 完成对资源对象状态的更新。

7）rsc.queue.AddAfter

重新加入工作队列。如果 Status.ReadyReplicas 和 Status.AvailableReplicas 不一致，并且 MinReadySeconds 大于 0，则可能有一些 Pod 最多再等待 MinReadySeconds 时间之后才能从 Ready 状态转换为 Available 状态。此时 ReplicaSet 控制器需要等待前述 Pod 到达 Available 状

态后重新统计该 ReplicaSet 资源对象的状态，将 ReplicaSet 资源对象延迟 MinReadySeconds 秒后重新加入工作队列。

10.4.3 慢启动创建 Pod

当活跃Pod数量低于期望Pod数量时，ReplicaSet控制器需要创建新Pod来补足。ReplicaSet 控制器在创建 Pod 时，集群可能由于性能、配额限制等原因，会出现很多 Pod 连续创建失败的情况。因此 ReplicaSet 控制器会分多个批次创建 Pod，从小批次开始，逐渐扩大批次，避免集群中出现大量报错的情况。这种创建方式被称为慢启动创建，其代码示例如下。

代码路径：pkg/controller/replicaset/replica_set.go

```
Plain Text
func slowStartBatch(count int, initialBatchSize int, fn func() error) (int, error) {
  remaining := count
  successes := 0
  for batchSize := integer.IntMin(remaining, initialBatchSize); batchSize > 0; batchSize
= integer.IntMin(2*batchSize, remaining) {
    errCh := make(chan error, batchSize)
    var wg sync.WaitGroup
    wg.Add(batchSize)
    for i := 0; i < batchSize; i++ {
   go func() {
     defer wg.Done()
     if err := fn(); err != nil {
        errCh <- err
     }
   }()
    }
    wg.Wait()
    curSuccesses := batchSize - len(errCh)
    successes += curSuccesses
    if len(errCh) > 0 {
   return successes, <-errCh
    }
    remaining -= batchSize
  }
  return successes, nil
}
```

在慢启动过程中，ReplicaSct 控制器每次启动 batchSize 个 goroutine 并发创建 Pod。当一个批次的 Pod 全部创建成功后，ReplicaSet 控制器重新计算 batchSize，其值为前一批次大小的两倍，直到所有 Pod 创建完成。如果某个批次出现错误，则 ReplicaSet 控制器会在该批次执行结束后返回报错，结束调谐 Pod 数量的过程，等待后续 ReplicaSet 控制器重试。

10.4.4 排序并删除多余的 Pod

当实际活跃 Pod 数量超过期望 Pod 数量时，ReplicaSet 控制器会删除一些 Pod。ReplicaSet 控制器对现有的活跃 Pod 进行排序，并按照排序删除超出期望 Pod 数量的 Pod。Pod 将按以下规则排序，逐个应用每个规则，直到有匹配的规则，实现函数为 ActivePodsWithRanks.Less，具体规则如下。

（1）根据 Pod 是否被调度：如果只有一个 Pod 被调度，则尚未调度到节点的 Pod 将排在已经被调度到节点的 Pod 之前。

（2）根据 Status.Phase：Pending 的 Pod 将排在 Unknown 的 Pod 之前，Unknown 的 Pod 将排在 Running 的 Pod 之前。

（3）根据 Ready Condition：尚未就绪的 Pod 将排在就绪的 Pod 之前。

（4）根据宿主节点同类 Pod 数量：宿主节点上有多个相同 Pod 存在的 Pod 排在 Pod 在节点上只有唯一 Pod 的 Pod 之前。

（5）根据 Ready 时间：如果两个 Pod 都已就绪，但就绪时间不同，则已就绪时间较短的 Pod 将排在已就绪时间较长的 Pod 之前。

（6）根据重启次数：容器重启次数多的 Pod 将排在容器重启次数少的 Pod 之前。

（7）根据运行时长：创建时间比较晚的 Pod 将排在创建时间比较早的 Pod 之前。

按照上述排序规则，不正常的 Pod 将优先被删除，而正常运行且稳定运行时间较长的 Pod 则被保留下来。

如果同时删除大量 Pod，则会给集群控制平面的组件造成压力。因此，当待删除的 Pod 数量过多时，ReplicaSet 控制器每次调谐删除的 Pod 数量存在上限，其他的 Pod 将在后续同步过程中被删除。对于每次同步过程，删除的上限为 500 个 Pod（BurstReplicas 变量），其代码示例如下。

代码路径：pkg/controller/replicaset/replica_set.go

```
Go
const (
  BurstReplicas = 500
  //...
)
```

10.4.5 Expectation 机制

在 ReplicaSet 控制器中使用 Expectation 机制来记录当次 Reconcile 调谐过程中需要创建或删除的 Pod 数量。每个 ReplicaSet 资源对象在调谐过程中，都会生成一个对应的 Expectation 对象。

Expectation 对象数据结构的代码示例如下。

代码路径：pkg/controller/controller_utils.go

```
Plaintext
type ControlleeExpectations struct {
  add       int64
  del       int64
  key       string
  timestamp time.Time
}
```

- add：需要创建的 Pod 数量。
- del：需要删除的 Pod 数量。
- key：Expectation 缓存对应的正在调谐的资源对象的 Key。
- timestamp：Expectation 对象被设置的时间。

ReplicaSet 控制器主要使用了 Expectation 的以下接口，代码如下。

代码路径：pkg/controller/controller_utils.go

```
Plain Text
type ControllerExpectationsInterface interface {
  SatisfiedExpectations(controllerKey string) bool
  DeleteExpectations(controllerKey string)
  ExpectCreations(controllerKey string, adds int) error
  ExpectDeletions(controllerKey string, dels int) error
  CreationObserved(controllerKey string)
  DeletionObserved(controllerKey string)
  //...
}
```

这些接口方法的含义如下。

- SatisfiedExpectations：判断 Expectation 缓存是否已经被满足。该方法在满足以下情况之一时返回 true。
  - add 字段和 del 字段均为 0（创建或删除请求已经被全部执行完成）；
  - 当前时间距离 timestamp 已经超过了 5 分钟（使用超时机制避免 Expectation 迟迟不为 0 而卡住调谐操作的情况）；
  - 未找到该资源对象的 Key 对应的 Expectation 缓存（可能有过新建资源或其他错误，返回 true 触发 ReplicaSet 控制器重新同步该资源对象）。
- DeleteExpectations：删除该资源对象的 Key 对应的资源对象的 Expectation 缓存。
- ExpectCreations：设置 Expectation 缓存记录的希望创建的 Pod 数量（add 字段），并且设置 timestamp 时间。
- ExpectDeletions：设置 Expectation 缓存记录的希望删除的 Pod 数量（del 字段），并且设置 timestamp 时间。
- CreationObserved：将 Expectation 缓存记录的希望创建的 Pod 数量（add 字段）减一。
- DeletionObserved：将 Expectation 缓存记录的希望删除的 Pod 数量（del 字段）减一。

下面我们分别介绍 Expectation 的设置与删除、数值调整及满足判定。

1. Expectation 的设置与删除

负责 ReplicaSet 控制器调谐 Pod 数量的是 manageReplicas 函数。该函数在计算出实际 Pod 数量和期望 Pod 数量的差值后，ReplicaSet 控制器为当前 ReplicaSet 资源对象设置 Expectation。manageReplicas 函数的代码示例如下。

代码路径：pkg/controller/replicaset/replica_set.go

```
Plaintext
func (rsc *ReplicaSetController) manageReplicas(ctx context.Context, filteredPods
[]*v1.Pod, rs *apps.ReplicaSet) error {
  diff := len(filteredPods) - int(*(rs.Spec.Replicas))
  //...
  if diff < 0 {
    //...
    rsc.expectations.ExpectCreations(rsKey, diff)
    //...
  } else if diff > 0 {
    //...
    rsc.expectations.ExpectDeletions(rsKey, getPodKeys(podsToDelete))
```

```
    //...
  }

  return nil
}
```

在 manageReplicas 函数中，diff 变量是当前活跃 Pod 数量与 ReplicaSet 资源对象期望 Pod 数量的差值。当 diff 小于 0 时，说明需要创建一些新 Pod，此时 ReplicaSet 控制器调用 ExpectCreations 方法设置 Expectation 对象的 add 字段；当 diff 大于 0 时，说明需要删除一些 Pod，此时 ReplicaSet 控制器调用 ExpectDeletions 方法设置 Expectation 对象的 del 字段。

当 ReplicaSet 资源对象被删除，或者被发现已经不存在于集群中时，ReplicaSet 控制器会调用 Expectation 的 DeleteExpectations 方法删除 ReplicaSet 资源对象对应的 Expectation 对象。代码如下所示。deleteRS 是 ReplicaSet Informer 监听 Delete 事件的回调函数，当监听到 ReplicaSet 资源对象的 Delete 事件后，ReplicaSet 控制器删除该 ReplicaSet 资源对象的 Expectation 对象。

代码路径：pkg/controller/replicaset/replica_set.go

```
Plain Text
func (rsc *ReplicaSetController) deleteRS(obj interface{}) {
  //...
  rsc.expectations.DeleteExpectations(key)
  //...
}
```

此外，在 syncReplicaSet 函数中，如果 ReplicaSet 控制器未能通过 ReplicaSet Informer 的 Lister 接口的 Get 方法获取 ReplicaSet 资源对象，则说明该资源对象已经被删除了，ReplicaSet 控制器删除该 ReplicaSet 资源对象的 Expectation 对象，代码如下。

代码路径：pkg/controller/replicaset/replica_set.go

```
Plain Text
func (rsc *ReplicaSetController) syncReplicaSet(...) error {
  //...
  rs, err := rsc.rsLister.ReplicaSets(namespace).Get(name)
  if apierrors.IsNotFound(err) {
    klog.V(4).Infof("%v %v has been deleted", rsc.Kind, key)
    rsc.expectations.DeleteExpectations(key)
    return nil
  }
  //...
}
```

2. Expectation 的数值调整

ReplicaSet 控制器调用 kube-apiserver 创建或删除 Pod，在 kube-apiserver 做出响应之后，就会调用 CreationObserved 或 DeletionObserved 方法调整 Expectation 中 add 字段或 del 字段的计数。

以创建 Pod 为例，ReplicaSet 控制器在以下两种情况下会调整 Expectation 中 add 字段的计数。

- Pod Informer 监听到该 ReplicaSet 资源对象的 Pod 创建之后，即 Pod 创建事件的回调函数 addPod 被调用。这说明 kube-apiserver 已经成功地创建了新 Pod。代码如下。

代码路径：pkg/controller/replicaset/replica_set.go

```
Plain Text
func (rsc *ReplicaSetController) addPod(obj interface{}) {
  //...
  if controllerRef := metav1.GetControllerOf(pod); controllerRef != nil {
    //...
    rsc.expectations.CreationObserved(rsKey)
    /...
  }
  //...
}
```

- 创建 Pod 请求报错之后。这说明 kube-apiserver 显式报错了未能成功创建 Pod。代码如下，在创建失败后，调用了 Expectation 的 CreationObserved 方法来调整 Expectation 对象，表示这个 Pod 的创建已经执行过了。

代码路径：pkg/controller/replicaset/replica_set.go

```
Plain Text
func (rsc *ReplicaSetController) manageReplicas(ctx context.Context, filteredPods
[]*v1.Pod, rs *apps.ReplicaSet) error {
  //...
  if diff < 0 {
    //...
    if skippedPods := diff - successfulCreations; skippedPods > 0 {
   klog.V(2).Infof("Slow-start failure. Skipping creation of %d pods, decrementing
expectations for %v %v/%v", skippedPods, rsc.Kind, rs.Namespace, rs.Name)
   for i := 0; i < skippedPods; i++ {
     rsc.expectations.CreationObserved(rsKey)
   }
    }
    return err
  }//...
}
```

无论发生什么情况，都说明 kube-apiserver 已经处理完了新 Pod 的创建请求，所以需要调整 Expectation 中 add 字段的计数。删除 Pod 的情况与之类似，此处不再赘述。

3. Expectation 的满足判定

ReplicaSet 控制器的主要 Reconcile 调谐过程在 syncReplicaSet 函数中完成。在 syncReplicaSet 函数的开头部分，调用了 SatisfiedExpectations 方法来判定 Expectation 是否已经满足，代码如下。

代码路径：pkg/controller/replicaset/replica_set.go

```
Plain Text
func (rsc *ReplicaSetController) syncReplicaSet(...) error {
  //...
  rsNeedsSync := rsc.expectations.SatisfiedExpectations(key)
  //...
}
```

如果在前一次调谐过程中，还存在 Pod 创建或删除请求未被 kube-apiserver 处理完成，即监听器 Pod Informer 尚未监听到 Pod 的 Add 或 Delete 事件时，则 Expectation 中 add 字段、del

字段不会为 0，SatisfiedExpectations 方法就不会返回 true，进而阻止了新的 Reconcile 调谐继续执行。这个机制阻止了重复的 Pod 创建和删除操作，避免了多余请求的产生。

10.5 Deployment 控制器

Deployment 控制器是 Deployment 资源的控制器。它通过 Informer 监听 Deployment、ReplicaSet 和 Pod 资源对象，当监听的资源对象发生变化时，会对 Deployment 资源对象执行 Reconcile 调谐操作。

Deployment 资源对象主要包含 Pod 模板（Spec.Template）、副本数量（Spec.Replicas）、更新策略（Spec.Strategy）等部分。当 Deployment 资源对象关联的实际 Pod 数量和期望副本数量不一致时，Deployment 控制器依据更新策略调整关联 ReplicaSet 资源的期望副本数量，实现对 Pod 资源对象的增删。当 Deployment 资源对象的 Pod 模板有变化时，Deployment 控制器创建新的 ReplicaSet 资源对象，并且根据更新策略逐步调整 ReplicaSet 的期望副本数量，进而控制整体 Pod 更新的进度。

10.5.1 控制器初始化

Deployment 控制器在初始化时，会创建工作队列用于存储 Deployment 资源对象的 Key。Deployment 控制器为 Deployment、ReplicaSet 和 Pod 资源对象注册监听事件的回调函数。

- Deployment 资源对象：监听 Add、Update、Delete 事件，将监听到的 Deployment 资源对象的 Key 加入工作队列，等待 Worker 协程的消费处理。
- ReplicaSet 资源对象：监听 Add、Update、Delete 事件，将监听到的 ReplicaSet 资源对象关联的 Deployment 资源对象的 Key 加入工作队列，等待 Worker 协程的消费处理。ReplicaSet资源对象的OwnerReference记录了父级资源的引用（Deployment资源对象）。当触发 ReplicaSet 的 Add 或 Delete 事件时，将通过 OwnerReference 找到关联的 Deployment 资源对象并将其 Key 加入工作队列。当触发 ReplicaSet 的 Update 事件时，检查其 OwnerReference 有无变更，如果有，则将 ReplicaSet 变更前后的 OwnerReference 引用的新旧 Deployment 资源对象的 Key 都加入工作队列，等待 Worker 协程消费处理；如果没有，则直接将Pod对应的Deployment资源对象的Key加入工作队列，等待Worker 协程消费处理。
- Pod 资源对象：监听 Delete 事件，如果监听到的 Pod 资源对象对应的 Deployment 资源对象的更新策略是 Recreate，并且 Deployment 资源对象关联的所有 ReplicaSet 资源对象关联的 Pod 数量均为 0，则将 Deployment 资源对象的 Key 加入工作队列，等待 Worker 协程的消费处理。由于 Recreate 更新策略在停止所有旧 Pod 之后才启动新 Pod，所以该逻辑可以保证在所有旧 Pod 被删除后，重新调谐 Deployment 资源对象，完成后续新 Pod 的创建。

10.5.2 主要执行逻辑

Deployment 控制器的主要逻辑代码位于 pkg/controller/deployment/deployment_controller.go 的 syncDeployment 函数中，主要执行步骤如图 10-7 所示。

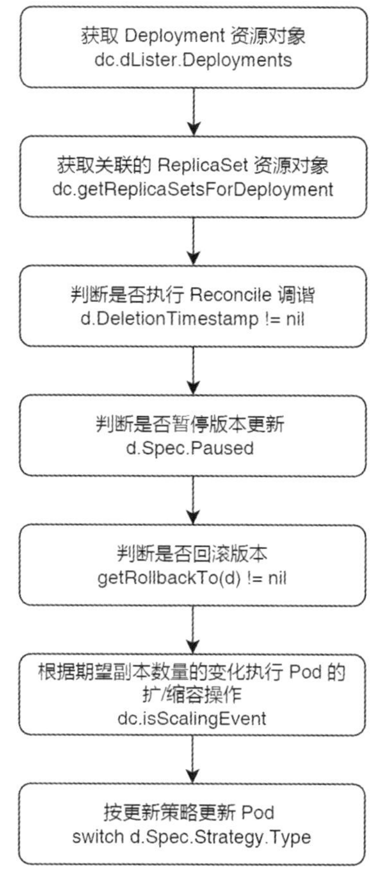

图 10-7 Deployment 控制器的主要执行步骤

1）dc.dLister.Deployments

获取 Deployment 资源对象。Deployment 控制器通过 Deployment Informer 的 Lister 接口的 Get 方法获取完整的 Deployment 资源对象。

2）dc.getReplicaSetsForDeployment

获取关联的 ReplicaSet 资源对象。Deployment 控制器通过 ReplicaSet Informer 的 Lister 接口的 List 方法筛选出 Deployment 资源对象关联的所有 ReplicaSet 资源对象。

3）d.DeletionTimestamp != nil

判断是否执行 Reconcile 调谐。Deployment 控制器检查 Deployment 资源对象是否处于删除中状态。如果处于删除中状态，则在更新 Deployment 资源对象的状态后退出，不再执行后续 Reconcile 调谐逻辑。

4）d.Spec.Paused

判断是否暂停版本更新。当处于 Paused 状态时，Deployment 控制器仅仅通过 ReplicaSet 将 Pod 数量调谐到 Deployment 资源对象规定的数量，但不处理 Pod 模板的更新。Pod 数量的调谐由 sync 函数完成，在后续小节会详细介绍，代码示例如下。

代码路径：pkg/controller/deployment/deployment_controller.go

```
Plain Text
if d.Spec.Paused {
```

```
  return dc.sync(ctx, d, rsList)
}
```

5）getRollbackTo(d) != nil

判断是否回滚版本。如果 Deployment 资源对象存在“deprecated.deployment.rollback.to” Annotation，则被认为需要将 Pod 模板回滚到 Annotation 指定的版本去。Deployment 控制器根据 Annotation 指定的版本号，调用 rollback 方法寻找目标 ReplicaSet 并将 Deployment 资源对象的 Pod 模板修改为该 ReplicaSet 的配置，在后续小节会详细介绍。代码示例如下。

代码路径：pkg/controller/deployment/deployment_controller.go

```
Plain Text
if getRollbackTo(d) != nil {
  return dc.rollback(ctx, d, rsList)
}
```

6）dc.isScalingEvent

根据期望副本数量的变化执行 Pod 的扩/缩容操作。如果 Deployment 被认为发生了扩/缩容，就需要调用 sync 函数执行 Pod 数量的调谐。

负责检查 Deployment 是否正在扩/缩容的是 isScalingEvent 函数。该函数检查 Deployment 资源对象关联的各个活跃 ReplicaSet 的“deployment.kubernetes.io/desired-replicas” Annotation 记录 Deployment 资源对象的期望副本数量，如果该值与 Deployment 资源对象的 Replicas 字段不一致，则说明 Deployment 资源对象发生了扩/缩容。该函数的代码示例如下。

代码路径：pkg/controller/deployment/sync.go

```
Plain Text
func (dc *DeploymentController) isScalingEvent(ctx context.Context, d *apps.Deployment,
rsList []*apps.ReplicaSet) (bool, error) {
  newRS, oldRSs, err := dc.getAllReplicaSetsAndSyncRevision(ctx, d, rsList, false)
  //...
  allRSs := append(oldRSs, newRS)
  for _, rs := range controller.FilterActiveReplicaSets(allRSs) {
    desired, ok := deploymentutil.GetDesiredReplicasAnnotation(rs)
    if !ok {
   continue
    }
    if desired != *(d.Spec.Replicas) {
   return true, nil
    }
  }
  return false, nil
}
```

注意：PodTemplate 的更新操作并不会影响 Spec.Replicas 字段。所以在只进行 PodTemplate 更新时，不会进入此处 Pod 扩/缩容的过程，而是会在后续步骤中按照更新策略来更新 Pod。

7）switch d.Spec.Strategy.Type

按更新策略更新 Pod。当更新策略为 Recreate 时，调用 dc.rolloutRecreate 方法执行 Pod 更新；当更新策略为 RollingUpdate 时，调用 dc.rolloutRolling 方法执行 Pod 更新。该过程的

代码示例如下。

代码路径：pkg/controller/deployment/deployment_controller.go

```
Plain Text
switch d.Spec.Strategy.Type {
case apps.RecreateDeploymentStrategyType:
  return dc.rolloutRecreate(ctx, d, rsList, podMap)
case apps.RollingUpdateDeploymentStrategyType:
  return dc.rolloutRolling(ctx, d, rsList)
}
```

在更新 Pod 的过程中，旧 Pod 的销毁通过调低旧 ReplicaSet 期望副本数量实现，而新版本 Pod 的创建通过调高新 ReplicaSet 期望副本数量实现。

10.5.3 调谐 Pod 的数量

当 Deployment 资源对象处于 Suspend 状态，或期望副本数量发生变化时，Deployment 控制器调用 sync 函数，借助 ReplicaSet 调谐 Pod 的数量。

Deployment 控制器首先获取当前 Deployment 资源对象关联的所有 ReplicaSet，根据实际情况执行以下操作。

- 如果仅有 1 个或完全没有活跃 ReplicaSet，则找出创建时间最近的 ReplicaSet，将其副本数量调整到和 Deployment 资源对象副本数量一致。
- 如果最新的 ReplicaSet 存在，并且副本数量和可用状态的 Pod 数量与 Deployment 资源对象一致，则说明 Pod 数量目前已经和 Deployment 资源对象一致了，此时将所有其他 ReplicaSet 的 Pod 副本数量降为 0，删除这些旧 Pod。
- 如果集群中有多个活跃的 ReplicaSet，并且更新策略是 RollingUpdate 策略，则需要通过多次迭代，逐渐将旧 ReplicaSet 的 Pod 删除，并调整最新的 ReplicaSet 的 Pod 副本数量并最终和 Deployment 资源对象的 Pod 副本数量保持一致。

当出现第三种情况的时候，说明 Pod 版本更新和 Pod 副本数量调整同时执行，Kubernetes 并不推荐这样的做法，而是应该将 Pod 版本更新和 Pod 副本数量调整分开执行。

10.5.4 更新策略

Deployment 资源对象的更新策略分为 Recreate 和 RollingUpdate 两种。

1）Recreate

如果 Deployment 资源对象的更新策略为 Recreate，则 Deployment 控制器首先获取所有关联的 ReplicaSet，接着将非最新版本的 ReplicaSet 的 Pod 副本数量全部降为 0，以删除旧版本的 Pod 资源对象。

在删除所有旧 Pod 之前，控制器 Deployment 只会更新 Deployment 资源对象的状态，不会创建新的 Pod。在删除所有旧 Pod 后，Deployment 控制器创建使用新 Pod 模板的 ReplicaSet，进而创建新 Pod。

2）RollingUpdate

如果 Deployment 资源对象的更新策略为 RollingUpdate，即滚动更新，则 Deployment 控制器会多次执行同步过程，每次同步过程通过调节新、旧 ReplicaSet 的 Spec.Replicas 字段的方式，创建一些新 Pod 或删除一些旧 Pod，分多次逐步完成所有 Pod 的更新。

RollingUpdate 策略涉及 Spec 中的两个关键字段：MaxSurge 和 MaxUnavailable。其代码示例如下所示。其中，MaxSurge 用来指定可以创建的超出期望 Pod 数量的 Pod 数量，MaxUnavailable 用来指定更新过程中不可用的 Pod 数量。

```
Plain Text
type RollingUpdateDeployment struct {
  MaxUnavailable *intstr.IntOrString `json:"maxUnavailable,omitempty"
protobuf:"bytes,1,opt,name=maxUnavailable"`
  MaxSurge *intstr.IntOrString `json:"maxSurge,omitempty"
protobuf:"bytes,2,opt,name=maxSurge"`
}
```

Deployment 控制器获取 Deployment 资源对象关联的所有 ReplicaSet。如果所有的 ReplicaSet 都和 Deployment 资源对象的 Pod 模板不符，则会创建一个新的 ReplicaSet。这与 Recreate 策略不同，Recreate 策略在删除旧 Pod 后才会创建新的 ReplicaSet。

Deployment 控制器会尝试扩容最新版本的 ReplicaSet，使总可用 Pod 数量不超过 MaxSurge 规定的上限。Deployment 控制器修改新的 ReplicaSet 的 Spec.Replicas 字段，扩容一部分 Pod，并且结束本次同步。如果新 ReplicaSet 之前已经成功扩容了此次迭代的 Pod 数量，则 Deployment 控制器继续执行后续逻辑，删除一些旧 Pod。

Deployment 控制器接着尝试对旧 Pod 缩容，使总可用 Pod 数量不超过 MaxUnavailable 规定的下限。Deployment 控制器修改旧的 ReplicaSet 的 Spec.Replicas 字段，缩容一部分 Pod，并且结束本次同步。如果最新的 ReplicaSet 之前已经完成一次迭代缩容，则 Deployment 控制器跳过执行该步骤，继续执行后续步骤。

最后，Deployment 控制器检查 Deployment 资源对象的状态，如果可用 Pod 数量已经和 Spec.Replicas 字段一致，则说明更新已经完成，此时 Deployment 控制器清理冗余的 ReplicaSet，完成对所有 Pod 的更新。

每次对新 ReplicaSet 扩容，都会增加一些新 Pod；每次对旧 ReplicaSet 缩容，都会减少一些旧 Pod。如此多次执行同步操作之后，所有旧 Pod 都将被替换为新 Pod。

例如，假设将 Deployment 资源对象的 Spec.Strategy.RollingUpdate 的 MaxSurge 配置为 a%，MaxUnavailable 配置为 b%，Deployment 资源对象的 Spec.Replicas 字段为 N。我们此时更新了 Deployment 资源对象的 Pod 模板，那么对于每次扩容新的 ReplicaSet，增加的新 Pod 数量为：

Deployment.Spec.Replicas + Deployment.Spec.Replicas * a% – 当前所有 ReplicaSet 的 Spec.Replicas 之和

对于每次缩容旧的 ReplicaSet，删除的旧 Pod 数量为：

当前新旧版本 ReplicaSet 的 Spec.Replicas 之和–（Deployment.Spec.Replicas–Deployment.Spec.Replicas * b%）– 新版本 ReplicaSet 的不可用 Pod 数量

10.5.5 版本回滚

Deployment 控制器创建的 ReplicaSet 资源对象都带有一条注解以记录其版本号，如下所示。

```
Plain Text
RevisionAnnotation = "deployment.kubernetes.io/revision"
```

在 Deployment 资源对象中设置 Annotation 指定回滚版本号，Deployment 控制器就会执行版本回滚过程。版本回滚主要包括 3 个步骤。

1）获取回滚版本号

Deployment 控制器调用 getRollbackTo 函数获取回滚版本号。回滚版本号记录在 Deployment 资源对象的 Annotation 中，其 Key 如下所示。

```
Plain Text
DeprecatedRollbackTo = "deprecated.deployment.rollback.to"
```

getRollbackTo 函数的代码示例如下所示。Deployment 控制器读取上述 Annotation 的值并解析为数字，如果值不合法，或者 Annotation 不存在，则直接返回 nil。在其他情况下，返回回滚的目标版本。

代码路径：pkg/controller/deployment/rollback.go

```
Plain Text
func getRollbackTo(d *apps.Deployment) *extensions.RollbackConfig {

  revision := d.Annotations[apps.DeprecatedRollbackTo]
  if revision == "" {
    return nil
  }
  revision64, err := strconv.ParseInt(revision, 10, 64)
  if err != nil {
    return nil
  }
  return &extensions.RollbackConfig{
    Revision: revision64,
  }
}
```

2）根据回滚版本号，找到对应的 ReplicaSet 资源对象

如果回滚版本号是 0，则 Deployment 控制器将其回滚版本号设置为次新版本（最新版本的上一版本）。接着，Deployment 控制器根据回滚版本号，找到对应的 ReplicaSet 资源对象。

3）更新 Deployment 的 Pod 模板

Deployment 控制器更新 Deployment 资源对象的 Pod 模板，将其更换为回滚的目标 ReplicaSet 资源对象中的 Pod 模板，并且清空回滚 Annotation。

需要注意的是，该回滚过程仅仅针对 Pod 模板进行回滚。Pod 模板之外的配置则无法回滚。

10.6 DaemonSet 控制器

DaemonSet 控制器是 DaemonSet 资源对象的控制器，它通过 Informer 监听 DaemonSet、Pod、Node 资源对象，当监听的资源对象发生变化时，DaemonSet 控制器对 DaemonSet 资源对象执行 Reconcile 调谐操作，确保 DaemonSet 资源对象选中的每个节点上最终都有且仅有 1 个 Pod 处于可用状态。

DaemonSet 资源对象主要包括 Pod 模板（Spec.Template）、更新策略（Spec.UpdateStrategy）两部分。DaemonSet 控制器根据 Pod 模板中的 NodeSelector、Affinity、TaintToleration 等属性，结合节点的 Labels、Taints 等属性，筛选出应当运行 Pod 的节点，确保这些节点上都有一个 Pod 正常运行。

10.6.1 控制器初始化

DaemonSet 控制器在初始化时，会创建工作队列以存储 DaemonSet 资源对象的 Key。DaemonSet 控制器为 DaemonSet、Pod、Node 等资源对象注册监听事件的回调函数。

- DaemonSet 资源对象：监听 Add、Update、Delete 事件，将监听到的 DaemonSet 资源对象的 Key 加入工作队列，等待 Worker 协程的消费处理。
- Pod 资源对象：监听 Add、Update、Delete 事件，将监听到的与 Pod 资源对象关联的 DaemonSet 资源对象的 Key 加入工作队列，等待 Worker 协程的消费处理。Pod 资源对象的 OwnerReference 记录了父级资源的引用（DaemonSet 资源对象）。当触发 Pod 的 Add 或 Delete 事件时，将通过 OwnerReference 找到关联的 DaemonSet 资源对象的 Key 加入工作队列；当触发 Pod 的 Update 事件时，检查其 OwnerReference 有无变更，如果有，则将 Pod 变更前后的 OwnerReference 引用的新旧 DaemonSet 资源对象的 Key 加入工作队列；如果没有，则直接将 Pod 对应的 DaemonSet 资源对象的 Key 加入工作队列。加入工作队列的 Key 将等待被 Worker 协程消费处理。
- Node 资源对象：监听 Add、Update 事件，遍历集群中的每个 DaemonSet 资源对象：当触发 Node 的 Add 事件时，如果 DaemonSet 资源对象应当在该 Node 上运行 Pod，则将该 DaemonSet 资源对象的 Key 加入工作队列；当触发 Node 的 Update 事件时，如果该 DaemonSet 资源对象是否应当在该 Node 上运行 Pod 的情况有变，则将该 DaemonSet 资源对象的 Key 加入工作队列。加入工作队列的 Key 将等待被 Worker 协程消费处理。
- ControllerRevision 资源对象：处理 ControllerRevision 资源对象的同步。这些资源对象用于记录 DaemonSet 资源对象的 Pod 模板历史上出现过的版本，本书不再赘述。

10.6.2 主要执行逻辑

DaemonSet 控制器的主要逻辑代码位于 pkg/controller/daemon/daemon_controller.go 的 syncDaemonSet 函数中，主要执行步骤如图 10-8 所示。

1）dsc.dsLister.DaemonSets

获取 DaemonSet 资源对象。DaemonSet 控制器通过 DaemonSet Informer 的 Lister 接口的 Get 方法获取完整的 DaemonSet 资源对象。

2）dsc.nodeLister.List

获取集群的所有 Node 资源对象。DaemonSet 控制器通过 Node Informer 的 Lister 接口的 List 方法获取集群中的所有 Node 资源对象。

3）ds.DeletionTimestamp != nil

判断资源对象是否处于删除中状态。如果 DaemonSet 资源对象已经处于删除中状态，则不再执行后续 Reconcile 调谐逻辑。

4）dsc.expectations.SatisfiedExpectations

判断是否执行 Reconcile 调谐。DaemonSet 控制器通过 Expectation 机制来判断上一次调谐需要创建或删除的 Pod 是否都已经被 kube-apiserver 处理完成，和 ReplicaSet 控制器的 Expectation 机制类似，此处不再赘述。

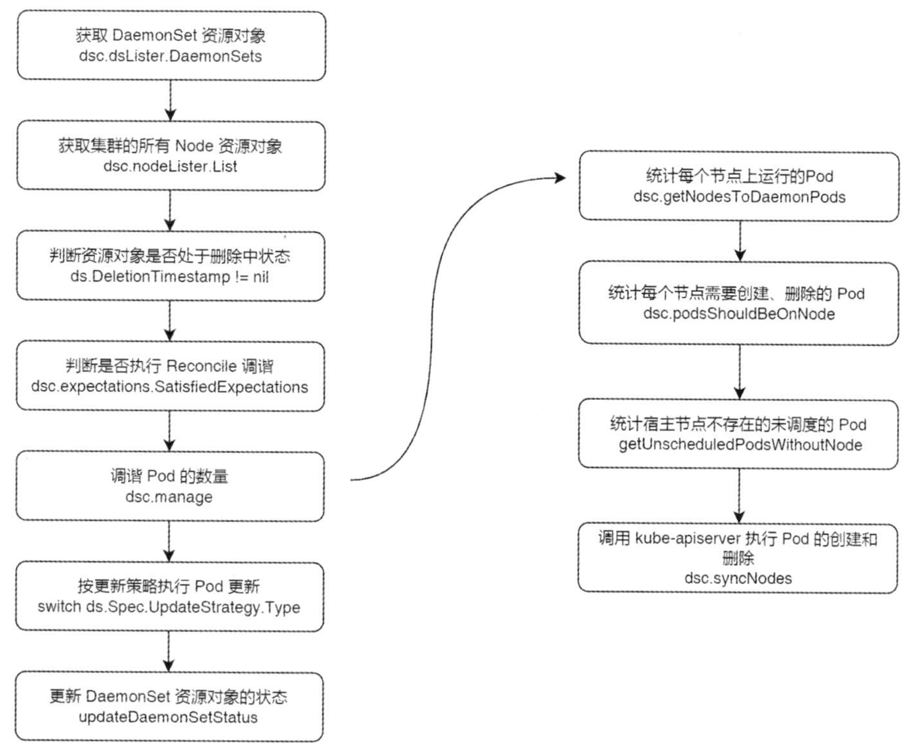

图 10-8 DaemonSet 控制器的主要执行步骤

5）dsc.manage

调谐 Pod 的数量。DaemonSet 控制器统计各节点上正在运行的 Pod，结合 Pod 的 Toleration、Affinity 和节点的 Taint、Label 等信息，统计出需要创建新 Pod 的节点和需要删除的 Pod，并调用 kube-apiserver 完成 Pod 的创建和删除。后续小节会对该过程进行详细介绍。

6）switch ds.Spec.UpdateStrategy.Type

按更新策略执行 Pod 更新，其过程代码示例如下。如果更新策略为 OnDelete，则 DaemonSet 控制器不会执行任何操作，用户需要手动删除 Pod，DaemonSet 控制器在下一次 Reconcile 调谐时创建新 Pod；如果更新策略为 RollingUpdate，则由 DaemonSet 控制器负责 Pod 的删除和创建。后续小节会对该过程进行详细介绍。

代码路径：pkg/controller/daemon/daemon_controller.go

```
Plain Text
if dsc.expectations.SatisfiedExpectations(dsKey) {
  switch ds.Spec.UpdateStrategy.Type {
  case apps.OnDeleteDaemonSetStrategyType:
  case apps.RollingUpdateDaemonSetStrategyType:
    err = dsc.rollingUpdate(ctx, ds, nodeList, hash)
  }
  //...
}
```

DaemonSet 控制器在 SatisfiedExpectations 返回 true 之后才执行 Pod 更新。这意味着此时不再有 Pod 缺失或多余，避免调谐 Pod 数量时对 Pod 更新产生干扰。

7）updateDaemonSetStatus

更新 DaemonSet 资源对象的状态。DaemonSet 控制器计算 DaemonSet 资源对象处于 Ready 状态的活跃 Pod 数量、处于 Available 状态的活跃 Pod 数量等，并调用 kube-apiserver 完成对资源对象的状态更新。

此外，和 ReplicaSet 控制器类似，如果 Ready 状态的 Pod 和 Available 状态的 Pod 数量不一致，并且 MinReadySeconds 不为 0，则 DaemonSet 控制器延迟 MinReadySeconds 秒将当前 DaemonSet 资源对象重新加入工作队列。

10.6.3 调谐 Pod 的数量

DaemonSet 控制器调用 manage 函数同步每个节点上的 Pod，补齐缺失 Pod 的节点上的 Pod 并删除失败和冗余的 Pod（在本章的后续部分，本文称之为 Manage 过程）。manage 函数的主要执行过程代码如下。

代码路径：pkg/controller/daemon/daemon_controller.go

```
Plain Text
func (dsc *DaemonSetsController) manage(...) error {
  nodeToDaemonPods, err := dsc.getNodesToDaemonPods(ctx, ds)

  // ...
  var nodesNeedingDaemonPods, podsToDelete []string
  for _, node := range nodeList {
    nodesNeedingDaemonPodsOnNode, podsToDeleteOnNode := dsc.podsShouldBeOnNode(
   node, nodeToDaemonPods, ds, hash)
    nodesNeedingDaemonPods = append(nodesNeedingDaemonPods,
nodesNeedingDaemonPodsOnNode...)
    podsToDelete = append(podsToDelete, podsToDeleteOnNode...)
  }

  // ...
  if err = dsc.syncNodes(ctx, ds, podsToDelete, nodesNeedingDaemonPods, hash); err != nil
{
    return err
  }

  return nil
}
```

manage 函数的主要执行步骤如下。

1）统计每个节点上运行的 Pod

DaemonSet 控制器调用 getNodesToDaemonPods 方法得到一个<Node:Node 上运行 Pod 集合>的映射，记录各个节点上运行了哪些 Pod。

2）统计每个节点需要创建、删除的 Pod

首先，DaemonSet 控制器遍历每个节点，调用 podsShouldBeOnNode 方法计算出当前节点是不是需要创建新 Pod、当前节点上有哪些 Pod 需要删除，并且将这些数据添加到 nodesNeedingDaemonPods 和 podsToDelete 数组中。

这里重点介绍 podsShouldBeOnNode 方法的执行过程。podsShouldBeOnNode 方法首先判

断节点应该运行 Pod 及节点是否应当继续运行 Pod。

- 节点应该运行 Pod：如果节点上还没有该 DaemonSet 资源对象的 Pod，则这个 Pod 是否可以在这个节点上创建。当节点不能满足 DaemonSet 资源对象的 NodeName 要求，或者不能满足节点的 Affinity 要求，或者遇到了不能容忍的 Taint 时，则认为节点不应该运行 Pod，其他情况则认为节点应该运行 Pod。
- 节点是否应当继续运行 Pod：如果节点上已经有该 DaemonSet 资源对象的 Pod 在运行，则是否允许该 Pod 继续运行下去。后者与前者的唯一区别在于，如果节点不能容忍某个 Taint，且 Taint 的 Effect 为 NoExecute 时，才认为 Pod 不能继续在该节点上运行。在其他 Effect 情况下，Pod 仍然能在节点上继续运行，只是不能有新 Pod 被调度到节点上。

然后，DaemonSet 控制器创建两个数组：一个是 nodesNeedingDaemonPods 数组，记录当前节点是否需要创建新 Pod（其实数组最多只会存储一个节点）；另一个是 podsToDelete 数组，记录当前节点上需要删除的 Pod。接着，DaemonSet 控制器按照以下流程检查 Pod。

- 如果一个节点应该运行 Pod，但不存在正在运行的 Pod，则将该节点加入 nodesNeedingDaemonPods 数组。
- 如果一个节点不应当继续运行 Pod，但是存在正在运行的 Pod，则将这些 Pod 加入 podsToDelete 数组。
- 如果一个节点上应当继续运行 Pod，则遍历节点上的所有 Pod。
    - 将处于 Failed 状态的 Pod 加入 podsToDelete 数组。
    - 如果 DaemonSet 资源对象的 MaxSurge 为 0，则仅保留最早的 Pod，将其他 Pod 加入 podsToDelete 数组。

如果 DaemonSet 资源对象的 MaxSurge 不为 0，则保留两个特定的 Pod，一个是最旧的与当前哈希状态匹配的未就绪 Pod，另一个是最旧的不与当前哈希状态匹配的就绪 Pod。其他不符合条件的 Pod 将会被加入 podsToDelete 数组，并且被标记为待删除。

3）执行 Pod 的创建和删除

完成需要创建和删除的 Pod 统计之后，DaemonSet 控制器调用 syncNodes 函数，真正调用 kube-apiserver 执行 Pod 的创建与删除。该函数通过慢启动方式创建 Pod，与 ReplicaSet 控制器类似，此处不再赘述。经过此步骤之后，每个节点应当有且仅有一个 Pod 处于 Available 状态。

10.6.4 更新策略

DaemonSet 资源对象的 Pod 更新策略有 OnDelete 和 RollingUpdate 两种。

1）OnDelete

当更新策略为 OnDelete 时，DaemonSet 控制器不对现有 Pod 做任何处理。这意味着如果用户想要更新节点上运行的 Pod，需要手动删除该节点上的 Pod。在 Pod 被删除之后，在下一次同步 DaemonSet 的过程中，DaemonSet 控制器在 Manage 过程中会为该节点补齐最新版本的 Pod。

2）RollingUpdate

当更新策略为 RollingUpdate 时，DaemonSet 控制器逐步对集群中的所有 DaemonSet 资源对象的 Pod 进行替换，不需要用户手动删除 Pod。其主要逻辑位于 rollingUpdate 方法中，主要执行步骤如图 10-9 所示，其代码位于 pkg/controller/daemon/update.go 文件中。

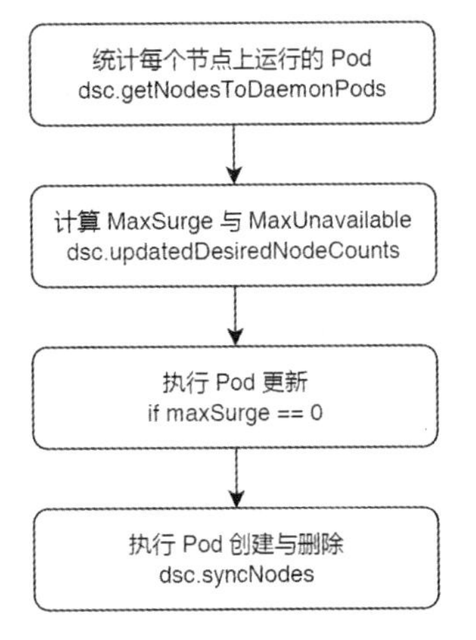

图 10-9 RollingUpdate 策略的主要执行步骤

（1）dsc.getNodesToDaemonPods。

DaemonSet 控制器统计每个节点上运行的与 DaemonSet 资源对象关联的 Pod。

（2）dsc.updatedDesiredNodeCounts。

计算 MaxSurge 和 MaxUnavailable。其计算方法与 Deployment 控制器中的计算方法基本相同，唯一的不同点在于，当 Spec.UpdateStrategy.RollingUpdate 中的 MaxSurge 和 MaxUnavailable 为百分比时，计算的基底（期望副本数量）在 Deployment 资源对象中是 Spec.Relicas 属性，而在 DaemonSet 资源对象中是那些节点应该运行 Pod 的节点，由 podsShouldBeOnNode 方法返回。

（3）if maxSurge == 0。

执行 Pod 更新。DaemonSet 控制器在 MaxSurge 为 0 和不为 0 时，执行 Pod 更新的过程不同。

- maxSurge == 0 意味着不允许有超出期望副本数的 Pod 在运行，即每个节点上只能有一个 Pod 在运行。在这种情况下，对每个节点来说，在旧 Pod 被删除之前，新 Pod 不会被创建。DaemonSet 控制器仅删除旧版本的 Pod，而新版本 Pod 的创建由 Manage 过程来保证。DaemonSet 控制器遍历每个节点上的 Pod。
  - 节点新旧 Pod 都没有，或者是新旧 Pod 都有：不处理。新 Pod 的创建和旧 Pod 的删除都在 Manage 过程中完成，此处不再进行处理。
  - 节点仅有新 Pod：不进行额外处理。
  - 节点仅有旧 Pod：将该 Pod 加入待删除的 Pod 数组，未处于 Available 状态的 Pod 将优先被删除。完成待删除 Pod 的统计之后，DaemonSet 控制器调用 syncNodes 函数调用 kube-apiserver 删除 Pod。
- maxSurge ！= 0 意味着 DaemonSet 控制器允许在旧 Pod 未处于 Available 状态时，在部分节点上启动新 Pod。DaemonSet 控制器遍历每个节点上的 Pod。
  - 节点上没有旧 Pod：不进行额外处理。Manage 过程将会进行后续处理：如果新旧 Pod 都没有，则 Manage 过程会启动新 Pod。如果有新 Pod 没有旧 Pod，则也不需要进行操作。
  - 节点上只有旧 Pod，没有新 Pod：将该节点加入需要创建新 Pod 的节点的数组。如果该节点上的旧 Pod 未处于 Available 状态，则这些节点将会优先创建新 Pod。DaemonSet 控制器每次创建的 Pod 数量不会超过 MaxSurge。
  - 节点上新旧 Pod 都有：如果新 Pod 已经处于 Available 状态，则将旧 Pod 加入待删除的 Pod 数组。

4）dsc.syncNodes

完成待删除 Pod 的统计之后，DaemonSet 控制器调用 dsc.syncNodes 函数调用 kube-apiserver 创建和删除 Pod。在 dsc.syncNodes 函数中，先创建 Pod，再删除 Pod。

10.7 StatefulSet 控制器

StatefulSet 控制器是 StatefulSet 资源对象的控制器，它通过 Informer 监听 StatefulSet 和 Pod 资源对象，当监听的资源对象发生变化（Add、Update、Delete）时，StatefulSet 控制器会对 StatefulSet 资源对象执行 Reconcile 调谐操作。

StatefulSet 资源对象主要包含 Pod 模板（Spec.Template）、副本数量（Spec.Replicas）、更新策略（Spec.UpdateStrategy）、管理策略（Spec.PodManagementPolicy）等部分。StatefulSet 控制器在每个关联的 Pod 的 Name 添加一个序号后缀，在创建、删除 Pod 时按照固定的顺序操作。当 Pod 数量超过期望副本数量，或以滚动更新策略执行更新时，控制器按顺序从高序号到低序号逐个删除 Pod。反之，当 Pod 数量低于期望副本数量时，控制器从低序号到高序号逐个创建 Pod。

10.7.1 控制器初始化

StatefulSet 控制器在初始化时，会创建工作队列以存储 StatefulSet 资源对象的 Key。StatefulSet 控制器为 StatefulSet 和 Pod 资源对象注册事件的回调函数。

- StatefulSet 资源对象：监听 Add、Update、Delete 事件，将监听到的 StatefulSet 资源对象的 Key 加入工作队列，等待 Worker 协程的消费处理。
- Pod 资源对象：监听 Add、Update、Delete 事件，将监听到的 Pod 资源对象关联的 StatefulSet 资源对象的 Key 加入工作队列，等待 Worker 协程的消费处理。Pod 资源对象的 OwnerReference 记录了父级资源的引用（StatefulSet 资源对象）。当触发 Pod 的 Add 或 Delete 事件时，通过 OwnerReference 字段找到关联的父级 StatefulSet 资源对象，将其 Key 加入工作队列；当触发 Pod 的 Update 事件时，检查其关联的父级 StatefulSet 资源对象有无变更，如果有，则将 Pod 变更前后的新旧 StatefulSet 资源对象的 Key 都加入工作队列；如果没有，则直接将 Pod 对应的 StatefulSet 资源对象的 Key 加入工作队列。加入工作队列的 Key 将等待被 Worker 协程消费处理。

10.7.2 主要执行逻辑

StatefulSet 控制器的主要逻辑代码位于代码路径 pkg/controller/statefulset/stateful_set.go 的 sync 函数中，其主要执行步骤如图 10-10 所示。

1）ssc.setLister.StatefulSets

获取 StatefulSet 资源对象。StatefulSet 控制器通过 StatefulSet Informer 的 Lister 接口的 Get 方法获取完整的 StatefulSet 资源对象。

2）ssc.getPodsForStatefulSet

获取关联的 Pod 资源对象。StatefulSet 控制器通过 Pod Informer 的 Lister 接口的 List 方法获取 StatefulSet 资源对象关联的所有 Pod 资源对象。

3）syncStatefulSet

调谐 StatefulSet。调用 syncStatefulSet 函数实现 StatefulSet 的调谐，内部主要调用了 ssc.control.UpdateStatefulSet 和 ssc.enqueueSSAfter 方法。

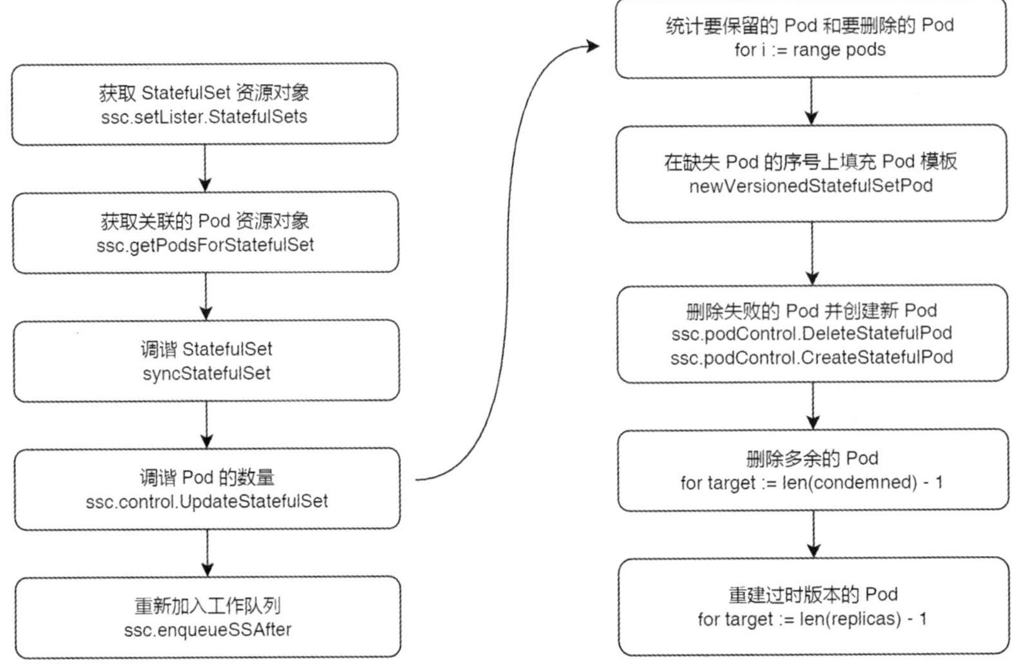

图 10-10　StatefulSet 控制器的主要执行步骤

4）ssc.control.UpdateStatefulSet

调谐 Pod 的数量。StatefulSet 控制器调用 ssc.control.UpdateStatefulSet 方法调谐 Pod 数量。ssc.control.UpdateStatefulSet 方法主要执行以下工作。

- 从低序号到高序号，逐个检查每个序号上的 Pod，删除 Status.Phase 为 Failed 的 Pod，并且在序号上缺失 Pod 时创建新的 Pod。
- 从高序号到低序号，删除超出期望副本数量的序号上的 Pod。
- 根据 StatefulSet 资源对象的更新策略执行 Pod 版本更新。StatefulSet 资源对象创建的 Pod 带有"controller-revision-hash" Label，其值是根据 StatefulSet 资源对象名称及其 Pod 模板（Spec.Template）的哈希值生成的字符串，用于比对 Pod 模板的版本。

5）ssc.enqueueSSAfter

重新加入工作队列。与 ReplicaSet 控制器类似，如果 Ready 状态的 Pod 的数量和 Available 状态的 Pod 的数量不一致，并且 MinReadySeconds 不为 0，则 StatefulSet 控制器延迟 MinReadySeconds 秒将当前 StatefulSet 资源对象重新加入工作队列。

10.7.3 调谐 Pod 的数量

StatefulSet 控制器为每个 Pod 分配序号并将序号写入 Pod Name，其命名格式为“{StatufuleSet.Name}-{序号}”。

在创建 Pod 时，StatefulSet 控制器从低序号到高序号创建 Pod；在 Pod 版本更新和删除时，StatefulSet 控制器从高序号到低序号删除 Pod。最终，StatefulSet 控制器保证在[0, Spec.Replicas - 1]序号上的 Pod 处于可用状态，并且删除其他序号上的 Pod。Pod 处理顺序如图 10-11 所示。

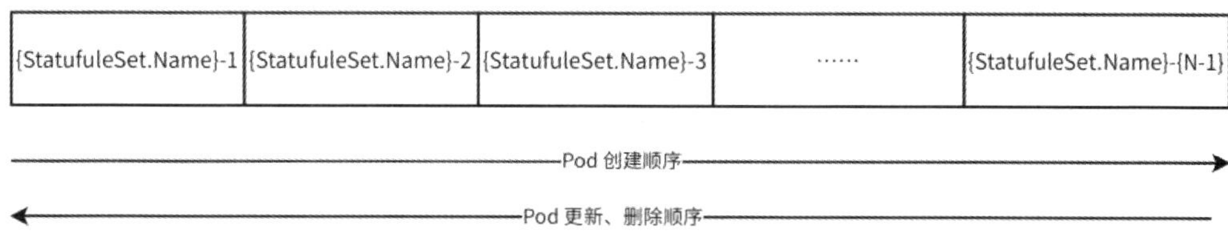

图 10-11　Pod 处理顺序

StatefulSet 控制器调用 ssc.control.UpdateStatefulSet 方法调谐 Pod 的数量，包括创建、删除 Pod 以达到期望副本数量，以及根据更新策略更新 Pod 版本。调谐 Pod 数量的主要过程如下。

1）统计要保留的 Pod 和要删除 Pod

StatefulSet 控制器将现有的 Pod 分为 replicas 和 condemned 两部分，其过程代码如下。

代码路径：pkg/controller/statuefulset/stateful_set_control.go

```
Plain Text
replicaCount := int(*set.Spec.Replicas)
//...
for i := range pods {
  //...
  if ord := getOrdinal(pods[i]); 0 <= ord && ord < replicaCount {
    replicas[ord] = pods[i]
  } else if ord >= replicaCount {
    condemned = append(condemned, pods[i])
  }

}
```

StatefulSet 控制器遍历每一个 Pod，调用 getOrdinal 方法解析 Pod 的序号。如果序号大于或等于期望副本数量，则说明 Pod 需要被删除，并且将其加入 condemned 数组；如果序号小于期望副本数量，则说明 Pod 需要保留，并且将其加入 replicas 数组。

注意，Pod 序号是从 0 开始计算的，因此序号等于期望副本数量的 Pod 也需要被删除。

2）在缺失 Pod 的序号上填充 Pod 模板

StatefulSet 控制器从 0 开始遍历 replicas 数组，如果某个序号上没有 Pod，则说明这个序号上缺少 Pod，此时 StatefulSet 控制器生成一个 Pod 放在该序号上占位。注意，这里只是放了一个新 Pod 的数据结构占位，但是还没有真正调用 kube-apiserver 来创建 Pod，Pod 实际上还不存在。处理缺失 Pod 过程的代码如下。

代码路径：pkg/controller/statefulset/stateful_set_control.go

```
Plain Text
for ord := 0; ord < replicaCount; ord++ {
  if replicas[ord] == nil {
    replicas[ord] = newVersionedStatefulSetPod(currentSet, updateSet,
currentRevision.Name, updateRevision.Name, ord)
  }
}
```

3）删除失败的 Pod 并创建新 Pod

根据 Pod 管理策略（PodManagementPolicy 属性）的不同，其处理方法有差异。OrderedReady 策略表示严格按照顺序管理 Pod，在创建时前一序号的 Pod 已经到达可用状态，或者在删除时后一序号的 Pod 已经处于删除中状态时才继续处理下一个 Pod。Parallel 策略表示不需要等待 Pod 到达可用状态即可继续执行后续的创建或删除操作。

StatefulSet 控制器首先从低位到高位遍历 replicas 数组，逐个检查各序号上的 Pod，即那些序号小于期望副本数量的 Pod，确保在这些序号上都有 Pod 存在。

- 当 Pod 管理策略为 Parallel 时，按顺序执行以下步骤。
  - 如果当前 Pod 已经处于 Failed 状态，则调用 kube-apiserver 删除该 Pod，在该序号上补充一个创建新 Pod 的模板，并且继续执行后续逻辑。
  - 如果当前 Pod 还未创建，则使用序号上的 Pod 模板创建 Pod。
  - 检查 Pod 的 Name、Label、Volume 属性是否与 StatefulSet 资源对象匹配，并且在不匹配时更新 Pod 的数据。
- 当 Pod 管理策略为 OrderedReady 时，按顺序执行以下步骤。
  - 如果当前 Pod 已经处于 Failed 状态，则调用 kube-apiserver 删除该 Pod，在该序号上补充一个创建新 Pod 的模板，并且继续执行后续逻辑。
  - 如果当前 Pod 还未创建，则创建 Pod，并且退出同步逻辑。
  - 如果当前 Pod 处于删除中状态，或者不是 Ready 或 Available 状态，则退出同步逻辑。
  - 检查 Pod 的 Name、Label、Volume 属性是否与 StatefulSet 资源对象匹配，并且在不匹配时更新 Pod 的数据。

4）删除多余的 Pod

StatefulSet 控制器按序号从高到低删除 condemned 数组中的 Pod，即删除那些序号大于或等于期望副本数量的 Pod。

- 当 StatefulSet 资源对象管理策略为 Parallel 时，按顺序执行以下步骤。
  - 如果当前 Pod 已经处于删除中状态，则跳过当前 Pod，继续处理下一个序号的 Pod。
  - 如果当前 Pod 未处于删除中状态，则在调用 kube-apiserver 删除当前 Pod，继续处理下一个序号的 Pod。
- 当 Pod 管理策略为 OrderedReady 时，按顺序执行以下步骤。
  - 如果当前 Pod 已经处于删除中状态，则退出同步逻辑。
  - 如果当前 Pod 不是 Ready 或 Available 状态，并且低于该 Pod 的序号上还有未处于 Ready 状态的 Pod，则退出同步逻辑，等待前序 Pod 全部就绪之后再删除当前 Pod。
  - 调用 kube-apiserver 删除当前 Pod 后，退出同步逻辑。

我们以一个简单的例子来描述前面的过程，如图 10-12 所示。假设名为 example-sts 的 StatefulSet 资源对象的 Replicas 值为 3，并且此时集群中有 4 个 Pod。在执行过程中，StatefulSet 控制器首先删除 example-sts-1 Pod 并重新创建一个同名 Pod，在序号 2 上新建名为 example-sts-2 的 Pod；接着，StatefulSet 控制器先删除 example-sts-4 Pod，再删除 example-sts-3 Pod。

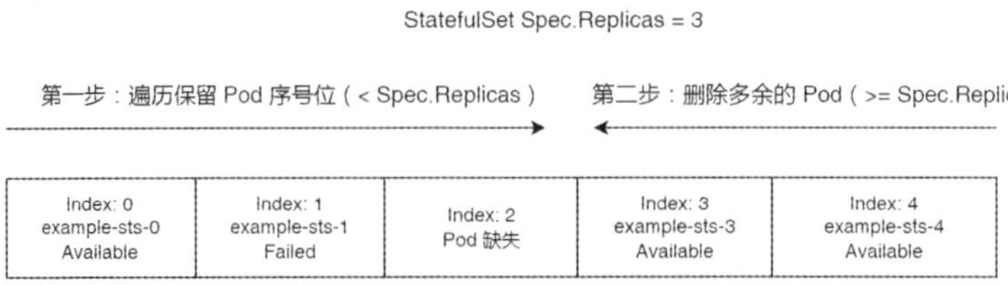

StatefulSet Spec.Replicas = 3

第一步：遍历保留 Pod 序号位（< Spec.Replicas）→　　← 第二步：删除多余的 Pod（>= Spec.Replicas）

Index: 0 example-sts-0 Available	Index: 1 example-sts-1 Failed	Index: 2 Pod 缺失	Index: 3 example-sts-3 Available	Index: 4 example-sts-4 Available

图 10-12　StatefulSet 控制器删除多余 Pod 顺序示例

5）重建过时版本的 Pod

最后，StatefulSet 控制器根据 StatefulSet 资源对象中的 Pod 模板字段，从高位到低位对比每个序号上的 Pod 版本是否是最新的。

如果某个 Pod 和 StatefulSet 资源对象的 Pod 模板不一致，则 StatefulSet 控制器将会根据 Pod 更新策略处理这些版本已经过时的 Pod。Pod 更新策略的种类及其执行过程将在下一节详细介绍。

10.7.4 更新策略

StatefulSet 资源对象的 Pod 更新策略分为 OnDelete 和 RollingUpdate 两种。

1）OnDelete

当更新策略为 OnDelete 时，UpdateStatefulSet 方法直接返回，不会执行 Pod 删除和创建操作。其过程代码如下。

代码路径：pkg/controller/statuefulset/stateful_set_control.go

```
Plain Text
if set.Spec.UpdateStrategy.Type == apps.OnDeleteStatefulSetStrategyType {
  return &status, nil
}
```

在这种情况下，用户需要手动删除 Pod。Pod Delete 事件将触发对 StatefulSet 资源对象的 Reconcile 调谐，进而创建新的 Pod。

2）RollingUpdate

当更新策略为 RollingUpdate 时，StatefulSet 控制器按序号从高到低删除旧 Pod 并创建新 Pod，并且在最新版本的 Pod 处于 Ready 状态后才继续更新下一个 Pod。其过程代码如下。

代码路径：pkg/controller/statuefulset/stateful_set_control.go 下的 UpdateStatefulSet 方法

```
Plain Text
updateMin := 0
if set.Spec.UpdateStrategy.RollingUpdate != nil {
  updateMin = int(*set.Spec.UpdateStrategy.RollingUpdate.Partition)
}

for target := len(replicas) - 1; target >= updateMin; target-- {
  if getPodRevision(replicas[target]) != updateRevision.Name
&& !isTerminating(replicas[target]) {
    err := ssc.podControl.DeleteStatefulPod(set, replicas[target])
    status.CurrentReplicas--
    return &status, err
  }

  if !isHealthy(replicas[target]) {
    return &status, nil
  }
}
```

updateMin 变量决定了 Pod 更新的最低序号。在用户未设置 StatefulSet 资源对象的 Partition 属性时，StatefulSet 控制器会对所有 Pod 进行更新，否则，StatefulSet 控制器仅更新[Partition, Replicas－1]序号上的 Pod。

在更新过程中，StatefulSet 控制器从最高序号开始，逐个检查 Pod。当 Pod 不是最新版本且尚未处于删除中状态时，调用 DeleteStatefulPod 方法删除该 Pod。如果当前 Pod 未处于 Ready 状态，也就是该序号的 Pod 刚刚被调用删除，或者新 Pod 已经启动但尚未处于 Ready 状态时，退出本次同步，直到后续该序号的 Pod 处于 Ready 状态后，才继续执行前一序号 Pod 的更新。

10.8 Job 控制器

Job 控制器是 Job 资源对象的控制器，它通过 Informer 监听 Job 和 Pod 资源对象，当监听的资源对象发生变化（Add、Update、Delete）时，Job 控制器对 Job 资源对象执行 Reconcile 调谐操作。

Job 控制器会根据 Job 资源对象的并发（Spec.Parallelism）和完成（Spec.Completions）字段，创建一个或多个 Pod，在指定数量（Spec.Completions）的 Pod 执行成功后宣告 Job 成功，或者在执行失败后重试，在失败一定次数（Spec.BackoffLimit）之后宣告 Job 失败。为了在 Job 执行结束（无论成功或失败）后允许用户回看 Pod 执行结果，因此 Job 资源对象默认采用 Orphan 删除策略，即在删除 Job 时不会主动删除其关联的 Pod。

10.8.1 控制器初始化

Job 控制器在初始化时，会创建工作队列以存储 Job 资源对象的 Key。Job 控制器为 Job 和 Pod 资源对象注册监听事件的回调函数。

- Job 资源对象：监听 Add、Update、Delete 事件。当触发 Job 资源对象的 Add、Delete 事件时，直接将其 Key 加入工作队列。当触发 Job 资源对象的 Update 事件时，先将其 Key 加入工作队列，如果 Job 资源对象设置了 Spec.ActiveDeadlineSeconds 字段，则计算出延迟时间并在延迟时间后将 Job 资源对象的 Key 加入工作队列，其延迟时间为 Spec.ActiveDeadlineSeconds - (CurrentTime - Status.StartTime)，以处理 Job 执行超时的情况。加入工作队列的 Key 将等待被 Worker 协程消费处理。
- Pod 资源对象：监听 Add、Update、Delete 事件，将监听到的 Pod 资源对象关联的 Job 资源对象的 Key 加入工作队列，等待 Worker 协程的消费处理。Pod 资源对象的 OwnerReference 记录了父级资源的引用（Job 资源对象）。当触发 Pod 的 Add 或 Delete 事件时，通过 OwnerReference 找到关联的 Job 资源对象，将其 Key 加入工作队列；当触发 Pod 的 Update 事件时，检查其 OwnerReference 有无变更，如果有，则将 Pod 变更前后的 OwnerReference 引用的新旧 Job 资源对象的 Key 都加入工作队列；如果没有，则直接将 Pod 对应的 Job 资源对象的 Key 加入工作队列。加入工作队列的 Key 将等待被 Worker 协程消费处理。

10.8.2 主要执行逻辑

Job 控制器的主要逻辑代码位于代码路径 pkg/controller/job/job_controller.go 下的 syncJob 函数中，主要执行步骤如图 10-13 所示。

1）jm.jobLister.Jobs

获取 Job 资源对象。Job 控制器通过 Job Informer 的 Lister 接口的 Get 方法获取完整的 Job 资源对象。

2）IsJobFinished

判断 Job 是否已经执行完成。Job 控制器检查 Job.Status.Conditions 状态，如果存在 Complete 或 Failed 类型的状态且值为 true，则认为 Job 已经执行完成，不再执行后续 Reconcile 调谐过程。判断 Job 是否已经完成的是 IsJobFinished 函数，其过程代码如下。

代码路径：pkg/controller/job/job_controller.go

```
Plain Text
func IsJobFinished(j *batch.Job) bool {
  for _, c := range j.Status.Conditions {
    if (c.Type == batch.JobComplete || c.Type == batch.JobFailed) && c.Status ==
v1.ConditionTrue {
     return true
    }
  }
  return false
}
```

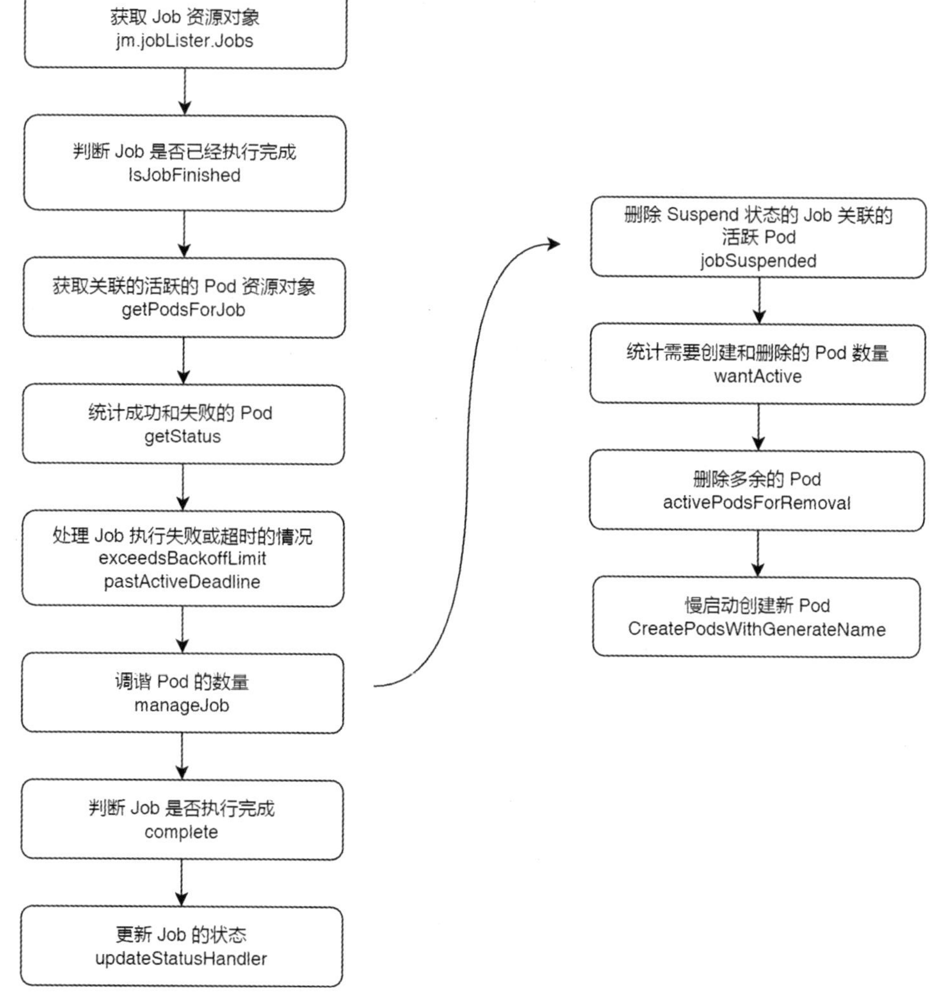

图 10-13　Job 控制器的主要执行步骤

3）getPodsForJob

获取关联的活跃的 Pod 资源对象。Job 控制器通过 Pod Informer 的 Lister 接口的 List 方法筛选出 Job 资源对象关联的所有 Pod 资源对象，然后进一步筛选出活跃的 Pod 资源对象集合。

活跃的 Pod 资源对象的定义与 ReplicaSet 控制器中的相同：Status.Phase 不是 Succeeded，也不是 Failed，并且未处于删除中状态。

4）getStatus

统计成功和失败的 Pod。Job 控制器检查每个 Pod 的 Status.Phase，根据其值（Succeeded 或 Failed），计算执行成功和执行失败的 Pod 数量。

5）exceedsBackoffLimit || pastBackoffLimitOnFailure(&job, pods)

处理 Job 执行失败或超时的情况。这里分为 3 种情况。其代码逻辑如下。

代码路径：pkg/controller/job/job_controller.go

```
Plain Text
if finishedCondition == nil {
  if exceedsBackoffLimit || pastBackoffLimitOnFailure(&job, pods) {
     finishedCondition = newCondition(batch.JobFailed, v1.ConditionTrue,
"BackoffLimitExceeded", "Job has reached the specified backoff limit")
  } else if pastActiveDeadline(&job) {
     finishedCondition = newCondition(batch.JobFailed, v1.ConditionTrue,
"DeadlineExceeded", "Job was active longer than specified deadline")
  } else if job.Spec.ActiveDeadlineSeconds != nil && !jobSuspended(&job) {
     syncDuration := time.Duration(*job.Spec.ActiveDeadlineSeconds)*time.Second -
time.Since(job.Status.StartTime.Time)
     klog.V(2).InfoS("Job has activeDeadlineSeconds configuration. Will sync this job
again", "job", key, "nextSyncIn", syncDuration)
     jm.queue.AddAfter(key, syncDuration)
  }
}
```

（1）Job 执行失败 exceedsBackoffLimit 和 pastBackoffLimitOnFailure。

Job 的 RestartPolicy 字段决定了 Job 失败判定方式的不同。如果 RestartPolicy 字段为 Never，则失败 Pod 数量超过 Spec.BackoffLimit 时，则认为整个 Job 失败；如果 RestartPolicy 字段为 OnFailure，则 Job 控制器计算各个 Pod 中容器重启次数的总和，当总和大于 Spec.BackoffLimit 时，则认为整个 Job 失败。

当 Job 被判定为失败后。finishedCondition 变量将被赋值。该变量在此处被赋值后，Job 控制器将会删除 Job 关联的所有执行中的 Pod，不再执行其他的 Reconcile 调谐逻辑。

（2）Job 执行超时 pastActiveDeadline。

如果 Job 没有执行失败，但执行超时了，即 Job 从启动开始，已经执行超过了 Spec.ActiveDeadlineSeconds 规定的时间，但仍然没有全部执行成功，则认为 Job 执行超时。

当 Job 被判定超时后。finishedCondition 变量将被赋值。该变量在此处被赋值后，Job 控制器将会删除 Job 关联的所有执行中的 Pod，不再执行其他的 Reconcile 调谐逻辑。

（3）Job 设置了 Spec.ActiveDeadlineSeconds。

如果 Job 没有执行失败，但设置了 Spec.ActiveDeadlineSeconds，则需要计算 Job 在当前时刻和执行截止时刻之间的时间间隔，并且让工作队列在延迟时间间隔后重新将 Job 资源对象的 Key 加入工作队列。这个行为可以让 Job 执行超时后再次被 Job 控制器监听到，进入前述 Job 超时的处理过程。

6）manageJob

调谐 Pod 的数量。与 ReplicaSet 控制器类似的是，Job 控制器通过 Expectation 机制检查上一轮调谐的 Pod 是否都已经处理完成。如果上一次调谐的 Pod 都已经处理完成，并且 Job 资源对象未处于删除中状态，则调用 manageJob 函数执行 Pod 数量的调谐。该过程的代码如下。

代码路径：pkg/controller/job/job_controller.go

```
Plain Text
manageJobCalled := false
if satisfiedExpectations && job.DeletionTimestamp == nil {
  active, action, manageJobErr = jm.manageJob(ctx, &job, activePods, succeeded,
succeededIndexes)
  manageJobCalled = true
}
```

manageJob 函数的主要执行步骤如下。

- 如果 Job 被设置为 Suspend 状态（Job.Suspend 字段值为 true），则 Job 控制器删除所有现有的活跃 Pod。
- 如果 Job 未处于 Suspend 状态，则 Job 控制器根据当前 Spec.Completions 和 Spec.Parallelism 字段计算需要创建和删除的 Pod 数量，并调用 kube-apiserver 慢启动创建和删除 Pod。

7）complete

判断 Job 是否执行完成。如果未设置 Spec.Completions 字段，则在有 Pod 执行成功且不再有活跃 Pod 时，认为 Pod 执行完成；如果设置了 Spec.Completions 字段，则在 Pod 执行成功的数量超过 Spec.Completions 且不再有活跃 Pod 时，认为 Pod 执行完成。该过程的代码如下。

代码路径：pkg/controller/job/job_controller.go

```
Plain Text
if job.Spec.Completions == nil {
  complete = succeeded > 0 && active == 0
} else {
  complete = succeeded >= *job.Spec.Completions && active == 0
}
```

需要注意，除非 Job 处于 Suspend 状态，否则 Job 控制器不会主动删除运行中的 Pod。Job 控制器会等待这些活跃 Pod 运行结束。

8）updateStatusHandler

更新 Job 的状态。Job 控制器根据计算出的 Active（执行中的 Pod）、Failed（执行失败的 Pod）、Succeeded（执行成功的 Pod）等字段，更新 Job 的状态。

10.8.3　调谐 Pod 的数量

在调谐 Pod 数量的过程中，Spec.Parallelism 和 Spec.Completions 字段决定了最终运行的 Pod 的数量。计算运行的 Pod 的数量的代码示例如下。

代码路径：pkg/controller/job/job_controller.go

```
Plain Text
func (jm *Controller) manageJob(...) (int32, string, error) {
```

```
  active := int32(len(activePods))
  //...

  wantActive := int32(0)
  if job.Spec.Completions == nil {
     if succeeded > 0 {
       wantActive = active
     } else {
       wantActive = parallelism
     }
  } else {
     wantActive = *job.Spec.Completions - succeeded
     if wantActive > parallelism {
       wantActive = parallelism
     }
     if wantActive < 0 {
       wantActive = 0
     }
  }

  rmAtLeast := active - wantActive
  //...
  if active < wantActive {
     //...
  }
  //...
}
```

其中，active 是集群中该 Job 当前的活跃 Pod 数量，wantActive 是根据 Spec.Parallelism 和 Spec.Completions 字段计算出的期望活跃 Pod 数量。wantActive 的计算方式如下。

（1）未设置 Spec.Completions 字段。

- 如果存在已经执行成功的 Pod，则 wantActive 就是 active 值。也就是说，还在执行的 Pod 将继续执行下去，直到失败或成功。
- 如果不存在已经执行成功的 Pod，则控制器最多会启动 parallelism 个 Pod 同时执行。

如果未设置 Spec.Parallelism 字段，则 kube-apiserver 会将其设置为 1。

（2）设置了 Spec.Completions 字段。

wantActive 值为剩余未成功的 Pod 数量与 parallelism 中的较小者。也就是说，如果 Spec.Parallelism 字段设置得很大，Job 控制器启动的 Pod 数量也不会超过 Spec.Completions 值。

如果活跃 Pod 数量比 wantActive 值大，则 Job 控制器对当前活跃的 Pod 进行排序，并且删除多余的 Pod。如果活跃 Pod 数量比 wantActive 值小，则 Job 控制器使用慢启动的方式创建 Job。Pod 的排序方法和慢启动方式都与 ReplicaSet 控制器的相同，此处不再赘述。

10.9 CronJob 控制器

CronJob 控制器是 CronJob 资源对象的控制器，它通过 Informer 监听 CronJob 和 Job 资源对象，当监听的资源对象发生变化（Add、Update、Delete）时，CronJob 控制器会对 CronJob

资源对象执行 Reconcile 调谐操作。

CronJob 资源对象主要包含 Job 模板（Spec.JobTemplate）和计划表（Spec.Schedule）两部分。CronJob 控制器根据 CronJob 资源对象的计划表配置，在到达预定时间之后，创建新的 Job 资源对象，并且清理过去执行成功或失败的 Job 资源对象。

Spec.Schedule 字段定义了新 Job 触发的时刻，其格式与 Linux 中的 crontab 时间格式一致，具体如下。

```
Plain Text
# ┌─────────────分钟(0 - 59)
# │ ┌─────────────小时(0 - 23)
# │ │ ┌─────────────月的某天(1 - 31)
# │ │ │ ┌─────────────月份(1 - 12)
# │ │ │ │ ┌─────────────周的某天(0 - 6)(周日到周一; 在某些系统上, 7 也是# │ │ │ │ │
星期日)或者是 sun, mon, tue, web, thu, fri, sat
# │ │ │ │ │
# │ │ │ │ │
# * * * * *
```

10.9.1 控制器初始化

CronJob 控制器在初始化时，会创建工作队列以存储 CronJob 资源对象的 Key。CronJob 控制器为 CronJob 和 Job 资源对象注册监听事件的回调函数。

- Job 资源对象：监听 Add、Update、Delete 事件，将监听到的 Job 资源对象关联的 CronJob 资源对象的 Key 加入工作队列，等待 Worker 协程的消费处理。Job 资源对象的 OwnerReference 记录了父级资源的引用（CronJob 资源对象）。当触发 Job 的 Add 或 Delete 事件时，将通过 OwnerReference 找到关联的 CronJob 资源对象并将其 Key 加入工作队列；当触发 Job 的 Update 事件时，检查其 OwnerReference 有无变更，如果有，则将 Job 变更前后的 OwnerReference 引用的新旧 CronJob 资源对象的 Key 都加入工作队列；如果无，则直接将 Job 对应的 CronJob 资源对象的 Key 加入工作队列。加入工作队列的 Key 将等待被 Worker 协程消费处理。
- CronJob 资源对象：监听 Add、Update、Delete 事件，当触发 Add 或 Delete 事件时，将 CronJob 资源对象的 Key 加入工作队列，等待 Worker 协程的消费处理。当触发 Update 事件时，如果 CronJob 资源对象的时间表无变化，则直接将其 Key 加入工作队列，等待 Worker 协程的消费处理；如果 CronJob 资源对象的时间表有变化，则重新计算下一次启动新 Job 的时间，根据该时间将 CronJob 资源对象的 Key 延迟加入工作队列，等待 Worker 协程的消费处理。

10.9.2 主要执行逻辑

CronJob 控制器的主要逻辑代码位于代码路径 pkg/controller/cronjob/cronjob_controllerv2.go 下的 sync 函数中，主要执行步骤如图 10-14 所示。

1）jm.cronJobLister.CronJobs

获取 CronJob 资源对象。CronJob 控制器通过 CronJob Informer 的 Lister 接口的 Get 方法获取完整的 CronJob 资源对象。

2）getJobsToBeReconciled

获取关联的 Job 资源对象。CronJob 控制器通过 Job Informer 的 Lister 接口的 List 方法获取当前命名空间下的所有 Job 资源对象，并且通过 Job 资源对象的 OwnerReference 找出 CronJob 资源对象关联的 Job 资源对象。

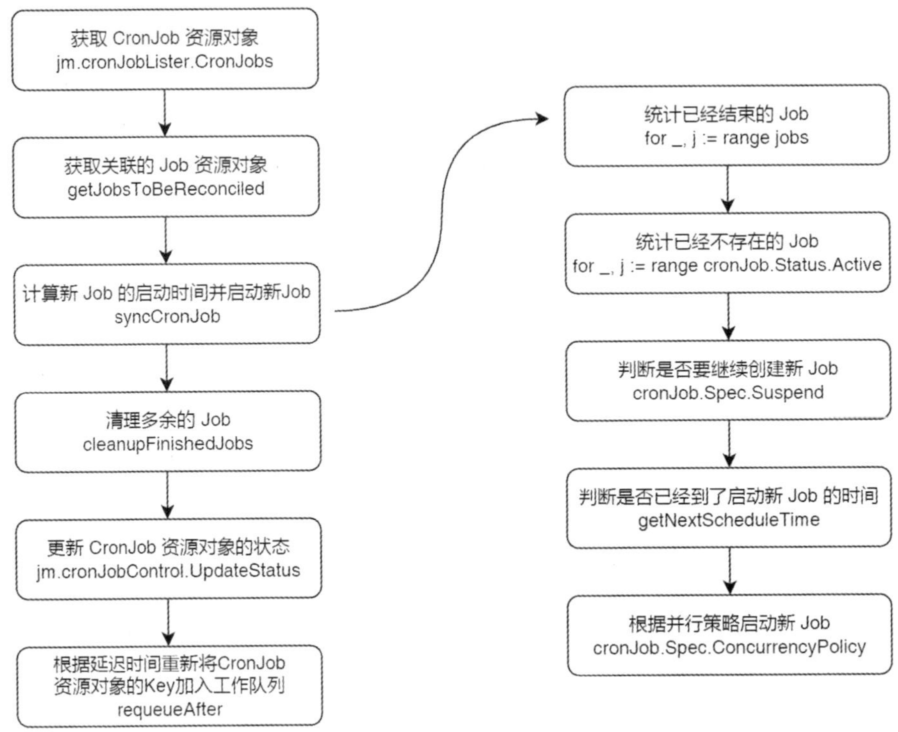

图 10-14　CronJob 控制器的主要执行步骤

3）syncCronJob

计算新 Job 的启动时间并启动新 Job。CronJob 控制器调用 syncCronJob 方法计算新 Job 的启动时间并计算 CronJob 资源对象的状态。syncCronJob 方法主要包含以下步骤。

- 获取当前 CronJob 资源对象关联的所有 Job 资源对象，更新 Status.Active 字段，从中去掉已经执行结束的 Job，加入正在执行的 Job，确保 Status.Active 字段中记录的都是当前正在运行的 Job。
- 判断 CronJob 资源对象的状态。如果其处于删除中状态，或者其 Spec.Suspend 属性为 true 时，不再执行后续逻辑。
- 根据 CronJob 资源对象的创建时间、上一次调度 Job 的时间、Schedule 时间间隔和 StartingDeadlineSeconds 属性计算当前时间之前最近一次应该启动 Job 的时间，该时间将作为后续新 Job 启动的时间。
- 根据 CronJob 资源对象的 Spec.ConcurrencyPolicy 策略决定是否删除旧的正在运行的 Job 并创建和运行新 Job。
- 清理超出限制数量的执行成功或失败的 Job，并且计算下一次应该启动新 Job 的时间，计算下一次启动新 Job 的时间和当前时间的时间间隔。该时间间隔将被工作队列用于重新将 CronJob 资源对象延迟加入工作队列。

4）cleanupFinishedJobs

清理多余的 Job。如果 CronJob 资源对象设置了 Spec.FailedJobsHistoryLimit 或 Spec.SuccessfulJobsHistoryLimit 字段，CronJob 控制器仅仅保留该属性设置的成功或失败的 Job 数量，而创建时间更早的成功或失败的 Job 将被删除。

5）jm.cronJobControl.UpdateStatus

更新 CronJob 资源对象的状态。如果 CronJob 资源对象的状态有变，例如有新 Job 启动，或有 Job 运行成功等情况，则 CronJob 控制器调用 kube-apiserver 更新 CronJob 资源对象的状态。

6）requeueAfter

根据延迟时间重新将 CronJob 资源对象的 Key 加入工作队列。为了下一次正常触发 CronJob 资源对象启动新的 Job，syncCronJob 方法会返回当前时间到下一次启动新 Job 的时间间隔。工作队列会在延迟该时间间隔后，重新将 CronJob 资源对象的 Key 加入工作队列。

通过该机制，CronJob 控制器可以在下次该启动新 Job 的时间到达后，开始执行 CronJob 资源对象的同步过程，而无须由 CronJob 控制器持续检查 CronJob 资源对象的启动时间是否已经到达。

10.9.3 计算 Job 的启动时间

CronJob 控制器首先要计算出应当启动新 Job 的时间，然后根据当前时间决定是否启动新 Job。在 syncCronJob 方法中，CronJob 控制器调用 getNextScheduleTime 函数返回最近应当启动新 Job 的时间，并且决定是否继续执行后续 Job 的创建，代码如下。

代码路径：pkg/controller/cronjob/cronjob_controllerv2.go

```
Plain Text
scheduledTime, err := getNextScheduleTime(*cronJob, now, sched, jm.recorder)
//...

// 启动新 Job 的时间还没到
if scheduledTime == nil {
  klog.V(4).InfoS("No unmet start times", "cronjob", klog.KRef(cronJob.GetNamespace(),
cronJob.GetName()))
  t := nextScheduledTimeDuration(*cronJob, sched, now)
  return cronJob, t, updateStatus, nil
}

tooLate := false
if cronJob.Spec.StartingDeadlineSeconds != nil {
  tooLate = scheduledTime.Add(time.Second *
time.Duration(*cronJob.Spec.StartingDeadlineSeconds)).Before(now)
}

// 启动新 Job 的时间到了，但超过了启动新 Job 的截止时间
if tooLate {
  //...
  t := nextScheduledTimeDuration(*cronJob, sched, now)
  return cronJob, t, updateStatus, nil
}
```

```
//启动新 Job 的时间到了，且没有超过启动新 Job 的截止时间
//...
```

根据以下代码示例，可能产生以下 3 种情况。

（1）启动新 Job 的时间还没到。

当 getNextScheduleTime 函数返回 nil 时，就是这种情况。

此时 CronJob 控制器调用 nextScheduledTimeDuration 方法，计算出当前时间与下一次应当启动新 Job 的时间的时间间隔并返回。CronJob 控制器将根据该时间间隔将 CronJob 资源对象的 Key 延迟加入工作队列，以便在启动新 Job 到达后再次执行 Reconcile 调谐。

（2）启动新 Job 的时间到了，但超过了启动新 Job 的截止时间（StartingDeadlineSeconds）。

这种情况是 getNextScheduleTime 函数返回了应当启动新 Job 的时间，但是当前时间与启动新 Job 的时间的时间间隔已经超过了 StartingDeadlineSeconds，即错过了创建新 Job 的截止时间。此时 CronJob 控制器和上一种情况一样。

（3）启动新 Job 的时间到了，且没有超过启动新 Job 的截止时间。

这种情况是 getNextScheduleTime 函数返回了应当启动新 Job 的时间，但是当前时间与启动新 Job 的时间的时间间隔没超过截止时间，或者 CronJob 资源对象没有设置该时间。

此时 CronJob 控制器开始按照 Spec.ConcurrentPolicy 启动新的 Job。

getNextScheduleTime 函数返回应当启动新 Job 的时间的代码示例如下。

代码路径：pkg/controller/cronjob/cronjob_controllerv2.go

```
Plain Text
func getNextScheduleTime(cj batchv1.CronJob, now time.Time, schedule cron.Schedule, recorder record.EventRecorder) (*time.Time, error) {
  //...
  if cj.Status.LastScheduleTime != nil {
    earliestTime = cj.Status.LastScheduleTime.Time
  } else {
    earliestTime = cj.ObjectMeta.CreationTimestamp.Time
  }

  if cj.Spec.StartingDeadlineSeconds != nil {
    schedulingDeadline := now.Add(-time.Second * time.Duration(*cj.Spec.StartingDeadlineSeconds))
    if schedulingDeadline.After(earliestTime) {
    earliestTime = schedulingDeadline
    }
  }

  if earliestTime.After(now) {
    return nil, nil
  }

  t, numberOfMissedSchedules, err := getMostRecentScheduleTime(earliestTime, now, schedule)

  //...
  return t, err
}
```

在 getNextScheduleTime 函数中，CronJob 控制器先计算出 earliestTime 变量，再调用 getMostRecentScheduleTime 函数计算应当启动新 Job 的时间，即变量 t。numberOfMissedSchedules 变量是错过启动新 Job 的时间窗口数，该值对整体逻辑没有影响，只是单纯作为日志输出。

这里解释一下 earliestTime 变量的含义。CronJob 资源对象的 Spec.Schedule 字段设置了启动 Job 的时间间隔。有了时间间隔，还需要开始时间才能计算出每个启动 Job 的时间。有了开始时间，有了时间间隔，才能计算出每次应当启动新 Job 的时间。earliestTime 变量就是开始时间。由于每次计算的时候，只关注此时此刻是否应该启动一个新的 Job，而不追溯过往，因此 earliestTime 变量为以下 3 个变量中最接近现在时间的值。

- CronJob 资源对象的创建时间，即 ObjectMeta.CreationTimestamp。
- CronJob 资源对象最近一次创建新 Job 的时间，即 Status.LastScheduleTime。
- 当前时间的 StartingDeadlineSeconds 秒前（如果设置了该属性）。

例如，假设存在以下时间线，如图 10-15 所示，那么最终 earliestTime 变量为 Time-C。

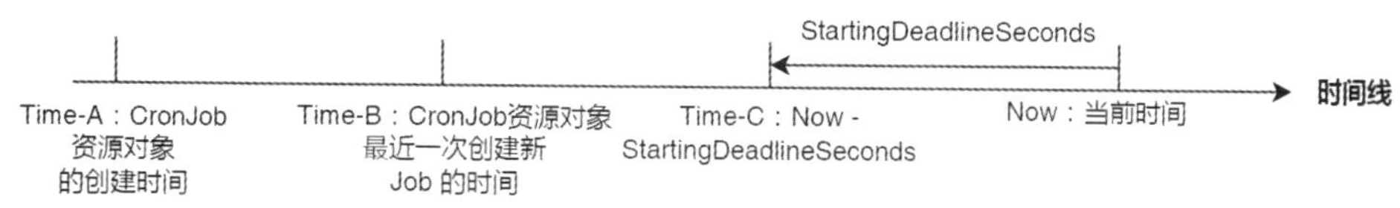

图 10-15　时间线

有了开始时间之后，CronJob 控制器调用 getMostRecentScheduleTime 函数计算出应当启动新 Job 的时间。代码示例如下。

代码路径：pkg/controller/cronjob/cronjob_controllerv2.go

```
Plain Text
func getMostRecentScheduleTime(earliestTime time.Time, now time.Time, schedule
cron.Schedule) (*time.Time, int64, error) {
  t1 := schedule.Next(earliestTime)
  t2 := schedule.Next(t1)

  if now.Before(t1) {
    return nil, 0, nil
  }

  if now.Before(t2) {
    return &t1, 1, nil
  }

  //...
  timeElapsed := int64(now.Sub(t1).Seconds())
  numberOfMissedSchedules := (timeElapsed / timeBetweenTwoSchedules) + 1
  t := time.Unix(t1.Unix()+((numberOfMissedSchedules-1)*timeBetweenTwoSchedules),
0).UTC()
  return &t, numberOfMissedSchedules, nil
}
```

其中，t1 为开始时间之后第一次应当启动 Job 的时间，t2 为开始时间之后第二次应当启动 Job 的时间。根据上述代码逻辑，可能会出现以下情况。

- 当前时间在 t1 之前，如图 10-16 所示。

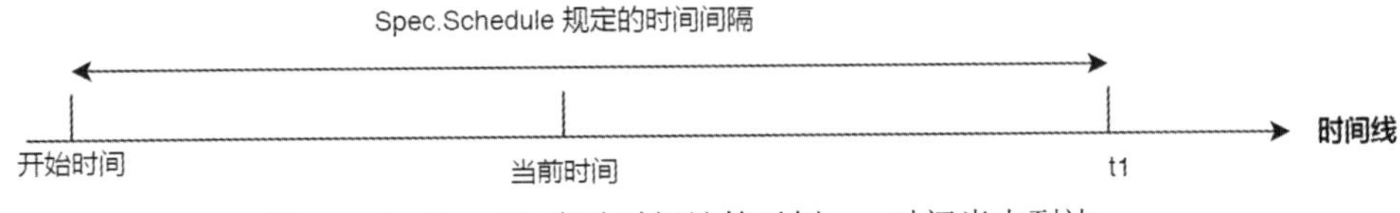

图 10-16　CronJob 启动时间计算示例——时间尚未到达

这种情况说明，当前时间还没到应该创建新 Job 的时间。此时 getMostRecentScheduleTime 函数直接返回 nil，进而 getNextScheduleTime 函数也会返回 nil。

- 当前时间在 t1 和 t2 之间，如图 10-17 所示。

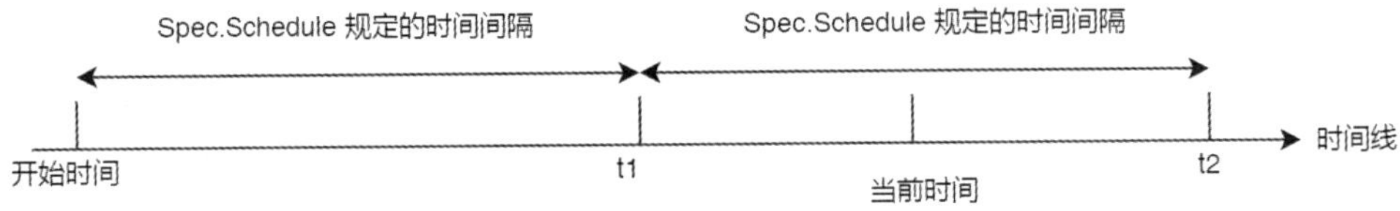

图 10-17　CronJob 启动时间计算示例——时间刚过

这种情况说明，当前时间已经过了创建 Job 的时间，此时返回 t1。新的 Job 的 CreationTimestamp 字段将是 t1。

- 当前时间在 t2 之后，如图 10-18 所示。

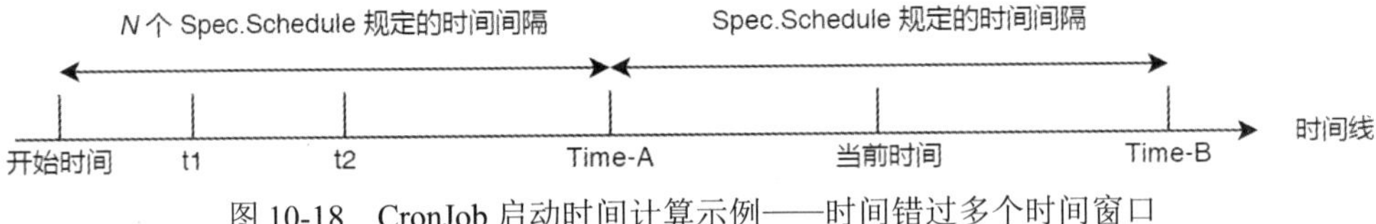

图 10-18　CronJob 启动时间计算示例——时间错过多个时间窗口

这种情况说明，CronJob 控制器已经错过了好几个应当创建 Job 的时间。此时，CronJob 控制器计算当前时间距离开始时间已经经过了多少个时间间隔（numberOfMissedSchedules 变量），找到并返回距离当前时间最近的应当启动 Job 的时间，即图 10-18 中的 Time-A。

10.9.4　Job 并行策略

当 CronJob 控制器决定启动新 Job 时，还需要处理之前启动的但尚未执行结束的 Job。Spec.ConcurrencyPolicy 字段决定了 CronJob 控制器的处理方法。CronJob 支持 3 种并发策略，分别为 Forbid、Replace 和 Allow。代码示例如下。

代码路径：pkg/controller/cronjob/cronjob_controllerv2.go

```
Plain Text
if cronJob.Spec.ConcurrencyPolicy == batchv1.ForbidConcurrent &&
len(cronJob.Status.Active) > 0 {
  //...
  return cronJob, t, updateStatus, nil
}

if cronJob.Spec.ConcurrencyPolicy == batchv1.ReplaceConcurrent {
  for _, j := range cronJob.Status.Active {
```

```
    //...
    if !deleteJob(cronJob, job, jm.jobControl, jm.recorder) {
   return cronJob, nil, updateStatus, fmt.Errorf("could not replace job %s/%s",
job.Namespace, job.Name)
    }
    //...
  }
}

//...
jobResp, err := jm.jobControl.CreateJob(cronJob.Namespace, jobReq)
```

- Forbid：CronJob 控制器会继续维持旧的执行中 Job 的执行，跳过此轮新 Job 的创建。
- Replace：CronJob 控制器会先删除旧的执行中的 Job 并创建新 Job。
- Allow：CronJob 控制器无视旧的执行中的 Job，直接创建新 Job。

10.10　Endpoint 控制器

Endpoint 控制器是 Endpoints 资源对象的控制器，它通过 Informer 监听 Service、Endpoints 和 Pod 资源对象，当监听的资源对象发生变化（Add、Update、Delete）时，Endpoint 控制器会对 Service 资源对象关联的 Endpoints 资源对象执行 Reconcile 调谐操作，包括对 Endpoints 资源对象的创建、删除和更新。

Endpoints 资源对象主要包含 Subsets 属性，用于存储同命名空间内同名称的 Service 资源对象关联的后端 Pod 的 IP 地址和端口。Endpoint 控制器为每一个 Service 资源对象创建一个与命名空间名称相同的 Endpoints 资源对象，并且在 Service 资源对象和 Pod 资源对象发生变化时，重新统计对应 Service 资源对象关联的后端 Pod 的 IP 地址和端口号，更新到 Endpoints 资源对象的 Subsets 属性中。这些地址和端口将被各个节点的 kube-proxy 用于更新本机 iptables 或 ipvs 规则。

10.10.1　控制器初始化

Endpoint 控制器在初始化时，会创建工作队列以存储 Endpoints 资源对象对应的 Service 资源对象的 Key。Endpoint 控制器为 Service、Endpoints 和 Pod 资源对象注册监听事件的回调函数。

- Service 资源对象：监听 Add、Update、Delete 事件，将监听到的 Service 资源对象的 Key 加入工作队列，等待 Worker 协程的消费处理。
- Endpoints 资源对象：仅监听 Delete 事件，将监听到的 Endpoints 资源对象的 Key 加入工作队列，等待 Worker 协程的消费处理。
- Pod 资源对象：监听 Add、Update、Delete 事件。当触发 Add 或 Delete 事件时，Endpoint 控制器遍历命名空间内所有 Service 资源对象，如果 Service Selector 与 Pod Labels 匹配，则将 Serivce 资源对象的 Key 加入工作队列，等待 Worker 协程的消费处理。当触发 Update 事件时，Endpoint 控制器先将当前命名空间内和新 Pod Labels 匹配的 Service 资源对象都加入工作队列，如果 Pod Labels 有变更，则将和旧 Pod Labels 匹配的 Service 资源对象都加入工作队列，等待 Worker 协程的消费处理。

10.10.2 主要执行逻辑

Endpoint 控制器的主要逻辑代码位于 pkg/controller/endpoint/endpoint_controller.go 的 syncService 函数中，主要执行步骤如图 10-19 所示。

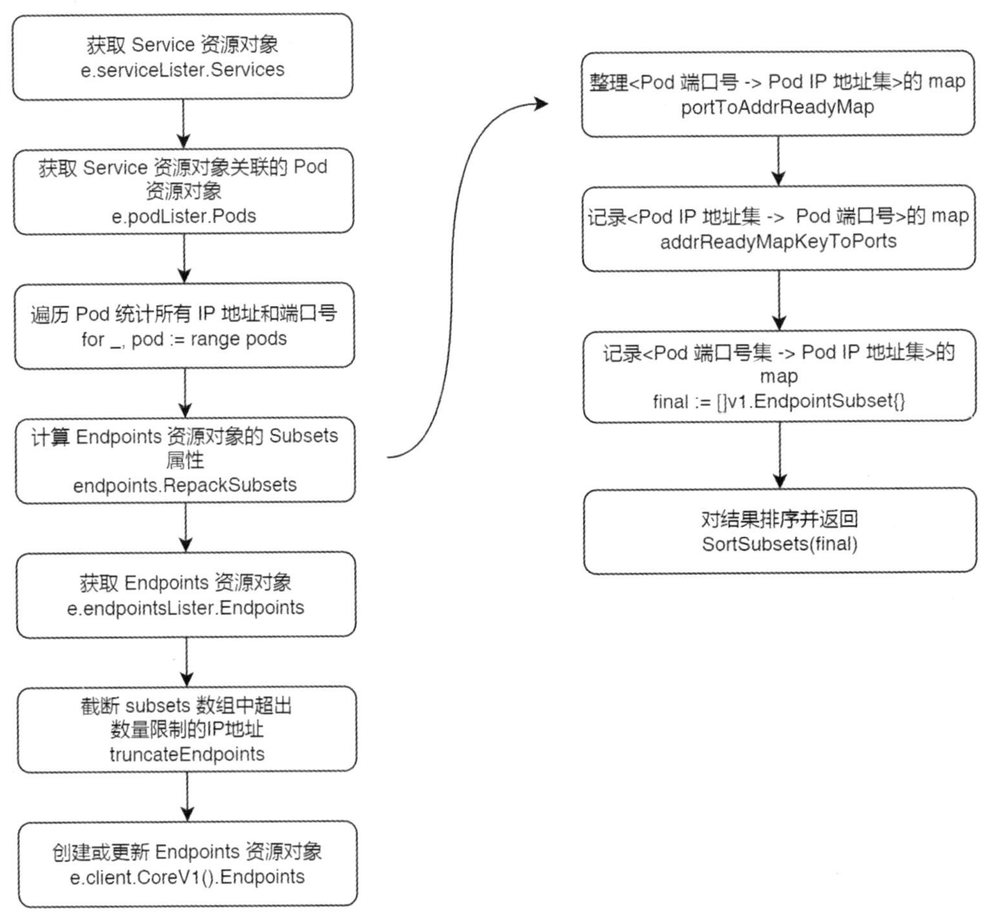

图 10-19 Endpoint 控制器的主要执行步骤

1）e.serviceLister.Services

获取 Service 资源对象。Endpoint 控制器通过 Service Informer 的 Lister 接口的 Get 方法获取完整的 Serivce 资源对象。

2）e.podLister.Pods

获取 Service 资源对象关联的 Pod 资源对象。Endpoint 控制器通过 Pod Informer 的 Lister 接口的 List 方法获取 Service 资源对象关联的各个 Pod 资源对象。

3）for _, pod := range pods

遍历 Pod 统计所有 IP 地址和端口号。Endpoint 控制器遍历 Service 资源对象关联的所有 Pod 资源对象，获取 Pod 的 IP 地址，调用 FindPort 方法找到各个 Service 资源对象 Port 的目标端口号，并且调用 addEndpointSubset 函数，生成<Service 端口号:Pod IP 地址>对。一个 Service 资源对象可能有多个 Port，将会生成多个<Service 端口号:Pod IP 地址>对，放在 subsets 数组中。其执行过程的代码如下。

代码路径：pkg/controller/endpoint/endpoints_controller.go

```
Plain Text
for _, pod := range pods {
  //...
  ep, err := podToEndpointAddressForService(service, pod)
  //...
  epa := *ep
  //...
  if len(service.Spec.Ports) == 0 {
    //...
  } else {
    for i := range service.Spec.Ports {
   servicePort := &service.Spec.Ports[i]
   portNum, err := podutil.FindPort(pod, servicePort)
   //...
   epp := endpointPortFromServicePort(servicePort, portNum)
   var readyEps, notReadyEps int
   subsets, readyEps, notReadyEps = addEndpointSubset(subsets, pod, epa, epp,
service.Spec.PublishNotReadyAddresses)
   //...
    }
  }
}
```

在上述代码中，epa 变量记录了 Pod 的 IP 地址，而 epp 变量记录了 Service 端口号（servicePort 变量）和 Pod 上的目标端口号（portNum 变量）。addEndpointSubset 函数将每对 epp 变量和 epa 变量放在一个 subsets 数组中。

4）endpoints.RepackSubsets

计算 Endpoints 资源对象的 Subsets 属性。Endpoint 控制器使用前一步得到的 subsets 数组，调用 RepackSubsets 方法，计算出最终 Endpoints 资源对象的 Subsets 属性。

Subsets 属性是 EndpointSubset 的数组。每个 EndpointSubset 结构体中记录了<Service 端口号集:Pod IP 地址集合>的一个 N:M 的对应关系。其数据结构代码如下，其含义为：Addresses 和 NotReadyAddresses 中的所有 IP 地址都使用了共同的目标端口号 Ports。

代码路径：vendor/k8s.io/api/core/v1/types.go

```
Plain Text
type EndpointSubset struct {
  Addresses []EndpointAddress
  NotReadyAddresses []EndpointAddress
  Ports []EndpointPort
}
```

在 Service 资源对象的 Spec.Port 属性中，允许 TargetPort 使用 Name 字符串来匹配后端 Pod 中的目标端口号。这导致如果存在两个 Pod，其 Spec 属性中有两个 Port 具有相同的 Port Name、不同的 Port Number，则发生该 Service 资源对象的不同后端 Pod 使用的目标端口号不同的情况。

我们用一个例子来解释这个关系。如图 10-20 所示，在 Service 资源对象中指定了端口号 80 和 81 的 TargetPort 分别是 portA 和 portB。在 Pod 1 中，portA 和 portB 对应的是 8001 和 8002，而在 Pod 2 和 Pod 3 中，对应的是 8111 和 8222。也就是说，地址 1.1.1.1 使用了 8001 和 8002，而地址 2.2.2.2 和 3.3.3.3 使用了 8111 和 8222。于是就产生了两个 EndpointSubset，如图 10-20 右侧所示。

RepackSubsets 方法的主要功能便是：将上一步计算出的<Service 端口号:Pod IP 地址>对整理成 EndpointSubset 结构体这样 N:M 的结构。后续小节会对 RepackSubsets 方法的执行过程进行详细介绍。

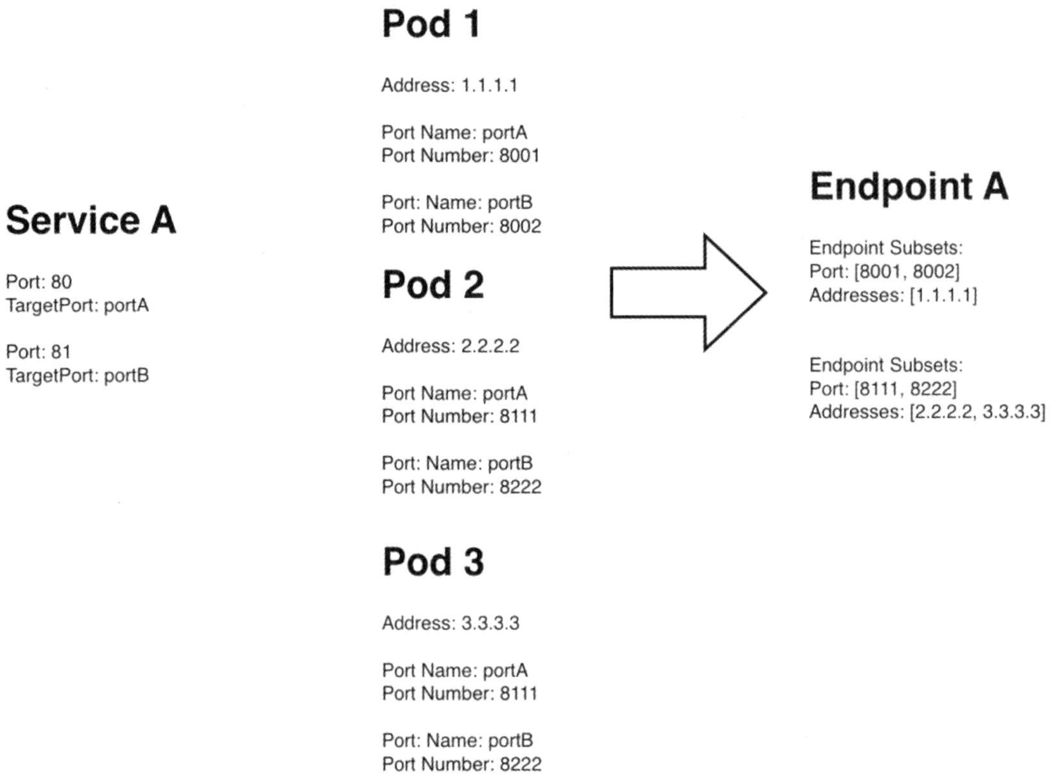

Service A

Port: 80
TargetPort: portA

Port: 81
TargetPort: portB

Pod 1

Address: 1.1.1.1

Port Name: portA
Port Number: 8001

Port: Name: portB
Port Number: 8002

Pod 2

Address: 2.2.2.2

Port Name: portA
Port Number: 8111

Port: Name: portB
Port Number: 8222

Pod 3

Address: 3.3.3.3

Port Name: portA
Port Number: 8111

Port: Name: portB
Port Number: 8222

Endpoint A

Endpoint Subsets:
Port: [8001, 8002]
Addresses: [1.1.1.1]

Endpoint Subsets:
Port: [8111, 8222]
Addresses: [2.2.2.2, 3.3.3.3]

图 10-20　Subsets N:M 映射关系示例

5）e.endpointsLister.Endpoints

获取 Endpoints 资源对象。Endpoint 控制器通过 Endpoints Informer 的 Lister 接口的 Get 方法获取 Endpoints 资源对象。如果资源对象不存在，说明 Endpoints 资源对象尚未被创建，将在后续过程中被创建。

6）truncateEndpoints

截断 subsets 数组中超出数量限制的 IP 地址。Endpoints 资源对象的 subsets 数组中最多存放 1000 个 IP 地址，超出数量的 IP 地址将被删除。NotReady 的 IP 地址将优先被删除。

7）e.client.CoreV1().Endpoints

创建或更新 Endpoints 资源对象。如果 Endpoints 资源对象不存在，则调用 kube-apiserver 创建新的 Endpoints 资源对象；如果 Endpoints 资源对象存在，则调用 kube-apiserver 更新 Endpoints 资源对象。

10.10.3 Subsets 属性的计算

Subsets 属性在 RepackSubsets 方法中完成计算，其主要执行步骤如图 10-21 所示。

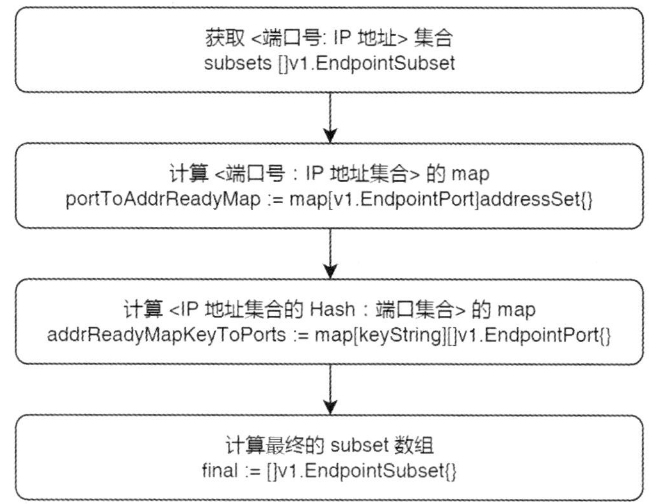

图 10-21　RepackSubsets 方法的主要执行步骤

1）subsets []v1.EndpointSubset

获取<端口号:IP 地址>集合。在调用 RepackSubsets 方法的前一步，Endpoint 控制器已经计算出 subsets 数组，数字的每一个元素都是一个<Service 端口号:Pod IP 地址>对。这也是 RepackSubsets 方法的参数之一。

2）portToAddrReadyMap

计算<端口号:IP 地址集合>的 map。Endpoint 控制器遍历每个<Service 端口号:Pod IP 地址>，统计每个端口号及使用了该端口号的 IP 地址集合。

portToAddrReadyMap 映射中的键值对表示有使用该端口号的 IP 地址集合。

3）addrReadyMapKeyToPorts

计算<IP 地址集合的 Hash:端口集合>的 map。Endpoint 控制器遍历 portToAddrReadyMap 映射，将 key 和 value 颠倒，对每个 IP 地址集合计算 Hash 值，得到一个<IP 地址集合的 Hash:端口集合>的映射关系，放入 addrReadyMapKeyToPorts 映射中。此外，Endpoint 控制器在 keyToAddrReadyMap 映射中记录了<IP 地址集合的 Hash:IP 地址集合>，用于后续根据 Hash 值找出 IP 地址集合。

addrReadyMapKeyToPorts 映射中的键值对表示使用了这些端口号的 IP 地址集合的 Hash 值。

4）final := []v1.EndpointSubset{}

计算最终的 subset 数组。Endpoint 控制器遍历 addrReadyMapKeyToPorts 映射，将其 Key（IP 地址集合的 Hash）在 keyToAddrReadyMap 映射中找出对应的 IP 地址集合。addrReadyMapKeyToPorts 的 value 是该 IP 地址集合使用的端口集合。有了 IP 地址集合和该 IP 地址集合使用的端口集合，Endpoint 控制器就可以得出最终的 EndpointSubset 结构体集合并返回。

为了便于理解，我们按照上述 4 个步骤，举例说明 RepackSubsets 方法执行过程中的数据结构变化，如图 10-22 所示。

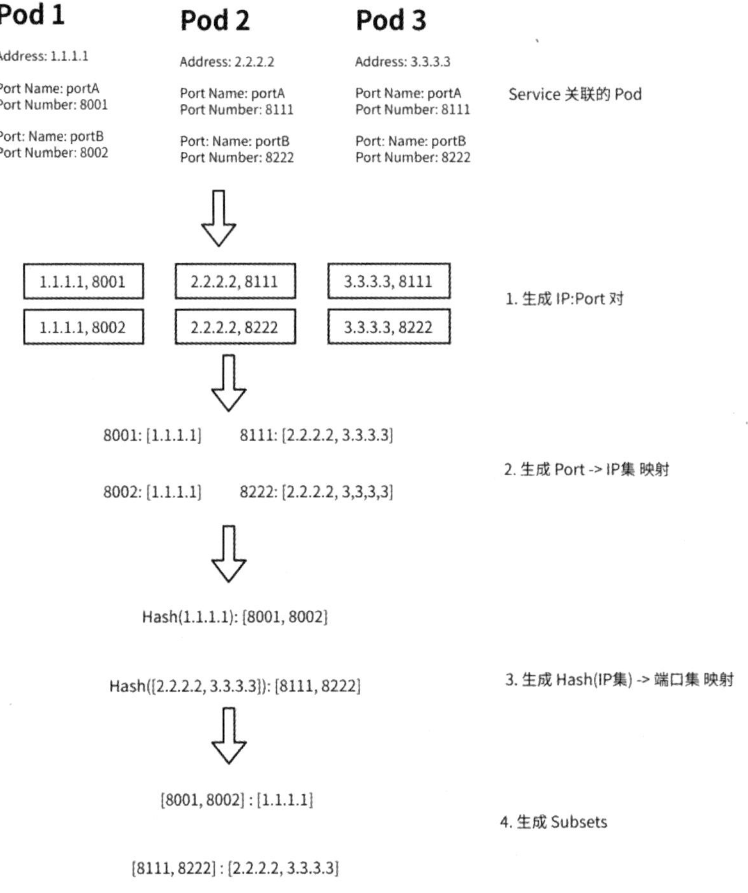

图 10-22　RepackSubsets 方法执行过程中的数据结构变化

10.11　EndpointSlice 控制器

EndpointSlice 可以将巨大的 Endpoints 资源对象拆分为多个 EndpointSlice 切片，旨在解决 Endpoints 资源对象自身存在的性能和扩展性问题。每个 EndpointSlice 资源对象存储的地址数量较少。一个 Service 资源对象关联的所有后端 Pod 地址存储在一个或多个 EndpointSlice 资源对象中。

EndpointSlice 控制器是 EndpointSlice 资源对象的控制器，它通过 Informer 监听 Service、EndpointSlice 和 Pod 资源对象。当监听的资源对象发生变化时，EndpointSlice 控制器会为 Service 资源对象关联的 EndpointSlice 资源对象执行 Reconcile 调谐操作，包括 EndpointSlice 资源对象的创建、删除和更新。

10.11.1　控制器初始化

EndpointSlice 控制器在初始化时，会创建工作队列以存储 EndpointSlice 资源对象对应的

Service 资源对象的 Key。EndpointSlice 控制器为 Service、EndpointSlice 和 Pod 资源对象注册监听事件的回调函数。

- Service 资源对象：监听 Add、Update、Delete 事件，将监听到的 Service 资源对象的 Key 加入工作队列，等待 Worker 协程的消费处理。
- EndpointSlice 资源对象：监听 Add、Update、Delete 事件。EndpointSlice 控制器在创建 EndpointSlice 资源对象时，会添加"kubernetes.io/service-name" Label 以记录父级 Service 资源对象。当触发 Add 或 Delete 事件时，将监听到的 EndpointSlice 资源对象关联的 Service 资源对象的 Key 加入工作队列。当触发 Update 事件时，如果关联的 Service 资源对象的 Label 没有变更，则将该 Service 资源对象的 Key 加入工作队列；如果该 Label 有变更，则将变更前后的 Service 资源对象的 Key 都加入工作队列。加入工作队列的 Key 将等待被 Worker 协程消费处理。
- Pod 资源对象：监听 Add、Update、Delete 事件。当触发 Add 或 Delete 事件时，EndpointSlice 控制器遍历命名空间内所有的 Service 资源对象，如果 Service Selector 与 Pod Labels 匹配，则将 Serivce 资源对象的 Key 加入工作队列，等待 Worker 协程的消费处理；当触发 Update 事件时，EndpointSlice 控制器先将当前命名空间内和新 Pod Labels 匹配的 Service 资源对象都加入工作队列，如果 Pod Labels 有变更，则将和旧 Pod Labels 匹配的 Service 资源对象也加入工作队列，等待 Worker 协程的消费处理。

10.11.2　主要执行逻辑

EndpointSlice 控制器的主要逻辑代码位于代码路径 pkg/controller/endpointslice/endpointslice_controller.go 下的 syncService 函数中，主要执行步骤如图 10-23 所示。

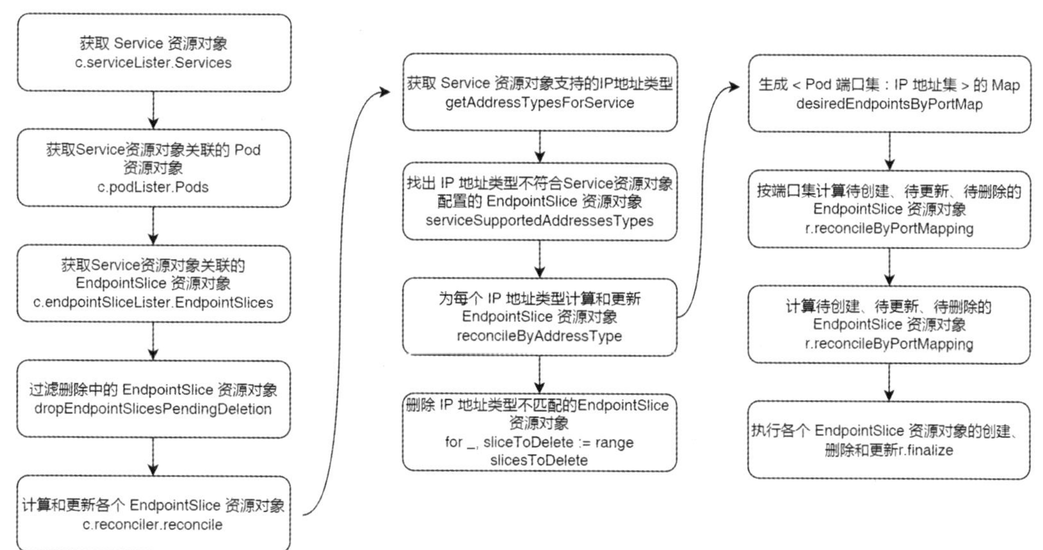

图 10-23　EndpointSlice 控制器的主要执行步骤

1）c.serviceLister.Services

获取 Service 资源对象。EndpointSlice 控制器通过 Service Informer 的 Lister 接口的 Get 方法获取完整的 Service 资源对象。

2）c.podLister.Pods

获取 Service 资源对象关联的 Pod 资源对象。EndpointSlice 控制器通过 Pod Informer 的 Lister 接口的 List 方法获取 Service 资源对象关联的 Pod 资源对象。

3）c.endpointSliceLister.EndpointSlices

获取 Service 资源对象关联的 EndpointSlice 资源对象。与 Endpoints 资源对象不同，一个 Service 资源对象可能关联了许多 EndpointSlice 资源对象。EndpointSlice 控制器创建的 EndpointSlice 资源对象都带有以下两条 Label，代码如下。第一条记录了 Service 资源对象的名称，第二条为固定值 endpointslice-controller.k8s.io。

代码路径：pkg/controller/endpointslice/endpointslice_controller.go

```
Plain Text
esLabelSelector := labels.Set(map[string]string{
  discovery.LabelServiceName: service.Name,
  discovery.LabelManagedBy:   controllerName,
}).AsSelectorPreValidated()
```

EndpointSlice 控制器根据 Label 通过 EndpointSlice Informer 的 Lister 接口的 List 方法获取这些 EndpointSlice 资源对象的集合。

4）dropEndpointSlicesPendingDeletion

过滤删除中的 EndpointSlice 资源对象。EndpointSlice 控制器要修改已经存在的 EndpointSlice 资源对象中存储的后端地址和端口。如果一个 EndpointSlice 资源对象已经处于删除中状态，则肯定不在 EndpointSlice 控制器的处理范围内。EndpointSlice 控制器调用 dropEndpointSlicesPendingDeletion 方法，将处于删除中状态的 EndpointSlice 资源对象从前面获取到的 EndpointSlice 资源对象的集合中过滤。

5）c.reconciler.reconcile

计算和更新各个 EndpointSlice 资源对象。EndpointSlice 控制器调用 reconcile 方法调谐 EndpointSlice 资源对象。在 reconcile 方法中，主要包含以下步骤。

（1）getAddressTypesForService。

获取 Service 资源对象支持的 IP 地址类型（IPv4、IPv6 或双栈）。EndpointSlice 控制器读取 Service 资源对象的 Spec.IPFamilies 属性，确认 Service 资源对象支持的地址类型是 IPv4、IPv6 还是双栈。

（2）serviceSupportedAddressesTypes。

找出 IP 地址类型不符合 Service 资源对象配置的 EndpointSlice 资源对象。

每个 EndpointSlice 资源对象只支持某一个 IP 地址类型（IPv4 或 IPv6），不会同时存储两种类型的 IP 地址。EndpointSlice 控制器遍历所有的 EndpointSlice 资源对象，如果其 AddressType 属性不在 Service 资源对象支持的 IP 地址类型范围内，则将该 EndpointSlice 资源对象加入 slicesToDelete 待删除队列。

例如，如果当前 Service 资源对象被配置为 IPv4 单栈，则所有存储 IPv6 IP 地址的 EndpointSlice 资源对象将会被删除。

（3）reconcileByAddressType。

为每个 IP 地址类型计算和更新 EndpointSlice 资源对象。根据 Service 资源对象支持的 IP 地址类型，EndpointSlice 控制器调用 reconcileByAddressType 方法，为每一种 IP 地址类型调谐相关的 EndpointSlice 资源对象。该过程代码示例如下。

代码路径：pkg/controller/endpointslice/endpointslice_controller

```
Plain Text
for addressType := range serviceSupportedAddressesTypes {
  existingSlices := slicesByAddressType[addressType]
  err := r.reconcileByAddressType(service, pods, existingSlices, triggerTime,
addressType)
  if err != nil {
    errs = append(errs, err)
  }
}
```

（4）for _, sliceToDelete := range slicesToDelete。

删除 IP 地址类型不匹配的 EndpointSlice 资源对象。在 slicesToDelete 待删除队列中，EndpointSlice 控制器记录了之前计算出的 IP 地址类型不在 Service 资源对象支持范围内的 EndpointSlice 资源对象。EndpointSlice 控制器遍历 slicesToDelete 待删除队列，调用 kube-apiserver 删除这些资源对象。

10.11.3　EndpointSlice 控制器的计算与填充

EndpointSlice 控制器的计算与填充的执行逻辑都在 reconcileByAddressType 方法中。该方法主要包括 2 个主要部分。

（1）计算<Service 端口号集:Pod IP 地址集合>的 N:M 的对应关系。

（2）填充 EndpointSlice。

1．计算<Service 端口号集:Pod IP 地址集合>的 N:M 的对应关系

与 Endpoint 控制器相同，EndpointSlice 控制器也需要计算<Service 端口号集:Pod IP 地址集合>关系数据，即目标端口号集合和使用了这组目标端口号的 IP 地址集合。

与 Endpoint 控制器的不同在于，EndpointSlice 控制器的计算过程较简单，其代码逻辑如下。

代码路径：pkg/controller/endpointslice/reconciler.go

```
Plain Text
for _, pod := range pods {
  //...
  endpointPorts := getEndpointPorts(service, pod)
  epHash := endpointutil.NewPortMapKey(endpointPorts)
  //...

  if _, ok := desiredMetaByPortMap[epHash]; !ok {
    desiredMetaByPortMap[epHash] = &endpointMeta{
   AddressType: addressType,
   Ports:      endpointPorts,
    }
  }
  //...
  endpoint := podToEndpoint(pod, node, service, addressType)
  if len(endpoint.Addresses) > 0 {
```

```
    desiredEndpointsByPortMap[epHash].Insert(&endpoint)
  }
}
```

首先，EndpointSlice 控制器遍历每个 Pod。对于每个 Port，调用 getEndpointPorts 方法得到这个 Pod 使用的目标端口集合，即 endpointPorts 变量。在 getEndpointPorts 方法中，EndpointSlice 控制器先遍历 Service 的每个 Port，再找到该 Port 在 Pod 上的目标端口号，并且返回这些目标端口号的集合。

接着，EndpointSlice 控制器计算目标端口集合的 Hash 值，在 desiredMetaByPortMap 映射中将 Hash 值记录到实际目标端口号集合的映射。

然后，EndpointSlice 控制器调用 podToEndpoint 函数得到记录 Pod IP 地址的数据结构，即 endpoint 变量。

最后，EndpointSlice 控制器按照目标端口号集合的 Hash 值，将记录 Pod IP 地址的数据结构插入 desiredEndpointsByPortMap。desiredEndpointsByPortMap 中记录了每个目标端口号集合的 Hash 值和 Pod IP 地址集合的映射关系，即 EndpointSlice 控制器最终想要得到的<Service 端口号集合 : Pod IP 地址集合>关系数据。

2. 填充 EndpointSlice 资源对象

控制每组目标端口号集合和 Pod IP 地址填充 EndpointSlice 资源对象。其代码示例如下。

代码路径：pkg/controller/endpointslice/reconciler.go

```
Plain Text
for portMap, desiredEndpoints := range desiredEndpointsByPortMap {
  numEndpoints := len(desiredEndpoints)
  pmSlicesToCreate, pmSlicesToUpdate, pmSlicesToDelete, added, removed :=
r.reconcileByPortMapping(
    service, existingSlicesByPortMap[portMap], desiredEndpoints,
desiredMetaByPortMap[portMap])

  //...
  slicesToCreate = append(slicesToCreate, pmSlicesToCreate...)
  slicesToUpdate = append(slicesToUpdate, pmSlicesToUpdate...)
  slicesToDelete = append(slicesToDelete, pmSlicesToDelete...)
}
```

reconcileByPortMapping 方法根据现有的 EndpointSlice 资源对象和目标 Pod IP 地址集合，计算出需要创建、更新、删除的 EndpointSlice 资源对象。

本书通过以下示例，解释 reconcileByPortMapping 的执行过程。方法中的一些巧妙设计减少了对 kube-apiserver 的请求量。

假设我们的集群中存在以下 EndpointSlice 和 Pod 资源对象，如图 10-24 所示。集群中配置每个 EndpointSlice 资源对象最多储存 3 个 IP 地址。

1）删除不存在的 Pod IP 地址

EndpointSlice 控制器对于每个 EndpointSlice 资源对象，遍历其中的每个 IP 地址，并且查找该 IP 地址是不是后端 Pod 中的某一个。如果是，则将该 IP 地址加入一个地址集合。该集合用于记录当前 EndpointSlice 资源对象中还有哪些 IP 地址是需要保留下来的。

在遍历完某个 EndpointSlice 资源对象存储的所有 IP 地址之后，可能会出现以下情况。

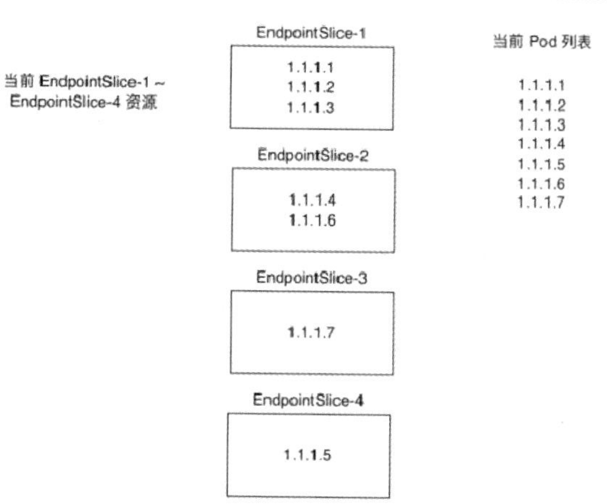

图 10-24 EndpointSlice 执行示例——初始状态

- 如果地址集合是空的，则说明该 EndpointSlice 资源对象中没有任何 IP 地址需要保留，将该 EndpointSlice 资源对象加入待删除队列。
- 如果地址集合和 EndpointSlice 资源对象原有的 IP 地址数量完全相同，则说明该 EndpointSlice 资源对象不需要任何变动，将该 EndpointSlice 资源对象加入无变化队列。
- 如果地址集合不为空，但和 EndpointSlice 资源对象原有的 IP 地址数量不相同，则说明该 EndpointSlice 资源对象的后端地址需要更新，将该 EndpointSlice 资源对象加入待更新队列。

按照该步骤内容，EndpointSlice 控制器会过滤 EndpointSlice-1 和 EndpointSlice-2 中已经不存在的 IP 地址，并且将 EndpointSlice-3 加入待删除队列，EndpointSlice-4 加入无变化队列，如图 10-25 所示。

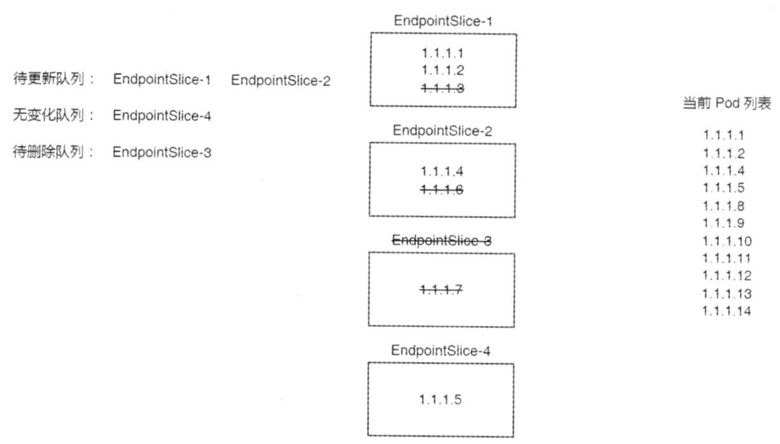

图 10-25 EndpointSlice 执行示例——删除不存在的 Pod IP 地址

2）填充待更新队列

如果上一步产生了加入待更新队列的 EndpointSlice 资源对象，则资源对象控制器对其进行排序，更接近填满的 EndpointSlice 资源对象排序更靠前。然后，EndpointSlice 控制器使用新增的 IP 地址逐个填满这些 EndpointSlice 资源对象。

在下面的例子中，EndpointSlice-1 比 EndpointSlice-2 更接近填满，因此先填充 EndpointSlice-1，再填充 EndpointSlice-2，如图 10-26 所示。

3）填充剩余新增 Pod IP 地址

如果仍有剩余 Pod IP 地址未填充，则 EndpointSlice 控制器根据以下步骤来确定填充方式。

- 如果剩余 IP 地址数大于 maxEndpointsPerSlice，则 EndpointSlice 控制器会先创建若干个新的 EndpointSlice 资源对象并将其填满，直到剩余 IP 地址数小于 maxEndpointsPerSlice。
- 接着，EndpointSlice 控制器查询无变化列表中的各个 EndpointSlice 资源对象，找出一个能容纳剩余 IP 地址，并且填充这些 IP 地址后最接近填满的 EndpointSlice 资源对象。
- 如果上述步骤找到了 EndpointSlice 资源对象，则填充，并且将其放入待更新队列；如果没有找到符合要求的 EndpointSlice 资源对象，则创建新的 EndpointSlice 资源对象。

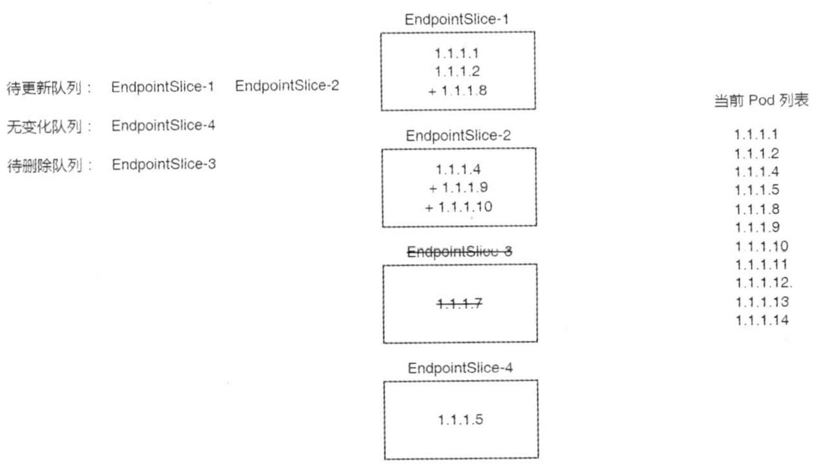

图 10-26　EndpointSlice 执行示例——填充待更新队列

我们继续之前的例子，由于 EndpointSlice-4 无法容纳剩余的 4 个 IP 地址，因此 EndpointSlice 控制器先创建 EndpointSlice-5，再填充 EndpointSlice-4，如图 10-27 所示。

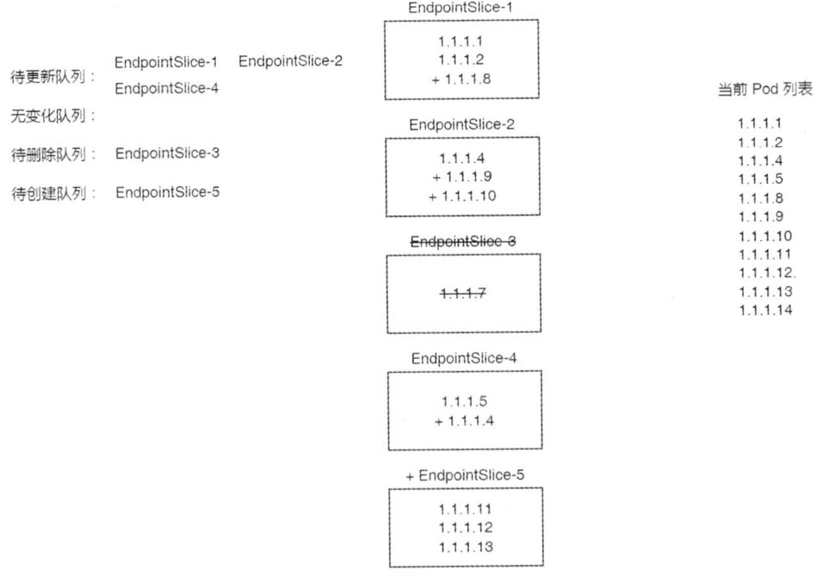

图 10-27　EndpointSlice 执行示例——填充剩余新增 Pod IP 地址

4）合并创建和删除操作

如果待创建列表和待删除列表都不为空，则对于每个创建和删除操作，可以合并为一条更新操作。EndpointSlice 控制器从待创建队列中取出一个 EndpointSlice 资源对象，将其后端地址放入待删除队列中一个 EndpointSlice 资源对象的后端地址中，并且将这个待删除的 EndpointSlice 资源对象加入待更新队列。

对于前述案例，EndpointSlice-3 的删除操作和 EndpointSlice-5 的创建操作合并为对 EndpointSlice-3 的更新操作，如图 10-28 所示。

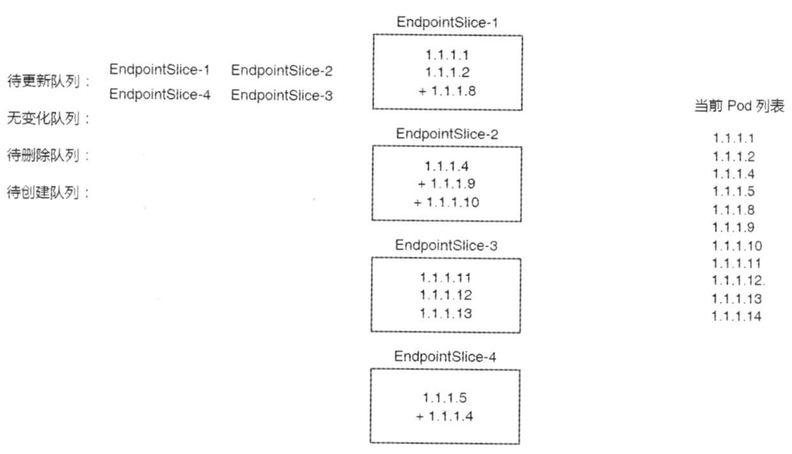

图 10-28 EndpointSlice 执行示例——合并创建和删除操作

通过上述填充过程，EndpointSlice 控制器尽可能少地减少了对 kube-apiserver 的调用。完成填充之后，控制调用 kube-apiserver，完成对这些资源对象的创建、更新和删除。

10.12 GarbageCollector 控制器

在 Kubernetes 集群中，一些资源对象之间存在级联关系，如 Deployment 资源对象与其关联的 ReplicaSet 资源对象、DaemonSet 资源对象与其关联的 Pod 资源对象。在这种情况下，当一个资源对象被删除时，控制器需要将其级联的资源也删除。GarbageCollector（GC）控制器负责完成这项工作。

在 Kubernetes 集群中，资源对象通过 OwnerReference 来记录资源对象的级联关系。每个资源对象可以记录多个 OwnerReference。如果 A 的 OwnerReference 中记录的是 B，则称 A 是 B 的 Dependent（子级资源对象），B 是 A 的 Owner（父级资源对象）。OwnerReference 的数据结构的代码示例如下。

代码路径：staging/src/k8s.io/apimachinery/pkg/apis/meta/v1/types.go

```
Plain Text
type OwnerReference struct {
  //...
  UID types.UID `json:"uid"
protobuf:"bytes,4,opt,name=uid,casttype=k8s.io/apimachinery/pkg/types.UID"`
  //...
  BlockOwnerDeletion *bool `json:"blockOwnerDeletion,omitempty"
```

```
protobuf:"varint,7,opt,name=blockOwnerDeletion"`
}
```

OwnerReference 最关键的是 UID 和 BlockOwnerDeletion 属性。UID 为资源对象的父级资源对象的 UID。BlockOwnerDeletion 为 true 表示如果父级资源对象正在以 Foreground 删除策略执行删除，则在删除当前资源对象之前，不可以删除父级资源对象。

GC 控制器内部根据资源对象的 OwnerReference，构造了集群中资源对象之间的依赖关系，用于帮助寻找某个资源对象的级联资源对象。本书将其称为资源对象依赖关系图。

在级联删除资源时，GC 控制器的删除策略分为以下 3 种。

- Orphan：仅删除当前资源对象，不级联删除当前资源对象的子级资源对象，后文称这种删除策略为孤儿删除。
- Foreground：先删除当前资源对象的子级资源对象，再删除当前资源对象，后文称这种删除策略为前台删除。
- Background：先删除当前资源对象，再删除当前资源对象的子级资源对象，后文称这种删除策略为后台删除。

当在集群中采用孤儿、前台删除策略删除资源对象时，资源对象会被加上对应的 Finalizer，并且在删除过程中由 GC 控制器负责移除。Finalizer 内容如下所示，我们将前者简称为 Orphan Finalizer，后者简称为 Foreground Finalizer。

代码路径：vendor/k8s.io/apimachinery/pkg/apis/meta/v1/types.go

```
Plain Text
const (
  FinalizerOrphanDependents = "orphan"
  FinalizerDeleteDependents = "foregroundDeletion"
)
```

10.12.1 控制器初始化

GC 控制器的初始化在 NewGarbageCollector 方法中完成。初始化过程创建了 3 个工作队列：graphChanges、attemptToDelete 和 attemptToOrphan。

GC 控制器监听所有资源对象的 Add、Update、Delete 事件，除了少数被设置为跳过的资源对象。默认的跳过删除的资源类型在变量 ignoredResources 中定义，代码如下，可以看出仅仅跳过了 Event 资源对象。

代码路径：pkg/controller/garbagecollector/graph_builder.go

```
Plain Text
var ignoredResources = map[schema.GroupResource]struct{}{
  {Group: "", Resource: "events"}:        {},
  {Group: eventv1.GroupName, Resource: "events"}: {},
}
```

当资源对象发生 Add、Update、Delete 事件时，GC 控制器将监听到的资源对象和事件类型加入 event 数据结构，再加入 graphChanges 工作队列，代码如下。这里和其他控制器不太一样，其他控制器的工作队列加入的仅仅是资源对象的 Key。

代码路径：pkg/controller/garbagecollector/graph_builder.go

```
Plain Text
func (gb *GraphBuilder) controllerFor(resource schema.GroupVersionResource, kind
```

```
schema.GroupVersionKind) (cache.Controller, cache.Store, error) {
  handlers := cache.ResourceEventHandlerFuncs{
    AddFunc: func(obj interface{}) {
   event := &event{
     eventType: addEvent,
     obj:       obj,
     gvk:       kind,
   }
   gb.graphChanges.Add(event)
    },
    UpdateFunc: func(oldObj, newObj interface{}) {
   event := &event{
     eventType: updateEvent,
     obj:       newObj,
     oldObj:    oldObj,
     gvk:       kind,
   }
   gb.graphChanges.Add(event)
    },
    DeleteFunc: func(obj interface{}) {
   //...
   event := &event{
     eventType: deleteEvent,
     obj:       obj,
     gvk:       kind,
   }
   gb.graphChanges.Add(event)
    },
  }
  //...
}
```

attemptToDelete 和 attemptToOrphan 工作队列在 GC 过程中使用，后文会详细解释。

10.12.2　主要执行逻辑

GC 控制器在监听到资源对象的 Add、Update、Delete 事件之后，其主要执行步骤如图 10-29 所示。

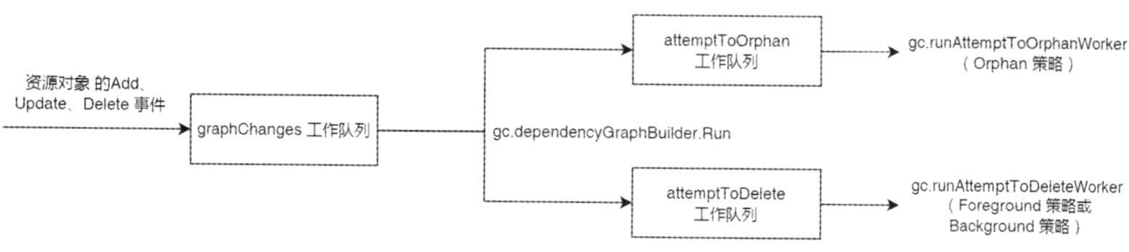

图 10-29　GC 控制器的主要执行步骤

GC 控制器首先将资源对象和事件类型加入 graphChanges 工作队列，接着启动了 3 种协程。

1）gc.dependencyGraphBuilder.Run

该协程负责从 graphChanges 工作队列中取出资源对象和事件类型，更新 GC 控制器记录的资源对象依赖关系图。如果资源对象依赖关系图发生变动导致一些资源对象需要被删除，则这些资源对象会被加入 attemptToOrphan 或 attemptToDelete 工作队列。

2）gc.runAttemptToOrphanWorker

该协程负责从 attemptToOrphan 工作队列中取出资源对象，并且按照孤儿删除策略删除资源对象。

3）gc.runAttemptToDeleteWorker

该协程负责从 attemptToDelete 工作队列中取出资源对象，并且按照前台删除或后台删除策略删除资源对象。

GC 控制器启动协程的代码如下。整个 GC 控制器只有一个 gc.dependencyGraphBuilder.Run 协程，单协程避免了更新资源对象依赖关系图时可能产生的冲突问题。gc.runAttemptToDeleteWorker 和 gc.runAttemptToOrphanWorker 协程的数量由 workers 变量决定。

代码路径：pkg/controller/garbagecollector/garbagecollector.go

```
Plain Text
func (gc *GarbageCollector) Run(workers int, stopCh <-chan struct{}) {
   //...
   go gc.dependencyGraphBuilder.Run(stopCh)
   //...
   for i := 0; i < workers; i++ {
   go wait.Until(gc.runAttemptToDeleteWorker, 1*time.Second, stopCh)
   go wait.Until(gc.runAttemptToOrphanWorker, 1*time.Second, stopCh)
   }
   <-stopCh
}
```

10.12.3 更新资源对象依赖关系图

GC 控制器内部记录了资源对象之间的关联关系，即资源对象依赖关系图，其数据结构如下。

代码路径：pkg/controller/garbagecollector/graph.go

```
Plain Text
type concurrentUIDToNode struct {
  uidToNodeLock sync.RWMutex
  uidToNode     map[types.UID]*node
}
```

在以上代码中，GC 控制器使用一个 map 来记录资源对象依赖关系图中的资源对象，其 key 为资源对象的 UID，value 为图节点 node 结构体。node 结构体和资源对象一一对应。

node 结构体的代码示例如下。

代码路径：pkg/controller/garbagecollector/graph.go

```
Plain Text
type node struct {
  identity objectReference

  dependentsLock sync.RWMutex
  dependents map[*node]struct{}

  deletingDependents     bool
  deletingDependentsLock sync.RWMutex
```

```
  beingDeleted     bool
  beingDeletedLock sync.RWMutex
  //...
  owners []metav1.OwnerReference
}
```

其中，identity 为资源对象本身；dependents 为当前资源对象的子级资源对象；owners 为当前资源对象的父级资源对象列表；beingDeleted 在 DeletionTimestamp 不为空时为 true，表示当前资源对象正在删除中；deletingDependents 在当前资源对象以前台删除策略删除时，会被设置为 true。在资源对象依赖关系图中，节点的关系是双向关系，owners 指向自己的父级资源对象，dependents 指向自己的子级资源对象。

资源对象依赖关系图的更新在 processGraphChanges 方法中完成。该方法从 graphChanges 工作队列中取出一个元素，根据其事件类型和资源对象是否在资源对象依赖关系图中存在，执行以下步骤。

1）事件为 Add 或 Update 且资源对象不在资源对象依赖关系图中

（1）gb.insertNode。

GC 控制器生成 node，并且将其插入资源对象依赖关系图。在插入的过程中，不仅将 node 插入资源对象依赖关系图，还需要更新 node 的 owners。

（2）gb.processTransitions。

如果资源对象拥有 Orphan Finalizer 且 DeletionTimestamp 不为空，则说明当前资源对象正在以孤儿删除策略被删除。此时将 node 加入 attemptToOrphan 工作队列。

如果资源对象拥有 Foreground Finalizer 且 DeletionTimestamp 不为空，则说明当前 node 正在以前台删除策略被删除。此时，先将 node 的 deletingDependents 设置为 true，将 dependents 加入 attemptToDelete 工作队列，再将 node 自身加入 attemptToDelete 工作队列。

processTransitions 函数的代码示例如下，前述判断分别在 startsWaitingForDependentsOrphaned 和 startsWaitingForDependentsDeleted 函数中完成。

代码路径：pkg/controller/garbagecollector/graph_builder.go

```
Plain Text
func (gb *GraphBuilder) processTransitions(oldObj interface{}, newAccessor metav1.Object,
n *node) {
  if startsWaitingForDependentsOrphaned(oldObj, newAccessor) {
    // ...
    gb.attemptToOrphan.Add(n)
    return
  }
  if startsWaitingForDependentsDeleted(oldObj, newAccessor) {
    // ...
    n.markDeletingDependents()
    for dep := range n.dependents {
   gb.attemptToDelete.Add(dep)
    }
    gb.attemptToDelete.Add(n)
  }
}
```

2）事件为 Add 或 Update 且资源对象在资源对象依赖关系图中

（1）referencesDiffs。

检查 node 中记录的原有的父级资源对象和当前资源对象的 OwnerReference，找到新增的父级资源对象、减少的父级资源对象、更新的父级资源对象。对于这些变更，执行以下步骤。

- gb.addUnblockedOwnersToDeleteQueue。

对于减少的父级资源对象，GC 控制器检查当前资源对象是否曾经阻塞这些父级资源对象的前台删除（OwnerReference.BlockOwnerDeletion）。如果有，则将父级资源对象对应的 node 加入 attemptToDelete 工作队列，进行进一步的删除操作。

这么做的原因是，如果当前资源对象 OwnerReference 的 BlockOwnerDeletion 曾经为 true，但是后来该父级资源对象被移除了，并且父级资源对象正在以前台删除策略执行删除操作，则这种移除相当于为该父级资源对象减少了一个阻塞其前台删除的子级资源对象，所以需要将父级资源对象加入 attemptToDelete 工作队列以继续处理删除操作。

类似的，对于更新的父级资源对象，GC 控制器检查其是否曾经阻塞了父级资源对象前台删除，但是现在不再阻塞（OwnerReference.BlockOwnerDeletion 曾经为 true 但现在为 false）。如果是这种情况，则说明当前资源对象解除了对父级资源对象前台删除的阻塞，此时将父级资源对象加入 attemptToDelete 工作队列以继续进行删除操作。

- gb.addDependentToOwners。

如果资源对象新增了某些父级资源对象，则需要在资源对象依赖关系图中更新这些父级资源对象对应的 node，将资源对象添加到这些父级资源对象对应的 node 的 dependents 中。

- gb.removeDependentFromOwners。

如果资源对象移除了某些父级资源对象，则需要在资源对象依赖关系图中更新这些父级资源对象对应的 node，将资源对象从这些父级资源对象对应的 node 的 dependents 中移除。

（2）markBeingDeleted。

如果资源对象的 DeletionTimestamp 不为空，则将 node 的 beingDeleted 更新为 true。该属性会影响后续删除步骤的执行，因此需要及时更新。

（3）gb.processTransitions。

根据资源对象的 DeletionTimestamp 和 Finalizer，将其加入 attemptToDelete 或 attemptToOrphan 工作队列。

3）事件为 Delete

（1）gb.removeNode。

GC 控制器将当前 node 从资源对象依赖关系图中删除。与 insertNode 方法相反，GC 控制器将当前 node 从资源对象依赖关系图中删除，并且从其父级节点的 dependents 中将当前 node 删除。

（2）existingNode.dependents。

将当前 node 的子级资源对象加入 attemptToDelete 工作队列。

如果一个资源对象是以后台删除策略删除的，则它的各个子级资源对象将在这时被加入 attemptToDelete 工作队列。

（3）existingNode.owners。

检查当前 node 的各个父级资源对象，如果父级资源对象正在执行前台删除，则将父级资源对象也加入 attemptToDelete 工作队列。

这个步骤是为了在删除子级资源对象后，可以上溯继续处理等待其删除完成的（前台删除中的）父级资源对象。

10.12.4 孤儿删除

孤儿删除策略的执行在 runAttemptToOrphanWorker 方法中完成，其主要执行步骤如图 10-30 所示。

1）gc.orphanDependents

解除资源对象与其子级资源对象之间的关联关系。孤儿删除策略不级联删除被删除资源对象的子级资源对象，所以在真正删除资源对象前，需要解除被删除资源对象与其子级资源对象之间的关联关系。对于每个子级资源对象，GC 控制器将被删除资源对象从其 OwnerReference 中移除，即可解除关联关系。

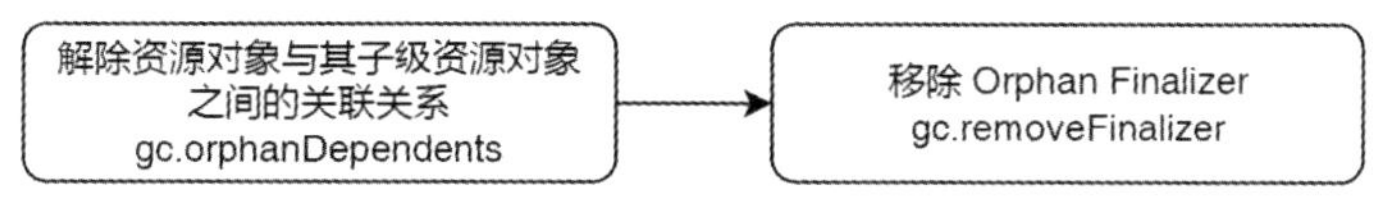

图 10-30 孤儿删除策略的主要执行步骤

2）gc.removeFinalizer

移除 Orphan Finalizer。Orphan Finalizer 存在的意义就是让 GC 控制器有机会在删除资源对象前清理资源对象间的关联关系。在完成关联关系的清理之后，GC 控制器将 Orphan Finalizer 移除，之后该资源对象会真正被删除。

10.12.5 级联删除

级联删除策略的执行在 runAttemptToDeleteWorker 方法中完成，其主要执行步骤如图 10-31 所示。

1）item.isBeingDeleted() && !item.isDeletingDependents

检查资源对象是否处于删除中状态且是否为前台删除。如果资源对象处于删除中状态且非前台删除，则说明删除策略要么是孤儿删除，要么是后台删除。如果是孤儿删除，则应该由 runAttemptToOrphanWorker 方法负责处理，这里不需要处理。如果是后台删除，则其子级资源对象应该在前述更新资源对象依赖关系图的时候就已经被加入删除工作队列，这里也不需要处理。

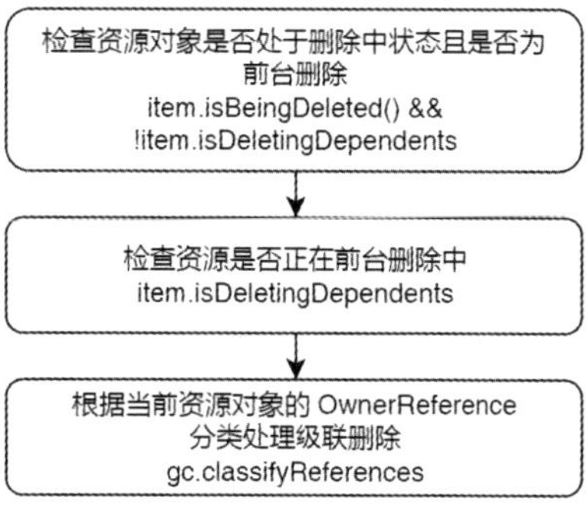

2）item.isDeletingDependents

检查资源是否正在前台删除中。如果正在执行前台删除，则 GC 控制器调用 processDeletingDependentsItem 函数进行处理。该函数的主要执行逻辑如下所示。

图 10-31 级联删除策略的主要执行步骤

代码路径：pkg/controller/garbagecollector/garbagecollector.go

```
Plain Text
func (gc *GarbageCollector) processDeletingDependentsItem(item *node) error {
  blockingDependents := item.blockingDependents()
```

```
  if len(blockingDependents) == 0 {
     return gc.removeFinalizer(item, metav1.FinalizerDeleteDependents)
  }
  for _, dep := range blockingDependents {
     if !dep.isDeletingDependents() {
    gc.attemptToDelete.Add(dep)
     }
  }
  return nil
}
```

在该函数中，GC 控制器首先获取当前资源对象的 Blocking Dependents，即阻塞当前资源对象完成前台删除的那些子级资源对象。

如果已经不存在 Blocking Dependents，则说明该资源对象的子级资源对象已经全部被删除，此时直接移除该资源对象的 Foreground Finalizer。在此之后，该资源对象就会真正从集群中消失。

如果依然存在 Blocking Dependents，则说明该资源对象的子级资源对象还没有全部被删除，此时将这些资源对象加入 attemptToDelete 工作队列。

3）gc.classifyReferences

根据当前资源对象的 OwnerReference 分类处理级联删除。

如果资源对象正在删除中，当前方法就会在第一步或第二步返回，不会执行到这里。所以当 runAttemptToDeleteWorker 方法执行到现在这一步的时候，资源对象一定还没有被调用删除（DeletionTimestamp 为空）。这些资源对象都是由于与其他资源对象存在级联关系而进入当前方法的，而不是被用户手动调用了删除操作。

在这种时候，当前资源对象能不能被删除，以及采用何种策略被删除，就取决于该资源对象的父级资源对象的情况。

classifyReferences 方法将当前资源对象的父级资源对象分为 3 类。

- Solid：没有在等待其他资源对象完成前台删除。
- WaitingForDependentsDeletion：在等待其他资源对象完成前台删除。
- Dangling：已经不存在的资源对象。

按照上述分类，runAttemptToDeleteWorker 方法根据不同的情况，执行不同的步骤。

（1）存在 Solid 的父级资源对象。

解除当前资源对象与 Dangling 和 WaitingForDependentsDeletion 的关联关系后返回。

这么做的原因是，当前资源对象还存在 Solid 的父级资源对象，所以不能被调用删除。假设存在以下情况，如图 10-32 所示，即 A 存在多个父级资源对象，分别为 B、C。此时我们删除 C，那么 A 是否应该被级联删除呢？由于 B 仍然存在并没有处于删除中状态，且是 A 的父级资源对象，所以 A 不应该被关联删除，只需要将 A 和 C 之间的关联关系解除即可。

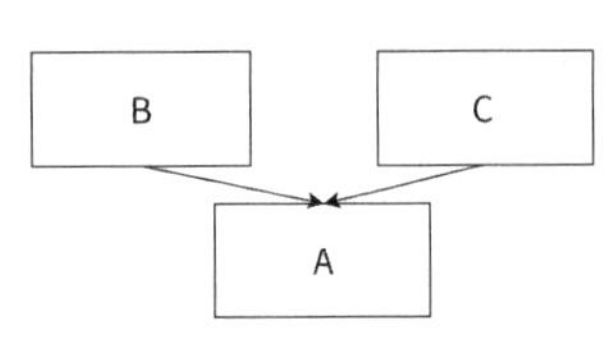

图 10-32　多父级关系示例

（2）不存在 Solid，但存在 WaitingForDependentsDeletion，并且当前资源对象有子级资源对象。

如果当前资源对象的某个子级资源对象也在前台删除中，则说明此时资源对象的依赖关系出现了环。因为级联删除应该是一个单向的关系，如果一个资源对象的父级资源对象和子级资源对象都在前台删除中，但自己却没有在前台删除中，则说明依赖关系出现了环，此时调用 Patch 请求修改当前资源对象的 blockOwnerDeletion 字段以解除阻塞关系，让前台删除得以顺利进行。

完成上述操作之后，使用前台删除策略，调用删除请求删除当前资源对象。这里使用前台删除策略的原因是：当前资源的父级资源对象使用的就是前台删除策略，而当前资源对象又存在子级资源对象，所以必须也使用前台删除策略，否则整个级联传递关系就不对了。

（3）其他情况。

如果当前资源对象在 Finalizer 中指定了删除策略，则使用对应的删除策略删除当前资源对象。如果当前资源对象在 Finalizer 中没有指定删除策略，则默认使用后台删除策略删除当前资源对象。

我们假设存在以下情况，如图 10-33 所示，A 是 B 的父级资源对象，B 是 C 的父级资源对象。此时我们手动调用 kube-apiserver 使用前台删除策略删除 A，那么当级联删除到 B 的时候，B 应当使用什么删除策略呢？根据上述执行逻辑，由于 B 存在正在等待其删除的父级资源对象 A，并且存在子级资源对象 C，因此使用前台删除策略。而对于 C，由于其并没有子级资源对象，所以无须处理级联删除问题，使用默认的后台删除策略即可。换言之，资源对象所处的依赖关系位置的不同，在级联删除过程中使用的删除策略也不同。

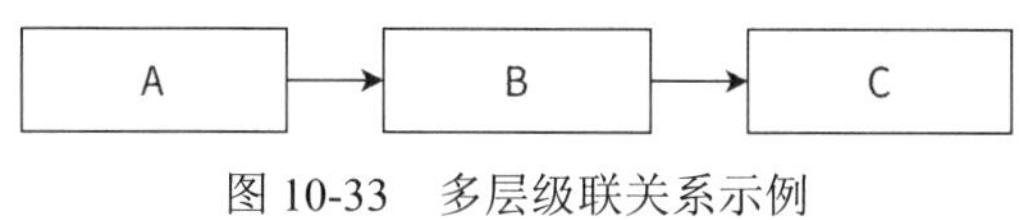

图 10-33　多层级联关系示例

10.13　NodeLifecycle 控制器

Kubernetes 集群中的 Pod 是分配到某个 Node 上运行的。当 Node 出现异常时，集群需要能够将 Node 状态更新为异常状态，并驱逐上面的 Pod 使其到其他 Node 上运行。NodeLifecycle 控制器负责监视 Node 的状态，根据其状态调整 Node 上的 Taint，并且在 Node 出现异常时驱逐上面的 Pod。

NodeLifecycle 控制器有一个--enable-taint-manager 启动参数，默认为启用状态，将在 1.27 版本中移除。

- 如果值为 true，则 NodeLifecycle 控制器在 Node 异常时，通过在 Node 上添加 NoExecute Taint 来驱逐 Node 上的 Pod。
- 如果值为 false，则 NodeLifecycle 控制器在 Node 异常时直接驱逐 Pod，不会为 Node 添加 Taint。

在该启动参数为 true 和 false 时，NodeLifecycle 控制器的执行逻辑有很大差异，后续将分别对两种情况进行介绍。

10.13.1　控制器初始化

NodeLifecycle 控制器结构体的关键字段如下所示。为了理解方便，字段顺序与原始代码相比有所调整。

代码路径：pkg/controller/nodelifecycle/node_lifecycle_controller.go

```
Plain Text
type Controller struct {
```

```
  //...
  knownNodeSet map[string]*v1.Node

  nodeHealthMap *nodeHealthMap

  nodeMonitorGracePeriod time.Duration

  runTaintManager bool
  taintManager *scheduler.NoExecuteTaintManager

  nodeEvictionMap *nodeEvictionMap
  zonePodEvictor map[string]*scheduler.RateLimitedTimedQueue
  podEvictionTimeout time.Duration

  zoneNoExecuteTainter map[string]*scheduler.RateLimitedTimedQueue

  nodeUpdateQueue workqueue.Interface
  podUpdateQueue  workqueue.RateLimitingInterface
  //...
}
```

此处展示的数据结构会在后面反复提及，这里简述每个字段的主要功能。

- knownNodeSet：缓存集群中所有的 Node。其 Key 为 Node 的 Name。
- nodeHealthMap：缓存集群中 Node 的健康状况。该数据结构是一个带锁的 Map，其 key 为 Node 的 Name，其 value 记录了 Node 的一些健康数据。
- nodeMonitorGracePeriod：Node 监控超时时间。如果 NodeLifecycle 控制器发现距离上一次 kubelet 上报 Node 的状态已经超过该字段规定的时间，则 NodeLifecycle 控制器会将该 Node 的各项 Condition 设置为 unknown。
- runTaintManager：对应前述启动参数--enable-taint-manager。
- taintManager：负责根据 NoExecute Taint 驱逐 Node 上的 Pod。该变量仅仅在 runTaintManager 字段为 true 时被使用。
- nodeEvictionMap：缓存集群中 Node 的 Pod 驱逐情况。该数据结构是一个带锁的 Map，其 key 为 Node 的 Name，其 value 为 Node 上的 Pod 驱逐情况。Pod 驱逐情况分为 3 种：unmarked 表示不需要驱逐；toBeEvicted 表示需要驱逐 Pod，但尚未执行驱逐；evicted 表示已经执行过 Pod 驱逐。该变量仅在 runTaintManager 字段为 false 时被使用。
- zonePodEvictor：Node 驱逐队列，按 Zone 记录需要驱逐 Pod 的 Node。Node 按 Zone 分别保存在对应的队列中。该变量仅在 runTaintManager 字段为 false 时被使用。
- podEvictionTimeout：驱逐 Pod 前的等待时间。如果 Node 异常的时间还没有超过该字段规定的时间，则暂时不驱逐 Pod。该变量仅在 runTaintManager 字段为 false 时被使用。
- zoneNoExecuteTainter：Node 驱逐队列，按 Zone 记录需要添加 NoExecute Taint 的 Node。Node 按 Zone 分别保存在对应的队列中。该变量仅在 runTaintManager 字段为 true 时被使用。
- nodeUpdateQueue、podUpdateQueue：两个工作队列，分别存储监听到 Add、Update、Delete 事件的 Node 与 Pod。

NodeLifecycle 控制器在启动时会创建两个工作队列分别存储 Node 和 Pod，前者名为 nodeUpdateQueue，后者名为 podUpdateQueue。NodeLifecycle 控制器为 Node 和 Pod 资源对象

注册监听事件的回调函数。

- Node 资源对象：当监听到 Node 的 Add、Update、Delete 事件时，将资源对象加入 nodeUpdateQueue 工作队列。
- Pod 资源对象：当监听到 Pod 的 Add、Update、Delete 事件时，将资源对象加入 podUpdateQueue 工作队列。

在 runTaintManager 字段为 true 时，taintManager 也会运行。taintManager 的主要数据结构如下，包含 nodeUpdateQueue 和 podUpdateQueue 两个工作队列。

代码路径：pkg/controller/nodelifecycle/scheduler/taint_manager.go

```
Plain Text
type NoExecuteTaintManager struct {
  //...
  nodeUpdateQueue workqueue.Interface
  podUpdateQueue  workqueue.Interface
  //...
}
```

在 runTaintManager 字段为 true 时，taintManager 会为 Node 和 Pod 资源对象注册监听事件的回调函数。

- Node 资源对象：当监听到 Node 的 Add、Update、Delete 事件时，将资源对象加入 nodeUpdateQueue 工作队列。
- Pod 资源对象：当监听到 Pod 的 Add、Update、Delete 事件时，将资源对象加入 podUpdateQueue 工作队列。

注意，taintManager 的工作队列名字只是和 NodeLifecycle 控制器的工作队列名字恰好一致，但并不是同一个数据对象。

10.13.2　主要执行逻辑

NodeLifecycle 控制器在启动时，启动了多种不同功能的协程。NodeLifecycle 控制器启动的代码示例如下。

代码路径：pkg/controller/nodelifecycle/node_lifecycle_controller.go

```
Plain Text
func (nc *Controller) Run(ctx context.Context) {
   //...
  if nc.runTaintManager {
    go nc.taintManager.Run(ctx)
  }

  for i := 0; i < scheduler.UpdateWorkerSize; i++ {
    go wait.UntilWithContext(ctx, nc.doNodeProcessingPassWorker, time.Second)
  }
  for i := 0; i < podUpdateWorkerSize; i++ {
    go wait.UntilWithContext(ctx, nc.doPodProcessingWorker, time.Second)
  }

  if nc.runTaintManager {
    go wait.UntilWithContext(ctx, nc.doNoExecuteTaintingPass,
scheduler.NodeEvictionPeriod)
```

```
  } else {
    go wait.UntilWithContext(ctx, nc.doEvictionPass, scheduler.NodeEvictionPeriod)
  }

  go wait.UntilWithContext(ctx, func(ctx context.Context) {
    if err := nc.monitorNodeHealth(ctx); err != nil {
   klog.Errorf("Error monitoring node health: %v", err)
    }
  }, nc.nodeMonitorPeriod)

  //...
}
```

NodeLifecycle 控制器的启动过程共涉及 6 种协程。

- nc.taintManager.Run：仅在 runTaintManager 为 true 时启动。在 Node 出现 NoExecute Taint 时，驱逐 Node 上所有不能容忍这些 Taint 的 Pod。
- nc.doNodeProcessingPassWorker：在 Node 的 Condition 出现异常时，在 Node 上添加 NoSchedule Taint，以阻止新的 Pod 被调度上来。
- nc.doPodProcessingWorker：检查 Pod 对应的 Node 的状态。在 Node 的 Ready Condition 为 false 或 unknown 时，如果 runTaintManager 为 false，则将 Node 加入驱逐队列；如果 runTaintManager 为 true，则将 Pod 的 Ready Condition 更新为 false。
- nc.doNoExecuteTaintingPass：仅在 runTaintManager 为 true 时启动。对于驱逐队列中的 Node，根据 Node 的健康状况，在 Node 的 Ready Condition 为 false 或 unknown 时为 Node 添加对应的 NoExecute Taint。
- nc.doEvictionPass：仅在 runTaintManager 为 false 时启动。对于驱逐队列中的 Node，根据 Node 的健康状况，在 Node 的 Ready Condition 为 false 或 unknown 时驱逐 Node 上的 Pod。
- nc.monitorNodeHealth：监听集群中各个 Node 的健康状况，更新 Node 的 Condition 状态，并且在 NodeLifecycle 控制器中缓存 Node 的健康状况，将异常的 Node 加入驱逐队列。该协程是一个循环执行的定时任务，间隔由 nodeMonitorPeriod 变量确定。

在以上所有协程中，只有 nc.doNodeProcessingPassWorker 和 Pod 驱逐无关。其他协程配合完成了对异常 Node 上 Pod 的驱逐。

在 runTaintManager 为 true 时，Node 异常后，依次被以下 3 个协程处理，如图 10-34 所示。

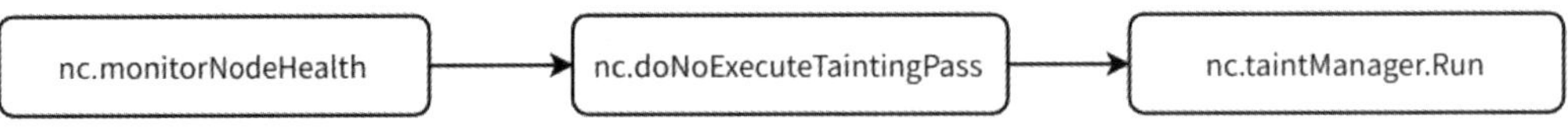

图 10-34　runTaintManager 为 true 时 Pod 驱逐的主要步骤

- nc.monitorNodeHealth：检测到 Node 的 Ready Condition 为 false 或 unknown 时，将 Node 加入 zoneNoExecuteTainter 驱逐队列。
- nc.doNoExecuteTaintingPass：遍历 zoneNoExecuteTainter 驱逐队列，如果 Node 的 Ready Condition 为 false 或 unknown，则为其打上 NoExecute Taint。
- nc.taintManager.Run：监听到 Node 上存在 NoExecute Taint 后，驱逐所有无法容忍该 Taint 的 Pod。

在 runTaintManager 为 false 时，Node 异常后，会被以下协程分别处理，如图 10-35 所示。

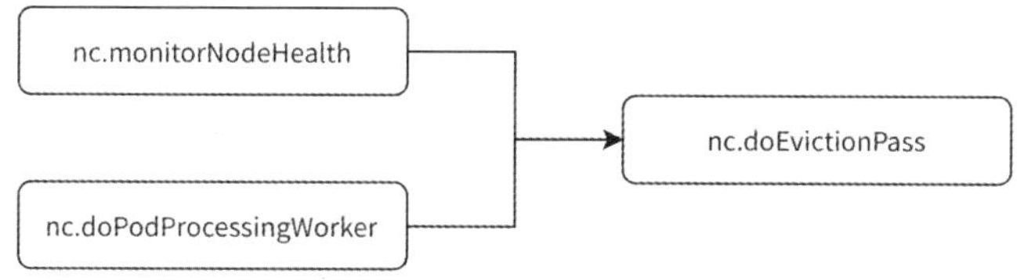

图 10-35　runTaintManager 为 false 时 Pod 驱逐的主要步骤

- nc.monitorNodeHealth：如果检测到 Node 的 Ready Condition 为 false 或 unknown，则将 Node 加入 zonePodEvictor 驱逐队列。
- nc.doPodProcessingWorker：如果某个 Pod 对应的 Node 的 Ready Condition 为 false 或 unknown，则将 Node 加入 zonePodEvictor 驱逐队列。
- nc.doEvictionPass：遍历 zonePodEvictor 驱逐队列，驱逐各个 Node 上的 Pod。

10.13.3　添加 NoSchedule 效果的 Taint

在 NodeLifecycle 控制器中，nc.doNodeProcessingPassWorker 协程主要负责根据 Node 的 Condition 状态维护 Node 的几个 NoSchedule 效果的 Taint。这些 Taint 将会阻止新的 Pod 被调度到这些 Node 上。

nc.doNodeProcessingPassWorker 协程持续从 NodeLifecycle 控制器的 nodeUpdateQueue 工作队列中取出 Node 进行处理，其核心在 doNoScheduleTaintingPass 方法中。该方法的主要执行步骤如图 10-36 所示。

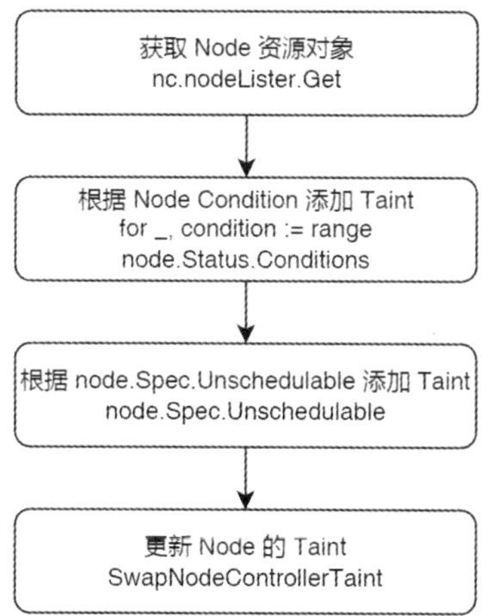

图 10-36　doNoScheduleTaintingPass 方法的主要执行步骤

1）nc.nodeLister.Get

获取 Node 资源对象。NodeLifecycle 控制器通过 Node Informer 的 Lister 接口的 Get 方法获取完整的 Node 资源对象。

2）for _, condition := range node.Status.Conditions

根据 Node Condition 添加 Taint。NodeLifecycle 控制器检查 Node 资源对象的各个 Condition，并且生成对应的 Taint，Taint 的效果均为 NoSchedule。Condition 和 Taint 的对应关系如下。

（1）Ready Condition。

- 值为 false：添加 node.kubernetes.io/not-readyTaint。
- 值为 unknown：添加 node.kubernetes.io/unreachableTaint。

（2）MemoryPressure Condition。

值为 true：添加 node.kubernetes.io/memory-pressure Taint。

（3）DiskPressure Condition。

值为 true：添加 node.kubernetes.io/disk-pressure Taint。

（4）PIDPressure Condition。

值为 true：添加 node.kubernetes.io/pid-pressure Taint。

（5）NetworkUnavailable Condition。

值为 true：添加 node.kubernetes.io/network-unavailable Taint。如果有多个 Condition 满足，则会被添加多个 Taint。

3）node.Spec.Unschedulable

根据 node.Spec.Unschedulable 添加 Taint。如果 Node 被设置了禁止调度，即 Spec.Unschedulable 为 true，则额外再添加一个 NoSchedule 效果的 node.kubernetes.io/unschedulable Taint。

4）SwapNodeControllerTaint

更新 Node 的 Taint。在统计好所有需要添加的 Taint 之后，NodeLifecycle 控制器调用 kube-apiserver 完成对 Taint 的添加。

10.13.4 Node 健康状态检测

在 NodeLifecycle 控制器中，nc.monitorNodeHealth 协程负责根据 Node 的状态，将异常的 Node 加入驱逐队列。nc.monitorNodeHealth 方法的主要执行步骤如图 10-37 所示。

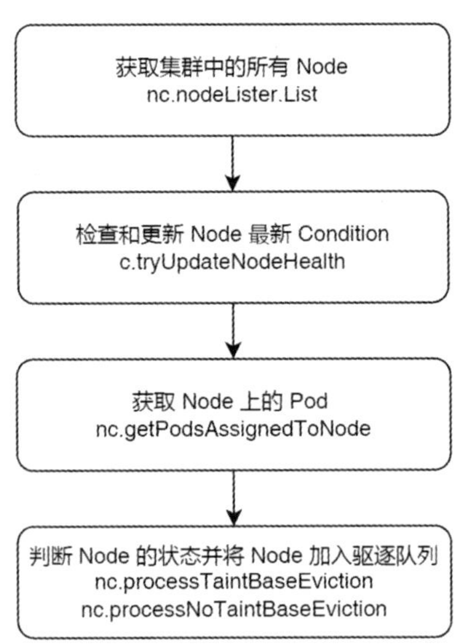

图 10-37　nc.monitorNodeHealth 方法的主要执行步骤

1）nc.nodeLister.List

获取集群中的所有 Node。nc.monitorNodeHealth 方法是定时循环执行的，每次执行都会对集群中所有 Node 的健康状况进行检查。

2）c.tryUpdateNodeHealth

检查和更新 Node 最新 Condition。对于集群中的每个 Node，NodeLifecycle 控制器调用 c.tryUpdateNodeHealth 方法获取 Node 的当前 Ready Condition。

在 c.tryUpdateNodeHealth 方法中，如果 Node 已经超过 NodeLifecycle 控制器的 nodeMonitorGracePeriod 字段规定的时间而没有被 kubelet 上报更新 Condition，则 NodeLifecycle 控制器会将 Node 的各项 Condition 更新为 unknown。

3）nc.getPodsAssignedToNode

获取 Node 上的 Pod。在后续过程中，如果 Node 被判定为状态异常，则这些 Pod 可能被驱逐。

4）nc.processTaintBaseEviction、nc.processNoTaintBaseEviction

判断 Node 的状态并将 Node 加入驱逐队列。根据 runTaintManager 字段值的不同，执行逻辑会有所不同。

- 如果 runTaintManager 为 true，则表示 NodeLifecycle 控制器使用 NoExecute 的效果来驱逐 Pod。此时 NodeLifecycle 控制器调用 nc.processTaintBaseEviction 方法处理 Node。在该方法中，Node 按照以下规则被处理。
    - Node 的 Ready Condition 为 false：先删除 Node 上的 node.kubernetes.io/unreachable NoExecute Taint（如果存在的话），添加 node.kubernetes.io/not-ready NoExecute Taint。再将 Node 加入 zoneNoExecuteTainter 驱逐队列。
    - Node 的 Ready Condition 为 unknown：先删除 Node 上的 node.kubernetes.io/not-ready NoExecute Taint（如果存在的话），添加 node.kubernetes.io/unreachable NoExecute Taint。再将 Node 加入 zoneNoExecuteTainter 驱逐队列。
    - Node 的 Ready Condition 为 true：先删除 Node 上的 node.kubernetes.io/not-ready NoExecute Taint（如果存在的话）和 node.kubernetes.io/unreachable NoExecute Taint（如果存在的话）。再将 Node 从 zoneNoExecuteTainter 驱逐队列中移除。
- 如果 runTaintManager 为 false，则表示 NodeLifecycle 控制器在 Node 异常时直接驱逐 Pod。此时 NodeLifecycle 控制器调用 nc.processNoTaintBaseEviction 方法处理 Node。在该方法中，Node 及 Node 上的 Pod 按照以下规则被处理。
    - Node 的 Ready Condition 为 false：如果 Node 距离上次记录的 Ready 的时间已经超过 NodeLifecycle 控制器的 podEvictionTimeout 字段所规定的时间，则首先检查该 Node 在 NodeLifecycle 控制器 nodeEvictionMap 字段中记录的驱逐状态：如果驱逐状态已经是 evicted，则直接删除该 Node 上的所有 Pod；如果不是，则将 Node 加入 nodeEvictionMap，将状态设置为 toBeEvicted，并且将 Node 加入 NodeLifecycle 控制器的 zonePodEvictor 驱逐队列。
    - Node 的 Ready Condition 为 unknown：如果 Node 距离上次记录的 kubelet 上报数据的时间已经超过 podEvictionTimeout，则按照 Node 的 Ready Condition 为 false 时相同的方法处理 Node，此处不再赘述。
    - Node 的 Ready Condition 为 true：从 zonePodEvictor 驱逐队列中移除当前 Node。

10.13.5 使用 NoExecute Taint 驱逐 Node 上的 Pod

如果运行了 Taint Manager，则异常的 Node 会先被 nc.doNoExecuteTaintingPass 协程添加 NoExecute Taint，再由 nc.taintManager.Run 协程驱逐不能容忍这些 Taint 的 Pod。

1. nc.doNoExecuteTaintingPass 协程

nc.doNoExecuteTaintingPass 协程的主要执行步骤如图 10-38 所示。

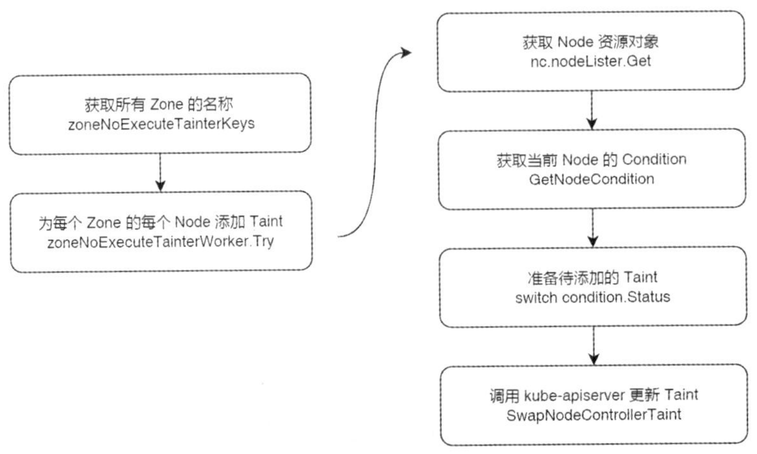

图 10-38　nc.doNoExecuteTaintingPass 协程的主要执行步骤

1）zoneNoExecuteTainterKeys

获取所有 Zone 的名称。NodeLifecycle 控制器遍历 nc.zoneNoExecuteTainter Map，收集其所有的 Key，其 Key 即为 Zone 的名称。

2）zoneNoExecuteTainterWorker.Try

为每个 Zone 的每个 Node 添加 Taint。NodeLifecycle 控制器遍历所有的 Zone，获取 Zone 下待驱逐 Node 的队列，调用 zoneNoExecuteTainterWorker.Try 方法为每个 Node 添加 NoExecute Taint。zoneNoEvictionWorker.Try 方法会启动一个 for 循环，使用传入的方法来循环处理队列中的每一个 Node。对于每一个 Node，其处理过程如下。

（1）nc.nodeLister.Get。

获取 Node 资源对象。NodeLifecycle 控制器首先使用 Node Informer 的 Lister 接口的 Get 方法获取 Node 资源对象。

（2）GetNodeCondition。

获取当前 Node 的 Condition。NodeLifecycle 控制器调用 GetNodeCondition 方法获取当前 Node 的 Condition。

（3）switch condition.Status。

准备待添加的 Taint。根据 Ready Condition 的状态决定要添加的 Taint。

- 如果 Ready Condition 为 false，则添加 node.kubernetes.io/not-ready Taint。
- 如果 Ready Condition 为 unknown，则添加 node.kubernetes.io/unreachable Taint。这些 Taint 的效果都是 NoExecute。

（4）SwapNodeControllerTaint。

调用 kube-apiserver 更新 Taint。NodeLifecycle 控制器调用 kube-apiserver 完成 Taint 的更新。

2. nc.taintManager.Run 协程

在 Node 被添加 NoExecute 效果的 Taint 之后，Pod 的驱逐由 nc.taintManager.Run 协程来完成。该协程最终调用 worker 方法来处理 taintManager 的 nodeUpdateQueue 和 podUpdateQueue 工作队列中的 Node 和 Pod。

在 worker 方法中，对于监听到 Node，调用 handleNodeUpdate 方法驱逐 Pod。该方法的主要执行步骤如图 10-39 所示。

1）tc.nodeLister.Get

获取 Node 资源对象。NodeLifecycle 控制器通过 Node Informer 的 Lister 接口的 Get 方法获取 Node 资源对象。

2）getNoExecuteTaints

获取 Node 上所有 NoExecute Taint。只有 NoExecute Taint 才触发驱逐，所以这里只获取 NoExecute Taint。

3）tc.getPodsAssignedToNode

获取 Node 上的 Pod。这些 Pod 后续根据 Toleration 情况被驱逐。

4）tc.processPodOnNode

驱逐 Pod。如果存在 Pod 不能容忍的 NoExecute Taint，则 Pod 将直接被驱逐。如果某些 Toleration 存在容忍时间（TolerationSeconds），则 Pod 会在延迟一段时间后被驱逐。

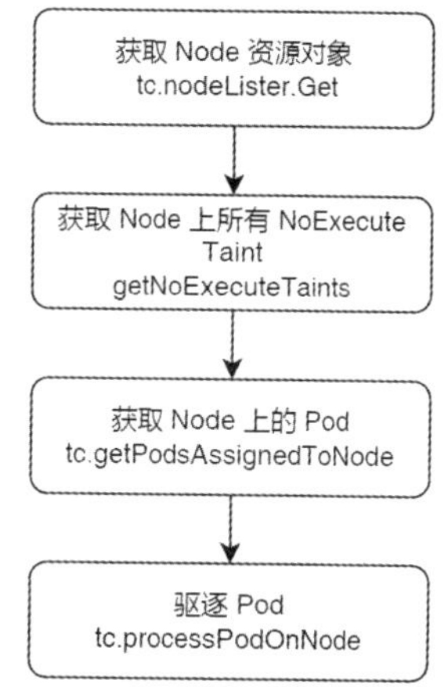

图 10-39　handleNodeUpdate 方法的主要执行步骤

对于监听到的 Pod 变动，处理方法也是类似的：根据 Pod 的 Toleration 和所在 Node 的 NoExecute Taint，判断是否当前 Pod 应该被驱逐或延迟驱逐，并且最终完成驱逐。

10.13.6　直接驱逐 Node 上的 Pod

如果没有运行 Taint Manager，则 NodeLifecycle 控制器在 Node 异常时会直接驱逐 Node 上的 Pod。在 NodeLifecycle 控制器中，nc.doEvictionPass 方法负责根据 zonePodEvictorKeys 队列中的 Node 来驱逐 Pod。该方法的主要执行步骤如图 10-40 所示。

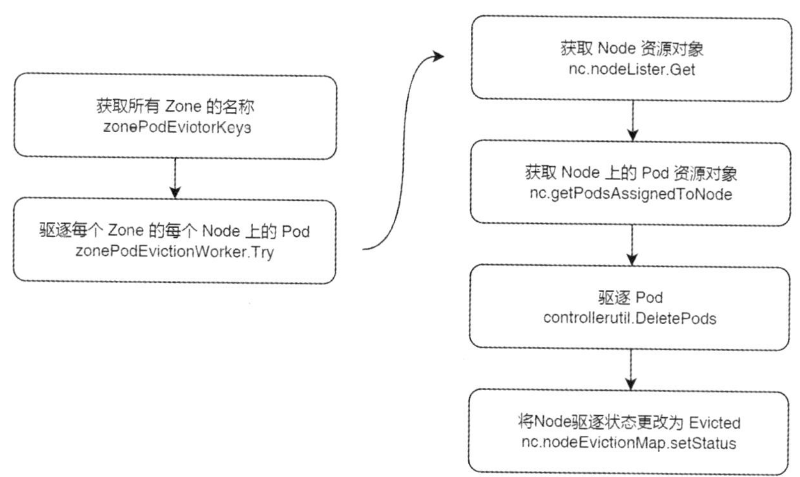

图 10-40　nc.doEvictionPass 方法的主要执行步骤

1）zonePodEvictorKeys

获取所有 Zone 的名称。NodeLifecycle 控制器遍历 nc.zonePodEvictor Map，收集其所有的 Key，其 Key 即为 Zone 的名称。

2）zonePodEvictionWorker.Try

驱逐每个 Zone 的每个 Node 上的 Pod。NodeLifecycle 控制器遍历所有的 Zone，获取该 Zone 下待驱逐 Node 的队列，调用 zonePodEvictionWorker.Try 方法完成每个 Node 的 Pod 驱逐。zonePodEvictionWorker.Try 方法会启动一个 for 循环，使用传入的方法来循环处理队列中的每个 Node。对于每个 Node，其处理过程如下。

（1）nc.nodeLister.Get。

获取 Node 资源对象。NodeLifecycle 控制器首先使用 Node Informer 的 Lister 接口的 Get 方法获取 Node 资源对象。

（2）nc.getPodsAssignedToNode。

获取 Node 上的 Pod 资源对象。NodeLifecycle 控制器调用 nc.getPodsAssignedToNode 方法获取 Node 上的 Pod 资源对象。

（3）controllerutil.DeletePods。

驱逐 Pod。NodeLifecycle 控制器将 Node 上的 Pod 全部驱逐。

（4）nc.nodeEvictionMap.setStatus。

将 Node 驱逐状态更改为 Evicted。在 nodeEvictionMap 中将当前 Node 驱逐状态更改为 Evicted。

10.14 其他控制器

10.14.1 Namespace 控制器

Namespace 控制器负责在 Namespace 资源对象被删除前，清理该命名空间内的所有 Kubernetes 资源对象。

当一个 Namespace 资源对象被调用删除时，由于 Namespace 资源对象默认存在 "kubernetes"Finalizer，所以不会立刻消失，其 DeletionTimestamp 字段会被更新为被调用删除的时间。

Namespace 控制器通过 Informer 监听 Namespace 资源对象的 Add、Update 事件。当触发事件时，如果该 Namespace 资源对象已经处于删除中，则将其 Key 加入工作队列，等待 Worker 协程的消费处理。

Worker 协程执行 syncNamespaceFromKey 方法完成调谐，而该方法调用了 namespacedResourcesDeleter.Delete 方法。在 namespacedResourcesDeleter.Delete 方法中，Namespace 控制器调用 deleteAllContent 方法来真正删除各个资源对象。deleteAllContent 方法代码逻辑位于代码路径 pkg/controller/namespace/deletion/namespaced_resource_deleter.go 下，其主要执行步骤如图 10-41 所示。

1）discoverResourcesFn

获取集群中的所有 GVR。deleteAllContent 方法调用 discoverResourcesFn 方法获取集群中所有带有命名空间的 GVR。discoverResourcesFn 方法是 Namespace 控制器中的一个函数变量，其真正对应的方法是 DiscoveryClient 下的 ServerPreferredNamespacedResources 函数，代码如下。

代码路径：staging/src/k8s.io/client-go/discovery/cached/disk/cached_discovery.go

```
Plain Text
func (d *CachedDiscoveryClient) ServerPreferredNamespacedResources()
([]*metav1.APIResourceList, error) {
  return discovery.ServerPreferredNamespacedResources(d)
}
```

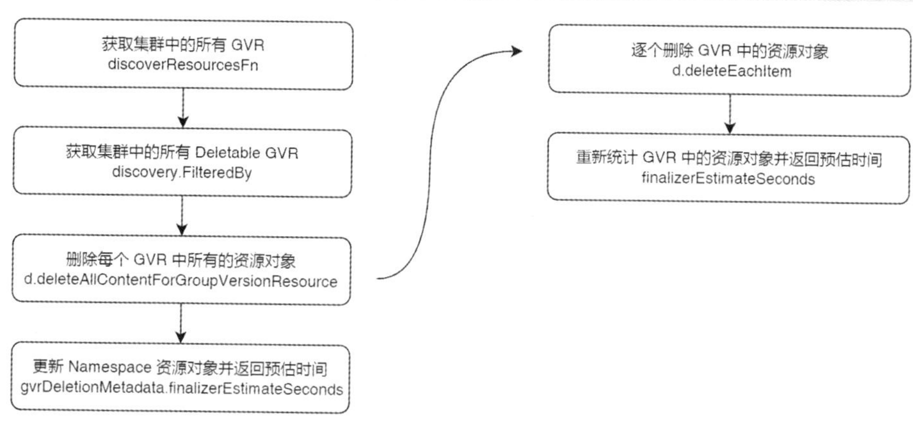

图 10-41　deleteAllContent 方法的主要执行步骤

2）discovery.FilteredBy

获取集群中的所有 Deletable GVR。Namespace 控制器过滤出所有支持 delete Verb 的 GVR。代码示例如下。

代码路径：pkg/controller/namespace/deletion/namespaced_resources_deleter.go

```
Plain Text
deletableResources := discovery.FilteredBy(discovery.SupportsAllVerbs{Verbs:
[]string{"delete"}}, resources)
```

3）d.deleteAllContentForGroupVersionResource

删除每个 GVR 中所有的资源对象。在 d.deleteAllContentForGroupVersionResource 方法中，Namespace 控制器主要执行以下两个步骤。

- 逐个删除 GVR 中的资源对象。
- 重新统计 GVR 中的资源对象并返回预估时间。对于每个 GVR，如果其中不再有任何资源对象存在，则该 GVR 就算清理完成了。如果 GVR 仍有资源对象残留，未能被立刻删除（如存在优雅关闭等待事件的 Pod、具有 Finalizer 的资源对象），则需要返回一个预估时间。该预估时间将被用于延迟重试处理当前 Namespace 资源对象。预估时间的计算方式如下。
  - 当前 GVR 是 Pod：预估时间取各个 Pod 的 TerminationGracePeriodSeconds 字段最大值。
  - 其他 GVR：如果存在具有 Finalizer 的资源对象，则返回固定估计时间 15s。

4）gvrDeletionMetadata.finalizerEstimateSeconds

更新 Namespace 资源对象并返回预估时间。如果在该 Namespace 资源对象下有任何一个

GVR 中存在资源对象未能被 Namespace 控制器清理完成，则该 Namespace 资源对象会被延迟一定时间后重新加入工作队列，延迟的时间为所有 GVR 预估时间的最大值。

10.14.2 ServiceAccount 控制器

ServiceAccount 控制器负责在各个命名空间中创建默认的 ServiceAccount 资源对象。ServiceAccount 控制器监听 Namespace 资源对象的 Add、Update 事件和 ServiceAccount 资源对象的 Delete 事件。在触发事件之后，对应的 Namespace 资源对象的 Key 将被加入工作队列，等待 Worker 协程的消费处理。

Worker 协程的主要逻辑代码位于代码路径 pkg/controller/serviceaccount/serviceaccounts_controller.go 的 syncNamespace 函数中，其主要执行步骤如图 10-42 所示。

图 10-42 Worker 协程的主要执行步骤

1）ns.Status.Phase != v1.NamespaceActive

检查 Namespace 资源对象的状态。ServiceAccount 控制器的 Worker 协程从工作队列中取出该 Namespace 资源对象。如果该 Namespace 资源对象未处于活跃状态（Status.Phase 不是 Active），则 ServiceAccount 控制器不再执行后续 Reconcile 调谐过程。

2）for _, sa := range c.serviceAccountsToEnsure

创建默认的 ServiceAccount 资源对象。ServiceAccount 控制器检查该命名空间下是否存在默认的 ServiceAccount 资源对象。如果不存在，则创建。集群在每个命名空间下默认的 ServiceAccount 资源对象代码如下，可以看出其 Name 固定为 default。

代码路径：pkg/controller/serviceaccount/serviceaccounts_controller.go：

```
Plain Text
func DefaultServiceAccountsControllerOptions() ServiceAccountsControllerOptions {
  return ServiceAccountsControllerOptions{
    ServiceAccounts: []v1.ServiceAccount{
   {ObjectMeta: metav1.ObjectMeta{Name: "default"}},
    },
  }
}
```

10.14.3 PodGC 控制器

PodGC 控制器定期清理集群中冗余的 Pod，包括已经终止的 Pod、宿主节点不存在的 Pod、未被调度且正在删除的 Pod。PodGC 控制器间隔固定时间循环执行，其循环间隔为 20s。其主要逻辑代码位于代码路径 pkg/controller/podgc/gc_controller.go 中的 gc 方法中，主要执行步骤如图 10-43 所示。

图 10-43 PodGC 控制器的主要执行步骤

1）gcc.gcTerminated

清理已经终止的 Pod。如果 kube-controller-manager 在启动时设置了--terminated-pod-gc-threshold 参数，PodGC 控制器就会清理这些已经终止的 Pod。

PodGC 控制器在所有 Pod 中筛选出 Pod Phase 处于 Succeeded 或 Failed 的 Pod。如果这些已经终止的 Pod 总数量超过了--terminated-pod-gc-threshold 参数规定的数量，则 PodGC 控制器会将这些 Pod 按照创建时间排序，并且删除创建时间更早的 Pod，确保这些 Pod 的数量不超过该限值。

2）gcc.gcOrphaned

清理宿主节点已经不存在的 Pod。PodGC 控制器检查集群中的所有 Pod，如果其宿主节点已经不存在于集群中，则将这些节点延迟 quarantineTime（固定为 40s）后加入 nodeQueue 队列。接着，PodGC 控制器再次检查所有已经在 nodeQueue 队列中的节点。如果该节点依然不存在于集群中，则将该节点上的所有 Pod 删除。

PodGC 控制器通过 quarantineTime 延迟机制，给了这些节点上 Pod 一定的宽限期，避免了短时的系统故障导致 Pod 被误删除的情况。

3）gcc.gcUnscheduledTerminating

清理未被调度且正在删除中的 Pod。PodGC 控制器检查集群的所有 Pod，如果其 DeletionTimestamp 字段不为空，且尚未被调度到某个节点上，则将该 Pod 删除。

10.14.4　SA Token 控制器

SA Token 控制器负责为每个 ServiceAccount 资源对象生成对应的"kubernetes.io/service-account-token"类型的 Secret 资源对象。ServiceAccount 资源对象的 Secrets 属性记录了其关联的各个 Secret 资源对象，反过来，Secret 资源对象的"kubernetes.io/service-account.name" Annotation 记录了其关联 ServiceAccount 资源对象的名称。

集群内的 Pod 依赖 ServiceAccount 资源对象及其对应的 Secret 资源对象提供的访问 kube-apiserver 的 RBAC 权限，因此该控制器是 kube-controller-manager 中第一个启动的控制器，以便尽快生成 Secret 资源对象。

SA Token 控制器监听 ServiceAccount 资源对象和 Secret 资源对象的 Add、Update、Delete 事件。当触发 ServiceAccount 资源对象的 Add、Update、Delete 事件时，将该资源对象的 Key 加入 syncServiceAccountQueue 工作队列，等待 Worker 协程的消费处理。对于该工作队列中的每个 ServiceAccount 资源对象，SA Token 控制器检查其是否存在于集群中。如果不存在，则删除该 ServiceAccount 资源对象对应的 Secret 资源对象；如果存在，则检查对应 Secret 资源对象是否存在于集群中，并且在缺失时创建新的 Secret 资源对象。

当触发 Secret 资源对象的 Add、Update、Delete 事件时，只有"kubernetes.io/service-account-token"类型的 Secret 资源对象会被该控制器处理，将其 Key 加入 syncSecretQueue 工作队列。对于该作队列中的 Secret 资源对象，SA Token 控制器检查其是否存在于集群中。如果 Secret 资源对象存在，则判断对应 ServiceAccount 资源对象是否存在于集群中。如果 ServiceAccount 资源对象不存在，则将当前 Secret 资源对象删除。如果 Secret 资源对象不存在，但对应的 ServiceAccount 资源对象存在，则将该 Secret 资源对象从 ServiceAccount 资源对象的 Secrets 属性中移除。

10.14.5 ResourceQuota 控制器

ResourceQuota 控制器根据集群资源的变化情况,实时计算 ResourceQuota 资源对象的状态。

ResourceQuota 控制器监听所有可设置配额的资源对象的 Add、Update、Delete 事件。当触发这些事件时，将与该资源对象相关的 ResourceQuota 资源对象的 Key 加入 ResourceQuota 控制器的工作队列，等待 Worker 协程的消费处理。ResourceQuota 控制器的 Worker 协程取出 ResourceQuota 资源对象后，重新计算各项配额的使用情况，并且将这些数据更新到 ResourceQuota 资源对象的状态上。这些数据将在 kube-apiserver 中被准入控制器使用。

第 11 章

kube-proxy 核心实现

11.1 初识 kube-proxy

kube-proxy 是 Kubernetes 集群中控制平面的组件之一，需要在每个节点上部署。在 Kubernetes 集群中，Service 资源对象关联的后端 Pod IP 地址和端口集合被 kube-controller-manager 记录在 Endpoints、EndpointSlice 资源对象中。kube-proxy 根据 Service 定义和 Endpoints、EndpointSlice 资源对象中存储的内容，在宿主节点上配置 iptables、ipvs 等规则，实现 Service 的负载均衡和服务发现功能。

kube-proxy 支持多种代理模式，目前主要使用的是 iptables 和 ipvs。

- iptables 代理模式：kube-proxy 通过配置 iptables 规则实现 DNAT、SNAT、源 IP 地址检查等功能。
- ipvs 代理模式：kube-proxy 通过配置 ipvs 规则实现 DNAT 功能，而 SNAT 与源 IP 地址检查等功能继续通过配置 iptables 规则实现，并且使用 IP Set 来降低查找 IP 地址和端口的时间复杂度。

ipvs 代理模式通常比 iptables 代理模式更高效，本章后续会对这两种代理模式的配置过程进行重点介绍。

11.2 Service 资源

Kubernetes 中定义了 4 种类型的 Service，分别是 ClusterIP、NodePort、LoadBalancer 和 ExternalName。

- ClusterIP：最基本的 Service 类型，在不考虑双栈的情况下，通常包含一个 IP 地址（ClusterIP）和若干个 Port，并且通过标签选择器关联后端 Pod。集群内应用可以通过“ClusterIP:Port”的形式访问 Service 的后端 Pod。
- NodePort：在 ClusterIP 类型的基础上，NodePort 类型会额外为每个 Port 在集群节点上分配一个端口号（NodePort）。除了以“ClusterIP:Port”的形式访问 Service，还可以让集群外的应用以“宿主节点 IP 地址:NodePort”的形式访问 Service。

- LoadBalancer：该类型的 Service 与 NodePort 类型相同，也会在集群节点上分配端口号，通常被云厂商用于配置外部负载均衡器。除了以"ClusterIP:Port"和"宿主节点 IP 地址:NodePort"形式访问 Service，还可以通过"LoadBalancer IP:Port"的形式访问 Service。
- ExternalName：与前面几种 Service 不同，ExternalName 类型的 Service 主要用于为外部地址提供一个可以从集群内部访问的别名。当访问一个 ExternalName 类型的 Service 时，集群 DNS 服务将会返回该 Service 的 CNAME 记录。

kube-proxy 会为 ClusterIP、NodePort、LoadBalancer 三种类型的 Service 配置 iptables、ipvs 规则。如果 Service 没有配置 ClusterIP，或者其类型为 ExternalName，则客户端只能访问 Service 的域名，由集群中部署的 DNS 服务（如 CoreDNS）负责解析，这就不在 kube-proxy 的处理范围内了。

11.3 架构设计详解

kube-proxy 部署在每个 Kubernetes 集群的节点上，其架构如图 11-1 所示。如果某个节点没有部署该组件，则该节点上的 Pod 无法访问 Service 的 IP 地址。

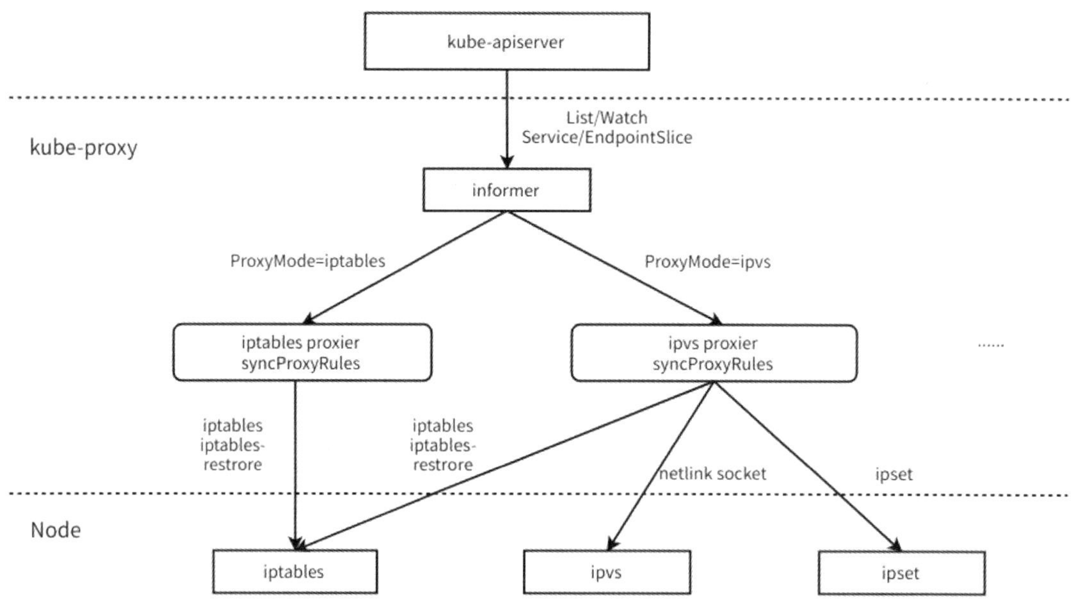

图 11-1　kube-proxy 的架构

kube-proxy 使用 Informer 的 Watch 机制监听集群中的 Service、Endpoints、EndpointSlice 等资源对象的变更事件。需要注意的是，由于使用 EndpointSlice 资源对象，在后端 Pod 滚动更新时从 kube-apiserver 向各个集群节点传输的数据量较少，目前 kube-proxy 默认监听的是 EndpointSlice 资源对象，所以本章后续部分不再重复提到 Endpoints 资源对象。

当监听到这些资源对象的事件之后，kube-proxy 获取所有 Service 资源对象及其关联的 EndpointSlice 资源对象，根据 Service 定义和 EndpointSlice 资源对象中记录的后端 Pod IP 地址和端口信息，调用 iptables、ipset 等命令及 NetLink Socket 等接口更新宿主节点网络命名空间下的 iptables、ipvs 等规则，完成宿主节点上规则的刷新。

11.4　kube-proxy 初始化过程

和其他组件类似，kube-proxy 也使用 Cobra 框架解析用户输入参数、初始化 Options 对象、验证参数有效性、调用 Run 方法启动程序。kube-proxy 初始化过程的代码示例如下。

代码路径：cmd/kube-proxy/app/server.go

```
Plain Text
func NewProxyCommand() *cobra.Command {
  opts := NewOptions()
  cmd := &cobra.Command{
     ...
     RunE: func(cmd *cobra.Command, args []string) error {
    if err := opts.Complete(); err != nil {
       ...
    }
    if err := opts.Validate(); err != nil {
       ...
    }
    if err := opts.Run(); err != nil {
       ...
    }
    ...
     },
     ...
  }
  ...
  opts.AddFlags(fs)
  ...
}
```

在 NewProxyCommand 函数中，NewOptions 函数返回空的启动参数结构体，AddFlags 函数读取启动参数，Complete 函数补全必要的参数，Validate 函数校验参数的合法性，最后执行 Run 函数进行组件初始化和启动。

Run 函数的代码示例如下。其中，NewProxyServer 函数完成组件初始化，runLoop 函数通过一个 Go 协程启动组件执行过程，本书使用代码中的变量名称，称其为 ProxyServer。

代码路径：cmd/kube-proxy/app/server.go

```
Plain Text
func (o *Options) Run() error {
  ...
  proxyServer, err := NewProxyServer(o)
  ...
  return o.runLoop()
}
```

本节主要关注 ProxyServer 的初始化过程。初始化过程主要在 NewProxyServer 函数中完成，其主要执行步骤如图 11-2 所示。

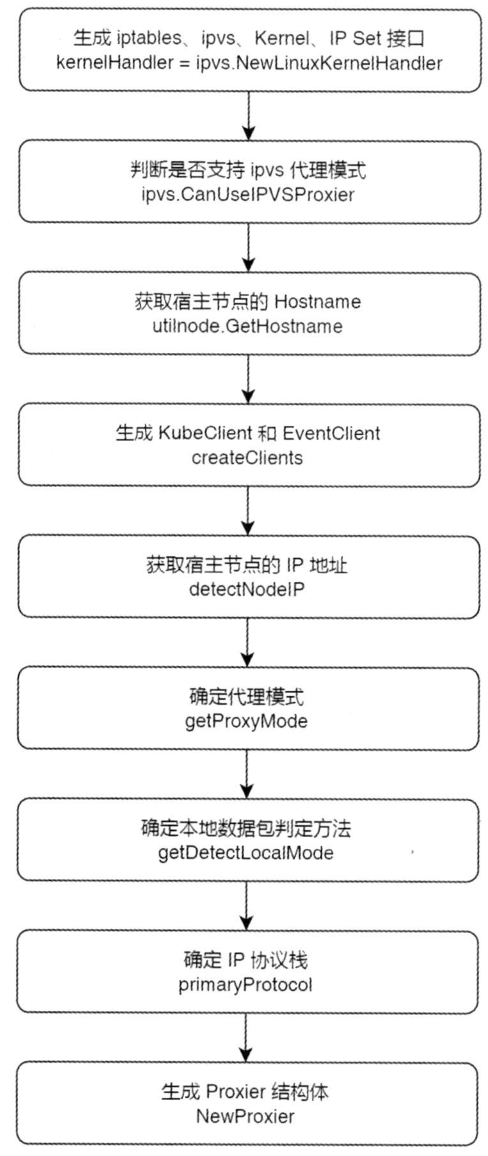

图 11-2　NewProxyServer 函数的主要执行步骤

11.4.1　生成 iptables、ipvs、Kernel、IP Set 接口

kube-proxy 在执行过程中，使用 iptables、ipset 等命令设置主机网络命名空间的 iptables、ipvs 等规则。这些执行命令被封装成接口以供 ProxyServer 调用。这些接口名称如下所示。

代码路径：cmd/kube-proxy/app/server_others.go

```
Plain Text
var iptInterface utiliptables.Interface
var ipvsInterface utilipvs.Interface
var kernelHandler ipvs.KernelHandler
var ipsetInterface utilipset.Interface
```

这些接口的实现基于对命令或对 NetLink Socket 的调用。本节以 iptInterface 和

ipvsInterface 为例进行说明。

1）utiliptables.Interface

该接口用于执行 iptables 相关的命令，包括创建和删除 iptables 链、iptables 规则等函数。该接口的定义如下所示。

代码路径：pkg/util/iptables/iptables.go

```
Plain Text
type Interface interface {
  EnsureChain(table Table, chain Chain) (bool, error)
  FlushChain(table Table, chain Chain) error
  DeleteChain(table Table, chain Chain) error
  ChainExists(table Table, chain Chain) (bool, error)
  EnsureRule(...) (bool, error)
  DeleteRule(table Table, chain Chain, args ...string) error
  ...
}
```

该接口的实现其实就是封装调用 iptables 的命令。例如，EnsureChain 函数中有调用 iptablesCommand 函数，而该函数就是封装调用了 iptables 命令，函数实现代码如下。

代码路径：pkg/util/iptables/iptables.go

```
Plain Text
func (runner *runner) EnsureChain(table Table, chain Chain) (bool, error) {
  ...
  out, err := runner.run(opCreateChain, fullArgs)
  ...
}

func (runner *runner) run(op operation, args []string) ([]byte, error) {
  return runner.runContext(context.TODO(), op, args)
}

func (runner *runner) runContext(ctx context.Context, op operation, args []string) ([]byte,
error) {
  iptablesCmd := iptablesCommand(runner.protocol)
  ...
  return runner.exec.CommandContext(ctx, iptablesCmd, fullArgs...).CombinedOutput()
}

func iptablesCommand(protocol Protocol) string {
  if protocol == ProtocolIPv6 {
    return cmdIP6Tables
  }
  return cmdIPTables
}

const (
  cmdIPTablesSave    string = "iptables-save"
  cmdIPTablesRestore  string = "iptables-restore"
  cmdIPTables     string = "iptables"
  ...
)
```

2）utilipvs.Interface

该接口用于执行 ipvs 相关的命令，主要包括创建、更新和删除 ipvs VirtualServer 等函数。其接口的定义如下所示。

代码路径：pkg/util/ipvs/ipvs.go

```
Plain Text
type Interface interface {
  Flush() error
  AddVirtualServer(*VirtualServer) error
  UpdateVirtualServer(*VirtualServer) error
  DeleteVirtualServer(*VirtualServer) error
  ...
}
```

该接口中的函数使用 NetLink 套接字来和 ipvs 内核模块进行通信。其 New 函数和 AddVirtualServer 函数代码如下。

代码路径：pkg/util/ipvs/ipvs_linux.go

```
Plain Text
func New() Interface {
  handle, err := libipvs.New("")
  ...
  return &runner{
    ipvsHandle: handle,
  }
}

func (runner *runner) AddVirtualServer(vs *VirtualServer) error {
  ...
  return runner.ipvsHandle.NewService(svc)
}
```

New 函数在初始化接口的过程中，调用 libipvs.New 函数设置 ipvsHandle 接口变量。该接口实现使用了 moby-ipvs 库，该库使用 NetLink 套接字与 ipvs 内核模块通信以完成规则设置。例如，在 AddVirtualServer 函数中，调用了 NewService 函数完成新的 ipvs VirtualServer 配置的创建，该函数最终调用了 NetLink 套接字。

11.4.2 判断是否支持 ipvs 代理模式

kube-proxy 判断当前宿主节点是否支持 ipvs 代理模式。判断过程依赖上一步生成的 kernelHandler。不过需要注意，这里仅判断是否支持 ipvs 代理模式并初始化相关结构体，kube-proxy 实际使用的代理模式取决于用户设置的启动参数。判断是否支持 ipvs 代理模式的代码如下。

代码路径：cmd/kube-proxy/app/server_others.go

```
Plain Text
canUseIPVS, err := ipvs.CanUseIPVSProxier(...)
if string(config.Mode) == proxyModeIPVS && err != nil {
  klog.ErrorS(err, "Can't use the IPVS proxier")
}
```

CanUseIPVSProxier 函数负责判断是否支持 ipvs 代理模式，主要检查两项内容：宿主节点内核模块加载情况和 IP Set 版本。

1）检查内核模块加载情况

CanUseIPVSProxier 函数对比已经加载的内核模块及 ipvs 代理模式需要的模块，如果有缺失的内核模块，则不能支持 ipvs 代理模式。ipvs 代理模式需要的内核模块为 ip_vs、ip_vs_rr、ip_vs_wrr、ip_vs_sh、nf_conntrack_ipv4（内核版本低于 4.19）或 nf_conntrack（内核版本不低于 4.19）。

2）检查 IP Set 版本

ipvs 代理模式对 ipset 命令的版本也有要求。kube-proxy 调用 ipset --version 命令获得版本信息。如果版本低于 6.0 则无法满足 ipvs 代理模式的要求。

11.4.3　获取宿主节点的 Hostname

kube-proxy 调用 GetHostname 函数获取宿主节点的 Hostname。在 GetHostname 函数中，如果 kube-proxy 设置过--hostname-override 启动参数，则直接使用该参数设置的值，否则通过获取/proc/sys/kernel/hostname 的值来获取宿主节点的 Hostname。该步骤的代码如下。

代码路径：cmd/kube-proxy/app/server_others.go

```
Plain Text
hostname, err := utilnode.GetHostname(config.HostnameOverride)
```

11.4.4　生成 KubeClient 和 EventClient

由于 kube-proxy 需要与 kube-apiserver 通信来获取和更新一些资源对象及输出一些 Event，因此还需要 KubeClient 和 EventClient。kube-proxy 调用 createClients 函数生成 KubeClient 和 EventClient，其主要执行逻辑如下所示。

代码路径：cmd/kube-proxy/app/server.go

```
Plain Text
func createClients(...) (...) {
   ...
   if len(config.Kubeconfig) == 0 && len(masterOverride) == 0 {
      kubeConfig, err = rest.InClusterConfig()
   } else {
      kubeConfig, err = clientcmd.NewNonInteractiveDeferredLoadingClientConfig(
     &clientcmd.ClientConfigLoadingRules{ExplicitPath: config.Kubeconfig},
     &clientcmd.ConfigOverrides{ClusterInfo: clientcmdapi.Cluster{Server:
masterOverride}}).ClientConfig()
   }
   ...
   client, err := clientset.NewForConfig(kubeConfig)
   ...
   eventClient, err := clientset.NewForConfig(kubeConfig)
   ...
   return client, eventClient.CoreV1(), nil
}
```

在 createClients 函数中，首先获取集群的 kubeconfig。如果启动参数中没有设置 kubeconfig，则认为 kube-proxy 以 Pod 形式部署在集群中，此时调用 InClusterConfig 函数获取 Pod 的

ServiceAccount 来生成 kubeconfig。在获取 kubeconfig 之后，使用其生成 KubeClient 和 EventClient。

11.4.5 获取宿主节点的 IP 地址

kube-proxy 调用 detectNodeIP 函数来获取当前宿主节点的 IP 地址。该方法按照以下步骤来确认宿主节点的 IP 地址。

- 如果设置了--bind-address 启动参数，则直接使用该参数的值。
- 如果没有设置--bind-address 启动参数，则获取 Kubernetes 集群中当前宿主节点对应的 Node 资源对象的 Status 中记录的 IP 地址。
- 如果通过上述两种方法都没有成功获取 IP 地址，则使用 127.0.0.1 作为宿主节点的 IP 地址。

11.4.6 确定代理模式

尽管 kube-proxy 的启动参数中指定了代理模式，但是宿主节点未必支持该代理模式，因此还需要进一步进行判断，并且在宿主节点无法支持用户指定的代理模式时，回退到支持的代理模式。kube-proxy 最终使用的代理模式由 getProxyMode 函数判断。确定代理模式的主要执行逻辑如下所示。

代码路径：cmd/kube-proxy/app/server_others.go

```
Plain Text
func getProxyMode(proxyMode string, canUseIPVS bool, ...) string {
  switch proxyMode {
  case proxyModeUserspace:
    return proxyModeUserspace
  case proxyModeIPTables:
    return tryIPTablesProxy(kcompat)
  case proxyModeIPVS:
    return tryIPVSProxy(canUseIPVS, kcompat)
  }
  klog.InfoS("Unknown proxy mode, assuming iptables proxy", "proxyMode", proxyMode)
  return tryIPTablesProxy(kcompat)
}
```

根据上述代码，回退方式按照 ipvs→iptables→userspace 的顺序进行。

- 如果启动参数指定的是 userspace 代理模式，则直接使用 userspace 代理模式。
- 如果启动参数指定的是 iptables 代理模式，则调用 tryIPTablesProxy 函数判定宿主节点能否支持 iptables 代理模式。如果不能，则回退到 userspace 代理模式。在 tryIPTablesProxy 函数中，检查/proc/sys/net/ipv4/conf/all/route_localnet 的取值，如果该值存在（无论值是多少），则认为支持 iptables 代理模式。
- 如果启动参数指定的是 ipvs 代理模式，则调用 tryIPVSProxy 函数判定宿主节点能否支持 ipvs 代理模式，如果不能，则回退检查是否支持 iptables 代理模式。

11.4.7 确定本地数据包判定方法

LocalMode 表示 kube-proxy 以何种方式来判定节点的流量是来自当前节点。LocalMode

将在后续配置 iptables 规则时用于判断流量是否来自本地节点。目前 LocalMode 共有 4 种取值。

- ClusterCIDR：当流量来自集群 Pod 网段时，认为流量来自宿主节点，是默认模式。
- NodeCIDR：当流量来自当前节点被分配的 Pod 网段时，认为流量来自宿主节点。
- BridgeInterface：当流量来自某个网桥时，认为流量来自宿主节点。
- InterfaceNamePrefix：当流量来自具有某些前缀的网络接口时，认为流量来自宿主节点。

确定本地数据包判定方法的过程如下所示。在该过程中，通过 getDetectLocalMode 函数来获取启动参数中设置的 LocalMode。如果启动参数中没有设置 LocalMode，则 getDetectLocalMode 函数会使用默认值 ClusterCIDR。

代码路径：cmd/kube-proxy/app/server_others.go

```
Plain Text
detectLocalMode, err = getDetectLocalMode(config)
...
if detectLocalMode == proxyconfigapi.LocalModeNodeCIDR {
  nodeInfo, err = waitForPodCIDR(client, hostname)
  ...
}
```

此外，如果 LocalMode 取值为 NodeCIDR，则调用 waitForPodCIDR 函数等待当前节点被分配 PodCIDR 网段后，再进行后续的初始化操作。

11.4.8　确定 IP 协议栈

kube-proxy 判断以 IPv4/IPv6 双栈还是单栈来运行，代码示例如下。

代码路径：cmd/kube-proxy/app/server_others.go

```
Plain Text
dualStack := true
if proxyMode != proxyModeUserspace {
  if primaryProtocol == utiliptables.ProtocolIPv4 {
    ipt[0] = iptInterface
    ipt[1] = utiliptables.New(execer, utiliptables.ProtocolIPv6)
  } else {
    ipt[0] = utiliptables.New(execer, utiliptables.ProtocolIPv4)
    ipt[1] = iptInterface
  }
  for _, perFamilyIpt := range ipt {
    if !perFamilyIpt.Present() {
   dualStack = false
    }
  }
}
```

如果代理模式为 userspace，则直接以单栈方式运行，网络栈类型即为节点 IP 地址所属的 IP 地址类型。

如果代理模式为 ipvs 或 iptables，则调用 Present 函数，分别检查 iptables 和 ip6tables 下是否存在 nat 表和 POSTROUTING 链，进而确定以双栈还是单栈方式运行。Present 函数的代码示例如下。

代码路径：pkg/util/iptables/iptables.go

```
Plain Text
func (runner *runner) Present() bool {
  if _, err := runner.ChainExists(TableNAT, ChainPostrouting); err != nil {
    return false
  }
  return true
}
```

11.4.9 生成 Proxier 结构体

在确定 IP 协议栈和代理模式之后，kube-proxy 生成对应的 Proxier 结构体，完成最终的初始化操作。生成 Proxier 结构体的过程如下所示。userspace 代理模式仅支持单栈网络，在代码示例中也能看出，userspace 代理模式并未对当前集群是否为双栈集群进行判断。

代码路径：cmd/kube-proxy/app/server_others.go

```
Plain Text
if proxyMode == proxyModeIPTables {
  ...
  if dualStack {
    ...
    proxier, err = iptables.NewDualStackProxier(...)
  } else {
    ...
    proxier, err = iptables.NewProxier(...)
  }
  ...
} else if proxyMode == proxyModeIPVS {
  klog.V(0).InfoS("Using ipvs Proxier")
  if dualStack {
    ...
    proxier, err = ipvs.NewDualStackProxier(...)
  } else {
    ...
    proxier, err = ipvs.NewProxier(...)
  }
  ...
} else {
  ...
  proxier, err = userspace.NewProxier(...)
  ...
}
```

在生成 Proxier 结构体后，kube-proxy 使用 Proxier 结构体作为参数初始化一个 ProxyServer 结构体并返回。此时便完成了 kube-proxy 的所有初始化操作。

11.5 iptables 代理模式的执行过程

在 iptables 代理模式中，kube-proxy 通过在宿主节点上配置 iptables 规则来实现 Service 功能，这些操作由 syncProxyRules 函数实现。iptables 代理模式的主要执行步骤如图 11-3 所示。

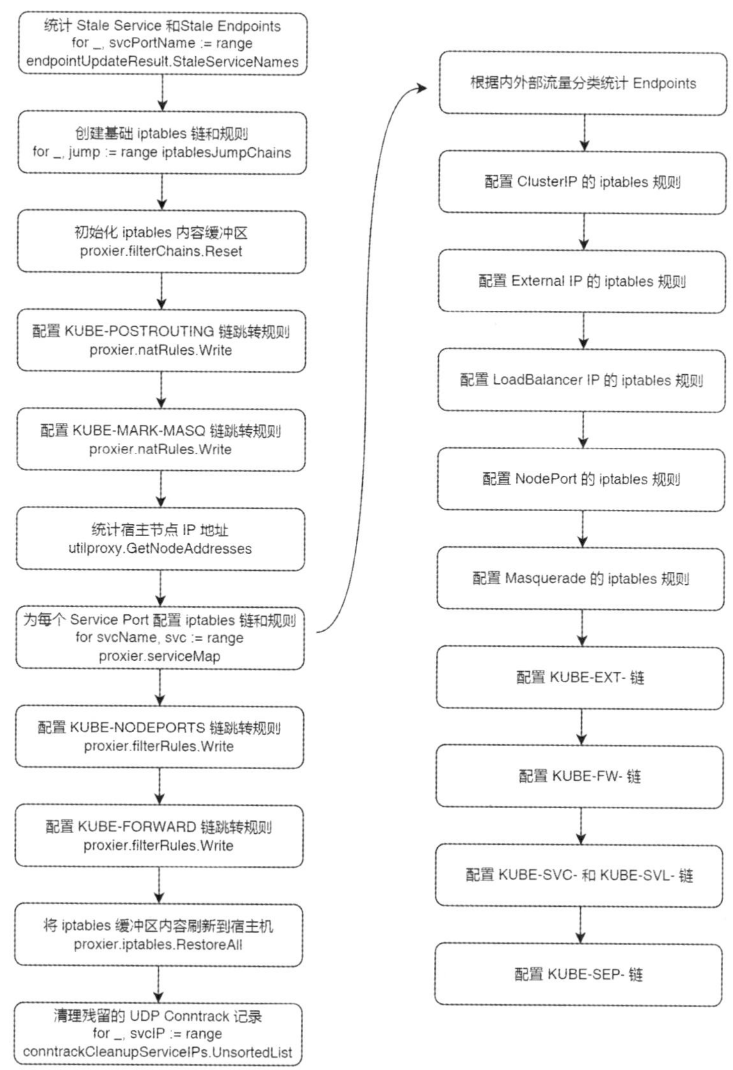

图 11-3　iptables 代理模式的主要执行步骤

11.5.1　统计 Stale Service 和 Stale Endpoints

iptables 代理模式配置的第一步是针对 UDP 协议，统计 Stale Service 和 Stale Endpoints。Endpoints 指的是 Service 所有的后端地址。

这里解释需要针对 UDP 协议统计 Stale Service 和 Stale Endpoints 的原因。客户端访问 Service 的负载均衡的实现依赖 NAT 机制，而 NAT 机制又依赖 conntrack 模块。

- UDP 协议不像 TCP 协议存在连接机制，因此如果当 UDP 的服务端消失时，不会有主动断开连接的动作，客户端和服务端之间的 Conntrack 记录不会被立即清除，客户端发出的 UDP 数据包会继续按照原有的 NAT 记录发送给已经消失的服务端，导致后续数据包被丢弃。因此当 UDP Endpoints 被销毁时，需要主动清除对应的 Conntrack 记录。
- 如果一个 Service 不存在任何后端 Pod，则 NAT 机制由于没有服务端的存在，会丢弃 UDP 数据包，如果此时 Service 有了新的后端 Pod，则由于 Conntrack 记录会继续被复用，导致数据包继续被丢弃。因此对于这种情况也需要主动清除 Conntrack 记录。

统计 Stale Endpoints 和 Stale Service 的目的是及时清理这些过时的 Conntrack 记录，避免数据包丢失。kube-proxy 采用以下方法进行判定。

- Stale Endpoints：如果一个 Service 存在使用 UDP 协议的 Port，有一些 Endpoints 曾经存在，但后来消失了，则认为这些消失的 Endpoints 是 Stale Endpoints。
- Stale Service：如果一个 Service 存在使用 UDP 协议的 Port，之前没有 Ready 的 Endpoints 现在 Ready 了，则认为这个 Service 是 Stale Endpoints。
- 如果一个 Service 被判定是 Stale Service，其 ClusterIP、External IP（如果有）、LoadBalancer IP（如果有）都会被加入 Stale Service 列表。这个不难理解，因为 kube-proxy 会为 ClusterIP、External IP、LoadBalancer IP 配置规则，因此在清理 Conntrack 记录时，需要对这些 IP 地址的记录都进行清理。

筛选 Stale Endpoints 和 Stale Service 使用的是代码路径 pkg/proxy/endpoints 下的 detectStaleConnections 函数。

在统计完 Stale Service 之后，将这些 Service 的 IP 地址和 UDP NodePort 记录下来。其中，Stale Endpoints 记录在 endpointUpdateResult 变量中；IP 地址记录在 conntrackCleanupServiceIPs 变量中；NodePort 记录在 conntrackCleanupServiceNodePorts 变量中。这里记录的内容在配置过程的最后阶段清理 Conntrack 记录时被用到。统计 Stale IP 地址和 NodePort 的过程如下所示。

代码路径：pkg/proxy/iptables/proxier.go

```
Plain Text
serviceUpdateResult := proxier.serviceMap.Update(proxier.serviceChanges)
endpointUpdateResult := proxier.endpointsMap.Update(proxier.endpointsChanges)
...
for _, svcPortName := range endpointUpdateResult.StaleServiceNames {
  if svcInfo, ok := proxier.serviceMap[svcPortName]; ok && svcInfo != nil &&
conntrack.IsClearConntrackNeeded(svcInfo.Protocol()) {
     conntrackCleanupServiceIPs.Insert(svcInfo.ClusterIP().String())
     for _, extIP := range svcInfo.ExternalIPStrings() {
    conntrackCleanupServiceIPs.Insert(extIP)
     }
     for _, lbIP := range svcInfo.LoadBalancerIPStrings() {
    conntrackCleanupServiceIPs.Insert(lbIP)
     }
     nodePort := svcInfo.NodePort()
     if svcInfo.Protocol() == v1.ProtocolUDP && nodePort != 0 {
    conntrackCleanupServiceNodePorts.Insert(nodePort)
     }
  }
}
```

11.5.2 创建基础 iptables 链和规则

在最开始阶段，kube-proxy 创建基础 iptables 链。这些链均以“KUBE-”开头，本书简称其为基础 KUBE 链。

完成这些链的创建之后，kube-proxy 创建从原始 iptables 链（PREROUTING、POSTROUTING 等）向这些基础 KUBE 链跳转的规则。完成这些规则的创建之后，流经

kube-proxy 宿主节点的网络数据包就可以流向基础 KUBE 链，进而进入 kube-proxy 的处理过程。

本节主要介绍从原始 iptables 链到基础 KUBE 链的跳转规则的创建过程，代码示例如下。

代码路径：pkg/proxy/iptables/proxier.go

```
Plain Text
for _, jump := range iptablesJumpChains {
  if _, err := proxier.iptables.EnsureChain(jump.table, jump.dstChain); err != nil {
    return
  }
  args := append(jump.extraArgs,
    "-m", "comment", "--comment", jump.comment,
    "-j", string(jump.dstChain),
  )
  if _, err := proxier.iptables.EnsureRule(utiliptables.Prepend, jump.table,
jump.srcChain, args...); err != nil {
    return
  }
}
```

其中，iptablesJumpChains 全局变量包含了需要创建的跳转规则，EnsureChain 函数负责创建基础 KUBE 链，EnsureRule 函数负责创建原始 iptables 链跳转到基础 KUBE 链的跳转规则。EnsureChain 与 EnsureRule 函数创建链和规则时使用的 iptables 命令如下所示。

```
Plain Text
iptables -N KUBE-EXTERNAL-SERVICES -t filter
iptables -I INPUT -t filter -m conntrack --ctstate NEW -m comment --comment "kubernetes
externally-visible service portals" -j KUBE-EXTERNAL-SERVICES

iptables -N KUBE-EXTERNAL-SERVICES -t filter
iptables -I FORWARD -t filter -m conntrack --ctstate NEW -m comment --comment "kubernetes
externally-visible service portals" -j KUBE-EXTERNAL-SERVICES

iptables -N KUBE-NODEPORTS -t filter
iptables -I INPUT -t filter  -m comment --comment "kubernetes health check service ports"
-j KUBE-NODEPORTS

iptables -N KUBE-SERVICES -t filter
iptables -I FORWARD -t filter -m conntrack --ctstate NEW -m comment --comment "kubernetes
service portals" -j KUBE-SERVICES

iptables -N KUBE-SERVICES -t filter
iptables -I INPUT -t filter -m conntrack --ctstate NEW -m comment --comment "kubernetes
service portals" -j KUBE-SERVICES

iptables -N KUBE-FORWARD -t filter
iptables -I FORWARD -t filter -m comment --comment "kubernetes forwarding rules" -j
KUBE-FORWARD

iptables -N KUBE-PROXY-FIREWALL -t filter
iptables -I INPUT -t filter -m conntrack --ctstate NEW -m comment --comment "kubernetes
```

```
load balancer firewall" -j KUBE-PROXY-FIREWALL

iptables -N KUBE-PROXY-FIREWALL -t filter
iptables -I OUTPUT -t filter -m conntrack --ctstate NEW -m comment --comment "kubernetes
load balancer firewall" -j KUBE-PROXY-FIREWALL

iptables -N KUBE-PROXY-FIREWALL -t filter
iptables -I FORWARD -t filter -m conntrack --ctstate NEW -m comment --comment "kubernetes
load balancer firewall" -j KUBE-PROXY-FIREWALL

iptables -N KUBE-SERVICES -t nat
iptables -I OUTPUT -t nat -m comment --comment "kubernetes service portals" -j KUBE-SERVICES

iptables -N KUBE-SERVICES -t nat
iptables -I PREROUTING -t nat -m comment --comment "kubernetes service portals" -j
KUBE-SERVICES

iptables -N KUBE-POSTROUTING -t nat
iptables -I POSTROUTING -t nat -m comment --comment "kubernetes postrouting rules" -j
KUBE-POSTROUTING
```

这些流入基础 KUBE 链的数据包,将根据其访问的目标 Service 的不同(ClusterIP、External IP、LoadBalancer IP 或 NodePort),进一步流入每个 Service 特有的链进行进一步的处理。

11.5.3 初始化 iptables 内容缓冲区

由于 kube-proxy 在 iptables 代理模式下，需要为每个 Service 都维护一套 iptables 链和跳转规则，因此对 iptables 的操作是比较频繁的。如果每次变更都要使用一次 iptables 命令，则会产生很大的性能问题。kube-proxy 先将所有创建的链和跳转规则放入缓冲区，等待完成所有规则配置后，使用 iptables-restore 命令一次性写入宿主机。

kube-proxy 首先初始化缓冲区，然后将之前创建的基础 KUBE 链写入对应的缓冲区。该过程的代码示例如下。

代码路径：pkg/proxy/iptables/proxier.go

```
Plain Text
proxier.filterChains.Reset()
proxier.filterRules.Reset()
proxier.natChains.Reset()
proxier.natRules.Reset()

for _, chainName := range []utiliptables.Chain{kubeServicesChain,
kubeExternalServicesChain, kubeForwardChain, kubeNodePortsChain,
kubeProxyFirewallChain} {
  proxier.filterChains.Write(utiliptables.MakeChainLine(chainName))
}
for _, chainName := range []utiliptables.Chain{kubeServicesChain, kubeNodePortsChain,
kubePostroutingChain, kubeMarkMasqChain} {
  proxier.natChains.Write(utiliptables.MakeChainLine(chainName))
}
```

kube-proxy 初始化了 filterChains、filterRules、natChains、natRules 四个缓冲区。其中，filterChains 与 filterRules 记录要写入 filter 表的链和规则，natChains 与 natRules 记录要写入 nat 表的链和规则。

上述代码执行完成之后，filterChains 缓冲区和 natChains 缓冲区内容如下所示。

```
Plain Text
# filterChains
:KUBE-SERVICES - [0:0]
:KUBE-EXTERNAL-SERVICES - [0:0]
:KUBE-FORWARD - [0:0]
:KUBE-NODEPORTS - [0:0]
:KUBE-PROXY-FIREWALL - [0:0]

# natChains
:KUBE-SERVICES - [0:0]
:KUBE-NODEPORTS - [0:0]
:KUBE-POSTROUTING - [0:0]
:KUBE-MARK-MASQ - [0:0]
```

11.5.4　配置 KUBE-POSTROUTING 链跳转规则

KUBE-POSTROUTING 链主要为需要 SNAT 的数据包执行 Masquerade 操作。kube-proxy 向 KUBE-POSTROUTING 链添加的跳转规则如下所示。

```
Plain Text
-A KUBE-POSTROUTING -m mark ! --mark {MasqueradeMark}/{MasqueradeMark} -j RETURN
-A KUBE-POSTROUTING -j MARK --xor-mark {MasqueradeMark}
-A KUBE-POSTROUTING -m comment --comment "kubernetes service traffic requiring SNAT" -j
MASQUERADE --random-fully
```

在第一条规则中，如果 iptables 检查到数据包没有指定 MARK 标记，则不再进行后续检查。在后两条规则中，如果数据包存在 MARK 标记，则首先使用“XOR”操作去掉 MARK 标记，再跳转到 MASQUERADE 完成 SNAT 操作。

跳转规则中 MasqueradeMark 的生成方式如下所示。其中，masqueradeBit 对应的是 --iptables-masquerade-bit 启动参数中的值。

代码路径：pkg/proxy/iptables/proxier.go

```
Plain Text
masqueradeValue := 1 << uint(masqueradeBit)
masqueradeMark := fmt.Sprintf("%#08x", masqueradeValue)
```

为数据包添加 MARK 标记的过程会在后续小节介绍。

11.5.5　配置 KUBE-MARK-MASQ 链跳转规则

KUBE-MARK-MASQ 链为到达该链的数据包添加 MARK 标记。kube-proxy 为 KUBE-MARK-MASQ 链配置的规则如下。

```
Plain Text
-A KUBE-MARK-MASQ -j MARK --or-mark {MasqueradeMark}
```

对于需要执行 Masquerade 操作的数据包，iptables 将其送入 KUBE-MARK-MASQ 链，在

该链上添加特定的 MARK 标记之后，后续将在 KUBE-POSTROUTING 链中完成 Masquerade 操作。

11.5.6 统计宿主节点 IP 地址

如果集群中的某些 Service 存在 NodePort,则需要为 Service 配置 NodePort 相关的 iptables 链和规则，此时就需要获取 kube-proxy 所在宿主节点的 IP 地址。

宿主节点的 IP 地址记录在 nodeAddresses 变量中。统计宿主节点 IP 地址的过程如下所示。

代码路径：pkg/proxy/iptables/proxier.go

```
Plain Text
nodeAddresses, err := utilproxy.GetNodeAddresses(proxier.nodePortAddresses,
proxier.networkInterfacer)
...
isIPv6 := proxier.iptables.IsIPv6()
for addr := range nodeAddresses {
  if utilproxy.IsZeroCIDR(addr) && isIPv6 == netutils.IsIPv6CIDRString(addr) {
     nodeAddresses = sets.NewString(addr)
     break
  }
}
```

首先，GetNodeAddresses 函数读取--nodeport-addresses 启动参数中的 IP 地址段（如果为空，则默认为 0.0.0.0/0 与::/0）。接着，GetNodeAddresses 函数通过 networkInterfacer 接口获取节点所有网络接口上的 IP 地址，如果这些 IP 地址在--nodeport-addresses 启动参数中的 IP 地址段中，则将其加入并最终作为 GetNodeAddresses 函数的结果输出到 nodeAddresses 变量中。

nodeAddresses 变量中的 IP 地址还有进一步的处理过程。如果某个 IP 地址是 0.0.0.0/0 或::/0，则这个 IP 地址段已经包含了整个网络 IP 地址段，不再需要记录其他 IP 地址了。

11.5.7 为每个 Service Port 配置 iptables 链和规则

在 iptables 代理模式中，kube-proxy 会依次为每个 Service Port 的 ClusterIP、External IP、LoadBalancer IP、NodePort 创建 iptables 链和规则，并且为每个 Service Port 关联的 Endpoints 创建 iptables 链和规则。

对于每个 Service Port 及其关联的 Endpoints，kube-proxy 会分别创建如表 11-1 和表 11-2 所示的 iptables 链。这些链的名称有固定的前缀，而链的后半部分是根据 Port 及其协议等字段生成的长度为 16 个字符的哈希字符串。在后面的章节中我们将链的后半部分一律简称为 XXX，例如 KUBE-SVC-XXX、KUBE-SVL-XXX 等。

表 11-1 为每个 Service Port 创建的 iptables 链

链名称前缀	用途
KUBE-SVC-	在内部或外部流量策略为 Cluster 的情况下，为数据包选择后端 Endpoints。其中，SVC 可以看作 Service Cluster 的缩写
KUBE-SVL-	在内部或外部流量策略为 Local 的情况下，为数据包选择后端 Endpoints。其中，SVL 可以看作 Service Local 的缩写

续表

链名称前缀	用途
KUBE-FW-	在 LoadBalancer 类型的 Service 配置了 spec.loadBalancerSourceRanges 字段的情况下，用于过滤在白名单网段内的数据包。其中，FW 可以看作 Firewall 的缩写
KUBE-EXT-	处理访问集群外部地址，如 External IP、LoadBalancer、NodePort 的数据包，在适当时候为数据包添加 MARK 标记用于 SNAT，并且将数据包引导到 KUBE-SVC-XXX 或 KUBE-SVL-XXX 链上。其中，EXT 可以看作 External 的缩写

表 11-2　为每个 Service Port 关联的 Endpoints 创建的 iptables 链

链名称	介绍
KUBE-SEP-	针对每一个 Endpoints（通常就是 Pod 和端口）创建的链，用于修改数据包的目的地址，完成请求的 DNAT 操作

每个 Service 的 iptables 规则配置步骤大致如下。

- 在 KUBE-SERVICE 等基础 KUBE 链上添加 KUBE-SVC-XXX、KUBE-SVL-XXX、KUBE-EXT-XXX、KUBE-FW-XXX 等链的跳转规则，将数据包从统一的基础 KUBE 链引导到各个 Service Port 自己的链上。
- 根据内外部流量策略等字段在 KUBE-SVC-XXX、KUBE-SVL-XXX、KUBE-EXT-XXX、KUBE-FW-XXX 等链上配置跳转规则和过滤规则，根据 Service 的配置来过滤数据包，以及对数据包进行标记以后续进行 SNAT 等操作。
- 根据 Service 的后端 Endpoints 配置 KUBE-SEP-XXX 链，对数据包进行 DNAT 操作。

为每个 Service Port 配置 iptables 规则的详细流程如下。

1）根据内外部流量分类统计 Endpoints

Service 的流量策略分为两种。

- InternalTrafficPolicy：内部流量策略，指集群内部 Pod 和节点访问 Service 的请求流量。
    - 如果值为 Cluster，则向集群范围内 Service 关联的所有 Pod 分流请求。
    - 如果值为 Local，则仅向当前宿主节点上 Service 关联的 Pod 分流请求。如果当前宿主节点上没有 Pod，则将请求丢弃。
- ExternalTrafficPolicy：外部流量策略，指集群外部 Pod 访问 Service 的请求流量。
    - 如果值为 Cluster，则向集群范围内 Service 关联的所有 Pod 分流请求。
    - 如果值为 Local，则仅向当前宿主节点上 Service 关联的 Pod 分流请求。如果当前宿主节点上没有 Pod，则将请求丢弃。

由于内部流量策略、外部流量策略在取值为 Local 和 Cluster 时，用作 DNAT 的后端 Endpoints 集合不同，因此需要根据其取值分别统计用作 DNAT 的后端 Endpoints 列表。

对 Endpoints 进行分类统计的代码示例如下。其中，allEndpoints 变量记录的是当前 Service 的所有 Endpoints。kube-proxy 调用 CategorizeEndpoints 函数完成对 Endpoints 的分类，其过程如下所示。

代码路径：pkg/proxy/iptables/proxier.go

```
Plain Text
allEndpoints := proxier.endpointsMap[svcName]
```

```
clusterEndpoints, localEndpoints, allLocallyReachableEndpoints, hasEndpoints :=
proxy.CategorizeEndpoints(allEndpoints, svcInfo, proxier.nodeLabels)
```

在上述代码中，clusterEndpoints 变量为集群中 Service 关联的所有 Ready 状态的 Endpoints，localEndpoints 变量为当前宿主节点上 Service 关联的所有 Ready 状态的 Endpoints。这些变量的取值有以下几种情况。

- 内部流量策略和外部流量策略取值均为 Cluster。
  - clusterEndpoints：集群中所有 Ready 状态的 Endpoints。
  - localEndpoints：空集。因为内外部流量策略都是 Cluster，所以不需要统计 localEndpoints。
- 内部流量策略为 Local，并且没有 NodePort、External IP、LoadBalancer IP。
  - clusterEndpoints：空集。因为内部流量策略为 Local，并且不存在 NodePort、External IP、LoadBalancer IP 等外部访问地址（该 Service 是 ClusterIP 类型），所以没有需要使用 Cluster Endpoints 的地方。
  - localEndpoints：当前宿主节点上 Ready 状态的 Endpoints。
- 其他情况。
  - clusterEndpoints：集群中所有 Ready 状态的 Endpoints。
  - localEndpoints：当前宿主节点上 Ready 状态的 Endpoints。

2）配置 ClusterIP 的 iptables 规则

kube-proxy 首先为 Service 的 Cluster IP 和 Port 配置 iptables 规则，为 Cluster IP 和 Port 在 natRules 缓冲区中添加以下规则。其中，ServicePortName 为由当前 Service Port 拼接成的 ServiceNamespace/ServiceName:Port 字符串。

```
Plain Text
-A KUBE-SERVICES -m comment --comment "{ServicePortName} cluster IP" -m protocol -p protocol
-d {ClusterIP} --dport {Port} -j {InternalTrafficChain}
```

- 如果内部流量策略为 Cluster，并且集群中有该 Service 的 Ready 状态的 Endpoints，则 InternalTrafficChain 为 KUBE-SVC-XXX 链。
- 如果内部流量策略为 Local，并且当前宿主节点上有该 Service 的 Ready 状态的 Endpoints，则 InternalTrafficChain 为 KUBE-SVL-XXX 链。

如果 Service 没有 Ready 状态的 Endpoints，即内部流量策略为 Cluster 时集群范围内没有 Ready 状态的 Endpoints，或者内部流量策略为 Local 时宿主节点范围内没有 Ready 状态的 Endpoints，则不会添加上述 iptables 规则，而是在 filterRules 缓冲区中添加以下 iptables 规则来拒绝对 Service Port 的访问请求。

```
Plain Text
-A KUBE-SERVICES -m comment --comment {InternalTrafficFilterComment} -m protocol -p
protocol -d {ClusterIP} --dport {Port} -j {InternalTrafficFilterTarget}
```

- 如果集群中没有 Service 的 Ready 状态的 Endpoints，则 InternalTrafficFilterTarget 取值为 REJECT，InternalTrafficFilterComment 取值为{ServicePortName} has no endpoints。
- 如果内部流量策略为 Local 但宿主节点上没有任何 Ready 状态的 Endpoints，则 InternalTrafficFilterTarget 取值为 DROP，InternalTrafficFilterComment 取值为{ServicePortName} has no local endpoints。

3）配置 External IP 的 iptables 规则

如果 Service 配置了 External IP，则 kube-proxy 接下来为 External IP 和 Port 配置 iptables 规则。对于每个 External IP，如果集群中有 Service 的 Ready 状态的 Endpoints，则会在 natRules 缓冲区中添加以下 iptables 规则。

```
Plain Text
-A KUBE-SERVICES -m comment --comment "{ServicePortName} external IP" -m protocol -p
protocol -d {ExternalIP} --dport {Port} -j KUBE-EXT-XXX
```

也就是说，先将访问 External IP 的数据包转到 KUBE-EXT-XXX 链上，再在该链上做进一步的处理。

如果 Service 没有 Ready 状态的 Endpoints，即外部流量策略为 Cluster 时集群范围内没有 Ready 状态的 Endpoints，或者外部流量策略为 Local 时宿主节点范围内没有 Ready 状态的 Endpoints，则不会添加上述 iptables 规则，而是在 filterRules 缓冲区中添加以下 iptables 规则来拒绝对 Service Port 的访问请求。

```
Plain Text
-A KUBE-EXTERNAL-SERVICES -m comment --comment {ExternalTrafficFilterComment} -m protocol
-p protocol -d {ExternalIP} --dport {Port} -j {ExternalTrafficFilterTarget}
```

- 如果集群中没有 Service 的 Ready 状态的 Endpoints，则 ExternalTrafficFilterTarget 取值为 REJECT，ExternalTrafficFilterComment 取值为{ServicePortName} has no endpoints。
- 如果外部流量策略为 Local 但宿主节点上没有 Ready 状态的 Endpoints，则 ExternalTrafficFilterTarget 取值为 DROP，ExternalTrafficFilterComment 取值为{ServicePortName} has no local endpoints。

4）配置 LoadBalancer IP 的 iptables 规则

如果 Service 配置了 LoadBalancer IP，即 Service 为 LoadBalancer 类型，则接下来会为 LoadBalancer IP 和 Port 配置 iptables 规则。对于每个 LoadBalancer IP，如果该 Service 在集群中有 Ready 状态的 Endpoints，则会在 natRules 缓冲区中添加以下 iptables 规则。

```
Plain Text
-A KUBE-SERVICES -m comment --comment "{ServicePortName} loadbalancer IP" -m protocol -p
protocol -d {LoadBalancerIP} --dport {Port} -j {LoadBalancerTrafficChain}
```

如果 Service 未设置 SourceRanges 属性，则 LoadBalancerTrafficChain 为 KUBE-EXT-XXX 链。如果 Service 设置了 SourceRanges 属性，则需要先检验数据包的源 IP 地址是否在白名单内，因此 LoadBalancerTrafficChain 为 KUBE-FW-XXX 链。

如果 Service 配置了 spec.loadBalancerSourceRanges 字段，则 kube-proxy 会在 filterRules 缓冲区添加一条 iptables 规则。当数据包的目的 IP 地址是 LoadBalancer IP 且该数据包出现在 KUBE-PROXY-FIREWALL 链中时，说明该数据包未能在 nat 表的 KUBE-SERVICES 链中被 DNAT，也就是说该数据包的源 IP 地址不在白名单范围之内，该数据包将被丢弃。该 iptables 规则如下所示。

```
Plain Text
-A KUBE-PROXY-FIREWALL -m comment --comment "{ServicePortName} traffic not accepted by
{LoadBalancerTrafficChain}" -m protocol -p protocol -d {LoadBalancerIP} --dport {Port}
-j DROP
```

此外，如果 Service 没有 Ready 状态的 Endpoints，即外部流量策略为 Cluster 时集群范围内没有 Ready 状态的 Endpoints，或者外部流量策略为 Local 时宿主节点范围内没有 Ready 状态的 Endpoints，则 kube-proxy 不会添加上述 iptables 规则，而是在 filterRules 缓冲区中添加以下 iptables 规则来拒绝对 Service Port 的访问请求。

```
Plain Text
-A KUBE-EXTERNAL-SERVICES -m comment --comment {ExternalTrafficFilterComment} -m protocol
-p protocol -d {LoadBalancerIP} --dport {Port} -j {ExternalTrafficFilterTarget}
```

- 如果集群中没有 Service 的 Ready 状态的 Endpoints，则 ExternalTrafficFilterTarget 取值为 REJECT，ExternalTrafficFilterComment 取值为{ServicePortName} has no endpoints。
- 如果外部流量策略为 Local 但宿主节点上没有 Ready 状态的 Endpoints，则 ExternalTrafficFilterTarget 取值为 DROP，ExternalTrafficFilterComment 取值为 {ServicePortName} has no local endpoints。

5）配置 NodePort 的 iptables 规则

接下来，kube-proxy 为 NodePort 配置 iptables 规则，在 natRules 缓冲区中添加以下规则，将访问 NodePort 端口的请求转到 KUBE-EXT-XXX iptables 链上。

```
Plain Text
-A KUBE-NODEPORTS -m comment --comment "{ServicePortName}" -m protocol -p protocol --dport
{NodePort} -j KUBE-EXT-XXX
```

此外，如果 Service 没有 Ready 状态的 Endpoints，即外部流量策略为 Cluster 时集群范围内没有 Ready 状态的 Endpoints，或者外部流量策略为 Local 时宿主节点范围内没有 Ready 状态的 Endpoints，则 kube-proxy 不会添加上述 iptables 规则，而是在 filterRules 缓冲区中添加以下 iptables 规则来拒绝对 NodePort 的访问请求。

```
Plain Text
-A KUBE-EXTERNAL-SERVICES -m comment --comment {ExternalTrafficFilterComment} -m addrtype
--dst-type LOCAL -m protocol -p protocol --dport {NodePort} -j
{ExternalTrafficFilterTarget}
```

- 如果集群中没有 Service 的 Ready 状态的 Endpoints，则 ExternalTrafficFilterTarget 取值为 REJECT，ExternalTrafficFilterComment 取值为{ServicePortName} has no endpoints。
- 如果外部流量策略为 Local 但宿主节点上没有 Ready 状态的 Endpoints，则 ExternalTrafficFilterTarget 取值为 DROP，ExternalTrafficFilterComment 取值为 {ServicePortName} has no local endpoints。

如果用户配置了 Service 中 Port 属性的 HealthCheckNodePort，则控制器会放行访问该 NodePort 的流量。对于 HealthCheckNodePort，kube-proxy 在 filterRules 缓冲区中添加以下 iptables 规则。

```
Plain Text
-A KUBE-NODEPORTS -m comment --comment "{ServicePortName} health check node port" -m tcp
-p tcp --dport {HealthCheckNodePort} -j ACCEPT
```

其中，HealthCheckNodePort 即用户配置的健康检查端口号。

6）配置 Masquerade 的 iptables 规则

对于访问 ClusterIP 的数据包，有时会需要为这些数据包添加 SNAT 标记。如果 kube-proxy 启用了--masquerade-all 启动参数，则会将所有访问 Service 的数据包转给 KUBE-MARK-MASQ 链以添加 MARK 标记。

```
Plain Text
-A {InternalTrafficChain} -m comment --comment "{ServicePortName} cluster IP" -m protocol
-p protocol -d {ClusterIP} --dport {Port} -j KUBE-MARK-MASQ
```

如果 kube-proxy 未开启--masquerade-all 启动参数，则 Masquerade 所有来自非集群 Pod 访问 ClusterIP 的请求。

```
Plain Text
-A {InternalTrafficChain} -m comment --comment "{ServicePortName} cluster IP" -m protocol
-p protocol -d {ClusterIP} --dport {Port} {IfNotLocal} -j KUBE-MARK-MASQ
```

在上述规则中，InternalTrafficChain 的取值由内部流量策略决定：内部流量策略为 Cluster 时，取值为 KUBE-SVC-XXX 链；内部流量策略为 Local 时，取值为 KUBE-SVL-XXX 链。

IfNotLocal 为启动参数中设置的判断请求是否来自宿主机本地的方式，对应--detect-local-mode 启动参数，如"! -s 192.168.16.0/24"。

7）配置 KUBE-EXT-链

如果 Service 包含 NodePort、External IP 或 LoadBalancer IP，并且在集群范围内有 Service 的 Ready 状态的 Endpoints，则 kube-proxy 会配置 KUBE-EXT-XXX 链。进入该链的数据包根据 Service 的外部流量策略，会进一步跳转到 KUBE-SVC-XXX 或 KUBE-SVL-XXX 链。

kube-proxy 首先向 natChains 缓冲区中写入 KUBE-EXT-XXX 链。

```
Plain Text
:KUBE-EXT-XXX - [0:0]
```

接着，根据外部流量策略，向 KUBE-EXT-XXX 链中添加不同的 iptables 规则。

如果 Service 的外部流量策略为 Cluster，由于请求需要进一步向集群范围内（可能是其他节点）的 Pod 转发，则需要对所有访问 NodePort、External IP、LoadBalancer IP 的数据包进行 SNAT，以便响应数据包可以顺利回源。kube-proxy 在 natRules 缓冲区中添加以下 iptables 规则。

```
Plain Text
-A KUBE-EXT-XXX -m comment --comment "masquerade traffic for {ServicePortName} external
destinations" -j KUBE-MARK-MASQ
```

如果 Service 的外部流量策略为 Local，则情况会有些复杂。kube-proxy 需要在 natRules 缓冲区中添加以下 iptables 规则来满足不同的访问需求。

- 如果请求来自集群 Pod，则数据包会被直接转发到 KUBE-SVC-XXX 链，向集群范围内的 Pod 转发。这是因为访问 NodePort、External IP、LoadBalancer IP 的数据包来自集群内部的 Pod，而非集群外部，不受外部流量策略的影响。相关 iptables 规则如下所示。其中，IfLocal 为 kube-proxy 启动参数中设置的判断流量来自集群 Pod 的方式，对应--detect-local-mode 参数，如"-s 192.168.16.0/24"。

```
Plain Text
-A KUBE-EXT-XXX -m comment --comment "pod traffic for {ServicePortName} external
destinations" {IfLocal} -j KUBE-SVC-XXX
```

- 对于来自宿主节点本地但非 Pod 的请求，依然需要 SNAT，因此先跳转到 KUBE-MARK-MASQ 链添加标记。

```
Plain Text
-A KUBE-EXT-XXX -m comment --comment "masquerade LOCAL traffic for {ServicePortName}
external destinations" -m addrtype --src-type LOCAL -j KUBE-MARK-MASQ
```

- 对于来自宿主节点本地但非 Pod 的请求，在添加 MARK 标记后，转发到 KUBE-SVC-XXX 链，向集群范围内的 Pod 转发。这是因为访问 NodePort、External IP、LoadBalancer IP 的数据包来自集群内部，而非集群外部，不受到外部流量策略的影响。

```
Plain Text
-A KUBE-EXT-XXX -m comment --comment "route LOCAL traffic for {ServicePortName} external destinations" -m addrtype --src-type LOCAL -j KUBE-SVC-XXX
```

数据包在 KUBE-EXT-XXX 链上完成前述检查之后，会跳转到 KUBE-SVC-XXX 或 KUBE-SVL-XXX 链上。对应 iptables 规则如下。

```
Plain Text
-A KUBE-EXT-XXX -j {ExternalPolicyChain}
```

ExternalPolicyChain 取值需要重点关注，和 Service 的外部流量策略有关。

- 当外部流量策略为 Cluster 时，取值为 KUBE-SVC-XXX 链。
- 当外部流量策略为 Local 时，取值为 KUBE-SVL-XXX 链。

8）配置 KUBE-FW-链

当数据包跳转到 KUBE-FW-XXX 链时，将根据 spec.loadBalancerSourceRanges 字段中设置的源 IP 地址白名单过滤数据包。

如果 Service 设置了 spec.loadBalancerSourceRanges 字段，则还需要向 KUBE-FW-XXX 链中填充规则。如果 Service 未设置该字段，则不会存在 KUBE-FW-XXX 链。

kube-proxy 首先将 KUBE-FW-XXX 链写入 natChain 缓冲区，代码如下。

```
Plaintext
# natChain
:KUBE-FW-XXX - [0:0]
```

对于 Service 的 spec.loadBalancerSourceRanges 字段中的每个 IP 地址段，向 natRules 缓冲区的 KUBE-FW-XXX 链中添加以下 iptables 规则，对于在源 IP 地址白名单中的数据包，将跳转到 KUBE-EXT-XXX 链。相关 iptables 规则如下所示。其中，SourceRange 为用户在 Service 中设置的每个白名单网段。

```
Plaintext
-A KUBE-FW-XXX -m comment --comment "{ServicePortName} loadbalancer IP" -s {SourceRange} -j KUBE-EXT-XXX
```

如果未能匹配到白名单中 IP 地址段的数据包，则不会跳转到 KUBE-EXT-XXX 链，也无法完成 DNAT，这将导致这些数据包在后续过程中在 KUBE-PROXY-FIREWALL 链上被丢弃。

9）配置 KUBE-SVC-和 KUBE-SVL-链

数据包在 KUBE-SVC-XXX 和 KUBE-SVL-XXX 链上完成后端 Endpoints 的随机选择。KUBE-SVC-XXX 链用来处理内外部流量策略为 Cluster 的情况，而 KUBE-SVL-XXX 链用来处理内外部流量策略为 Local 的情况。

kube-proxy 根据 Service 的 Endpoints 列表配置 KUBE-SVC-XXX 链和 KUBE-SVL-XXX 链。该过程的代码如下。

代码路径：pkg/proxy/iptables/proxier.go

```
Plain Text
if usesClusterPolicyChain {
  proxier.natChains.Write(utiliptables.MakeChainLine(clusterPolicyChain))
  proxier.writeServiceToEndpointRules(svcPortNameString, svcInfo, clusterPolicyChain,
clusterEndpoints, args)
}

if usesLocalPolicyChain {
  proxier.natChains.Write(utiliptables.MakeChainLine(localPolicyChain))
  proxier.writeServiceToEndpointRules(svcPortNameString, svcInfo, localPolicyChain,
localEndpoints, args)
}
```

根据上述代码可以看出，配置过程分为两部分。kube-proxy 先配置 KUBE-SVC-XXX 链（对应 clusterPolicyChain 变量），再配置 KUBE-SVL-XXX 链（对应 localPolicyChain 变量）。配置过程均通过调用 writeServiceToEndpointRules 函数完成。

这里我们需要重点留意，配置 KUBE-SVC-XXX 链和 KUBE-SVL-XXX 链使用的 Endpoints 集合是不一样的。配置 KUBE-SVC-XXX 链使用 clusterEndpoints 变量，其记录的是集群范围内所有 Ready 状态的 Endpoints。配置 KUBE-SVL-XXX 链使用 localEndpoints 变量，其记录的是当前宿主节点上的 Ready 状态的 Endpoints。

在上述过程中，writeServiceToEndpointRules 函数负责添加从 KUBE-SVC-XXX 链和 KUBE-SVL-XXX 链到 KUBE-SEP-XXX 链的跳转规则。其执行过程代码示例如下。

代码路径：pkg/proxy/iptables/proxier.go

```
Plain Text
func (proxier *Proxier) writeServiceToEndpointRules(...) {
    ...
  numEndpoints := len(endpoints)
  for i, ep := range endpoints {
    ...
    args = append(args[:0], "-A", string(svcChain))
    args = proxier.appendServiceCommentLocked(args, comment)
    if i < (numEndpoints - 1) {
   args = append(args,
     "-m", "statistic",
     "--mode", "random",
     "--probability", proxier.probability(numEndpoints-i))
    }
    proxier.natRules.Write(args, "-j", string(epInfo.ChainName))
  }
}
```

kube-proxy 在链中加入了带有跳转概率的跳转规则，即代码中的 proxier.probability (numEndpoints-i)部分。

需要注意的是，从前到后每条规则设置的概率值是不同的，这些概率表示选中当前 Endpoints，或者继续在剩下的 Endpoints 中选择。由于执行某条规则的时候，前面规则的 Endpoints 已经确定没有被选中，因此计算概率的分母部分每次要减 1。跳转概率的设定保证了每个 Service 的后端 Endpoints 具有相同的选中概率。

在上述代码中，针对每个 Endpoints，在 natRules 缓冲区的 KUBE-SVC-XXX 链和 KUBE-SVL-XXX 链上添加以下 iptables 规则。

```
Plaintext
# 在 KUBE-SVC-XXX 链上添加的规则
-A KUBE-SVC-XXX -m comment --commment "{ServicePortName} -> {EndpointIPPort}" -m statistic
--mode random --probability {Probability} -j KUBE-SEP-XXX

# 在 KUBE-SVL-XXX 链上添加的规则
-A KUBE-SVL-XXX -m comment --commment "{ServicePortName} -> {EndpointIPPort}" -m statistic
--mode random --probability {Probability} -j KUBE-SEP-XXX
```

其中，EndpointIPPort 为 Endpoints 的 IP 地址和端口字符串，如“1.1.1.1:80”。

10）配置 KUBE-SEP-链

数据包在 KUBE-SVC-XXX 和 KUBE-SVL-XXX 链上完成后端 Endpoints 选择之后，将会在 KUBE-SEP-XXX 链上使用该 Endpoints 的 IP 地址和端口完成 DNAT 操作。

kube-proxy 会为 Service Port 的每个 Endpoints 都配置一条 KUBE-SEP-XXX 链，对应一个 Pod 的 IP 地址及其端口。为每个 Endpoints 生成的 iptables 链和规则如下所示。

```
Plain Text
#natChains
:KUBE-SEP-XXX - [0:0]

#natRules
-A KUBE-SEP-XXX -m comment --comment {ServicePortName} -s {EndpointIPPort} -j
KUBE-MARK-MASQ
-A KUBE-SEP-XXX -m comment --comment {ServicePortName} -m {Protocol} -p {Protocol} -j NAT
--to-destination {EndpointIPPort}
```

11.5.8 配置 KUBE-NODEPORTS 链跳转规则

接着，在 KUBE-SERVICES 链上配置跳转到 KUBE-NODEPORTS 链的规则。这些规则添加在 KUBE-SERVICES 链的最后，用于将访问 NodePort 的数据包引导到 KUBE-NODEPORTS 链上做进一步处理。

遍历 nodeAddresses 数组，该数组记录了宿主节点的 IP 地址。对于每条 IP 地址，生成跳转规则。

- 如果 IP 地址是 0.0.0.0/0 或::/0，则在 natRules 缓冲区中添加以下规则。

```
Plain Text
-A KUBE-SERVICES -m comment --comment "kubernetes service nodeports; NOTE: this must be
the last rule in this chain" -m addrtype --dst-type LOCAL -j KUBE-NODEPORTS
```

- 如果 IP 地址不是 0.0.0.0/0 或::/0，则在 natRules 缓冲区中添加以下规则。

```
Plain Text
-A KUBE-SERVICES -m comment --comment "kubernetes service nodeports; NOTE: this must be
the last rule in this chain" -d address -j KUBE-NODEPORTS
```

如此一来，访问“宿主节点 IP 地址:NodePort”的数据包会被引导到 KUBE-NODEPORTS 链上。KUBE-NODEPORTS 链上包含了各个 NodePort 的跳转规则，数据包将进一步跳转到各个 Service 的 KUBE-EXT-链上，完成 DNAT 行为。

11.5.9　配置 KUBE-FORWARD 链跳转规则

接下来，向 KUBE-FORWARD 链中加入一些规则，这些规则会过滤一些无效的数据包。

这些规则放在 filterRules 缓冲区中，如下所示。其中，第一条和第三条规则根据 Conntrack 记录的状态丢弃或放行一些数据包。

```
Plain Text
# filterRules


-A KUBE-FORWARD -m conntrack --ctstate INVALID -j DROP
-A KUBE-FORWARD -m comment --comment "kubernetes forwarding rules" -m mark --mark
{MasqueradeMark}/{MasqueradeMark} -j ACCEPT
-A KUBE-FORWARD -m comment --comment "kubernetes forwarding conntrack rule" -m conntrack
--ctstate RELATED,ESTABLISHED -j ACCEPT
```

11.5.10　将 iptables 缓冲区内容刷新到宿主机

此时，kube-proxy 已经完成了所有的 iptables 链和规则整理，接下来需要把这些链和规则写入宿主节点的 iptables。

在前面生成的 iptables 链和跳转规则都放入了 filterChains、filterRules、natChains、natRules 四个缓冲区。kube-proxy 首先将四个缓冲区拼接到一起，放入 iptablesData 缓冲区。其代码示例如下。

代码路径：pkg/proxy/iptables/proxier.go

```
Plain Text
proxier.iptablesData.Reset()
proxier.iptablesData.WriteString("*filter\n")
proxier.iptablesData.Write(proxier.filterChains.Bytes())
proxier.iptablesData.Write(proxier.filterRules.Bytes())
proxier.iptablesData.WriteString("COMMIT\n")
proxier.iptablesData.WriteString("*nat\n")
proxier.iptablesData.Write(proxier.natChains.Bytes())
proxier.iptablesData.Write(proxier.natRules.Bytes())
proxier.iptablesData.WriteString("COMMIT\n")
```

在合并 iptables 内容时先按顺序添加了*filter 表头和*nat 表头，表示下面的链和规则分别在 filter 表和 nat 表。接着，调用 RestoreAll 函数将规则写入宿主机。其代码示例如下。

代码路径：pkg/proxy/iptables/proxier.go

```
Plain Text
err = proxier.iptables.RestoreAll(proxier.iptablesData.Bytes(),
utiliptables.NoFlushTables, utiliptables.RestoreCounters)
```

RestoreAll 函数最终使用 iptables-restore 命令将缓冲区中的链和规则写入宿主节点，自此就完成了向宿主节点写入 iptables 规则的过程。

11.5.11　清理残留的 UDP Conntrack 记录

在完成 iptables 规则更新之后，开始清理 Stale 的 UDP 协议的 Conntrack 记录。该过程的代码示例如下。

代码路径：pkg/proxy/iptables/proxier.go

```
Plain Text
for _, svcIP := range conntrackCleanupServiceIPs.UnsortedList() {
  if err := conntrack.ClearEntriesForIP(proxier.exec, svcIP, v1.ProtocolUDP); err != nil
{
    ...
  }
}
for _, nodePort := range conntrackCleanupServiceNodePorts.UnsortedList() {
  err := conntrack.ClearEntriesForPort(proxier.exec, nodePort, isIPv6, v1.ProtocolUDP)
  ...
}
proxier.deleteEndpointConnections(endpointUpdateResult.StaleEndpoints)
```

首先，清理 conntrackCleanupServiceIPs 中记录的 IP 地址涉及的 Conntrack 记录。conntrackCleanupServiceIPs 中记录的是 Stale Service 的 ClusterIP、External IP、LoadBalancer IP。ClearEntriesForIP 函数使用的 conntrack 命令如下所示。

```
Plain Text
conntrack -D --orig-dst {OriginIP} -p UDP
```

其中，{OriginIP}为 conntrackCleanupServiceNodePorts 中记录的 IP 地址。

然后，清理 conntrackCleanupServiceNodePorts 中记录的 NodePort 涉及的 Conntrack 记录。ClearEntriesForPort 函数使用的 conntrack 命令如下所示。

```
Plain Text
conntrack -D -p UDP --dport {NodePort}
```

其中，{NodePort}为 conntrackCleanupServiceNodePorts 中记录的 NodePort。

最后，调用 deleteEndpointConnections 函数清理各个 Stale Endpoints 涉及的 Conntrack 记录，包括从 NodePort 到 Pod IP 的记录，以及从 ClusterIP、External IP、LoadBalancer IP 到 Pod IP 的记录。deleteEndpointConnections 函数使用的 conntrack 命令如下所示。

```
Plain Text
conntrack -D -p UDP --dport {NodePort} --dst-nat {EndpointsIP}

conntrack -D --orig-dst {OriginIP} --dst-nat {EndpointsIP} -p UDP
```

其中，{EndpointsIP}为 StaleEndpoints 中记录的 Pod 的 IP 地址。

至此，kube-proxy iptables 代理模式的一轮同步过程就完成了。

11.6 ipvs 代理模式的执行过程

在 ipvs 代理模式中，kube-proxy 主要通过在宿主节点上配置 iptables 规则、ipvs 规则、IP Set 内容、Dummy 网卡等信息来实现 Service 的功能。这些配置过程由 syncProxyRules 函数实现。

与 iptables 代理模式相比，ipvs 代理模式对于每一个新增 Service，只会在 IP Set、ipvs 规则上有新增内容，而不产生新的 iptables 链和规则。此外，由于 ipvs 代理模式使用 IP Set 和 ipvs 实现 IP 地址匹配和 DNAT 操作，因此比 iptables 线性执行的效率更高，更适合较大规模集群的场景。

syncProxyRules 函数在监听到 Service、EndpointSlice 资源对象的 Add、Update、Delete 事件，以及宿主节点的 Node 资源对象的 Add、Update、Delete 事件时触发执行。ipvs 代理模式的主要执行步骤如图 11-4 所示。

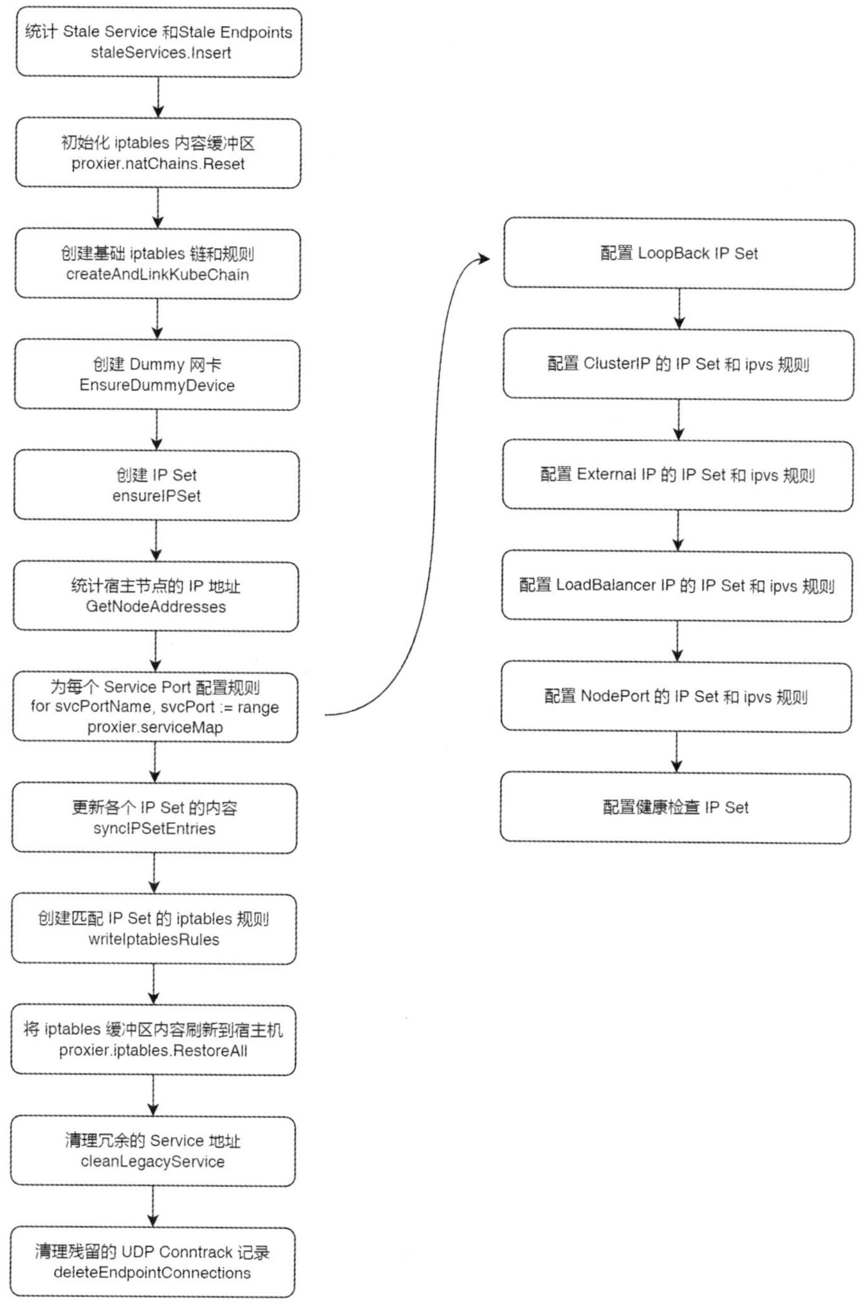

图 11-4 ipvs 代理模式的主要执行步骤

11.6.1 统计 Stale Service 和 Stale Endpoints

在 ipvs 代理模式中，Stale Service 和 Stale Endpoints 的判定逻辑与 iptables 代理模式相同，本节不再赘述。

11.6.2 初始化 iptables 内容缓冲区

kube-proxy 也涉及一些 iptables 链和规则的创建，因此也使用 iptables-restore 字节流的形式缓存和刷新 iptables 规则。

在 kube-proxy 同步开始阶段，会初始化四个内容缓冲区。在后续的执行过程中，会先在内容缓冲区中逐渐添加 iptables 链和规则。初始化缓冲区的代码示例如下。

代码路径：pkg/proxy/ipvs/proxier.go

```
Plain Text
proxier.natChains.Reset()
proxier.natRules.Reset()
proxier.filterChains.Reset()
proxier.filterRules.Reset()

proxier.filterChains.Write("*filter")
proxier.natChains.Write("*nat")
```

经过上述代码执行后，natChains、natRules、filterChains、filterRules 四个缓冲区的内容如下。

```
Plain Text
# natChains 缓冲区的内容
*nat

# natRules 缓冲区的内容

# filterChains 缓冲区的内容
*filter

# filterRules 缓冲区的内容
```

11.6.3 创建基础 iptables 链和规则

kube-proxy 调用 createAndLinkKubeChain 函数在 iptables 的 nat 表和 fillter 表上创建基础 iptables 链，以及从 iptables 原始链向这些基础 KUBE 链跳转的规则。该函数的代码示例如下。

代码路径：pkg/proxy/ipvs/proxier.go

```
Plain Text
func (proxier *Proxier) createAndLinkKubeChain() {
  for _, ch := range iptablesChains {
    if _, err := proxier.iptables.EnsureChain(ch.table, ch.chain); err != nil {
    ...
    return
    }
    if ch.table == utiliptables.TableNAT {
    proxier.natChains.Write(utiliptables.MakeChainLine(ch.chain))
    } else {
    proxier.filterChains.Write(utiliptables.MakeChainLine(ch.chain))
    }
  }
```

```
    for _, jc := range iptablesJumpChain {
        args := []string{"-m", "comment", "--comment", jc.comment, "-j", string(jc.to)}
        if _, err := proxier.iptables.EnsureRule(utiliptables.Prepend, jc.table, jc.from,
args...); err != nil {
      ...
        }
    }
}
```

kube-proxy 首先调用 iptables 接口的 EnsureChain 函数创建集群的基础 KUBE 链，即 iptablesChains 变量包含的链。在上述代码中，iptablesChains 变量包含的链如表 11-3 所示。

表 11-3 iptablesChains 变量包含的链

所属表	链名称
nat	KUBE-SERVICES
	KUBE-POSTROUTING
	KUBE-NODE-PORT
	KUBE-LOAD-BALANCER
	KUBE-MARK-MASQ
filter	KUBE-FORWARD
	KUBE-NODE-PORT
	KUBE-PROXY-FIREWALL
	KUBE-SOURCE-RANGES-FIREWALL

在 EnsureChain 函数中会调用 iptables 命令直接在宿主机上创建上述基础 KUBE 链，涉及的命令如下。

```
Plain Text
iptables -N KUBE-SERVICES -t nat
iptables -N KUBE-POSTROUTING -t nat
iptables -N KUBE-NODE-PORT -t nat
iptables -N KUBE-LOAD-BALANCER -t nat
iptables -N KUBE-MARK-MASQ -t nat
iptables -N KUBE-FORWARD -t filter
iptables -N KUBE-NODE-PORT -t filter
iptables -N KUBE-PROXY-FIREWALL -t filter
iptables -N KUBE-SOURCE-RANGES-FIREWALL -t filter
```

此外，createAndLinkKubeChain 函数会向 natChains 和 filterChains 缓冲区添加刚刚新建的基础 KUBE 链的内容。在该函数执行完成后，缓冲区的内容如下。

```
Plain Text
# natChains 缓冲区的内容
*nat
:KUBE-SERVICES - [0:0]
:KUBE-POSTROUTING - [0:0]
:KUBE-NODE-PORT - [0:0]
:KUBE-LOAD-BALANCER - [0:0]
:KUBE-MARK-MASQ - [0:0]

# natRules 缓冲区的内容
```

```
# filterChains 缓冲区的内容
*filter
:KUBE-FORWARD - [0:0]
:KUBE-NODE-PORT - [0:0]
:KUBE-PROXY-FIREWALL - [0:0]
:KUBE-SOURCE-RANGES-FIREWALL - [0:0]

# filterRules 缓冲区的内容
```

这里简要介绍以下基础 KUBE 链的主要用途。

- KUBE-SERVICES：检查数据包的目的 IP 地址是否在访问 Service 的某个 IP 地址，包括 ClusterIP、External IP、LoadBalancer IP、NodePort。如果访问目的 IP 地址是 NodePort 或 LoadBalancer IP，则会跳转到 KUBE-NODE-PORT 或 KUBE-LOAD-BALANCER 等链做进一步的判断。
- KUBE-NODE-PORT：检查数据包的目的 IP 地址是否在访问 Service 的某个 NodePort。
- KUBE-LOAD-BALANCER：检查数据包的目的 IP 地址是否在访问 Service 的 Status 字段中记录的某个 LoadBalancer IP。
- KUBE-MARK-MASQ：为数据包添加 MARK 标记，当数据包需要被 SNAT 时，将会跳转到该链上。
- KUBE-POSTROUTING：负责 SNAT 从当前节点流出的某些数据包，这些数据包带有 MARK 标记。
- KUBE-PROXY-FIREWALL：在配置 spec.loadBalancerSourceRanges 字段的情况下，拒绝不在源 IP 地址白名单中的数据包。
- KUBE-SOURCE-RANGES-FIREWALL：在配置 spec.loadBalancerSourceRanges 字段的情况下，过滤源 IP 地址在白名单中的数据包。
- KUBE-FORWARD：根据数据包的 MARK 标记和 Conntrack 状态等记录放行或拒绝某些数据包。

在创建基础 KUBE 链后，kube-proxy 继续调用 EnsureRule 函数，添加从 iptables 原始链向这些基础 KUBE 链跳转的规则。这些规则记录在 iptablesJumpChain 变量中，详细内容如表 11-4 所示。

表 11-4　基础 KUBE 链跳转的规则

所属表	起始链	目的链	注释
nat	OUTPUT	KUBE-SERVICES	kubernetes service portals
	PREROUTING	KUBE-SERVICES	kubernetes service portals
	POSTROUTING	KUBE-POSTROUTING	kubernetes postrouting rules
filter	FORWARD	KUBE-FORWARD	kubernetes forwarding rules
	INPUT	KUBE-NODE-PORT	kubernetes health check rules
	INPUT	KUBE-PROXY-FIREWALL	kube-proxy firewall rules
	FORWARD	KUBE-PROXY-FIREWALL	kube-proxy firewall rules

EnsureRule 函数最终使用以下命令在宿主节点上创建规则。

```
Plain Text
iptables -I OUTPUT -t nat -m comment --comment "kubernetes service portals" -j KUBE-SERVICES
```

```
iptables -I PREROUTING -t nat -m comment --comment "kubernetes service portals" -j
KUBE-SERVICES
iptables -I POSTROUTING -t nat -m comment --comment "kubernetes postrouting rules" -j
KUBE-POSTROUTING
iptables -I FORWARD -t filter -m comment --comment "kubernetes forwarding rules" -j
KUBE-FORWARD
iptables -I INPUT -t filter -m comment --comment "kubernetes health check rules" -j
KUBE-NODE-PORT
iptables -I INPUT -t filter -m comment --comment "kube-proxy firewall rules" -j
KUBE-PROXY-FIREWALL
iptables -I FORWARD -t filter -m comment --comment "kube-proxy firewall rules" -j
KUBE-PROXY-FIREWALL
```

11.6.4　创建 Dummy 网卡

在 ipvs 代理模式中，需要将 Service 的 IP 地址（包括 ClusterIP、External IP、LoadBalancer IP、NodePort）绑定到宿主节点本地网络设备上，以便在 iptables 路由决策时让数据包进入 INPUT 链，进而被 ipvs 处理，完成 DNAT 操作。为此，kube-proxy 创建了一个虚拟网络设备，专用于绑定 Service 的 IP 地址，即 Dummy 网卡。

kube-proxy 调用 EnsureDummyDevice 函数，在该函数中使用 NetLink 套接字确保 Dummy 网卡节点存在。调用该函数的代码如下。

代码路径：pkg/proxy/ipvs/proxier.go

```
Plain Text
_, err := proxier.netlinkHandle.EnsureDummyDevice(defaultDummyDevice)
```

该网卡被称为 Dummy 的原因是该网卡背后并无真实的网络设备，只是单纯辅助 iptables 完成路由决策，让数据包能进入 ipvs 处理过程。该网络设备本身并不会参与收发数据。该 Dummy 网卡的名称为“kube-ipvs0”，代码如下。

代码路径：pkg/proxy/ipvs/proxier.go

```
Plain Text
defaultDummyDevice = "kube-ipvs0"
```

在以 ipvs 代理模式启动 kube-proxy 的宿主机上，我们使用 ip link show 命令就可以看到 Dummy 网卡，其示例如下。

```
Plain Text
//......
3: kube-ipvs0: <BROADCAST,NOARP> mtu 1500 qdisc noop state DOWN mode DEFAULT group default
    link/ether 4a:bf:ba:5a:4b:e7 brd ff:ff:ff:ff:ff:ff
//......
```

11.6.5　创建 IP Set

在 ipvs 代理模式中，iptables 规则借助 IP Set 来匹配 IP 地址和端口。IP Set 使用 Hash、Bitmap 等方式匹配 IP 地址和端口，其复杂度是常量级的，在大规模集群下可以有效提升性能。

kube-proxy 会创建多个 IP Set 以存储不同类型的 Service IP 地址。随着 Service 数量的增加，IP Set 中存储的 Service 地址的数量也会增加，但是 IP Set 的数量是固定的。在 ipvs 代理模式中，kube-proxy 会在集群中创建如表 11-5 所示的 IP Set。

表 11-5　在 ipvs 代理模式中 kube-proxy 创建的 IP Set

名称	类型	描述
KUBE-LOOP-BACK	hash:ip,port,ip	Kubernetes endpoints dst ip:port, source ip for solving hairpin purpose
KUBE-CLUSTER-IP	hash:ip,port	Kubernetes service cluster ip + port for masquerade purpose
KUBE-EXTERNAL-IP	hash:ip,port	Kubernetes service external ip + port for masquerade and filter purpose
KUBE-EXTERNAL-IP-LOCAL	hash:ip,port	Kubernetes service external ip + port with externalTrafficPolicy=local
KUBE-LOAD-BALANCER	hash:ip,port	Kubernetes service lb portal
KUBE-LOAD-BALANCER-LOCAL	hash:ip,port	Kubernetes service load balancer ip + port with externalTrafficPolicy=local
KUBE-LOAD-BALANCER-FW	hash:ip,port	Kubernetes service load balancer ip + port for load balancer with sourceRange
KUBE-LOAD-BALANCER-SOURCE-IP	hash:ip,port,ip	Kubernetes service load balancer ip + port + source IP for packet filter purpose
KUBE-LOAD-BALANCER-SOURCE-CIDR	hash:ip,port,net	Kubernetes service load balancer ip + port + source cidr for packet filter purpose
KUBE-NODE-PORT-TCP	bitmap:port	Kubernetes nodeport TCP port for masquerade purpose
KUBE-NODE-PORT-LOCAL-TCP	bitmap:port	Kubernetes nodeport TCP port with externalTrafficPolicy=local
KUBE-NODE-PORT-UDP	bitmap:port	Kubernetes nodeport UDP port for masquerade purpose
KUBE-NODE-PORT-LOCAL-UDP	bitmap:port	Kubernetes nodeport UDP port with externalTrafficPolicy=local
KUBE-NODE-PORT-SCTP-HASH	hash:ip,port	Kubernetes nodeport SCTP port for masquerade purpose with type 'hash ip:port'
KUBE-NODE-PORT-LOCAL-SCTP-HASH	hash:ip,port	Kubernetes nodeport SCTP port with externalTrafficPolicy=local with type 'hash ip:port'
KUBE-HEALTH-CHECK-NODE-PORT	bitmap:port	Kubernetes health check node port

创建 IP set 的函数为 ensureIPSet，代码如下。ipsetList 变量即为表 11-5 中的 IP Set 列表。

代码路径：pkg/proxy/ipvs/proxier.go

```
Plain Text
for _, set := range proxier.ipsetList {
  if err := ensureIPSet(set); err != nil {
    return
  }
  set.resetEntries()
}
```

在 ensureIPSet 函数中，最终使用以下命令创建 IP set。在该函数中忽略了 IP set 已经存在时的重复创建报错，确保了执行流程的幂等性。

```
Plain Text
ipset create {Name} ...... # 省略部分参数
```

11.6.6 统计宿主节点的 IP 地址

如果集群中的某些 Service 存在 NodePort，则需要为 Service 配置 NodePort 相关的 iptables 和 ipvs 规则，此时就需要 kube-proxy 统计宿主节点的 IP 地址。统计宿主节点 IP 地址的代码示例如下。

代码路径：pkg/proxy/ipvs/proxier.go

```
Plain Text
if hasNodePort {
  nodeAddrSet, err := utilproxy.GetNodeAddresses(...)
  if err != nil {
    ...
  } else {
    nodeAddresses = nodeAddrSet.List()
    for _, address := range nodeAddresses {
   a := netutils.ParseIPSloppy(address)
   if a.IsLoopback() {
     continue
   }
   if utilproxy.IsZeroCIDR(address) {
     nodeIPs, err = proxier.ipGetter.NodeIPs()
     ...
     break
   }
   nodeIPs = append(nodeIPs, a)
    }
  }
}
```

其中，GetNodeAddresses 函数在 iptables 代理模式下也有过调用，本节不再赘述。

但需要注意的是，ipvs 代理模式最终是使用 nodeIPs 变量来设置 ipvs 规则的。与 GetNodeAddresses 函数的返回值 nodeAddrSet 相比，nodeIPs 变量中的内容更加精确，并且进行了部分过滤。这也是和 iptables 代理模式不同的地方。具体的不同之处如下。

- 跳过了 LoopBack，即以 127 开头的地址。原因是这会导致内核 crosses_local_route_boundary 函数在进行路由合法性检查时失败，进而导致数据包被丢弃，因此跳过以 127 开头的地址。iptables 代理模式并未跳过该地址。
- 如果 nodeAddrSet 结果包含零网段，则通过 ipGetter.NodeIPs 函数获取所有非 Dummy 网卡设备的 IP 地址，作为宿主节点的主机 IP 地址返回。iptables 代理模式则直接使用整个零网段，不再统计各个网络设备的 IP 地址。

11.6.7 为每个 Service Port 配置规则

kube-proxy 最重要的工作是为集群中每个 Service 的每个 Port 配置 IP Set 和 ipvs 规则。对于每个 Service 的每个 Port，需要将该 Service 地址和该端口加入对应的 IP Set，并且为这些地址和端口配置 ipvs 规则。

1. 配置 LoopBack IP Set

遍历 Service 的所有后端 Endpoints，如果 Endpoints 就在 kube-proxy 所在的宿主节点上，

则将该 Endpoints 加入 KUBE-LOOP-BACK IP Set 中。其代码示例如下。

代码路径：pkg/proxy/ipvs/proxier.go

```
Plain Text
entry := &utilipset.Entry{
  IP:       epIP,
  Port:     epPort,
  Protocol: protocol,
  IP2:      epIP,
  SetType:  utilipset.HashIPPortIP,
}
...
proxier.ipsetList[kubeLoopBackIPSet].activeEntries.Insert(entry.String())
```

KUBE-LOOP-BACK 为“hash:ip,port,ip”类型，在上述代码中，IP 和 IP2 变量均为该 Endpoints 的 IP 地址。

2. 配置 ClusterIP 的 IP Set 和 ipvs 规则

接下来将 Service 的 ClusterIP 和 Port 添加到 KUBE-CLUSTER-IP IP Set 中。其代码示例如下。

代码路径：pkg/proxy/ipvs/proxier.go

```
Plain Text
entry := &utilipset.Entry{
  IP:       svcInfo.ClusterIP().String(),
  Port:     svcInfo.Port(),
  Protocol: protocol,
  SetType:  utilipset.HashIPPort,
}
...
proxier.ipsetList[kubeClusterIPSet].activeEntries.Insert(entry.String())
```

KUBE-CLUSTER-IP IP Set 为“hash:ip,port”类型，分别用于配置 ClusterIP 和 Service Port。

为 ClusterIP 和 Port 配置 ipvs 的 VirtualServer 与 RealServer。这是使用 ipvs 实现 DNAT 的必要步骤。其代码示例如下。

代码路径：pkg/proxy/ipvs/proxier.go

```
Plain Text
serv := &utilipvs.VirtualServer{
  Address:   svcInfo.ClusterIP(),
  Port:      uint16(svcInfo.Port()),
  Protocol:  string(svcInfo.Protocol()),
  Scheduler: proxier.ipvsScheduler,
}
...
if err := proxier.syncService(...); err == nil {
  ...
  if err := proxier.syncEndpoint(svcPortName, internalNodeLocal, serv); err != nil {
    ...
  }
}
```

在 syncService 函数中，首先为 ClusterIP 和 Port 创建 ipvs VirtualServer，并且将 ClusterIP

绑定到 Dummy 网卡上。然后根据 Service Port 对应的 Endpoints，为 ClusterIP 的 ipvs VirtualServer 创建对应的 RealServer。

在配置 RealServer 的过程中需要注意以下问题。

- 如果 Service 的内部流量策略为 Cluster，则 Service 的所有 Endpoints 都会被加入 RealServer。
- 如果 Service 的内部流量策略为 Local，则分为两种情况。
  - 如果当前宿主节点上有运行 Service 的 Endpoints，则仅将在宿主节点上的 Endpoints 加入 RealServer。
  - 如果当前宿主节点上没有运行 Service 的 Endpoints，则 Service 的所有 Endpoints 都会被加入 RealServer。

在以 ipvs 代理模式启动 kube-proxy 的宿主机上，使用 ipvsadm -Ln 命令就可以看到 Service 的 IP 地址、端口（VirtualServer）和后端 Pod IP 地址集（RealServer）的对应关系，查询结果如下所示。我们可以看到 172.31.0.10 的 Service 的各个端口下有 3 个后端 Pod IP 地址，分别为 10.3.1.4、10.3.1.5 与 10.3.1.7。

```
Plain Text
# ipvsadm -Ln
IP Virtual Server version 1.2.1 (size=4096)
Prot LocalAddress:Port Scheduler Flags
  -> RemoteAddress:Port      Forward Weight ActiveConn InActConn
TCP  172.31.0.1:443 rr
  -> 192.168.96.45:6443      Masq   1     6     0
TCP  172.31.0.10:53 rr
  -> 10.3.1.4:53         Masq   1     0     0
  -> 10.3.1.5:53         Masq   1     0     0
  -> 10.3.1.7:53         Masq   1     0     0
TCP  172.31.0.10:9153 rr
  -> 10.3.1.4:9153        Masq   1     0     0
  -> 10.3.1.5:9153        Masq   1     0     0
  -> 10.3.1.7:9153        Masq   1     0     0
UDP  172.31.0.10:53 rr
  -> 10.3.1.4:53         Masq   1     0     0
  -> 10.3.1.5:53         Masq   1     0     0
  -> 10.3.1.7:53         Masq   1     0     0
```

3. 配置 External IP 的 IP Set 和 ipvs 规则

接下来，为 Service 的 External IP 和 Port 配置规则。对于每个 External IP，需要将其添加到 IP Set 中，其代码示例如下。

代码路径：pkg/proxy/ipvs/proxier.go

```
Plain Text
entry := &utilipset.Entry{
  IP:      externalIP,
  Port:    svcInfo.Port(),
  Protocol: protocol,
  SetType:  utilipset.HashIPPort,
}
if svcInfo.ExternalPolicyLocal() {
```

```
  ...
  proxier.ipsetList[kubeExternalIPLocalSet].activeEntries.Insert(entry.String())
} else {
  ...
  proxier.ipsetList[kubeExternalIPSet].activeEntries.Insert(entry.String())
}
```

如果 Service 的外部流量策略为 Local，则会被添加到 KUBE-EXTERNAL-IP-LOCAL IP Set 中；否则，会被添加到 KUBE-EXTERNAL-IP IP Set 中。两者均为“hash:ip,port”类型。

和 ClusterIP 一样，组件为 External IP 创建 ipvs VirtualServer，将 External IP 绑定到 Dummy 网卡上，并且调用 syncEndpoint 函数配置 RealServer。此处执行步骤与 ClusterIP 的过程完全一致，此处不再赘述。

在配置 RealServer 的过程中需要注意以下问题。

- 如果 Service 的外部流量策略为 Cluster，则 Service 的所有 Endpoints 都会被加入 RealServer。
- 如果 Service 的外部流量策略为 Local，则分为两种情况。
  - 如果当前宿主节点上有运行 Service 的 Endpoints，则仅将在宿主节点上的 Endpoints 加入 RealServer。
  - 如果当前宿主节点上没有运行 Service 的 Endpoints，则 Service 的所有 Endpoints 都会被加入 RealServer。

对于来自集群内部的访问，上述机制可以确保其总是能访问到 Service 的后端 Pod。

对于来自集群外部的访问，由于在 Local 模式下 kube-proxy 设置的 iptables 规则不会对跳转到其他节点的 Pod 的数据包执行 SNAT 操作，因此将导致响应数据包会以源 IP 地址为 Pod IP 地址从目的 Pod 直接返回客户端，导致客户端与 Pod 无法建立连接，达到了在 Local 模式下宿主节点无 Pod 时集群外部无法访问成功的效果。

4. 配置 LoadBalancer IP 的 IP Set 和 ipvs 规则

接下来，为 LoadBalancer IP 和 Port 配置规则。如果用户 Service 设置了 spec.loadBalancerSourceRanges 字段，则同时会配置相关的源 IP 地址白名单规则。对于每个 LoadBalancer IP 和 Port，首先将其添加到 IP Set 中。其代码示例如下。

代码路径：pkg/proxy/ipvs/proxier.go

```
Plain Text
entry = &utilipset.Entry{
  IP:      ingress,
  Port:    svcInfo.Port(),
  Protocol: protocol,
  SetType:  utilipset.HashIPPort,
}
...
proxier.ipsetList[kubeLoadBalancerSet].activeEntries.Insert(entry.String())
if svcInfo.ExternalPolicyLocal() {
  ...
  proxier.ipsetList[kubeLoadBalancerLocalSet].activeEntries.Insert(entry.String())
}
```

Entry 首先会被添加到 KUBE-LOAD-BALANCER IP Set 中。如果 Service 的外部流量策略

为 Local，则 Entry 将会被进一步添加到 KUBE-LOAD-BALANCER-LOCAL IP Set 中。

LoadBalancer Service 允许用户配置 spec.loadBalancerSourceRanges 字段来设置源 IP 地址白名单。如果 Service 设置了 loadBalancerSourceRanges 字段，则进一步将 Entry 添加到 KUBE-LOAD-BALANCER-FW IP Set 中，访问该 IP Set 中 IP 地址的请求都要进一步被检查。

对于每一个 spec.loadBalancerSourceRanges 字段中的网段，增加一个 Entry 并添加到 KUBE-LOAD-BALANCER-SOURCE-CIDR IP Set 中。该 IP Set 中记录的就是 Service 允许通过的网段。其代码示例如下。

代码路径：pkg/proxy/ipvs/proxier.go

```
Plain Text
proxier.ipsetList[kubeLoadBalancerFWSet].activeEntries.Insert(entry.String())
for _, src := range svcInfo.LoadBalancerSourceRanges() {
  entry = &utilipset.Entry{
    IP:       ingress,
    Port:     svcInfo.Port(),
    Protocol: protocol,
    Net:      src,
    SetType:  utilipset.HashIPPortNet,
  }
  ...
  proxier.ipsetList[kubeLoadBalancerSourceCIDRSet].activeEntries.Insert(entry.String())
  ...
}
```

该 KUBE-LOAD-BALANCER-SOURCE-CIDR IP Set 为“hash:ip,port,net”类型，包括 IP 地址和端口（LoadBalancer IP 与 Port）和一个网段（源 IP 地址白名单地址段）。

为 LoadBalancer IP 创建 ipvs VirtualServer，将其绑定到 Dummy 网卡上，并且调用 syncEndpoint 函数配置 RealServer。

5. 配置 NodePort 的 IP Set 和 ipvs 规则

首先，清除 NodePort 的 UDP Conntrack 记录。其代码示例如下。

代码路径：pkg/proxy/ipvs/proxier.go

```
Plain Text
for _, lp := range lps {
  if svcInfo.Protocol() != v1.ProtocolSCTP && lp.Protocol == netutils.UDP {
    conntrack.ClearEntriesForPort(proxier.exec, lp.Port, isIPv6, v1.ProtocolUDP)
  }
}
```

调用 ClearEntriesForPort 函数的命令如下。NodePort 字段就是当前处理的 NodePort 端口。

```
Plain Text
conntrack -D -p UDP --dport {NodePort}
```

需要注意的是，在上述清理 UDP Conntrack 记录的过程中，无差别地清理了所有 NodePort 的 UDP Conntrack 记录，而不仅仅是 Stale 的 UDP 连接。这破坏了正常的 UDP 连接，因此这种方式是不妥的，尽管 UDP 本身就是不稳定连接。

1.27 版本的 kube-proxy 修复了该问题。

然后，根据 Service Port 的协议类型，将 Entry 分别添加到 KUBE-NODE-PORT-TCP IP Set、KUBE-NODE-PORT-UDP IP Set 或 KUBE-NODE-PORT-SCTP-HASH IP Set 中。如果 Service 的外部流量策略为 Local，则上述 Entry 还会进一步被添加到 KUBE-NODE-PORT-LOCAL-TCP IP Set、KUBE-NODE-PORT-LOCAL-UDP IP Set、KUBE-NODE-PORT-LOCAL-SCTP-HASH IP Set 中。

最后，和 LoadBalancer IP 类似，为 NodePort 和 nodeIPs 创建 ipvs VirtualServer，并且调用 syncEndpoint 函数配置 RealServer。

这里需要注意的是，在配置 NodePort 规则时，不需要再向 Dummy 网卡上绑定 IP 地址。

6. 配置健康检查 IP Set

如果 Service 设置了 HealthCheckNodePort，则将其加入 KUBE-HEALTH-CHECK-NODE-PORT IP Set。其代码示例如下。

代码路径：pkg/proxy/ipvs/proxier.go

```
Plain Text
if svcInfo.HealthCheckNodePort() != 0 {
  nodePortSet := proxier.ipsetList[kubeHealthCheckNodePortSet]
  entry := &utilipset.Entry{
    Port:     svcInfo.HealthCheckNodePort(),
    Protocol: "tcp",
    SetType:  utilipset.BitmapPort,
  }
  ...
  nodePortSet.activeEntries.Insert(entry.String())
}
```

KUBE-LOOP-BACK 为“bitmap:port”类型，只需要端口号即可。

11.6.8 更新各个 IP Set 的内容

在前面的步骤中，kube-proxy 完成了对所有 Service 的 Port 的遍历，计算出了每个 IP Set 中应该具有的 IP 地址集合。接下来需要将这些 IP 地址添加到 IP Set 中，并且从中删除不在目标 IP 地址范围内的 IP 地址。

代码示例如下。kube-proxy 遍历每个现有的 IP Set，调用 syncIPSetEntries 函数完成更新。

代码路径：pkg/proxy/ipvs/proxier.go

```
Plain Text
for _, set := range proxier.ipsetList {
  set.syncIPSetEntries()
}
```

对于每个 IP Set，syncIPSetEntries 函数通过对比当前 IP Set 中的内容，即 currentIPSetEntries，与前面遍历 Service Port 得到的预期 IP Set 中的内容，根据二者的差集，分别调用 DelEntry 和 AddEntry 函数，完成对 IP Set 内容的更新。

代码路径：pkg/proxy/ipvs/ipset.gp

```
Plain Text
func (set *IPSet) syncIPSetEntries() {
  ...
  if !set.activeEntries.Equal(currentIPSetEntries) {
```

```
    for _, entry := range currentIPSetEntries.Difference(set.activeEntries).List() {
   if err := set.handle.DelEntry(entry, set.Name); err != nil {
     ...
   }
    }
    for _, entry := range set.activeEntries.Difference(currentIPSetEntries).List() {
   if err := set.handle.AddEntry(entry, &set.IPSet, true); err != nil {
     ...
   }
    }
  }
}
```

在 syncIPSetEntries 函数中，DelEntry 和 AddEntry 函数最终执行命令如下所示。其中，IPSetName 表示要操作的 IP Set 的名称，EntryString 为字符串化的将要被添加或删除的 IP Set 元素，如“192.168.1.2,tcp:8080”。

```
Plain Text
ipset del {IPSetName} {EntryString}
ipset add {IPSetName} {EntryString}
```

11.6.9　创建匹配 IP Set 的 iptables 规则

完成 IP Set 的配置之后，就可以配置 iptables 规则了。

与 iptables 代理模式不同的是，在 ipvs 代理模式下 iptables 规则并不负责执行 DNAT 操作，而仅仅放行访问目的 IP 地址和与某些 Service IP 地址匹配的数据包，这些数据包后续会由 ipvs 完成 DNAT 操作。

此外，如果某些 Service 设置了 spec.loadBalancerSourceRanges 字段，则 filter 表中的 iptables 规则还会检查数据包的源 IP 地址，拒绝一些不在白名单中的数据包。

数据包的 SNAT 也在 iptables 中完成。一些需要被 Masquerade 的数据包会被添加 MARK 标记，并且在后续处理过程中跳转到 Masquerade 完成 SNAT 操作。

这些 iptables 规则的添加都在 writeIptablesRules 函数中完成。该函数的调用如下所示。

代码路径：pkg/proxy/ipvs/proxier.go

```
Plain Text
proxier.writeIptablesRules()
```

writeIptablesRules 函数向 iptables 内容缓冲区中添加 iptables 链和转发规则。本书不再解释该函数的执行过程，而是直接列出该函数实际添加的 iptables 规则。

在该函数执行结束后，natChains、natRules、filterChains、filterRules 四个缓冲区中的内容如下所示。为了便于阅读和理解，规则的顺序与使用 writeIptablesRules 函数添加的顺序相比有所调整，将相同链的规则放在了一起，但未改变每条链下的规则排序。

```
Plain Text
# natChains 缓冲区
*nat
:KUBE-SERVICES - [0:0]
:KUBE-POSTROUTING - [0:0]
:KUBE-NODE-PORT - [0:0]
:KUBE-LOAD-BALANCER - [0:0]
:KUBE-MARK-MASQ - [0:0]
```

```
# natRules 缓冲区

-A KUBE-SERVICES -m comment --comment "Kubernetes service lb portal" -m set --match-set
KUBE-LOAD-BALANCER dst,dst -j KUBE-LOAD-BALANCER

# 以下3条规则根据实际情况只会在存在一条
# 1.如果启动参数--masquerade-all=true
-A KUBE-SERVICES -m comment --comment "Kubernetes service cluster ip + port for masquerade
purpose" -m set --match-set KUBE-CLUSTER-IP dst,dst -j KUBE-MARK-MASQ
# 2.如果proxier.localDetector有实现（当前版本代码都有实现这个接口，实质上本规则是默认情况）
-A KUBE-SERVICES -m comment --comment "Kubernetes service cluster ip + port for masquerade
purpose" -m set --match-set KUBE-CLUSTER-IP dst,dst {IfNotLocal} -j KUBE-MARK-MASQ
# 3.其他情况
-A KUBE-SERVICES -m comment --comment "Kubernetes service cluster ip + port for masquerade
purpose" -m set --match-set KUBE-CLUSTER-IP src,dst -j KUBE-MARK-MASQ

-A KUBE-SERVICES -m comment --comment "Kubernetes service external ip + port for masquerade
and filter purpose" -m set --match-set KUBE-EXTERNAL-IP dst,dst -j KUBE-MARK-MASQ
-A KUBE-SERVICES -m comment --comment "Kubernetes service external ip + port for masquerade
and filter purpose" -m set --match-set KUBE-EXTERNAL-IP dst,dst -m physdev ! --physdev-is-in
-m addrtype ! --src-type LOCAL -j ACCEPT
-A KUBE-SERVICES -m comment --comment "Kubernetes service external ip + port for masquerade
and filter purpose" -m set --match-set KUBE-EXTERNAL-IP dst,dst -m addrtype --dst-type
LOCAL -j ACCEPT
-A KUBE-SERVICES -m comment --comment "Kubernetes service external ip + port for masquerade
and filter purpose" -m set --match-set KUBE-EXTERNAL-IP-LOCAL dst,dst -m physdev !
--physdev-is-in -m addrtype ! --src-type LOCAL -j ACCEPT
-A KUBE-SERVICES -m comment --comment "Kubernetes service external ip + port for masquerade
and filter purpose" -m set --match-set KUBE-EXTERNAL-IP-LOCAL dst,dst -m addrtype
--dst-type LOCAL -j ACCEPT
-A KUBE-SERVICES -m addrtype --dst-type LOCAL -j KUBE-NODE-PORT
-A KUBE-SERVICES -m set --match-set KUBE-CLUSTER-IP dst,dst -j ACCEPT
-A KUBE-SERVICES -m set --match-set KUBE-LOAD-BALANCER dst,dst -j ACCEPT

-A KUBE-LOAD-BALANCER -m comment --comment "Kubernetes service load balancer ip + port
with externalTrafficPolicy=local" -m set --match-set KUBE-LOAD-BALANCER-LOCAL dst,dst
-j RETURN
-A KUBE-LOAD-BALANCER -j KUBE-MARK-MASQ

-A KUBE-NODE-PORT -p TCP -m comment --comment "Kubernetes nodeport TCP port with
externalTrafficPolicy=local" -m set --match-set KUBE-NODE-PORT-LOCAL-TCP dst -j RETURN
-A KUBE-NODE-PORT -p TCP -m comment --comment "Kubernetes nodeport TCP port for masquerade
purpose" -m set --match-set KUBE-NODE-PORT-TCP dst -j KUBE-MARK-MASQ
-A KUBE-NODE-PORT -p UDP -m comment --comment "Kubernetes nodeport UDP port with
externalTrafficPolicy=local" -m set --match-set KUBE-NODE-PORT-LOCAL-UDP dst -j RETURN
-A KUBE-NODE-PORT -p UDP -m comment --comment "Kubernetes nodeport UDP port for masquerade
purpose" -m set --match-set KUBE-NODE-PORT-UDP dst -j KUBE-MARK-MASQ
-A KUBE-NODE-PORT -p SCTP -m comment --comment "Kubernetes nodeport SCTP port with
externalTrafficPolicy=local with type 'hash ip:port'" -m set --match-set
KUBE-NODE-PORT-LOCAL-SCTP-HASH dst,dst -j RETURN
-A KUBE-NODE-PORT -p SCTP -m comment --comment "Kubernetes nodeport SCTP port for masquerade
```

```
purpose with type 'hash ip:port'" -m set --match-set KUBE-NODE-PORT-SCTP-HASH dst,dst -j
KUBE-MARK-MASQ

-A KUBE-POSTROUTING  -m comment --comment "Kubernetes endpoints dst ip:port, source ip for
solving hairpin purpose" -m set --match-set KUBE-LOOP-BACK dst,dst,src -j MASQUERADE
-A KUBE-POSTROUTING -m mark ! --mark {MasqueradeMark}/{MasqueradeMark} -j RETURN
-A KUBE-POSTROUTING -j MARK --xor-mark {MasqueradeMark}
-A KUBE-POSTROUTING -m comment --comment "kubernetes service traffic requiring SNAT" -j
MASQUERADE --random-fully

-A KUBE-MARK-MASQ -j MARK --or-mark {MasqueradeMark}

COMMIT


# filterChains 缓冲区
*filter
:KUBE-FORWARD - [0:0]
:KUBE-NODE-PORT - [0:0]
:KUBE-PROXY-FIREWALL - [0:0]
:KUBE-SOURCE-RANGES-FIREWALL - [0:0]


# filterRules 缓冲区
-A KUBE-PROXY-FIREWALL -m comment --comment "Kubernetes service load balancer ip + port
for load balancer with sourceRange" -m set --match-set KUBE-LOAD-BALANCER-FW dst,dst -j
KUBE-SOURCE-RANGES-FIREWALL

-A KUBE-SOURCE-RANGES-FIREWALL -m comment --comment "Kubernetes service load balancer ip
+ port + source cidr for packet filter purpose" -m set --match-set
KUBE-LOAD-BALANCER-SOURCE-CIDR dst,dst,src -j RETURN
-A KUBE-SOURCE-RANGES-FIREWALL -m comment --comment "Kubernetes service load balancer ip
+ port + source IP for packet filter purpose" -m set --match-set
KUBE-LOAD-BALANCER-SOURCE-IP dst,dst,src -j RETURN
-A KUBE-SOURCE-RANGES-FIREWALL -j DROP

-A KUBE-FORWARD -m comment --comment "kubernetes forwarding rules" -m mark --mark
{MasqueradeMark}/{MasqueradeMark} -j ACCEPT
-A KUBE-FORWARD -m comment --comment "kubernetes forwarding conntrack rule" -m conntrack
--ctstate RELATED,ESTABLISHED -j ACCEPT

-A KUBE-NODE-PORT -m comment --comment "Kubernetes health check node port" -m set
--match-set KUBE-HEALTH-CHECK-NODE-PORT dst -j ACCEPT

COMMIT
```

至此，ipvs 代理模式下涉及的所有 iptables 规则都已经放入缓冲区了。

11.6.10 将 iptables 缓冲区内容刷新到宿主机

此时，kube-proxy 涉及的所有 iptables 链和规则都已经准备好了，接下来需要将这些规则更新到宿主节点。

kube-proxy 先将 natChains、natRules、filterChains、filterRules 缓冲区前后拼接到 iptablesData 缓冲区，接着调用 RestoreAll 函数，使用 iptables-restore 函数，将其中的内容真正同步到宿主节点。拼接过程的代码示例如下。

代码路径：pkg/proxy/ipvs/proxier.go

```
Plain Text
proxier.iptablesData.Reset()
proxier.iptablesData.Write(proxier.natChains.Bytes())
proxier.iptablesData.Write(proxier.natRules.Bytes())
proxier.iptablesData.Write(proxier.filterChains.Bytes())
proxier.iptablesData.Write(proxier.filterRules.Bytes())

err = proxier.iptables.RestoreAll(proxier.iptablesData.Bytes(),
utiliptables.NoFlushTables, utiliptables.RestoreCounters)
```

RestoreAll 函数最终执行的命令如下所示。

```
Plain Text
iptables-restore -w 5 -W 100000 --noflush --counters
{BytesData}
```

其中，BytesData 表示前述 iptablesData 缓冲区中存储的 iptables 规则内容。

11.6.11 清理冗余的 Service 地址

在 ipvs 代理模式下，如果 Service 已经不存在了，则需要及时清理该 Service 的相关 IP 地址和规则。清理工作主要包括以下三部分。

- 从各个 IP Set 中清理该 Service 的相关 IP 地址。
- 在 ipvs 中删除该 Service 的 VirtualServer。
- 在 Dummy 网卡上解绑该 Service 相关的 IP 地址。

其中，第一部分的内容已经在前面刷新 IP Set 内容的时候完成，接下来 kube-proxy 通过调用 cleanLegacyService 函数完成后两部分内容。该函数代码示例如下，其中，currentServices 变量记录当前存在的 VirtualServer，而 activeServices 变量记录的是前面步骤中计算出的期望存在的 VirtualServer。

代码路径：pkg/proxy/ipvs/proxier.go

```
Plain Text
func (proxier *Proxier) cleanLegacyService(...) {
  isIPv6 := netutils.IsIPv6(proxier.nodeIP)
  for cs := range currentServices {
    svc := currentServices[cs]
    ...
    if _, ok := activeServices[cs]; !ok {
    if err := proxier.ipvs.DeleteVirtualServer(svc); err != nil {
      ...
    }
    addr := svc.Address.String()
    if _, ok := legacyBindAddrs[addr]; ok {
      if err := proxier.netlinkHandle.UnbindAddress(addr, defaultDummyDevice); err != nil
{
        ...
```

```
        } else {
            delete(legacyBindAddrs, addr)
        }
      }
     }
   }
}
```

DeleteVirtualServer 函数负责清理已经不存在的与 Service 相关的 ipvs 记录，完成第二部分的工作。UnbindAddress 函数将已经不存在的 Service 的相关 IP 地址从 Dummy 网卡上解绑，完成第三部分的工作。

11.6.12 清理残留的 UDP Conntrack 记录

在同步的最后阶段，kube-proxy 清理最开始统计的 Stale Endpoints 和 Stale Service 的 UDP Conntrack 记录。其代码示例如下。

代码路径：pkg/proxy/ipvs/proxier.go

```
Plain Text
for _, svcIP := range staleServices.UnsortedList() {
  if err := conntrack.ClearEntriesForIP(...); err != nil {
    ...
  }
}
proxier.deleteEndpointConnections(endpointUpdateResult.StaleEndpoints)
```

ClearEntriesForIP 函数负责清理 ClusterIP、External IP、LoadBalancer IP 的 Stale UDP Conntrack 记录。该函数涉及的命令如下所示。其中，OriginIP 为之前记录的 Stale Service 的 ClusterIP、External IP、LoadBalancer IP。

```
Plain Text
conntrack -D --orig-dst {OriginIP} -p UDP
```

deleteEndpointConnections 函数负责清理 Stale Endpoints 的 UDP Conntrack 记录。该函数涉及的命令如下所示。其中，OriginIP 为 Stale Endpoints 所属 Serivce 的 ClusterIP、External IP、LoadBalancer IP，而 EndpointsIP 为之前记录的 Stale Endpoints 的 IP 地址。

```
Plain Text
conntrack -D --orig-dst {OriginIP} --dst-nat {EndpointsIP} -p UDP
```

需要注意的是，kube-proxy 在此时没有清理 Stale Service UDP NodePort 的 Conntrack 记录。该清理过程在为每个 Service NodePort 配置 ipvs 规则的时候已经执行过了，所以此处无须再次清理。

至此，ipvs 代理模式的一轮同步过程就完成了。

第 12 章

kubelet 核心实现

12.1 初识 kubelet

kubelet 是 Kubernetes 中最重要的节点代理程序，运行在集群中的每个节点上。它能够自动将节点注册到 Kubernetes 集群，将节点、Pod 的运行状态和资源使用情况周期性地上报至控制平面，同时接收控制平面下发的工作任务、启动或停止容器、维护和管理 Pod。

kubelet 基于 PodSpec 工作，PodSpec 是描述 Pod 的 YAML 或 JSON 文件。kubelet 支持多种方式接收 PodSpec，最主要的是通过连接 kube-apiserver 监听集群中的 Pod，确保调度到自身节点的 Pod 的容器处于期望的运行状态。除了 kube-apiserver，kubelet 还支持文件发现模式。默认地，Kubernetes 配置目录/etc/kubernetes/manifest 被 kubelet 持续监听，所有在该文件夹下定义的 PodSpec 都会被 kubelet 解析并启动相应的容器。还有一种是 HTTP 发现模式，通过 HTTP 地址拉取 PodSpec 定义。在默认情况下，文件发现模式和 HTTP 发现模式每隔 20 秒扫描一次。

监听和启停 Pod 是 kubelet 最重要的职责，除此之外，kubelet 也会负责很多周边工作，如 cAdvisor 资源用量监控、容器和镜像垃圾收集、存储卷挂载与卸载、容器健康探测等。由于涉及的内容较多，本书限于篇幅，仅对部分内容进行介绍。

12.2 kubelet 架构设计

kubelet 由众多功能模块共同构成，分别完成不同的工作，并且彼此协作实现对节点和 Pod 的管理，其核心架构设计如图 12-1 所示。

如图 12-1 所示，与其他控制器组件类似，kubelet 整体上采用了基于事件的处理模型，通过 syncLoop 程序不断调谐 PodStatus 与 PodSpec 的差距，使系统最终运行在期望状态。

PodSpec 期望状态有 3 个主要来源，即 kube-apiserver、file 和 HTTP。kube-apiserver 是最主要的 Pod 来源，kubelet 通过 Informer List-Watch 机制持续获取来自 kube-apiserver 的 Pod 变化事件，触发执行 sync 调谐。file 和 HTTP 主要用于发现 Static 类型的 Pod，kubelet 默认每隔 20 秒（可通过配置文件修改该默认值）执行一次检测，重新从文件或 HTTP 地址加载

Pod 定义，当 Pod 定义发生变化时触发执行 sync 调谐。为了加速配置变更检测的速度，对于 Linux 下 file 类型的 Static Pod，kubelet 支持通过 fsnotify 方式 Watch 指定文件夹下的变更事件，默认监听的文件夹路径为/etc/kubernetes/manifests，当文件发生变更时，自动触发执行 sync 调谐。

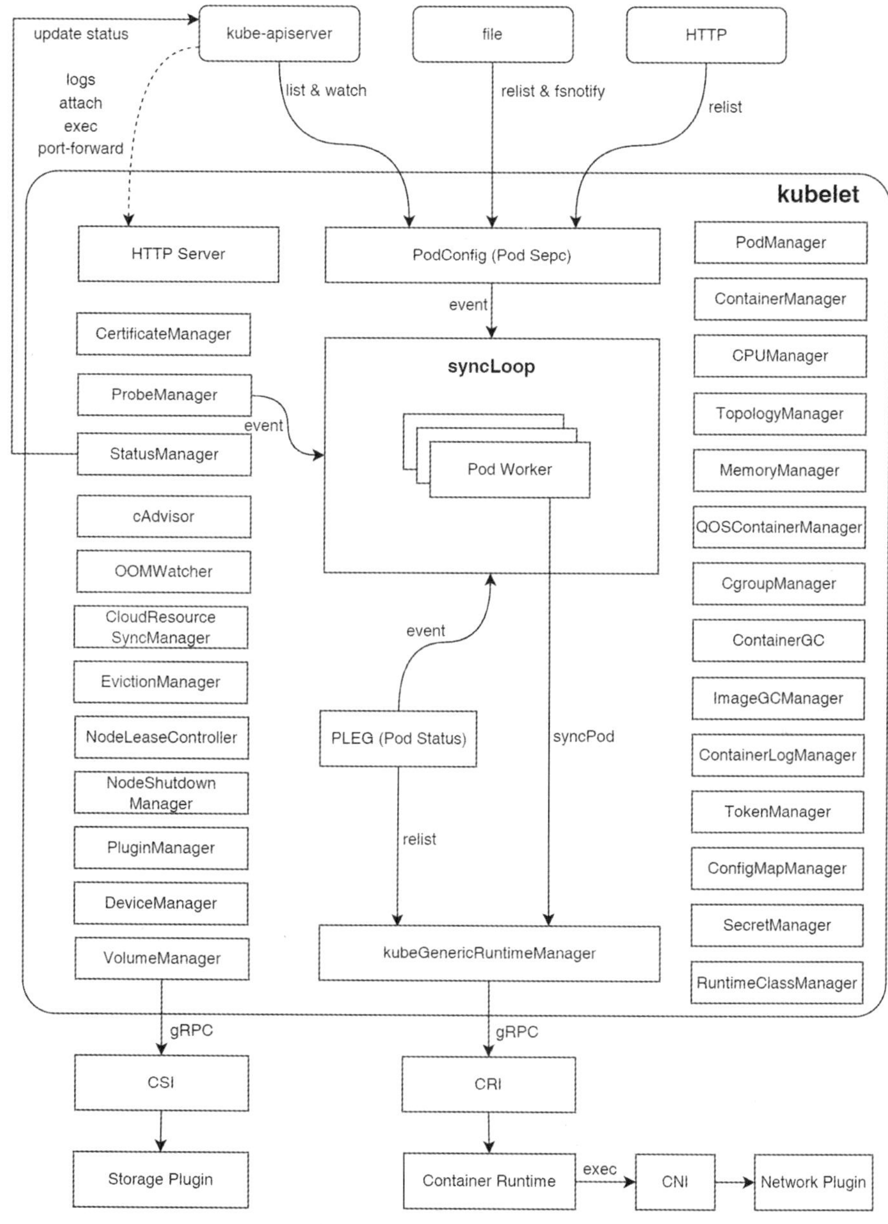

图 12-1　kubelet 核心架构设计

PodStatus 实际状态主要通过 PLEG（Pod Lifecycle Event Generator）周期性地扫描容器运行时的运行状态获取。PLEG 每隔 1 秒重新从容器运行时中获取 Pod 和 Container 信息，并与本地缓存状态进行对比，当发生变更时，生成 PLEG 事件，并且发送给事件订阅者触发执行事件处理程序。默认地，当产生 PLEG 事件时，kubelet 会执行 sync 调谐，以不断调整容器运行状态到达期望状态。在引入 PLEG 之前，每个 Pod Worker 都会周期性地向容器运行时发起轮询请求，以判断是否存在状态变化，并且执行调谐逻辑。随着 Pod 数量的增加，Pod Worker 的数量也在增长，导致对容器运行时发起的轮询请求急剧增加，即使大部分轮询都是无效请求（没有发生任何变化）。这就导致 kubelet 在 Pod 数量增长时，存在大量的 CPU 占用，给容器运行时造成了巨大的压力，限制了 kubelet 的性能和扩展性。引入 PLEG 后，PLEG 集中处理对容器运行时的轮询请求，避免了大量并发请求对容器运行时的压力，同时只有当存在变更时才触发调谐过程，节约了大量 CPU 资源。

kubelet 主调谐程序 syncLoop 同时监听来自不同组件的事件，除了上面提到的 PodSpec 源事件、PLEG 状态变更事件，还包括来自 ProbeManager（包括 liveness、readiness、startup 三种健康探针）的状态变更事件及内置的定时器（TimeTicker）事件，根据事件类型的不同触发执行相应的 Handler 处理逻辑，最终通过 Pod Worker 的调谐使容器运行状态符合期望要求。kubelet 的主程序核心处理流程如图 12-2 所示。

为了保证所有事件都能及时得到处理，kubelet 的主调谐程序采用了非阻塞的基于事件的处理模式。在事件源方面，所有的事件监听程序采用独立协程运行，将产生的事件通过 Channel 传递给 syncLoopIteration 处理。例如，为了实现对容器健康状态的快速感知，ProbeManager 会为每个容器的每种健康探测机制分别创建独立的协程并行处理，将 prober.Update 事件传递给 syncLoopIteration。syncLoopIteration 被看作是一个事件分发器，它同时监听来自多个 Channel 的事件，根据事件类型的不同，分别执行不同的 SyncHandler 函数。为了实现主调谐程序的非阻塞运行，kubelet 对事件的处理同样采用了异步执行的方式。对于每个 Pod，kubelet 会通过 Pod Worker 单独为其创建一个处理协程，由每个协程独立处理对应 Pod 的变更事件。为了确保主调谐程序是非阻塞执行的，并且具有良好的处理速度，kubelet 会在每执行一次 syncLoopIteration 后，记录当前执行 sync 操作的时间，当上次执行同步的时间距离当前时间超过限定的阈值（默认为 2 分钟）时，报告 kubelet 运行在非健康状态，即设置/healthz 返回失败状态。

从 1.24 版本开始，kubelet 移除了 DockerShim 垫片，转为完全使用 CRI 与 Remote Container Runtime 通信。CRI 封装了 kubelet 对底层容器运行时所有的依赖接口，任何实现了 CRI 的容器运行时都可以接入 Kubernetes，这大大提升了系统的可扩展性。随着 DockerShim 垫片的移除，有关 CNI 的操作也从 kubelet 迁移至底层的容器运行时层。目前，主流的容器运行时，如 containerd 和 CRI-O 都实现了对 CNI 的适配，在创建 SandBox 容器时能够自动调用配置的 CNI 插件为容器分配 IP 地址和配置网络。在存储方面，kubelet 通过 VolumeManager 管理容器的存储卷，主要包括对存储卷的 Attach、Mount、Umount、Detach 操作，目前支持一系列内置存储插件及通过 CSI 标准接口调用外置存储插件，CSI 通过 gPRC 协议通信。

kubelet 也提供了 HTTP Server 服务，默认监听 10250 端口，以支持 metrics 指标采集、健康检查探测、接收来自 kube-apiserver 的 Debug 请求。例如，在执行 kubectl logs 命令查看容器日志时，请求首先会从 kubectl 客户端发送给 kube-apiserver，kube-apiserver 在完成合法性校验后，会向 Pod 所在的 kubelet 的日志服务端点/containerLogs 发起请求，由 kubelet 读取容器日志，并且返回给 kube-apiserver，最终在 kubectl 客户端完成展示。更多有关 kubect1 logs 命令执行原理的介绍，请参考 12.8.1 节。

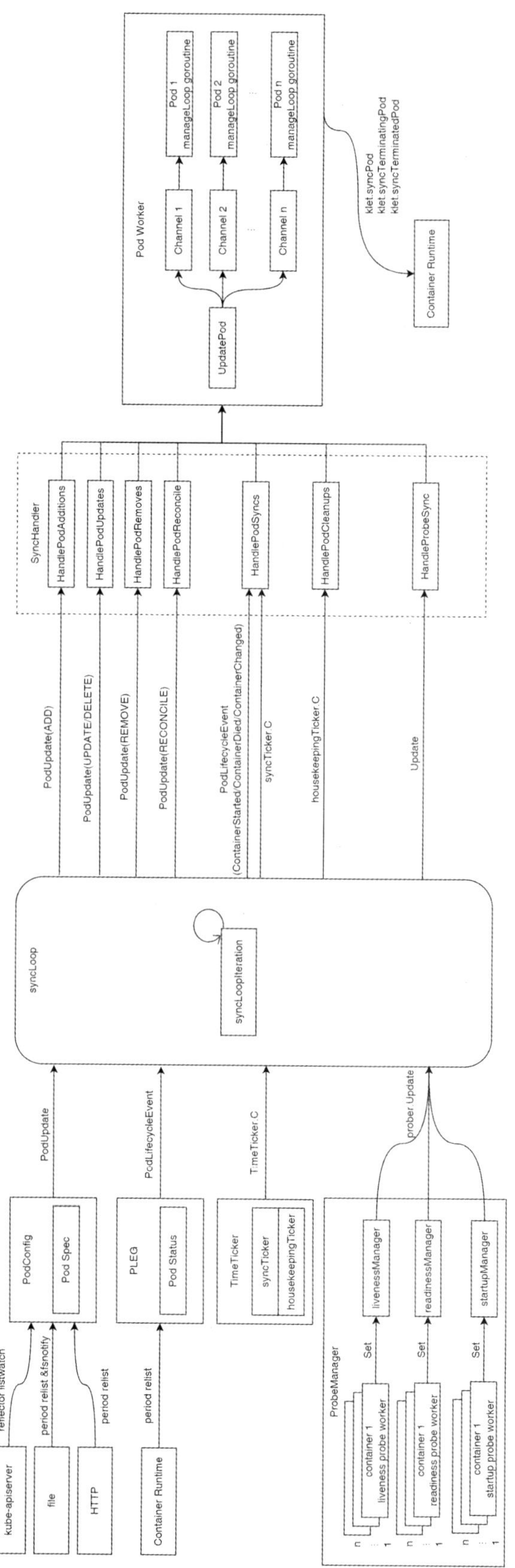

图 12-2　kubelet 的主程序核心处理流程

kubelet 内置了丰富的管理器，其功能如表 12-1 所示。

表 12-1 管理器的功能

名称	功能描述
cAdvisor	采集当前节点的容器、机器资源、内核和运行时版本、文件系统等监控信息
CertificateManager	自动向 kube-apiserver 申请颁发节点 kubelet-client 证书，并且在证书过期前更新本地证书
CgroupManager	维护和管理 Pod、Container 的 cgroup 层级结构，底层基于 libcontainer 的 cgroups 库实现
CloudResourceSyncManager	从云厂商同步节点的状态，如更新 NodeAddresses 地址信息
ConfigMapManager	kubelet 读取 ConfigMap 对象的接口，支持 3 种变更检测方式，分别如下。 • Watch：使用 Informer List-Watch 机制监听 ConfigMap 变化，及时更新本地缓存（默认使用）。 • Cache：使用固定的 TTL 超时时间，超过生存时间的 ConfigMap 自动失效，被重新加载。 • Get：不使用缓存，直接从 kube-apiserver 读取最新的 ConfigMap 对象
ContainerGC	容器垃圾回收，清理已消亡的 Container，可以通过 GCPolicy 控制垃圾回收策略
ContainerLogManager	管理容器日志 Rotate 滚动，每隔 10 秒检查并执行一次日志 Rotate 操作，可以通过 LogRotatePolicy 控制日志 Rotate 策略（如最大日志文件大小，最大日志文件数量）
ContainerManager	主要负责节点上运行容器的 cgroup 配置，通过调用 CgroupManager 配置 cgroup。如果指定了 kubelet 的--cgroups-per-qos 启动参数为 true（默认为 true），则 kubelet 会建立 cgroup 层级结构，以确保不同 QOS Pod 的资源隔离，目前支持 3 种 QOS 等级，分别是 Guaranteed、BestEffort、Burstable
CPUManager	维护和管理 CPU 资源分配，支持两种 cpuset 管理策略，分别是 none（默认策略）、static。定期通过 CRI 写入资源更新，以保证 Pod CPU 分配与 cgroup 设置一致
DeviceManager	启动 gRPC 监听 kubelet.sock，device plugin 通过连接 gRPC 注册 device 信息，kubelet 通过 List-Watch 机制监听 device 更新，维护节点可分配 device 容量并处理 device 分配
EvictionManager	当节点的内存、磁盘、PID 等资源不足，达到了配置的驱逐阈值时，驱逐管理器会按照 Pod QOS 等级，按顺序驱逐低优先级的 Pod，以保证节点的稳定性。可通过--eviction-hard 参数配置驱逐阈值
ImageGCManager	维护本地镜像列表，当镜像磁盘使用率超过配置的上限阈值时，清理节点上不使用的镜像，直到镜像磁盘使用率降到配置的下限阈值，可以通过 ImageGCPolicy 设置镜像垃圾回收策略
kubeGenericRuntimeManager	Runtime 接口的默认实现，封装了对 Pod 和 Container 的常见操作方法，管理 Pod 和 Container 的生命周期，底层通过 CRI 调用 Remote Container Runtime 实现对容器运行时的操作
MemoryManager	维护和管理 Memory 资源分配，支持两种管理策略，分别是 none（默认策略）、static。当启用 MemoryManager featuregate 时，该 featuregate 被默认启用
NodeLeaseController	周期性声明和刷新节点的 Lease 对象，维持节点活跃状态
NodeShutdownManager	监听节点关机事件，在关机前，执行优雅关闭逻辑
OOMWatcher	监听操作系统 OOM（Out of Memory）事件，并且记录为节点的 Event
PluginManager	插件管理器，主要用于处理插件的验证、注册、反注册操作，目前支持 Device 和 CSI 两类插件。通过监听特定目录（默认为/var/lib/kubelet/plugins_registry）下扩展名为.sock 的文件的创建发现插件，并且通过 gPRC 发起连接以获取插件信息，完成对插件的管理。当扩展名为.sock 的文件被移除后，kubelet 会执行插件的反注册逻辑
PodManager	提供存储和访问 Pod 信息的接口，封装关于 Pod 操作的接口，维持 Static Pod 和 Mirror Pod 的映射关系等
ProbeManager	负责执行容器健康探测，目前支持 3 种类型的探针，分别是 readiness、liveness 和 startup。每种探针都支持 4 种实现方式，分别是 exec、httpGet、tcpSocket、grpc

续表

名称	功能描述
QOSContainerManager	负责维护 Pod 的 QOS 等级，通过调用 CgroupManager 完成 cgroup 相关设置
RuntimeClassManager	监听和缓存 RuntimeClass 信息，供 kubelet 启动容器时使用。Pod 可通过设置 RuntimeClassName 字段指定容器运行时使用特定的 Runtime（如 runc）启动容器
SecretManager	kubelet 读取 Secret 资源对象的接口，支持 3 种变更检测方式，分别如下。 • Watch：使用 Informer List-Watch 机制监听 Secret 变化，及时更新本地缓存（默认使用）。 • Cache：使用固定的 TTL 超时时间，超过生存时间的 Secret 自动失效，被重新加载。 • Get：不使用缓存，直接从 kube-apiserver 读取最新的 Secret 资源对象
StatusManager	维护和存储最新的 Pod Status 信息，并将 Pod Status 信息不断同步回 kube-apiserver
TokenManager	维护 ServiceAccount Token 缓存，负责申请 Token，并清理已经失效的 Token
TopologyManager	负责维护 CPU 和硬件设备的拓扑形态，以支持在进行资源分配时进行硬件级亲和调优，提升性能。支持 4 种分配策略，分别是 none（默认）、best-effort、restricted、single-numa-node
VolumeManager	管理存储卷的 attach、mount、umount、detach 操作，底层通过调用 CSI 实现操作

12.3 kubelet 启动流程

kubelet 的启动流程如图 12-3 所示，按照代码逻辑可划分为以下 5 个关键步骤。

- Cobra 命令行参数解析。
- 运行环境检测与设置。
- Kubelet 对象实例化。
- 启动 kubelet 主服务。
- 启动 HTTP Server 服务和 gRPC Server 服务。

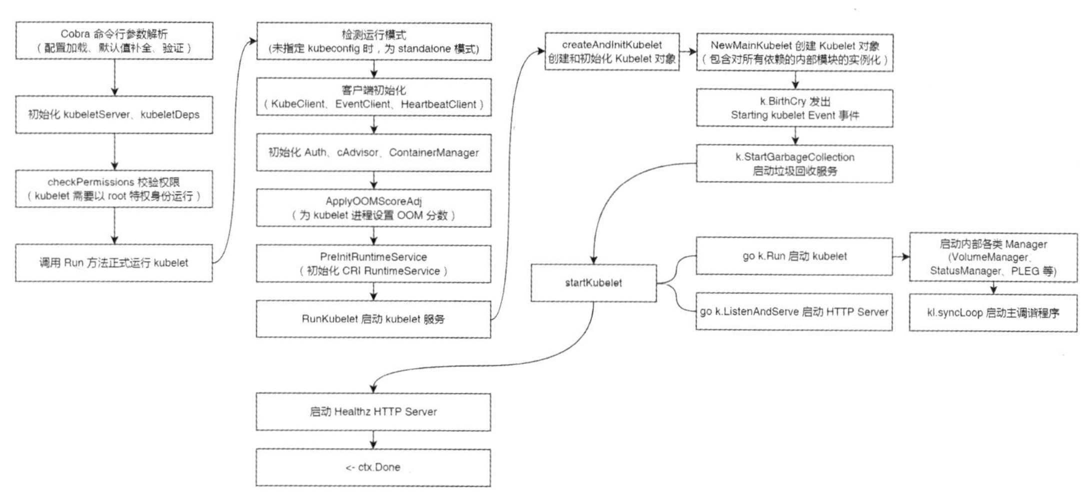

图 12-3 kubelet 的启动流程

12.3.1 Cobra 命令行参数解析

与其他组件类似，kubelet 通过 Cobra 从命令行接收用户输入参数，构造 Options 对象，并且对参数对象进行补全和校验，进而实例化 Kubelet 对象，代码示例如下。

代码路径：cmd/kubelet/app/server.go

```
Plain Text
func NewKubeletCommand() *cobra.Command {
   cleanFlagSet := pflag.NewFlagSet(componentKubelet, pflag.ContinueOnError)
   ...
   kubeletFlags := options.NewKubeletFlags()
   kubeletConfig, err := options.NewKubeletConfiguration()
   ...
   cmd := &cobra.Command{
   ...
   RunE: func(cmd *cobra.Command, args []string) error {
      if err := cleanFlagSet.Parse(args); err != nil {
      return fmt.Errorf("failed to parse kubelet flag: %w", err)
      }
      ...
      if err := options.ValidateKubeletFlags(kubeletFlags); err != nil {
      return fmt.Errorf("failed to validate kubelet flags: %w", err)
      }
      ...
      if configFile := kubeletFlags.KubeletConfigFile; len(configFile) > 0 {
      kubeletConfig, err = loadConfigFile(configFile)
      ...
      }
      ...
      ValidateKubeletConfiguration(kubeletConfig)
      ...
      // construct a KubeletServer from kubeletFlags and kubeletConfig
      kubeletServer := &options.KubeletServer{
      KubeletFlags:    *kubeletFlags,
      KubeletConfiguration: *kubeletConfig,
      }
      kubeletDeps, err := UnsecuredDependencies(kubeletServer, ...)
      ...
      if err := checkPermissions(); err != nil {
      klog.ErrorS(err, "kubelet running with insufficient permissions")
      }
      ...
      return Run(ctx, kubeletServer, kubeletDeps, utilfeature.DefaultFeatureGate)
   },
   }
   ...
   return cmd
}
```

首先，kubelet 通过 options.NewKubeletFlags 和 options.NewKubeletConfiguration 函数分别初始化默认命令行参数配置及配置文件配置，同时将 CLI Flags 绑定到上述配置的相应字段。采用两种配置的主要目的在于通过 KubeletConfiguration 保存所有节点都适用的通用配置，通过 KubeletFlags 保存差异化配置。接着，调用 cleanFlagSet.Parse 函数解析用户的输入参数，实现对 KubeletConfiguration 和 KubeletFlags 对象默认配置的覆盖。参数解析完成后，使用 ValidateKubeletFlags 函数校验解析出的 KubeletFlags 是否有效。如果程序启动时额外指定了

KubeletConfigFile 路径，则通过 loadConfigFile 函数加载配置文件，并且与命令行参数配置进行合并，得到最终的 KubeletConfiguration 配置。最后，使用 ValidateKubeletConfiguration 函数验证最终配置的有效性。

配置文件解析加载完成后，kubelet 会分别初始化 kubeletServer 和 kubeletDeps 对象。其中，kubeletServer 对象保存启动配置信息，kubeletDeps 对象主要保存 kubelet 运行的依赖项（如 KubeClient、TLSOptions 等），方便后续使用。

在正式执行 Run 方法之前，kubelet 会通过 checkPermissions 函数检查当前用户是否具备足够的执行权限。例如，对 Linux 操作系统而言，启动 kubelet 的用户的 UID 必须为 0，也就是需要具备 root 特权身份。

配置解析和用户权限校验通过后，kubelet 调用 Run 方法正式运行 kubelet，进入初始化启动过程。

12.3.2 运行环境检测与设置

Run 方法首先会执行 initForOS 函数为 kubelet 设定 WindowsService 守护服务（仅适用于运行在 Windows 平台的场景）。然后直接调用 run 函数，执行依赖初始化、环境检查和设置等工作。最后调用 RunKubelet 启动 kubelet 主服务，并且启动 Healthz HTTP Server。代码示例如下。

代码路径：cmd/kubelet/app/server.go

```
Plain Text
func run(...) (err error) {
   ...
   standaloneMode := true
   if len(s.KubeConfig) > 0 {
   standaloneMode = false
   }
   ...
   switch {
   case standaloneMode:
   kubeDeps.KubeClient = nil
   kubeDeps.EventClient = nil
   kubeDeps.HeartbeatClient = nil
   case kubeDeps.KubeClient == nil, kubeDeps.EventClient == nil,
   kubeDeps.HeartbeatClient == nil:
   ...
   kubeDeps.KubeClient, err = clientset.NewForConfig(clientConfig)
   ...
   kubeDeps.EventClient, err = v1core.NewForConfig(&eventClientConfig)
   ...
   kubeDeps.HeartbeatClient, err = clientset.NewForConfig(&heartbeatClientConfig)
   ...
   }

   if kubeDeps.Auth == nil {
   auth, runAuthenticatorCAReload, err := BuildAuth(...)
   kubeDeps.Auth = auth
   ...
   }
```

```
    ...
    if kubeDeps.CAdvisorInterface == nil {
    kubeDeps.CAdvisorInterface, err = cadvisor.New(...,cgroupRoots,...)
    ...
    }
    if kubeDeps.ContainerManager == nil {
      kubeDeps.ContainerManager, err = cm.NewContainerManager(...,cgroupRoots,...)
      ...
    }
    ...
    if err := oomAdjuster.ApplyOOMScoreAdj(0, int(s.OOMScoreAdj)); err != nil {
    klog.InfoS("Failed to ApplyOOMScoreAdj", "err", err)
    }

    err = kubelet.PreInitRuntimeService(...)
    ...

    if err := RunKubelet(s, kubeDeps, s.RunOnce); err != nil {
    return err
    }

    if s.HealthzPort > 0 {
    ...
    go wait.Until(func() {
       err := http.ListenAndServe(...)
       ...
    }, 5*time.Second, wait.NeverStop)
    }
    ...
    <-ctx.Done():

    return nil
}
```

首先，kubelet 根据是否传入 kubeconfig 配置，判断其运行模式。在首次安装启动，kubelet 还没有加入任何集群时，它没有连接集群的凭证信息，不能与 kube-apiserver 通信，仅在 standalone 模式下运行。此时，kubelet 仅支持启动 Static Pod。当为 kubelet 配置了 kubeconfig，kubelet 重启后即可正常连接集群控制平面，进入正常运行模式。kubelet 从 standalone 模式切换为正常运行模式的过程即 bootstrap 启动过程。

如果在 standalone 模式下运行，则与连接 kube-apiserver 相关的客户端被设置为 nil，否则，这些客户端会被创建和初始化，包括 KubeClient、EventClient 和 HeartbeatClient。不使用同一个客户端主要是为了避免频繁的 Event 或 Heartbeat 通信干扰 kubelet 的主处理流程，影响服务质量。

接着，依次完成对 Auth、cAdvisor 和 ContainerManager 对象的初始化，这些对象是 kubelet 的基础组件。

然后，通过 ApplyOOMScoreAdj 调整 kubelet 的 OOM 分数，为 kubelet 进程设置 oom_score_adj 的取值。当节点内存不足时，操作系统会通过打分的方式选择牺牲进程，oom_score_adj 值越高，意味着越容易被终止，其取值范围为[-1000, 1000]。默认地，kubelet

自身进程的 oom_score_adj 值为-999，即非极端场景，kubelet 不会在内存紧张时被操作系统终止，保证了 kubelet 服务自身的可用性。

查看 kubelet 的 oom_score_adj 值可以使用以下命令。

```
$ cat /proc/$(pidof kubelet)/oom_score_adj
-999
```

PreInitRuntimeService 主要用于完成对 CRI 容器运行时的初始化，包括管理容器的 RemoteRuntimeServer 及管理镜像的 RemoteImageService。

前置准备完成后，kubelet 通过调用 RunKubelet 函数正式启动 kubelet 服务，并且在主程序启动完成后，按需启动 Healthz HTTP Server，提供健康检查服务端点。

最后，通过<-ctx.Done 阻塞程序退出，成为系统常驻进程，直到接收到退出信号才能退出。

12.3.3　Kubelet 对象实例化

RunKubelet 主要完成两个任务，即使用 createAndInitKubelet 函数创建和初始化 Kubelet 对象，以及使用 startKubelet 函数启动 kubelet 主服务，代码示例如下。

代码路径：cmd/kubelet/app/server.go

```
Plain Text
func RunKubelet(...) error {
   ...
   k, err := createAndInitKubelet(...)
   ...
   startKubelet(k,...)
   return nil
}
```

createAndInitKubelet 函数完成 Kubelet 对象的创建和初始化，代码示例如下。

代码路径：cmd/kubelet/app/server.go

```
Plain Text
func createAndInitKubelet(...) (k kubelet.Bootstrap, err error) {
   k, err = kubelet.NewMainKubelet(...)
   ...
   k.BirthCry()
   k.StartGarbageCollection()
   return k, nil
}
```

首先，通过 NewMainKubelet 函数创建 Kubelet 对象，该过程同时包含了对内部模块的实例化，如对 Informer、各类内部 Manager、节点级准入控制器 AdmitHandlers 的配置等，代码示例如下。

代码路径：pkg/kubelet/kubelet.go

```
Plain Text
func NewMainKubelet(...) (*Kubelet, error) {
   ...
   // Informer 初始化及启动
   kubeInformers := informers.NewSharedInformerFactoryWithOptions(...)
   kubeInformers.Start(wait.NeverStop)
   ...
```

```
    // Kubelet 对象实例化
    klet := &Kubelet{...}
    ...
    // 依赖的内部模块 Manager 实例化
    klet.secretManager = secretManager
    klet.configMapManager = configMapManager
    klet.livenessManager = proberesults.NewManager()
    klet.readinessManager = proberesults.NewManager()
    ...
    // 配置 AdmitHandlers 准入控制器
    klet.admitHandlers.AddPodAdmitHandler(evictionAdmitHandler)
    klet.admitHandlers.AddPodAdmitHandler(sysctlsAllowlist)
    ...
    return klet, nil
}
```

🔔注意，NewMainKubelet 函数仅完成对 Kubelet 及内部模块的实例化，不进行启动操作。但在实际实现上，不排除部分模块在实例化时已经启动了内部的处理协程。例如，kubeInformer 在实例化后就已经启动监听；PodContainerDeletor 在 New 函数调用时就已经启动内部协程开始监听任务 Channel，准备执行 Pod 内残余死亡 Container 的清理任务；TokenManager 在 New 函数调用时就启动了对失效 Token 的定期清理任务等。

Kubelet 对象构造完成后，通过 BirthCry 函数发出一个 Starting kubelet 的 Event，标志着服务的启动，代码示例如下。

代码路径：pkg/kubelet/kubelet.go

```
Plain Text
func (kl *Kubelet) BirthCry() {
    kl.recorder.Eventf(kl.nodeRef, v1.EventTypeNormal,
        events.StartingKubelet, "Starting kubelet.")
}
```

🔔注意，在 standalone 模式下，EventBroadcaster 实际上不会被启动，因此在该模式下，Event 并不会被发送。

最后，通过 StartGarbageCollection 启动垃圾回收服务，包括 Container GC 协程和 Image GC 协程。有关垃圾回收的更多内容，请参考 12.6 节。

12.3.4 启动 kubelet 主服务

在创建 Kubelet 对象后，kubelet 通过 startKubelet 函数启动主服务，代码示例如下。

代码路径：cmd/kubelet/app/server.go

```
Plain Text
func startKubelet(k kubelet.Bootstrap, ...) {
    // start the kubelet
    go k.Run(podCfg.Updates())

    // start the kubelet server
    if enableServer {
```

```
    go k.ListenAndServe(kubeCfg, kubeDeps.TLSOptions, kubeDeps.Auth,
kubeDeps.TracerProvider)
    }
    if kubeCfg.ReadOnlyPort > 0 {
    go k.ListenAndServeReadOnly(netutils.ParseIPSloppy(kubeCfg.Address),
uint(kubeCfg.ReadOnlyPort))
    }
    if utilfeature.DefaultFeatureGate.Enabled(features.KubeletPodResources) {
    go k.ListenAndServePodResources()
    }
}
```

startKubelet 函数采用了非阻塞的调用形式，通过启动新协程的方式启动 kubelet 主调谐程序及相关 HTTP Server。其中，k.Run 函数负责启动 kubelet 内部依赖模块，即架构设计部分提到的各类 Manager 会在此时开始执行，最后阻塞在对主调谐程序 syncLoop 的调用，不断监听并处理 Pod 和 Container 的变化事件，代码示例如下。

代码路径：pkg/kubelet/kubelet.go

```
Plain Text
func (kl *Kubelet) Run(updates <-chan kubetypes.PodUpdate) {
    ...
    if kl.cloudResourceSyncManager != nil {
    go kl.cloudResourceSyncManager.Run(...)
    }
    ...
    go kl.volumeManager.Run(...)

    if kl.kubeClient != nil {
    go wait.JitterUntil(kl.syncNodeStatus, ...)
    ...
    go kl.nodeLeaseController.Run(...)
    }
    go wait.Until(kl.updateRuntimeUp, ...)

    if kl.makeIPTablesUtilChains {
    kl.initNetworkUtil()
    }

    kl.statusManager.Start()

    if kl.runtimeClassManager != nil {
    kl.runtimeClassManager.Start(wait.NeverStop)
    }

    kl.pleg.Start()
    kl.syncLoop(updates, kl)
}
```

在上述代码中，k.Run 函数首先执行内部依赖模块的启动工作，如完成对 CloudResourceSyncManager、NodeLeaseController、StatusManager、PLEG 等的启动工作，然后调用 kl.syncLoop 函数开始执行主调谐程序。

注意，kubelet 在启动时，可以通过 kl.initNetworkUtil 函数为当前节点配置 iptables 规则，主要是初始化与 MASQUERADE 和 DROP 相关的 iptables 处理链，仅适用于 Linux 操作系统。该功能可以通过 kubelet 的--make-iptables-util-chains 启动参数控制，默认开启该功能。initNetworkUtil 内部会启动一个协程，监听 mangle、nat 和 filter 三个 Table 下 KUBE-KUBELET-CANARY Chain 的变化事件，如果发生变化，则自动尝试重新同步规则，以保证操作系统的 iptables 始终存在 kubelet 要求的规则，代码示例如下。

代码路径：pkg/kubelet/kubelet_network_linux.go

```
Plain Text
func (kl *Kubelet) initNetworkUtil() {
   exec := utilexec.New()
   iptClients := []utiliptables.Interface{
   utiliptables.New(exec, utiliptables.ProtocolIPv4),
   utiliptables.New(exec, utiliptables.ProtocolIPv6),
   }

   for i := range iptClients {
   iptClient := iptClients[i]
   if kl.syncIPTablesRules(iptClient) {
      klog.InfoS("Initialized iptables rules.", "protocol", iptClient.Protocol())
      go iptClient.Monitor(
      utiliptables.Chain("KUBE-KUBELET-CANARY"),
      []utiliptables.Table{
         utiliptables.TableMangle,
         utiliptables.TableNAT,
         utiliptables.TableFilter
      },
      func() { kl.syncIPTablesRules(iptClient) },
      1*time.Minute, wait.NeverStop,
      )
   }
   ...
   }
}
```

kubelet 向操作系统写入的 iptables 规则和相关说明如下（以 IPv4 为例）。

（1）mangle table。

```
Bash
# iptables 有两种版本（或模式），即 iptables-legacy 和 iptables-nft
# 创建 KUBE-IPTABLES-HINT Chain 以通知其他组件 kubelet 正在使用的 iptables 版本（或模式）
# 其他组件（如 iptables-wrappers）可以通过检测该 Chain 是否存在于对应版本（或模式）的规则列表中
# 来判断 kubelet 正在使用的 iptables 版本（或模式）
-N KUBE-IPTABLES-HINT

# 在 kubelet 监听 iptables 变化时使用
# 当 Chain 发生变化时，往往意味着 iptables 规则被 flush 清空，立即触发执行 iptables 规则同步
-N KUBE-KUBELET-CANARY
```

（2）nat table。

```
Bash
# 在 kubelet 监听 iptables 变化时使用
```

```
# 当 Chain 发生变化时，往往意味着 iptables 规则被 flush 清空，立即触发执行 iptables 规则同步
-N KUBE-KUBELET-CANARY

# KUBE-MARK-MASQ 为数据包添加 MARK 标记 0x4000/0x4000（由--iptables-masquerade-bit 参数控制）
# 在 nat table 的 POSTROUTING 阶段，携带 0x4000/0x4000 标记的数据包将被自动执行 MASQUERADE (SNAT)
-N KUBE-MARK-MASQ
-A KUBE-MARK-MASQ -j MARK --set-xmark 0x4000/0x4000

# KUBE-MARK-DROP 为数据包添加 MARK 标记 0x8000/0x8000（由--iptables-drop-bit 参数控制）
# 在 filter table 的 INPUT/OUTPUT 阶段，携带 0x8000/0x8000 标记的数据包将被丢弃
-N KUBE-MARK-DROP
-A KUBE-MARK-DROP -j MARK --set-xmark 0x8000/0x8000

# 创建 KUBE-POSTROUTING Chain，并且添加到 POSTROUTING 执行链
# KUBE-POSTROUTING 通过检查数据包是否携带 0x4000/0x4000 标记，决定是否执行 MASQUERADE
# 不包含 0x4000/0x4000 标记的数据包将直接-j RETURN 返回
# 否则，先对数据包执行 Unmark 操作，再通过-j MASQUERADE 执行 MASQUERADE (SNAT)
-N KUBE-POSTROUTING
-A POSTROUTING -m comment --comment "kubernetes postrouting rules" -j KUBE-POSTROUTING
-A KUBE-POSTROUTING -m mark ! --mark 0x4000/0x4000 -j RETURN
-A KUBE-POSTROUTING -j MARK --set-xmark 0x4000/0x0
-A KUBE-POSTROUTING -m comment --comment "kubernetes service traffic requiring SNAT" -j
MASQUERADE --random-fully
```

（3）filter table。

```
Bash
# 在 kubelet 监听 iptables 变化时使用
# 当 Chain 发生变化时，往往意味着 iptables 规则被 flush 清空，立即触发执行 iptables 规则同步
-N KUBE-KUBELET-CANARY

# 创建 KUBE-FIREWALL Chain，并且加入 INPUT/OUTPUT 执行链
# 通过检查数据包是否携带 0x8000/0x8000 标记，决定是否执行 Drop 操作
# KUBE-FIREWALL 还包含一条额外规则，用于阻止 martian packets
# 即阻止那些来源不是 127.0.0.0/8，但目的 IP 地址是 127.0.0.0/8 的非法连接
# 默认地，监听在 127.0.0.1 回环地址的服务只允许响应从本节点发起的请求
-N KUBE-FIREWALL
-A INPUT -j KUBE-FIREWALL
-A OUTPUT -j KUBE-FIREWALL
-A KUBE-FIREWALL ! -s 127.0.0.0/8 -d 127.0.0.0/8 -m comment --comment "block incoming
localnet connections" -m conntrack ! --ctstate RELATED,ESTABLISHED,DNAT -j DROP
-A KUBE-FIREWALL -m comment --comment "kubernetes firewall for dropping marked packets"
-m mark --mark 0x8000/0x8000 -j DROP
```

🔔**注意**，随着 Dockershim 垫片的移除，kubelet 本身其实不再依赖这些 iptables 规则，社区正在逐步将 kubelet 管理的 iptables 规则移交给 kube-proxy 管理。

详情请参考社区提案 KEP-3178: Cleaning up IPTables Chain Ownership。

kl.syncLoop 函数启动 kubelet 的主调谐程序，不断从 Channel 中读取 Event，将 Event 分发给不同的 Handler 处理，其代码示例如下。

代码路径：pkg/kubelet/kubelet.go

```
Plain Text
func (kl *Kubelet) syncLoop(updates <-chan kubetypes.PodUpdate, handler SyncHandler) {
   ...
   syncTicker := time.NewTicker(time.Second)
   defer syncTicker.Stop()
   housekeepingTicker := time.NewTicker(housekeepingPeriod)
   defer housekeepingTicker.Stop()
   plegCh := kl.pleg.Watch()
   ...
   for {
   ...
   kl.syncLoopIteration(updates,
         handler,
         syncTicker.C,
         housekeepingTicker.C,
         plegCh)
   ...
   }
}
```

kl.syncLoop 通过 for 循环不断调用 kl.syncLoopIteration 函数，从 updates、plegCh、housekeepingTicker、syncTicker Channel 读取 Event，触发对 SyncHandler 的调用。kl.syncLoopIteration 并行从各个 Channel 读取 Event，当没有任何 Event 到来时，阻塞挂起，当任意一个 Channel 可用时，则立即读取 Event 并进行处理。代码示例如下。

代码路径：pkg/kubelet/kubelet.go

```
Plain Text
func (kl *Kubelet) syncLoopIteration(...) bool {
   select {
   case u, open := <-configCh:
   ...
   switch u.Op {
   case kubetypes.ADD:
      handler.HandlePodAdditions(u.Pods)
   case kubetypes.UPDATE:
      handler.HandlePodUpdates(u.Pods)
   case kubetypes.REMOVE:
      handler.HandlePodRemoves(u.Pods)
   case kubetypes.RECONCILE:
      handler.HandlePodReconcile(u.Pods)
   case kubetypes.DELETE:
      handler.HandlePodUpdates(u.Pods)
   ...
   }
   case e := <-plegCh:
   ...
   handler.HandlePodSyncs([]*v1.Pod{pod})
   case <-syncCh:
   ...
   handler.HandlePodSyncs(podsToSync)
   case update := <-kl.livenessManager.Updates():
   ...
```

```
    handleProbeSync(kl, update, handler, "liveness", "unhealthy")
    case update := <-kl.readinessManager.Updates():
    ...
    handleProbeSync(kl, update, handler, "readiness", status)
    case update := <-kl.startupManager.Updates():
    ...
    handleProbeSync(kl, update, handler, "startup", status)
    case <-housekeepingCh:
    ...
    handler.HandlePodCleanups()
    }
    return true
}
```

kl.syncLoopIteration 的处理逻辑十分简单，即通过 select 语句同时监听不同 Channel 的 Event，根据事件来源和事件类型触发对 Handler 处理函数的调用。至此，kubelet 的主调谐程序就启动完成了。

12.3.5　启动 HTTP Server 服务和 gRPC Server 服务

在主调谐程序启动完成后，kubelet 会依次启动相关的 HTTP Server 服务和 gRPC Server 服务，如图 12-4 所示。

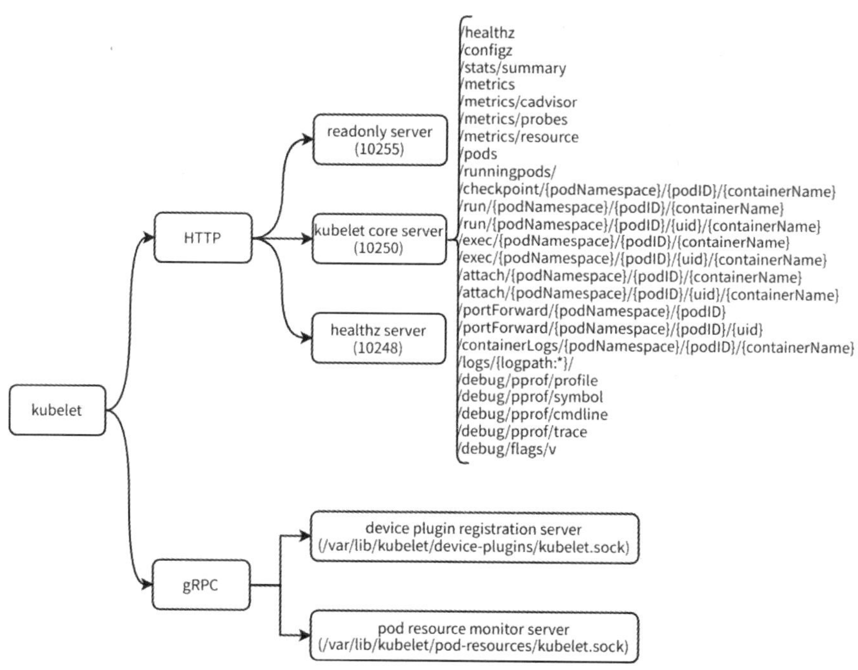

图 12-4　kubelet 启动 HTTP Server 服务和 gRPC Server 服务

kubelet 通过运行 HTTP Server 对外暴露服务接口，目前主要支持以下 3 种 HTTP Server 服务。

- readonly server：默认监听 10255 端口，仅提供只读类型的 RESTful 接口，是 core Server 的子集。

- kubelet core server：默认监听 10250 端口，提供的 RESTful 接口列表如图 12-4 所示，既包括健康检查、监控采集、pprof 等常见接口，也包括用于响应 kube-apiserver 上游请求的 containerLogs、exec、attach、portForward 等服务接口，以支持 kubectl logs、exec、attach、port-forward 等命令行操作。
- healthz server：默认监听 10248 端口，仅提供/healthz 健康检查查询接口。

kubelet 还会按需启动 gRPC 服务，以支持能力扩展。

- 当启用了 DevicePlugins featuregate 特性门控时，DeviceManager 在启动时会启动一个 gRPC Server，默认监听/var/lib/kubelet/device-plugins/kubelet.sock Unix 套接字，以支持扩展的设备插件向 kubelet 注册自身。该特性门控默认被启用。
- 当启用了 KubeletPodResources featuregate 特性门控时，kubelet 会启动一个 gRPC Server，默认监听/var/lib/kubelet/pod-resources/kubelet.sock Unix 套接字，以供设备监控程序读取节点上 Pod 和 Container 对设备资源的使用情况。该特性门控默认被启用。

12.4 Pod 生命周期管理

kubelet 以 Pod 作为基本处理单元，负责 Pod 从创建到消亡的整个生命周期管理，有关 Pod 的更多详细介绍，请参考 4.3 节。典型的 Pod 的生命周期状态流转如图 12-5 所示。

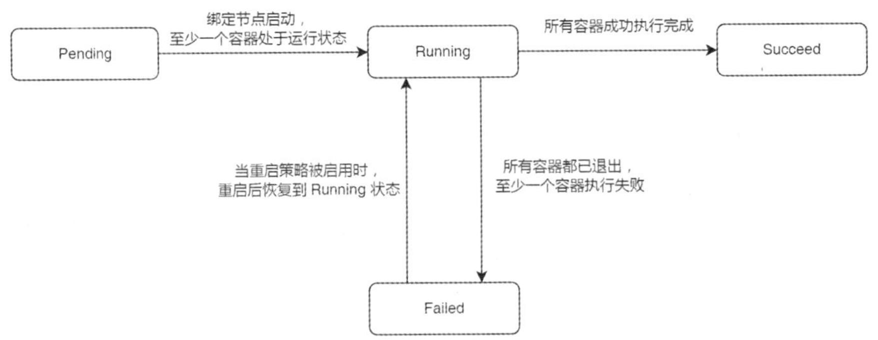

图 12-5　典型的 Pod 的生命周期状态流转

在 Pod 已经被 kube-apiserver 接受，但是存在一个或多个容器尚未创建或运行，包括等待被调度器调度以绑定到合适的节点或通过网络拉取容器镜像的这段时间，Pod 处于初始的 Pending 状态。当 Pod 被调度器成功调度到某个节点上，kubelet 已经为其创建并启动容器且至少一个容器处于运行状态时，Pod 呈 Running 状态。如果 Pod 未运行长时任务（如运行某些 Job），则当所有容器执行成功且正常退出时， Pod 变为 Succeed 状态。与 Succeed 状态相反，当容器已经全部执行退出，但存在至少一个容器执行失败（程序的退出状态码不为 0）时，Pod 进入 Failed 状态。kubelet 会检查 Pod 的 RestartPolicy 重启策略，如果需要对失败的 Pod 执行重启，则重新运行容器进行重试，Pod 恢复 Running 状态。对运行长时任务的 Pod 而言，Running 状态即为稳定状态，可以不进入 Succeed 或 Failed 状态。

除了图 12-5 中标识出的 4 种状态，Pod 还有一种特殊状态，即 Unknown 状态。当因为一些特殊原因导致无法获取 Pod 状态时（通常是与 Pod 所在主机发生通信故障），Pod 会呈现为 Unknown 状态，注意该状态仅适用于早期（小于 v0.14）的 Kubernetes 版本。

Pod Phase 状态定义代码示例如下。

代码路径：pkg/apis/core/types.go

```
Plain Text
const (
   PodPending PodPhase = "Pending"
   PodRunning PodPhase = "Running"
   PodSucceeded PodPhase = "Succeeded"
   PodFailed PodPhase = "Failed"
   // Deprecated in v1.21: It isn't being set since 2015
   PodUnknown PodPhase = "Unknown"
)
```

在 v1.21 版本中，Unknown 状态已被标记为弃用。在早期版本中，kube-apiserver 内部维护了一个 PodCache，并且定期刷新 Pod 状态，当出现一些异常情况（如 Pod 被绑定到了不存在的节点，或者节点呈现不健康的状态），则将 Pod 的状态设置为 Unknown。随着 Pod 状态转变为由 kubelet 主动上报，Unknown 状态已被弃用，并且会在将来的版本中被移除。

12.4.1 CRI

kubelet 通过 CRI RPC 管理容器的生命周期，执行容器的 lifecycle hook 和 startup/liveness/readiness 健康检查，同时根据 Pod 的重启策略在容器失败退出后自动重启容器，CRI 是 kubelet 管理 Pod 和容器的基础。

CRI 定义了一组标准的容器运行时接口，使 kubelet 能够使用不止一种底层容器运行时管理容器。通过引入 CRI，不仅解耦了 Kubernetes 和容器运行时之间的代码依赖，使得各自能够独立演进，而且扩展了 Kubernetes 生态体系，允许更多容器运行时自由集成到 Kubernetes。

在 Kubernetes 的早期版本，Docker 是唯一被支持的容器运行时。随后，rkt 被引入，作为一种附加选项。但将 Docker 和 rkt 耦合在 Kubernetes 源码中的做法，不仅增加了 Kubernetes 的代码复杂度，使其变得难以维护，而且使引入一种新的容器运行时变得异常困难，要求开发者对 Kubernetes 有深入的了解。解决该问题需要创建一个标准接口，允许 kubelet 通过该接口与任何容器运行时交互，而无须关注容器运行时的底层实现细节。

在 2016 年，Kubernetes v1.5 版本开始引入 CRI，从那时起，kubelet 不再直接与任何容器运行时直接通信，而是与类似软件驱动程序的 Shim 垫片通信，Shim 垫片就是早期的 CRI 实现。由于 Docker 当时并不支持 CRI，因此 Kubernetes 在内部创建了一些特殊代码，来完成接口转换，即 Dockershim。

Dockershim 通信模型如图 12-6 所示。

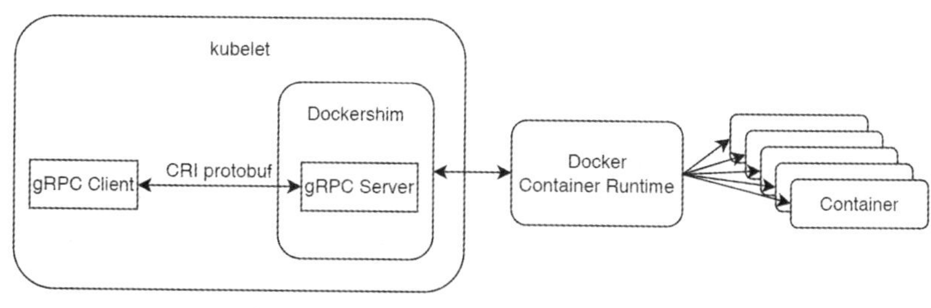

图 12-6　Dockershim 通信模型

后来，随着技术的发展演进，Docker 将负责容器生命周期的模块拆分出来，形成了 containerd。实际上，Docker 依赖 containerd 的容器生命周期管理功能，容器的创建和销毁都是由 containerd 来完成的。之后，社区为 containerd 添加了镜像管理和 CRI 模块，使 containerd 具备了直接被 Kubernetes 集成的能力。使用 containerd 替换 Docker，不仅能够避免对 Dockershim 的依赖，而且缩短了调用链路，使 kubelet 能够跳过 Docker，直接面向更低层的 containerd 发起调用，效率更高。

在 Kubernetes v1.24 版本中，Dockershim 被正式移除，从此，Kubernetes 内部不再维护 CRI 的实现代码，而仅仅通过 CRI 发起对远程容器运行时的 gRPC 调用。CRI 通信模型如图 12-7 所示。

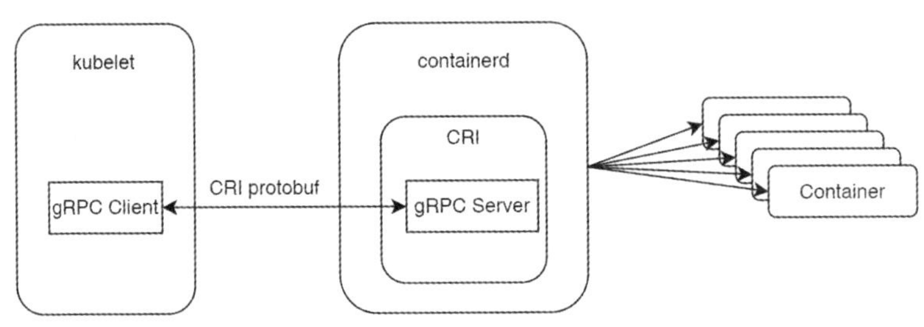

图 12-7　CRI 通信模型

当然，除了 containerd，社区也涌现出了越来越多的实现了 CRI 的容器运行时，如 CRI-O 等，它们都可以方便地与 Kubernetes 集成。

与此同时，社区也提供了 cri-dockerd 垫片实现，以支持 Kubernetes 在 Dockershim 被移除后，依然能够通过外置的 CRI Shim 继续与 Docker 通信。

更多关于 cri-dockerd 的细节，读者可以查阅 Github 上的 cri-dockerd 仓库来进行了解。

CRI 主要包含一组 Protocol Buffers gRPC API 定义，代码示例如下。

代码路径：vendor/k8s.io/cri-api/pkg/apis/runtime/v1/api.proto

```
Plain Text
service RuntimeService {
    // Runtime version
    rpc Version(VersionRequest) returns (VersionResponse) {}

    // Sandbox operations
    rpc RunPodSandbox(RunPodSandboxRequest) returns (RunPodSandboxResponse) {}
    rpc StopPodSandbox(StopPodSandboxRequest) returns (StopPodSandboxResponse) {}
    rpc RemovePodSandbox(RemovePodSandboxRequest) returns (RemovePodSandboxResponse) {}
    rpc PodSandboxStatus(PodSandboxStatusRequest) returns (PodSandboxStatusResponse) {}
    rpc ListPodSandbox(ListPodSandboxRequest) returns (ListPodSandboxResponse) {}
    rpc PortForward(PortForwardRequest) returns (PortForwardResponse) {}

    // Container operations
    rpc CreateContainer(CreateContainerRequest) returns (CreateContainerResponse) {}
    rpc StartContainer(StartContainerRequest) returns (StartContainerResponse) {}
    rpc StopContainer(StopContainerRequest) returns (StopContainerResponse) {}
    rpc RemoveContainer(RemoveContainerRequest) returns (RemoveContainerResponse) {}
    rpc ListContainers(ListContainersRequest) returns (ListContainersResponse) {}
    rpc ContainerStatus(ContainerStatusRequest) returns (ContainerStatusResponse) {}
    rpc UpdateContainerResources(UpdateContainerResourcesRequest) returns
```

```
(UpdateContainerResourcesResponse) {}
    rpc ExecSync(ExecSyncRequest) returns (ExecSyncResponse) {}
    rpc Exec(ExecRequest) returns (ExecResponse) {}
    rpc Attach(AttachRequest) returns (AttachResponse) {}
    rpc ReopenContainerLog(ReopenContainerLogRequest) returns
(ReopenContainerLogResponse) {}
    rpc CheckpointContainer(CheckpointContainerRequest) returns
(CheckpointContainerResponse) {}
    rpc GetContainerEvents(GetEventsRequest) returns (stream ContainerEventResponse) {}

    // Container stats operations
    rpc ContainerStats(ContainerStatsRequest) returns (ContainerStatsResponse) {}
    rpc ListContainerStats(ListContainerStatsRequest) returns
(ListContainerStatsResponse) {}
    rpc PodSandboxStats(PodSandboxStatsRequest) returns (PodSandboxStatsResponse) {}
    rpc ListPodSandboxStats(ListPodSandboxStatsRequest) returns
(ListPodSandboxStatsResponse) {}

    // others
    rpc UpdateRuntimeConfig(UpdateRuntimeConfigRequest) returns
(UpdateRuntimeConfigResponse) {}
    rpc Status(StatusRequest) returns (StatusResponse) {}
}

service ImageService {
    rpc ListImages(ListImagesRequest) returns (ListImagesResponse) {}
    rpc ImageStatus(ImageStatusRequest) returns (ImageStatusResponse) {}
    rpc PullImage(PullImageRequest) returns (PullImageResponse) {}
    rpc RemoveImage(RemoveImageRequest) returns (RemoveImageResponse) {}
    rpc ImageFsInfo(ImageFsInfoRequest) returns (ImageFsInfoResponse) {}
}
```

在以上代码中，CRI 的 Protocol Buffers API 包括两个 gRPC Server，即 RuntimeService 和 ImageService。其中，RuntimeService 包含一组用于管理 Pod 和容器生命周期及处理与容器交互调用（exec/attach/port-forward）的 RPC 接口；ImageService 提供一组用于管理（包括拉取、查看、删除）镜像的 RPC 接口。在具体实现方式上，RuntimeService 和 ImageService 可以由同一个 gRPC Server 提供，也可以分别由两个 gPRC Server 提供。可以通过 kubelet 的 --container-runtime-endpoint 和--image-service-endpoint 启动参数分别指定 RuntimeService 和 ImageService gRPC Server 的服务地址。Linux 操作系统通常采用 unix socket 连接本地的 gRPC Server，连接地址形如 unix://path/to/runtime.sock。

Pod 通常由一个或多个应用容器组成，这些容器运行在具有资源限制的隔离环境中。在 CRI 体系下，这个隔离环境被称为 PodSandbox。CRI 在设计上，有意为容器运行时留下一些空间，以便不同的容器运行时可根据其内部操作方式来解释 PodSandbox。例如，对基于虚拟化工作的容器运行时（如 Kata Containers）而言，PodSandbox 代表虚拟机，而对普通的容器运行时（如 Docker）而言，PodSandbox 代表 Linux Namespace。除了资源隔离，容器运行时还必须遵守 Pod 的资源限制约束，kubelet 通过设置 cgroup 资源限制及将资源限制传递给容器运行时的方式来实现这一点。

在真正启动 Pod 业务容器之前，kubelet 通过调用 RuntimeService.RunPodSandbox 创建隔离环境，这包括通过调用 CNI 为 Pod 设置网络（如分配 IP 地址）。一旦隔离环境 PodSandbox

准备就绪，就可以独立地创建、启动、停止、删除各个业务容器。在删除 Pod 时，kubelet 需要先停止和删除业务容器，再停止和删除 PodSandbox。

12.4.2 Pod 启动流程

Pod 启动的主体流程在 8.1 节已经有所介绍，本节重点介绍 kubelet 启动 Pod 的核心流程，如图 12-8 所示。

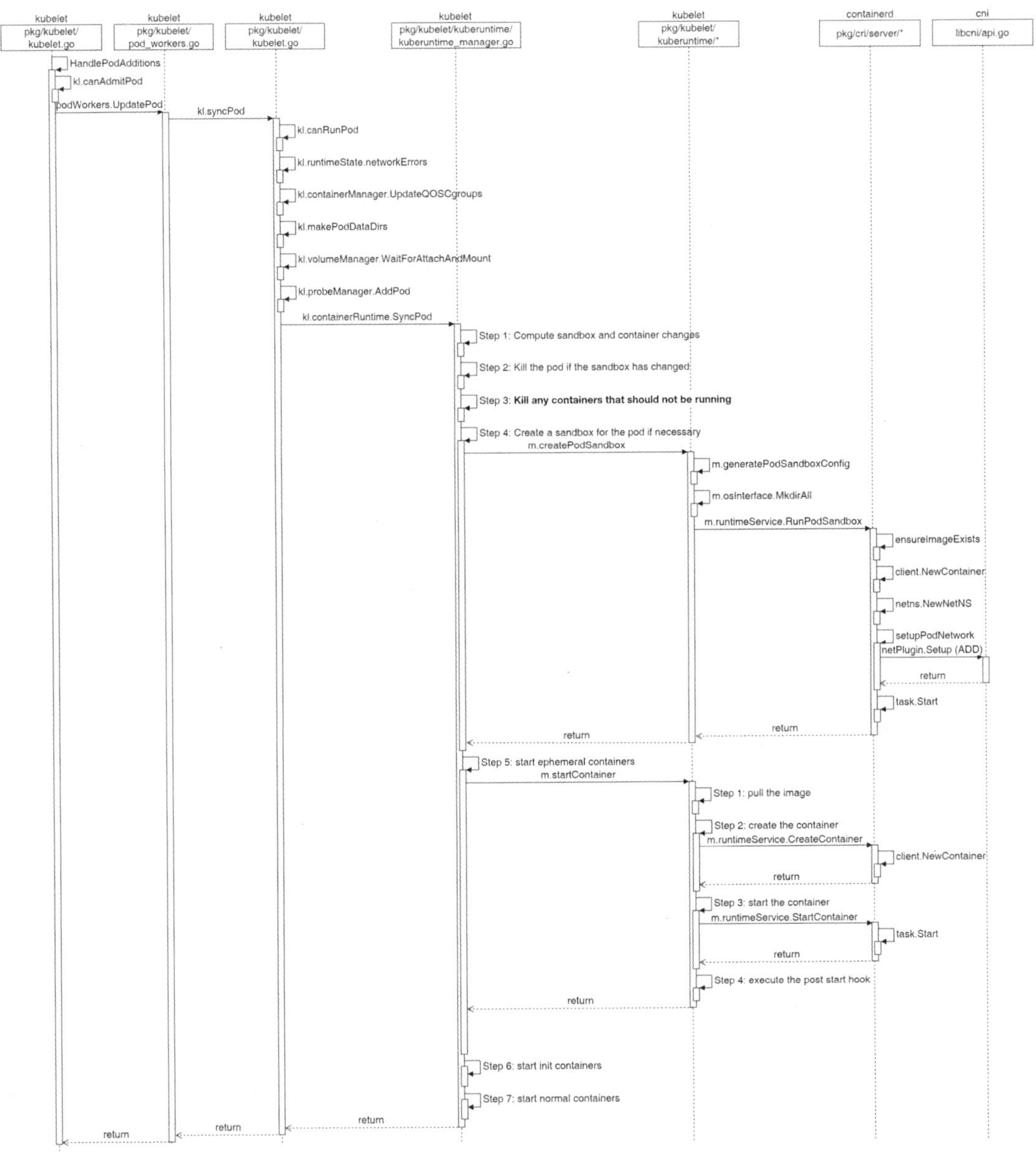

图 12-8 kubelet 启动 Pod 的核心流程

kubelet 启动 Pod 的核心流程主要分为以下几步。

1. syncLoop 监听到 Pod 创建事件，触发执行 HandlePodAddtions Handler

在 kubelet 启动流程介绍中，我们了解到 kubelet 最终会启动一个 syncLoop 主调谐程序，持续监听来自 kube-apiserver、File、HTTP 三个事件源的事件，触发执行 SyncHandler 函数调用。这里考虑通过 kubectl 命令行向集群提交 Pod 的场景，当创建 Pod 的请求经过认证、鉴权、准入控制等的校验，被持久化到 etcd 存储且已经被调度器成功调度，并且设置了 spec.nodeName 字段时，具备相同 NodeName 的 kubelet 会通过 kube-apiserver Watch 到对应的 Pod 创建事件，触发执行 syncLoopIteration，最终调用 HandlePodAddtions，将任务下发给 podWorkers 异步执行。

kubelet 监听 kube-apiserver Pod 事件的代码示例如下。

代码路径：pkg/kubelet/config/apiserver.go

```
Plain Text
func NewSourceApiserver(..., nodeName types.NodeName, ..., updates chan<- interface{})
{
    lw := cache.NewListWatchFromClient(c.CoreV1().RESTClient(), "pods",
        metav1.NamespaceAll,
        fields.OneTermEqualSelector("spec.nodeName", string(nodeName)))

    go func() {
    ...
    newSourceApiserverFromLW(lw, updates)
    }()
}

func newSourceApiserverFromLW(lw cache.ListerWatcher, updates chan<- interface{}) {
    send := func(objs []interface{}) {
    var pods []*v1.Pod
    for _, o := range objs {
        pods = append(pods, o.(*v1.Pod))
    }
    updates <- kubetypes.PodUpdate{Pods: pods,
        Op: kubetypes.SET,
        Source: kubetypes.ApiserverSource}
    }
    r := cache.NewReflector(lw,
        &v1.Pod{},
        cache.NewUndeltaStore(send, cache.MetaNamespaceKeyFunc),
        0)
    go r.Run(wait.NeverStop)
}
```

NewSourceApiserver 负责创建 kube-apiserver 事件监听源。此处通过设置 fieldSelector 确保收到的 Pod 事件仅与本节点相关，即 Pod 的 spec.nodeName 必须与当前 kubelet 设置的 nodeName 匹配，才会被接收并处理。在收到 Pod 事件后，通过将 Reflector 的 Store 存储接口设置为 send，来实现将 Event 直接发送到 updates Channel。

来自不同事件源的 Event 首先会被 PodConfig 做 Merge 聚合处理，以避免冗余操作，同时确保事件按照正确的顺序被推送给 syncLoopIteration 处理。Merge 合并操作的代码示例如下。

代码路径：pkg/kubelet/config/config.go

```
Plain Text
func (s *podStorage) merge(source string, change interface{}) (...) {
    ...
```

```
    adds = &kubetypes.PodUpdate{Op: kubetypes.ADD, Pods: ...}
    updates = &kubetypes.PodUpdate{Op: kubetypes.UPDATE, Pods: ...}
    deletes = &kubetypes.PodUpdate{Op: kubetypes.DELETE, Pods: ...}
    removes = &kubetypes.PodUpdate{Op: kubetypes.REMOVE, Pods: ...}
    reconciles = &kubetypes.PodUpdate{Op: kubetypes.RECONCILE, Pods: ...}

    return adds, updates, deletes, removes, reconciles
}
```

PodConfig 通过内部 Cache 已经发现的 Pod，当有 change 事件到来时，通过比对新老数据，判断需要对 Pod 执行的操作类型，将 Pod 事件细分成 ADD、UPDATE、DELETE、REMOVE、RECONCILE 几种类型，以便后续根据 Pod 事件类型选择合适的处理方式。

syncLoopIteration 接收并处理 PodUpdate 事件，代码示例如下。

代码路径：pkg/kubelet/kubelet.go

```
Plain Text
func (kl *Kubelet) syncLoopIteration(configCh <-chan kubetypes.PodUpdate,
    handler SyncHandler,
    syncCh <-chan time.Time,
    housekeepingCh <-chan time.Time,
    plegCh <-chan *pleg.PodLifecycleEvent) bool {

    select {
    case u, open := <-configCh:
        ...
        switch u.Op {
        case kubetypes.ADD:
        ...
        handler.HandlePodAdditions(u.Pods)
        ...
        }
    ...
    }
    return true
}
```

新建 Pod 对应 ADD 事件类型，直接由 HandlePodAdditions 处理。HandlePodAdditions 的处理逻辑较为简单，主要通过 dispatchWork → kl.podWorkers.UpdatePod 的调用链，将 Pod 创建请求发送给 podWorkers 做进一步处理。代码示例如下。

代码路径：pkg/kubelet/kubelet.go

```
Plain Text
func (kl *Kubelet) HandlePodAdditions(pods []*v1.Pod) {
    ...
    sort.Sort(sliceutils.PodsByCreationTime(pods))
    for _, pod := range pods {
    ...
    if kubetypes.IsMirrorPod(pod) {
        kl.handleMirrorPod(pod, start)
        continue
    }
```

```
    ...
    if !kl.podWorkers.IsPodTerminationRequested(pod.UID) {
        ...
        if ok, reason, message := kl.canAdmitPod(activePods, pod); !ok {
        kl.rejectPod(pod, reason, message)
        continue
        }
    }
    ...
    kl.dispatchWork(pod, kubetypes.SyncPodCreate, mirrorPod, start)
    }
}
```

在处理新增 Pod 前，首先会执行排序操作，以确保创建时间早的 Pod 能够被优先处理。对于 Static Pod 的 Mirror Pod，kubelet 将忽略其 Spec 定义变化，而总是以 File 或 HTTP 源中定义的 PodSpec 为准，更新 Mirror Pod 的状态。因此，用户无法通过修改或删除 Mirror Pod 的方式修改或删除（重启）Static Pod。

kubelet 在创建 Mirror Pod 时，会为其设置一个 key 为 kubernetes.io/config.mirror，value 为 Static Pod 哈希值的 Annotation，并且该值不允许更新或删除。在执行 SyncPod 时，通过判断 Mirror Pod 记录的哈希值与当前 Static Pod 的哈希值是否一致，判断是否需要更新重建 Mirror Pod。

在真正调用 dispatchWork 分发任务前，kubelet 会通过 canAdmitPod 执行节点级的准入控制，按顺序调用启用的准入控制器。如果有一个准入控制器拒绝，则 Pod 将被拒绝在当前节点运行。kubelet 默认注册的准入控制器如表 12-2 所示。

表 12-2　kubelet 默认注册的准入控制器

准入控制器	功能描述
EvictionAdmitHandler	当面临资源压力时，拒绝可能影响节点稳定性的 Pod 运行，具体规则如下。 • Critical Pod 不考虑资源压力，将被直接允许。 • 对于仅存在内存压力的场景，Guaranteed 和 Burstable 类型的 Pod 将被允许。 • 对于仅存在内存压力的场景，当 BestEffort 类型的 Pod 容忍了内存压力污点时，将被允许。 • 在其他情况下，Pod 将被拒绝
SysctlsAllowlist	检查 Pod 的 SecurityContext 定义中包含的 sysctls 是否在 allowlist 白名单中。 默认许可的 sysctls 如下（可以通过--allowed-unsafe-sysctls 参数设置更多）。 • "kernel.shm_rmid_forced"。 • "net.ipv4.ip_local_port_range"。 • "net.ipv4.tcp_syncookies"。 • "net.ipv4.ping_group_range"。 • "net.ipv4.ip_unprivileged_port_start"
AllocateResourcesPodAdmitHandler	检查节点 Device、CPU、Memory 资源是否满足 Pod 需求。当启用 TopologyManager 特性门控（默认开启）时，会合并考虑资源拓扑分布是否满足设定的 Policy 策略
PredicateAdmitHandler	从调度角度评估 Pod 是否能够通过准入控制器，检查内容包括 noderesources、nodeport、nodeAffinity、nodename、taint/toleration。当 Critical Pod 被当前准入控制器拒绝且原因是资源不足时，将首先尝试通过驱逐低优先级 Pod 来释放需要的资源，以满足调度要求。此准入控制器还会检查 Pod 的 OS Label（kubernetes.io/os）及 Filed（Spec.OS.Name）是否与当前 kubelet 运行 OS 匹配
ShutdownAdmitHandler	在节点处于 shutting 关机中状态时，拒绝所有 Pod

dispatchWork 的主要工作就是将对 Pod 的操作（创建、更新、删除、同步）事件下发给 podWorkers 做异步处理，代码示例如下。

代码路径：pkg/kubelet/kubelet.go

```
Plain Text
func (kl *Kubelet) dispatchWork(pod *v1.Pod, syncType kubetypes.SyncPodType, ...) {
   // Run the sync in an async worker.
   kl.podWorkers.UpdatePod(UpdatePodOptions{
   Pod:    pod,
   MirrorPod:  mirrorPod,
   UpdateType:  syncType,
   StartTime:  start,
   })
   ...
}
```

通过 UpdateType 字段区分操作类型，Pod 创建对应的操作类型为 SyncPodCreate。

2．podWorkers 收到 Update 事件，采用独立协程异步调用 syncPod 来处理

podWorkers 会为每个 Pod 创建一个独立的任务 Channel 和一个 goroutine，每个 Pod 处理协程都会阻塞式等待 Channel 中的任务，并且对获取的任务进行处理。podWorkers 则负责将 Pod 任务发送到对应的 Channel 中。代码示例如下。

代码路径：pkg/kubelet/pod_workers.go

```
Plain Text
 func (p *podWorkers) UpdatePod(options UpdatePodOptions) {
   pod := options.Pod
   uid := pod.UID
   ...
   work := podWork{
   WorkType: workType, // SyncPodWork、TerminatingPodWork 或 TerminatedPodWork
   Options: options,
   }
   // start the pod worker goroutine if it doesn't exist
   podUpdates, exists := p.podUpdates[uid]
   if !exists {
   podUpdates = make(chan podWork, 1)
   p.podUpdates[uid] = podUpdates
   ...
   outCh = podUpdates
   go func() {
      defer runtime.HandleCrash()
      p.managePodLoop(outCh)
   }()
   }

   // dispatch a request to the pod worker if none are running
   if !status.IsWorking() {
   status.working = true
   podUpdates <- work
   return
```

```
    }
    ...
}
```

如上述代码所示，UpdatePod 首先构造出 work 任务对象，WorkType 支持 3 种类型，即 SyncPodWork、TerminatingPodWork 和 TerminatedPodWork，分别对应 kl.syncPod、kl.syncTerminatingPod 和 kl.syncTerminatedPod。接着，根据 Pod UID 检索是否已经存在对应的 work Channel，如果没有，则为 Pod 创建一个 Channel 和 goroutine。最后，将 work 任务发送给 Pod 的任务 Channel。

managePodLoop 负责处理单个 Pod 的相关操作，不断从 Channel 读取任务，并且根据 WorkType 选择合适的处理函数进行处理。对 Pod 创建而言，调用 syncPodFn 函数，代码示例如下。

```
Plain Text
func (p *podWorkers) managePodLoop(podUpdates <-chan podWork) {
    ...
    for update := range podUpdates {
    pod := update.Options.Pod
    ...
    err := func() error {
        ...
        switch {
        case update.WorkType == TerminatedPodWork:
        err = p.syncTerminatedPodFn(ctx, pod, status)

        case update.WorkType == TerminatingPodWork:
        ...
        err = p.syncTerminatingPodFn(ctx, pod, status, update.Options.RunningPod,
gracePeriod, podStatusFn)

        default:
        isTerminal, err = p.syncPodFn(ctx, update.Options.UpdateType, pod,
update.Options.MirrorPod, status)
        }
        ...
    }()
    ...
    }
}
```

3. 执行容器创建准备工作（包括检查网络、设置 cgroup、挂载磁盘等）

podWorkers 的 syncPodFn 实际上就是 kl.syncPod，该回调函数在 podWorkers 初始化时以参数形式传入。kl.syncPod 主要完成容器创建前的准备工作，之后调用 CRI 真正创建容器，代码示例如下。

代码路径：pkg/kubelet/kubelet.go

```
Plain Text
func (kl *Kubelet) syncPod(...) (isTerminal bool, err error) {
    ...
    runnable := kl.canRunPod(pod)
```

```
    ...
    err := kl.runtimeState.networkErrors()
    ...
    if !kl.podWorkers.IsPodTerminationRequested(pod.UID) {
    if kl.secretManager != nil {
        kl.secretManager.RegisterPod(pod)
    }
    if kl.configMapManager != nil {
        kl.configMapManager.RegisterPod(pod)
    }
    }
    ...
    pcm := kl.containerManager.NewPodContainerManager()
    if !kl.podWorkers.IsPodTerminationRequested(pod.UID) {
     ...
     pcm.EnsureExists(pod)
     ...
    }
    ...
    kl.makePodDataDirs(pod)
    ...
    kl.volumeManager.WaitForAttachAndMount(pod)
    ...
    pullSecrets := kl.getPullSecretsForPod(pod)
    ...
    kl.probeManager.AddPod(pod)

    // Call the container runtime's SyncPod callback
    result := kl.containerRuntime.SyncPod(pod, podStatus, pullSecrets, kl.backOff)
    ...
}
```

syncPod 的主要操作步骤如下。

- 通过 canRunPod 检查 Pod 是否能够在当前节点启动。canRunPod 内部遍历 softAdmitHandlers 准入控制器列表，分别调用各准入控制器的 Admit 函数。如果有任意一个准入控制器返回拒绝，则拒绝运行 Pod。实际上，kubelet 的准入控制器包含两种类型，即 admitHandlers 和 softAdmitHandlers。被前者拒绝的 Pod 将会被重建并重新尝试调度，被后者拒绝的 Pod 不会被重建，将维持在 Pending 状态。如果希望未通过准入控制器的 Pod 不被重建，或者不被重新调度，则应该将其实现为 softAdmitHandler。目前，softAdmitHandler 仅包含了一个准入控制器，如表 12-3 所示。

表 12-3　softAdmitHandler 包含的准入控制器

准入控制器	功能描述
AppArmorAdmitHandler	验证 host 和 runtime 是否满足 Pod 的 AppArmor 安全要求，仅适用于 Linux 环境。 AppArmor（Application Armor）是一个 Linux 内核安全模块，允许系统管理员通过程序的配置文件限制程序的功能。 Pod 可以通过设置 container.apparmor.security.beta.kubernetes.io/<container name>注解声明容器需要使用的 Profile 配置文件

- 通过 runtimeState.networkErrors 检查网络插件是否就绪。如果网络插件未就绪，则只能启动 HostNetwork 类型的 Pod。网络插件状态由容器运行时检测并反馈，kubelet 通过 CRI 的 Status 接口读取 StatusResponse 响应，通过判断 RuntimeStatus 中的 Conditions 是否包含 NetworkReady 来确定网络插件是否准备就绪。相关代码示例如下。

代码路径：vendor/k8s.io/cri-api/pkg/apis/runtime/v1/api.pb.go

```
Plain Text
// RuntimeCondition contains condition information for the runtime.
// There are 2 kinds of runtime conditions:
// 1. Required conditions: Conditions are required for kubelet to work
// properly. If any required condition is unmet, the node will be not ready.
// The required conditions include:
//   - RuntimeReady: RuntimeReady means the runtime is up and ready to accept
//     basic containers e.g. container only needs host network.
//   - NetworkReady: NetworkReady means the runtime network is up and ready to
//     accept containers which require container network.
type RuntimeCondition struct {
    // Type of runtime condition.
    Type string
    // Status of the condition, one of true/false. Default: false.
    Status bool
    // Brief CamelCase string containing reason for the condition's last transition.
    Reason string
    // Human-readable message indicating details about last transition.
    Message       string
    ...
}
```

通过 crictl 命令行可以查看容器运行时的 status conditions 状态。

```
Plain Text
$ crictl info
{
  "status": {
    "conditions": [
      {
    "type": "RuntimeReady",
    "status": true,
    "reason": "",
    "message": ""
      },
      {
    "type": "NetworkReady",
    "status": true,
    "reason": "",
    "message": ""
      }
    ]
  },
  ...
```

- 通过 secretManager.RegisterPod、configMapManager.RegisterPod 将当前 Pod 注册到相应

的 Manager，以将 Pod 引用的 Secret 和 ConfigMap 对象注册到 Manager，通过 Watch、TTL 等机制维护 kubelet 本地缓存，方便在 Pod 挂载时快速读取，避免每次同步 Pod 都向 kube-apiserver 发起请求。此外，syncPod 还会将 Pod 状态更新到 StatusManager，以便及时将最新的 Pod 状态反馈给 kube-apiserver。

- 当--cgroups-per-qos 参数被启用（默认被启用）时，通过 pcm.EnsureExists 为 Pod 设置 Pod 级别的 cgroup 资源限制，而 QoS 级别的 cgroup 层级结构通过 containerManager.UpdateQOSCgroups 处理。QOSContainerManager 通过内部协程每隔一分钟执行一次 UpdateCgroups 同步操作。EnsureExists 设置 Pod cgroup 的代码示例如下。

代码路径：pkg/kubelet/cm/pod_container_manager_linux.go

```
Plain Text
func (m *podContainerManagerImpl) EnsureExists(pod *v1.Pod) error {
   podContainerName, _ := m.GetPodContainerName(pod)
   alreadyExists := m.Exists(pod)
   if !alreadyExists {
   ...
   containerConfig := &CgroupConfig{
      Name:          podContainerName,
      ResourceParameters: ResourceConfigForPod(pod, ...),
   }
   ...
   if err := m.cgroupManager.Create(containerConfig); err != nil {
      return err
   }
   }
   return nil
}
```

EnsureExists 根据 Pod 信息构建 CgroupConfig 对象，通过 cgroupManager.Create 为 Pod 创建 cgroup 资源限制。计算资源配额的代码示例如下。

代码路径：pkg/kubelet/cm/helpers_linux.go

```
Plain Text
func ResourceConfigForPod(pod *v1.Pod, ...) *ResourceConfig {
   // sum requests and limits.
   reqs, limits := resource.PodRequestsAndLimits(pod)
   ...
   if request, found := reqs[v1.ResourceCPU]; found {
   cpuRequests = request.MilliValue()
   }
   if limit, found := limits[v1.ResourceCPU]; found {
   cpuLimits = limit.MilliValue()
   }
   if limit, found := limits[v1.ResourceMemory]; found {
   memoryLimits = limit.Value()
   }

   // convert to CFS values
   cpuShares := MilliCPUToShares(cpuRequests)
   cpuQuota := MilliCPUToQuota(cpuLimits, int64(cpuPeriod))
```

```
    ...

    ...
    result.CpuShares = &cpuShares
    result.CpuQuota = &cpuQuota
    result.CpuPeriod = &cpuPeriod
    result.Memory = &memoryLimits
    ...
    result.HugePageLimit = hugePageLimits
    ...
    return result
}
```

ResourceConfigForPod 先计算 Pod 的 requests 和 limits 资源信息，然后将其转化为 cgroup 表示，不同的 cgroup 版本有不同的表现形式，映射关系如图 12-9 所示。

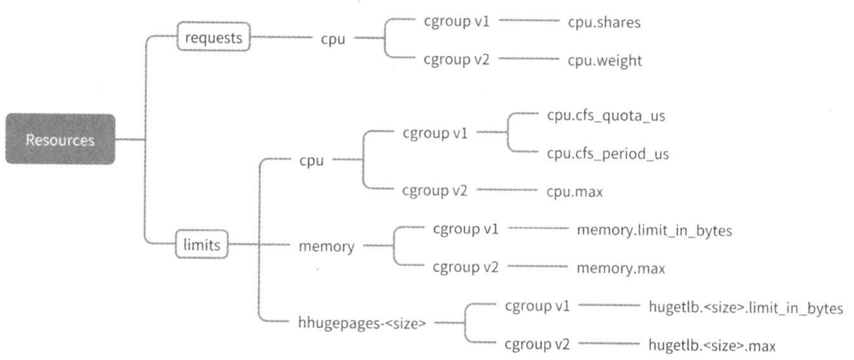

图 12-9　requests 和 limits 资源信息与 cgroup 的映射关系

这里没有体现 MemoryRequests，是否设置 MemoryRequests 并不重要？不是的。requests 在调度阶段被关注，而 limits 则在运行阶段更被关注。只有节点资源满足 requests 的最低要求时，Pod 才能被调度到节点上运行。此外，requests 影响操作系统在内存紧张时，对 OOM 牺牲进程的打分。如果设置的 requests 过低，Pod 运行时使用的内存资源已经远远超过其设置的 requests 值，则鼓励 Linux 内核 OOM 终止它。因此，设置良好的 MemoryRequests 有利于提高 Pod 的服务质量。

🔔注意，在计算 Pod 需要占用的总资源时，如果 Pod 定义了 Overhead，即 Runtime 运行 Pod 本身需要耗费的资源，则会被计入容器占用资源的总和中，代码示例如下。

代码路径：pkg/api/v1/resource/helpers.go

```
Plain Text
func PodRequestsAndLimitsReuse(pod *v1.Pod, ...) (reqs, limits v1.ResourceList) {
   ...
   podRequestsAndLimitsWithoutOverhead(pod, reqs, limits)
   if pod.Spec.Overhead != nil {
   addResourceList(reqs, pod.Spec.Overhead)
   for name, quantity := range pod.Spec.Overhead {
      if value, ok := limits[name]; ok && !value.IsZero() {
      value.Add(quantity)
      limits[name] = value
      }
```

```
    }
  }
  return
}
```

kubelet 通过 EnsureExists 实现了 Pod 级别的 cgroup 资源限制，更低层的 Container 级别的 cgroup 资源隔离则借助 CRI 来完成。

- 通过 makePodDataDirs 为 Pod 准备以下本地文件夹。
  - /var/lib/kubelet/pods/<pod_uid>。
  - /var/lib/kubelet/pods/<pod_uid>/volumes。
  - /var/lib/kubelet/pods/<pod_uid>/plugins。

对于使用了存储卷的 Pod，通过 volumeManager.WaitForAttachAndMount 等待 VolumeManager 完成对存储卷的 Attach 和 Mount 操作，挂载后的数据卷会在宿主机的/var/lib/kubelet/pods/<pod_uid>/volumes 文件夹下体现，在创建容器时通过容器运行时挂载到容器中。

- 启动条件准备就绪，先通过 probeManager.AddPod 将 Pod 加入健康检查探测，再通过调用容器运行时的 SyncPod 创建容器。

4. 调用 CRI 创建 Sandbox 隔离环境（包括调用 CNI 设置网络）

containerRuntime.SyncPod 的执行主要包含以几步。

- 计算 Sandbox 隔离环境是否发生了变化，如 Pod 的网络从容器网络切换为主机网络会导致 Sandbox 隔离环境改变。
- 如果 Sandbox 隔离环境发生了变化，则重建 Sandbox 隔离环境。
- 根据计算结果，终止不应该保持继续运行的容器。
- 如果需要，为 Pod 创建新的 Sandbox 隔离环境。
- 创建临时容器。
- 创建初始化容器。
- 创建普通业务容器。

对 Pod 启动而言，较为核心的步骤是创建 Sandbox 隔离环境和运行普通容器。实际上，创建临时容器、初始化容器、普通容器的步骤是类似的，本书会合并介绍这部分内容。创建 Sandbox 隔离环境的基本流程的代码示例如下。

代码路径：pkg/kubelet/kuberuntime/kuberuntime_sandbox.go

```
Plain Text
func (m *kubeGenericRuntimeManager) createPodSandbox(pod *v1.Pod, ...) (...) {
  podSandboxConfig, err := m.generatePodSandboxConfig(pod, attempt)
  ...
  err = m.osInterface.MkdirAll(podSandboxConfig.LogDirectory, 0755)
  ...
  podSandBoxID, err := m.runtimeService.RunPodSandbox(podSandboxConfig, ...)
  ...
  return podSandBoxID, "", nil
}
```

首先，generatePodSandboxConfig 生成 runtimeapi.PodSandboxConfig 对象，内部包含了创建 Sandbox 隔离环境所需的信息，如基本元数据（名称、命名空间、标签等）、主机名、DNS

配置、端口映射、日志路径、cgroup 路径、资源配额等。然后，为 Pod 生成日志目录，默认位置为/var/log/pods/<pod_uid>/。最后，调用 RunPodSandbox 创建并启动 Sandbox 容器。

既然 kubelet 已经为 Pod 创建了 cgroup 资源限制，那么 PodSandboxConfig 对象中保存的 Pod 级资源配额信息是否还有必要传递给 CRI?

实际上，这是有必要的。对于那些通过虚拟化实现资源隔离的运行时(如 Kata Containers)，传递资源配额是必须的，因为 CRI 需要据此来配置 VM 的 CPU、Memory 等硬件资源的大小。

RunPodSandbox 的具体实现根据 CRI 的不同会略有差异，但整体流程基本一致，主要步骤如下。

- 确保 Sandbox 镜像存在。
- 根据传入的 PodSandboxConfig 创建 Container 对象。
- 为 Sandbox 容器配置网络环境，包括调用 CNI 的 ADD 方法为 Sandbox 容器分配 IP 地址。
- 调用底层 OCI Runtime（如 runc）启动 Sandbox 容器。

CNI 定义了容器 IP 地址分配和回收的标准接口，最核心的是 ADD（IP 分配）和 DEL（IP 释放）两个操作的输入/输出规范。通过统一接口，能够确保容器运行时在为容器分配 IP 地址时无须关注不同网络插件的实现细节，也能无缝集成，支持按需配置不同的网络插件。

5. 调用 CRI 创建普通容器

在 Sandbox 隔离环境创建完成后，kubelet 会接着启动普通容器，普通容器是相对于 Sandbox 容器而言的，包括 Ephemeral 临时容器、Init 容器及 Normal 业务容器。Ephemeral 临时容器不能在 PodSpec 中显式定义，一般仅用于 Debug 场景，读者可以通过 kubectl debug 命令为 Pod 注入 Ephemeral 临时容器。这里，首先启动 Ephemeral 临时容器，能帮助程序调试人员在 Init 容器和 Normal 业务容器无法启动的情况下，也能正常进行 Debug 操作。以上三类容器的创建和启动使用相同的 start 函数完成，代码示例如下。

代码路径：pkg/kubelet/kuberuntime/kuberuntime_manager.go

```
Plain Text
start := func(typeName, metricLabel string, spec *startSpec) error {
   ...
   m.startContainer(podSandboxID, podSandboxConfig, spec, ...)
   ...
}

for _, idx := range podContainerChanges.EphemeralContainersToStart {
   start("ephemeral container", ...)
}

if container := podContainerChanges.NextInitContainerToStart; container != nil {
   start("init container", ...)
}

for _, idx := range podContainerChanges.ContainersToStart {
   start("container", ...)
}
```

startContainer 主要负责拉取镜像，创建和启动容器，并执行 PostStart Hook，代码示例如下。

代码路径：pkg/kubelet/kuberuntime/kuberuntime_container.go

```
Plain Text
func (m *kubeGenericRuntimeManager) startContainer(...) (string, error) {
   container := spec.container

   // Step 1: pull the image.
   imageRef, msg, err := m.imagePuller.EnsureImageExists(...)
   ...
   // Step 2: create the container.
   containerID, err := m.runtimeService.CreateContainer(...)
   ...
   // Step 3: start the container.
   err = m.runtimeService.StartContainer(containerID)
   ...
   // Step 4: execute the PostStart Hook.
   if container.Lifecycle != nil && container.Lifecycle.PostStart != nil {
   kubeContainerID := kubecontainer.ContainerID{
      Type: m.runtimeName,
      ID:   containerID,
   }
   msg, handlerErr := m.runner.Run(...)
   ...
   }

   return "", nil
}
```

由于普通容器共享 Sandbox 隔离环境的 Network、IPC、UTS 等命名空间，创建普通容器的过程相对简单，主要步骤如下。

- 确保待运行容器镜像存在，如果不存在，则尝试主动拉取。
- 调用 CRI 的 CreateContainer 创建容器，并且绑定 Sandbox 隔离环境。
- 调用 CRI 的 StartContainer 启动容器，底层通过 OCI runtime 完成。
- 如果容器配置了 PostStart Hook，则通过 runner.Run 调用执行。

所有容器启动完成，Pod 的创建流程就完成了，kubelet 会不断通过 PLEG 观测容器的运行状态，以及通过健康检查探针探测服务是否正常，不断地将容器的最新状态反馈给 kube-apiserver。

kubelet 在通过 CRI 创建普通容器时，容器定义的 requests 和 limits 资源信息及 Sandbox 隔离环境的 cgroup 路径会传递给 CRI 实现。以 containerd 为例，在调用 runc 创建容器时，containerd 会将 Resources 资源配置和 CgroupsPath 路径信息填充到 runc 的 Spec 配置中。runc 会将 Resources 配额转化为 cgroup 资源限制规则，为每个容器生成 cgroup 配置，并且按照一定的结构写入传递过来的 CgroupsPath 路径，实现 Container 级别的 cgroup 资源限制。

关于 containerd 设置容器级别 cgroup 的具体实现，可以参考 containerd 项目的以下代码。

代码路径：pkg/cri/sbserver/container_create.go

```
Plain Text
specOpts = append(specOpts, opts.WithResources(config.GetLinux().GetResources(),...))
if sandboxConfig.GetLinux().GetCgroupParent() != "" {
   cgroupsPath := getCgroupsPath(sandboxConfig.GetLinux().GetCgroupParent(), id)
```

```
    specOpts = append(specOpts, oci.WithCgroup(cgroupsPath))
}
```

其中，WithResources 为 runc 的 Spec 配置注入了资源配额信息，getCgroupsPath 在 Pod cgroup 路径下为每个容器配置子目录，并且通过 WithCgroup 将其作为 runc 创建容器使用的 cgroupsPath，实现为 Pod 下的容器设置 cgroup 资源限制。

12.4.3 Pod 驱逐流程

为了保证节点的稳定性及 Pod QoS，kubelet 会在节点资源不足时，按照一定的策略驱逐 Pod，以保证节点上的资源得到最佳利用。

kubelet 驱逐 Pod 的场景主要包含两类：Critical Pod 被调度到节点，因资源竞争，触发对低优先级 Pod 的驱逐；在节点资源紧张时，为保证节点的稳定性，触发对低优先级 Pod 的驱逐。

1）Critical Pod 被调度到节点，因资源竞争，触发对低优先级 Pod 的驱逐

在本地准入控制器执行阶段，kubelet 会进行一系列的前置检查，其中包括对 Pod 资源请求的检查。当 Pod 属于 Critical 类型且当前节点可用资源不能满足 Pod 运行的最小资源要求时，可能触发对低优先级 Pod 的驱逐，如图 12-10 所示。

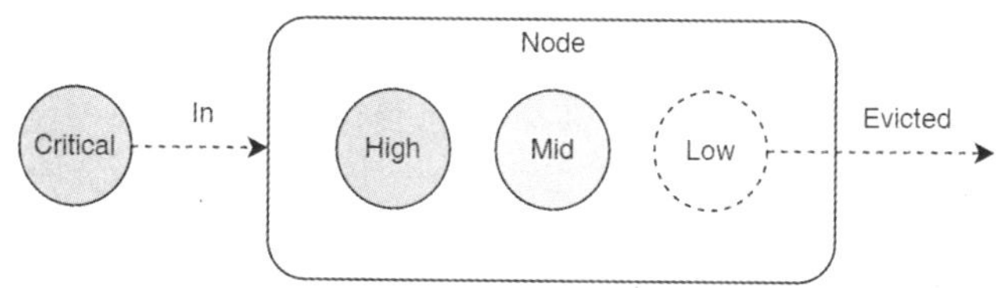

图 12-10　Critical Pod 驱逐低优先级 Pod 示意图

触发驱逐的核心实现是 CriticalPodAdmissionHandler，代码示例如下。

代码路径：pkg/kubelet/preemption/preemption.go

```
Plain Text
func (c *CriticalPodAdmissionHandler) HandleAdmissionFailure(...) (...) {
    if !kubetypes.IsCriticalPod(admitPod) {
    return failureReasons, nil
    }
    ...
    if len(nonResourceReasons) > 0 {
    return nonResourceReasons, nil
    }
    ...
    err := c.evictPodsToFreeRequests(admitPod, ...)
    return nil, err
}
```

从函数名 HandleAdmissionFailure 可以看出，驱逐操作在 PredicateAdmitHandler 准入控制器执行失败后才会被触发调用。首先，检查待运行的 Pod 是否是 Critical Pod。满足 Critical Pod 条件的 Pod 主要包括两类，一类是 Static Pod，另一类是 Priority 大于或等于 SystemCriticalPriority（2000000000）的 Pod。当待运行 Pod 属于 Critical Pod 时，检查准入控制器失败是否只是因为资源不足，而不是其他原因（如标签不匹配等）。如果存在非资源原因，

则证明驱逐 Pod 释放资源是没有意义的，直接跳过驱逐。否则，根据统计出的需要释放的资源，通过 evictPodsToFreeRequests 尝试驱逐低优先级 Pod 以释放资源，最终满足 Critical Pod 的资源需求。

kubelet 选择低优先级 Pod 作为被驱逐对象遵循一定的策略，代码示例如下。

代码路径：pkg/kubelet/preemption/preemption.go

```
Plain Text
func getPodsToPreempt(pod *v1.Pod, pods []*v1.Pod, requirements admissionRequirementList)
([]*v1.Pod, error) {
   bestEffortPods, burstablePods, guaranteedPods := sortPodsByQOS(pod, pods)

   ...
   if len(unableToMeetRequirements) > 0 {
   return nil, fmt.Errorf("no set of running pods found to reclaim resources: %v",
unableToMeetRequirements.toString())
   }

   // find the guaranteed pods we would need to evict if we already evicted ALL burstable
and besteffort pods.
   guaranteedToEvict, err := getPodsToPreemptByDistance(guaranteedPods,
requirements.subtract(append(bestEffortPods, burstablePods...)...))
   if err != nil {
   return nil, err
   }

   // Find the burstable pods we would need to evict if we already evicted ALL besteffort
pods, and the required guaranteed pods.
   burstableToEvict, err := getPodsToPreemptByDistance(burstablePods,
requirements.subtract(append(bestEffortPods, guaranteedToEvict...)...))
   if err != nil {
   return nil, err
   }

   // Find the besteffort pods we would need to evict if we already evicted the required
guaranteed and burstable pods.
   bestEffortToEvict, err := getPodsToPreemptByDistance(bestEffortPods,
requirements.subtract(append(burstableToEvict, guaranteedToEvict...)...))
   if err != nil {
   return nil, err
   }

   return append(append(bestEffortToEvict, burstableToEvict...), guaranteedToEvict...),
nil
}
```

具体计算步骤如下。

（1）筛选出节点上优先级低于当前待运行 Pod 的 Pod 列表（Critical Pod 的优先级高于非 Critical Pod，Priority 值大的 Pod 的优先级高于 Priority 值小的 Pod）。

（2）将筛选出的 Pod 列表按照 Pod 的 QoS 分为三类，即 BestEffort、Burstable 和 Guaranteed。

（3）判断驱逐当前统计出的可驱逐 Pod 列表中的 Pod 能释放的资源总和能否满足待运行 Pod 的需求，如果不能，则返回错误，不触发后续驱逐操作。

（4）假设所有 BestEffort Pod 和 Burstable Pod 已经全部被驱逐，占用的资源得到释放，则计算释放剩余资源需要驱逐的 Guaranteed Pod 列表。在选择 Pod 时，遍历候选的 Pod 列表，依次计算驱逐每个 Pod 能释放的资源与所需资源的距离，距离越小表示驱逐当前 Pod 越能满足所需资源。特别地，当距离为 0 时，表示释放当前 Pod 的资源能立即满足剩余资源需求。在筛选时，每次都选择距离最小的 Pod 作为驱逐对象，并且添加到待驱逐列表，以期望尽可能减少驱逐 Pod 的数量。当同时存在多个 Pod 能释放的资源与所需资源的距离的计算结果相同时，优先选择资源占用更小的 Pod，以避免资源浪费。依此逻辑，直到筛选出足够多的 Pod，以满足资源需求。

（5）假设所有 BestEffort Pod 和计算出的需要驱逐的 Guaranteed Pod 已经全部被驱逐，占用的资源得到释放，则计算释放剩余资源需要驱逐的 Burstable Pod 列表。选择待驱逐 Pod 的计算逻辑与第（4）步相同。

（6）假设需要驱逐的 Guaranteed Pod 和 Burstable Pod 已经全部被驱逐，占用的资源得到释放，则计算释放剩余资源需要驱逐的 BestEffort Pod 列表。选择待驱逐 Pod 的计算逻辑与第（4）步相同。

（7）将前几步计算出的需要驱逐的 Pod 叠加，按照 BestEffort、Burstable、Guaranteed 的顺序排序，作为最终的待驱逐 Pod 列表。

整体上，选择需要驱逐的 Pod 时，遵循的原则是尊重 Pod 的 QoS 等级，严格按照 BestEffort、Burstable、Guaranteed 的顺序依次驱逐，同时采用资源距离算法尽可能减少驱逐 Pod 的数量和资源浪费。

2）在节点资源紧张时，为保证节点稳定性，触发对低优先级 Pod 的驱逐

kubelet 使用 EvictionManager 监控节点的资源使用情况，包括内存、存储、PID 等，当节点存在资源压力时，主动驱逐部分 Pod 以释放资源，确保节点工作在稳定状态。

EvictionManager 的工作原理如图 12-11 所示。

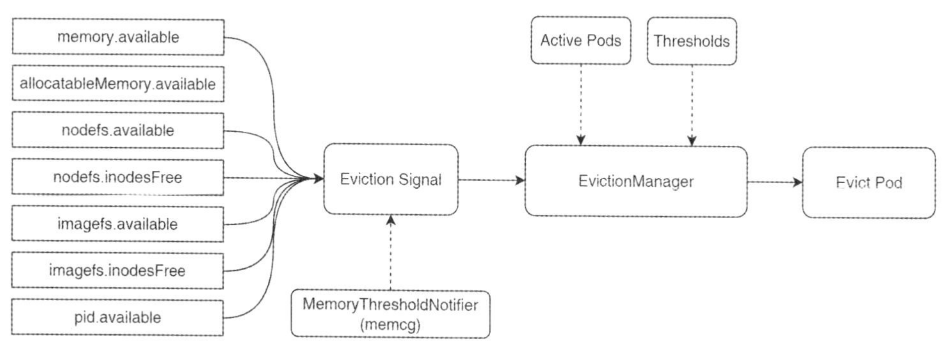

图 12-11　EvictionManager 的工作原理

如图 12-11 所示，EvictionManager 周期性地（每隔 10 秒）轮询 Eviction Signal 驱逐信号，并且与设置的 Thresholds 阈值比较，当满足驱逐条件时，从 Activate Pods 中按照一定的规则策略选择需要驱逐的 Pod 并进行驱逐。与本地准入控制器触发的驱逐不同，因节点资源压力导致的驱逐在每个执行周期最多驱逐一个 Pod，不会产生批量驱逐。

为了提高对内存变化的感知速度，EvictionManager 支持内存用量监听，使用 MemoryThresholdNotifier 监听 cgroups memcg event 事件，通过基于事件触发的模式降低每隔 10 秒轮询带来的延迟。

kubelet 支持两种驱逐类型，即硬驱逐和软驱逐，相关参数介绍如下。

（1）硬驱逐相关参数。

- --eviction-hard：硬驱逐阈值，当资源压力达到该阈值时，立即触发硬驱逐，此时 Pod 的优雅停机时间会被忽略，直接发送 Kill 信号，默认值为 imagefs.available<15%, memory.available<100Mi,nodefs.available<10%。

（2）软驱逐相关参数。

- --eviction-soft：软驱逐阈值，当资源压力达到该阈值时，触发软驱逐，此时不会立即终止 Pod，而是等待 eviction-soft-grace-period 时间后，资源压力仍然触发阈值，才会执行对 Pod 的驱逐。
- --eviction-soft-grace-period：软驱逐时的优雅等待时间，防止因突发资源压力造成抖动驱逐。
- --eviction-max-pod-grace-period：软驱逐时的最大优雅停机时间。如果待驱逐的 Pod 已经设置了 TerminationGracePeriodSeconds，则会选择 Pod 优雅停机时间和软驱逐优雅停机时间两者较小的作为最终的 TerminationGracePeriod。而在实际代码实现上，则会直接使用软驱逐优雅停机时间作为最终的 TerminationGracePeriod。这是一个已知问题，详情请参考社区 issue #64530。

（3）公共参数。

- --eviction-minimum-reclaim：驱逐资源最小回收量。在某些情况下，驱逐 Pod 只会回收少量的紧俏资源，这可能导致 kubelet 反复达到配置的驱逐条件并多次触发驱逐。可以通过配置该参数为每类资源配置最小回收量，当 kubelet 注意到某种资源耗尽时，它会继续回收该资源，直到达到指定的数量。
- --eviction-pressure-transition-period：节点状态转换等待时间。在某些情况下，节点在软驱逐条件上下振荡，这会导致报告的节点条件在 true 和 false 之间不断切换，从而导致错误的驱逐决策。为了防止振荡，可以通过该参数设定将节点条件转换为不同状态之前必须等待的时间。默认值为 5 分钟。
- --kernel-memcg-notification：启用内核的 memcg 通知机制。在默认情况下，kubelet 轮询 cAdvisor 以定期收集内存使用情况统计信息，这可能不够及时。通过启用 memcg 通知，当内存用量超过阈值时，kubelet 将立即感知到内存压力，进而触发驱逐。

在工作机制上，EvictionManager 通过内部协程持续监测节点资源使用状态，默认每隔 10 秒执行一次探测，以判断是否需要执行 Pod 驱逐，代码示例如下。

代码路径：pkg/kubelet/eviction/eviction_manager.go

```
Plain Text
func (m *managerImpl) Start(...) {
   ...
   // start the eviction manager monitoring
   go func() {
     for {
   if evictedPods := m.synchronize(diskInfoProvider, podFunc); evictedPods != nil {
```

```
        m.waitForPodsCleanup(podCleanedUpFunc, evictedPods)
    } else {
        time.Sleep(monitoringInterval)
    }
    }
    }()
}
```

其中，synchronize 是驱逐探测的核心实现，代码示例如下。

代码路径：pkg/kubelet/eviction/eviction_manager.go

```
Plain Text
func (m *managerImpl) synchronize() []*v1.Pod {
    ...
    observations, statsFunc := makeSignalObservations(summary)
    ...
    thresholds = thresholdsMet(thresholds, observations, false)
    if len(m.thresholdsMet) > 0 {
    thresholdsNotYetResolved := thresholdsMet(m.thresholdsMet, observations, true)
    thresholds = mergeThresholds(thresholds, thresholdsNotYetResolved)
    }
    ...
    thresholds = thresholdsMetGracePeriod(thresholdsFirstObservedAt, now)
    ...
    thresholds = thresholdsUpdatedStats(thresholds, observations, m.lastObservations)
    ...
    if m.localStorageCapacityIsolation {
    evictedPods := m.localStorageEviction(activePods, statsFunc)
    if len(evictedPods) > 0 {
        return evictedPods
    }
    }
    ...
    sort.Sort(byEvictionPriority(thresholds))
    thresholdToReclaim, resourceToReclaim, foundAny := getReclaimableThreshold(...)
    if !foundAny {
    return nil
    }
    ...
    if m.reclaimNodeLevelResources(thresholdToReclaim.Signal, resourceToReclaim) {
    return nil
    }

    rank, ok := m.signalToRankFunc[thresholdToReclaim.Signal]
    ...
    rank(activePods, statsFunc)
    ...
    for i := range activePods {
    pod := activePods[i]
    gracePeriodOverride := int64(0)
    if !isHardEvictionThreshold(thresholdToReclaim) {
        gracePeriodOverride = m.config.MaxPodGracePeriodSeconds
    }
    message, annotations := evictionMessage(resourceToReclaim, pod, statsFunc)
    if m.evictPod(pod, gracePeriodOverride, message, annotations) {
```

```
        return []*v1.Pod{pod}
    }
    }

    return nil
}
```

通过 makeSignalObservations 计算当前观测到的驱逐信号（资源使用）状态，kubelet 支持的驱逐信号如表 12-4 所示。

表 12-4　kubelet 支持的驱逐信号

驱逐信号	描述	计算公式
memory.available	节点可用内存	memory.available := node.status.capacity[memory] - node.stats.memory.workingSet
allocatableMemory.available	留给分配 Pod 用的可用内存，仅当 Node Allocatable Enforcements 包含 pods 时起作用，默认为 enforceNodeAllocatable= ["pods"]	allocatableMemory.available := pod.allocatable - pod.workingSet
nodefs.available	kubelet 使用的文件系统的可用容量	nodefs.available := node.stats.fs.available
nodefs.inodesFree	kubelet 使用的文件系统的可用 inodes 数量	nodefs.inodesFree := node.stats.fs.inodesFree
imagefs.available	容器运行时用来存放镜像及容器可写层的文件系统的可用容量	imagefs.available := node.stats.runtime.imagefs.available
imagefs.inodesFree	容器运行时用来存放镜像及容器可写层的文件系统的可用 inodes 数量	imagefs.inodesFree := node.stats.runtime.imagefs.inodesFree
pid.available	留给分配 Pod 使用的可用 PID	pid.available := node.stats.rlimit.maxpid - node.stats.rlimit.curproc

这里有一点需要额外说明，即 Pod 可分配资源并不一定与节点剩余可用资源一致，为了保证系统的稳定性，一般会为系统守护进程设置保留资源，节点资源的构成如图 12-12 所示。

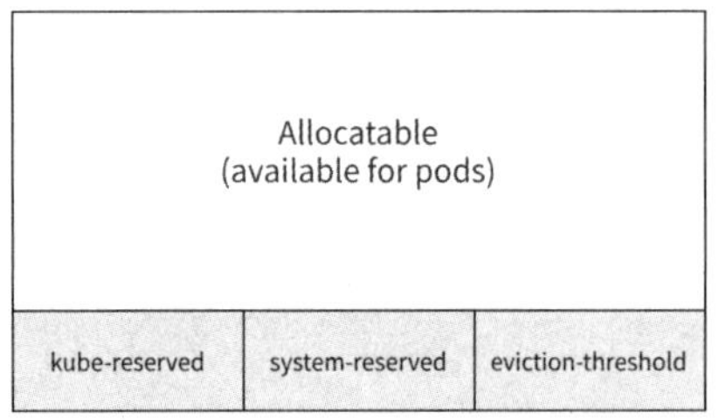

图 12-12　节点资源的构成

实际上，可用于为 Pod 分配的资源，是在节点总可用资源的基础上，先减去 kube-reserved、system-reserved 保留资源，再扣除 eviction-threshold 规定的保留空闲资源后，剩余的资源容量。其中，kube-reserved 指为运行 kubelet、Container Runtime 等 Kubernetes 系统服务需要保留的资源；system-reserved 指为运行操作系统内核、sshd 等系统服务需要保留的资源；eviction-threshold 指驱逐设置的保留资源。因此，表 12-4 中 Pod 分配的可用内存 allocatableMemory.available 一般会小于节点可用内存 memory.available。

- thresholdsMet 检查资源观测值 observations 和 thresholds 阈值的差值，过滤出资源超过阈值设定的 thresholds 列表。当设置了 eviction-minimum-reclaim 最小资源回收量时，

如果上一次驱逐没能达到预设的资源回收目标，则将未达标的 thresholds 通过 mergeThresholds 合并到 thresholds 列表。

- thresholdsMetGracePeriod 检查 threshold 是否还未超过设定的 Grace Period 等待时间，从 thresholds 列表中剔除未达到 Grace Period 等待时间的 threshold。只有软驱逐才有 Grace Period 等待时间。
- thresholdsUpdatedStats 从 thresholds 中过滤出从上次观测结果到目前观测结果有更新的 threshold，因为旧的观测数据可能不能反映当前的资源使用状态，容易发生错误的驱逐行为。资源使用量的获取是异步的，不是每次执行 synchronize 都能拿到最新的数据。
- 特别地，当为容器设置了 EmptyDir SizeLimit 存储卷容量限制或 ephemeral-storage Limit 时，优先驱逐存储使用量超过限制的 Pod。在此场景下，会一次性批量驱逐所有违反本地存储限制的 Pod。该特性可通过--local-storage-capacity-isolation 启动参数控制是否开启，默认为开启状态。
- 先对最终筛选出的 thresholds 列表按照驱逐优先级排序，将内存类 threshold 放在前面，将没有资源可回收的 threshold 放在最后。接着，getReclaimableThreshold 从排序列表中选择第一个可以回收资源的 threshold。如果找不到任何可回收资源，则跳过本次驱逐。
- 为了尽可能降低对业务 Pod 的影响，kubelet 会优先尝试通过 reclaimNodeLevelResources 释放节点层面的资源占用，会调用 ContainerGC 和 ImageGC 回收已经不使用的容器和镜像。由于 GC 操作仅能释放磁盘空间，因此节点层面的资源释放仅对 nodefs、imagefs 压力信号有效。GC 执行完成后，kubelet 会重新检查资源状态是否满足阈值，如果已经满足，则直接跳过对 Pod 的驱逐。
- 如果节点层面的驱逐仍然不能满足要求，则对活跃 Pod 进行 rank 排序，每一个执行周期仅从列表头拿出一个 Pod 进行驱逐。

kubelet 使用以下参数来确定 Pod 驱逐顺序：Pod 的资源使用是否超过其请求；Pod 的优先级；Pod 相对于请求的资源使用情况。在具体排序方式上，针对不同的驱逐信号，采用的排序算法如表 12-5 所示。

表 12-5　kubelet 驱逐 Pod 时驱逐信号对应的排序算法

驱逐信号	排序算法	代码示例
memory.available	按照 3 个维度依次排序，分别是：内存使用是否超过 requests 设置；Pod 的优先级；内存用量超过 requcsts 设置的程度	Plain Text orderedBy(exceedMemoryRequests(stats), priority, memory(stats),).Sort(pods)
allocatableMemory.available	按照 3 个维度依次排序，分别是：内存使用是否超过 requests 设置；Pod 的优先级；内存用量超过 requests 设置的程度	Plain Text orderedBy(exceedMemoryRequests(stats), priority, memory(stats),).Sort(pods)
nodefs.available	按照 3 个维度依次排序，分别是：磁盘使用量是否超过 requests 设置；Pod 的优先级；磁盘使用量超过 requests 设置的程度	Plain Text orderedBy(exceedDiskRequests(...), priority, disk(...),).Sort(pods)

续表

驱逐信号	排序算法	代码示例
nodefs.inodesFree	按照 3 个维度依次排序，分别是：磁盘使用量是否超过 requests 设置；Pod 的优先级；磁盘使用量超过 requests 设置的程度	Plain Text orderedBy(**exceedDiskRequests**(...), **priority**, **disk**(...),).Sort(pods)
imagefs.available	按照 3 个维度依次排序，分别是：磁盘使用量是否超过 requests 设置；Pod 的优先级；磁盘使用量超过 requests 设置的程度	Plain Text orderedBy(**exceedDiskRequests**(...), **priority**, **disk**(...),).Sort(pods)
imagefs.inodesFree	按照 3 个维度依次排序，分别是：磁盘使用量是否超过 requests 设置；Pod 的优先级；磁盘使用量超过 requests 设置的程度	Plain Text orderedBy(**exceedDiskRequests**(...), **priority**, **disk**(...),).Sort(pods)
pid.available	按照两个维度依次排序，分别是：Pod 的优先级；消耗 Pod 的数量（process 数量）	Plain Text orderedBy(**priority**, **process**(stats),).Sort(pods)

这里 Pod 的优先级仅由其 Spec.Priority 确定，因此 kubelet 并不使用 Pod 的 QoS 类别来确定驱逐顺序。但是，用户仍然能够使用 QoS 类别来估计最可能的 Pod 驱逐顺序。例如，如果 BestEffort Pod 没有设置 requests，则 requests 为 0，其内存使用量显然超过了 requests 设置，更容易被驱逐；相反地，Guaranteed Pod 的 requests 与 limits 相等，内存使用量一定不会超过 requests 设置，其驱逐顺序一定在三类 QoS 中最靠后。

evictPod 实际通过调用 podWorkers 的 UpdatePod，对目标 Pod 执行 SyncPodKill 操作。

3）关于 Pod 驱逐的补充说明

除了上述两种驱逐会主动终止运行中的 Pod，如果节点在 kubelet 能够回收内存之前遇到内存不足（OOM）事件，oom_killer 也可能会终止运行中的 Pod。kubelet 为不同 QoS 类别的 Pod 设置了不同的 oom_score_adj 值，值越大越容易被 oom_killer 作为目标。kubelet 为不同 QoS 类别的 Pod 设定的 oom_score_adj 值如表 12-6 所示。

表 12-6　kubelet 为不同 QoS 类别的 Pod 设定的 oom_score_adj 值

QoS	oom_score_adj
Guaranteed	-997
BestEffort	1000
Burstable	min(max(2, 1000 - (1000 * memoryRequestBytes) / machineMemoryCapacityBytes), 999)

kubelet 还会将具有 system-node-critical 优先级的 Pod 的 oom_score_adj 值设置为-997。

如果 kubelet 在节点遇到 OOM 之前无法回收内存，则 oom_killer 先根据 Pod 在节点上使用的内存百分比计算 oom_score，再加上对应的 oom_score_adj 得到每个容器有效的 oom_score，得分最高的容器会被优先终止。

与普通 Pod 驱逐不同，如果容器被 OOM 终止，则 kubelet 可以根据其 RestartPolicy 重启它。

12.5 cgroup 资源隔离

kubelet 基于 cgroup 限制 Pod 的资源使用。cgroup（control group）是 Linux 内核的一个重要功能，用来限制、控制与分离一个进程组的资源（如 CPU、内存、磁盘 I/O 等）。

kubelet 在创建 Pod 时，会将其配置的 cgroups parent 目录传递给容器运行时，使容器运行时创建的进程都被限制在 kubelet 配置的父级 cgroup 限制之下，从而实现对 Pod 的资源限制。在职责分工上，kubelet 主要负责维护 Pod 、QoS 和 Node 级 cgroup 配置，而 Container 级 cgroup 配置则交给容器运行时实现。

cgroup 层级结构如图 12-13 所示。

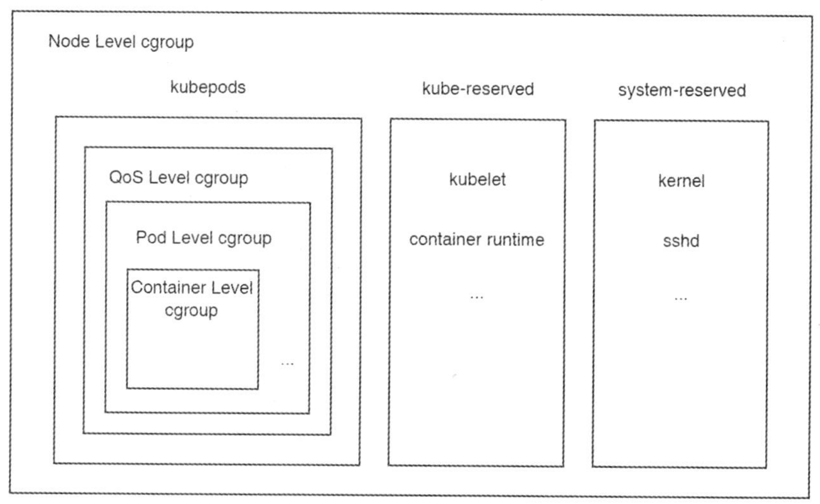

图 12-13 cgroup 层级结构

kubelet 采用四级 cgroups 层级结构管理系统资源，分别如下。

1）Node Level cgroup

为了保证系统运行的稳定性，kubelet 支持为系统守护进程预留资源，避免 Pod 占据整个系统资源，造成操作系统卡死或崩溃。因此，在节点层面，可以划分为 3 个 cgroup，分别是 kubepods、kube-reserved 和 system-reserved。其中，kubepods 限制 Pod 容器的资源使用量；kube-reserved 限制 Kubernetes 守护进程，如 kubelet、Container Runtime 的资源使用量；system-reserved 限制 kernel、sshd、udev 等系统守护进程的资源使用量。

在默认配置下，kube-reserved 和 system-reserved 不会被启用，Pod 能够使用节点的全部可用容量。当配置了 kube-reserved 和 system-reserved 预留资源后，kubelet 会自动降低 kubepods cgroups 的资源使用上限，从中扣除预留资源，以避免 Pod 抢占系统资源。

但在启用 kube-reserved 和 system-reserved cgroup 资源限制（设置 enforceNodeAllocatable 包含 kube-reserved 和 system-reserved）时，要格外小心。这是因为当为守护进程增加 cgroup 资源限制后，如果因评估不准确而导致配置的资源上限太小，则守护进程可能因资源不足而响应缓慢甚至终止运行。

因此，在实际应用中，往往仅配置 kube-reserved 和 system-reserved 预留资源，限制 Pod 的资源使用上限，而不启用 kube-reserved 和 system-reserved 的 enforceNodeAllocatable 功能，即不配置系统守护进程 cgroup 资源限制。

2）QoS Level cgroup

Kubernetes 中的 Pod 有 3 种 QoS 等级，分别是 Guaranteed、Burstable 和 BestEffort。kubelet 为每种 QoS 创建一个 cgroup，并且根据 QoS 等级划分到对应的 cgroup 之中进行管理。QoS cgroup 的层级结构如下。

```
Plain Text
+..kubepods or kubepods.slice
.     .
.     +..PodGuaranteed
.     .     .
.     .     +..Container1
.     .     .    .tasks(container processes)
.     .     .
.     .     ...
.     ...
.     .
.     +..Burstable
.     .     .
.     .     +..PodBurstable
.     .     .       .
.     .     .       +..Container1
.     .     .       .    .tasks(container processes)
.     .     .       +..Container2
.     .     .       .    .tasks(container processes)
.     .     .       ...
.     .     .
.     .     ...
.     .
.     +..Besteffort
.     .     .
.     .     +..PodBesteffort
.     .     .       .
.     .     .       +..Container1
.     .     .       .    .tasks(container processes)
.     .     .       +..Container2
.     .     .       .    .tasks(container processes)
.     .     .       .
.     .     .       ...
.     .     .
.     .     ...
```

其中，由于 Guaranteed Pod 严格设置了 limits 资源限制，所以无须依赖 QoS 层的资源限制，直接创建在 kubepods 根目录中。而 Burstable 和 BestEffort 则需要先创建 QoS 层的 cgroup，再将对应类型 Pod 的 cgroup 创建在 QoS 层的 cgroup 之下。这是因为 Burstable Pod 和 BestEffort Pod 可能没有设置明确的 limits 资源限制，需要借助上层 cgroup 的限制，避免极端情况下该类 Pod 无限占用资源。

为了尽可能地提升资源利用效率，默认地，kubelet 不对 QoS 层 cgroup 设置资源限制，以便 Burstable Pod 和 BestEffort Pod 能够充分使用系统空闲资源。但是当有 Guaranteed Pod 需要资源时，低优先级 Pod 需要及时释放资源。kubelet 通过定期执行 UpdateCgroups 更新这 3 种 QoS 等级 cgroup 的资源限制，以保证 Pod 的 QoS。

3）Pod Level cgroup

kubelet 在启动 Pod 前，会首先计算 Pod 的资源使用上限，并且为其配置 Pod 级 cgroup 资源限制。一般而言，Pod 内会包括一个或多个业务容器，容器运行时还会额外创建 Sandbox 容器，所有容器的进程都会受到 Pod 级别的 cgroup 的资源限制。

4）Container Level cgroup

Container 级的 cgroup 实际上并不是由 kubelet 创建的，而是容器运行时创建的。kubelet 在通过 CRI 调用容器运行时创建 Pod 容器时，会将其准备好的 Pod 级 cgroup 路径传递过去，使容器运行时创建的所有容器关联的 cgroup 都位于 Pod 级 cgroup 之下，受 Pod 级 cgroup 的资源约束。

cgroup 为容器技术奠定了基础，Kubernetes 更是充分利用了 cgroup 的资源隔离能力，通过层级式的管理方式，保障了 Pod 的 QoS 和系统服务运行的稳定性。

12.6　垃圾回收原理

12.6.1　镜像垃圾回收

在 Kubernetes 中，每个节点上都有一个镜像缓存，用于存储在该节点上运行的所有容器镜像。这些镜像占用了磁盘空间，如果不及时清理，则很容易发生磁盘空间不足的问题。因此，kubelet 引入了 ImageGCManager，它会定期扫描节点上的本地镜像缓存，清理一些不再需要的镜像，以释放磁盘空间。

镜像垃圾回收主要由 ImageGCManager 负责，其启动流程如图 12-14 所示。

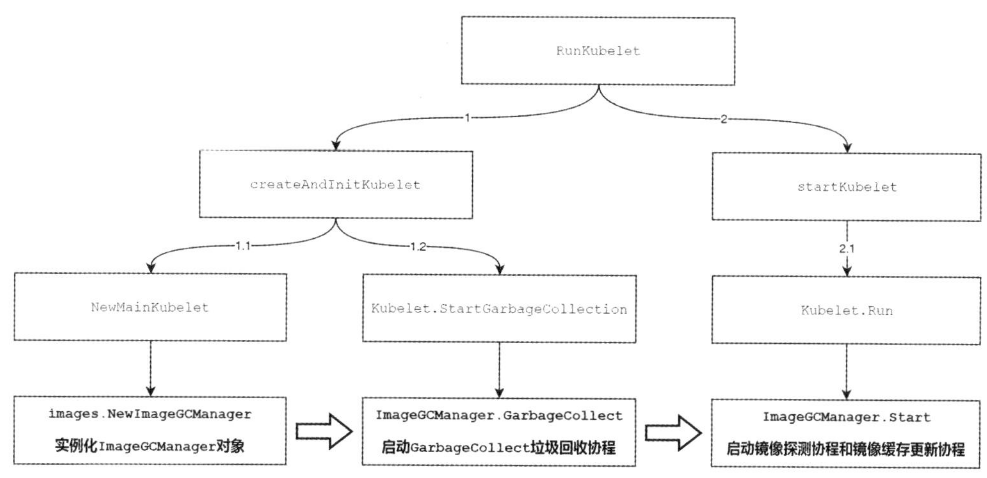

图 12-14　ImageGCManager 的启动流程

ImageGCManager 的启动流程，主要包括 3 个步骤。

- 实例化 ImageGCManager 对象。
- 启动 GarbageCollect 垃圾回收协程。
- 启动镜像探测协程和镜像缓存更新协程。

1. 实例化 ImageGCManager 对象

在 createAndInitKubelet 实例化 Kubelet 对象的过程中，NewMainKubelet 通过 images.NewImageGCManager 构造函数完成 ImageGCManager 的实例化，该函数代码示例如下。

代码路径：pkg/kubelet/images/image_gc_manager.go

```
Plain Text
func NewImageGCManager(
    runtime container.Runtime,
    statsProvider StatsProvider,
    recorder record.EventRecorder,
    nodeRef *v1.ObjectReference,
    policy ImageGCPolicy,
    sandboxImage string) (ImageGCManager, error)
```

各个参数的作用如下。

- runtime：kubelet 使用的容器运行时接口，在 Image 垃圾检测和清理过程中用于获取镜像列表、查询镜像，以及执行实际的镜像清理。
- statsProvider：镜像统计信息收集器，用于收集各镜像磁盘使用情况的统计信息，为垃圾收集和清理提供必要的参考数据。
- recorder：事件记录器，用于记录镜像垃圾收集过程中的关键告警信息，并且生成事件，如磁盘容量错误、空闲磁盘空间不足等。
- nodeRef：ObjectReference 通用引用类型对象，在 ImageGCManager 中指向 kubelet 所在的工作节点，并作为产生事件的事件源。
- policy：镜像垃圾回收策略对象，提供了镜像存储使用率的高、低阈值和镜像最小保留时间等信息，用于控制镜像垃圾回收的自动触发策略，从而保证集群中的存储空间得到合理的利用。
- sandboxImage：Sandbox 容器的镜像名称，该镜像将始终作为保留镜像而不被清理。

2. 启动 GarbageCollect 垃圾回收协程

完成 ImageGCManager 的初始化工作后，kubelet.StartGarbageCollection 会分别启动容器和镜像垃圾回收协程，开始相应的垃圾回收工作。其中，启动镜像垃圾回收的相关代码如下。

代码路径：pkg/kubelet/kubelet.go

```
Plain Text
func (kl *Kubelet) StartGarbageCollection() {
    ...
    go wait.Until(func() {
    if err := kl.imageManager.GarbageCollect(); err != nil {
        ...
    } else {
        ...
    }
```

```
    }, ImageGCPeriod, wait.NeverStop)
}
```

该协程会以 ImageGCPeriod（默认为 5 分钟）为时间间隔，周期性地执行 ImageGCManager.GarbageCollect 进行镜像垃圾回收，并且在失败时记录 Event 事件和相关错误日志。

3. 启动镜像探测协程和镜像缓存更新协程

在 kubelet.Run 启动 kubelet 内部依赖模块的过程中，会调用 ImageGCManager.Start 函数，在两个独立的协程中分别开启 ImageGCManager 的定期镜像探测和镜像缓存更新服务。Start 函数的代码示例如下。

代码路径：pkg/kubelet/images/image_gc_manager.go

```
Plain Text
func (im *realImageGCManager) Start() {
    go wait.Until(func() {
    ...
    _, err := im.detectImages(ts)
    ...
    }, 5*time.Minute, wait.NeverStop)
    go wait.Until(func() {
    images, err := im.runtime.ListImages()
    if err != nil {
      klog.InfoS("Failed to update image list", "err", err)
    } else {
      im.imageCache.set(images)
    }
    }, 30*time.Second, wait.NeverStop)
}
```

Start 函数启动了两个独立协程，周期性地执行以下任务。

（1）im.detectImages：以 5 分钟为时间间隔，使用 CRI 定期扫描当前工作节点，找到所有镜像和 Pod，更新 ImageGCManager 的镜像列表（im.imageRecords），使其与当前工作节点上存在的镜像保持一致，同时将仍然有 Pod 使用的镜像更新到 imagesInUse 集合中。其中，im.imageRecords 会作为每一轮镜像垃圾回收任务的完整镜像列表。

（2）im.imageCache.set：以 30 秒为时间间隔，使用当前工作节点上存在的镜像列表更新镜像缓存（im.imageCache），该镜像缓存用于在查询工作节点状态（node.Status）时返回当前工作节点的完整镜像列表。

镜像垃圾回收的工作原理如图 12-15 所示。

镜像垃圾回收主要包括两个步骤。

- GarbageCollect：收集用于垃圾回收的镜像磁盘信息，计算可回收的磁盘空间，启动镜像垃圾回收。
- freeSpace：找到工作节点上待回收的镜像列表，依次进行镜像清理，直到回收足够的磁盘空间或完成全部待回收镜像的清理。

1）GarbageCollect 收集磁盘使用信息，触发执行镜像垃圾回收

ImageGCManager 以 ImageGCPeriod（默认 5 分钟）为时间间隔，周期性地执行 GarbageCollect 函数来启动镜像垃圾回收程序。GarbageCollect 相关代码如下。

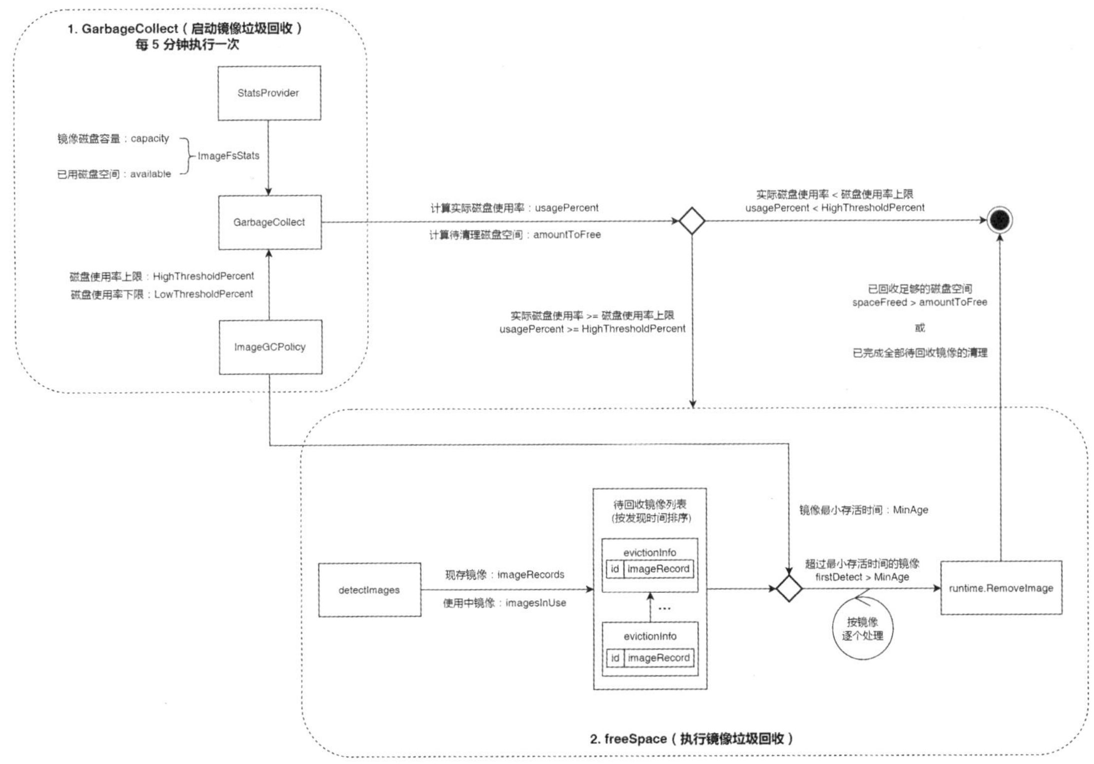

图 12-15　镜像垃圾回收的工作原理

代码路径：pkg/kubelet/images/image_gc_manager.go

```
Plain Text
func (im *realImageGCManager) GarbageCollect() error {
   fsStats, err := im.statsProvider.ImageFsStats()
   ...
   var capacity, available int64
   if fsStats.CapacityBytes != nil {
      capacity = int64(*fsStats.CapacityBytes)
   }
   if fsStats.AvailableBytes != nil {
      available = int64(*fsStats.AvailableBytes)
   }

   if available > capacity {
      klog.InfoS("Availability is larger than capacity", "available", available,
"capacity", capacity)
      available = capacity
   }

   // Check valid capacity.
   if capacity == 0 {
      err := goerrors.New("invalid capacity 0 on image filesystem")
      im.recorder.Eventf(im.nodeRef, v1.EventTypeWarning, events.InvalidDiskCapacity,
err.Error())
      return err
   }
```

```
    usagePercent := 100 - int(available*100/capacity)
    if usagePercent >= im.policy.HighThresholdPercent {
    amountToFree := capacity*int64(100-im.policy.LowThresholdPercent)/100 - available
    ...
    freed, err := im.freeSpace(amountToFree, time.Now())
    ...
    }
}
```

GarbageCollect 会先使用 ImageGCManager 中的 StatsProvider 获取镜像磁盘的容量信息（fsStats.CapacityBytes）和可用磁盘大小（fsStats.AvailableBytes），再基于这些信息计算出当前磁盘的使用率 usagePercent。

kubelet 中提供了两个 StatsProvider 实现类，分别是基于 cAdvisor 的 CadvisorStatsProvider 和基于 CRI 的 CRIStatsProvider，前者为旧的实现类。kubelet 会根据启动时指定的--container-runtime-endpoint 参数值确定需要使用的 StatsProvider 实现类。当参数值为/var/run/crio/crio.sock 或 unix:///var/run/crio/crio.sock 时，kubelet 会使用 CadvisorStatsProvider 实现类，否则使用 CRIStatsProvider 实现类。关于 cAdvisor 实现方式和 CRI 实现方式的更多详细说明，可以参考网络资料。

为了避免频繁地进行镜像垃圾回收，ImageGCManager 中的策略对象 policy 设置了触发镜像垃圾回收的磁盘使用率上限 HighThresholdPercent（默认值为 85%）和下限 LowThresholdPercent（默认值为 80%），可以在 kubelet 启动时通过--image-gc-high-threshold 和--image-gc-low-threshold 参数分别指定。只有当前镜像磁盘使用率高于 HighThresholdPercent 时，才开始进行镜像垃圾回收，在回收过程中当磁盘使用率低于 LowThresholdPercent 时即可停止镜像垃圾回收。

2）freeSpace 执行镜像垃圾回收

当确定要进行镜像垃圾回收时，ImageGCManager 中的 freeSpace 函数被用于进行实际的镜像垃圾回收工作，其工作流程如下。

- 使用 detectImages 函数找到当前工作节点上的所有镜像 imageRecords 和正在使用的镜像 imagesInUse，相关代码示例如下。

代码路径：pkg/kubelet/images/image_gc_manager.go

```
Plain Text
func (im *realImageGCManager) detectImages(detectTime time.Time) (sets.String, error) {
    imagesInUse := sets.NewString()

    imageRef, err := im.runtime.GetImageRef(container.ImageSpec{Image: im.sandboxImage})
    if err == nil && imageRef != "" {
    imagesInUse.Insert(imageRef)
    }
    ...
    pods, err := im.runtime.GetPods(true)
    ...
    for _, pod := range pods {
    for _, container := range pod.Containers {
       imagesInUse.Insert(container.ImageID)
    }
```

```
  }
  ...
  images, err := im.runtime.ListImages()
  currentImages := sets.NewString()
  for _, image := range images {
  currentImages.Insert(image.ID)
  if _, ok := im.imageRecords[image.ID]; !ok {
     im.imageRecords[image.ID] = &imageRecord{
     firstDetected: detectTime,
     }
  }
  if isImageUsed(image.ID, imagesInUse) {
     im.imageRecords[image.ID].lastUsed = now
  }
  im.imageRecords[image.ID].size = image.Size
  im.imageRecords[image.ID].pinned = image.Pinned
  }

  for image := range im.imageRecords {
  if !currentImages.Has(image) {
     delete(im.imageRecords, image)
  }
  }

  return imagesInUse, nil
}
```

首先，获取所有使用中的镜像 imagesInUse，包括 Sandbox 容器的镜像（该镜像在 kubelet 启动时由--pod-infra-container-image 参数指定，如 k8s.gcr.io/pause:3.5）和当前工作节点上 Pod 中容器正在使用的镜像。

然后，使用 runtime.ListImages 获取当前工作节点上的所有镜像，并且同步到 imageRecords 列表中。主要过程是：对于探测过程中发现的新镜像，会将镜像的发现时间设置为探测时间 detectTime；如果是使用中的镜像，则将镜像的最近使用时间设置为当前时间；记录镜像的其他信息，包括是否为保留镜像（pinned），以及镜像大小；从 imageRecords 列表中移除工作节点上不存在的镜像。

- 构造待回收镜像列表 images。images 列表中的元素来自工作节点的所有镜像列表 imageRecords，从中剔除使用中的镜像 imagesInUse 和保留镜像 pinned。images 列表中的镜像会按照最后使用时间（lastUsed）和首次探测时间（firstDetected）进行排序（byLastUsedAndDetected），优先清理最后使用时间靠前的镜像，如果最后使用时间相同，则优先清理更早被检测到的镜像。
- 对待 images 列表中的每个镜像执行清理，相关代码示例如下。

代码路径：pkg/kubelet/images/image_gc_manager.go

```
Plain Text
func (im *realImageGCManager) freeSpace(...) (int64, error) {
  ...
  for _, image := range images {
  if image.lastUsed.Equal(freeTime) || image.lastUsed.After(freeTime) {
     continue
```

```
    }
    if freeTime.Sub(image.firstDetected) < im.policy.MinAge {
        continue
    }
    err := im.runtime.RemoveImage(container.ImageSpec{Image: image.id})
    ...
    delete(im.imageRecords, image.id)
    spaceFreed += image.size

    if spaceFreed >= bytesToFree {
        break
    }
    }
    ...
}
```

如果镜像的最后使用时间早于本轮回收的开始时间，并且当前时间距离镜像的首次探测时间已经超过了镜像保护时间 MinAge（由 kubelet 的--minimum-image-ttl-duration 启动参数指定，默认为 2 分钟），则使用 runtime.RemoveImage 清理工作节点上的当前镜像，并且删除 imageRecords 中的记录。

镜像垃圾回收的过程将持续进行，直到磁盘空间低于磁盘使用率下限（spaceFreed >= bytesToFree），或者已完成对所有待回收镜像的清理。此外，如果镜像垃圾回收过程中出现任何错误，freeSpace 会继续进行后续镜像的清理，在结束镜像垃圾回收后，再统一输出错误信息。

12.6.2　容器垃圾回收

在 Kubernetes 中，每个容器都需要占用系统资源，如磁盘空间等，如果已经死亡的容器没有被及时清理，则会持续占用宝贵的系统资源，导致资源浪费，甚至影响系统稳定性。此外，某些容器可能由于各种原因出现故障，如果不及时清理垃圾容器，则会增加容器故障的复杂性和难度，从而影响应用程序的稳定性。因此，kubelet 会启动专门的协程，定期（默认为每分钟）扫描并回收工作节点上的垃圾容器。

容器垃圾回收基于 ContainerGC 完成，其启动流程如图 12-16 所示。

ContainerGC 的启动过程在 kubelet 初始化的 createAndInitKubelet 函数中完成，包括 3 个主要步骤。

- 初始化 ContainerGC 依赖对象，包括容器垃圾回收策略 GCPolicy，用于提供容器运行时查询和操作的通用容器运行时管理器 KubeGenericRuntimeManager，以及 kubelet 配置源状态查看器 SourcesReadyProvider。
- 实例化 ContainerGC 对象。
- 启动容器垃圾回收协程。

1. 初始化 ContainerGC 依赖对象

1）初始化容器垃圾回收策略 GCPolicy

容器垃圾回收策略 GCPolicy 是在构造 kubelet 的 NewMainKubelet 函数中进行初始化的。该策略的定义的代码示例如下。

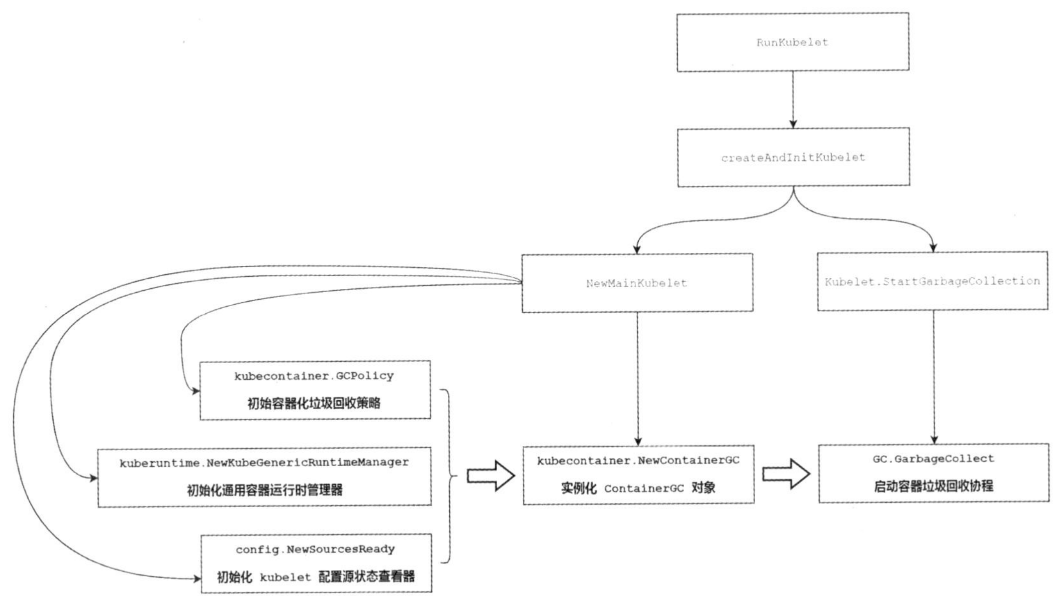

图 12-16　ContainerGC 的启动流程

代码路径：pkg/kubelet/container/container_gc.go

```
Plain Text
type GCPolicy struct {
   MinAge time.Duration
   MaxPerPodContainer int
   MaxContainers int
}
```

GCPolicy 中各个字段的含义如下。

- MinAge：容器处于非运行状态后可以被垃圾回收的最小年龄，如果为 0，则没有限制。该字段值由 kubelet 的--minimum-container-ttl-duration 启动参数指定，如果未指定，则默认值为 0。
- MaxPerPodContainer：每个 Pod 允许存在的最大非运行容器数量，如果小于 0，则表示没有限制。该字段值由 kubelet 的--maximum-dead-containers-per-container 启动参数指定，默认值为 1。
- MaxContainers：工作节点上可以容忍的最大非正常容器数量，如果小于 0，则表示没有限制。该字段值由 kubelet 的--maximum-dead-containers 启动参数指定，默认值为-1。

2）初始化通用容器运行时管理器 KubeGenericRuntimeManager

KubeGenericRuntimeManager 是 Runtime 接口的默认实现，封装了对 Pod 和容器的常见操作方法，管理 Pod 和容器的生命周期，底层通过 CRI 调用 Remote Container Runtime 实现对容器运行时的操作。容器垃圾回收器使用 KubeGenericRuntimeManager 中的垃圾回收器（ContainerGC）回收工作节点上的垃圾容器，包括非运行状态的容器、Sandbox 容器，以及垃圾 Pod 中的日志目录等。

3）初始化 kubelet 配置源状态查看器 SourcesReadyProvider

SourcesReadyProvider 接口用于确定配置源是否准备就绪。在容器垃圾回收器中，它提供 kubelet 配置源的就绪情况。其中，AllReady 方法用于确定是否所有配置源都已准备就绪，不同的查询结果会使用不同的容器垃圾清理策略。

SourcesReadyProvider 初始化后的实例对象为 sourcesImpl，它使用 SeenAllSources 函数来判断是否所有配置源（可能的配置源包括 File、HTTP 和 kube-apiserver）都准备就绪，SeenAllSources 函数的代码示例如下。

代码路径：pkg/kubelet/config/config.go

```
Plain Text
func (c *PodConfig) SeenAllSources(seenSources sets.String) bool {
  if c.pods == nil {
    return false
  }
  c.sourcesLock.Lock()
  defer c.sourcesLock.Unlock()
  return seenSources.HasAll(c.sources.List()...) &&
c.pods.seenSources(c.sources.List()...)
}
```

SeenAllSources 函数接收一个类型为 sets.String 的参数 seenSources，表示已经识别的配置源。它会检查是否已经看到了所有的配置源，并且从每个配置源都接收到了 SET 消息（首次添加配置源或出现 Pod 变更时会接收到 SET 消息）。

2. 实例化 ContainerGC 对象

容器垃圾回收器接口的实现类为 realContainerGC，它使用通用容器运行时管理器 KubeGenericRuntimeManager 完成垃圾回收，并且在容器垃圾回收过程中使用 GCPolicy 策略和 SourcesReadyProvider 配置源状态查看器作为相关策略及信息的来源。

3. 启动容器垃圾回收协程

容器垃圾回收器 realContainerGC 的核心函数为 GarbageCollect，kubelet 在启动垃圾回收 StartGarbageCollection 的过程中，会同时启动镜像垃圾回收协程和容器垃圾回收协程。启动容器垃圾回收协程的代码示例如下。

代码路径：pkg/kubelet/kubelet.go

```
Plain Text
func (kl *Kubelet) StartGarbageCollection() {
   go wait.Until(func() {
   if err := kl.containerGC.GarbageCollect(); err != nil {
      ...
      kl.recorder.Eventf(...)
      ...
   } else {
      ...
     }
   }, ContainerGCPeriod, wait.NeverStop)
   ...
}
```

容器垃圾回收协程以 ContainerGCPeriod（默认为 1 分钟）为时间间隔，周期性地执行 realContainerGC.GarbageCollect 进行容器垃圾回收，并且在失败时记录事件。

容器垃圾回收的核心流程始于 realContainerGC.GarbageCollect 函数，它会使用 kubelet 通

用运行时管理器 KubeGenericRuntimeManager 中的 ContainerGC 完成全部的容器垃圾回收工作，其工作原理如图 12-17 所示。

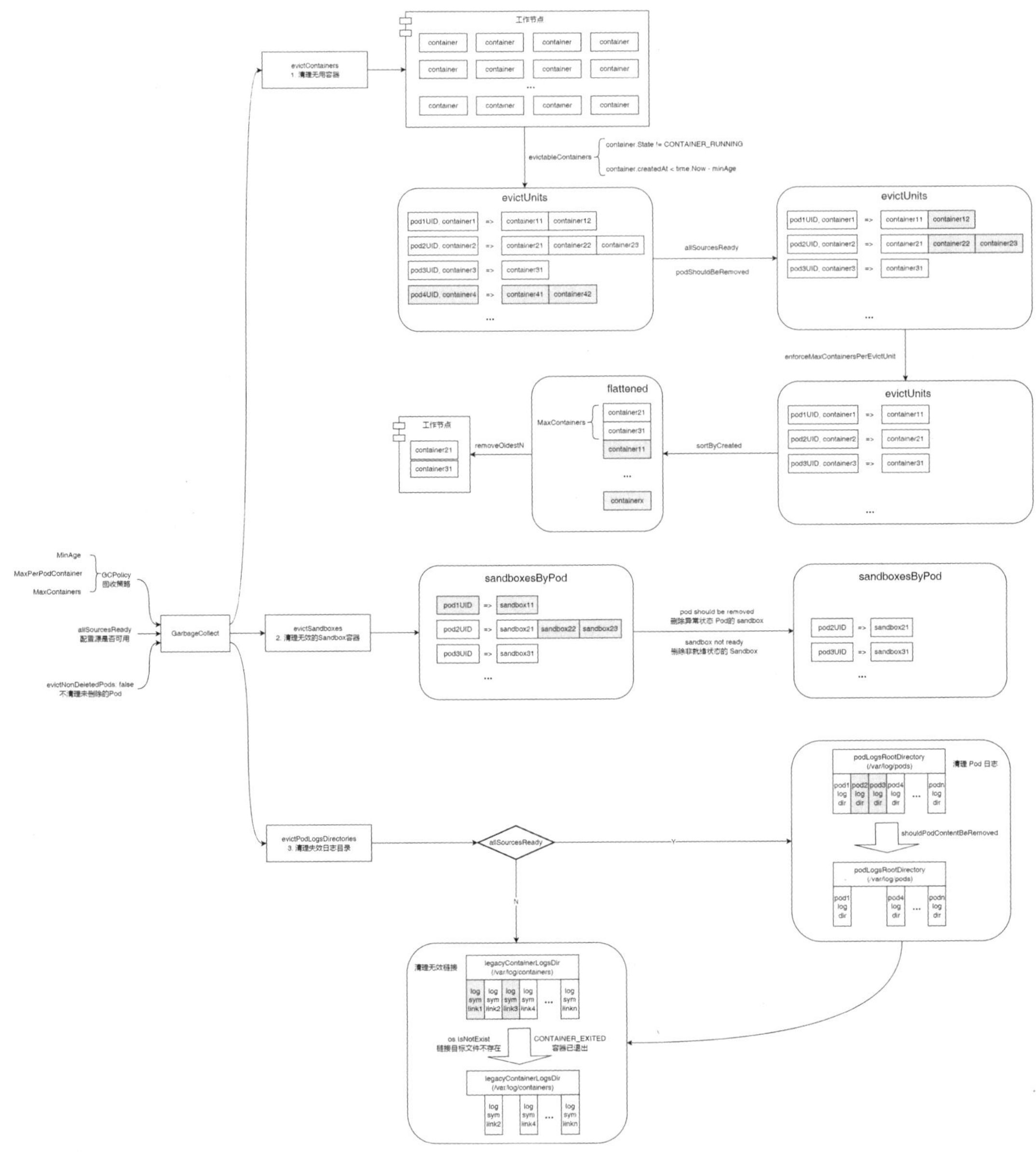

图 12-17 容器垃圾回收的工作原理

如图 12-17 所示，ContainerGC 执行垃圾回收的工作在 GarbageCollect 函数中实现，该函数根据回收策略和 Pod 配置源可用状态，通过以下 3 个步骤完成容器垃圾回收。

- 清理无用容器（evictContainers）。
- 清理无效的 Sandbox 容器（evictSandboxes）。
- 清理失效日志目录（evictPodLogsDirectories）。

1）清理无用容器（evictContainers）

ContainerGC 会遍历工作节点上的容器来找到所有可被清理的容器，并且以 PodUID 和

ContainerName 的组合作为关键字进行分组。相关代码在 evictableContainers 函数中实现。

代码路径：pkg/kubelet/kuberuntime/kuberuntime_gc.go

```
Plain Text
func (cgc *containerGC) evictableContainers(minAge time.Duration) (...) {
   containers, err := cgc.manager.getKubeletContainers(true)
   ...
   evictUnits := make(containersByEvictUnit)
   newestGCTime := time.Now().Add(-minAge)
   for _, container := range containers {
      if container.State == runtimeapi.ContainerState_CONTAINER_RUNNING {
     continue
      }

      createdAt := time.Unix(0, container.CreatedAt)
      if newestGCTime.Before(createdAt) {
     continue
      }
      ...
      containerInfo := containerGCInfo{
     ...
      }
      key := evictUnit{
     uid:  labeledInfo.PodUID,
     name: containerInfo.name,
      }
      evictUnits[key] = append(evictUnits[key], containerInfo)
   }

   return evictUnits, nil
}
```

evictableContainers 函数先通过 getKubeletContainers 拿到当前工作节点上的全部容器，再排除满足以下任意条件的容器，将剩余容器作为可被清理的备选容器列表。

- 处于运行状态的容器，即 container.State == runtimeapi.ContainerState_CONTAINER_RUNNING。
- 最近创建的容器，即创建时间晚于垃圾回收最小年龄 GCPolicy.minAge 的容器，time.Now - minAge < container.CreatedAt（容器垃圾回收策略默认 minAge 为 0，因此如果启动 kubelet 时未指定相关参数，则所有执行当前垃圾回收协程前创建的容器都可以作为可被清理的备选容器）。

筛选出来的可被清理的备选容器以 evictUnit（PodUID 和 ContainerName 的组合）作为关键字进行分组，并且在 evictContainers 函数中进行清理，相关代码如下。

代码路径：pkg/kubelet/kuberuntime/kuberuntime_gc.go

```
Plain Text
func (cgc *containerGC) evictContainers(...) error {
   ...
   if allSourcesReady {
   for key, unit := range evictUnits {
      ...
```

```
    }
    }
    if gcPolicy.MaxPerPodContainer >= 0 {
    cgc.enforceMaxContainersPerEvictUnit(evictUnits, gcPolicy.MaxPerPodContainer)
    }
    if gcPolicy.MaxContainers >= 0 && evictUnits.NumContainers() > gcPolicy.MaxContainers
{
    ...
    }
}
```

evictContainers 函数会依次对可被清理的备选容器进行以下清理操作，直到清理足够多的容器并满足 GCPolicy 策略中 MaxPerPodContainer 和 MaxContainers 的数量要求。

- 如果 kubelet 所有配置源都是可用的（allSourcesReady），则删除标记为驱逐或删除且已终止的 Pod 对应容器组中的所有容器。
- 如果 GCPolicy 策略中设置了 evictUnit 最大非运行容器数量 MaxPerPodContainer，则遍历 evictUnit，每个 evictUnit 只保留最新的 MaxPerPodContainer 个非运行状态容器，并且清理其余更旧的容器。
- 如果 GCPolicy 策略中设置了可以容忍的最多非正常容器数量 MaxContainers，则将所有容器按创建时间排序，清理更旧的容器，以使剩余的非正常容器数量不多于 MaxContainers。

2）清理无效的 Sandbox 容器（evictSandboxes）

完成必要的容器垃圾清理后，ContainerGC 会清理 Sandbox 容器，相关代码示例如下。

代码路径：pkg/kubelet/kuberuntime/kuberuntime_gc.go

```
Plain Text
func (cgc *containerGC) evictSandboxes(evictNonDeletedPods bool) error {
  containers, err := cgc.manager.getKubeletContainers(true)
  ...
  sandboxes, err := cgc.manager.getKubeletSandboxes(true)
  ...
  sandboxIDs := sets.NewString()
  for _, container := range containers {
    sandboxIDs.Insert(container.PodSandboxId)
  }

  sandboxesByPod := make(sandboxesByPodUID)
  for _, sandbox := range sandboxes {
    ...
    if sandbox.State == runtimeapi.PodSandboxState_SANDBOX_READY {
   sandboxInfo.active = true
    }
    if sandboxIDs.Has(sandbox.Id) {
   sandboxInfo.active = true
    }
    sandboxesByPod[podUID] = append(sandboxesByPod[podUID], sandboxInfo)
  }

  for podUID, sandboxes := range sandboxesByPod {
```

```
    if cgc.podStateProvider.ShouldPodContentBeRemoved(podUID) || (evictNonDeletedPods
&& cgc.podStateProvider.ShouldPodRuntimeBeRemoved(podUID)) {
    cgc.removeOldestNSandboxes(sandboxes, len(sandboxes))
    } else {
    cgc.removeOldestNSandboxes(sandboxes, len(sandboxes)-1)
    }
  }
  return nil
}
```

与无用容器的清理过程类似，Sandbox 容器也会先按照 podUID 进行分组，并且标记出活跃状态的 Sandbox（就绪状态，或至少有一个其他容器与该 Sandbox 容器关联）容器，得到可被清理的备选容器列表 sandboxesByPod。再根据 Pod 是否为正常状态，调用 removeOldestNSandboxes 删除全部或除最新 Pod 外的所有非活跃状态的 Sandbox 容器。

3）清理失效的日志目录（evictPodLogsDirectories）

容器垃圾回收的最后一步是清理失效日志目录，包括 Pod 日志目录和 symlink 符号链接目录。相关代码示例如下。

代码路径：pkg/kubelet/kuberuntime/kuberuntime_gc.go

```
Plain Text
func (cgc *containerGC) evictPodLogsDirectories(allSourcesReady bool) error {
  ...
  if allSourcesReady {
    dirs, err := osInterface.ReadDir(podLogsRootDirectory)
    ...
    for _, dir := range dirs {
   ...
   if !cgc.podStateProvider.ShouldPodContentBeRemoved(podUID) {
     continue
   }
   ...
   err := osInterface.RemoveAll(filepath.Join(podLogsRootDirectory, name))
   ...
    }
  }

  logSymlinks, _ := osInterface.Glob(filepath.Join(legacyContainerLogsDir,
fmt.Sprintf("*.%s", legacyLogSuffix)))
  for _, logSymlink := range logSymlinks {
    if _, err := osInterface.Stat(logSymlink); os.IsNotExist(err) {
   if containerID, err := getContainerIDFromLegacyLogSymlink(...); err == nil {
     resp, err := cgc.manager.runtimeService.ContainerStatus(containerID, false)
     ...
     status := resp.GetStatus()
     if status == nil {
       continue
     }
     if status.State != runtimeapi.ContainerState_CONTAINER_EXITED {
       ...
       continue
     }
```

```
      err := osInterface.Remove(logSymlink)
    } else {
      ...
    }
    }
  }
  return nil
}
```

如果 kubelet 所有数据源都是就绪状态，则 evictPodLogsDirectories 会遍历 podLogsRootDirectory 日志根目录下的所有 Pod 日志目录，识别非正常状态的 Pod，删除对应的日志目录。对于容器日志目录 legacyContainerLogsDir，evictPodLogsDirectories 会将符号链接目标文件不存在且处于退出状态的容器对应的符号链接文件删除，以清理并释放对应的磁盘空间。

12.7 PLEG 核心原理

PLEG 是 kubelet 的一个重要核心组件，负责监控 kubelet 管理的节点上运行的 Pod 的生命周期，并生成与生命周期有关的事件。

12.7.1 PLEG 产生原因

在 Kubernetes 中，kubelet 负责维护和管理每个节点上的 Pod，不断调谐 Pod 的状态（Status）以使其符合定义（Spec）要求。为了实现这个目标，kubelet 需要同时支持对 Pod Spec 和 Container Status 的事件监听。对于前者，kubelet 通过 Watch 不同源的 Pod Spec 变化事件实现。而对于后者，在 PLEG 引入之前，每个 Pod 的处理协程都会独立地通过周期性地为所有容器拉取最新状态来获取变化。这种轮询会产生不可忽略的开销，而且会随着 Pod 数量的增多而不断增大。周期性的、并发的、大量的请求会导致过高的 CPU 占用（使 Container Status 实际上没有发生任何变化），降低节点的处理性能，甚至由于对容器运行时产生过大的压力而出现稳定性问题。最终，这将导致 kubelet 丧失可扩展性。

为了解决这个问题，kubelet 在 v1.2.0 版本引入了 PLEG，其目标是改善 kubelet 的可扩展性和性能，具体体现在以下方面。

- 减少不必要的处理操作（当状态未发生变化时，不执行无效的调谐逻辑）。
- 减少对底层容器运行时的并发请求，以减轻容器运行时的压力。

12.7.2 PLEG 架构设计

PLEG 主要包含两个核心功能，一是感知容器变化，生成 Pod 事件，二是维持一份最新的 Pod Status Cache 数据以供其他组件读取，其架构设计如图 12-18 所示。

kubelet 同时接收两个方向的事件，Pod Spec 有 kube-apiserver、File、HTTP 三大来源，而 Pod Status 则来自 PLEG。无论是收到 Pod Spec 变化，还是收到 Pod Status 变化，都会触发对应 Pod Worker 执行 Reconcile 调谐逻辑，使 Pod Status 符合最新的 Spec 定义。Pod Worker 在执行调谐的过程中，会读取由 PLEG 维护的最新的 Pod Status，以避免直接向容器运行时发起请求，降低容器运行时的压力，同时提高状态读取效率。Pod Worker 根据需要，通过 CRI 操控容器运行时启动或停止 Pod 容器，相应的容器的状态变化会再次被 PLEG 捕获，触发 Pod Worker 执行调谐，以达到最终的稳定状态。PLEG 在设计上支持两种方式获取容器运行时的状态变化：一是执行周期性的 relist（examine containers）操作，读取所有容器列表并与内部 Cache 中的旧状态进行比较，生成变化事件；二是监听来自上游容器状态事件生成器（Container State Event Generator）发来的事件，并且对事件进行处理和转换，生成变化事件。

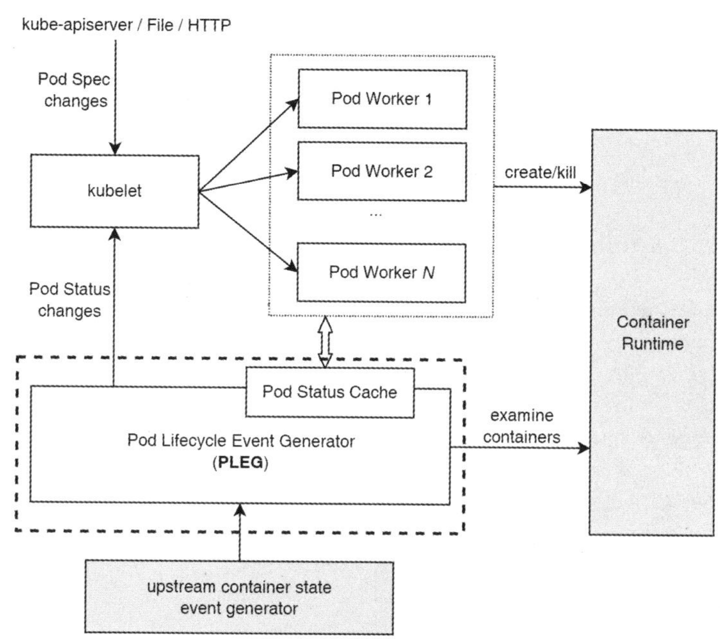

图 12-18 PLEG 的架构设计

在 v1.25 版本的 kubelet 中，PLEG 仅实现了基于周期性 relist 方式的容器事件生成，并未实现对接上游容器状态事件生成器的功能。从 v1.26 版本开始，kubelet 引入了 Evented PLEG，并且在 v1.27 版本进入 beta 阶段，实现了对接上游容器状态事件生成器的功能以支持对上游容器运行时的事件监听，减少 relist 的开销，并且提高事件响应速度。由于 Evented PLEG 依赖 CRI Runtime 的支持，默认处于关闭状态，因此需要显式开启 EventedPLEG feature gate 才能使用该功能。

12.7.3 PLEG 原理剖析

PLEG 在 kubelet 实例化阶段（NewMainKubelet）完成初始化，在 kubelet 启动主 syncLoop 前开始执行。由于 EventedPLEG 是在 v1.26 及以后版本引入的，默认处于关闭状态且依赖容器运行时的支持，所以本书重点介绍基于 relist 方式实现的更通用的 GenericPLEG。

实际上，为了避免容器运行时的监听事件丢失，在开启 EventedPLEG 的情况下，GenericPLEG 也会同时被启动，周期性地通过 relist 方式同步全量 Pod Status，只是其 relistPeriod 会被从 1 秒调整为 5 分钟。

GenericPLEG Start 函数的代码示例如下。

代码路径：pkg/kubelet/pleg/generic.go

```
Plain Text
func (g *GenericPLEG) Start() {
   go wait.Until(g.relist, g.relistPeriod, wait.NeverStop)
}
```

GenericPLEG 的 Start 函数逻辑极为简单，就是启动一个独立协程，每隔 1 秒执行一次 relist 操作。relist 函数是 GenericPLEG 的核心实现部分，其代码示例如下。

代码路径：pkg/kubelet/pleg/generic.go

```
Plain Text
func (g *GenericPLEG) relist() {
   ...
   timestamp := g.clock.Now()
   ...
   podList, err := g.runtime.GetPods(true)
   ...
   g.updateRelistTime(timestamp)
   ...
   g.podRecords.setCurrent(pods)

   // Compare the old and the current pods, and generate events.
   eventsByPodID := map[types.UID][]*PodLifecycleEvent{}
   for pid := range g.podRecords {
   oldPod := g.podRecords.getOld(pid)
   pod := g.podRecords.getCurrent(pid)
   // Get all containers in the old and the new pod.
   allContainers := getContainersFromPods(oldPod, pod)
   for _, container := range allContainers {
      events := computeEvents(oldPod, pod, &container.ID)
      for _, e := range events {
      updateEvents(eventsByPodID, e)
      }
   }
   }
   ...
   for pid, events := range eventsByPodID {
   pod := g.podRecords.getCurrent(pid)
      if g.cacheEnabled() {
      ...
      g.updateCache(pod, pid)
      ...
      }

   g.podRecords.update(pid)
   ...
   for i := range events {
      select {
      case g.eventChannel <- events[i]:
      default:
      ...
      }
      ...
```

```
    }
    }
    ...
}
```

其执行流程描述如下。

- 通过 runtime.GetPods 调用容器运行时读取 Pod 列表。
- updateRelistTime 更新本次执行 relist 操作的时间戳，PLEG 健康检查通过检查该时间戳距离当前时间是否超过 3 分钟来判断 PLEG 的工作状态。当 relist 操作耗时过长时，PLEG 将呈现 unhealthy 状态，即出现"PLEG is not healthy"问题，继而导致节点 NotReady。

GenericPLEG 的健康检查实现的代码示例如下。

代码路径：pkg/kubelet/pleg/generic.go

```
Plain Text
const(
    relistThreshold = 3 * time.Minute
)
func (g *GenericPLEG) Healthy() (bool, error) {
    relistTime := g.getRelistTime()
    if relistTime.IsZero() {
    return false, fmt.Errorf("pleg has yet to be successful")
    }
    elapsed := g.clock.Since(relistTime)
    if elapsed > relistThreshold {
    return false, fmt.Errorf("...")
    }
    return true, nil
}
```

- podRecords.setCurrent 将最新的 Pod 列表更新到 PLEG 的 podRecords，podRecords 是 PLEG 的一个内部字段，用于记录每个 Pod 对应的新旧数据，通过新旧数据对比即可分析出 Pod 状态的变化。

podRecords 的数据结构定义如下。

代码路径：pkg/kubelet/pleg/generic.go

```
Plain Text
type podRecord struct {
    old     *kubecontainer.Pod
    current *kubecontainer.Pod
}

type podRecords map[types.UID]*podRecord
```

- 遍历 podRecords 中记录的 Pod，通过 computeEvents 根据新旧 Pod 状态对比，计算 Pod 的事件，并且存储到临时 map 数据结构 eventsByPodID 中。computeEvents 代码示例如下。

代码路径：pkg/kubelet/pleg/generic.go

```
Plain Text
func computeEvents(oldPod, newPod *kubecontainer.Pod, ...) []*PodLifecycleEvent {
    var pid types.UID
    if oldPod != nil {
        pid = oldPod.ID
```

```
    } else if newPod != nil {
        pid = newPod.ID
    }
    oldState := getContainerState(oldPod, cid)
    newState := getContainerState(newPod, cid)
    return generateEvents(pid, cid.ID, oldState, newState)
}
```

computeEvents 先获取新旧容器的状态，再通过 generateEvents 生成事件。getContainerState 主要实现 Container State 到 PLEG Container State 的转换逻辑，代码示例如下。

代码路径：pkg/kubelet/pleg/generic.go

```
Plain Text
func getContainerState(pod *kubecontainer.Pod, cid *kubecontainer.ContainerID)
plegContainerState {
    // Default to the non-existent state.
    state := plegContainerNonExistent
    if pod == nil {
    return state
    }
    c := pod.FindContainerByID(*cid)
    if c != nil {
    return convertState(c.State)
    }
    // Search through sandboxes too.
    c = pod.FindSandboxByID(*cid)
    if c != nil {
    return convertState(c.State)
    }
    return state
}
```

对于不存在的 Pod，返回 plegContainerNonExistent，否则通过 convertState 进行状态转换。

generateEvents 主要负责对比新旧 PLEG State，生成事件，代码示例如下。

代码路径：pkg/kubelet/pleg/generic.go

```
Plain Text
func generateEvents(..., oldState, newState plegContainerState) []*PodLifecycleEvent {
    if newState == oldState {
    return nil
    }

    switch newState {
    case plegContainerRunning:
    return []*PodLifecycleEvent{{ID: podID, Type: ContainerStarted, Data: cid}}
    case plegContainerExited:
    return []*PodLifecycleEvent{{ID: podID, Type: ContainerDied, Data: cid}}
    case plegContainerUnknown:
    return []*PodLifecycleEvent{{ID: podID, Type: ContainerChanged, Data: cid}}
    case plegContainerNonExistent:
    switch oldState {
    case plegContainerExited:
        // We already reported that the container died before.
        return []*PodLifecycleEvent{{ID: podID, Type: ContainerRemoved, Data: cid}}
    default:
```

```
            return []*PodLifecycleEvent{
            {ID: podID, Type: ContainerDied, Data: cid},
            {ID: podID, Type: ContainerRemoved, Data: cid}
            }
        }
    default:
    panic(fmt.Sprintf("unrecognized container state: %v", newState))
    }
}
```

generateEvents 对比 newState 和 oldState，如果相等，则不产生任何事件，否则根据变化情况生成不同类型的事件，具体规则如上述代码逻辑所示。Container State、PLEG Container State 及 PodLifecycleEvent 的对应关系如图 12-19 所示。

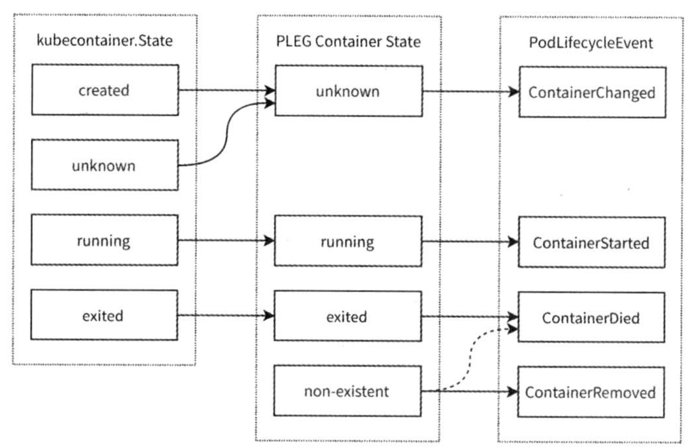

图 12-19　Container State、PLEG Container State 及 PodLifecycleEvent 的对应关系

其中，对于 non-existent 状态，PLEG 会检查上一次是否已经报告了 ContainerDied 事件。如果已报告，则仅生成 ContainerRemoved 事件；如果未报告 ContainerDied 事件，则同时生成 ContainerDied 和 ContainerRemoved 事件。

- 遍历 eventsByPodID，为发生变化的 Pod 通过 updateCache 更新缓存状态，以便其他组件能够正确读取最新的 Pod Status，同时向 g.eventChannel 发送事件，以使监听者执行相应的处理操作。

PLEG 的 cache 对象是在初始化时传入的，即 kubelet.podCache，该对象同样被 podWorkers 协程共享，因此，podWorkers 能实时获取最新的状态数据。PLEG 实现了 Watch 函数，即返回内部的 eventChannel 对象，kubelet 的 syncLoop 通过调用 kl.pleg.Watch 获取事件 Channel，并且在 syncLoopIteration 中尝试读取来自 PLEG 的事件并处理。

PLEG 使用单一协程 relist 容器状态，避免了大规模并发请求，而且仅在发生变化时通过事件机制触发上层调谐，避免了无效操作。同时，通过维护本地最新 Pod 容器状态缓存，避免 Pod Worker 重复向容器运行时发起读取请求，提高了读取效率。

12.8　HTTP 服务接口

kubelet 通过 HTTP Server 向外暴露 API 接口，供其他组件进行调用和管理。为了确保 API

安全，kubelet 按照安全等级从低到高的顺序支持 3 种 HTTP Server，分别是 helathz server、readonly server 和 kubelet core server。

helathz server 支持匿名访问，仅包含/healthz 访问端点；readonly server 支持匿名访问，包含全量接口端点，但只支持读取操作，所有写入请求都返回 405 错误信息；kubelet core server 需要执行鉴权后才能访问，支持全量接口端点的读写操作。

kubelet core server 支持的接口端点及其说明如表 12-7 所示。

表 12-7　kubelet core server 支持的接口端点及其说明

<table>
<tr><th>一级类目</th><th>二级类目</th><th>Path 路径</th><th>描述</th></tr>
<tr><td rowspan="9">Default Handlers</td><td>healthz</td><td>/healthz</td><td>检查 kubelet 是否健康，重点检查 syncLoop 是否持续且在规定时间内完成。检查 syncLoop 是因为其他组件故障（如 PLEG 不健康）会间接导致 syncLoop 不能执行成功，从而反映到/healthz</td></tr>
<tr><td>pods</td><td>/pods</td><td>读取当前节点运行的 Pod 列表（通过 PodManager 获取）</td></tr>
<tr><td>stats</td><td>/stats/summary</td><td>读取资源使用状态</td></tr>
<tr><td rowspan="4">metrics</td><td>/metrics</td><td>读取 kubelet 监控指标数据</td></tr>
<tr><td>/metrics/cadvisor</td><td>读取 cadvisor 监控指标数据</td></tr>
<tr><td>/metrics/probes</td><td>读取 probes 监控指标数据</td></tr>
<tr><td>/metrics/resource</td><td>读取 resource 监控指标数据</td></tr>
<tr><td>checkpoint</td><td>/checkpoint/{podNamespace}/{podID}/{containerName}</td><td>为容器构建快照，依赖 ContainerCheckpoint featuregate 及容器运行时的支持</td></tr>
<tr><td rowspan="3">Debugging Handlers</td><td>run</td><td>/run/{podNamespace}/{podID}/{containerName}
/run/{podNamespace}/{podID}/{uid}/{containerName}</td><td>在容器内执行命令。
这里的 podID 指的是 Pod Name，uid 指的是 Pod UID，uid 仅在无法通过 Namespace/Name 确定唯一的 Pod 时，查找目标 Pod</td></tr>
<tr><td>exec</td><td>/exec/{podNamespace}/{podID}/{containerName}
/exec/{podNamespace}/{podID}/{uid}/{containerName}</td><td>在容器内交互式执行命令，CRI 调用会返回一个重定向地址，处理 Stream 流。
这里 podID 指的是 Pod Name，uid 指的是 Pod UID，uid 仅在无法通过 Namespace/Name 确定唯一的 Pod 时，查找目标 Pod</td></tr>
<tr><td>attach</td><td>/attach/{podNamespace}/{podID}/{containerName}
/attach/{podNamespace}/{podID}/{uid}/{containerName}</td><td>连接到容器执行进程，CRI 调用会返回一个重定向地址，处理 Stream 流。
这里的 podID 指的是 Pod Name，uid 指的是 Pod UID，uid 仅在无法通过 Namespace/Name 确定唯一的 Pod 时，查找目标 Pod</td></tr>
</table>

续表

一级类目	二级类目	Path 路径	描述
	portForward	/portForward/{podNamespace}/{podID} /portForward/{podNamespace}/{podID}/{uid}	执行端口转发，CRI 调用会返回一个重定向地址，处理 Stream 流。 这里的 podID 指的是 Pod Name，uid 指的是 Pod UID，uid 仅在无法通过 Namespace/Name 确定唯一的 Pod 时，查找目标 Pod
	containerLogs	/containerLogs/{podNamespace}/{podID}/{containerName}	读取容器日志，kubelet 首先通过 CRI 读取容器日志在宿主机上的路径，然后从本地文件系统加载日志内容
	configz	/configz	读取 kubelet 使用的配置
	runningpods	/runningpods/	读取当前节点运行的 Pod 列表（通过 RuntimeCache 获取），与/pods 返回期望的 Pod 列表不同，/runningpods 返回的是容器运行时实际的 Pod 列表
SystemLog Handler	logs	/logs /logs/{logpath:*}	读取节点/var/log 下的系统日志
Profiling Handler	debug	/debug/pprof/{subpath:*}	读取 pprof 监控信息，如 profile、symbol、cmdline、trace 等
DebugFlags Handler	debug	/debug/flags/v	动态调整 kubelet 的日志等级

由于接口数量较多，本书仅重点介绍其中几个比较核心且典型的接口实现。

12.8.1　日志查询接口

我们经常使用 kubectl logs 命令来读取容器的运行日志，借此监测程序的执行状况。在执行该命令时，实际上请求会首先通过 kubectl 发送给 kube-apiserver，在完成认证鉴权等验证后，kube-apiserver 会主动向 kubelet 的/containerLogs 端点发起请求，读取对应容器的日志内容，并且将结果返回给 kubectl，最终呈现在控制台输出中。日志查询的整体执行流程如图 12-20 所示。

日志查询流程主要包含以下步骤。

1. kubectl 向 kube-apiserver 发起日志查询请求

在终端执行 kubectl logs 命令时，在底层链路上，实际上是通过 client-go 的 GetLogs 函数获取容器日志，代码示例如下。

代码路径：vendor/k8s.io/kubectl/pkg/polymorphichelpers/logsforobject.go

```
Plain Text
func logsForObjectWithClient(...) (...) {
    ...
    ret[*ref] = clientset.Pods(t.Namespace).GetLogs(t.Name, currOpts)
    ...
}
```

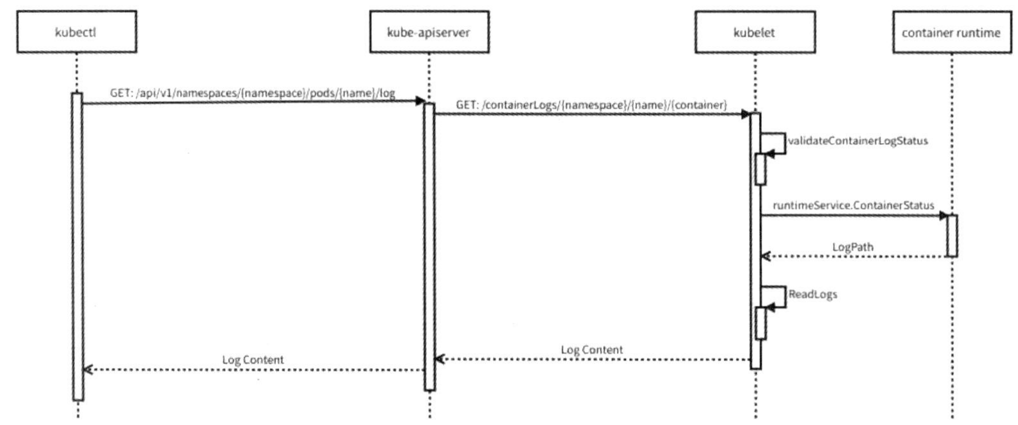

图 12-20 日志查询的整体执行流程

GetLogs 函数用于构造日志请求的 Request 对象（GET:/api/v1/namespaces/{namespace}/pods/{name}/log）。kubectl 通过 DefaultConsumeRequest 调用 Request 对象的 Stream 函数真正向 kube-apiserver 发起请求，获取输出 Stream 数据流，最后使用 for 循环持续读取日志内容，并且复制到标准输出。代码示例如下。

代码路径：vendor/k8s.io/kubectl/pkg/cmd/logs/logs.go

```
Plain Text
func DefaultConsumeRequest(request rest.ResponseWrapper, out io.Writer) error {
   readCloser, err := request.Stream(context.TODO())
   ...
   r := bufio.NewReader(readCloser)
   for {
   bytes, err := r.ReadBytes('\n')
   if _, err := out.Write(bytes); err != nil {
      return err
   }
   if err != nil {
      if err != io.EOF {
      return err
      }
      return nil
   }
   }
}
```

默认采用按行读取打印的方式，持续从 Stream 数据流中读取内容，输出到标准输出，直到遇到错误或 EOF 后停止。

2. kube-apiserver 向 kubelet 发起日志查询请求

对 kube-apiserver 而言，Log 也是一种资源对象（Pod 的子资源），其处理流程与一般资源对象的 Get 操作类似，只不过 Log 资源对象不是从 etcd 中读取的，而是由 LogREST 负责处理的。在经过认证、鉴权、准入控制等前置校验，请求最终会被 RESTStorage（LogREST）处理。

在 API 注册阶段，Pod 就已经注册了其资源对象与 RESTStorage 的对应关系，代码示例如下。

代码路径：pkg/registry/core/rest/storage_core.go

```
Plain Text
if resource := "pods";
apiResourceConfigSource.ResourceEnabled(corev1.SchemeGroupVersion.WithResource(resour
ce)) {
    storage[resource] = podStorage.Pod
    storage[resource+"/attach"] = podStorage.Attach
    storage[resource+"/status"] = podStorage.Status
    storage[resource+"/log"] = podStorage.Log
    storage[resource+"/exec"] = podStorage.Exec
    storage[resource+"/portforward"] = podStorage.PortForward
    storage[resource+"/proxy"] = podStorage.Proxy
    ...
}
```

可以看出，Log 资源对象的 RESTStorage 为 podStorage.Log（数据类型为 LogREST），即当对 Log 资源对象发起 GET 请求时，是由存储对象 podStorage.Log 的 Get 函数负责处理的。podStorage.Log 的 Get 函数的代码示例如下。

代码路径：pkg/registry/core/pod/rest/log.go

```
Plain Text
func (r *LogREST) Get(...) (runtime.Object, error) {
   ...
   if errs := validation.ValidatePodLogOptions(logOpts); len(errs) > 0 {
   return nil, errors.NewInvalid(api.Kind("PodLogOptions"), name, errs)
   }
   ...
   return &genericrest.LocationStreamer{
   Location:          location,
   Transport:         transport,
   ContentType:       "text/plain",
   ...
   }, nil
}
```

LogREST 通过 ValidatePodLogOptions 验证请求合法性后，即返回了 LocationStreamer 对象，该对象实现了 runtime.Object 接口，符合 rest.GetterWithOptions 的接口要求。这里的 Location 实际上是构造出的对 kubelet 发起日志查询请求的 URL，默认为 https://<node-ip>:10250/containerLogs/ {namespace}/{name}/{container}。

这里读者或许会有疑问，返回实现了 runtime.Object 接口的 LocationStreamer 对象是如何实现数据流读取的呢？实际上，kube-apiserver 在构造 Response 时是有额外处理的。在 API 注册时，对于 GET 请求，会根据是否实现 rest.GetterWithOptions 接口分别交给两类 Handler 处理，代码示例如下。

代码路径：vendor/k8s.io/apiserver/pkg/endpoints/installer.go

```
Plaintext
 case "GET":
   var handler restful.RouteFunction
```

```
    if isGetterWithOptions {
    handler = restfulGetResourceWithOptions(...)
    } else {
    handler = restfulGetResource(...)
    }
    ...
```

LogREST 实现了 rest.GetterWithOptions 接口，因此通过 restfulGetResourceWithOptions 处理，通过跟踪发现，最终会使用 WriteObjectNegotiated 处理 runtime.Object 对象，为客户端返回正确的内容，代码示例如下。

代码路径：vendor/k8s.io/apiserver/pkg/endpoints/handlers/responsewriters/writers.go

```
Plain Text
func WriteObjectNegotiated(s runtime.NegotiatedSerializer, restrictions
negotiation.EndpointRestrictions, gv schema.GroupVersion, w http.ResponseWriter, req
*http.Request, statusCode int, object runtime.Object) {
   stream, ok := object.(rest.ResourceStreamer)
   if ok {
      requestInfo, _ := request.RequestInfoFrom(req.Context())
      metrics.RecordLongRunning(req, requestInfo, metrics.APIServerComponent, func() {
         StreamObject(statusCode, gv, s, stream, w, req)
      })
      return
   }
   ...
}
```

可以看到，kube-apiserver 在返回 runtime.Object 对象前，会检查 runtime.Object 对象是否实现了 rest.ResourceStreamer 接口，如果实现了该接口，则使用 StreamObject 返回数据流，而不是直接返回 runtime.Object 对象。而 LogREST 返回的资源对象 LocationStreamer 就实现了 rest.ResourceStreamer 接口。通过这种机制，runtime.Object 对象也能支持 Response 返回数据流。StreamObject 的代码示例如下。

代码路径：vendor/k8s.io/apiserver/pkg/endpoints/handlers/responsewriters/writers.go

```
Plain Text
func StreamObject(...) {
   out, flush, contentType, err := stream.InputStream(...)
   ...
   if wsstream.IsWebSocketRequest(req) {
   r := wsstream.NewReader(out, true, wsstream.NewDefaultReaderProtocols())
   if err := r.Copy(w, req); err != nil {
      ...
   }
   return
   }

   ...
   writer := w.(io.Writer)
   ...
   io.Copy(writer, out)
}
```

首先，通过 stream.InputStream 获取数据流；然后，检查是否采用 WebSocket 方式传输，如果是，则通过调用 wsstream.NewReader 构造 Reader，通过 r.Copy 将数据流内容持续复制到 ResponseWriter，否则，采用 io.Copy 将数据流内容持续复制到 ResponseWriter。

LocationStreamer 的 InputStream 是实际向 kubelet 发起请求的地方，代码示例如下。

代码路径：vendor/k8s.io/apiserver/pkg/registry/generic/rest/streamer.go

```
Plain Text
func (s *LocationStreamer) InputStream() (stream io.ReadCloser, ...) {
    ...
    req, err := http.NewRequest("GET", s.Location.String(), nil)
    ...
    resp, err := client.Do(req)
    ...
    stream = resp.Body
    return
}
```

InputStream 先基于 Location 构造 Request 对象，再通过 client.Do 对 kubelet 发起 HTTP 调用，并且将返回的 resp.Body 作为 Stream，用于读取日志内容。

3. kubelet 处理并响应日志查询请求

kubelet 的 HTTP Server 在收到来自 kube-apiserver 的日志查询请求，经过认证、鉴权等前置验证后，最终会被 getContainerLogs 处理，代码示例如下。

代码路径：pkg/kubelet/server/server.go

```
Plain Text
s.addMetricsBucketMatcher("containerLogs")
ws = new(restful.WebService)
ws.
    Path("/containerLogs")
ws.Route(ws.GET("/{podNamespace}/{podID}/{containerName}").
    To(s.getContainerLogs).
    Operation("getContainerLogs"))
s.restfulCont.Add(ws)
```

getContainerLogs 解析日志查询请求，构造 PodLogOptions 参数对象，通过调用 GetKubeletContainerLogs 读取容器日志，代码示例如下。

```
Plain Text
func (s *Server) getContainerLogs(request *restful.Request, response *restful.Response)
{
    ...
    logOptions := &v1.PodLogOptions{}
    if err := legacyscheme.ParameterCodec.DecodeParameters(query,
    v1.SchemeGroupVersion, logOptions); err != nil {
    response.WriteError(http.StatusBadRequest,
        fmt.Errorf(`{"message": "Unable to decode query."}`))
    return
    }
    ...
    fw := flushwriter.Wrap(response.ResponseWriter)
    response.Header().Set("Transfer-Encoding", "chunked")
```

```
    if err := s.host.GetKubeletContainerLogs(ctx, kubecontainer.GetPodFullName(pod),
    containerName, logOptions, fw, fw); err != nil {
    response.WriteError(http.StatusBadRequest, err)
    return
    }
}
```

特别地，上述代码同样通过将 Response 的 Transfer-Encoding 设置为 chunked 来支持 HTTP/1.1 长连接，使客户端能够保持连接以持续接收日志数据，有关 HTTP Chunked 分块编码的更多介绍，请参考 8.11.1 节。

GetKubeletContainerLogs 通过 validateContainerLogStatus 检查容器运行状态，当容器处于无法拉取日志的状态（如还未启动）时，直接返回错误状态。否则，调用 kubeGenericRuntimeManager 的 GetContainerLogs 获取容器日志。GetContainerLogs 是 kubelet 日志读取的核心实现，代码示例如下。

代码路径：pkg/kubelet/kuberuntime/kuberuntime_container.go

```
Plain Text
func (m *kubeGenericRuntimeManager) GetContainerLogs(ctx context.Context, pod *v1.Pod,
containerID kubecontainer.ContainerID, logOptions *v1.PodLogOptions, stdout, stderr
io.Writer) (err error) {
    resp, err := m.runtimeService.ContainerStatus(containerID.ID, false)
    ...
    status := resp.GetStatus()
    ...
    return m.ReadLogs(ctx, status.GetLogPath(), containerID.ID, logOptions, stdout,
stderr)
}
```

在以上代码中，kubelet 首先通过 runtimeService.ContainerStatus 调用 CRI，从容器运行时获取容器的状态，然后通过 status.GetLogPath 获取容器的日志路径，最后使用 ReadLogs 读取日志文件的内容。

kubelet 其实是从宿主机文件系统直接拉取日志内容的，仅通过 CRI 调用获取容器日志在宿主机的路径。

通过以下命令可以获取容器的日志路径，通过访问宿主机对应路径可以查看对应的日志文件。

```
Plain Text
$ crictl inspect -o go-template --template '{{.status.logPath}}' <containerid>
/var/log/pods/kube-system_coredns-xxx/coredns/2.log
```

ReadLogs 从宿主机上的日志文件读取日志内容，通过 Response 返回给客户端，代码示例如下。

```
Plain Text
func ReadLogs(ctx context.Context, path, containerID string, opts *LogOptions,
runtimeService internalapi.RuntimeService, stdout, stderr io.Writer) error {
    ...
    f, err := os.Open(path)
    ...
    r := bufio.NewReader(f)
    ...
```

```
    for {
    ...
    l, err := r.ReadBytes(eol[0])
    if err != nil {
        if err != io.EOF { // This is an real error
        return fmt.Errorf("failed to read log file %q: %v", path, err)
        }
        if opts.follow {
        ...
        if watcher == nil {
            // Initialize the watcher if it has not been initialized yet.
            if watcher, err = fsnotify.NewWatcher(); err != nil {
            return fmt.Errorf("failed to create fsnotify watcher: %v", err)
            }
            defer watcher.Close()
            if err := watcher.Add(f.Name()); err != nil {
            return fmt.Errorf("failed to watch file %q: %v", f.Name(), err)
            }
            continue
        }
        ...
        found, recreated, err = waitLogs(ctx, containerID, watcher, ...)
        ...
        if recreated {
            newF, err := os.Open(path)
            ...
            if err := watcher.Add(f.Name()); err != nil {
            return fmt.Errorf("failed to watch file %q: %v", f.Name(), err)
            }
            r = bufio.NewReader(f)
        }
        continue
        }
        ...
    }
    ...
    if err := parse(l, msg); err != nil {
        klog.ErrorS(err, "Failed when parsing line in log file",
        "path", path, "line", l)
        continue
    }
    // Write the log line into the stream.
    if err := writer.write(msg, isNewLine); err != nil {
        ...
        return err
    }
    ...
    }
}
```

ReadLogs 使用 os.Open 打开日志文件，通过 Reader 不断按行读取日志内容，并且将其解析为 MSG 格式，写入 Response Stream。特别地，当开启 follow 模式时，ReadLogs 会使用 fsnotify

监听日志文件的变化，当日志文件发生 rotate 滚动时，自动等待和发现新的日志文件，并且从新日志文件继续读取内容。

至此，kubelet 已经完成了日志内容的读取，读取的日志数据先返回到 kube-apiserver，kube-apiserver 再将日志数据源源不断地复制到 kubectl，kubectl 再将日志数据复制到标准输出，日志内容就在终端呈现出来了。

12.8.2 命令执行接口

kubectl exec 是一个常见的命令行调试工具，它能够创建一个交互式的终端环境，允许用户在容器中执行命令并实时获得输出结果，在排查程序问题或执行某些手动操作时非常有用。kubectl exec 在执行过程中，需要连接 kube-apiserver，由 kube-apiserver 将请求代理转发给 kubelet。kubelet 先调用 CRI 从容器运行时获得 Exec Stream 连接地址，再通过该地址建立起连接容器运行时的 Exec Stream 代理，最终建立起 kubectl 和容器运行时之间的支持双向通信的代理连接。kubectl exec 的交互流程如图 12-21 所示。

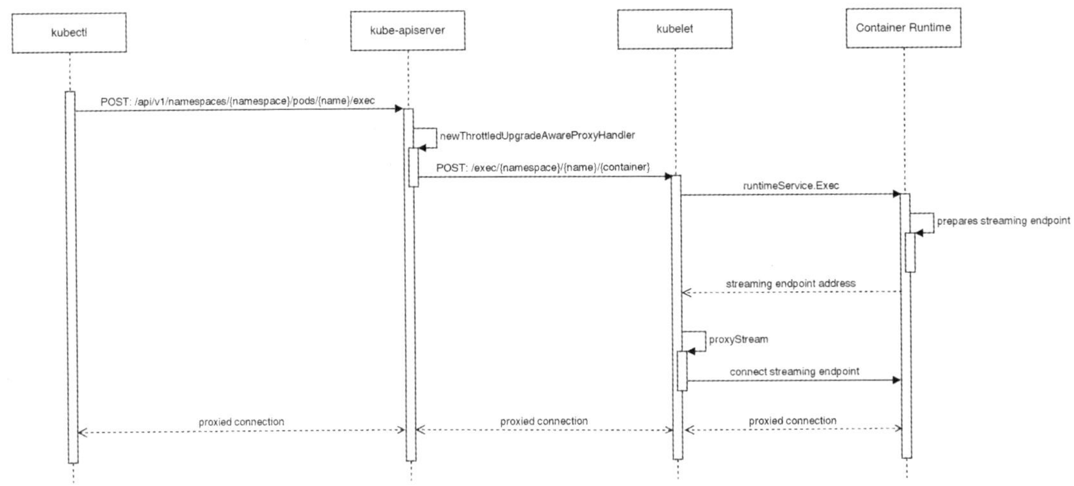

图 12-21　kubectl exec 的交互流程

kubectl exec 命令交互流程主要包含以下步骤。

1. kubectl 向 kube-apiserver 发起命令交互请求

在终端执行 kubectl exec 命令时，在底层链路上，实际上是通过 client-go 构造的对 Pod 子资源对象 exec 的 POST 请求完成的，代码示例如下。

代码路径：vendor/k8s.io/kubectl/pkg/cmd/exec/exec.go

```
Plain Text
func (p *ExecOptions) Run() error {
    ...
    req := restClient.Post().
        Resource("pods").
        Name(pod.Name).
        Namespace(pod.Namespace).
        SubResource("exec")
    ...
}
```

上述代码构造出的请求，形如 POST: /api/v1/namespaces/{namespace}/pods/{name}/exec。实际上，除了支持 Post 方法，kube-apiserver 也支持 GET 方式的请求调用。POST 适用于 kubectl 等客户端调用的场景，基于 SPDY 完成协议升级，以支持双向通信；GET 适用于 Web 页面调用的场景，可以基于 WebSocket 完成协议升级，以支持双向通信。

SPDY 是一个由谷歌公司研发的开放的网络传输协议，旨在缩短网页的加载时间。通过优先级和多路复用，SPDY 只需要创建一个 TCP 连接就可以传送网页内容及图片等资源。

kubectl 通过 SPDYExecutor 封装对 kube-apiserver 的 POST 请求，以对目标服务器发起连接，并且将连接升级为多路双向流（Multiplexed Bidirectional Streams），代码示例如下。

代码路径：vendor/k8s.io/kubectl/pkg/cmd/exec/exec.go

```
Plain Text
func (*DefaultRemoteExecutor) Execute(method string, url *url.URL, config
*restclient.Config, stdin io.Reader, stdout, stderr io.Writer, tty bool, terminalSizeQueue
remotecommand.TerminalSizeQueue) error {
   exec, err := remotecommand.NewSPDYExecutor(config, method, url)
   ...
   return exec.Stream(remotecommand.StreamOptions{
   Stdin:        stdin,
   Stdout:       stdout,
   Stderr:       stderr,
   Tty:         tty,
   TerminalSizeQueue: terminalSizeQueue,
   })
}
```

在上述代码的参数列表中，method 为 POST，url 为/api/v1/namespaces/{namespace}/pods/{name}/exec，stdin、stdout、stderr 分别代表标准输入、标准输出、标准错误，这将分别连接到执行命令的终端的标准输入、标准输出、标准错误，从而获得交互式体验。SPDYExecutor 是一个执行器封装，能够对目标服务器发起连接，并且将连接进行 SPDY 协议升级，以支持多路双向流。

SPDY 协议包含多个版本，在连接时需要与服务端协商选择合适的版本，kubectl 支持的版本列表如下。

```
Plain Text
func NewSPDYExecutorForTransports(transport http.RoundTripper, upgrader spdy.Upgrader,
method string, url *url.URL) (Executor, error) {
   return NewSPDYExecutorForProtocols(
   transport, upgrader, method, url,
   remotecommand.StreamProtocolV4Name,
   remotecommand.StreamProtocolV3Name,
   remotecommand.StreamProtocolV2Name,
   remotecommand.StreamProtocolV1Name,
   )
}
```

客户端 SPDY 数据流通过 SPDYExecutor 的 Stream 函数建立，代码示例如下。

代码路径：vendor/k8s.io/client-go/tools/remotecommand/remotecommand.go

```
Plain Text
func (e *streamExecutor) Stream(options StreamOptions) error {
```

```
    req, err := http.NewRequest(e.method, e.url.String(), nil)
    ...
    conn, protocol, err := spdy.Negotiate(
    e.upgrader,
    &http.Client{Transport: e.transport},
    req,
    e.protocols...,
    )
    ...

    var streamer streamProtocolHandler

    switch protocol {
    case remotecommand.StreamProtocolV4Name:
    streamer = newStreamProtocolV4(options)
    case remotecommand.StreamProtocolV3Name:
    streamer = newStreamProtocolV3(options)
    case remotecommand.StreamProtocolV2Name:
    streamer = newStreamProtocolV2(options)
    case "":
        fallthrough
    case remotecommand.StreamProtocolV1Name:
    streamer = newStreamProtocolV1(options)
    }

    return streamer.stream(conn)
}
```

首先通过 spdy.Negotiate 进行握手和协议升级，获得连接和协商后的协议。然后根据协议版本创建 streamer 对象，通过 streamer.stream 实现流式数据双向传输。

SPDY 协议升级的过程与 WebSocket 协议升级的过程类似，也是基于 Header 扩展完成的，客户端在向服务端发送请求时，通过设置 X-Stream-Protocol-Version Header 请求头，请求服务端进行协议升级转换。由于客户端一开始并不知道服务端支持哪些协议版本，因此只能将自身支持的版本列表写入请求头，供服务端选择。Negotiate 协商握手的代码示例如下。

代码路径：vendor/k8s.io/client-go/transport/spdy/spdy.go

```
Plain Text
func Negotiate(upgrader Upgrader, client *http.Client, req *http.Request,
protocols ...string) (httpstream.Connection, string, error) {
    for i := range protocols {
    req.Header.Add(httpstream.HeaderProtocolVersion, protocols[i])
    }
    resp, err := client.Do(req)
    ...
    defer resp.Body.Close()
    conn, err := upgrader.NewConnection(resp)
    ...
    return conn, resp.Header.Get(httpstream.HeaderProtocolVersion), nil
}
```

首先，遍历客户端协议支持列表，并且全部设置到 HTTP Header 中。通过客户端发起调用，等同于以下命令。

```
Plain Text
curl -XPOST \
  -H "X-Stream-Protocol-Version: v4.channel.k8s.io" \
  -H "X-Stream-Protocol-Version: v3.channel.k8s.io" \
  -H "X-Stream-Protocol-Version: v2.channel.k8s.io" \
  -H "X-Stream-Protocol-Version: channel.k8s.io" \
  https://<kube-apiserver-ip>:<port>/api/v1/namespaces/{namespace}/pods/{name}/exec?...
```

然后，通过读取响应的 X-Stream-Protocol-Version Header 得到协商后服务端确认的协议版本，基于该版本的协议通信。与 WebSocket 协议升级类似，服务端会响应 101 Switching Protocols 协议转换状态码，同时在响应中包含 Connection: Upgrade 和 Upgrade: SPDY/3.1 两个 Header，以表示协议升级请求被接受，目标协议为 SPDY/3.1。

streamer.stream 用于处理完成协议升级的连接，实现双向通信，主要完成多路数据复制，代码示例如下。

代码路径：vendor/k8s.io/client-go/tools/remotecommand/v2.go

```
Plain Text
func (p *streamProtocolV4) stream(conn streamCreator) error {
    if err := p.createStreams(conn); err != nil {
    return err
    }
    ...

    p.copyStdin()

    var wg sync.WaitGroup
    p.copyStdout(&wg)
    p.copyStderr(&wg)

    wg.Wait()

    return <-errorChan
}
```

copyStdin、copyStdout、copyStderr 是 3 个独立协程，分别用于将本地标准输入内容复制到远端标准输入，以及将远端标准输出和标准错误内容分别复制到本地标准输出和标准错误，从而实现命令和数据交互。

2. kube-apiserver 向 kubelet 发起命令执行请求

对 kube-apiserver 而言，exec 也是一种资源对象（Pod 的子资源），只不过其 RESTStorage 不像普通资源对象那样直接从 etcd 读取数据，而是采用了特别的实现。实际上，exec 是通过 ExecREST 处理的，它实现了一个特别的接口，即 rest.Connecter。在经过认证、鉴权、准入控制等前置校验，exec 请求最终会被 ExecREST 处理。

在 API 注册阶段，Pod 就已经注册了其资源对象与 RESTStorage 的对应关系，代码示例如下。

代码路径：pkg/registry/core/rest/storage_core.go

```
Plain Text
if resource := "pods";
apiResourceConfigSource.ResourceEnabled(corev1.SchemeGroupVersion.WithResource(resour
ce)) {
   storage[resource] = podStorage.Pod
   storage[resource+"/attach"] = podStorage.Attach
   storage[resource+"/status"] = podStorage.Status
   storage[resource+"/log"] = podStorage.Log
   storage[resource+"/exec"] = podStorage.Exec
   storage[resource+"/portforward"] = podStorage.PortForward
   storage[resource+"/proxy"] = podStorage.Proxy
   ...
}
```

可以看出，exec 资源对象的 RESTStorage 为 podStorage.Exec（数据类型为 ExecREST）。ExecREST 实现了 rest.Connecter 的 Connect 函数，代码示例如下。

代码路径：pkg/registry/core/pod/rest/subresources.go

```
Plain Text
func (r *ExecREST) Connect(ctx context.Context, name string, opts runtime.Object, responder
rest.Responder) (http.Handler, error) {
   execOpts, ok := opts.(*api.PodExecOptions)
   ...
   location, transport, err := pod.ExecLocation(ctx, r.Store, r.KubeletConn, ...)
   if err != nil {
   return nil, err
   }
   return newThrottledUpgradeAwareProxyHandler(location, transport, ...), nil
}
```

从上述代码可以看出，kube-apiserver 在 Connect 处理时，首选通过 ExecLocation 获取 kubelet exec 连接地址，然后通过 newThrottledUpgradeAwareProxyHandler 构建支持限速和协议升级的代理程序，将请求直接转发给 kubelet 进行处理。

location 指的是 kubelet HTTP Server 暴露的接口，形如 POST: /exec/{namespace}/{name}/{container}，transport 用于连接 Pod 所在的 kubelet HTTP 服务。newThrottledUpgradeAwareProxyHandler 创建的代理，其作用实际上类似 Nginx 反向代理，会将客户端传入的请求进行适当修改（如添加转发请求头 X-Forwarded-For）后构造新的请求，将新请求转发给 kubelet 处理，得到结果后再转发给 kubectl。代码示例如下。

代码路径：vendor/k8s.io/apimachinery/pkg/util/proxy/upgradeaware.go

```
Plain Text
func (h *UpgradeAwareHandler) tryUpgrade(w http.ResponseWriter, req *http.Request) bool
{
   ...
   clone := utilnet.CloneRequest(req)
   utilnet.AppendForwardedForHeader(clone)
   if h.UseLocationHost {
   clone.Host = h.Location.Host
   }
   clone.URL = &location
   backendConn, err = h.DialForUpgrade(clone)
```

```
    ...
    requestHijacker, ok := w.(http.Hijacker)
    ...
    requestHijackedConn, _, err := requestHijacker.Hijack()
    ...

    writerComplete := make(chan struct{})
    readerComplete := make(chan struct{})

    go func() {
    ...
    writer = flowrate.NewWriter(backendConn, h.MaxBytesPerSec)
    ...
    _, err := io.Copy(writer, requestHijackedConn)
    ...
    close(writerComplete)
    }()

    go func() {
    ...
    reader = flowrate.NewReader(backendConn, h.MaxBytesPerSec)
    ...
    _, err := io.Copy(requestHijackedConn, reader)
    ...
    close(readerComplete)
    }()

    select {
    case <-writerComplete:
    case <-readerComplete:
    }

    return true
}
```

在上述代码中，UpgradeAwareHandler 首先克隆了原请求，并且在对其进行了一定的修改和调整后，通过 DialForUpgrade 向 kubelet 发出请求，完成协议升级，获得连接 kubelet 的 backendConn 连接。然后，对于客户端，通过 Hijack 将 HTTP 底层的 TCP 连接取出，得到 requestHijackedConn。最后，启动两个协程，分别实现 backendConn 及 requestHijackedConn 输入和输出的双向复制，最终实现数据双向通信。

kube-apiserver 会在 API 注册阶段，为实现了 rest.Connecter 的 RESTStorage 资源同时提供 POST 和 GET 两种调用方式，代码示例如下。

代码路径：vendor/k8s.io/apiserver/pkg/endpoints/installer.go

```
Plaintext
connecter, isConnecter := storage.(rest.Connecter)
...
case "CONNECT":
    for _, method := range connecter.ConnectMethods() {
    ...
    handler := metrics.InstrumentRouteFunc(..., restfulConnectResource(...))
```

```
    handler = utilwarning.AddWarningsHandler(handler, warnings)
    route := ws.Method(method).Path(action.Path).
      To(handler).
      ...
```

对 ExecREST 而言，ConnectMethods 即返回 GET 和 POST，因此 kube-apiserver 同时支持 GET 和 POST 方式的 Exec 调用，处理 Handler 均为 restfulConnectResource。restfulConnectResource 在经过前置校验后，将请求转交给 ExecREST 的 Connect 函数返回的 Handler（UpgradeAwareHandler）进行处理。

3．kubelet 处理并响应命令执行请求

kubelet 的 HTTP Server 在收到来自 kube-apiserver 的命令执行请求，经过认证、鉴权等前置校验后，最终会被 getExec 函数处理，代码示例如下。

代码路径：pkg/kubelet/server/server.go

```
Plain Text
s.addMetricsBucketMatcher("exec")
ws = new(restful.WebService)
ws.
  Path("/exec")
ws.Route(ws.GET("/{podNamespace}/{podID}/{containerName}").
  To(s.getExec).
  Operation("getExec"))
ws.Route(ws.POST("/{podNamespace}/{podID}/{containerName}").
  To(s.getExec).
  Operation("getExec"))
ws.Route(ws.GET("/{podNamespace}/{podID}/{uid}/{containerName}").
  To(s.getExec).
  Operation("getExec"))
ws.Route(ws.POST("/{podNamespace}/{podID}/{uid}/{containerName}").
  To(s.getExec).
  Operation("getExec"))
s.restfulCont.Add(ws)
```

getExec 函数解析命令执行请求，首先通过 CRI 调用 runtimeService.Exec 从容器运行时获得一个执行 Exec 命令的连接地址，然后通过 proxyStream 代理 kube-apiserver 和容器运行时之间的流式连接，代码示例如下。

代码路径：pkg/kubelet/server/server.go

```
Plain Text
func (s *Server) getExec(request *restful.Request, response *restful.Response) {
  ...
  url, err := s.host.GetExec(podFullName, params.podUID, params.containerName,
params.cmd, *streamOpts)
  ...
  proxyStream(response.ResponseWriter, request.Request, url)
}
```

在上述代码中，GetExec 的底层会调用 CRI runtimeService.Exec 获得一个 URL 连接地址。对 containerd 而言，其连接地址就是 containerd 运行的 Stream Server 地址及一个 Token 信息。Token 在执行 CRI Exec 调用时生成，containerd 能够通过解析请求中的 Token 拿到对应 Exec

执行的上下文信息，如执行的命令和参数等。proxyStream 的作用与 kube-apiserver 的代理类似，也是充当反向代理，连接两个连接流，代码示例如下。

代码路径：pkg/kubelet/server/server.go

```
Plain Text
func proxyStream(w http.ResponseWriter, r *http.Request, url *url.URL) {
   handler := proxy.NewUpgradeAwareHandler(url, ...)
   handler.ServeHTTP(w, r)
}
```

可以看到，kubelet 同样创建了 UpgradeAwareHandler，与 kube-apiserver 相比，只是缺少了限流操作，这层反向代理搭建起了 kube-apiserver 和 kubelet，以及 kubelet 和 Container Runtime Stream Server 之间的桥梁。

至此，整个通信链路就建立起来了，kubectl 发出的请求经过 kube-apiserver 和 kubelet 的两层反向代理数据中转，最终到达 Container Runtime Stream Server 并被处理。两层反向代理负责双向数据通道的数据复制，从而实现命令交互操作。其中涉及 SPDY 协议升级，对 containerd 而言，它同时支持 SPDY 和 WebSocket，将与客户端实现自动协议协商，智能选择合适的通信协议。

12.8.3 端口转发接口

kubectl port-forward 能够在本地监听服务端口，使其与远端 Pod 端口相映射，实现端口转发，在进行服务调试时非常便利。kubectl port-forward 也涉及多个组件之间的协调联动，其交互流程如图 12-22 所示。

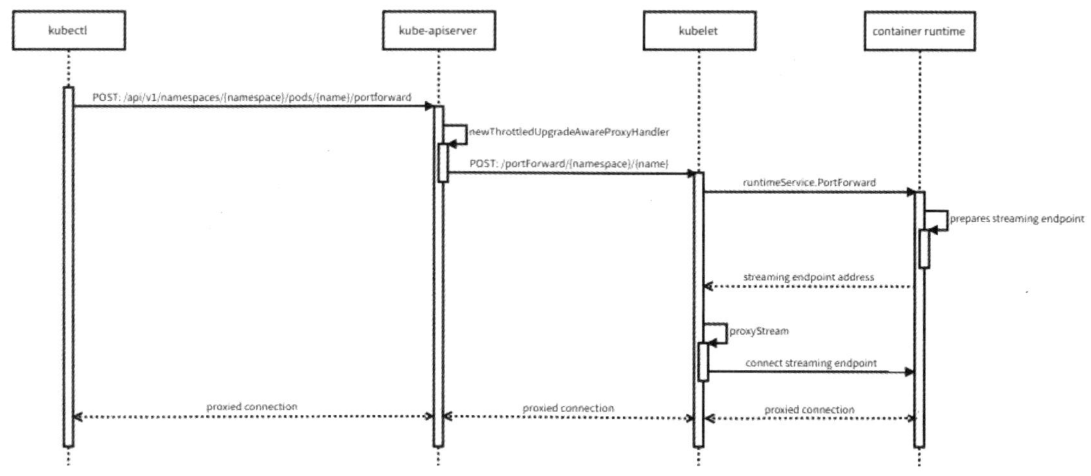

图 12-22 kubectl port-forward 的交互流程

kubectl port-forward 的命令交互流程与 kubectl exec 的类似，主要包含以下步骤。

1. kubectl 向 kube-apiserver 发起端口转发请求

在终端执行 kubectl port-forward 命令时，在底层链路上，实际上是通过 client-go 构造的对 Pod 子资源对象 portforward 的 POST 请求完成的，代码示例如下。

代码路径：vendor/k8s.io/kubectl/pkg/cmd/portforward/portforward.go

```
Plain Text
func (o PortForwardOptions) RunPortForward() error {
   ...
   req := o.RESTClient.Post().
       Resource("pods").
       Namespace(o.Namespace).
       Name(pod.Name).
       SubResource("portforward")

   return o.PortForwarder.ForwardPorts("POST", req.URL(), o)
}
```

以上代码构造出的请求，形如 POST:/api/v1/namespaces/{namespace}/pods/{name}/portforward。与 Exec 命令类似，除了支持 Post 方法，kube-apiserver 也支持 GET 方式的端口转发请求调用。

kubectl 通过 PortForwarder 封装对 kube-apiserver 的 POST 请求，以对目标服务器发起连接，并且将连接升级为基于 SPDY 协议的多路双向流，代码示例如下。

代码路径：vendor/k8s.io/kubectl/pkg/cmd/portforward/portforward.go

```
Plain Text
func (f *defaultPortForwarder) ForwardPorts(method string, url *url.URL, ...) error {
   ...
   dialer := spdy.NewDialer(upgrader, &http.Client{Transport: transport}, method, url)
   fw, err := portforward.NewOnAddresses(dialer, opts.Address, opts.Ports,...)
   ...
   return fw.ForwardPorts()
}
```

首先，通过 spdy.NewDialer 构建 Dialer 对象，封装对 kube-apiserver 的 POST 请求，Dial 能够向目标服务器发起连接，并且将连接升级为 SPDY 协议。然后，通过 portforward.NewOnAddresses 解析本地监听地址，生成 PortForwarder 对象 fw。最后，调用生成的 PortForwarder 对象的 ForwardPorts 监听本地服务地址并处理监听端口收到的请求，将其通过 SPDY Stream 发送到远端，并且将响应数据回传给客户端。fw.ForwardPorts 的代码示例如下：

代码路径：vendor/k8s.io/client-go/tools/portforward/portforward.go

```
Plain Text
const PortForwardProtocolV1Name = "portforward.k8s.io"

func (pf *PortForwarder) ForwardPorts() error {
   ...
   pf.streamConn, _, err = pf.dialer.Dial(PortForwardProtocolV1Name)
   ...
   return pf.forward()
}
```

与 exec 使用的升级协议不同，PortForward 在进行 SPDY 握手时使用的协议为 portforward.k8s.io，这是 Kubernetes 为端口转发功能而定义的协议类型，容器运行时实现（如 containerd）会根据该协议名称来判断出请求为端口转发类型，从而做出正确的处理。portforward.k8s.io 协议会写入 Request 的 Header 请求头，形如 X-Stream-Protocol-Version:

portforward.k8s.io。

在获得与服务端 SPDY Stream 的连接后，kubectl 通过 pf.forward 启动本地监听，并且在本地和远端之间复制数据，实现双向通信。对于每个监听地址都创建一个 listener，以接收和处理收到的请求，代码示例如下。

代码路径：vendor/k8s.io/client-go/tools/portforward/portforward.go

```
Plain Text
func (pf *PortForwarder) waitForConnection(listener net.Listener, port ForwardedPort) {
    for {
    select {
    case <-pf.streamConn.CloseChan():
        return
    default:
        conn, err := listener.Accept()
        ...
        go pf.handleConnection(conn, port)
    }
    }
}
```

与 HTTP Server 处理请求类似，对于每个请求分别通过 Accept 创建新的连接，并且使用独立协程处理，以避免任何一个慢请求阻塞其他新的请求。handleConnection 为每个请求创建独立的 Stream 并连接到服务端，并且在本地和远端数据流之间进行数据复制，代码示例如下。

代码路径：vendor/k8s.io/client-go/tools/portforward/portforward.go

```
Plain Text
func (pf *PortForwarder) handleConnection(conn net.Conn, port ForwardedPort) {
    ...
    requestID := pf.nextRequestID()
    headers := http.Header{}
    headers.Set(v1.StreamType, v1.StreamTypeError)
    headers.Set(v1.PortHeader, fmt.Sprintf("%d", port.Remote))
    headers.Set(v1.PortForwardRequestIDHeader, strconv.Itoa(requestID))
    errorStream, err := pf.streamConn.CreateStream(headers)
    ...
    go func() {
        message, err := ioutil.ReadAll(errorStream)
        ...
        close(errorChan)
    }()

    // create data stream
    headers.Set(v1.StreamType, v1.StreamTypeData)
    dataStream, err := pf.streamConn.CreateStream(headers)
    ...

    go func() {
       ...
       io.Copy(conn, dataStream)
       ...
    }()
```

```
    go func() {
      ...
      io.Copy(dataStream, conn)
      ...
    }()

    ...
}
```

对于每个请求建立的连接，通过 streamConn.CreateStream 分别创建两个 Stream 流：errorStream 和 dataStream。其中，errorStream 监听来自服务端的错误信息，在错误发生时关闭连接；dataStream 负责数据通信，通过两个 io.Copy 协程进行两个方向上的数据复制，实现双向数据转发。

在创建数据流时，通过设置以下 Header 头，表明创建的数据流类型。

- streamType：error 表示创建 errorStream，data 表示创建 dataStream。
- port：表示需要转发的 Pod 的端口。
- requestID：表示当前请求 ID，即 PortForwarder 内置计数器的取值，每处理一个请求，计数器加一。

2. kube-apiserver 向 kubelet 发起端口转发请求

对 kube-apiserver 而言，portforward 也是一种资源对象（Pod 的子资源），只不过其 RESTStorage 不像普通资源对象那样直接从 etcd 读取数据，而是采用了特别的实现。与 exec 类似，portforward 也通过 Connect 函数处理，在经过认证、鉴权、准入控制等前置校验后，portforward 请求最终会被 PortForwardREST 处理。

在 API 注册阶段，Pod 就已经注册了其资源对象与 RESTStorage 的对应关系，代码示例如下。

代码路径：pkg/registry/core/rest/storage_core.go

```
Plain Text
if resource := "pods";
apiResourceConfigSource.ResourceEnabled(corev1.SchemeGroupVersion.WithResource(resour
ce)) {
    storage[resource] = podStorage.Pod
    storage[resource+"/attach"] = podStorage.Attach
    storage[resource+"/status"] = podStorage.Status
    storage[resource+"/log"] = podStorage.Log
    storage[resource+"/exec"] = podStorage.Exec
    storage[resource+"/portforward"] = podStorage.PortForward
    storage[resource+"/proxy"] = podStorage.Proxy
    ...
}
```

可以看到，portforward 资源对象的 RESTStorage 为 podStorage.PortForward（PortForwardREST）。PortForwardREST 实现了 rest.Connecter 的 Connect 函数，代码示例如下。

代码路径：pkg/registry/core/pod/rest/subresources.go

```
Plain Text
func (r *PortForwardREST) Connect(ctx context.Context, name string, opts runtime.Object,
```

```
responder rest.Responder) (http.Handler, error) {
    ...
    location, transport, err := pod.PortForwardLocation(ctx, r.Store, r.KubeletConn,...)
    ...
    return newThrottledUpgradeAwareProxyHandler(location, transport,...), nil
}
```

可以看到，kube-apiserver 处理 portforward 的方式与 exec 的几乎相同，都是充当反向代理，在 kubectl 和 kubelet 间转发请求和响应数据。首先，通过 PortForwardLocation 获取 kubelet 端口转发请求地址。然后，通过 newThrottledUpgradeAwareProxyHandler 创建支持限流和协议升级的 ProxyHandler 以实现代理转发。

kubelet 端口转发连接地址形如 POST: /portForward/{namespace}/{name}。有关 ProxyHandler 代理实现及 portforward API 注册的更多细节，请参考 12.8.2 节，此处不再赘述。

3. kubelet 处理并响应端口转发请求

kubelet 的 HTTP Server 在收到来自 kube-apiserver 的端口转发请求，经过认证、鉴权等前置校验后，会最终被 getPortForward 函数处理，代码示例如下。

代码路径：pkg/kubelet/server/server.go

```
Plain Text
s.addMetricsBucketMatcher("portForward")
ws = new(restful.WebService)
ws.
    Path("/portForward")
ws.Route(ws.GET("/{podNamespace}/{podID}").
    To(s.getPortForward).
    Operation("getPortForward"))
ws.Route(ws.POST("/{podNamespace}/{podID}").
    To(s.getPortForward).
    Operation("getPortForward"))
ws.Route(ws.GET("/{podNamespace}/{podID}/{uid}").
    To(s.getPortForward).
    Operation("getPortForward"))
ws.Route(ws.POST("/{podNamespace}/{podID}/{uid}").
    To(s.getPortForward).
    Operation("getPortForward"))
s.restfulCont.Add(ws)
```

getPortForward 函数解析命令执行请求，首先通过 CRI 调用 runtimeService.PortForward 从容器运行时获得一个执行 PortForward 命令的连接地址。然后通过 proxyStream 代理 kube-apiserver 和容器运行时之间的流式连接，代码示例如下。

```
Plain Text
func (s *Server) getPortForward(request *restful.Request, response *restful.Response) {
    ...
    url, err := s.host.GetPortForward(pod.Name, pod.Namespace, pod.UID,
*portForwardOptions)
    ...
    proxyStream(response.ResponseWriter, request.Request, url)
}
```

在以上代码中，GetPortForward 的底层会调用 CRI runtimeService.PortForward 获得一个

URL 连接地址。对 containerd 而言，其连接地址就是 containerd 运行的 Stream Server 地址及一个 Token 信息。Token 在执行 CRI PortForward 调用时生成，containerd 能够通过解析请求中的 Token 拿到对应 PortForward 执行的上下文信息，如端口转发的参数信息等。由于 Container 与 Pod Sandbox 共享网络命名空间，所以对 PortForward 而言，实际上是执行的对 Sandbox 隔离环境的端口转发。

proxyStream 同样实现了反向代理，连接 kube-apiserver 与 Container Runtime Stream Server，通过双向数据复制实现双向通信，更多细节请参考 12.8.2 节，此处不再赘述。

实际上，kubectl attach 的执行流程与 kubectl exec 和 kubectl port-forward 类似，也是基于 SPDY 协议和两层反向代理实现的双向通信，感兴趣的读者可以参照关于 exec 的介绍，自行阅读源码来理解。

第 13 章

代码生成器

【通过读者服务二维码获取】

读者服务二维码

（回复 48323）

附录 A

Kubernetes 组件配置参数介绍

【通过读者服务二维码获取】

读者服务二维码

（回复 48323）